Springer-Lehrbuch

Springer

Berlin
Heidelberg
New York
Hongkong
London
Mailand
Paris
Tokio

Günter Franke
Herbert Hax

Finanzwirtschaft des Unternehmens und Kapitalmarkt

Fünfte, überarbeitete Auflage
mit 87 Abbildungen
und 32 Tabellen

 Springer

Professor Dr. Günter Franke
Universität Konstanz
Fachbereich Wirtschaftswissenschaften
Universitätsstraße 10
78464 Konstanz
E-mail: guenter.franke@uni-konstanz.de

Professor Dr. Dr. h.c. Herbert Hax
Merlostraße 16
50668 Köln
E-mail: haxhe@hotmail.com

ISBN 3-540-40644-1 5. Auflage Springer-Verlag Berlin Heidelberg New York

ISBN 3-540-65443-7 4. Auflage Springer-Verlag Berlin Heidelberg New York

Bibliografische Information Der Deutschen Bibliothek
Die Deutsche Bibliothek verzeichnet diese Publikation in der Deutschen Nationalbibliografie;
detaillierte bibliografische Daten sind im Internet über *http://dnb.ddb.de* abrufbar.

Springer-Verlag ist ein Unternehmen von Springer Science+Business Media
springer.de

© Springer-Verlag Berlin Heidelberg 1988, 1990, 1994, 1999, 2004
Printed in Italy

Umschlaggestaltung: design & production GmbH, Heidelberg

SPIN 10948446   42/3130 – 5 4 3 2 1 0 – Gedruckt auf säurefreiem Papier

Vorwort zur 5. Auflage

Für die 5. Auflage wurden einige Überarbeitungen und Ergänzungen vorgenommen: In Kapitel IV wurde ein Abschnitt über Anreizsysteme und Erfolgskontrolle für Investment Centers eingefügt. Überarbeitet wurden in Kapitel VII der Unterabschnitt über Informationseffizienz und in Kapitel IX die Ausführungen zur Verschuldungspolitik. In Kapitel VIII wurde der Abschnitt über Finanzierungsverträge durch Erläuterungen zum Thema Corporate Governance ergänzt. Weiterhin wurden die seit der letzten Auflage eingetretenen Gesetzesänderungen eingearbeitet, vor allem im Bereich des Steuerrechts.

Wertvolle Hilfe bei der Neuauflage haben Frau Elvira Grübel, Frau Julia Hein, Herr Leif Brandes, Herr Harald Lohre und Herr Prof. Dr. Franz Wittmann geleistet. Ihnen sei an dieser Stelle herzlich gedankt.

Ebenso danken wir dem Springer-Verlag für die wiederum sehr reibungslose Zusammenarbeit.

Günter Franke   Herbert Hax
Im September 2003

Vorwort zur 1. Auflage

Gegenstand dieses Buches ist die Investitions- und Finanzierungspolitik von Unternehmen. Hierbei steht die Erörterung der Zusammenhänge zwischen unternehmerischen Entscheidungen und dem Kapitalmarkt im Vordergrund. Von der klassischen Investitionsrechnung wird der Bogen zur Bewertung von Investitionen gemäß der modernen Kapitalmarkttheorie geschlagen, ebenso von den klassischen Finanzierungsregeln zur Finanzierungspolitik, die aus einer Verknüpfung der Kapitalmarkttheorie mit der Theorie der Verfügungsrechte hervorgeht. Zugleich werden die Verbindungen zwischen Finanzwirtschaft und Rechnungswesen des Unternehmens erörtert.

Ziel des Buches ist es, dem Leser einen Überblick über die moderne Kapitalmarkttheorie zu vermitteln und ihre Bedeutung für unternehmerische Entscheidungen im Investitions- und Finanzierungsbereich des Unternehmens zu verdeutlichen. Dem Studierenden, aber auch dem Praktiker soll das Buch die Möglichkeit bieten, sich über den Erkenntnisfortschritt in einem Gebiet zu informieren, auf dem die wissenschaftliche Diskussion in den letzten Jahrzehnten rasch fortgeschritten ist. Die Darstellung ist so abgefaßt, daß es zum Verständnis nur geringer mathematischer Kenntnisse bedarf.

Für kritische Durchsicht des Manuskripts und viele wertvolle Anregungen danken wir unseren Mitarbeitern, Herrn Dipl.-Kfm. Walter Berger, Herrn Dr. Dieter Schiller, Herrn Dipl.-Kfm. Roland Schwan, Herrn Dipl.-Kfm. Jürgen Stephan und Herrn Dr. Jack Wahl. Die zahlreichen Fassungen des Manuskripts wurden von Frau Margarete Jankowski und Frau Gisela Laniecki mit großer Sorgfalt geschrieben; dafür und für gründliches Korrekturlesen gilt ihnen unser Dank. Dem Springer-Verlag danken wir für gute Zusammenarbeit, die nach Fertigstellung des Manuskripts ein schnelles Erscheinen des Buches möglich gemacht hat.

Günter Franke   Herbert Hax

Inhaltsverzeichnis

Kapitel I Der Finanzbereich des Unternehmens – Aufgaben und Ziele

Im Leistungsbereich eines Unternehmens entsteht Kapitalbedarf durch Investitionen, die der Erstellung und dem Absatz von Leistungen dienen. Zur Deckung des Kapitalbedarfs können dem Unternehmen Mittel in Form von Kredit- oder Beteiligungskapital zugeführt werden. Im einleitenden Kapitel wird zunächst erörtert, welche Rolle die finanzwirtschaftlichen Ziele der Kapitalgeber für die Unternehmenspolitik spielen. Weiter wird ein systematischer Überblick über die Zahlungsvorgänge gegeben, deren Gestaltung und Steuerung die eigentliche Aufgabe des Finanzbereichs ist. Es folgen eine Beschreibung des Aufgabenbereichs der Finanzwirtschaft und eine Erörterung möglicher organisatorischer Gliederungen und Zuordnungen für diese Aufgaben.

1 Finanzwirtschaftliche Interessen und Ziele

1.1 Die Rolle der Kapitalgeber im Unternehmen

Unternehmen benötigen Kapital für Investitionen, die der Leistungserstellung und Leistungsverwertung dienen. Investitionen sind zunächst mit Auszahlungen verbunden; erst später kommt es durch Erstellung und Absatz von Leistungen zu Einzahlungen. Die für die Investitionen benötigten Mittel können als Beteiligungskapital von Eigentümern oder Teilhabern oder als Kreditkapital von Gläubigern zur Verfügung gestellt werden. Die Kapitalgeber verbinden damit bestimmte Ziele und Erwartungen; sie legen z. B. Wert auf Verzinsung ihres Kapitals, auf Rückzahlungen, auf Wertsteigerung ihrer Anteile, auf Kontroll- und Einflußmöglichkeiten. Diese Interessen müssen berücksichtigt werden, weil die Kapitalgeber sonst nicht bereit sind, dem Unternehmen Geld zur Verfügung zu stellen; wie weit man ihnen entgegenkommen muß, hängt vor allem davon ab, welche anderen Verwendungsmöglichkeiten die Kapitalgeber für diese Mittel haben. Die Konditionen, zu denen Kapital zur Verfügung gestellt wird, kommen auf einem Markt zustande, auf dem Kapitalanleger als Anbieter und kapitalsuchende Unternehmen als Nachfrager im Wettbewerb miteinander stehen.

An den Vorgängen und Aktivitäten in einem Unternehmen sind neben den Kapitalgebern auch andere Gruppen interessiert. In erster Linie sind dies die Arbeitnehmer mit ihren Interessen am Arbeitsentgelt, an den Arbeitsbedingungen und an sicheren Arbeitsplätzen, weiter die Kunden mit ihren Interessen am Bezug preisgünstiger und ihren Qualitätsanforderungen entsprechender Güter, die an Verkauf und zuverlässiger Bezahlung interessierten Lieferanten, schließlich der mehr oder weniger diffuse Kreis, den man als „allgemeine Öffentlichkeit" bezeichnet, mit Interessen, die sich zum einen auf das Unternehmen als Steuerquelle richten, zum anderen auf die vielfältigen Auswirkungen der Unternehmenstätigkeit auf Luft, Gewässer, Boden, Landschaftsbild, kurz alles, was unter dem Stichwort Umweltqualität zusammengefaßt wird. Die Vielfalt der Interessen wird noch dadurch erhöht, daß die genannten Gruppen in sich keineswegs homogen sind, sondern sich wieder aus Untergruppen mit teilweise divergierenden Interessen zusammensetzen.

Die einzelnen Gruppen verfolgen unterschiedliche Ziele und Interessen; dies führt zu Zielkonflikten, die im Rahmen des Unternehmens gelöst werden müssen. Allerdings besteht auch kein absoluter Interessengegensatz in dem Sinne, daß jede Gruppe immer nur auf Kosten der anderen ihre eigene Position verbessern kann. Es handelt sich nicht um ein Konstantsummenspiel, bei dem der Vorteil des einen zwangsläufig entsprechende Nachteile anderer nach sich zieht, vielmehr um ein Spiel mit variabler Summe, in dem es Entscheidungsalternativen gibt, die für alle nützlich sind, aber auch andere, die allen Schaden bringen. Die Existenz und der Fortbestand eines Unternehmens hängen davon ab, daß es gelingt, den Interessen aller Gruppen so weit entgegenzukommen, daß sie zu der erforderlichen Kooperation bereit sind. In diesem Sinne kann das Unternehmen als Koalition verstanden werden, deren Funktionieren auf einem Kompromiß zwischen teilweise divergierenden Interessen beruht.

Das Unternehmen ist als Gefüge von teils gesetzlich, teils vertraglich begründeten Rechtsbeziehungen zwischen Koalitionspartnern zu sehen. Im Rahmen dieser Rechtsbeziehungen ist geregelt, welche Ansprüche und Einwirkungsmöglichkeiten jeder der Beteiligten geltend machen kann. Von Bedeutung ist vor allem, bei welcher Interessengruppe Entscheidungsbefugnisse über die Unternehmenspolitik liegen. In marktwirtschaftlich orientierten Ländern findet man überwiegend den Typ des kapitalgeleiteten Unternehmens. Dessen kennzeichnendes Merkmal ist, daß eine Gruppe von Kapitalgebern, nämlich Eigentümer oder Anteilseigner, Träger der obersten Entscheidungsgewalt im Unternehmen ist. Die Leitung des Unternehmens liegt entweder direkt bei Mitgliedern dieser Gruppe, oder sie wird einer durch sie bestellten und kontrollierten Geschäftsführung übertragen.

Im kapitalgeleiteten Unternehmen hat also eine Gruppe von Kapitalgebern die Möglichkeit, ihre Interessen unmittelbar in der Unternehmenspolitik zur Geltung zu bringen. Dieses Interesse, das sich vor allem auf Verzinsung des eingesetzten Kapitals und Wertzuwachs der Anteile richtet, gewinnt damit für die Unternehmenspolitik besondere Bedeutung. Die finanzwirtschaftlichen Ziele von Eigentümern oder Anteilseignern werden zu maßgeblichen Entscheidungskriterien für die Unternehmenspolitik.

Bei oberflächlicher Betrachtung kann dies zu dem Schluß verleiten, in kapitalgeleiteten Unternehmen könnten keine anderen Interessen als die der Kapitalgeber zur Geltung kommen. Dies ist ein grundlegender Irrtum, weil dabei übersehen wird, daß Interessen auch auf andere Weise als durch Beteiligung an der Leitung des Unternehmens durchgesetzt werden können. Wenn die Leitung des Unternehmens bei den Eigentümern oder Anteilseignern liegt, so bedeutet dies keineswegs, daß auf die Interessen anderer Gruppen keine Rücksicht genommen wird; dies ist vielmehr unerläßlich, um ihre Kooperation zu erreichen. Die Eigentümer oder Anteilseigner können zwar die Unternehmenspolitik an ihren finanzwirtschaftlichen Zielen orientieren, haben dabei aber als Nebenbedingung zu betrachten, daß den Interessen anderer Gruppen in hinreichendem Maße Rechnung getragen wird.

1.2 Die Durchsetzung von Interessen im Unternehmen

Die Frage, wie die von der Tätigkeit eines Unternehmens betroffenen Gruppen ihre Interessen zur Geltung bringen können, soll etwas ausführlicher erörtert werden. Es gibt hierzu verschiedene Möglichkeiten:

1. Durch Mitwirkung bei der Entscheidungsbildung im Unternehmen kann erreicht werden, daß bestimmte Interessen Berücksichtigung finden; diese Mitwirkung kann direkt in den Entscheidungsinstanzen des Unternehmens erfolgen oder auch indirekt in den Organen, die die personelle Besetzung der Unternehmensleitung bestimmen und ihre Tätigkeit überwachen.
2. Die Beziehung zum Unternehmen kann durch Verträge gestaltet werden, in denen die beiderseitigen Rechte und Pflichten festgelegt werden (z. B. Arbeitsverträge, Kaufverträge, Kreditverträge). Hierbei werden Interessen in den dem Vertragsabschluß vorausgehenden Verhandlungen geltend gemacht. Inwieweit die Durchsetzung gelingt, hängt von der Stärke der Verhandlungsposition, insbesondere auch vom Vorhandensein konkurrierender Anbieter bzw. Nachfrager auf beiden Seiten ab. Verhandlungs- und Vertragspartner können einzelne Personen oder Unternehmen sein, ebenso aber auch Organisationen, die für ganze Gruppen Kollektivverträge abschließen, wie dies z. B. Gewerkschaften und Arbeitgeberverbände für die durch sie vertretenen Arbeitnehmer und Unternehmen tun. Durch kollektive Aktionen wie Streik oder Boykott können Gruppen von Vertragspartnern des Unternehmens ihren Interessen zusätzlich Nachdruck verleihen.
3. In manchen Fällen bedarf es zur Wahrung bestimmter Interessen staatlicher Eingriffe. Diese erfolgen entweder durch direkte Auflagen und Vorschriften für die Unternehmen (z. B. Arbeitsschutzbestimmungen, Umweltschutzauflagen) oder dadurch, daß die Rechtsposition bestimmter Gruppen gestärkt wird (z. B. durch Gewährleistung des Koalitionsrechts der Arbeitnehmer, Regelung der Produzentenhaftung). Staatliche Eingriffe erscheinen dann angezeigt, wenn Interessen, die als schutzwürdig anerkannt werden, in anderer Weise nicht hinreichend wirksam geltend gemacht werden können, insbesondere wenn eine vertragliche Beziehung zum Unternehmen gar nicht besteht (z. B. bei Beeinträchtigung der Umwelt des Unternehmens durch Abwässer, Abgase, Lärm u. ä., Schädigung von Personen, die keine unmittelbare Vertragsbeziehung zum Unternehmen haben, durch fehlerhafte Produkte) oder die Verhandlungsposition gegenüber dem Unternehmen als zu schwach erscheint (z. B. der Konsumenten gegenüber „Allgemeinen Geschäftsbedingungen" von Unternehmen).

Welche Gruppen ihre Interessen in Vertragsverhandlungen geltend machen und welche bei der Entscheidungsbildung mitwirken, ist eine Frage der Unternehmensverfassung. Hierbei sind verschiedene Gestaltungsformen denkbar. Der Typ des kapitalgeleiteten Unternehmens ist dadurch charakterisiert, daß die maßgeblichen Entscheidungsinstanzen unter der Kontrolle der durch Beteiligung und Eigentum mit dem Unternehmen verbundenen Kapitalgeber stehen, während andere Gruppen, wie Arbeitnehmer, Gläubiger, Kunden und Lieferanten ihre Interessen in Vertragsverhandlungen mit der Unternehmensleitung geltend machen. Ein anderer möglicher Typ ist das arbeitsgeleitete Unternehmen, in dem die oberste Entscheidungskompetenz bei einem von den Arbeitnehmern kontrollierten Leitungsorgan liegt. Durch die Rechtsordnung werden der Gestaltung der Unternehmensverfassung bestimmte Normen vorgegeben. In Deutschland überwiegen heute Unternehmen, die im Prinzip als kapitalgeleitet anzusehen sind; doch hat die für größere Unternehmen obligatorische Mitbestimmung der Arbeitnehmer zur Entstehung eines Mischtyps zwischen kapitalgeleiteten und arbeitsgeleiteten Unternehmen (mit einem leichten Übergewicht der Kapitalseite) geführt.

Die Interessen der im Unternehmen kooperierenden Gruppen richten sich neben anderem insbesondere auf Zahlungen. Hierbei gibt es zwei Möglichkeiten: Die Höhe der vom Unternehmen zu leistenden Zahlungen kann zum einen unabhängig von der Lage des Unternehmens vertraglich fixiert sein, zum anderen kann aber auch eine Anwartschaft auf den nach Leistung aller vertraglich fixierten Zahlungen verbleibenden Überschuß bestehen. Im ersteren Fall spricht man von kontraktbestimmten Zahlungen, im letzteren von Residualzahlungen. Da die insgesamt erwirtschafteten Überschüsse für ein Unternehmen ungewiß sind, können nicht alle Zahlungen kontraktbestimmt sein; es muß auch Anwartschaften auf Residualzahlungen geben, die je nach der wirtschaftlichen Lage des Unternehmens größer oder kleiner sein können.

Hierbei besteht ein Zusammenhang zwischen der Anwartschaft auf Residualzahlungen und der Beteiligung an der Entscheidungsbildung im Unternehmen. Beide sind nicht voneinander zu trennen, weil die Anwartschaft auf Residualzahlungen weitgehend entwertet wird, wenn sie nicht mit dem Recht verbunden ist, die Unternehmenspolitik so zu lenken, daß der für diese Zahlungen verfügbare Überschuß möglichst groß wird.

Im Typ des kapitalgeleiteten Unternehmens liegen Entscheidungskompetenz und Anwartschaft auf Residualzahlungen bei den Kapitalgebern: Sie können diese Entscheidungskompetenz nutzen, um ihre Anwartschaft auf Zahlungen, insbesondere auf Gewinnausschüttungen, optimal zu gestalten. Das bedeutet nicht, daß andere Interessen vernachlässigt werden; die auf Optimierung ihrer Anwartschaft auf Residualzahlungen gerichtete Politik der Kapitalgeber hat vielmehr von den vertraglich fixierten Ansprüchen anderer Gruppen als Daten auszugehen.

Im Typ des arbeitsgeleiteten Unternehmens müßte entsprechend gelten, daß die Entscheidungskompetenz bei den Arbeitnehmern läge, diesen zugleich kein Anspruch auf ein vertraglich fixiertes Arbeitsentgelt zustünde, sondern nur die Anwartschaft auf den nach Befriedigung aller Ansprüche verbleibenden Überschuß; die Kapitalgeber hätten in diesem Fall Anspruch auf vertraglich fixierte Zins- und Tilgungszahlungen.

In keinem der beiden Fälle wäre es sinnvoll, Entscheidungskompetenz und Anwartschaft auf Residualzahlungen zu trennen. In einem arbeitsgeleiteten Unternehmen, in dem die Kapitalgeber keinen festen Verzinsungsanspruch hätten, bestünde stets die Gefahr einer Aushöhlung ihrer Anwartschaft durch Transformation der Überschüsse in Aufwendungen zugunsten der Arbeitnehmer, z. B. durch Lohnzulagen, Sozialaufwendungen, Maßnahmen zur Verbesserung der Arbeitsbedingungen u. ä. Unter diesen Umständen wäre kaum ein Kapitalgeber zur Beteiligung bereit. Ebensowenig wäre es in einem kapitalgeleiteten Unternehmen sinnvoll, den Kapitalgebern kontraktbestimmte Zahlungsansprüche und den Arbeitnehmern den verbleibenden Überschuß zuzuweisen; das wäre für die Arbeitnehmer keine akzeptable Lösung.

Die Anwartschaft auf Residualzahlungen ist mit dem Risiko verbunden, bei ungünstiger Geschäftslage auch Verluste tragen zu müssen. Die Fähigkeit des Unternehmens, die vertraglich fixierten Ansprüche befriedigen zu können, hängt maßgeblich davon ab, daß ein hinreichend großes Potential vorhanden ist, derartige Verluste aufzufangen. Fehlt dieses Potential, so führt eine Verschlechterung der Geschäftslage schnell dazu, daß vertragliche Verpflichtungen nicht mehr erfüllt werden können; das hat häufig die Auflösung des Unternehmens zur Folge. Wenn das Potential zum Auffangen von Verlusten fehlt oder zu gering ist, sind von vornherein schlechte Voraussetzungen dafür gegeben, daß vertraglich fixierte Verpflichtungen auch erfüllt werden können.

Liegt die Anwartschaft auf Residualzahlungen bei den Kapitalgebern, so gehen Verluste auf deren Kosten; sie mindern das den Kapitalgebern nach Befriedigung aller vertraglichen Ansprüche verbleibende Reinvermögen. In diesem Reinvermögen liegt also das Potential, Verluste aufzufangen, bei unbeschränkter Haftung der Kapitalgeber darüber hinaus noch in deren Privatvermögen. Von der Größe dieses Potentials hängt es ab, ob und in welchem Umfang vertragliche Verpflichtungen eingegangen werden können; insbesondere ergibt sich in Abhängigkeit von diesem Potential die Möglichkeit, zusätzliches Kapital in Kreditform, also mit vertraglich fixierten Tilgungs- und Zinszahlungsverpflichtungen aufzunehmen.

Hingegen ergäben sich Schwierigkeiten, wenn ein Unternehmen das für seine Tätigkeit benötigte Kapital ausschließlich auf dem Kreditwege, d. h. gegen vertragliche Verpflichtung zu festen Tilgungs- und Zinszahlungen, aufbringen wollte. Dieses Unternehmen könnte seinen Vertragspartnern keine hinreichende Gewähr für die Vertragserfüllung bieten, es sei denn durch persönliche Haftung mit dem Privatvermögen von Teilhabern, die sich im übrigen nicht an der Kapitalaufbringung beteiligen. Im allgemeinen kommt man nicht ohne Kapitalgeber aus, die keine vertraglich fixierten Zahlungsansprüche, sondern nur die Anwartschaft auf Residualzahlungen haben und damit auch die Gefahr von Verlusten tragen.

Hieraus ergeben sich vor allem für arbeitsgeleitete Unternehmen Schwierigkeiten bei der Aufbringung von Kapital. Da hier die maßgebliche Entscheidungskompetenz bei den Arbeitnehmern liegt, fällt es schwer, Kapitalgeber zu finden, die ohne Einfluß auf die Geschäftsführung mit der Anwartschaft auf Residualzahlungen abgefunden werden und damit auch das volle Kapitalverlustrisiko tragen. Die Kapitalbeschaffung auf dem Kreditwege scheitert am Fehlen eines Potentials zum Auffangen von Verlusten. Dieses Potential könnte im arbeitsgeleiteten Unternehmen geschaffen werden durch die Bereitschaft der Arbeitnehmer, nötigenfalls teilweise oder sogar ganz auf Arbeitsentgelt zu verzichten, möglicherweise sogar noch darüber hinaus persönlich zu haften. Es ist aber fraglich, ob Arbeitnehmer bereit sind, derartige Risiken einzugehen. Wegen dieser Schwierigkeiten haben sich arbeitsgeleitete Unternehmen bisher kaum entfalten können, wo ihnen der konkurrierende Organisationstyp des kapitalgeleiteten Unternehmens gegenübersteht. Dies gilt auch für

Deutschland, wo die Rechtsordnung arbeitsgeleitete Unternehmen durchaus zuläßt und in Form der Genossenschaft auch eine geeignete Rechtsform dafür zur Verfügung stellt; die praktische Bedeutung arbeitsgeleiteter Unternehmen ist trotzdem gering.

1.3   Die Bedeutung finanzwirtschaftlicher Ziele für die Unternehmenspolitik

In der Wirtschaftspraxis haben sich, teils unter dem Zwang rechtlicher Regelungen, teils in freier Anpassung an die Erfordernisse einer komplexen Realität, vielfältige Formen der Verteilung von Entscheidungskompetenzen in Unternehmen entwickelt. Zwar findet man in Deutschland ebenso wie in allen anderen Ländern mit marktwirtschaftlicher Ordnung fast ausschließlich Unternehmen, in denen die Anwartschaft auf Residualzahlungen und das damit verbundene Risiko bei den Kapitalgebern liegt. Doch weicht die Gestaltung der Unternehmensverfassung im übrigen meist mehr oder weniger stark vom reinen Typ des kapitalgeleiteten Unternehmens ab, in dem die Anwartschaft der Kapitalgeber auf Residualzahlungen unmittelbar mit der maßgeblichen Entscheidungskompetenz verbunden ist. Man findet Unternehmen, in denen ein Teil der Kapitalgeber gar keine oder nur stark eingeschränkte Möglichkeiten der Mitwirkung bei Entscheidungen hat, ohne daß dabei vertraglich fixierte Ansprüche an die Stelle der Anwartschaft auf Residualzahlungen treten (z. B. Kommanditisten in der Kommanditgesellschaft, Inhaber stimmrechtsloser Vorzugsaktien in der Aktiengesellschaft). Man findet andererseits auch vertragliche Regelungen, in denen nicht nur fixierte Zahlungen, sondern darüber hinaus auch eine Beteiligung der Vertragspartner an Residualzahlungen vorgesehen sind (z. B. Gewinnbeteiligung für Arbeitnehmer oder, wie bei Lebensversicherungsunternehmen in Deutschland gesetzlich vorgeschrieben, für Kunden). Wesentliche Abweichungen vom reinen Typ des kapitalgeleiteten Unternehmens finden sich vor allem bei Großunternehmen in der Rechtsform von Kapitalgesellschaften, und zwar in zweierlei Hinsicht:

1. Die breite Streuung der Kapitalanteile, wie sie vor allem bei Aktiengesellschaften häufig vorkommt, hat zur Folge, daß für zahlreiche Inhaber kleiner Anteile eine Beteiligung an der Entscheidungsbildung im Unternehmen organisatorisch unmöglich wird und auch die indirekte Beteiligung durch Kontrolle der Entscheidungsorgane stark an Wirksamkeit verliert. Das führt entweder zu einer dominierenden Stellung von Großaktionären oder, falls diese fehlen, zu einer sehr selbständigen und unabhängigen Position der Unternehmensleitung gegenüber den Anteilseignern.
2. Die gesetzlich vorgeschriebene Mitbestimmung der Arbeitnehmer führt dazu, daß eine Gruppe an der Entscheidungsbildung beteiligt wird, deren Beziehungen zum Unternehmen durch Tarif- und Arbeitsverträge geregelt sind und die aufgrund dieser Verträge kontraktbestimmte Zahlungen beansprucht.

Bei aller Vielfalt der praktischen Gestaltungsformen müssen jedoch immer zwei Voraussetzungen erfüllt sein:

1. Zur Sicherung der vertraglich fixierten Ansprüche gegenüber dem Unternehmen muß es ein Potential zum Auffangen von Verlusten in schlechten Geschäftsjahren geben; hierfür kommt in erster Linie eine Kapitalbeteiligung in Frage, bei der den Kapitalgebern keine kontraktbestimmten Zahlungen, sondern nur Residualzahlungen zustehen.

2. Zu einer mit der Anwartschaft auf Residualzahlungen verbundenen Kapitalbeteiligung und zur Inkaufnahme des damit verbundenen Risikos werden sich Kapitalgeber nur bereitfinden, wenn sie darauf vertrauen können, daß die Unternehmensleitung sich bei der Führung der Geschäfte primär von dem Ziel der Optimierung dieser Residualzahlungen leiten läßt und den anderen Interessengruppen auf vertraglichem Wege nicht mehr an Ansprüchen zugesteht, als bei gegebenen Marktverhältnissen erforderlich ist, um ihre Kooperation zu sichern.

Hieraus ergibt sich, daß die Optimierung des Stroms der Residualzahlungen an die Kapitalgeber für die Unternehmenspolitik von maßgeblicher Bedeutung ist. Finanzwirtschaftliche Ziele treten damit in den Vordergrund. Werden sie zugunsten anderer Interessen vernachlässigt, so ist auf die Dauer nicht zu vermeiden, daß die Bereitschaft, Kapital gegen Beteiligungsrechte zur Verfügung zu stellen, schwindet. Bestehende Unternehmen können zwar auf der erreichten Kapitalbasis weiterarbeiten; für Neugründungen und Erweiterungen ergeben sich aber schwer lösbare Finanzierungsprobleme, wenn die Quelle des Beteiligungskapitals unergiebig geworden ist.

Wegen der schweren Ersetzbarkeit des Beteiligungskapitals ist es unerläßlich, das Vertrauen der Kapitalgeber in eine Unternehmenspolitik zu erhalten, die sich vorrangig von finanzwirtschaftlichen Zielen leiten läßt. Die Erhaltung dieses Vertrauens ist um so vordringlicher, je weniger die Anteilseigner unmittelbaren Einfluß auf die Unternehmenspolitik nehmen können. Zahlreiche Regelungen des Handels- und Aktienrechts, insbesondere über Rechnungslegung, Pflichtprüfung und Publizität, sind zur Sicherung dieser Vertrauensbasis bestimmt; von Bedeutung ist auch, daß die Anteilseigner grundsätzlich das Recht haben, die personelle Besetzung der Unternehmensleitung zu bestimmen und sie auch zu ändern, wenn es angezeigt erscheint. Regelungen dieser Art haben die Funktion, die für die Aufbringung von Beteiligungskapital unverzichtbare Vertrauensbasis zu schaffen und zu sichern.

Die Leitung eines Unternehmens, das auf Beteiligungskapital angewiesen ist, hat also nicht die Wahl, finanzwirtschaftliche Ziele nach eigenem Ermessen zu berücksichtigen. Finanzwirtschaftlichen Zielen ist in der Unternehmenspolitik vorrangige Bedeutung einzuräumen, da andernfalls die Basis für Existenz und Fortbestand des Unternehmens zerstört wird.

1.4   Der Inhalt finanzwirtschaftlicher Ziele und die Ableitung operationaler Unterziele

Finanzwirtschaftliche Ziele, die aus den genannten Gründen für die Unternehmenspolitik vorrangige Bedeutung haben, stehen in der Theorie der Kapitalwirtschaft des Unternehmens im Vordergrund. Zunächst bedarf es einer Präzisierung des Inhalts finanzwirtschaftlicher Ziele.

Wer einem Unternehmen Beteiligungskapital zur Verfügung stellt, gibt gegenwärtig verfügbares Geld hin und erhält dafür die Anwartschaft auf zukünftige Geldzahlungen, deren Höhe ungewiß ist. Seine Interessen richten sich dabei auf zukünftige Gewinnausschüttungen, auf ein Anwachsen des Vermögenswerts seiner Beteiligung und auf Beschränkung des damit verbundenen Risikos. Diese Ziele stehen zum Teil miteinander in Konkurrenz. Durch Reduzierung der Gewinnausschüttungen kann ein stärkeres Wachstum des Vermögenswerts erreicht werden und umgekehrt. Höhere Gewinnchancen und damit verbesserte Möglichkeiten für Ausschüttung oder Wachstum können häufig nur unter Inkaufnahme höheren Risikos wahrgenommen werden.

Wie die drei genannten finanzwirtschaftlichen Ziele, Ausschüttungen, Wachstum und Risikobegrenzung, in der Unternehmenspolitik zu gewichten sind, richtet sich nach den persönlichen Wünschen und Präferenzen der Kapitalgeber; diese können sehr unterschiedlich sein. Manche werden höhere laufende Ausschüttungen vorziehen, andere ein stärkeres Wachstum. Manche werden eine geringe Verzinsung ihres Kapitals bei geringem Risiko in Kauf nehmen, andere werden für eine höhere Verzinsung auch bereit sein, ein höheres Risiko in Kauf zu nehmen. Ob und in welcher Weise es möglich ist, zwischen derartig divergierenden Zielgewichtungen einen Ausgleich herzustellen, ist Gegenstand ausführlicher Erörterungen in späteren Kapiteln.

Überlegungen dieser Art beeinflussen nur selten direkt unternehmenspolitische Entscheidungen. Das liegt nicht daran, daß die im Interesse der Kapitalgeber liegenden Ziele vernachlässigt werden. Der Grund dafür ist vielmehr, daß diese Art der Zielformulierung zu wenig konkret ist, um sich daran bei Entscheidungen im Unternehmen direkt orientieren zu können. Insbesondere bei Entscheidungen im Leistungsbereich des Unternehmens ist der Zusammenhang mit den letztlich verfolgten finanzwirtschaftlichen Zielen der Kapitalgeber zu weitläufig und zu schwer durchschaubar, als daß man daran eine Orientierungshilfe hätte. Man braucht hier operationale Ziele, d. h. Beurteilungskriterien, die sich unmittelbar auf die jeweils vorliegende Entscheidungssituation anwenden lassen.

So werden z. B. Investitionen in der Praxis häufig nicht danach beurteilt, welchen Effekt sie auf Höhe und Risiko zukünftiger Gewinnausschüttungen an die Kapitalgeber haben; man findet eher Beurteilungskriterien wie technische Eignung, technischen Wirkungsgrad, Einfügung in das technologische Gesamtgefüge des Betriebs, Kostengünstigkeit, Verzinsung des benötigten Kapitals u. ä. Die Orientierung an derartigen Kriterien bedeutet nicht, daß sie Vorrang vor den finanzwirtschaftlichen Zielen haben. Vielmehr wird dabei vorausgesetzt, daß es sich um Unterziele handelt, die einerseits den Vorzug der Operationalität haben, deren Verfolgung aber andererseits letztlich der Erreichung der finanzwirtschaftlichen Oberziele dienlich ist.

Für die praktische Unternehmenspolitik sind operationale Unterziele, an denen man sich bei konkreten Einzelentscheidungen orientieren kann, unentbehrlich. Wesentlich ist dabei, den Zusammenhang zwischen operationalen Unterzielen und letztlich zu verfolgenden Oberzielen nicht aus dem Auge zu verlieren. Die Verfolgung bestimmter Unterziele darf nicht zur Routine erstarren. Es muß stets sorgfältig geprüft werden, ob und unter welchen Voraussetzungen Unterziele und Oberziele in Einklang miteinander stehen.

Hier ergibt sich ein wesentliches Betätigungsfeld für die Theorie der Kapitalwirtschaft. Zum einen muß versucht werden, aus der übergeordneten Zielsetzung der Kapitalgeber operationale Entscheidungsregeln abzuleiten; zum anderen sind die in der Praxis gebräuchlichen Entscheidungkriterien auf ihre Vereinbarkeit mit finanzwirtschaftlichen Zielen zu prüfen.

1.5 Zusammenfassung

Ein Unternehmen kann als Koalition von Gruppen mit unterschiedlichen Interessen gesehen werden; dazu gehören die Arbeitnehmer, die Kapitalgeber, die Kunden und die Lieferanten. Interessen können in verschiedener Weise geltend gemacht werden, durch Mitwirkung bei der Entscheidungsbildung im Unternehmen, in Vertragsverhandlungen und durch staatliche Eingriffe. Soweit sich die Interessen auf Zahlungen des Unternehmens richten, gibt es zwei Gestaltungsmöglichkeiten: Es kann ein vertraglich fixierter Anspruch auf Zahlungen bestehen (kontraktbestimmte Zahlungen) oder eine Anwartschaft auf den nach Leistung aller vertraglich fixierten Zahlungen verbleibenden Überschuß (Residualzahlungen). Mit der Anwartschaft auf Residualzahlungen sind in der Regel auch Einwirkungsrechte im Unternehmen verbunden.

In Deutschland überwiegt der Typ des kapitalgeleiteten Unternehmens, in dem Anwartschaft auf Residualeinkommen und Entscheidungskompetenz grundsätzlich bei den Kapitalgebern liegen. Anderen Interessen, vor allem denen von Arbeitnehmern, wird durch Verträge Geltung verschafft. Im Rahmen der durch vertragliche Verpflichtungen gesetzten Nebenbedingungen gewinnen finanzwirtschaftliche Zielgrößen wie Ausschüttungen, Vermögenswachstum und Risiko für die Unternehmenspolitik vorrangige Bedeutung.

2 Zahlungsvorgänge

2.1 Finanzbereich und Leistungsbereich

Die Tätigkeit eines Unternehmens in einem hochentwickelten Wirtschaftssystem ist stets mit Zahlungen verbunden. Der planmäßige Ablauf des Unternehmensgeschehens führt zu Strömen von Zahlungen, von Einzahlungen, die in das Unternehmen hereinfließen, und von Auszahlungen, die aus ihm hinausfließen. Wesentliches Merkmal autonomer Unternehmen, wie sie vor allem für marktwirtschaftliche Systeme typisch sind, ist, daß sie selbst für den Ausgleich dieser Zahlungsströme, insbesondere für die ständige Deckung der erforderlich werdenden Auszahlungen, zu sorgen haben und daß ihr Erfolg und letztlich ihr Fortbestand maßgeblich davon ab-

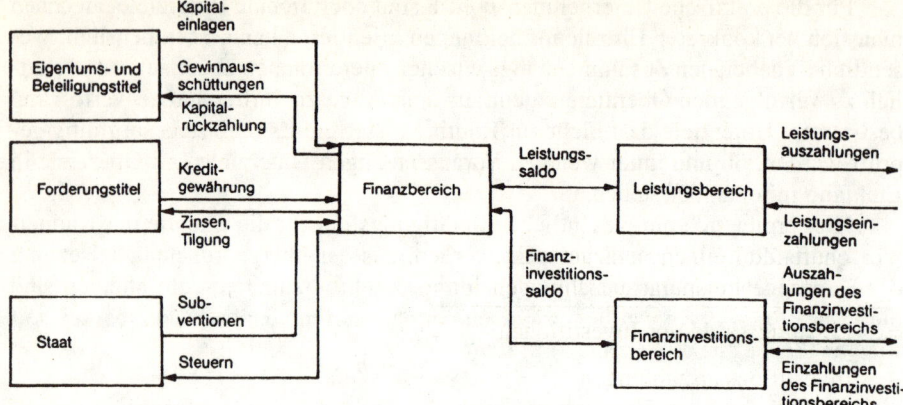

Abb. 1.1. Zahlungen des Finanz- und Leistungsbereichs

hängen, ob und in welcher Weise ihnen dies gelingt. Die mit der Gestaltung und Abstimmung der Zahlungsströme verbundenen dispositiven Aufgaben sind dem Finanzbereich der Unternehmen zuzuordnen.

Zahlungen entstehen zum einen im Zusammenhang mit der Erstellung und Verwertung von Leistungen im Unternehmen, zum anderen aus den Beziehungen zu Kapitalgebern. Einen schematischen Überblick über die Zahlungen gibt Abbildung 1.1. Auf diese Abbildung beziehen sich auch die nachfolgenden Erläuterungen.

Als Hauptaufgabe eines Unternehmens wird in der Regel die Erstellung und Verwertung von Leistungen angesehen. Leistungserstellung umfaßt die Produktion von Waren und die Erstellung von Dienstleistungen, einschließlich der Beschaffung der dafür benötigten Einsatzfaktoren. Leistungsverwertung erfolgt in einer marktwirtschaftlichen Umgebung in der Regel in der Weise, daß die erstellten Leistungen auf einem Markt angeboten und abgesetzt werden. Leistungserstellung und Leistungsverwertung machen zusammen den Leistungsbereich des Unternehmens aus.

2.2   Der Leistungssaldo

Leistungsbereich und Finanzbereich stehen in engem Zusammenhang miteinander. Die Tätigkeit des Leistungsbereichs führt zu Auszahlungen; diese werden als Leistungsauszahlungen bezeichnet. Zu den Leistungsauszahlungen gehören die laufend anfallenden Auszahlungen für die Beschaffung von Einsatzstoffen und von Dienstleistungen, die Lohn- und Gehaltszahlungen, ebenso auch Auszahlungen für die Beschaffung von Investitionsgütern, die im Leistungsbereich eingesetzt werden. Den Leistungsauszahlungen stehen Leistungseinzahlungen gegenüber. Diese umfassen in erster Linie die Erlöse aus dem Absatz, daneben aber auch Einzahlungen aus der Veräußerung von Gütern außerhalb des laufenden Geschäftsbetriebs, insbesondere von Anlagegütern des Leistungsbereichs. Die Differenz zwischen Leistungseinzahlungen und Leistungsauszahlungen wird als Leistungssaldo bezeichnet.

In den Leistungsauszahlungen sind auch Auszahlungen für Investitionen enthalten, in den Leistungeinzahlungen auch Einzahlungen aus Desinvestitionen. Man kann die Zahlungen des Leistungsbereichs also aufteilen in laufende Leistungseinzahlungen und -auszahlungen und Ein- und Auszahlungen aus Investitionen und Desinvestitionen. Die Differenz zwischen laufenden Leistungseinzahlungen und laufenden Leistungsauszahlungen ist der Leistungssaldo vor Investitionen. Es bestehen also folgende Zusammenhänge.

	Laufende Leistungseinzahlungen
–	Laufende Leistungsauszahlungen
=	Leistungssaldo vor Investitionen
–	Investitionsauszahlungen
+	Einzahlungen aus Desinvestitionen
=	Leistungssaldo

Der Leistungssaldo vor Investitionen ist in aller Regel positiv. Investitionen können jedoch dazu führen, daß der Leistungssaldo negativ wird; das gilt vor allem bei der Gründung und bei der Expansion von Unternehmen. Aus negativen Leistungssalden ergibt sich für den Finanzbereich das Problem der Finanzierung, d. h. des Ausgleichs der entstehenden Unterdeckung durch andere Zahlungsströme.

2.3   Zahlungen zwischen Unternehmen und Kapitalgebern

Die wichtigste Quelle von Einzahlungen zum Ausgleich negativer Leistungssalden sind externe Kapitalgeber. Durch die externe Zuführung von Kapital entsteht eine zweite Art von Zahlungsströmen, Einzahlungen von Kapitalgebern an das Unternehmen und Auszahlungen des Unternehmens an die Kapitalgeber. Die Beziehung eines Kapitalgebers zum Unternehmen ist dadurch charakterisiert, daß er mit den Einzahlungen bestimmte Rechtstitel erwirbt, entweder Beteiligungstitel oder Forderungstitel. Zu den Rechten, die mit derartigen Titeln verbunden sind, zählt insbesondere die Anwartschaft auf zukünftige Zahlungen aus dem Unternehmen, also auf Gewinnausschüttungen und Kapitalrückzahlung oder auf Zinsen und Tilgung.

Abgrenzungs- und Einordnungsschwierigkeiten ergeben sich daraus, daß Leistungen der Kapitalgeber an das Unternehmen nicht immer nur in Zahlungen bestehen. An die Stelle der Zahlungen können vielmehr auch Sachleistungen treten. Dies gilt sowohl für die Beteiligungs- als auch für die Kreditfinanzierung. Im Falle der Beteiligungsfinanzierung können Sacheinlagen an die Stelle von Bareinlagen, Entnahmen von Gütern und Dienstleistungen an die Stelle von Gewinnausschüttungen treten. Bei Liquidation oder Teilliquidation kann die Rückgewähr von Kapitaleinlagen ebenfalls in Form der Überlassung von Sachgütern statt von Geld erfolgen.

Kreditbeziehungen ergeben sich vielfach unmittelbar aus der Tätigkeit des Leistungsbereichs, die es mit sich bringt, daß Güter oder Dienstleistungen gegen Kredit in den Leistungsbereich eingebracht werden, wobei der Kredit später durch Geldzahlungen zu begleichen ist. Hier ist vor allem an den Lieferantenkredit zu denken. Ebenso ist die Situation aber auch bei langfristigen Leasing-Verträgen, bei denen zunächst ein Anlagegut eingebracht wird und später Zahlungen in Form der Leasingraten zu leisten sind. Ähnlich lassen sich auch Pensionszusagen an Arbeitnehmer interpretieren; für Arbeitsleistungen während seiner aktiven Zeit werden dem Arbeitnehmer später Pensionszahlungen geleistet. In diesen Fällen führt eine Sachleistung an das Unternehmen zur Entstehung der Kreditbeziehung; die Tilgung und Verzinsung erfolgt durch Geldzahlungen. Auch der umgekehrte Fall kommt vor: Wenn ein Kunde bei Auftragserteilung eine Anzahlung leistet, entsteht eine Kreditbeziehung, ohne daß damit im Regelfall spätere Zahlungsverpflichtungen verbunden sind; an deren Stelle tritt die Verpflichtung zur auftragsgemäßen Lieferung.

Grundsätzlich gibt es zwei Möglichkeiten, derartige Fälle in das hier zu erörternde Schema von Zahlungsströmen einzuordnen. Die erste Lösung besteht darin, daß nur die mit dem Vorgang verbundenen Zahlungen erfaßt und dem Leistungsbereich zugerechnet werden. Im Falle des Lieferantenkredits z. B. berücksichtigt man nur die an den Lieferanten zu leistende Zahlung in dem Zeitpunkt, in dem sie fällig ist. In den Zahlungen zwischen Finanzbereich und Kreditgebern wird dieser Vorgang nicht erfaßt. Die zweite Lösung besteht darin, daß man den Vorgang zerlegt in ein nur mit Zahlungen verbundenes Geschäft des Finanzbereichs und ein Geschäft des Leistungsbereichs über den Erwerb oder die Lieferung von Sachgütern oder Dienstleistungen. So kann man z. B. den Lieferantenkredit zerlegen in eine Warenlieferung gegen Barzahlung und einen Geldkredit, wobei unterstellt wird, daß im Augenblick des Einkaufs gleichzeitig eine Leistungsauszahlung und eine kompensierende Einzahlung aus Kreditaufnahme stattfinden. In entsprechender Weise kann eine Sacheinlage als Kombination einer Einzahlung des Kapitalgebers mit einer Leistungsauszahlung zum Erwerb von Sachgegenständen gesehen werden. Der Sichtweise dieses zweiten Lösungsansatzes entspricht auch die übliche Behandlung derartiger Vorgänge im Rechnungswesen des Unternehmens. Hier werden grundsätzlich nur Bestände und Bewegungen von Geldgrößen erfaßt. Bei Einbringen und Entnahme von Sachgütern werden deren Geldwerte buchhalterisch erfaßt, und zwar im Ergebnis so, als ob das Sachgut gegen Barzahlung gekauft und zugleich ein entsprechender Geldbetrag als Kredit oder Kapitaleinlage aufgenommen bzw. an Kreditgeber oder Teilhaber gezahlt würde.

Es handelt sich hier um Fragen der Definition und Klassifizierung. Man kann deswegen nicht sagen, daß die eine Lösung richtig und die andere falsch ist. Ob man sich für die eine oder die andere entscheidet, ist nur eine Frage der Zweckmäßigkeit.

Finanzwirtschaftliche Entscheidungen dürfen nicht davon abhängen, für welche Klassifizierung man sich entscheidet. So spielt es z. B. für die Entscheidung über die Inanspruchnahme eines Lieferantenkredits keine Rolle, ob man diesen Vorgang als Kreditaufnahme oder als zeitliche Verschiebung einer Leistungsauszahlung auffaßt; im Entscheidungskalkül ist die Inanspruchnahme des Lieferantenkredits auf jeden Fall mit anderen Formen der Kreditfinanzierung zu vergleichen.

In diesem Buch soll grundsätzlich der zweite Lösungsansatz zugrunde gelegt werden. Dieser Lösungsansatz hat den Vorzug, daß die Vorgänge, die die Beziehungen zu Teilhabern und Kreditgebern betreffen, als Zahlungen des Finanzbereichs in Erscheinung treten. Man darf dabei allerdings nie übersehen, daß diese Betrachtungsweise auf einer gedanklichen Trennung einheitlicher Vorgänge beruht, daß also in Wirklichkeit die Verflechtungen von Finanz- und Leistungsbereich viel enger sind als in der Darstellung der Zahlungsströme zum Ausdruck kommt. Allerdings ist die Trennung auch nicht völlig fiktiv. Beim Lieferantenkredit besteht z. B. stets die Möglichkeit, Kauf und Kreditgeschäft zu trennen, da man auf die Inanspruchnahme des Kredits verzichten kann. Ähnlich kann man auch bei Pensionszusagen Arbeitsentlohnung und Kreditgeschäft trennen, indem man eine Lebensversicherung einschaltet und die späteren Pensionszahlungen durch sofortige Beitragszahlungen ersetzt. Diese Zerlegung ist grundsätzlich immer möglich.

Wie die wichtigsten hier in Betracht kommenden Vorgänge zu interpretieren sind, sei noch einmal kurz zusammengefaßt:

1. Sacheinlage und Sachentnahme: Geldeinlage oder -entnahme mit gleichzeitigem Kauf oder Verkauf des Sachguts gegen Barzahlung.
2. Lieferantenkredit: Kauf gegen Barzahlung bei gleichzeitiger Aufnahme eines Geldkredits.
3. Langfristiger Leasing-Vertrag („Financial Leasing"): Kauf gegen Barzahlung bei gleichzeitiger Aufnahme eines Geldkredits.
4. Pensionszusagen: Barzahlung für Arbeitsleistungen bei gleichzeitiger Aufnahme eines Kredits vom Arbeitnehmer.
5. Anzahlung von Kunden: Aufnahme eines bei Lieferung rückzahlbaren Kredits, wobei die Rückzahlung dann durch den zu zahlenden Preis kompensiert wird.

2.4   Steuern und Subventionen

Besondere Bedeutung für die Abgrenzung des Finanzbereichs haben Steuerzahlungen. Manche Steuern, deren Bemessungsgrundlage finanzierungsunabhängig ist und im Leistungsbereich liegt, können als Leistungsauszahlungen angesehen werden, so z. B. Umsatzsteuer, Grundsteuer, Kraftfahrzeugsteuer u. ä. Bei anderen wichtigen Steuerarten hingegen hängt die Bemessungsgrundlage wesentlich von finanzwirtschaftlichen Dispositionen ab, so z. B. von dem Verhältnis zwischen Fremd- und Eigenfinanzierung oder von der Höhe der Gewinnausschüttungen. Hierzu gehören Einkommensteuer, Körperschaftsteuer und Gewerbeertragsteuer.

Den Steuern als Zahlungen des Unternehmens an den Staat können als in entgegengesetzte Richtung laufende Zahlungen die Subventionen gegenübergestellt werden. Subventionen, deren Bemessung nur von Gegebenheiten des Leistungsbereichs abhängt, können hierbei als Leistungseinzahlungen angesehen werden. Dem Finanzbereich als Einzahlungen zuzurechnen sind hingegen solche Subventionen, die mit Finanzierungsvorgängen verbunden sind, z. B. Zinszuschüsse.

2.5   Finanzinvestitionen

Eine letzte Gruppe von Ein- und Auszahlungen steht im Zusammenhang mit den Finanzinvestitionen. Hierunter fallen alle Investitionen, auch kurzfristige, die nichts mit dem Leistungsbereich zu tun haben, bei denen vielmehr die Absicht im Vordergrund steht, verfügbare Mittel vorübergehend anzulegen oder auch langfristige Reserven zu schaffen. Hierzu gehören Kreditgewährung sowie Anschaffung von Vermögensgegenständen wie Wertpapiere, Grundstücke, Edelmetalle u. ä. (soweit dies nicht in Zusammenhang mit dem Leistungsbereich steht). Auszahlungen entstehen bei der Investition, außerdem zum Teil auch im Zusammenhang mit der Anlagenhaltung (z. B. Instandhaltung bei bebauten Grundstücken, Grundsteuer). Einzahlungen entstehen bei Liquidation der Anlage, außerdem in Form von Erträgen wie Zinsen, Dividenden, Miet- oder Pachterträgen.

Die Differenz zwischen Ein- und Auszahlungen des Finanzinvestitionsbereichs ist der Finanzinvestitionssaldo. Wie beim Leistungsbereich kann auch beim Finanzinvestitionsbereich unterschieden werden zwischen laufenden Ein- und Auszahlungen und Zahlungen aus Investitionen und Desinvestitionen. Die Differenz der laufenden Ein- und Auszahlungen bildet den Finanzinvestitionssaldo vor Investitionen.

2.6 Finanzierungsarten

Das in Abbildung 1.1 dargestellte Ordnungsschema für die Zahlungsströme des Unternehmens ermöglicht auch eine erste begriffliche Abgrenzung von Finanzierungsarten. Auszugehen ist hierbei von den Investitionsauszahlungen des Leistungsbereichs und des Finanzbereichs.

	Investitionsauszahlungen des Leistungsbereichs
+	Investitionsauszahlungen des Finanzinvestitionsbereichs
=	Gesamte Investitionsauszahlungen

Diese Investitionsauszahlungen müssen aus dem Saldo aller übrigen Zahlungen (unter Berücksichtigung einer eventuellen Veränderung des Bestandes an Zahlungsmitteln) bestritten werden.

Zur Finanzierung zählt zunächst die Zuführung von Zahlungsmitteln durch externe Kapitalgeber, die Zuführung von Kapitaleinlagen also (Beteiligungsfinanzierung) und die Aufnahme von Krediten (Kreditfinanzierung). Den aus diesen Quellen fließenden Einzahlungen stehen Auszahlungen zur Tilgung von Krediten, evtl. auch noch Rückzahlungen von Kapitaleinlagen gegenüber. Der Saldo dieser Zahlungen bildet den Betrag der Außenfinanzierung:

	Kapitaleinlagen		
–	Kapitalrückzahlungen		
=	Beteiligungs- finanzierung (netto)		Beteiligungs- finanzierung (netto)
	Kreditaufnahme		
–	Kredittilgung		
=	Kreditfinanzierung (netto)	+	Kreditfinanzierung (netto)
		=	Außenfinanzierung

Weitere Zahlungen ergeben sich aus der laufenden Tätigkeit des Unternehmens. Hierbei handelt es sich um den Leistungssaldo und den Finanzinvestitionssaldo, beide vor Investitionen. Von diesen Zahlungen gehen zunächst Zinsen und Steuern (evtl. abzüglich Subventionen) ab. Der verbleibende Saldo ist eine Größe, die als Cash Flow bezeichnet wird. Der Cash Flow ist ein im Unternehmen erwirtschafteter Überschuß, der zum einen für Gewinnausschüttungen, zum anderen als Innenfinanzierung zur Deckung der Investitionsauszahlungen herangezogen werden kann. Zusätzlich stehen für die Innenfinanzierung Einzahlungen aus Desinvestitionen zur Verfügung.

Es bestehen also folgende Beziehungen:

	Leistungssaldo vor Investitionen
+	Finanzinvestitionssaldo vor Investitionen
–	Zinsen
–	(Steuern - Subventionen)
=	Cash Flow
–	Gewinnausschüttungen
+	Einzahlungen aus Desinvestitionen
=	Innenfinanzierung

Außenfinanzierung und Innenfinanzierung zusammen bilden somit den Saldo aller Zahlungen außer den Investitionsauszahlungen. Daraus folgt:

	Außenfinanzierung
+	Innenfinanzierung
–	Zunahme (oder + Abnahme) des Zahlungs- mittelbestandes
=	Gesamte Investitionsauszahlungen

2.7 Zusammenfassung

Der Finanzbereich des Unternehmens kann als Zentrum eines Netzes von Zahlungsströmen gesehen werden. Dies sind zum einen die im Leistungsbereich anfallenden Leistungseinzahlungen und Leistungsauszahlungen, zum anderen die von Kapitalgebern eingehenden Einzahlungen und die an diese geleisteten Auszahlungen; hinzu kommen Ein- und Auszahlungen des Finanzinvestitionsbereichs sowie Steuern und Subventionen. Aufgrund des in Abb. 1.1 dargestellten Ordnungsschemas für die Zahlungsströme des Unternehmens läßt sich die begriffliche Abgrenzung von Außen- und Innenfinanzierung herleiten.

3   Aufgaben des Finanzbereichs

3.1   Die Liquiditätsbedingung

Der Finanzbereich des Unternehmens kann als spezieller Aufgabenbereich verstanden werden. Im Mittelpunkt steht die Aufgabe, die verschiedenen Zahlungsströme so aufeinander abzustimmen, daß in jedem Zeitpunkt die Auszahlungen durch Einzahlungen und vorhandene Zahlungsmittelbestände gedeckt sind. Bei der Planung eines Aktionsprogramms ist diese Liquiditätsbedingung als notwendige Voraussetzung der Durchführbarkeit zu beachten. Ein Aktionsprogramm, dessen Realisierung Auszahlungen erfordert, die nicht geleistet werden können, ist nicht durchführbar. Die Folge ist, daß es abgeändert werden muß, in der Regel mit nachteiligen Wirkungen. Im äußersten Fall kann dies bedeuten, daß das Unternehmen sich als zahlungsunfähig erklären muß mit der Folge eines Insolvenzverfahrens.

Daraus ergibt sich zunächst für die Planung von Aktionsprogrammen das Postulat, so zu planen, daß die Liquiditätsbedingung hinsichtlich der zu erwartenden Ein- und Auszahlungen nicht verletzt wird. Mit der Planung ist es jedoch nicht getan; bei der Durchführung des Aktionsprogramms werden sich stets Abweichungen von den Planungen ergeben. Dies macht eine laufende Revision und Anpassung an die jeweiligen Verhältnisse erforderlich. Wenn erkennbar wird, daß ein Aktionsprogramm mit der Liquiditätsbedingung nicht mehr zu vereinbaren ist, so muß es modifiziert werden. So kann man z. B. Mehrauszahlungen oder Einzahlungsausfälle kompensieren, indem man zusätzliche Kredite beschafft oder Investitionen unterläßt oder verschiebt. Hierbei ist es wünschenswert, daß die mit dem Aktionsprogramm verfolgten Ziele durch die Modifikation möglichst wenig beeinträchtigt werden.

Hat ein Unternehmen z. B. ein bestimmtes Investitionsprogramm, so wird man durch Planabweichungen bedingte Liquiditätslücken zunächst durch solche Maßnahmen zu schließen suchen, die dieses Programm unberührt lassen, z. B. durch Verzicht auf Entnahmen oder zusätzliche Kreditaufnahme; Modifikationen des Investitionsprogramms selber, die weit gravierendere Folgen haben können, wird man nur vornehmen, wenn andere Möglichkeiten erschöpft sind.

Eine Anpassung des Aktionsprogramms an veränderte Gegebenheiten kann sich aber auch daraus ergeben, daß sich unerwartete Gewinnchancen bieten, deren Wahrnehmung mit Aus- und Einzahlungen verbunden ist. In diesem Fall ist eine Änderung des Aktionsprogramms wünschenswert, die aber auch wieder gemäß der Liquiditätsbedingung durchführbar sein muß.

Eine in die Zukunft gerichtete Sorge für die Liquiditätserhaltung wird daher im Auge behalten, wie sich das Unternehmen an veränderte Gegebenheiten anpassen kann (STÜTZEL 1975). Dieses Anpassungspotential umfaßt zweierlei:

1.   Die Fähigkeit, die Folgen von Mehrauszahlungen und Mindereinzahlungen ohne gravierende Folgen für das Unternehmen abwenden zu können.
2.   Die Fähigkeit, zusätzlich und unerwartet sich bietende Gewinnchancen wahrnehmen zu können.

Vorrangige Bedeutung hat der erste Gesichtspunkt: Es geht dabei darum, zu verhindern, daß die Anpassung des Aktionsprogramms nur noch mit gravierenden Folgen für das Unternehmen möglich ist. Gravierende Folgen können darin bestehen, daß gesetzte Ziele nicht erreicht werden, daß z. B. erhebliche Gewinneinbußen entstehen, weil ein Investitionsprogramm unvollständig bleibt. Die gravierenden Folgen können aber auch die Liquiditätslage selbst wieder betreffen, dann nämlich, wenn kurzfristig zur Erhaltung der Liquidität notwendige Maßnahmen zu größeren Liquiditätsschwierigkeiten in der Zukunft führen. Ist ein Unternehmen z. B. gezwungen, aus Liquiditätsgründen Wareneinkäufe einzuschränken, so kann dies in näherer Zukunft Umsatzeinbußen herbeiführen, die die Liquidität in noch stärkerem Maße gefährden.

Im äußersten Fall kann es zur Zahlungsunfähigkeit kommen. Zahlungsunfähigkeit liegt vor, wenn rechtlich unabweisbare Auszahlungsverpflichtungen nicht erfüllt werden können, wenn also alle anderen Möglichkeiten, durch Modifikation des Aktionsprogramms die Einhaltung der Liquiditätsbedingung doch noch zu erreichen, erschöpft sind. Zahlungsunfähigkeit führt zur Insolvenz des Unternehmens, die meist vor allem für die verantwortlichen Leiter des Unternehmens mit Verlusten und Nachteilen verbunden ist. Die finanzwirtschaftliche Planung wird deswegen bemüht sein, die Eintrittswahrscheinlichkeit dieses Falls sehr gering zu halten.

Zusammenfassend läßt sich feststellen: Aufgabe des Finanzbereichs ist die Erhaltung der Liquidität als Bedingung für die Durchführung des Aktionsprogramms des Unternehmens; dazu gehört auch die Vorsorge für Planabweichungen; hierfür ist ein Potential von Anpassungsmöglichkeiten vorzusehen, die die Einhaltung der Liquiditätsbedingung ohne gravierende Beeinträchtigung der Unternehmensziele und darüber hinaus die Wahrnehmung zusätzlicher Gewinnchancen ermöglichen. Die Vermeidung der Zahlungsunfähigkeit ist hierbei ein wesentlicher Gesichtspunkt, aber keineswegs allein maßgeblich.

3.2   Zielorientierte Gestaltung von Zahlungsströmen

Bei den Dispositionen, die die Gestaltung der zukünftigen Zahlungsströme betreffen, kommt es nicht nur darauf an, die Liquiditätsbedingung einzuhalten. Vielmehr gehen die Zahlungsströme auch in wesentliche Zielgrößen der Unternehmenspolitik ein. Es geht also bei der Entscheidung über Aktionsprogramme nicht nur um die Liquidität als einzuhaltende Nebenbedingung, sondern im Rahmen des dadurch abgegrenzten Zulässigkeitsbereichs zugleich um die Optimierung bestimmter Eigenschaften des Zahlungsstroms.

Private Unternehmen in einer Marktwirtschaft sind grundsätzlich so organisiert, daß die Kapitalgeber, die Eigentums- oder Beteiligungsrechte am Unternehmen haben, zugleich maßgeblichen Einfluß auf seine Leitung ausüben. Während es für alle anderen am Unternehmen interessierten Personengruppen, die Gläubiger und insbesondere die Arbeitnehmer, vertraglich fixierte Ansprüche auf bestimmte Zahlungen aus dem Unternehmen gibt, ist dies bei den Eigentümern oder Teilhabern nicht der Fall. Welche Einkünfte sie aus dem Unternehmen beziehen können, hängt davon ab, welcher Überschuß nach Begleichung aller vertraglich fixierten Verpflichtungen noch verbleibt; sie können erzielte Überschüsse für sich beanspruchen, tragen zugleich aber auch die Gefahr von Verlusten. Diese Form der Kapitalbeteiligung setzt voraus, daß die Gruppe, die auf die Erzielung von Überschüssen angewiesen ist, auch maßgeblich die Dispositionen des Unternehmens beeinflussen kann, von denen diese Überschüsse abhängen. Dies schließt eine Mitbeteiligung anderer Gruppen, etwa in Form einer Mitbestimmung der Arbeitnehmer, nicht aus. Ein Kapitalgeber wird aber kaum bereit sein, für unsichere Ertragsaussichten die Gefahr von Kapitalverlusten einzugehen, wenn die Leitung des Unternehmens seinem Einfluß entzogen ist und keine Rücksicht auf sein Interesse an der Erzielung und Ausschüttung von Überschüssen zu nehmen braucht.

Geht man davon aus, daß die Eigentümer oder Teilhaber ihren Einfluß auf die Unternehmensleitung geltend machen, um möglichst günstige Einkünfte zu erzielen, so ergibt sich ein Optimierungsproblem für die Zahlungsströme zwischen dem Unternehmen und diesen Kapitalgebern. Grundsätzlich haben die Kapitalgeber ein Interesse daran, bei gegebenem Kapitaleinsatz möglichst hohe Überschüsse zu erzielen; doch ist damit das Optimierungsproblem noch nicht präzise genug umrissen. Es muß berücksichtigt werden, daß die zeitliche Verteilung der den Kapitalgebern zufließenden Überschüsse je nach der verfolgten Unternehmenspolitik sehr unterschiedlich sein kann. Weiter ist von Bedeutung, daß Entscheidungen über Kapitaleinsatz und -verwendung nur aufgrund unsicherer Erwartungen über die damit in Zukunft erreichbaren Zahlungsströme getroffen werden können; das bedeutet, daß unter Berücksichtigung der Einstellung der Kapitalgeber zum Risiko die Anwartschaft auf unsichere zukünftige Zahlungen aus dem Unternehmen zu optimieren ist. Schließlich ist auch zu berücksichtigen, daß der Kapitaleinsatz keine Konstante des Entscheidungsproblems ist, daß vielmehr auch der Umfang der Kapitaleinzahlungen in das Unternehmen optimiert wird.

Man kann das Problem zusammenfassend so charakterisieren: Unter Beachtung der Liquiditätserhaltung als Nebenbedingung ist die optimale Kombination von Kapitaleinzahlungen und erwarteten zukünftigen Zahlungen aus dem Unternehmen zu finden, wobei die subjektiven Präferenzvorstellungen der Kapitalgeber hinsichtlich der zeitlichen Verteilung (Zeitpräferenz) und hinsichtlich der Unsicherheit (Risikopräferenz) dieser Zahlungen zu berücksichtigen sind. Dieses Optimierungsproblem, insbesondere die Aspekte der Zeit- und Risikopräferenz, hat für die finanzwirtschaftliche Theorie des Unternehmens zentrale Bedeutung.

3.3   Planung, Durchführung und Kontrolle von Aktionsprogrammen aus finanzwirtschaftlicher Sicht

Aktionsprogramme, die Gegenstand der Planung in einem Unternehmen sind, haben meist langfristige Auswirkungen auf Zahlungsströme, die in das Unternehmen herein- und aus ihm hinausfließen. Dies gilt zum einen für die Investitionen des Leistungsbereichs, zum anderen für die Transaktionen mit Kapitalgebern, die zur Finanzierung der Investitionen dienen. Investitionen sind zunächst mit Auszahlungen verbunden und führen später zu Einzahlungen. Bei Finanzierungsmaßnahmen ist die Reihenfolge umgekehrt; am Anfang stehen Einzahlungen von den Kapitalgebern an das Unternehmen; zugleich werden damit aber Verpflichtungen zu Auszahlungen in der Zukunft begründet. Ein aus Investitionen und Finanzierungsmaßnahmen bestehendes Aktionsprogramm führt somit zu zukünftigen Zahlungsströmen, die unter dem Gesichtspunkt der Liquiditätsbedingung aufeinander abgestimmt werden müssen.

Hieraus ergibt sich die Notwendigkeit finanzwirtschaftlicher Planung. Diese Planung umfaßt das gesamte Unternehmen, insbesondere auch den Leistungsbereich. Alle mit Zahlungen verbundenen Vorgänge sind direkt oder indirekt in die finanzwirtschaftliche Planung einzubeziehen; dies ergibt sich aus dem Zweck der Planung, der darin besteht, für die Einhaltung der Liquiditätsbedingung zu sorgen. Es handelt sich also nicht um die Planung für den Finanzbereich als einen Teilbereich des Unternehmens, sondern um eine Planung für das Gesamtunternehmen unter dem finanzwirtschaftlichen Aspekt der Liquidität.

Finanzwirtschaftliche Planung zielt immer auf die gegenseitige Abstimmung von Ein- und Auszahlungen. Das bedeutet aber nicht, daß die Planung alle Ein- und Auszahlungen eines langen Planungszeitraums direkt erfassen muß. Hier lassen sich zwei Betrachtungsweisen unterscheiden.

Geht man direkt von den geplanten Zahlungen aus, so läßt sich die Liquiditätsbedingung auch so formulieren: In jedem Zeitpunkt müssen die vorgesehenen Auszahlungen durch Einzahlungen und Zahlungsmittelbestände gedeckt sein. Nun ist aber der Kassenbestand eines Zeitpunkts nichts anderes als der Kassenbestand zu Anfang des Planungszeitraums zuzüglich der bis zu diesem Zeitpunkt anfallenden Einzahlungen und abzüglich der bis zu diesem Zeitpunkt anfallenden Auszahlungen. Die insgesamt bis zu einem bestimmten Zeitpunkt entstehenden Ein- oder Auszahlungen werden als kumulierte Ein- oder Auszahlungen bezeichnet. Aus der Liquiditätsbedingung ergibt sich somit folgendes Postulat: Plane so, daß in jedem Zeitpunkt die kumulierten Auszahlungen nicht größer werden als die Summe aus dem Anfangsbestand an Zahlungsmitteln und den kumulierten Einzahlungen. Wenn die Planung direkt auf die Erfüllung dieses Postulats gerichtet ist, so entspricht das einer Betrachtungsweise, die als kumulativ-pagatorisch bezeichnet wird (MÜLHAUPT 1966, S. 12–15).

Die Problematik einer finanzwirtschaftlichen Planung gemäß der kumulativ-pagatorischen Betrachtungsweise liegt vor allem darin, daß zukünftige Zahlungen nicht mit Sicherheit vorhersehbar sind. Das Postulat bleibt dadurch unberührt; fraglich wird aber, wie es erfüllt werden kann. Es genügt offenbar nicht, daß der Ausgleich der kumulierten Zahlungen nur für einen mittleren erwarteten Ablauf der zukünftigen Ereignisse gewährleistet ist. Vielmehr muß die Planung auch Abweichungen von diesem Ablauf in Betracht ziehen und dafür Vorkehrungen treffen, etwa in Form von finanziellen Reserven oder von Alternativplänen zur Anpassung an veränderte Gegebenheiten.

In der praktischen Finanzplanung findet man eine andere Betrachtungsweise, die vor allem für die langfristige Planung von Bedeutung ist. Diese Betrachtungsweise zeichnet sich dadurch aus, daß sich die Planung nicht direkt auf die zukünftigen Ein- und Auszahlungen richtet, sondern auf bestimmte Relationen zwischen Vermögen und Verbindlichkeiten. Hierbei geht man von den in der Bilanz angesetzten Werten für Vermögen und Verbindlichkeiten aus. Diese Betrachtungsweise wird deswegen als bilanzorientiert bezeichnet.

Bei der bilanzorientierten Betrachtungsweise geht es letzten Endes auch um die Einhaltung der Liquiditätsbedingung. Ebenso wie bei der kumulativ-pagatorischen Betrachtungsweise ist das Ziel der Planung, den Ausgleich der kumulierten Ein- und

Auszahlungen zu sichern. Dies wird aber nicht durch direkte Planung der Ein- und Auszahlungen angestrebt, sondern durch Orientierung an der durch bestimmte Verhältniszahlen charakterisierten Bilanzstruktur. Für diese Verhältniszahlen (z. B. den Verschuldungsgrad oder den Anlagendeckungsgrad) werden Normen aufgestellt, die nicht über- oder unterschritten werden sollen. Man geht davon aus, daß die Einhaltung derartiger Bilanzstrukturnormen günstige Voraussetzungen dafür schafft, in einer kurzfristigen Planung jeweils den angestrebten Ausgleich von Ein- und Auszahlungen zu erreichen (s. hierzu Kapitel III, Abschnitt 3.3).

Eine Orientierung der praktischen Finanzplanung an der Bilanz ergibt sich zwangsläufig auch daraus, daß im Insolvenzrecht für Kapitalgesellschaften neben der bereits eingetretenen Zahlungsunfähigkeit und drohender Zahlungsunfähigkeit ein weiterer Tatbestand vorgesehen ist, der zur Auslösung eines Insolvenzverfahrens führt, nämlich die Überschuldung. Überschuldung liegt vor, wenn die Verbindlichkeiten auf der Passivseite der Bilanz das Vermögen auf der Aktivseite übersteigen. Eine Begründung dafür, daß der Gesetzgeber Überschuldung als Insolvenzgrund vorsieht, führt wieder zurück zur zahlungsorientierten Betrachtungsweise. Überschuldung wird als Indiz bevorstehender Zahlungsunfähigkeit angesehen; wenn die Verbindlichkeiten nicht mehr durch das Vermögen gedeckt sind, ist bei Kapitalgesellschaften, in denen ein Rückgriff auf das Privatvermögen der Teilhaber ausgeschlossen ist, über kurz oder lang mit hoher Wahrscheinlichkeit Zahlungsunfähigkeit zu erwarten. Für die finanzwirtschaftliche Planung ergibt sich daraus im Hinblick auf das Ziel der Insolvenzvermeidung die Notwendigkeit, sich nicht nur an Zahlungen, sondern auch an der Bilanz zu orientieren.

Ein Vorzug der bilanzorientierten Betrachtungsweise wird oft darin gesehen, daß man ohne die explizite Prognose zukünftiger Zahlungen auskommt. An deren Stelle tritt die Prognose der Auswirkungen von Aktionsprogrammen auf zukünftige Bilanzen. Allerdings beruhen diese Prognosen ebenfalls letztlich auf bestimmten Annahmen über zukünftige Zahlungen, auch wenn sie im allgemeinen nicht explizit angegeben werden. Ein Vorteil ist, daß mit der bilanzorientierten Betrachtungsweise eine engere Verbindung zwischen der Finanzplanung und der im Zentrum des betrieblichen Rechnungswesens stehenden Buchhaltung und Bilanzierung hergestellt wird. In der Finanzplanung rückt die Erstellung von Planbilanzen und Erfolgsrechnungen in den Vordergrund; die Erreichung der Planziele kann unmittelbar durch Vergleich mit den im Jahresabschluß ausgewiesenen Ergebnissen kontrolliert werden. Ein weiterer Vorteil der bilanzorientierten Betrachtungsweise liegt darin, daß auch Kreditgeber sich bei der Beurteilung der Kreditwürdigkeit des Unternehmens an der Bilanz orientieren. Bei diesen Vorzügen darf die grundsätzliche Problematik der bilanzorientierten Betrachtungsweise nicht übersehen werden. Diese liegt in der grundlegenden Annahme, daß ein enger Zusammenhang besteht zwischen der Einhaltung von Bilanzstrukturnormen und der Fähigkeit des Unternehmens, im Rahmen kurzfristiger Planungen jeweils den Ausgleich von Ein- und Auszahlungen zu erreichen.

Unabhängig davon, ob gemäß der kumulativ-pagatorischen oder der bilanzorientierten Betrachtungsweise geplant wird, ist die Erhaltung der Liquidität nicht nur eine Frage der Planung, sondern auch der Planausführung.

Durch Pläne werden Richtlinien und Rahmenbedingungen für die tatsächlichen Dispositionen und Abläufe gesetzt. Doch ist ein vollkommen planmäßiger Ablauf praktisch nie zu erreichen. Zum einen ergeben sich Abweichungen, weil die äußeren Gegebenheiten, die durch Dispositionen im Unternehmen nicht beeinflußt werden können, sich anders entwickeln können als die Planung es vorsieht. Zum anderen muß auch das Handeln im Unternehmen den vom Plan abweichenden Gegebenheiten ständig angepaßt werden. Die Durchführung der Planung ist deswegen kein Ablauf in vorgezeichneten Bahnen, sondern ein Prozeß ständiger Anpassung und Planfortschreibung gemäß dem jeweils erreichten Informationsstand.

Aus finanzwirtschaftlicher Sicht kommt es bei der Plandurchführung in erster Linie wieder auf den Ausgleich von Ein- und Auszahlungen an. Weiter sollen Planabweichungen nicht zu unerwünschten Bilanzrelationen führen. Schließlich ist auch der Gesichtspunkt der zielorientierten Gestaltung der Zahlungsströme zu berücksichtigen; Abweichungen von den bei der Planung zugrunde gelegten Gegebenheiten können auch unter diesem Gesichtspunkt Änderungen des Aktionsprogramms bedingen.

Die Durchführung eines Aktionsprogramms erfordert somit:

1. Die laufende Beobachtung der für die Planrealisierung wesentlichen äußeren Gegebenheiten (z. B. Löhne, Preise, erzielbare Absatzmengen), vor allem im Hinblick auf die sich daraus ergebenden Ein- und Auszahlungen.
2. Die laufende Anpassung der zu treffenden Dispositionen unter gleichzeitiger Fortschreibung der Planung mit dem Ziel des Ausgleichs von Ein- und Auszahlungen, der Erhaltung erwünschter Bilanzrelationen und der zielorientierten Gestaltung der Zahlungsströme.

Damit ist auch das Erfordernis laufender Kontrolle der Durchführung von Aktionsprogrammen begründet. Kontrolle bedeutet die Sammlung von Informationen über den Ablauf des Aktionsprogramms, den Vergleich des tatsächlichen Ablaufs mit dem geplanten und die Feststellung von Abweichungen. Kontrolle liefert die Informationen, aufgrund deren die Dispositionen laufend den Gegebenheiten angepaßt werden. Daneben hat Kontrolle noch einen zweiten Zweck. Die Durchführung des geplanten Aktionsprogramms ist meist auf eine Vielzahl von Personen verteilt, die innerhalb bestimmter Grenzen selbständig agieren und disponieren. Um zu erreichen, daß diese Personen sich an den Rahmen des Plans halten und ihren Dispositionsspielraum im Sinne der ihnen vorgegebenen Ziele nutzen, bedarf es der Kontrolle. Kontrolle ist die Basis von Sanktionen gegen Fehlverhalten, kann zugleich aber auch im positiven Sinne motivieren, indem an gute Kontrollergebnisse materielle oder immaterielle Prämien geknüpft werden.

Ein wesentliches Instrument der Kontrolle speziell für finanzwirtschaftliche Vorgänge ist das Rechnungswesen des Unternehmens. Im Zusammenhang mit der Planung und Durchführung von Aktionsprogrammen stellt sich daher auch immer die Frage, welche Kontrollinformationen für die aus finanzwirtschaftlicher Sicht erforderliche Überwachung und Anpassung der laufenden Dispositionen benötigt werden, ob das Rechnungswesen diese Information in geeigneter Form und zur rechten Zeit liefern kann und wie das Rechnungswesen zu gestalten ist, um dieser Aufgabe gerecht zu werden.

3.4   Zusammenfassung

Für den Finanzbereich steht die Aufgabe der Gestaltung der Zahlungsströme des Unternehmens im Mittelpunkt. Dazu gehört zum einen die Erhaltung der Liquidität, zum anderen die zielorientierte Gestaltung der Zahlungsströme.

Für die Planung von Aktionsprogrammen gilt generell die Liquiditätsbedingung: Alle erforderlichen Auszahlungen müssen durch Zahlungsmittelbestände und Einzahlungen gedeckt sein; angesichts einer unsicheren Zukunft muß dafür Sorge getragen werden, daß eine Anpassung des Aktionsprogramms an veränderte Gegebenheiten unter Beachtung der Liquiditätsbedingung möglich bleibt, ohne daß dies mit gravierenden Nachteilen, etwa dem Eintritt der Insolvenz, verbunden ist. Bei der Zielorientierung liegt das Problem darin, die Präferenzen der Kapitalgeber hinsichtlich des Risikos und der zeitlichen Verteilung von Zahlungen in geeigneter Weise zu berücksichtigen.

Die finanzwirtschaftliche Planung kann sich entweder direkt an den Ein- und Auszahlungen des Unternehmens orientieren (kumulativ-pagatorische Betrachtungsweise) oder an den in der Bilanz ausgewiesenen Vermögenspositionen und Verbindlichkeiten (bilanzorientierte Betrachtungsweise). Beide Betrachtungsweisen stehen nicht in Gegensatz zueinander, ergänzen sich vielmehr; letztlich geht es auch bei der bilanzorientierten Betrachtungsweise um die Sicherung der Liquidität im Sinne des Ausgleichs von Zahlungsströmen.

4   Organisation der Finanzwirtschaft

4.1   Aufgabenabgrenzung und Instanzenbildung

Das zentrale Problem organisatorischer Gestaltung ist die Abgrenzung von Aufgabenbereichen und ihre Zuordnung zu Instanzen, die mit den zur Erfüllung dieser Aufgaben erforderlichen Kompetenzen ausgestattet werden und die Verantwortung dafür tragen. Bei der Abgrenzung eines finanzwirtschaftlichen Aufgabenbereichs steht im Mittelpunkt die Sorge für die Erhaltung der Liquidität und für die zielorientierte Gestaltung der Zahlungsströme. Damit ist allerdings zunächst nur eine Zielorientierung des Finanzbereichs angegeben, noch keine Aufgabenabgrenzung für die organisatorische Gestaltung.

Bei dieser Abgrenzung ergeben sich gewisse Schwierigkeiten. Liquiditätserhaltung und zielorientierte Gestaltung beziehen sich auf die Gesamtheit der Zahlungsströme des Unternehmens. Eingeschlossen sind darin die Zahlungen, die sich aus dem Prozeß der Leistungserstellung und -verwertung ergeben, die Leistungseinzahlungen und -auszahlungen. Deswegen ist eine klare Grenzziehung und Kompetenzabgrenzung zwischen Finanz- und Leistungsbereich nicht ohne weiteres möglich. Man kann nicht einer dem Finanzbereich zugeordneten Instanz die Kompetenz für sämtliche Vorgänge und Aktivitäten zuordnen, die mit Zahlungen verbunden sind; das würde auf eine organisatorische Unterwerfung des Leistungsbereichs unter die finanzwirtschaftliche Instanz hinauslaufen. Andererseits setzt die Erfüllung der liquiditätsorientierten Aufgaben die Berücksichtigung aller zahlungswirksamen Vorgänge voraus.

Man kann aus diesen Gründen zwei Arten von finanzwirtschaftlichen Aufgaben unterscheiden, zum einen Aufgaben, die einem eigenständigen finanzwirtschaftlichen Kompetenzbereich zugeordnet werden können, zum anderen Aufgaben, die sich auf die Aktivitäten anderer Bereiche beziehen und auf deren Koordinierung hinsichtlich des Ausgleichs und der optimalen Gestaltung der damit verbundenen Zahlungsströme abzielen. Zu den Aufgaben des eigenständigen finanzwirtschaftlichen Kompetenzbereichs gehören insbesondere folgende Tätigkeiten:

1. Die Abwicklung des Zahlungsverkehrs und die Disposition über Zahlungsmittelbestände.
2. Alle Transaktionen, die mit externen Finanzierungsmaßnahmen in Zusammenhang stehen, so die Zuführung von externen Mitteln als Kredit oder als Beteiligungskapital, die Erfüllung der aus Finanzierungsmaßnahmen resultierenden Verpflichtungen, d. h. Zins- und Tilgungszahlungen, die Gestaltung von Gewinnausschüttungen, kurz alle Maßnahmen, die das Verhältnis zwischen dem Unternehmen und seinen Kapitalgebern berühren.
3. Die Bildung, Verwaltung und Liquidation von Finanzinvestitionen, d. h. von Investitionen, die nichts mit dem Leistungsbereich zu tun haben, sondern nur als Reserve zur Sicherung der Liquidität oder als zeitweilige Anlage von im Leistungsbereich nicht benötigten Mitteln dienen.

Neben diese eigenständigen Funktionsbereiche der Finanzwirtschaft treten die Aufgaben, die sich aus der Notwendigkeit der Koordination aller Aktivitäten des Unternehmens unter dem Gesichtspunkt der Liquiditätserhaltung ergeben. Hierbei geht es vor allem darum, Informationen über die aus den Dispositionen aller Bereiche resultierenden Zahlungen in die finanzwirtschaftliche Planung einzubringen, zugleich aber auch diese Dispositionen direkt oder indirekt zu lenken, um damit den Ausgleich und die zielentsprechende Gestaltung der Zahlungsströme zu sichern. Zur Wahrnehmung dieser Aufgaben müssen die für die Finanzwirtschaft zuständigen Instanzen über bestimmte Kompetenzen und Lenkungsinstrumente verfügen, die eine Einwirkung auf andere Bereiche ermöglichen.

Bei der Bildung finanzwirtschaftlicher Instanzen und organisatorischer Einheiten richtet man sich meist nach dem Prinzip der Verrichtungszentralisation, d. h. die finanzwirtschaftlichen Aufgaben werden in einer organisatorischen Einheit zusammengefaßt. Dies geschieht auch dann, wenn im übrigen die Organisationsgliederung nach anderen Prinzipien erfolgt, etwa nach Objekten wie Produkten oder Produktgruppen oder nach räumlichen Einheiten; den so gebildeten Geschäftsbereichen wird i. d. R. keine eigene Finanzabteilung zugeordnet; vielmehr werden die finanzwirtschaftlichen Aufgaben in einer zentralen Finanzabteilung zusammengefaßt. Für Großunternehmen ist typisch, daß bereits auf der Ebene der höchsten Entscheidungsinstanz (Vorstand, Geschäftsführer, Geschäftsführende Gesellschafter) ein Mitglied des Kollegiums für den Finanzbereich oder einen diesen umfassenden weiteren Bereich (z. B. Finanzen und Rechnungswesen) zuständig ist. Dies ist dann zugleich der Leiter der für alle finanzwirtschaftlichen Aufgaben zuständigen Abteilung.

Es lassen sich verschiedene Gründe für diese Zentralisierung finanzwirtschaftlicher Aufgaben anführen:

1. Die Liquidität muß für das Unternehmen insgesamt gesichert werden; eine dezentrale Liquiditätssicherung einzelner Teilbereiche würde den Aktivitäten des Unternehmens zu enge Restriktionen setzen. Es ist gar nicht erforderlich, daß in jedem Teilbereich ein Ausgleich von Ein- und Auszahlungen erzielt wird. Vielmehr kann es durchaus einzelne Über- oder Unterdeckungen geben, die sich nur für das Unternehmen insgesamt ausgleichen müssen.
2. Liquiditätssicherung setzt wegen der Ungewißheit über Höhe und Zeitpunkt von Zahlungen das Halten von Liquiditätsreserven voraus, d. h. von Beständen an Zahlungsmitteln, leicht liquidierbaren Vermögensgegenständen und unausgenutzten Kreditlinien. Eine zentrale Liquiditätspolitik für das gesamte Unternehmen kann insgesamt mit geringeren Reserven auskommen, weil damit gerechnet werden kann, daß sich Planabweichungen in einzelnen Teilbereichen zumindest teilweise ausgleichen werden.
3. Die Anlage von im Leistungsbereich nicht benötigten Mitteln in Form von Finanzinvestitionen kann durch eine zentrale Instanz besser gesteuert werden als bei Dezentralisierung. Dies ergibt sich daraus, daß die umfassende Information über Anlagemöglichkeiten in einer zentralen Stelle mit geringeren Kosten zu erreichen ist als in mehreren dezentralen Stellen, weiterhin daraus, daß sich mit wachsendem Anlagevolumen günstigere Anlagemöglichkeiten und vor allem bessere Möglichkeiten der Risikostreuung ergeben.
4. Aus rechtlichen Gründen können bestimmte Maßnahmen der Kapitalbeschaffung und Kapitalumstrukturierung nur vom Leitungsorgan des Unternehmens vorgenommen werden. Für die Planung und Abwicklung derartiger Maßnahmen muß deshalb eine zentrale Finanzabteilung zur Verfügung stehen.

Die aus diesen Gesichtspunkten in der Regel erfolgende Zusammenfassung der finanzwirtschaftlichen Aufgaben in einer zentralen Stelle schließt nicht unbedingt aus, daß in begrenztem Umfang eine Aufgabendelegation an andere organisatorische Einheiten erfolgt. So kann es z. B. zweckmäßig sein, räumlich getrennten Zweigwerken oder Filialen die Abwicklung eines Teils ihres Zahlungsverkehrs zu übertragen, vielleicht sogar sie darüber hinaus zur Aufnahme bestimmter Kredite (etwa von Kontokorrentkrediten im Rahmen der von der Zentrale mit einer Bank vereinbarten Kreditlinien) zu ermächtigen. In diesem Fall können sich gewisse Probleme daraus ergeben, daß die zentrale Finanzabteilung den in anderen Teilbereichen mit finanzwirtschaftlichen Aufgaben betrauten Stellen einerseits nicht übergeordnet ist, andererseits darauf angewiesen ist, die Tätigkeit dieser Stellen zu überwachen und zu lenken, um die zentrale Aufgabe der Liquiditätssicherung erfüllen zu können.

4.2   Die organisatorische Verbindung von Finanzen und Rechnungswesen

Oft findet man auf den höheren Ebenen der organisatorischen Hierarchie von Unternehmen Instanzen, deren Zuständigkeit nicht allein die Finanzwirtschaft, sondern zugleich andere, damit verwandte Aufgabenbereiche umfaßt. Häufig ist insbesondere eine organisatorische Verbindung von Finanzen und Rechnungswesen. In größeren Unternehmen gibt es meist ein Ressort „Finanzen und Rechnungswesen", das einem Mitglied des obersten Leitungskollegiums (Vorstand oder Geschäftsführung) unterstellt ist.

Im angelsächsischen Sprachbereich gibt es für die Funktionsträger, bei denen die oberste Zuständigkeit für „Finanzen" bzw. „Rechnungswesen" liegt, die Bezeichnung „Treasurer" und „Controller". Beim Treasurer liegt der Schwerpunkt des Aufgabenbereichs in der Kontrolle und Steuerung von Zahlungsvorgängen, beim Controller im Rechnungswesen einschließlich der Planungsrechnung. Beide Aufgabenbereiche sind schwer voneinander abzugrenzen und auf jeden Fall nur in enger Kooperation wahrzunehmen.

Die organisatorische Verbindung von Finanzen und Rechnungswesen ist durch die sachlichen Zusammenhänge zwischen beiden Bereichen begründet:

1. Die Erfüllung finanzwirtschaftlicher Aufgaben, insbesondere die Abwicklung und Überwachung des Zahlungsverkehrs und der Kreditbeziehungen, ist auf das Rechnungswesen als Informationsgrundlage angewiesen. Ein wesentlicher Teil der Buchhaltung dient der Erfassung und Überwachung des Zahlungsverkehrs und der Kreditbeziehungen. So fällt z. B. das Mahn- und Inkassowesen grundsätzlich in den finanzwirtschaftlichen Aufgabenbereich; praktisch kann es aber nicht von der Debitorenbuchhaltung getrennt werden, die dem Rechnungswesen zuzuordnen ist.

2. Finanzwirtschaftliche Planung richtet sich zum Teil direkt auf die Gestaltung von Zahlungsströmen, zum großen Teil aber auch indirekt auf die Schaffung geeigneter Voraussetzungen für die Liquiditätserhaltung in Form der Einhaltung bestimmter Bilanzstrukturnormen. Dies gilt vor allem für die langfristige Finanzplanung, bei der die Planung zukünftiger Bilanzen besondere Bedeutung hat. Im Rahmen des Rechnungswesens steht zunächst die vergangenheitsbezogene Bilanzierung im Vordergrund; doch kann diese Aufgabe auch auf die Erstellung von Planbilanzen erweitert werden. Auf jeden Fall sind Vergangenheits- und Zukunftsbilanzen nach den gleichen Methoden und Prinzipien zu erstellen; hier überschneiden sich wieder die Aufgaben von Finanzwirtschaft und Rechnungswesen.

3. Zum Bereich des Rechnungswesens zählt man in der Regel auch die Budgetierung. Man versteht darunter eine Planungsrechnung, die zur Vorgabe von Sollwerten für alle wesentlichen Rechengrößen an die einzelnen organisatorischen Teilbereiche des Unternehmens führt. Die Budgetierung dient zum einen dazu, eine geschlossene und für alle Teilbereiche in sich abgestimmte Gesamtplanung zu erarbeiten; zum anderen soll durch die Planvorgaben an die für die Ausführung zuständigen Instanzen erreicht werden, daß deren Dispositionen sich in den Rahmen der Gesamtplanung einfügen. Die enge Verbindung von Budgetierung und vergangenheitsbezogenem Rechnungswesen ergibt sich daraus, daß die Einhaltung der Budgetvorgaben stets durch Vergleich mit den Istwerten kontrolliert werden muß. Die Vergleichbarkeit ist nur gegeben, wenn Soll- und Istwerte dem gleichen einheitlichen Rechnungssystem entstammen. Budgetierung ist somit Teil des Rechnungswesens, zugleich aber ein wichtiges Lenkungsinstrument der Finanzwirtschaft. Da Dispositionen in vielen Bereichen des Unternehmens,

insbesondere im Leistungsbereich, finanzwirtschaftliche Auswirkungen haben, indem sie Aus- und Einzahlungen sowie Änderungen der Bilanzstruktur verursachen, kann die finanzwirtschaftliche Aufgabe der Liquiditätssicherung nur erfüllt werden, wenn alle derartigen Vorgänge von der finanzwirtschaftlichen Planung erfaßt und soweit wie notwendig gelenkt werden. Die Budgetierung kann hierbei als wirksames Lenkungsinstrument eingesetzt werden. Budgetvorgaben bewirken, daß alle Dispositionen im Rahmen der auch unter finanzwirtschaftlichen Gesichtspunkten aufgestellten Gesamtplanung bleiben.

4. Im Zusammenhang mit der aus dem Rechnungswesen hervorgehenden Bilanzierung sind Entscheidungen zu treffen, die zum einen die Struktur der ausgewiesenen Bilanz festlegen, zum anderen den Gewinnausweis bestimmen, der unmittelbar maßgeblich für finanzwirtschaftliche Vorgänge und Dispositionen ist. Entscheidungen, die den Gewinnausweis betreffen, sind zugleich Vorentscheidungen über die Gewinnverwendung. In Personengesellschaften hängt, sofern im Gesellschaftsvertrag keine andere Regelung getroffen wird, von dem im Jahresabschluß ausgewiesenen Gewinn ab, welchen Betrag jeder Teilhaber entnehmen darf. Für Kapitalgesellschaften gilt die gesetzliche Regelung, daß das für den Ausschüttungsbeschluß zuständige Organ an den Jahresabschluß gebunden ist. Entscheidungen über die Ausübung von Aktivierungs-, Passivierungs- und Bewertungswahlrechten bei der Bilanzierung sind somit zugleich finanzwirtschaftlich bedeutsame Entscheidungen; das gleiche gilt für Entscheidungen über die Bildung und Auflösung von Rücklagen in der Bilanz.

5. Bilanzierungsentscheidungen müssen stets auch unter dem Gesichtspunkt steuerlicher Auswirkungen gesehen werden. Die für die Handelsbilanz getroffenen Wahlentscheidungen sind auch für die Steuerbilanz maßgeblich, soweit dem nicht zwingende steuerrechtliche Vorschriften entgegenstehen. Für steuerliche Fragen wird in größeren Unternehmen in der Regel eine Steuerabteilung gebildet, in der die auf diesen Bereich bezogenen speziellen Fachkenntnisse konzentriert sind. Die Steuerabteilung muß eng sowohl mit der Abteilung Finanzen als auch mit der Abteilung Rechnungswesen zusammenarbeiten. Einerseits muß bei finanzwirtschaftlichen Dispositionen auf die damit verbundenen steuerlichen Belastungen Rücksicht genommen werden, andererseits muß das Rechnungswesen gemäß den steuerlichen Vorschriften und im Hinblick auf steuerliche Auswirkungen gestaltet werden. Die enge Beziehung zwischen den drei Tätigkeitsbereichen führt dazu, daß Finanzen, Rechnungswesen und Steuern meist organisatorisch eng miteinander verbunden sind, häufig in der Weise, daß alle drei Bereiche als Unterabteilungen dem Ressort „Finanzen und Rechnungswesen" zugeordnet sind.

4.3 Kompetenzen und Lenkungsinstrumente

Die Finanzabteilung hat zunächst ihren eigenständigen Kompetenzbereich, der insbesondere den Zahlungsverkehr, die Gestaltung der Beziehungen zu Kapitalgebern und die Finanzinvestitionen umfaßt. Darüber hinaus hat sie Aufgaben, die die Grenzen ihres eigenständigen Kompetenzbereichs überschreiten und die im wesentlichen in der Koordination aller Aktivitäten im Unternehmen unter dem Gesichtspunkt der

Liquiditätssicherung und der Optimierung der Zahlungsströme bestehen. Dispositionen im Leistungsbereich führen zu Leistungseinzahlungen und Leistungsauszahlungen. Die Finanzabteilung muß, um den Ausgleich der Zahlungen sichern zu können, über diese Dispositionen und ihre Auswirkungen zumindest informiert sein. Die Information allein ist aber nicht immer hinreichend; darüber hinaus muß auch die Möglichkeit bestehen, die Dispositionen selbst zu beeinflussen, um zu verhindern, daß die Liquiditätserhaltung gar nicht mehr oder nur noch zu sehr ungünstigen Bedingungen gesichert werden kann. Hier kommen direkte und indirekte Einwirkungsmöglichkeiten der Finanzabteilung in Frage.

Direkte Einwirkungsmöglichkeiten können dadurch gegeben sein, daß die Finanzabteilung bei Entscheidungen im Leistungsbereich Mitwirkungs-, Anordnungs- oder Vetorechte hat. Mitwirkungsrechte können insbesondere durch Mitgliedschaft in beratenden oder entscheidenden Ausschüssen wahrgenommen werden; vor allem Investitionsentscheidungen fallen oft in derartigen Ausschüssen, in denen die Vertreter der Finanzabteilung ein gewichtiges Wort mitzusprechen haben. Die Stellung der Finanzabteilung wird noch wesentlich stärker, wenn sie ein Vetorecht hat, wenn also bestimmte Maßnahmen gegen ihren Einspruch nicht durchgeführt werden können. Noch weiter gehen Anordnungsrechte, die der Finanzabteilung die Möglichkeit geben, bestimmte Maßnahmen zu erzwingen.

Gegenüber Anordnungs- oder Vetorechten der Finanzabteilung haben die betroffenen Instanzen im Leistungsbereich nur noch die Möglichkeit, eine übergeordnete Instanz anzurufen; das ist in der Regel die oberste Entscheidungsinstanz des Unternehmens. Der Nachteil einer derart starken Position der Finanzabteilung im Entscheidungsprozeß ist, daß die Entscheidungskompetenzen der Instanzen im Leistungsbereich stark beschnitten werden. Das wirkt sich nicht fördernd auf deren Initiative und Entscheidungsfreudigkeit aus. Andererseits fehlt es in der Finanzabteilung an der erforderlichen Sachkenntnis dafür, die Entscheidungsinitiative für den gesamten Leistungsbereich selber zu übernehmen. Diese Gesichtspunkte lassen eine zu starke Ausgestaltung der Mitwirkungsrechte der Finanzabteilung als weniger zweckmäßig erscheinen.

Indirekte Einwirkungsmöglichkeiten haben den Vorzug, daß die Entscheidungsfreiheit der betroffenen Instanzen grundsätzlich gewahrt bleibt; es werden ihnen lediglich Rahmenbedingungen vorgegeben, an die sie sich zu halten haben. Für die indirekte Geltendmachung finanzwirtschaftlicher Gesichtspunkte bei Entscheidungen im Leistungsbereich kommen zwei Lenkungsinstrumente in Frage:

1. die Budgetierung,
2. die pretiale Lenkung in Form der Vorgabe eines kalkulatorischen Zinssatzes für in Anspruch genommenes Kapital.

Budgetierung bedeutet, daß die Dispositionsfreiheit der einzelnen Abteilungen durch Limitierung von Auszahlungen und Planvorgaben für Einzahlungen eingeschränkt wird. Innerhalb dieser Grenzen kann frei entschieden werden. Der Ausgleich von Einzahlungen und Auszahlungen wird damit zunächst zu einem Problem der Budgetaufstellung. Hierbei wird die Finanzabteilung auf jeden Fall mitwirken.

Von pretialer Lenkung spricht man, wenn die Abteilungen des Leistungsbereichs nach eigenem Ermessen disponieren können, dabei aber für die Inanspruchnahme von Sachgütern und Dienstleistungen aus anderen Bereichen des Unternehmens einen Preis zu entrichten haben. Die Kontrolle erfolgt über die Erfolgsrechnungen der einzelnen Teilbereiche, denen die in Anspruch genommenen Güter, mit innerbetrieblichen Preisen bewertet, als Kosten belastet werden; zugleich werden die an andere Teilbereiche gelieferten Güter, ebenfalls mit innerbetrieblichen Preisen bewertet, der Erfolgsrechnung als Ertrag gutgeschrieben. Es bleibt der Leitung des jeweiligen Teilbereichs überlassen, so zu disponieren, daß der Teilbereichserfolg möglichst groß wird. Die pretiale Lenkung beruht auf der Voraussetzung, daß es möglich ist, die Dispositionen der Teilbereiche durch innerbetriebliche Preise im Sinne der vom Unternehmen verfolgten Ziele zu lenken.

Auf das Verhältnis zwischen Finanzabteilung und Abteilungen des Leistungsbereichs angewandt, läuft das Prinzip der pretialen Lenkung darauf hinaus, daß die Teilbereiche für die Inanspruchnahme von Kapital in ihren Erfolgsrechnungen mit kalkulatorischen Zinsen belastet werden. Über die Höhe des kalkulatorischen Zinsfußes werden die zu Kapitalbindung und -freisetzung führenden Dispositionen im Sinne finanzwirtschaftlicher Ziele beeinflußt. Zum einen wird dadurch erreicht, daß die Teilbereiche bei allen Dispositionen, die zu Auszahlungen führen, darauf achten, daß diese Mittel später in Form von Einzahlungen nicht nur zurückfließen, sondern auf das zwischenzeitlich gebundene Kapital auch eine Verzinsung erwirtschaftet wird. Zum anderen kann durch die Höhe der angesetzten Zinsen die Nachfrage des Leistungsbereichs nach Mitteln für Investitionszwecke beeinflußt und den Möglichkeiten der Kapitalbereitstellung durch den Finanzbereich angepaßt werden.

Die pretiale Lenkung über die kalkulatorischen Zinsen hat gegenüber der Budgetierung den Vorzug, daß dem Leistungsbereich ein größerer Entscheidungsspielraum verbleibt und damit die Vorteile dezentraler Entscheidungen in kleinen und besser überschaubaren Teilbereichen mehr zu Geltung kommen. Allerdings wird es bei Verzicht auf jede budgetäre Begrenzung schwierig, den sich aus dezentralen Einzelentscheidungen ergebenden Gesamtkapitalbedarf im voraus abzuschätzen. Man versucht zwar, die Höhe des Kapitalbedarfs durch den Ansatz der kalkulatorischen Zinsen im Rahmen der durch die gegebenen Finanzierungsmöglichkeiten gesetzten Grenzen zu halten. Inwieweit dies gelingt, ist aber ungewiß. Deswegen wird die pretiale Lenkung in reiner Form kaum praktiziert; sie hat aber erhebliche praktische Bedeutung in Verbindung mit anderen Lenkungsmethoden wie der Budgetierung.

4.4   Zusammenfassung

Man kann zwei Arten von finanzwirtschaftlichen Aufgaben unterscheiden, solche, die ganz einem eigenständigen finanzwirtschaftlichen Kompetenzbereich zugeordnet werden können (z. B. Zahlungsverkehr, externe Finanzierungsmaßnahmen, Finanzinvestitionen), und solche, die die Koordination von Vorgängen in anderen Bereichen unter dem Gesichtspunkt der Liquidität und der Verfolgung finanzwirtschaftlicher Ziele betreffen. Die finanzwirtschaftlichen Aufgaben eines Unternehmens werden oft in einer organisatorischen Einheit zusammengefaßt; eine Aufgabendelegation an andere organisatorische Einheiten ist zwar nicht ausgeschlossen, aber nur in beschränktem Ausmaß zweckmäßig. Aus den Sachzusammenhängen ergibt sich meist eine organisatorische Verbindung zwischen den Bereichen Finanzen und Rechnungswesen, denen in der Regel auch die Steuerabteilung zugeordnet ist. Um finanzwirtschaftlichen Gesichtspunkten im ganzen Unternehmen Geltung zu verschaffen, werden der Finanzabteilung einerseits Mitwirkungs-, Anordnungs- oder Vetorechte eingeräumt, andererseits kann sie indirekte Lenkungsinstrumente wie Budgetierung und pretiale Lenkung einsetzen.

Literaturangaben zu Kapitel I

Zu 1
Zu den rechtlich-institutionellen Grundlagen der Finanzierung siehe BÜSCHGEN 1991, VORMBAUM 1995 und WÖHE/BILSTEIN 2002.

Zur stärkeren Berücksichtigung theoretischer Aspekte siehe die deutschsprachigen Lehrbücher von DRUKARCZYK 1993 und 1999, HAHN 1983, KRUSCHWITZ 2002, PERRIDON/STEINER 2002, R. H. SCHMIDT 1981, SCHMIDT/TERBERGER 1997, D. SCHNEIDER 1992, SPREMANN 1996, SÜCHTING 1995, SWOBODA 1994 und 1996, sowie die englischsprachigen Lehrbücher von COPELAND/WESTON 1988 und BREALEY/MYERS 2003.

Zu den Zielen und Zielbeziehungen in den Unternehmungen siehe SCHIEMENZ/SEIWERT 1979.

Zu den Interessen von Managern, Kapitalgebern und Arbeitnehmern siehe ALCHIAN 1974, CHMIELEWICZ 1975, GERUM/RICHTER/STEINMANN 1981, KÜPPER 1974, RIDDE-RABB 1980, STEINMANN 1969, WITTE 1980a und 1980b.

Zu der arbeitsgeleiteten Unternehmung siehe GUTMANN 1985, HAX 1981a und 1981b, JENSEN/MECKLING 1979, KÜCK 1985, NÜCKE 1982.

Zu 2
Zu den Zahlungsvorgängen in der Unternehmung siehe FISCHER 1977, HAHN 1983, HEINEN 1976, SCHEMMMANN 1970, WÖHE/BILSTEIN 2002. Fragen der Besteuerung stehen bei D. SCHNEIDER 1992 im Vordergrund.

Zu 3
Zur Technik und Problematik der Finanzplanung siehe FISCHER/JANSEN/MEYER 1975, PERRIDON/STEINER 2002, Kap. E, WITTE 1983.

Zum Liquiditätsbegriff und zur Liquiditätspolitik der Unternehmung siehe STÜTZEL 1975, WITTE 1963 und 1976.

Zum Bindungsgedanken in der Finanzierungslehre siehe FISCHER 1977, III. Teil, MÜLHAUPT 1966.

Zu 4
Zur Finanzorganisation siehe ARBEITSKREIS KRÄHE 1964, GROCHLA 1976, HAUSCHILDT 1970, HAX 1980a, POENSGEN 1973.

Zur Koordination von Entscheidungen siehe HAX 1965, SCHMIDT-KUNZ 1970.

Kapitel II Finanzierungstitel und Finanzierungsmärkte

Wer als Kapitalgeber in irgendeiner Form zur Finanzierung eines Unternehmens beiträgt, erwirbt damit einen Finanzierungstitel, das heißt ein bestimmtes Bündel von Rechten und Pflichten.

Finanzierungstitel werden auf Märkten gehandelt; dies sind die Finanzierungsmärkte. Im Abschnitt 1 dieses Kapitels wird zunächst begrifflich geklärt, was unter einem Finanzierungstitel verstanden werden soll. Es folgt im Abschnitt 2 eine Erörterung der vielfältigen Ausgestaltungsmöglichkeiten und Eigenschaften von Finanzierungstiteln. In Abschnitt 3 werden die Märkte für Finanzierungstitel behandelt. In Abschnitt 4 schließlich werden drei Betrachtungsweisen, die in der Theorie der Finanzierungsmärkte von Bedeutung sind, näher erläutert.

1 Finanzierungstitel: Begriffliche Grundlagen

Wenn zur Finanzierung der Investitionen eines Unternehmens Mittel von externen Kapitalgebern in Anspruch genommen werden, geschieht dies in aller Regel in der Weise, daß die Kapitalgeber als Gegenwert eine Gesamtheit von Rechten, manchmal auch verbunden mit Verpflichtungen, erhalten. Eine solche Gesamtheit von Rechten und Pflichten wird als Finanzierungstitel bezeichnet. Ein Finanzierungstitel in diesem Sinne ist beispielsweise eine Aktie, ebenso aber auch die Rechtsposition des Gesellschafters einer Personengesellschaft oder der Rechtsanspruch eines Darlehensgebers auf Zinsen und Rückzahlung. Externe Finanzierung kann generell als Ausgabe von Finanzierungstiteln durch das Unternehmen verstanden werden. In dieser Sichtweise ist der Kapitalgeber der Erwerber von Finanzierungstiteln; die von ihm geleistete Kapitaleinzahlung ist der dafür gezahlte Preis. Die wichtigste Eigenschaft eines Finanzierungstitels ist, daß er für seinen Inhaber mit der Anwartschaft auf zukünftige Zahlungen des Unternehmens verbunden ist. Die Ausgabe von Finanzierungstiteln durch ein Unternehmen bedeutet also, daß gegenwärtig verfügbares Geld gegen die Anwartschaft auf zukünftige, mehr oder weniger unsichere Zahlungen getauscht wird.

Finanzierungstitel können nicht nur von Unternehmen ausgegeben werden, sondern auch von anderen Emittenten, insbesondere auch vom Staat. Die Ausgabe eines Finanzierungstitels ist eine Markttransaktion; der Markt, auf dem sich Emittent und Kapitalgeber als Anbieter und Nachfrager des Finanzierungstitels gegenüberstehen, wird als Primärmarkt bezeichnet. Durch die Primärmarkttransaktion entsteht der Finanzierungstitel erst. Soweit Finanzierungstitel vom jeweiligen Inhaber auch an Dritte veräußert werden können, kann neben dem Primärmarkt auch ein Sekundärmarkt entstehen, auf dem bereits bestehende Finanzierungstitel gehandelt werden. Der Emittent eines Finanzierungstitels ist an Sekundärmarkttransaktionen nicht beteiligt.

Der Markt für Finanzierungstitel ist zugleich der Markt für Kapital. Wer Kapital anlegen will, indem er es gegen künftig zu leistende Zahlungen einem Unternehmen zur Verfügung stellt, ist Anbieter von Kapital, zugleich aber auch Nachfrager nach Finanzierungstiteln. Die Sichtweise des Kapitalmarkts als Markt für Finanzierungstitel erweist sich als zweckmäßig für die Analyse. Insbesondere wird dabei deutlich, daß ein Gleichgewicht auf dem Kapitalmarkt nicht hinreichend dadurch gekennzeichnet ist, daß das Kapitalangebot einer Periode, das etwa durch Sparen zustande kommt, mit der Kapitalnachfrage der gleichen Periode, wie sie etwa durch die Investitionsabsichten der Unternehmen entsteht, übereinstimmt. Vielmehr müssen im Marktgleichgewicht alle vorhandenen Finanzierungstitel, die aus neuer Kapitalnachfrage ebenso wie die aus früheren Emissionen, in die Portefeuilles der Kapitalanleger aufgenommen werden. Diese Betrachtung des Kapitalmarktgleichgewichts von der Portefeuilleseite her hat in der neueren Entwicklung der Theorie große Bedeutung gewonnen. Deswegen ist es wichtig, sich über die Rolle von Finanzierungstiteln auf Kapitalmärkten Klarheit zu verschaffen.

Nach Art und Ausgestaltung der Finanzierungstitel lassen sich unterschiedliche Arten der Finanzierung unterscheiden. Die wichtigste Unterscheidung ist die zwischen Kreditfinanzierung einerseits und Beteiligungs- oder Einlagenfinanzierung andererseits. Die bei Kreditfinanzierung ausgegebenen Finanzierungstitel werden als Forderungstitel oder auch als Schuldtitel bezeichnet. Der Emittent des Titels ist Schuldner, der Titelinhaber ist Gläubiger. Das auf diese Weise dem Unternehmen zugeführte Kapital ist Fremdkapital. Forderungstitel beinhalten den Anspruch auf künftige Zins- und Tilgungszahlungen. Bei Beteiligungs- oder Einlagenfinanzierung werden Beteiligungstitel ausgegeben; der Emittent der Titel ist eine Gesellschaft, die Titelinhaber sind Gesellschafter, das auf diese Weise aufgebrachte Kapital ist Eigenkapital. Die den Gesellschaftern zufließenden Zahlungen werden als Entnahmen (im Fall von Personengesellschaften) oder als Gewinnausschüttungen und Kapitalrückzahlungen (im Fall von Kapitalgesellschaften) bezeichnet.

Aus der Unterscheidung der beiden Grundtypen von Finanzierungstiteln, Forderungstitel und Beteiligungstitel, ergibt sich die angegebene grobe Zweiteilung der Finanzierungsarten. Innerhalb beider Grundtypen gibt es vielfältige Möglichkeiten zur differenzierten Ausgestaltung im einzelnen. Hierbei können Beteiligungstitel mit Eigenschaften ausgestattet werden, die sie den Forderungstiteln annähern (zum Beispiel Vorzugsaktien mit fester Dividende und ohne Stimmrecht), umgekehrt auch Forderungstitel mit Eigenschaften, die sie in die Nähe von Beteiligungstiteln bringen (zum Beispiel Darlehen mit Gewinnbeteiligung). Hinsichtlich der ökonomisch relevanten Eigenschaften gibt es fließende Übergänge zwischen Forderungs- und Beteiligungstiteln, somit auch zwischen Fremd- und Eigenkapital.

2   Eigenschaften von Finanzierungstiteln

Ein Finanzierungstitel ist ein Bündel von Rechten und Pflichten, insbesondere verschafft er seinem Inhaber unter bestimmten Voraussetzungen einen Zahlungsanspruch gegen den Emittenten, das heißt, wenn es sich um von einem Unternehmen ausgegebene Titel handelt, eben gegen dieses Unternehmen. Bei der Behandlung der Eigenschaften von Finanzierungstiteln wird im folgenden unterschieden zwischen monetären Rechten und Pflichten, Gestaltungsrechten sowie Einwirkungs- und Informationsrechten und entsprechenden Pflichten. Dies sind die Eigenschaften, die für eine ökonomische Analyse besondere Bedeutung haben.

2.1 Rechtliche Grundlagen

Die Ausgestaltung der Eigenschaften von Finanzierungstiteln ist an das geltende Recht gebunden. Den rechtlichen Rahmen liefern das Bürgerliche Gesetzbuch (BGB) und das Handelsgesetzbuch (HGB), daneben eine Vielzahl weiterer Gesetze:

– Gesetze für einzelne Rechtsformen von Unternehmen, insbesondere das Aktiengesetz (AktG), das Gesetz betreffend die Gesellschaften mit beschränkter Haftung (GmbHG), das Gesetz betreffend die Erwerbs- und Wirtschaftsgenossenschaften (GenG);
– Gesetze für besondere Erwerber und Emittenten von Finanzierungstiteln, insbesondere das Gesetz über das Kreditwesen (KWG), das Gesetz über Kapitalanlagegesellschaften, das Gesetz über die Beaufsichtigung der privaten Versicherungsunternehmen, das Gesetz über Bausparkassen, die „Sparkassengesetze";
– Gesetze für einzelne Finanzierungstitel, insbesondere das Wechselgesetz, das Scheckgesetz;
– Gesetze über Einwirkungsrechte, insbesondere Gesetze über die Mitbestimmung der Arbeitnehmer und das Betriebsverfassungsgesetz;
– Gesetze über Informationsrechte, insbesondere das Gesetz über die Rechnungslegung von bestimmten Unternehmen und Konzernen (Publizitätsgesetz);
– Gesetze zur Neuordnung der Eigentumsverhältnisse bei notleidenden Unternehmen, insbesondere die Insolvenzordnung;
– Gesetze, die den Handel mit Finanzierungstiteln regeln, insbesondere das Börsengesetz und das Wertpapierhandelsgesetz.

Die für die Ausgestaltung von Finanzierungstiteln relevanten Gesetzesvorschriften haben zum Teil zwingenden, zum Teil dispositiven Charakter. Eine zwingende Gesetzesvorschrift kann durch vertragliche Vereinbarung nicht außer Kraft gesetzt werden; bei dispositiven Gesetzesvorschriften ist dies möglich. Zwingend ist z. B. die Vorschrift des Aktiengesetzes, wonach eine Dividende an die Aktionäre nur gezahlt werden darf, soweit in der Bilanz der Aktiengesellschaft ein positiver Bilanzgewinn ausgewiesen worden ist und die Hauptversammlung die Ausschüttung beschlossen hat. Dispositiv ist die Gewinnverteilungsvorschrift des Handelsgesetzbuches, wonach bei der offenen Handelsgesellschaft vorab die von den Gesellschaftern eingebrachten Kapitalanteile mit 4 % verzinst werden und der danach verbleibende Restgewinn nach Köpfen verteilt wird.

Neben den gesetzlichen Vorschriften über die Ausgestaltung von Finanzierungstiteln treten vertragliche Vereinbarungen. Diese dienen einerseits der Regelung von Tatbeständen mit dem Ziel, bestehende dispositive Gesetzesvorschriften auszuschalten, andererseits der Regelung gesetzlich nicht geregelter Tatbestände. Ein Beispiel für das erste wäre eine Regelung der Gewinnverteilung bei einer Personengesellschaft ausschließlich nach Kapitalanteilen, ein Beispiel für das letzte eine Regelung, wonach im Jahresabschluß einer Personengesellschaft Rücklagen zu bilden sind.

Vertragliche Vorschriften über die Ausgestaltung von Finanzierungstiteln finden sich einerseits im Gesellschaftsvertrag (Satzung bei der Aktiengesellschaft, Statut bei der Genossenschaft), andererseits in Verträgen, die eigens bei einer Begebung von Finanzierungstiteln zwischen Unternehmen und Erwerber der Titel abgeschlossen werden; soweit die Erwerber Kreditinstitute sind, werden in der Regel die „Allgemeinen Geschäftsbedingungen der Kreditinstitute" Bestandteil des Vertrages.

2.2   Monetäre Rechte und Pflichten

2.2.1   Anwartschaft des Inhabers auf Zahlungen des Emittenten

Zu den konstitutiven Eigenschaften eines Finanzierungstitels gehört die Anwartschaft des Inhabers auf Zahlungen des Emittenten. Die strengste Form einer Anwartschaft ist der einklagbare Anspruch auf Zahlung, der unabhängig vom Eintritt irgendwelcher Bedingungen existiert. Demgegenüber stellen bedingte Ansprüche auf Zahlung schwächere Formen der Anwartschaft dar. Diese Ansprüche werden erst einklagbar, nachdem bestimmte Bedingungen eingetreten sind.

a)   Unbedingte Ansprüche auf Zahlung

Ein unbedingter Anspruch auf Zahlung ist ein schuldrechtlicher Anspruch, der den Schuldner zur Zahlung im Fälligkeitszeitpunkt verpflichtet. Der Schuldner kann sich seiner fälligen Zahlungsverpflichtung nicht durch den Einwand entziehen, bestimmte, die Verpflichtung begründende Ereignisse seien nicht oder noch nicht eingetreten. Allerdings impliziert ein unbedingter Anspruch auf Zahlung eines feststehenden Geldbetrages nicht notwendig einen sicheren Zahlungseingang. Wenn der Schuldner z. B. zahlungsunfähig ist, kann er seiner Zahlungsverpflichtung nicht nachkommen.

Unbedingte Ansprüche auf Zahlung sind insbesondere bei Forderungstiteln anzutreffen. Ein Wechsel verbrieft z. B. einen solchen Anspruch, gleichermaßen ein Darlehen, sofern die Tilgungs- und Zinsbeträge sowie die dazugehörigen Zahlungszeitpunkte eindeutig festgelegt sind.

Typisch für Forderungen ist der deterministische Charakter der Ansprüche. Zunehmend gewinnen jedoch Forderungstitel mit Zinsanpassungsklauseln an Bedeutung. Floating Rate Notes sind mittel- bis langfristige Schuldverschreibungen, bei denen der halbjährlich zu zahlende Zinssatz jeweils einem aktuellen Referenzzins angepaßt wird. Häufig wird bei Floating Rate Notes, die in Europa begeben werden, ein Zinssatz vereinbart, der sich aus der London Interbank Offer Rate für sechs Monate (6-Monats-LIBOR) und einem im Zeitablauf konstanten Spread (Zuschlag) zusammensetzt; ebenso gibt es Zinsvereinbarungen auf der Grundlage der Frankfurt

Interbank Offer Rate (FIBOR). Somit verbriefen Floating Rate Notes stochastische Ansprüche.

Ein bei der Begebung eines Forderungstitels bedingter Anspruch verwandelt sich in einen unbedingten Anspruch, wenn die betreffenden Bedingungen eingetreten sind. Z. B. wird eine Anleihe emittiert, die nach vier tilgungsfreien Jahren in fünf gleichen Jahresraten zu tilgen ist. Welche Anleihestücke wann zu tilgen sind, entscheidet das Los. Der Erwerber eines Stückes erwirbt dann im Emissionszeitpunkt einen bedingten Anspruch; ein unbedingter Anspruch auf Tilgung in einem Jahr entsteht erst, nachdem durch Losentscheid die Tilgung in diesem Jahr vorgeschrieben wird.

Beteiligungstitel verbriefen zum Zeitpunkt ihrer Begebung grundsätzlich keine unbedingten Ansprüche auf Zahlung des Emittenten. Inserate des Inhalts „Rendite von mindestens 10 % garantiert" sind irreführend, wenn Beteiligungstitel zugrunde liegen. Die Ursache liegt darin, daß der Erwerber eines Beteiligungstitels am wirtschaftlichen Ergebnis des Emittenten partizipiert und die Höhe dieses Ergebnisses im Zeitpunkt der Emission unbekannt ist.

Zusammenfassend bleibt festzuhalten, daß Forderungstitel häufig unbedingte Ansprüche auf Zahlung des Emittenten verschaffen, Beteiligungstitel indessen nicht.

b) *Bedingte Ansprüche auf Zahlung*

Soweit ein Titel bedingte Ansprüche auf Zahlung verschafft, hängt die ökonomische Bewertung des Titels von den Bedingungen ab, deren Eintritt den bedingten Anspruch in einen unbedingten verwandelt. Aus der Sicht des Titelinhabers sind insbesondere die Bedingungen von Bedeutung, auf deren Eintritt er keinen oder nur geringen Einfluß hat. Diese Bedingungen lassen sich folgendermaßen klassifizieren:

– Bedingungen, die an die wirtschaftliche Lage des Emittenten anknüpfen,
– Bedingungen, die an Entscheidungen des Emittenten bei gegebener wirtschaftlicher Lage anknüpfen,
– Bedingungen, die an eine Vertragsverletzung des Emittenten anknüpfen,
– Bedingungen, die an Entscheidungen Dritter anknüpfen.

Daneben gibt es die bereits erwähnten Bedingungen, die an einen Losentscheid anknüpfen.

α) *Von der wirtschaftlichen Lage des Emittenten abhängige Ansprüche*

Die wirtschaftliche Lage des Emittenten kann an verschiedenen Indikatoren gemessen werden. Z. B. kann sie am Jahresüberschuß, am Bilanzgewinn oder an der Höhe des Eigenkapitals gemessen werden, sofern Jahresabschlußzahlen zugrunde gelegt werden.

Die mit Forderungstiteln verbundenen Zahlungsansprüche knüpfen im allgemeinen nicht an die wirtschaftliche Lage des Emittenten an. Es gibt jedoch einige Ausnahmen: Die Gewinnobligation gewährt neben einer festen Sockelverzinsung eine variable Verzinsung; ihre Höhe kann an die Höhe des Gewinns oder der Dividende gekoppelt werden. Ähnlichkeit zur Gewinnobligation besitzt das partiarische

Darlehen: Der Kreditgeber ist am Gewinn des Unternehmens, möglicherweise auch am Verlust beteiligt. Soweit sich Wertsteigerungen des Unternehmens nicht im Gewinn oder in der Dividende auswirken, partizipieren daran allerdings weder der Gewinnobligationär (Inhaber der Gewinnobligation) noch der Geber des partiarischen Darlehens. Beim Genußschein handelt es sich im allgemeinen um eine festverzinsliche Forderung. Jedoch wird der Zinssatz reduziert, wenn das schuldnerische Unternehmen Verluste erleidet. Die Forderung wird bei Zahlungsschwierigkeiten des Unternehmens nachrangig bedient, also nach Bedienung der übrigen gegen das Unternehmen bestehenden Forderungen.

Im Gegensatz zu den Forderungstiteln spielt die wirtschaftliche Lage des Emittenten für die mit Beteiligungstiteln verknüpften Zahlungsanwartschaften eine zentrale Rolle. Die wirtschaftliche Lage determiniert die Residualgröße „Gewinn". Die Anwartschaft auf Gewinnauszahlungen steht bei der Bewertung eines Beteiligungstitels im Mittelpunkt. Je besser die wirtschaftliche Lage ist, desto wertvoller ist diese Anwartschaft. Der Gesetzgeber räumt dem Gesellschafter unter bestimmten, noch zu erörternden Bedingungen einen Anspruch auf Auszahlung seines Gewinnanteils ein. Diese Bedingungen knüpfen an den Überschuß der in der Vergangenheit erzielten Jahresüberschüsse über die Jahresfehlbeträge an, soweit dieser Überschuß noch nicht entnommen wurde. Ist ein solcher Überschuß nicht vorhanden, so kann ein unbedingter Anspruch auf Gewinnausschüttung nicht entstehen.

Dies erklärt, warum den Inhabern von Beteiligungstiteln seitens des Gesetzgebers Einwirkungsrechte auf die Geschäftsführung eingeräumt werden, die den Inhabern von Forderungstiteln nicht zustehen. Maßnahmen der Geschäftsführung bewirken im allgemeinen eine Änderung der Zahlungsanwartschaften von Beteiligungstiteln, aber nicht oder nur in erheblich geringerem Maß eine Änderung der Zahlungsanwartschaften von Forderungstiteln. Die Inhaber von Beteiligungstiteln haben daher ein erheblich stärkeres Interesse, auf die Geschäftsführung Einfluß zu nehmen. Wie in Kapitel I ausgeführt wurde, führt eine Geschäftspolitik, die einseitig die Gesellschafter belastet, dazu, daß diese weitere Einlagen verweigern.

Neben der Anwartschaft auf Auszahlung von Gewinnanteilen verschaffen Beteiligungstitel Anwartschaften auf sonstige Entnahmen oder auf Kapitalrückzahlungen. Der Gesetzgeber überläßt den Gesellschaftern einer Personengesellschaft die Entscheidung über sonstige Entnahmen, da die Gläubiger durch die persönliche Haftung der Gesellschafter geschützt werden. Kapitalrückzahlungen werden bei Kapitalgesellschaften zwar nicht explizit an die wirtschaftliche Lage des Emittenten gebunden; da aber bei einer Rückzahlung die Glaubigerinteressen zu schützen sind, darf nicht mehr zurückgezahlt werden, als nach Abzug der Verbindlichkeiten oder Sicherstellung der Gläubigerinteressen an Vermögen verbleibt. Dieses Vermögen ist um so größer, je höher die in der Vergangenheit erzielten, nicht ausgeschütteten Jahresüberschüsse sind. Daher ist auch die Fähigkeit eines Unternehmens zur Kapitalrückzahlung eng an seine wirtschaftliche Lage gebunden.

β) Von Entscheidungen des Emittenten abhängige Ansprüche bei gegebener wirtschaftlicher Lage

Auch bei gegebener wirtschaftlicher Lage ist die Anwartschaft auf Zahlungen aus einem Finanzierungstitel von Entscheidungen des Emittenten abhängig, genauer:

von Entscheidungen der entscheidungsbefugten Organe des Emittenten. Entscheidungsbefugt sind bei Personengesellschaften die unbeschränkt haftenden Gesellschafter. Im allgemeinen wird vertraglich festgelegt, welche Entscheidungen von einzelnen oder nur gemeinschaftlich von mehreren Mitgliedern dieses Personenkreises getroffen werden dürfen. Entscheidungsorgane einer GmbH sind die Geschäftsführer sowie die Gesellschafterversammlung, außerdem der Aufsichtsrat, sofern vorhanden. Entscheidungsorgane einer AG und einer Genossenschaft sind der Vorstand, der Aufsichtsrat sowie die Hauptversammlung bzw. bei der Genossenschaft die Generalversammlung. Bei Genossenschaften mit mehr als 3000 Mitgliedern tritt die Vertreterversammlung an die Stelle der Generalversammlung. Wenn im folgenden von Entscheidungen des Emittenten gesprochen wird, dann ist dies lediglich eine Kurzform für Entscheidungen der entscheidungsbefugten Organe des Emittenten.

Im folgenden geht es um Entscheidungen des Emittenten, die bei gegebener wirtschaftlicher Lage die Anwartschaft auf Zahlungen beeinflussen. Soweit eine solche Beeinflussung möglich ist, stellt sich für den Erwerber eines Titels ein Prognoseproblem: Er muß versuchen, die Entscheidungen der Organe des Emittenten zu prognostizieren, um die mit dem Titel verbundenen Zahlungen zu prognostizieren. Da die Organe die Entscheidungen gemäß ihrer Interessenlage fällen werden, die von der des Titelinhabers abweichen kann, ist vorab eine Prognose der Interessenlage der Organe erforderlich.

Welche Entscheidungen des Emittenten sind geeignet, die mit einem Titel verbundenen Zahlungsanwartschaften zu beeinflussen?

Bei der Begebung von Forderungstiteln werden häufig die Zahlungen des Emittenten nach Höhe und Zeitpunkt eindeutig fixiert, gleichzeitig jedoch dem Emittenten Gestaltungsrechte eingeräumt. Ein solches Recht ist z. B. das Recht auf vorzeitige Kündigung. Der Emittent (Schuldner) realisiert durch eine Kündigung einen Vermögenszuwachs, wenn er sich billiger refinanzieren kann. Durch die vorzeitige Rückzahlung erleidet der Inhaber des Forderungstitels einen entsprechenden Vermögensverlust. Bei Anleihen ist eine solche Vorgehensweise unter dem Ausdruck „Herabkonversion" bekannt.

Weiterhin kann die mit einem Forderungstitel verbundene Anwartschaft auf Zahlungen durch die Finanzierungspolitik des Emittenten beeinflußt werden. Da das Vermögen des Unternehmens nur einmal verteilt werden kann, können großzügige Zahlungen an die Gesellschafter das Unternehmensvermögen so weit vermindern, daß die Ansprüche der Gläubiger nicht mehr befriedigt werden können. Indem die Geschäftsführung in dieser Weise die Gesellschafter begünstigt, erhöht sie die Wahrscheinlichkeit, daß das Unternehmen zahlungsunfähig wird. Die mit den Forderungstiteln verbundenen Zahlungsanwartschaften werden dadurch beeinträchtigt.

Subtilere Methoden der Beeinflussung stellen nicht auf eine mögliche Zahlungsunfähigkeit ab, sondern auf die „Verwässerung" von Anwartschaften. Eine Wandelschuldverschreibung z. B. verbrieft das Recht, in einem gewissen Zeitraum (Wandlungszeitraum) die Wandelschuldverschreibung in eine bestimmte Zahl von Aktien des Emittenten umzutauschen, gegebenenfalls unter Zuzahlung eines bereits feststehenden Betrags. Der Wert dieses Rechts hängt vom Aktienkurs im Wandlungszeitraum ab. Sämtliche Maßnahmen des Emittenten, die zu einer Kurssenkung führen, „verwässern" (d. h. entwerten) das Wandlungsrecht. Beispiele sind hohe Ausschüttungen vor Beginn des Wandlungszeitraumes sowie Kapitalerhöhungen zu einem

Emissionskurs unter dem Börsenkurs. Der Erwerber einer Wandelschuldverschreibung sollte daher prüfen, ob das Wandlungsrecht gegen derartige Verwässerungsmaßnahmen durch den Emissionsvertrag geschützt ist. Wenn nicht, so stellt sich die Frage, ob solche Verwässerungsmaßnahmen zu erwarten sind. Sie können nur von der Hauptversammlung beschlossen werden. Von der Interessenlage der Aktionäre hängt es also ab, ob solche Maßnahmen zustandekommen. Der Erwerber einer Wandelschuldverschreibung kann daher versuchen, die Interessenlage der Aktionäre und damit die Wahrscheinlichkeit von Verwässerungsmaßnahmen zu prognostizieren. Je größer diese Wahrscheinlichkeit ist, um so geringer ist der Wert der Wandelschuldverschreibung.

Besonders ausgeprägt sind die Möglichkeiten eines Emittenten, auf die mit Beteiligungstiteln verbundenen Zahlungsanwartschaften einzuwirken. Dies betrifft vor allem die Anwartschaft auf Auszahlung von Gewinnanteilen. Diese Anwartschaft hängt insbesondere von der Höhe des im Jahresabschluß ausgewiesenen Jahresüberschusses ab. Je niedriger der ausgewiesene Jahresüberschuß ist, um so niedriger ist der als Gewinn maximal ausschüttbare Betrag. Die gesetzlichen Vorschriften über die Erstellung von Jahresabschlüssen belassen den entscheidungsbefugten Organen einen Spielraum bei der Bewertung von Vermögensgegenständen und Schulden. Die Spielräume bei der Festlegung von Abschreibungen sind hinlänglich bekannt, desgleichen bei dem Ausweis von Rückstellungen. Der Ersteller des Jahresabschlusses verfügt daher über wirksame Möglichkeiten, die Höhe des ausgewiesenen Jahresüberschusses zu beeinflussen. Strebt er niedrige (hohe) Gewinnausschüttungen an, so wird er den ausgewiesenen Jahresüberschuß vermindern (erhöhen).

Darüber hinaus kann die Anwartschaft auf Gewinnauszahlung durch Beschlüsse von Unternehmensorganen über die Gewinnverwendung beeinflußt werden. Soweit ein Unternehmensorgan über die Verwendung des Jahresüberschusses zu beschließen hat, begründet ein positiver Jahresüberschuß allein keinen unbedingten Anspruch des Gesellschafters auf Gewinnausschüttung. Erst wenn ein Ausschüttungsbeschluß gefaßt worden ist, besteht ein dem Beschluß entsprechender unbedingter Anspruch.

Bei der Bewertung der Anwartschaft auf Gewinnauszahlungen sind also sowohl die Entscheidungen von Unternehmensorganen über den Ausweis des Jahresüberschusses als auch diejenigen über die Gewinnverwendung zu berücksichtigen. Für den Gesellschafter ist dabei wichtig, daß die Interessen der entscheidungsbefugten Unternehmensorgane keineswegs mit seinen übereinstimmen müssen.

Bei Personengesellschaften treffen die zur Geschäftsführung berechtigten Gesellschafter die Bewertungsentscheidungen. Der so ermittelte Gewinn ist insbesondere für die Entnahmeansprüche der Gesellschafter von Bedeutung. Nach § 122 HGB dürfen die Gesellschafter die auf sie entfallenden Gewinne allerdings nur dann entnehmen, wenn dies nicht der Gesellschaft zum offenbaren Schaden gereicht. Dies gilt jedoch nicht für den Kommanditisten. Er hat nach § 169 HGB einen Anspruch auf Auszahlung seines Gewinnanteils, soweit dadurch sein Kapitalanteil nicht unter seine geleistete Einlage absinkt. Auch seine Haftung bestimmt sich nach seinem Gewinnanteil (siehe Abschnitt 2.2.2 b).

Nach § 46 GmbHG stellen die Gesellschafter der GmbH den Jahresabschluß fest, letztlich treffen sie also die Bewertungsentscheidungen. Sie beschließen auch über die Verwendung des Jahresüberschusses. Dabei ist jedoch zum Schutz der Gläubiger zu beachten, daß durch eine Gewinnausschüttung das zur Erhaltung des Stammkapitals erforderliche Vermögen der Gesellschaft nicht angetastet wird (§ 30 GmbHG). Einen Anspruch auf Gewinnauszahlung hat ein Gesellschafter nur gemäß dem Gewinnverwendungsbeschluß.

Während bei den Personengesellschaften und bei der GmbH die Gesellschafter, also die Inhaber der Beteiligungstitel, die Höhe der Gewinnausschüttungen festlegen, ist ihr Einfluß bei der AG weitgehend eingeschränkt. Da in der Regel Vorstand und Aufsichtsrat den Jahresabschluß feststellen, treffen sie auch die Bewertungsentscheidungen (§ 172 AktG). Von diesem Jahresüberschuß sind gemäß § 150, II AktG fünf Prozent in die gesetzliche Rücklage einzustellen, bis die gesetzliche und die Kapitalrücklage zusammen zehn Prozent des Grundkapitals erreichen. Von dem verbleibenden Jahresüberschuß können Vorstand und Aufsichtsrat bis zur Hälfte in die Gewinnrücklagen einstellen (§ 58, II AktG). Die Aktionäre können in der Hauptversammlung lediglich die Verwendung des verbleibenden Bilanzgewinns beschließen. Sie können also höchstens eine Ausschüttung in Höhe des Bilanzgewinnes beschließen. Erst mit diesem Beschluß entsteht ein unbedingter Anspruch auf Gewinnausschüttung (§ 174 AktG).

Bei der Genossenschaft beschließt die Generalversammlung über den Jahresabschluß sowie den auf die Genossen entfallenden Betrag des Gewinns oder Verlustes (§ 48 GenG). Damit stehen letztlich den Genossen die Bewertungsentscheidungen sowie die Entscheidungen über die Verwendung des Gewinns zu.

Während die Gesellschafter einer Personengesellschaft sich stets auf weitere Entnahmen einigen können, schränkt das Gesetz Kapitalrückzahlungen erheblich ein. Der Gesellschafter einer Kapitalgesellschaft bzw. der Genosse erwirbt einen unbedingten Anspruch auf partielle oder vollständige Rückzahlung eines Kapitals erst, nachdem die Rückzahlung von dem zuständigen Unternehmensorganen beschlossen wurde und die Gläubiger des Unternehmens gegen Nachteile aus der Rückzahlung geschützt worden sind.

γ)   *Bei Vertragsverletzung des Emittenten auflebende Ansprüche*

Der Begebung eines Finanzierungstitels liegt stets ein Vertrag zugrunde. Aus diesem Vertrag werden die mit dem Titel verbundenen Zahlungsanwartschaften abgeleitet. Sie lassen sich einteilen in die Anwartschaft bei Vertragstreue des Emittenten und diejenige bei Vertragsverletzung. Letztere ist subsidiär, d. h., sie dient dazu, dem Inhaber des Finanzierungstitels den aus einer Verletzung entstandenen Schaden ganz oder teilweise zu ersetzen.

Im Rahmen der Finanzierungspolitik sind insbesondere Vertragsverletzungen von Bedeutung, die darin bestehen, daß der Emittent seinen Zahlungsverpflichtungen nicht nachkommt. Eine solche Verletzung setzt das Bestehen eines unbedingten oder unbedingt gewordenen Zahlungsanspruchs gegen den Emittenten voraus. In der Praxis sind solche Verletzungen vor allem bei Forderungstiteln zu beobachten. Die folgenden Ausführungen beschränken sich daher auf diese Titel.

Kommt der Emittent seinen Zahlungsverpflichtungen nicht nach, so richten sich die Möglichkeiten des Gläubigers, sein Recht zu suchen, nach Gesetz und Emissionsvertrag. Handelt es sich bei dem Titel z. B. um einen Wechsel, der bei Vorlage am Fälligkeitstag nicht bezahlt wird und zu Protest geht, so kann der Gläubiger von jedem Indossanten wie auch vom Aussteller des Wechsels Zahlung verlangen. Daneben kann er auch die Wechselklage gegen den Schuldner erheben. Sofern diese erfolgreich ist, erwirbt der Gläubiger innerhalb kurzer Zeit einen vollstreckbaren Titel, d. h. das Recht, sich aus dem Vermögen des Schuldners durch Zwangsvollstreckung zu befriedigen. Ähnliche Rechte, jedoch in abgeschwächter Form, erwirbt der Inhaber eines Schecks, der mangels Zahlung zu Protest gegangen ist.

Auch der Inhaber einer sonstigen, ungesicherten Forderung hat die Möglichkeit, mit Hilfe staatlicher Organe seine Rechte durchzusetzen. Zahlt der Schuldner nicht, so kann der Gläubiger bei Gericht einen Mahnbescheid gegen den Schuldner erwirken. Wenn der Schuldner daraufhin weder zahlt noch dem Mahnbescheid widerspricht, kann der Gläubiger beim Gericht einen vollstreckbaren Titel beantragen. Wird dem Antrag stattgegeben, so kann sich der Gläubiger aus dem Vermögen des Schuldners durch Zwangsvollstreckung befriedigen.

Ein einfacherer Weg zur Befriedigung steht dem Gläubiger einer gesicherten Forderung offen. Eine Sicherheit beinhaltet einen bedingten Anspruch des Gläubigers auf Befriedigung aus dem Vermögen des Schuldners oder eines Dritten. Die Bedingung für das Wirksamwerden dieses Anspruchs ist im allgemeinen eine Vertragsverletzung seitens des Schuldners, insbesondere eine Verletzung seiner Zahlungspflichten.

Wichtige Arten von Sicherheiten sind:
- Eigentumsvorbehalt und verlängerter Eigentumsvorbehalt,
- Verpfändung von Sachen und Rechten,
- Sicherungsübereignung und Sicherungszession,
- Haftungszusagen Dritter.

Der Eigentumsvorbehalt kommt nach § 455 BGB dann als Sicherheit in Frage, wenn der Gläubiger dem Schuldner eine bewegliche Sache liefert. Zahlt der Schuldner bei Fälligkeit nicht, so kann der Gläubiger die Herausgabe der gelieferten Sache verlangen, soweit nicht eine vertragliche Vereinbarung entgegensteht. Beim verlängerten Eigentumsvorbehalt tritt an die Stelle der gelieferten Sache die durch Verarbeitung entstandene neue Sache oder bei Veräußerung durch den Schuldner die dadurch gegen den Zweitkäufer entstandene Forderung. Diese Sicherheiten sind auf Lieferantenkredite beschränkt.

Bei anderen Krediten werden daher andere Sicherheiten eingesetzt. Im langfristigen Kreditgeschäft herrscht die Bestellung von Grundpfandrechten vor, da Grundpfandrechte relativ gut gegen Entwertung geschützt sind und sich eine Überwachung wegen der Grundbucheintragung weitgehend erübrigt.

Die Verpfändung von beweglichen Sachen spielt in der Praxis eine untergeordnete Rolle, weil eine solche Verpfändung nur wirksam ist, wenn der Gläubiger im Besitz der Sache ist. Dies bedeutet, daß der Schuldner die verpfändete Sache nicht nutzen kann. Im allgemeinen erwirbt der Schuldner bewegliche Sachen jedoch gerade zu dem Zweck, sie zu nutzen.

Größere praktische Bedeutung besitzt die Verpfändung von Rechten als Besicherungsinstrument, insbesondere die Verpfändung von Wertpapieren. Da die Erträge aus den verpfändeten Wertpapieren dem Schuldner zufließen, verzichtet er nicht auf die mit der Bestandshaltung eines Wertpapiers verbundenen Vorteile.

Die Verpfändung von beweglichen Sachen und Rechten ist heute weitgehend durch Sicherungsübereignung und Sicherungszession verdrängt worden. Sie sind gesetzlich nicht geregelt und können entsprechend den Wünschen von Gläubiger und Schuldner vertraglich gestaltet werden. Das Sicherungsgut wird dem Gläubiger zur Sicherheit übereignet, d. h., er darf von seinen Eigentümerrechten nur Gebrauch machen, wenn der Schuldner seinen Verpflichtungen nicht nachkommt. Handelt es sich bei dem Gut um eine bewegliche Sache, so bleibt der Schuldner Besitzer, er kann sie also weiterhin nutzen.

Kommt der Schuldner seinen Zahlungsverpflichtungen nicht nach, so kann sich der Gläubiger befriedigen, indem er das Pfand, das Pfandrecht oder das zur Sicherheit übereignete oder zedierte Gut verwertet.

Die bisher erläuterten Sicherheiten bewirken eine Umverteilung der Zahlungsanwartschaften innerhalb der Gruppe der Unternehmensgläubiger. Durch Stellung
einer Sicherheit wird die Zahlungsanwartschaft eines Gläubigers erweitert, im gleichen Maß die der übrigen Gläubiger vermindert. Z. B. habe ein Unternehmen ein
Vermögen von 100 T€ und Schulden von 160 T€, je 80 T€ gegenüber den Gläubigern
A und B. Wenn keine Sicherheiten bestellt wurden, bekommt jeder Gläubiger gemäß
seinem Forderungsanteil von ½ auch die Hälfte des Vermögens, also 50 T€. Wenn
jedoch zugunsten von A eine Grundschuld auf ein Unternehmensgrundstück mit
einem Marktwert von 40 T€ eingetragen ist, dann bekommt A vorab die 40 T€.
Es verbleiben dann ein Vermögen von 100 – 40 = 60 T€ und Schulden von 160 –
40 = 120 T€. Diese Restschuld wird durch das Restvermögen zur Hälfte gedeckt.
Entsprechend bekommen A (80 – 40)/2 = 20 T€ und B 40 T€. Infolge der Grundschuld bekommt also A 10 T€ mehr, während B 10 T€ weniger bekommt.

Während diese Sicherheiten nur eine Umverteilung zwischen den Gläubigern
bewirken, können Haftungszusagen Dritter die Zahlungsanwartschaft der Gläubiger
insgesamt erweitern. Dies ist z. B. bei einer Garantieerklärung der Fall, die ein Dritter gegenüber allen Gläubigern abgibt. Bei einer Bürgschaft indessen, die gegenüber
einem Gläubiger erklärt wird, trifft dies nicht zu. Denn bei Inanspruchnahme tritt der
Bürge selbst als Gläubiger an die Stelle des aus der Bürgschaft befriedigten Gläubigers. Die Bürgschaft bewirkt daher aus der Sicht der übrigen Gläubiger nur einen
Austausch zweier Gläubiger.

Haftungszusagen Dritter spielen insbesondere im internationalen Kreditgeschäft eine wichtige Rolle. So sichern sich Exporteure gegen Zahlungsausfälle häufig
durch Vereinbarung eines unwiderruflichen Dokumentenakkreditivs. Eine renom-
ierte Bank haftet damit für die Zahlung. Oder ein Konzern beschafft sich Kredit
über eine dem Konzern angehörende Finanzierungsgesellschaft, wobei die Konzern-
mutter die Bedienung des Kredits garantiert. Oder ein weniger bekanntes Unternehmen nimmt am Euromarkt Kredit auf, dessen Bedienung eine renommierte Bank garantiert.

Der Gesetzgeber räumt darüber hinaus allen Inhabern von Forderungstiteln ein
weiteres Recht ein, um ihre Zahlungsansprüche durchzusetzen: Zahlt der Schuldner
nicht, so kann der Gläubiger die Eröffnung eines Insolvenzverfahrens über das Vermögen des Schuldners beantragen. Das Gericht kann diesem Antrag allerdings nur
stattgeben, wenn der Schuldner zahlungsunfähig ist oder zu werden droht oder wenn
er, falls keine natürliche Person unbeschränkt haftet, überschuldet ist (siehe Kapitel IX, Abschnitt 2.6).

Zusammenfassend läßt sich festhalten: Kommt ein Schuldner seinen Zahlungsverpflichtungen nicht nach, so hat der Gläubiger grundsätzlich drei Möglichkeiten,
seinen Anspruch durchzusetzen: Er kann einen vollstreckbaren Titel gegen den
Schuldner erwerben, er kann Kreditsicherheiten verwerten, und er kann die Eröffnung eines Insolvenzverfahrens beantragen.

δ) Von Entscheidungen Dritter abhängige Ansprüche

Schließlich kann die Zahlungsanwartschaft eines Titelinhabers auch von Entscheidungen Dritter abhängen. Hierzu zählen staatliche Entscheidungen über die Besteuerung der Einkünfte aus Kapitalvermögen. Bei Finanzierungstiteln ausländischer

Emittenten kann die Zahlungsanwartschaft durch staatliche Entscheidungen über den internationalen Kapitalverkehr beeinflußt werden. Die schärfste diesbezügliche Maßnahme ist ein Verbot von Kapitaltransfers, so daß der Titelinhaber keinerlei Zahlungen in heimischer Währung erhält.

2.2.2 Zahlungsverpflichtungen des Titelinhabers

Der Zahlungsanwartschaft des Inhabers eines Finanzierungstitels stehen Zahlungsverpflichtungen gegenüber. Sie richten sich ebenfalls nach Gesetz, Gesellschaftsvertrag und sonstigen Verträgen zwischen Emittent und Titelerwerber. Die Zahlungsverpflichtungen der Titelinhaber werden hier nach dem Kriterium „Zahlungsbegünstigter" systematisiert. Zahlungsbegünstigt können sein der Emittent des Finanzierungstitels, die Gläubiger des Emittenten sowie der Fiskus.

a) Zahlungsverpflichtungen gegenüber dem Emittenten

Im allgemeinen wird ein Finanzierungstitel gegen Entgelt begeben. Der Ersterwerber des Titels hat an den Emittenten den Kaufpreis zu zahlen. Höhe und Fälligkeitsdatum des Kaufpreises werden zwischen Erwerber und Emittent vereinbart. Die Zahlung muß nicht unbedingt sofort beim Erwerb erfolgen, sondern kann zumindest teilweise auch später erfolgen. Forderungstitel werden im allgemeinen sofort bei Erwerb vollständig bezahlt, bei Beteiligungstiteln ist verschiedentlich eine Teilzahlung zu beobachten.

Das Handelsgesetzbuch enthält keine Vorschriften über Mindestzahlungen beim Ersterwerb von Beteiligungstiteln an Personengesellschaften. Der Ersterwerber einer Stammeinlage einer GmbH muß nach dem Gesetz mindestens ¼ der Stammeinlage sofort einzahlen, der Ersterwerber einer Aktie mindestens ¼ des geringsten Ausgabebetrags der Aktie (Nennwert bei Namensaktien oder anteiliger Betrag des Grundkapitals bei Stückaktien) zuzüglich des Agios. Der Ersterwerb des Geschäftsanteils einer Genossenschaft erfordert nicht notwendig eine sofortige Einzahlung. § 7 GenG bestimmt lediglich, daß das Statut Einzahlungen auf die Geschäftsanteile bis zu einem Gesamtbetrag von mindestens 10 v. H. der Anteile nach Betrag und Zeit bestimmen muß.
Die gesetzlichen Vorschriften über Mindesteinzahlungen beim Ersterwerb eines Beteiligungstitels werden durch Vereinbarungen im Gesellschaftsvertrag ergänzt. Soweit die Einzahlungen auf Stammeinlagen einer GmbH unter dem Betrag der Stammeinlagen liegen, kann die Gesellschafterversammlung über weitere zu leistende Einzahlungen beschließen (§ 46 GmbHG); der Vorstand einer AG kann die Aktionäre zu weiteren Einzahlungen auffordern, wenn die bisherigen Einzahlungen unter dem Emissionskurs der Aktien liegen (§ 63 AktG). Die Generalversammlung einer Genossenschaft kann weitere Einzahlungen auf die Geschäftsanteile beschließen, soweit das Statut die Genossen zu Einzahlungen auf den Geschäftsanteil verpflichtet, ohne dieselben nach Betrag und Zeit festzusetzen (§ 50 GenG).
Zahlt der GmbH-Gesellschafter die eingeforderte Einzahlung nicht, so kann er nach Ablauf einer angemessenen Frist seines Geschäftsanteils für verlustig erklärt werden (§ 21 GmbHG); ebenso kann ein Aktionär seiner Aktien für verlustig erklärt werden (§ 64 AktG). Eine analoge Regelung findet sich im GenG nicht.
Eine weitere Zahlungsverpflichtung kann den GmbH-Gesellschafter treffen. Sofern der Gesellschaftsvertrag dies vorsieht, können die Gesellschafter über den Betrag der Stammeinlagen hinaus die Einforderung von Nachschüssen beschließen (§ 26 GmbHG).

b) Zahlungsverpflichtungen gegenüber den Gläubigern des Emittenten

Soweit ein Gläubiger eines Unternehmens einen fälligen Zahlungsanspruch besitzt, ist dieses zur Zahlung verpflichtet. Um dieser Verpflichtung zu genügen, hat das Unternehmen nicht nur seine finanziellen Mittel einzusetzen, sondern notfalls auch andere Vermögensgegenstände zu veräußern, um mit dem Veräußerungserlös seine Verpflichtungen zu begleichen. Daher haften sämtliche Vermögensgegenstände des Unternehmens den Gläubigern.

Ist das Unternehmen nicht in der Lage, seinen Zahlungsverpflichtungen nachzukommen, so kommt bei Einzelunternehmen und Personengesellschaften eine subsidiäre Haftung seiner Gesellschafter zum Zuge. Diese Gesellschafter haften persönlich, wobei ihre Haftung unbeschränkt ist; lediglich die des Kommanditisten ist beschränkt. Ein Gesellschafter haftet beschränkt, wenn er für die Bezahlung der Verbindlichkeiten des Unternehmens nur bis zu einem im Gesellschaftsvertrag festgelegten Betrag haftet. Eine unbeschränkte Haftung liegt vor, wenn dieser Betrag nicht beschränkt ist.

Im Interesse der Rechtssicherheit ist der Haftungsumfang eines Gesellschafters weitgehend durch die Rechtsform des Unternehmens bestimmt; die betreffenden gesetzlichen Vorschriften sind fast ausnahmslos zwingend. Der Einzelunternehmer sowie jeder Gesellschafter einer oHG haften unbeschränkt für die Verbindlichkeiten des Unternehmens. Sofern das Unternehmen zahlungsunfähig ist, muß er gegebenenfalls sein gesamtes Vermögen zur Bezahlung dieser Verbindlichkeiten einsetzen. Dieses Vermögen umfaßt nicht nur sein gegenwärtiges Vermögen, sondern auch den Teil seiner zukünftigen Einkünfte, der nicht zur Bestreitung seines Lebensunterhalts erforderlich ist.
Bei der Kommanditgesellschaft haftet jeder Komplementär unbeschränkt, jeder Kommanditist beschränkt. Er haftet nur mit seiner Einlage, also dem ins Handelsregister eingetragenen Betrag. Hinter dieser Kurzformulierung verbirgt sich eine relativ komplizierte gesetzliche Regelung (§§ 167–172 HGB). Ausgangspunkt der gesetzlichen Regelung ist der Kapitalanteil des Kommanditisten:

bisher geleistete Einzahlungen
– bisherige Entnahmen
+ zugeschriebene Gewinnanteile
– zugeschriebene Verlustanteile
―――――――――――――――――――
= Kapitalanteil

Ist der Kapitalanteil nicht kleiner als die Einlage des Kommanditisten, so ist der Kommanditist von jeder weiteren Zahlungsverpflichtung befreit. Soweit Entnahmen bewirken, daß der Kapitalanteil unter die Einlage sinkt, haftet der Kommanditist in Höhe dieser Entnahmen.
Bei der GmbH und der AG haften die Gesellschafter nicht persönlich. Das Unternehmen hat gegen einen Gesellschafter einen Anspruch in Höhe seiner Einlage zuzüglich des Emissionsagios, abzüglich der darauf geleisteten Einzahlungen. Spätestens im Fall der Unternehmensinsolvenz hat der Gesellschafter diesen Anspruch zu befriedigen. Die Einlage ist bei der GmbH gleich der Stammeinlage und bei der AG gleich dem Nennwert der übernommenen Aktien. Den Gläubigern einer Genossenschaft haftet grundsätzlich nur das Vermögen der Genossenschaft. Das Genossenschaftsrecht ist jedoch dispositiv: Im Statut ist zu regeln, ob die Genossen bei Insolvenz der Genossenschaft Nachschüsse zur Insolvenzmasse unbeschränkt, beschränkt auf eine bestimmte Summe (Haftsumme) oder überhaupt zu leisten haben (§ 6 GenG). Dementsprechend haftet der Genosse.

c) Zahlungsverpflichtungen gegenüber dem Fiskus

Der Inhaber eines Titels ist zur Zahlung von Einkommensteuer verpflichtet. Grundlage der Einkommenbesteuerung sind die Einkünfte aus Kapitalvermögen und

Gewerbebetrieb. Zu den Einkünften aus Kapitalvermögen zählen Dividenden, Zinsen und sonstige Bezüge aus Aktien, aus Anteilen an Gesellschaften mit beschränkter Haftung und an Genossenschaften. Steuerpflichtig sind die Bezüge aus den zugrundeliegenden Finanzierungstiteln. Wertsteigerungen dieser Titel hat ein Privatanleger nur zu versteuern, wenn zwischen Kauf und Verkauf nicht mehr als sechs Monate liegen. Bei Zero-Bonds, also bei Forderungstiteln ohne Zinszahlung, ist allerdings die Differenz zwischen rechnerischem Verkaufs- und Ankaufskurs steuerpflichtig. Gehören die Wertpapiere zum Vermögen eines Unternehmens, so sind stets auch realisierte Kursgewinne zu versteuern; Kursverluste mindern den steuerpflichtigen Gewinn.

Die Bedeutung der steuerlichen Vorschriften verdeutlicht folgendes Beispiel. Ein Privatanleger habe die Wahl zwischen zwei Anleihen mit gleich hoher Rendite. Da er Kursgewinne nicht versteuert, zieht er die Anleihe mit der niedrigeren Verzinsung und dem höheren Kursgewinn vor.

Zu den Einkünften aus Gewerbebetrieb zählen die Gewinnanteile der Gesellschafter von Personengesellschaften sowie der Gewinn des Einzelunternehmers. Steuerpflichtig ist also nicht der Geldbetrag, der dem Gesellschafter tatsächlich zufließt, sondern sein Gewinnanteil. Daher kann eine Pflicht zur Steuerzahlung entstehen, obwohl dem Gesellschafter kein Geld zugeflossen ist.

2.3 Gestaltungsrechte des Titelinhabers

Im vorangehenden Abschnitt wurden die monetären Rechte und Pflichten eines Titelinhabers beschrieben. Daneben räumt ein Titel seinem Inhaber Gestaltungsrechte ein. Als Gestaltungsrechte des Titelinhabers werden seine Handlungsmöglichkeiten bezeichnet, die ihm erlauben, seine Rechte und Pflichten aus dem Titel gegenüber dem Emittenten zu verändern. Die weitestgehende Änderung dieser Rechte und Pflichten bewirken Veräußerung und Kündigung des Finanzierungstitels.

2.3.1 Veräußerung des Finanzierungstitels

a) Veräußerungsrechte

Ob und unter welchen Bedingungen jemand seinen Titel veräußern darf, ist in Gesetz, Gesellschaftsvertrag und sonstigen Verträgen zwischen Emittent und Ersterwerber geregelt.

Die Veräußerung eines Forderungstitels (Zession, Abtretung) ist ausgeschlossen, wenn dies zwischen Emittent und Ersterwerber vereinbart ist. Der Schuldner verhindert dadurch, daß an die Stelle des ursprünglichen Gläubigers ein anderer Gläubiger tritt, der sich weniger konziliant bei eventuell erforderlichen Nachverhandlungen oder bei strittigen Fragen verhält. Auch ein Schuldner, der das Bekanntwerden seiner Verbindlichkeit vermeiden möchte, kann mit dem Gläubiger ein Abtretungsverbot vereinbaren.

Aus der Sicht des Gläubigers verliert ein Forderungstitel durch ein Abtretungsverbot an Wert, denn dieses schließt eine Refinanzierung des Gläubigers durch

Abtretung aus. Z. B. liegt der Zinssatz für handelbare Schuldtitel unter dem für nicht-handelbare Titel. Ein Abtretungsverbot muß der Schuldner mit einer Zinserhöhung honorieren.

Beteiligungstitel sind grundsätzlich veräußerbar, allerdings ist die Veräußerung häufig an die Zustimmung Dritter gebunden. Wenn die Zustimmung anderer Gesellschafter erforderlich ist, so bedeutet dies nicht unbedingt eine Wertminderung des Beteiligungstitels. Denn der Beteiligungstitel verschafft umgekehrt das Recht, die Veräußerung der übrigen Beteiligungstitel zu verhindern.

Der Einzelunternehmer kann sein Unternehmen jederzeit veräußern. Allerdings ist dieses Recht eingeschränkt, soweit Vermögensteile des Unternehmens verpfändet oder zur Sicherheit übereignet sind. Die Veräußerung eines oHG- oder KG-Anteils bedarf grundsätzlich der Zustimmung aller Gesellschafter. Allerdings kann der Gesellschaftsvertrag auch eine abweichende Regelung vorsehen. Die Veräußerung eines Geschäftsanteils an einer GmbH ist nicht genehmigungspflichtig, soweit nicht der Gesellschaftsvertrag etwas anderes bestimmt. Die Veräußerung von Teilen eines Geschäftsanteils bedarf jedoch der Genehmigung der Gesellschaft (§ 17 GmbHG). Der Veräußerungsvertrag muß notariell beurkundet werden (§ 15 GmbHG).
Die Veräußerung von Aktien ist ebenfalls nicht genehmigungspflichtig; lediglich die Veräußerung von vinkulierten Namensaktien bedarf der Genehmigung durch den Vorstand der AG (§ 68 AktG). Inhaberaktien können formlos, Namensaktien nur durch Indossament übertragen werden. Einschränkungen für den Erwerb und die Veräußerung von Aktien enthält das Wertpapierhandelsgesetz (WpHG); Insidern sind Börsengeschäfte unter Ausnutzung ihres Insiderwissens verboten (§ 14 WpHG).
Die Mitgliedschaft eines Genossen in einer Genossenschaft ist nicht veräußerbar. Ein Genosse kann lediglich sein Geschäftsguthaben (geleistete Einzahlungen zuzüglich zugeschriebener Gewinne abzüglich zugeschriebener Verluste) mittels schriftlicher Übereinkunft einem anderen übertragen und hierdurch aus der Genossenschaft ohne Auseinandersetzung mit ihr austreten (§ 76 GenG).

b)   Finanzielle Folgen der Veräußerung

Der Veräußerer eines Finanzierungstitels erwirbt gegen den Erwerber einen Anspruch auf Zahlung des Kaufpreises. Weitere finanzielle Folgen ergeben sich aus den Transaktionskosten der Veräußerung. Diese Kosten setzen sich zusammen aus den Kosten für

- die Suche eines Vertragspartners,
- die Veräußerungsverhandlungen,
- den Vertragsabschluß,
- die Erfüllung des Vertrags,
- eventuell anfallende Beratung.

Die Kosten für die Suche eines Vertragspartners und die Veräußerungsverhandlungen hängen weitgehend von der Organisation des Marktes ab, auf dem der Finanzierungstitel gehandelt wird. Die Kosten für den Vertragsabschluß werden durch die Form des Vertrages bestimmt. Am billigsten ist ein mündlicher Vertrag, dafür können allerdings später hohe Transaktionskosten bei einer notwendig werdenden Beweisführung entstehen; auch besteht die Gefahr der Nichtigkeit des Vertrags, weil gesetzliche Formvorschriften nicht beachtet wurden. Die Kosten des Vertragsabschlusses wachsen in der Reihenfolge mündlicher Vertrag, Schriftform, notarielle Beglaubigung, notarielle Beurkundung. Die mit der Vertragserfüllung verbundenen Kosten umfassen vor allem Buchungskosten, Spesen und gegebenenfalls die Kosten für gerichtliche Eintragungen.

Von weitreichender Bedeutung ist, ob die Veräußerung eines Titels den Veräußerer von allen mit dem Titel verknüpften Zahlungspflichten entbindet. Solche Pflichten können dann aufleben, wenn der Emittent des Titels seine Zahlungspflichten gegenüber Dritten oder gegenüber dem Erwerber des Titels verletzt.

Dementsprechend werden Forderungstitel in solche mit und in solche ohne Regreßanspruch des Käufers gegen den Verkäufer unterschieden. Besteht ein Regreßanspruch, so haftet der Verkäufer dem Käufer, wenn der Emittent des Titels seinen Zahlungspflichten aus dem Titel nicht nachkommt. Ein solcher Regreßanspruch besteht bei der Veräußerung von Wechseln und Schecks, jedoch nicht bei der Veräußerung von Schuldverschreibungen und der Forfaitierung von Forderungen. Ansonsten kann die Regreßpflicht im Veräußerungsvertrag geregelt werden.

Die Haftung des Veräußerers eines Beteiligungstitels ist gesetzlich weitgehend geregelt. Sie kann gegenüber dem Emittenten sowie gegenüber den Gläubigern des Emittenten bestehen. Veräußert ein Einzelunternehmer sein Unternehmen und haftet der Erwerber für die früheren Verbindlichkeiten des Unternehmens, so haftet der Veräußerer den Gläubigern dieser Verbindlichkeiten längstens fünf Jahre nach Veräußerung (§ 26 HGB). Scheidet ein Gesellschafter aus einer oHG oder KG aus, so haftet er den Gläubigern der Gesellschaft für die früheren Verbindlichkeiten ebenfalls längstens fünf Jahre nach Veräußerung (§ 159 HGB). Der ausgeschiedene Kommanditist haftet jedoch nur in dem Umfang, wie er auch zum Zeitpunkt seines Ausscheidens haftete.
Veräußert ein GmbH-Gesellschafter seinen Anteil, so haftet er der Gesellschaft fünf Jahre nach seinem Ausscheiden. Diese Haftung ist in doppelter Hinsicht beschränkt: (1) Sie bezieht sich auf die Differenz zwischen Stammeinlage und geleisteten Einzahlungen, soweit diese Differenz von der Gesellschaft eingefordert wird. (2) Der ausscheidende Gesellschafter muß den eingeforderten Betrag nur insoweit zahlen, wie der Erwerber seines GmbH-Anteils ihn nicht bezahlt (§ 22 GmbHG). Bei Zahlungsunfähigkeit der GmbH kommt diese Haftung ihren Gläubigern zugute.
Die Regelung im Aktiengesetz entspricht der im GmbH-Gesetz, jedoch ist die Haftungsfrist auf zwei Jahre beschränkt (§ 65 AktG). Sofern das Statut einer Genossenschaft eine Nachschußpflicht zur Insolvenzmasse vorsieht, haftet auch der Genosse, der sein Geschäftsguthaben innerhalb der letzten sechs Monate vor Eröffnung des Insolvenzverfahrens übertragen hat. Er hat seiner Nachschußpflicht zu genügen, soweit der Erwerber seines Geschäftsguthabens dazu nicht in der Lage ist (§ 76 GenG).

Die gesetzlichen Vorschriften über die Haftung des Veräußerers von Beteiligungstiteln dienen vornehmlich dem Gläubigerschutz. Denn sie verhindern, daß bei drohender Zahlungsunfähigkeit eines Unternehmens seine Gesellschafter ihre Anteile auf mittellose Personen übertragen und damit ihre Haftung umgehen.

2.3.2   Kündigung des Finanzierungstitels

Eine Alternative zur Veräußerung eines Finanzierungstitels ist seine Kündigung. Sofern die Kündigung wirksam wird, führt sie zum Erlöschen aller mit dem Titel verbundenen Rechte und Pflichten, während diese bei der Veräußerung bestehen bleiben.

Ein Kündigungsrecht steht dem Inhaber eines Forderungstitels zu, wenn ihm der Emissionsvertrag oder ein Gesetz dies einräumt. Bei Ausübung dieses Rechts kommt es zur vorzeitigen partiellen oder vollständigen Rückzahlung des Forderungsbetrages. Für den Gläubiger ist die Kündigung eines Forderungstitels vorteilhaft, wenn das

Zinsniveau gestiegen ist und er bei Kündigung den Nominalwert der Forderung bekommt. Er kann diesen dann zu einem höheren Zins wiederanlegen. Ein anderer Kündigungsgrund kann darin bestehen, daß der Gläubiger mit einer Gefährdung der Zahlungsfähigkeit des Schuldners rechnet und den damit verbundenen Problemen frühzeitig durch Kündigung ausweichen will. Nach Ziffer 19 der Allgemeinen Geschäftsbedingungen der Banken kann ein Kreditinstitut einen gegebenen Kredit vorzeitig kündigen, wenn eine wesentliche Verschlechterung oder Gefährdung des Schuldnervermögens eintritt. Gelegentlich wird auch ein Kündigungsrecht für den Fall vereinbart, daß der Schuldner seinen Zahlungsverpflichtungen nicht nachkommt.

Das Recht auf Kündigung von Beteiligungstiteln ist in Gesetz und Gesellschaftsvertrag geregelt. Gemäß § 131 HGB werden die oHG und gleichermaßen die KG aufgelöst, wenn einer ihrer Gesellschafter kündigt. Dieses Kündigungsrecht kann nicht ausgeschlossen werden. Üblich ist allerdings eine Regelung, wonach bei Kündigung eines Gesellschafters die Gesellschaft nicht aufgelöst, sondern unter den übrigen Gesellschaftern fortgesetzt wird (§ 138 HGB). Mit dem Zeitpunkt des Austritts wird der ausscheidende Gesellschafter Gläubiger des Unternehmens; seine Forderung lautet auf das Abfindungsguthaben. Die Bestimmung dieses Guthabens bereitet erhebliche Schwierigkeiten, sofern nicht nur der bilanziell festgestellte Kapitalanteil auszuzahlen ist, sondern darüber hinaus auch ein Anteil an den stillen Reserven. Die Problematik resultiert daraus, daß unklar ist, was stille Reserven sind; daher ist ihre Ermittlung strittig. Ebenso wie bei der Veräußerung eines Anteils an einer oHG oder KG haftet der ausscheidende Gesellschafter den Gläubigern der Gesellschaft aus früheren Verbindlichkeiten (§ 159 HGB).

Nach dem Gesetz ist ein Austritt eines Gesellschafters aus einer GmbH oder AG nicht möglich. Gemäß Rechtsprechung ist allerdings der Austritt aus einer GmbH bei wichtigem Grund möglich. Durch die Auszahlung des Abfindungsguthabens darf das zur Erhaltung des Stammkapitals erforderliche Vermögen der GmbH jedoch nicht angegriffen werden. Nach § 65 GenG kann jeder Genosse mittels Kündigung seinen Austritt aus der Genossenschaft erklären. Sein Abfindungsguthaben ist gleich seinem Geschäftsguthaben; unter Umständen erhält er auch einen Anteil an einem Reservefonds (§ 78 GenG). Wird innerhalb von 18 Monaten nach seinem Ausscheiden ein Insolvenzverfahren über die Genossenschaft eröffnet und reichen die Nachschüsse der Genossen zur Befriedigung der Gläubiger nicht aus, so ist auch der ausgeschiedene Genosse zum Nachschuß nach Maßgabe des Statuts verpflichtet.

Sieht man von der Genossenschaft ab, so ist der Austritt eines Gesellschafters aus einer der genannten Rechtsformen relativ selten. Üblich ist die Veräußerung von Beteiligungstiteln. Der Grund hierfür liegt darin, daß durch den Austritt eines Gesellschafters dem Unternehmen Beteiligungskapital entzogen und damit seine Zahlungsfähigkeit gefährdet wird. Deshalb werden sich die übrigen Gesellschafter bemühen, den Anteil des ausscheidenden Gesellschafters zu übernehmen oder anderweitig zu plazieren.

2.3.3   Ausübung von sonstigen Optionen

Während bei der Veräußerung eines Titels die Rechte und Pflichten unverändert bleiben, erlöschen sie bei der Kündigung. Zu den Rechten des Titelinhabers können auch Optionen zählen, deren Ausübung zu einer Änderung der Rechtsnatur, also zu einer Wandlung des Titels führt. Auch die bereits erörterten Kündigungsrechte stellen Optionen dar, jedoch führt ihre Ausübung zum Erlöschen des Titels.

Zunehmend werden Schuldverschreibungen emittiert, die dem Inhaber neben Kündigungsrechten weitere Optionen einräumen, z. B. das Recht, die Tilgungswäh-

rung zu bestimmen, oder das Recht, die Verzinsungsmodalitäten zu ändern. Kredit-
bereitstellungszusagen räumen dem Erwerber ebenfalls eine Option ein. Er kann den
Kredit nach seinem Bedarf in Anspruch nehmen, wobei der Kreditzinssatz im allgemeinen wie bei Floating Rate Notes angepaßt wird. Der Kreditnehmer schafft
sich damit eine Liquiditätsreserve gegen Zahlung einer Provision.

Gelegentlich emittieren Aktiengesellschaften Optionsanleihen. Eine Optionsanleihe besteht aus einer Schuldverschreibung und dem separaten Recht, gegen Zahlung eines vertraglich fixierten Geldbetrages (Bezugskurs) innerhalb der Optionsfrist
eine bestimmte Zahl von Aktien des Emittenten zu erwerben. Häufig werden die
Schuldverschreibung und der Optionsschein (der das Recht auf Bezug der Aktien
gegen Zahlung des Bezugskurses verbrieft) getrennt an einer Börse gehandelt. Ähnlich wie eine Kaufoption bietet der Optionsschein dem Inhaber die Möglichkeit, an
Wertsteigerungen der Aktien zu partizipieren und Wertverluste zu vermeiden, die
dadurch entstehen, daß der Wert der Aktie unter den Bezugskurs der Aktie sinkt.
Diese Wertverluste kann der Inhaber des Optionsscheines vermeiden, indem er
die Option nicht ausübt.

Der Erwerb von Optionsanleihen kann auch steuerlich attraktiv sein. Ein Steuerinländer hat die halbe Dividende (einschließlich der vom Finanzamt zu erstattenden
Kapitalertragsteuer) als Einkommen aus Kapitalvermögen zu versteuern. Dagegen
hat ein Steuerausländer im allgemeinen die gesamte Dividende zu versteuern und
bekommt, je nach Sitzland, nichts oder nur einen Teil der Kapitalertragsteuer erstattet. Für Steuerausländer ist es daher attraktiv, eigenkapitalähnliche, dividendenlose
Titel zu erwerben. Zu den dividendenlosen Titeln gehören Optionsscheine. Die Di-
videndenlosigkeit des Optionsscheines bedeutet für den Inhaber keinen Nachteil, da
er ihn zu einem entsprechend niedrigeren Kurs erwerben kann.

Der Optionsanleihe ähnlich ist die Wandelschuldverschreibung. Bei der Optionsanleihe werden Anleihe und Optionsschein vollständig getrennt, so daß die Anleihe vollkommen unabhängig davon existiert, ob die Option ausgeübt wird oder
nicht. Bei der Wandelschuldverschreibung hingegen geht die Anleihe unter, wenn
die Option ausgeübt wird. Ausübung bedeutet Verzicht des Titelinhabers auf weitere
Verzinsung und Rückzahlung der Anleihe. Eventuell muß er noch eine Zuzahlung pro
Aktie leisten. Anders formuliert, an die Stelle des Bezugskurses bei Ausübung des
Optionsscheines treten bei der Wandelschuldverschreibung der jeweilige Marktwert
der untergehenden Anleihe und die Zuzahlung.

Aus der Sicht des Emittenten besteht der Unterschied zwischen beiden Titeln
darin, daß bei Ausübung des Wandlungsrechts Fremd- durch Eigenkapital ersetzt
wird, bei Ausübung des Optionsscheines jedoch zusätzliches Eigenkapital in
Höhe des Bezugskurses entsteht, während das Fremdkapital erst bei Tilgung der Anleihe schrumpft.

2.4   Einwirkungs- und Informationsrechte des Titelinhabers

Der Inhaber eines Finanzierungstitels benötigt Informationen, um seine Dispositionen treffen zu können, insbesondere Entscheidungen über Kauf und Verkauf und über die Ausübung von Gestaltungsrechten. Welche Informationen er über den Titel und den Emittenten erhält, hängt vor allem davon ab, welche Informationsrechte ihm zustehen.

Daneben besitzt der Titelinhaber möglicherweise Einwirkungsrechte, die ihm gestatten, auf die Geschäftsführung des Emittenten Einfluß zu nehmen. Dadurch kann der Inhaber die Qualität seines Titels gemäß seinen Präferenzen beeinflussen. Ein Gesellschafter mit relativ hoher Risikoscheu kann z. B. das Risiko seines Beteiligungstitels vermindern, indem er eine weniger riskante Investitionspolitik des Emittenten durchsetzt. Im folgenden sollen zunächst die Einwirkungs-, sodann die Informationsrechte von Titelinhabern erörtert werden.

2.4.1   Einwirkungsrechte des Titelinhabers

Die Einwirkungsrechte des Titelinhabers werden hier nach den beiden Kriterien „Ausgestaltung der Einwirkungsrechte" und „Art der beeinflußbaren Entscheidungen" systematisiert.

a)   Ausgestaltung der Einwirkungsrechte

Das Kriterium „Ausgestaltung der Einwirkungsrechte" stellt darauf ab, inwieweit der Titelinhaber auf Entscheidungen Einfluß nehmen kann. Das stärkste Einwirkungsrecht ist ein Allein-Entscheidungsrecht, schwächer sind Mitentscheidungsrechte und Vetorechte, noch schwächer sind Anhörungsrechte.

Grundsätzlich stehen den Inhabern von Forderungstiteln keine Einwirkungsrechte zu. Diese Aussage bedarf allerdings zweier Einschränkungen:

1.   Ein Kreditgeber kann die Vergabe eines Kredites an die Erfüllung bestimmter Auflagen durch den Kreditnehmer (Emittenten) knüpfen. Soweit der Kreditnehmer an dem Kredit interessiert ist, wird er bereit sein, solche Auflagen zu akzeptieren.
Diese Auflagen können auf die Geschäftspolitik des Emittenten direkt oder indirekt einwirken. Eine direkte Einwirkung liegt vor, wenn der Kreditvertrag Vorschriften für die Geschäftspolitik enthält. Eine indirekte Einwirkung liegt vor, wenn der Kreditvertrag die Mitwirkung des Kreditgebers in einem Geschäftsführungsorgan des Emittenten vorsieht. Ein solches Organ ist z. B. ein Beirat, der aus leitenden Angestellten, Gesellschaftern und Kreditgebern besteht und die Grundzüge der Geschäftspolitik festlegt. Häufig sind Kreditinstitute als Kreditgeber im Aufsichtsrat von Unternehmen vertreten, ohne daß der Kreditvertrag dies vorsieht. Als Mitglied eines Unternehmensorgans steht dem Kreditinstitut dann ein Mitentscheidungsrecht zu.
Ebenfalls verbreitet ist die indirekte Einwirkung auf die Geschäftspolitik durch Bestellung von Kreditsicherheiten. Wird eine bewegliche Sache dem Kreditge-

ber verpfändet oder sicherungsübereignet, so wird das Verfügungsrecht des Schuldners bezüglich dieses Gegenstandes erheblich eingeschränkt. Nach einer Sicherungsübereignung z. B. darf der Schuldner die Sache nicht ohne Einwilligung des Gläubigers veräußern, der Gläubiger hat also ein Vetorecht.

Auch ein Grundpfandrecht schränkt den Schuldner in seiner Geschäftspolitik ein: Er kann das Grundstück zwar veräußern, jedoch sinkt der Liquidationserlös um den Wert des Grundpfandrechts. Folglich ist dem Schuldner die Möglichkeit genommen, über den Geldbetrag in Höhe des Wertes des Grundpfandrechts zu disponieren. Er kann diesen Betrag z. B. nicht an die Gesellschafter ausschütten und dadurch seine Haftungsmasse vermindern.

2. Soweit ein Forderungstitel den Inhaber zur Kündigung berechtigt, kann der Inhaber möglicherweise mit der Androhung, dieses Gestaltungsrecht zu nutzen, auf die Geschäftpolitik des Emittenten einwirken. Diese Drohung ist um so wirksamer, je schwerer dem Emittenten eine Refinanzierung fällt. Eine wirksame Drohung ist einer Mitentscheidung ähnlich.

Einwirkungsrechte stehen grundsätzlich den Inhabern von Beteiligungstiteln zu. Dabei lassen sich folgende Ausgestaltungsformen des Einwirkungsrechts unterscheiden:

– Allein-Entscheidungsrecht eines Gesellschafters,
– Recht zur gemeinsamen Entscheidung durch die Gesellschafter,
– Recht zur gemeinsamen Entscheidung durch die Gesellschafter und Vertreter der Arbeitnehmer.

Das Allein-Entscheidungsrecht erlaubt dem Berechtigten, aus seinem Interesse heraus Entscheidungen zu fällen, die möglicherweise zu Lasten anderer Gesellschafter oder der Arbeitnehmer gehen. Daher ist das Allein-Entscheidungsrecht durch das Betriebsverfassungsgesetz und die Mitbestimmungsgesetze sowie bei Existenz weiterer Gesellschafter eingeschränkt.

Das Allein-Entscheidungsrecht eines Gesellschafters ist, abgesehen von Einwirkungsrechten der Arbeitnehmer, gegeben, wenn es nur einen Gesellschafter gibt. Darüber hinaus billigt der Gesetzgeber jedem vollhaftenden Gesellschafter einer oHG, KG oder KGaA das Allein-Entscheidungsrecht zu (§§ 114,I; 115,I HGB, § 278 AktG). Jedoch kann ein anderer geschäftsführender Gesellschafter einer Handlung widersprechen; diese muß dann unterbleiben (§ 115,I HGB). Auch kann der Gesellschaftsvertrag abweichende Bestimmungen über die Rechte der Gesellschafter zur Geschäftsführung enthalten. Häufig steht den Gesellschaftern oder einem Teil der Gesellschafter das Recht zur gemeinsamen Entscheidung zu.
Bei der GmbH, der AG und der Genossenschaft sind die Gesellschafter grundsätzlich nur zu gemeinsamen Entscheidungen berechtigt. Inwieweit ein einzelner Gesellschafter dabei seine Interessen durchsetzen kann, hängt von der Zahl seiner Stimmrechte und dem Abstimmungsmodus ab. Bei der GmbH und der AG wächst die Zahl seiner Stimmrechte proportional mit der Höhe seiner Kapitalbeteiligung (§ 47,II GmbHG, § 12 AktG), allerdings können Vorzugsaktien ohne Stimmrecht ausgegeben werden. Darüber hinaus ist das mit Stammaktien verbundene Stimmrecht bei manchen Aktiengesellschaften durch die Satzung insofern eingeschränkt, als ein einzelner Aktionär nicht mehr als x % (z. B. 5 %) aller Stimmrechte geltend machen kann; dies ist seit 1998 allerdings nur noch bei nichtbörsennotierten Gesellschaften zulässig. Bei der Genossenschaft hat jeder Genosse grundsätzlich eine Stimme (§ 43,III GenG).

Besitzt ein Gesellschafter mehr als ein Viertel der Stimmen, so kann er jeden Beschluß blockieren, der eine Dreiviertelmehrheit der abgegebenen Stimmen erfordert (Sperrminorität). Besitzt der Gesellschafter mindestens die Hälfte aller Stimmen, so kann er jede Entscheidung der Gesellschafterversammlung blockieren, sofern es keine Stimmrechtsbeschränkungen gibt. In gleicher Weise kann er mit seinem Kapitalanteil Entscheidungen verhindern, die eine entsprechende Kapitalmehrheit erfordern. Stimmen- und Kapitalanteile können einem Gesellschafter daher Vetorechte verschaffen.

Durch das Betriebsverfassungsrecht und die Mitbestimmungsgesetze wird das Einwirkungsrecht der Gesellschafter eingeschränkt. Dies wird besonders deutlich bei der Bestellung und Abberufung der Geschäftsführer einer GmbH oder des Vorstands einer AG, soweit diese Unternehmen dem Mitbestimmungsgesetz von 1976 (MitbestG) unterliegen. Bestellung und Abberufung erfolgen durch den Aufsichtsrat (§ 31 MitbestG). Die betreffenden Beschlüsse setzen eine ⅔ Mehrheit des Aufsichtsrats voraus (§ 31,II,V MitbestG). Kommt diese nicht zustande, so entscheidet später die einfache Mehrheit, wobei im Fall der Stimmengleichheit der Vorsitzende des Aufsichtsrats den Ausschlag gibt. Der Aufsichtsrat setzt sich je zur Hälfte aus Vertretern der Gesellschafter und Vertretern der Arbeitnehmer zusammen. Sind sich die Vertreter der Gesellschafter einig, so können sie stets den Aufsichtsratsvorsitzenden und damit den Vorstand bestimmen, auch gegen die Stimmen der Arbeitnehmervertreter. Eine erfolgreiche Entwicklung des Unternehmens ist allerdings nicht zu erwarten, wenn es im Aufsichtsrat regelmäßig zu Kampfabstimmungen kommt. Faktisch werden die Einwirkungsrechte der Gesellschafter durch das Mitbestimmungsgesetz deutlich eingeengt.
Noch stärker ist diese Einengung bei Unternehmen, die dem Montan-Mitbestimmungsgesetz unterliegen. Dieses Gesetz schreibt einen Aufsichtsrat vor, in dem Vertreter der Gesellschafter und Vertreter der Arbeitnehmer gleiches Gewicht haben.

b) Art der beeinflußbaren Entscheidungen

Der Wert eines Einwirkungsrechts wird durch seine Ausgestaltung und die Art der Entscheidungen bestimmt, auf die der Titelinhaber einwirken kann. Folgende Gruppen von Entscheidungen sind bedeutsam:

- sämtliche Unternehmensentscheidungen,
- Entscheidungen, die der gewöhnliche Betrieb des Handelsgewerbes nicht mit sich bringt.

Einwirkungsrechte auf sämtliche Unternehmensentscheidungen stehen einem unbeschränkt haftenden Gesellschafter zu, soweit er nicht von der Geschäftsführung ausgeschlossen ist. Diese Einwirkungsrechte kann sich auch ein Gesellschafter einer Kapitalgesellschaft sichern, sofern er die Mehrheit der Stimmrechte besitzt. Kraft dieser Mehrheit kann er weitgehend die personelle Zusammensetzung der geschäftsführenden Organe und damit die Geschäftspolitik bestimmen.

Ist ein unbeschränkt haftender Gesellschafter von der Geschäftsführung ausgeschlossen, so steht ihm wie jedem Kommanditisten, jedem GmbH-Gesellschafter, jedem Aktionär und jedem Genossen ein Einwirkungsrecht auf Entscheidungen zu, die der gewöhnliche Betrieb des Handelsgewerbes nicht mit sich bringt (§§ 116,II, 164 HGB). Diese Entscheidungen sind in § 46 GmbHG, § 119 AktG und § 43 GenG teilweise präzisiert. Zu diesen Entscheidungen gehören

1. bei der GmbH die Bestellung und Abberufung von Geschäftsführern (§ 46 GmbHG) bzw. der Vertreter der Gesellschafter im Aufsichtsrat (§ 8 MitbestG), bei der AG die Bestellung der Ver-

treter der Gesellschafter im Aufsichtsrat (§ 119 AktG) bzw. bei der Genossenschaft die Wahl des Vorstands (§ 24, II GenG),

2. Entscheidungen über die Auflösung, Umwandlung und Verschmelzung der Gesellschaft,
3. Entscheidungen über sonstige Maßnahmen im Kapitalbereich und
4. Entscheidungen über sonstige Änderungen des Gesellschaftsvertrages.

Wenn auch der Gesetzgeber sämtliche stimmberechtigten Beteiligungstitel mit Einwirkungsrechten auf außergewöhnliche Unternehmensentscheidungen ausgestattet hat, so impliziert dies natürlich nicht, daß der einzelne Gesellschafter nennenswerte Einwirkungsmöglichkeiten besitzt. Erst wenn der Gesellschafter über einen erheblichen Kapitalanteil verfügt, wird sein Einwirkungsrecht ökonomisch bedeutsam.

2.4.2   Informationsrechte des Titelinhabers

Der ökonomische Erfolg, den ein Titelinhaber durch Einwirkung auf die Geschäftspolitik erzielen kann, ist um so größer, je besser die Informationen sind, aufgrund deren er seine Einwirkung plant. Ein Aktionär z. B., der nicht weiß, ob der Aufsichtsrat den Vorstand wirkungsvoll unterstützt und kontrolliert hat, wird kaum in der Lage sein, bei der Wahl der Aufsichtsratsmitglieder durch die Hauptversammlung sinnvoll mitzuwirken. Der Wert von Einwirkungsrechten hängt daher entscheidend von den Informationsrechten ab, die mit dem Titel verknüpft sind. Einwirkungsrechte ohne Informationsrechte sind weitgehend wertlos. Die Informationsrechte eines Titelinhabers lassen sich einteilen in Informationspflichten des Emittenten, denen dieser ohne Tätigwerden des Titelinhabers nachkommen muß, und in Auskunftsrechte des Titelinhabers, denen der Emittent bei Auskunftsersuchen des Inhabers genügen muß.

a)   *Informationspflichten des Emittenten*

Informationspflichten und Auskunftsrechte können vertraglich festgelegt werden. Der Gesetzgeber schreibt jedoch einen Mindestbestand solcher Pflichten und Rechte zwingend vor. Er knüpft die Informationspflichten des Emittenten an unterschiedliche Merkmale.

Gemäß dem Merkmal „Rechtsform" müssen Kapitalgesellschaften den Jahresabschluß, den Anhang (der weitere Informationen zum Jahresabschluß enthält) sowie den Lagebericht (der den Geschäftsverlauf und die Lage der Gesellschaft beschreibt) zum Handelsregister einreichen (§ 325 HGB). Die dort eingereichten Unterlagen kann jedermann einsehen. Große Kapitalgesellschaften haben diese Unterlagen außerdem im Bundesanzeiger zu veröffentlichen. Kleine Kapitalgesellschaften brauchen allerdings Gewinn- und Verlustrechnung sowie Lagebericht nicht beim Handelsregister einzureichen. Auch sind Umfang und Detailliertheitsgrad der im Jahresabschluß und im Anhang zu machenden Angaben nach der Größenklasse der Kapitalgesellschaft gestaffelt. Die Genossenschaft hat Jahresabschluß, Anhang und Lagebericht beim Genossenschaftsregister einzureichen (§ 339 HGB). Gemäß dem Merkmal „Unternehmensgröße" müssen Unternehmen anderer Rechtsform einen Jahresabschluß veröffentlichen, sofern sie eine Mindestgröße erreichen (§ 10 PublG). Derselben Pflicht unterliegen gemäß dem Merkmal „Branche" Kreditinstitute (§ 340 a HGB) und Versicherungsunternehmen (§ 55 VAG).

Gemäß dem Merkmal „Markt für Finanzierungstitel" muß ein Emittent, der die Zulassung von Wertpapieren zum Börsenhandel beantragt, in einem Zulassungsprospekt Angaben über seine wirtschaftliche Lage machen und diesen veröffentlichen (§ 38 Börsengesetz); auch müssen Informationen, die für den Wert eines zum Börsenhandel zugelassenen Wertpapiers von Bedeutung sind, unverzüglich vom Unternehmen bekanntgegeben werden (§ 44 a Börsengesetz). Nach § 15 Wertpapierhandelsgesetz haben Emittenten von Wertpapieren neue Tatsachen, die geeignet sind, den Börsenkurs erheblich zu beeinflussen, unverzüglich zu veröffentlichen (Ad hoc-Publizität).

Bemerkenswert an diesen Informationspflichten ist, daß diese Informationen der gesamten Öffentlichkeit zugänglich sind, also nicht nur den Inhabern von Finanzierungstiteln. Der Entstehung von „Insiderwissen" und „Insidervorteilen" wird insoweit vorgebeugt.

b) Auskunftsrechte des Titelinhabers

Spezifischen Erwerbern von Forderungstiteln räumt der Gesetzgeber Auskunftsrechte ein, die die Erwerber geltend machen müssen. So ist ein Kreditinstitut gemäß § 18 KWG verpflichtet, sich über die wirtschaftliche Lage eines Kreditnehmers, insbesondere anhand der Jahresabschlüsse, zu informieren, sofern der Kredit 100.000 DM übersteigt. Ebenso müssen sich Versicherungsunternehmen anhand der Jahresabschlüsse eines Kreditnehmers informieren, bevor sie Teile des Deckungsstocks als Kredit anlegen.

Jedem Inhaber eines Beteiligungstitels stehen kraft Gesetzes Auskunftsrechte zu. So hat jeder Gesellschafter Anspruch auf eine Abschrift des Jahresabschlusses. Der vorgeschriebene Detailliertheitsgrad der Angaben im Jahresabschluß ist allerdings abhängig von der Rechtsform und der Größe des Unternehmens. Kapitalgesellschaften und Genossenschaften haben darüber hinaus einen Anhang zur Erläuterung des Jahresabschlusses sowie einen Lagebericht zu erstellen. Auch diese kann jeder Gesellschafter einsehen.
Der Gesellschafter einer Personengesellschaft kann die Richtigkeit des Jahresabschlusses unter Einsicht in die Handelsbücher und Papiere der Gesellschaft prüfen (§§ 118, 166 HGB). Die Geschäftsführer einer GmbH haben jedem Gesellschafter auf Verlangen unverzüglich Auskunft über die Angelegenheiten der Gesellschaft zu geben und die Einsicht der Bücher und Schriften zu gestatten (§ 51a GmbHG). Jedem Aktionär ist auf Verlangen in der Hauptversammlung vom Vorstand Auskunft über Angelegenheiten der Gesellschaft zu geben, soweit sie zur sachgemäßen Beurteilung des Gegenstands der Tagesordnung erforderlich ist (§ 131,I AktG).

2.5   Zusammenfassung

Die mit Finanzierungstiteln verbundenen Rechte und Pflichten umfassen neben monetären Rechten und Pflichten Gestaltungsrechte sowie Einwirkungs- und Informationsrechte. Die monetären Rechte und Pflichten bestimmen unmittelbar die Art der Anwartschaft auf künftige Zahlungen. Es gibt unbedingte Ansprüche auf Zahlungen, insbesondere bei Forderungstiteln, und bedingte Ansprüche, die in ihrer Höhe von der wirtschaftlichen Lage des Emittenten, von Entscheidungen des Emittenten, von Vertragsverletzungen und von Entscheidungen Dritter abhängig sein können. Unter bestimmten Voraussetzungen können auch Zahlungsverpflichtungen auf einen Titelinhaber zukommen.

Gestaltungsrechte eröffnen dem Titelinhaber zusätzliche Möglichkeiten, auf die ihm zufließenden Zahlungen Einfluß zu nehmen. Dazu gehört vor allem das Recht, den Finanzierungstitel zu veräußern, außerdem das Recht zur Kündigung, weiterhin Optionsrechte, wie sie etwa mit Optionsanleihen und Wandelanleihen verbunden sind.

In dem Maße wie Zahlungsanwartschaften von der wirtschaftlichen Lage des Unternehmens und von Entscheidungen der Unternehmensleitung abhängen, gewinnen Einwirkungs- und Informationsrechte für den Inhaber eines Finanzierungstitels besondere Bedeutung. Informationsrechte verschaffen ihm bessere Entscheidungsgrundlagen für Kauf und Verkauf sowie für die Ausübung von Gestaltungsrechten. Einwirkungsrechte ermöglichen es ihm, auf Entscheidungen Einfluß zu nehmen, von denen die wirtschaftliche Entwicklung des Unternehmens und die auf seinen Titel entfallenden Zahlungen abhängen.

3 Märkte für Finanzierungstitel

Unternehmen können sich nur dann durch Emission von Finanzierungstiteln Geld für Investitionen verschaffen, wenn es einen Markt dafür gibt. Ebenso kann das Recht, einen Finanzierungstitel zu veräußern, das für den Wert des Titels von erheblicher Bedeutung ist, nur ausgeübt werden, wenn ein Markt existiert. Diese Märkte können sehr unterschiedlich ausgestaltet sein; dies hat Auswirkungen für die Finanzierungsmöglichkeiten des Unternehmens, ebenso für den Wert des Veräußerungsrechts.

3.1 Primärmarkt, Sekundärmarkt und derivative Märkte

Die Märkte für Finanzierungstitel lassen sich danach einteilen, ob sie der Erstplazierung neuer Titel bei der Emission (Primärmarkt) oder dem Handel bereits plazierter Titel (Sekundärmarkt) dienen. Die Existenz eines Sekundärmarktes wirkt auch auf den Primärmarkt zurück: Die Entscheidung, einen mittel- oder langfristigen Titel bei der Emission zu erwerben, wird einem Kapitalgeber erheblich erleichtert, wenn er den Titel bei Bedarf mit geringen Kosten wieder veräußern kann. Die Existenz eines Sekundärmarktes erweitert daher den Kreis der am Primärmarkt auftretenden Käufer. Die Emittenten von Finanzierungstiteln haben deshalb ein Interesse am Aufbau eines funktionsfähigen Sekundärmarktes.

In Deutschland wird der Primärmarkt für Forderungstitel im wesentlichen von Kreditinstituten und Kapitalsammelstellen, insbesondere Versicherungsgesellschaften, getragen. Entweder übernehmen diese Unternehmen die Forderungstitel als Erwerber in ihr eigenes Portefeuille, oder die Kreditinstitute bieten ihren Kunden die Zeichnung dieser Titel an. In diesem Fall erwerben die Kunden die Titel; die Kreditinstitute sind als Vermittler tätig.

Der Sekundärmarkt für Forderungstitel wird ebenfalls im wesentlichen von Kreditinstituten getragen. Soweit die Forderungstitel nicht an einer Wertpapierbörse gehandelt werden, wickelt sich der Handel weitgehend per Telefon oder über Bildschirmsystem ab. Die Telefonabschlüsse werden schriftlich fixiert. Für diesen Handel haben sich Usancen herausgebildet, so daß er weitgehend standardisiert ist. Bei börsengängigen Forderungstiteln ist die Börse der Sekundärmarkt, die Kreditinstitute vermitteln lediglich zwischen den Kunden, die Forderungstitel kaufen oder verkaufen möchten, und der Börse.

Primär- und Sekundärmarkt für Beteiligungstitel, die nicht an einer Börse gehandelt werden, sind nur wenig entwickelt. Am Erwerb und Handel solcher Titel sind nur wenige Personen beteiligt. Die Preise werden in mehr oder minder langwierigen Verhandlungen ausgehandelt. Informations- und Transaktionskosten beim Erwerb und Handel sind relativ hoch.

Der am besten entwickelte Sekundärmarkt für Beteiligungstitel ist die Wertpapierbörse. Auch die Erstplazierung von börsengehandelten Beteiligungstiteln ist relativ mühelos. Im allgemeinen bietet ein Konsortium von Kreditinstituten junge Titel dem Publikum zur Zeichnung an, ähnlich wie bei Forderungstiteln.

Gegenstand von Markttransaktionen können nicht nur Finanzierungstitel selbst sein, sondern auch Kontrakte, die sich auf sie beziehen; die dafür bestehenden Märkte werden als derivative Märkte bezeichnet. Praktische Bedeutung haben die Märkte für Terminkontrakte, für Swaps und für Optionskontrakte. In einem Terminkontrakt verpflichtet sich der eine Vertragspartner zur Lieferung bestimmter Finanzierungstitel in einem zukünftigen Zeitpunkt, der andere zur Zahlung des vertraglich fixierten Kaufpreises im gleichen Zeitpunkt. Bei einem Swap vereinbaren die Vertragspartner den Tausch bestimmter aus Finanzierungstiteln resultierender Zahlungen oder Zahlungsverpflichtungen, zum Beispiel der Zinszahlungsverpflichtungen aus einer festverzinslichen Anleihe gegen die aus einer variabel verzinslichen Anleihe (Zinsswap); ein derartiger Kontrakt, bei dem Zahlungen für mehrere zukünftige Zeitpunkte getauscht werden, kann als Bündel von Terminkontrakten verstanden werden. Bei den Optionskontrakten ist zwischen Kaufoptionen und Verkaufsoptionen zu unterscheiden. Eine Kaufoption kommt dadurch zustande, daß ein Vertragspartner, der Optionsinhaber, von dem anderen, dem Stillhalter, gegen Zahlung einer Prämie das Recht erwirbt, zu einem zukünftigen Zeitpunkt oder in einem zukünftigen Zeitraum bestimmte Finanzierungstitel zu einem vertraglich fixierten Ausübungspreis zu erwerben. Bei einer Verkaufsoption hat der Optionsinhaber das Recht, die Finanzierungstitel zum Ausübungspreis an den Stillhalter zu verkaufen. Im Unterschied zum Terminkontrakt steht es dem Optionsinhaber in beiden Fällen frei, sein Recht auszuüben oder nicht.

Auf derivativen Märkten kann man wieder Primär- und Sekundärtransaktionen unterscheiden. Der Abschluß, durch den ein Termin- oder Optionskontrakt erstmals zustande kommt, ist eine Primärtransaktion. Wenn einer der Partner seine vertraglichen Rechte und Pflichten gegen Entgelt an einen Dritten veräußert, handelt es sich um eine Sekundärtransaktion.

Derivative Märkte für Terminkontrakte und Optionskontrakte haben in jüngerer Zeit vor allem dadurch erheblich an Bedeutung gewonnen, daß sie in Form von Börsen organisiert worden sind. Für Deutschland war die Gründung der Deutschen Terminbörse in Frankfurt im Jahre 1989 ein entscheidender Schritt. Voraussetzung für die börsenmäßige Organisation derivativer Märkte ist eine Normierung der gehandelten Kontrakte, und zwar hinsichtlich Art und Menge der zugrunde liegenden Finanzierungstitel, hinsichtlich der Fälligkeitszeitpunkte, bei Optionskontrakten auch hinsichtlich der Ausübungspreise. Swaps werden bisher an Börsen kaum gehandelt; eine Standardisierung erweist sich bei ihnen als unzweckmäßig. Auch Terminkontrakte und Optionen werden in erheblichem Umfang außerbörslich gehandelt; dafür bieten sich Banken als Vertragspartner an. Dabei bleibt es jedoch für Nichtbanken in aller Regel bei Primärtransaktionen.

Die börsenmäßige Organisation eröffnet den Marktteilnehmern die Möglichkeit, bestehende Kontrakte jederzeit glattzustellen, d. h. einen entgegengesetzten Kontrakt abzuschließen, der den ersten genau kompensiert. Wer z. B. zunächst eine Kaufoption erworben hat, kann zu jedem Zeitpunkt einen Optionskontrakt mit gleichem Fälligkeitsdatum und gleichem Ausübungspreis abschließen, indem er die Stillhalterposition einnimmt; dafür erhält er den vom Erwerber zu zahlenden Preis der Option als sogenannte Stillhalterprämie. Im Ergebnis ist er so gestellt, als ob er die zuerst erworbene Kaufoption wieder veräußert hätte. Die im Fälligkeitszeitpunkt aus beiden Kontrakten resultierenden Rechte und Pflichten kompensieren sich genau; die Stillhalterprämie ist quasi der Veräußerungserlös der ursprünglich erworbenen Kaufoption. Die Glattstellung eröffnet den Marktteilnehmern somit im Ergebnis die gleichen Gestaltungsmöglichkeiten wie ein Sekundärmarkt, auf dem bestehende Kontrakte veräußert werden können. Die Marktteilnehmer können jederzeit zu den jeweils geltenden Marktkonditionen in Kontrakte eintreten und sich auch wieder daraus lösen.

3.2   Aufgaben der Märkte für Finanzierungstitel

3.2.1   Erweiterung der Handlungsmöglichkeiten

Die wichtigste Aufgabe von Märkten besteht darin, die Handlungsmöglichkeiten von Personen zu erweitern. Die Existenz eines Marktes, auf dem Finanzierungstitel oder andere Objekte gekauft oder verkauft werden können, eröffnet Handlungsspielräume, die zur Erreichung höherer Wohlfahrt genutzt werden können. Ein Unternehmer, der erfolgversprechende Investitionen erschließt, diese aber zunächst nicht nutzen kann, weil ihm die Mittel zur Finanzierung fehlen, kann dieses Hindernis überwinden, wenn es einen Primärmarkt für Finanzierungstitel gibt, über den er sich die erforderlichen Mittel beschaffen kann. Ein Kapitalanleger, der Forderungs- oder Beteiligungstitel eines Unternehmens hält und in eine Situation gerät, in der er dringend liquide Mittel benötigt, müßte bei Fehlen eines Sekundärmarktes entweder die Mittel aus dem Unternehmen abziehen, was für ihn und möglicherweise auch andere mit Verlusten verbunden wäre, oder er hätte die Folgen davon zu tragen, daß er die Mittel nicht aufbringen könnte; diese Nachteile lassen sich weitgehend vermeiden, wenn er die Finanzierungstitel auf einem Sekundärmarkt veräußern kann. Ein Kapitalanleger, der sein Geld in Aktien anlegen, dabei aber die möglichen Kursverluste nach unten begrenzen will, kann dies erreichen, indem er gleichzeitig Verkaufsoptionen erwirbt; Voraussetzung dafür ist die Existenz eines derivativen Marktes, auf dem Optionen gehandelt werden.

Diese drei Beispiele verdeutlichen, daß positive Wohlfahrtseffekte von Primärmärkten, ebenso aber auch von Sekundärmärkten und derivativen Märkten ausgehen können. Allerdings sind Markttransaktionen auch mit Kosten verbunden. Ob eine Markttransaktion den daran Beteiligten insgesamt einen Wohlfahrtszuwachs bringt, hängt davon ab, ob der aus Erwerb oder Veräußerung unmittelbar resultierende Nutzen die damit verbundenen Kosten übersteigt. Finanzinnovationen laufen durchweg darauf hinaus, bislang nicht durchführbare Markttransaktionen zu ermöglichen – durch Schaffung neuer Finanzierungstitel oder Errichtung neuer Märkte – oder kostengünstigere Formen für bereits praktizierte Markttransaktionen zu finden. Wenn sich eine Finanzinnovation durchsetzt, kommt darin zum Ausdruck, daß sich genügend Personen gefunden haben, die den erweiterten Handlungsspielraum nutzen und dabei Wohlfahrtsgewinne erzielen, die die Transaktionskosten übersteigen. Allerdings gilt dies nicht für alle Innovationen; das wird erkennbar, wenn sie nach einiger Zeit wieder vom Markt verschwinden, weil die Marktteilnehmer keinen Gebrauch davon machen.

3.2.2   Verringerung der Informationskosten

Wer die durch Existenz von Märkten eröffneten Handlungsspielräume erfolgreich nutzen will, benötigt Informationen. Um seine Dispositionen treffen zu können, muß er die Preise und Konditionen kennen, zu denen Markttransaktionen möglich sind, und er muß wissen, wo er Handelspartner finden kann. Die Kosten für die Beschaffung dieser Informationen hängen wesentlich davon ab, wie der Markt organisiert und wie transparent er ist. Wenn sich Käufer und Verkäufer oder ihre Beauftragten zu bestimmten Zeiten an bestimmten Orten treffen, wird es erheblich leichter und weniger kostspielig, einen Handelspartner zu finden. Die Wertpapierbörse ist ein anschauliches Beispiel dafür, wie der Handel örtlich und zeitlich konzentriert und dabei so organisiert werden kann, daß die Kosten der Partnersuche sehr gering bleiben und Informationen über das Marktgeschehen allgemein zugänglich werden.

Die auf Sekundärmärkten notierten Preise für Finanzierungstitel stellen auch für die an diesen Transaktionen nicht beteiligten Emittenten wichtige Informationen dar. Ein Unternehmen, das eine börsennotierte Anleihe emittiert hat, kann aus deren Kurs und der daraus zu errechnenden Rendite entnehmen, zu welchen Konditionen die Kapitalanleger die von ihm ausgegebenen Forderungstitel akzeptieren, damit auch, mit welcher Effektivverzinsung eine neu zu begebende Anleihe ausgestattet werden müßte. Auch die Preise von Beteiligungstiteln eines Unternehmens lassen wichtige Rückschlüsse zu. Im Kurs einer Aktie etwa kommt zum Ausdruck, wie die Kapitalanleger die Gewinnaussichten des Unternehmens bewerten, vor allem auch, mit welchem Zinssatz sie zukünftige Gewinne diskontieren. Die erwartete Rendite eines Beteiligungstitels, die sich als Relation der erwarteten jährlichen Gewinne in der Zukunft zum gegenwärtigen Preis des Titels errechnet, gibt an, bei welcher Verzinsung diese Titel vom Markt aufgenommen werden. Diese Verzinsung enthält den Zinssatz, den die Anleger bei alternativer Anlage in sicheren Forderungstiteln erzielen könnten, und darüber hinaus die den Marktverhältnissen entsprechende Risikoprämie, die der Risikoeinschätzung des betreffenden Unternehmens durch die Marktteilnehmer entspricht. Diese Rendite läßt auch Rückschlüsse darauf zu, welche Verzinsung für zusätzliche Investitionen des Unternehmens mindestens erzielt werden sollte. Wenn man annimmt, daß die Risikoeinschätzung der zusätzlichen Investitionen nicht wesentlich von der des bisherigen Investitionsprogramms abweicht, wird auch die gleiche Risikoprämie wie bisher in den Kalkül einzubeziehen sein; die Rendite gibt dann die erforderliche Mindestverzinsung für zusätzliche Investitionen an. Wird diese Mindestverzinsung erreicht oder überschritten, so kann man die zusätzlichen Investitionen durch Ausgabe von Beteiligungstiteln finanzieren; deren Marktwert ist dann mindestens gleich dem Investitionsbetrag, der aufgebracht werden muß. Die Preise von Finanzierungstiteln, von Beteiligungstiteln ebenso wie von Forderungstiteln, enthalten somit Informationen über die Kapitalkosten, über eine wichtige Grundlage für Investitionsentscheidungen also.

3.2.3   Orientierung von Entscheidungen an Marktwerten

Daß die Preise oder Marktwerte von Finanzierungstiteln Informationen enthalten, an denen sich Investitionsentscheidungen orientieren können, wird schon an den vorangehenden Überlegungen deutlich, die sich auf den Zusammenhang von Preisen und Kapitalkosten beziehen. Mehr ins Grundsätzliche geht die Frage, ob sich der Erfolg der Unternehmenstätigkeit im Marktwert der Finanzierungstitel nicht besser als in anderen Größen spiegelt. Daraus ergäbe sich die Konsequenz, daß sich unternehmerische Entscheidungen, insbesondere Entscheidungen über Investitionen, am Ziel der Marktwertmaximierung zu orientieren hätten.

Der Leiter eines Unternehmens, der den Auftrag hat, die Geschäfte im Interesse der Gesellschafter zu führen, steht vor folgendem Problem: Investitionen sind zunächst mit Auszahlungen verbunden und führen später zu Einzahlungen in ungewisser Höhe. Er muß also entscheiden, ob der Tausch sicheren gegenwärtigen Geldes gegen unsicheres zukünftiges Geld den Interessen seiner Gesellschafter entspricht. Hierbei steht er vor dem Problem, daß er die subjektiven Zeit- und Risikopräferenzen der Gesellschafter nicht kennt. Er weiß nicht, welche Verzinsung hinreichend wäre, um die Hingabe gegenwärtigen Geldes gegen zukünftiges in deren Einschätzung attraktiv erscheinen lassen; er weiß auch nicht, wie hoch die in den erwarteten Einzahlungen enthaltene Risikoprämie sein muß, die den Gesellschaftern zur Kompensation der Ungewißheit ausreicht. Und selbst wenn er dies alles von den Gesellschaftern erfahren könnte, bliebe das Problem, daß die Präferenzen bei den einzelnen unterschiedlich wären; es gäbe keine Unternehmenspolitik, die den Interessen aller gerecht würde.

Diese Probleme entfallen, wenn der Unternehmensleiter sich am Marktwert der Beteiligungstitel orientiert, wenn er also seine Investitionsentscheidungen so trifft, daß der Marktwert dieser Titel maximiert wird. Wenn die Finanzierungsweise gegeben ist und der Marktwert aller anderen Finanzierungstitel durch die Investitionsentscheidung unberührt bleibt, wird damit zugleich der Marktwert aller Finanzierungstitel des Unternehmens maximiert, eine Größe, die man kurz als Marktwert des Unternehmens bezeichnet. Wird der Marktwert von Finanzierungstiteln maximiert, so kommt es nur noch darauf an zu erkennen, in welcher Weise dieser Marktwert durch die mit Investitionen verbundenen zukünftigen Einzahlungen beeinflußt wird. Wenn man dies anhand der Marktpreise gehandelter Finanzierungstitel abschätzen kann, erübrigt sich eine explizite Berücksichtigung der subjektiven Präferenzen der Gesellschafter hinsichtlich Zeit und Risiko.

Es läßt sich nachweisen, daß bei Existenz von Märkten, die gewisse Voraussetzungen erfüllen, die Marktwertmaximierung ohne explizite Berücksichtigung der subjektiven Präferenzen von Gesellschaftern zu Ergebnissen führt, die auch aus der Sicht jedes einzelnen optimal sind. Man sagt, daß durch die Existenz von Märkten eine Separation ermöglicht wird zwischen den marktwertorientierten Entscheidungen im Unternehmen einerseits und den auf Maximierung des subjektiven Nutzens gerichteten Dispositionen der Kapitalanleger auf den Finanzmärkten. Zwei Fälle, in denen diese Separation möglich ist, werden in späteren Kapiteln noch genauer behandelt.

– Wenn es einen Kapitalmarkt gibt, auf dem zu einem einheitlichen Zinssatz beliebige Beträge sicher angelegt oder als Kredit aufgenommen werden können, kann man die Vorteilhaftigkeit einer Investition mit sicheren zukünftigen Erträgen ohne Berücksichtigung der subjektiven Zeitpräferenzen der Kapitalgeber beurteilen (Kapitel IV, Abschnitt 2.2.3).
– Wenn es einen Kapitalmarkt gibt, auf dem beliebige Anwartschaften auf ungewisse zukünftige Zahlungen gehandelt werden, kann man anhand von deren Preisen die Vorteilhaftigkeit von Investitionen mit unsicheren zukünftigen Erträgen ohne Berücksichtigung der subjektiven Zeit- und Risikopräferenzen der Kapitalgeber beurteilen (Kapitel VI, Abschnitt 3.1).

Der Marktwert aller Finanzierungstitel eines Unternehmens wird kurz als Marktwert des Unternehmens bezeichnet. Maximierung des Marktwertes des Unternehmens läuft auf Maximierung des Marktwertes der Beteiligungstitel hinaus, wenn man davon ausgeht, daß die Marktwerte anderer Finanzierungstitel sich nicht verändern. Die aus theoretischen Erwägungen abgeleitete Konzeption, daß unternehmerische Entscheidungen sich am Marktwert von Finanzierungstiteln orientieren sollten, findet in der Praxis unter dem Schlagwort „shareholder value" (Rappaport 1986) Beachtung. Daß Finanzierungsmärkte für die Unternehmenspolitik über den eigentlichen Finanzierungsbereich hinaus so große Bedeutung gewinnen können, ergibt sich letztlich daraus, daß sie die Handlungsspielräume der Kapitalanleger erweitern; erst dadurch wird die Separation zwischen nutzenorientierten Dispositionen der Kapitalanleger und marktwertorientierten Unternehmensentscheidungen möglich. Die Informationen, die der Markt für Finanzierungstitel dem Unternehmen liefert, werden zugleich zur Richtschnur für deren Entscheidungen.

3.3   Die Organisation von Teilmärkten für Finanzierungstitel

3.3.1   Kennzeichen hoch organisierter Märkte

Der Organisationsgrad eines Marktes wird an der Höhe der Transaktionskosten gemessen, die mit dem Handel von Finanzierungstiteln auf diesem Markt verbunden sind. Je geringer diese Kosten sind, desto höher ist der Organisationsgrad. Diese Definition knüpft an die ökonomischen Konsequenzen für die Käufer und Verkäufer von Finanzierungstiteln an, weil diese die Triebkraft für den Aufbau eines hoch organisierten Marktes sind. Die organisatorische Gestaltung eines Marktes richtet sich nach ihren Wirkungen auf die Transaktionskosten. Die im folgenden zu beantwortende Frage lautet daher: Welche Instrumente zur Organisation eines Marktes bewirken eine erhebliche Senkung der Transaktionskosten für Käufer und Verkäufer von Finanzierungstiteln? Die folgende Aufzählung erhebt keinen Anspruch auf Vollständigkeit, nennt aber wirksame Instrumente.

– Standardisierung der gehandelten Titel,
– Beschränkung der Haftung des Titelinhabers,
– Standardisierung der Vertragstypen,
– Vereinfachung der Eigentumsübertragung,
– Zeitliche, örtliche oder virtuelle Konzentration des Handels,
– Strenge Regelung des Preisermittlungsverfahrens,
– Sicherung der Erfüllung von geschlossenen Verträgen,
– Publizierung des Marktgeschehens,
– Verpflichtung der Emittenten zur Publizität.

Standardisierung der Titel bedeutet zweierlei:

1. Die rechtliche Ausgestaltung der Titel wird standardisiert; z. B. sind alle gehandelten Titel Aktien oder Obligationen. Die Ausgestaltung dieser Titel unterliegt zwingenden Vorschriften.
2. Die Stücke eines Titels sind fungibel, d. h. sie verbriefen die gleichen Rechte und Pflichten, so daß es für einen Anleger gleichgültig ist, welche Stücke er von diesem Titel erwirbt.

Haftungsbeschränkung ist zum einen unter dem Gesichtspunkt der Risikoverteilung von Bedeutung. Bei unbeschränkter Haftung kann ein mit dem Unternehmen nicht vertrauter Kapitalgeber kaum beurteilen, inwieweit er das Risiko eingeht, im Haftungsfall erhebliche Teile seines Vermögens zu verlieren; nur wenige Kapitalgeber wären bereit, Beteiligungstitel unter diesen Voraussetzungen in ihr Portefeuille aufzunehmen. Zum anderen wird aber auch der reibungslose Handel durch die Haftungsbeschränkung erheblich erleichtert. Bei unbeschränkter Haftung müßten Vorkehrungen getroffen werden, daß sich ein Kapitalgeber der Haftung nicht einfach entziehen könnte. Die Titelinhaber dürften nicht anonym bleiben. Vielmehr müßte genau dokumentiert werden, wer zu welchem Zeitpunkt den Titel besitzt, damit festgestellt werden kann, für welche Verbindlichkeiten er haftet. Mit reibungslosem Handel ist unbeschränkte Haftung daher nur schwer vereinbar.

Die Standardisierung der Vertragstypen beinhaltet ebenfalls zweierlei:

1. Es gibt nur wenige Vertragstypen, z. B. das Kassa- und das Termingeschäft, wobei im allgemeinen nur Kontrakte auf vier verschiedene Termine gehandelt werden.
2. Jeder Vertragstyp ist inhaltlich genau geregelt: Z. B. muß der Veräußerer eines Titels diesen spätestens zwei Werktage nach Abschluß eines Kassageschäftes liefern, der Erwerber muß spätestens zwei Werktage nach Abschluß zahlen. Eine individuelle Gestaltung des Vertrages ist ausgeschlossen.

Infolge der Standardisierung der Titel und der Vertragstypen wird sowohl die Titelkennzeichnung als auch die Kennzeichnung des Vertragstyps vereinfacht.

Die Abwicklung von Geschäften wird damit vereinfacht; die Transaktionskosten sinken entsprechend.

Ebenso wichtig ist es, die Eigentumsübertragung der Titel einfach zu gestalten. Die Eigentumsübertragung richtet sich nach der Rechtskonstruktion des Titels. Bei Inhaberpapieren erfolgt sie durch Einigung beider Parteien und Übergabe des Papiers, bei unverbrieften Forderungen durch Abtretung der Forderung. An Orderpapieren wird das Eigentum durch Indossament übertragen, also durch schriftliche Nennung dessen auf dem Papier, der aus dem Papier berechtigt ist. Bei Namenspapieren schließlich muß auf der Urkunde durch Umschreibung die Eigentumsübertragung vermerkt werden. Die Übertragung von Namensaktien kann durch Blankoindossament vereinfacht werden. Außerdem kann die Übertragung spezieller Titel an besondere Formvorschriften geknüpft sein. So muß z. B. die Übertragung eines GmbH-Anteils notariell beurkundet werden (§ 15 GmbHG).

Die geringsten Kosten verursacht die Übertragung von Inhaberpapieren und ähnlichen Rechten. Ein Merkmal hoch organisierter Märkte ist daher der Handel solcher Titel.

Die weiteren Instrumente zur organisatorischen Regelung eines Marktes dienen vor allem der Senkung der Informationskosten. Indem der Handel in einem Titel auf bestimmte Tageszeiten und wenige Orte oder elektronische Netze konzentriert wird, entsteht eine relativ hohe Wahrscheinlichkeit, einen Vertragspartner zu finden. Eine langwierige, aufwendige Suche nach einem Vertragspartner wird weniger wahrscheinlich.

Es wurde bereits darauf hingewiesen, daß bei Existenz mehrerer potentieller Geschäftspartner das Problem auftaucht, bei welchem man die günstigsten Konditionen erzielen kann. Dies würde eine Suche nach dem günstigsten Partner mit entsprechenden Informationskosten auslösen. Wird nun auf dem Markt ein Preisermittlungsverfahren vorgeschrieben, bei dem alle Geschäfte in einem Titel zu demselben Preis abgerechnet werden, so entfällt dieses Problem. Darüber hinaus beinhaltet eine strenge Regelung des Preisermittlungsverfahrens den Schutz vor Manipulationen bei der Preisermittlung. Fehlt dieser, so besteht für einen Anleger ein Anreiz, denjenigen Teilmarkt zu suchen, der ihn am besten vor unerwünschten Manipulationen schützt. Eine solche Suche verursacht ebenfalls Informationskosten.

Wichtig ist auch die Sicherung der Erfüllung von abgeschlossenen Verträgen. Liefe ein Verkäufer eines Titels z. B. Gefahr, daß er den Titel zwar liefert, jedoch sein Vertragspartner nicht zahlt, so wäre damit ein Anreiz gegeben, den potentiellen Vertragspartner zuvor einer Bonitätskontrolle zu unterziehen. Dies würde Informationskosten verursachen. Sieht man von den allgemeinen gesetzlichen Regelungen bei Vertragsverletzungen ab, so kann die Erfüllung von abgeschlossenen Verträgen auf drei Wegen gesichert werden: 1. Nur Handelspartner mit unzweifelhafter Bonität werden zum Handel zugelassen. 2. Der Handel wird über Vermittler abgewickelt, deren Bonität unzweifelhaft ist und die für die Erfüllung des Vertrages durch ihre Kunden haften. 3. Es wird ein Garantiefonds geschaffen, aus dem mögliche Schäden bei Nichterfüllung von Verträgen gedeckt werden; die Handelnden müssen dem Garantiefonds Sicherheiten stellen.

Die Publizierung des Marktgeschehens dient ebenfalls der Senkung von Informationskosten. Wie bereits ausgeführt, enthalten die Marktpreise (und möglicherweise auch andere Daten über das Marktgeschehen) Informationen, die die Beschaffung sonstiger Informationen seitens der Anleger erübrigen können. Daher haben diese ein Interesse an der Kenntnis dieser Daten. Sie können über die modernen Kommunikationsmedien zu insgesamt geringeren Kosten publiziert werden, als wenn sich die Anleger individuell um die Beschaffung dieser Daten bemühen.

Einer ähnlichen Überlegung entspringt auch die Verpflichtung der Emittenten von Titeln zur Publizität. Insgesamt sind die Informationskosten geringer, wenn eine Aktiengesellschaft jährlich Jahresabschluß und Geschäftsbericht publiziert, als wenn sich zahlreiche Aktionäre individuell um die Beschaffung der darin enthaltenen Informationen bemühen.

3.3.2   Beispiele für hoch organisierte Teilmärkte

Im folgenden werden zwei hoch organisierte Teilmärkte für Finanzierungstitel kurz beschrieben, der Geldmarkt sowie die Börse. Die Ausführungen über den Geldmarkt treffen sowohl auf den Geldmarkt in Deutschland als auch den Eurogeldmarkt zu. Die am Geldmarkt gehandelten Titel sind standardisierte kurzfristige Forderungstitel, nämlich Forderungstitel, die sich durch ihre vertraglich fixierte Laufzeit (z. B. Tagesgeld mit einer eintägigen Laufzeit) oder, alternativ, durch ihre vertraglich fixierte Kündigungsfrist (z. B. tägliches Geld, das mit einer Frist von einem Tag gekündigt werden kann) unterscheiden. Die Vertragsgestaltung ist ebenfalls weitgehend standardisiert: Der Vertrag entsteht durch fernmündliche Abrede, die schriftlich bestätigt wird. Der zu leihende Betrag wird am Ausleihtag zu einem bestimmten Zeitpunkt transferiert, der Rücktransfer erfolgt in gleicher Weise am Rückzahlungstag.

Teilnehmer am Geldhandel sind die Kreditinstitute, Kapitalsammelstellen (z. B. Versicherungsunternehmen) und Großunternehmen erstklassiger Bonität. Der Kreis der Geldhändler ist relativ klein. Diese personelle Konzentration, verbunden mit einem leistungsfähigen Kommunikationssystem, ersetzt die räumliche und zeitliche Konzentration des Handels. Die Zinssätze werden zwischen den Geldhändlern vereinbart; ein geregeltes Preisermittlungsverfahren gibt es nicht. Die Erfüllung geschlossener Verträge wird dadurch gesichert, daß am Geldhandel nur Unternehmen hoher Bonität mitwirken. Die Publizierung des Marktgeschehens erfolgt durch Veröffentlichung der Zinssätze. Eine Verpflichtung der meisten Teilnehmer zur Veröffentlichung von Jahresabschluß und Geschäftsbericht besteht kraft Gesetzes (§ 325, 340 a HGB, § 3 PublG, § 55 VAG).

Die Wertpapierbörse ist ein Markt für den Handel in Wertpapieren. Das Börsengesetz, Verordnungen sowie von der Börse oder ihrem Träger erlassene Ordnungen regeln ihn; wichtige Regelungen für den Börsenhandel enthält weiter das Wertpapierhandelsgesetz. Zu den handelbaren Wertpapieren gehören Schuldverschreibungen, Aktien und aktienähnliche Rechte (Bezugsrechte, Genußscheine, Jungscheine, Optionsscheine). Überwiegend handelt es sich dabei um leicht übertragbare Inhaberpapiere. Die Vertragstypen sind weitgehend standardisiert. Im Kassahandel legt ein Kunde lediglich fest, welches Wertpapier er kaufen oder verkaufen möchte, ob er ein Kurslimit erteilt und wenn ja, welches und für welchen Zeitraum und wie viele Stücke er handeln möchte. Neuerdings werden in zunehmendem Maß Zertifikate auf Aktienkursindizes gehandelt. So kann ein Anleger jederzeit Zertifikate auf den Deutschen Aktienkursindex DAX kaufen und verkaufen; hierbei zahlt er den jeweiligen

DAX-Kurs zuzüglich der halben Geld-Brief-Spanne bzw. erhält den DAX-Kurs abzüglich dieser Spanne. Bei manchen dieser Zertifikate kommt der Anleger in den Genuß von Dividenden, bei anderen gehen ihm diese verloren.

Der Kassahandel findet in Deutschland an der Frankfurter Börse sowie an sieben Regionalbörsen statt. Dabei koexistieren Präsenzhandel und elektronischer Handel. Beim Präsenzhandel sind die Handelsteilnehmer in einem Raum persönlich präsent, beim elektronischen Handel sitzen sie in ihren Büros am Bildschirm und handeln auf einer elektronischen Handelsplattform. Alle Bildschirme sind an einen zentralen Rechner angeschlossen und so miteinander vernetzt. Der Standort des Handelsteilnehmers sowie des zentralen Rechners spielen im Prinzip keine Rolle. Dadurch können die Kosten des Handels im Vergleich zur Präsenzbörse verringert werden. Außerdem erlaubt der elektronische Handel eine jederzeitige sofortige Information aller Teilnehmer über das aktuelle Handelsgeschehen. Es überrascht daher nicht, daß der elektronische Handel den Präsenzhandel zunehmend verdrängt.

Der Handelsablauf kann unterschiedlich organisiert werden. Grundsätzlich können das Auktions- und das Market Maker System unterschieden werden. Beim Auktionssystem ist zwischen fortlaufendem Handel und Batch-Handel zu unterscheiden. Beim Batch-Handel werden die eingehenden Wertpapierorders über einen Zeitraum gesammelt. Dann wird derjenige Kurs ermittelt, bei dem die größte Stückzahl des Wertpapiers umgesetzt werden kann. Zu diesem Kurs werden alle unlimitierten Orders abgerechnet, die Kauforders, deren Limit diesen Kurs nicht übersteigt, sowie die Verkaufsorders, deren Limit nicht unter diesem Kurs liegt. Dieser Kurs gleicht Angebot und Nachfrage im Sinn eines Gleichgewichtskurses aus. Eine umlimitierte Order ist eine Kauf- oder Verkaufsorder, die zu jedem Kurs ausgeführt werden soll. Eine limitierte Kauforder ist eine Kauforder, die nur zu einem Kurs in Höhe des Limits oder darunter ausgeführt werden darf. Der Käufer ist also nur bereit, einen Kurs bis zur Höhe des Limits zu bezahlen. Bei einer limitierten Verkaufsorder verlangt der Verkäufer einen Verkaufspreis mindestens in Höhe des Limits.

Das Auktionssystem kann auch fortlaufend als Matching-System gestaltet werden. Es wird dann jederzeit geprüft, ob eine Kauf- und eine Verkaufsorder zusammengebracht werden können. Dies ist der Fall, wenn mindestens eine der beiden Orders unlimitiert ist, aber auch, wenn das Kurslimit der Kauforder nicht unter dem der Verkaufsorder liegt. In diesem Fall werden beide Orders sofort ausgeführt.

Während das Auktionssystem im wesentlichen von den eingehenden Orders getrieben wird, gehen im Market Maker System wesentliche Handelsimpulse vom Market Maker aus. Er ist für den Handel in einem Wertpapier verantwortlich und stellt für dieses laufend Geld (Ankaufs-) und Brief (Verkaufs-)Kurse. Wenn jemand das Papier vom Market Maker kaufen möchte, muß er den Briefkurs zahlen. Beim Verkauf erhält er den niedrigeren Geldkurs. Die Geld-Brief-Spanne, also die Differenz zwischen Geld- und Briefkurs, stellt die Bruttoverdienstspanne des Market Makers dar.

In Deutschland herrscht das Auktionssystem vor. Der Handel in Wertpapieren mit geringen Umsätzen wird oft durch Betreuer unterstützt, die auf Anfrage Geld- und Briefkurse stellen müssen. Zu diesen kann ein Dritter dann an sie verkaufen oder von ihnen kaufen.

Die Emittenten börsengehandelter Wertpapiere sind mit Ausnahme der öffentlichen Hand zur Publizität verpflichtet. Bevor die Wertpapiere zum Börsenhandel zugelassen werden, muß der Emittent neben einem Zulassungsantrag einen Börsenprospekt einreichen. Dieser Prospekt muß wesentliche Informationen über die wirtschaftliche Lage des Emittenten enthalten. Wird der Zulassungsantrag genehmigt, so muß der Emittent den Börsenprospekt veröffentlichen. Mit der Zulassung ist jedoch kein Urteil über die Bonität des Emittenten gefällt; die Bonitätsprüfung bleibt dem einzelnen Anleger überlassen. Unabhängig von dieser Publizität vor Zulassung besteht für Aktiengesellschaften nach dem Aktiengesetz die Verpflichtung zur regelmäßigen Veröffentlichung von Jahresabschlüssen und Geschäftsberichten. Darüber hinaus erstatten die Gesellschaften, deren Aktien an der Börse zugelassen sind, in jedem Quartal Zwischenberichte.

In zahlreichen Ländern wird der Handel von Wertpapieren in unterschiedlich streng geregelten Marktsegmenten abgewickelt. In Deutschland gibt es ein erstes und ein weniger streng geregeltes zweites Marktsegment, in dem vor allem Aktien kleinerer und mittlerer sowie ausländischer Gesellschaften gehandelt werden. Gerade jungen Unternehmen soll mit dem zweiten Marktsegment ein leichterer Zugang zur Börse eröffnet werden.

Zahlreiche Börsen ermöglichen ihren Kunden neben dem Kassa- den Terminhandel. Dieser umfasst den Handel von Futures und Optionen, einen Börsenhandel von Swaps gibt es kaum. Der Handel von Futures, also von Terminkontrakten, konzentriert sich auf kurzfristige Geldmarktanlagen, festverzinsliche Wertpapiere der öffentlichen Hand, sowie auf Aktienkursindizes. Optionen werden an Börsen gehandelt auf Aktien großer Gesellschaften, auf Aktienkursindizes sowie auf börsengehandelte Terminkontrakte, also Futures. So gibt es einen aktiven Handel von Optionen auf Zinsfutures (Futures auf kurzfristige Geldmarktanlagen, Futures auf festverzinsliche Wertpapiere der öffentlichen Hand) und auf Aktienkursindex-Futures.

Die Erfüllung von geschlossenen Verträgen wird durch die Bonität der zum Börsenhandel zugelassenen Personen (vorwiegend Kreditinstitute) gesichert, die zusätzlich noch Sicherheiten stellen müssen. Wenn ein Bankkunde z. B. seine Bank als Kommissionär einschaltet, um Aktien an der Börse zu kaufen, so haftet die Bank für die Bezahlung der Aktien. Für die Erfüllung von Verpflichtungen aus Optionsgeschäften und Futures-Kontrakten haftet eine spezielle Einrichtung an den Börsen, die Liquidationskasse.

Das Marktgeschehen wird nicht nur von den Börsen selbst überwacht, sondern in zahlreichen Ländern auch durch staatliche Behörden, so in Deutschland von der Bundesanstalt für Finanzdienstleistungsaufsicht. Hiermit soll der rechtmäßige Börsenhandel gesichert werden. Insbesondere sollen Verdachtsfälle auf strafbares Verhalten wie z. B. Insiderhandel verfolgt werden. Das Börsengeschehen wird mehrfach publiziert. Die im Präsenzhandel ermittelten Kurse werden kurz danach in ein Bildschirmsystem eingespeist, die im elektronischen Handel abgeschlossenen Transaktionen sind sofort auf dem Bildschirm sichtbar. Die Kurse werden außerdem in einzelnen Fernsehprogrammen gezeigt. In der Wirtschaftspresse werden Kurse sowie andere ausgewählte Daten (umgesetzte Stückzahlen in bestimmten Wertpapieren, Kursindizes etc.) veröffentlicht.

3.3.3 Beispiele für wenig organisierte Teilmärkte

Die Einrichtung eines hoch organisierten Marktes in Form einer Börse verursacht erhebliche Kosten. Die bezweckte Verminderung der Transaktionskosten läßt sich daher nur erreichen, wenn die täglich umgesetzten Wertpapiere ein nennenswertes Volumen repräsentieren. Folglich ist kleineren Unternehmen der Weg zur Börse versperrt. Die Titel solcher Unternehmen werden daher auf wenig organisierten Märkten emittiert und gehandelt.

Möchte ein kleineres Unternehmen z. B. ein Darlehen oder einen Kontokorrentkredit aufnehmen, so tritt es üblicherweise in Verhandlungen mit einem oder mehreren Kreditinstituten ein. Oft besteht zu diesen Kreditinstituten bereits eine Geschäftsverbindung, so daß die anfallenden Kosten für die Informationsbeschaffung seitens der Kreditinstitute relativ niedrig sind. Zwar sind die Kreditarten und Vertragstypen auch standardisiert; dennoch besteht ein größerer Gestaltungsspielraum als bei börsengängigen Forderungstiteln. Dies zeigt sich z. B. an den Kreditsicherheiten. Während bei börsengängigen Schuldverschreibungen eine Besicherung durch Grundpfandrechte oder Haftungszusagen Dritter üblich ist, können andere Kredite auch durch überwachungsintensive Sicherheiten (z. B. Sicherungsübereignung von Maschinen und Forderungsabtretung) gesichert werden. Die Überwachung seitens des Kreditinstituts ist relativ teuer und führt zu einer entsprechenden Erhöhung der Kreditkosten.

Ein Handel in solchen Forderungstiteln ist nicht üblich. Dies mag einerseits an den relativ hohen Informationskosten liegen, andererseits an dem Interesse des Kreditinstituts, eine gewinnbringende Geschäftsverbindung nicht der Konkurrenz zu überlassen. Allerdings wurden in jüngerer Zeit neue Instrumente entwickelt, um Kredite und Kreditrisiken handelbar zu machen. So kann eine Bank einen Teil ihrer Kredite in einem Portefeuille bündeln und dieses unter Ausschaltung von Regreßansprüchen an eine Zweckgesellschaft veräußern. Diese emittiert Schuldverschreibungen, die durch das Kreditportefeuille besichert sind. Daher werden sie Asset Backed Securities genannt. Nach der Qualität des Kreditportefeuilles richtet sich die Verzinsung der Schuldverschreibungen.

Alternativ kann die Bank selbst Schuldverschreibungen emittieren mit der Maßgabe, daß die Käufer dieser Titel die Ausfälle aus dem Kreditportefeuille ganz oder teilweise tragen müssen. Dafür werden die Käufer mit einer entsprechenden Prämie entschädigt. Man spricht hierbei von synthetischen Schuldverschreibungen. Schließlich kann die Bank die Ausfallrisiken auf eine dritte Partei durch einen Credit Default Swap übertragen. Diese tritt dann als Kreditversicherer gegen Zahlung einer entsprechenden Prämie auf.

Der Markt für nicht börsengängige Beteiligungstitel ist ebenfalls wenig organisiert. Die Ursachen hierfür sind vielfältig:

1. Ein reibungsloser Handel von Titeln mit unbeschränkter Haftung ist, wie bereits dargelegt, ausgeschlossen.
2. Der Erwerber eines Beteiligungstitels an einem nicht publizitätspflichtigen Unternehmen muß erhebliche Kosten für die Informationsbeschaffung über die geschäftliche Lage aufwenden, um eine Vorstellung über den Preis zu gewinnen, den er höchstens zu zahlen bereit ist.

3. Die Übertragung eines Anteils an einer Personengesellschaft ist zwar grundsätzlich formfrei. Da sie aber häufig mit einer Änderung des Gesellschaftsvertrages verbunden ist, der zur Beweissicherung schriftlich fixiert wird, entstehen durch die Änderung des Gesellschaftsvertrages Transaktionskosten. Die Übertragung von GmbH-Anteilen bedarf sogar der notariellen Beurkundung.

Diese Hemmnisse schränken das Volumen dieses Marktes so sehr ein, daß die Kosten einer hohen Organisation nicht gedeckt werden. Jedoch bemühen sich Banken und andere um Handelssubstitute. So wurden Kapitalbeteiligungsgesellschaften geschaffen, die nicht börsengängige Unternehmensbeteiligungen auf Zeit erwerben und häufig die Unternehmen im Management unterstützen. Die Kapitalbeteiligungsgesellschaften refinanzieren sich durch Veräußerung von Anteilen, die häufig an einer Börse gehandelt werden. Der Anleger erwirbt so ein Miteigentum an einem Portefeuille von Unternehmensbeteiligungen. Handelt es sich um Beteiligungen an jungen Unternehmen, die meistens ein höheres Risiko aufweisen, so spricht man bei den Beteiligungsgesellschaften auch von Venture Capital-Gesellschaften.

Ein Markt für den Handel von Genossenschaftsanteilen existiert nicht, da die Mitgliedschaft in einer Genossenschaft nicht veräußerbar ist.

3.4   Nationale und internationale Finanzmärkte

Im folgenden soll kurz auf die Unterscheidung zwischen nationalem und internationalem Finanzmarkt eingegangen werden. Der nationale Finanzmarkt kann dadurch definiert werden, daß alle Kontrahenten innerhalb eines Staates ansässig sind und in heimischer Währung kontrahieren. Alle anderen Geschäfte mit Finanzierungstiteln werden dann zum internationalen Finanzmarkt gerechnet.

Bedeutsam ist die Unterscheidung zwischen nationalem und internationalem Finanzmarkt, weil auf dem internationalen Markt

a)   unterschiedliche nationale Rechtsordnungen zu beachten sind,

b)   Auflagen und Beschränkungen des Bankgeschäfts sowie die Besteuerung durch einzelne Staaten teilweise umgangen werden können,

c)   der Transfer und der Tausch von Zahlungsmitteln beschränkt sein können,

d)   Wechselkurse eine zusätzliche Quelle von Risiken sind.

Zu a):   Kontrahieren auf einem internationalen Finanzmarkt zwei Personen mit Sitz in zwei verschiedenen Staaten, so ist festzulegen, ob das Geschäft der Rechtsordnung des einen oder des anderen Staates oder gar eines dritten Staates unterliegt. Außerdem existieren internationale Vereinbarungen über die rechtliche Ausgestaltung einzelner Finanzierungstitel, die ebenfalls als Rechtsgrundlage vereinbart werden können. Diese Festlegung ist insbesondere für mögliche Streitfälle maßgeblich. Die Notwendigkeit, sich mit anderen Rechtsordnungen bei internationalen Geschäften zu befassen, erhöht die Transaktionskosten solcher Geschäfte.

Zu b): Kreditinstitute unterliegen in verschiedenen Staaten unterschiedlichen Auflagen und Beschränkungen wie auch unterschiedlicher Besteuerung. Daher kann ein

Institut seinen Geschäftssitz oder eine Tochtergesellschaft in eine „Oase" verlegen. Dies erlaubt es ihm, seine Leistungen zu niedrigeren Preisen anzubieten und höhere Gewinne nach Steuern zu erzielen.

Ein weiterer Vorteil des internationalen Finanzmarktes besteht darin, daß die zulässigen Arten von Geschäften geringeren Einschränkungen unterliegen. Der internationale Finanzmarkt bietet daher einen größeren Handlungsspielraum.

Schließlich begünstigen Geldanlagen im Ausland die Steuerhinterziehung. Für die Steuerbehörden erweist es sich als besonders schwierig, die Einkünfte aus ausländischem Kapitalvermögen festzustellen.

Zu c):   Die Entwicklung internationaler Finanzmärkte ist an die Möglichkeit gebunden, Devisen (Buchgeld in ausländischer Währung) von einem Land ins andere zu transferieren und von einer Währung in eine andere zu tauschen. Beschränkungen des Devisentransfers erhöhen die Kosten internationaler Finanzgeschäfte oder schließen solche Geschäfte sogar aus. Ähnlich wirken Einschränkungen der Konvertibilität von Währungen, d. h. der Möglichkeiten, eine Währung gegen eine andere zu tauschen.

Zu d):   Der Preis für Zahlungsmittel in fremder Währung ist der Wechselkurs dieser Währung. Ist er durch internationale Vereinbarungen fixiert, so besteht kurzfristig im allgemeinen kein durch Wechselkursänderungen verursachtes Umtauschrisiko. Mittel- bis langfristig dagegen existiert ein solches, weil auch administrierte Wechselkurse von Zeit zu Zeit von den zuständigen Behörden geändert werden. Solange die einzelnen Währungen ihre Selbständigkeit bewahren, kann der Wechselkurs nicht unwiderruflich festgelegt werden. Dies geschieht nur bei Eintritt in eine Währungsunion wie z. B. die Europäische Währungsunion; nur dann entfällt das Wechselkursrisiko ganz. Flexible Wechselkurse ändern sich von Tag zu Tag und erzeugen dadurch auch kurzfristig ein Wechselkursänderungsrisiko. Es kann durch verschiedene Sicherungsgeschäfte wie Devisentermin- oder Gegenkreditgeschäfte ausgeschaltet werden.

3.5   Zusammenfassung

Primärmärkte für Finanzierungstitel dienen der Erstplazierung, Sekundärmärkte dem Handel bereits plazierter Titel. Für die Bewertung eines Titels und damit auch für seine Marktchancen bei der Erstplazierung ist von großer Bedeutung, ob es einen Sekundärmarkt gibt und wie funktionsfähig er ist. Für den Erwerber eines Titels bedeutet es einen erheblichen Vorteil, wenn er ihn auf dem Sekundärmarkt schnell und mit geringen Kosten wieder veräußern kann. Derivative Märkte für Termin- und Optionskontrakte eröffnen Möglichkeiten zur Umverteilung der mit dem Halten von Finanzierungstiteln verbundenen Risiken. Märkte für Finanzierungstitel erweitern die Handlungsmöglichkeiten der beteiligten Personen und ermöglichen damit positive Wohlfahrtseffekte. Sie vermitteln Informationen und bieten Orientierungspunkte für Entscheidungen im Unternehmen. Die aus theoretischen Überlegungen abgeleitete Konzeption, daß Unternehmensentscheidungen sich am Ziel der Maximierung des Marktwertes von Finanzierungstiteln ausrichten sollten, kommt im Schlagwort „Shareholder value" zum Ausdruck.

Inwieweit Markttransaktionen möglich und welche Transaktionskosten damit verbunden sind, hängt maßgeblich vom Organisationsgrad des Marktes ab. Beispiele für hochorgánisierte Märkte sind der Geldmarkt und die Wertpapierbörse. Wenig organisiert sind hingegen die Sekundärmärkte für Kredite an kleinere Unternehmen und für nicht börsengängige Beteiligungstitel.

Internationale Finanzmärkte zeichnen sich dadurch aus, daß verschiedene nationale Rechtsordnungen zu beachten sind, nationale Regulierungen von Finanzmärkten und steuerliche Regelungen umgangen werden können, Kapitalverkehrsbeschränkungen möglicherweise einem freien Handel entgegenstehen und Wechselkurse eine besondere Risikoquelle darstellen.

4 Zur Theorie der Finanzierungsmärkte: Drei Betrachtungsweisen

Zum Verständnis und zur Lösung von Entscheidungsproblemen der Unternehmensfinanzierung bedarf es der Einsicht in die Funktionsweise der Märkte für Finanzierungstitel; man muß Klarheit darüber gewinnen, nach welchen Regeln Anbieter und Nachfrager sich auf diesen Märkten verhalten und wie Preise zustande kommen. Bei der theoretischen Analyse dieser Zusammenhänge lassen sich drei Betrachtungsweisen unterscheiden:

– Transaktionen auf Finanzierungsmärkten lassen sich als intertemporaler Tausch, als Tausch gegenwärtigen gegen zukünftiges Geld verstehen.
– Finanzierungstitel sind als Instrumente zur Gestaltung (Transformation) und Aufteilung (Allokation) der aus den Investitionen des Unternehmens resultierenden Risiken zu verstehen.
– Transaktionen auf Finanzierungsmärkten sind unter dem Gesichtspunkt der Vertragsgestaltung zwischen ungleich informierten und jeweils auf ihren Vorteil bedachten Partnern zu sehen.

Die drei Betrachtungsweisen schließen sich nicht aus. Vielmehr unterscheiden sie sich dadurch, daß vom ersten und einfachsten Fall ausgehend zusätzliche Komplikationen berücksichtigt werden. Der dritte Fall ist der allgemeinste, er enthält die beiden vorher genannten als Spezialfälle.

4.1 Transaktionen auf Finanzierungsmärkten als intertemporaler Tausch

Die Veräußerung eines Finanzierungstitels, sei es auf dem Primärmarkt oder dem Sekundärmarkt, hat am eindeutigsten den Charakter eines intertemporalen Tauschs, wenn es sich um einen Forderungstitel handelt, mit dem Ansprüche auf Zahlungen zeitlich und dem Betrag nach genau fixiert sind und bei dem die Zahlungsfähigkeit des Schuldners außer Zweifel steht. Das Austauschverhältnis zwischen gegenwärtigem und zukünftigem Geld kann in Form eines Zinssatzes zum Ausdruck gebracht werden. Hat zum Beispiel ein Forderungstitel mit dem Anspruch auf eine Zahlung in Höhe von 100 nach Ablauf eines Jahres den Preis 90,91, so entspricht dies einem Tauschverhältnis von 1,1 : 1 und damit einem Zinssatz von 10 %.

Auf der Interpretation von Finanztransaktionen als intertemporalem Tausch beruht ein Ansatz der Zinstheorie, der für die betriebswirtschaftliche Investitionsrechnung von großer Bedeutung ist; darauf wird in Kapitel IV, Abschnitt 4 näher eingegangen. Zur Vereinfachung finanzwirtschaftlicher Entscheidungsanalysen wird oft die Unsicherheit vernachlässigt und so gerechnet, als ob alle künftigen Zahlungen sicher wären. Dann reduziert sich der Entscheidungskalkül auf ein Abwägen zwischen Zahlungen, die zu unterschiedlichen Zeitpunkten erfolgen. Mit Hilfe des Zinses, der die Tauschrelationen des Finanzmarktes zum Ausdruck bringt, lassen sich diese Zahlungen vergleichbar machen.

Allerdings ist eine Analyse, die sich auf den Fall des intertemporalen Tausches unter Vernachlässigung der Unsicherheit beschränkt, nicht geeignet, die Vielfalt der Finanzierungstitel zu erklären, die sich in der Realität findet. In einer Welt sicherer Erwartungen kann es nur Titel mit sicheren Zahlungsansprüchen geben; die Unterscheidung zwischen Forderungs- und Beteiligungstiteln hat dabei wenig Sinn. Verschiedene Typen von Finanzierungstiteln unterscheiden sich vor allem dadurch voneinander, daß die damit verbundenen Zahlungen in unterschiedlichem Maße risikobelastet sind. Beschränkt man sich bei der Analyse auf den Aspekt des intertemporalen Tauschs, so bleiben wesentliche Besonderheiten von Finanzierungstiteln unerklärt.

4.2 Risikotransformation und Risikoallokation mit Hilfe von Finanzierungstiteln

Die Zahlungen, die den Inhabern der von einem Unternehmen ausgegebenen Finanzierungstitel zufließen, werden aus den Mitteln bestritten, die das Unternehmen mit seinen Investitionen erwirtschaftet. Da die Erträge von Investitionen unsicher sind, können auch nicht für alle Finanzierungstitel sichere Zahlungen vorgesehen werden. Das Risiko der Investitionen muß sich auch auf die Zahlungen an die Inhaber von Finanzierungstiteln auswirken. Allerdings partizipieren nicht alle Finanzierungstitel in gleicher Weise an diesem Risiko. Typischerweise sind Forderungstitel nur in geringem Maße am Risiko beteiligt, während Beteiligungstitel in der Regel voll davon betroffen sind. Die Differenzierung geht aber noch weiter; es kann zum Beispiel verschiedene Arten von Beteiligungstiteln nebeneinander geben, die sich hinsichtlich des zu tragenden Risikos voneinander unterscheiden; dies gilt zum Beispiel, wenn eine Aktiengesellschaft Stammaktien und Vorzugsaktien ausgegeben hat.

Das aus dem Investitionsprogramm resultierende Risiko wird durch die Wahl einer Finanzierungsweise, d. h. einer Mischung unterschiedlich ausgestalteter Finanzierungstitel, in andersartige und unterschiedliche Risiken transformiert, die die Inhaber der einzelnen Finanzierungstitel zu tragen haben. Diese Risikotransformation kann den Spielraum für die Risikoallokation erweitern, das heißt für die Verteilung der Risiken auf einzelne Personen. Da die Menschen ihren persönlichen Präferenzen gemäß in unterschiedlichem Maße geneigt und bereit sind, Risiken zu tragen, wird es durch Risikotransformation möglich, das Angebot an risikobehafteten Finanzierungstiteln besser den Wünschen der Nachfrager anzupassen. Risikotransformation erfolgt allerdings nicht nur durch differenziert ausgestaltete Finanzierungstitel von Unternehmen, sondern auch durch Finanztransaktionen zwischen Kapitalanlegern; so können zum Beispiel zwei Kapitalanleger ihre Risikopositionen durch ein Optionsgeschäft umgestalten, indem der eine vom anderen eine Kaufoption erwirbt.

Zur theoretischen Erklärung der Risikoallokation über Transaktionen mit Finanzierungstiteln bedarf es eines Ansatzes, der zusätzlich zu dem Aspekt des intertemporalen Tauschs auch das mit der Anwartschaft auf künftige Zahlungen verbundene Risiko berücksichtigt. Die Nachfrage nach Finanzierungstiteln läßt sich nicht allein aus den Zeitpräferenzen der Wirtschaftssubjekte erklären. Vielmehr muß auch geklärt werden, unter welchen Voraussetzungen sie bereit sind, Finanzierungstitel mit Anwartschaften auf unsichere zukünftige Zahlungen in ihre Portefeuilles aufzunehmen. Wenn sie, wie im allgemeinen vermutet wird, risikoscheu sind, werden sie nur dann risikobehaftete Finanzierungstitel in ihren Portefeuilles halten, wenn die erwartete Verzinsung höher ist als bei sicherer Anlage, wenn also über den bei Sicherheit erzielbaren Zins hinaus eine Risikoprämie erzielt wird. Über den Erklärungsansatz für den reinen Zins, das Austauschverhältnis zwischen gegenwärtigem und sicherem zukünftigen Geld also, muß man auch zu Aussagen über Risikoprämien, über die Preise für die Übernahme von Risiken also kommen.

Etwa seit den 50er Jahren ist eine umfassende und weitverzweigte Theorie der Märkte risikobehafteter Finanzierungstitel entstanden. Eine der wichtigsten Grundlagen dafür ist die Theorie der Portefeuille-Auswahl, die die Nachfrageentscheidungen risikoscheuer Kapitalanleger auf einem Markt mit risikobehafteten Finanzierungstiteln zum Gegenstand hat. Darauf aufbauend, zum Teil aber auch auf anderer Basis, sind Gleichgewichtseigenschaften dieses Marktes analysiert worden. Dieser Theoriebereich wird in den Kapiteln VI und VII in seinen Grundzügen behandelt.

Ein zunächst überraschendes und angesichts der empirisch zu beobachtenden Vielfalt von Finanzierungstiteln sehr unbefriedigendes Ergebnis des hier angesprochenen theoretischen Ansatzes ist, daß die Finanzierungsweise des einzelnen Unternehmens, die von ihm gewählte Kombination von Finanzierungstiteln also, für die Risikoallokation bei den Kapitalanlegern unter bestimmten Voraussetzungen ohne Bedeutung ist, dann nämlich, wenn es Märkte gibt, auf denen die Kapitalanleger auch unabhängig davon, welche Finanzierungstitel von den Unternehmen angeboten werden, beliebige Transaktionen zur Transformation von Risiken vornehmen können. Das führt zu dem allgemeinen Theorem der Irrelevanz von Finanzierungsentscheidungen in der Unternehmung (Kapitel VI, Abschnitt 3.2.3). Dieses Ergebnis ist nicht als abschließende Erkenntnis zu verstehen; es läßt vielmehr die Grenzen des zugrunde liegenden theoretischen Ansatzes deutlich werden. Will man erklären, warum es eine große Vielfalt von Finanzierungstiteln gibt und warum davon Gebrauch gemacht wird, so müssen zusätzliche Besonderheiten der Finanzierungsmärkte Berücksichtigung finden.

4.3   Vertragsgestaltung bei asymmetrischer Information

Eine Eigenart vieler Märkte, vor allem aber auch der Märkte für Finanzierungstitel ist, daß die Marktpartner in unterschiedlicher Weise über wesentliche Umstände informiert sind, von denen die Beurteilung des gehandelten Guts abhängt. Bei Emission von Beteiligungstiteln durch ein Unternehmen zum Beispiel sind die Erwerber über die Eigenarten des Investitionsprogramms weniger gut informiert als die Unternehmensleitung; auch für die Zukunft müssen sie damit rechnen, daß sie hinsichtlich dessen, was im Unternehmen geschieht, einen Informationsnachteil haben. Diese Informationsasymmetrie hat gravierende Folgen, weil zugleich zu vermuten ist, daß die Vertragspartner sich opportunistisch verhalten, das heißt, ihren eigenen Vorteil verfolgen, möglicherweise auch unter Bruch vertraglicher Verpflichtungen, wenn dies ohne eigenen Nachteil möglich ist. Dies stellt zunächst den schlechter informierten Partner vor das Problem, wie er sich durch geeignete Vertragsgestaltung vor Übervorteilung schützen kann. Solange der Vertrag noch nicht zustande gekommen ist, hat aber auch der besser informierte Partner ein Interesse daran, dem anderen einen Vertrag anzubieten, der der beschriebenen Lage Rechnung trägt. Denn sonst kommt möglicherweise der Vertrag überhaupt nicht zustande oder nur zu Bedingungen, die für den besser informierten Partner sehr ungünstig sind, weil der andere zum Ausgleich des Risikos der Übervorteilung ein sehr hohes Entgelt fordert.

Diese aus Informationsasymmetrie und der Vermutung opportunistischen Verhaltens resultierende Problemlage ist charakteristisch für Transaktionen auf dem Primärmarkt für Finanzierungstitel. Bei der Ausgabe von Finanzierungstiteln geht es deswegen nicht nur um einen intertemporalen Tausch und um die Transformation der gegebenen Risiken eines Investitionsprogramms. Vielmehr geht es auch um eine Vertragsgestaltung, die im Interesse beider Partner die Möglichkeiten einschränkt, durch opportunistisches Verhalten den Vertragspartner zu schädigen. Dem ist bei der Wahl und Ausgestaltung der auszugebenden Finanzierungstitel Rechnung zu tragen. Zwei Gesichtspunkte sind dabei von Bedeutung:

1. Von der Art und Ausgestaltung der ausgegebenen Finanzierungstitel hängt ab, wie der aus dem Investitionsprogramm erzielte Überschuß aufgeteilt wird, vor allem auch, wie der Anteil der in der Unternehmensleitung tätigen Personen bemessen wird. Von dieser Aufteilung gehen Verhaltensanreize aus. So kann zum Beispiel die Unternehmensleitung durch Beteiligung am Gewinn zu stärkeren Bemühungen um Gewinnerzielung motiviert werden. Oder es kann durch einen hohen Anteil von Fremdfinanzierung mit entsprechend hohen laufenden Zahlungsverpflichtungen erreicht werden, daß die Unternehmensleitung besonders sorgfältige Liquiditätsdispositionen trifft. Generell gilt, daß bei der Wahl der Finanzierungsweise die damit verbundenen Anreizeffekte berücksichtigt werden müssen.

2. Einwirkungs- und Informationsrechte, die bedeutungslos sind, solange es bei Finanzierungsvorgängen nur um intertemporalen Tausch und um Risikotransformation geht, werden zu wichtigen Vertragselementen im Hinblick auf den Schutz gegen opportunistisches Verhalten. Aus dieser Sicht werden auch gesetzliche Regelungen verständlich, die für bestimmte Finanzierungstitel (zum Beispiel für Aktien) genau definierte Einwirkungsrechte zwingend vorsehen oder die den Unternehmensleitungen bestimmte Informationspflichten auferlegen (zum Beispiel zur Veröffentlichung von Jahresabschlüssen). Gesetzliche Regelungen dieser Art sind als normierte Vertragsbestimmungen zu verstehen, die es den Partnern erleichtern sollen, geeignete, das heißt, letztlich in beiderseitigem Interesse liegende Vereinbarungen zu treffen. Zu beachten ist, daß die Ausübung von Einwirkungs- und Informationsrechten ebenso wie die Befolgung der ent-

sprechenden Verpflichtungen mit Kosten verbunden ist. Die Überwindung der durch Informationsasymmetrie und die Vermutung opportunistischen Verhaltens bedingten Hemmnisse für den Vertragsabschluß ist nicht ohne Einbußen möglich.

Bei der Wahl der Finanzierungsweise geht es also um eine Vertragsgestaltung, die der Informationsasymmetrie Rechnung trägt. Dies ist ein Gesichtspunkt, der weit über den der Risikotransformation und Risikoallokation hinausführt. Damit lassen sich auch manche Aussagen, die aus dem einfacheren Modell der Risikoallokation abzuleiten sind, nicht mehr halten, insbesondere nicht die vieldiskutierten Irrelevanztheoreme. Der um diesen wichtigen Gesichtspunkt erweiterten Betrachtungsweise von Transaktionen und Finanzierungstiteln ist Kapitel VIII gewidmet.

4.4 Zusammenfassung

Bei der theoretischen Erklärung der Funktionsweise von Märkten für Finanzierungstitel gibt es drei Betrachtungsweisen. Transaktionen auf Finanzierungsmärkten lassen sich als intertemporaler Tausch, als Gestaltung von Risikopositionen und als Vertragsgestaltung zwischen ungleich informierten und auf den eigenen Vorteil bedachten Partnern auffassen. Die Betrachtungsweisen schließen sich nicht aus, vielmehr baut die zweite auf der ersten, die dritte wieder auf der zweiten auf; es werden jeweils zusätzliche Komplikationen berücksichtigt. Aus der einfachsten Betrachtungsweise, der des intertemporalen Tauschs, lassen sich Verfahren der Investitionsrechnung ableiten; wegen der Vernachlässigung des Risikos lassen sich jedoch keine Aussagen über die Bedeutung verschiedener Finanzierungsarten, etwa von Beteiligungsfinanzierung und Kreditfinanzierung, machen. Wird berücksichtigt, daß durch Finanzierungstransaktionen Risikopositionen verändert werden, so rücken die Probleme der Risikotransformation und der Risikoallokation in den Mittelpunkt. Allerdings führen auch bei dieser Betrachtungsweise theoretische Überlegungen zu dem unbefriedigenden Ergebnis, daß die Finanzierungsentscheidungen des einzelnen Unternehmens irrelevant sind, wenn es einen Markt gibt, auf dem die Kapitalanleger ihre Risikopositionen nach Belieben umgestalten können. Finanzierungsentscheidungen werden erst dann in ihrer ganzen Komplexität erfaßt, wenn man berücksichtigt, daß die beteiligten Vertragspartner nicht in gleicher Weise informiert sind und daß durch die Finanzierungsweise Verhaltensanreize geschaffen werden. Alle drei Betrachtungsweisen werden in den folgenden Kapiteln dieses Buches aufgegriffen.

Literaturangaben zu Kapitel II

Zu 1 und 2
Zur grundlegenden Darstellung von Finanzierungstiteln und Märkten siehe BITZ 2002, Kap. 2, DRUKARCZYK 1999, GEBHARD/GERKE/STEINER 1993, Teil D, GERKE/BANK 1998, SANTOMERO/BABBEL 2000, Part III, SÜCHTING 1995, Kap. B, VORMBAUM 1995, 3. Abschnitt, WÖHE/BILSTEIN 2002, 2. Abschnitt.

Zu 3
Zur Behandlung wichtiger Teilbereiche des Finanzmarkts siehe BITZ 2002, Kap. 5, BÜSCH-GEN 1997, GEBHARD/GERKE/STEINER 1993, Kap. 29, GIERSCH/SCHMIDT 1986, V. ROSEN 1989.

Für eine ökonomische Untersuchung des internationalen Börsen- und Kapitalmarktrechts siehe HOPT/RUDOLPH/BAUM 1997.

Zum Shareholder Value siehe BÜHNER/WEINBERGER 1991, COPELAND/KOLLER/MURRIN 2000, RAPPAPORT 1998, SPINDLER/SCHMIDT 1997.

Zu Venture Capital siehe BYGRAVE/TIMMONS 1992, GERKE ET AL. 1995, KAUFMANN/KOKALJ 1996.

Zu 4
Zu den Erklärungsansätzen für das Zustandekommen von Preisen für Finanzierungstitel siehe insbesondere die Kap. IV, VII und VIII dieses Lehrbuchs sowie die dort angegebenen Literaturhinweise.

Kapitel III Finanzwirtschaft und Rechnungswesen des Unternehmens

Die wichtigsten Rechnungsgrößen, die im Rechnungswesen erfaßt werden, sind Einzahlungen und Auszahlungen, Einnahmen und Ausgaben, sowie Aufwendungen und Erträge, Größen, die als Änderungen bestimmter Vermögensbestände definiert sind, außerdem Kosten und Leistungen. Für die Finanzwirtschaft sind in erster Linie Ein- und Auszahlungen von Interesse. Die übrigen Bestands- und Bewegungsgrößen sind aber deswegen nicht bedeutungslos für die Finanzwirtschaft, zum einen, weil zwischen allen Rechnungsgrößen enge Zusammenhänge bestehen, zum anderen, weil finanzwirtschaftliche Dispositionen sich nicht von dem grundlegenden Rechenwerk, das das Rechnungswesen bietet, lösen können. Man unterscheidet in der Finanzwirtschaft eine zahlungsbezogene und eine bilanzbezogene Betrachtungsweise, je nachdem, an welchen Rechengrößen theoretische Überlegungen und praktische Planungen anknüpfen. Beide Betrachtungsweisen stehen nicht im Gegensatz zueinander, sondern ergänzen sich gegenseitig.

Im folgenden Kapitel werden in Abschnitt 1 (und ergänzend dazu im Anhang) zunächst die wichtigsten rechnerischen Zusammenhänge erläutert. Abschnitt 2 ist der finanzwirtschaftlichen Erfolgsmessung gewidmet, die den im Rechnungswesen gebräuchlichen Methoden der Erfolgsmessung gegenübergestellt wird. Bei der Behandlung der Finanzplanung und Finanzkontrolle in Abschnitt 3 soll bei der Erörterung der Kapitalbedarfsrechnung, der Bedeutung von Bilanzkennzahlen, der Kapitalflußrechnung und der kurzfristigen Zahlungsplanung verdeutlicht werden, wie zahlungsorientierte und bilanzorientierte Rechenansätze ineinandergreifen. In Abschnitt 4 wird kurz auf die Funktion des Rechnungswesens im Zusammenhang mit Finanzierungsverträgen unter ungleich (asymmetrisch) informierten Partnern eingegangen. Dies ist ein wichtiger Aspekt, der in Kapitel VIII wieder aufgegriffen wird.

1 Zusammenhänge zwischen den wichtigsten Rechnungsgrößen

1.1 Vermögensbestände und ihre Veränderungen

Basis des Rechnungswesens des Unternehmens ist die Buchhaltung, die als geschlossenes System zur Erfassung und Gliederung von Vermögensbeständen und ihren Änderungen anzusehen ist. Zur Klärung der Zusammenhänge zwischen den für finanzwirtschaftliche Überlegungen wichtigsten Rechnungsgrößen ist es zweckmäßig, von der Gliederung des Vermögens des Unternehmens in Zahlungsmittel, sonstiges Geldvermögen und Sachvermögen auszugehen.

Zu den Zahlungsmitteln gehören alle Bestände, die im Geschäftsverkehr ohne weiteres zur Begleichung von Geldverbindlichkeiten verwandt werden können. Außer dem Bargeld sind dies die Sichtguthaben bei Banken. Ebenfalls zu den Zahlungsmitteln zählen ungenutzte Kreditlinien im Rahmen von Kontokorrentkrediten. Zuflüsse von Zahlungsmitteln werden als Einzahlungen, Abflüsse als Auszahlungen bezeichnet.

Das sonstige Geldvermögen ergibt sich aus der Summe aller Forderungen (außer Sichtguthaben), vermindert um die Summe aller Verbindlichkeiten. Eingeräumte Kreditlinien werden hierbei in vollem Umfang zu den Verbindlichkeiten gezählt, auch wenn sie nicht oder nicht voll genutzt werden; dies entspricht der Definition der Zahlungsmittel, die nicht ausgenutzte Kreditlinien einschließt. Es wird also so gerechnet, als ob die Einräumung der Kreditlinie in voller Höhe als Kreditgewährung verbucht und der Kreditbetrag zugleich dem laufenden Konto gutgeschrieben würde; diese Verbuchungsweise ist zwar in Deutschland nicht üblich (wohl in den USA), entspricht aber besser der wirtschaftlichen Bedeutung des Vorgangs. Da die Verbindlichkeiten größer sein können als die Forderungen, kann das sonstige Geldvermögen insgesamt negativ sein. Die Summe aus Zahlungsmitteln und sonstigem Geldvermögen ist das Geldvermögen.

Zuflüsse zum Geldvermögen werden als Einnahmen, Abflüsse als Ausgaben bezeichnet. Einnahmen und Einzahlungen sowie Ausgaben und Auszahlungen sind also, abweichend von der Umgangssprache, voneinander zu unterscheiden. Einzahlungen sind zugleich Einnahmen, Auszahlungen zugleich Ausgaben, wenn der Zufluß bzw. Abfluß von Zahlungsmitteln zugleich das Geldvermögen erhöht bzw. mindert (z. B. Bareinzahlung bei Warenverkauf bzw. Auszahlung von Löhnen). Es gibt aber auch Ein- und Auszahlungen, die nur eine Umschichtung im Geldvermögen bewirken, indem dem Zufluß bzw. Abfluß von Zahlungsmitteln eine Minderung bzw. Erhöhung des sonstigen Geldvermögens entspricht (z. B. Einzahlung von einem Kunden, gegen den zuvor eine Forderung bestand, bzw. Auszahlung zur Tilgung eines Kredits). Es kann schließlich auch Einnahmen und Ausgaben geben, die nicht zugleich Einzahlungen bzw. Auszahlungen sind; dies ist bei Zuflüssen und Abflüssen der Fall, die nur das sonstige Geldvermögen, nicht die Zahlungsmittel betreffen (z. B. Forderungszugang durch Warenverkauf auf Kredit bzw. Zugang einer Verbindlichkeit durch Wareneinkauf auf Ziel).

Zu dem Geldvermögen kommt noch das Sachvermögen. Die Summe aus Geldvermögen und Sachvermögen ist das Reinvermögen des Unternehmens. Es handelt sich dabei um den Überschuß des Gesamtvermögens über die Verbindlichkeiten. Werden die Verbindlichkeiten zum Reinvermögen addiert, so erhält man wieder das Gesamtvermögen; das so definierte Gesamtvermögen entspricht der Bilanzsumme zuzüglich der nicht ausgenutzten Kreditlinien. Die folgende Übersicht faßt die beschriebene Vermögensgliederung zusammen:

Bargeld
+ Sichtguthaben
+ eingeräumte Kreditlinien
− in Anspruch genommene
  Kreditlinien
_____

= Zahlungsmittel   Zahlungsmittel

Forderungen (außer Sichtguthaben)
− Verbindlichkeiten (einschl.
  eingeräumte Kreditlinien)
_____

= Sonstiges Geldvermögen

                                    + Sonstiges
                                       Geldvermögen
                                       _____
                                    = Geldvermögen
                                    + Sachvermögen
                                       _____
                                    = Reinvermögen
                                    + Verbindlichkeiten
                                       (einschl. eingeräumter
                                       Kreditlinien)
                                       _____
                                    = Gesamtvermögen
                                       _____

Zuflüsse und Abflüsse beim Reinvermögen können unterschiedlichen Charakter haben, je nachdem, ob es sich um Vermögensübertragungen zwischen dem Unternehmen und seinem Eigentümer oder seinen Gesellschaftern handelt oder um Vorgänge, die direkt mit der Tätigkeit des Unternehmens zusammenhängen. Zuflüsse zum Reinvermögen des Unternehmens, die vom Eigentümer oder von Gesellschaftern stammen, sind Einlagen; entsprechende Abflüsse sind Entnahmen; als Entnahmen werden hierbei auch Gewinnausschüttungen und Kapitalrückzahlungen von Kapitalgesellschaften bezeichnet. Zuflüsse und Abflüsse beim Reinvermögen, die keine Einlagen bzw. Entnahmen sind, werden als Erträge bzw. Aufwendungen bezeichnet, die Differenz zwischen beiden als Gewinn bzw. Verlust.

Aus diesen Definitionen ergibt sich, daß Einnahmen bzw. Ausgaben zugleich auch Erträge bzw. Aufwendungen sein können, aber nicht müssen. Einnahmen lassen die Höhe des Reinvermögens unberührt, wenn das Sachvermögen um den gleichen Betrag sinkt wie das Geldvermögen steigt; ähnlich kann auch eine Ausgabe einer Zunahme beim Sachvermögen entsprechen, so daß kein Aufwand vorliegt. Weiter kann es auch Erträge und Aufwendungen geben, die nur das Sachvermögen, nicht aber das Geldvermögen berühren, die somit nicht zugleich Einnahmen bzw. Ausgaben sind.

Aus der Einteilung des Vermögens in Zahlungsmittel, sonstiges Geldvermögen und Sachvermögen ergibt sich eine systematische Aufgliederung der im Rechnungswesen erfaßten Vorgänge. Im Anhang zu diesem Kapitel findet sich eine Darstellung der möglichen Vorgänge in einem Kontenschema.

1.2   Bewertungsfragen

Die im vorangehenden Abschnitt vorgenommene begriffliche Abgrenzung beruht auf der Einteilung des Vermögens des Unternehmens in drei Teile: Zahlungsmittel, sonstiges Geldvermögen und Sachvermögen. Diese Vermögensbestände und ihre Veränderungen werden im Rechnungswesen des Unternehmens erfaßt. Es handelt sich dabei aber nicht um die physischen Bestände, sondern um ihren in Geldeinheiten ausgedrückten Wert. Die Erfassung der Rechengrößen besteht also nicht nur in physischem Zählen und Messen; soweit es sich bei dem Vermögen nicht bereits um Geld handelt, muß vielmehr in einem zweiten Schritt eine Bewertung erfolgen.

Völlig entfallen kann der Bewertungsvorgang nur bei den inländischen Zahlungsmitteln. Bargeld ist selber die Maßeinheit der Bewertung, und Sichteinlagen sind in der gleichen Maßeinheit ausgedrückte vollkommene Substitute für Bargeld.

Beim Sachvermögen ist offensichtlich eine Bewertung erforderlich. Grundsätzlich gilt dies aber auch für das sonstige Geldvermögen. Zwar sind Forderungen und Verbindlichkeiten auch bereits in Geldeinheiten ausgedrückt. Doch sind viele Fälle denkbar, in denen der Nominalbetrag einer Forderung oder einer Verbindlichkeit nicht mit dem anzusetzenden Wert übereinstimmt. Eine Abweichung zwischen Nominalbetrag und Wert von Forderungen ergibt sich z. B. aus einer Verzinsung, die vom Marktzins abweicht. Eine weitere mögliche Abweichungsursache kann die Bonität des Schuldners sein; dubiose Forderungen haben einen unter ihrem Nominalbetrag liegenden Wert. Auch bei Verbindlichkeiten kommen Abweichungen dieser Art vor. Liegt z. B. bei einer Anleihe die vom Kreditgeber tatsächlich geleistete Zahlung unter dem Nominalbetrag, so kann die Differenz (das sogenannte Disagio oder Damnum) zunächst aktiviert und dann durch Abschreibungen auf die Laufzeit der Anleihe verteilt werden; dies läuft auf eine Bewertung der Verbindlichkeit mit dem Nominalbetrag abzüglich des Damnums hinaus. Bewertungsprobleme ergeben sich schließlich auch bei Verbindlichkeiten ungewisser Höhe, die in der Bilanz durch Rückstellungen erfaßt werden.

Bewertung wäre unproblematisch, wenn es für alle Vermögensgegenstände feste Marktpreise gäbe, zu denen sie in unbeschränktem Umfang beschafft oder veräußert werden könnten. Diese Voraussetzung ist aber nur bei sehr wenigen Vermögensgegenständen erfüllt. Man braucht deswegen geeignete Verfahren zur Wertermittlung. Für Buchführung und Bilanz gibt es heute ein ziemlich geschlossenes System von Bewertungsregeln, die teils in Gesetzen festgelegt sind, teils als Grundsatz ordnungsmäßiger Bilanzierung verpflichtenden Charakter erlangt haben. Es handelt sich dabei um ein historisch gewachsenes System von Konventionen, das allerdings stets aus zweckorientierter Sicht fortentwickelt worden ist. Die Buchführung und die aus ihr hervorgehende Bilanz- und Erfolgsrechnung sollen bestimmte zweckorientierte Informationen über die Vermögens- und Ertragslage des Unternehmens liefern. An diesen Zwecken orientieren sich die Bewertungsregeln.

Bewertung kann aber auch zu anderen Zwecken erfolgen als denen der Bilanz- und Erfolgsrechnung, etwa im Rahmen von Entscheidungskalkülen. Man bewertet z. B. einen Gegenstand, den man erwerben will, um entscheiden zu können, welcher Preis maximal dafür bezahlt werden kann; oder man bewertet Rohstoffe, die in ein Fertigprodukt eingehen, um Anhaltspunkte für die Entscheidung über den Verkaufspreis dieses Fertigprodukts zu gewinnen. Bewertung erfolgt in diesen Fällen mit einer anderen Zweckorientierung als bei der Bilanzierung; auch das Ergebnis wird häufig anders sein.

Bewertung ist also stets Ergebnis eines zweckorientierten Kalküls. Der einem Gegenstand beigelegte Wert beruht auf einer aus dem Bewertungszweck abgeleiteten theoretischen Konstruktion. Was ein Wertansatz aussagt und bedeutet, kann nur in bezug auf die jeweilige theoretische Basis der Bewertung beurteilt werden.

Hieraus ergeben sich wesentliche Konsequenzen für Rechnungsgrößen wie Aufwand und Ertrag, ebenso Ausgaben und Einnahmen, die als Veränderungen bewerteter Vermögensbestände definiert sind. Es besteht ein grundsätzlicher Unterschied zwischen Ein- und Auszahlungen einerseits und Aufwand und Ertrag andererseits. Ein- und Auszahlungen sind reale bewertungsunabhängige Vorgänge, nämlich Zuflüsse und Abflüsse bei Zahlungsmitteln. Erträge und Aufwendungen beruhen ebenfalls auf realen Vorgängen, doch kommt, soweit es sich nicht zugleich um Einzahlungen bzw. Auszahlungen handelt, immer noch ein weiteres hinzu, nämlich ein Bewertungsvorgang und damit eine theoretische Interpretation des realen Vorgangs.

Was hier für Erträge und Aufwendungen gesagt wird, gilt grundsätzlich auch für Einnahmen und Ausgaben, soweit es sich nicht zugleich um Ein- und Auszahlungen handelt. Auch das sonstige Geldvermögen ist zu bewerten; seine Veränderungen ergeben sich somit nicht allein aus realen Vorgängen, sondern auch aus theoretisch begründeten Bewertungen. Allerdings ist der Spielraum, in dem der Wertansatz je nach Zweck und Methode der Bewertung liegen kann, beim Geldvermögen durchweg erheblich enger als beim Sachvermögen. Bei den meisten Forderungen und Verbindlichkeiten weicht keiner der in Frage kommenden Wertansätze wesentlich vom Nominalbetrag ab. Bei Gegenständen des Sachvermögens kann es hingegen erhebliche Divergenzen zwischen den möglichen Wertansätzen geben, so z. B. beim Anlagevermögen durch die Wahlmöglichkeit zwischen linearer und degressiver Abschreibung. Daraus ergibt sich, daß bei Einnahmen und Ausgaben der aus der Bewertung resultierende Spielraum weit geringer ist als bei Erträgen und Aufwendungen, die nur das Sachvermögen berühren. Die in der Unternehmensrechnung erscheinenden Einnahmen und Ausgaben lassen daher zuverlässigere Schlüsse auf reale Vorgänge zu als Erträge und Aufwendungen. Ein unmittelbarer und durch keine Bewertung beeinflußter Zusammenhang mit realen Vorgängen besteht allerdings nur bei den Ein- und Auszahlungen.

Für die betriebliche Finanzwirtschaft sind diese Überlegungen deshalb von Bedeutung, weil sowohl Begriffsbestimmungen als auch finanzwirtschaftliche Entscheidungsregeln vielfach auf bewertete Größen wie Forderungen, Verbindlichkeiten, Sachvermögen, Einnahmen und Ausgaben, Ertrag und Aufwand Bezug nehmen. Man muß sich darüber im klaren sein, daß Definitionen, Entscheidungsregeln und analytische Verfahren, die bei derartigen Größen ansetzen, nur dann eindeutig bestimmt sind, wenn zugleich Angaben über die dem jeweiligen Zusammenhang entsprechende Bewertung gemacht werden.

Es gibt eine Betrachtungsweise finanzwirtschaftlicher Probleme, bei der die Bewertungsproblematik dadurch umgangen wird, daß man nur Ein- und Auszahlungen betrachtet und damit alle Rechengrößen ausschließt, die eine Bewertung voraussetzen. Diese Vorgehensweise ist charakteristisch für die moderne Theorie der Inve-

stitionsrechnung, ebenso aber auch für weite Bereiche der neueren Finanzierungstheorie. Die zahlungsbezogene Betrachtungsweise ist allerdings nicht unumstritten.

Vor allem spielen für die Praxis der finanzwirtschaftlichen Planung bilanzbezogene Überlegungen eine wesentliche Rolle. Im Zusammenhang mit der Finanzplanung wird auf die beiden Betrachtungsweisen, die zahlungs- und bilanzbezogene, in
Abschnitt 3 zurückzukommen sein.

2   Finanzwirtschaftliche Erfolgsmessung

2.1   Der Erfolg des Unternehmens

2.1.1   Totalerfolg und Periodenerfolg

Zu den Aufgaben des Rechnungswesens gehört die Messung des Erfolgs des Unternehmens. Es geht dabei um den finanzwirtschaftlichen Überschuß, der erwirtschaftet
wird. Als Totalerfolg bezeichnet man den Erfolg, den das Unternehmen während der
gesamten Zeit seines Bestehens von der Gründung bis zur endgültigen Auflösung
erzielt. Der Totalerfolg ist für ein bestehendes Unternehmen nicht zu ermitteln.
Da in der Regel der Fortbestand des Unternehmens auf unbestimmte Zeit angestrebt
wird, ist auch eine Vorausschätzung schwer zu bewerkstelligen. Für die Planung und
Kontrolle der laufenden Dispositionen in dem Unternehmen braucht man eine auf
kürzere Zeiträume bezogene Erfolgsmessung. Für einzelne Perioden (Jahre oder
auch noch kleinere Zeiträume) ist ein Periodenerfolg zu ermitteln. Das Problem
ist, wie festgestellt werden kann, welcher Beitrag zum Totalerfolg in einer Periode
erreicht worden ist.

Der Totalerfolg ist für die praktische Erfolgsmessung nicht von Bedeutung. Er
ist aber wichtig als Basis theoretischer Überlegungen; deswegen ist zunächst auf ihn
einzugehen.

Für die folgenden Darlegungen müssen perioden- und zeitpunktbezogene
Größen definiert werden. Dies geschieht in der Weise, daß den einzelnen Symbolen
Zeitindizes angefügt werden. Für die Bezeichnung der Perioden und Zeitpunkte gilt
folgende Regel: Die Perioden des Planungszeitraums werden fortlaufend von 1 bis T
durchnumeriert. Der am Ende der Periode t liegende Zeitpunkt erhält den Index t;
mit dem Index 0 wird der Beginn der ersten Periode bezeichnet. Folgende Darstellung
möge der Veranschaulichung dienen:

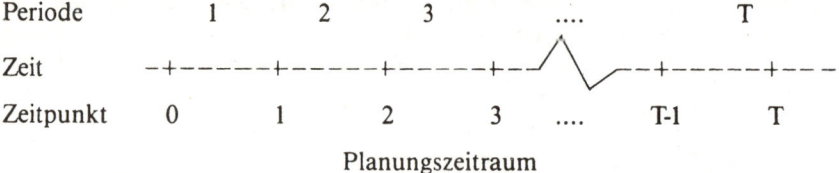

Von folgenden Größen ist auszugehen:

KE_t Einzahlungen von den Kapitalgebern (Eigentümer oder Anteilseigner) in das Unternehmen in Periode t (EZ 1 im Sinne des Schemas im Anhang)

KA_t Auszahlungen aus dem Unternehmen an die Kapitalgeber (Eigentümer oder Anteilseigner) in Periode t (AZ 1 im Sinne des Schemas im Anhang)

E_t Sonstige Einzahlungen in Periode t (EZ 2 + EZ 3 + EZ 4 im Sinne des Schemas im Anhang)

A_t Sonstige Auszahlungen in Periode t (AZ 2 + AZ 3 + AZ 4 im Sinne des Schemas im Anhang)

ER_t Ertrag in Periode t (EZ 2 + EI 2 + ER 2 im Sinne des Schemas im Anhang)

AW_t Aufwand in Periode t (AZ 2 + AG 2 + AW 2 im Sinne des Schemas im Anhang)

ZM_t Zahlungsmittelbestand am Ende von Periode t

RV_t Reinvermögen am Ende von Periode t

Wenn das Unternehmen zu Beginn der ersten Periode gegründet und bis zum Ende der Periode T endgültig aufgelöst wird, gilt

$$ZM_0 = RV_0 = ZM_T = RV_T = 0$$

Für die Entwicklung des Zahlungsmittelbestandes gilt folgende Formel:

$$ZM_t = ZM_{t-1} + KE_t - KA_t + E_t - A_t$$
$$= \sum_{\tau=1}^{t} (KE_\tau - KA_\tau + E_\tau - A_\tau)$$

Daraus folgt:

$$ZM_T = \sum_{t=1}^{T} (KE_t - KA_t + E_t - A_t) = 0$$

und somit:

$$\sum_{t=1}^{T} (KA_t - KE_t) = \sum_{t=1}^{T} (E_t - A_t)$$

Entsprechend kann man die Entwicklung des Reinvermögens angeben (wobei wie bisher angenommen wird, daß Vermögensübertragungen zwischen Unternehmen und Kapitalgebern nur in Form von Zahlungen erfolgen):

$$RV_t = RV_{t-1} + KE_t - KA_t + ER_t - AW_t$$
$$= \sum_{\tau=1}^{t} (KE_\tau - KA_\tau + ER_\tau - AW_\tau)$$

Es ergibt sich:

$$RV_T = \sum_{t=1}^{T} (KE_t - KA_t + ER_t - AW_t) = 0$$

und

$$\sum_{t=1}^{T} (KA_t - KE_t) = \sum_{t=1}^{T} (ER_t - AW_t)$$

Ergebnis ist somit:

$$\sum_{t=1}^{T} (KA_t - KE_t) = \sum_{t=1}^{T} (E_t - A_t) = \sum_{t=1}^{T} (ER_t - AW_t)$$

Es sind also drei Größen, die miteinander übereinstimmen:

1. Der Überschuß der insgesamt von dem Unternehmen an die Kapitalgeber flie-ßenden Auszahlungen über die von ihnen insgesamt geleisteten Einzahlungen.
2. Der Überschuß aller sonstigen Einzahlungen des Unternehmens über alle son-stigen Auszahlungen.
3. Der Überschuß aller Erträge über alle Aufwendungen.

Damit hat man drei im Ergebnis übereinstimmende Ansätze zur Messung des Total-erfolges des Unternehmens. Man kann von den Zahlungen zwischen Kapitalgebern und Unternehmen, von den sonstigen Ein- und Auszahlungen oder von den Erträgen und Aufwendungen ausgehen; man kommt in allen drei Fällen zum gleichen Total-erfolg.

Was für den Totalerfolg festgestellt wurde, gilt nicht für den Periodenerfolg; die Größen $(KA_t - KE_t)$, $(E_t - A_t)$ und $(ER_t - AW_t)$ stimmen in den einzelnen Perioden nicht miteinander überein. Als Maßstab des Periodenerfolgs kommt nur die Differenz zwischen Ertrag und Aufwand in Frage, die Größe, die in der Buchhaltung als Gewinn bezeichnet wird. Ertrag und Aufwand sind als Zunahme und Abnahme des Reinver-mögens definiert; es handelt sich somit um bewertungsabhängige Größen; die Höhe des Periodengewinns hängt von der Bewertung des Reinvermögens am Anfang und am Ende der Periode ab. Diese Abhängigkeit ergibt sich deutlich aus folgender Be-rechnungsformel; es gilt:

$$RV_t = RV_{t-1} + KE_t - KA_t + ER_t - AW_t$$

und somit

$$ER_t - AW_t = (RV_t - RV_{t-1}) + KA_t - KE_t$$

Die Summe aller Periodengewinne ist wieder gleich dem Totalerfolg, somit nicht bewertungsabhängig; die Bewertung des Reinvermögens berührt nicht den Totalerfolg, wohl aber die Zurechnung von Teilen des Totalerfolges auf die einzelnen Perioden. In der Bewertung des Reinvermögens liegt das eigentliche Problem der Periodenerfolgsmessung.

Es gibt zwei grundsätzlich verschiedene Ansätze zur Lösung dieses Bewertungs- und Erfolgsmessungsproblems. Praktische Bedeutung hat vor allem der buchhalterische Lösungsansatz. Der zweite hier zu erörternde Lösungsansatz ist der kapitaltheoretische.

Die buchhalterische Lösung beruht auf dem Prinzip der Einzelbewertung. Jeder zum Reinvermögen gehörende Gegenstand wird einzeln bewertet; das Reinvermögen ist die Summe der positiven und (bei Passivposten) negativen Einzelwerte. Für die Bewertung der einzelnen Gegenstände gibt es allgemein anerkannte und in gesetzlichen Regelungen verankerte Prinzipien wie das Niederstwertprinzip und das Imparitätsprinzip. Buchhalterische Bewertung und Gewinnermittlung beruhen auf konventionellen Regeln, deren Einhaltung überprüft werden kann und deren Verletzung mit Sanktionen bedroht ist. Verstöße gegen verbindliche Bewertungsregeln können je nach Schwere des Falls mehr oder weniger schwerwiegende Folgen haben, die von der Einschränkung und Verweigerung des Testats durch den Wirtschaftsprüfer bis zu strafrechtlichen Konsequenzen reichen können. Allerdings belassen die konventionellen Regeln für die Bewertung immer noch gewisse Ermessensspielräume und Wahlrechte. Es besteht somit ein Entscheidungsspielraum für die Bewertung, der genutzt werden kann, um Bilanzpolitik zu betreiben, d. h. den Jahresabschluß, insbesondere den Gewinnausweis, im Sinne der von der Unternehmensleitung verfolgten Ziele zu gestalten.

Der nach buchhalterischen Regeln ermittelte und ausgewiesene Periodengewinn hat für die Finanzwirtschaft des Unternehmens erhebliche Bedeutung. Der ausgewiesene Periodengewinn ist die Grundlage für Entnahmen und Ausschüttungen an die Gesellschafter; bei Unternehmen bestimmter Rechtsformen, insbesondere bei Kapitalgesellschaften, werden die Ausschüttungen durch den ausgewiesenen Gewinn streng begrenzt. Weiter dient der ausgewiesene Periodengewinn als Steuerbemessungsgrundlage (für Einkommensteuer, Körperschaftsteuer und Gewerbeertragsteuer). Darüber hinaus kann der buchhalterische Periodengewinn auch Einfluß auf andere von dem Unternehmen zu leistende Zahlungen haben (z. B. Höhe der Zinszahlungen bei Obligationen mit gewinnabhängiger Verzinsung).

Als Erfolgsmaßstab für die einzelne Periode ist der buchhalterische Gewinn allerdings nicht frei von Mängeln. Die Orientierung an konventionellen Regeln hat zur Folge, daß sich der ökonomische Erfolg der in einer Periode getroffenen Dispositionen keineswegs in vollem Umfang im Gewinn dieser Periode niederschlägt. Hinzu kommt, daß die buchhalterische Gewinnermittlung nicht unwesentlich durch bilanzpolitische Erwägungen beeinflußt wird.

Man greift deswegen sowohl bei der Planung als auch bei der nachträglichen Kontrolle von Entscheidungen und Dispositionen in Unternehmen oft auf andere Beurteilungsmaßstäbe als den buchhalterischen Gewinn zurück. Auf jeden Fall aber bleibt die buchhalterische Gewinnermittlung als überprüfbares Rechenwerk im Rahmen der Rechnungslegung des Unternehmens für die Gestaltung seiner Rechtsbeziehung zur Umwelt unentbehrlich.

2.1.2   Kapitalwert und ökonomischer Gewinn

Eine der Möglichkeiten zur Berechnung des Totalerfolgs besteht darin, daß man über sämtliche Perioden hinweg die Salden der Zahlungen zwischen Unternehmen und Gesellschaftern addiert. Die Formel lautet:

$$\text{Totalerfolg} = \sum_{t=1}^{T} (KA_t - KE_t)$$

Hierbei werden Zahlungen addiert, die zu verschiedenen Zeitpunkten anfallen. Hiergegen läßt sich grundsätzlich einwenden, daß zu verschiedenen Zeitpunkten verfügbares Geld kein homogenes Gut ist. Geld, das in einem Zeitpunkt 0 verfügbar ist, stellt ein anderes Gut dar als Geld, das eine Periode später im Zeitpunkt 1 verfügbar ist. Für den Tausch beider Güter gibt es einen Markt; die Austauschrelation auf diesem Markt entspricht dem Marktzins. Bei einem Marktzins r liegt die Austauschrelation bei 1 Geldeinheit im Zeitpunkt 0 zu (1 + r) Geldeinheiten im Zeitpunkt 1.

Die Addition von Geldbeträgen, die zu verschiedenen Zeitpunkten ein- oder ausgezahlt werden, zu einem Totalerfolg ist deswegen nur begrenzt aussagefähig. Um diesem Einwand Rechnung zu tragen, kann man die zu verschiedenen Zeitpunkten anfallenden Geldbeträge in äquivalente Geldbeträge für einen einzelnen Zeitpunkt umrechnen. Dies geschieht durch Auf- oder Abzinsung. Hat man eine Reihe von Ein- und Auszahlungen zu verschiedenen Zeitpunkten, so kann man sie zunächst durch Abzinsung auf einen vor Anfall der ersten Zahlung liegenden Zeitpunkt in äquivalente Größen umrechnen und diese dann addieren. Die Größe, die man so erhält, wird als der Kapitalwert der Zahlungsreihe bezeichnet. Der mit dem Zinssatz r berechnete Kapitalwert kann in folgender Weise gedeutet werden: Zukünftige Auszahlungen werden durch den Geldbetrag ersetzt, den man jetzt zum Zinssatz r anlegen müßte, um aus dem um Zinsen und Zinseszinsen angewachsenen Betrag die zukünftige Auszahlung bestreiten zu können; zukünftige Einzahlungen werden durch den Geldbetrag ersetzt, den man jetzt als Kredit zum Zinssatz r aufnehmen könnte, derart, daß die zukünftige Einzahlung zur Rückzahlung mit Zinsen und Zinseszinsen ausreichen würde. Der Kapitalwert als Überschuß aller abgezinsten Einzahlungen über alle abgezinsten Auszahlungen ist dann der im Bezugszeitpunkt verfügbare Überschuß. Betrachtet man das Unternehmen aus der Sicht der Kapitalgeber, so sind die Auszahlungen KA_t für diese Einzahlungen, umgekehrt die in das Unternehmen zu leistenden Einzahlungen KE_t für die Kapitalgeber Auszahlungen. Zur Vereinfachung wird angenommen, daß diese Zahlungen jeweils am Ende der Periode erfolgen; der dadurch bedingte Fehler fällt um so weniger ins Gewicht, je kürzer die Perioden sind. In dem Ansatz könnte zusätzlich auch eine zu Beginn der ersten Periode anfallende Einzahlung der Kapitalgeber berücksichtigt werden; dies geschieht nicht, ebenfalls zur Vereinfachung und weil das Ergebnis davon nicht beeinflußt würde. Die Formel zur Berechnung des Kapitalwerts aller zukünftigen Zahlungen, bezogen auf den Zeitpunkt t, lautet somit:

$$K_t = \sum_{\tau=t+1}^{T} (KA_\tau - KE_\tau)(1 + r)^{(t-\tau)} \quad (t = 0, \ldots, T-1)$$

Auch für den Beginn der ersten Periode ist die Formel anwendbar; dann gilt:

$$K_0 = \sum_{\tau=1}^{T} (KA_\tau - KE_\tau)(1 + r)^{-\tau}$$

Dieser Kapitalwert K_0 kann als modifizierter Totalerfolg verstanden werden. Im Unterschied zum Totalerfolg werden die Zahlungen nicht einfach addiert, sondern zunächst durch Abzinsung in äquivalente, auf den Zeitpunkt 0 bezogene Größen umgerechnet.

Mit Hilfe der Kapitalwerte kann man auch Periodenerfolge bestimmen. Dies ist der kapitaltheoretische Ansatz zur Ermittlung von Periodenerfolgen.

Der Gewinn einer Periode (G_t) kann hiernach in der Weise ermittelt werden, daß man von der Differenz der Kapitalwerte am Anfang und am Ende der Periode ausgeht, an die Kapitalgeber geleistete Auszahlungen hinzuaddiert und die geleisteten Einzahlungen davon subtrahiert:

$$G_t = (K_t - K_{t-1}) + KA_t - KE_t$$

Der so ermittelte Gewinn wird als ökonomischer Gewinn bezeichnet. In formaler Hinsicht ist die Berechnungsformel der für den buchhalterischen Gewinn ähnlich:

$$ER_t - AW_t = (RV_t - RV_{t-1}) + KA_t - KE_t$$

Im kapitaltheoretischen Lösungsansatz zur Periodenerfolgsmessung wird die Höhe des Reinvermögens durch den Kapitalwert gemessen. Damit wird der buchhalterische Grundsatz der Einzelbewertung von Vermögensgegenständen gemäß bestimmten konventionellen Regeln ganz aufgegeben. An die Stelle der Einzelbewertung tritt die Bewertung des Unternehmens als Einheit, wobei die für die Kapitalgeber erwirtschafteten Überschüsse maßgeblich für den Wertansatz sind. Wenn die Zahlungen KA_t und KE_t bekannt sind, gelten folgende Beziehungen:

$$K_{t-1} = \sum_{\tau=t}^{T} (KA_\tau - KE_\tau)(1 + r)^{(t-1-\tau)}$$

$$= [KA_t - KE_t + \sum_{\tau=t+1}^{T} (KA_\tau - KE_\tau)(1 + r)^{(t-\tau)}](1 + r)^{-1}$$

$$= (KA_t - KE_t + K_t)(1 + r)^{-1}$$

Daraus ergibt sich:

$$K_t - K_{t-1} = r\, K_{t-1} - KA_t + KE_t$$

Setzt man dies in die Formel für den ökonomischen Gewinn ein, so erhält man:

$$G_t = (K_t - K_{t-1}) + KA_t - KE_t = r\, K_{t-1}$$

Der ökonomische Gewinn einer Periode ist hiernach gleich der Verzinsung des Kapitalwerts am Beginn der Periode.

Die Messung des ökonomischen Gewinns wird komplizierter, wenn man berücksichtigt, daß die Zahlungen KA_t und KE_t nicht mit Sicherheit für alle Zukunft bekannt sind. In jedem Zeitpunkt kann der Kapitalwert nur unter Zugrundelegung bestimmter Erwartungen hinsichtlich der zukünftigen Zahlungen berechnet werden. Diese Erwartungen können sich im Zeitablauf ändern. Der Kapitalwert kann also immer nur in bezug auf den Informationsstand eines bestimmten Zeitpunkts angegeben werden. Es sei K_{t-1} der Kapitalwert zu Ende der Periode $(t-1)$ unter Zugrundelegung des in diesem Zeitpunkt gegebenen Informationsstandes und K_{t-1}^t der Kapitalwert zu Ende der Periode $(t-1)$ unter Zugrundelegung des am Ende der Periode t gegebenen Informationsstandes.

Am Ende der Periode kann berechnet werden, welcher Kapitalwert sich ergeben hätte, wenn am Ende der Vorperiode die jetzt vorliegenden Informationen verfügbar gewesen wären; dies ist der Kapitalwert K_{t-1}^t. Da K_t und K_{t-1}^t auf den gleichen Erwartungen beruhen, gilt wieder die Beziehung

$$K_t - K_{t-1}^t = r\, K_{t-1}^t - KA_t + KE_t$$

Für den ökonomischen Gewinn ergibt sich, wenn man die Änderung des Informationsstandes berücksichtigt

$$
\begin{aligned}
G_t &= (K_t - K_{t-1}) + KA_t - KE_t \\
&= (K_{t-1}^t - K_{t-1}) + (K_t - K_{t-1}^t) + KA_t - KE_t \\
&= (K_{t-1}^t - K_{t-1}) + r\, K_{t-1}^t
\end{aligned}
$$

Hier hat der ökonomische Gewinn zwei Komponenten. Die erste ist die Änderung des Kapitalwerts, die sich aus der Änderung der Erwartungen ergibt; die zweite ist die Verzinsung des Kapitalwerts.

Die Beziehung zwischen ökonomischem Gewinn und Totalerfolg ergibt sich, wenn man die ökonomischen Gewinne aller Perioden addiert (unter Berücksichtigung, daß $K_T = 0$ gilt) :

$$\sum_{t=1}^{T} G_t = \sum_{t=1}^{T} (K_t - K_{t-1} + KA_t - KE_t) = \sum_{t=1}^{T} (KA_t - KE_t) - K_0$$

Daraus ergibt sich:

$$\sum_{t=1}^{T} (KA_t - KE_t) = \sum_{t=1}^{T} G_t + K_0$$

Auf der linken Seite der Gleichung steht der Totalerfolg. Aus der Gleichung geht hervor, daß die Summe der ökonomischen Gewinne nicht gleich dem Totalerfolg ist. Die Gleichung zeigt vielmehr, daß der Totalerfolg in zwei Komponenten aufgeteilt werden kann; der mit der Gründung entstehende Kapitalwert K_0 ist dem Gründungsakt zuzurechnen, den einzelnen Perioden hingegen nur die sich ergebenden ökonomischen Gewinne.

Der ökonomische Gewinn als Erfolgsmaßstab hat den Vorzug, daß sich die Veränderung der Lage des Unternehmens während einer Periode, sei sie durch unternehmerische Dispositionen bedingt oder durch äußere Einflüsse, unmittelbar niederschlägt. Geht man von der Zerlegung des ökonomischen Gewinns in zwei Komponenten aus, der aus Erwartungsänderungen resultierenden Änderung des

Kapitalwerts und der Verzinsung des Kapitalwerts, so ist vor allem die erstere von Interesse. Hierin schlägt sich die Veränderung des Informationsstandes während der Periode nieder; insbesondere wirken sich alle unternehmerischen Dispositionen, die die Erwartungen hinsichtlich der Zukunft des Unternehmens beeinflussen, unmittelbar darauf aus. Im Kapitalwert zu Beginn einer Periode sind alle dem jeweiligen Informationsstand entsprechenden Erwartungen hinsichtlich zukünftiger Einzahlungen und Auszahlungen antizipiert. Der Erfolg unternehmerischer Dispositionen kann daran gemessen werden, inwieweit es gelingt, den Informationsstand derart zu beeinflussen, daß der Kapitalwert größer wird. Alle erwarteten zukünftigen Effekte unternehmerischer Dispositionen werden somit auch wieder über die Veränderung des Informationsstandes im Kapitalwert antizipiert und schlagen sich auch im ökonomischen Gewinn nieder. Von der theoretischen Konstruktion her erscheint der ökonomische Gewinn deswegen als Zielgröße und Erfolgsmaßstab sehr gut geeignet.

Die praktische Verwendung dieses Erfolgsmaßstabs stößt jedoch auf erhebliche Schwierigkeiten. Die Kapitalwertberechnung beruht auf Prognosen, die zwangsläufig stark subjektiven Charakter tragen. Die Erfolgsmessung wird daher in starkem Maße von der subjektiven Einschätzung der Zukunft abhängig und hat kaum noch den Charakter intersubjektiv überprüfbarer Kontrolle der Unternehmenstätigkeit. Fehlbeurteilungen werden erst mit erheblicher zeitlicher Verzögerung als solche erkennbar.

Die Berechnung des ökonomischen Gewinns kann sicherlich nicht die buchhalterische Erfolgsmessung ersetzen. Eine Erfolgsmessung, die der Rechnungslegung und der Gestaltung von Rechtsbeziehungen dient, muß auf intersubjektiv überprüfbaren Bewertungsverfahren beruhen. Diesem Anspruch kann der ökonomische Gewinn nicht gerecht werden. Der ökonomische Gewinn ist heute nur als theoretische Konzeption von Interesse; es ist aber wichtig, daß man die Diskrepanz zwischen der theoretisch perfekten Erfolgsmessung durch den ökonomischen Gewinn und der als operationales Recheninstrument unentbehrlichen buchhalterischen Erfolgsmessung nicht aus dem Auge verliert.

2.2   Der Erfolg des Leistungsbereichs

2.2.1   Leistungssaldo und Leistungsgewinn

Für die Erfolgsmessung des Leistungsbereichs müssen die diesem zuzurechnenden Vermögensbestände und ihre Veränderungen in einer gesonderten Rechnung erfaßt werden. Zum Leistungsbereich gehört das der Leistungserstellung und -verwertung dienende Sachvermögen, Anlagen ebenso wie Vorräte, außerdem Forderungen und Verbindlichkeiten, die im Zusammenhang damit stehen, wie z. B. Kundenforderungen und Lieferantenverbindlichkeiten. Die Abgrenzung ist nicht ganz eindeutig; so könnte man die Lieferantenkredite auch dem Finanzbereich zurechnen, weil die Inanspruchnahme von Lieferantenkrediten das Ergebnis finanzwirtschaftlicher Dispositionen ist. Maßgeblicher Gesichtspunkt ist, daß die Bestände und Bestandsveränderungen erfaßt werden sollen, die auf leistungswirtschaftlichen Dispositionen beruhen. Es geht also letztlich um die Abgrenzung eines Verantwortungsbereichs.

Die Zahlungsmittel werden bei den folgenden Überlegungen ganz dem Finanz-bereich zugerechnet. Damit wird unterstellt, daß die dem Leistungsbereich zuflie-ßenden Einzahlungen unmittelbar an den Finanzbereich abgeführt werden, daß an-dererseits der Finanzbereich die im Leistungsbereich anfallenden Auszahlungen be-streitet. Man könnte auch dem Leistungsbereich einen für die Leistungserstellung und -verwertung benötigten Zahlungsmittelbestand zurechnen (z. B. Wechselgeld im Einzelhandel); dies würde die folgende Ableitung etwas komplizieren, ohne an den wesentlichen Ergebnissen etwas zu ändern.

Die sich aus dem Prozeß der Leistungserstellung und -verwertung ergebenden Ein- und Auszahlungen sowie die Erträge und Aufwendungen werden als Leistungs-ein- und -auszahlungen bzw. als Leistungserträge und -aufwendungen bezeichnet. Ein- und Auszahlungen bzw. Erträge und Aufwendungen, die mit Finanzierungsvor-gängen zusammenhängen, insbesondere Zinsen, werden hierunter nicht erfaßt. Die Differenz von Leistungsein- und -auszahlungen ist der Leistungssaldo, die Differenz von Leistungserträgen und -aufwendungen der Leistungsgewinn. Um einige grund-legende Zusammenhänge zu zeigen, werden folgende Definitionen eingeführt:

LAZ 1   Leistungsauszahlungen, die mit einem Zugang zum Sach- oder sonstigen Geldvermögen des Leistungsbereichs verbunden sind (Beispiel: Kauf einer Maschine)

LAZ 2   Leistungsauszahlungen, die zugleich Leistungsaufwand sind (Beispiel: Lohnzahlung)

LEZ 1   Leistungseinzahlungen, die mit einem Abgang vom Sach- oder sonstigen Geldvermögen des Leistungsbereichs verbunden sind (Beispiel: Verkauf gebrauchter Anlagen zum Buchwert)

LEZ 2   Leistungseinzahlungen, die zugleich Leistungsertrag sind (Beispiel: Warenverkauf)

LAW 1   Minderung des Sach- und sonstigen Geldvermögens im Leistungsbereich, zugleich Aufwand (Beispiel: Durch Abschreibung erfaßte Wertminderung von Sachgütern)

LER 1   Erhöhung des Sach- und sonstigen Geldvermögens im Leistungsbereich, zugleich Ertrag (Beispiel: Warenverkauf auf Ziel, wobei die zum Verkaufs-preis bewertete Kundenforderung an die Stelle der zum niedrigeren Ein-standspreis bewerteten Waren tritt).

Die Zusammenhänge zwischen den einzelnen Größen lassen sich in Kontenform dar-stellen:

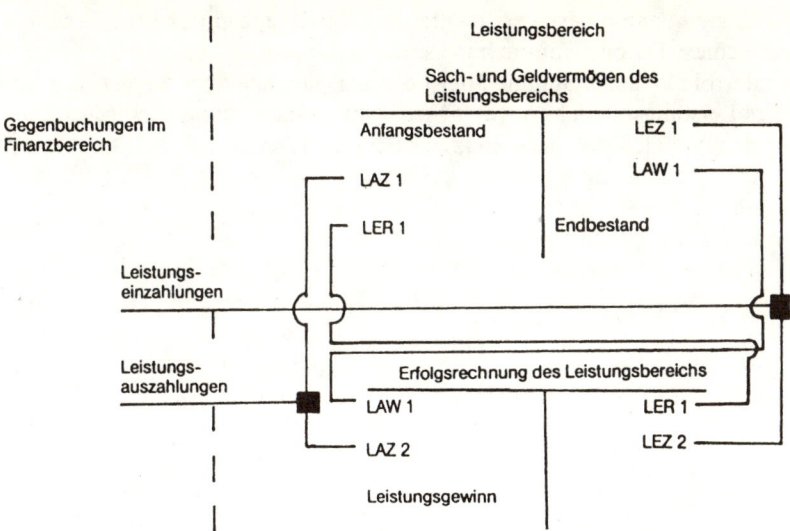

Hieraus ergeben sich folgende Beziehungen:

Leistungssaldo   = LEZ 1 + LEZ 2 – LAZ 1 – LAZ 2
Leistungsgewinn   = LER 1 + LEZ 2 – LAW 1 – LAZ 2
Veränderung des Vermögens   = LAZ 1 + LER 1 – LEZ 1 – LAW 1
im Leistungsbereich

Hieraus folgt:

Leistungsgewinn = Leistungssaldo + Veränderung des Vermögens im
                                                                Leistungsbereich

oder auch

Veränderung des Vermögens = Leistungsgewinn – Leistungssaldo im
                                                                    Leistungsbereich

Es sei nun:

LE_t – Leistungseinzahlungen in Periode t (LEZ 1 + LEZ 2)
LA_t – Leistungsauszahlungen in Periode t (LAZ 1 + LAZ 2)
LS_t – Leistungssaldo in Periode t (LE_t – LA_t)
LER_t – Leistungsertrag in Periode t (LER 1 + LEZ 2)
LAW_t – Leistungsaufwand in Periode t (LAW 1 + LAZ 2)
LG_t – Leistungsgewinn in Periode t (LER_t – LAW_t)
LV_t – Sach- und Geldvermögen des Leistungsbereichs am Ende von Periode t

Es gilt also:

$$LG_t = (LV_t – LV_{t-1}) + LS_t$$

Ebenso wie bei dem Unternehmen insgesamt kann man auch beim Leistungsbereich Periodenerfolg und Totalerfolg unterscheiden. Der Periodenerfolg ist wieder

bewertungsabhängig; damit bestehen die gleichen Bewertungsprobleme wie bei der Periodenerfolgsmessung des Unternehmens.

Der Totalerfolg kann als Summe aller Leistungsgewinne über die gesamte Lebensdauer des Leistungsbereichs hinweg berechnet werden; reicht dieser Zeitraum vom Beginn der Periode 1 bis zum Ende der Periode T, so gilt:

$$LV_0 = LV_T = 0$$

Dann gilt:

$$\sum_{t=1}^{T} LG_t = \sum_{t=1}^{T} (LV_t - LV_{t-1}) + \sum_{t=1}^{T} LS_t = \sum_{t=1}^{T} LS_t$$

oder auch:

$$\sum_{t=1}^{T} (LER_t - LAW_t) = \sum_{t=1}^{T} (LE_t - LA_t)$$

Der Totalerfolg des Leistungsbereichs kann also sowohl als Summe der Leistungsgewinne als auch als Summe der Leistungssalden berechnet werden. Die Zusammenhänge sind ähnlich wie bei der Totalerfolgsmessung für das gesamte Unternehmen.

2.2.2   Kosten- und Leistungsrechnung

Im Rahmen des Rechnungswesens des Unternehmens gibt es mit der Kosten- und Leistungsrechnung ein spezielles Rechenwerk zur Erfolgsmessung im Leistungsbereich. Der Betriebserfolg wird hierbei als Differenz von Kosten und Leistungen berechnet. Bei der Bemessung von Kosten und Leistungen geht man zunächst von Aufwand und Ertrag des Leistungsbereichs aus, weicht aber dann in vielen Punkten wesentlich davon ab. Ohne auf Einzelheiten einzugehen, seien einige wesentliche Besonderheiten aufgeführt, in denen die Kosten- und Leistungsrechnung von der Aufwands- und Ertragsrechnung abweicht:

1. Ausschaltung aller außerordentlichen und betriebsfremden Erträge und Aufwendungen (z. B. Nichtberücksichtigung steuerlich motivierter Sonderabschreibungen);
2. Ausschaltung zufälliger Schwankungen in den Aufwendungen (z. B. durch Verrechnung kalkulatorischer Wagnisse statt tatsächlich anfallenden Aufwands);
3. Berücksichtigung von Güter- und Leistungsverzehrsarten, die nicht oder nur teilweise mit Aufwand verbunden sind (z. B. kalkulatorische Zinsen und Unternehmerlohn);
4. Berücksichtigung von Güter- und Leistungsverzehrsarten, denen buchhalterisch keine Reinvermögensminderung entspricht (z. B. kalkulatorische Abschreibungen auf Anlagen, die in der Buchhaltung bereits voll abgeschrieben sind);

5. Bewertung von Güter- und Leistungsverzehr mit Verrechnungspreisen, die von den tatsächlichen Einstandspreisen abweichen (z. B. Bewertung des Rohstoffverbrauchs mit Standardpreisen).

Die Kosten- und Leistungsrechnung löst sich weitgehend von der für andere Formen der Erfolgsmessung typischen Verknüpfung mit der Veränderung von Vermögensbeständen. Kosten und Leistungen können nicht als Veränderungen irgendwelcher Vermögensbestände definiert werden. Es läßt sich auch keine eindeutige Beziehung zwischen dem Betriebserfolg der Kosten- und Leistungsrechnung und dem Totalerfolg des Leistungsbereichs feststellen.

Aus finanzwirtschaftlicher Sicht ist vor allem die Einbeziehung kalkulatorischer Zinsen auf das in Anspruch genommene Kapital bemerkenswert, und zwar unabhängig davon, ob es sich um Eigen- oder Fremdkapital handelt. Hierdurch wird der finanzwirtschaftliche Gesichtspunkt der für das gesamte eingesetzte Kapital erforderlichen Verzinsung in die Erfolgskontrolle des Leistungsbereichs eingebracht; für den Zusammenhang zwischen finanzwirtschaftlich orientierter Entscheidungsrechnung und Erfolgskontrollrechnung ist dies, wie im folgenden Abschnitt gezeigt werden soll, von großer Bedeutung.

2.2.3   Der Kapitalwert des Leistungsbereichs

In gleicher Weise wie für das Gesamtunternehmen kann man auch für den Leistungsbereich den Kapitalwert der Leistungssalden berechnen. Geht man davon aus, daß am Anfang der ersten Periode die Leistungsauszahlung LA_0 anfällt (wobei $LE_0 = 0$ ist), so ist der Kapitalwert nach folgender Formel zu berechnen:

$$K_0 = \sum_{t=0}^{T} (LE_t - LA_t) \cdot (1 + r)^{-t}$$

Der Kapitalwert läßt sich aber auch auf andere Weise berechnen, indem man nämlich nicht vom Leistungssaldo, sondern vom Leistungsgewinn ausgeht und zusätzlich kalkulatorische Zinsen auf das gebundene Kapital berücksichtigt. Der um kalkulatorische Zinsen verminderte Leistungsgewinn wird als Residualgewinn bezeichnet. Es gilt der folgende, erstmals von W. LÜCKE (1955) bewiesene Satz:

Lücke'sches Theorem: Der Kapitalwert der Residualgewinne ist gleich dem Kapitalwert der Leistungssalden.

Zum Beweis dieses Satzes ist von der Beziehung

$$LG_t = (LV_t - LV_{t-1}) + (LE_t - LA_t) \qquad\qquad (t=1,\ldots,T)$$

auszugehen. Für t=0 möge gelten: $LG_0 = 0$, $LE_0 = 0$, $LV_{-1} = 0$ und somit $LV_0 = LA_0$; da am Ende der Periode T die Tätigkeit des Leistungsbereichs ausläuft, gilt auch $LV_T = 0$. Für den Residualgewinn gilt:

$$\begin{aligned} LG_t - rLV_{t-1} &= (LV_t - LV_{t-1}) + (LE_t - LA_t) - rLV_{t-1} \\ &= LV_t - (1+r)LV_{t-1} + LS_t \qquad\qquad (t=1,\ldots,T) \end{aligned}$$

Als Kapitalwert der Residualgewinne erhält man

$$\sum_{t=1}^{T} (LG_t - r\, LV_{t-1})\, (1 + r)^{-t} = \sum_{t=1}^{T} LV_t\, (1 + r)^{-t}$$

$$-\sum_{t=1}^{T} LV_{t-1}\, (1 + r)\, (1 + r)^{-t}$$

$$+\sum_{t=1}^{T} LS_t\, (1 + r)^{-t}$$

Der zweite Ausdruck auf der rechten Seite kann unter Berücksichtigung der Voraussetzung, daß $LV_T = 0$ gilt, etwas umgeformt werden:

$$\sum_{t=1}^{T} LV_{t-1}\, (1 + r)\, (1 + r)^{-t} = \sum_{t=1}^{T} LV_{t-1}\, (1 + r)^{-(t-1)}$$

$$= \sum_{t=1}^{T+1} LV_{t-1}\, (1 + r)^{-(t-1)}$$

$$= \sum_{t=0}^{T} LV_t\, (1 + r)^{-t}$$

Setzt man dies in die Kapitalwertformel ein, so ergibt sich

$$\sum_{t=1}^{T} (LG_t - r\, LV_{t-1})\, (1 + r)^{-t} = \sum_{t=1}^{T} LV_t\, (1 + r)^{-t}$$

$$-\sum_{t=0}^{T} LV_t\, (1 + r)^{-t} + \sum_{t=1}^{T} LS_t\, (1 + r)^{-t}$$

$$= -LV_0 + \sum_{t=1}^{T} LS_t\, (1 + r)^{-t}$$

$$= -LA_0 + \sum_{t=1}^{T} LS_t\, (1 + r)^{-t}$$

$$= \sum_{t=0}^{T} LS_t\, (1 + r)^{-t} = K_0$$

Damit ist das Lücke'sche Theorem bewiesen. Das Theorem gilt unabhängig davon, wie das Leistungsvermögen bewertet wird und wie die Leistungsgewinne den einzelnen Perioden zugerechnet werden. Voraussetzung ist nur, daß die Gewinnermittlung gemäß den in Abschnitt 2.2.1 angegebenen buchhalterischen Gleichungen erfolgt. Bestände sind gemäß den Regeln der doppelten Buchführung fortzuschreiben; Erträge und Aufwendungen sind als Zu- und Abgänge beim Reinvermögen zu erfassen. Weicht man hingegen von diesen Regeln ab, wie dies in der Kosten- und Leistungsrechnung geschieht (wenn z. B. kalkulatorische Abschreibungen auf Anlagen verrechnet werden, deren Buchwert bereits 0 ist), gilt die nachgewiesene Beziehung nicht mehr.

Für den Zusammenhang zwischen investitionsbezogener Planungsrechnung und dem auf Periodenerfolgsmessung abzielenden Rechnungswesen ist das Lücke'sche Theorem von grundlegender Bedeutung. Aus dem Theorem folgt: Wenn die Dispositionen im Leistungsbereich sich am Ziel der Maximierung des Kapitalwerts der Leistungssalden orientieren, wird dadurch zugleich der Kapitalwert eines Erfolgsmaßes, des Residualgewinns nämlich, maximiert; je höher also der Kapitalwert der Leistungssalden, desto größer wird tendenziell der mit diesem Maßstab gemessene Erfolg. Man hat damit die Möglichkeit, dem Leistungsbereich als Ziel die Maximierung des Kapitalwerts der Leistungssalden vorzugeben und zur Kontrolle des Zielerreichungsgrades eine aus dem Rechnungswesen des Unternehmens abgeleitete Periodenerfolgsgröße zu verwenden.

Die Maximierung des Kapitalwerts der Leistungssalden führt tendenziell zur Maximierung der angegebenen Periodenerfolgsgröße. Insbesondere gilt:

1. Ausschließlich positive Periodenerfolge können nur ausgewiesen werden, wenn der Kapitalwert der Leistungssalden positiv ist.
2. Ausschließlich negative Periodenerfolge lassen auf einen negativen Kapitalwert der Leistungssalden schließen.

An einem Zahlenbeispiel sollen die Zusammenhänge verdeutlicht werden. Die Daten sind in Tabelle 3.1 zusammengestellt.

Gegeben sind zunächst die Einzahlungen, die Auszahlungen und die sich daraus ergebenden Leistungssalden; weiter sind die bewerteten Vorräte für das Ende jeder Periode angegeben. Beim Anlagevermögen wird ein Zugang in Höhe von 150 am Beginn der ersten Periode angenommen; die Bewertung der Anlagen zu den übrigen Zeitpunkten hängt vom Abschreibungsverfahren ab; hierfür sollen verschiedene Va-

Tabelle 3.1

Periode t	Leistungs- einzahlungen LE_t	Leistungs- auszahlungen LA_t	Leistungs- saldo LS_t	Vorräte am Periodenende	Anlagenbestand am Periodenende
0	–	200	−200	50	150
1	240	180	60	80	.
2	260	180	80	70	.
3	220	140	80	40	.
4	140	80	60 $K_0 = 31{,}75$	0	.

Tabelle 3.2

Periode	Leistungssaldo	Vermögen am Periodenende (LV_t)			Vermögensänderung ($LV_t - LV_{t-1}$)			Leistungsgewinn	Kalk. Zinsen	Periodenerfolg
t	LS_t	Vorräte	Anlagen	Summe	Vorräte	Abschreibungen	Summe	LG_t	$0{,}08 \cdot LV_{t-1}$	$LG_t - 0{,}08\, LV_{t-1}$
0	−200	50	150	200	–	–	–	–	–	–
1	60	80	112,5	192,5	+30	−37,5	−7,5	52,5	16	36,5
2	80	70	75	145	−10	−37,5	−47,5	32,5	15,4	17,1
3	80	40	37,5	77,5	−30	−37,5	−67,5	12,5	11,6	0,9
4	60	0	0	0	−40	−37,5	−77,5	−17,5	6,2	−23,7
										$K_0 = 31{,}75$

Tabelle 3.3

Periode	Leistungssaldo	Vermögen am Periodenende (LV_t)			Vermögensänderung ($LV_t - LV_{t-1}$)			Leistungsgewinn	Kalk. Zinsen	Periodenerfolg
t	LS_t	Vorräte	Anlagen	Summe	Vorräte	Abschreibungen	Summe	LG_t	$0{,}08 \cdot LV_{t-1}$	$LG_t - 0{,}08\, LV_{t-1}$
0	−200	50	150	200	–	–	–	–	–	–
1	60	80	90	170	+30	−60	−30	30	16	14
2	80	70	45	115	−10	−45	−55	25	13,6	11,4
3	80	40	15	55	−30	−30	−60	20	9,2	10,8
4	60	0	0	0	−40	−15	−55	5	4,4	0,6
										$K_0 = 31{,}75$

Tabelle 3.4

Periode	Leistungs-saldo	Vermögen am Periodenende (LV_t)			Vermögensänderung (LV_t–LV_{t-1})			Leistungs-gewinn	Kalk. Zinsen	Periodenerfolg
t	LS_t	Vorräte	Anlagen	Summe	Vorräte	Abschreibungen	Summe	LG_t	$0,08 \cdot LV_{t-1}$	$LG_t - 0,08\, LV_{t-1}$
0	–200	50	150	200	–	–	–	–	–	–
1	60	80	85,59	165,59	+30	–64,41	–34,41	25,59	16	9,59
2	80	70	38,43	108,43	–10	–47,16	–57,16	22,84	13,25	9,59
3	80	40	6,69	46,69	–30	–31,74	–61,74	18,26	8,67	9,59
4	60	0	0	0	–40	– 6,69	–46,69	13,31	3,74	9,57

$$K_0 = 31,75$$

Tabelle 3.5

Periode	Leistungs-saldo	Vermögen am Periodenende (LV_t)			Vermögensänderung (LV_t–LV_{t-1})			Leistungs-gewinn	Kalk. Zinsen	Periodenerfolg
t	LS_t	Vorräte	Anlagen	Summe	Vorräte	Abschreibungen	Summe	LG_t	$0,08 \cdot LV_{t-1}$	$LG_t - 0,08\, LV_{t-1}$
0	–200	50	150	200	–	–	–	–	–	–
1	60	80	100	180	+30	–50	–20	40	16	24
2	80	70	50	120	–10	–50	–60	20	14,4	5,6
3	80	40	0	40	–30	–50	–80	0	9,6	– 9,6
4	60	0	(–50)	0	–40	(–50)	–90	–30	3,2	–33,2

$$K_0 = -5,00 = 31,75 - 50 \cdot 1,08^{-4}$$

rianten durchgerechnet werden. Unter Zugrundelegung eines Zinssatzes von 8 % ergibt sich für die Leistungssalden ein Kapitalwert von 31,75.

Die Periodenerfolgsrechnung soll zunächst mit linearen Abschreibungen durchgeführt werden (Tabelle 3.2). Als Kapitalwert der Periodenerfolge ergibt sich 31,75; allerdings ist die zeitliche Verteilung der Periodenerfolge ungleichmäßig; für die 4. Periode wird ein negatives Ergebnis ausgewiesen.

Nunmehr soll die Periodenerfolgsrechnung für den gleichen Fall mit degressiven digitalen Abschreibungen durchgeführt werden (Tabelle 3.3). Auch hier ist wieder der Kapitalwert der Periodenerfolg 31,75; durch die degressive Abschreibung wird der Ausweis eines negativen Periodenerfolgs in der 4. Periode vermieden.

Es ist auch möglich, die Bewertung der Bestände so vorzunehmen, daß sich in allen vier Perioden der gleiche Periodenerfolg ergibt. Dies wird in der nachstehenden Beispielsrechnung dadurch erreicht, daß die Abschreibungen entsprechend bemessen werden (Tabelle 3.4). Abgesehen von einem geringfügigen rundungsbedingten Fehler ergibt sich im letzten Beispiel der gleichbleibende Periodenerfolg von 9,59; der Kapitalwert der Periodenerfolge ist wieder 31,75. Allerdings wird dieses Ergebnis nur durch ein ziemlich willkürliches Abschreibungsverfahren erreicht. Dieses Rechenergebnis läßt sich auch nur dann genau erreichen, wenn man die Leistungssalden und Bestandsentwicklungen über den gesamten betrachteten Zeitraum bereits kennt. Das ist bei der Periodenerfolgsrechnung, die am Ende jeder Periode aufgestellt wird, nicht der Fall; hinsichtlich der Daten zukünftiger Perioden bestehen dann ungewisse Erwartungen. Trotzdem ist das Beispiel aufschlußreich. Man sieht, daß bei im Zeitablauf gar nicht oder nur wenig schwankenden Periodenerfolgen ein positiver Kapitalwert auch zu positiven Periodenerfolgen führt.

An einer letzten Variante des Beispiels soll gezeigt werden, daß die Beziehung des Periodenerfolgs zum Kapitalwert der Leistungssalden verlorengeht, wenn der Zusammenhang von Vermögensbewertung und Aufwands- und Ertragsbemessung aufgegeben wird mit der Folge, daß bei Anwendung der Fortschreibungsformel $LV_T \neq 0$ wird. Im vorliegenden Fall soll angenommen werden, daß man bei der Bemessung linearer Abschreibungen zunächst eine Lebensdauer der Anlage von 3 Perioden unterstellt; in der 4. Periode, in der die Anlage wider Erwarten immer noch genutzt wird, werden dann aber noch einmal Abschreibungen in gleicher Höhe verrechnet, obwohl der Buchwert der Anlage schon auf Null gesunken ist; dies entspricht der in der Kosten- und Leistungsrechnung üblichen Bemessung kalkulatorischer Abschreibungen. Das Ergebnis der Rechnung zeigt Tabelle 3.5.

Hier ergeben die Periodenerfolge ein ungünstiges Gesamtbild; der Kapitalwert der Periodenerfolge ist negativ. Das irreführende Bild, das die Periodenerfolge hier bieten, ist leicht zu erklären; wenn mehr an Abschreibungen verrechnet wird als für die Anlage bezahlt wurde, kommt es zu einer systematischen Verzerrung; der Periodenerfolg wird zu niedrig berechnet.

Wesentliche Erkenntnis aus dem Lücke'schen Theorem ist somit: Hat der Leistungsbereich das Ziel, den Kapitalwert der Leistungssalden zu maximieren, so kann die Zielerreichung durch eine Periodenerfolgsrechnung kontrolliert werden, in der der Residualgewinn, der um kalkulatorische Zinsen verminderte Leistungsgewinn also, als Erfolgsmaßstab dient. Der Leistungsgewinn ist als Differenz der Leistungserträge und Leistungsaufwendungen zu berechnen. Berechnungsgrundlage der kalkulatorischen Zinsen ist der Buchwert des Sach- und Geldvermögens im Leistungsbereich. Diese Erkenntnis ist von großer Bedeutung für das Investitionscontrolling; dabei geht es darum, bei Dezentralisation der Investitionsentscheidungen durch Messung von Periodenerfolgen geeignete Leistungsanreize für die Entscheidungsträger zu schaffen (siehe dazu Kapitel IV, Abschnitt 6).

2.3   Der Erfolg einzelner Projekte

2.3.1   Projekte als Gegenstände von Entscheidungen im Leistungsbereich

Die Vermögensbestände und Zahlungen des Leistungsbereichs sind das Resultat von Entscheidungen. Es sind laufend Entscheidungen über Projekte zu treffen. Projekte können Maßnahmen sehr verschiedener Art sein; es kann z. B. um die Anschaffung von Maschinen gehen, durch die andere ersetzt werden oder durch die die Kapazität erweitert wird; es kann sich um die Errichtung eines neuen Zweigwerks oder um die Einführung eines neuen Produkts handeln; es kann zu entscheiden sein über ein Entwicklungsprogramm, über eine Werbeaktion, über ein Umschulungsprogramm für Arbeitnehmer. Allen diesen Projekten ist gemeinsam, daß die Entscheidung darüber Auswirkungen auf Zahlungen hat, in der Regel sowohl Ein- als auch Auszahlungen, die sich über mehrere Perioden verteilen.

Entscheidungen über Projekte kommen in verschiedenen Ausprägungen vor. Im einfachsten Fall handelt es sich um die Entscheidung über einzelne Projekte, die angenommen oder abgelehnt werden können; ein zweiter möglicher Fall ist, daß eine Wahl unter mehreren einander ausschließenden Projekten oder Projektvarianten zu treffen ist. Ein dritter Fall ergibt sich, wenn die Finanzierungsmöglichkeiten von Projekten begrenzt sind und deswegen eine Auswahl von Projekten getroffen werden muß.

Bei allen Entscheidungen über Projekte stellt sich die Frage, wie ihr Beitrag zum Unternehmenserfolg beurteilt werden kann; danach wird sich die Entscheidung im allgemeinen richten. Bei Projekten des Leistungsbereichs kommt es darauf an, welchen Beitrag zum Leistungserfolg sie liefern. Zur Vorbereitung der Entscheidung muß vor allem der Beitrag eines Projekts zu den Leistungsein- und -auszahlungen abgeschätzt werden; darüber hinaus kann man auch die mit dem Projekt verbundene Kapitalbindung in Vermögensbeständen und seinen Beitrag zum Leistungsgewinn zur Beurteilung heranziehen. Hierbei können sich Zurechnungsprobleme ergeben, die in den folgenden Abschnitten näher erläutert werden.

2.3.2   Teilpläne im Leistungsbereich

Zunächst soll erklärt werden, wie sich einzelne Projekte im Leistungsbereich einfügen und auswirken. Hierzu ist auf den Aufbau der Planung im Leistungsbereich und die Zusammenhänge zwischen den einzelnen Teilplänen einzugehen.

Die schematische Darstellung in Abbildung 3.1 bezieht sich auf den Zusammenhang der Teilpläne im Leistungsbereich eines Industriebetriebs; bei einem Handels- oder Dienstleistungsbetrieb wäre das Schema zu modifizieren; an die Stelle der Fertigung träte die jeweilige Form der Leistungserstellung; der grundsätzliche Aufbau wäre jedoch sehr ähnlich.

Für den Leistungsbereich des Industriebetriebs ergibt sich zunächst die Gliederung in Absatz, Fertigung sowie Bereitstellung und Beschaffung sachlicher und personeller Einsatzfaktoren; hinzu kommen Lagerung von Werkstoffen und Fertigprodukten sowie Forschung und Entwicklung als Schaffung und Bereitstellung technischen Wissens für Fertigung und Absatz. Jeder der in dem Schema angegebenen Bereiche ist Gegenstand eines Teilplans. Die einzelnen Teilpläne aber können nicht unabhängig voneinander aufgestellt werden. Vielmehr müssen Absatz, Lagerung von Fertigprodukten und Fertigung aufeinander abgestimmt sein, ebenso Fertigung,

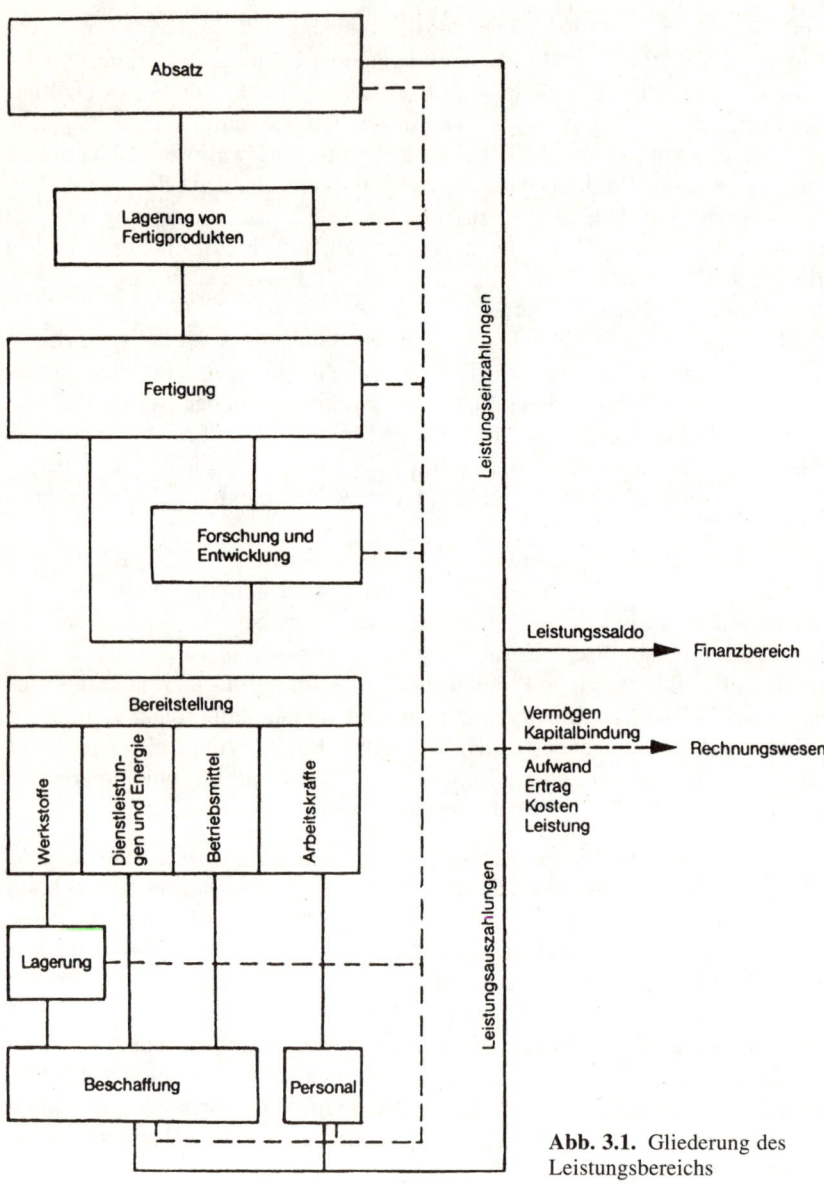

Abb. 3.1. Gliederung des Leistungsbereichs

Bereitstellung von Einsatzfaktoren, Personal, Lagerung von Werkstoffen und Beschaffung. Es handelt sich um ein System interdependenter Teilpläne, von denen jeder nur sinnvoll ausgeführt werden kann, wenn er mit allen anderen abgestimmt ist.

Die zu erwartenden Ein- und Auszahlungen ergeben sich aus dem System der Teilpläne. Einzahlungen entstehen in erster Linie in Form von Umsatzerlösen im Absatzbereich. Auszahlungen ergeben sich aus der Beschaffung von Einsatzfaktoren und der Bereitstellung von Personal. Der daraus resultierende Leistungssaldo geht in die dem Finanzbereich zuzuordnende Finanzplanung ein. Auch hier ergibt sich wieder die Notwendigkeit gegenseitiger Abstimmung von Teilplänen. Insbesondere bei negativem Leistungssaldo (etwa infolge hoher Investitionsauszahlungen) kann der Finanzbereich an Grenzen der Finanzierbarkeit stoßen. Das macht dann eine Planänderung im Leistungsbereich erforderlich, durch die der negative Leistungssaldo reduziert wird. In der Regel wirkt sich dies in sämtlichen Teilplänen des Leistungsbereichs aus.

Projektbezogene Entscheidungen müssen sich stets in das System der Teilpläne einfügen. Eine positive Entscheidung über ein Projekt bedeutet, daß in mindestens einem der Teilpläne eine Änderung erfolgt, die dann Anpassungen in anderen Teilbereichen erforderlich machen kann. Letztlich ergeben sich aus der Gesamtheit der Änderungen und Anpassungen veränderte Leistungseinzahlungen und -auszahlungen. Die Änderungen sind für die Beurteilung des Projekts in erster Linie maßgeblich.

In dem Schema der Abbildung 3.1 ist auch angedeutet, daß sich aus den Vorgängen in den einzelnen Teilen des Leistungsbereichs außer Zahlungen noch andere Veränderungen und Umschichtungen im Vermögen des Leistungsbereichs ergeben. Dies wird im Rechnungswesen durch Verrechnung von Ertrag und Aufwand sowie Leistungen und Kosten erfaßt; im Zusammenhang damit ergeben sich auch Änderungen im rechnerisch erfaßten Vermögen und in der Kapitalbindung. Projektbezogene Entscheidungen wirken sich über die damit verbundenen Anpassungen in den Teilplänen des Leistungsbereichs auf Rechengrößen im gesamten Bereich des Rechnungswesens aus; auch diese Auswirkungen können zur Beurteilung des Projekts herangezogen werden.

2.3.3 Absolute und relative Projekterfolgsmessung

Der mit einem Projekt verbundene Erfolg ist aus dem Gesamtzusammenhang der Teilpläne des Leistungsbereichs abzuleiten. Bei projektbezogener Betrachtung kann man absolute und relative Erfolgsmessung unterscheiden. Der Unterschied liegt in der Art und Weise, wie die für die Erfolgsmessung maßgeblichen Größen, insbesondere Leistungssalden, daneben evtl. noch Kapitalbindung und Leistungsgewinn, dem einzelnen Projekt zugerechnet werden.

Von absoluter Erfolgsmessung spricht man, wenn die für die Erfolgsmessung maßgeblichen Größen, vor allem also Ein- und Auszahlungen, unmittelbar mit dem Projekt verbunden sind und kein Zusammenhang mit anderen Ein- und Auszahlungen des Leistungsbereichs besteht. Bei Durchführung des Projekts treten also die damit verbundenen Zahlungen additiv zu den übrigen Zahlungen des Leistungsbereichs hinzu, und zwar unabhängig davon, was sonst im Leistungsbereich geschieht.

Absolute Erfolgsmessung setzt offenbar voraus, daß es sich um ein Projekt handelt, das sämtliche Teilpläne des Leistungsbereichs umfaßt, von der Beschaffung und Personalbereitstellung bis zum Absatz. Das Projekt muß so beschaffen sein, daß es in jedem Teil des Leistungsbereichs unabhängig neben den sonstigen Vorgängen und Planungen steht. Unter dieser Voraussetzung kann man den Erfolg des Projekts absolut messen, d. h. ohne Bezugnahme auf die sonstige Lage im Leistungsbereich. Als Beispiel für ein derartiges Projekt könnte man die Einführung eines neuen Produkts nennen, für das eigene Produktionsanlagen errichtet, Personal eingestellt, Werkstoffe beschafft und eine Absatzorganisation geschaffen werden; der Kapitalwert dieses Projekts wäre als absolute Größe feststellbar.

Bei den meisten Projekten kommt eine absolute Erfolgsmessung nicht in Frage; die Erfolgswirksamkeit eines Projekts hängt in aller Regel davon ab, wie es sich in den Leistungsbereich insgesamt einfügt. Absolute Erfolgsmessung ist im allgemeinen nur für den Leistungsbereich insgesamt möglich. Für einzelne Projekte kommt hingegen nur relative Erfolgsmessung in Frage. Dies bedeutet, daß man von einem bestimmten Aktionsprogramm im Leistungsbereich als Basis ausgeht und das Projekt danach beurteilt, welche zusätzlichen Ein- und Auszahlungen (evtl. auch Kapitalbindung und Leistungsgewinne) bei Durchführung des Projekts entstehen.

Geht es z. B. um die Ersetzung einer veralteten Fertigungsanlage durch eine modernere, so kann man von dem Zustand mit der alten Anlage als Basis ausgehen; man fragt dann, welche Auszahlungen mit der Anschaffung der neuen Anlage verbunden sind und welche Auszahlungen im laufenden Betrieb eingespart werden, weil die neue Anlage wirtschaftlicher arbeitet; evtl. sind auch höhere Einzahlungen im Absatzbereich zu berücksichtigen, wenn die neue Anlage eine größere Kapazität hat und deswegen mehr produziert und verkauft werden kann. Grundsätzlich könnte man sich bei der Entscheidung auch auf einen absoluten Erfolgsvergleich stützen. Man müßte dann die Ein- und Auszahlungen des ganzen Betriebs bei Weiterführung mit der alten Anlage den Ein- und Auszahlungen des ganzen Betriebs bei Ersetzung der alten durch die neue Anlage gegenüberstellen. Dies wäre ein sehr aufwendiges Verfahren.

Im allgemeinen verfährt man bei der Messung des relativen Projekterfolgs so, daß man dem Projekt nicht einfach Einzahlungen zurechnet, sondern zusätzliche Einzahlungen und ersparte Auszahlungen im Vergleich zur Basis, entsprechend nicht Auszahlungen, sondern zusätzliche Auszahlungen und entfallende Einzahlungen im Vergleich zur Basis. Auf dieser Grundlage kann man dann z. B. den Kapitalwert als relativen Erfolgsmaßstab berechnen.

Die relative Erfolgsmessung eines Projekts kann nur etwas darüber aussagen, wie vorteilhaft das Projekt im Vergleich zur Basis ist. Deswegen muß man sich vor der Fehlinterpretation hüten, durch Wahl von Projekten mit hoher relativer Vorteilhaftigkeit sei ein hoher Erfolg für den Leistungsbereich insgesamt bereits gesichert. Dies ist ein Fehlschluß, da der relative Projekterfolg möglicherweise nur deswegen groß ist, weil man eine sehr schlechte Basis für den Vergleich gewählt hat. Es kann dann durchaus vorkommen, daß man ständig Projekte durchführt, die hohe relative Erfolge versprechen und auch tatsächlich einbringen, daß aber trotzdem der Leistungsbereich insgesamt schlechte Ergebnisse liefert. Die hohen relativen Erfolge der Projekte besagen nur, daß das Gesamtergebnis bei Realisierung der Basis ohne diese Projekte noch schlechter gewesen wäre, nicht jedoch, daß man zufrieden sein kann und nicht mehr nach besseren Alternativen zu suchen braucht.

Zu beachten ist weiter, daß der Vergleich der Vorteilhaftigkeit zweier Projekte aufgrund ihrer relativen Erfolge nur sinnvoll ist, wenn man sich in beiden Fällen auf die gleiche Basis bezieht. Wird dies übersehen, so kann der Fehler unterlaufen, daß man sich für ein Projekt entscheidet, welches nur deswegen besonders vorteilhaft erscheint, weil sein Erfolg im Vergleich mit einer schlechteren Basis als der anderer Projekte ermittelt wurde.

Die Wahl der Basis ist grundsätzlich beliebig. Hier sind nur Zweckmäßigkeitsgesichtspunkte maßgeblich. Man sollte als Basis ein sinnvolles Aktionsprogramm wählen, bei dem man bleiben kann, wenn sich keines der in Frage kommenden Projekte im Vergleich dazu als vorteilhaft erweist. Weiter kann durch geeignete Wahl der Basis die Datenerhebung und Berechnung wesentlich vereinfacht werden. Relevant sind nur die Ein- und Auszahlungen, die sich infolge eines Projekts verändern. Die Ein- und Auszahlungen, die bei allen Alternativen in gleicher Weise anfallen, sollten deswegen auch in dem als Basis gewählten Aktionsprogramm vorkommen; sie können dann ganz unberücksichtigt bleiben.

Da die Wahl der Basis beliebig ist, darf auch die getroffene Entscheidung letztlich nicht davon abhängig sein. Hierauf ist bei der Formulierung von Entscheidungsregeln zu achten. Wenn eine Entscheidung je nach Wahl der Basis unterschiedlich ausfiele, wäre dies ein Anzeichen dafür, daß die zugrundeliegende Entscheidungsregel sinnlos ist.

2.3.4   Abhängigkeiten zwischen Projekten

Der Erfolg des Leistungsbereichs läßt sich wegen der Schwierigkeiten der Zurechnung nicht ohne weiteres in Projekterfolge zerlegen. Man kann den Projekten zwar relative Erfolge zumessen; die Summe der relativen Projekterfolge ergibt aber nicht den Gesamterfolg des Leistungsbereichs. Ebenso kann sich ergeben, daß der zusätzliche Erfolg, der durch Einfügung weiterer Projekte in den Leistungsbereich erzielt wird, nicht einfach die Summe der Projekterfolge ist. Die folgenden Überlegungen beziehen sich auf jeweils zwei Projekte, A und B, die in den Leistungsbereich eingefügt werden; diese Überlegungen sind leicht zu erweitern auf den Fall von drei oder mehr Projekten.

Die Projekte A und B sind voneinander unabhängig, wenn die mit einem Projekt verbundenen Zahlungen (absolut oder relativ in bezug auf eine bestimmte Basis gemessen) unabhängig davon sind, ob das andere auch durchgeführt wird oder nicht. Abhängigkeit zwischen Projekten kann die Form von Komplementarität oder Konkurrenz haben. A und B sind komplementäre Projekte, wenn bei Durchführung von beiden ein Erfolg (z. B. als Kapitalwert gemessen) erreicht wird, der größer ist als die Summe der Erfolge, die jeweils bei Durchführung nur eines der Projekte entstehen. Bei konkurrierenden Projekten gilt das Gegenteil: Bei Durchführung beider Projekte ist der Erfolg geringer als die Summe der jeweils bei Durchführung nur eines der Projekte erreichten Erfolge. Ein Beispiel für komplementäre Projekte ist die Einführung von zwei neuen Produkten, deren Fertigung z. T. auf den gleichen Anlagen erfolgt, die durch ein Produkt allein nicht voll ausgelastet wären. Ein Beispiel für konkurrierende Projekte ist die Errichtung von zwei Filialen einer Einzelhandelskette im gleichen Stadtbezirk, die sich in ihren Umsatzchancen gegenseitig beeinträchtigen.

Als Grenzfall der Komplementarität kann man den Fall ansehen, daß ein Projekt ohne das andere überhaupt nicht durchgeführt werden kann; entsprechend wäre ein Grenzfall der Konkurrenz, wenn zwei Projekte sich gegenseitig ausschließen.

Die Erfolgsmessung wird bei Abhängigkeit zwischen Projekten erschwert. Ein Lösungsweg besteht darin, daß man alle in Frage kommenden Projektkombinationen als sich ausschließende Möglichkeiten einander gegenüberstellt und durch Erfolgsvergleich die günstigste heraussucht. Sind z. B. A und B voneinander abhängige Projekte, komplementär oder konkurrierend, so gibt es vier Alternativen:

1. Keines der Projekte wird durchgeführt.
2. Nur Projekt A wird durchgeführt.
3. Nur Projekt B wird durchgeführt.
4. Beide Projekte werden durchgeführt.

Die erste Alternative dient in der Regel als Basis zur Messung der relativen Erfolge der drei anderen. Durch Erfolgsvergleich kann man die günstigste Alternative finden.

Dieses Verfahren ist grundsätzlich auch bei mehr als zwei voneinander abhängigen Projekten anwendbar. Man stößt allerdings auf Schwierigkeiten, weil die Zahl der möglichen Kombinationen mit der Zahl der Projekte sehr stark anwächst; (bei n Projekten gibt es 2^n Kombinationen; bei 10 Projekten sind das 1.024). Oft ist aber auch von vornherein klar, daß nur ein kleiner Teil der logisch möglichen Kombinationen praktisch in Frage kommt.

2.4 Zusammenfassung

Der finanzwirtschaftliche Erfolg kann auf verschiedenen Ebenen gemessen werden, für das Unternehmen insgesamt, für den Leistungsbereich und für einzelne Projekte. Ein Grundproblem des Rechnungswesens ist, wie der aus Zahlungsgrößen abgeleitete Totalgewinn des Unternehmens in Periodengewinne aufgeteilt werden kann. Die buchhalterische Lösung dieses Problems besteht darin, die einzelnen Vermögensgegenstände zum Bilanzstichtag nach bestimmten Regeln zu bewerten; bei der kapitaltheoretischen Lösung wird der ökonomische Gewinn als Veränderung des Kapitalwerts zukünftiger Zahlungsströme ermittelt.

Der Erfolg des Leistungsbereichs kann mit Hilfe der Kosten- und Leistungsrechnung ermittelt werden. Hier besteht ein wichtiger Zusammenhang mit finanzwirtschaftlichen Entscheidungsrechnungen: Unter bestimmten Voraussetzungen ist der Kapitalwert der in der Kosten- und Leistungsrechnung ermittelten Leistungsgewinne gleich dem Kapitalwert der Leistungssalden, der Zahlungsüberschüsse also. Daraus folgt, daß die Maximierung des Kapitalwerts der Zahlungsüberschüsse tendenziell zur Maximierung der Leistungsgewinne führt.

Bei Entscheidungen über einzelne Projekte im Leistungsbereich kommt es darauf an, welchen Beitrag sie zum Leistungserfolg insgesamt erbringen. Hierbei treten

Zurechnungsprobleme auf, die grundsätzlich gelöst werden können, indem man den Projekterfolg relativ, d. h. im Vergleich zu einer Alternative als Basis mißt. Bei Abhängigkeiten zwischen Projekten sind die einander ausschließenden Projektkombinationen zu vergleichen, wobei eine als Basis dienen kann.

3   Finanzplanung und -kontrolle

3.1   Zur Bedeutung von Planungs- und Kontrollrechnungen im Finanzbereich: Zahlungsbezogene und bilanzbezogene Betrachtungsweise

Die Erfüllung finanzwirtschaftlicher Aufgaben in einem Unternehmen setzt planvolles Vorgehen voraus. Gegenwärtige und zukünftige Dispositionen müssen in der Planung so aufeinander abgestimmt werden, daß die Liquidität des Unternehmens in jedem Zeitpunkt mit hoher Wahrscheinlichkeit gesichert ist und ein dem verfolgten Optimierungsziel förderliches Ergebnis erzielt wird. Um dies besser überprüfen zu können, faßt man die Ergebnisse der Planung in Rechenwerken zusammen, in Finanzplänen.

Die Aufstellung eines Plans ist kein einmaliger Akt, dem dann nur noch der Planvollzug zu folgen hat. Vielmehr muß man, da in eine unsichere Zukunft geplant wird, stets damit rechnen, daß der tatsächliche Ablauf vom geplanten abweicht. Dies macht in der Regel eine Revision auch der weiteren, in die Zukunft gerichteten Planungen erforderlich. Zwar ist es grundsätzlich möglich, die Unsicherheit der Zukunft bereits bei der Planung in der Weise zu berücksichtigen, daß man Eventualplanungen für alle möglichen zukünftigen Entwicklungen aufstellt (s. Kapitel V, Abschnitt 4.2). Dies ist aber ein in der Praxis kaum in reiner Form zu verwirklichendes Konzept. Im Normalfall sind Planungsrechnungen im Zeitablauf ständig zu revidieren und veränderten Bedingungen anzupassen.

Vielfach findet man Planungen unterschiedlicher Fristigkeit, die in einem hierarchischen Verhältnis zueinander stehen. Der längerfristige Plan ist dabei weniger detailliert, setzt aber einen Rahmen, der bei Aufstellung der stärker ins einzelne gehenden kürzerfristigen Pläne einzuhalten ist. Normalerweise ist also der längerfristige Plan dem kürzerfristigen übergeordnet. Allerdings kann sich auch bei Aufstellung oder Vollzug des kürzerfristigen Plans ergeben, daß der längerfristige Plan nicht durchführbar oder aus anderen Gründen nicht sinnvoll ist; dann gehen von der kürzerfristigen Planung Impulse zur Revision der längerfristigen aus.

In der Finanzplanung unterscheidet man im allgemeinen kurzfristige Finanzpläne mit einem Planungshorizont bis zu einem Jahr und langfristige Finanzpläne, die sich über mehrere Jahre erstrecken. Möglich ist aber auch eine Hierarchie von Finanzplänen, die mehr als zwei Stufen umfaßt, also etwa kurzfristige Finanzpläne bis zu sechs Monaten, mittelfristige Finanzpläne bis zu drei Jahren und langfristige Finanzpläne für längere Zeiträume.

Finanzkontrolle ist eng mit der Finanzplanung verbunden. Eine ihrer wichtigsten Aufgaben ist die Kontrolle des Planvollzugs; es muß ständig überprüft werden, ob es zu Abweichungen vom planmäßigen Verlauf kommt, die neue Dispositionen und eine Revision der weiter in die Zukunft gerichteten Planung erforderlich machen. Diese Kontrolle erfolgt zum einen durch Beobachtung und Auswertung von Soll-Ist-

Abweichungen, zum anderen auch durch Beobachtung von Indikatoren, die bereits im voraus erkennen lassen, daß es zu Abweichungen vom Plan kommen wird. Planvollzugskontrolle ist zugleich selbst Instrument der Planung, indem sie frühzeitig Planabweichungen und ihre Ursachen erkennen läßt und Planrevisionen veranlaßt. Darüber hinaus hat Finanzkontrolle die Aufgabe, Unwirtschaftlichkeiten, Fehldispositionen und andersartiges Fehlverhalten aufzudecken.

Wesentlicher Orientierungspunkt der Finanzplanung ist die Sicherung der Liquidität des Unternehmens. Eine Unternehmensplanung ist nur realisierbar, wenn die mit ihr verbundenen Auszahlungen in jedem Zeitpunkt durch Einzahlungen und Zahlungsmittelbestände gedeckt werden. Dies führt dazu, daß die finanzwirtschaftliche Planung die zukünftigen Ein- und Auszahlungen des Unternehmens in den Mittelpunkt stellt. Für die zahlungsbezogene Betrachtungsweise spricht weiter, daß es bei der Optimierung im Interesse der Kapitalgeber in erster Linie darauf ankommt, welche Zahlungen in das Unternehmen hinein zu leisten sind und welche aus ihm herausgezogen werden können. Diese Zahlungsströme sind für die Kapitalgeber primär von Bedeutung; Erträge und Aufwendungen und ihre Differenz, der Gewinn, sind hingegen zunächst nur auf dem Papier stehende Zahlen und damit nur insoweit von Bedeutung, als sie Rückschlüsse darauf zulassen, welche Zahlungen aus dem Unternehmen erwartet werden können. Eine Betrachtungsweise, die die mit finanzwirtschaftlichen Vorgängen verbundenen Ein- und Auszahlungen in den Vordergrund stellt, konzentriert sich somit auf die Größen, auf die es sowohl hinsichtlich der Liquidität als auch hinsichtlich des Optimierungsziels allein ankommt.

In der Praxis der finanzwirtschaftlichen Planung spielen allerdings nicht nur zahlungsbezogene, sondern auch bilanzbezogene Überlegungen eine wesentliche Rolle. Zwar kommt es auch hier letztlich nur auf die Liquiditätsbedingung und die Optimierung der Zahlungen an die Anteilsgegner an. Auf lange Sicht gesehen ist dies der maßgebliche Orientierungspunkt jeder finanzwirtschaftlichen Planung. Die Ungewißheit der Zukunft erzwingt in der Praxis aber eine Beschränkung der Planung auf begrenzte Zeiträume. Diese Begrenzung des Planungshorizonts hat zur Folge, daß ein weiteres Planungsziel in den Vordergrund tritt, nämlich die Erreichung einer günstigen finanzwirtschaftlichen Position des Unternehmens am Ende der Planungsperiode. Unter einer günstigen finanzwirtschaftlichen Position wird hierbei ein Zustand des Unternehmens verstanden, der ein günstiger Ausgangspunkt für die finanzwirtschaftlichen Dispositionen der nächstfolgenden Planungsperiode ist. Für die nächstfolgende Planungsperiode wird also noch nicht explizit geplant, wohl aber in allgemeiner Form Vorsorge getroffen. Man geht hierbei in der Regel von der Voraussetzung aus, die finanzwirtschaftliche Position des Unternehmens ließe sich am besten aufgrund der Bilanz beurteilen und beste Vorsorge für spätere Planungsperioden liege darin, bestimmte Regeln hinsichtlich der Relationen bestimmter in der Bilanz erscheinender Vermögensposten und Verbindlichkeiten zu beachten. Die Beachtung derartiger Regeln hat zur Folge, daß die Finanzplanung weitgehend auch zur Planung zukünftiger Bilanzen wird. Damit gehen neben den Ein- und Auszahlungen auch die Bewegungen des sonstigen Geldvermögens und des Sachvermögens als wesentliche Rechnungsgrößen in die Planung ein; es gelingt auch nicht mehr, die Bewertungsproblematik aus der finanzwirtschaftlichen Planung herauszuhalten.

Ein zweiter Grund, der einer Beschränkung finanzwirtschaftlicher Planung auf Ein- und Auszahlungen entgegensteht, liegt darin, daß die in Bilanz und Erfolgsrechnung erscheinenden Zahlen zum Teil unmittelbare Auswirkungen auf Rechtsbeziehungen des Unternehmens haben und damit die Höhe der zu leistenden Zahlungen beeinflussen. Dies gilt vor allem für den in der Erfolgsrechnung ausgewiesenen Gewinn, von dem je nach Rechtsform des Unternehmens und Gestaltung des Gesellschaftsvertrags die Höhe der den Kapitaleignern gestatteten Entnahmen abhängt. Insbesondere für Kapitalgesellschaften wird durch den ausgewiesenen Gewinn eine Obergrenze für die Ausschüttungen an Anteilseigner bestimmt. Daneben aber hängt vor allem die Höhe der zu zahlenden Steuern von dem ausgewiesenen Gewinn und auch von den in der Bilanz erscheinenden Vermögenswerten ab. Schließlich können auch noch weitere Zahlungen gewinnabhängig sein, so etwa gewinnabhängige Tantiemen, Gehälter oder Löhne, aber auch Zinsen, die, wie etwa bei partiarischen Darlehen oder Gewinnobligationen, nach der Höhe des Gewinns bemessen werden.

Es gibt noch einen dritten Grund, der dagegen spricht, bei finanzwirtschaftlichen Überlegungen alle Vermögensbewegungen außer Ein- und Auszahlungen unbeachtet zu lassen. Das Rechnungswesen des Unternehmens, in dessen Mittelpunkt Buchführung und Bilanz sowie Kosten- und Leistungsrechnung stehen, ist ein wichtiges, wenn nicht das wichtigste Kontrollinstrument der Unternehmensleitung. Es wäre unzweckmäßig, Planungsrechnungen mit ganz anderen Methoden und Rechengrößen anzustellen als Kontrollrechnungen. Dies liefe darauf hinaus, daß der Planende gar nicht übersehen könnte, nach welchen Gesichtspunkten die aufgrund seiner Planung getroffenen Dispositionen später kontrolliert und beurteilt werden. Deswegen muß man auch dann, wenn man finanzwirtschaftliche Planungsrechnungen ausschließlich auf Ein- und Auszahlungen als Rechengrößen stützt, darauf achten, wie sich diese Dispositionen später in der Kontrollrechnung als Gewinn oder Leistungserfolg niederschlagen. Planungs- und Kontrollrechnung sind nur dann sinnvoll aufeinander abgestimmt, wenn die Orientierung an bestimmten Entscheidungsregeln für die Planung auch zu günstigen Kontrollergebnissen führt.

Die folgenden Abschnitte sind einzelnen Aspekten der kurz-, mittel- und langfristigen Finanzplanung gewidmet. Hierbei soll deutlich gemacht werden, daß der maßgebliche Orientierungpunkt der Finanzplanung die Erhaltung der Liquidität ist. Dieses Ziel wird bei zahlungsbezogener Planung auf direktem Wege verfolgt. Zukünftige Ein- und Auszahlungen werden geplant unter Beachtung der Bedingung, daß zu jeder Zeit die geplanten Auszahlungen aus Einzahlungen und Beständen von Zahlungsmitteln bestritten werden können. Das gleiche Ziel kann aber auch indirekt durch bilanzbezogene Planung verfolgt werden. Zukünftige Bilanzen werden geplant und gestaltet unter dem Gesichtspunkt, daß damit geeignete Voraussetzungen für die Sicherung der Liquidität, d. h. des Ausgleichs von Ein- und Auszahlungen zu schaffen sind. Bei der Kapitalbedarfsrechnung, die eine der Grundlagen der langfristigen Finanzplanung bildet, kann gezeigt werden, daß dem bilanzbezogenen Ansatz stets auch in impliziter Form eine Zahlungsprognose zugrunde liegt. Ebenso gilt für die bei der langfristigen Abstimmung von Kapitalbedarf und Finanzierung übliche Orientierung an Bilanzkennzahlen, daß Entscheidungs- und Gestaltungsregeln letztlich immer zahlungsbezogen begründet werden. Mit der Kapitalflußrechnung steht für die langfristige Finanzplanung ein Rechenwerk zur Verfügung, in dem Zahlungsvorgänge und andere Bilanzveränderungen integriert sind. Während somit in der langfristigen Finanzplanung die bilanzbezogene Betrachtungsweise eine maßgebliche Rolle spielt, kann die kurzfristige Finanzplanung, wie gezeigt werden soll, eine Zahlungsplanung sein; kurzfristig lassen sich direkte Zahlungsprognosen eher aufstellen als im Rahmen der langfristigen Planung.

3.2 Kapitalbedarfsrechnung

3.2.1 Zweck und Methoden der Kapitalbedarfsrechnung

Um den Prozeß der Leistungserstellung und Leistungsverwertung in Gang zu bringen, sind Investitionen erforderlich. Es müssen Auszahlungen bestritten werden; erst später kann mit dem Rückfluß der ausgezahlten Mittel in Form von Einzahlungsüberschüssen gerechnet werden. Die Mittel zur Überbrückung der zeitlichen Distanz zwischen Ein- und Auszahlungen werden durch Finanzierungsmaßnahmen aufgebracht. Durch diese werden Zahlungsverpflichtungen begründet, die aus den Zahlungsüberschüssen des Investitionsprogramms oder neuen Finanzierungsmaßnahmen zu begleichen sind. Der Kapitalbedarf des Investitionsprogramms, d. h. der aus der zeitlichen Distanz zwischen Ein- und Auszahlungen entstehende Bedarf an Zahlungsmitteln, muß mit der Gesamtheit aller Finanzierungsmaßnahmen, dem Kapitalfonds, abgestimmt werden. Diese Abstimmung hat so zu erfolgen, daß die Liquidität gesichert wird, Auszahlungen also stets durch Einzahlungen und flüssige Mittel gedeckt werden. Darüber hinaus sollen Überschüsse erwirtschaftet werden, die als Gewinne ausgeschüttet oder wieder zur Finanzierung von Investitionen verwendet werden können.

Die Kapitalbedarfsrechnung bestimmt den Kapitalbedarf in zwei Dimensionen, zum einen hinsichtlich der Höhe der gebundenen Mittel, zum anderen hinsichtlich der Zeitdauer, für die sie benötigt werden. Die rechnerische Erfassung des im Leistungsbereich entstehenden Kapitalbedarfs ist eine wesentliche Planungsgrundlage für den Finanzbereich. Die Kapitalbedarfsrechnung dient dazu, die Dispositionen beider Bereiche aufeinander abzustimmen, einerseits den Finanzbereich über den zu deckenden Kapitalbedarf zu informieren, andererseits den Handlungsspielraum des Leistungsbereichs zu begrenzen, wenn die Möglichkeiten der Kapitalbedarfsdeckung dies erforderlich machen. Daneben hat die Kapitalbedarfsrechnung noch eine wichtige Funktion für Wirtschaftlichkeitsrechnungen im Leistungsbereich: Bei Erfassung der mit bestimmten Dispositionen verbundenen Kosten sind auch die mit der Deckung des Kapitalbedarfs verbundenen Kosten, insbesondere die Zinskosten, zu berücksichtigen; dies setzt die Kenntnis des Kapitalbedarfs voraus.

Es gibt zwei verschiedene Ansatzpunkte zur Erfassung des Kapitalbedarfs. Eine Möglichkeit ist, von den Zahlungen auszugehen, die durch Dispositionen im Leistungsbereich verursacht werden. Der zweite Lösungsansatz knüpft an den Vermögensbeständen an, die im Leistungsbereich gehalten werden. Der erste Ansatz entspricht der zahlungsbezogenen Betrachtungsweise, bei der die für die Erhaltung der Liquidität maßgeblichen Zahlungsströme im Vordergrund stehen. Dem steht im zweiten Ansatz die bilanzbezogene Betrachtungsweise gegenüber, die sich zwar ebenfalls auf die Erhaltung der Liquidität richtet, aber eben indirekt, indem ein ausgewogenes Verhältnis zwischen den in der Bilanz ausgewiesenen Vermögensposten und Verbindlichkeiten angestrebt wird.

3.2.2   Zahlungsbezogene Kapitalbedarfsrechnung

Aus der Sicht der zahlungsbezogenen Betrachtungsweise entsteht Kapitalbedarf durch Dispositionen, die mit Auszahlungen verbunden sind, wobei diese Auszahlungen nicht sofort, sondern erst später durch Einzahlungen kompensiert werden. Die zeitliche Entwicklung des Kapitalbedarfs ergibt sich aus der Höhe der bis zu dem jeweiligen Zeitpunkt angefallenen Auszahlungen und Einzahlungen. Da die bis zu einem Zeitpunkt angefallenen kumulierten Aus- und Einzahlungen betrachtet werden, spricht man auch von einer kumulativ-pagatorischen Betrachtungsweise (MÜLHAUPT, 1966, S. 14).

Bei Einteilung des gesamten Planungszeitraums in Perioden läßt sich die Entwicklung des Kapitalbedarfs für den Leistungsbereich oder einzelne Projekte daraus aus den in diesen Perioden anfallenden Zahlungen ableiten. Mit A_t und E_t seien die Auszahlungen bzw. Einzahlungen des Leistungsbereichs oder des Projekts in der Periode t bezeichnet. Bei der Berechnung des Kapitalbedarfs muß berücksichtigt werden, daß die in einer Periode anfallenden Einzahlungsüberschüsse $(E_t - A_t)$ nicht in vollem Umfang als Kapitalrückfluß angesehen werden können. Vielmehr sind daraus noch andere Zahlungen außerhalb des Leistungsbereichs zu decken, insbesondere Steuern und Zinsen. Darüber hinaus kann eine Mindestausschüttung an die Anteilseigner angesetzt werden. Der für diese Zahlungen am Ende der Periode t benötigte Betrag sei mit G_{1t} bezeichnet.

Aufgrund dieser Überlegungen läßt sich die Berechnungsformel für den bis zum Ende der Periode t noch nicht zurückgeflossenen Kapitalbetrag KB_t angeben. Fällt zu Beginn der ersten Periode die Auszahlung A_0 an, so ergibt sich für den Kapitalbedarf in diesem Zeitpunkt (da $E_0 = 0$ und $G_{10} = 0$ angenommen werden kann):

$$KB_0 = A_0$$

Weiter ergibt sich:

$$KB_1 = KB_0 + A_1 - (E_1 - G_{11})$$
$$= \sum_{\tau=0}^{1} A_\tau - (E_\tau - G_{1\tau})$$

Schließlich folgt:

$$KB_t = KB_{t-1} + A_t - (E_t - G_{1t})$$
$$= \sum_{\tau=0}^{t} (A_\tau - E_\tau + G_{1\tau})$$

Diese Berechnungsformel gilt für alle Zeitpunkte, in denen KB_t positiv, der Kapitalbetrag also noch nicht voll zurückgeflossen ist. Zu allen späteren Zeitpunkten ist KB_t gleich Null. Soweit der Einzahlungsüberschuß in diesen späteren Perioden über G_{1t} hinausgeht, handelt es sich um einen beliebig verfügbaren Überschuß, der hier mit G_{2t} bezeichnet sei. Es gilt:

$$G_{2t} = E_t - A_t - G_{1t} - (KB_{t-1} - KB_t)$$

Aus der Definition ergibt sich, daß G_{2t} nur positiv werden kann, wenn bis Ende der Periode t das gesamte Kapital zurückgeflossen ist; also

$G_{2t} = 0$, falls $KB_t > 0$,

oder

$G_{2t} > 0$, nur wenn $KB_t = 0$.

Schließlich ist auch der Fall möglich, daß das Kapital bis zum Ende der Periode T nicht in vollem Umfang zurückfließt; in diesem Fall ergibt sich ein Kapitalverlust in Höhe von V_T. In der Vorausplanung wird man zwar ein Projekt überhaupt nicht erst durchführen, wenn mit einem Kapitalverlust zu rechnen ist; nachträglich kann sich aber trotzdem ein Projekt als verlustbringend erweisen, weil es sich ungünstiger entwickelt als erwartet wurde. Bezeichnet man die letzte Periode mit T, so gilt, falls es zu einem Kapitalverlust kommt:

$V_T = KB_{T-1} + (A_T - E_T + G_{1T})$

Zur Vereinfachung setzt man nun

$G_{1t} + G_{2t} = G_t \qquad (t=1, \ldots, T-1)$

und

$G_{1T} + G_{2T} - V_T = G_T$

Für den Kapitalbedarf gilt dann folgende Formel:

$$KB_t = \sum_{\tau = 0}^{t} (A_\tau - E_\tau + G_\tau) \qquad (t=0, \ldots, T)$$

G_t umfaßt hierbei den zur Deckung von Steuern, Zinsen und Ausschüttungen erforderlichen Mindestüberschuß während der Kapitalrückflußzeit, den nach Kapitalrückfluß zufließenden Einzahlungsüberschuß und als negative Komponente einen eventuellen Kapitalverlust.

An Zahlenbeispielen kann dieser Zusammenhang veranschaulicht werden (Tabelle 3.6).

In beiden Beispielen steht am Anfang der ersten Periode eine Auszahlung von 150, der dann für fünf Perioden Einzahlungsüberschüsse folgen. In beiden Fällen wird G_{1t} jeweils in Höhe von 10 % des zu Beginn der Periode noch nicht zurückgeflossenen Kapitals angesetzt.

Bei Beispiel 1 ergibt sich, daß in der ersten Periode zwar schon ein Einzahlungsüberschuß erreicht wird, der aber nicht ausreicht, den erforderlichen Mindestüberschuß zu decken, so daß der Kapitalbedarf noch ansteigt. In der 4. Periode ist aber das Kapital voll zurückgeflossen, so daß G_{2t} in der 4. und 5. Periode positiv wird; d. h. in diesen Perioden werden Überschüsse erzielt, die über das minimal erforderliche G_{1t} hinausgehen.

In Beispiel 2 reichen die Einzahlungsüberschüsse für den Kapitalrückfluß nicht aus. Deswegen muß am Ende der 5. Periode ein Verlust angesetzt werden.

Zusammenfassend ist festzustellen: Die zahlungsbezogene Kapitalbedarfsrechnung basiert auf einer Prognose von Aus- und Einzahlungen. Hieraus und aus der

Tabelle 3.6

	Peri-ode	Einzah-lungen	Auszah-lungen					Kapital-rückfluß	Noch nicht zurück-geflossenes Kapital
	t	E_t	A_t'	G_{1t}	G_{2t}	V_T	G_t	$E_t - A_t - G_{1t} - G_{2t}$	KB_t
Beispiel 1:	0	–	150	–	–	–	–	–150	150
	1	120	110	15	–	–	15	– 5	155
	2	190	120	15,5	–	–	15,5	54,5	100,5
	3	180	110	10,05	–	–	10,05	59,95	40,55
	4	140	80	4,055	15,395	–	19,45	40,55	–
	5	80	70	–	10	–	10	–	–
Beispiel 2:	0	–	150	–	–	–	–	–150	150
	1	90	70	15	–	–	15	5	145
	2	140	90	14,5	–	–	14,5	35,5	109,5
	3	160	120	10,95	–	–	10,95	29,05	80,45
	4	110	90	8,045	–	–	8,045	11,955	68,495
	5	70	60	6,8495	–	65,3445	–58,495	3,1505	–

Annahme bestimmter Mindestüberschüsse läßt sich die Entwicklung des Kapitalbedarfs im Zeitablauf berechnen. Für lohnende Projekte ergibt sich, daß spätestens in
der letzten Periode des Planungszeitraums das Kapital zurückgeflossen und möglicherweise auch noch ein das angenommene Minimum überschreitender Überschuß
angefallen ist. Bei nicht lohnenden Projekten ist hingegen ein Kapitalverlust hinzunehmen.

3.2.3   Bilanzbezogene Kapitalbedarfsrechnung

a)   Rechnerische Zusammenhänge

Die bilanz- oder vermögensbezogene Kapitalbedarfsrechnung beruht auf dem
Grundgedanken, daß Kapital in Vermögensgegenständen gebunden und mit der
Zeit wieder freigesetzt wird. Auszahlungen, die der Anschaffung oder Herstellung
von Vermögensgegenständen dienen, führen zur Bindung von Kapital. Die Freisetzung des Kapitals erfolgt, wenn diese Vermögensgegenstände veräußert, verbraucht
oder gebraucht werden. Dies läuft darauf hinaus, daß ein Teil der im Leistungsbereich
erzielten Einzahlungen als Kapitalrückfluß den veräußerten, verbrauchten oder
durch Gebrauch im Wert geminderten Vermögensgegenständen zugerechnet wird.
Das Kapital kann hierbei von der Bindung bis zur Freisetzung in einem einzigen Vermögensgegenstand gebunden sein (z. B. Geld – Ware – Geld); es kann aber auch eine
ganze Kette von verschiedenen Vermögensgegenständen durchlaufen (z. B. Geld –

Rohstoff – Halbfabrikat – Forderung an Kunden – Geld). In jedem Fall steht am Anfang der Kette eine kapitalbindende Auszahlung und am Schluß eine Kapitalfreisetzung, der im allgemeinen eine Einzahlung entspricht.

Diese Form der Kapitalbedarfsrechnung setzt voraus, daß man nach eindeutigen Regeln entscheiden kann, welche Auszahlungen Kapital binden und in welcher Weise die Freisetzung erfolgt. Praktisch löst man dieses Problem, indem man sich nach den Aktivierungs- und Bewertungsregeln von Buchhaltung und Bilanz richtet. Eine Auszahlung bindet Kapital dann und in dem Maße, wie sie zur Entstehung eines in der Bilanz auszuweisenden Aktivums führt; Kapitalfreisetzung erfolgt dann und in dem Maße, wie ein Aktivum wieder aus der Bilanz verschwindet oder an Wert verliert.

Hierbei wird vorausgesetzt, daß der rechnerisch angesetzten Kapitalfreisetzung auch tatsächlich ein Kapitalrückfluß in Form von Zahlungsmitteln entspricht. Praktisch läuft dies darauf hinaus, daß ein Teil der in das Unternehmen fließenden Einzahlungen, der der rechnerischen Kapitalfreisetzung entspricht, dem Kapitalrückfluß zugerechnet wird. Zum Teil erscheint diese Zurechnung eindeutig und klar, z. B. wenn bei Waren oder Fertigfabrikaten ein Teil des Verkaufserlöses, der den Anschaffungs- oder Herstellungskosten entspricht, als Kapitalrückfluß angesehen wird. Nicht immer ist die Zurechnung so einfach: Bei abnutzbaren Anlagen z. B. entspricht die rechnerische Kapitalfreisetzung den verrechneten Abschreibungen; in jeder Periode ist ein dem Abschreibungsbetrag entsprechender Teil der erzielten Einzahlungen als Kapitalrückfluß anzusehen. Durch die Wahl des Abschreibungsverfahrens wird ein Kapitalfreisetzungsplan bestimmt; gemäß diesem Plan sind in jeder Periode Einzahlungen als Kapitalrückflüsse zu klassifizieren. Vorausgesetzt wird dabei, daß die Einzahlungsüberschüsse in jeder Periode ausreichen, die planmäßige Kapitalfreisetzung zu decken.

Das im Leistungsbereich oder in einzelnen Projekten des Leistungsbereichs gebundene Kapital wird also dem Wert des buchhalterisch ausgewiesenen Vermögens gleichgesetzt. Man kann auf die Grundformel zurückgreifen, die in Abschnitt 2.2.1 abgeleitet wurde:

Veränderung des Vermögens im Leistungsbereich
$$= \text{Veränderung der Kapitalbindung}$$
$$= \text{Leistungsgewinn} - \text{Leistungssaldo}$$

Um die Entwicklung der Kapitalbindung im Zeitablauf zu erfassen, kann man periodenbezogene Größen definieren:

$\hat{KB}_t$ Kapitalbindung am Ende von Periode t,
G_t Leistungsgewinn der Periode t,
$(E_t - A_t)$ Leistungssaldo der Periode t.

Es gilt also:

$$\hat{KB}_t - \hat{KB}_{t-1} = G_t - (E_t - A_t).$$

Geht man davon aus, daß zu Beginn der ersten Periode eine kapitalbindende Auszahlung in Höhe von A_0 stattfindet (wobei $E_0 = 0$ und $G_0 = 0$ gilt), so ist:

$$\hat{KB}_0 = A_0,$$

$$\widehat{KB}_1 = \widehat{KB}_0 + (A_1 - E_1 + G_1) = \sum_{\tau=0}^{1} (A_\tau - E_\tau + G_\tau).$$

Allgemein gilt:

$$\widehat{KB}_t = \widehat{KB}_{t-1} + (A_t - E_t + G_t) = \sum_{\tau=0}^{t} (A_\tau - E_\tau + G_\tau).$$

Diese Formel stimmt mit der für die zeitliche Entwicklung des Kapitalbedarfs bei zahlungsbezogener Betrachtungsweise überein. Diese formale Übereinstimmung darf aber nicht darüber hinwegtäuschen, daß es sich um zwei völlig verschiedene Verfahrensweisen handelt. Bei zahlungsbezogener Betrachtungsweise geht man von einer Prognose der Zahlungsreihen A_t und E_t sowie von bestimmten Annahmen über die erforderliche Höhe von G_{1t} aus; daraus wird dann die zeitliche Entwicklung des Kapitalbedarfs berechnet. Bei bilanzbezogener Betrachtungsweise hingegen bezieht sich die Prognose nur auf die Entwicklung der zu Buchwerten angesetzten Vermögensbestände; die Kapitalbindung wird dem Vermögen zu Buchwerten gleichgesetzt. Es gilt die buchhalterische Gleichung:

$$\widehat{KB}_t - \widehat{KB}_{t-1} = G_t - (E_t - A_t)$$

Bei bilanzbezogener Betrachtungsweise beschränkt sich die Prognose auf die linke Seite der Gleichung. Bei zahlungsbezogener Betrachtungsweise hingegen werden die Ein- und Auszahlung einschließlich des Mindestgewinns G_{1t} direkt prognostiziert. Da die Gleichung ex post immer erfüllt ist, wird die Summe auf der rechten Seite der Gleichung auch bei bilanzbezogener Betrachtungsweise erfaßt, nicht jedoch die Höhe der drei Komponenten E_t, A_t und G_t. Wenn die Vermögensbestände sich planmäßig entwickeln und bestimmte Ein- und Auszahlungen anfallen, ergibt sich der Gewinn G_t als positive oder negative Restgröße gemäß der Formel:

$$G_t = (\widehat{KB}_t - \widehat{KB}_{t-1}) + (E_t - A_t)$$

Ein Vorteil der bilanzbezogenen Betrachtungsweise wird oft in der Vereinfachung der Prognose gesehen. Die Prognose von Vermögensbeständen zu Buchwerten scheint einfacher und weniger ungewiß zu sein als die Prognose zukünftiger Ein- und Auszahlungen. In dieser Vereinfachung liegt aber zugleich die Schwäche der bilanzbezogenen Betrachtungsweise. Wenn man versucht, bei der Kapitalbedarfsrechnung ohne die Prognose zukünftiger Zahlungen auszukommen, bleibt offen, ob das, worauf es bei der Kapitalfreisetzung in erster Linie ankommt, nämlich der tatsächliche Zufluß von Zahlungsmitteln, auch wirklich stattfindet. Das wird bei der bilanzbezogenen Kapitalbedarfsrechnung unterstellt, d. h. es wird angenommen, daß stets gilt:

$$\widehat{KB}_{t-1} - \widehat{KB}_t \leqq E_t - A_t - G_{1t} \text{ oder } G_t \geqq G_{1t}$$

Es wird also implizit eine Prognose vorausgesetzt. Damit entsteht die Gefahr, daß man sich über die Richtigkeit dieser Voraussetzung gar keine Gedanken mehr macht. Während bei zahlungsbezogener Betrachtungsweise die Prognose der Zahlungsströme explizit und in klarer Erkenntnis der damit verbundenen Problematik erfolgt, hat es bei der bilanzbezogenen Betrachtungsweise den Anschein, als seien nur Vermögensbestände und ihre Buchwerte vorauszuschätzen; dabei kann übersehen werden, daß diese Rechnung auf einer Annahme über zukünftige Zahlungen und Gewinne beruht; es wird dann möglicherweise gar nicht geprüft, ob und inwieweit diese Annahme begründet ist.

b) Abschreibungen als planmäßige Kapitalfreisetzung

Die Zusammenhänge können wieder an Zahlenbeispielen veranschaulicht werden. Zunächst sei auf das Beispiel 1 aus Abschnitt 3.2.2 zurückgegriffen (Tabelle 3.6). Zur Vereinfachung der Darstellung wird angenommen, daß die Auszahlung von 150 zu Beginn der ersten Periode der Beschaffung einer Anlage dient, die den einzigen kapitalbindenden Vermögensgegenstand bildet; Vorräte werden also nicht gehalten. Die Bewertung der Anlage und damit die Höhe des gebundenen Kapitals in den einzelnen Perioden ergibt sich aus dem zur Anwendung kommenden Abschreibungsverfahren. Im folgenden sollen drei Varianten des Beispiels dargestellt werden, die sich durch das Abschreibungsverfahren unterscheiden (Tabelle 3.7).

Tabelle 3.7

	Periode	Gebundenes Kapital am Periodenende	Kapitalfreisetzung (= Abschreibungen)	Einzahlungen	Auszahlungen	Leistungssaldo	Leistungsgewinn
	t	$\widehat{KB}_t$	$-(\widehat{KB}_t - \widehat{KB}_{t-1})$	E_t	A_t	$(E_t - A_t)$	G_t
Beispiel 1a:	0	150	–	–	150	–150	–
	1	120	30	120	110	10	–20
	2	90	30	190	120	70	40
	3	60	30	180	110	70	40
	4	30	30	140	80	60	30
	5	0	30	80	70	10	–20
Beispiel 1b:	0	150	–	–	150	–150	–
	1	100	50	120	110	10	–40
	2	60	40	190	120	70	30
	3	30	30	180	110	70	40
	4	10	20	140	80	60	40
	5	0	10	80	70	10	0
Beispiel 1c:	0	150	–	–	150	–150	–
	1	150	0	120	110	10	10
	2	100	50	190	120	70	20
	3	50	50	180	110	70	20
	4	0	50	140	80	60	10
	5	0	0	80	70	10	10

Variante a: Lineare Abschreibung in fünf Perioden.

Variante b: Degressive (digitale) Abschreibung über 5 Perioden.

Variante c: Keine Abschreibung in der als Anlaufzeit geltenden 1. Periode; lineare Abschreibung über die Perioden 2–4; keine Abschreibung in der der Abwicklung dienenden Periode 5.

Bei Variante a wird die durch das Abschreibungsverfahren vorgegebene planmäßige Kapitalfreisetzung in der 1. und 5. Periode nicht durch Einzahlungen gedeckt. Das bedeutet, daß der tatsächliche Kapitalrückfluß in der 1. Periode geringer ist als in der Veränderung der bilanziell ermittelten Kapitalbindung zum Ausdruck kommt. Die Kapitalbindung ist also für den ersten Teilbetrag von 30 zum Teil länger als ein Jahr. Die Unterdeckung in der 5. Periode erweckt den Eindruck, als würde ein vollständiger Kapitalrückfluß überhaupt nicht erreicht; dieser Eindruck ist aber falsch, weil insgesamt die erzielten Einzahlungsüberschüsse zur Tilgung des anfangs eingesetzten Kapitals voll ausreichen. Der falsche Eindruck entsteht, weil man für die 5. Periode einen zu hohen und für die vorhergehenden Perioden entsprechend zu niedrige Kapitalfreisetzungsbeträge vorgesehen hat.

Bei Variante b wird der Eindruck eines Kapitalverlustes am Schluß vermieden. Die degressive Abschreibung führt aber zu einer hohen Unterdeckung am Anfang. Es wird eine viel schnellere Kapitalfreisetzung vorgetäuscht als dem tatsächlichen Rückfluß entspricht. Die Unterdeckung wird vor allem in der 1. Periode sichtbar; aber auch am Ende der Periode 2 ist die insgesamt bis dahin vorgesehene Kapitalfreisetzung von 90 nicht voll durch die bis dahin angefallenen Einzahlungsüberschüsse von 80 gedeckt. Nur bei Variante c ist die planmäßige Kapitalfreisetzung so bemessen, daß die Einzahlungsüberschüsse immer zu ihrer Deckung ausreichen.

Zu beachten ist, daß der buchmäßigen Wertminderung nicht notwendig immer ein tatsächlicher Kapitalrückfluß entspricht; man kann daher nicht ohne weiteres die Wertminderung mit Kapitalfreisetzung gleichsetzen. Eine sinnvolle Interpretation ergibt sich nur, wenn man die Wertminderung als planmäßige Kapitalfreisetzung auffaßt. Eine Kapitalbedarfsrechnung auf dieser Grundlage führt nur zu brauchbaren Ergebnissen, wenn Aussicht besteht, daß die geplante Kapitalfreisetzung auch tatsächlich realisiert wird. Es genügt also nicht, Prognosen über Vermögensbestände und ihre Buchwerte aufzustellen. Man muß vielmehr stets auch prüfen, ob die Einzahlungsüberschüsse sich so entwickeln, daß die durch die Bewertung implizierte Kapitalfreisetzung gedeckt ist.

Die geplante Kapitalfreisetzung in einer Periode t ist $\hat{KB}_{t-1} - \hat{KB}_t$. Durch die in der bilanzorientierten Betrachtungsweise übliche Prognose dieses Ausdrucks wird eine planmäßige Bindung und Freisetzung von Kapital festgelegt. Ob dieser Plan realisierbar ist, hängt davon ab, wie sich die Einzahlungsüberschüsse entwickeln. Der tatsächliche Kapitalrückfluß ist gleich dem Einzahlungsüberschuß, vermindert um den Mindestgewinn G_{1t}. In jeder Periode darf also der Gewinn das mit Auszahlungen verbundene Minimum nicht unterschreiten; diese Bedingung ist notwendig und hinreichend für die Realisierbarkeit des Kapitalfreisetzungsplans. Man sieht daraus: Um zu prüfen, ob die Bedingung für die Realisierbarkeit des Kapitalfreisetzungsplans erfüllt ist, genügt nicht eine Prognose der Vermögensbestände zu Buchwerten, der Größen $\hat{KB}_t$ also; vielmehr muß auch geprüft werden, ob in jeder Periode $G_t \geqq G_{1t}$ wird.

c) Kapitalbindung und -freisetzung beim Vorratsvermögen

Diese Überlegungen gelten nicht nur für die Kapitalbindung in Anlagen, bei denen die planmäßige Kapitalfreisetzung durch das Abschreibungsverfahren determiniert wird. An einem weiteren Beispiel soll gezeigt werden, daß die gleichen Probleme auch beim Vorratsvermögen auftauchen.

Angenommen sei, daß zu Beginn der ersten Periode ein Warenvorrat von 1000 Stück zum Stückpreis von 10 DM angeschafft wird. In den drei Perioden des Planungszeitraums wird dieser Vorrat verkauft, und zwar in der ersten Periode 500 Stück zum durchschnittlichen Verkaufspreis 16, in der zweiten Periode 300 Stück zum durchschnittlichen Verkaufspreis von 12, in der dritten Periode die restlichen 200 Stück zum durchschnittlichen Verkaufspreis von 6. Weiter wird angenommen, daß in jeder Periode laufende Auszahlungen (Gehälter, Miete usw.) in Höhe von 200 zu leisten sind. Für die Bewertung sollen zwei Varianten unterschieden werden. Bei Variante a wird der Warenbestand in allen Perioden mit dem Einstandspreis von 10 angesetzt. Bei Variante b wird der Stückwert am Ende von Periode 1 auf 8, am Ende von Periode 2 auf 5 herabgesetzt; dies läßt sich mit dem zu erwartenden niedrigen Ausverkaufspreis begründen. Es ergibt sich der in Tabelle 3.8 angegebene Ablauf.

Bei Variante a entsteht wieder der Eindruck eines Kapitalverlustes, weil in der 3. Periode die planmäßige Kapitalfreisetzung nicht gedeckt ist. Werden jedoch wie in Variante b die Bewertung und damit die planmäßige Kapitalfreisetzung dem Verlauf der Einzahlungen besser angepaßt, so wird dieser falsche Eindruck vermieden.

d) Bilanzbezogene Kapitalbedarfsrechnung und Bewertung

Die Problematik der bilanzbezogenen Kapitalbedarfsrechnung ergibt sich durch ihre Bindung an die Aktivierungs- und Bewertungsregeln der Bilanz. Hierin liegt zwar zunächst eine Vereinfachung. Man darf aber nicht aus dem Auge verlieren, daß mit der Anlehnung an die Bilanz ein Kapitalfreisetzungsplan impliziert wird; ein derartiger Plan ist nur sinnvoll, wenn die damit verbundenen Vorgaben auch erfüllbar sind. Damit stellt sich aber auch die Frage, ob und inwieweit die Kapitalbedarfsrechnung sich von der Bilanzbewertung lösen kann und soll. Man muß dabei berücksichtigen, daß die Bewertung in der Bilanz unter anderen Gesichtspunkten erfolgt und anderen Zwecken dient als die Kapitalbedarfsrechnung. Die Wahl des Abschreibungsverfahrens z. B. erfolgt unter Gesichtspunkten der Gewinnausweispolitik, vor allem im Hinblick auf steuerliche Konsequenzen, und nicht danach, ob sich ein finanzwirtschaftlich sinnvoller Kapitalfreisetzungsplan ergibt. Löst man sich von der bilanziellen Bewertung, so ergibt sich allerdings die Frage, welche anderen Bewertungsregeln verwandt werden sollen. Allgemein läßt sich dazu nur sagen, daß der in der Bewertung implizierte Kapitalfreisetzungsplan realisierbar sein muß in dem Sinne, daß mit Einzahlungsüberschüssen zu rechnen ist, die dem geplanten Kapitalrückfluß entsprechen. Damit nähert man sich der zahlungsbezogenen Betrachtungsweise.

Eine Lösung von der Bilanz ist auch in solchen Fällen geboten, in denen Kapitalbedarf entsteht in dem Sinne, daß Auszahlungen erfolgen, die erst später durch Einzahlungen kompensiert werden, wobei aber kein nach den geltenden Bilanzie-

Tabelle 3.8

Periode	Warenbestand am Periodenende	Abgesetzte Menge	Einzahlungen	Auszahlungen	Leistungssaldo	Variante a			Variante b		
						Gebundenes Kapital am Periodenende	Kapitalfreisetzung	Leistungsgewinn	Gebundenes Kapital am Periodenende	Kapitalfreisetzung	Leistungsgewinn
t			E_t	A_t	$(E_t - A_t)$	$\hat{KB}_t$	$-(\hat{KB}_t - \hat{KB}_{t-1})$	G_t	$\hat{KB}_t$	$-(\hat{KB}_t - \hat{KB}_{t-1})$	G_t
0	1000	–	–	–	–	10000	–	–	10000	–	–
1	500	500	8000	200	7800	5000	5000	2800	4000	6000	1800
2	200	300	3600	200	3400	2000	3000	400	1000	3000	400
3	0	200	1200	200	1000	0	2000	-1000	0	1000	0

rungsregeln aktivierbarer Vermögensgegenstand entsteht. Das gilt z. B. für Auszahlungen, die der Produktentwicklung und der Erschließung neuer Märkte dienen; die damit geschaffenen Vermögenswerte wie technisches Wissen und Marktpositionen dürfen in der Bilanz nicht aktiviert werden. Will man die Kapitalbindung in diesen immateriellen Vermögensgegenständen erfassen, so muß man sich von der Bilanz lösen. Damit stellt sich die Frage der zweckmäßigen Bewertung; die Antwort darauf liegt wieder darin, daß die Bewertung auf einen realisierbaren Kapitalfreisetzungsplan hinauslaufen sollte.

3.3   Die Bedeutung von Bilanzkennzahlen für finanzwirtschaftliche Dispositionen

3.3.1   Bilanzkennzahlen als Beurteilungsmaßstäbe und Zielgrößen

In der langfristigen Finanzplanung sind Kapitalbedarf und Finanzierung aufeinander abzustimmen. Die Sicherung der Liquidität ist hierbei der maßgebliche Gesichtspunkt. Die Auszahlungen für Investitionen müssen finanziert werden, und die durch Finanzierungsmaßnahmen bedingten zukünftigen Auszahlungen müssen aus Einzahlungsüberschüssen der Investitionen gedeckt werden. Bei der Beurteilung eines Unternehmens hinsichtlich der langfristigen Sicherung seiner Liquidität stützt man sich häufig auf die Bilanz.

Die Bilanz kann als zeitpunktbezogenes Bild der finanzwirtschaftlichen Lage eines Unternehmens interpretiert werden. Die auf der Aktivseite ausgewiesenen Vermögensgegenstände lassen erkennen, in welcher Höhe und in welcher Weise Kapital gebunden ist. Auf der Passivseite ist aus der Höhe der Verbindlichkeiten zu ersehen, in welchem Umfang dieses Kapital durch Kreditaufnahme aufgebracht wurde. Die Differenz zwischen Vermögen und Verbindlichkeiten, das Reinvermögen, ist zugleich das Eigenkapital, d. h. der Teil des in dem Unternehmen gebundenen Kapitals, der den Anteilseignern zuzurechnen ist.

Es liegt nahe, daß man versucht, aus dem durch die Bilanz präsentierten Zustandsbild Schlüsse auf die zukünftige finanzwirtschaftliche Entwicklung zu ziehen. Man will sich ein Urteil darüber bilden, ob und inwieweit angesichts einer ungewissen Zukunft die Erhaltung der Liquidität als Voraussetzung einer planmäßigen Fortführung des Unternehmens gewährleistet ist. Das Problem ist, ob die Bilanz hierfür geeignete Informationen liefert.

Vor allem für Außenstehende ist der Jahresabschluß oft die einzige, meist jedenfalls die zuverlässigste Informationsquelle für die Beurteilung des Unternehmens. Die Zahlen des Jahresabschlusses beruhen auf allgemein anerkannten und überprüfbaren Rechnungs- und Bewertungsregeln, die dem Bilanzierenden nur einen begrenzten Ermessensspielraum belassen. Bei großen Unternehmen handelt es sich auf jeden Fall um ein durch einen unabhängigen Revisor geprüftes Rechenwerk. Andere Rechnungen, insbesondere Planungsrechnungen, enthalten zwar mehr Informationen über die Zukunft; die Zuverlässigkeit der darin enthaltenen Zahlenangaben ist aber kaum zu überprüfen.

Bei der bilanzorientierten Beurteilung der finanziellen Lage des Unternehmens stützt man sich auf Kennzahlen, wie z. B. die Relation zwischen Fremd- und Eigenkapital oder die Relation zwischen langfristigem Kapital und Anlagevermögen. Hierbei wird insbesondere darauf geachtet, ob die Kennzahlen bestimmte kritische Grenzen nicht über- oder unterschreiten; Über- oder Unterschreitung gelten als Indizien für die Gefährdung der Liquidität auf kürzere oder längere Sicht.

Für die Unternehmenspolitik können Bilanzkennzahlen aus zwei Gründen Bedeutung gewinnen. Erstens sucht die Unternehmensleitung selber die Gefahr zukünftiger Liquiditätsschwierigkeiten durch Einhaltung selbstgesetzter Normen für Bilanzkennzahlen zu begrenzen. Zweitens aber muß die Unternehmensleitung darauf Rücksicht nehmen, daß Kreditgeber sich bei ihren Entscheidungen über Kreditvergabe u. a. an Bilanzkennzahlen orientieren. Wenn ein Unternehmen sich nicht nach den Beurteilungsmaßstäben seiner Kreditgeber richtet, ist seine Kreditfähigkeit gefährdet. Unabhängig davon, ob die Verletzung der Normwerte für bestimmte Bilanzkennzahlen tatsächlich etwas über eine zukünftige Gefährdung der Liquidität besagt, ist ihre Beachtung als Konvention geboten. Wer die Konvention verletzt, stößt bei der Kreditaufnahme auf enge Grenzen und gerät möglicherweise eben dadurch in Liquiditätsschwierigkeiten.

Die Einhaltung von Normwerten für Bilanzkennzahlen kann so zu einem Ziel der Finanzpolitik werden. Dahinter steht immer das übergeordnete Ziel der Liquiditätserhaltung; für die praktische Finanzplanung kann jedoch das durch Bilanzkennzahlen charakterisierte Unterziel stark in den Vordergrund treten.

3.3.2   Vertikale Bilanzkennzahlen

Bilanzanalytische Kennzahlen, die als Relationen zwischen verschiedenen Posten der Passivseite oder verschiedenen Posten der Aktivseite definiert sind, werden als vertikale Bilanzkennzahlen bezeichnet, („vertikal", da es um die Beziehung zwischen Größen geht, die in der Bilanz in einer Spalte untereinander stehen). Wenn und soweit für derartige Kennzahlen die Einhaltung von Normwerten angestrebt wird, spricht man von vertikalen Bilanzstrukturnormen. Die in finanzwirtschaftlicher Sicht wichtigste vertikale Bilanzkennzahl ist der Verschuldungsgrad. Für die Definition dieser Kennzahl gibt es zwei Varianten:

$$\text{Verschuldungsgrad (1)} = \frac{\text{Fremdkapital}}{\text{Eigenkapital}}$$

$$\text{Verschuldungsgrad (2)} = \frac{\text{Fremdkapital}}{\text{Gesamtkapital}} = \frac{\text{Fremdkapital}}{\text{Eigenkapital} + \text{Fremdkapital}}$$

In beiden Varianten mißt die Kennzahl den gleichen Sachverhalt. Es gilt:

$$\text{Verschuldungsgrad (1)} = \frac{\text{Verschuldungsgrad (2)}}{1 - \text{Verschuldungsgrad (2)}}$$

Auf den Verschuldungsgrad bezogene Bilanzstrukturnormen ergeben sich einerseits aus dem Verhalten der Kreditgeber, andererseits aus selbstgewählten Finanzierungsprinzipien der Unternehmensleitung. Aus der Sicht der Kreditgeber führt ein zu hoher Verschuldungsgrad zu einer nicht akzeptablen Ausfallgefahr; aus der Sicht der Unternehmensleitung geht es zum einen darum, kreditfähig zu bleiben, zum anderen um eine Begrenzung der mit der Aufnahme von Fremdkapital verbundenen Risikoeffekte. Für die finanzwirtschaftliche Politik des Unternehmens ergibt sich daraus die Regel, daß der Verschuldungsgrad eine bestimmte Grenze nicht überschreiten darf. Wo diese Grenze liegt, ist unterschiedlich von Branche zu Branche, zum Teil auch von Unternehmen zu Unternehmen.

Die Wahl der Relation zwischen Fremd- und Eigenkapital ist eines der grundlegenden Entscheidungsprobleme der Finanzierungspolitik (s. Kapital IX). Hier ist nur auf die Problematik der Messung des Verschuldungsgrads mit Hilfe von Bilanzkennzahlen einzugehen.

Wenn man den Verschuldungsgrad als Quotienten aus zwei Bilanzgrößen definiert, ist er abhängig von der in der Bilanz vorgenommenen Bewertung. Beim Fremdkapital fällt dies weniger ins Gewicht, soweit es sich um Geldverbindlichkeiten handelt, bei denen durchweg kein wesentlicher Spielraum für die Bewertung besteht; bei Rückstellungen ist dieser Spielraum allerdings größer. Das bei beiden Varianten der Kennzahl im Nenner erscheinende Eigenkapital hängt hingegen von der Bewertung der gesamten Aktivseite ab, da es als Differenz zwischen dem auf der Aktivseite ausgewiesenen Vermögen und dem Fremdkapital definiert ist. Je niedrigere Werte auf der Aktivseite angesetzt werden, desto höher ist der Verschuldungsgrad.

Eine theoretische Begründung der auf den Verschuldungsgrad bezogenen vertikalen Bilanzstrukturnorm stößt an zwei Punkten auf Schwierigkeiten:

1. Es ist schwer zu begründen, welche Obergrenze für den Verschuldungsgrad gesetzt werden soll. Zwar besteht ein enger Zusammenhang zwischen Höhe der Verschuldung und dem von Gläubigern und Anteilseignern zu tragenden Risiko. Es bleibt aber offen, in welcher Höhe die Obergrenze für den Verschuldungsgrad angesetzt werden muß, um insbesondere das Ausfallrisiko der Gläubiger in bestimmter Weise zu begrenzen.

2. Es ist schwer zu begründen, welches die richtige Bewertung für die Messung des Verschuldungsgrades sein soll. Deswegen hilft auch eine modifizierte Bilanzstrukturnorm nicht weiter, nach der auch die stillen Rücklagen zum Eigenkapital zu rechnen sind. Stille Rücklagen sind definiert als die Differenz zwischen dem in der Bilanz ausgewiesenen Reinvermögen und dem Reinvermögen, das sich bei der für richtig gehaltenen Bewertung ergäbe; dies ist ein unbestimmter Begriff, solange nicht angegeben werden kann, welche Bewertung als richtig gelten soll.

Trotz dieser theoretischen Begründungsschwierigkeiten hat der aus der Bilanz abgeleitete Verschuldungsgrad für die praktische Finanzpolitik der Unternehmen große Bedeutung. Dies liegt in erster Linie daran, daß es für die externe Beurteilung des Unternehmens kaum eine zuverlässigere Grundlage gibt als die Bilanz; daraus ergibt sich die Begrenzung des Verschuldungsgrades durch die Kreditgeber. Wenn der Verschuldungsgrad als Indikator der Kreditfähigkeit anerkannt ist, müssen sich die Unternehmen dieser Anforderung anpassen. Davon abgesehen hat eine auf den Verschuldungsgrad bezogene Bilanzstrukturnorm aus der Sicht der praktischen Finanzpolitik den großen Vorteil, daß es sich um eine operationale Zielgröße handelt, d. h. eine Zielgröße, deren Zusammenhang mit den getroffenen Dispositionen eindeutig und klar erkennbar ist und deren Erreichung laufend kontrolliert werden kann.

3.3.3   Horizontale Bilanzkennzahlen

Horizontale Bilanzstrukturnormen lassen sich auf eine sehr allgemeine Finanzierungsregel zurückführen, die Regel der fristenkongruenten Finanzierung. Die Regel beruht auf der bereits im Zusammenhang mit der bilanzbezogenen Kapitalbedarfsrechnung erörterten Vorstellung, daß in den auf der Aktivseite der Bilanz ausgewiesenen Vermögensgegenständen Kapital gebunden ist und nach einer mehr oder weniger langen Bindungsdauer wieder freigesetzt wird. Die Regel der fristenkongruenten Finanzierung besagt, daß jedem Vermögensposten auf der Aktivseite ein Kapitalbetrag auf der Passivseite gegenüberstehen soll, der dem Unternehmen mindestens so lange zur Verfügung steht, wie in dem Vermögensposten der entsprechende Kapitalbetrag gebunden ist. Bei Beachtung dieser Regel ist gesichert, daß das in dem Aktivum gebundene Kapital freigesetzt wird, bevor die Rückzahlung des Passivpostens fällig ist.

Dies kann noch präziser formuliert werden: Aktiva und Passiva werden in Klassen gleicher Kapitalbindungsdauer bzw. Fristigkeit eingeteilt. Diese Klassen werden von 1 bis n durchnumeriert, und zwar in der Reihenfolge abnehmender Kapitalbindungsdauer bzw. Fristigkeit, derart also, daß der Klasse 1 die höchste, der Klasse n die niedrigste Kapitalbindungsdauer bzw. Fristigkeit entspricht. Die Klassifizierung erfolgt so, daß die Kapitalbindungsdauer der Aktiva der Klasse i gleich der Fristigkeit der Passiva der Klasse i ist. Mit A_i wird die Summe der Aktiva der Klasse i, mit P_i die Summe der Passiva der Klasse i bezeichnet. Die Regel der fristenkongruenten Finanzierung lautet dann:

$$\sum_{j=1}^{i} A_j \leq \sum_{j=1}^{i} P_j \qquad (i=1, \ldots, n-1)$$

Also: Die Summe aller Aktiva mit der der Klasse i entsprechenden oder höheren Kapitalbindungsdauer darf nicht größer sein als die Summe aller Passiva mit der der Klasse i entsprechenden oder höheren Fristigkeit. Aus dieser Beziehung läßt sich eine der gebräuchlichen horizontalen Bilanzstrukturregeln ableiten, wenn man folgende stark vereinfachte Klassifizierung zugrunde legt:

A_1 – Anlagevermögen P_1 – Eigenkapitel und langfristiges Fremdkapital
A_2 – Sonstige Aktiva P_2 – Sonstige Passiva

Dann ergibt sich die Finanzierungsregel:

$$A_1 \leq P_1$$

D. h., daß das Anlagevermögen durch Eigenkapital und langfristiges Fremdkapital gedeckt sein soll. Dies kann auch durch eine Bilanzkennzahl ausgedrückt werden, den Anlagendeckungsgrad:

$$\text{Anlagendeckungsgrad} = \frac{\text{Eigenkapital} + \text{langfristiges Fremdkapital}}{\text{Anlagevermögen}} \quad \left(\begin{array}{l} = x \\ = 100 \end{array} \right)$$

Die entsprechende Bilanzstrukturnorm lautet: Der Anlagendeckungsgrad soll mindestens gleich 1 sein.

Die Regel der fristenkongruenten Finanzierung soll der Sicherung der Liquidität dienen. Der Grundgedanke ist, daß die Rückzahlung des aufgenommenen Kapitals jeweils aus Kapitalfreisetzungen erfolgen kann, somit die aus der Finanzierung resultierenden Zahlungsverpflichtungen stets erfüllt werden können. Hiergegen lassen sich verschiedene Einwendungen vorbringen:

1. Die Rückzahlung des aufgenommenen Kapitals aus Kapitalfreisetzungen ist nur möglich, wenn der tatsächliche Mittelrückfluß mindestens der planmäßigen Kapitalfreisetzung entspricht. Das muß nicht der Fall sein; der Rückfluß kann zeitlich verzögert sein oder auch unvollständig sein, so daß es zu einem Kapitalverlust kommt.

2. Zahlungsverpflichtungen bestehen nicht nur in der Tilgung des in der Bilanz ausgewiesenen Fremdkapitals; darüber hinaus müssen mindestens noch Zinsen gezahlt werden. Die von dem Unternehmen erwirtschafteten Einzahlungsüberschüsse müssen außer der planmäßigen Kapitalfreisetzung auch die erforderlichen Zinszahlungen decken.

3. Das durch Veräußerung, Abnutzung oder sonstige Entwertung von Vermögensgegenständen freigesetzte Kapital steht nicht zur Tilgung von Verbindlichkeiten zur Verfügung, wenn es für die Neubeschaffung von Vermögensgegenständen benötigt wird, die an die Stelle der alten treten und für die Fortführung der Betriebstätigkeit erforderlich sind. Dies gilt insbesondere für Gegenstände des Vorratsvermögens. Bei Waren und anderen Vorräten wird das im einzelnen Gegenstand gebundene Kapital im allgemeinen kurzfristig wieder freigesetzt; zur Aufrechterhaltung der Betriebstätigkeit müssen aber ständig erneut Vorräte beschafft werden.

4. Die Liquidität braucht auch bei Verletzung der Fristenkongruenzregel nicht gefährdet zu sein, wenn es gelingt, Rückzahlungsverpflichtungen durch Neuaufnahme von Kapital zu decken; man kann beispielsweise langfristig im Anlagevermögen gebundenes Kapital durch aufeinanderfolgende kurz- oder mittelfristige Kreditaufnahme aufbringen; man bezeichnet dies als revolvierende Finanzierung.

Aus den ersten drei Punkten ergibt sich, daß fristenkongruente Finanzierung keineswegs hinreichende Voraussetzung für die Erhaltung der Liquidität ist. Punkt 4 läuft andererseits darauf hinaus, daß Fristenkongruenz auch keine notwendige Bedingung dafür ist. Punkt 1 und 2 ergeben sich aus der bereits besprochenen Kritik an der bilanzbezogenen Kapitalbedarfsrechnung. Daraus folgt, daß fristenkongruente Finanzierung die Liquidität nur dann gewährleisten kann, wenn mit planmäßiger Einzahlungsentwicklung, die Kapitalfreisetzung und Zinsen deckt, gerechnet werden kann. Auf die Punkte 3 und 4 ist noch näher einzugehen.

Aus dem unter 3. genannten Einwand ist die Konsequenz zu ziehen, daß die Kapitalbindungsdauer nicht nach der Verweildauer des einzelnen Gegenstandes zu bemessen ist, sondern danach, für welche Zeit ein Bestand der betreffenden Gattung bei planmäßiger Fortführung des Unternehmens überhaupt gehalten werden muß. Das bedeutet insbesondere, daß in den Vorräten, die ständig gehalten werden müssen, Kapital langfristig gebunden ist, auch wenn der einzelne Gegenstand nur kurzfristig im Betrieb verbleibt. Das durch Verkauf eines Gegenstands freigesetzte Kapital wird durch Ersatzbeschaffung stets neu gebunden. Kurzfristige Kapitalbindung gibt es nur dann, wenn zeitweilig höhere Vorräte gehalten und später wieder abgebaut werden.

Durch folgende Bilanzstrukturregel kann dem Rechnung getragen werden: Nicht nur das Anlagevermögen, sondern auch das ständig benötigte Umlaufvermögen soll durch langfristig zur Verfügung stehendes Kapital gedeckt sein. Folgende Bilanzkennzahl kommt in Frage:

Deckungsgrad des langfristig gebundenen Vermögens

$$= \frac{\text{Eigenkapital} + \text{langfristiges Fremdkapital}}{\text{Anlagevermögen} + \text{langfristig benötigtes Umlaufvermögen}}$$

Die entsprechende Bilanzstrukturnorm lautet: Diese Kennzahl soll den Wert 1 nicht unterschreiten.

Der unter 4. genannte Einwand bezieht sich auf die Möglichkeit der revolvierenden Finanzierung. Solange sich die Kreditwürdigkeit eines Unternehmens aus der Sicht seiner Kreditgeber nicht verschlechtert, kann es stets einen bestimmten Umfang von Verschuldung beibehalten. Damit ist es auch möglich, auslaufende Kredite durch neue Kreditaufnahme zu ersetzen. Die Gefahr dieser revolvierenden Finanzierung liegt darin, daß eine Verschlechterung der Lage des Unternehmens sich sofort und unmittelbar auf die Liquiditätslage auswirkt, weil die Kreditgeber sich bei der Gewährung neuer Kredite zurückhaltend zeigen. Bei langfristiger Fremdfinanzierung tritt dieser Effekt erst mit zeitlicher Verzögerung ein, so daß zwischenzeitlich Chancen zur Besserung der Lage wahrgenommen werden können.

Die mit der revolvierenden Finanzierung verbundenen Gefahren fallen um so mehr ins Gewicht, je größer ihr Anteil am gesamten Kapital ist. Die in der Praxis gebräuchlichen horizontalen Kapitalstrukturnormen laufen darauf hinaus, revolvierende Finanzierung nicht ganz auszuschließen, aber doch zu begrenzen. So kann z. B. für den Deckungsgrad des langfristig gebundenen Vermögens die Untergrenze nicht bei 1, sondern niedriger, etwa bei 0,8 festgesetzt werden. Das bedeutet dann, daß 20 % des langfristig gebundenen Kapitals revolvierend finanziert werden können, aber nicht mehr.

Horizontale Bilanzstrukturnormen lassen sich ebenso wie vertikale nur mit wesentlichen Einschränkungen theoretisch begründen. Dennoch haben sie ebenfalls große praktische Bedeutung, und zwar aus den gleichen Gründen wie vertikale Bilanzstrukturnormen. Für die externe Beurteilung haben sie den Vorzug, daß man sich auf die Bilanz als verhältnismäßig zuverlässige Informationsquelle stützen kann. Für die Unternehmenspolitik liegt ihre Bedeutung darin, daß es sich um klar durchschaubare und unmittelbar aus finanzwirtschaftlichen Dispositionen ableitbare, somit operationale Zielgrößen handelt.

3.3.4 Der dynamische Verschuldungsgrad

Auf der Grundlage des Jahresabschlusses können Kennzahlen auch gebildet werden, indem man Größen der Bilanz und der Erfolgsrechnung zueinander in Beziehung setzt. Unter der Vielzahl der Kennzahlen, die hier möglich sind, verdient eine im vorliegenden Zusammenhang besondere Beachtung, weil sie ähnlich wie vertikale und horizontale Bilanzkennzahlen als Beurteilungsgrundlage für die zukünftige Liquiditätsentwicklung und für die Kreditfähigkeit dient und damit normativen Charakter für die Finanzierungspolitik annimmt. Es handelt sich um den dynamischen Verschuldungsgrad, der folgendermaßen definiert ist:

$$\text{Dynamischer Verschuldungsgrad} = \frac{\text{Verbindlichkeiten}}{\text{Cash Flow}}$$

Der Cash Flow ist allgemein definiert als der von dem Unternehmen in einer Periode erwirtschaftete Zahlungsüberschuß vor Investitionen oder genauer als Überschuß der zahlungswirksamen Erträge über die zahlungswirksamen Aufwendungen. Diese Größe wird im Jahresabschluß nicht ausgewiesen. Man kann sie aber auf indirekte Weise ermitteln, indem man von der Differenz aller Erträge und Aufwendungen, dem Gewinn also, ausgeht; hierzu werden dann die nicht zahlungswirksamen Aufwendungen addiert, und die nicht zahlungswirksamen Erträge werden subtrahiert. Unter der Annahme, daß die Differenz der nicht zahlungswirksamen Aufwendungen und Erträge mit der Summe aus Abschreibungen und Nettozuwachs der Rückstellungen übereinstimmt, erhält man die Berechnungsformel:

Cash Flow = Gewinn + Abschreibungen + Nettozuwachs der Rückstellungen

Der auf indirektem Wege berechnete Cash Flow wird zur Ermittlung des dynamischen Verschuldungsgrades noch um außerordentliche Erträge (= Einzahlungen) und Aufwendungen (= Auszahlungen) bereinigt. Der dynamische Verschuldungsgrad gibt an, in welcher Zeit die Verbindlichkeiten aus dem Cash Flow getilgt werden könnten. Vorausgesetzt wird dabei, daß der Cash Flow von Jahr zu Jahr unverändert bleibt. Deswegen wird der Cash Flow auch um außerordentliche Erträge und Aufwendungen, mit deren regelmäßigem Anfall nicht zu rechnen ist, bereinigt.

Die Orientierung an dieser Kennzahl beruht auf dem richtigen Grundgedanken, daß im Cash Flow das Potential des Unternehmens zur Tilgung von Verbindlichkeiten liegt. Tendenziell ist sicherlich richtig, daß mit wachsendem dynamischem Verschuldungsgrad die Gefahr von Liquiditätsschwierigkeiten größer wird. Als Beurteilungsmaßstab hat der dynamische Verschuldungsgrad jedoch erhebliche Mängel, weil wesentliche Faktoren unberücksichtigt bleiben. Mögliche Veränderungen des Cash Flow werden in der Kennzahl nicht erfaßt. Außer Betracht bleibt auch, in welchem Umfang Ersatzinvestitionen erforderlich sind. Werden diese Ersatzinvestitionen aus dem Cash Flow finanziert, so mindert sich das Potential zur Tilgung von Verbindlichkeiten; werden sie hingegen unterlassen, so ist fraglich, ob weiterhin ein gleichbleibender Cash Flow erzielt werden kann.

Ebenso wie für den Verschuldungsgrad als vertikale Bilanzkennzahl läßt sich auch für den dynamischen Verschuldungsgrad keine bestimmte Obergrenze als

Norm zwingend begründen. Wenn Kreditgeber bestimmte Normen setzen, beispielsweise 3 oder 4 Jahre, so handelt es sich um Konventionen, ebenso wie bei anderen Bilanzstrukturnormen. Zum Sinn solcher Konventionen und zu ihrer Bedeutung für die Finanzierungspolitik der Unternehmen kann auf die Ausführungen in den vorausgehenden Abschnitten verwiesen werden.

3.4 Kapitalflußrechnung und Planbilanzen

3.4.1 Bewegungsbilanz und Kapitalflußrechnung

In der langfristigen Finanzplanung wird ein allgemeiner Rahmen für die Investitions- und Finanzierungstätigkeit eines mehrjährigen Zeitraumes festgelegt. Die Erhaltung der Liquidität als Grundbedingung der finanzwirtschaftlichen Planung wird dabei nicht direkt durch Planung von Zahlungsströmen, sondern indirekt durch Beachtung von Bilanzstrukturnormen gesichert. Bevorzugtes Instrument der langfristigen Finanzplanung sind daher Planbilanzen. Die finanzwirtschaftlichen Vorgänge können dabei in Bewegungsbilanzen oder Kapitalflußrechnungen erfaßt werden, die die aufeinanderfolgenden Bilanzen miteinander verknüpfen.

Die Bilanz gibt ein auf einen Stichtag bezogenes Zustandsbild über das Vermögen und die Verbindlichkeiten des Unternehmens. Aus finanzwirtschaftlicher Sicht kann man dieses Zustandsbild so interpretieren, daß die Aktivseite der Bilanz eine Übersicht über das in den einzelnen Vermögensposten gebundene Kapital darstellt, während aus der Passivseite hervorgeht, inwieweit dieses Kapital durch Kreditaufnahme aufgebracht wurde und inwieweit es den Anteilseignern zuzurechnen ist.

Betrachtet man die Bilanzen am Anfang und am Ende einer Periode, so kann die Veränderung, die während der Periode eingetreten ist, als Ergebnis finanzwirtschaftlicher Dispositionen während der Periode aufgefaßt werden. Auf die einfachste Form gebracht, lassen sich vier Arten von Veränderungen unterscheiden:

1. Zunahme von Aktivposten: Erhöhung der Kapitalbindung
2. Abnahme von Aktivposten: Kapitalfreisetzung
3. Zunahme von Passivposten: Zuführung von Kapital (extern durch Aufnahme von Krediten oder Beteiligungskapital oder intern durch Einbehaltung von Gewinnen und Bildung von Rückstellungen)
4. Abnahme von Passivposten: Rückzahlung von Krediten oder Kapitaleinlagen, Gewinnausschüttung, Auflösung von Rückstellungen

Kapitalfreisetzung und Zuführung von Kapital bilden die Quelle der Mittel, über die während der Periode disponiert worden ist; in der Erhöhung der Kapitalbindung und der Rückzahlung von Krediten und Kapitaleinlagen schlägt sich die Verwendung dieser Mittel nieder. Man kann daher die Abnahme von Aktivposten und die Zunahme von Passivposten unter der Bezeichnung „Mittelherkunft", die Zunahme von Aktivposten und die Abnahme von Passivposten unter der Bezeichnung „Mittelverwendung" zusammenfassen. Diese Bezeichnungen sind nicht unproblematisch, weil sich nicht alle Veränderungen von Bilanzposten ohne weiteres in diesem Sinn interpretieren lassen. Hinzu kommt, daß in den Veränderungen der Bilanzposten nur die Salden der Zu- und Abgänge zum Ausdruck kommen, Mittelherkunft und Mittelverwendung also nicht in voller Höhe erfaßt werden.

Da in beiden aufeinanderfolgenden Bilanzen die Summe der Aktiva mit der der Passiva übereinstimmt, gilt auch:

Zunahme von Aktivposten – Abnahme von Aktivposten
= Zunahme von Passivposten – Abnahme von Passivposten

Daraus folgt:

Zunahme von Aktivposten + Abnahme von Passivposten
= Zunahme von Passivposten + Abnahme von Aktivposten

und somit:

Mittelverwendung = Mittelherkunft.

Die aus der Differenz zweier aufeinanderfolgender Bilanzen abgeleitete Gegenüberstellung von Mittelherkunft und Mittelverwendung wird als Bewegungsbilanz bezeichnet. Die Ableitung einer Bewegungsbilanz soll an einem Beispiel gezeigt werden (Tabelle 3.9).

Tabelle 3.9

| | Bilanz zum 31. 12. 93 | | Bilanz zum 31. 12. 94 | | Bewegungsbilanz 1994 | |
	Aktiva	Passiva	Aktiva	Passiva	Mittelver-wendung	Mittel-herkunft
Anlagen	450		510		60	
Warenvorräte	110		120		10	
Forderungen	60		40			20
Zahlungsmittel	50		30			20
Eigenkapital		400		430		30
Gewinn 1993		10			10	
Gewinn 1994				20		20
Langfristige Verbindlichkeiten		200		175	25	
Kurzfristige Verbindlichkeiten		60		75		15
	670	670	700	700	105	105

Aus der Gegenüberstellung geht hervor, daß zusätzliche Mittel in den Anlagen und Warenvorräten gebunden wurden und daß Mittel zur Ausschüttung des Gewinns 1993 und zur Tilgung langfristiger Verbindlichkeiten verwendet wurden. Aufgebracht wurden diese Mittel aus Kapitalfreisetzungen bei den Forderungen, durch Zuführung von Eigenkapital, durch Erhöhung der kurzfristigen Verbindlichkeiten, aus dem Gewinn 1994 und aus dem Zahlungsmittelbestand. Man erhält allerdings nur ein unvollkommenes Bild von Mittelherkunft und Mittelverwendung, weil die Änderung jedes einzelnen Bilanzpostens nur den Saldo aller Zuflüsse und Abflüsse bildet. Durch Einbeziehung der Gewinn- und Verlustrechnung läßt sich ein vollständigerer Überblick gewinnen. Man kann damit die Bewegungsbilanz zu einer Kapitalflußrechnung ausbauen. Für den Beispielsfall kann sich folgende Übersicht ergeben (Tabelle 3.10).

Tabelle 3.10

	Bewegungsbilanz 1994		Gewinn- u. Verlustrechnung 1994		Kapitalflußrechnung 1994	
	Zunahme von Aktiva Abnahme von Passiva	Abnahme von Aktiva Zunahme von Passiva	Aufwand	Ertrag	Mittelverwendung	Mittelherkunft
Anlagen						
Zugang	100				100	
Abschreibungen		40	40			
Warenvorräte	10				10	
Forderungen		20				20
Zahlungsmittel		20				20
Eigenkapital		30				30
Gewinn 1994		20	20			
Gewinn 1993	10				10	
Langfristige Verbindlichkeiten	25				25	
Kurzfristige Verbindlichkeiten		15				15
Umsatzerlöse				200		200
Aufwand (ohne Abschreibungen)			140		140	
	145	145	200	200	285	285

In der als Kapitalflußrechnung bezeichneten Spalte sind Bewegungsbilanz und Gewinn- und Verlustrechnung zusammengefaßt. Dadurch wird die Möglichkeit eröffnet, die Bewegungen zwischen einzelnen Vermögensarten, insbesondere zwischen Geld- und Sachvermögen, deutlicher herauszustellen. Abschreibungen und Gewinn werden eliminiert; hierbei handelt es sich um rein rechnerische Größen, die direkt keinen Mittelzufluß darstellen; der tatsächlich dahinterstehende Mittelzufluß ist in Form der Differenz zwischen Umsatzerlösen und Aufwendungen (ohne Abschreibungen) erfaßt. Unter den sehr vereinfachten Annahmen des Beispiels sind keine anderen Größen zu eliminieren; unter den meist komplizierteren Voraussetzungen der Realität ergeben sich noch weitere Aufrechnungen, insbesondere im Zusammenhang mit der Bildung und Auflösung von Rückstellungen. Die Interpretation als Kapitalflußrechnung wird deutlicher, wenn man die einzelnen Posten nach vier Bereichen ordnet (BUSSE VON COLBE 1968, S. 22):

Kapitalflußrechnung

	Mittelverwendung	Mittelherkunft	Saldo
Umsatzbereich			
Umsatzerlöse		200	
Aufwendungen (ohne Abschreibungen)	140		
Erhöhung der Warenvorräte	10		
	150	200	50
Anlagenbereich			
Anlagenzugang	100		−100
Bereich langfristiger Finanzierung			
Eigenkapitalerhöhung		30	
Entnahme des Gewinns aus dem Vorjahr	10		
Rückzahlung langfristiger Verbindlichkeiten	25		
	35	30	− 5
Geldbereich			
Abnahme der Zahlungsmittel		20	
Abnahme der Forderungen		20	
Zunahme der kurzfristigen Verbindlichkeiten		15	
		55	55
			0

Zur Interpretation der Kapitalflußrechnung sind vor allem die unter der Bezeichnung „Geldbereich" zusammengefaßten Posten von Bedeutung; sie bilden insgesamt das kurzfristige Netto-Geldvermögen. Die Definition dafür ist:

Kurzfristiges Netto-Geldvermögen = Zahlungsmittel + kurzfristige Forderungen
– kurzfristige Verbindlichkeiten.

Im Zusammenhang mit der Kapitalflußrechnung spricht man von einem Fonds, dessen Aufbringung und Verwendung nachgewiesen wird. Im vorliegenden Beispiel geht es um den Fonds des kurzfristigen Netto-Geldvermögens. Das Ergebnis der Rechnung kann so interpretiert werden: Aus dem Umsatzbereich hat es einen Nettozufluß zum Fonds in Höhe von 50 gegeben; Fondsmittel in Höhe von 100 sind in den Anlagenbereich geflossen; im Bereich langfristiger Finanzierung überwiegen die Abflüsse gegenüber den Zuflüssen um den Betrag 5. Insgesamt ergibt sich eine Minderung des Fonds um 55.

Eine genauere Betrachtung zeigt allerdings, daß diese als Fondsrechnung verstandene Kapitalflußrechnung auch noch gewisse Mängel hat. Zum einen handelt es sich bei den aus der Bewegungsbilanz übernommenen Größen um Salden; die Abnahme der langfristigen Verbindlichkeiten um 25 z. B. ist der Saldo aus Tilgung und Neuaufnahme. Zum anderen können in der Kapitalflußrechnung noch Größen enthalten sein, die den Fonds gar nicht berühren. Eine Abnahme der Warenvorräte kann z. B. durch Abschreibungen bedingt sein; dem entspricht dann kein Zufluß im Geldbereich, sondern ein Aufwand, der im Umsatzbereich verbucht ist. Durch Auswertung zusätzlicher Informationen sind Verfeinerungen der Rechnung möglich. Eine vollständige und eindeutige Übersicht über Abflüsse und Zuflüsse des Fonds erhält man allerdings nur durch Erfassung aller Buchungen auf Fondskonten, deren Gegenbuchung auf Konten außerhalb des Fonds liegt (den sog. Gegenbestandskonten). Aus dem Jahresabschluß lassen sich diese Informationen nicht entnehmen; es muß von vornherein bei der Verbuchung auf den Konten ein Auswertungsprogramm für die Kapitalflußrechnung vorgesehen werden. Dem externen Bilanzanalytiker sind diese Informationen nicht zugänglich.

Die Kapitalflußrechnung wird meist auf das kurzfristige Netto-Geldvermögen als Fonds bezogen. Es kann aber auch ein anderer Fonds gewählt werden, z. B. die Zahlungsmittel.

Die Interpretation der Bewegungsbilanz beruht ganz auf der Vorstellung, daß in den einzelnen Bilanzposten Kapital gebunden und wieder freigesetzt wird; auf die Schwächen dieses Erklärungsansatzes wurde bereits hingewiesen. Die Kapitalflußrechnung ist anders zu interpretieren. Hier werden die Zu- und Abflüsse eines Fonds systematisch geordnet und dargestellt. Die Bemessung der Zu- und Abflüsse ist nur insoweit bewertungsabhängig, als in die Messung der einzelnen Fondsbestandteile Bewertungen eingehen. Beim kurzfristigen Netto-Geldvermögen ist das nur in geringem Maße der Fall. Allerdings hängt von den Bewertungs- und Aktivierungsregeln der Bilanz ab, welchem Bereich der Gegenbestandskonten ein Vorgang zugerechnet wird. So hängt z. B. von der Aktivierung oder Nichtaktivierung einer Auszahlung ab, ob sie dem Umsatzbereich oder dem Anlagenbereich zugeordnet wird. Es wurde bereits erörtert, daß die Abgrenzung zwischen laufenden Auszahlungen und Investitionsauszahlungen nicht eindeutig getroffen werden kann. In der Kapitalfluß-

rechnung erfolgt die Aufteilung in Anlehnung an die Aktivierungs- und Bewertungsregeln der Bilanz.

3.4.2 Die Kapitalflußrechnung als Planungsinstrument

Als retrospektive Rechnung stützt sich die Kapitalflußrechnung auf Buchhaltung und
Jahresabschluß. Auf dieser Grundlage liefert sie Informationen über Vorgänge, die
im Betrachtungszeitraum den jeweils betrachteten Fonds verändert haben. Als zu-
kunftsgerichtete Rechnung kann die Kapitalflußrechnung zum Planungsinstrument
ausgestaltet werden. Ausgangspunkt ist dann die Planung des Unternehmens. Aus
dieser ist abzuleiten, welche Zu- und Abflüsse im Fonds zu erwarten sind. Daraus
ergibt sich dann die Kapitalflußrechnung, die wieder die Grundlage für die Prognose
zukünftiger Bilanzen sein kann. Es handelt sich um ein Planungsverfahren zur Erfassung der finanzwirtschaftlich wichtigen Vorgänge während einer Periode und zur
Prognose der durch die Bilanz erfaßten finanzwirtschaftlichen Lage am Ende der
Periode.

Geht man von einer in Umsatzbereich, Anlagenbereich, Bereich langfristiger
Finanzierung und Geldbereich gegliederten Kapitalflußrechnung aus, so ist im Rahmen der langfristigen Planung zu bestimmen, wie sich die vorgesehenen Maßnahmen, insbesondere Investitionen und Finanzierungsmaßnahmen auf die Bewegungen
in und zwischen diesen Bereichen auswirken. Investitionen sind zunächst Abgänge
im Geldbereich und Zugänge bei den Anlagen. Die durch Investitionen geschaffenen
Kapazitäten bewirken weiterhin Änderungen im Umsatzbereich. Zum einen werden
höhere Umsatzerlöse ermöglicht, zum anderen wachsen mit der erhöhten Leistungserstellung auch die Aufwendungen. In den Aufwendungen sind, da bei der hier dargestellten Form der Rechnung nicht nach Finanz- und Leistungsbereich getrennt
wird, auch Zinsen und Steuern enthalten, nicht aber Abschreibungen und andere zah-
lungsunwirksame Aufwendungen. Die so ermittelte Differenz zwischen Umsatzerlösen und zahlungswirksamen Aufwendungen ergibt somit den Cash Flow nach Zinsen und Steuern. Wachsende Leistungserstellung und Umsatzerlöse bedingen weiterhin in der Regel auch erhöhte Vorräte.

Im Bereich der langfristigen Finanzierung sind zum einen alle Finanzierungsmaßnahmen planerisch zu erfassen, Aufnahme von Krediten ebenso wie Zuführung
von Eigenkapital. Auf der Seite der Mittelverwendung sind Tilgungszahlungen, Ge-
winnentnahmen bzw. -ausschüttungen, gegebenenfalls auch Rückzahlungen von Eigenkapital anzusetzen. Schließlich ist noch der Geldbereich zu berücksichtigen. Eine
Erhöhung der Umsatztätigkeit wird hier mit erhöhten Forderungen und Verbindlichkeiten verbunden sein; möglicherweise wird man auch höhere Bestände an Zahlungsmitteln halten müssen.

Eine zukunftsorientierte Kapitalflußrechnung, deren Zustandekommen hier beispielhaft für den Fall wachsender Kapazitäten und Umsatzerlöse erläutert wurde, läßt
sich in entsprechender Weise auch für stagnierende oder schrumpfende Unternehmen
aufstellen. Auf jeden Fall müssen sich in der Kapitalflußrechnung Mittelherkunft und
Mittelverwendung ausgleichen. Der Vorzug des Rechenverfahrens liegt darin, daß es
dazu zwingt, alle Dispositionen so aufeinander abzustimmen, daß dieser Ausgleich
erreicht wird.

Hat man eine ausgeglichene Kapitalflußrechnung, so lassen sich daraus unter zusätzlicher Berücksichtigung der Abschreibungen und anderer zahlungsunwirksamer Aufwendungen gemäß dem Rechenschema in Abschnitt 3.4.1 Gewinn- und Verlustrechnung und Bewegungsbilanz für den gleichen Zeitraum ableiten. Geht man von einer gegebenen Anfangsbilanz aus, so erhält man daraus mit Hilfe der Bewegungsbilanz die Planbilanz für das Ende des Zeitraums. Erstreckt sich die Planung über mehrere Perioden, für die jeweils eine Kapitalflußrechnung aufgestellt wird, so kann man in entsprechender Weise eine Reihe von Bewegungsbilanzen und Planbilanzen aufstellen.

Das beschriebene Planungsverfahren führt zum einen, wie bereits erörtert, zu einem nach Mittelherkunft und Mittelverwendung ausgeglichenen Plan, zum anderen hat die Entwicklung von Planbilanzen den Vorzug, daß das Ergebnis unter dem Gesichtspunkt von Bilanzstrukturnormen beurteilt werden kann. Sind gewisse Grundentscheidungen über Bilanzstrukturnormen getroffen worden, etwa über einen maximalen Verschuldungsgrad oder über die Beachtung gewisser horizontaler Deckungsregeln, so ist aus der Planungsrechnung zu ersehen, ob diese Normen eingehalten oder verletzt werden. Sind die Regeln verletzt, so ist die Planung zu modifizieren, durch Einplanung anderer Finanzierungsmaßnahmen oder auch durch Reduzierung des Investitionsprogramms.

Langfristige Planungen und Planungsrechnungen bedürfen stets der Überwachung und Revision, wenn sich die Gegebenheiten anders entwickeln als bei der Planung vorausgesetzt wurde. Dies gilt auch für Kapitalflußrechnungen und Planbilanzen. Im allgemeinen wird man in regelmäßigen Abständen, etwa jährlich, die Planung überprüfen und dem neuen Erkenntnisstand anpassen; daneben können aber auch besondere Ereignisse die bisherige Planung als überholt erscheinen lassen und damit Anlaß zu einer außerordentlichen Planrevision bieten. Wesentlich ist, daß man sich schon bei der Planaufstellung darüber klar ist, daß Planrevisionen sich in Zukunft als notwendig oder auch nur zweckmäßig erweisen können. Um dem Rechnung zu tragen, wird man die Planung so anlegen, daß spätere Anpassungen erleichtert werden. Im Finanzierungsbereich ist vor allem von Bedeutung, daß zukünftige Finanzierungsspielräume offengehalten werden. Die Einhaltung von Bilanzstrukturnormen, die den Anforderungen potentieller Kreditgeber entsprechen, dient in diesem Zusammenhang dazu, ein Potential der Kreditaufnahme zu erhalten. Eine Beschränkung des Verschuldungsgrades erleichtert ebenfalls zukünftige Anpassungsmaßnahmen, weil zeitweilige Liquiditätsengpässe und Verluste bei guter Ausstattung mit Eigenkapital leichter überwunden werden können.

3.5 Kurzfristige Finanzplanung

3.5.1 Kurzfristige Zahlungspläne

Für die kurzfristige Finanzplanung sind die grundlegenden Relationen zwischen Mittelherkunft und Mittelverwendung durch die langfristige Planung vorgegeben. Es geht dann darum, in diesem Rahmen die Zahlungsvorgänge im einzelnen zu erfassen und aufeinander abzustimmen. Damit rückt die zahlungsbezogene Betrachtungsweise in den Vordergrund. Grundsätzlich geht es um die gleichen Vorgänge wie bei der langfristigen Finanzplanung. Kurzfristig können die einzelnen Planungsgrößen aber stärker aufgegliedert und in ihrem zeitlichen Ablauf genauer erfaßt werden. Die Liquidität kann am besten durch eine möglichst zeitpunktgenaue Planung der Ein- und Auszahlungen gesichert werden.

Ein kurzfristiger Finanzplan ist somit ein Zahlungsplan. Die einzelnen Zahlungsarten werden danach erfaßt, zu welchen Zeitpunkten oder in welchen Teilperioden des Planungszeitraums sie anfallen. Die Gliederung der Zahlungsarten kann in verschiedener Weise erfolgen; eine Möglichkeit ist, sich an die Gliederung der Kapitalflußrechnung in der langfristigen Planung anzulehnen; dies erleichtert die Abstimmung beider Planungsrechnungen aufeinander. Im folgenden Beispiel entspricht die Gliederung der Zahlungsarten der Kapitalflußrechnung in Abschnitt 3.4.1.

Kurzfristiger Finanzplan (für 12 Monate)

Zahlungen	1. Monat	2. Monat	3. Monat
Umsatzbereich			
+ Umsatzerlöse			
– Auszahlungen für Aufwendungen (einschl. Steuern)			
Anlagenbereich			
– Auszahlungen für Investitionen			
+ Erlöse aus Anlagenverkäufen			
Bereich langfristiger Finanzierung			
+ Eigenkapitalerhöhung			
– Gewinnentnahmen			
+ Aufnahme langfristiger Kredite			
– Rückzahlung langfristiger Kredite			
Geldbereich			
+ Aufnahme kurzfristiger Kredite			
– Rückzahlung kurzfristiger Kredite			
= Zunahme (+) bzw. Abnahme (–) des Bestandes an Zahlungsmitteln			
+ Zahlungsmittelbestand am Ende des Vormonats			
= Zahlungsmittelbestand am Monatsende			

Da in diesem Schema im Unterschied zur Kapitalflußrechnung nur Zahlungen erfaßt sind, werden im Umsatzbereich nicht Erträge und Aufwendungen, sondern die damit zusammenhängenden Zahlungsein- und -ausgänge geplant. Zwischen Erträgen und Aufwendungen einerseits und Zahlungsein- und -ausgängen andererseits gibt es zeitliche Verschiebungen, die sich in Veränderungen von Kundenforderungen, Lieferantenverbindlichkeiten und Vorräten niederschlagen. Notwendige Bedingung für die Sicherung der Liquidität in der kurzfristigen Finanzplanung ist, daß die Auszahlungen jeder Periode durch Einzahlungen und Kassenbestände gedeckt werden. Die kumulierten Ein- und Auszahlungen ergeben die Veränderungen des Zahlungsmittelbestandes, der zu keinem Zeitpunkt negativ werden darf.

Die Planung der Zahlungen wäre hinreichend für die Sicherung der Liquidität, wenn es gelänge, alle Zahlungen vollständig, betragsgenau und zeitpunktgenau im voraus zu bestimmen. Das ist jedoch nicht möglich, da für eine unsichere Zukunft geplant wird. Zur Sicherung der Liquidität bedarf es daher zusätzlich der ständigen Überwachung des Planvollzugs, laufender Dispositionen zum Ausgleich von Planabweichungen und regelmäßiger Planrevisionen zur Anpassung an Änderungen des Informationsstandes.

Für praktische Zwecke ist tagesgenaue Planung im allgemeinen die bestmögliche, aber auch völlig hinreichende Annäherung an das Ideal der zeitpunktgenauen Planung. Allerdings wird für die praktische Planung häufig ein gröberes Zeitraster gewählt. Im Beispiel wurde als kleinste Planungsperiode der Monat angesetzt; es kann auch für halbe Monate, Dekaden oder Wochen geplant werden. Man verzichtet damit auf zeitpunktgenaue Planung, weil bei vielen Zahlungen Ungewißheit hinsichtlich Höhe und Zeitpunkt besteht. Bei Betrachtung eines etwas längeren Zeitraums lassen sich manche Zahlungen besser schätzen, weil zufallsbedingte Schwankungen sich ausgleichen.

Im allgemeinen läßt sich um so genauer planen, je geringer der zeitliche Abstand zu dem jeweiligen Vorgang ist. Dies legt nahe, mit einem variablen Zeitraster zu arbeiten, also etwa nach Dekaden für den ersten Monat, nach Monaten für die verbleibenden Monate des ersten Quartals und nach Quartalen für den Rest des Jahres. Bei dieser Verfahrensweise muß neben der regelmäßigen Anpassung des Plans an neue Informationsstände stets auch mit dem Fortschreiten der Zeit eine Verfeinerung des Planungsrasters für die jeweils nähere Zukunft vorgenommen werden. So können z. B. Plan und Zeitraster bei monatlicher Planrevision in folgender Weise fortgeschrieben werden:

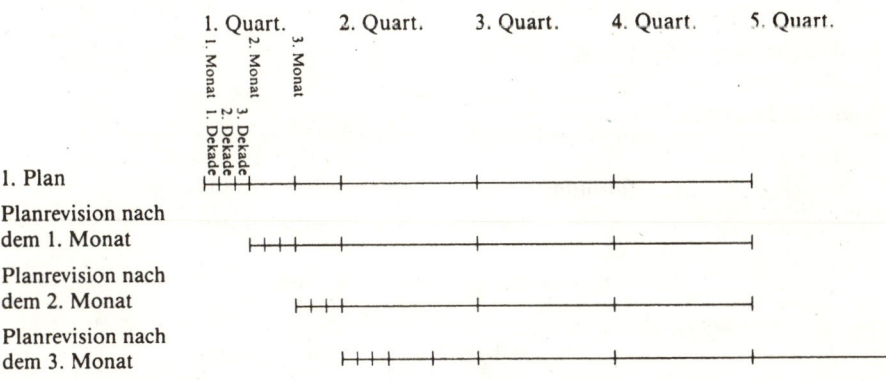

Die Markierungen auf der Zeitachse geben Teilperioden an, für die jeweils geplant wird. Die gesamte Planungsperiode umfaßt ein Jahr; am Ende jedes Monats wird die Planung für den folgenden Monat nach Dekaden gegliedert, entsprechend am Ende jedes Quartals für das folgende Quartal nach Monaten. Außerdem wird am Ende jedes Quartals der Planungszeitraum um ein Quartal in die Zukunft erweitert, so daß er wieder ein volles Jahr umfaßt. Man bezeichnet diese Verfahrensweise als „rollende Planung"; die regelmäßige Revision führt dabei zu einem System sich zeitlich überschneidender Pläne.

Wenn man auf zeitpunktgenaue, d. h. für praktische Zwecke tagesgenaue Planung der Zahlungen verzichtet, muß die kurzfristige Finanzplanung noch durch laufende Dispositionen ergänzt werden, durch die der tägliche Ausgleich von Ein- und Auszahlungen gesichert wird. Hierfür kann z. T. auf verfügbare Informationen zurückgegriffen werden, die bei der kurzfristigen Finanzplanung wegen ihres weiteren Zeitrasters nicht voll berücksichtigt werden. Bei manchen Zahlungen sind genaue Termine bekannt, z. B. Termine für Lohn-, Steuer-, Zins- und Tilgungszahlungen. Bei anderen Zahlungen ist man auf ungefähre Schätzungen angewiesen. Bei den Einzahlungen aus Umsatzerlösen kann man sich z. B. auf die zeitlich im allgemeinen vorhergehenden Verkäufe und auf Erfahrung beruhende Wahrscheinlichkeiten für die in Anspruch genommenen Zahlungsziele stützen (sog. Verweilzeitverteilungen). Unvermeidlich ist, daß man bei den täglichen Dispositionen mit Unsicherheit und Überraschungen zu rechnen hat. Bei der kurzfristigen Finanzplanung ist deswegen darauf zu achten, daß stets genügend Dispositionsspielraum verbleibt, um Schwankungen der Zahlungsströme auszugleichen. Dispositionsspielraum wird vor allem durch Reserven an Zahlungsmitteln, kurzfristig liquidierbare Aktiva und durch kurzfristig verfügbare Kredite geschaffen.

3.5.2 Bilanzkennzahlen zur kurzfristigen Liquiditätsbeurteilung

In der kurzfristigen Finanzplanung steht die direkte Planung von Zahlungen im Vordergrund. Daneben können aber auch bilanzbezogene Gesichtspunkte eine Rolle spielen. Es gibt Bilanzkennzahlen, mit deren Hilfe man versucht, ein Urteil über die kurzfristige Liquiditätsentwicklung zu gewinnen. Man stützt sich dabei darauf, daß in der Bilanz einerseits kurzfristige Zahlungsverpflichtungen, andererseits Mittel zur Deckung dieser Zahlungsverpflichtungen ausgewiesen sind. Folgende Kennzahlen sind gebräuchlich:

$$\text{Liquidität 1. Grades} = \frac{\text{Zahlungsmittel}}{\text{kurzfristige Verbindlichkeiten}}$$

$$\text{Liquidität 2. Grades} = \frac{\text{Zahlungsmittel} + \text{sonstige kurzfristige Forderungen}}{\text{kurzfristige Verbindlichkeiten}}$$

$$\text{Liquidität 3. Grades} = \frac{\text{Zahlungsmittel} + \text{sonstige kurzfristige Forderungen} + \text{Vorräte}}{\text{kurzfristige Verbindlichkeiten}}$$

Alle drei Kennzahlen geben an, in welchem Umfang die kurzfristigen Verbindlichkeiten am Bilanzstichtag gedeckt sind, und zwar durch Zahlungsmittel und bei der zweiten und dritten Kennzahl darüber hinaus durch andere Vermögensgegenstände, bei denen in Kürze mit Freisetzung des darin gebundenen Kapitals gerechnet werden kann. Wenn für diese Kennzahlen die Einhaltung bestimmter Normwerte als Untergrenzen gefordert wird, so steht dahinter das in Abschnitt 3.3.3 behandelte Prinzip der fristenkongruenten Finanzierung. Aus der dort formulierten allgemeinen Regel

$$\sum_{j=1}^{i} A_j \leqq \sum_{j=1}^{i} P_j \qquad (i=1,\ldots,n-1)$$

folgt, da stets

$$\sum_{j=1}^{n} A_j = \sum_{j=1}^{n} P_j$$

gilt, die Ungleichung

$$\sum_{j=1}^{n} A_j - \sum_{j=1}^{i} A_j \geqq \sum_{j=1}^{n} P_j - \sum_{j=1}^{i} P_j \qquad (i=1,\ldots,n-1)$$

und folglich

$$\sum_{j=i+1}^{n} A_j \geqq \sum_{j=i+1}^{n} P_j \qquad (i=1,\ldots,n-1)$$

Also: Die Summe aller Passiva mit der der Klasse i entsprechenden oder niedrigeren Fristigkeit darf nicht größer sein als die Summe aller Aktiva mit der der Klasse i entsprechenden oder niedrigeren Kapitalbindungsdauer.

Setzt man z. B. für die Passiva niedrigster Fristigkeit die kurzfristigen Verbindlichkeiten ein, für die entsprechenden Aktiva die Zahlungsmittel und kurzfristigen Forderungen, so ergibt sich für die Liquidität 2. Grades, daß der Nenner nicht größer sein darf als der Zähler, die Kennzahl selber somit nicht kleiner als 1. Aus Sicherheitsgründen kann die Norm auch höher angesetzt werden. Entsprechend lassen sich auch die beiden anderen Kennzahlen im Sinne des Prinzips der Fristenkongruenz interpretieren.

Bei genauerer Betrachtung erkennt man allerdings, daß die Kennzahlen nur wenig geeignet sind, Schlüsse auf die kurzfristige Liquiditätsentwicklung zu ermöglichen. Zum einen enthalten die kurzfristigen Verbindlichkeiten keineswegs alle kurzfristig von dem Unternehmen zu leistenden Zahlungen; nach dem Bilanzstichtag kann eine Fülle von Zahlungsverpflichtungen auf das Unternehmen zukommen, die in der Bilanz nicht enthalten sind (z. B. Löhne, Mieten, Steuern usw.); hinzu kommen Zahlungen, die zur Aufrechterhaltung des Betriebs unumgänglich sind, ohne daß eine rechtliche Verpflichtung besteht (z. B. Wareneinkäufe, Zahlungen für Wartungs- und Reparaturarbeiten). Auf der anderen Seite erfassen die Kennzahlen nicht direkt die wichtigste Quelle, aus der Mittel zur Bestreitung der erforderlichen Auszahlungen fließen, nämlich die laufend erzielten Umsatzerlöse; erfaßt werden nur die Vorräte, wobei unberücksichtigt bleibt, zu welchem Zeitpunkt und in welcher Höhe sie zu Umsatzerlösen führen.

Trotz dieser Mängel werden bilanzielle Liquiditätskennzahlen nicht selten zur externen Beurteilung von Unternehmen mitherangezogen, vor allem durch Kreditgeber. Zwar könnte die Einsicht in die Finanzplanung des Unternehmens, die alle zu erwartenden Ein- und Auszahlungen erfaßt, weit bessere Informationen liefern. Abgesehen davon, daß diese Einsicht nicht ohne weiteres gewährt wird, haben die Zahlen der Finanzplanung den Nachteil, daß es sich um schwer überprüfbare und daher auch manipulierbare Prognosegrößen handelt. Bilanzielle Kennzahlen beruhen weitgehend auf überprüfbaren Vergangenheitsdaten und sind daher aus der Sicht des externen Kreditgebers zuverlässiger als Planungszahlen. Die Konsequenz ist, daß die Liquiditätskennzahlen bei der Planung im Hinblick auf die Einhaltung der Kreditfähigkeit beachtet werden müssen, obwohl sie zur Lösung der Planungsaufgabe, der Abstimmung aller Zahlungen im Zeitablauf, kaum etwas beitragen.

3.6 Finanzkontrolle

Finanzkontrolle ist zunächst Kontrolle des Planungsvollzugs. Abweichungen vom geplanten Verlauf sollten möglichst frühzeitig festgestellt werden, damit die erforderlichen Konsequenzen für die laufenden Dispositionen und die Planrevision getroffen werden können. Diese Kontrolle erfolgt zum einen durch Gegenüberstellung von Plan- und Istzahlen, zum anderen durch Beobachtung von Vorgängen und Beständen, die bereits im voraus die Entstehung von Planabweichungen erkennen lassen. So läßt sich etwa die Entwicklung von Auftragseingängen oder Verkäufen Schlüsse auf die mit zeitlicher Verzögerung daraus resultierenden Einzahlungen zu; Änderungen von Beschaffungspreisen, des Produktionsvolumens und der Beschaffungspolitik lassen Änderungen von Auszahlungen im voraus erkennen.

Ebenso wie die zahlungsbezogene kurzfristige Finanzplanung ist auch die bilanzbezogene langfristige Finanzplanung im laufenden Vollzug zu kontrollieren und, falls erforderlich, zu revidieren. Die Kontrolle erfolgt zum einen durch den Vergleich von Plan- und Ist-Bilanzen und durch Analyse der Abweichungen zwischen ihnen. Dies ist allerdings erst nach Erstellung des jeweiligen Jahresabschlusses möglich. Eine Kontrolle mit geringerer zeitlicher Verzögerung ist auf der Grundlage der Kapitalflußrechnung möglich. Die wichtigsten Posten der Kapitalflußrechnung wie Umsatzerlöse, Aufwendungen, Investitionen und Kredite können in kürzeren Abständen, etwa monats- oder quartalsweise erfaßt werden; dann wird schon frühzeitig erkennbar, ob die Vorgaben der in einer prospektiven Kapitalflußrechnung niedergelegten langfristigen Finanzplanung eingehalten werden können.

Finanzkontrolle dient aber nicht nur der Kontrolle des Planungsvollzugs; daneben soll sie auch unwirtschaftliche und fehlerhafte Dispositionen aufdecken und damit dazu beitragen, daß sie in Zukunft vermieden werden. Es geht zum einen um die Kontrolle von Dispositionen im Finanzbereich selber, zum anderen von Dispositionen im Leistungsbereich, die sich im Finanzbereich unmittelbar auswirken. Zur Kontrolle kurzfristiger Finanzdispositionen ist vor allem eine laufende Überwachung des Zahlungsverkehrs sowie bestimmter Bestandspositionen erforderlich. Bei der Zahlungsabwicklung ist zu überprüfen, ob es gelingt, Zahlungen möglichst termingenau zu leisten, einerseits nicht zu früh, andererseits aber auch nicht verspätet, da dies zu Verzugszinsen, Skontoverlust und auf die Dauer zu einer Schädigung des Rufs des Unternehmens führen kann. Bei den Beständen ist zu überwachen, welche Kredite in Anspruch genommen werden, ob Kreditlinien überzogen werden, andererseits aber auch, ob die Bestände an Zahlungsmitteln und geldnahen Aktiva wie Schecks und Wechsel den Rahmen notwendiger Reservehaltung nicht übersteigen.

Im Leistungsbereich unterliegen vor allem Einkaufs- und Verkaufsdispositionen der Kontrolle aus finanzwirtschaftlicher Sicht; hier sind Beschaffung und Lagerhaltung auf ihre Vereinbarkeit mit der Finanzplanung zu überwachen, weiter die Zahlungsbedingungen, die vereinbart werden, sowie die Bonität der Außenstände, die von der Sorgfalt der Verkaufsabteilung bei Gewährung von Kundenkrediten abhängt. Allgemein ist wichtig, daß die Finanzabteilung zuverlässig und rechtzeitig über die Dispositionen im Leistungsbereich informiert wird, die sich in Zahlungsvorgängen auswirken, z. B. Einstellung oder Entlassung von Arbeitskräften, Preisänderung.

Ein wichtiges Sondergebiet der Finanzkontrolle ist die Deliktsverhütung. Hier geht es vor allem darum, die Kassenhaltung und den Zahlungsverkehr so zu überwachen, daß Unterschlagungen und mißbräuchliche Zahlungen verhindert werden. Die neuere technische Entwicklung zur Automatisierung des Zahlungsverkehrs eröffnet einerseits Mißbrauchsmöglichkeiten sowohl für Unternehmensangehörige als auch für Außenstehende, die mit dem komplexen System vertraut sind; andererseits ermöglicht die fortgeschrittene Technik aber auch den Einbau von Kontrollen, die den Mißbrauch verhindern oder wenigstens ohne Verzögerung aufdecken.

Im Bereich langfristiger finanzwirtschaftlicher Dispositionen ist vor allem die Kontrolle der Investitionsentscheidungen wichtig. Wenn die Investitionsplanung auf einer Prognose der mit einzelnen Projekten verbundenen Zahlungen beruht, kann die Kontrolle in Form eines Soll-Ist-Vergleichs erfolgen: Die tatsächlichen Zahlungen werden dabei den prognostizierten gegenübergestellt. Die Qualität der Investitionsentscheidungen kann aber auch indirekt über die betriebliche Erfolgsrechnung kontrolliert werden. Hier sind die in Abschnitt 2.2.3 behandelten Zusammenhänge zwischen dem Kapitalwert als Entscheidungsgrundlage der Investitionsrechnung und der Erfolgsrechnung von Bedeutung. Da für den Leistungsbereich insgesamt, aber auch für Teilbereiche der Kapitalwert der Investitionen mit dem Kapitalwert der um kalkulatorische Zinsen verminderten Leistungsgewinne übereinstimmt, lassen positive Betriebserfolge (Betriebserfolg = Leistungsgewinn – kalkulatorische Zinsen) den Schluß zu, daß die Investitionen nicht nur in der Prognose, sondern auch aufgrund der tatsächlich eingetretenen Zahlungen insgesamt einen positiven Kapitalwert haben.

3.7   Zusammenfassung

Für Planungs- und Kontrollrechnungen im Finanzbereich gibt es zwei Ansätze, den zahlungsbezogenen und den bilanzbezogenen. Bei beiden Ansätzen kommt es letztlich darauf an, die Liquiditätsbedingung einzuhalten und den Zahlungsstrom zielorientiert zu gestalten. Während beim zahlungsbezogenen Ansatz Ein- und Auszahlungen direkt geplant werden, richtet sich das Augenmerk beim bilanzorientierten Ansatz auf die Struktur von Vermögen und Verbindlichkeiten, wie sie in der Bilanz zum Ausdruck kommt. Dahinter steht die Überlegung, daß es durch Beachtung bestimmter Normen für die Bilanzstruktur erleichtert wird, in der kurzfristigen zahlungsbezogenen Planung die Liquiditätsbedingung einzuhalten.

Am Beispiel der Kapitalbedarfsrechnung läßt sich zeigen, daß beim zahlungsbezogenen und beim bilanzbezogenen Ansatz zwar unterschiedlich vorgegangen wird, daß es bei beiden Methoden aber darum geht, zukünftige Zahlungen zu erfassen; auch dem bilanzbezogenen Ansatz liegt eine Zahlungsprognose zugrunde.

Die Bilanzstruktur wird durch Kennzahlen beschrieben. Die bilanzbezogene Finanzplanung orientiert sich an Normwerten für diese Kennzahlen, an Bilanzstrukturnormen also. Vertikale Bilanzstrukturnormen beziehen sich auf die Relation zwischen Passivposten, insbesondere auf den Verschuldungsgrad. Horizontale Bilanzstrukturnormen betreffen Relationen zwischen Aktiv- und Passivposten; sie lassen sich vom Prinzip der fristenkongruenten Finanzierung her begründen. Weitere Kennzahlen können gebildet werden, indem man Größen der Bilanz und der Erfolgsrechnung zueinander in Beziehung setzt; als Bilanzstrukturnorm ist dabei vor allem der dynamische Verschuldungsgrad, das Verhältnis der Verbindlichkeiten zum Cash Flow, von Bedeutung.

Die Kapitalflußrechnung macht den Zusammenhang zwischen Bilanzgrößen und Zahlungsströmen erkennbar. Sie kann als vergangenheitsbezogene Rechnung aus Bilanzen und Erfolgsrechnungen abgeleitet werden. Sie kann aber auch als Planungsrechnung zahlungsbezogene Planung mit der Erstellung von Planbilanzen verbinden.

In der kurzfristigen Finanzplanung überwiegt die zahlungsbezogene Betrachtungsweise. Zwar gibt es auch Kennzahlen und Bilanzstrukturnormen, die sich auf die kurzfristige Liquiditätserhaltung beziehen; sie sind jedoch nur begrenzt aussagefähig, weil die Bilanz kurzfristig bevorstehende Zahlungen nur unvollständig erfaßt. Trotzdem werden derartige Kennzahlen oft zur externen Beurteilung der finanziellen Lage von Unternehmen herangezogen.

Finanzkontrolle ist zum einen Kontrolle des Planungsvollzugs. Zum anderen dient sie dazu, Fehler und unwirtschaftliches Verhalten aufzudecken; hierzu gehört auch die Deliktsverhütung. Bei der Kontrolle langfristiger Dispositionen, insbesondere von Investitionsentscheidungen, kann neben einem Soll-Ist-Vergleich auch eine entsprechend orientierte Erfolgsrechnung für den Leistungsbereich oder für Teile desselben eingesetzt werden.

4 Rechnungswesen und Vertragsbeziehungen

Die bisher in diesem Kapitel behandelten Zusammenhänge zwischen Finanzierung und Rechnungswesen betreffen in erster Linie technisch-rechnerische Aspekte. Es ging zunächst darum, die Verbindungen zwischen den im Rechnungswesen erfaßten Größen und den für finanzwirtschaftliche Dispositionen in erster Linie relevanten Zahlungsströmen deutlich zu machen und darauf aufbauend zu zeigen, inwieweit finanzwirtschaftliche Planungen und Kontrollen auf dem Rechnungswesen aufbauen können. Ein wichtiger Gesichtspunkt wurde bislang nicht erörtert: Bei der Gestaltung finanzwirtschaftlicher Verträge, von Kredit- und Beteiligungsverträgen also, bedient man sich des Rechnungswesens, um einen Vertragspartner vor bestimmten Benachteiligungen zu schützen. Diese Funktion des Rechnungswesens gewinnt besondere Bedeutung im Rahmen des finanzierungstheoretischen Ansatzes, der die Vertragsgestaltung unter ungleich (asymmetrisch) informierten Partnern in den Mittelpunkt stellt. Auf diesen Ansatz wurde bereits kurz in Kapitel II, Abschnitt 4.2 eingegangen; vertieft wird die Problematik in Kapitel VIII behandelt; in diesem Zusammenhang wird auch die Funktion des Rechnungswesens für die Vertragsgestaltung erörtert (Kapitel VIII, Abschnitt 4.2). Hier soll zunächst nur kurz verdeutlicht werden, worum es grundsätzlich geht.

Partner von Finanzierungsverträgen, die Kapital zur Verfügung stellen, ohne daß sie an der Geschäftsführung beteiligt werden, haben keinen unmittelbaren Zugang zu Informationen über die Lage des Unternehmens und darüber, wie die geschäftsführenden Organe ihre Aufgaben wahrnehmen. Daraus erwächst die Gefahr, daß sie übervorteilt werden. Dies gilt für Kreditverträge ebenso wie für Beteiligungsverträge. Bei einem Kreditvertrag besteht z. B. die Gefahr, daß der Schuldner eine günstige Vermögenslage vortäuscht oder daß er dem Unternehmen unbemerkt Mittel entzieht und es dann in die Insolvenz gehen läßt. Bei einem Beteiligungsvertrag muß ein von der Geschäftsführung ausgeschlossener Teilhaber damit rechnen, daß sein geschäftsführender Partner Mittel des Unternehmens für private Zwecke verwendet, etwa indem er private Reisen als Geschäftsreisen deklariert. Für das Zustandekommen von Finanzierungsverträgen ist wichtig, daß solche Schädigungen ein schlechter informierten Partners weitgehend ausgeschlossen werden. Daran sind vor Vertragsabschluß alle Vertragspartner interessiert, weil sonst möglicherweise gar kein Vertrag zustande kommt.

Gläubigerschutz und Anlegerschutz sind seit langem anerkannt wichtige Funktionen des Rechnungswesens. Es erfüllt diese Funktionen in zweifacher Weise. Zum einen dient es dazu, Gläubigern und Anlegern bessere Informationen über das Unternehmen zu vermitteln. Zum anderen werden an bestimmte Rechenergebnisse unmittelbare Rechtsfolgen geknüpft; so darf z. B. eine Kapitalgesellschaft nicht mehr als den nach bestimmten Regeln ermittelten Bilanzgewinn an ihre Gesellschafter ausschütten; damit werden die Gläubiger vor einer Aushöhlung des haftenden Vermögens geschützt.

Voraussetzung dafür, daß das Rechnungswesen diese Funktionen erfüllen kann, ist, daß nach anerkannten Regeln und in überprüfbarer Weise Informationen über das Unternehmen gesammelt und aufbereitet werden. Gesetzliche Regelungen über die Rechnungslegung von Unternehmen bilden dafür den Rahmen. Sie können ergänzt werden durch zusätzliche Regelungen in Satzungen, Gesellschaftsverträgen und Kreditverträgen, aber auch z. B. in Regelungen zur Börsenzulassung. Maßgeblicher Gesichtspunkt für die Gestaltung solcher Regelungen ist, daß durch Schutz des schlechter informierten Partners der Abschluß von Finanzierungsverträgen erleichtert werden soll; deswegen liegen solche Regelungen im Interesse aller beteiligten Partner, nicht nur derjenigen, die als Gläubiger oder Anleger unmittelbar geschützt werden sollen.

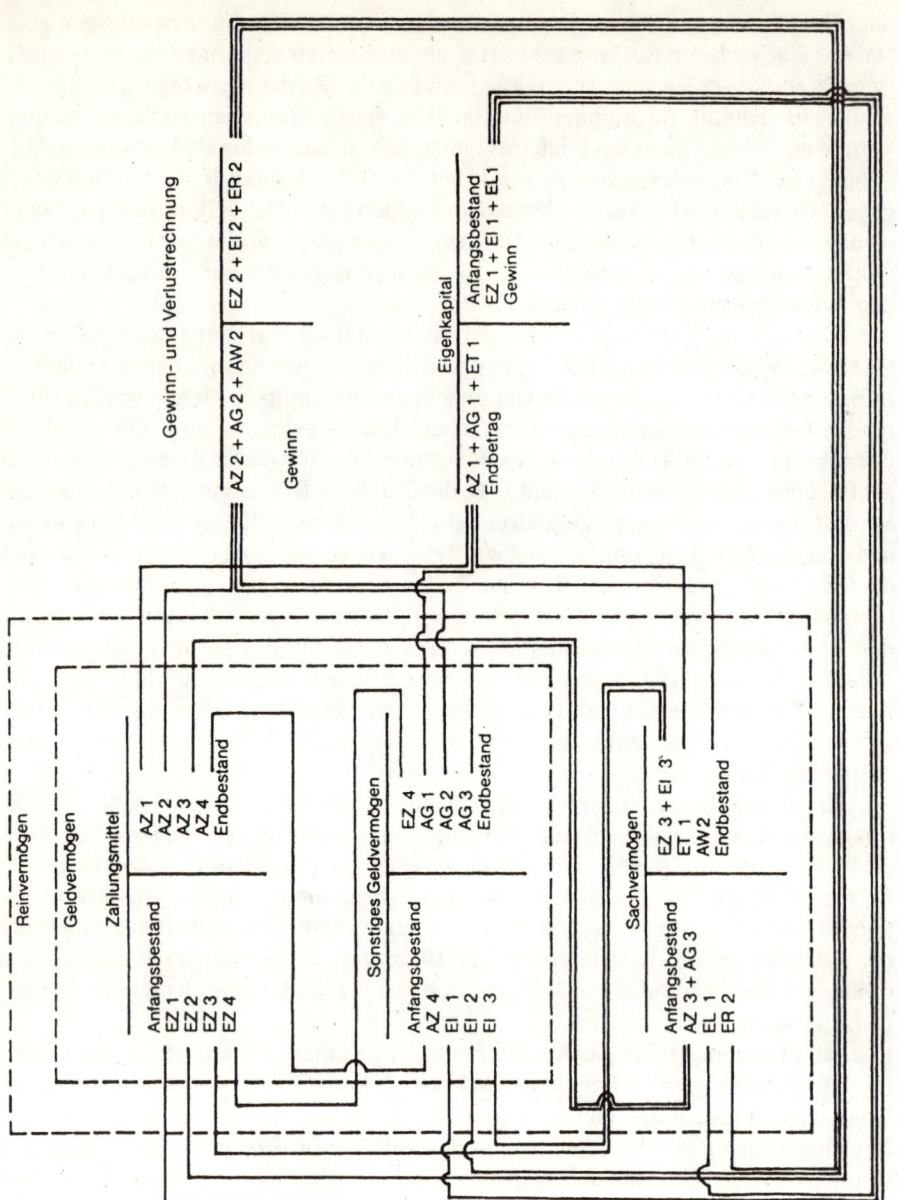

Schematische Darstellung der Zusammenhänge zwischen den wichtigsten Rechengrößen

Die schematische Darstellung dient dazu, in Ergänzung zu den Ausführungen in Abschnitt 1.1 einen systematischen Überblick über die im Rechnungswesen erfaßten Vorgänge zu geben und dabei insbesondere Beziehungen zwischen Einzahlungen und Auszahlungen, Einnahmen und Ausgaben, Ertrag und Aufwand sowie Einlagen und Entnahmen zu verdeutlichen. So können beispielsweise bei den Zugängen zu den Zahlungsmitteln vier Arten von Einzahlungen unterschieden werden, solche, die zugleich Einnahme und Einlage sind (EZ 1), solche, die zugleich Einnahme und Ertrag sind (EZ 2), solche, die zugleich Einnahme, jedoch weder Ertrag noch Einlage sind (EZ 3) sowie solche, die weder Einnahme noch Ertrag noch Einlage sind (EZ 4). Die folgende Übersicht enthält Beispiele zu allen im Schema vorkommenden Vorgängen:

EZ 1   Zahlungsmittelzufluß von den Gesellschaftern; Einzahlung, zugleich Einnahme, zugleich Einlage (Beispiel: Bareinzahlung einer Kapitaleinlage)

AZ 1   Zahlungsmittelabfluß zu den Gesellschaftern; Auszahlung, zugleich Ausgabe, zugleich Entnahme (Beispiel: Dividendenzahlung)

EZ 2   Zahlungsmittelzufluß; Einzahlung, zugleich Einnahme, zugleich Ertrag (Beispiel: Zinsgutschrift auf dem Bankguthaben)

AZ 2   Zahlungsmittelabfluß; Auszahlung, zugleich Ausgabe, zugleich Aufwand (Beispiel: Lohnzahlung)

EZ 3   Zahlungsmittelzufluß bei gleichzeitiger Minderung des Sachvermögens; Einzahlung, zugleich Einnahme, jedoch kein Ertrag (Beispiel: Verkauf einer gebrauchten Anlage zum Buchwert)

AZ 3   Zahlungsmittelabfluß bei gleichzeitiger Erhöhung des Sachvermögens; Auszahlung, zugleich Ausgabe, jedoch kein Aufwand (Beispiel: Wareneinkauf gegen Barzahlung)

EZ 4   Zahlungsmittelzufluß bei gleichzeitiger Minderung des sonstigen Geldvermögens; Einzahlung, jedoch keine Einnahme und kein Ertrag (Beispiele: Bareinzahlung von einem Debitor, Aufnahme eines Kredits)

AZ 4   Zahlungsmittelabfluß bei gleichzeitiger Erhöhung des sonstigen Geldvermögens; Auszahlung, jedoch keine Ausgabe und kein Aufwand (Beispiele: Tilgung eines aufgenommenen Kredits; Gewährung eines Kredits)

EZ 1 + EZ 2 + EZ 3 + EZ 4 = Gesamte Einzahlungen
AZ 1 + AZ 2 + AZ 3 + AZ 4 = Gesamte Auszahlungen

EI 1   Zufluß zum sonstigen Geldvermögen von den Gesellschaftern; Einnahme, zugleich Einlage, jedoch keine Einzahlung (Beispiel: Leistung einer Einlage durch Übergabe eines Wechsels)

AG 1   Abfluß vom sonstigen Geldvermögen zu den Gesellschaftern; Ausgabe, zugleich Entnahme, jedoch keine Auszahlung (Beispiel: Abtretung einer Forderung an einen Teilhaber zum Zweck der Gewinnausschüttung)

EI 2   Zufluß beim sonstigen Geldvermögen; Einnahme, zugleich Ertrag, jedoch keine Einzahlung (Beispiel: Lieferung an einen Kunden unter Gewährung eines Zahlungsziels)

AG 2   Abfluß beim sonstigen Geldvermögen; Ausgabe, zugleich Aufwand, jedoch keine Auszahlung (Beispiel: Eingang einer nicht sofort zu bezahlenden Stromrechnung)

EI 3   Zufluß beim sonstigen Geldvermögen bei gleichzeitiger Minderung des Sachvermögens; Einnahme, jedoch keine Einzahlung und kein Ertrag (Beispiel: Verkauf gebrauchter Anlagen zum Buchwert mit Zahlungsziel)

AG 3   Abfluß beim sonstigen Geldvermögen bei gleichzeitiger Erhöhung des Sachvermögens; Ausgabe, jedoch keine Auszahlung und kein Aufwand (Beispiel: Wareneinkauf auf Kredit)

EZ 1 + EZ 2 + EZ 3 + EI 1 + EI 2 + EI 3   = Gesamte Einnahmen
AZ 1 + AZ 2 + AZ 3 + AG 1 + AG 2 + AG 3 = Gesamte Ausgaben

EL 1   Zufluß beim Sachvermögen von den Gesellschaftern; Einlage, jedoch keine Einnahme und keine Einzahlung (Beispiel: Sacheinlage eines Gesellschafters)

ET 1   Abfluß aus dem Sachvermögen an die Gesellschafter; Entnahme, jedoch keine Ausgabe und keine Auszahlung (Beispiel: Privatentnahme von Waren)

ER 2   Zufluß beim Sachvermögen; Ertrag, jedoch keine Einnahme und keine Einzahlung (Beispiel: Durch Zuschreibung erfaßte Werterhöhung von Sachgütern)

AW 2   Abfluß beim Sachvermögen; Aufwand, jedoch keine Ausgabe und keine Auszahlung (Beispiel: Durch Abschreibung erfaßte Wertminderung von Sachgütern)

EZ 1 + EI 1 + EL 1   = Gesamte Einlagen
AZ 1 + AG 1 + ET 1   = Gesamte Entnahmen
EZ 2 + EI 2 + ER 2   = Gesamter Ertrag
AZ 2 + AG 2 + AW 2   = Gesamter Aufwand

Literaturangaben zu Kapitel III

Zu 1
Rechnungstheoretische Grundlagen und eine Darstellung der Finanz- und Erfolgsplanung finden sich bei CHMIELEWICZ 1972. Zu den Grundlagen des Rechnungswesens vergleiche WÖHE 1997, 1. Abschnitt, I. Absatz.

Zu 2.1
Eine Einführung in die Bilanztheorie bietet MOXTER 1976; zur dynamischen Bilanztheorie als eine gewinnorientierte Rechnungslegung siehe insbesondere S. 245–329. Zur betriebswirtschaftlichen Gewinnermittlung vergleiche auch MOXTER 1982. Speziell mit dem ökonomischen Gewinn befaßt sich ORDELHEIDE 1988. Für einen Überblick über die Grundkonzepte der Messung des Periodenerfolgs vergleiche LAUX 1995, VIII. Kap. Für eine ökonomische Analyse des Bilanzrechts siehe BALLWIESER 1996.

Zu 2.2
Zur Kosten- und Leistungsrechnung siehe KLOOCK/SIEBEN/SCHILDBACH 1999, Abschnitt I, sowie SCHILDBACH 1995. Den Zusammenhang zwischen Investitionsrechnung und Periodenerfolgsrechnung verdeutlichen EWERT/WAGENHOFER 2003, S. 44–80, HAX 1989b, LÜCKE 1995 und PHILIPP 1960.

Zu 2.3
Zum mittelbaren Parametervergleich siehe FRANKE 1978.

Zu 3.1
Zu Finanzplanung und -kontrolle vergleiche GÖPPL 1975, HAUSCHILDT/SACHS/WITTE 1981, KÜPPER 1990 und 1995, vergleiche insbesondere zur langfristigen Finanzplanung deutscher Unternehmen FISCHER/JANSEN/MEYER 1975. Für den Zusammenhang zwischen Bilanzierung und Finanzierungslehre siehe MÜLHAUPT 1980. Zum Bindungsgedanken in der Finanzierungslehre siehe MÜLHAUPT 1966.

Zu 3.2
Zu Kapitalbedarf und Kapitalbindung vergleiche GUTENBERG 1980, 1.–6. Kap., HAX 1979 sowie OETTLE 1966, S. 23–80. Speziell zur quantitativen Kapitalbedarfsanalyse siehe SEELBACH/ZIMMERMANN 1973. Für einen Überblick vergleiche KLOOCK 1995.

Zu 3.3
Zur Bilanzanalyse unter finanzanalytischen Aspekten siehe BUCHNER 1981, Abschnitt 2. Zu Kennzahlen und Kennzahlensystemen vergleiche BUCHNER 1985, I. Hauptteil, sowie LEFFSON 1984, S. 167–197. Zu finanziellem Gleichgewicht und Fristenkongruenz vergleiche GUTENBERG 1980, 11. Kap. Auf die Finanzierungsregeln geht HÄRLE 1961 ein. Die Kreditwürdigkeit diskutiert HAUSCHILDT 1972. Zum Informationswert von Konzernabschlüssen vergleiche PELLENS 1989. Zum Finanz-Controlling vergleiche REICHMANN 2001, IV. Kap.

Zu 3.4
Zur Bewegungsbilanz siehe BAUER 1962 und LEFFSON 1984, S. 123–141. Zu Finanzierungsrechnungen vergleiche GEBHARDT/GERKE/STEINER 1993, Teil A. Allgemein zur Kapitalflußrechnung vergleiche KÄFER 1984. Speziell zum Aufbau und Informationsgehalt von Kapitalflußrechnungen siehe BUSSE VON COLBE 1966 und zu Kapitalflußrechnungen als Berichts- und Planungsinstrument siehe BUSSE VON COLBE 1968. Für den Zusammenhang zwischen Bilanzanalyse, Investition, Finanzierung und Liquidität vergleiche COENENBERG 2003, 13. Kap.

Zu 3.5
Zur kurzfristigen Finanzplanung vergleiche BÜHLER/GERING/GLASER 1979 sowie DEPPE/LOHMANN 1989. Die Problematik zwischen Liquiditätsreserven und kurzfristiger Finanzplanung erläutert GLASER 1982. Zu Finanzdispositionen siehe WITTE 1983, Kap. 4.

Zu 3.6
Zur Finanzkontrolle siehe WITTE 1983, Kap. 5.

Zu 4
Den Zusammenhang zwischen Rechnungslegung, Gläubigerschutz und Agency-Beziehungen stellt EWERT 1986 dar. Für den Zusammenhang zwischen Wirtschaftsprüfung und asymmetrischer Information siehe EWERT 1990. HARTMANN-WENDELS 1991 stellt das Zusammenwirken zwischen Rechnungslegung und Kapitalmarkt aus informationsökonomischer Sicht dar. Zur Informationspolitik im Jahresabschluß vergleiche WAGENHOFER 1990. Zu Verhaltenssteuerung und Controlling siehe PFAFF 1995 sowie EWERT 1992.

Kapitel IV   Finanzwirtschaftliche Entscheidungen bei Sicherheit

Gegenstand dieses Kapitels sind Entscheidungen über finanzwirtschaftliche Vorgänge. Dabei wird das Entscheidungsproblem zunächst erheblich vereinfacht, indem die Unsicherheit vernachlässigt wird.

Im ersten Abschnitt wird das Entscheidungsproblem vorgestellt. Schwierigkeiten und Tücken bei der Formulierung eines Entscheidungsproblems werden angesprochen. Ausgehend von den Interessen der Kapitalgeber werden im zweiten Abschnitt Kriterien vorgestellt, anhand derer ihr Wohlstand beurteilt werden kann. In Frage kommen Vermögensbestände, Marktwerte und individuelle Nutzenvorstellungen. Unter bestimmten Voraussetzungen erweisen sich diese Kriterien als austauschbar. Dann können auch einfache Kriterien zur Beurteilung von Investitions- und Finanzierungsprojekten abgeleitet werden (Abschnitt 3).

Die Umsetzung der Beurteilungskriterien in Entscheidungsregeln erfolgt im vierten Abschnitt. Dabei werden konstante Finanzierungskosten unterstellt; allerdings können sie für unterschiedliche Zeiträume unterschiedlich hoch sein. Auch die durch eine Gewinnsteuer erforderlichen Modifikationen sowie einige Wirkungen von Preissteigerungen werden erörtert.

Sind die Finanzierungskosten variabel, so versagen die einfachen Beurteilungskriterien. Kompliziertere Modelle der simultanen Investitions- und Finanzplanung werden erforderlich. Allerdings können heuristische Planungsverfahren zur Vereinfachung herangezogen werden (Abschnitt 5).

1   Das Entscheidungsproblem

1.1   Entscheidungen der Kapitalgeber und der Unternehmen

Finanzwirtschaftliche Entscheidungen sind Entscheidungen über die Anlage von Geld (Investitionsentscheidungen) und die Beschaffung von Geld (Finanzierungsentscheidungen). Jeder private Haushalt hat solche Entscheidungen zu treffen. Soll z. B. ein Teil des Gehalts gespart werden? Soll ein Haus gebaut und dazu Kredit aufgenommen werden? Dabei bieten sich zahlreiche Varianten an. Gespart werden kann durch Einzahlung von Geld auf ein Sparkonto, durch Kauf von Sparbriefen, Anleihen, Versicherungen oder durch Erwerb einer Beteiligung an einem Unternehmen (Finanzinvestitionen). Schließlich kann ein Kapitalgeber auch selbst ein Unternehmen gründen und so Realinvestitionen durchführen. Diesen Investitionsmöglichkeiten stehen Finanzierungsmöglichkeiten gegenüber. So kann ein Haushalt auf Konsum verzichten oder einen Kontokorrentkredit aufnehmen, um einen vorübergehenden Kapitalbedarf zu decken. Bei langfristigem Kapitalbedarf stehen diverse Arten von Darlehen zur Verfügung.

Saldiert man in einer Periode sämtliche Ein- und Auszahlungen aus den Investitions- und Finanzierungsaktivitäten, so gibt der resultierende Einzahlungsüberschuß* den für Konsum verfügbaren Betrag an. Soweit aus der Vorperiode Kassenbestände vorhanden sind, können auch diese konsumiert werden. Schließlich können auch das Arbeitseinkommen und sonstiges Einkommen konsumiert werden. In jeder Periode gilt also:

Einzahlungsüberschuß aus Investition und Finanzierung
+ Kassenbestände aus Vorperiode
+ Arbeitseinkommen und sonstiges Einkommen
_____

= für Konsum verfügbarer Geldbetrag

Ein Teil der Investitionen eines privaten Haushalts besteht im Erwerb von Forderungstiteln, deren Schuldner ein Unternehmen ist, und von Beteiligungstiteln an Unternehmen. Die Emission solcher Titel bedeutet eine Finanzierung für das Unternehmen, eine Investition für den privaten Haushalt. Durch ihre Entscheidung, einen solchen Titel zu kaufen bzw. nicht zu kaufen, beeinflussen die Haushalte somit die Finanzierungsmöglichkeiten des Unternehmens. Nur wenn das Unternehmen die angebotenen Titel genügend attraktiv ausstattet, werden die Haushalte sie kaufen. Die Ausstattungsmöglichkeiten werden vom Investitionsprogramm des Unternehmens bestimmt. Denn das Unternehmen kann über seine gesamte Lebensdauer hinweg allen seinen Kapitalgebern zusammen nur Zahlungen in Höhe der Leistungssalden (zuzüglich der Finanzinvestitionssalden) anbieten. Wirft das Investitionsprogramm nur geringe Leistungssalden ab, so haben die vom Unternehmen emittierten Titel einen dementsprechend niedrigen Wert. Oder die Kapitalgeber verweigern gar die für die Finanzierung des Investitionsprogramms notwendigen Mittel. Diese enge Verzahnung von Investitionsentscheidungen des Unternehmens und denen der Kapitalgeber nötigt die Unternehmen, bei ihren Investitionsentscheidungen die Interessen der Kapitalgeber zu berücksichtigen.

Das finanzwirtschaftliche Entscheidungsproblem eines Unternehmens ist formal dem eines Kapitalgebers ähnlich. Das Unternehmen hat über die ihm offenstehenden Investitions- und Finanzierungsprojekte zu entscheiden. So wie der Kapitalgeber darauf zu achten hat, daß ihm stets genügend Geld für Konsum zur Verfügung steht, hat das Unternehmen auf seine Liquidität zu achten. Materiell ist das Entscheidungsproblem des Unternehmens meistens komplizierter als das eines Kapitalgebers. Das Unternehmen hat über eine Fülle von Realinvestitionen zu entscheiden. Mit der Entscheidung ist es nicht getan. Durchführung und Überwachung der akzeptierten Realinvestitionsprojekte beanspruchen die Aufmerksamkeit der Unternehmensleitung. Auch die Finanzierungsentscheidungen des Unternehmens sind komplizierter als die des Kapitalgebers. Denn der Kapitalgeber kann nur zwischen verschiedenen Krediten wählen; das Unternehmen hat zwischen verschiedenen Instrumenten der Kredit- und der Beteiligungsfinanzierung zu wählen.

Zur Vermeidung von terminologischen Mißverständnissen werden hier einige Grundbegriffe zusammengestellt. Ein (Investitions- oder Finanzierungs-)Projekt ist eine potentielle Maßnahme, über die mit ja oder nein zu entscheiden ist. Z. B. beinhaltet das Projekt den Ersatz eines alten Lastkraftwagens durch einen neuen. Im allgemeinen bieten sich dem Unternehmen gleichzeitig mehrere Projekte an. Bestehen Abhängigkeiten zwischen diesen Projekten, so ist eine korrekte Berücksichtigung dieser Abhängigkeiten nur gewährleistet, wenn gleichzeitig über die Projekte entschieden wird. Die Entscheidung über ein (Investitions- oder Finanzierungs-)Projekt weicht dann einer Entscheidung über ein (Investitions- oder Finanzierungs-)Programm.

In der Sprache der Entscheidungstheorie ist ein solches Programm eine Alternative. Ex definitione können nicht zwei oder mehr Alternativen gleichzeitig gewählt werden; eine der Alternativen ist zu wählen, jede andere ist dann ausgeschlossen. Gleichzeitig ist auf eine vollständige Auflistung der Alternativen zu achten, so daß eine dieser Alternativen gewählt werden muß. Liegt die vollständige Auflistung bereits vor, so besteht das Entscheidungsproblem darin, die einzelnen Alternativen zu bewerten und diejenige mit dem höchsten Wert herauszusuchen.

Zur Verdeutlichung ein Beispiel: Die Casino-GmbH plant die Standorte für zwei neue Spielcasinos. In Frage kommen die Standorte Hamburg, Frankfurt/M., Düsseldorf und München. Es gibt somit vier Investitionsprojekte, nämlich Bau eines Casinos in Hamburg, Bau in Frankfurt usw. Eine Alternative wäre der Bau in Hamburg und Frankfurt, nicht aber zugleich in Düsseldorf und München. Werden auf jeden Fall zwei Casinos erbaut, so lassen sich Projekte und Alternativen wie in Tabelle 4.1 verknüpfen.

Tabelle 4.1. Zusammenhang zwischen Projekten und Alternativen (+ Projekt akzeptiert, – Projekt abgelehnt)

Alternative / Projekt	1	2	3	4	5	6
Hamburg	+	+	+	–	–	–
Frankfurt	+	–	–	+	+	–
Düsseldorf	–	+	–	+	–	+
München	–	–	+	–	+	+

Im Beispiel existieren sechs Investitionsalternativen, von denen eine zu wählen ist. Eine Alternative definiert ein Investitionsprogramm. In gleicher Weise lassen sich aus den Finanzierungsprojekten Finanzierungsprogramme, also Finanzierungsalternativen, zusammenstellen.

Eine getrennte Entscheidung über Investitions- und Finanzierungsalternativen ist fragwürdig, wenn die optimale Finanzierungsalternative von der gewählten Investitionsalternative abhängt oder umgekehrt. Es ist dann besser, über Investition und Finanzierung gleichzeitig zu entscheiden. Eine Alternative wird dann durch ein kombiniertes Investitions- und Finanzierungsprogramm definiert. Ein solches Programm heißt Kapitalbudget. Eine Entscheidung beinhaltet dann die Wahl zwischen verschiedenen Kapitalbudgets, Abbildung 4.1 faßt die Begriffe zusammen.

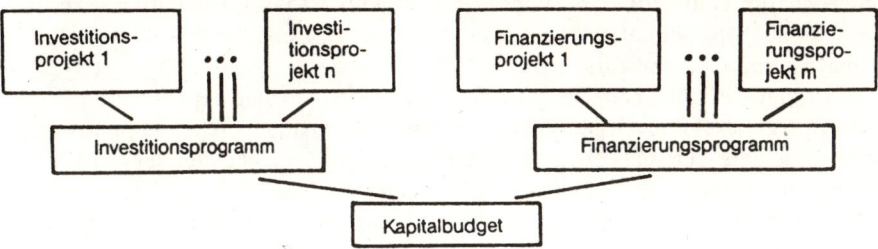

Abb. 4.1. Grundbegriffe für finanzwirtschaftliche Entscheidungen

1.2   Aufbereitung des Entscheidungsproblems

Liegt eine vollständige Alternativenliste vor, so ist das Entscheidungsproblem schon weitgehend bewältigt. Vom Erkennen des Entscheidungsproblems bis zur Erstellung der Alternativenliste liegt im allgemeinen ein weiter Weg. Er beginnt damit, daß zunächst ein Entscheidungsproblem nur vage erkennbar ist. Z. B. zeigt sich ein Umsatzrückgang bei einer Produktgruppe. Ist damit bereits ein Entscheidungsproblem entstanden? Nicht unbedingt, denn es könnte sich um einen vorübergehenden Umsatzrückgang handeln, der keine besonderen Reaktionen erfordert. Stellt sich diese Vermutung jedoch als falsch heraus, so sind ganz unterschiedliche Reaktionen denkbar. Sie reichen z. B. von reinen Marketingmaßnahmen (Preissenkung, Werbung u. ä.) über Änderungen der Produktqualität bis hin zur Streichung der Produktgruppe, verbunden mit allen Aktivitäten zur Einführung einer neuen Produktgruppe. Aus Kostengründen ist es nicht möglich, alle diese Maßnahmen im einzelnen zu prüfen. Vielmehr wird die Unternehmensleitung versuchen, vorab aus den langfristigen Unternehmenszielen Sachziele abzuleiten, anhand derer der Kreis der möglichen Maßnahmen eingeschränkt wird. Die verbleibenden grob skizzierten Maßnahmen werden dann präzisiert und konkretisiert. Hierbei zeigt sich die Kreativität der Mitarbeiter. Gelingt es ihnen, einen Katalog potentieller Maßnahmen zu erstellen, der auch die besten Maßnahmen einschließt?

Die konkrete Ausformulierung der potentiellen Maßnahmen bildet die Grundlage für die Aufstellung der Alternativenliste, sie gehört daher zu der überaus wichtigen Alternativensuche. Entscheidungsmodelle helfen nicht viel, wenn die besten Alternativen nicht in die Alternativenliste aufgenommen werden. Ebenso wichtig ist es, die Konsequenzen der einzelnen Alternativen verläßlich zu prognostizieren. Bei Unsicherheit erweist sich dies im allgemeinen als schwierig. So lassen sich die Absatzerfolge neuer Produkte nur schlecht prognostizieren. Auch hier gilt: Die besten Entscheidungsmodelle helfen wenig, wenn die verwendeten Daten unzuverlässig sind. Dies zeigt, daß im Rahmen eines finanzwirtschaftlichen Entscheidungsprozesses mit der Alternativensuche und der Datengewinnung wichtige Vorarbeiten zu leisten sind.

Auf zwei Probleme bei der Aufstellung der Alternativenliste und der Datengewinnung soll hier besonders eingegangen werden, da sie auch in der Praxis häufig auftreten. Um die Kosten des Entscheidungsprozesses einzuschränken, ist es oft erforderlich, die Zahl der untersuchten Alternativen vorab einzuschränken. Die Analyse wird auf repräsentative Alternativen beschränkt. Dabei besteht die Gefahr, die besten Alternativen zu übersehen.

Zur Verdeutlichung ein Beispiel: Es ist zu prüfen, ob eine neue Abfüllmaschine für Eispulver beschafft werden soll. Die auf dem Markt angebotenen Maschinen verwenden kleinere Tüten als die gegenwärtig eingesetzte. Gegenüber der gegenwärtigen Maschine ergeben sich bei Einsatz der neuen Maschine jährliche Ersparnisse von 40 T€. Die neue Maschine kostet 100 T€ und wird vier Jahre genutzt. Damit ergibt sich folgende Zahlungsreihe:

$$-100 \qquad +40 \qquad +40 \qquad +40 \qquad +40.$$

Solange die durchschnittlichen Finanzierungskosten unter 22 % liegen, reichen die Einzahlungsüberschüsse aus, um die Anfangsauszahlung und die anfallenden Finanzierungskosten zu decken. Die Maschine wird daher gekauft.

Eine genaue Analyse zeigt indessen, daß der Kauf eine Fehlinvestition ist. Denn auch die alte Maschine kann auf das kleinere Tütenformat umgestellt werden; dies kostet 10 T€. Infolge dieser Umstellung werden jährlich 19 T€ gespart, so daß sich folgende Zahlungsreihe bei Umstellung der alten Maschine ergibt:

$$-10 \qquad +19 \qquad +19 \qquad +19 \qquad +19.$$

Daß diese Umstellung besser als der Kauf der neuen Maschine ist, zeigt ein Vergleich der beiden Zahlungsreihen:

Neue Maschine	− 100	+ 40	+ 40	+ 40	+ 40
Umstellen	− 10	+ 19	+ 19	+ 19	+ 19
Differenz	− 90	+ 21	+ 21	+ 21	+ 21

Zwar wirft die neue Maschine jährlich 21 T€ mehr ab, jedoch verursacht sie anfangs zusätzlich 90 T€ Auszahlungen, die durch die jährlichen 21 T€ nicht wieder hereinkommen. Am günstigsten ist es daher, die alte Maschine umzustellen.

Dieses Beispiel zeigt die Gefahren, die bei einer Verkürzung der Alternativenliste auftreten können. Verstärkt werden diese Gefahren durch die persönlichen Interessen der am Entscheidungsprozeß Beteiligten. Wenn im Beispiel der Produktionsleiter gern eine technisch hochmoderne Maschine einsetzt, so wird er verschweigen, daß die alte Maschine auch umgestellt werden kann.

Ein an einer bestimmten Entscheidung interessierter Mitarbeiter kann den Entscheidungsprozeß außerdem durch Datenmanipulation beeinflussen. Indem die Vorteile der gewünschten Alternative übertrieben und ihre Nachteile abgemildert dargestellt werden, besteht eine größere Chance, sie durchzusetzen. Erfahrungsgemäß ist es z. B. bei größeren Investitionen so, daß nicht alle damit verbundenen Nachteile schon bei der Planung erkannt werden. Zweckmäßig wäre es daher, die Anschaffungsauszahlung pauschal um einen bestimmten Prozentsatz zu erhöhen. Indem der an einer Investition interessierte Mitarbeiter diese Erhöhung „vergißt" oder zu niedrig bemißt, stellt er die Investition günstiger dar als sie ist.

Für die Organisation des Entscheidungsprozesses empfiehlt es sich daher, Alternativensuche und Datenbeschaffung nicht ausschließlich denjenigen zu übertragen, die an bestimmten Entscheidungen interessiert sind. Vielmehr sollten „neutrale" Mitarbeiter mitwirken, um Manipulationen entgegenzuwirken.

1.3 Zur Bewertung der Alternativen

Ist die Alternativenliste mit den notwendigen Daten erstellt, so sind die einzelnen Alternativen anhand der vorgegebenen Beurteilungskriterien zu bewerten. Gegenstand dieses Lehrbuches ist die finanzwirtschaftliche Beurteilung von Alternativen. Das Spektrum der Beurteilungskriterien wird damit eingeengt; Ziele wie Prestige und Unabhängigkeit von Entscheidungen Dritter werden in diesem Kapitel vernachlässigt. Fragwürdig wird die Einschränkung auf finanzwirtschaftliche Beurteilungskriterien insbesondere bei Großunternehmen, in denen die Manager relativ unabhängig von den Kapitalgebern sind. Zweifellos spielen bei ihren Entscheidungen auch andere Beurteilungskriterien eine erhebliche Rolle. Ungeachtet dessen können aber auch Manager finanzwirtschaftliche Beurteilungskriterien nicht einfach ignorieren, wenn sie sich die Möglichkeiten zu weiterer Kapitalbeschaffung offenhalten wollen.

1.4 Zur Verwertung der Modellösung

Das finanzwirtschaftliche Entscheidungsmodell weist die Alternative mit dem höchsten finanzwirtschaftlichen Wert als Lösung des Entscheidungsproblems aus. In welcher Weise kann eine solche Lösung im Entscheidungsprozeß verwertet werden?

Aus mehreren Gründen kann die Modellösung nicht ohne weiteres als Lösung des Entscheidungsproblems betrachtet werden.

1. Das Entscheidungsmodell vernachlässigt andere als finanzwirtschaftliche Ziele.
2. Im Entscheidungsmodell wird nur eine verkürzte Alternativenliste untersucht.
3. Die Datenbasis des Entscheidungsmodells mag wenig zuverlässig sein.
4. Imponderable Faktoren lassen sich in einem Entscheidungsmodell nicht erfassen.

Zu 1: Möchte der Entscheider (die Person oder das Unternehmensorgan, das die Entscheidung trifft) andere als finanzwirtschaftliche Ziele berücksichtigen, so ist die finanzwirtschaftliche Modellösung nur bei Zielkomplementarität auch die Lösung des Entscheidungsproblems. Zielkomplementarität liegt vor, wenn die finanzwirtschaftlich beste Alternative auch gemäß den übrigen Zielen am besten ist.

Bei Zielkonflikten kann der Entscheider die einzelnen Ziele entsprechend seinen Nutzenvorstellungen gewichten und dann die gewogenen Zielbeiträge einer Alternative zu einem Nutzenindex addieren. Die einfachste Zielgewichtung liegt bei konstanten Gewichten vor. Wenn z. B. die Ziele „Marktanteil" und „Vermögen" berücksichtigt werden, dann werden der Marktanteil mit dem Faktor α ($0 < \alpha < 1$) und das Vermögen mit ($1-\alpha$) gewogen. Für jede Alternative wird dann der Nutzenindex aus [α Marktanteil + ($1-\alpha$) Vermögen] errechnet. Am besten ist die Alternative mit dem höchsten Nutzenindex. Ob eine lineare Zielgewichtung die Nutzenvorstellungen der Entscheider korrekt wiedergibt, ist allerdings zu prüfen.

Zu 2: Wird im Entscheidungsmodell nur eine verkürzte Alternativenliste berücksichtigt, so läßt sich prüfen, ob durch „geringfügige" Abweichungen von der besten gefundenen Alternative weitere Verbesserungen erzielt werden können. Ein solches Vorgehen beruht auf der Vermutung, die tatsächlich beste Alternative befinde sich in der Umgebung der besten, bislang gefundenen. Diese Vermutung kann jedoch falsch sein. Ein nachträgliches Experimentieren in der Umgebung der besten bislang gefundenen Alternative kann zwar Verbesserungen bringen, führt jedoch nicht notwendig zur tatsächlich besten Lösung. Bei der Entscheidung über solche Experimente sind außerdem deren Kosten zu berücksichtigen.

Zu 3: Ist die Datenbasis des Entscheidungsmodells unzuverlässig, so besteht die Möglichkeit, das Modell mehrmals mit unterschiedlichen Datenbasen zu lösen. Ist die optimale Lösung bei allen Datenbasen ähnlich, so spielt die Datenbasis und damit ihre Zuverlässigkeit keine große Rolle für die optimale Lösung. Sie kann daher unbedenklich realisiert werden.

Wenn jedoch die optimale Lösung erheblich mit der Datenbasis variiert, ist die Modellösung wenig wert. Der Entscheider kann dann versuchen, weitere Informationen zu beschaffen, um eine zuverlässige Datenbasis festzustellen, oder er entscheidet sich für eine der Modellösungen in dem Bewußtsein, ein hohes Risiko einer Fehlentscheidung zu übernehmen.

Zu 4: Die Berücksichtigung imponderabler (unwägbarer) Faktoren im Entscheidungsprozeß ist umstritten. Imponderable Faktoren sind dadurch gekennzeichnet, daß sie sich einer Quantifizierung entziehen. Z. B. ist die Güte des Betriebsklimas kaum meßbar. Möglich erscheint aber die qualitative Aussage: Das Betriebsklima ist bei Alternative A besser als bei Alternative B. Ist selbst eine solche qualitative Aussage nicht möglich, dann existiert keine sinnvolle Möglichkeit, diesen Faktor im Entscheidungsprozeß zu berücksichtigen. Eine Mindestvoraussetzung für die Berücksichtigung eines Faktors ist seine qualitative Meßbarkeit.

Ein qualitativ meßbarer Faktor kann selbst ein Beurteilungskriterium sein, wie z. B. die Güte des Betriebsklimas, oder auf ein anderes Beurteilungskriterium einwirken; z. B. sinkt bei besserem Betriebsklima die Fluktuationsrate, so daß der Gewinn steigt. Das letzte Beispiel zeigt indessen die Problematik deutlich: Ist die Güte des Betriebsklimas nicht meßbar, dann muß es zumindest möglich sein, die Fluktuationsrate in Abhängigkeit vom Betriebsklima zu prognostizieren; ansonsten kann der Gewinn nicht prognostiziert werden. Über den Gewinn wird letztlich ein imponderabler Faktor durch einen ponderablen ersetzt; eine gesonderte Berücksichtigung des imponderablen Faktors entfällt.

Ist ein qualitativ meßbarer Faktor selbst Beurteilungskriterium, so stellt sich bei der Entscheidungsfindung die Frage, wie er berücksichtigt werden kann. Z. B. gibt es die Alternative „Kürzung" (Stillegung einer unrentablen Anlage) und „Beibehaltung des Investitionsprogramms". Die beiden Beurteilungskriterien seien „Vermögen" und „Betriebsklima". Die Entscheidungsmatrix lautet:

Tabelle 4.2. Entscheidungsmatrix mit einem quantifizierbaren und einem qualitativen Beurteilungs-kriterium

Kriterium Alternative	Vermögen	Betriebsklima
Kürzung	0,4 Mio € mehr	schlechter
Beibehaltung	unverändert	unverändert

Zieht der Entscheider die Alternative „Beibehaltung" vor, so bekundet er, daß er die Verbesserung des Betriebsklimas für wertvoller hält als die Erhöhung des Vermögens um 0,4 Mio €. Damit bekundet er aber, daß er in der Lage ist, die beiden Kriterien gegeneinander abzuwägen, das Betriebsklima ist somit kein imponderabler Faktor.

Ein Abwägen verschiedener Kriterien gegeneinander impliziert eine zumindest grobe Quantifizierung der Kriterien. Entweder müssen imponderable Faktoren daher ponderabel gemacht werden, oder sie bleiben im Entscheidungsprozeß unberücksichtigt. Wirklich imponderable Faktoren gehen in den Entscheidungsprozeß nicht ein.

1.5   Zur Prämisse sicherer Erwartungen

Zur Einführung in finanzwirtschaftliche Entscheidungen werden ziemlich harte Annahmen gesetzt. Später werden diese Annahmen gelockert. Trotzdem behalten viele der zuvor abgeleiteten Überlegungen ihre Bedeutung.

Eine der Anfangsprämissen verlangt sichere Erwartungen. Diese Prämisse besagt, daß der Entscheider sämtliche entscheidungsrelevanten Daten genau so angeben kann, wie sie später beobachtbar sind. Z. B. weiß der Waschmittelproduzent, daß die Absatzmenge seines Waschmittels im übernächsten Jahr 1 280 000 kg betragen wird, und das bei einem Absatzpreis von 2,17 €/kg. Der Entscheider kennt die zukünftige Entwicklung der Umwelt genau. Hierbei wird unter Umwelt der Ausschnitt der Welt verstanden, der die entscheidungsrelevanten Daten beeinflußt. Man sagt auch, der Entscheider habe einwertige Erwartungen. Einwertig heißt, daß der Entscheider jedem entscheidungsrelevanten Datum genau einen Wert, meistens eine Zahl, zuordnen kann. Bei Unsicherheit bestehen dagegen mehrwertige Erwartungen: Der Entscheider kann z. B. lediglich angeben, daß der Waschmittelpreis im Intervall 2,00 bis 3,00 € liegen wird. Jede Zahl in diesem Intervall kommt dann als Preis in Frage.

Da finanzwirtschaftliche Entscheidungen im allgemeinen langfristige Entscheidungen sind, erscheint die Prämisse sicherer Erwartungen abwegig. Aber selbst langfristig ist nicht alles so unsicher, daß man die Unsicherheit explizit berücksichtigen müßte. So gehen z. B. Lebensversicherer bei ihren Prämienberechnungen von den Zahlen in den Lebens- und Sterbetabellen aus, als ob diese Zahlen sicher wären. Dies ist durchaus gerechtfertigt, wenn der Versicherer sehr viele Versicherungskontrakte abgeschlossen hat. Denn nach dem Gesetz der großen Zahl gleichen sich kürzere und längere Lebensdauern einzelner Versicherungsnehmer gegenseitig aus.

Ein anderes Beispiel ist der Kauf einer Bundesanleihe mit einer Laufzeit von 10 Jahren. Sofern die Zahlungsfähigkeit des Bundes zweifelsfrei erscheint, sind die Zahlungen aus dieser Anleihe sicher. Dies gilt allerdings nicht mehr, wenn erwogen wird, die Anleihe zwischenzeitlich zu veräußern. Denn der Veräußerungserlös ist unsicher.

Ein drittes Beispiel ist die Ersetzung einer Maschine durch eine neue. Die finanziellen Wirkungen dieser Investition hängen vom Anschaffungspreis und den zukünftigen Ersparnissen bei den laufenden Betriebsauszahlungen ab. Ist die Auslastung der Maschine einigermaßen absehbar, so gilt dies auch für die zukünftigen Ersparnisse.

Streng genommen bestehen im letzten Beispiel keine sicheren Erwartungen, man spricht hier deshalb von Quasi-Sicherheit. Bei Quasi-Sicherheit werden die Alternativen demselben Entscheidungsprozeß wie bei Sicherheit unterzogen. Anstelle sicherer Konsequenzen werden die voraussichtlichen Konsequenzen untersucht.

Der Anwendungsbereich der Entscheidungsmodelle bei Sicherheit geht indessen erheblich weiter. Wie im nächsten Kapitel gezeigt wird, besteht bei unsicheren Erwartungen die Möglichkeit, von den erwarteten Konsequenzen der Alternativen auszugehen und diese im Entscheidungskalkül ähnlich auszuwerten, als wären sie sicher. Oder man wertet die erwarteten Konsequenzen genauso aus, als wären sie sicher, und schätzt in einer weiteren Rechnung die Risiken ab. Die finanzwirtschaftlichen Entscheidungsmodelle bei sicheren Erwartungen bilden einen wichtigen Baustein der Modelle bei unsicheren Erwartungen.

1.6 Zusammenfassung

In diesem Abschnitt wird das Entscheidungsproblem gekennzeichnet. Aus finanzwirtschaftlicher Perspektive geht es bei diesen Entscheidungen um die Anlage von Geld, also Investitionen, und um die Beschaffung von Geld, also Finanzierungen. Ein privater Haushalt, der einem Unternehmen Geld zur Verfügung stellt, legt Geld an, während derselbe Vorgang für das Unternehmen eine Finanzierung darstellt. Wenn das Unternehmen die finanziellen Mittel ohne Rücksicht auf die Interessen der Kapitalgeber anlegt, werden diese dem Unternehmen kein Geld zur Verfügung stellen. Somit beeinflussen die Investitionsentscheidungen des Unternehmens auch die Investitionsentscheidungen der Kapitalgeber.

Ein Entscheidungsproblem wird durch eine Menge von Alternativen gekennzeichnet, von denen eine auszuwählen ist. Jede andere Alternative ist damit abgelehnt. Zugrunde liegen einzelne Investitions- und Finanzierungsprojekte; über jedes Projekt ist mit „ja" oder „nein" zu entscheiden. Eine Alternative ist dadurch definiert, daß für jedes Projekt die Entscheidung festliegt. Werden Investitions- und Finanzierungsprojekte getrennt betrachtet, dann werden die Investitionsprojekte in Investitionsprogrammen (= -alternativen) und die Finanzierungsprojekte in Finanzierungsprogrammen (= -alternativen) zusammengefaßt. Werden alle Projekte gleichzeitig betrachtet, dann werden sie zu Kapitalbudgets zusammengefaßt.

Von der Erkenntnis eines Entscheidungsproblems bis zur Festlegung der Alternativenmenge ist es ein weiter Weg. Gelingt es nicht, die besten Projekte herauszufinden, dann nützen auch ausgefeilte Entscheidungsmodelle nicht viel. Häufig ist es aus Kostengründen erforderlich, die Menge der betrachteten Alternativen von vornherein einzuschränken. Damit entsteht die Gefahr, die beste Alternative zu übersehen.

Finanzwirtschaftliche Bewertung der Alternativen bedeutet eine Beschränkung auf finanzwirtschaftliche Beurteilungskriterien; in der Praxis werden auch andere Beurteilungskriterien herangezogen. Daher ist es im allgemeinen bei praxisgerechten Entscheidungen notwendig, für jede Alternative einen Nutzenindex anhand unterschiedlicher Beurteilungskriterien zu ermitteln. Gewählt wird die Alternative mit dem höchsten Nutzenindex. Dabei müssen die verwendeten Beurteilungskriterien insoweit quantifizierbar sein, daß ein Abwägen von „mehr" bei einem Kriterium gegen ein „weniger" bei einem anderen möglich ist.

Die in diesem Kapitel verwendete Prämisse sicherer Erwartungen ermöglicht eine einfache Darstellung der Investitionsrechnung. Zugleich ist die Investitionsrechnung bei sicheren Erwartungen auch die Grundlage derjenigen bei unsicheren Erwartungen.

2 Beurteilungskriterien für Kapitalbudgets

2.1 Grundlagen

Die Beschränkung auf finanzwirtschaftliche Beurteilungskriterien bedeutet, daß Alternativen anhand ihrer Zahlungsströme beurteilt werden. Investitionsprojekte verursachen häufig mehr oder minder kontinuierliche Zahlungen im Zeitablauf. Es liegt daher nahe, auch Modelle mit kontinuierlichen Zahlungsströmen zu entwickeln. Da ihre formale Handhabung nicht ganz leicht ist, hat sich das Arbeiten mit zeitdiskreten Zahlungsströmen durchgesetzt. Die dahinter stehende Betrachtungsweise zerlegt den Planungszeitraum in aufeinanderfolgende, gleich lange Perioden. Sämtliche Zahlungen innerhalb einer Periode werden zum Einzahlungsüberschuß dieser Periode zusammengefaßt. Der Einzahlungsüberschuß (abgekürzt: EZÜ) einer Periode kann positiv, negativ oder gleich 0 sein.

Um Zinsberechnungen eindeutig zu gestalten, genügt es nicht, lediglich Perioden festzulegen. Denn es macht einen Unterschied, ob Geld am Anfang oder am Ende einer Periode zinsbringend angelegt wird. Daher wird jeder Periode ein Zeitpunkt zugeordnet, der für die Zinsberechnung maßgeblich ist. Gewöhnlich wird das Ende der Periode t als Zeitpunkt t bezeichnet. Der EZÜ einer Periode wird dann so behandelt, als fiele er genau zu diesem Zeitpunkt an. Die damit erzielte Vereinfachung mindert die Genauigkeit der Rechnung um so mehr, je länger die einzelne Periode dauert. Üblicherweise umfaßt die Periode höchstens ein Jahr. Geht es um die kurzfristige Finanzplanung eines Kreditinstituts, so kann die Periode auf einen Tag zusammenschrumpfen.

2.2 Der Konsumnutzen

2.2.1 Nutzenfunktion und Indifferenzkurven

Ein Kapitalgeber wird bei gegebenem Arbeitseinkommen seine Investitions- und Finanzierungsprojekte, also sein privates Kapitalbudget, so zusammenstellen, daß der daraus resultierende, für Konsum verfügbare Zahlungsstrom ihm einen möglichst hohen Nutzen stiftet. Möchte der Kapitalgeber auch Vermögen vererben, so hängt der Nutzen vom Konsum zu seinen Lebzeiten und von seinem Nachlaß ab. Bezeichnet U den Nutzen, C_t den Konsum im Zeitpunkt t und W_T den Nachlaß im Zeitpunkt T, so gilt:

$$U = U(C_0, C_1, \ldots, C_T, W_T).$$

Dieses Nutzenkonzept ist nicht operational, solange die Nutzenfunktion nicht bekannt ist. Das besagt allerdings nicht, daß der Entscheider nicht (bewußt oder unbewußt) doch gemäß einer solchen Nutzenfunktion entscheidet. Plausibel erscheinen folgende Eigenschaften der Nutzenfunktion:

1. Positiver Grenznutzen: Der Nutzen wächst, wenn der Konsum in einem beliebigen Zeitpunkt oder der Nachlaß wächst.
2. Abnehmender Grenznutzen: Je höher der Konsum in einem Zeitpunkt (oder der Nachlaß) ist, um so geringer ist der durch eine zusätzliche Konsumeinheit (bzw. Nachlaßeinheit) erzeugte Nutzenzuwachs.

Die Eigenschaften der Nutzenfunktion lassen sich verdeutlichen, wenn man von der Vorstellung ausgeht, daß ein Kapitalgeber bei seinen Entscheidungen einen Planungshorizont von einem Jahr zugrundelegt. Er sucht dann ein Kapitalbudget, das eine optimale Kombination von heutigem Konsum (C_0) und morgigem Vermögen (W_1) liefert. W_1 steht dabei stellvertretend für $C_1, C_2, \ldots, C_T, W_T$, denn zukünftiger Konsum und Nachlaß sind um so größer, je größer W_1 ist. Die Nutzenfunktion geht dann über in die einfachere Funktion

$$U^* = U^*(C_0, W_1).$$

Diese Nutzenfunktion läßt sich grafisch veranschaulichen, wenn man W_1 auf der Ordinate und C_0 auf der Abszisse eines Diagramms einträgt (Abb. 4.2). Dargestellt wird nicht die Nutzenfunktion selbst, sondern eine Schar von zugehörigen Nutzenindifferenzkurven. Alle Punkte auf einer solchen Kurve, d. h. alle Kombinationen von C_0 und W_1 auf dieser Kurve, weisen denselben Nutzen auf. Je weiter rechts eine solche Kurve liegt, einen um so höheren Nutzen weisen die (C_0, W_1)-Kombinationen auf, denn der Grenznutzen ist positiv.

In Abb. 4.2 weist das Bündel C den höchsten Nutzen auf, es folgen B, A und schließlich gemeinsam D und E. Die negative Steigung der Indifferenzkurven folgt aus der Annahme positiven Grenznutzens; wenn nämlich C_0 oder W_1 wächst, so kann der dadurch erzielte Nutzenzuwachs nur durch eine Abnahme von W_1 bzw. C_0 ausgeglichen werden.

Die in Abb. 4.2 gezeichneten Indifferenzkurven verlaufen streng konvex, d. h. ihre Steigung wächst mit dem Konsum C_0. Dies setzt voraus, daß eine Mischung aus

Abb. 4.2. Nutzenindifferenzkurven

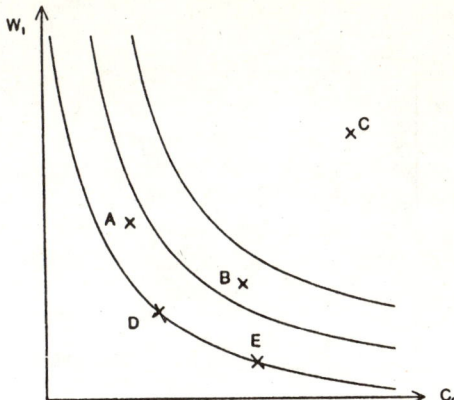

zwei gleich guten Kombinationen (z. B. die Hälfte der Kombination D und die Hälfte der Kombination E) den Nutzen erhöht.

2.2.2 Das optimale Realinvestitionsprogramm ohne Kapitalmarkt

Wie entscheidet der Kapitalgeber, wenn er zwischen verschiedenen Realinvestitionen zu wählen hat? Hierzu nehmen wir an, ihm stehe ein Betrag I_{max} im Zeitpunkt 0 zur Verfügung. Das tatsächliche Investitionsvolumen I erreicht maximal die Höhe I_{max}. Das morgige Vermögen W_1, das das Investitionsvolumen im Zeitpunkt 1 abwirft, wächst mit I, allerdings, so sei angenommen, mit abnehmenden Zuwachsraten. Das heißt, zuerst werden die Investitionsprojekte mit der höchsten Rendite durchgeführt, dann diejenigen mit der nächsthohen Rendite usw.. Die Kurve, die W_1 in Abhängigkeit von I darstellt, heißt Realininvestitionskurve. Sie ist in Abb. 4.3 dargestellt.

Da die Investition den Konsum des Investors im Zeitpunkt 0 mindert und sein Vermögen im Zeitpunkt 1 erhöht, wird die Kurve an einer senkrechten Achse gespiegelt und so in das (C_0, W_1)-Diagramm eingetragen (Abb. 4.4).

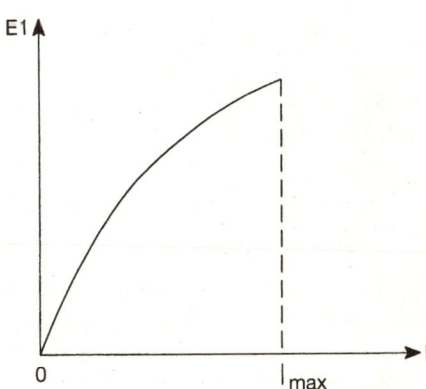

Abb. 4.3. Realinvestitionskurve

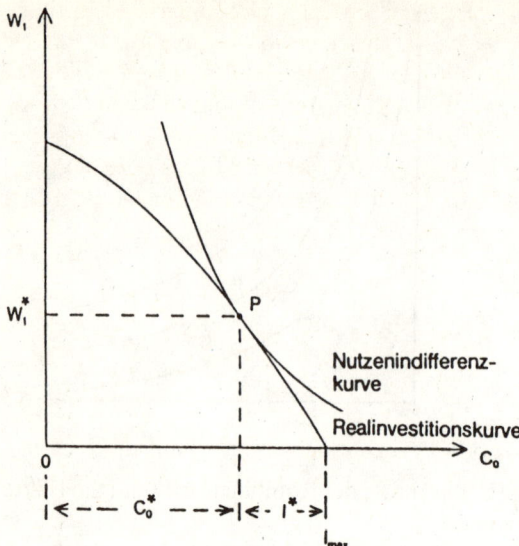

Abb. 4.4. Optimaler Investitions- und Konsumplan des Kapitalgebers, dargestellt durch den Punkt P

Steht dem Kapitalgeber der Betrag I_{max} im Zeitpunkt 0 zur Verfügung, so folgt $C_0 = I_{max}$; $W_1 = 0$, wenn er nichts investiert. Investiert er, so vermindert sich C_0 dementsprechend, während W_1 wächst. Das optimale Investitionsvolumen ist im Tangentialpunkt P zwischen der Realinvestitionskurve und einer Nutzenindifferenzkurve erreicht. Denn jeder andere Punkt der Realinvestitionskurve liegt auf einer Indifferenzkurve mit geringerem Nutzen. Im Punkt P wird der Betrag I^* investiert, dadurch wird ein Vermögen W_1^* im Zeitpunkt 1 erzeugt. Im Zeitpunkt 0 wird der Betrag $C_0^* = I_{max} - I^*$ konsumiert.

Im Punkt P gleichen sich die Steigungen der Indifferenz- und der Realinvestitionskurve. Die (absolute) Steigung der Realinvestitionskurve gibt an, um wieviel € das Vermögen W_1 wächst, wenn im Zeitpunkt 0 1 € mehr investiert wird. Die Steigung gibt daher die Bruttorendite eines zusätzlich investierten € an.

Die Steigung der Indifferenzkurve gibt das Verhältnis der partiellen Grenznutzen $\delta U/\delta C_0 : \delta U/\delta W_1$ an. Dies läßt sich wie folgt zeigen: Wachsen C_0 um dC_0 und W_1 um dW_1, so wächst der Nutzen U (C_0, W_1) um

$$dU = \frac{\delta U}{\delta C_0} dC_0 + \frac{\delta U}{\delta W_1} dW_1.$$

Nun ist der Nutzen in allen Punkten der Indifferenzkurve gleich groß, so daß dU = 0 ist und daher

$$\frac{dW_1}{dC_0} = -\frac{\delta U/\delta C_0}{\delta U/\delta W_1}.$$

dW_1 / dC_0 ist die Steigung der Indifferenzkurve. Sie ist, absolut genommen, gleich dem Verhältnis der Grenznutzen. Das optimale Investitionsvolumen des Investors ist also erreicht, wenn die Bruttorendite des letzten investierten € dem Verhältnis der Grenznutzen gleicht.

Die (absolute) Steigung der Indifferenzkurve wird auch als marginale Zeitpräferenz des Kapitalgebers bezeichnet. Je größer sie ist, desto weniger ist er bereit, auf gegenwärtigen Konsum zugunsten zukünftigen Konsums zu verzichten. Eine hohe marginale Zeitpräferenz bedeutet daher ein geringes Investitionsvolumen.

Ein weiteres Ergebnis läßt sich unmittelbar ableiten. Gründen zwei Kapitalgeber zusammen ein Unternehmen, so bevorzugen sie verschiedene Investitionsprogramme, wenn ihre Zeitpräferenzen unterschiedlich sind. Es treten dann Konflikte zwischen den Kapitalgebern auf.

2.2.3 Das optimale Realinvestitionsprogramm bei Existenz eines vollkommenen Kapitalmarktes (Fisher-Modell)

Solche Konflikte können allerdings durch einen gut funktionierenden Kapitalmarkt beseitigt werden. Dazu erweitern wir das Modell um einen vollkommenen Kapitalmarkt. Bei sicheren Erwartungen heißt der Kapitalmarkt vollkommen, wenn folgende Bedingungen erfüllt sind:

1. Es gibt weder Transaktionskosten noch Steuern.
2. Jeder Kapitalgeber und jedes Unternehmen kann am Kapitalmarkt zum Zinssatz k Geld anlegen und Kredit aufnehmen.
3. Kapitalgeber und Unternehmen gehen bei der Planung eines Projektes von denselben Daten über dessen finanzielle Wirkungen aus (homogene Erwartungen).

Die erste Bedingung besagt, daß die Zinserträge und -kosten von Geschäften auf dem Kapitalmarkt weder durch Steuern vermindert noch durch Transaktionskosten verändert werden. Zu den Transaktionskosten zählen sämtliche mit der Anlage und Aufnahme von Geld verbundenen Kosten außer den Zinskosten, also z. B. Buchungs- und andere Kontogebühren, Provisionen für den Handel in Wertpapieren, aber auch die beim Kapitalgeber selbst entstehenden Verwaltungskosten. Bei vollkommenem Kapitalmarkt gibt es solche Kosten nicht. Der Zinssatz k stellt daher auch den Nettoertrag bzw. die Nettokosten dar. Dies gilt natürlich nur, wenn bei einem Kredit der Schuldner auf jeden Fall vollständig und pünktlich zahlt. Die Kreditaufnahme ist daher auf ein Volumen beschränkt, bei dem die jederzeitige Zahlungsfähigkeit des Schuldners gesichert ist. Täuschungen des Gläubigers über die finanzielle Situation des Schuldners werden durch die dritte Bedingung ausgeschlossen; alle Beteiligten gehen von denselben Erwartungen aus. Es bestehen daher homogene Erwartungen. Wie wirkt sich die Existenz des Kapitalmarktes auf das optimale Realinvestitionsvolumen aus?

Auf dem Kapitalmarkt werden zu einem späteren Zeitpunkt fällige Geldbeträge gegen heute zahlbare Beträge gehandelt. Gegen Zahlung von 1 € heute kann jedermann den Anspruch auf Zahlung von $(1+k)$ € im Zeitpunkt 1 erwerben. Der heutige Preis für einen im Zeitpunkt 1 fälligen € beträgt also $1/(1+k)$ €.

Es läßt sich nun zeigen, daß das optimale Realinvestitionsvolumen genau dann erreicht ist, wenn die Bruttorendite des zuletzt investierten € gleich $(1+k)$ ist. Z. B. sei die Bruttorendite größer als $(1+k)$. Dann kann der Kapitalgeber 1 € Kredit aufnehmen und diesen investieren. Da die Bruttorendite über $(1+k)$ liegt, kann er daraus im Zeitpunkt 1 seine Verbindlichkeit in Höhe von $(1+k)$ tilgen und behält noch einen Rest für sich. Er hat damit sein Vermögen im Zeitpunkt 1 erhöht, während sein Konsum im Zeitpunkt 0 unverändert bleibt. Folglich wird er das Investitionsvolumen ausdehnen, bis die marginale Bruttorendite auf $(1+k)$ gesunken ist.

Umgekehrt wird das Optimum verfehlt, wenn die Bruttorendite des zuletzt eingesetzten € unter $(1+k)$ liegt. Wenn nämlich der Kapitalgeber diesen € nicht real investiert, sondern am Kapitalmarkt anlegt, erzielt er eine höhere Rendite und somit ein höheres Vermögen im Zeitpunkt 1. Also ist das Realinvestitionsvolumen optimal, bei dem die Bruttorendite des zuletzt eingesetzten € der Bruttoverzinsung auf dem Kapitalmarkt, $1+k$, gleicht.

Dieses Resultat gilt unabhängig von der Nutzenfunktion des Kapitalgebers. Folglich besteht auch kein Problem, wenn mehrere Kapitalgeber eines Unternehmens gemeinsam über dessen Investitionspolitik bestimmen. Jeder Kapitalgeber befürwortet nämlich dieselbe Politik. Die Kapitalgeber können daher auch unbesorgt die Entscheidung über die Realinvestitionen an einen Geschäftsführer delegieren, indem sie ihm vorschreiben, alle Realinvestitionen mit einer Rendite von mindestens k durchzuführen. Der Kapitalmarkt löst somit potentielle Konflikte zwischen den Kapitalgebern, indem die Beurteilung von Investitionen nun nicht mehr von den individuellen Präferenzen der Kapitalgeber abhängt, sondern nur noch vom Zinssatz des Kapitalmarktes.

Nachdem das optimale Realinvestitionsvolumen bekannt ist, läßt sich der optimale Konsum im Zeitpunkt 0 ermitteln. Ausgehend vom optimalen Realinvestitionsprogramm hat der Kapitalgeber nur die Möglichkeit, zum Zinssatz k im Zeitpunkt 0 Geld anzulegen (aufzunehmen) und damit seinen Konsum im Zeitpunkt 0 zu vermindern (erhöhen). Stets bewegt er sich auf der Geraden $\overline{AB}$ mit der Steigung $-(1+k)$, die die Realinvestitionskurve tangiert (Abb. 4.5).

Der Tangentialpunkt P definiert das optimale Realinvestitionsvolumen I*. Bewegt sich der Kapitalgeber abwärts auf der Geraden $\overline{AB}$, so nimmt er zu Lasten seines zukünftigen Vermögens Kredit auf, um seinen Konsum im Zeitpunkt 0 zu erhöhen. Bewegt er sich vom Punkt P aufwärts auf der Geraden, so legt er Geld an und erhöht damit sein zukünftiges Vermögen zu Lasten seines gegenwärtigen Konsums. Den maximalen Nutzen erreicht der Kapitalgeber dort, wo die Gerade eine Indifferenzkurve tangiert.

Damit läßt sich das optimale Kapitalbudget eines Kapitalgebers leicht charakterisieren. Er führt alle Realinvestitionsprojekte mit einer Rendite von mindestens k durch und ergänzt die dadurch erzeugte Position durch Anlage bzw. Aufnahme von Geld am Kapitalmarkt, bis seine marginale Zeitpräferenz die Höhe $(1+k)$ erreicht.

Es mag überraschen, daß die optimale Realinvestitionspolitik, sei es die eines Kapitalgebers oder die eines Unternehmens, lediglich vom Zinssatz abhängt, nicht aber von der finanziellen Situation des Kapitalgebers bzw. des Unternehmens. Die Erklärung hierfür ist einfach: Verfügt der Kapitalgeber oder das Unternehmen nicht über genügend finanzielle Mittel im Zeitpunkt 0, um das optimale Realinvestitionsvolumen zu finanzieren, so bekommt er bzw. es auf jeden Fall den notwendigen Kredit. Denn der Einzahlungsüberschuß aus den dadurch finanzierbaren Investitionen reicht aus, um den Kredit zu tilgen und zu verzinsen. Ein Liquiditätsproblem existiert nicht.

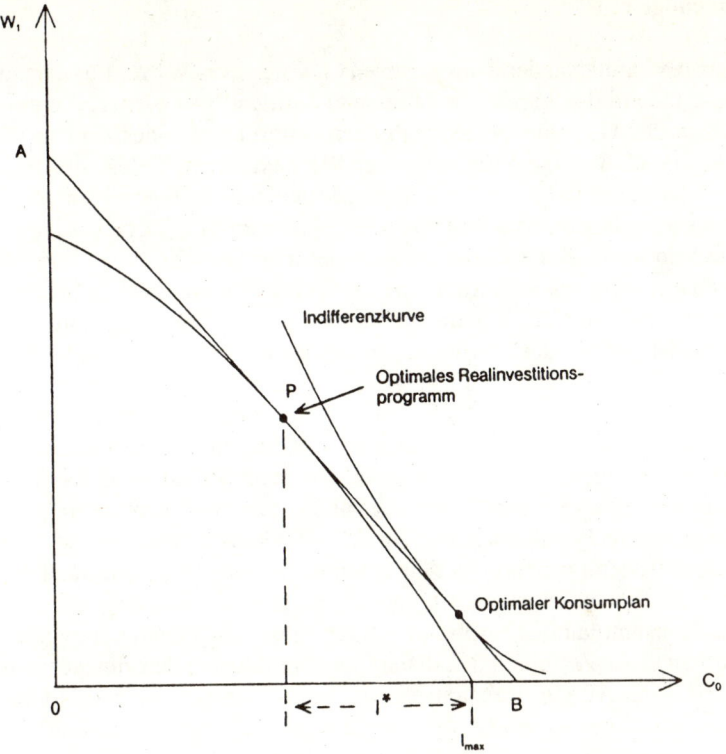

Abb. 4.5. Bestimmung des optimalen Konsumplans und des optimalen Realinvestitionsprogramms bei Existenz eines vollkommenen Kapitalmarktes

Darüber hinaus erweist sich die Unternehmensfinanzierung als unbedeutend. Es macht für den optimalen Konsumplan des Kapitalgebers keinen Unterschied, ob er privat einen Kredit von y € aufnimmt und dem Unternehmen als Einlage zur Verfügung stellt oder ob das Unternehmen selbst diesen Kredit aufnimmt. In jedem Fall sind an die Gläubiger y(1 + k) € im Zeitpunkt 1 zu zahlen, den Rest erhält der Gesellschafter. Entsprechendes gilt bei mehreren Gesellschaftern.

Damit haben wir unter der Prämisse sicherer Erwartungen und eines vollkommenen Kapitalmarktes ein Irrelevanztheorem der Finanzierungspolitik abgeleitet: Der Nutzen der Kapitalgeber eines Unternehmens ist unabhängig davon, wie das Unternehmen finanziert wird.

Da das optimale Realinvestitionsprogramm von der Finanzierungspolitik unabhängig ist, haben wir gleichzeitig ein Separationstheorem für Investitions- und Finanzierungsentscheidungen nachgewiesen: Die optimale Investitionspolitik eines Unternehmens ist unabhängig von seiner Finanzierungspolitik. Bei der Festlegung der Investitionspolitik kann die Geschäftsleitung daher vereinfachend davon ausgehen, daß das Unternehmen ausschließlich mit Eigenkapital finanziert wird.

2.3 Das Endvermögen

Im vorangehenden Abschnitt war der Konsumstrom $C_0, C_1, \ldots, C_T, W_T$ vereinfachend durch den Konsum C_0 und das Vermögen W_1 ersetzt worden. Eine weitere Vereinfachung resultiert aus der Annahme, der Kapitalgeber wolle einen Mindestkonsum $\overline{C}_0$ im Zeitpunkt 0 sicherstellen und sein Endvermögen W_1 maximieren. Selbstverständlich läßt dies zu, daß ein Kapitalgeber mit hohem geschätztem Endvermögen einen relativ hohen Mindestkonsum beansprucht. Soll die Solvenz des Kapitalgebers jederzeit gewährleistet sein, so muß das Endvermögen nichtnegativ sein.

Das Ziel „Endvermögensmaximierung" ist im Gegensatz zum Ziel „Konsumnutzenmaximierung" operational, da es die Kenntnis einer Konsumnutzenfunktion erübrigt. Allerdings ist der Mindestkonsum $\overline{C}_0$ festzulegen.

Existiert ein einheitlicher Zinssatz k für die Anlage und die Aufnahme von Geld, so ist jedes Realinvestitionsprojekt mit einer Rendite über k auch bei Endvermögensmaximierung von Vorteil. Denn dieses Projekt kann mit Kredit finanziert werden, so daß dem Investor ein Endvermögenszuwachs gemäß der Differenz „Rendite – Zinssatz k" verbleibt. Die Realinvestitionspolitik ist daher dieselbe wie bei der Maximierung des Konsumnutzens. Dieses Ergebnis überrascht nicht, da die Endvermögensmaximierung lediglich ein Sonderfall der Konsumnutzenmaximierung ist. Folglich gelten auch das Irrelevanztheorem der Finanzierungspolitik und das Separationstheorem.

Der optimale Konsumplan ist in Abb. 4.6 eingetragen. Ausgehend vom vorgegebenen Konsumplan $\overline{C}_0$ im Zeitpunkt 0 realisiert der Kapitalgeber den zugehörigen Punkt P auf der Geraden $\overline{AB}$. Im Beispiel legt er den Betrag $(I_{max} - I^* - \overline{C}_0)$ am Kapitalmarkt an.

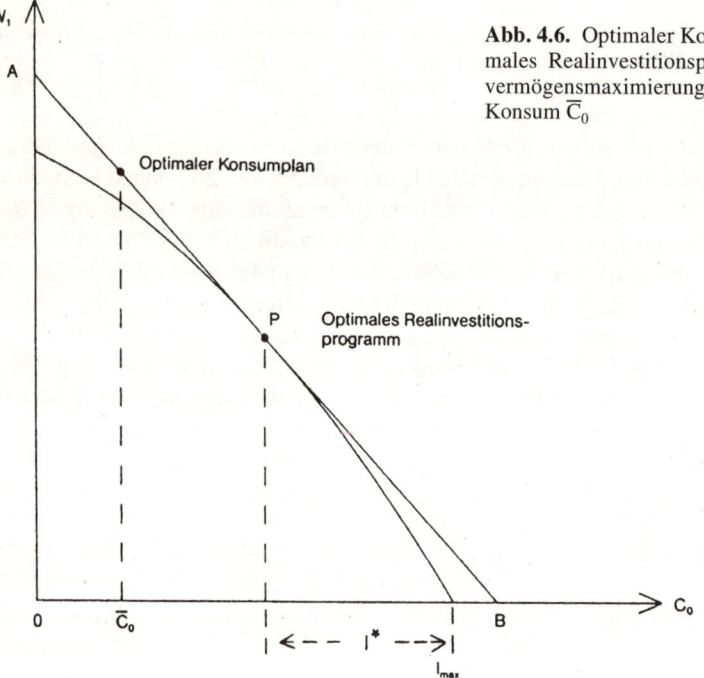

Abb. 4.6. Optimaler Konsumplan und optimales Realinvestitionsprogramm bei Endvermögensmaximierung und vorgegebenem Konsum $\overline{C}_0$

2.4   Der Marktwert

Eine weitere Möglichkeit, das nicht operationale Konsumnutzenziel durch ein operationales zu ersetzen, besteht darin, den Marktwert des Konsumstroms $(C_0, C_1, \ldots, C_T, W_T)$ zu maximieren. Der Marktwert eines Stroms von Zahlungen ist definiert als der Preis, für den man diesen Strom kaufen kann. Genau wie beim Endvermögen wird damit eine Variable maximiert, ohne daß eine Konsumnutzenfunktion bekannt zu sein braucht. Im folgenden betrachten wir wieder das auf C_0 und W_1 vereinfachte Problem.

Der Marktwert der beiden Beträge C_0 und W_1 ist genauso wie der Marktwert eines Korbes mit x Äpfeln und y Birnen definiert. Ist p_A der Preis eines Apfels und p_B der Preis einer Birne, so beläuft sich der Marktwert des Korbes auf $p_A x + p_B y$. Entsprechend beträgt der Marktwert von C_0 und W_1 dann $p_0 C_0 + p_1 W_1$, wenn p_0 (p_1) der Preis für einen im Zeitpunkt 0 (1) fälligen € ist.

Wird der Marktwert im Zeitpunkt 0 berechnet, so ist der Preis für einen im gleichen Zeitpunkt fälligen € ex definitione gleich 1. Bei einem Zinssatz k erwirbt ein Kapitalgeber einen Anspruch von $(1 + k)$ € im Zeitpunkt 1, wenn er im Zeitpunkt 0 einen € am Kapitalmarkt anlegt. Um einen Anspruch von 1 € zu erwerben, braucht er nur $1/(1 + k)$ € anzulegen. Anders ausgedrückt, er kauft den Anspruch auf einen € für den Preis $1/(1 + k)$. Somit ist der Preis $p_1 = 1/(1 + k)$, während $p_0 = 1$ ist. Der Marktwert der beiden Beträge C_0 und W_1 beläuft sich daher auf $C_0 + W_1/(1 + k)$. Der Marktwert ist also identisch mit dem Kapitalwert. Da die Steigung der Geraden $\overline{AB}$ in Abb. 4.6 gleich $-(1 + k)$ ist, haben alle Punkte auf dieser Geraden denselben Marktwert.

Gleichermaßen kann der Marktwert als maximaler Konsum im Zeitpunkt 0 interpretiert werden. Indem der Kapitalgeber den Betrag W_1 im Zeitpunkt 0 veräußert, wächst sein Barvermögen von C_0 auf $C_0 + W_1/(1 + k)$. Konsumiert er diesen Betrag im Zeitpunkt 0, so konsumiert er später nichts. Er realisiert dann den Punkt B in Abb. 4.6. Die Länge der Strecke $\overline{OB}$ gibt daher den Marktwert aller Punkte auf der Geraden $\overline{AB}$ an.

Betrachten wir nun einen Kapitalgeber, der seinen Konsumnutzen maximieren möchte. Kann er zum Zinssatz k Geld anlegen und aufnehmen, wird er dies tun, bis seine marginale Zeitpräferenz mit $(1 + k)$ übereinstimmt. Daher läßt sich sein Nutzen U^+ messen als $U^+ = C_0 + W_1/(1 + k)$. Dieser Ausdruck stimmt formal mit dem Marktwert überein, so daß der Marktwert auch als Spezialfall des Konsumnutzens interpretiert werden kann. Folglich ist bei Marktwertmaximierung dasselbe Realinvestitionsprogramm wie bei Konsumnutzenmaximierung optimal.

Zur Illustration betrachten wir ein Realinvestitionsprojekt mit der Anfangsauszahlung A_0 im Zeitpunkt 0 und der Einzahlung e_1 im Zeitpunkt 1. Der Marktwert dieses Projekts beträgt $-A_0 + e_1/(1 + k)$. Er ist positiv, wenn die Bruttorendite e_1/A_0 größer als $1 + k$ ist. Das Projekt wird dann durchgeführt, genau wie bei Konsumnutzenmaximierung.

Legt der Kapitalgeber oder ein Unternehmen Geld am Kapitalmarkt an, so hat diese Investition einen Marktwert von 0, da ihre Rendite ex definitione dem Marktzins gleicht. Aktivitäten auf dem Kapitalmarkt bewirken daher keine Marktwertänderung. Es spielt keine Rolle, ob ein Unternehmen sich durch Kredit oder Einlagen der Gesellschafter finanziert. Wiederum gelten das Irrelevanztheorem der Finanzierungspolitik und das Separationstheorem.

Damit ergibt sich eine weitere Möglichkeit der Kapitalgeber, Investitionsentscheidungen an die Geschäftsleitung des Unternehmens zu delegieren. Der Geschäftsleitung wird vorgeschrieben, alle Investitionsprojekte mit positivem Marktwert zu realisieren. Dies liegt im Interesse aller Gesellschafter.

Die bisherigen Ergebnisse lassen sich rasch zusammenfassen: Kann jeder Kapitalgeber und jedes Unternehmen zum Zinssatz k Geld anlegen und aufnehmen, so gilt für jedes der Beurteilungskriterien „Konsumnutzen", „Endvermögen" und „Marktwert": Optimal ist die Realinvestitionspolitik mit dem höchsten Marktwert; die Finanzierungspolitik eines Unternehmens ist ohne Bedeutung für seinen Marktwert und den Nutzen seiner Kapitalgeber (Irrelevanz der Finanzierungspolitik). Investitionsentscheidungen eines Unternehmens werden von seiner Finanzierungspolitik nicht beeinflußt (Separation).

2.5 Die Beurteilungskriterien bei unvollkommenem Kapitalmarkt

2.5.1 Die Alternativenkurve

Die eleganten Ergebnisse des vorangehenden Abschnitts publizierte IRVING FISHER (1930) bereits vor mehr als 60 Jahren. Später zeigte HIRSHLEIFER (1958), daß diese Eleganz verlorengeht, wenn der Sollzinssatz, zu dem am Kapitalmarkt Kredit aufgenommen werden kann, über dem Habenzinssatz liegt, zu dem Geld angelegt werden kann.

Bei sicheren Erwartungen läßt sich eine Differenz zwischen Soll- und Habenzinssatz nur durch Transaktionskosten erklären. Geldanlage und Kreditaufnahme werden normalerweise über Kreditinstitute abgewickelt. Sie müssen die damit verbundenen Verwaltungskosten abdecken und möchten außerdem einen Gewinn erzielen. Diese Beträge stellen Transaktionskosten dar; sie sind von den Geldanlegern und Kreditnehmern aufzubringen. Dies geschieht, indem den Kreditnehmern ein Sollzinssatz in Rechnung gestellt wird, der über dem Habenzinssatz liegt. Der Kapitalmarkt ist unvollkommen.

Einige Aussagen zur Realinvestitionspolitik lassen sich auch bei gespaltenem Zinssatz ableiten, einerlei ob der Konsumnutzen, das Endvermögen oder der Marktwert als Beurteilungskriterium dient:

1. Jedes Investitionsprojekt mit einer Rendite über dem Sollzinssatz wird auf jeden Fall realisiert.
   Die Begründung liegt darin, daß dem Investor (investierender Kapitalgeber bzw. Unternehmen) aus einem solchen Projekt ein Gewinn gemäß der Differenz „Rendite – Sollzins" zufließt, wenn er es mit Kredit finanziert. Wenn er es statt dessen finanziert, indem er weniger Geld zum Habenzinssatz anlegt, so macht er sogar einen Gewinn gemäß der Differenz „Rendite – Habenzins".
2. Auf keinen Fall wird ein Investitionsprojekt mit einer Rendite unter dem Habenzinssatz realisiert.

Offen ist damit nur die Entscheidung über Investitionsprojekte, deren Rendite zwischen dem Soll- und dem Habenzins liegt.

Betrachten wir zunächst ein Unternehmen mit nur einem Gesellschafter. Das Unternehmen kann Realinvestitionsprojekte durchführen; der Gesellschafter kann Kredit zum Sollzinssatz k_S aufnehmen und Geld zum Habenzinssatz k_H anlegen. Die besten erreichbaren (C_0, W_1)-Kombinationen zeigt die Alternativenkurve $\overline{ABDF}$ in Abb. 4.7.

Der Gesellschafter besitzt wieder eine Anfangsausstattung von I_{max} im Zeitpunkt 0. Die Tangente $\overline{DF}$ der Realinvestitionskurve hat die Steigung $-(1+k_S)$. Alle Realinvestitionsprojekte, die im Abschnitt $\overline{I_{max}D}$ der Realinvestitionskurve liegen, haben daher eine Rendite von mindestens k_S. Sie werden auf jeden Fall realisiert. Die Tangente $\overline{AB}$ der Realinvestitionskurve hat die Steigung $-(1+k_H)$. Die Realinvestitionsprojekte, die auf der Realinvestitionskurve links vom Punkt B liegen, haben daher eine Rendite unter k_H. Sie werden auf keinen Fall realisiert. Die Rendite der zwischen B und D eingetragenen Realinvestitionsprojekte liegt zwischen k_H und k_S. Diese Projekte werden eventuell realisiert. Das optimale Realinvestitionsvolumen liegt also zwischen den Volumina I_S und I_H.

Möchte der Gesellschafter im Zeitpunkt 0 mehr als den Betrag $(I_{max} - I_S)$ konsumieren, so muß er sich zum Zinssatz k_S verschulden. Ausgehend vom Punkt D bewegt er sich dann auf der Geraden $\overline{DF}$. Realinvestitionsprojekte mit einer Rendite unter k_S kommen für ihn nicht in Frage. Denn es ist für ihn günstiger, ein solches Projekt zu unterlassen und den Kredit um das dadurch freigesetzte Geld zu vermin-

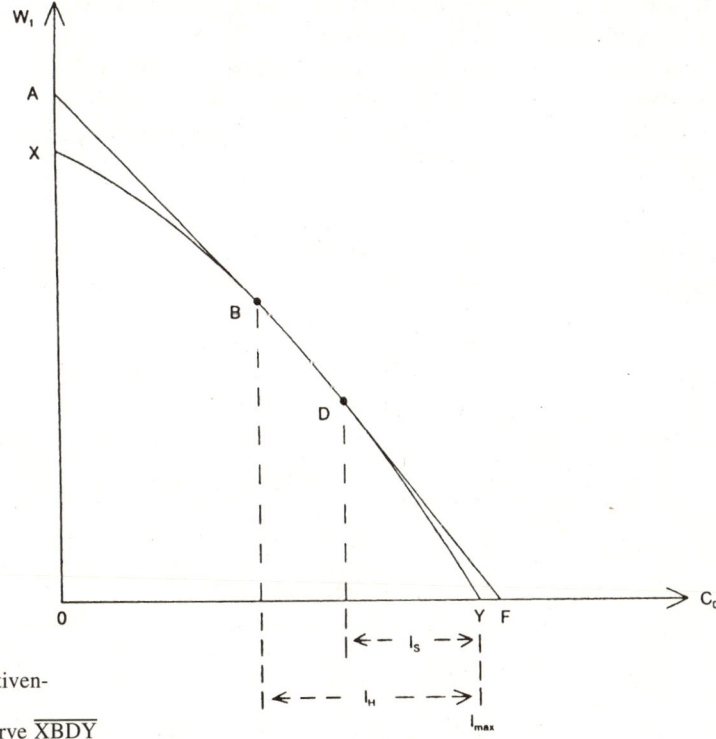

Abb. 4.7. Alternativenkurve $\overline{ABDF}$ und Realinvestitionskurve $\overline{XBDY}$

dern. Sein Vermögen W_1 wächst dadurch um (k_S – Rendite des Investitionsprojekts) · Anfangsauszahlung des Projekts.

Möchte umgekehrt der Gesellschafter im Zeitpunkt 0 weniger als ($I_{max} - I_H$) konsumieren, dann realisiert er alle Realinvestitionsprojekte mit einer Rendite über k_H und legt den Rest zum Habenzinssatz an. Er bewegt sich dann vom Punkt B aus auf der Geraden $\overline{AB}$.

Wenn schließlich der Gesellschafter im Zeitpunkt 0 einen Betrag zwischen ($I_{max}-I_H$) und ($I_{max}-I_S$) konsumieren möchte, realisiert er auf der Realinvestitionskurve einen Punkt zwischen B und D. Eine Geldanlage zum Habenzins kommt für ihn nicht in Frage, da er bei Anlage in weiteren Realinvestitionsprojekten eine höhere Rendite erzielen kann. Eine Kreditaufnahme kommt ebenfalls nicht in Frage, da es günstiger wäre, aus dem Realinvestitionsprogramm die Projekte mit einer Rendite unter dem Sollzins herauszunehmen und das Kreditvolumen zu kürzen.

Damit ist gezeigt, daß auf jeden Fall ein Punkt auf der Alternativenkurve $\overline{ABDF}$ realisiert wird.

2.5.2 Der Konsumnutzen (Hirshleifer-Modell)

Der optimale Konsumplan wird durch den Tangentialpunkt zwischen der Kurve $\overline{ABDF}$ und einer Indifferenzkurve (IND) bestimmt. Es ergeben sich dann die drei in Abb. 4.8 skizzierten Möglichkeiten des Anlegers (H), des Schuldners (S) und des Neutralen (N): Der Anleger legt Geld zu k_H an, der Schuldner nimmt Kredit zu k_S auf, der Neutrale agiert nicht auf dem Kapitalmarkt. Die zugehörigen Realinvestitionsvolumen sind I_H, I_S und I_N.

Die Folge des gespaltenen Zinssatzes ist, daß das optimale Realinvestitionsvolumen von der Zeitpräferenz des Gesellschafters abhängt. Er kann daher seine Investitionsentscheidung nicht an einen Geschäftsführer delegieren, der seine marginale Zeitpräferenz nicht kennt.

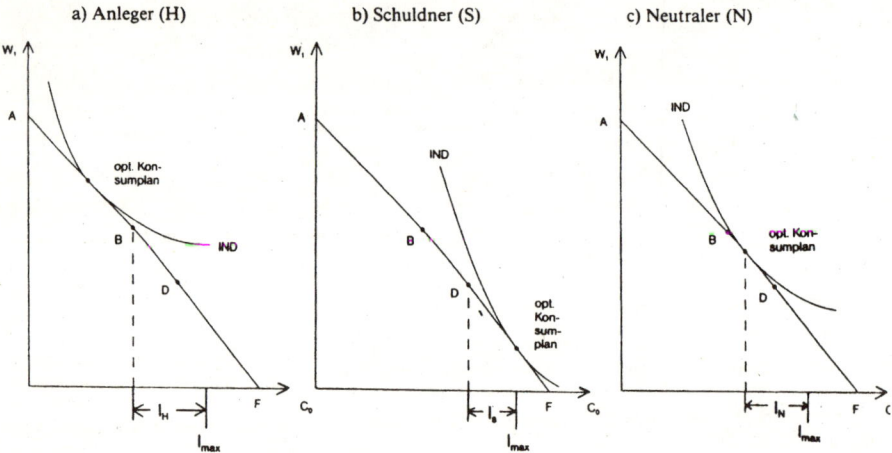

Abb. 4.8. Optimaler Konsumplan und optimales Investitionsprogramm bei gespaltenem Zinssatz

Hat das Unternehmen mehrere Gesellschafter, so kommt es zu Konflikten zwischen den Gesellschaftern bei der Realinvestitionsentscheidung, wenn es unter ihnen Anleger, Schuldner und Neutrale gibt. Der Anleger plädiert für das Investitionsvolumen I_H, der Schuldner für I_S und der Neutrale für I_N. Das Separationstheorem gilt nicht mehr.

Desgleichen lassen sich aus dem Modell auch keine sinnvollen Aussagen zur optimalen Finanzierungspolitik von Unternehmen ableiten, ohne die Vor- und Nachteile von Finanzierungsaktivitäten des Unternehmens relativ zu denen der Gesellschafter näher zu kennzeichnen. Grundsätzlich kann jedoch nicht mehr von der Irrelevanz der Finanzierung ausgegangen werden.

2.5.3 Das Endvermögen

Will jeder Kapitalgeber sein Endvermögen bei gegebenem Konsum im Zeitpunkt 0 maximieren, so wird ebenfalls ein Punkt auf der Alternativenkurve $\overline{ABDF}$ realisiert. Wiederum kann es zu Konflikten zwischen den Kapitalgebern kommen, wenn darunter Anleger, Schuldner und Neutrale sind. Dies überrascht nicht, da Endvermögensmaximierung ein Spezialfall der Nutzenmaximierung ist. Daher gelten weder das Irrelevanz- noch das Separationstheorem.

2.5.4 Der Marktwert

Bisher wurde ein vorgegebener Gesellschafterkreis unterstellt. Unter den Gesellschaftern können Anleger, Schuldner und Neutrale sein, so daß es zu Konflikten bei der Realinvestitionsentscheidung kommen kann.

Werden Schuld- und Beteiligungstitel eines Unternehmens auf dem Kapitalmarkt gehandelt, dann ist der Kreis von Gesellschaftern und Gläubigern nicht mehr vorgegeben, sondern er kann durch Wertpapierhandel laufend verändert werden. Ob ein Kapitalgeber Beteiligungs- oder Schuldtitel oder beides erwirbt, hängt einerseits von den Transaktionskosten dieser Titel und andererseits davon ab, ob der Kapitalgeber selbst Kredit aufnimmt. Da vielfältige Situationen vorstellbar sind, soll eine Situation exemplarisch untersucht werden.

Diese Situation ist wie folgt gekennzeichnet. Auf dem Primärmarkt kann ein Unternehmen Beteiligungs- und Schuldtitel verkaufen (= plazieren) und dadurch Eigenkapital und Kredit beschaffen. Nach der Plazierung dieser Titel im Primärmarkt werden sie im Sekundärmarkt zwischen Kapitalgebern gehandelt. Der Handel im Sekundärmarkt verursache keinerlei Transaktionskosten, wohl aber die Plazierung im Primärmarkt.

Hieraus läßt sich bereits eine Schlußfolgerung ableiten. Betrachtet man einen Beteiligungstitel unter rein finanziellen Aspekten, so ist für einen Kapitalgeber ein Beteiligungstitel, der im Zeitpunkt 1 einen € abwirft, genausoviel wert wie ein Schuldtitel, der einen € abwirft. Daraus folgt: Ist die Emission von Beteiligungstiteln mit geringeren (höheren) Transaktionskosten als die Emission von Schuldtiteln belastet, so werden nur Beteiligungstitel (Schuldtitel) emittiert. Indem die Unternehmen auf den Titel mit geringeren Transaktionskosten ausweichen, profitieren die

Kapitalgeber. Werden Beteiligungstitel und Schuldtitel emittiert, so müssen beide Titel mit gleich hohen Transaktionskosten belastet sein.

Im folgenden wird unterstellt, daß das Unternehmen Beteiligungs- und Schuldtitel zu gleich hohen Transaktionskosten plazieren kann. Der Käufer eines Titels zahlt den Preis p_H, das Unternehmen erhält jedoch nur den um die Transaktionskosten geringeren Preis p_S. Da alle Geldanlagen im Marktgleichgewicht denselben Habenzinssatz k_H abwerfen, muß gelten $p_H = 1/(1 + k_H)$. Können Kapitalgeber und Unternehmen zum selben Zinssatz k_S Kredit beschaffen, so folgt $p_S = 1/(1 + k_S)$.

Beispiel: $p_H = 0,92$, dies entspricht einem Habenzinssatz von $1/0,92 \approx 0,087$,

$p_S = 0,88$, dies entspricht einem Sollzinssatz von $1/0,88 \approx 0,136$.

Die Transaktionskosten pro € Anspruch betragen im Beispiel $p_H - p_S = 0,04$ €.

Nun läßt sich auch klären, welche Kapitalgeber Beteiligungs- und Schuldtitel kaufen. Der Erwerber eines Titels kann nur eine Rendite in Höhe des Habenzinssatzes erzielen. Folglich wird es niemanden geben, der einen Titel mit dieser Rendite erwirbt und sich gleichzeitig zum Sollzinssatz verschuldet. Desgleichen gibt es niemand, der auf einen Titel eine Rendite von k_H erzielt, jedoch privat Geld mit einer höheren Rendite anlegen könnte. Folglich kaufen nur Anleger Titel, nicht aber Schuldner und Neutrale.

Dieser Effekt wird auch als Klienteleffekt bezeichnet: Die Klientel der Gesellschafter setzt sich nur aus Anlegern zusammen. Damit entfällt der Interessenkonflikt zwischen den Gesellschaftern, der eventuell bei vorgegebenem Gesellschafterkreis auftritt. Bei Existenz des Klienteleffekts können die Gesellschafter daher die Realinvestitionsentscheidung einem Geschäftsführer übertragen.

Was folgt daraus für die optimale Investitions- und Finanzierungspolitik eines Unternehmens? Da dem Unternehmen aus einer Einlage der Anleger-Gesellschafter von p_H (= 0,92 €) nach Abzug der Transaktionskosten der Betrag p_S (= 0,88 €) zufließt, ist $k_S = 1/p_S - 1$ (= 13,6 %) die im Unternehmen zu erzielende Mindestrendite, die die Gesellschafter für die Bereitstellung weiteren Kapitals verlangen. Alle Realinvestitionsprojekte mit einer Rendite von mindestens 13,6 % werden demnach realisiert. Das bedeutet gleichzeitig, daß das Unternehmen kein Geld zum niedrigeren Habenzinssatz anlegt. Die optimale Investitionspolitik des Unternehmens ist somit eindeutig fixiert.

Für die optimale Finanzierungspolitik gilt: Kann das Unternehmen am Kapitalmarkt Schuld- und Beteiligungstitel zum selben Nettopreis plazieren, so ist es gleichgültig, welche Titel plaziert werden. Die Irrelevanz der Finanzierung bleibt bestehen, solange alle Finanzierungstitel gleich hohe Transaktionskosten verursachen.

Auf dem Sekundärmarkt werden die Beteiligungs- und Schuldtitel zum Preis p_H gehandelt. Ihr Marktwert gleicht dem Emissionspreis auf dem Primärmarkt. Wäre der Preis auf dem Sekundärmarkt niedriger, so wäre kein Kapitalgeber bereit, auf dem Primärmarkt den Preis p_H zu bezahlen. Denn er könnte den Titel auf dem Sekundärmarkt billiger erwerben. Wäre der Preis auf dem Sekundärmarkt höher als p_H, würde niemand auf dem Sekundärmarkt kaufen. Folglich stimmen die Preise auf beiden Märkten überein.

2.6   Zusammenfassung

Ein Kapitalgeber wählt sein privates Kapitalbudget so aus, daß er einen möglichst hohen Nutzen aus dem Konsumstrom erzielt, den dieses Kapitalbudget abwirft. Im allgemeinen wird unterstellt, daß der Grenznutzen des Konsums positiv und abnehmend ist. Eine vereinfachte Nutzenfunktion erhält man, wenn an die Stelle der zukünftigen Konsumauszahlungen das Vermögen des Kapitalgebers im Zeitpunkt 1 tritt.

Gibt es keinen Kapitalmarkt, so wählt der Kapitalgeber das Realinvestitionsprogramm aus, bei dem die Bruttorendite des zuletzt investierten € mit seiner marginalen Zeitpräferenz übereinstimmt. Da Anfangsvermögen und Zeitpräferenz von Kapitalgeber zu Kapitalgeber divergieren, divergieren auch ihre optimalen Realinvestitionsprogramme.

Wenn allerdings ein vollkommener Kapitalmarkt existiert, dann wird jeder Kapitalgeber am Kapitalmarkt solange Geld anlegen oder aufnehmen, bis seine marginale Zeitpräferenz mit dem Brutto-Kapitalmarktzinssatz übereinstimmt. Gleichzeitig wird er real investieren, so daß der zuletzt angelegte € eine Rendite in Höhe des Kapitalmarktzinssatzes abwirft. Der vollkommene Kapitalmarkt bewirkt also eine Angleichung der marginalen Zeitpräferenz aller Kapitalgeber in Höhe des Brutto-Kapitalmarktzinssatzes. Daher ist dieser Zinssatz auch maßgebend für die optimale Realinvestitionspolitik jedes Kapitalgebers.

Betreiben mehrere Kapitalgeber zusammen ein Unternehmen, dann können sie sich folglich konfliktfrei auf eine optimale Realinvestitionspolitik des Unternehmens einigen. Diese ist unabhängig davon, ob das Unternehmen durch Eigen- oder Fremdkapital finanziert wird (Separation). Dieses Ergebnis gilt auch bei der speziellen Nutzenfunktion der Endvermögensmaximierung. Als allgemeine Nutzenfunktion bietet sich bei vollkommenem Kapitalmarkt die Marktwertmaximierung an. Der Marktwert eines Zahlungsstromes ist gleich seinem Kapitalwert, berechnet anhand des Kapitalmarktzinssatzes als Kalkulationszinsfuß. Auch bei Marktwertmaximierung ergibt sich dieselbe Realinvestitionspolitik, Separation gilt auch hier.

All diese Ergebnisse verlieren ihre Gültigkeit bei unvollkommenem Kapitalmarkt, z. B. wenn der Zinssatz für Geldanlage unter dem für Geldaufnahme liegt. Dann hängt es von der Anfangsausstattung und der Nutzenfunktion eines Kapitalgebers ab, ob er Geld anlegt, aufnimmt oder gar nicht am Kapitalmarkt agiert. Dementsprechend gleicht im Optimum seine marginale Zeitpräferenz dem Brutto-Habenzinssatz, dem Brutto-Sollzinssatz oder sie liegt dazwischen. Sie gleicht außerdem der Bruttorendite des letzten real investierten €. Es kann daher zwischen verschiedenen Gesellschaftern eines Unternehmens zu Konflikten über dessen Realinvestitionspolitik kommen. Kann ein Unternehmen Schuld- und Beteiligungstitel emittieren, so wird es ausschließlich die Titel mit den geringsten Transaktionskosten emittieren. Der Marktwert dieser Titel auf dem Primärmarkt stimmt mit demjenigen auf dem Sekundärmarkt überein. Gehören alle Gesellschafter derselben Klientel an, so bestimmt sich die optimale Investitionspolitik des Unternehmens nach der von ihnen verlangten Mindestrendite. Konflikte über diese Politik bestehen dann nicht.

3   Beurteilungskriterien für Investitionsprogramme und -projekte

3.1   Das Problem

Während im vorangehenden Abschnitt Beurteilungskriterien für Kapitalbudgets untersucht wurden, geht es in diesem Abschnitt um Beurteilungskriterien für Investitionsprogramme und -projekte. Da ein Kapitalbudget aus einem kompletten Investitions- und Finanzierungsprogramm besteht, werden bei der Beurteilung des Budgets die Wirkungen des Investitionsprogramms auf die Finanzierung automatisch berücksichtigt. Es liegt eine Totalanalyse vor. Eine solche Analyse kann sehr aufwendig sein. Wenn z. B. in einem größeren Unternehmen eine Sparte selbst über kleinere Investitionsprojekte entscheidet, so kann sie die Wirkungen solcher Projekte auf die Unternehmensfinanzierung nur schlecht abschätzen. Daher liegt es nahe, eine Partialanalyse vorzunehmen. Dabei verzichtet man auf eine genaue Analyse der Wirkungen auf die Finanzierung; statt dessen werden diese in vereinfachter Form berücksichtigt. Z. B. geht man davon aus, daß die Finanzierung Zinskosten in vorgegebener Höhe verursacht. Bei der Investitionsentscheidung wird dann gefragt, ob diese Kosten aus den Einzahlungsüberschüssen des Investitionsprogramms gedeckt werden. Kennzeichen der Partialanalyse ist daher, daß die Zahlungsreihen der Investitionen im einzelnen untersucht werden, nicht jedoch die durch die Finanzierung verursachten Zahlungsreihen. An ihre Stelle treten Kennzahlen der Finanzierung wie z. B. Zinssätze, die aus den Kosten der Finanzierung abgeleitet werden. Sie werden herangezogen, um die Vorteilhaftigkeit von Investitionsprogrammen zu prüfen.

Die Partialanalyse von Investitionsprogrammen kann recht aufwendig werden, wenn sich die Programme aus zahlreichen Projekten zusammensetzen. Ist z. B. über n Investitionsprojekte jeweils eine Ja-Nein-Entscheidung zu fällen, so gibt es insgesamt 2^n Investitionsprogramme (Alternativen). Wenn n = 10 ist, existieren 1024 Alternativen. Die Analyse von 1024 Alternativen verursacht einen hohen Aufwand. Daher ist nach Möglichkeiten zu suchen, den Entscheidungsprozeß zu vereinfachen.

Eine Vereinfachungsmöglichkeit ergibt sich immer dann, wenn die Menge aller Investitionsprojekte so in Teilmengen aufgespalten werden kann, daß keine Abhängigkeit zwischen den Teilmengen besteht. Genauer, die Erfolge der zu Teilmenge A gehörenden Investitionsprojekte sind unabhängig davon, welche Investitionsprojekte der Teilmengen B, C, D, . . . realisiert werden. Die Erfolge der zu Teilmenge B gehörenden Investitionsprojekte sind unabhängig davon, welche Projekte der Teilmengen A, C, D, . . . realisiert werden usw. Die Entscheidung über das gesamte Investitionsprogramm kann dann in Entscheidungen über die einzelnen Teilmengen zerlegt werden. Zunächst wird über die Projekte in Teilmenge A entschieden, dann über die Projekte in Teilmenge B, dann C, usw.

Damit wird der Entscheidungsprozeß erheblich vereinfacht. Ist z. B. über die Projekte 1, 2,..., 10 zu entscheiden, so gibt es 1024 Alternativen. Lassen sich vier unabhängige Teilmengen A = {1,2}, B = {3,4,5}, C = {6}, D = {7,8,9,10} bilden, so reduziert sich die Zahl der zu analysierenden Alternativen auf $2^2 + 2^3 + 2^1 + 2^4$ = 30. Z. B. enthält Teilmenge A lediglich die Projekte 1 und 2, so daß 2^2 = 4 Alternativen bestehen; Teilmenge D enthält die Projekte 7,8,9 und 10, so daß 2^4 = 16 Alternativen bestehen. Im Extremfall sind alle 10 Projekte voneinander unabhängig, so daß A = {1}, B = {2} usw. Die Zahl der zu analysierenden Alternativen kann dann auf $10 \cdot 2^1 = 20$ reduziert werden.

Der Vorteil aus der Zerlegung des Entscheidungsproblems in Teilentscheidungsprobleme beruht nicht nur auf der Verminderung der Zahl der zu analysierenden Alternativen, sondern auch auf der Vereinfachung der Datenbeschaffung. Bei der gemeinsamen Analyse aller 10 Projekte ist eine Alternative durch die Erfolge aller Projekte gekennzeichnet, die gemäß der Alternative zu realisieren sind. Bei der Analyse einer Teilmenge ist eine Alternative nur durch die Erfolge der zur Teilmenge gehörenden Projekte gekennzeichnet, soweit sie gemäß der Alternative zu realisieren sind. Die Erfolgsmessung wird somit durch die Analyse von Teilmengen erheblich vereinfacht.

Ein Beispiel soll diese Zusammenhänge veranschaulichen. Die Chemie-AG produziert Düngemittel und Kosmetika. Diese Artikel werden in den beiden Sparten „Düngemittel" und „Kosmetika" hergestellt. Jede Sparte darf über Investitionen in ihrem Bereich bis zum Volumen von 2 Mio € selbständig entscheiden. Die Kosmetiksparte überlegt, ob sie die Anlage zum Befüllen der Parfümfläschchen durch eine neue ersetzen soll. Die neue Anlage kostet 100 T€; sie reduziert die auszahlungswirksamen Fertigungskosten in den kommenden fünf Jahren um jeweils 25 T€.

Die Düngemittelsparte plant eine Erweiterung ihres Produktionsprogramms. Entweder soll ein neuartiger Naturdünger oder ein neuartiger Kunstdünger ins Programm aufgenommen werden. Folgende Zahlungsreihen werden prognostiziert:

	Auszahlungen für Anlagen und Marketing im Zeitpunkt 0	Einzahlungsüberschüsse in jedem der kommenden fünf Jahre
Naturdünger	1,2 Mio €	400 T€
Kunstdünger	1,6 Mio €	500 T€

Faßt die Zentrale der Chemie-AG alle Investitionsprojekte zu einem Investitionsprogramm zusammen, so ergeben sich sechs Alternativen gemäß Tabelle 4.3.

Tabelle 4.3. Investitionsalternativen bei simultaner Analyse aller Projekte (Zahlungsangaben in Mio €. AF heißt Abfüllanlage)

Alternative	Anfangsauszahlung	Einzahlungsüberschuß im Jahr t; t = 1, 2,..., 5
1) nicht investieren	0	0
2) nur AF	0,1	0,025
3) nur Naturdünger	1,2	0,4
4) nur Kunstdünger	1,6	0,5
5) AF und Naturdünger	0,1 + 1,2	0,025 + 0,4
6) AF und Kunstdünger	0,1 + 1,6	0,025 + 0,5

Da bei den beiden letzten Alternativen die Zahlungen von Projekten unterschiedlicher Sparten addiert werden müssen, setzt dies eine Kooperation beider Sparten oder eine zentrale Datensammlung voraus. Beides verursacht Kosten.

Werden statt dessen die Entscheidungen an die Sparten delegiert, so entfällt die Addition von Zahlungen. Die Sparte „Kosmetika" sieht sich lediglich vor die Wahl zwischen den Alternativen 1 und 2 gestellt, die Sparte „Düngemittel" vor die Wahl zwischen den Alternativen 1, 3 und 4. Gerade die „komplizierten" Alternativen 5 und 6 spielen keine Rolle mehr.

Die Schlußfolgerung aus dem Vorangehenden lautet also: Zerlege das Investitionsproblem des Unternehmens (die Menge aller Investitionsprojekte) in möglichst viele unabhängige Teilprobleme (Teilmengen von Investitionsprojekten).

3.2 Kapitalwert und Annuität

3.2.1 Der Kapitalwert

Eines der wichtigsten Beurteilungskriterien für Investitionsalternativen ist der Kapitalwert. Wenn am Kapitalmarkt in jeder Periode Geld zum Zinssatz k angelegt und aufgenommen werden kann, so wächst ein €, der im Zeitpunkt 0 angelegt wird, in t Perioden auf den Betrag $(1 + k)^t$ € an. Umgekehrt ist ein im Zeitpunkt t fälliger € im Zeitpunkt 0 $1/(1 + k)^t$ € wert. Wirft eine Investitionsalternative im Zeitpunkt t den Einzahlungsüberschuß e_t ab (t = 0, 1, ..., T), so ist der Kapitalwert dieses Zahlungsstromes, bezogen auf den Zeitpunkt 0, gleich

$$K_0 = \sum_{t=0}^{T} \frac{e_t}{(1 + k)^t} \; .$$

Bei vollkommenem Kapitalmarkt ist der Kapitalwert eines Zahlungsstromes gleich dessen Marktwert. Der Kapitalwert verallgemeinert das Konzept des Marktwertes, indem auch bei unvollkommenem Kapitalmarkt die Existenz eines Kalkulationszinsfußes k postuliert wird, so daß der Kapitalwert ein finanzwirtschaftlich sinnvolles Beurteilungskriterium liefert. Bei vollkommenem Kapitalmarkt ist der Zinssatz des Kapitalmarktes mit dem Kalkulationszinsfuß identisch. Aber auch wenn diese Voraussetzung nicht gegeben ist, besteht eventuell die Möglichkeit, einen Kalkulationszinsfuß festzulegen oder wenigstens ein Intervall anzugeben, in dem der Kalkulationszinsfuß liegt. Gelingt dies, so ist der Kapitalwert ein geeignetes Beurteilungskriterium.

Der partialanalytische Charakter des Kapitalwerts zeigt sich darin, daß zwar die Zahlungsreihe der Investitionsalternative im einzelnen untersucht wird, die Wirkungen der erforderlichen Finanzierung jedoch lediglich pauschal durch das Abzinsen mit dem Kalkulationszinsfuß berücksichtigt werden. Dies kann zu Fehlern führen.

Einige für die Entscheidungsfindung wichtige Eigenschaften des Kapitalwerts werden nun vorgestellt. Der Kapitalwert wird im allgemeinen auf den Zeitpunkt bezogen, in dem die erste Zahlung anfällt, d. h. die Einzahlungsüberschüsse werden auf diesen Zeitpunkt abgezinst. Die Einzahlungsüberschüsse können jedoch auch auf einen beliebigen anderen Zeitpunkt auf- bzw. abgezinst werden. Z. B. nennt man den Kapitalwert, bezogen auf den Planungshorizont T, den Endwert K_T. Da $K_T = K_0 (1 + k)^T$ ist, folgt

$$K_T = \sum_{t=0}^{T} \frac{e_t}{(1+k)^t} (1+k)^T = \sum_{t=0}^{T} \frac{e_t}{(1+k)^{t-T}} = \sum_{t=0}^{T} e_t (1+k)^{T-t}.$$

Werden mehrere Alternativen anhand ihrer Kapitalwerte verglichen, so müssen alle Kapitalwerte auf denselben Zeitpunkt berechnet werden. Der Zeitpunkt kann beliebig gewählt werden.

Die Wahl des Zeitpunkts hat keinen Einfluß auf die Rangordnung der Kapitalwerte. Die Rangordnung ordnet dem höchsten Kapitalwert die erste Stelle zu, dem zweithöchsten Kapitalwert die zweite Stelle usw. Z. B. sei für die drei Alternativen A, B und C die Rangordnung ihrer Kapitalwerte gegeben durch $K_0(A) > K_0(B) > K_0(C)$. Wird nun statt des Zeitpunktes 0 der Zeitpunkt τ als Bezugszeitpunkt gewählt, so gilt $K_0 = K_\tau/(1+k)^\tau$, daher folgt

$$\frac{K_\tau(A)}{(1+k)^\tau} \quad > \quad \frac{K_\tau(B)}{(1+k)^\tau} \quad > \quad \frac{K_\tau(C)}{(1+k)^\tau}.$$

Im folgenden wird stets vorausgesetzt, daß der Kalkulationszinsfuß positiv ist. Demnach ist ein heute fälliger € mehr wert als ein morgen fälliger €. Dann ist $(1+k)^\tau$ positiv, so daß $K_\tau(A) > K_\tau(B) > K_\tau(C)$ folgt. Die Rangordnung der Kapitalwerte erweist sich daher als vom Bezugszeitpunkt unabhängig.

Eine zweite wichtige Eigenschaft des Kapitalwerts besteht darin, daß die Rangordnung der Kapitalwerte von der Basis unabhängig ist, die der Erfolgsmessung zugrundeliegt (Kap. III, Abschnitt 2.3.3). Da die Wahl der Basis willkürlich ist, wäre der Kapitalwert ein untaugliches Beurteilungskriterium, wenn seine Rangordnung von der Basis abhinge.

Zur Verdeutlichung ein Beispiel: M. ist Eigentümer einer Mietwohnung. Sie wirft jährlich 8 T€ Miete ab und kann nach fünf Jahren voraussichtlich für 258 T€ verkauft werden. M. überlegt, ob es günstiger ist, die Wohnung bereits jetzt für 200 T€ zu verkaufen und das Geld entweder in einem Immobilienfonds oder in Bundesanleihen anzulegen. Der Fondsanteil würde jährlich 6500 € abwerfen, nach fünf Jahren wäre er 266,5 T€ wert. Alternativ könnte M. heute eine Bundesanleihe zum Kurs von 100 % kaufen; sie verzinst sich mit 7,5 % p. a. (per annum) und wird nach fünf Jahren zum Kurs von 100 % zurückgezahlt.

M. möchte für die drei Alternativen

A: Beibehalten der Wohnung,
B: Verkauf der Wohnung und Kauf des Fondsanteils,
C: Verkauf der Wohnung und Kauf der Anleihe

die Kapitalwerte berechnen. Dabei unterstellt er einen Kalkulationszinsfuß von 7,5 % p. a.

Er geht von folgenden Zahlungsreihen aus:

Tabelle 4.4. Zahlungsreihen der drei Alternativen, ausgehend von der Basis Z_0

Zeitpunkt / Alternative	0	1	2	3	4	5
A–Z_0	–	8	8	8	8	258
B–Z_0	–	6,5	6,5	6,5	6,5	266,5
C–Z_0	–	15	15	15	15	215

Den Zahlen in Tab. 4.4 liegt die Basis der Erfolgsmessung Z_0 zugrunde. Bei den Alternativen B und C erhält M. zwar 200 T€ aus dem Wohnungsverkauf, jedoch reinvestiert er diese sofort, so daß sein Barvermögen im Zeitpunkt 0 insgesamt unverändert bleibt. Da alle drei Alternativen einen Vermögenseinsatz von 200 T€ erfordern, kann man dies in der Tabelle berücksichtigen. So ergibt sich Tabelle 4.5 mit der geänderten Basis Z_1:

Tabelle 4.5. Um den Vermögenseinsatz geänderte Zahlungsreihen

Zeitpunkt / Alternative	0	1	2	3	4	5
A–Z_1	–200	8	8	8	8	258
B–Z_1	–200	6,5	6,5	6,5	6,5	266,5
C–Z_1	–200	15	15	15	15	215

All das ist umständlich. Es kommt nur darauf an, welche Zahlungsdifferenzen zwischen den Alternativen bestehen. Daher kann man sämtliche Zahlungsreihen um die Zahlungsreihe von A vermindern; dann ergibt sich z. B. die Zahlungsreihe (B–A) aus (B–Z_1) – (A–Z_1). Entsprechend ergeben sich die Differenzzahlungsreihen (A–A) und (C–A). Alternative A ist jetzt Basis.

Tabelle 4.6. Differenzzahlungsreihen bei der Basis A

Zeitpunkt / Alternative	0	1	2	3	4	5
A–A	0	0	0	0	0	0
B–A	0	–1,5	–1,5	–1,5	–1,5	8,5
C–A	0	7	7	7	7	–43

Jede der drei Tabellen ist korrekt. Sie unterscheiden sich lediglich durch die gewählte Basis. Die Basis in der letzten Tabelle ist offenbar Alternative A. Dies zeigt sich daran, daß die Zahlungsreihe dieser Alternative nur Nullen enthält. Dies ist notwendig so, weil die Basis mit sich selbst verglichen wird. Die Basis ist stets durch eine Null-Zahlungsreihe gekennzeichnet.

In Tabelle 4.5 ist die Basis Z_1 definiert durch Verkauf der Wohnung für 200 T€, ohne daß dieser Betrag reinvestiert wird. Diese Basis stimmt mit keiner der Alternativen überein. Gegenüber dieser Basis erfordert z. B. Alternative B eine Investition von zusätzlich 200 T€, wirft zusätzlich 6,5 T€ Miete jährlich ab und bringt am Ende einen zusätzlichen Verkaufserlös von 266,5 T€.

In Tabelle 4.4 schließlich ist die Basis Z_0 definiert durch Beibehalten der Wohnung und Verzicht auf zukünftige Mieten und Verkaufserlöse. Auch diese Basis stimmt mit keiner der drei Alternativen überein. Alternative A unterscheidet sich von dieser Basis um die zukünftigen Mieten von jährlich 8 T€ und den späteren Verkaufserlös von 258 T€.

Da jede der drei Basen (oder auch eine beliebige andere) der Kapitalwertberechnung zugrunde gelegt werden kann, ist die Rangordnung der Kapitalwerte nur dann eindeutig, wenn sie von der Basis unabhängig ist.

Ausgehend von Tabelle 4.4 ergibt sich:

$$K_0(A - Z_0) = \frac{8}{1,075} + \frac{8}{1,075^2} + \frac{8}{1,075^3} + \frac{8}{1,075^4} + \frac{258}{1,075^5} = 206,51$$

$$K_0(B - Z_0) = \frac{6,5}{1,075} + \frac{6,5}{1,075^2} + \frac{6,5}{1,075^3} + \frac{6,5}{1,075^4} + \frac{266,5}{1,075^5} = 207,40$$

$$K_0(C - Z_0) = \frac{15}{1,075} + \frac{15}{1,075^2} + \frac{15}{1,075^3} + \frac{15}{1,075^4} + \frac{215}{1,075^5} = 200,00$$

Die Rangordnung ist durch $K_0(B-Z_0) > K_0(A-Z_0) > K_0(C-Z_0)$ gegeben.

Tabelle 4.5 unterscheidet sich von Tabelle 4.4 lediglich um die −200 T€ im Zeitpunkt 0. Folglich liegen alle drei Kapitalwerte gemäß Tabelle 4.5 um 200 T€ niedriger. Die Rangordnung bleibt somit erhalten.

Gemäß Tabelle 4.6 folgt:

$$K_0(A - A) = 0$$

$$K_0(B - A) = \frac{-1,5}{1,075} + \frac{-1,5}{1,075^2} + \frac{-1,5}{1,075^3} + \frac{-1,5}{1,075^4} + \frac{8,5}{1,075^5} = 0,89$$

$$K_0(C - A) = \frac{7}{1,075} + \frac{7}{1,075^2} + \frac{7}{1,075^3} + \frac{7}{1,075^4} - \frac{43}{1,075^5} = -6,51$$

Wiederum ist die Rangordnung gleichgeblieben; darüber hinaus zeigt sich, daß auch die Differenzen der Kapitalwerte stets gleich groß sind. Der Kapitalwert von B liegt stets um 0,89 T€ über dem von A und um 7,4 T€ über dem von C.

Dahinter verbirgt sich ein generelles Resultat: Wird die Basis geändert, so ändern sich die Kapitalwerte aller Alternativen um denselben Betrag. Dieser Betrag ist der Kapitalwert der Zahlungsreihe, um die sich die Basis ändert.

3.2.2 Die Annuität

Eng verwandt mit dem Kapitalwert ist die Annuität oder Rente. Die Annuität a einer Zahlungsreihe ist dadurch definiert, daß der Kapitalwert der Annuität mit dem der Zahlungsreihe übereinstimmt. Z. B. möchte Frau P. ihren Anteil an einer Kommanditgesellschaft gegen Zahlung einer nachschüssigen Rente über 10 Jahre verkaufen. Die Salden der jährlichen Entnahmen und Einlagen aus dem Anteil belaufen sich auf

Zeitpunkt	1	2	3	4	5	6
Entnahmen – Einlagen	10	12	– 20	14	15	16
Verkaufserlös						200

Nach sechs Jahren würde Frau P. den Anteil für voraussichtlich 200 € veräußern. Welche Rente, zahlbar in den Zeitpunkten 1, 2, 3, ..., 10, kann sie erwarten, wenn der Käufer ihres Anteils und sie von einem Kalkulationszinsfuß von 10 % p. a. ausgehen?

Der Kapitalwert der Einzahlungsüberschüsse aus dem Anteil beläuft sich auf

$$K_0 = \frac{10}{1,1} + \frac{12}{1,1^2} - \frac{20}{1,1^3} + \frac{14}{1,1^4} + \frac{15}{1,1^5} + \frac{216}{1,1^6} = 144,78 \ €$$

Bezeichnet a_{10} die zugehörige zehnjährige Rente, so muß diese ebenfalls einen Kapitalwert von 144,78 € aufweisen:

$$144,78 = \frac{a_{10}}{1,1} + \frac{a_{10}}{1,1^2} + \frac{a_{10}}{1,1^3} + \ldots + \frac{a_{10}}{1,1^{10}}$$

Hieraus folgt $a_{10} = 23{,}57$ €. Frau P. kann daher mit einer jährlichen Rente von 23,57 € rechnen.

Diese Rente heißt nachschüssig, weil die erste Rente im Zeitpunkt 1 fällig wird. Bei einer vorschüssigen Rente über τ Perioden wird die erste Rente im Zeitpunkt 0, die letzte im Zeitpunkt $(\tau-1)$ fällig. Im folgenden untersuchen wir nachschüssige Renten.

Renten lassen sich leicht mit Hilfe des Rentenbarwertfaktors errechnen. Sei K_0 der vorgegebene Kapitalwert, a_τ die in τ Zeitpunkten nachschüssig zu zahlende Rente. Dann gilt

$$K_0 = a_\tau [(1+k)^{-1} + (1+k)^{-2} + \ldots + (1+k)^{-\tau+1} + (1+k)^{-\tau}],$$

oder

$$K_0(1+k) = a_\tau [1 + (1+k)^{-1} + \ldots + (1+k)^{-\tau+2} + (1+k)^{-\tau+1}].$$

Subtrahiert man die erste Gleichung von der zweiten, so folgt

$$K_0 \, k = a_\tau [1 - (1+k)^{-\tau}],$$

oder

$$K_0 = a_\tau \frac{1 - (1+k)^{-\tau}}{k} .$$

Der Faktor $[1 - (1 + k)^{-\tau}]/k$ heißt Rentenbarwertfaktor, weil mit seiner Hilfe der Barwert einer Rente errechnet werden kann. Der Rentenbarwertfaktor ist die Summe der Abzinsungsfaktoren über diejenigen Zeitpunkte, an denen die Rente gezahlt wird.

Eine ewige Rente wird zeitlich unbegrenzt gezahlt, so daß τ gegen ∞ strebt. Der Abzinsungsfaktor $(1 + k)^{-\tau}$ strebt mit wachsendem τ gegen 0, so daß der Rentenbarwertfaktor für eine ewige Rente gleich $1/k$ ist.

Dieses Resultat erlaubt eine grobe Abschätzung der Kapitalwerte langfristiger Zahlungsreihen. Erbt z. B. jemand ein Mietshaus, das in den kommenden 30 Jahren durchschnittlich 5 000 € abwirft, so ist der Kapitalwert dieser Überschüsse nur geringfügig kleiner als der einer ewigen Rente von 5 000 €. Bei einem Kalkulationszinsfuß von 10 % beträgt der Kapitalwert der ewigen Rente $5\,000/0,1 = 50\,000$ €, während er bei der 30jährigen Rente $5\,000\,[1 - 1,1^{-30}]/0,1 = 5\,000\,[1 - 0,057]/0,1 = 47\,135$ € beträgt. Beachtet man, daß das Mietshaus zusammen mit dem Grundstück nach 30 Jahren einen positiven Veräußerungserlös abwirft, so ist die grobe Schätzung von 50 000 € durchaus ein wertvoller Anhaltspunkt.

Häufig wird der Rentenbarwertfaktor in der Form $[(1 + k)^{\tau} - 1]/k\,(1 + k)^{\tau}$ geschrieben. Diese Form erhält man aus der o. a., indem man Zähler und Nenner mit $(1 + k)^{\tau}$ multipliziert.

Unser Ziel in diesem Abschnitt ist die Berechnung der Annuität. Wir errechnen sie, indem wir K_0 durch den Rentenbarwertfaktor dividieren.

$$a_{\tau} = K_0\,\frac{1}{\text{Rentenbarwertfaktor}} = K_0 \cdot \text{Annuitätenfaktor}.$$

Der Kehrwert des Rentenbarwertfaktors heißt Annuitätenfaktor oder Wiedergewinnungsfaktor.

Vergleicht man zwei Alternativen anhand ihrer Annuitäten, so ist dies nur sinnvoll, wenn beide Annuitäten dieselbe Laufzeit τ haben. Denn eine Annuität von z. B. 12 € über 4 Jahre kann besser, aber auch schlechter sein als eine Annuität von 15 € über 3 Jahre. Haben die Annuitäten aller Alternativen dieselbe Laufzeit τ, so stimmt die Rangordnung der Annuitäten mit der der Kapitalwerte überein. Wenn z. B. $K_0(A) > K_0(B) > K_0(C)$, so gilt $a_{\tau}(A) > a_{\tau}(B) > a_{\tau}(C)$. Dies folgt daraus, daß man alle Kapitalwerte mit demselben stets positiven Annuitätenfaktor multiplizieren kann und so die Rangordnung der Annuitäten erhält.

Die Laufzeit der Annuitäten hängt nicht von der Laufzeit der Zahlungsreihen der zu vergleichenden Alternativen ab, sondern von dem Zeitraum, während dessen der Entscheidungsträger eine gleichbleibende Zahlung wünscht. Die Laufzeit der Annuitäten spielt jedoch für ihre Rangordnung keine Rolle.

Da die Rangordnung der Kapitalwerte von der Basis der Erfolgsmessung unabhängig ist, muß dies folglich auch für die Rangordnung der Annuitäten gelten. Kurzum, Kapitalwert und Annuität sind engstens miteinander verwandt, da sie sich nur um einen positiven Faktor (Rentenbarwert- bzw. Annuitätenfaktor) unterscheiden.

3.3 Verzinsungsmaße

3.3.1 Der interne Zinsfuß

So elegant das Kapitalwertkonzept ist, so schwierig kann seine Anwendung werden, wenn die Höhe des Kalkulationszinsfußes umstritten ist. Man denke z. B. an ein deutsches Unternehmen, das in einem südamerikanischen Land investiert, in dem die Inflationsrate 60 % p. a. beträgt, der Zinssatz bei 80 % p. a. liegt und außerdem der internationale Kapitalverkehr gesetzlich weitgehend eingeschränkt ist. Ein Investitionsprojekt werde zum Teil mit Fremdkapital aus dem südamerikanischen Land und zum Teil mit Eigenkapital aus Deutschland finanziert. Der Kalkulationszinsfuß aus deutscher Perspektive ist hier schwierig festzulegen. In der Praxis wird deshalb gern auf Beurteilungskriterien für Investitionen zurückgegriffen, die das Problem „Kalkulationszinsfuß" umgehen sollen.

Das bekannteste Kriterium ist der interne Zinsfuß, häufig auch als Rendite bezeichnet. Der interne Zinsfuß einer Zahlungsreihe ist als derjenige Kalkulationszinsfuß definiert, bei dem der Kapitalwert gleich 0 wird. Bezeichnet i den internen Zinsfuß, so gilt also

$$K_0(i) = \sum_{t=0}^{T} \frac{e_t}{(1+i)^t} = 0.$$

Bezeichnet $A_0 (= -e_0)$ die Anfangsauszahlung der Investition, so kann man auch schreiben

$$A_0 = \sum_{t=1}^{T} \frac{e_t}{(1+i)^t}.$$

Der interne Zinsfuß ist also der Kalkulationszinsfuß, bei dem die Einzahlungsüberschüsse $e_1, \ldots, e_T$ gerade ausreichen, um die Anfangsauszahlung zu verzinsen und zu tilgen, d. h. zu amortisieren. Aus dieser Definition folgt unmittelbar, daß der interne Zinsfuß unabhängig davon ist, auf welchen Zeitpunkt der Kapitalwert berechnet wird. Aus $K_0(i) = 0$ folgt nämlich $K_0(i)(1+i)^t = K_t(i) = 0$.

Der interne Zinsfuß läßt sich leicht ermitteln, wenn die Einzahlungsüberschüsse $e_1, e_2, \ldots, e_T$ gleich groß sind, also eine Rente e darstellen. Dann folgt

$A_0 = e \cdot$ (Rentenbarwertfaktor für T Perioden und Zinssatz i).

Der Rentenbarwertfaktor ist also gleich A_0/e. Man kann nun in einer Tabelle dieser Faktoren nachsehen, bei welchem Zinssatz der Faktor die Größe A_0/e, ausgehend von T Perioden, erreicht. Dieser Zinssatz ist der interne Zinsfuß.

Ist z. B. $A_0 = 100$, $e = 25$, $T = 5$, dann ist $A_0/e = 4$. Das ergibt einen internen Zinsfuß von etwa 7,9 %.

Ist T sehr groß, so ist der Rentenbarwertfaktor etwa gleich $1/i$, so daß $A_0/e = 1/i$ oder $i = e/A_0$ gilt. Der interne Zinsfuß einer ewigen Rente ist also gleich dem Rentenbetrag, dividiert durch die Anfangsauszahlung.

Ist $T = 1$, gibt es also nur eine Einzahlung nach der Anfangsauszahlung, so folgt $A_0 = e_1/(1+i)$ oder
$i = (e_1 - A_0)/A_0$.

Ist z. B. $A_0 = 100$, $e_1 = 115$, dann ist i = 15/100 = 0,15 oder 15 %.

Ist T > 2 und schwanken die Einzahlungsüberschüsse im Zeitablauf, so läßt sich der interne Zinsfuß nur näherungsweise errechnen, indem man verschiedene Zinsfüße ausprobiert und sich so allmählich an den internen Zinsfuß herantastet. Solch ein Probierverfahren wird erheblich erleichtert, wenn der Verlauf der Kapitalwertkurve in etwa bekannt ist. Die Kapitalwertkurve zeigt, wie der Kapitalwert in Abhängigkeit vom Kalkulationszinsfuß variiert.

Wir betrachten als Beispiel die Zahlungsreihe einer Investition

– 100   20   40   60.

Bei einem Kalkulationszinsfuß von 0 ist der Kapitalwert $K_0 = -100 + 20 + 40 + 60 = 20$ €. Je größer der Kalkulationszinsfuß ist, um so stärker werden die zukünftigen Einzahlungen abgezinst, um so kleiner ist also der Kapitalwert. Steigt der Kalkulationszinsfuß auf einen sehr hohen Wert, so strebt $(1 + k)^{-t} \rightarrow 0$ für $t = 1, 2, 3$, so daß der Kapitalwert gegen – 100 € geht. Die Kapitalwertkurve hat daher den in Abb. 4.9 dargestellten fallenden Verlauf.

Aus diesem Verlauf folgt, daß es genau einen positiven internen Zinsfuß gibt. Um ihn zu schätzen, kann man z. B. einen Kalkulationszinsfuß von 10 % ausprobieren. Es ergibt sich ein Kapitalwert von – 3,68 €. Folglich muß der interne Zinsfuß unter 10 % liegen.

Ein weiterer Versuch mit einem Kalkulationszinsfuß von 6 % ergibt einen Kapitalwert von 4,84 €. Folglich muß der interne Zinsfuß etwa in der Mitte zwischen 6 und 10 % liegen. Eine recht gute Schätzung ergibt 8,2 %.

Abb. 4.9 verdeutlicht einige wichtige Ergebnisse, ausgehend von einem fallenden Verlauf der Kurve:

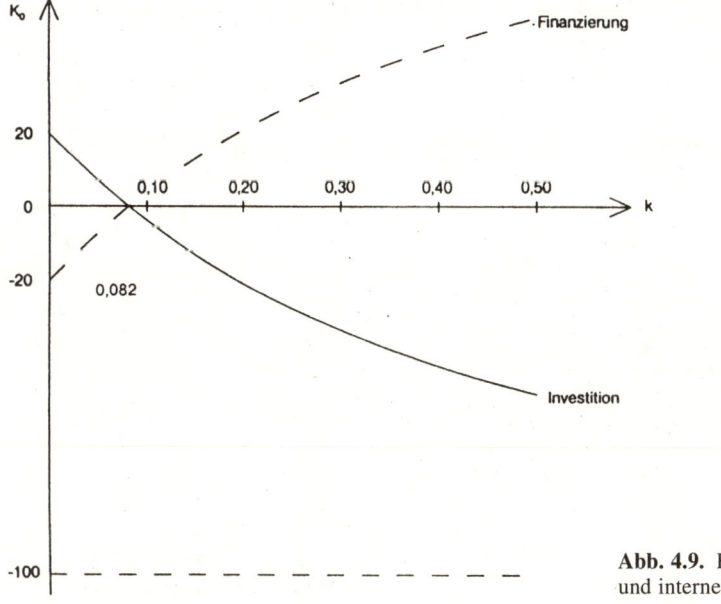

Abb. 4.9. Kapitalwertkurve und interner Zinsfuß (8,2 %)

– Ist der Kalkulationszinsfuß kleiner (größer) als der interne Zinsfuß, so ist der Kapitalwert positiv (negativ).

– Ist der Kapitalwert bei einem Zinssatz von 0 bereits negativ, so existiert kein positiver interner Zinsfuß.

Spiegelt man die Kurve an der Abszisse, so erhält man die (gestrichelte) Kapitalwertkurve für die mit −1 multiplizierte Zahlungsreihe, also 100, −20, −40, −60. Dies kann die Zahlungsreihe eines Finanzierungsprojekts sein, z. B. eines Darlehens, das in den kommenden drei Jahren verzinst und getilgt wird. Finanzierungsprojekte weisen daher im allgemeinen eine Kapitalwertkurve mit positiver Steigung auf. Deshalb ist der Kapitalwert eines Finanzierungsprojekts positiv (negativ), wenn der Kalkulationszinsfuß größer (kleiner) als der interne Zinsfuß ist.

Der monoton fallende Verlauf der Kapitalwertkurve in Abb. 4.9 garantiert, daß, wenn überhaupt, dann genau ein positiver interner Zinsfuß existiert. Es gibt nun allerdings Investitionsalternativen, bei denen dies nicht zutrifft, z. B. ein Bausparvertrag. Der Bausparer schließt im Zeitpunkt 0 einen Bausparvertrag über 140 T€ ab und investiert in den Zeitpunkten 0, 1, ..., 8 die jährliche Prämie von 4 100 €. Im Zeitpunkt 8 erhält er 140 000 € ausbezahlt, in den Zeitpunkten 9 bis 23 tilgt und verzinst er das Bauspardarlehen durch Zahlung von jeweils 9 500 €. Die zugehörige Kapitalwertkurve zeigt Abb. 4.10.

Die Existenz zweier interner Zinsfüße (5,9 % und 24,2 %) bedeutet, daß ihre Kenntnis dem Investor nicht hilft, solange er nicht weiß, ob der Kapitalwert für Kalkulationszinsfüße zwischen beiden internen Zinsfüßen positiv oder negativ ist. In solchen Fällen ist dem Investor mit den internen Zinsfüßen nicht gedient.

Die Erklärung für diesen Verlauf der Kapitalwertkurve läßt sich finden, wenn man sich den Bausparvertrag näher ansieht. Er besteht aus zwei Bestandteilen, einem Investitions- und einem Finanzierungsteil. Die Prämienzahlung in den Zeitpunkten 0 bis 8 ist eine typische Investition, die im Zeitpunkt 8 eine Einzahlung von α 140 000 € ($\alpha = 0{,}30$ z. B.) abwirft. Im Zeitpunkt 8 gibt dann die Bausparkasse

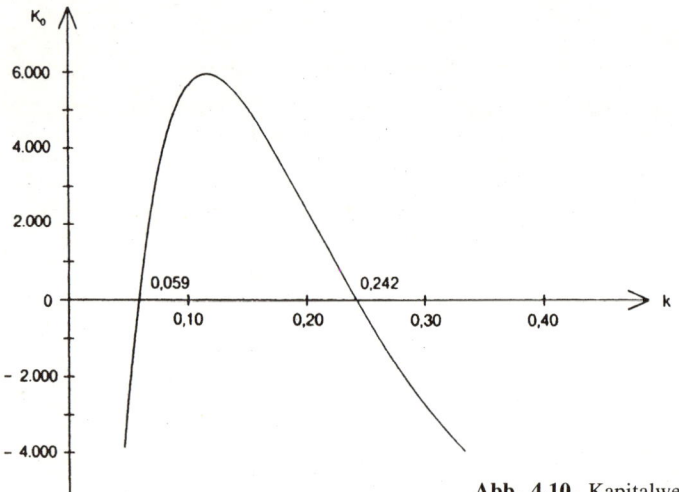

Abb. 4.10. Kapitalwertkurve eines Bausparvertrages mit zwei internen Zinsfüßen

ein Darlehen von $(1 - \alpha)$ 140 000 €, das in den folgenden Zeitpunkten zu verzinsen und zu tilgen ist. Bei diesem Geschäft handelt es sich um eine typische Finanzierung. Der Kapitalwert des Bausparvertrages ist die Summe der Kapitalwerte beider Teile. Bei niedrigem Kalkulationszinsfuß (bis ca. 12 %) wächst der Kapitalwert des Vertrages mit dem Kalkulationszinsfuß, weil hier der Einfluß des Finanzierungsteils durchschlägt; bei höherem Kalkulationszinsfuß sinkt der Kapitalwert des Vertrags, weil dann der Investitionsteil durchschlägt. In den Fällen gemischter Investitions- und Finanzierungsprojekte ist der Verlauf der Kapitalwertkurve fallweise unterschiedlich, so daß die Kenntnis des bzw. der positiven internen Zinsfüße allein wenig hilft.

Daher ist es für die Anwendung des internen Zinsfußes notwendig, Investitionen genauer zu definieren. Üblicherweise wird eine Investition finanzwirtschaftlich dahingehend definiert, daß sie anfangs Kapital bindet und später Kapital freisetzt. Kapitalbindung im Zeitpunkt t liegt vor, wenn die bis dahin angefallenen kumulierten Einzahlungsüberschüsse negativ sind; zur Kapitalfreisetzung kommt es, wenn die bis dahin angefallenen kumulierten Einzahlungsüberschüsse positiv sind. Bezeichnet E_t, den kumulierten Einzahlungsüberschuß im Zeitpunkt t, so gilt

$$E_t = \sum_{j=0}^{t} e_j.$$

Eine reguläre Investition liegt vor, wenn es einen Zeitpunkt τ gibt, so daß gilt

$$E_0 < 0, E_1 \leqq 0, \ldots, E_\tau \leqq 0, E_{\tau+1} \geqq 0, \ldots, E_{T-1} \geqq 0, E_T > 0.$$

Kennzeichen einer regulären Investition ist also, daß bis zum Zeitpunkt τ Kapital gebunden, danach freigesetzt wird, und zwar so, daß über die gesamte Lebensdauer ein positiver Betrag freigesetzt wird. Die letzte Bedingung besagt, daß beim Kalkulationszinsfuß 0 ein positiver Kapitalwert vorliegt.

Der Bausparvertrag ist keine reguläre Investition, denn

$$E_0 = -4\,100, E_1 = -8\,200, \ldots, E_7 = -32\,800, E_8 = 103\,100, E_9 = 93\,600,$$
$$E_{10} = 84\,100, \ldots, E_{18} = 8\,100, E_{19} = -1\,400, \ldots, E_{23} = -39\,400.$$

Eine reguläre Investition liegt indessen im allgemeinen bei Bergbauinvestitionen vor. Zunächst wird ein Schacht gebaut, dann wird Kohle abgebaut, zuletzt wird der Schacht mit Versatzmaterial gefüllt, um Grubensenkungen zu vermeiden. Außerdem können Schaden durch Grubensenkungen auftreten. Die folgende Tabelle zeigt beispielhaft eine entsprechende Zahlungsreihe.

Zeitpunkt	0	1	2	3	4	5	6	7	8
Einzahlungs-überschuß	–10	–6	+4	+10	–2	+22	+17	+2	–16
kumulierter Einzahlungs-überschuß	–10	–16	–12	–2	–4	+18	+35	+37	+21

Diese reguläre Investition hat einen Kapitalwert von 21 bei einem Kalkulationszinsfuß von 0 und genau einen positiven internen Zinsfuß von 28,5 %.

NORSTRØM 1972 hat generell nachgewiesen, daß reguläre Investitionen genau einen positiven internen Zinsfuß haben. Folglich ist ihr Kapitalwert negativ (positiv), wenn der positive Kalkulationszinsfuß über (unter) dem internen Zinsfuß liegt[1]. Auch bestimmte Arten von irregulären Investitionen haben genau einen positiven internen Zinsfuß (PRATT/HAMMOND 1979). Daher wird man der Praxis zustimmen können in ihrer Behauptung, Investitionsprojekte mit mehreren positiven internen Zinsfüßen seien eine Ausnahmeerscheinung.

Da eine reguläre Investition in eine reguläre Finanzierung übergeht, wenn man ihre Zahlungsreihe mit (– 1) multipliziert, hat auch jede reguläre Finanzierung genau einen positiven internen Zinsfuß. Ihr Kapitalwert ist negativ (positiv), wenn der Kalkulationszinsfuß unter (über) dem internen Zinsfuß liegt.

3.3.2 Der interne Zinsfuß mit Zwischenanlage und Zwischenfinanzierung

In der Literatur sind verschiedene Vorschläge unterbreitet worden, um auch bei irregulären Investitionen mit mehreren positiven internen Zinsfüßen eine Rendite berechnen zu können. Diese Vorschläge lassen sich als Verknüpfungen zwischen dem Kapitalwert und dem internen Zinsfuß interpretieren, um die irreguläre Investition in eine reguläre zu transformieren.

Betrachten wir ein Beispiel hierzu. Die folgende Zahlungsreihe kennzeichnet eine irreguläre Investition und hat die internen Zinsfüße 30,7 %, 306 % und 1 015 %.

Zeitpunkt	0	1	2	3	4
Einzahlungs-überschuß	–2	30	–80	– 80	180
kumulierter Einzahlungs-überschuß	–2	28	–52	–132	48

Der Kapitalbedarf von 52 und 132 in den Zeitpunkten 2 und 3 erfordert eine Finanzierung. Diese sei mit Zinskosten in Höhe von r pro Periode verbunden. Nimmt das Unternehmen im Zeitpunkt 2 Kredit in Höhe von 52 € auf, so fallen im Zeitpunkt 3 Zins- und Tilgungszahlungen in Höhe von 52 (1 + r) an, so daß der Finanzierungsbedarf auf 132 + 52r steigt. Ein Kredit in dieser Höhe verursacht eine Schuld im Zeitpunkt 4 in Höhe von (132 + 52r)(1 + r). Ist r = 0,1, so ergibt sich für das Bündel „Investition und zweimalige Kreditaufnahme" folgende Zahlungsreihe:

---

[1] NORSTRØM hat Degenerationsfälle, bei denen die Kapitalwertkurve die Abszisse tangiert, jedoch nicht schneidet, ausgeschlossen.

Zeitpunkt	0	1	2	3	4
Einzahlungs-überschuß			−80	−80	180
	−2	30	+52	−57,20	−150,92
			−28	+137,20	29,08
				0	
kumulierte Einzahlungs-überschüsse	−2	28	0	0	29,08

Hiermit ist eine reguläre Investition zustande gekommen, die einen internen Zinsfuß von 1 300 % aufweist.

3.3.3   Die Initialverzinsung

Eine konsequentere und einfache Lösung des Problems mehrfacher interner Zinsfüße wird mit der Initialverzinsung (HAX 1993, S. 24–27) erreicht. Kann Geld in der zweiten, dritten,... Periode zum Zinssatz r angelegt und aufgenommen werden, so ist der auf den Zeitpunkt 1 berechnete Kapitalwert aller ab dann anfallenden Einzahlungsüberschüsse gleich

$$\sum_{t=1}^{T} e_t(1+r)^{-t+1} = B_1.$$

Die Zahlungsreihe $-A_0, e_1, e_2, \ldots, e_T$ wird nun in die Reihe $-A_0, B_1, 0, \ldots, 0$ transformiert. Die Initialverzinsung i_N ist der interne Zinsfuß der transformierten Reihe, es gilt also

$$i_N = (B_1 - A_0)/A_0.$$

Für das zuvor analysierte Investitionsprojekt mit der Zahlungsreihe −2; 30; −80; −80; 180 und r = 0,1 folgt: $B_1 = 26,39$. Die Initialverzinsung beträgt damit 1 220 %.

Vergleicht man die Kriterien Initialverzinsung und Kapitalwert, so folgt bei einem Kalkulationszins r für alle Perioden: Der Kapitalwert ist positiv (negativ), wenn die Initialverzinsung über (unter) r liegt. Wenn $i_N > r$ ist, folgt $(B_1 - A_0)/A_0 > r$ oder $B_1 > A_0(1 + r)$, so daß $K_0 = [B_1 - A_0 (1 + r)]/(1 + r) > 0$. Dies zeigt, daß die Initialverzinsung sehr eng mit dem Kapitalwert verwandt ist.

3.3.4   Return on Investment

Ein in der Praxis weit verbreitetes Verzinsungsmaß ist die Rentabilität. Ausgehend von der Bilanzanalyse ist z. B. die Gesamtkapitalrentabilität als

$$\frac{\text{Gewinn vor Zinsen}}{\text{in der Periode durchschnittlich eingesetztes Gesamtkapital}}$$

definiert. Das Analogon in der Investitionsrechnung ist der Return on Investment (ROI). Wirft eine Investition nur die beiden Zahlungen – A_0 und e_1 ab, so ist der ROI definiert als

$$ROI = \frac{e_1 - A_0}{A_0}.$$

$(e_1 - A_0)$ ist hierbei ein Maß für den Gewinn vor Zinsen, weil e_1 etwa den Erträgen abzüglich den Aufwendungen aus der laufenden Produktion entspricht und A_0 einerseits die 100 %ige Abschreibung und andererseits die Kapitalbindung darstellt. In diesem Fall stimmen ROI und interner Zinsfluß überein. Das gilt auch bei ewigen Renten, denn dann strebt die periodische Abschreibung A_0/T gegen 0, die Kapitalbindung verharrt bei A_0. Folglich ist $ROI = i = e/A_0$.

Wenn allerdings $e_1 \neq e_2 \neq e_3$ usw. ist, dann weicht der ROI vom internen Zinsfuß ab. Der ROI geht dann vom durchschnittlichen Gewinn vor Zinsen aus, also von

$$\frac{1}{T} \sum_{t=1}^{T} (e_t - A_0/T), \text{ wobei } A_0/T \text{ die periodische lineare Abschreibung bezeichnet.}$$

Die Kapitalbindung beträgt in der ersten Periode A_0, in der zweiten $A_0 - A_0/T$, in der dritten $A_0 - 2A_0/T, \ldots$, in der letzten A_0/T. Über den Gesamtzeitraum ergibt sich daher eine durchschnittliche Kapitalbindung von $A_0 (1 + 1/T)/2$. Somit folgt

$$ROI = \frac{\dfrac{1}{T} \sum_{t=1}^{T} (e_t - A_0/T)}{A_0(1 + 1/T)/2}.$$

Die Schwäche des ROI liegt darin, daß die zeitliche Verteilung der Einzahlungsüberschüsse und damit deren Zinseffekte keine Rolle spielen. Dies kann zu erheblichen Fehlern führen. Daher sollte der ROI, wenn überhaupt, nur dann Anwendung finden, wenn die Einzahlungsüberschüsse etwa in gleichbleibender Höhe e anfallen. In diesem Fall läßt sich jedoch der interne Zinsfuß aus dem Rentenbarwertfaktor RBF (i, T) besonders leicht errechnen, da RBF $(i, T) = A_0/e$ ist.

Selbst bei gleichbleibenden Einzahlungsüberschüssen kann ein Projekt nicht als vorteilhaft bezeichnet werden, wenn sein ROI größer als der Kalkulationszinsfuß ist. Denn der Kapitalwert ist genau dann positiv, wenn der interne Zinsfuß größer als der Kalkulationszinsfuß ist. Z. B. hat die Zahlungsreihe – 100; 25; 25; 25; 25; 25; 25; (also $T = 6$) einen internen Zinsfuß von 13 % und einen ROI von 14,3 %. Der ROI ist größer als der interne Zinsfuß; bei einem Kalkulationszinsfuß von 14 % ist der Kapitalwert jedoch negativ (– 2,8), obwohl der ROI über 14 % liegt.

Eine Variante des ROI wird häufig zur näherungsweisen Berechnung der Rendite von Krediten verwendet. e bezeichnet dann die periodisch zu zahlenden Zinsen; die periodische lineare Abschreibung aus der Sicht des Kreditgebers ist gleich

$$\frac{\text{Kreditauszahlungsbetrag } A_0 - \text{Kreditrückzahlungsbetrag } R_T}{\text{Kreditlaufzeit}}$$

Die durchschnittliche Kapitalbindung wird meist vereinfachend mit A_0 gleichgesetzt, da die Differenz zwischen A_0 und R_T relativ gering ist. Somit folgt

$$\text{ROI} = \frac{\text{periodischer Zinsbetrag } e - (A_0 - R_T)/T}{A_0}.$$

Ein Beispiel: Ein Darlehen über nominal 100 000 € wird zu 97 % ausgezahlt, es ist mit 11 % nominal zu verzinsen und nach 6 Jahren en bloc zu 100 % zu tilgen. Der Kreditnehmer erhält dann A_0 = 97 000 € ausgezahlt, jährlich hat er $100\,000 \cdot 0{,}11$ = 11 000 € Zinsen zu zahlen, nach 6 Jahren hat er das Darlehen mit $R_0 = 100\,000 \cdot 100\,\%$ = 100 000 € zu tilgen. Damit gilt

$$\text{ROI} = \frac{11.000 - (97.000 - 100.000)/6}{97.000} = \frac{11.500}{97.000} = 11{,}9\,\% \ .$$

Der interne Zinsfuß beträgt 11,7 %; die Abweichung zum ROI ist somit relativ gering.

Die Abweichungen zwischen internem Zinsfuß und ROI wachsen mit der Differenz $A_0 - R_T$. Ist diese Differenz, also die Abschreibungssumme, gleich 0, so stimmen interner Zinsfuß und ROI überein. Dies läßt sich leicht zeigen: $\text{ROI} = e/A_0$. Der Kapitalwert K_0 beträgt bei $A_0 = R_T$

$$K_0 = 0 = -A_0 + e\,\text{RBF}(i,T) + A_0(1+i)^{-T},$$

wobei RBF (i,T) der Rentenbarwertfaktor für T Perioden und den internen Zinsfuß i ist. Die letzte Gleichung läßt sich umschreiben zu

$$1 - (1+i)^{-T} = \frac{e}{A_0}\,\text{RBF}\,(i,\,T) = \text{ROI} \cdot \text{RBF}\,(i,\,T).$$

Da RBF $(i,\,T) = [1 - (1+i)^{-T}]/i$ ist, läßt sich die letzte Gleichung vereinfachen zu $1 = \text{ROI}/i$, so daß $\text{ROI} = i = e/A_0$ ist.

Dieses wichtige Resultat soll verbal festgehalten werden: Stimmen Auszahlungs- und Rückzahlungsbetrag eines Kredites überein, so ist der interne Zinsfuß gleich der relativen periodischen Zinsbelastung e/A_0. Er stimmt mit dem ROI überein.

Wird z. B. eine Bundesanleihe mit einem Nominalzinssatz von 9 % begeben und lauten Emissions- und Rückzahlungskurs auf 100 % des Nennwertes, so beträgt die Rendite genau 9 %. Liegt der Emissionskurs unter 100 %, so liegt die Rendite über 9 %.

Erhebliche Fehler zeigt die ROI-Formel indessen bei deutlichen Abweichungen zwischen A_0 und R_T. Wenn z. B. eine 6 %ige Anleihe an der Börse für 75 € erworben werden kann und nach 8 Jahren mit 100 € zu tilgen ist, dann beträgt der ROI 12,2 %, der interne Zinsfuß jedoch nur 10,8 %.

3.4 Die Amortisationsdauer

Als letztes Beurteilungskriterium wird die Amortisationsdauer vorgestellt. Auch sie wird in der Praxis häufig verwendet. Der Amortisationsdauer liegt ebenfalls die

Kapitalwertformel zugrunde. Wiederum wird der Kapitalwert auf 0 fixiert; der Kalkulationszinsfuß ist fest vorgegeben; variabel ist nun die Nutzungs- oder Lebensdauer der Investitionsalternative. Die Amortisationsdauer gibt die kleinste Lebensdauer an, in der die bis dahin angefallenen Einzahlungsüberschüsse gerade ausreichen, um die Anfangsauszahlung zu amortisieren. Wenn AD die Amortisationsdauer bezeichnet, dann gilt also

$$\sum_{t=1}^{AD-1} e_t(1+k)^{-t} < A_0 \leq \sum_{t=1}^{AD} e_t(1+k)^{-t}.$$

Dazu ein Beispiel. Ein Investitionsprojekt weist folgende Zahlungsreihe auf: – 100; 20; 30; 40; 50; 60; 70. Der Kalkulationszinsfuß beträgt 15 %. Der Kapitalwert der Zahlungen 20, 30, 40 und 50 beträgt rund 95 €, deckt also nicht die Anfangsauszahlung von 100 €. Erst die weitere Zahlung von 60 € im Zeitpunkt 5 erhöht den Kapitalwert auf rund 125 €, so daß die Amortisationsdauer 5 Jahre beträgt.

Die Amortisationsdauer ist unabhängig vom Zeitpunkt, auf den der Kapitalwert berechnet wird. Denn ein positiver (negativer) Kapitalwert bleibt positiv (negativ), wenn man auf einen späteren Zeitpunkt auf- oder auf einen früheren abzinst.

Werden Zinsen vollständig vernachlässigt, so wird $k = 0$ gesetzt. Die Amortisationsdauer ist dann durch die kleinste Lebensdauer gegeben, in der der kumulierte Einzahlungsüberschuß erstmals positiv oder Null wird. Im Beispiel wäre das der Zeitpunkt 4, denn – 100 + 20 + 30 + 40 + 50 = 40, während – 100 + 20 + 30 + 40 = – 10 ist.

Ist der Kapitalwert für alle Lebensdauern negativ, so existiert keine Amortisationsdauer. Die Berechnung der Amortisationsdauer wird ähnlich wie die des internen Zinsfußes fragwürdig, wenn es mehr als eine Lebensdauer mit einem Kapitalwert von 0 gibt (siehe Abb. 4.11). Auf der Ordinate ist der Kapitalwert

$$K_0(\tau) = \sum_{t=1}^{\tau} e_t(1+k)^{-t} - A_0 \text{ eingetragen.}$$

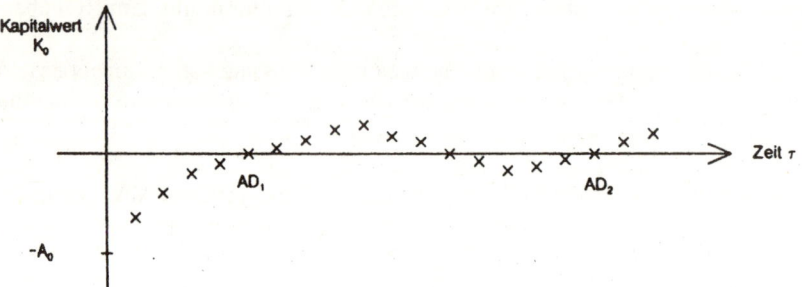

Abb. 4.11. Kapitalwertkurve in Abhängigkeit von der Lebensdauer. Es gibt drei Lebensdauern mit einem Kapitalwert von 0

Auch eine reguläre Investition kann mehrere Lebensdauern mit einem Kapitalwert von 0 aufweisen. Dieser Fall ist jedoch bei solchen Zahlungsreihen ausgeschlossen, bei denen nach Erreichen der ersten Amortisationsdauer nur noch nichtnegative

Einzahlungsüberschüsse anfallen. Denn das bedeutet, daß der Kapitalwert wächst oder allenfalls gleichbleibt, wenn außerdem die Einzahlungsüberschüsse nach Erreichen der ersten Amortisationsdauer berücksichtigt werden. Dies verdeutlicht das folgende Beispiel bei einem Kalkulationszinsfuß von 10 %.

Zeitpunkt	0	1	2	3	4	5	6
Einzahlungsüberschuß	−100	50	65	−10	20	–	30
$K_0(\tau)$	−100	−54,55	− 0,83	− 8,34	5,32	5,32	22,25

Die Amortisationsdauer beträgt 4 Jahre, der Kapitalwert fällt danach nicht mehr.

Jede Berechnung einer Amortisationsdauer ist daher um die Prüfung zu ergänzen, ob nach ihrem Erreichen noch negative Einzahlungsüberschüsse anfallen können. Trifft dies zu, so ist die Existenz weiterer Lebensdauern mit einem Kapitalwert von 0 zu prüfen. Gibt es eine oder mehrere solche, so ist die Amortisationsdauer als Beurteilungskriterium ungeeignet.

3.5 Interpretation der Beurteilungskriterien

Das Verständnis der Beurteilungskriterien wird durch eine anschauliche Interpretation erleichtert. Die Interpretation ist besonders einfach, wenn der Kapitalmarkt vollkommen ist.

Bei vollkommenem Kapitalmarkt haben alle Kapitalmarktgeschäfte einen Marktwert von 0. Durch solche Geschäfte kann niemand reicher werden. Dies schließt indessen nicht aus, daß in anderen Märkten Unvollkommenheiten bestehen, die die Möglichkeit bieten, Projekte mit positivem Marktwert zu realisieren. So kann die Ersetzung einer alten durch eine neue Maschine Vorteile bieten. Der Verkauf eines wirksameren Waschmittels kann sich lohnen. Realinvestitionsprojekte können daher auch bei vollkommenem Kapitalmarkt positive oder negative Marktwerte aufweisen.

Die Interpretation finanzwirtschaftlicher Beurteilungskriterien wird an folgendem Beispiel verdeutlicht. Die Zahlungsreihe der Investitionsalternative lautet:

Zeitpunkt	0	1	2	3	4
Einzahlungsüberschuß	− 100	50	40	30	20

a) Der Kapitalwert

Der Kapitalwert $K_0 = \sum\limits_{t=1}^{4} e_t(1+k)^{-t} - A_0$ beläuft sich bei einem Kalkulationszinsfuß von 10 % auf 14,71 €. Der auf den Zeitpunkt 4 bezogene Endwert K_4 ergibt sich aus $K_4 = K_0 \, 1{,}1^4 = 21{,}54$ €.

Besonders einfach ist der Endwert zu interpretieren, wenn zur Finanzierung der Anfangsauszahlung ein Kredit bei einer Bank aufgenommen wird und die späteren Einzahlungsüberschüsse auf das Kreditkonto bei der Bank eingezahlt werden. Die zeitliche Entwicklung des Kontos zeigt Tabelle 4.7. Der Saldo des Kontos wird stets mit 10 % verzinst. Der Saldo des Kontos gibt die Kapitalbindung an, die sich bei zahlungsbezogener Betrachtung ergibt.

Tabelle 4.7. Die zeitliche Entwicklung des Bankkontos. Hierbei gilt: Kredittilgung = Einzahlungsüberschuß − fällige Kreditzinsen

Zeitpunkt	Einzahlungs-überschuß	fällige Kreditzinsen	Kredit-tilgung	Kontostand Kredit
0	−100	−	−	100
1	50	10	40	60
2	40	6	34	26
3	30	2,60	27,40	− 1,40
4	20	− 0,14	20,14	− 21,54
			121,54	

Die Anfangsauszahlung von 100 € verursacht einen Sollsaldo von 100 € im Zeitpunkt 0. Im Zeitpunkt 1 belastet die Bank das Konto mit 10 € Zinsen, gleichzeitig gehen 50 € ein, so daß für die Tilgung 40 € eingesetzt werden. Im Zeitpunkt 1 sinkt der Sollsaldo also von 100 auf 60 €. Damit werden im Zeitpunkt 2 Sollzinsen von 6 € fällig; von dem Einzahlungsüberschuß von 40 € verbleiben 34 € für die Tilgung usw. Im Zeitpunkt 3 stehen 27,40 € für die Tilgung zur Verfügung, mehr als der Sollsaldo in Höhe von 26 €. Daher ergibt sich im Zeitpunkt 3 erstmals ein Habensaldo von 1,40 €. Dementsprechend fallen in der vierten Periode Habenzinsen von 0,14 € an, so daß im Zeitpunkt 4 (Beginn von Periode 5) das Konto einen Habensaldo von 21,54 € erreicht. Dieser Betrag ist genau der Endwert der Investitionsalternative. Um diesen Betrag ist das Endvermögen des Investors gestiegen. Somit gilt:

Der Endwert einer Zahlungsreihe ist der Endsaldo eines Bankkontos, über das sämtliche Zahlungen verbucht und dementsprechend Soll- und Habenzinsen belastet und gutgeschrieben werden.

Der Endwert ist allerdings in Relation zur Basis der Erfolgsmessung zu sehen. Wenn z. B. die Basis definiert ist als das bisher gültige Investitionsprogramm des Unternehmens, dann gibt der Zahlungsstrom − 100; 50; 40; 30; 20 an, um welche Beträge sich der Zahlungsstrom des gesamten Investitionsprogramms ändert, wenn statt des bisher gültigen Programms die neue Investitionsalternative realisiert wird. Entsprechend gibt der Kapitalwert der Zahlungsreihe an, um wieviel der Kapitalwert des gesamten Investitionsprogramms wächst. Daher folgt:

Der Endwert einer Investitionsalternative gibt den Betrag an, um den das Endvermögen bei Realisierung der Alternative größer (oder kleiner) sein wird als bei Durchführung der Basis.

Der Investor kann also im Zeitpunkt T 21,54 € mehr konsumieren, wenn er die Alternative statt der Basis realisiert. Der Endwert ist zusätzlich für Konsum im Zeitpunkt T verfügbar.

Der auf den Zeitpunkt 0 bezogene Kapitalwert gibt dementsprechend den im Zeitpunkt 0 zusätzlich konsumierbaren Betrag an, wenn statt der Basis die Alternative realisiert wird. Wenn der Investor nämlich im Zeitpunkt 0 14,71 € zusätzlich an Kredit aufnimmt und konsumiert, dann muß er dafür zusätzlich 21,54 € an Tilgung, Zins und Zinseszins im Zeitpunkt 4 aufbringen. Anders ausgedrückt, die Einzahlungsüberschüsse reichen gerade aus, um den Kredit von 100 + 14,71 = 114,71 € zu tilgen und zu verzinsen. Der Kontostand im Zeitpunkt 4 ist dann gleich 0.

Bei einem vollkommenen Kapitalmarkt spielt es keine Rolle, ob mit Eigen- oder Fremdkapital finanziert wird. Der Kapitalwert ist dann ein Marktwert. Daher läßt sich der Kapitalwert unabhängig von der Finanzierung wie folgt interpretieren:

– Der Kapitalwert K_0 kann als die Vermögenserhöhung interpretiert werden, die der Investor im Zeitpunkt 0 durch den Übergang von der Basis zu der Investitionsalternative erfährt.
– Der Kapitalwert K_0 gibt den Betrag an, um den die anfängliche Investitionsauszahlung gesteigert werden könnte, damit der Investor sich bei der Durchführung der Investitionsalternative gerade so gut stellt wie bei der Realisierung der Basis.
– Ein positiver Kapitalwert K_0 gibt den Betrag an, der dem Investor im Zeitpunkt 0 geboten werden müßte, um ihn zu bewegen, statt der Investitionsalternative die Basis zu realisieren. Ein negativer Kapitalwert K_0 kennzeichnet demgegenüber den Betrag, der dem Investor im Zeitpunkt 0 mindestens geboten werden müßte, um ihn zur Durchführung der Alternative zu bewegen.

b) Die Annuität

Die nachschüssige Annuität der Zahlungsreihe beträgt 4,64 €, wenn die Annuität viermal zu zahlen ist. Sie ergibt sich, indem man den Kapitalwert von 14,71 € durch den Rentenbarwertfaktor für vier Jahre und 10 %, 3,1698 dividiert. Dementsprechend läßt sich ein Plan für die Entwicklung des Bankkontos entwerfen, bei dem die Einzahlungsüberschüsse in den Zeitpunkten 1 bis 4 jeweils um 4,64 € gekürzt werden.

Tabelle 4.8. Entwicklung des Bankkontos bei jährlichem Konsum von 4,64 €

Zeitpunkt	um die Rente verminderter Einzahlungsüberschuß	fällige Kreditzinsen	Kredittilgung	Kontostand Kredit
0	–100	–	–	100
1	45,36	10	35,36	64,64
2	35,36	6,46	28,90	35,74
3	25,36	3,58	21,78	13,96
4	15,36	1,40	13,96	0
			100,00	

Ausgehend von den verminderten Einzahlungsüberschüssen gelingt es gerade, den Kontostand auf 0 zu reduzieren. Daher läßt sich die Annuität wie folgt interpretieren:

– Die Annuität einer Investitionsalternative gibt den Betrag an, den der Investor bei ihrer Durchführung in jedem Jahr zusätzlich konsumieren kann, ohne deshalb ein anderes Endvermögen zu erreichen als bei Realisierung der Basis.

– Die Annuität einer Investitionsalternative gibt den Betrag an, um den die Einzahlungsüberschüsse in t = 1,..., T vermindert werden können, ohne daß sich der Investor bei ihrer Durchführung schlechter stellt als bei Realisierung der Basis.

– Die positive Annuität einer Investitionsalternative gibt den Betrag an, der dem Investor pro Jahr der Investitionslaufzeit geboten werden müßte, um ihn zum Verzicht auf die Alternative und zur Realisierung der Basis zu bewegen. Umgekehrt bezeichnet eine negative Annuität den Betrag, der dem Investor pro Jahr der Investitionsdauer zusätzlich geboten werden müßte, um ihn zur Durchführung der Alternative zu bewegen.

c) Der interne Zinsfuß

Bislang wurde mit einem Zinsfuß von 10 % gearbeitet. Der interne Zinsfuß der Zahlungsreihe beträgt 17,8 %. Der in Tab. 4.9 dargestellte Plan unterstellt einen Zinsfuß in dieser Höhe.

Tabelle 4.9. Entwicklung des Bankkontos bei einem Zinsfuß in Höhe des internen Zinsfußes

Zeitpunkt	Einzahlungs-überschuß	fällige Kreditzinsen	Kredit-tilgung	Kontostand Kredit
0	–100	–	–	100
1	50	17,80	32,20	67,80
2	40	12,07	27,93	39,87
3	30	7,10	22,90	16,97
4	20	3,02	16,98	– 0,01
			100,01	

Die Einzahlungsüberschüsse reichen gerade aus, um die Anfangsauszahlung zu verzinsen und zu tilgen. Daher folgt:

Werden alle Auszahlungen einer regulären Investition durch Kreditaufnahme gedeckt, so gibt der positive interne Zinsfuß den Kreditzinssatz an, bei dessen Anrechnung die Einzahlungen gerade ausreichen, um diese Schuldbeträge zu tilgen und zu verzinsen.

Damit läßt sich auch ein Mißverständnis ausräumen: Der interne Zinsfuß gibt nicht die Verzinsung der Anfangsauszahlung über die vier Perioden an, sondern die Verzinsung des jeweiligen Kontostandes, also 100,– € in der ersten Periode, 67,80 € in der zweiten Periode, 39,87 € in der dritten Periode usw.

Diese Interpretation des internen Zinsfußes verschleiert die Bedeutung der Basis. Formal ist der interne Zinsfuß der Kalkulationszinsfuß, bei dem der Kapitalwert gleich 0 wird; grafisch ist er der Zinsfuß, bei dem die Kapitalwertkurve die Abszisse schneidet; ökonomisch ist er der Zinsfuß, bei dem die Kapitalwertkurve der Alternative die Kapitalwertkurve der Basis schneidet. Dies folgt, weil die Basis eine aus Nullen bestehende Zahlungsreihe hat und daher ihr Kapitalwert gleich 0 ist. Folglich verläuft die Kapitalwertkurve der Basis identisch auf der Abszisse. Ökonomisch ist daher folgende Interpretation gegeben:

Der interne Zinsfuß einer regulären Investitionsalternative ist derjenige Kalkulationszinsfuß, bei dem ihr Kapitalwert dem der Basis gleicht.

d)   Die Amortisationsdauer

Aus Tabelle 4.7 geht hervor, daß der anfängliche Sollsaldo im Zeitpunkt 3 in einen Habensaldo übergeht. Die Amortisationsdauer beträgt daher drei Perioden.

Ersetzt man die diskrete Betrachtung von Perioden durch eine stetige Betrachtung des Zeitablaufs, so ist die Amortisationsdauer die Zeitdauer, bei der der Kapitalwert der Zahlungsreihe gleich 0 wird. Der Kapitalwert der Basis ist für jede Zeitdauer gleich 0, da nur Nullen abgezinst werden. Folglich gilt, analog zum internen Zinsfuß, folgende ökonomische Interpretation:

Die Amortisationsdauer einer Investitionsalternative ist diejenige Zeitdauer, bei der ihr Kapitalwert gleich dem der Basis ist.

3.6   Zusammenfassung

Da die Beurteilung von Kapitalbudgets (Totalanalyse) recht aufwendig sein kann, wird versucht, das Entscheidungsproblem in verschiedene Teilprobleme zu zerlegen und jedes Teilproblem isoliert zu lösen (Partialanalyse). Anstelle der Menge aller Projekte werden disjunkte Teilmengen der Projekte betrachtet; über die Projekte einer Teilmenge wird simultan entschieden. Dieses Vorgehen liefert nur dann korrekte Ergebnisse, wenn die Erfolge der zu einer Teilmenge gehörenden Projekte unabhängig davon sind, welche zu den übrigen Teilmengen gehörenden Projekte realisiert werden.

Bei der Investitionsentscheidung verzichtet man häufig auf eine genaue Analyse der notwendigen Finanzierungsmaßnahmen. Statt dessen werden die Kosten der Finanzierung pauschal über einen Kalkulationszinsfuß erfaßt, mit dem die Einzahlungsüberschüsse einer Investitionsalternative abgezinst werden.

Grundlage der Investitionsrechnung ist der Kapitalwert, also die Summe der abgezinsten Einzahlungsüberschüsse. Der Kapitalwert einer Alternative gibt an, um wieviel das Vermögen des Investors wächst, wenn er statt der Basis der Erfolgsmessung diese Alternative realisiert. Die Rangordnung der Kapitalwerte mehrerer Alternativen ist unabhängig davon, auf welchen Zeitpunkt die Kapitalwerte berechnet werden und welche Basis der Erfolgsmessung gewählt wird.

Sehr eng mit dem Kapitalwert verwandt ist die Annuität, also eine über einen vorgegebenen Zeitraum zu zahlende Rente. Sie wird errechnet, indem der Kapitalwert durch den Rentenbarwertfaktor dividiert wird. Vergleicht man verschiedene Alternativen anhand ihrer Annuitäten, dann müssen alle Annuitäten dieselbe Laufzeit haben. Die Rangordnung der Annuitäten stimmt stets mit derjenigen der Kapitalwerte überein.

Verzinsungsmaße geben an, wie sich das jeweils gebundene Kapital verzinst. Der interne Zinsfuß einer Zahlungsreihe ist derjenige Kalkulationszinsfuß, bei dem der Kapitalwert der Zahlungsreihe gleich 0 wird. Da die Basis der Erfolgsmessung stets einen Kapitalwert von 0 aufweist, kann der interne Zinsfuß einer Zahlungsreihe auch als der Kalkulationszinsfuß interpretiert werden, bei dem der Kapitalwert der Zahlungsreihe mit dem der Basis übereinstimmt. Liegt eine reguläre Zahlungsreihe vor, dann existiert genau ein positiver interner Zinsfluß. Der Return on Investment kann als Näherung des internen Zinsfußes aufgefaßt werden; die Näherungsfehler können allerdings erheblich sein, da die zeitliche Verteilung von Zahlungen nicht berücksichtigt wird.

Die Amortisationsdauer einer Investitionsalternative ist die kleinste Lebensdauer der Alternative, bei der ein nichtnegativer Kapitalwert erzielt wird. Der Kalkulationszinsfuß ist hierbei vorgegeben. Die Amortisationsdauer einer Alternative kann auch als die kleinste Lebensdauer bezeichnet werden, bei der der Kapitalwert der Alternative den der Basis erreicht oder übertrifft. Ist die Amortisationsdauer der Alternative kürzer als ihre geschätzte Lebensdauer, dann ist ihr Kapitalwert bei Zugrundelegung der geschätzten Lebensdauer auf jeden Fall nichtnegativ, wenn nach der Amortisationsdauer nur nichtnegative Einzahlungsüberschüsse anfallen.

4 Kapitalbudgetierung: Entscheidungsregeln bei konstanten Finanzierungskosten

4.1 Entscheidung zwischen zwei Investitionsalternativen

Im letzten Abschnitt wurden verschiedene Beurteilungskriterien für Investitionsalternativen vorgestellt. In diesem Abschnitt wird gezeigt, wie diese Beurteilungskriterien in Entscheidungsregeln umgesetzt werden können, um finanzwirtschaftlich optimale Entscheidungen zu treffen. Eine Entscheidungsregel lautet z. B.: Wähle die Alternative mit dem höchsten Kapitalwert!

Im gesamten Abschnitt wird von konstanten Finanzierungskosten ausgegangen. Ist der Kapitalmarkt vollkommen, so kostet die Nutzung eines € während einer Periode einen Betrag in Höhe des Kapitalmarktzinssatzes. Da dieser Zinssatz von der Höhe des Finanzierungsvolumens unabhängig ist, sind die Finanzierungskosten konstant. Aber auch bei gespaltenem Soll- und Habenzins kann es sein, daß ein Unternehmen stets verschuldet ist und die finanziellen Wirkungen von Investitionsprojekten voll auf die Höhe der Kreditfinanzierung durchschlagen. Die Beschaffung von Mitteln verursacht dann Kosten in Höhe des Sollzinses. Umgekehrt mag eine Versicherungsgesellschaft nie verschuldet sein; sie legt dann stets Geld zum Habenzins an. Investiert sie Geld in reale Investitionsprojekte, so zieht sie die benötigten Mittel aus dem Finanzanlagebereich ab. Dadurch entgehen ihr die entsprechenden Habenzinsen, so daß der Habenzins die Finanzierungskosten angibt.

In der einfachsten Entscheidungssituation liegen lediglich zwei Investitionsalternativen vor. Eine solche Entscheidungssituation ist gegeben, wenn

- lediglich ein einziges Investitionsprojekt zur Debatte steht; z. B. ist über die Einführung eines neuen Produktes zu entscheiden; es geht lediglich um eine Ja/Nein-Entscheidung;
- zwei sich gegenseitig ausschließende Investitionsprojekte zur Wahl stehen, von denen eines zu wählen ist. Z. B. ist ein alter LKW zu ersetzen; entweder wird ein neuer LKW der Marke A oder der Marke B gekauft.

Bestehen zwei Investitionsalternativen, so ist es von der Datenbeschaffung her gesehen am einfachsten, eine der beiden Alternativen zur Basis zu machen. Der Basisalternative wird eine Null-Zahlungsreihe zugeordnet. Die der anderen Alternative zugeordnete Zahlungsreihe gibt dann an, um welche Beträge sich die betrieblichen Einzahlungsüberschüsse aus dem Investitionsprogramm ändern, wenn statt der Basisalternative die andere gewählt wird. Daher bezeichnen wir diese Zahlungsreihe als Differenzzahlungsreihe und die zugehörige Alternative als Differenzalternative.

Beispiel: Wird der alte LKW ersetzt, so ergeben sich folgende Zahlungsreihen für die Marken A und B:

Alternative A	− 100	20	25	30	35	40
Alternative B	− 120	30	35	40	35	35

Wird Alternative A zur Basis gemacht, so folgt

Alternative (A-A)	−	−	−	−	−	−
Alternative (B-A)	− 20	10	10	10	0	− 5

Die Differenzalternative (B-A) ist eine reguläre Investition. Wird statt dessen Alternative B zur Basis gemacht, so folgt

Alternative (A-B)	20	− 10	− 10	− 10	0	5
Alternative (B-B)	−	−	−	−	−	−

Die Alternative (A-B) ist eine reguläre Finanzierung. Ihre Kapitalwertkurve ist das an der Abszisse gespiegelte Bild der Kurve von (B-A). Um Unklarheiten bei der Interpretation aus dem Wege zu gehen, wird die Basis nach Möglichkeit stets so gewählt, daß die Differenzalternative eine reguläre Investition ist. Im Beispiel ist daher Alternative A als Basis zu wählen. Das Entscheidungsproblem lautet nun: Soll, ausgehend von der Basis, die Differenzalternative gewählt werden oder nicht? Wenn ja, dann wird Alternative B gewählt; ansonsten Alternative A.

Der Kapitalwert

Die Entscheidungsregel lautet: Wähle die Differenzalternative, wenn ihr Kapitalwert positiv ist. Ist ihr Kapitalwert negativ, so wähle die Basisalternative.

Da die Basisalternative einen Kapitalwert von 0 hat, maximiert das Unternehmen bei Anwendung dieser Entscheidungsregel sein Endvermögen und damit seinen Marktwert.

Die Annuität

Da die Annuität gleich dem Kapitalwert, multipliziert mit dem positiven Annuitätenfaktor, ist, lautet die Entscheidungsregel:

Wähle die Differenzalternative, wenn ihre Annuität positiv ist. Ist ihre Annuität negativ, so wähle die Basisalternative.

Diese Entscheidungsregel führt zur selben Entscheidung wie die Kapitalwertregel. Dabei spielt es keine Rolle, wie oft die Annuität zu zahlen ist.

Der interne Zinsfuß

Ist die Differenzalternative eine reguläre Investition, dann liegt eine Kapitalwertkurve wie die in Abb. 4.12 eingetragene vor.

Folglich ist der Kapitalwert positiv (negativ), wenn der interne Zinsfuß über (unter) dem Kalkulationszinsfuß liegt. Damit läßt sich eine Entscheidungsregel formulieren, die dieselbe Entscheidung wie die Kapitalwertregel herbeiführt:

Wähle die Differenzalternative, wenn ihr interner Zinsfuß über dem Kalkulationszinsfuß liegt. Andernfalls wähle die Basisalternative.

Existieren bei einer irregulären Differenzalternative mehrere positive interne Zinsfüße, so bietet sich die Initialverzinsung an. Die Entscheidungsregel lautet analog:

Wähle die Differenzalternative, wenn ihre Initialverzinsung über dem Kalkulationszinsfuß liegt. Andernfalls wähle die Basisalternative.

Wiederum stimmt die Entscheidung mit der nach der Kapitalwertregel überein.

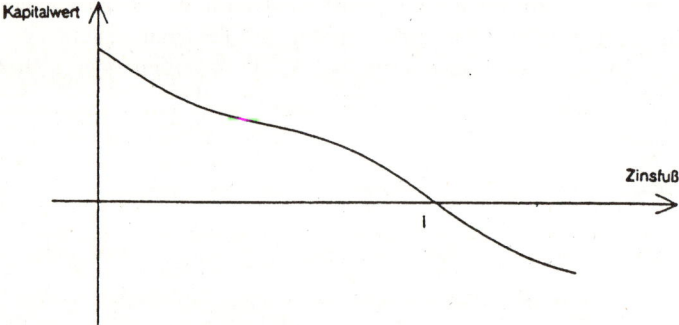

Abb. 4.12. Kapitalwert der Differenzalternative in Abhängigkeit vom Zinsfuß

Die Amortisationsdauer

Zugrunde gelegt wird eine Differenzalternative mit genau einer Amortisationsdauer (siehe Abb. 4.13). Die geschätzte Lebensdauer T der Differenzalternative ist als der (kürzeste) Zeitraum definiert, nach dessen Ablauf die Differenzzahlungsreihe nur noch Nullen aufweist. Dabei ist es völlig gleichgültig, ob die beiden zugrundeliegenden Alternativen dieselbe Lebensdauer haben oder nicht.

Der Kapitalwert ist für die geschätzte Lebensdauer T positiv (negativ), wenn sie über (unter) der Amortisationsdauer liegt. Daher läßt sich eine Entscheidungsregel angeben, die zur selben Entscheidung wie die Kapitalwertregel führt:

Wähle die Differenzalternative, wenn ihre geschätzte Lebensdauer über der Amortisationsdauer liegt. Wähle die Basisalternative, wenn keine Amortisationsdauer existiert, wenn also der Kapitalwert der Differenzalternative bei jeder in Frage kommenden Lebensdauer negativ ist.

In der Praxis wird häufig eine andere Entscheidungsregel angewandt:

Wähle die Differenzalternative, wenn ihre Amortisationsdauer unter einem kritischen Wert $\overline{T}$ liegt. Andernfalls wähle die Basisalternative.

Beide Entscheidungsregeln stimmen im Ergebnis überein, wenn der kritische Wert $\overline{T}$ mit der geschätzten Lebensdauer T übereinstimmt.

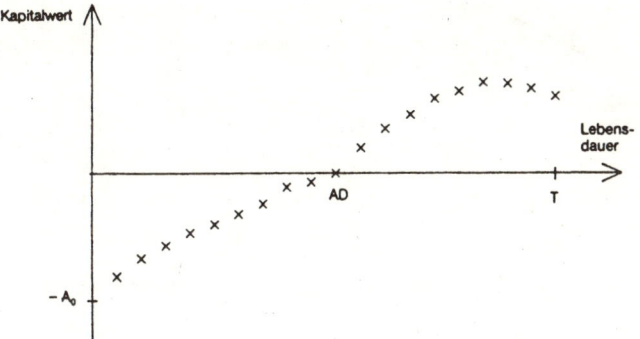

Abb. 4.13. Kapitalwertkurve mit einer Amortisationsdauer

Vergleich der Entscheidungsregeln

Alle dargestellten Entscheidungsregeln führen zur selben Entscheidung. Rechnerisch am einfachsten zu handhaben ist die Kapitalwertregel. Warum wird dennoch in der Praxis öfter mit der Amortisationsdauer oder dem internen Zinsfuß gearbeitet? Dahinter steht eine allgemeinere Frage: Warum wird in der Praxis öfter die Entscheidung anhand von kritischen Werten getroffen?

Der Kapitalwert der Investitionsalternative hängt von den verschiedensten Daten wie Kalkulationszinsfuß, Lebensdauer, Verkaufspreisen, Verkaufsmengen, Tariflohn usw. ab. Indem man eines dieser Daten als variabel ansieht, kann man feststellen, bei welcher Höhe dieses Datums der Kapitalwert gleich 0 wird. Derart lassen sich nicht nur interner Zinsfuß und Amortisationsdauer errechnen, sondern auch kritische Verkaufspreise, kritische Verkaufsmengen, kritische Tariflöhne etc. (siehe KILGER

1965). Allgemein wird das jeweils als variabel betrachtete Datum als Parameter bezeichnet. Eine Entscheidung anhand von kritischen Werten kann auf zweierlei Weise vorgenommen werden, anhand eines mittelbaren oder anhand eines unmittelbaren Parametervergleichs.

Ein unmittelbarer Parametervergleich liegt vor, wenn zwischen zwei Investitionsalternativen anhand eines kritischen Wertes entschieden wird, wobei eine der beiden Alternativen zur Basis gemacht wird. Für die Differenzalternative wird der kritische Wert ermittelt; aus dem Vergleich zwischen diesem Wert und dem der Kapitalwertberechnung zugrundegelegten, exogenen Wert dieses Parameters wird gefolgert, ob der Kapitalwert bei diesem exogenen Wert positiv oder negativ ist (siehe FRANKE 1978).

Z. B. ist zu entscheiden, ob eine halbautomatische Fertigungsanlage durch eine automatische ersetzt werden soll. Die automatische ist um so günstiger, je mehr Produkteinheiten pro Jahr hergestellt werden (siehe Abb. 4.14):

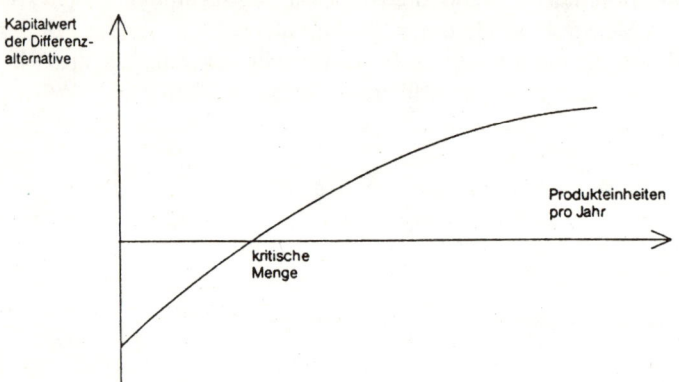

Abb. 4.14. Kapitalwert der Differenzalternative „automatische Anlage". Basisalternative ist die „halbautomatische Anlage"

Ist die geschätzte jährliche Produktionsmenge größer als die kritische, so ist die automatische Anlage vorteilhaft. Ihr Kapitalwert ist dann positiv.

Beim unmittelbaren Parametervergleich handelt es sich, wie das Beispiel zeigt, um eine spezielle Break-Even-Analyse: Es werden nur zwei Alternativen anhand eines Parameters untersucht, wobei die eine zur Basis gemacht wird.

Kommen wir nun zurück zu der Frage, weshalb in der Praxis der unmittelbare Parametervergleich dem Kapitalwertvergleich vorgezogen wird. Zwei Antworten bieten sich an:

– Rendite, Amortisationsdauer, kritische Produktionsmenge sind vermutlich anschaulicher als der Kapitalwert. Gerade finanzmathematisch nicht ausgebildete Personen können mit diesen Begriffen vermutlich mehr anfangen als mit dem Kapitalwert. Die innerbetriebliche Kommunikation kann daher durch Verwendung dieser Begriffe gefördert werden (siehe BREALEY/MYERS 2003, Kap. 12-1).

– Wichtiger erscheint jedoch der Informationsvorteil. Die Schätzung des Kalkulationszinsfußes, der tatsächlichen Lebensdauer, der tatsächlichen Produktionsmenge wirft oft erhebliche Schwierigkeiten auf. Daher werden Entscheidungsregeln vorgezogen, die genaue Schätzungen erübrigen (siehe THIEDE 1978). Der Kapitalwert läßt sich nur berechnen, wenn alle diese Schätzungen vorliegen. Benötigt wird jedoch gar nicht die genaue Höhe des Kapitalwerts, sondern lediglich die Aussage, ob der Kapitalwert positiv ist. Um diese Aussage zu treffen, genügt ein weniger präziser Dateninput als bei der Kapitalwertberechnung.

Hierzu ein Beispiel: Die beiden Geschäftsführer einer GmbH sind unterschiedlicher Meinung über den Kalkulationszinsfuß. Der eine schätzt den Kalkulationszinsfuß auf 10 %, der andere auf 13 %. Sie haben über den Kauf einer Maschine zu entscheiden. Dabei gehen sie von der Zahlungsreihe –100; 20; 70; 30; 10; 10 aus. Der interne Zinsfuß beträgt 15,4 %, er liegt also über dem Kalkulationszinsfuß von 10 % bzw. 13 %. Der Kauf ist damit unstrittig. Die genaue Festlegung eines Kalkulationszinsfußes erübrigt sich.

Ebenso unstrittig wäre die Entscheidung, wenn beide Geschäftsführer den Kalkulationszinsfuß über 15,4 % ansetzen würden. Ein Konflikt taucht erst auf, wenn ein Geschäftsführer den Kalkulationszinsfuß darunter, z. B. auf 13 %, und der andere Geschäftsführer ihn darüber, z. B. auf 16 %, festlegt. Dann ergeben sich Kapitalwerte von + 4,87 bzw. – 1,23 €. Beide Geschäftsführer stellen allerdings übereinstimmend fest, daß der Kauf weder einen nennenswerten Vermögenszuwachs noch einen nennenswerten Vermögensverlust erzeugen kann, da der Kapitalwert auf jeden Fall nahe bei 0 liegt. Daher einigen sie sich, die Entscheidung nicht anhand eines finanzwirtschaftlichen Kriteriums zu treffen, sondern anhand der übrigen Beurteilungskriterien.

Damit zeigt sich der Informationsvorteil des internen Zinsfußes: Eine relativ grobe Vorstellung über die Höhe des Kalkulationszinsfußes genügt, um festzustellen, ob der Kapitalwert deutlich positiv, deutlich negativ oder nahe bei 0 liegt. Im letzten Fall ist es durchaus plausibel, die Entscheidung nach nicht-finanzwirtschaftlichen Kriterien zu treffen. Dies gilt analog für die Amortisationsdauer. Oft genügt eine relativ grobe Schätzung der Lebensdauer, um anhand der Amortisationsdauer zu entscheiden, während die Berechnung des Kapitalwertes eine genaue Schätzung voraussetzt.

Der unmittelbare Parametervergleich stellt daher geringere Informationsanforderungen als die Entscheidung anhand des Kapitalwertes, führt jedoch zum selben Ergebnis.

4.2 Entscheidung über mehr als zwei Investitionsalternativen

4.2.1 Kapitalwertbezogene Entscheidungsregeln

Der Kapitalwert

Ist über mehr als zwei Investitionsalternativen zu befinden, so sind mehr als zwei Alternativen gleichzeitig zu bewerten, um zu einer Entscheidung zu kommen. Je höher der Kapitalwert einer Alternative ist, um so höher ist der damit verbundene Vermögenszuwachs. Die Entscheidungsregel lautet daher:

Wähle die Investitionsalternative mit dem höchsten Kapitalwert.

Diese Entscheidungsregel ist einfach anzuwenden, wenn die notwendigen Daten vorliegen. Die Entscheidung ist nicht nur vom Bezugszeitpunkt der Kapitalwerte unabhängig, sondern auch von der Basis der Erfolgsmessung. Denn die Rangordnung der Kapitalwerte ist von beiden unabhängig.

Die Annuität

Anstelle der Kapitalwerte verschiedener Alternativen können auch die entsprechenden Annuitäten der Entscheidung zugrunde gelegt werden. Dabei ist darauf zu achten, daß alle Annuitäten dieselbe Laufzeit haben. Die Entscheidungsregel, die zur selben Entscheidung wie die Kapitalwertregel führt, lautet:

Wähle die Investitionsalternative mit der höchsten Annuität.

Hierzu ein Beispiel: Zur Wahl stehen die Investitionsalternativen A, B und C. A ist Basis der Erfolgsmessung. Folgende Zahlungsreihen sind gegeben:

Zeitpunkt Alternative	0	1	2	3	4	5
A	–	–	–	–	–	–
B	–100	30	20	80	–	–
C	–200	50	40	160	25	40

In diesem Beispiel werfen die Alternativen A und B gleich hohe Zahlungen im Zeitpunkt 4 wie auch im Zeitpunkt 5 ab. Der Investor wünscht eine möglichst hohe, achtjährige Annuität, ausgehend von einem Kalkulationszinsfuß von 12 %. Die Resultate zeigt die folgende Übersicht:

	Kapitalwert	achtjährige Annuität
Alternative A	0	0
Alternative B	– 0,33	– 0,07
Alternative C	29,00	5,84

Optimal ist demnach Alternative C. Dieses Beispiel macht auch deutlich, daß zwischen der Lebensdauer einzelner Alternativen und der Laufzeit der Annuität kein Zusammenhang bestehen muß.

4.2.2   Mittelbarer Parametervergleich

Der interne Zinsfuß

Soll anhand des internen Zinsfußes entschieden werden, so liegt folgende Entscheidungsregel nahe: Wähle die Investitionsalternative mit dem höchsten internen Zinsfuß. Diese Entscheidungsregel ist jedoch unsinnig. Bevor dies gezeigt wird, soll der Ausnahmefall der Dominanz erläutert werden.

Alternative A dominiert Alternative B, wenn der Kapitalwert von A für jeden nichtnegativen Kalkulationszinsfuß mindestens ebenso groß ist wie der Kapitalwert von B (siehe Abb. 4.15).

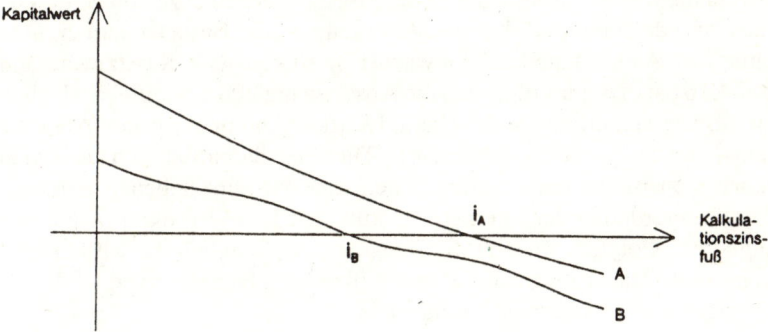

Abb. 4.15. Dominanz von Alternative A über Alternative B

Selbstverständlich wird Alternative A vorgezogen, einerlei ob anhand der Kapitalwerte oder der internen Zinsfüße entschieden wird. Allerdings erübrigt sich bei Dominanz jede Berücksichtigung von Zinsen. Eine hinreichende Bedingung für Dominanz ist, daß für jeden beliebigen Zeitpunkt die kumulierten Einzahlungsüberschüsse von A mindestens so groß sind wie die von B. Diese Bedingung kann leicht getestet werden. Im folgenden soll Dominanz ausgeschlossen werden.

Es ist nun zu zeigen, daß es nicht sinnvoll ist, die Alternative mit dem höchsten internen Zinsfuß zu wählen. Zu entscheiden sei zwischen den Alternativen A, B und C. Zunächst betrachten wir nur die Wahl zwischen A und B.

Abb. 4.16 zeigt ihre Kapitalwertkurven; Dominanz besteht nicht.

Die Abbildung zeigt, daß der interne Zinsfuß von A, i_A, größer als der von B, i_B, ist. Da weder Alternative A noch Alternative B Basis ist, liegt kein unmittelbarer Parametervergleich vor. Wir sprechen daher von einem mittelbaren Parametervergleich. Nach der oben angegebenen Entscheidungsregel wäre Alternative A vorzu-

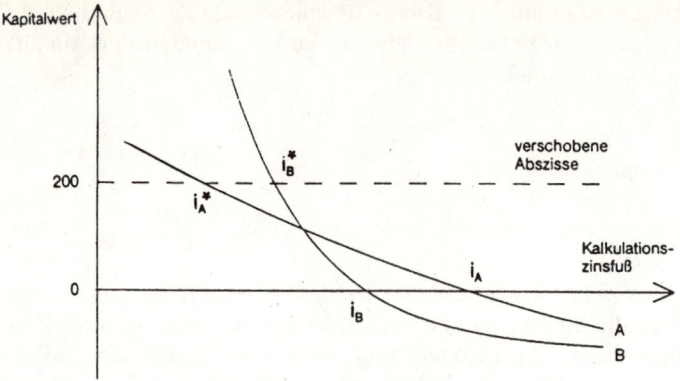

Abb. 4.16. Kapitalwertkurven ohne Dominanz

ziehen. Wir erinnern uns jedoch der ökonomischen Interpretation des internen Zinsfußes. Danach schneidet die Kapitalwertkurve von A die Kapitalwertkurve der Basis (= Abszisse) bei einem höheren Zinssatz als es die Kapitalwertkurve von B tut. Die Wahl der Basis ist indessen willkürlich. Ändert man nun die Basis so, daß die Anfangsauszahlung von A und B um je 200 € wächst, so sinken beide Kapitalwerte um 200 €. In Abb. 4.16 hat dies zur Folge, daß die Abszisse um 200 € parallel nach oben verschoben wird. Die Schnittpunkte der Kapitalwertkurven mit der neuen Abszisse sind nun i_A^* und i_B^*. Jetzt ist jedoch i_B^* größer als i_A^*. Dies liegt daran, daß sich die beiden Kapitalwertkurven zwischen der ursprünglichen und der verschobenen Abszisse schneiden. Die Rangordnung der internen Zinsfüße hat sich also durch Änderung der Basis umgedreht. Folglich spiegelt die Rangordnung lediglich die willkürliche Wahl der Basis wider. Daher ist die aus einem mittelbaren Parametervergleich hervorgehende Rangordnung ökonomisch inhaltsleer.

Zur Veranschaulichung noch ein Zahlenbeispiel. Eine Reederei plant den Kauf eines weiteren Schiffes. Sie hat die Wahl zwischen einem kleinen, einfachen Schiff mit einer Bauzeit von einem Jahr, das nach vier Jahren aus dem Verkehr zu ziehen ist (Alternative A), einem mittelgroßen Schiff mit einer Bauzeit von zwei Jahren (Alternative B) und einem größeren Schiff mit einer Bauzeit von drei Jahren (Alternative C). Mit folgenden Ein- und Auszahlungen wird gerechnet:

							Σ	interner Zinsfuß
Alternative A	−50	30	20	20	10	0	30	26,5 %
Alternative B	−76	–	30	30	30	30	44	14,3 %
Alternative C	−97	−20	–	40	60	80	63	11,3 %

Hiernach wäre A am besten, C am schlechtesten. Um den Rechenaufwand zu vermindern, wird nun Alternative A zur Basis gewählt. Damit ergibt sich folgende Zahlungstabelle:

							Σ	interner Zinsfuß
Alternative (A–A)	–	–	–	–	–	–	–	–
Alternative (B–A)	–26	–30	10	10	20	30	14	6,7 %
Alternative (C–A)	–47	–50	–20	20	50	80	33	7,1 %

Hiernach existiert für A überhaupt kein interner Zinsfuß, denn er ist für eine Null-Zahlungsreihe nicht definiert. C erscheint jedoch nun besser als B. Abb. 4.17 verdeutlicht den Effekt des Basiswechsels. Zu beachten ist dabei, daß die Schnittpunkte der Kapitalwertkurven A, B und C untereinander durch den Wechsel weder nach rechts noch nach links verschoben werden. Denn der Basiswechsel führt lediglich zu einer gleich großen vertikalen Verschiebung aller Kapitalwertkurven.

Dieses Beispiel zeigt zweierlei: Erstens kann sich die Rangordnung der internen Zinsfüße zweier Alternativen bei einem Basiswechsel umkehren, daher enthält die Rangordnung keine ökonomisch verwertbare Information. Zweitens existiert für eine

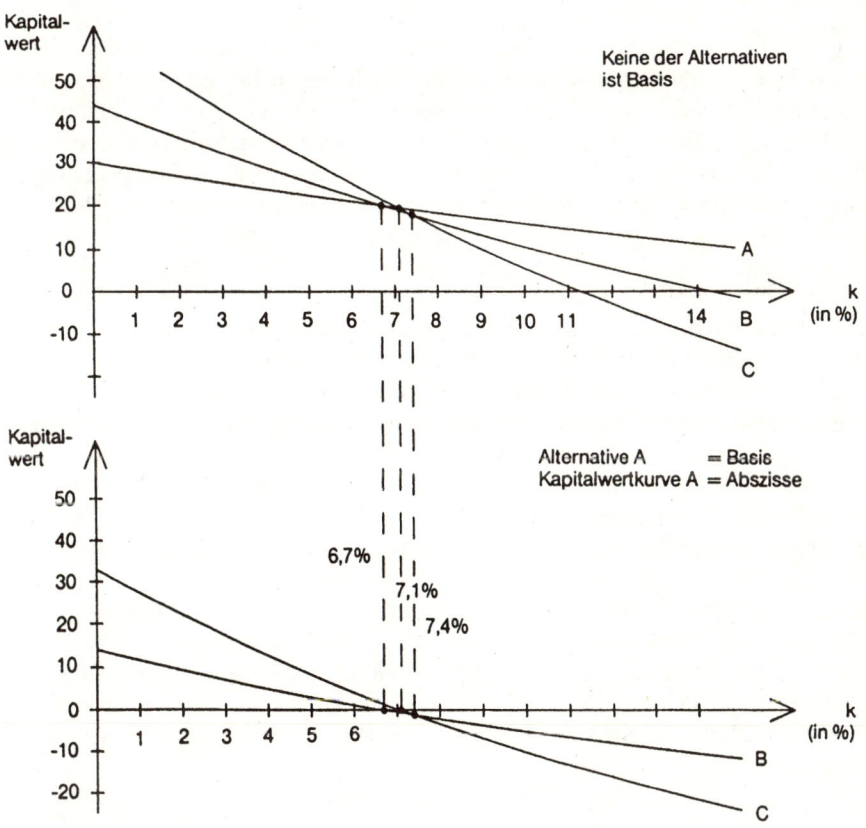

Abb. 4.17. Kapitalwertkurven und Basiswechsel

Alternative kein interner Zinsfuß, wenn die Alternative die Basis darstellt. Ist eine Entscheidung anhand des internen Zinsfußes daher nicht möglich?

Eine Entscheidung anhand eines mittelbaren Parametervergleichs ist unsinnig oder unmöglich; es bleibt jedoch die Möglichkeit eines unmittelbaren Parametervergleichs. Das Entscheidungsproblem wird dazu in Wahlakte zwischen jeweils zwei Alternativen zerlegt; zwischen den beiden Alternativen ist anhand eines unmittelbaren Parametervergleichs zu wählen; die schlechtere Alternative wird aus den weiteren Überlegungen ausgeschlossen, die bessere wird mit den sonstigen Alternativen verglichen. Das Verfahren endet, wenn alle Alternativen bis auf eine ausgeschlossen worden sind. Diese Alternative ist zu wählen.

Diese Vorgehensweise soll am letzten Beispiel demonstriert werden. Der Kalkulationszinsfuß beträgt 6 %. Zuerst werden die Alternativen A und B einem unmittelbaren Parametervergleich unterzogen. A wird dazu zur Basis gemacht, (B-A) ist eine reguläre Investition mit einem internen Zinsfuß von 6,7 %. Da er über dem Kalkulationszinsfuß liegt, ist B besser als A. A scheidet daher aus den weiteren Überlegungen aus. Zu wählen ist daher nur noch zwischen B und C. Dazu wird jetzt B zur Basis gemacht.

Es ergeben sich folgende Zahlungsreihen:

Alternative (B–B)	–	–	–	–	–	–
Alternative (C–B)	– 21	– 20	– 30	10	30	50

(C-B) ist eine reguläre Investition mit einem internen Zinsfuß von 7,4 %. Da dieser über dem Kalkulationszinsfuß liegt, scheidet auch B aus, so daß C zu wählen ist.

Dieses Ergebnis deckt sich natürlich mit dem der Kapitalwertregel. Dies zeigt auch Abb. 4.17. Bei einem Kalkulationszinsfuß von 6 % ist der Kapitalwert von C größer als der von B, dieser größer als der von A.

Die Amortisationsdauer

Auch Lebensdauern sind Parameter. Es überrascht daher nicht, wenn für die Entscheidung anhand der Amortisationsdauer ähnliches gilt wie für die Entscheidung anhand des internen Zinsfußes. Die Entscheidungsregel: Wähle die Investitionsalternative mit der kürzesten Amortisationsdauer! ist ebenfalls ökonomisch unsinnig.

Dies gilt nur dann nicht, wenn Dominanz vorliegt. Alternative A dominiert Alternative B in bezug auf die Lebensdauer, wenn für jede beliebige Lebensdauer der Kapitalwert von A mindestens so groß ist wie der von B. Dann wird A vorgezogen. Hinreichend für Dominanz ist, daß für jeden beliebigen Zeitpunkt die kumulierten Einzahlungsüberschüsse von A mindestens ebenso groß wie die von B sind. Ist Dominanz ausgeschlossen, so ist die Rangordnung der Amortisationsdauern ökonomisch inhaltsleer, da sie lediglich die gewählte Basis widerspiegelt.

Zur Veranschaulichung greifen wir auf das Reederei-Beispiel zurück. Die Ausgangstabelle wird um den Zeitpunkt 6 ergänzt und auch sonst etwas geändert. Der Einfachheit halber wird ein Kalkulationszinsfuß von 0 % unterstellt. Die Ausgangstabelle lautet:

Zeitpunkt	0	1	2	3	4	5	6	Σ	Amortisa-tions-dauer (Jahre)
Alternative A	− 50	40	30	30	30	0	0	80	2
Alternative B	− 70	0	50	40	30	20	12	82	3
Alternative C	− 90	− 20	20	80	40	50	40	120	4

Wird nun Alternative A zur Basis gemacht, so zeigt sich:

Zeitpunkt	0	1	2	3	4	5	6	Σ	Amortisa-tions-dauer (Jahre)
Alternative (A − A)	−	−	−	−	−	−	−	−	−
Alternative (B − A)	− 20	− 40	20	10	0	20	12	2	6
Alternative (C − A)	− 40	− 60	− 10	50	10	50	40	40	5

In der Ausgangstabelle hat B eine kürzere Amortisationsdauer als C, in der zwei-ten Tabelle ist es umgekehrt. Daher ist die Rangordnung ohne ökonomischen Sinn. Ersetzt man deswegen den mittelbaren durch den unmittelbaren Parametervergleich, so vergleicht man zuerst A und B. Dabei wird A zur Basis gemacht; (B–A) ist dann eine reguläre Investition mit einer Amortisationsdauer von 6 Jahren, genauer, etwas weniger als 6 Jahren. Da sie unter der geschätzten Lebensdauer von 6 Jahren liegt, wird B vorgezogen. Somit sind nur noch B und C zu vergleichen. B wird zur Basis gemacht, so daß (C–B) eine reguläre Investition darstellt.

Zeitpunkt	0	1	2	3	4	5	6	Σ	Amortisa-tions-dauer (Jahre)
Alternative (B − B)	−	−	−	−	−	−	−	−	−
Alternative (C − B)	−20	−20	−30	40	10	30	28	38	5

Da die Amortisationsdauer von (C–B) unter 6 Jahren liegt, wird C vorgezogen. Dieses Ergebnis deckt sich wiederum mit dem der Kapitalwertregel, da bei einer geschätzten Lebensdauer von 6 Jahren C den größten und A den kleinsten Kapital-wert hat.

4.3 Investitionsentscheidung bei periodenabhängigen Kalkulationszinsfüßen

Bislang wurde ein einheitlicher Kalkulationszinsfuß für alle Perioden unterstellt. Da der Kalkulationszinsfuß aus dem Kapitalmarktzinssatz abgeleitet wird, ist diese Prämisse sinnvoll, wenn der Kapitalmarktzinssatz unabhängig von der Fristigkeit der Geldanlage oder -aufnahme dieselbe Höhe hat. Dies ist jedoch im allgemeinen nicht der Fall. Häufig ist der Kapitalmarktzins um so höher, je länger Geld angelegt oder aufgenommen wird. Es liegt dann eine steigende Fristigkeitsstruktur der Zinssätze, kurz: Zinsstruktur, vor. Eine steigende Zinsstruktur wird als normal bezeichnet, weil überwiegend eine steigende Zinsstruktur zu beobachten ist. Aber auch fallende (inverse) Zinsstrukturen sind durchaus möglich (Abb. 4.18), bei denen die kurzfristigen Kapitalmarktzinssätze über den längerfristigen liegen. Bei sicheren Erwartungen läßt sich eine steigende (fallende) Zinsstruktur nur durch im Zeitablauf steigende (fallende) kurzfristige Zinssätze erklären. Diese Erklärung ist nicht sehr plausibel, weil auf lange Sicht kaum mit einem ständigen Anstieg (Absinken) des kurzfristigen Zinssatzes zu rechnen ist. Daher werden Risikoaspekte zur Erklärung der Zinsstruktur herangezogen (siehe Kap. VII, Abschnitt 3.3).

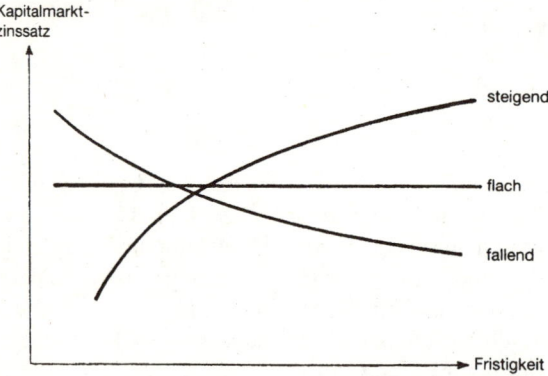

Abb. 4.18. Verschiedene Fristigkeitsstrukturen der Zinssätze

Im folgenden wird gezeigt, wie die Investitionsrechnung bei periodenabhängigen Kalkulationszinsfüßen zu modifizieren ist. Bezeichnet k_t den Kalkulationszinsfuß pro Periode für eine t-periodige Anlage oder Aufnahme von Geld, so wird eine nach t Perioden anfallende Zahlung mit dem Kalkulationszinsfuß k_t abgezinst. Demnach wird die Berechnung des Kapitalwerts modifiziert zu

$$K_0 = e_0 + \sum_{t=1}^{T} \frac{e_t}{(1 + k_t)^t}.$$

Zur Berechnung von Annuitäten ist der Rentenbarwertfaktor zu modifizieren:

$$RBF(T) = \sum_{t=1}^{T} (1 + k_t)^{-t}.$$

Da der Rentenbarwertfaktor nun nicht mehr die Summe einer geometrischen Reihe ist, gibt es auch keine einfache Summenformel.

An der Berechnung des internen Zinsfußes ändert sich nichts. Bei der Berechnung der Amortisationsdauer sind ebenfalls die periodenabhängigen Kalkulationszinsfüße zu verwenden. Es gilt also für die Amortisationsdauer AD:

$$\sum_{t=1}^{AD-1} e_t(1+k_t)^{-t} < A_0 \leq \sum_{t=1}^{AD} e_t(1+k_t)^{-t}.$$

Ein Beispiel einer regulären Investition soll dies verdeutlichen. Die Zahlungsreihe lautet

$$-100 \qquad\qquad +160 \qquad\qquad -50,$$

der Kalkulationszinsfuß für eine einperiodige Anlage beträgt 15 %, für eine zweiperiodige 8 %. Dann gilt für den Kapitalwert K_0:

$$K_0 = -100 + \frac{160}{1,15} - \frac{50}{1,08^2} = -3,74.$$

Die zugehörige zweijährige Annuität wird anhand des Rentenbarwertfaktors RBF (2) berechnet:

$$RBF\ (2) = 1{,}15^{-1} + 1{,}08^{-2} = 1{,}727.$$

Folglich ergibt sich als Annuität

$$a_2 = -3{,}74/1{,}727 = -2{,}17.$$

Der interne Zinsfuß dieser regulären Investition beträgt 17,42 %. Eine Berechnung der Amortisationsdauer erübrigt sich, da der Kapitalwert negativ ist. Auch wäre sie nicht sinnvoll, weil auf positive Einzahlungsüberschüsse negative folgen.

Wie ist zu entscheiden? Das Entscheidungsproblem bestehe darin, entweder die angegebene reguläre Investition durchzuführen oder sie zu unterlassen. Die Unterlassungsalternative sei auch die Basis der Erfolgsmessung, ihr Kapitalwert und ihre Annuität sind demnach gleich 0.

Wiederum ist im Interesse der Vermögensmaximierung die Alternative mit dem höchsten Kapitalwert zu wählen. Im Beispiel ist dies die Unterlassungsalternative. Da auch bei periodenabhängigen Kalkulationszinsfüßen der Rentenbarwertfaktor positiv ist, ist die Alternative mit dem hochsten Kapitalwert zugleich die Alternative mit der höchsten Annuität.

Problematisch ist die Entscheidung anhand des internen Zinsfußes. Sie ist nur sinnvoll, wenn sie im Rahmen eines unmittelbaren Parametervergleichs erfolgt. Diese Voraussetzung ist erfüllt, da die Unterlassungsalternative Basis der Erfolgsmessung ist. Folgende Entscheidungsregel liegt dann nahe:

Wähle die reguläre Investition, wenn ihr interner Zinsfuß mindestens so hoch ist wie jeder der periodenabhängigen Kalkulationszinsfüße.

Diese Entscheidungsregel führt jedoch nicht notwendig zur Vermögensmaximierung. Im Beispiel beträgt der interne Zinsfuß 17,42 %, er liegt somit über den beiden Kalkulationszinsfüßen. Demnach wäre die reguläre Investition zu wählen. Sie weist jedoch einen negativen Kapitalwert auf. Es kommt also zu einem Widerspruch zwischen dem Kapitalwertkriterium und der genannten Entscheidungsregel (siehe BERNHARD/NORSTRØM 1980).

Dieser Widerspruch kann nur auftreten, wenn die Zahlungsreihe der regulären Investition mehrere Vorzeichenwechsel aufweist. Infolge des niedrigen Kalkulationszinsfußes für die zweite Periode mindert die Zahlung – 50 den Kapitalwert relativ stark, bei einem Kalkulationszinsfuß in Höhe des erheblich höheren internen Zinsfußes spielt diese Zahlung aber eine vergleichsweise kleine Rolle. Daher scheint die reguläre Investition vorteilhaft, obgleich sie nachteilig ist. Damit wird deutlich, daß selbst bei unmittelbarem Parametervergleich der interne Zinsfuß als Entscheidungskriterium wenig geeignet ist, wenn der Kalkulationszinsfuß von Periode zu Periode variiert.

Dieser Einwand gilt nicht für das Entscheidungskriterium „Amortisationsdauer". Seine Anwendbarkeit wird durch die Periodenabhängigkeit der Kalkulationszinsfüße nicht beeinflußt.

4.4   Zwischenergebnis

Die bisherigen Ergebnisse lassen sich wie folgt resümieren:

–   Sind alle Daten des Entscheidungsproblems bekannt, so läßt sich die optimale Investitionsalternative am leichtesten anhand der Kapitalwertregel ermitteln. Die optimale Alternative hat den größten Kapitalwert, unabhängig von der gewählten Basis. Dies gilt bei periodenabhängigen und bei periodenunabhängigen Kalkulationszinsfüßen.
–   Die Annuitätenregel ist engstens mit der Kapitalwertregel verwandt; sie bringt dieselben Ergebnisse, ist jedoch im allgemeinen mit mehr Rechenaufwand verbunden.
–   Kritische Werte wie interner Zinsfuß, Initialverzinsung, Amortisationsdauer, kritische Absatzmengen, kritische Absatzpreise können zur Entscheidung im Rahmen eines mittel- oder unmittelbaren Parametervergleichs herangezogen werden. Beim unmittelbaren Parametervergleich werden jeweils nur zwei Alternativen verglichen, wobei eine der beiden zur Basis der Erfolgsmessung gemacht wird. Für die andere Alternative wird der kritische Wert des Parameters berechnet, der Basisalternative wird der exogene Schätzwert des Parameters zugeordnet. Anhand eines Vergleichs von kritischem und exogenem Wert wird die Entscheidung so getroffen, daß sie mit der Entscheidung nach dem Kapitalwert übereinstimmt. Dies läßt sich allerdings nicht gewährleisten, wenn die Kalkulationszinsfüße periodenabhängig sind und die Zahlungsreihe mehr als einen Vorzeichenwechsel aufweist. Der Kapitalwert einer regulären Investition kann dann negativ sein, obgleich ihr interner Zinsfuß über allen Kalkulationszinsfüßen liegt.
    Beim mittelbaren Parametervergleich wird für jede Alternative der kritische Wert des Parameters errechnet. Gewählt wird die Alternative mit dem günstigsten kritischen Wert. Der mittelbare Parametervergleich ist indessen ökonomisch unsinnig, da sein Ergebnis von der gewählten Basis abhängt. Es gelingt daher nicht, die Bestimmung exogener Daten wie Kalkulationszinsfuß, tatsäch-

liche Lebensdauer, tatsächliche Absatzmengen und -preise völlig zu umgehen. Denn diese Daten werden für den unmittelbaren Parametervergleich benötigt. Allerdings werden diese Daten nicht mit der Genauigkeit benötigt wie bei der Kapitalwertberechnung. Denn beim unmittelbaren Parametervergleich genügt es zu wissen, ob der Kapitalwert positiv oder negativ ist oder nahe bei 0 liegt. Der unmittelbare Parametervergleich bietet daher einen Informationsvorteil gegenüber dem Vergleich von Kapitalwerten.

– Kapitalwertregel, Annuitätenregel und unmittelbarer Parametervergleich führen zum selben Ergebnis. Bei dieser Aussage wird Eindeutigkeit der kritischen Werte im unmittelbaren Parametervergleich vorausgesetzt; es darf also z. B. nicht mehrere interne Zinsfüße geben. Eine Präferenz für die eine oder andere Entscheidungsregel läßt sich aus

– Unterschieden im Rechenaufwand,
– Unterschieden bei der Informationsbeschaffung,
– Unterschieden in der innerbetrieblichen Kommunikation

ableiten. Während der Rechenaufwand für die Kapitalwertregel spricht, scheinen die beiden anderen Faktoren in der Praxis für den unmittelbaren Parametervergleich zu sprechen. Gegen den unmittelbaren Parametervergleich spricht die mögliche Mehrdeutigkeit der kritischen Werte. Mehrdeutigkeit ist allerdings eine wenig bedeutsame Ausnahmeerscheinung.

4.5 Anwendungsbeispiele: Die optimale Nutzungsdauer von Investitionsprojekten

4.5.1 Fragestellungen

In diesem Abschnitt werden spezielle Investitionsprobleme untersucht. Zur Lösung werden die bereits beschriebenen Entscheidungsregeln eingesetzt, d. h., es wird stets die Investitionsalternative mit dem größten Kapitalwert gesucht. Es ist gleichgültig, ob man dazu die Kapitalwerte der einzelnen Alternativen vergleicht oder unmittelbare Parametervergleiche durchführt. Wir werden im folgenden lediglich die Kapitalwerte vergleichen.

Die hier zu untersuchenden Anwendungsbeispiele betreffen die Optimierung der Nutzungsdauer von Investitionsprojekten; es geht also um die Festlegung optimaler Zeitpunkte für Investitionen und Desinvestitionen. Betrachten wir dazu einige Beispiele:

1. Produkte unterliegen im allgemeinen einem Lebenszyklus. Ist ein Produkt erfolgreich, so steigen die Absatzmengen nach der Produkteinführung an, erreichen nach einigen Monaten (z. B. Modeartikel) oder nach einigen Jahren (z. B. Automodelle) ihren Höhepunkt und sinken dann allmählich ab. In dieser letzten Phase des Lebenszyklus wirft das Produkt zwar noch positive Deckungsbeiträge ab, jedoch decken diese nicht unbedingt mehr die mit der Produktion verbundenen fixen Auszahlungen. Daher stellt sich die Frage, wann die Produktion eingestellt und die entsprechenden Anlagen desinvestiert werden sollen. Hier

geht es also um den optimalen Desinvestitionszeitpunkt vorhandener Anlagen, d. h. um die optimale Restnutzungsdauer.

2. Komplizierter wird die Entscheidungssituation, wenn das Produkt voraussichtlich noch mehrere Jahre verkauft wird und zu entscheiden ist, ob die vorhandenen Anlagen bis zur Einstellung der Produktion genutzt oder noch einmal durch neue Anlagen ersetzt werden sollen. Technisch gesehen lassen sich die vorhandenen Anlagen zeitlich nahezu unbegrenzt nutzen, wenn sie entsprechend gewartet und repariert werden[2]. Das kann jedoch teurer sein als die Beschaffung neuer Anlagen. Es ist daher zu klären, ob und wenn ja, wann die alten Anlagen ersetzt werden sollen. Gleichzeitig hiermit ist zu klären, wann die Fertigung des Produktes eingestellt werden soll. Zu entscheiden ist also über eine zweigliedrige Kette von Investitionen, nämlich über die optimale Restnutzungsdauer der vorhandenen Anlagen und die optimale Nutzungsdauer der Ersatzanlagen, sofern sie beschafft werden.

3. Bei langlebigen Produkten können die vorhandenen Anlagen wiederholt ersetzt werden. Dann ist eine vielgliedrige Investitionskette zu untersuchen. Für jedes Glied ist die optimale Nutzungsdauer zu bestimmen. Noch komplizierter wird das Entscheidungsproblem, wenn auch über die technischen Eigenschaften der einzelnen Glieder zu entscheiden ist. Die Zahl der Alternativen wird dann sehr groß. Zur Lösung kann man auf die lineare Programmierung zurückgreifen oder vereinfachende Annahmen über die einzelnen Kettenglieder setzen (siehe SWOBODA 1992, Kap. II D).

Im folgenden werden die ersten beiden Fälle näher untersucht, wobei wieder von einem für alle Perioden einheitlichen Kalkulationszinsfuß ausgegangen wird.

4.5.2 Die optimale Restnutzungsdauer

Ist die optimale Restlebens- oder Restnutzungsdauer eines Produktes und der dafür benötigten Anlagen zu ermitteln, so entspricht jeder möglichen Restnutzungsdauer eine Investitionsalternative. Die maximale Restnutzungsdauer umfasse T Perioden, die kürzeste 0 Perioden. Dann gibt es die Alternativen 0, 1, 2,..., T (Perioden).
Um dieses Entscheidungsproblem zu lösen, werden folgende Daten benötigt:

– die Umsatzeinzahlungen in den Perioden 1 bis T,
– die laufenden Auszahlungen für Herstellung und Vertrieb in den Perioden 1 bis T,
– die Einzahlungsüberschüsse aus der Liquidation der Anlagen, die alternativ in den Zeitpunkten 0, 1,..., T anfallen. Diese Einzahlungsüberschüsse können auch negativ sein, wenn nämlich die Abbruchkosten die Veräußerungserlöse übersteigen.

---

[2] Auf das Problem der optimalen Instandhaltungspolitik soll hier nicht eingegangen werden. Es ist mit dem Problem verknüpft, wann alte durch neue Anlagen ersetzt werden sollen. Darüber hinaus ist es nicht von der Nutzungspolitik zu trennen: Mit welcher Intensität werden die Anlagen gefahren? In diesem Zusammenhang muß auch geklärt sein, inwieweit der Anlagenverschleiß nutzungs- oder zeitabhängig ist.

Vereinfachend gehen wir davon aus, daß die bis zur Liquidation anfallenden Ein- und Auszahlungen unabhängig vom Liquidationszeitpunkt sind. Dies ist fragwürdig, denn Instandhaltungsarbeiten werden im allgemeinen um so gründlicher besorgt, je länger die Maschinen noch genutzt werden sollen.

e_t sei der laufende Einzahlungsüberschuß aus Produktion und Absatz in Periode t,
L_t der bei Liquidation der Anlage im Zeitpunkt t erzielbare Einzahlungsüberschuß,
τ der Liquidationszeitpunkt,
$K_0(\tau)$ der Kapitalwert der Anlage bei einer Restnutzungsdauer von τ Perioden.

Dann gilt

$$K_0(0) = L_0,$$

$$K_0(1) = \frac{e_1 + L_1}{1 + k}$$

$$K_0(\tau) = \sum_{t=1}^{\tau} \frac{e_t}{(1+k)^t} + \frac{L_\tau}{(1+k)^\tau}; \quad \tau = 2, \ldots, T.$$

Optimal ist die Alternative mit dem höchsten Kapitalwert.

Beispiel:	t	0	1	2	3	4
	e_t	–	55	35	25	15
	L_t	100	80	60	40	20

Der Kalkulationszinsfuß beträgt 10 %.

$K_0(0) = 100$
$K_0(1) = (55 + 80) \cdot 1{,}1^{-1} = 122{,}73$
$K_0(2) = 55 \cdot 1{,}1^{-1} + (35 + 60) \cdot 1{,}1^{-2} = 128{,}51$
$K_0(3) = 55 \cdot 1{,}1^{-1} + 35 \cdot 1{,}1^{-2} + (25 + 40) \cdot 1{,}1^{-3} = 127{,}76$
$K_0(4) = 55 \cdot 1{,}1^{-1} + 35 \cdot 1{,}1^{-2} + 25 \cdot 1{,}1^{-3} + (15 + 20) \cdot 1{,}1^{4} = 121{,}61.$

Optimal ist eine Restnutzungsdauer von zwei Jahren. Dieses Ergebnis läßt sich leicht interpretieren: Verschiebt man die Liquidation vom Zeitpunkt τ auf den Zeitpunkt $(\tau + 1)$, so

– fällt zusätzlich $e_{\tau+1}$ an,
– vermindert sich der Liquidationserlös von L_τ auf $L_{\tau+1}$,
– entfällt, bezogen auf den Zeitpunkt $(\tau+1)$, ein Zinsertrag von $k\,L_\tau$.

Dem Einzahlungsüberschuß stehen also als Nachteile die Minderung des Liquidationserlöses und der Zinsentgang gegenüber. Insgesamt lohnt sich die Verschiebung, wenn der „zeitliche Grenzertrag" $e_{\tau+1}$ die „zeitlichen Grenzkosten" $(L_\tau - L_{\tau+1}) + k\,L_\tau$ übersteigt.

Verschiebt man im Beispiel die Liquidation vom Zeitpunkt 1 auf den Zeitpunkt 2, so übersteigt der Grenzertrag 35 die Grenzkosten $(80–60) + 0,1 \cdot 80 = 28$. Verschiebt man vom Zeitpunkt 2 auf den Zeitpunkt 3, so deckt der Grenzertrag 25 nicht mehr die Grenzkosten $(60–40) + 0,1 \cdot 60 = 26$. Die optimale Restnutzungsdauer ist daher im Zeitpunkt 2 erreicht.

Allerdings ist Vorsicht geboten. Es kann sein, daß die Liquidation im Zeitpunkt τ zwar besser als im Zeitpunkt $(\tau + 1)$ ist, am besten jedoch in einem erheblich späteren Zeitpunkt. Um solche Tücken zu entdecken, sollte man die Kapitalwerte für alle Liquidationszeitpunkte errechnen und vergleichen.

4.5.3   Die optimale zweigliedrige Investitionskette

Nun wird die Möglichkeit in Betracht gezogen, die vorhandenen Anlagen einmal durch neue zu ersetzen. Fertigung und Vertrieb des betrachteten Produktes werden spätestens nach T Perioden eingestellt. Um die Analyse zu vereinfachen, nehmen wir an, daß die in Betracht kommende Ersatzanlage bereits feststeht; es gibt also kein Wahlproblem zwischen technisch verschiedenen Ersatzanlagen. Zu entscheiden ist nun über die Restnutzungsdauer τ_a der alten Anlage und die optimale Nutzungsdauer τ_n der Ersatzanlage. $\tau = \tau_a + \tau_n$ bezeichnet dann die Restlebensdauer des Produktes $(0 \leq \tau \leq T)$.

Im Interesse der Vermögensmaximierung ist der Kapitalwert der Investitionskette, KK_0, zu maximieren. Ist $K_0(\tau_a)$ der Kapitalwert der alten und $K_{\tau_a}(\tau_n)$ der auf den Anschaffungszeitpunkt τ_a bezogene Kapitalwert der Ersatzanlage, so ist die Politik (τ_a, τ_n) optimal, bei der

$$KK_0 = K_0(\tau_a) + K_{\tau_a}(\tau_n)(1 + k)^{-\tau_a}$$

am größten wird.

Die Kapitalwerte beider Anlagen sind in der üblichen Weise definiert. Sei L_{at} der Erlös aus der Liquidation der alten Anlage im Zeitpunkt t, e_{at} der laufende Einzahlungsüberschuß der alten Anlage in Periode t (d. h. Absatzeinzahlungen abzüglich der laufenden Produktionsauszahlungen), dann folgt:

$$K_0(\tau_a = 0) = L_{ao},$$

$$K_0(\tau_a > 0) = \sum_{t=1}^{\tau_a} \frac{e_{at}}{(1+k)^t} + \frac{L_{a\tau_a}}{(1+k)^{\tau_a}}; \quad \tau_a = 1, \ldots, T.$$

Komplizierter ist die Bestimmung des Kapitalwertes der Ersatzanlage, denn ihre Anschaffungsauszahlung $A(\tau_a)$, ihre laufenden Einzahlungsüberschüsse $e_{nt}(\tau_a)$ und ihr Liquidationserlös $L_{n\tau_n}(\tau_a)$ hängen von ihrem Anschaffungszeitpunkt τ_a ab. Hier müssen also zahlreiche Daten beschafft werden, um $K_{\tau_a}(\tau_n)$ für verschiedene Werte von τ_a und τ_n ermitteln zu können. Es gilt:

$$K_{\tau_a}(\tau_n) = -A(\tau_a) + \sum_{t=\tau_a + 1}^{\tau_a + \tau_n} \frac{e_{nt}(\tau_a)}{(1+k)^{t-\tau_a}} + \frac{L_{n\tau_n}(\tau_a)}{(1+k)^{\tau_n-\tau_a}}.$$

Je nach der maximalen Produktlebensdauer T kann es zahlreiche Investitionsalternativen (τ_a, τ_n) geben. Die Lösung des Entscheidungsproblems kann daher aufwendig werden. Allerdings ist es im allgemeinen möglich, vorab zahlreiche Alternativen als suboptimal auszuklammern. Z. B. sind die Liquidationserlöse so niedrig,
daß die Beschaffung einer Ersatzanlage nur in Frage kommt, wenn sie mindestens
drei Jahre genutzt wird. Dann wird die Alternativenmenge durch die Bedingung $\tau_n \geqq$
3 von vornherein erheblich verkleinert.

Dennoch kann die Lösung aufwendig bleiben. Z. B. sei T = 6 und $\tau_n \geq 3$. Dann
gibt es für die verschiedenen Produktlebensdauern τ folgende Alternativen, wobei
die erste Zahl in der Klammer jeweils τ_a, die zweite τ_n bezeichnet:

$\tau = 0$: ($\tau_a = 0$; $\tau_n = 0$) = (0,0),

$\tau = 1$: (1,0),

$\tau = 2$: (2,0),

$\tau = 3$: (0,3); (3,0),

$\tau = 4$: (0,4); (1,3); (4,0),

$\tau = 5$: (0,5); (1,4); (2,3); (5,0),

$\tau = 6$: (0,6); (1,5); (2,4); (3,3); (6,0).

Insgesamt gibt es 17 Alternativen. Berücksichtigt man neben dem erforderlichen
Rechenaufwand die Schwierigkeiten, verläßliche Daten für die späteren Perioden zu
beschaffen, so zeigt sich, daß die Lösung solcher Entscheidungsprobleme erheblichen Aufwand verursachen kann.

4.6   Der Einfluß von Steuern auf die Investitionsentscheidung

4.6.1   Vorbemerkung

Zahlreiche Personen mit hohem Einkommen haben sich in der Vergangenheit an
Steuersparmodellen beteiligt, z. B. sog. Bauherrenmodellen. Diese Beteiligungen
schienen attraktiv, weil sie besondere steuerliche Vorteile boten. Dieses Beispiel
zeigt, daß die Steuergesetzgebung erheblichen Einfluß auf Investitionsentscheidun-
gcn ausüben kann.

Eine präzise Erfassung aller Steuern im Investitionskalkül ist zwar möglich,
wird aber durch viele Details des Steuerrechts außerordentlich erschwert. So gibt
es für bestimmte Arten von Investitionen, z. B. für Investitionen in strukturschwa-
chen Gebieten, steuerliche Vergünstigungen. Besonders schwer wiegt allerdings im
Rahmen der Investitionsrechnung, daß die in einem Jahr zu zahlenden Steuern nicht
an die Zahlungen in diesem Jahr anknüpfen, sondern an bewertungsabhängige Aufwendungen und Erträge. Damit ist es nicht mehr möglich, eine Investitionsrechnung
ohne Rücksicht auf Bewertungskonventionen durchzuführen. Da die Bewertungs-
vorschriften im Steuerrecht Bewertungsspielräume eröffnen, ist vor der Investitionsrechnung über die Nutzung dieser Spielräume zu entscheiden. Die Nutzung wird
nicht nur von finanziellen, sondern auch von Überlegungen zur Bilanzpolitik bestimmt. Mit der Einbeziehung von Steuern wird die Investitionsrechnung daher erheblich komplizierter.

Besonders kompliziert wird die Rechnung für Auslandsinvestitionen (siehe SHAPIRO 2003, Kap. 18). Denn hier kommt es auf das Steuerrecht des ausländischen Staates, das Steuerrecht Deutschlands sowie ein eventuell bestehendes Doppelbesteuerungsabkommen an. Im folgenden werden Auslandsinvestitionen nicht behandelt.

Wichtig erscheint es, ein klares Schema zur Berücksichtigung von Steuern zu entwerfen, das relativ leicht in den verschiedenen Situationen eingesetzt werden kann[3].

Ausgangspunkt der folgenden Überlegungen ist eine natürliche Person, die Geld am Kapitalmarkt zu einem Zinssatz k vor Zahlung von Steuern anlegen und aufnehmen kann. Die Person ist einkommensteuerpflichtig. Der Einkommensteuertarif ist progressiv gestaltet; die durchschnittliche und die marginale Einkommensteuerbelastung wachsen mit dem steuerpflichtigen Einkommen. Der marginale Einkommensteuersatz gibt an, wieviel € an Einkommensteuer zusätzlich zu zahlen sind, wenn das steuerpflichtige Einkommen um einen € wächst. In Deutschland liegt der marginale Einkommensteuersatz im Jahr 2003 zwischen 0 und 48,5 %. Der Spitzensteuersatz soll in den kommenden Jahren auf 42 % gesenkt werden. Rechnet man die Kirchensteuer hinzu, so erhöht sich die maximale marginale Belastung um etwa 2 %[4]. Ledige sind dieser Belastung ab einem Einkommen von ca. 52.000 € pro Jahr unterworfen, Verheiratete ab ca. 104.000 €.

Zum steuerpflichtigen Einkommen zählen auch die bereits erwähnten Einkünfte aus Gewerbebetrieb sowie Einkünfte aus Kapitalvermögen. Daher muß die steuerpflichtige Person auch ihre am Kapitalmarkt erzielten Zinserträge (abzüglich der Zinskosten) als Einkommen deklarieren. Steigen nun die Zinserträge um einen €, so steigt auch das Einkommen um diesen Betrag. Die zu zahlende Einkommensteuer wächst um einen Betrag in Höhe des marginalen Einkommensteuersatzes s_E. Der Zinsertrag pro € in Höhe von k löst also eine Einkommensteuerzahlung in Höhe von $k\,s_E$ aus, so daß netto nur ein Ertrag von $k - k\,s_E = k\,(1 - s_E)$ verbleibt.

Indem eine natürliche Person Geld in ein Unternehmen einbringt, verzichtet sie auf eine anderweitig erzielbare Nettorendite $k\,(1 - s_E)$. Finanziert sie ihre Einlage, indem sie sich privat verschuldet, so kostet sie der Kredit netto ebenfalls $k\,(1 - s_E)$, da die Zinskosten k vom steuerpflichtigen Einkommen abgesetzt werden können. Der Kalkulationszinsfuß der Person beträgt daher $k_s = k\,(1 - s_E)$.

Diese einfache Berechnung des Kalkulationszinsfußes setzt dreierlei voraus:

1. Es existiert ein einheitlicher Marktzinssatz k, der im Zeitablauf konstant ist.

2. Der marginale Einkommensteuersatz s_E ist im Zeitablauf konstant.
   Hat jemand einen Großteil seines Vermögens in eine Personengesellschaft investiert, so schwankt sein steuerpflichtiges Einkommen mit dem Gewinn der Gesellschaft. Dementsprechend schwankt auch seine marginale Steuerbelastung. Gelingt es, k und s_E periodenweise zu prognostizieren, so kann man natürlich auch für jede Periode einen spezifischen Kalkulationszinsfuß verwenden.

---

[3] Siehe hierzu auch die Teilsteuerrechnung von ROSE 1979.

[4] Beläuft sich die Kirchensteuer (KiSt) auf 8 % der Einkommensteuer (ESt), dann gilt KiSt = 0,08 ESt. Da die Kirchensteuer das steuerpflichtige Einkommen E mindert, gilt ESt = s_E (E − KiSt) = s_E (E − 0,08 ESt). Daraus folgt ESt = Es_E/(1 + 0,08 s_E), so daß ESt + KiSt = 1,08 Es_E/(1 + 0,08 s_E) gilt.

3. Zinszahlungen und zinsabhängige Steuerzahlungen erfolgen gleichzeitig.
   In Wirklichkeit kann zwischen beiden Terminen ein Zeitraum von ein bis drei Jahren verstreichen. Denn die Einkommensteuererklärung wird erst etliche Monate nach dem Veranlagungszeitraum dem Finanzamt eingereicht; die Steuerzahlung erfolgt etliche Monate nach Einreichung. Diese Verzögerung begünstigt den Steuerpflichtigen bei Zinserträgen, sie benachteiligt ihn aber bei Zinskosten. Außerdem werden die Wirkungen der Verzögerung durch Steuervorauszahlungen gemildert. Daher erscheint es im Interesse einer Vereinfachung vertretbar, Zeitdifferenzen zwischen Zins- und Steuerzahlung zu vernachlässigen. Generell wird im folgenden unterstellt, daß die auf das Einkommen eines Jahres entfallende Steuer am Ende des Jahres gezahlt wird.

Soll die Vorteilhaftigkeit einer Investition aus der Perspektive eines Kapitalgebers analysiert werden, der einer marginalen Einkommensteuerbelastung s_E unterliegt, so bietet sich ein einfaches Konzept an: Man berechne den Nettozahlungsstrom der Investition, d. h. man ziehe vom Zahlungsstrom vor Steuern sämtliche zu zahlenden Steuern (z. B. Einkommensteuer, Gewerbeertragsteuer) ab. Der Nettozahlungsstrom ist also der Strom, der den Kapitalgebern für Konsumzwecke zur Verfügung steht. Die Nettozahlung im Zeitpunkt t bezeichnen wir mit e_{ts}. Die Investition ist dann der Basis vorzuziehen, wenn der Kapitalwert K_{0s} positiv ist:

$$K_{0s} = \sum_{t=0}^{T} \frac{e_{ts}}{(1+k_s)^t} \; .$$

Die Basis ist auch im Steuerfall so definiert, daß ihr Nettozahlungsstrom nur aus Nullen besteht.

Eine äquivalente Entscheidungsregel lautet: Handelt es sich um eine reguläre Investition, so ist sie der Basis vorzuziehen, wenn ihr interner Zinsfuß größer ist als der Kalkulationszinsfuß k_s.

Damit zeigt sich im Steuerfall genau dieselbe Vorgehensweise zur Beurteilung von Investitionen wie im Nichtsteuerfall: Stets zählen die Auswirkungen auf den Konsumbereich der Kapitalgeber. Im Steuerfall ergeben sie sich, indem die Vor-Steuer-Zahlungen um die Steuern gekürzt werden. Für den Kalkulationszinsfuß heißt dies, daß die Zinszahlung pro €, k, um die Steuerzahlung $k\,s_E$ gekürzt wird. Da die zinsbedingte Steuerzahlung $k\,s_E$ bereits im Kalkulationszinsfuß erfaßt wird, dürfen jedoch in den Nettozahlungen weder die Finanzierungskosten noch deren Steuereffekte berücksichtigt werden. Damit ist ein einfaches Orientierungsschema gegeben, einerlei wie kompliziert das Steuersystem ist.

Die Richtigkeit dieser Vorgehensweise läßt sich ähnlich wie im Nichtsteuerfall anhand des Kapitalwerts zeigen: Wirft die Investition im Vergleich zur Basis den Zahlungsstrom e_{ts} (t = 0, 1, ..., T) ab, so kann der Kapitalgeber im Zeitpunkt 0 einen Kredit in Höhe der Anfangsauszahlung A_0 (= $-e_{0s}$) zuzüglich des Kapitalwerts K_{0s} aufnehmen. Der Kreditzinssatz vor Steuern beträgt k. Überweist der Kapitalgeber die Einzahlungsüberschüsse e_{ts} (t = 1, ..., T) und die jährlichen Steuerersparnisse infolge der Kreditkosten auf das Konto, so weist es im Zeitpunkt T genau einen Saldo von 0 auf. Folglich kann der Kapitalgeber den Kapitalwert K_{0s} im Zeitpunkt 0 zusätzlich konsumieren, wenn er die Investition statt der Basis realisiert.

Greifen wir auf das Beispiel in Abschnitt 3.5 zurück. Die Zahlungsreihe – 100; 50; 40; 30; 20 sei nun die Reihe nach Steuern. Bei einem Kapitalmarktzins von 10 % und einer marginalen Steuerbelastung von 40 % ergibt sich ein Kalkulationszinsfuß von $k_s = 0,1(1–0,4) = 0,06$. Der Kapitalwert beträgt bei diesem Zinsfuß 23,80 €. Entnimmt der Investor diesen Betrag im Zeitpunkt 0 und beschafft dementsprechend einen Kredit von 100 +23,80 = 123,80 €, so entwickelt sich das Bankkonto wie folgt:

Tabelle 4.10. Entwicklung des Bankkontos im Steuerfall bei einer Kreditaufnahme von 100 + 23,80 = 123,80 €; Kreditzinssatz 10 %; marginaler Einkommensteuersatz 40 %

Zeit-punkt	Einzahlungs-überschuß nach Steuern (1)	fällige Kreditzinsen (10 %) (2)	Steuerentlastung durch Zinsen: 0,4 Zinsen (3)	Kredit-tilgung = (1) – (2) + (3) (4)	Konto-stand Kredit (5)
0	–123,80	–	–	–	123,80
1	50	12,38	4,95	42,57	81,23
2	40	8,12	3,25	35,13	46,10
3	30	4,61	1,84	27,23	18,87
4	20	1,89	0,76	18,87	0
				123,80	

Der Kredit wird im Zeitpunkt 4 vollends getilgt. Der Investor kann daher im Zeitpunkt 0 23,80 € zusätzlich konsumieren, wenn er die Investition statt der Basis realisiert.

Zu einer Aussage über die Vorteilhaftigkeit kann man auch anhand eines unmittelbaren Parametervergleiches gelangen: Da der interne Zinsfuß der Investition mit 17,8 % über dem Kalkulationszinsfuß von 6 % liegt, ist die Investition der Basis vorzuziehen. Oder: Da die Amortisationsdauer der Investition mit 3 Jahren unter ihrer Lebensdauer liegt, ist die Investition der Basis vorzuziehen.

4.6.2 Einzahlungsüberschüsse nach Einkommensteuer

Jetzt wird ein Investitionsprojekt im einzelnen für den Fall untersucht, daß nur die Einkommensteuer zu berücksichtigen ist. Es ist zu entscheiden, ob das Projekt durchgeführt werden soll. Die Basis ist durch die Alternative „Ablehnung des Projekts" definiert. Z. B. wird das Projekt von einer Personengesellschaft durchgeführt. Steuerpflichtig ist nicht die Gesellschaft, sondern ihre Gesellschafter. Gemäß dem Gesellschaftsvertrag wird dem einzelnen Gesellschafter ein Anteil des Gewinns der Gesellschaft gutgeschrieben, den er als Einkünfte aus Gewerbebetrieb zu versteuern hat. Hier zeigt sich bereits ein potentieller Konflikt zwischen den Gesellschaftern: Variiert der marginale Einkommensteuersatz von Gesellschafter zu Gesellschafter, so variieren auch die Steuerwirkungen entsprechend. Es ist daher möglich, daß ein Gesellschafter das Investitionsprojekt begrüßt, während ein anderer es ablehnt. Zu einer einheitlichen Beurteilung gelangen die Gesellschafter, wenn sie sich auf einen marginalen Kompromiß-Steuersatz einigen. Davon gehen wir im folgenden aus.

Das steuerpflichtige Einkommen aus dem Investitionsprojekt ergibt sich aus seinen zusätzlichen Erträgen gegenüber der Basis abzüglich der zusätzlichen Aufwendungen gegenüber der Basis, also aus dem zusätzlichen Gewinn. In diesem Gewinn sind weder Zinserträge noch Zinskosten enthalten. Entspräche in jeder Periode der Gewinn dem Einzahlungsüberschuß vor Steuern, so ergäbe sich in jeder Periode eine Einkommensteuer in Höhe des Einzahlungsüberschusses, multipliziert mit dem Steuersatz. Der Zahlungsstrom nach Einkommensteuer wäre dann gleich dem vor Steuern, multipliziert mit $(1 - s_E)$. Dies wird jedoch der Realität nicht gerecht.

Die Anschaffungsauszahlung eines abnutzbaren Wirtschaftsgutes kann nicht sofort als Aufwand verrechnet werden, sondern ist über die voraussichtlichen Nutzungsjahre abzuschreiben. AfA_t bezeichne die Abschreibung in Periode t. Der Buchwert der Anlage vermindert sich in Periode t daher um AfA_t. Die erste Abschreibung erfolgt in der Anschaffungsperiode 0, die letzte in der letzten Nutzungsperiode T. Am Ende dieser Periode ist der Buchwert auf $(A_0 - \sum\limits_{t=0}^{T} AfA_t)$ gesunken. Wird nun die Anlage zum Preis L_T liquidiert, so entsteht ein steuerpflichtiger Veräußerungsgewinn VG_T in Höhe der Differenz aus Liquidationserlös und Buchwert:

$$VG_T = L_T - (A_0 - \sum\limits_{t=0}^{T} AfA_t).$$ Ist dieser Ausdruck negativ, so handelt es sich um einen Verlust, der das steuerpflichtige Einkommen mindert.

Im folgenden unterstellen wir, daß in jeder Periode die Einzahlungsüberschüsse aus dem laufenden Geschäft abzüglich der Abschreibung steuerpflichtig sind. Die Einzahlungsüberschüsse nach Steuern lassen sich dann anhand des folgenden Schemas bestimmen (Tab. 4.11).

Betrachten wir hierzu ein Beispiel. Die Einzahlungsüberschüsse vor Steuern zeigt die erste Zeile in Tab. 4.12. Der marginale Steuersatz beträgt 40 %. Die Anfangsauszahlung wird linear über die Perioden 0 bis 4 voll abgeschrieben. Der Liquidationserlös von 10 € ist daher voll zu versteuern.

Tabelle 4.11. Schema zur Ermittlung der Einzahlungsüberschüsse nach Einkommensteuer

Zeitpunkt	0	1	2	...	T − 1	T
(1) Einzahlungsüberschuß vor Steuern	$- A_0$	e_1	e_2	...	e_{T-1}	$e_T + L_T$
(2) Gewinn vor Steuern	$- AfA_0$	$e_1 - AfA_1$	$e_2 - AfA_2$	...	$e_{T-1} - AfA_{T-1}$	$e_T - AfA_T + VG_T$
(3) Einkommensteuer	$- s_E\, AfA_0$	$s_E(e_1 - AfA_1)$	$s_E(e_2 - AfA_2)$	...	$s_E(e_{T-1} - AfA_{T-1})$	$s_E(e_T - AfA_T + VG_T)$
(4) Einzahlungsüberschuß nach Steuern [(1) − (3)]	$- A_0 + s_E\, AfA_0$	$e_1(1 - s_E) + s_E\, AfA_1$	$e_2(1 - s_E) + s_E\, AfA_2$	...	$e_{T-1}(1 - s_E) + s_E\, AfA_{T-1}$	$e_T(1 - s_E) + s_E\, AfA_T + L_T - s_E\, VG_T$

Tabelle 4.12. Beispiel zur Berechnung der Einzahlungsüberschüsse nach Einkommensteuer bei linearer Abschreibung

Zeitpunkt	0	1	2	3	4	Σ
Einzahlungs-überschuß vor Steuern	−100	20	30	40	30 + 10	30
Abschreibung	20	20	20	20	20	100
Gewinn vor Steuern	− 20	0	10	20	10 + 10	30
Einkommen-steuer	− 8	0	4	8	4 + 4	12
Einzahlungs-überschuß nach Steuern	− 92	20	26	32	26 + 6	18

Die Tabelle zeigt, daß die Summe der Einzahlungsüberschüsse nach Steuern (18) gleich derjenigen vor Steuern (30), multipliziert mit $(1-s_E) = 0{,}6$, ist. Dies trifft stets zu, wenn die Summe aller Einzahlungsüberschüsse vor Steuern mit der Summe aller Gewinne vor Steuern übereinstimmt. Ist diese Bedingung erfüllt[5], so bewirkt die Bemessung der Einkommensteuer nach dem Gewinn lediglich eine andere zeitliche Verteilung der Steuerzahlungen gegenüber der Bemessung nach dem Einzahlungs-überschuß. Die Summe aller Steuerzahlungen bleibt unverändert. Eine Änderung der zeitlichen Verteilung erzeugt lediglich Zinseffekte. Je niedriger der Kalkulations-zinsfuß ist, um so geringer sind diese Zinseffekte.

Zur Verdeutlichung des Zinseffektes gehen wir von einem Zinsfuß vor Steuern in Höhe von 15 % aus, so daß der Kalkulationszinsfuß 0,15 (1 − 0,4) = 9 % beträgt. Der Kapitalwert der versteuerten Einzahlungsüberschüsse beträgt − 4,39 €, der interne Zinsfuß 7 %. Damit wird das Investitionsprojekt abgelehnt.

Wenn nun Investitionen durch Änderung der zulässigen Abschreibungsmethode steuerlich begünstigt werden sollen, so bedeutet dies eine zeitliche Vorverlegung von Abschreibungen. Die extreme Vorverlegung ist erreicht, wenn die gesamte Anschaffungsauszahlung in Periode 0 abgeschrieben werden darf. Einzahlungsüberschüsse vor Steuern und Gewinne vor Steuern fallen dann gleichzeitig an. Die Einzahlungs-überschüsse nach Steuern ergeben sich damit aus 0,6 · Einzahlungsüberschuß vor Steuern, also − 60; 12; 18; 24; 18 +6. Der Kapitalwert steigt nun auf +1,69 €, der interne Zinsfuß auf 10,1 %. Daher ist jetzt das Investitionsprojekt durchzuführen.

Erlaubt der Gesetzgeber, in den ersten Perioden die Anlage degressiv mit 40 % und dann den Restbuchwert linear abzuschreiben, so ist es für das Unternehmen finanziell am günstigsten, in der dritten Periode auf die lineare Abschreibung überzugehen. Es ergibt sich dann Tabelle 4.13.

---

[5] Verletzt wird diese Bedingung z.B. durch Investitionsvergünstigungen in Form von steuerbefreiten Subventionen oder Abzügen von der Steuerbemessungsgrundlage.

Tabelle 4.13. Berechnung der Einzahlungsüberschüsse nach Steuer bei degressiver Abschreibung

Zeitpunkt	0	1	2	3	4		Σ
Einzahlungs-überschuß vor Steuern	−100	20	30	40	30	+ 10	30
Abschreibung	40	24	14,4	10,8	10,8		100
Gewinn vor Steuern	− 40	− 4	15,6	29,2	19,2	+ 10	30
Einkommen-steuer	− 16	− 1,6	6,24	11,68	7,68	+ 4	12
Einzahlungs-überschuß nach Steuern	− 84	21,6	23,76	28,32	22,32	+ 6	18

Der Kapitalwert beträgt jetzt − 2,25 €, der interne Zinsfuß 7,8 %. Das Projekt ist wiederum abzulehnen. Der Übergang von der linearen zur degressiven Abschreibung zeigt eine bescheidene Verbesserung. Dies erklärt, warum Änderungen der steuerlich zulässigen Abschreibungssätze und -methoden keinen starken Einfluß auf betriebliche Investitionsentscheidungen ausüben (siehe WITTMANN 1986).

Vorsicht ist indessen mit der Behauptung geboten, Steuern hätten keinen großen Einfluß auf Investitionsentscheidungen. Daher könne man genausogut die Steuern in der Investitionsrechnung vernachlässigen (siehe MELLWIG 1980, WAGNER 1981). Das Beispiel zeigt, daß die Vorteilhaftigkeit der Investition von den steuerlich zulässigen Abschreibungen abhängt[6]. Berücksichtigt man neben der Einkommensteuer andere Steuern wie die Gewerbeertragsteuer sowie Subventionen (negative Steuern), so kann durchaus im Einzelfall ein deutlicher Einfluß von den Steuern auf die Investitionsentscheidung ausgehen. Z. B. investieren Personen mit hoher marginaler Einkommensteuerbelastung lieber in steuerbegünstigte und -befreite Anleihen, Personen mit niedriger Belastung in tarifbesteuerte Anleihen.

Vorsicht ist außerdem mit der Behauptung geboten, ein Investitionsprojekt sei um so ungünstiger zu beurteilen, je höher die marginale Einkommensteuerbelastung ist. Die Fragwürdigkeit wird deutlich, wenn man die Behauptung genauer formuliert: Im Vergleich zur Basis wird ein Investitionsprojekt um so ungünstiger, je höher die marginale Steuerbelastung wird. Demnach wird das Investitionsprojekt durch eine Steuererhöhung stärker getroffen als die Basis. Da die Basis beliebig gewählt werden kann, kann eine solche Behauptung nicht allgemein richtig sein.

Auch wenn es nur um die Entscheidung „Durchführen oder Unterlassen eines Investitionsprojektes" geht und Unterlassen die Basis definiert, kann der Kapitalwert mit wachsendem Steuersatz steigen. Denn dem Nachteil aus der Erhöhung der investitionsabhängigen Steuerzahlungen steht der Vorteil aus der Erhöhung der zinsabhängigen Steuerersparnisse gegenüber.

Dies zeigt auch unser Beispiel: Bei einem Steuersatz von 0 beträgt der Kalkulationszinsfuß 15 %, es ergibt sich ein Kapitalwert von − 10,75 €, also ein Kapitalwert,

---

[6]   Eine eingehende Analyse der Bedingungen, unter denen die Besteuerung ohne Einfluß bleibt, findet sich bei D. SCHNEIDER 1992, Kap. B II, J. S. STEINER 1983 sowie WENGER 1986.

der deutlich unter dem bereits für den Steuerfall berechneten liegt. Im Beispiel steigt daher der Kapitalwert bei Einführung der Einkommensteuer (siehe D. SCHNEIDER 1992, S. 246–250).

Daraus kann indessen nicht geschlossen werden, der Investor profitiere im Beispiel von der Steuererhöhung. Denn, ausgehend von einem beliebigen Einkommensstrom, zahlt der Investor bei einem Steuersatz von 0 keine Steuern. Bei einem positiven Steuersatz zahlt er indessen Steuern, so daß weniger Einkommen für Konsum übrigbleibt. In der Regel wird daher der Konsumnutzen des Investors bei einer Steuererhöhung sinken.

4.6.3 Berücksichtigung der Gewerbesteuer

In diesem Abschnitt soll auch die Gewerbesteuer berücksichtigt werden. Sie ist von allen Unternehmen zu zahlen.

Die Gewerbesteuer (GewSt) ist eine Steuer auf den Gewerbeertrag, der sich weitgehend mit dem Gewinn vor Steuern zuzüglich der halben Zinsen auf Dauerschulden abzüglich der Gewerbesteuer deckt. Dauerschulden sind Schulden, die mit der Erweiterung oder Verbesserung des Betriebes zusammenhängen oder nicht nur der vorübergehenden Verstärkung des Betriebskapitals dienen (§ 8, I Gewerbesteuergesetz). Bei einem Zinssatz von 10 % und Dauerschulden von 75 € belaufen sich die Zinsen auf Dauerschulden auf 7,50 €, so daß der Gewinn um 3,75 € zu erhöhen ist. Bei einem Gewinn vor Steuern von z.B. 20 € ergibt sich eine Gewerbesteuer von $s_{GE} (20 + 3,75) = s_{GE} 23,75$. Hierbei ist s_{GE} der Gewerbesteuersatz auf den Gewerbeertrag vor Abzug der Gewerbesteuer. Er beläuft sich bei einer Steuermeßzahl von 5 % und einem Hebesatz von 400 % auf 16,67 % $= \frac{0,05 \cdot 4}{1 + 0,05 \cdot 4}$. Diese Berechnung ergibt sich daraus, daß die Gewerbesteuer von ihrer eigenen Bemessungsgrundlage abgezogen wird. Die Gewerbesteuer beträgt dann $0,1667 \cdot 23,75 = 3,96$ €. Der Hebesatz wird von der Gemeinde festgelegt, in der das Unternehmen seinen Sitz hat.

Die Gewerbesteuer ist bei allen Unternehmen als Betriebsausgabe vom steuerpflichtigen Gewinn absetzbar. Bei Personengesellschaften wird außerdem die von den Gesellschaftern zu zahlende Einkommensteuer um das 1,8fache des Gewerbesteuermeßbetrags gekürzt. Der Gewerbesteuermeßbetrag ist bei einer Steuermeßzahl von 5 % gleich einem Zwanzigstel des Gewerbeertrags, bei sehr niedrigem Gewerbeertrag ist der Bruchteil geringer.

Folgendes Schema verdeutlicht die Besteuerung der Personengesellschaft.

	Gewinn vor Steuern	20,00
–	Gewerbesteuer	3,96
=	Gewinn nach Gewerbesteuer	16,04

Gewinn nach GewSt · Einkommen-
steuersatz s_E (40 %) =   6,42
– 1,8 · (1/20) · (23,75-3,96)   = – 1,78

–	Einkommensteuer	4,64
=	Nettoeinkommen der Gesellschafter	11,40

Das für Konsum verfügbare Einkommen der Gesellschafter beläuft sich in diesem Beispiel auf 11,40 EUR.

Da es recht umständlich ist, die genannten Steuern separat zu berechnen, bietet es sich an, mit einem vereinfachten pauschalen Gewinnsteuersatz zu rechnen.

Der pauschale Steuersatz auf den Gewinn vor Steuern beträgt

$$1 - (1 - s_{GE}) [(1 - s_E) + 1,8 \cdot 0,05]$$
$$= \quad 1 - (1 - 0,1667) [(1 - 0,4) + 0,09] = 0,425.$$

Im Beispiel errechnet sich eine pauschale Steuer von $0,425 \cdot 20 = 8,50$ €; dies ergibt ein Nettoeinkommen von $20 - 8,50 = 11,50$ €.

4.6.4   Berücksichtigung der Körperschaftsteuer

Bisher wurde eine Personengesellschaft betrachtet. Einer anderen Besteuerung unterliegen Kapitalgesellschaften (siehe auch Kapitel IX, Abschnitt 2.3).

Ebenso wie die Personengesellschaft zahlt die Kapitalgesellschaft Gewerbesteuer. Der um die Gewerbesteuer verminderte Gewinn unterliegt der Körperschaftsteuer. Der Körperschaftsteuersatz beträgt gegenwärtig $\tau_N = 25$ %. Schüttet die Kapitalgesellschaft Gewinne aus, so hat der empfangende Gesellschafter die halbe Ausschüttung als Einkünfte aus Kapitalvermögen zu versteuern (Halbeinkünfteverfahren).

Im folgenden Beispiel unterstellen wir:

1. Die Kapitalgesellschaft schüttet ihren Gewinn nach Steuern in jeder Periode voll aus.
2. Die Kapitalgesellschaft erwirtschaftet in jedem Jahr einen steuerpflichtigen Gewinn, so daß Verluste aus einzelnen Investitionsprojekten sofort mit diesem Gewinn verrechnet werden können.

Im Beispiel beträgt die Körperschaftsteuer

0,25 [20   –   3,96]
      Gewinn   Gewerbe-
      vor Steuern   steuer

$= 0,25 \cdot 16,04 = 4,01$ €.

Wird der Gewinn nach Körperschaftsteuer, 20 − 3,96 − 4,01 = 12,03 €, ausgeschüttet, dann muß die Kapitalgesellschaft davon die Kapitalertragsteuer einbehalten und den Rest an die Gesellschafter auszahlen. Die in Deutschland steuerpflichtigen Gesellschafter können die Kapitalertragsteuer jedoch vom Finanzamt zurückfordern, so daß sie von dieser Steuer nicht betroffen sind. Daher vernachlässigen wir diese Steuer.

Der in Deutschland steuerpflichtige Gesellschafter hat die Hälfte der Ausschüttung als Einkünfte aus Kapitalvermögen zu versteuern. Bei einem marginalen Einkommensteuersatz s_E ist also eine Einkommensteuer von $(s_E / 2) \cdot$ Ausschüttung zu zahlen. Im Beispiel beträgt diese bei einem Steuersatz von 40 % folglich $0,2 \cdot 12,03 =$ 2,406 €. Die Gesellschafter erhalten daher, ausgehend von einem Gewinn vor Steuern von 20 €, eine versteuerte Ausschüttung von 12,03 − 2,41 = 9,62 €. Diese können die Gesellschafter konsumieren. Die folgende Tabelle faßt dieses zusammen.

	Gewinn vor Steuern	20,00
−	Gewerbesteuer	3,96
=	Gewinn nach Gewerbesteuer	16,04
−	Körperschaftsteuer (25 %)	4,01
=	Ausschüttung der Kapitalgesellschaft	12,03
−	Einkommensteuer ($s_E/2=20\,\%$)	2,41
=	versteuerte Ausschüttung	9,62

Auch hier empfiehlt es sich, mit einem vereinfachten pauschalen Gewinnsteuersatz zu rechnen:

$$1 - (1 - s_{GE})(1 - \tau_N)(1 - s_E/2)$$
$$= \quad 1 - (1 - 0,1667)(1 - 0,25)(1 - 0,2) = 0,5.$$

Der Satz von 50 % ist etwas nach unten verzerrt, weil die Hinzurechnung der halben Dauerschuldzinsen zum Gewerbeertrag vernachlässigt wird.

Wird der Gewinn nicht ausgeschüttet, dann ergibt sich ein pauschaler Steuersatz aus Gewerbe- und Körperschaftsteuer von

$$1 - (1 - s_{GE})(1 - \tau_N)$$
$$= \quad 1 - (1 - 0,1667)(1 - 0,25) = 0,375.$$

Je später der Gewinn ausgeschüttet wird, desto später fällt die Einkommensteuer auf die Ausschüttung an. Diesem Vorteil aus einer Verschiebung der Ausschüttung steht allerdings der Nachteil gegenüber, dass die Zinsen aus der Geldanlage der Kapitalgesellschaft der Gewerbe-, der Körperschaft- und der Einkommensteuer unterliegen. Hierauf wird in Kapitel IX, Abschnitt 2.3 näher eingegangen.

Bislang wurde unterstellt, daß in der Kapitalgesellschaft Verluste des Investitionsprojektes jederzeit durch Gewinne aus anderen Bereichen ausgeglichen werden. Ist dieser sofortige Verlustausgleich in einem Jahr nicht möglich, so läßt sich der Verlust eines Jahres häufig durch Verlustrücktrag oder -vortrag mit den Gewinnen der benachbarten Jahre verrechnen. Sofern dies möglich ist, entsteht gegenüber der Beispielrechnung ein Zinseffekt aus zeitlichen Verschiebungen der Steuerzahlungen. Dieser Effekt dürfte eher gering sein.

Erleidet die Kapitalgesellschaft dagegen so hohe Verluste, daß sie während der Projektlebensdauer und der benachbarten Jahre weder Gewerbeertrag- noch Körperschaftsteuer zahlt, dann stimmen die Einzahlungsüberschüsse vor und nach Steuern überein. Da die Gesellschafter ihr Geld jedoch alternativ zum Nettozinssatz $k_S = k(1 - s_E)$ anlegen können, bleibt dieser Kalkulationszinsfuß nach wie vor bestehen. Im Ergebnis kommt es zu einem höheren Kapitalwert des Investitionsprojektes. Denn der Kalkulationszinsfuß ändert sich nicht, während die Steuern auf die Einzahlungsüberschüsse der Investition entfallen.

4.7 Inflation und Investitionsentscheidung

4.7.1 Vorbemerkung

Bislang wurden Inflationswirkungen nicht angesprochen. Haben Preissteigerungen einen Einfluß auf die Vorteilhaftigkeit von Investitionen? Müssen sie explizit in Investitionsrechnungen berücksichtigt werden?

Eine Inflation bleibt ohne Wirkung, wenn sich alle Preise, Löhne und Steuern im selben Verhältnis erhöhen, so daß jedes Individuum dieselben Güter wie ohne Inflation beschaffen kann und jedes Unternehmen dieselben Güter beschaffen und dieselben Güter produzieren kann. Indessen verläuft der Inflationsprozeß anders. In irgendeinem Bereich der Wirtschaft ändert sich ein Preis. Z. B. steigt die Nachfrage nach einem Gut stark an, so daß ein nachfrageinduzierter Preisanstieg folgt. Oder die in einem Kartell zusammengeschlossenen Anbieter eines Rohstoffes erhöhen den Preis (z. B. den Rohölpreis), so daß die Produktionskosten der Verarbeiter steigen. Diese erhöhen mit zeitlicher Verzögerung wiederum ihre Absatzpreise. Dabei kann die Preiserhöhung die Kostenerhöhung übersteigen, gerade decken oder darunter bleiben. Demnach erfolgen Preiserhöhungen in verschiedenen Sektoren der Volkswirtschaft im allgemeinen nicht gleichzeitig und auch nicht im gleichen Ausmaß. Die Preisverhältnisse verschiedener Güter ändern sich daher im allgemeinen. Wenn z. B. bei Geldwertstabilität das Zinsniveau (der Preis für die Nutzung von Geld) steigt, fallen die Grundstückspreise eher. Der Gläubiger profitiert von der Zinserhöhung, der Grundstückseigentümer wird durch die Senkung der Grundstückspreise benachteiligt. Es gibt daher Verlierer und Gewinner bei Preisänderungen.

Bildet man einen gewogenen Durchschnitt aller Preise, so erhält man einen Preisindex. Die relative Änderung dieses Indexes in einer Periode gibt die Inflationsrate in der Periode an. Je stärker die Preise im Durchschnitt ansteigen, desto höher ist die Inflationsrate. Die Problematik einer solchen Rate liegt einerseits in der Gewichtung der einzelnen Preise im Preisindex, andererseits darin, daß sie Preiserhöhungen und Preissenkungen miteinander vermengt. Die Inflationsrate verschleiert daher die Unterschiede zwischen den Preisentwicklungen der einzelnen Güter. Es sind jedoch gerade diese Unterschiede, die bestimmen, wer zu den Gewinnern bzw. Verlierern der Inflation zählt (siehe auch LEVY/SARNAT 1995, Kap. 5).

Z. B. zählt ein Unternehmen zu den Gewinnern, wenn seine Produkte einer nachfrageinduzierten Preiserhöhung unterliegen. Der Wert des Unternehmens steigt. Wenn umgekehrt die Lohnkosten eines Unternehmens steigen, es jedoch die Kostenerhöhung nicht voll auf die Preise überwälzen kann, so sinken die Unternehmensgewinne. Es zählt zu den Verlierern. Es ist daher nicht generell berechtigt, Beteiligungstitel an Unternehmen als inflationsgesichert zu werten. Gerade wenn schwaches Wirtschaftswachstum und kosteninduzierte Inflation zusammentreffen, geraten Unternehmen leicht in die Rolle des Inflationsverlierers. Die US-amerikanische Industrie in den siebziger Jahren liefert hierfür ein Beispiel.

4.7.2 Investitionsentscheidung ohne Steuern

Wir erinnern uns, daß der Kapitalwert einer Zahlungsreihe gleich ihrem Marktwert ist, also vom Investor zusätzlich konsumiert werden kann, wenn er diese Zahlungsreihe zusätzlich schafft. Bei dieser Feststellung wurde über Inflation nichts gesagt. Sie gilt bei Inflation genauso wie bei Deflation oder stabilen Preisen.

Zur begrifflichen Erklärung ist zwischen realen und nominalen Größen zu unterscheiden. Ausgangspunkt ist die periodische Inflationsrate I, die wir der Einfachheit halber als im Zeitablauf stabil annehmen. Dann erhält man den realen (d. h. in heutigen Preisen gemessenen) Betrag einer Zahlung von nominal e_t^n €, die im Zeitpunkt t gezahlt wird, indem man e_t^n durch $(1 + I)^t$ dividiert. Die Umrechnung nominaler in reale Beträge erfolgt daher formal durch „Abzinsen mit der periodischen Inflationsrate".

Indem die nominalen Einzahlungsüberschüsse eines Investitionsprojektes mit dem Nominalzinssatz k^n (d. h. dem am Kapitalmarkt beobachtbaren Zinssatz) abgezinst werden, erhält man den Kapitalwert K_0. Denselben Kapitalwert erhält man, wenn man die realen Einzahlungsüberschüsse e_t^r mit dem realen Zinssatz k^r abzinst. Dabei gilt $1 + k^r = (1 + k^n)/(1 + I)$.

$$K_0 = \sum_{t=0}^{T} \frac{e_t^n}{(1+k^n)^t} = \sum_{t=0}^{T} \frac{e_t^n/(1+I)^t}{(1+k^n)^t/(1+I)^t} = \sum_{t=0}^{T} \frac{e_t^r}{(1+k^r)^t}$$

Der Investor kann den Kapitalwert zusätzlich konsumieren, wenn er statt der Basis das Projekt realisiert. Die Entscheidungsregel lautet also wie bisher: Realisiere die Alternative mit dem höchsten Kapitalwert. Ebenso kann man auch einen unmittelbaren Parametervergleich auf nominaler Ebene durchführen.

Die formale Übereinstimmung zwischen den beiden Wegen, den Kapitalwert zu berechnen, bedeutet nicht, daß der Kapitalwert von der Inflation unabhängig ist. Für den Investitionsplaner ist es oft schwierig, die Inflationsrate zu prognostizieren. Daher ist es für ihn wichtig zu wissen, wie sich die Vorteilhaftigkeit einer Investition mit der Inflation ändert. Der Kern dieser Überlegung wird an einem einfachen Fall deutlich.

Herr M. kann sein Geld im Zeitpunkt 0 entweder am Kapitalmarkt anlegen oder ein Unternehmen mit dem Eigenkapital A_0 gründen, das im Zeitpunkt 1 den nominalen Betrag e_1^n abwirft. Im Zeitpunkt 1 wird das Unternehmen liquidiert, der Liquidationserlös ist in e_1^n enthalten. M. hält verschiedene Inflationsraten für möglich.

Bei einer Inflationsrate von 0 gilt $e_1^n = e_1^0$. Der Kapitalwert des Unternehmens, bezogen auf den Zeitpunkt 0, beträgt dann $K(0) = -A_0 + e_1^0/(1 + k^0)$, wobei k^0 den Zinssatz auf dem Kapitalmarkt bezeichnet.

Unterliegt jedoch der Einzahlungsüberschuß e_1 einer spezifischen Inflationsrate I_e, so ist $e_1^n = e_1^0(1 + I_e)$. Diese Inflationsrate kann von der Inflationsrate, die z. B. für die Lebenshaltungskosten eines 4-Personen-Haushaltes gilt, abweichen.

Offenbar ändert sich der Kapitalwert $K_0(I) = -A_0 + \dfrac{e_1^0(1 + I_e)}{1 + k^n}$ infolge der Inflation nicht, wenn der Abzinsungsfaktor $(1 + k^n)^{-1}$ gleich $[(1 + k^0)(1 + I_e)]^{-1}$ ist. Diese Bedingung ist indessen problematisch. Sie besagt nämlich, daß die am Kapitalmarkt erzielbare reale Verzinsung k^r unabhängig von der spezifischen Infaltionsrate I_e ist. Dies läßt sich wie folgt zeigen:

Wenn jemand 1 € im Zeitpunkt 0 am Kapitalmarkt anlegt, so erhält er nominal nach einer Periode $(1 + k^n)$ €. Dies entspricht bei einer Inflationsrate I_e einem realen Betrag von $(1 + k^n)/(1 + I_e)$ €, so daß für die reale Verzinsung k^r folgt: $(1 + k^r) = (1 + k^n)/(1 + I_e)$. Ist $k^r = k^0$, dann wächst der nominale Zinssatz k mit der Inflationsrate I_e gerade so stark, daß der reale Zinssatz konstant bleibt. Die Hypothese, daß die reale Verzinsung von der Inflationsrate unabhängig ist, wird als Fisher-Hypothese bezeichnet. Die Anleger am Kapitalmarkt sind dann weder Gewinner noch Verlierer der Inflation.

Eine vereinfachte Berechnung der Realverzinsung erhält man aus $(1 + k^n) = (1 + k^r)(1 + I_e) = 1 + k^r + I_e + k^r I_e \approx 1 + k^r + I_e$, wenn k^r und I_e relativ klein sind. Dann folgt $k^n \approx k^r + I_e$ oder $k^r \approx k^n - I_e$. Das Ergebnis läßt sich so zusammenfassen:

- Reagieren die nominalen Einzahlungsüberschüsse eines Investitionsprojektes und der nominale Marktzinssatz gleich empfindlich gegenüber Änderungen der Inflationsrate, so ändert die Inflation nichts an der Vorteilhaftigkeit des Investitionsprojektes gegenüber der Geldanlage am Kapitalmarkt.
- Wachsen die nominalen Einzahlungsüberschüsse des Investitionsprojektes stärker (schwächer) mit der Inflation als der nominale Marktzinssatz, so wächst (sinkt) der Vorteil des Projektes gegenüber der Kapitalmarktanlage, ausgedrückt durch den Kapitalwert.

4.7.3 Investitionsentscheidung mit Steuern

Im Steuerfall ist bei Inflation die Investitionsentscheidung genau so zu treffen, wie es im Steuerabschnitt beschrieben wurde, d. h., man kann von nominalen Zahlungen und Zinssätzen ausgehen.

Die Frage, wie sich eine Änderung der Inflationsrate auf die Vorteilhaftigkeit eines Projektes gegenüber der Geldanlage am Kapitalmarkt auswirkt, kann ähnlich wie im Nichtsteuerfall analysiert werden. Vereinfachend unterstellen wir, daß das Projekt im Zeitpunkt 0 beschafft wird, daß es nur ein Jahr genutzt und lediglich eine Einkommensteuer erhoben wird. Der marginale Steuersatz ist s. Der im Zeitpunkt 0 abzuschreibende Anteil der Anschaffungsauszahlung sei α, so daß im Zeitpunkt 0 ein Verlust in Höhe von αA_0 anfällt. Der versteuerte Einzahlungsüberschuß im Zeitpunkt 0 beträgt daher $-A_0(1 - s\alpha)$. Im Zeitpunkt 1 beträgt der nominale Gewinn vor Steuern $e_1^n - (1 - \alpha)A_0$, so daß der versteuerte Einzahlungsüberschuß gleich

$e_1^n - s[e_1^n - (1 - \alpha)A_0] = e_1^n (1 - s) + s(1 - \alpha)A_0$ ist. Der Kapitalwert $K_0(I_e)$ ist daher gleich

$$K_0(I_e) = - A_0 (1 - s\alpha) + \frac{e_1^n(1 - s) + s(1 - \alpha)A_0}{1 + k^n(1 - s)}.$$

Bei einer Inflationsrate von $I_e = 0$ ergibt sich

$$K_0(0) = - A_0 (1 - s\alpha) + \frac{e_1^0(1 - s) + s(1 - \alpha)A_0}{1 + k^0(1 - s)}.$$

Substituiert man in der vorletzten Gleichung $e_1^n = e_1^0(1 + I_e)$, so läßt sich nach einigen Umformungen schreiben:

$$K_0(I_e) = - A_0 (1 - s\alpha) + \frac{e_1^0(1 - s) + s(1 - \alpha)A_0}{[1 + k^n(1 - s)](1 + I_e)^{-1}} - \frac{sI_e(1 - \alpha)A_0}{1 + k^n(1 - s)}.$$

Die ersten beiden Summanden zusammen lassen sich interpretieren als Kapitalwert bei einer Inflationsrate von 0, jedoch abgezinst mit dem Ausdruck $[1 + k^n (1 - s)](1 + I_e)^{-1}$. Dieser Ausdruck ist gleich $[1 + k^0(1 - s)]$, wenn die Fisher-Hypothese im Steuerfall gilt. Die Fisher-Hypothese ist im Steuerfall zu modifizieren. Die modifizierte Fisher-Hypothese besagt: Die reale Verzinsung nach Steuern, die auf dem Kapitalmarkt erzielt wird, ist von der Inflationsrate unabhängig, die Anleger sind daher weder Gewinner noch Verlierer der Inflation. Legt ein Anleger bei stabilen Preisen 1 € am Kapitalmarkt an, so erzielt er nach einem Jahr $[1 + k^0(1 - s)]$ €. Bei Inflation erzielt er nominal $[1 + k^n(1 - s)]$ und real $[1 + k^n(1 - s)](1 + I_e)^{-1}$, wenn I_e als Maß der Inflation zugrunde gelegt wird. Die modifizierte Fisher-Hypothese besagt dann:

$$1 + k^0 (1 - s) = \frac{1 + k^n(1 - s)}{1 + I_e}.$$

Bei Gültigkeit der modifizierten Fisher-Hypothese folgt daher

$$K_0 (I_e) = K_0 (0) - \frac{s}{1 + k^n(1 - s)} I_e (1 - \alpha)A_0$$

$$= K_0 (0) - \frac{s}{1 + k^0(1 - s)} \frac{1}{1 + I_e} I_e (1 - \alpha)A_0.$$

Hieraus folgt: Bei Gültigkeit der modifizierten Fisher-Hypothese sinkt der Kapitalwert eines Investitionsprojektes mit zunehmender Inflation, d. h. das Projekt wird gegenüber der Geldanlage am Kapitalmarkt schlechter beurteilt. Der Grund hierfür ist, daß die Abschreibung im Zeitpunkt 1 nicht nach der inflationierten Anschaffungsauszahlung $A_0(1 + I_e)$, sondern nur nach der historischen in Höhe von A_0 bemessen werden darf. Die Differenz $(1 - \alpha)A_0(1 + I_e - 1) = I_e(1 - \alpha)A_0$ wird daher als nominaler Scheingewinn bezeichnet. Infolge dieses Scheingewinns fällt eine zusätzliche Einkommensteuer in Höhe von $sI_e(1 - \alpha)A_0$ an. Mit diesem Betrag ist das Unternehmen Inflationsverlierer, der Fiskus Inflationsgewinner.

Der Scheingewinneffekt verschwindet, wenn im Zeitpunkt 0 sofort die gesamte Anschaffungsauszahlung ($\alpha = 1$) oder wenn im Zeitpunkt 1 auf die inflationierte Anschaffungsauszahlung (den Tageswert) $A_0(1 + I_e)$ abgeschrieben werden darf.

Zu beachten sind indessen die Annahmen dieser Argumentation, insbesondere die Gültigkeit der modifizierten Fisher-Hypothese. Aus ihr folgt

$$\frac{1+k^0(1-s)}{1-s} \, (1 + I_e) = \frac{1}{1-s} + k^n.$$

Wenn die Inflationsrate um 1 Prozentpunkt steigt, muß also der Nominalzinssatz um $\frac{1+k^0(1-s)}{1-s} = (1-s)^{-1} + k^0$ Prozentpunkte steigen. Bei einem marginalen Steuersatz von 50 % und $k^0 \approx 0$ muß der Nominalzinssatz also um 2 % steigen, wenn die Inflationsrate um 1 % steigt. Dies trifft in der Realität nicht zu. So stieg der Nominalzinssatz in den Jahren 1965–1978 in der Bundesrepublik Deutschland im Durchschnitt nur um knapp 0,4 %, wenn die Inflationsrate um 1 % stieg. Demnach waren die Käufer festverzinslicher Wertpapiere Inflationsverlierer. Folglich wurde insoweit eine Realinvestition begünstigt. Erst ab Beginn der achtziger Jahre reagierte das Zinsniveau empfindlicher.

Gäbe es keine Steuer, so müßte der Nominalzinssatz etwa um denselben Betrag wie die Inflationsrate wachsen, wenn die modifizierte Fisher-Hypothese gelten soll. Nicht einmal dieses Resultat wird durch die Realität bestätigt. Die Anleger werden nicht einmal für den reinen Inflationszuwachs entschädigt, geschweige denn für die inflationsbedingten Steuerlasten. Diese Benachteiligung führt dazu, daß eine Investition, die bei stabilen Preisen einen positiven Kapitalwert hat, im Vergleich zur festverzinslichen Geldanlage durch die Inflation begünstigt wird. Der Nachteil aus der Scheingewinnbesteuerung wird im allgemeinen überkompensiert durch den Vorteil aus dem zu niedrigen Zinsanstieg.

Um dies zu zeigen, gehen wir davon aus, daß die Anleger wenigstens für die reine Inflation entschädigt werden, daß also

$$(1 + k^0) \, (1 + I_e) = 1 + k^n$$

gilt. Dann sinkt der inflationsbedingte Aufzinsungsfaktor

$$[1 + k^n \, (1-s)](1 + I_e)^{-1} = 1 + k^0 \, (1-s) - sI_e \, (1 + I_e)^{-1}$$

mit wachsender Inflation. Der Kapitalwert der Investition läßt sich umformen zu

$$K_0 \, (I_e) = \frac{K_0(0)[1+k^0(1-s)]}{1+k^0(1-s) - sI_e(1+I_e)^{-1}} + \frac{s(1-s)\alpha A_0}{[1+k^0(1-s)](1+I_e)/I_e - s}$$

Steigt nun die Inflationsrate, so wächst der zweite Summand. Der erste wächst ebenfalls, sofern der Kapitalwert $K_0(0)$ positiv ist. Mit wachsender Inflation werden daher Investitionsprojekte, die schon bei stabilen Preisen nicht schlechter als die festverzinsliche Geldanlage sind, gegenüber dieser Geldanlage begünstigt. Um so mehr gilt dies, wenn der Nominalzins nicht einmal gleichschrittig mit der Inflationsrate wächst.

Aus dieser Feststellung sollten allerdings keine voreiligen politischen Schlüsse gezogen werden. Wie bereits ausgeführt, kann es z. B. sein, daß bei einer kosteninduzierten Inflation die Einzahlungsüberschüsse von Unternehmen sinken. Der Kapitalwert solcher Unternehmen sinkt dann infolge der Inflation. Es kommt also ebenso wie im Nichtsteuerfall darauf an, wie die versteuerten nominalen Einzahlungsüberschüsse eines Unternehmens einerseits und der nominale Kalkulationszinsfuß andererseits auf die Inflation reagieren.

4.8 Zusammenfassung

Die Abschnitte 4.1 bis 4.3 wurden bereits im Zwischenergebnis 4.4 resümiert. Daher beschränkt sich diese Zusammenfassung im wesentlichen auf die Abschnitte 4.5 bis 4.7.

Die Entscheidung über die Nutzungsdauer von Investitionsprojekten ist ein komplexes Entscheidungsproblem, wenn es nicht nur um eine Anlage geht, sondern um mehrere Anlagen, die nacheinander eingesetzt werden können, also um Investitionsketten. Der prinzipielle Lösungsweg ist jedoch stets derselbe: Jede mögliche Investitionskette ist eine Alternative. Gewählt wird die Alternative mit dem höchsten Kapitalwert.

Steuern beeinflussen im allgemeinen die Investitionsentscheidung. Es empfiehlt sich daher, sie in der Investitionsrechnung zu berücksichtigen. Damit wird es erforderlich, nicht nur die Zahlungsströme von Investitionsalternativen zu untersuchen, sondern auch die Gewinne, die die Bemessungsgrundlage für die zu zahlenden Steuern sind. Die grundsätzliche Vorgehensweise bei der Investitionsrechnung ist dieselbe wie im Nichtsteuerfall: Es zählen die Auswirkungen auf den Konsum der Kapitalgeber. Der Zahlungsstrom einer Investitionsalternative ist um die vom Unternehmen und von allen Kapitalgebern zusammen zu zahlenden Steuern zu vermindern. Da der Zinsertrag pro €, k, vom Kapitalgeber zu versteuern ist und der Zinsaufwand pro €, k, vom steuerpflichtigen Einkommen des Kapitalgebers abgesetzt werden kann, ist im Steuerfall der Kalkulationszinsfuß in Höhe von k(1 – marginaler Einkommensteuersatz) anzusetzen. Die im Nichtsteuerfall geltenden Entscheidungsregeln gelten analog im Steuerfall.

Bei Inflation fallen die nominalen und die realen Einzahlungsüberschüsse einer Investition auseinander, ebenso der nominale und der reale Kalkulationszinsfuß. Jedoch stimmen der nominal und der real berechnete Kapitalwert überein. Dies bedeutet allerdings nicht, daß der Kapitalwert einer Investition von der Höhe der Inflation unabhängig ist. Dies wäre nur der Fall, wenn die nominalen Einzahlungsüberschüsse und der Kalkulationszinsfuß gleich empfindlich auf Änderungen der Inflationsrate reagieren würden. Damit kann im allgemeinen nicht gerechnet werden.

Noch komplexer werden die Zusammenhänge bei Berücksichtigung von Steuern. Erstens ändert sich mit der Inflationsrate im allgemeinen die am Kapitalmarkt erzielbare reale Verzinsung nach Steuern, zweitens ändern sich die realen Einzahlungsüberschüsse einer Alternative nach Steuern. Unter anderem liegt dies daran, daß nach deutschem Steuerrecht inflationsbedingte Scheingewinne wie andere Gewinne besteuert werden. In Höhe der Steuer auf Scheingewinne ist das Unternehmen Inflationsverlierer, der Fiskus Inflationsgewinner. Dennoch kann es sein, daß das Unternehmen unter Berücksichtigung aller Effekte von der Inflation profitiert.

5   Kapitalbudgetierung bei variablen Finanzierungskosten

5.1   Das Problem

Die bisherigen Ausführungen zur Investitionsentscheidung gingen von einem gegebenen Kalkulationszinsfuß aus. Der Kalkulationszinsfuß ist gegeben, wenn der Kapitalmarkt vollkommen ist oder wenn bei gespaltenem Soll-Haben-Zinssatz von vornherein feststeht, daß die Finanzierung Kosten in Höhe des einen oder des anderen Zinssatzes verursacht.

Nun kann es jedoch sein, daß bei einem kleinen Realinvestitionsprogramm noch finanzielle Mittel übrig bleiben, die zum Habenzinssatz angelegt werden, während bei einem umfangreichen Realinvestitionsprogramm Kredit aufgenommen werden muß. Die Höhe der Finanzierungskosten pro € eingesetzten Kapitals hängt dann vom Investitionsprogramm ab; der Kalkulationszinsfuß ist nicht mehr vorgegeben. Die bisher erörterten Verfahren der Investitionsrechnung sind daher nicht mehr anwendbar.

Wir wollen die bisherigen Überlegungen auf folgende Situation verallgemeinern: Um Konflikten aus dem Wege zu gehen, einigen sich die Gesellschafter eines Unternehmens auf das Unternehmensziel Endvermögensmaximierung. Sie legen vorab das einzusetzende Eigenkapital fest. Unter Beachtung der Fremdfinanzierungsmöglichkeiten ist das optimale Investitionsprogramm des Unternehmens zu ermitteln.

Es stellt sich die Frage, zu welchen Konditionen ein Unternehmen Kredit beschaffen kann. Ein Blick in die Realität zeigt, daß die Verschuldungsmöglichkeiten von Unternehmen beschränkt sind, weil die Gläubiger ansonten fürchten, ihr Geld samt Zinsen nicht zurückzubekommen. Schon bevor die Verschuldungsgrenze erreicht ist, können die marginalen und damit auch die durchschnittlichen Finanzierungskosten wegen der wachsenden Insolvenzgefahr steigen. In einem Sicherheitsmodell ist der Ausdruck „Gefahr" streng genommen fehl am Platz, dennoch wollen

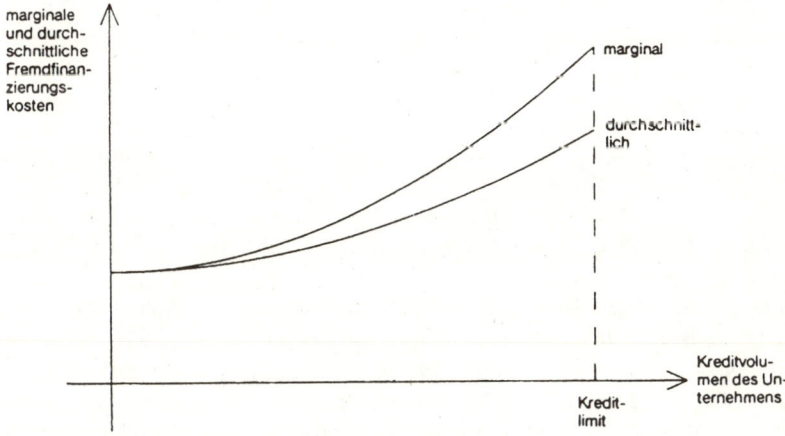

Abb. 4.19. Finanzierungskosten, Kreditlimit und Kreditvolumen

wir hier im Vorgriff auf unsichere Erwartungen einen Verlauf der Finanzierungskosten gemäß Abb. 4.19 unterstellen.

Der Anstieg der Finanzierungskosten hängt ebenso wie das Kreditlimit von der Höhe der Erträge aus dem Investitionsprogramm und von der Eigenkapitalausstattung ab. Denn beide Faktoren beeinflussen die Insolvenzgefahr. Je höher die Erträge und das Eigenkapital sind, um so schwächer wachsen die Finanzierungskosten mit dem Kreditvolumen, und um so höher ist das Kreditlimit.

Das nun zu behandelnde Problem kann wie folgt resümiert werden:

1. Die Gesellschafter entscheiden vorab über die Eigenkapitalausstattung im Zeitpunkt 0.
2. Die Verschuldungsmöglichkeiten des Unternehmens sind beschränkt; die marginalen Finanzierungskosten wachsen mit zunehmender Verschuldung.
3. Das Endvermögen des Unternehmens ist zu maximieren.

5.2 Kapitalbudgetierung im Zwei-Zeitpunkt-Modell

5.2.1 Bestimmung des optimalen Kapitalbudgets

Zunächst betrachten wir ein einfaches Modell, in dem alle Projekte nur in den Zeitpunkten 0 und 1 Zahlungen abwerfen. Vier Investitionsprojekte A, B, C und D stehen zur Verfügung. Hierin sind neben den Real- auch die Finanzinvestitionsprojekte eingeschlossen. Es bestehen keinerlei Abhängigkeiten zwischen diesen Projekten; sie können allesamt durchgeführt werden, sofern kein Finanzierungsproblem besteht. Der Zahlungsstrom jedes Projektes wird ermittelt, indem gefragt wird: Wie ändert sich der Zahlungsstrom aus dem gesamten Investitionsprogramm, wenn ceteris paribus auch dieses Projekt durchgeführt wird? Die Basis der Erfolgsmessung ist also das Investitionsprogramm ohne das Projekt. Folgende Daten liegen vor:

Investitionsprojekte	A	B	C	D
A_0	100	150	50	80
e_1	115	168	57	86
interner Zinsfuß	0,15	0,12	0,14	0,075

Könnte das Unternehmen zum Zinssatz k beliebig Geld aufnehmen und anlegen, so könnte es über jedes Projekt isoliert anhand seines Kapitalwerts entscheiden. Gleichermaßen könnte es anhand eines unmittelbaren Parametervergleichs über jedes Projekt isoliert entscheiden, z. B. indem es prüft, ob der interne Zinsfuß über dem Kalkulationszinsfuß liegt.

Nun ist der Kalkulationszinsfuß aber nicht bekannt. Denn das Unternehmen verfügt über 120 € nicht ausschüttbares Eigenkapital, außerdem kann das Unternehmen ein Darlehen von maximal 140 € zu Finanzierungskosten von 10 % sowie einen Kontokorrentkredit bis zu 100 € zu 19 % aufnehmen. Insgesamt stehen also höchstens 360 € zur Verfügung, so daß nicht alle Investitionsprojekte voll finanziert werden können. Zunächst wird unterstellt, daß alle Investitionsprojekte ebenso wie die Kre-

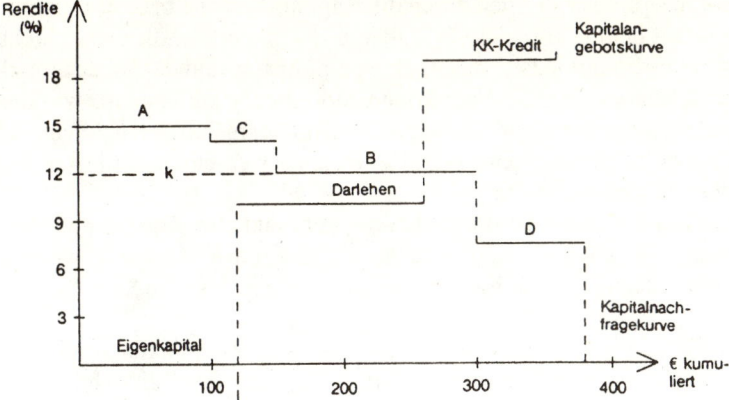

Abb. 4.20. Das Dean'sche Modell zur Kapitalbudgetierung

dite teilbar sind; d. h. wenn ein Projekt nur mit einem Bruchteil α realisiert wird, so entsteht auch nur der Bruchteil α seines Zahlungsstromes.

Wir können dann die Entscheidung über das Kapitalbudget schrittweise treffen: Zunächst nehmen wir die vorhandenen Eigenmittel in Anspruch. Den ersten € investieren wir in das Investitionsprojekt, wo er das höchste Endvermögen erzeugt. Das ist bei Projekt A der Fall, denn dieses Projekt wirft die höchste Rendite ab (15 %). Folglich werden die ersten 100 € Eigenmittel in Projekt A angelegt. Die weiteren 20 € Eigenmittel erzeugen das höchste Endvermögen bei Anlage in Projekt C, da dessen Rendite höher als die der Projekte B und D ist. Das Unternehmen kann nun die billigere Fremdfinanzierung „Darlehen" zu 10 % Kosten in Anspruch nehmen. Lohnt sich das? Werden noch Fremdmittel von 30 € in Projekt C angelegt, so bringen sie eine Rendite von 14 %, also 4 % mehr als die Finanzierung kostet. Daher wächst das Endvermögen um 0,04 € pro € Darlehen. Weitere Darlehensmittel können in Projekt B zu 12 % angelegt werden, auch dies lohnt sich wegen der Gewinnspanne von 2 %. Allerdings stehen nur noch 140 − 30 = 110 € dafür zur Verfügung. Lohnt es sich auch noch, den Kontokorrentkredit zu 19 % Kosten aufzunehmen? Nein, denn die in Projekt B erzielbare Rendite liegt unter den Kosten. Völlig uninteressant ist es, Geld in Projekt D anzulegen. Also wird kein Kontokorrentkredit aufgenommen. Damit ist das optimale Kapitalbudget gefunden.

DEAN hat bereits 1951 eine grafische Methode zur Lösung des Entscheidungsproblems vorgeschlagen. Auf der Abszisse werden die kumulierten €-Beträge eingetragen, die durch Finanzierungsprojekte beschafft bzw. in Investitionsprojekten angelegt werden. Auf der Ordinate werden die Renditen der Projekte eingetragen. Die Investitionsprojekte werden durch die Kapitalnachfragekurve dargestellt. Die Kurve beginnt mit dem höchstrentierlichen Projekt, indem ausgehend von der Ordinate eine Horizontale mit der Länge seiner Anfangsauszahlung eingetragen wird (Abb. 4.20).

Auf dem Renditeniveau des nächstbesten Projektes wird die Kurve horizontal fortgesetzt, und zwar ebenfalls mit einer Länge, die der Anfangsauszahlung dieses Projektes gleicht. In gleicher Weise werden alle anderen Investitionsprojekte eingetragen, so daß sich eine fallende Treppenkurve ergibt.

Die Finanzierungsprojekte werden durch die Kapitalangebotskurve dargestellt. Die Kurve beginnt bei dem Betrag des verfügbaren Eigenkapitals; dieses sei nicht ausschüttbar; daher wird es auf jeden Fall angelegt; ein Zinssatz auf das Eigenkapital ist nicht definiert. Dann werden die Fremdfinanzierungsprojekte genauso wie die Investitionsprojekte eingetragen, jedoch beginnend mit dem billigsten Finanzierungsprojekt und endend mit dem teuersten. Denn zuerst werden die billigsten Finanzierungsquellen ausgeschöpft.

Das optimale Kapitalbudget ist durch den Schnittpunkt von Kapitalangebots- und Kapitalnachfragekurve determiniert. Alle Projekte bis zum Schnittpunkt werden (gegebenenfalls nur bruchteilig) durchgeführt, alle Projekte rechts vom Schnittpunkt werden abgelehnt.

Die Zahlungsfähigkeit des Unternehmens ist in beiden Zeitpunkten gesichert. Im Zeitpunkt 0 ist die Zahlungsfähigkeit gesichert, da genauso viele Mittel beschafft wie investiert werden. Im Zeitpunkt 1 verbleibt nach Rückzahlung und Verzinsung aller Mittel noch ein Überschuß, da die Investitionsprojekte eine durchschnittliche Rendite abwerfen, die über den durchschnittlichen Finanzierungskosten liegt.

Die Ähnlichkeit zwischen dem Dean- und dem Hirshleifer-Modell fällt auf. Während das Hirshleifer-Modell von der Zielsetzung Konsumnutzenmaximierung her auf einen Kapitalgeber zugeschnitten ist, geht das Dean-Modell von der Endvermögensmaximierung des Unternehmens aus und läßt eine realistischere Darstellung der Finanzierungsmöglichkeiten zu. Auch die Darstellung der Investitionsmöglichkeiten durch eine Treppenkurve anstelle einer stetigen Kurve erscheint realitätsnäher.

5.2.2 Kalkulationszinsfuß und Kapitalwerte der Projekte

Bevor wir zu anderen Modellen der Kapitalbudgetierung übergehen, wollen wir uns die optimale Lösung des Dean-Modells näher ansehen. Das Dean-Modell wird als Totalmodell der Kapitalbudgetierung bezeichnet, d. h. als ein Modell, das sämtliche Investitions- und Finanzierungsprojekte explizit berücksichtigt. Demgegenüber ist z. B. das Kapitalwertmodell ein Partialmodell, weil die Finanzierungsprojekte beim Investitionskalkül nicht explizit, sondern lediglich implizit durch den Kalkulationszinsfuß berücksichtigt werden. Bei vollkommenem Kapitalmarkt liegt der Kalkulationszinsfuß fest. Wie das Fisher-Modell (ein Totalmodell) zeigt, ist es dann gleichgültig, ob man das optimale Investitionsprogramm anhand eines Total- oder eines Partialmodells bestimmt. Stets zeigt sich, daß alle Investitionsprojekte zu realisieren sind, deren interner Zinsfuß über dem Kalkulationszinsfuß liegt.

Bei unvollkommenem Kapitalmarkt versagt dieses Kriterium, wenn der Kalkulationszinsfuß unbekannt ist. Jedoch ist es interessant zu erkennen, daß zumindest ein Kalkulationszinsfuß existiert, der ein optimales Kapitalbudget mit Hilfe der Kapitalwertmethode abzuleiten gestattet. Ein solcher Kalkulationszinsfuß ist der Zinsfuß, der dem Schnittpunkt von Kapitalangebots- und Kapitalnachfragekurve zugeordnet ist. Im Beispiel (Abb. 4.20) gleicht dieser Zinssatz der Rendite von Investitionsprojekt B (12 %). Ausgehend von diesem Zinssatz folgt:

- Da die internen Zinsfüße der Investitionsprojekte A und C über dem Kalkulationszinsfuß liegen, sind ihre Kapitalwerte positiv, sie sind daher vollständig durchzuführen.
- Da der interne Zinsfuß des Investitionsprojektes B gleich dem Kalkulationszinsfuß ist, ist sein Kapitalwert gleich 0. Der zu realisierende Anteil des Projektes ergibt sich daher aus der Bedingung der Zahlungsfähigkeit im Zeitpunkt 0, d. h. aus der Bedingung, daß sämtliche Auszahlungen mit sämtlichen Einzahlungen übereinstimmen.
- Da der interne Zinsfuß des Investitionsprojektes D unter dem Kalkulationszinsfuß liegt, ist sein Kapitalwert negativ. Es wird deshalb nicht durchgeführt.
- Da der interne Zinsfuß des Darlehens unter dem Kalkulationszinsfuß liegt, ist sein Kapitalwert positiv. Es wird daher vollständig aufgenommen.
- Da der interne Zinsfuß des Kontokorrentkredites über dem Kalkulationszinsfuß liegt, ist sein Kapitalwert negativ. Es wird daher nicht in Anspruch genommen.

Das so ermittelte Kapitalbudget stimmt mit dem bereits ermittelten überein, es ist daher optimal.

Hiermit ist eine theoretische Begründung für die Kapitalwertmethode auch bei unvollkommenem Kapitalmarkt gefunden. Gleichzeitig läßt sich das Dean-Modell entsprechend interpretieren: Für jedes Projekt wird ein unmittelbarer Parametervergleich durchgeführt, wobei der „Trick" des Modells darin besteht, den korrekten Kalkulationszinsfuß automatisch herauszufinden.

Darüber hinaus zeigt das Modell, wodurch der korrekte Kalkulationszinsfuß determiniert wird. Es ist die sog. Grenzrendite, d. h. die Rendite, die das Unternehmen auf einen weiteren € erzielen würde, der ihm im Zeitpunkt 0 kostenlos zur Verfügung gestellt würde. Im Beispiel würde dieser € zusätzlich in Investitionsprojekt B angelegt, so daß sich eine Rendite von 12 % ergäbe. Würde, entgegen dem Beispiel, ein senkrechter Ast der Kapitalnachfragekurve einen horizontalen der Angebotskurve schneiden, so hätte das „geschnittene" Finanzierungsprojekt einen Kapitalwert von 0. Der zusätzliche € würde dann dazu führen, daß mittels dieses Projekts 1 € weniger beschafft würde. Die Grenzrendite wäre dann gleich dem internen Zinsfuß des „geschnittenen" Finanzierungsprojekts.

Der korrekte Kalkulationszinsfuß ist also gleich der Grenzrendite. Diese Rendite ist jedoch erst bekannt, wenn das optimale Kapitalbudget bekannt ist. Dann aber nützt die Kenntnis der Grenzrendite nichts mehr. Das Partialmodell „Kapitalwert" kann daher zur Bestimmung des optimalen Kapitalbudgets nicht herangezogen werden.

5.2.3   Ganzzahligkeitsbedingungen für Investitionsprojekte

Bisher haben wir unterstellt, die Investitionsprojekte seien beliebig teilbar; ein Projekt konnte demnach beispielsweise auch zu ⅓ realisiert werden. Während dies für Finanzinvestitionen zutreffen mag, gilt es sicherlich nicht für Realinvestitionen. Man kann eine Maschine entweder ganz oder gar nicht anschaffen. Die Zahl der anzuschaffenden Projekte muß daher ganzzahlig sein. Welche Konsequenzen hat dies für das optimale Kapitalbudget?

Der Glücksfall tritt ein, wenn das optimale Kapitalbudget ohnehin den Ganzzahligkeitsbedingungen genügt. Dann ist es auch das optimale Budget mit Ganzzahligkeitsbedingungen. Dann treffen auch die bisherigen Aussagen über Kalkulationszinsfuß und Kapitalwerte der Projekte zu.

Tritt dieser Glücksfall nicht ein, so versagt das Dean'sche Modell. Die Dean'sche Lösung verletzt im Beispiel die Ganzzahligkeitsbedingung für Projekt B. Wie sieht die optimale Lösung dann aus? Es lohnt sich nicht, neben den Projekten A und C Projekt B ganz durchzuführen. Denn die Anfangsauszahlung von Projekt B (150 €) müßte zu 110 € aus dem Darlehen und zu 40 € aus dem Kontokorrent-Kredit erfolgen. Die durchschnittlichen Finanzierungskosten beliefen sich dann auf

$$\frac{110 \cdot 0{,}10 + 40 \cdot 0{,}19}{150} = 12{,}4\,\%$$

Da Projekt B nur eine Rendite von 12 % abwirft, lohnt sich das Projekt neben den Projekten A und C nicht.

Es ist nicht leicht, das optimale Kapitalbudget bei Ganzzahligkeitsbedingungen herauszufinden. Es kann deutlich von dem ohne Ganzzahligkeitsbedingungen abweichen. Deshalb kann es zweckmäßig sein, zur Lösung des Entscheidungsproblems auf Verfahren der gemischt-ganzzahligen linearen Programmierung zurückzugreifen. In unserem Beispiel ist es am besten, die Projekte A und B durchzuführen und die Projekte C und D abzulehnen. Zur Finanzierung wird neben dem Eigenkapital das Darlehen mit 130 € beansprucht. Es ergibt sich dann ein Endvermögen von 115 + 168 −130 · 1,1 = 140 €. Dieses liegt natürlich unter dem maximal erreichbaren Endvermögen ohne Ganzzahligkeitsbedingungen (141,20 €).

Interessant ist bei der optimalen Lösung mit Ganzzahligkeitsbedingungen, daß das höher rentierliche Investitionsprojekt C von B verdrängt wird. Dies liegt daran, daß Projekt C mit einer Anfangsauszahlung von 50 € erheblich kleiner als B mit einer Anfangsauszahlung von 150 € ist. Im Interesse des Endvermögens ist es daher besser, das größere Projekt zu wählen, denn sein Renditenachteil wird durch den Größenvorteil überkompensiert.

Die unangenehme Folge dieser Situation besteht darin, daß jetzt kein Kalkulationszinsfuß mehr existiert, der eine Anwendung der Kapitalwertmethode auf die einzelnen Projekte gestattet. Wenn Investitionsprojekt B einen nichtnegativen Kapitalwert haben soll, darf der Kalkulationszinsfuß 12 % nicht überschreiten. Dann aber hat Projekt C notwendig einen positiven Kapitalwert, somit würde dieses Projekt fälschlicherweise akzeptiert. Die Kapitalwertmethode versagt also in diesem Beispiel, einerlei welcher Kalkulationszinsfuß gewählt wird.

5.3 Mehr-Zeitpunkt-Modelle

5.3.1 Simultane Investitions- und Finanzplanung

Zwar ist das Dean-Modell außerordentlich anschaulich, jedoch weist es neben dem Ganzzahligkeitsproblem noch andere Schwächen auf: Es ist auf zwei Zeitpunkte beschränkt und setzt voraus, daß zwischen den untersuchten Investitions- und Finanzierungsprojekten keinerlei Abhängigkeiten bestehen. Diese Schwächen lassen sich durch Anwendung der linearen Programmierung ausschalten. In diesem Abschnitt

Tabelle 4.14. Einzahlungsüberschüsse der Investitionsprojekte, Restwerte und Höchstzahl der realisierbaren Einheiten

Zeitpunkt / Projekt	0	1	2	3	4	5	Restwert im Zeitpunkt 3
A (bis zu 3 Einh.)	−100	20	30	40	50	20	100,60
B (bis zu 4 Einh.)	− 80	15	20	30	30	–	56,80
C (bis zu 2 Einh.)	–	−120	30	50	40	30	109,60
D (bis zu 5 Einh.)	–	− 90	− 10	80	40	10	123,70
E (bis zu 1 Einh.)	–	–	−130	50	60	50	143,40
F (bis zu 3 Einh.)	–	–	− 80	30	35	25	81,20

soll gezeigt werden, wie das optimale Kapitalbudget bei mehr als zwei Zeitpunkten ermittelt werden kann.

Betrachten wir zunächst ein Beispiel: Ein Unternehmen möchte für die Zeitpunkte 0, 1, 2 und 3 sein optimales Kapitalbudget ermitteln. Das Endvermögen im Zeitpunkt 3 ist zu maximieren. Da das Unternehmen bereits früher Investitions- und Finanzierungsprojekte durchgeführt hat, werfen diese in den Zeitpunkten 0 bis 3 saldierte Einzahlungsüberschüsse von 90; 20; 0 und 50 € ab. Diese Salden sind Daten für die Planung. Zur Debatte stehen die Investitionsprojekte A, B . . ., F. Tabelle 4.14 zeigt die Einzahlungsüberschüsse dieser Projekte in den Zeitpunkten 0 bis 5. Im Zeitpunkt 5 werden die Projekte spätestens liquidiert.

Das Unternehmen produziert Lkws und Pkws. In der Sparte Lkw (Pkw) können im Zeitpunkt 0 bis zu drei (vier) Einheiten von Projekt A (B) investiert werden. Eine größere Zahl von Einheiten kommt wegen der Beschränkung der Absatzmöglichkeiten nicht in Betracht. Entsprechend sind C und D die im Zeitpunkt 1 möglichen Investitionsprojekte, E und F die im Zeitpunkt 2 möglichen Projekte.

Da das Unternehmen nur bis zum Zeitpunkt 3 planen möchte, bleibt die Finanzierung in den nachfolgenden Perioden offen. Es ist daher nicht sinnvoll, die Einzahlungsüberschüsse der Investitionsprojekte in den Zeitpunkten 4 und 5 explizit im Modell zu erfassen. Vielmehr vereinfachen wir, indem wir die Einzahlungsüberschüsse eines Projektes in den Zeitpunkten 3, 4 und 5 zu einem auf den Zeitpunkt 3 bezogenen Restwert zusammenfassen. Dazu nehmen wir an, die Finanzierungskosten betrügen nach dem Zeitpunkt 3 jeweils 12 % pro Periode. Diese Annahme beinhaltet eine mehr oder minder genaue Schätzung der Finanzierungskosten. Der Restwert für Projekt A beträgt dann $40 + \dfrac{50}{1,12} + \dfrac{20}{1,12^2} = 100,60$ €.

Entsprechend ergeben sich die Restwerte für die anderen Projekte. Im Modell werden dementsprechend statt der Einzahlungsüberschüsse in den Zeitpunkten 3, 4, 5 die auf den Zeitpunkt 3 bezogenen Restwerte erfaßt.

Tabelle 4.15. Einzahlungsüberschüsse der Finanzierungsprojekte (pro €) und Kreditlimits

Zeitpunkt \\ Projekt	0	1	2	3
Darlehen (bis zu 100 €)	1	−0,1	−0,6	−0,55
KK-Kredit 0 (bis zu 60 €)	1	−1,11	–	–
KK-Kredit 1 (bis zu 100 €)	–	1	−1,10	–
KK-Kredit 2 (bis zu 170 €)	–	–	1	−1,11

Zur Finanzierung der Investitionen stehen neben den exogenen Einzahlungsüberschüssen ein Darlehen und einperiodige Kontokorrentkredite zur Verfügung. Die Konditionen enthält Tab. 4.15.

Das Darlehen ist mit 10 % zu verzinsen und in den Zeitpunkten 2 und 3 jeweils zur Hälfte zu tilgen. Das Darlehenslimit beträgt 100 €. Die Kontokorrent-Kredite kosten 11 %, 10 % bzw. 11 % in den drei Planungsperioden.

Mit diesen Angaben läßt sich ein lineares Entscheidungsmodell formulieren. Ziel ist es, das Endvermögen im Zeitpunkt 3 zu maximieren, wobei das finanzielle Gleichgewicht in den Zeitpunkten 0, 1 und 2 zu wahren ist. Da für den Zeitpunkt 3 keine Projekte geplant werden, kann auch das finanzielle Gleichgewicht in diesem Zeitpunkt durch das Modell nicht gewährleistet werden.

Zunächst werden die Entscheidungsvariablen des Modells definiert:

x_j = Zahl der von Investitionsprojekt j durchzuführenden Einheiten (j = A, B, ..., F);

y_D = aufzunehmender Darlehensbetrag;

y_{Kt} = im Zeitpunkt t aufzunehmender Kontokorrent-Kredit (t = 0, 1, 2).

Dann werden die Nebenbedingungen des Modells formuliert.

1. Alle Variablen müssen nichtnegativ sein.
2. Nur eine begrenzte Zahl von Einheiten kann von jedem Investitionsprojekt realisiert werden:

   $x_A \leqq 3$; $x_B \leqq 4$; $x_C \leqq 2$; $x_D \leqq 5$; $x_E \leqq 1$; $x_F \leqq 3$.

3. Die Limite der Kreditfinanzierung sind zu beachten:

   $y_D \leq 100$; $y_{K0} \leq 60$; $y_{K1} \leq 100$; $y_{K2} \leq 170$.

4. Die Zahlungsfähigkeit ist in den Zeitpunkten 0, 1 und 2 zu gewährleisten. Das bedeutet, daß in jedem dieser Zeitpunkte die Summe aller Auszahlungsüberschüsse aus den Investitions- und Finanzierungsprojekten dem exogenen Einzahlungsüberschuß gleichen muß. Der Auszahlungsüberschuß eines Projektes ist gleich seinem mit (−1) multiplizierten Einzahlungsüberschuß.

Die Auszahlungsüberschüsse aller Investitionsprojekte im Zeitpunkt 0 betragen

$$100x_A + 80x_B + 0x_C + 0x_D + 0x_E + 0x_F,$$

die Auszahlungsüberschüsse der Finanzierungsprojekte betragen

$$-y_D - y_{K0} + 0y_{K1} + 0y_{K2}.$$

Alle Auszahlungsüberschüsse zusammen müssen dem exogenen Einzahlungsüberschuß von 90 € gleichen. Damit erhalten wir die Nebenbedingung des finanziellen Gleichgewichts im Zeitpunkt 0:

$$100x_A + 80x_B - y_D - y_{K0} = 90.$$

Für den Zeitpunkt 1 ergibt sich entsprechend:

$$-20x_A - 15x_B + 120x_C + 90x_D + 0,1y_D + 1,11y_{K0} - y_{K1} = 20,$$

für den Zeitpunkt 2 ergibt sich:

$$-30x_A - 20x_B - 30x_C + 10x_D + 130x_E + 80x_F + 0,6y_D + 1,1y_{K1} - y_{K2} = 0.$$

Damit sind die Nebenbedingungen komplett.

Abschließend ist die Zielfunktion zu formulieren: Das Endvermögen ist zu maximieren; es ist die Differenz zwischen den Restwerten aller Investitionsprojekte und den für Verzinsung und Tilgung der Kredite im Zeitpunkt 3 erforderlichen Mitteln. Hinzufügen kann man den exogenen Einzahlungsüberschuß von 50 €. Er spielt aber als additive Konstante keine Rolle für die Optimierung. Somit folgt als Zielfunktion:

$$100,6x_A + 56,8x_B + 109,6x_C + 123,7x_D + 143,4x_E + 81,2x_F$$
$$- 0,55y_D - 1,11y_{K2} \rightarrow \text{Max!}$$

Im ersten Moment mag es überraschen, daß in die Zielfunktion nur die Restwerte der Investitionsprojekte und die Zins- und Tilgungszahlungen des Zeitpunktes 3 eingehen, nicht aber die Einzahlungsüberschüsse in den Zeitpunkten 0, 1 und 2. Die Erklärung hierfür liefern die Nebenbedingungen zur Sicherung der Zahlungsfähigkeit, die diese Einzahlungsüberschüsse auf den Zeitpunkt 3 „überwälzen". Wenn z. B. der exogene Einzahlungsüberschuß im Zeitpunkt 0 um einen € steigt, so wächst entweder die Zahl der zu kaufenden Investitionsprojekte, oder es wird weniger Kredit aufgenommen. Im ersten Fall werden später zusätzliche Einzahlungsüberschüsse aus Investitionen erwirtschaftet, im zweiten Fall werden später die Zins- und Tilgungszahlungen reduziert. Folglich wächst das Endvermögen nicht nur um einen €, sondern außerdem um den Zinsertrag aus der Anlage dieses € zwischen den Zeitpunkten 0 und 3.

Die optimale Lösung des Beispiels lautet:

$$x_A^* = 2,5; \ x_D^* = 1,04; \ y_D^* = 100; \ y_{K0}^* = 60; \ y_{K1}^* = 100; \ y_{K2}^* = 105,38;$$

alle anderen Variablen sind gleich 0. Das maximale Endvermögen beträgt einschließlich des exogenen Einzahlungsüberschusses von 50 € 257,90 €.

In Worten: Von Investitionsprojekt A werden 2,5 Einheiten beschafft, von D 1,04 Einheiten, andere Investitionsprojekte werden nicht beschafft. Das Darlehen sowie der Kontokorrent-Kredit in den Zeitpunkten 0 und 1 werden voll ausgeschöpft, im Zeitpunkt 2 wird lediglich ein Kontokorrent-Kredit von 105,38 € aufgenommen.

Die sogenannte Duallösung eines linearen Programms erlaubt, auch die korrekten Kalkulationszinsfüße für die drei Planungsperioden abzuleiten. Sie können wiederum als Grenzrenditen interpretiert werden. Im Beispiel betragen sie

$k_1 = 27\,\%$ für eine einperiodige Anlage,
$k_2 = 19,6\,\%$ für eine zweiperiodige Anlage,
$k_3 = 16,7\,\%$ für eine dreiperiodige Anlage.

Berechnet man mit diesen Kalkulationszinsfüßen die Kapitalwerte aller Projekte, so zeigt sich, daß

– Projekte mit einem positiven Kapitalwert bis zu ihrer Grenze ausgeschöpft werden,
– Projekte mit einem Kapitalwert von 0 nicht ausgeschöpft und
– Projekte mit einem negativen Kapitalwert abgelehnt werden.

So beträgt z. B. der Kapitalwert des nicht ausgeschöpften Investitionsprojektes A

$$K_{0A} = -100 + \frac{20}{1,27} + \frac{30}{1,196^2} + \frac{100,60}{1,167^3} = 0.$$

Da die Kalkulationszinsfüße erst bekannt sind, wenn das optimale Kapitalbudget bekannt ist, können die Kapitalwerte nicht zur Lösung des Entscheidungsproblems herangezogen werden.

Können nur ganzzahlige Einheiten der Investitionsprojekte beschafft werden, so beeinträchtigt dies die optimale Lösung:

$x_A^* = 2;\ x_D^* = 1;\ y_D^* = 100;\ y_{K0}^* = 10;\ y_{K1}^* = 51{,}10;\ y_{K2}^* = 66{,}21;$

alle anderen Variablen sind gleich 0. Das Endvermögen sinkt auf 246,41 €. Infolge der Ganzzahligkeitsbedingungen kann die optimale Lösung nicht mehr anhand der Kapitalwerte der einzelnen Projekte ermittelt werden.

5.3.2 Simultane Investitions-, Produktions- und Finanzplanung

Eine Schwäche der bisherigen Modelle zur Kapitalbudgetierung besteht in der Annahme, die Projekte seien voneinander unabhängig. Gemäß dieser Annahme ist der Zahlungsstrom eines Investitionsprojektes unabhängig davon, welche anderen Investitionsprojekte durchgeführt werden.

Es ist problematisch, einem Investitionsprojekt Zahlungen unabhängig vom sonstigen Investitionsprogramm zuzurechnen, weil zwischen den Projekten oft Abhängigkeiten bestehen. Diese Zurechnungsproblematik wird besonders deutlich im Produktionsbereich, wenn die Produkte einen mehrstufigen Fertigungsprozeß durchlaufen. Eine Investition in der ersten Fertigungsstufe ist unsinnig, wenn die zusätzlich geschaffene Kapazität in dieser Stufe nicht genutzt werden kann, weil die Kapazitäten in den anderen Stufen eine Erhöhung des Outputs nicht zulassen. Erst eine Anpassung der Kapazitäten in den anderen Stufen kann die Investition in der ersten Stufe rentabel machen. Daher kann ein eindeutiger Zahlungsstrom dieses Investitionsprojektes nur angegeben werden, wenn das Investitionsprogramm der übrigen Stufen bereits festliegt. Das widerspricht aber dem Zweck der simultanen Investitionsplanung.

Um diesem Zurechnungsproblem zu entgehen, kann man die kompakte Darstellung des Investitionssektors als Bündel von Investitionsprojekten verfeinern, indem man außer den Investitions- auch die Produktionsentscheidungen explizit in das Modell einbeziet. Den Investitionsprojekten werden dann nur die produktionsunabhängigen Zahlungen wie Anschaffungsauszahlung und Liquidationserlös zugerechnet, die produktionsabhängigen Ein- und Auszahlungen werden dagegen den Produkten zugerechnet. Das Zurechnungsproblem ist damit weitgehend gelöst.

Durch die Einfügung von Kapazitätsbedingungen ist zu gewährleisten, daß die geplanten Produktmengen nicht mehr Kapazität erfordern als durch die Investitionen bereitgestellt wird.

Ein einfaches Beispiel soll das Vorgehen erläutern: In einem neu aufzubauenden Einproduktbetrieb mit zwei Fertigungsstufen sind Investitionen, Produktion und Finanzierung simultan zu planen. z_t sei die in Periode t zu produzierende und abzusetzende Menge (Entscheidungsvariable), d_t der Deckungsbeitrag einer Produkteinheit in Periode t (Datum). In Periode t können höchstens $\bar{z}_t$ Einheiten abgesetzt werden.

Die Fertigung einer Einheit verbraucht a_1 Fertigungsminuten in Stufe 1 und a_2 Minuten in Stufe 2. $x_{1t}(x_{2t})$ sei die Zahl der im Zeitpunkt t zu beschaffenden Maschinen, die in Stufe 1 (2) eingesetzt werden. Jede in Stufe 1 (2) eingesetzte Maschine hat eine Kapazität von Kap(1) (Kap(2)) Fertigungsminuten/Periode. In Periode t steht daher in Stufe 1 eine Fertigungskapazität von

$$\text{Kap}(1) \sum_{\tau=0}^{t-1} x_{1\tau} \text{ zur Verfügung, entsprechend in Stufe 2.}$$

Zulässig ist ein Produktionsplan nur, wenn er in jeder Periode t=1,..., T die gegebenen Kapazitätsgrenzen erfüllt:

$$a_1 z_t \leq \text{Kap}(1) \sum_{\tau=0}^{t-1} x_{1\tau} \,;$$

$$a_2 z_t \leq \text{Kap}(2) \sum_{\tau=0}^{t-1} x_{2\tau} \,.$$

Zu berücksichtigen sind weiterhin die Absatzschranken

$$z_t \leqq \bar{z}_t; \ t=1,\dots, T.$$

Im Finanzbereich besteht lediglich die Möglichkeit, für jeweils eine Periode Kredit zum Zinssatz k_t aufzunehmen. Dieser Kredit unterliegt dem Limit $\bar{y}_t$:

$$y_t \leqq \bar{y}_t; \ t=0,\dots, T-1.$$

Eine in Stufe 1 (2) einzusetzende Maschine kostet im Zeitpunkt t € A_{1t} (A_{2t}). Ansonsten fallen keine den Maschinen zuzurechnenden Zahlungen an. Im Zeitpunkt t steht eine exogene Einlage $\bar{e}_t$ zur Verfügung. Damit ergibt sich im Zeitpunkt t folgende Nebenbedingung zur Aufrechterhaltung der Zahlungsfähigkeit:

$A_{1t}x_{1t} + A_{2t}x_{2t}$ (Anschaffungsauszahlungen für Maschinen)

$- d_t z_t$ (– Deckungsbeitrag aus Produktion und Absatz)

$+ k_t y_{t-1}$ (+ Kreditzinsen)

$- y_t + y_{t-1}$ (– zusätzliche Verschuldung)

$= \bar{e}_t;$ (= exogene Einlage); t=0,..., T–1.

In der Nebenbedingung für den Zeitpunkt 0 entfallen der dritte, vierte und sechste Summand, da die Produktion in Periode 1 beginnt und keine Kredite aus früheren Perioden existieren. Sieht man von Restwerten der Maschinen im Zeitpunkt T einmal ab, so ergibt sich ein Endvermögen in Höhe von

$$d_T z_T - (1 + k_T) y_{T-1} (+ \bar{e}_T).$$

Dieser Ausdruck ist zu maximieren. Alle Entscheidungsvariablen x_{1t}, x_{2t}, y_t (t=0,..., T–1) und z_t (t=1,..., T) müssen nichtnegativ sein, die Investitionsvariablen x_{1t} und x_{2t} müssen zudem ganzzahlig sein.

Dieses Beispiel zeigt das Vorgehen, um das Zurechnungsproblem zu lösen. Einzahlungen entstehen aus dem Verkauf von Produkten, daher werden sie auch den Produkten über den Deckungsbeitrag zugerechnet. Soweit produktionsabhängige Auszahlungen entstehen, werden sie ebenfalls den Produkten über den Deckungsbeitrag zugerechnet. Den Maschinen werden lediglich die maschinenabhängigen, jedoch produktionsunabhängigen Zahlungen zugerechnet.

5.3.3 Rechnerische Vereinfachung durch heuristische Planung

Vergleicht man das Modell zur simultanen Investitions- und Finanzplanung mit dem zur simultanen Investitions-, Produktions- und Finanzplanung, so wird das Zurechnungsproblem nur durch letzteres gelöst. Jedoch wächst der Umfang des Modells durch die explizite Berücksichtigung der Produktion erheblich, folglich auch der mit der Entwicklung und Lösung verbundene Aufwand. Zu den Investitions- und Finanzierungsvariablen kommen die Produktionsvariablen. Neu hinzu kommen auch die Kapazitätsbedingungen. An die Stelle der Beschränkungen der Investitionseinheiten treten die Absatzbeschränkungen.

Hier zeigt sich ein generelles Phänomen: Im allgemeinen wird ein Entscheidungsmodell um so umfangreicher, je genauer es die Realität beschreibt. Ob sich die Verbesserung der Lösungsqualität in Anbetracht der zusätzlichen Modellkosten lohnt, kann nur im Einzelfall beurteilt werden. Bis heute haben indessen die Modelle zur simultanen Investitions-, (Produktions-) und Finanzplanung kaum Eingang in die Praxis gefunden. Dafür können verschiedene Gründe maßgeblich sein:

1.   Bei den Unternehmen in Deutschland liegt der Anteil des Eigenkapitals am Gesamtkapital laut Bilanz im Durchschnitt bei etwa 20 %. Weitaus die meisten Un-

ternehmen sind permanent verschuldet. Differenzen zwischen Soll- und Habenzinsen spielen keine Rolle, da nur der Sollzins von Bedeutung ist. Die Festlegung
eines Kalkulationszinsfußes mag daher oft weniger kontrovers sein als es die
Unvollkommenheit des Kapitalmarktes vermuten läßt. Kapitalwert und interner
Zinsfuß behalten daher ihre Bedeutung für die Entscheidungsfindung in der Praxis.

2. Eine Planung für mehrere Jahre im voraus wird in der Praxis erheblich durch die
   Unsicherheit erschwert. Gerade im Absatzbereich ist es oft außerordentlich
   schwierig, verläßliche Prognosen für die kommenden Jahre zu erstellen. Folglich ist ein wichtiger Bestandteil der Zahlungsströme von Investitionsprojekten
   erheblicher Ungewißheit unterworfen. Daher werden Investitionsentscheidungen, die erst in späteren Jahren in die Tat umgesetzt werden, auch erst dann getroffen, wenn ihre Realisierung unmittelbar bevorsteht; die heutige Planung späterer Investitionen ist daher problematisch.

Deswegen wird häufig auf eine rechnerisch exakte Planung verzichtet. Statt dessen werden heuristische Planungsmethoden eingesetzt. Hierbei versucht man, mit
Hilfe von vereinfachenden Überlegungen eine „gute Lösung" zu finden. Auch
wenn dadurch die optimale Lösung verfehlt wird, so läßt sich doch der Planungsaufwand reduzieren. Insgesamt kann sich ein heuristisches Verfahren daher gegenüber
einem exakten Verfahren als vorteilhaft erweisen. Für die Investitionsplanung bietet
sich folgendes Verfahren an (siehe auch BIERICH 1979):

Für die späteren Jahre plane man heute noch keine Investitionen im einzelnen,
jedoch sehe man für jedes spätere Jahr ein Investitionsvolumen in bestimmter Höhe
(Investitionsbudget) vor. Gleichzeitig plane man das Investitionsbudget für dieses
Jahr. Dabei ist darauf zu achten, daß diese Budgets auch finanzierbar sind. Deswegen
ist auch ein langfristiger Finanzplan zu entwickeln.

Das Investitionsentscheidungsproblem wird dann auf die aktuellen Investitionsprojekte beschränkt, die, wenn überhaupt, dann sofort zu realisieren sind. Verschiedene
heuristische Verfahren zur Lösung dieses vereinfachten Problems bieten sich an:

a) Das Dean-Modell auf der Basis interner Zinsfüße: Man berechne für alle aktuellen Investitionsprojekte die internen Zinsfüße und entwickle die Kapitalnachfragekurve. Ihr wird die aktuelle Kapitalangebotskurve gegenübergestellt. Anhand beider Kurven ermittle man das optimale Kapitalbudget für die erste Periode. Dabei sind im allgemeinen Ganzzahligkeitsbedingungen für die Investitionsprojekte zu beachten.

b) Das Dean-Modell auf der Basis der Initialverzinsung: Man schätze zunächst die
   marginalen Finanzierungskosten in den Perioden 2, 3, . . ., T, berechne dann für
   jedes Investitionsprojekt den Kapitalwert der Einzahlungsüberschüsse in den
   Zeitpunkten 1, 2, . . ., T, bezogen auf den Zeitpunkt 1, und ermittle für jedes Projekt die Initialverzinsung. Daraus leite man die Kapitalnachfragekurve ab. Für
   jedes aktuelle Finanzierungsprojekt berechne man ebenfalls die Initialverzinsung und erstelle die Kapitalangebotskurve auf Basis der Initialverzinsung.
   Aus beiden Kurven ergibt sich wiederum das optimale Kapitalbudget für die
   erste Periode.

Derartige heuristische Verfahren beruhen auf einer Vereinfachung des Entscheidungsproblems; sie erzeugen daher im allgemeinen Abweichungen von den Lösungen exakter Verfahren (siehe KRUSCHWITZ/FISCHER 1980). Gerade in Anbetracht der Ungewißheit können sich solche Vereinfachungen durchaus bewähren.

3. Ausgeklammert wurde bei den angesprochenen Vereinfachungen die Zurechnungsproblematik. Um mit ihr fertig zu werden, bietet sich folgende Vorgehensweise an: Jedes heute realisierbare Investitionsprojekt wird einer Projektgruppe zugeordnet. Eine Projektgruppe enthält alle Projekte, die wirtschaftlich voneinander abhängig sind. Innerhalb einer solchen Projektgruppe versucht man, bereits vorab die beste Lösung zu finden. Diese Lösung geht dann als Gruppenprojekt in das Dean-Modell ein. Gelingt es, vorab in jeder Projektgruppe ein bestes Gruppenprojekt zu finden, so ist das Dean-Modell anwendbar, weil die Gruppenprojekte voneinander unabhängig sind. Gelingt es jedoch nicht, so bleibt nichts anderes übrig, als das Dean-Modell alternativ mit den in Frage kommenden Gruppenprojekten durchzuspielen und aus den so gewonnenen, alternativen Kapitalbudgets das beste herauszusuchen.

Ein Beispiel soll dies verdeutlichen: Zur Auswahl stehen die Investitionsprojekte 1, 2, ..., 6. Das Investitionsbudget beläuft sich auf 160 €, die marginalen Finanzierungskosten auf 10 %. Zwischen den Projekten 1, 2 und 3 bestehen wirtschaftliche Abhängigkeiten, zwischen den Projekten 4 und 5 ebenfalls. Daher werden drei Projektgruppen gebildet, nämlich die Gruppe (1, 2, 3), die Gruppe (4, 5) und die Gruppe 6. Wir gehen nach dem Konzept der Initialverzinsung vor. Für die Gruppe (1, 2, 3) bestehen folgende Investitionsmöglichkeiten:

Gruppe 1:

Gruppenprojekte	1	2	3	(1,2)	(1,3)	(2,3)	(1, 2, 3)
Anfangsauszahlung	50	40	30	80	75	60	100
Initialverzinsung (%)	10	9	11	12	11,5	10	12,5

Da die marginalen Finanzierungskosten 10 % betragen, sind die Gruppenprojekte 1, 2 und (2, 3) uninteressant. Von der Initialverzinsung her ist (1, 2, 3) am günstigsten; es verursacht aber auch die höchste Anfangsauszahlung. Infolge von Ganzzahligkeitsbedingungen ist es daher nicht notwendig am besten. Da Gruppenprojekt (1, 3) fast genausoviel kostet wie (1, 2), jedoch eine niedrigere Rendite abwirft, wird (1, 3) ebenfalls gestrichen. In der Auswahl bleiben daher nur die Gruppenprojekte 3, (1, 2) und (1, 2, 3).

Für Gruppe 2 gilt:

Gruppenprojekte	4	5	(4,5)
Anfangsauszahlung	60	70	110
Initialverzinsung (%)	13	11	10

Gruppenprojekt (4, 5) ist in Anbetracht der marginalen Finanzierungskosten von 10 % uninteressant, 4 erscheint bei ähnlicher Anfangsauszahlung günstiger als 5. Daher wird vorab Projekt 4 als Gruppenprojekt ausgewählt.

Projekt 6 bringt bei einer Anfangsauszahlung von 50 € eine Initialverzinsung von 14 %.

Da sich die Gruppenprojekte 3, (1, 2) und (1, 2, 3) wechselseitig ausschließen, könnte man das Dean-Modell einsetzen, um das optimale Kapitalbudget

erstens   aus den Gruppenprojekten   3, 4 und 6,
zweitens   aus den Gruppenprojekten   (1, 2), 4 und 6,
drittens   aus den Gruppenprojekten   (1, 2, 3), 4 und 6

zu ermitteln und aus diesen wiederum das beste auszusuchen. Einfacher ist es bei der geringen Zahl von Alternativen jedoch, alle Alternativen sogleich anhand ihres Endwertes zu vergleichen (Investitionsbudget 160 €):

Alternative	3, 4, 6	(1, 2), 4	(1, 2), 6	(1, 2, 3), 4	(1, 2, 3), 6
Anfangs-auszahlung	140	140	130	160	150
Endwert im Zeitpunkt 1	4,1	3,4	3,6	4,3	4,5

Der Endwert einer Alternative errechnet sich, indem man für jedes dazugehörende Gruppenprojekt den Endwert [= Anfangsauszahlung · (Initialverzinsung − marginale Finanzierungskosten)] berechnet und die Endwerte addiert. Z. B. ergibt sich für die Alternative 3, 4, 6

$$30 \cdot (0,11 - 0,10) = 0,3$$
$$60 \cdot (0,13 - 0,10) = 1,8$$
$$\underline{50 \cdot (0,14 - 0,10) = 2,0}$$

Endwert   = 4,1

Am günstigsten ist die Alternative (1, 2, 3), 6, da sie den höchsten Endwert erzeugt.

5.4   Zur Bedeutung der Budgetierungsmodelle

Im vorigen Abschnitt wurde bereits ausgeführt, daß die Modelle zur Kapitalbudgetierung bisher nur in stark vereinfachter Form Eingang in die Praxis gefunden haben. Insbesondere erscheint eine definitive Planung von Investitionsprojekten für zukünftige Jahre infolge der Unsicherheit abwegig. In der Praxis werden solche Projekte daher lediglich über pauschale Investitionsbudgets berücksichtigt. Mehr Gewicht wird statt dessen auf die Analyse und das Management von Investitionsrisiken gelegt.

Die Bedeutung der Mehr-Zeitpunkt-Budgetierungsmodelle liegt eher in den theoretischen Erkenntnissen, die sie vermitteln. So zeigen diese Modelle, unter welchen Voraussetzungen die Kapitalwertmethode anwendbar ist und wie die Kalkulationszinsfüße für die einzelnen Perioden zu wählen sind. Gleichzeitig liefern diese Modelle die Grundlage für die Kapitalbudgetierung unter Unsicherheit, die in den folgenden Kapiteln vorgestellt wird.

5.5 Zusammenfassung

Bei variablen Finanzierungskosten hängt die Höhe des Kalkulationszinsfußes davon ab, wieviel Kapital beschafft wird. Die Kapitalwertmethode wie auch die damit verwandten Methoden sind nicht anwendbar, wenn der Kalkulationszinsfuß nicht bekannt ist. Es ist dann im Rahmen eines Totalmodells simultan über alle Investitions- und Finanzierungsprojekte zu entscheiden.

Unter strengen Voraussetzungen kann dieses Entscheidungsproblem grafisch gelöst werden. Eine allgemeinere Lösungstechnik bietet die lineare Programmierung. Gibt es keine Ganzzahligkeitsbedingungen, dann lassen sich aus der optimalen Lösung periodenabhängige Kalkulationszinsfüße ableiten. Wären diese von vornherein bekannt, so könnte man die optimale Lösung auch anhand der Kapitalwertmethode bestimmen. Bei Ganzzahligkeitsbedingungen versagt die Kapitalwertmethode jedoch.

Ein realitätsnäherer Ansatz ergibt sich, wenn im linearen Programm nicht nur über Investitions- und Finanzierungsprojekte, sondern auch über das Produktionsprogramm entschieden wird. Insbesondere lassen sich damit Zurechnungsprobleme lösen. Da solche Programme sehr aufwendig sind, liegt es nahe, Vereinfachungen durch heuristische Planungsmodelle zu erzielen. Insgesamt liegt der Nutzen solcher Planungsmodelle unter Sicherheit jedoch mehr im theoretischen Erkenntnisgewinn als in der praktischen Anwendung.

6 Erfolgskontrolle und Anreize für Investitionsentscheidungen

6.1 Dezentralisierung von Investitionsentscheidungen

Entscheidungen über Investitionen werden in Unternehmen in der Regel nicht allein von einer zentralen Entscheidungsinstanz auf der Grundlage aller verfügbaren Informationen getroffen. Vielmehr sind an diesen Entscheidungen auch andere Entscheidungsträger im Unternehmen beteiligt, teilweise in der Form, daß ihnen selbständige Entscheidungsbefugnisse übertragen werden, teilweise auch nur, indem sie mit der Ausarbeitung und Vorauswahl von Investitionsprojekten betraut sind. Der Grund für diese Dezentralisation von Entscheidungen liegt darin, daß die zentrale Unternehmensleitung nicht über alle Informationen verfügt, die in den Teilbereichen des Unternehmens vorhanden oder jedenfalls erreichbar sind, und daß ihre Kapazität, Informationen aufzunehmen und zu verarbeiten, begrenzt ist. Teilbereiche eines Unternehmens, deren Leiter maßgeblichen Einfluß auf die Investitionsentscheidungen in ihrem Bereich haben und zugleich für die Ergebnisse der Investitionstätigkeit Verantwortung tragen, werden als Investment Centers bezeichnet.

Die Problematik der Dezentralisation von Entscheidungen im Unternehmen liegt darin, daß die Zentrale zum einen nur unvollständig über die Entscheidungsgrundlagen und das Handeln der dezentralen Entscheidungsträger informiert ist und daß sie zum anderen damit rechnen muß, daß die Entscheidungsträger sich nicht nur durch das Ziel des Unternehmens, sondern auch durch persönliche Motive leiten lassen. Diese beiden Elemente, die Informationsasymmetrie zwischen den Beteiligten und die Vermutung, daß Entscheidungsträger opportunistisch, das heißt eigennützig handeln, lassen eine Prinzipal-Agenten-Beziehung entstehen; derartige Beziehungen erhöhen auch in anderen Zusammenhängen die Komplexität finanzwirtschaftlicher Vertragsbeziehungen (s. dazu Kapitel II, Abschnitt 4.3 und Kapitel VIII). Im vorliegenden Zusammenhang besteht das Problem für die Zentrale als Prinzipal darin, die Bedingungen für die Tätigkeit der Investment Centers, der Agenten also, so zu gestalten, daß diese trotz der Informationsasymmetrie eine im Interesse des Gesamtunternehmens liegende Investitionspolitik verfolgen.

Die persönlichen Ziele und Motive, die zu opportunistischem Verhalten der Entscheidungsträger führen, können sehr unterschiedlich sein. Das Bestreben, dem eigenen Teilbereich Wachstum und größere Bedeutung zu verschaffen und dadurch mehr Einfluß und Aufstiegschancen zu erreichen, kann dazu führen, daß versucht wird, mehr Mittel für Investitionen für den eigenen Bereich zu gewinnen, auch wenn die damit finanzierten Investitionen sich nach den Entscheidungskriterien des Gesamtunternehmens nicht lohnen. Denkbar ist auch, daß ein Teilbereichsleiter Arbeit und Mühe scheut, die damit verbunden sind, Investitionschancen zu entdecken und geeignete Projekte zu entwickeln. Wie auch immer die persönlichen Motive beschaffen sein mögen, sie können dazu führen, daß in den Teilbereichen eine verfehlte Investitionspolitik betrieben wird. Diese Gefahr besteht nicht nur, wenn die Investment Centers selbständig über ihre Investitionen entscheiden, sondern auch, wenn ihre Aufgabe sich darauf beschränkt, Investitionsvorschläge auszuarbeiten und eine Vorauswahl vorzunehmen. Man muß dann damit rechnen, daß die Investitionsprojekte zu günstig dargestellt werden, um einem Teilbereich mehr Mittel zu sichern, aber auch damit, daß nicht genügend Mühe und Sorgfalt auf die Erarbeitung von Vorschlägen verwandt wird.

Wegen der bestehenden Informationsasymmetrie kann die Zentrale die Teilbereiche nicht unmittelbar überwachen. Als Alternative bietet sich eine indirekte Überwachung in Form einer Erfolgskontrolle für den Investitionsprozeß an. Dies setzt allerdings voraus, daß man eine geeignete Methode der Erfolgsermittlung hat. Wenn die Entscheidungsträger wissen, daß ihr Prestige und ihre beruflichen Perspektiven von dem Erfolg ihrer Investitionspolitik abhängen, werden sie auch motiviert, sich um diesen Erfolg zu bemühen und alles zu vermeiden, was ihn schmälert. Die Motivation wird verstärkt, wenn sich zusätzlich die Entlohnung der Entscheidungsträger nach dem Erfolg richtet.

6.2   Erfolgskontrolle durch Periodenerfolgsrechnung

6.2.1   Die Kongruenz von Entscheidungs- und Kontrollrechnung: Barwertidentität

Das Problem einer geeigneten Erfolgsmessung für Investment Centers, die zugleich als Grundlage der Entlohnung dienen kann, wird heute im Rahmen der Theorie des Investitionscontrolling behandelt. Bei allen Lösungsansätzen ist ein grundlegendes Postulat zu beachten: Es muß Kongruenz zwischen Kontrollrechnung und Entschei-

dungsrechnung bestehen; das heißt, in der Kontrollrechnung muß der Erfolg so berechnet werden, daß er dem Kriterium entspricht, das auch in der Entscheidungsrechnung zugrunde gelegt werden soll; andernfalls würden den Entscheidungsträgern
durch die Kontrollrechnung falsche Anreize gesetzt. Wenn es also im Sinne des Un-
ternehmensziels liegt, daß Entscheidungen über Investitionen sich am Kapitalwert
der daraus resultierenden Zahlungen orientieren, dann muß auch der Erfolg für
die Kontrollrechnung so definiert werden, daß sich in ihm die Höhe des Kapitalwerts
widerspiegelt. Im herkömmlichen Rechnungswesen ist diese Kongruenz keineswegs
immer gegeben. Während bei Entscheidungsrechnungen für Investitionen die damit
verbundenen Zahlungen und deren Kapitalwert maßgeblich sein sollen, dient zur Erfolgskontrolle eine periodenbezogene Kosten- und Leistungsrechnung; dem Anschein nach arbeitet die Erfolgskontrolle mit ganz anderen Rechengrößen als die Entscheidungsrechnung. Doch läßt sich zeigen, daß die Kongruenz beider Rechnungen
hergestellt werden kann, wenn die Periodenerfolgsrechnung bestimmten Anforderungen entspricht.

Am einfachsten wäre die gewünschte Kongruenz herzustellen, wenn in der Erfolgsrechnung die gleichen Rechengrößen Verwendung fänden wie in der Entscheidungsrechnung. Der Periodenerfolg wäre dann als Zahlungsüberschuß der Periode zu
definieren. Dies hätte freilich zur Folge, daß die Anfangsauszahlungen eines Investitionsprojekts zunächst den Ausweis eines negativen Erfolges bewirken würden; erst
im Laufe längerer Zeit würde dieses negative Ergebnis durch Zahlungsüberschüsse
kompensiert. In einem stark wachsenden Investment Center würde die Investitionstätigkeit dazu führen, daß auf längere Zeit immer nur negative Erfolge ausgewiesen
werden könnten. Würde der Leiter des Investment Centers proportional am Erfolg
beteiligt, so müßte er während dieser Zeit Zuzahlungen leisten, sich also praktisch
an der Finanzierung der Investitionen beteiligen; das könnte schon daran scheitern,
daß er dazu gar nicht in der Lage wäre. Jedenfalls würde eine erfolgreiche Investitionspolitik sich nur in sehr langer Frist in positiven Periodenerfolgen und damit auch
in einer positiven Erfolgsbeteiligung für die verantwortlichen Entscheidungsträger
niederschlagen.

Es spricht also vieles dafür, den Erfolgsausweis für Investitionen im Zeitablauf
zu glätten, derart daß sich wenigstens tendenziell für gute Investitionen (beispielsweise für solche mit positivem Kapitalwert) in den einzelnen Perioden durchweg
positive Erfolge errechnen. Eine Glättung wird dadurch bewirkt, daß man die Anfangsauszahlungen der Investitionen nicht bereits im Zeitpunkt der Zahlung erfolgs-
mindernd verrechnet, sondern sie in Form von Abschreibungen auf die gesamte Lebensdauer eines jeden Investitionsprojekts verteilt. Auch andere herkömmliche Verfahrensweisen des Rechnungswesens tragen zur Glättung des Erfolgsausweises bei,
so etwa die Regel, daß man Auszahlungen für die Anschaffung oder Herstellung von
Waren oder Produkten erst in der Periode erfolgswirksam verrechnet, in der auch die
Umsatzerlöse für diese Waren und Produkte anfallen. So sinnvoll derartige Verfahrensweisen auf den ersten Blick erscheinen mögen, die entscheidende Frage dabei ist,
ob bei einer Erfolgsermittlung, die sich von den tatsächlichen Zahlungen löst, nicht
die Kongruenz von Entscheidungsrechnung und Erfolgsrechnung verloren geht und
damit falsche Anreize entstehen.

Auf diese Frage läßt sich eine eindeutige Antwort geben, wenn man sich auf das
bereits im Kapitel III (Abschnitt 2.2.3) behandelte und bewiesene Lücke'sche Theo-

rem stützt: Dieses Theorem besagt für ein Investitionsprogramm, daß der Kapitalwert der in bestimmter Weise berechneten Periodenerfolge gleich dem Kapitalwert der Leistungssalden, das heißt der Zahlungsüberschüsse, ist. Voraussetzung dafür ist, daß der Periodenerfolg als Residualgewinn, das heißt als Leistungsgewinn, vermindert um kalkulatorische Zinsen auf das zu Periodenbeginn gebundene Kapital, berechnet wird. Wesentlich ist dabei, daß Leistungsgewinn und Residualgewinn nach den in Kapitel III, Abschnitt 2.2.1 angegebenen Regeln ermittelt werden; dies bedeutet vor allem, daß den bei der Gewinnermittlung angesetzten Aufwänden und Erträgen stets erfolgswirksame Zahlungen in der gleichen oder anderen Perioden entsprechen müssen, daß also über die gesamte Lebensdauer des Unternehmens die Summe der Leistungsgewinne gleich der Summe der Leistungssalden sein muß. Dies impliziert, daß die Summe der Abschreibungen mit der Anschaffungsauszahlung übereinstimmt, und schließt aus, daß Güterverbrauch mit anderen als den tatsächlich gezahlten Preisen bewertet wird.

Die Bezeichnung Residualgewinn für den als Differenz von Leistungsgewinn und kalkulatorischen Zinsen berechneten Periodenerfolg entspricht dem in der englischsprachigen Literatur seit langem üblichen Ausdruck „Residual Income"; in jüngster Zeit ist auch die (als Warenzeichen geschützte) Bezeichnung „Economic Value Added (EVA)" gebräuchlich geworden. Aus dem Lücke'schen Theorem ergibt sich die Identität des Barwerts der Residualgewinne mit dem der Leistungssalden. Die Barwertidentität ist Grundlage für den Nachweis der Kongruenz einer als Periodenerfolgsrechnung (mit dem Residualgewinn als Periodenerfolg) gestalteten Kontrollrechnung mit einer an Zahlungen orientierten Entscheidungsrechnung. Wenn der Leiter eines Investment Centers den Barwert der Residualgewinne und damit zugleich seiner proportional dazu bemessenen Entlohnung maximiert, wird damit zugleich für den Barwert der Einzahlungsüberschüsse, den Kapitalwert des Investitionsprogramms also, ein Maximum erreicht.

6.2.2 Zur Bemessung von Abschreibungen

Die Barwertidentität ist eine wesentliche Voraussetzung dafür, daß von der Kontrollrechnung die richtigen Anreize für die Entscheidungsträger ausgehen. Allerdings ist sie nicht immer hinreichend dafür. Man kann nicht unbedingt damit rechnen, daß der Entscheidungsträger bei der Maximierung des Barwerts seiner nach dem Residualgewinn bemessenen Entlohnung die gleichen Abzinsungssätze zugrunde legt, die aus Sicht der Unternehmensleitung für die Entscheidungsrechnung über Investitionen maßgeblich sein sollen. Seine Zeitpräferenz kann von derjenigen der Unternehmensleitung abweichen, am ehesten in dem Sinne, daß er eine stärkere Präferenz für frühere Zahlungen hat. Im allgemeinen wird er zudem damit rechnen, daß er seine Position nur für begrenzte Zeit innehat, und wird deswegen an weiter in der Zukunft liegenden Periodenerfolgen wenig interessiert sein. Beide Umstände verzerren in ähnlicher Weise den Anreiz: Investitionen, deren Zahlungsüberschüsse erst sehr langfristig zu einem positiven Kapitalwert führen, werden unterlassen; die Investitionspolitik orientiert sich stärker an kurzfristigen Erfolgen.

Dies gibt Anlaß zu Überlegungen, wie die Periodenerfolgsrechnung im einzelnen ausgestaltet werden kann, so daß derartige Fehlanreize vermieden werden. Tatsächlich läßt die Definition des Residualgewinns erheblichen Gestaltungsspielraum für die Berechnungsweise. Jede Bewertung von Beständen und jede damit verbundene Periodenzurechnung von Aufwänden und Erträgen ist mit Barwertidentität vereinbar, solange nur die grundlegende Gleichung gilt, nach der die Summe aller Leistungsgewinne gleich der Summe aller Leistungssalden ist. Man kann zum Beispiel jeden beliebigen Zeitverlauf für die Abschreibungen wählen; es genügt, daß die Summe aller Abschreibungen gleich der Anfangsauszahlung ist. Es liegt also nahe, nach einschränkenden Regeln für die Periodenzurechnung zu suchen, die die Möglichkeit der Entstehung von falschen Anreizen ausschließen oder zumindest begrenzen.

Unter den Vorausetzungen der Barwertidentität gilt, daß es für ein Investitionsprojekt mit positivem Kapitalwert stets eine Periodenzurechnung für die Aufwände und Erträge gibt, bei der ausschließlich positive Beiträge dieses Projekts zum Residualgewinn ausgewiesen werden. Die Beispielsrechnung in Kapitel III, Abschnitt 2.2.3 verdeutlicht dies. Gemäß Tabelle 3.1 ist der Leistungssaldo infolge der Anfangsauszahlung zunächst negativ, dann aber in allen Perioden positiv. Bei linearer Abschreibung (Tabelle 3.2) ergibt sich ein Periodenerfolg, der zunächst deutlich positiv ausfällt, dann aber im Zeitablauf abnimmt und in der letzten Periode negativ wird. Bei degressiver Abschreibung (Tabelle 3.3) ergibt sich stets ein positiver Periodenerfolg: Schließlich kann durch eine unregelmäßig erscheinende Form der Abschreibung auch erreicht werden, daß der Periodenerfolg in allen Perioden gleich hoch und positiv ist (Tabelle 3.4). Die aus der Zeitpräferenz der Entscheidungsträger resultierenden Probleme lassen sich also lösen. Ein Investitionsprojekt, das in jeder Periode zu einem höheren Erfolgsausweis führt, ist für den Entscheidungsträger unabhängig von seiner Zeitpräferenz attraktiv.

Für die Periodenzurechnung von Aufwänden ist in erster Linie die Bemessung der Abschreibungen von Bedeutung. Für den Sonderfall, daß einer Anfangsauszahlung nur noch positive Einzahlungsüberschüsse folgen, läßt sich ein Abschreibungsverfahren angeben, bei dem alle Residualgewinne das gleiche Vorzeichen haben; bei positivem Kapitalwert sind alle Periodenerfolge positiv, bei negativem Kapitalwert negativ. Dieses Verfahren, das in der Literatur als relatives Beitragsverfahren (relative benefit depreciation schedule) bezeichnet wird (ROGERSON 1997, REICHELSTEIN 1997), beruht auf dem einfachen Gedanken, daß die Summe aus Abschreibungen und kalkulatorischen Zinsen proportional zu der Höhe des Zahlungsüberschusses bemessen wird. Das Verfahren läßt sich auch modifizieren für den Fall, daß in einzelnen Perioden auch negative Einzahlungsüberschüsse, Auszahlungsüberschüsse also, anfallen (MOHNEN 2001, S. 144ff.). Im wesentlichen läuft das relative Beitragsverfahren auf eine Glättung des Erfolgsausweises hinaus. Es läßt sich zeigen, daß über die Bewertung von Lagerbeständen eine weitere Glättung erreicht werden kann (BALDENIUS/REICHELSTEIN 2000, GABER 2002).

Am Beispiel des relativen Beitragsverfahrens wird ein grundsätzliches Problem der Erfolgskontrolle deutlich: Wer die Kontrollrechnung aufstellt, muß bestimmte Informationen über die Investitionsprojekte haben, und er kann sich nicht darauf verlassen, daß ihm diese Informationen zuverlässig durch den Entscheidungsträger übermittelt werden. Zur Bemessung der Abschreibungen muß der Kontrollrechner zwar nicht die genaue Höhe der prognostizierten Zahlungsüberschüsse kennen, wohl aber deren zeitliche Ausdehnung und Struktur. Da Informationsasymmetrie besteht, ist der Entscheidungsträger darüber besser informiert als der Kontrollrechner.

Der Kontrollrechner muß aber damit rechnen, daß der Entscheidungsträger nicht unbedingt daran interessiert ist, ihm seine Informationen unverzerrt zu übermitteln. Wenn der Entscheidungsträger beispielsweise eine hohe Präferenz für Zahlungen zu einem frühen Zeitpunkt hat, wird er die Angaben so machen, daß in den früheren Perioden nach Möglichkeit nur niedrige Abschreibungen angesetzt werden. Dies kann er erreichen, indem er niedrigere Einzahlungsüberschüsse für die früheren Jahre und höhere im weiteren Verlauf als Prognose angibt. Hier wird ein grundlegendes Problem jeder Kontrollrechnung deutlich. Wenn in die Rechnung Informationen eingehen, die der zu kontrollierende Agent liefert und deren Richtigkeit nicht unmittelbar überprüft werden kann, besteht die Gefahr, daß das Rechenergebnis verzerrt wird.

Die Zusammenhänge werden komplizierter, wenn man die Ungewißheit des Entscheidungsträgers über zukünftige Leistungssalden mit in Betracht zieht. Die Erfolgskontrolle wird erschwert. Ein Projekt, das ex ante einen positiven Kapitalwert erwarten läßt, kann sich ex post infolge ungünstiger Entwicklungen im Umfeld des Unternehmens als Fehlschlag erweisen. Der Ausweis von Verlusten erlaubt dann jedoch nicht den Rückschluß, daß das Projekt auch ex ante hätte abgelehnt werden müssen. Der Anreiz, ex ante den Kapitalwert zu maximieren, besteht bei Unsicherheit nur dann in der gleichen Weise wie oben beschrieben, wenn der Entscheidungsträger sich nur am Erwartungswert der Periodengewinne und seiner davon abhängenden Entlohnung orientiert. Wenn er jedoch auch das damit verbundene Risiko berücksichtigt, muß die erfolgsabhängige Entlohnung entsprechend modifiziert werden (s. im einzelnen dazu Kapitel VIII, Abschnitt 3).

6.3 Dezentrale Investitionsentscheidungen bei variablen Finanzierungskosten

Bei konstanten Finanzierungskosten zielt die Kontrollrechnung darauf, Anreize zu erzeugen, die die Entscheidungsträger in den Investment Centers veranlassen, den Kapitalwert ihres Investitionsprogramms zu maximieren. Dann ist der Residualgewinn ein geeigneter Erfolgsmaßstab. Bei variablen Finanzierungskosten ergeben sich jedoch Schwierigkeiten. Anders als bei konstanten Finanzierungskosten kann man in diesem Fall die Investment Centers nicht selbständig und unabhängig voneinander über ihre Investitionsprojekte entscheiden lassen, weil der relevante Kalkulationszinssatz, der endogene Kalkulationszinssatz nämlich, der dem Schnittpunkt von Kapitalangebots- und Kapitalnachfragekurve entspricht (s. Abschnitt 5.2.2) nicht bekannt ist. Man könnte den Investment Centers einen Kalkulationszinssatz vorgeben; aber diese Vorgabe wäre willkürlich und würde allenfalls zufällig zum optimalen Investitionsprogramm führen.

Es bietet sich eine andere Verfahrensweise an. Diese wird im folgenden für das Zwei-Zeitpunkt-Modell beschrieben; sie läßt sich jedoch als heuristisches Verfahren auch auf das Mehr-Zeitpunkt-Modell übertragen. Die Investment Centers haben zunächst die Aufgabe, Investitionsprojekte zu entwickeln und eine Vorauswahl vorzunehmen; hierzu sind sie aufgrund ihres Informationsvorsprungs in besonderem Maße befähigt. Sie melden dann der Zentrale die in Frage kommenden Projekte und legen jeweils ihre Prognose für die Einzahlungsüberschüsse vor. Die Zentrale bestimmt dann in der in Abschnitt 5.2.1 beschriebenen Weise das optimale Investitionsprogramm.

Das Problem liegt nun darin, wie für die Investment Centers Anreize erzeugt werden können, sich um die Entwicklung lohnender Projekte zu bemühen und die Zentrale korrekt über ihre Prognosen zu informieren. Auch in diesem Fall kann man den Erfolg über den Residualgewinn kontrollieren und Anreize erzeugen, indem man die Entscheidungsträger nach der Höhe des Residualgewinns entlohnt. Dabei ergibt sich aber die Frage, welcher Zinssatz der Berechnung der kalkulatorischen Zinsen zugrunde gelegt werden soll. Es gibt zwei Möglichkeiten: Die Zentrale kann im voraus einen Zinssatz festlegen; sie kann aber auch ankündigen, daß für die kalkulatorischen Zinsen der Zinssatz maßgeblich sein soll, der sich endogen aus ihrem Optimierungskalkül ergibt.

Bei Vorgabe eines festen Zinssatzes werden die Investment Centers bestrebt sein, Investitionsprojekte vorzuschlagen, die positive Residualgewinne versprechen, deren Kapitalwert bei diesem Zinssatz also positiv ist. Sie können aber nicht damit rechnen, daß alle diese Projekte von der Zentrale genehmigt werden, weil die Grenzkosten der Finanzierung bei hoher Kapitalnachfrage aus den Investment Centers möglicherweise höher liegen. Damit besteht für jedes Investment Center ein Anreiz, sich durch günstige Darstellung der eigenen Investitionsprojekte einen möglichst hohen Anteil an der gesamten Kapitalzuteilung zu sichern. Die Information wird somit verzerrt; der Zentrale gelingt es nicht, das optimale Investitionsprogramm zu finden.

Diese Informationsverzerrung wird vermieden, wenn der endogene Kalkulationszinsfuß der zentralen Optimierungsrechnung auch bei der Bestimmung der kalkulatorischen Zinsen in der Kontrollrechnung verwendet wird. Dann hat kein Teilbereich ein Interesse daran, seine Investitionsprojekte günstiger darzustellen als er sie in Wirklichkeit einschätzt. Eine plausible Begründung dafür läßt sich leicht angeben: Wenn es sich um ein Investitionsprojekt handelt, das auch ohne Informationsverfälschung durchgeführt worden wäre, bleibt die Kapitalzuteilung unberührt. Der endogene Kalkulationszinsfuß kann, wenn er sich überhaupt ändert, nur höher werden, dann nämlich, wenn das Projekt, für das zu günstige Angaben gemacht werden, gerade an der Grenze liegt. Jedenfalls erreicht der betreffende Teilbereich keine Verbesserung seines Ergebnisses. Wenn hingegen ein Investitionsprojekt in das Programm hineinkommt, dessen Verzinsung unter dem endogenen Kalkulationszinssatz des optimalen Investitionsprogramms liegt, so hat es schon bei diesem Zinssatz einen negativen Kapitalwert, und folglich ist auch der Barwert der Residualgewinne negativ. Durch die Angabe überhöhter interner Verzinsung für Investitionen kann aber der endogene Kalkulationszinssatz sogar noch ansteigen (jedoch niemals fallen); damit würden die Residualgewinne noch schlechter ausfallen. Es zahlt sich also nicht aus, falsche Informationen über die eigenen Projekte zu geben, um höhere Kapitalzuteilungen zu erreichen.

Allerdings gibt es in diesem Fall einen anderen Fehlanreiz: Wenn die kalkulatorischen Kosten mit dem endogenen Kalkulationszinssatz berechnet werden, können die Entscheidungsträger in den Investment Centers versuchen, diesen Zinssatz durch verfälschte Informationen zu beeinflussen. Dies können sie erreichen, indem sie die eigenen Investitionsprojekte ungünstiger darstellen, als sie es nach ihrer Einschätzung sind. Dadurch wird die Kapitalnachfragekurve nach unten verschoben, so daß sich ein niedrigerer endogener Kalkulationszinssatz und damit insgesamt niedrigere kalkulatorische Kosten und höhere Residualgewinne ergeben können. Die Wirkung ist allerdings zwiespältig: Die Informationsverfälschung kann dazu führen, daß nicht nur der kalkulatorische Zinssatz sinkt, sondern daß dem betreffenden Teilbereich auch weniger Kapital zugeteilt wird, so daß dadurch sein Residualgewinn wieder beeinträchtigt wird. Diese Gefahr ist geringer, wenn alle Investment Centers im Einvernehmen nach unten verfälschte Einschätzungen für ihre Investitionsprojekte angeben. Dann sinken die kalkulatorischen Zinsen, weil die Grenzrendite, das heißt die Verzinsung des letzten noch durchgeführten Investitionsprojekts, im Kalkül der Zentrale niedriger liegt; im allgemeinen wird auch das Investitionsvolumen geringer. Die relative Kapitalaufteilung auf die Teilbereiche wird sich aber nur wenig ändern. Mit systematischer Informationsverfälschung ist also vor allem dann zu rechnen, wenn eine derartige Kollusion der Investments Centers möglich und wahrscheinlich ist.

Angesichts der Schwierigkeiten, die bei variablen Finanzierungskosten mit der Schaffung von Anreizen über die Erfolgsrechnung für einzelne Investment Centers verbunden sind, bietet sich als Alternative an, die Entscheidungsträger nicht nach dem Erfolg ihres Bereichs, sondern nach dem Erfolg des gesamten Leistungsbereichs, das heißt aller Investment Centers zusammengenommen, zu entlohnen. Eine Entlohnung nach Maßgabe des Residualgewinns führt in diesem Falle dazu, daß alle Entscheidungsträger in gleicher Weise an einem möglichst hohen Kapitalwert des Gesamtprogramms interessiert sind. Ein Nachteil dieser Regelung, der vor allem bei einer größeren Anzahl von Entscheidungsträgern ins Gewicht fällt, liegt allerdings darin, daß der Einfluß des einzelnen auf seine Entlohnung verhältnismäßig gering ist; sie hängt überwiegend davon ab, welchen Beitrag die anderen zum Erfolg leisten. Das schwächt die Motivation, kann sogar dazu führen, daß der einzelne seine Bemühungen reduziert und sich auf das verläßt, was die anderen leisten.

6.4 Zusammenfassung

Die Problematik der Dezentralisation von Investitionsentscheidungen liegt in der Informationsasymmetrie zwischen der zentralen Leitung und den Entscheidungsträgern in den mehr oder weniger selbständigen Investment Centers und der damit verbundenen Vermutung, daß die Entscheidungsträger sich opportunistisch verhalten. Zur Schaffung von Anreizen für die Entscheidungsträger benötigt man im Investitionscontrolling ein geeignetes Verfahren der Erfolgskontrolle. Für den Residualgewinn als Maßstab für den Periodenerfolg spricht die Barwertidentität, das heißt die Übereinstimmung der Barwerte von Zahlungsüberschüssen und Residualgewinnen. Durch zusätzliche Regeln für die Periodenzurechnung von Aufwänden und Erträgen, vor allem durch Regeln für die Bemessung von Abschreibungen, kann man den Problemen Rechnung tragen, die sich aus der Zeitpräferenz der Entscheidungsträger ergeben. Bei variablen Finanzierungskosten kann eine Entlohnung nach dem Residualgewinn Fehlanreize verursachen und die Entscheidungsträger zu falschen Angaben über ihre Investitionsprojekte veranlassen. In diesem Fall kommt eine am Residualgewinn des gesamten Unternehmens bemessene Entlohnung in Frage, von der allerdings nur in begrenztem Maße die erwünschte Anreizwirkung ausgeht.

Literaturangaben zu Kapitel IV

Zu 1

Entscheidungstheoretische Grundlagen werden erörtert in EISENFÜHR/WEBER 2003 Kap. 3–6, VETSCHERA 1991.

Zu 2

Beurteilungskriterien für Kapitalbudgets
DYCKHOFF 1988, FISHER 1930, HIRSHLEIFER 1958, MUS 1988.

Zu 3

Darstellung der investitionsrechnerischen Kennzahlen finden sich bei ALTROGGE 1996 Kap. 4.2, BLOHM/LÜDER 1995 Kap. 3, BUSSE V. COLBE/LASSMANN 1994, HAX 1993 Kap. 1, KRUSCHWITZ 2003 Kap. 2, PERRIDON/STEINER 2002 Kap. B II, 3, R. H. SCHMIDT/TERBERGER 1997 Kap. 4, SÜCHTING 1995 Kap. D1, SWOBODA 1996 Kap. II.
Speziell mit dem internen Zinsfuß befassen sich BERNHARD/NORSTRØM 1980, PRATT/HAMMOND 1979, SCHIERENBECK/ROLFES 1986.
Organisatorische Aspekte der Investitionsplanung werden von BREALEY/MYERS 2003 Kap. 12 angesprochen.

Zu 4

Die Entscheidungsfindung wird auch in den unter Abschnitt 3 genannten Lehrbüchern abgehandelt.
Mittelbarer und unmittelbarer Parametervergleich werden von FRANKE 1978 behandelt.
Investitionsrechnung bei periodenabhängigen Kalkulationszinsfüßen wird bei ROLFES 1998 2. Teil erörtert.
Die optimale Nutzungsdauer von Investitionsprojekten wird insbesondere von SWOBODA 1996 Kap. II D und E erörtert.
Mit den Wirkungen von Steuern auf Investitionsentscheidungen befassen sich
MELLWIG 1980, ROSE 1979, SCHNEIDER 1992 Kap. B, SINN 1987 Kap. 5, J. STEINER 1983, WAGNER 1981, WENGER 1986, WITTMANN 1986, WÖHE/BIEG 1995 3. Teil Abschnitt 1.
Der Einfluß der Inflation wird untersucht von
LEVY/SARNAT 1994 Kap. 5, D. SCHNEIDER 1992 Kap. B IV c.

Zu 5

Kapitalbudgetierung bei variablen Finanzierungskosten
BIERICH 1979, DEAN 1951, DEPPE/LOHMANN 1989, GÖTZE/BLOECH 2002 Kap. 6, HAX 1964, JACOB 1976, KRUSCHWITZ 2003 Kap. 4, KRUSCHWITZ/FISCHER 1980.

Zu 6

Eine Gesamtdarstellung des Investitionscontrolling findet sich bei EWERT/WAGENHOFER 2003, 10. Kapitel. Zur Theorie der Periodenerfolgsmessung und zur Bedeutung der Barwertidentität sei auf LAUX 1999, Kapitel VI, verwiesen, zur Steuerung von Investitionsentscheidungen im allgemeinen und zur Bedeutung des Residualgewinns im besonderen auf MOHNEN 2002.

Kapitel V **Planungstechniken bei Unsicherheit**

In der Theorie der Investitionsentscheidungen ist die Unsicherheit über die Zukunft zunächst vernachlässigt worden. In Kapitel IV wurde ein Überblick über Entscheidungsmodelle gegeben, die auf der Prämisse sicherer Erwartungen beruhen. Offen blieb dabei die Frage, inwieweit derartige Modelle in einer Welt der Unsicherheit überhaupt anwendbar sind und welcher Modifikationen und Ergänzungen sie bedürfen. Im folgenden Kapitel werden zunächst einige Grundbegriffe der Entscheidung bei Unsicherheiten erörtert (Abschnitt 1); daran schließen sich kurze Überlegungen zur Bedeutung von Prognosen an (Abschnitt 2). Anschließend werden verschiedene Methoden der Risikoanalyse vorgestellt, zum einen Ansätze der Sensitivitätsanalyse, zum anderen wahrscheinlichkeitsrechnerische Verfahren; im Zusammenhang mit letzteren wird auch die Problematik von Risikomaßen behandelt (Abschnitt 3). Für die Planung bei Unsicherheit können sich besondere Schwierigkeiten daraus ergeben, daß im Zeitablauf miteinander zusammenhängende Entscheidungen zu treffen sind, zugleich aber der Informationsstand sich ändert. Planungstechniken, die diesen Schwierigkeiten Rechnung tragen, werden in Abschnitt 4 vorgestellt. In Abschnitt 5 wird der Begriff der Risikopolitik erläutert, der die Verbindung zu Kapitel X herstellt, das dem Risikomanagement gewidmet ist.

1 Grundbegriffe

1.1 Quasi-sichere Erwartungen

Entscheidungsmodelle, die auf der Prämisse sicherer Erwartungen beruhen, vernachlässigen einen wesentlichen Aspekt der Realität. Daraus folgt aber noch nicht, daß derartige Modelle ohne praktische Bedeutung sind. Vielmehr werden Entscheidungsrechnungen oft in der Weise durchgeführt, daß mit einer bestimmten Zukunftsentwicklung so gerechnet wird, als ob sie sicher wäre; man kann von einer Rechnung auf der Grundlage quasi-sicherer Erwartungen sprechen.

Investitionsrechnungen, die auf quasi-sicheren Erwartungen beruhen, enthalten eine bedingte Aussage: Aus ihnen geht hervor, wie vorteilhaft ein Investitionsprogramm ist, wenn die tatsächliche Zukunftsentwicklung der bei der Rechnung angenommenen entspricht. Offen bleibt jedoch, welche Folgen ein Abweichen der tatsächlichen von der angenommenen Entwicklung hat. Will man die Möglichkeit derartiger Abweichungen in Planung und Entscheidungsrechnung einbeziehen, so bedarf es einer Erweiterung des methodischen Ansatzes.

1.2 Die zustandsbezogene Betrachtungsweise

Die in einer Entscheidungssituation bestehende Unsicherheit über die Zukunft kann in folgender Weise beschrieben werden: Der Entscheidende hat die Wahl zwischen zwei oder mehr Handlungsalternativen. Das Ergebnis der Entscheidung hängt davon ab, welche Handlungsalternative gewählt wird, zugleich aber auch vom Eintritt eines Zustandes, auf den der Entscheidende keinen Einfluß hat. Er kennt die Menge der möglichen Zustände, weiß aber bei der Entscheidung nicht, welcher von ihnen eintreten wird.

Diese Betrachtungsweise der Unsicherheit in einer Entscheidungssituation setzt voraus, daß man das Ergebnis (E) der Entscheidung als Funktion zweier klar voneinander trennbarer Variablen darstellen kann, der gewählten Alternative (a) und des davon unabhängig eintretenden Zustandes (s).

Die Ergebnisfunktion hat also die Form

$E = E(a, s)$.

Wenn die Menge der Alternativen und die Menge der Zustände nur endlich viele Elemente haben, so kann man die Ergebnisfunktion auch in Form einer Ergebnismatrix angeben. Ist a_i eine beliebige Alternative und s_j ein beliebiger Zustand, so wird diesen durch die Ergebnisfunktion das Ergebnis E_{ij} zugeordnet

$E_{ij} = E(a_i, s_j)$.

Die Ergebnismatrix sieht dann folgendermaßen aus:

Zustände \\ Alternativen	s_1	$s_2 \dots$	$s_j \dots$	s_n
a_1	E_{11}	E_{12}	E_{ij}	E_{1n}
a_2	E_{21}	E_{22}	E_{2j}	E_{2n}
a_i	E_{i1}	E_{i2}	E_{ij}	E_{in}
a_m	E_{m1}	E_{m2}	E_{mj}	E_{mn}

Als Beispiel sei eine Investitionsentscheidung betrachtet, bei der der Erfolg, der durch den Kapitalwert ausgedrückt wird, davon abhängt, wie groß die Absatzmenge eines bestimmten Produkts sein wird. In diesem Fall gibt es zwei Alternativen, die Durchführung und die Unterlassung der Investition. Jede der möglichen Absatzmengen entspricht einem Zustand. Geht man von einer endlichen Zahl möglicher Absatzmengen aus, so läßt sich die Ergebnismatrix angeben. Wenn die Absatzmenge eine kontinuierliche Variable ist, die in einem bestimmten Intervall jeden Wert annehmen kann, gibt es unendlich viele Zustände. Die Situation läßt sich dann nicht mehr mit einer Ergebnismatrix beschreiben; die Lösung muß bei der allgemeinen Ergebnisfunktion ansetzen.

Wesentlich ist, daß die Zustände immer so zu definieren sind, daß sie unabhängig von der durch den Entscheidenden gewählten Alternative sind. Das kann mit Schwierigkeiten verbunden sein. Ist z. B. die Absatzmenge auch vom Preis und damit von einer Entscheidung abhängig, so darf man nicht einfach jede mögliche Ausprägung dieser Variablen als Zustand definieren. Unabhängig von der Entscheidung und zugleich unsicher ist in diesem Fall der durch die Preis-Absatz-Funktion beschriebene Zusammenhang zwischen Preis und Menge. Jede mögliche Ausprägung der Preis-Absatz-Funktion ist somit ein Zustand.

Die durch eine Menge möglicher Zustände beschriebene Unsicherheit läßt sich graphisch als Zustandsbaum darstellen. Im einfachsten Fall sieht der Zustandsbaum aus wie in Abbildung 5.1.

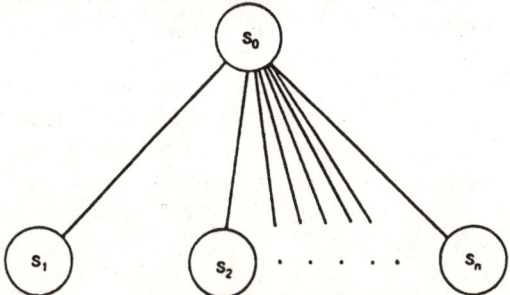

Abb. 5.1. Zustandsbaum für zwei Zeitpunkte

Auf einen gegebenen Ausgangszustand, hier mit s_0 bezeichnet, folgt in einem zukünftigen Zeitpunkt einer der Zustände $s_1, s_2, \ldots, s_n$. Dies wird durch die Verbindungslinien zwischen den die Zustände bezeichnenden Knoten zum Ausdruck gebracht.

Die Darstellungsweise läßt sich nun erweitern auf den Fall einer Abfolge mehrerer zukünftiger Zeitpunkte, wobei in jedem wieder verschiedene Zustände möglich sind. Der Zustandsbaum hat dann das Aussehen wie in Abbildung 5.2.

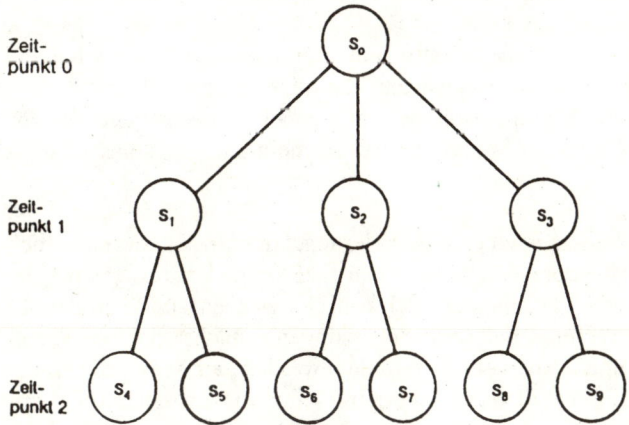

Abb. 5.2. Zustandsbaum für drei Zeitpunkte

Von jedem Knoten, der einen in einem Zeitpunkt möglichen Zustand bezeichnet, laufen Verbindungslinien zu Knoten, die mögliche Zustände im jeweils folgenden Zeitpunkt darstellen; dadurch wird zum Ausdruck gebracht, daß auf einen Zustand in einem Zeitpunkt mehrere Zustände im nächsten Zeitpunkt folgen können. Hierbei ist es zweckmäßig, zwei Zustände eines Zeitpunktes auch dann als verschieden zu betrachten, wenn sie sich lediglich dadurch voneinander unterscheiden, daß ihnen verschiedene Zustände im vorhergehenden Zeitpunkt vorausgehen. Dadurch erreicht man, daß der Graph immer Baumform hat; d. h. es wird verhindert, daß die getrennten Äste in einem späteren Zeitpunkt wieder zusammenlaufen.

Die Darstellungstechnik des Zustandsbaums eignet sich besonders zur Beschreibung von Entscheidungsproblemen, bei denen in aufeinanderfolgenden Zeitpunkten jeweils die Wahl zwischen verschiedenen Alternativen zu treffen ist. Hierbei besteht Unsicherheit insofern, als man zwar in jedem Zeitpunkt weiß, welche Zustände bisher eingetreten sind, nicht aber, welche Zustände in Zukunft eintreten werden. Dieses Problem kann sich, wie noch zu zeigen sein wird, auch bei der Investitionsplanung ergeben, wenn Investitions- und Finanzierungsprogramme über mehrere Perioden hinweg zu planen sind.

1.3   Wahrscheinlichkeiten

Bei zustandsbezogener Betrachtungsweise wird die Unsicherheit zunächst nur in der Weise im Entscheidungskalkül erfaßt, daß man die Menge aller in einem oder mehreren zukünftigen Zeitpunkten möglichen Zustände berücksichtigt. Dabei bleibt noch außer Betracht, daß in der Entscheidungssituation meist nicht nur Vorstellungen darüber bestehen, welche Zustände möglich sind, sondern daß den einzelnen Zuständen auch unterschiedliche Wahrscheinlichkeiten beigelegt werden. Die Wahrscheinlichkeit bezeichnet hierbei den Grad der Glaubwürdigkeit für die Aussage, daß ein bestimmter Zustand eintreten wird.

Die Anwendung der mathematischen Wahrscheinlichkeitsrechnung setzt voraus, daß man den unsicheren (als „zufällig" bezeichneten) Ereignissen (oder Zuständen) Wahrscheinlichkeiten zuordnen kann, die folgende Eigenschaften haben:

1. Wahrscheinlichkeiten sind nicht negativ; ein unmögliches Ereignis hat die Wahrscheinlichkeit 0, ein sicheres die Wahrscheinlichkeit 1.
2. Die Wahrscheinlichkeit, daß eines von mehreren einander ausschließenden Ereignissen eintritt, ist gleich der Summe der Wahrscheinlichkeiten dieser Ereignisse.

Die erste Eigenschaft bedeutet nur eine Normierung. Nicht so selbstverständlich ist die zweite Eigenschaft, die der Additivität. Wenn ein Experte beauftragt wird, die Glaubwürdigkeit verschiedener Prognosen durch Zahlen zwischen 0 und 1 zu charakterisieren, muß man damit rechnen, daß seine Schätzungen zunächst nicht dem Prinzip der Additivität entsprechen. Nur wenn er veranlaßt werden kann, seine Schätzungen so zu revidieren, daß dieser Widerspruch beseitigt wird, können diese als Grundlage eines wahrscheinlichkeitsrechnerischen Kalküls dienen.

Bei der Anwendung der Wahrscheinlichkeitsrechnung gibt es verschiedene Methoden, zu Aussagen über die Wahrscheinlichkeiten unsicherer Ereignisse zu kommen:

1. In manchen Fällen kann man a priori voraussetzen, daß bestimmte Ereignisse gleich wahrscheinlich sind. Dies gilt vor allem bei Glücksspielen, weil hier Mechanismen verwandt werden, die so konstruiert sind, daß man mit gleich wahrscheinlichen Ereignissen rechnen kann; bei einem einwandfreien Würfel setzt man z. B. voraus, daß jede der 6 möglichen Augenzahlen, bei einem Roulette, daß alle Zahlen, bei einem gut gemischten Kartenspiel, daß alle denkbaren Reihenfolgen der Karten gleich wahrscheinlich sind.

2. Wenn ein Vorgang sich bei gleichbleibenden Rahmenbedingungen, jedoch mit zufällig variierenden Resultaten sehr häufig wiederholt, lassen sich aus der relativen Häufigkeit, mit der ein bestimmtes Ereignis eintritt, Rückschlüsse auf seine Wahrscheinlichkeit ziehen; das Wahrscheinlichkeitsurteil beruht hier auf einer statistischen Schätzung. Wahrscheinlichkeitsurteile dieser Art sind z. B. die Grundlage von Versicherungsverträgen; in der Lebensversicherung etwa wird aus der Beobachtung von Sterblichkeitszahlen der Vergangenheit auf die Sterbewahrscheinlichkeit der versicherten Personen für die Zukunft geschlossen.

3. In vielen Fällen können Wahrscheinlichkeitsaussagen weder auf a priori-Annahmen über Gleichwahrscheinlichkeit noch auf statistische Schätzungen gegründet werden. Es gibt lediglich subjektive Vorstellungen darüber, daß die unsicheren Ereignisse bestimmte, in der Regel unterschiedliche Wahrscheinlichkeiten haben. Diese subjektiven Vorstellungen können in Zahlenangaben ausgedrückt werden, die, wenn sie nur die Bedingungen der Normierung und der Additivität erfüllen, ebenso in einen wahrscheinlichkeitsrechnerischen Kalkül eingehen können wie a priori gegebene oder statistisch geschätzte Wahrscheinlichkeiten.

Bei Entscheidungsrechnungen, wie sie in Unternehmen vorkommen, wird man sich in aller Regel nur auf subjektive Wahrscheinlichkeitsschätzungen stützen können. Man hat es hier nicht wie bei Glücksspielen mit Ereignissen zu tun, für die a priori Gleichwahrscheinlichkeit angenommen werden kann. Statistische Schätzungen sind meist nicht möglich, weil Erfahrungsmaterial aus gleichartigen Vorgängen fehlt.

Subjektive Wahrscheinlichkeiten können auf verschiedene Weise ermittelt werden. Ein einfacher Ansatz besteht darin, daß der Entscheidende die zu schätzende Wahrscheinlichkeit eines Zustandes mit bekannten Wahrscheinlichkeiten anderer Ereignisse vergleicht. Er muß lediglich beurteilen, welche Wahrscheinlichkeit größer ist; auf diese Weise läßt sich die zu schätzende Wahrscheinlichkeit eng eingrenzen. Hält man z. B. die Wahrscheinlichkeit eines Zustands für größer als die des Würfelns einer „sechs", hingegen für kleiner als die des Würfelns einer „eins" oder „sechs", so ordnet man dem Zustand eine Wahrscheinlichkeit zwischen $\frac{1}{6}$ und $\frac{1}{3}$ zu (Gleichwahrscheinlichkeit aller sechs Augenzahlen beim Würfeln vorausgesetzt). Die Wahrscheinlichkeitsschätzung kann auch durch eine Gruppe von Personen erfolgen, wobei die Einzelschätzungen gemittelt werden.

Subjektive Wahrscheinlichkeitsschätzungen müssen widerspruchsfrei sein. Sie dürfen insbesondere nicht gegen die Normierungs- und Additivitätseigenschaft verstoßen. Davon abgesehen gibt es allerdings kein Kriterium zur Beurteilung der Güte subjektiver Schätzung. Wenn zwei Personen die Wahrscheinlichkeit eines Ereignisses ganz unterschiedlich einschätzen, läßt sich nicht entscheiden, wer von beiden besser geschätzt hat. Das führt zu der Frage, ob es überhaupt sinnvoll ist, rein subjektive und auf ihre Richtigkeit nicht überprüfbare Wahrscheinlichkeitsschätzungen zur Grundlage eines Entscheidungskalküls zu machen. Man muß dabei aber berücksichtigen, daß eine bessere Möglichkeit zur Ermittlung von Wahrscheinlichkeiten in der Regel nicht besteht. Die Alternative zur Berücksichtigung subjektiver Wahrscheinlichkeiten ist also der Verzicht auf die Verwendung der Wahrscheinlichkeitsrechnung.

Es geht bei der Frage, ob subjektive Wahrscheinlichkeiten berücksichtigt werden sollen, letztlich nur darum, ob man die subjektiven Vorstellungen der am Entscheidungsprozeß Beteiligten über die Wahrscheinlichkeiten bestimmter Zustände in die Entscheidung einfließen lassen soll oder nicht. Die Ablehnung subjektiver Wahrscheinlichkeiten läuft darauf hinaus, auf die Berücksichtigung der Information über diese subjektiven Vorstellungen zu verzichten. Es kommt also darauf an, ob man die Information über subjektive Wahrscheinlichkeitsvorstellungen von Personen, die über Erfahrung und Sachkenntnis verfügen, als relevant ansieht oder für vernachlässigbar hält.

Ein wahrscheinlichkeitsrechnerischer Kalkül wird dadurch ermöglicht, daß man den möglichen Zuständen der Zukunft Wahrscheinlichkeiten zuordnet. Bezieht sich die Planung nur auf eine Periode, an deren Beginn Entscheidungen zu treffen sind, so kann bei endlicher Anzahl von Zuständen jedem Zustand s_j die Wahrscheinlichkeit w_j zugeordnet werden. Es muß gelten:

$$\sum_{j=1}^{n} w_j = 1$$

Ist die Zahl der Zustände (n) nicht endlich, wird z. B. der Zustand durch eine oder mehrere kontinuierliche Variablen bestimmt, so muß eine kontinuierliche Wahrscheinlichkeitsverteilung in Form einer Dichtefunktion oder Verteilungsfunktion angegeben werden.

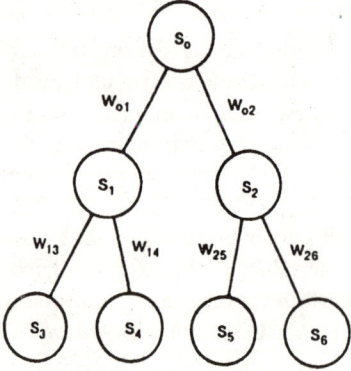

Abb. 5.3. Zustandsbaum mit Wahrscheinlichkeitsangaben

Bei einem mehrperiodigen Entscheidungsmodell läßt sich die Unsicherheit ebenfalls durch einen Zustandsbaum beschreiben (Abbildung 5.3). In diesem Fall können Wahrscheinlichkeitsaussagen gemacht werden, indem man den Ästen des Zustandsbaums Übergangswahrscheinlichkeiten zuordnet. Ist j ein Zustand, der auf den Zustand i folgen kann, so ist w_{ij} die Übergangswahrscheinlichkeit vom Zustand i zum Zustand j, d. h. die Wahrscheinlichkeit, daß Zustand j eintritt, wenn Zustand i bereits eingetreten ist.

Die Summe der Übergangswahrscheinlichkeiten für alle Zustände, die auf den Zustand i folgen können, muß wieder 1 ergeben. Bezeichnet man mit I_i die Menge der Indizes aller Zustände, die auf den Zustand i folgen können, so gilt:

$$\sum_{j \in I_i} w_{ij} = 1$$

Für das Beispiel bedeutet dies:

$$w_{01} + w_{02} = 1$$
$$w_{13} + w_{14} = 1$$
$$w_{25} + w_{26} = 1$$

Hat man die Übergangswahrscheinlichkeiten, so läßt sich auch für jeden Zustand die unbedingte Wahrscheinlichkeit berechnen, die ihm im Ausgangszustand s_0 zuzuordnen ist. Man erhält diese unbedingte Wahrscheinlichkeit, indem man alle Übergangswahrscheinlichkeiten entlang des Pfades vom Ausgangszustand bis zu dem betreffenden Zustand multipliziert. Der Übergang von einem Zustand zum anderen kann durch das Indexpaar (i,j) bezeichnet werden; bezeichnet man weiter mit K(0,k) die Menge aller Indexpaare, die auf dem Pfad vom Ausgangszustand 0 zum Zustand k liegen, so gilt für w_k, die unbedingte Wahrscheinlichkeit des Zustandes k:

$$w_k = \prod_{(i,j) \in K(0,k)} w_{ij}$$

2 Prognosen

Planungs- und Entscheidungsrechnungen beruhen stets auf Prognosen über die Entwicklung der äußeren Gegebenheiten, von denen abhängt, zu welchen Ergebnissen die gewählte Alternative führen kann. Bei der Erstellung von Prognosen kann man sich vielfältiger und verschiedenartiger Methoden bedienen. Grundsätzlich beruhen alle Prognosemethoden darauf, daß man Erfahrungen und Beobachtungen der Vergangenheit auswertet und daraus Schlüsse für die Zukunft zu ziehen versucht. Dies kann auf verhältnismäßig einfache Weise geschehen, indem man Zeitreihen der Vergangenheit, in denen statistische Gesetzmäßigkeiten, etwa ein Trend oder zyklische Bewegungen erkennbar sind, in die Zukunft extrapoliert; hierbei bleiben die Kausalzusammenhänge, die die zeitliche Entwicklung bestimmen, außer Betracht. Sollen diese Kausalzusammenhänge zur Grundlage der Prognose gemacht werden, so muß ein Modell formuliert werden, das die Interdependenzen der wesentlichen Variablen in ihrem zeitlichen Zusammenhang beschreibt. Ein derartiges Modell, das sich empirisch bewährt hat, kann zur Prognose eingesetzt werden, wenn die Variablen, die die zukünftige Entwicklung kausal determinieren, früher beobachtet oder leichter prognostiziert werden können als die Größen, auf die die Prognose letztlich zielt. Gegenüber der rein statistischen Extrapolation bietet die modellgestützte Prognose die Möglichkeit, auch Brüche in der zeitlichen Entwicklungsreihe vorherzusehen, wenn man die Kausalzusammenhänge erkannt hat und die Entwicklung der am Anfang der Kausalkette stehenden Variablen frühzeitig beobachten kann.

Mathematisch-statistische Prognosemethoden finden heute zunehmend Anwendung und haben einen hohen Grad technischer Perfektion erreicht. Sie können allerdings Intuition und Kreativität nicht ersetzen, die unerläßlich sind, will man die vielfältigen Möglichkeiten erkennen, die die Zukunft in sich birgt. Mathematisch-statistische und intuitiv-kreative Prognoseverfahren schließen sich nicht aus, stehen vielmehr in einem komplementären Verhältnis zueinander.

Prognosen bestehen oft darin, daß man eine bestimmte mögliche Entwicklung angibt. Die Güte einer Prognose wird später danach beurteilt, wie nahe sie der tatsächlich eingetretenen Entwicklung gekommen ist. Eine Prognose, die derartigen Beurteilungsmaßstäben entsprechen soll, führt zur Vernachlässigung der Unsicherheit im weiteren Planungsverfahren. Die Prognose erfaßt nur einen Ast des Zustandsbaums; alle anderen werden vernachlässigt. Dies läuft auf die Annahme von Quasi-Sicherheit für die Planung hinaus.

Legt man Wert darauf, daß die Unsicherheit im Entscheidungskalkül berücksichtigt wird, so darf sie nicht schon im Prognosestadium vernachlässigt werden. Man braucht dann eine andere Art von Prognose, die sich nicht von vornherein auf eine einzige Zustandsfolge beschränkt. Die Prognose sollte vielmehr im Idealfall den gesamten Zustandsbaum beschreiben, einschließlich der Angaben über Wahrscheinlichkeiten. Dies wird in der Regel kaum praktisch durchführbar sein. Wohl aber ist eine Prognose denkbar, die zumindest auch die wichtigsten Äste eines vereinfachten Zustandsbaums erfaßt. Wesentlich ist, daß der Blick auf die Zukunft nicht von vornherein durch das Prognoseverfahren auf quasi-sichere Erwartungen verengt wird.

3   Risikoanalyse

3.1   Sensitivitätsanalyse

3.1.1   Fragestellungen der Sensitivitätsanalyse

Eine einfache Methode zur Einbeziehung der Unsicherheit besteht darin, die Entscheidungsrechnung zunächst auf der Basis quasi-sicherer Erwartungen durchzuführen, dann aber in einer zweiten Rechnungsphase zu prüfen, wie empfindlich das Rechenergebnis auf Abweichungen der unsicheren Daten von den als quasi-sicher vorausgesetzten Werten reagiert. Diese Verfahrensweise wird als Sensitivitätsanalyse bezeichnet.

Zwei verschiedene Fragestellungen sind bei der Sensitivitätsanalyse möglich; die eine bezieht sich darauf, wie empfindlich eine als Erfolgsmaßstab dienende Zielgröße auf Abweichungen bei den Ausgangsdaten reagiert. So kann man z. B. bei einer Investitionsrechnung überprüfen, wie der Kapitalwert sich ändert, wenn es Abweichungen bei Ausgangsdaten wie dem Kalkulationszinsfuß, der Lebensdauer, der

Absatzmenge, den Preisen u. ä. gibt. Bei der anderen Fragestellung geht es darum, ob und inwieweit die Feststellung, daß eine bestimmte Alternative optimal ist, durch Abweichungen berührt wird. Hat man z. B. die Wahl zwischen mehreren einander ausschließenden Investitionsalternativen, wobei eine zunächst den höchsten Kapitalwert hat, so ist zu fragen, ob Abweichungen dazu führen können, daß der Kapitalwert einer anderen größer wird als der der ersten.

Beide Fragestellungen sind deutlich voneinander zu unterscheiden. Bei der ersten Fragestellung geht es um den Einfluß von Datenabweichungen auf die absolute Höhe des Erfolgs. Ist die Empfindlichkeit in dieser Hinsicht gering, so folgt daraus, daß der aus quasi-sicheren Daten abgeleitete planmäßige Erfolg nicht wesentlich unterschritten werden kann. Dabei ist aber denkbar, daß sich nachträglich im Lichte der tatsächlichen Entwicklung herausstellt, daß eine andere Alternative zu einem höheren Erfolg hätte führen können. Bei der zweiten Fragestellung hingegen geht es um den Einfluß von Datenabweichungen auf die Vorteilhaftigkeit einer Alternative im Vergleich zu den anderen, die zur Wahl stehen. Hier bedeutet geringe Empfindlichkeit, daß die bei quasi-sicheren Daten optimale Alternative auch bei Abweichungen optimal bleibt; das schließt nicht aus, daß sich die Höhe des Erfolgs dieser Alternative stark verändert, wenn Abweichungen eintreten.

Kommt es bei dem Entscheidungskalkül darauf an, eine Alternative zu finden, deren Erfolg bei relativ hoher Sicherheit ein günstiges Niveau erreicht, so wird man bei der Sensitivitätsanalyse die erste Fragestellung in den Vordergrund stellen. In diesem Fall ist für die Beurteilung vor allem von Bedeutung, ob und inwieweit die Unsicherheit der Ausgangsdaten die Erreichung eines günstigen Erfolgsniveaus beeinträchtigen kann. Steht beim Entscheidungskalkül hingegen die Suche nach einer Alternative im Vordergrund, die in möglichst vielen Zuständen allen anderen überlegen ist, so führt dies zu der zweiten Fragestellung. Hierbei wird nicht überprüft, wie Abweichungen auf die absolute Erfolgshöhe wirken, sondern innerhalb welcher Grenzen eine bestimmte Alternative optimal bleibt.

3.1.2   Kritische Werte

Ein sehr einfaches Verfahren der Sensitivitätsanalyse ist die Berechnung kritischer Werte. Hierbei wird die Unsicherheit nur hinsichtlich eines der Parameter berücksichtigt, die als Ausgangsdaten in den Entscheidungskalkül eingehen. Man fragt dann nach den Grenzen, innerhalb derer dieser Parameter liegen kann, ohne daß sich die optimale Alternative ändert. Dies entspricht der im vorhergehenden Abschnitt angesprochenen zweiten Fragestellung, bei der die relative Vorteilhaftigkeit einer Alternative im Vergleich zu anderen im Mittelpunkt steht.

Die Grenzen des Bereichs, innerhalb dessen der jeweils betrachtete Parameter ohne Einfluß auf die relative Vorteilhaftigkeit einer bestimmten Aktion variiert werden kann, werden als kritische Werte bezeichnet. Kritische Werte spielen schon im Fall sicherer Erwartung bei bestimmten Entscheidungsregeln eine Rolle. Hierzu sei auf die Ausführungen zum unmittelbaren Parametervergleich im Kapitel IV (Abschnitt 4.1) verwiesen, weiter auch auf die Darlegungen zum mittelbaren Parametervergleich (Kapitel IV, Abschnitt 4.2.2), aus denen hervorgeht daß die falsche Verwendung kritischer Werte zu Fehlentscheidungen führen kann. Bedeutung und Aussagekraft kritischer Werte im Fall der Unsicherheit können am Beispiel einer einfachen Investitionsentscheidung veranschaulicht werden, bei der es darum geht, ob eine bestimmte Investition durchgeführt werden soll oder nicht. Die Durchführung der Investition ist die optimale Alternative, solange der Kapitalwert positiv ist. Der kritische Wert ist also da, wo der Kapitalwert gerade gleich Null ist.

Diese Berechnung kann für jeden der in den Kalkül eingehenden Parameter durchgeführt werden. Einer dieser Parameter ist der Kalkulationszinsfuß. Der interne Zinsfuß als der Kalkulationszinsfuß, bei dem der Kapitalwert gerade gleich Null ist, stellt in diesem Fall einen kritischen Wert dar. Bei Investitionen, die mit Anfangsauszahlungen beginnen, denen dann positive Einzahlungsüberschüsse folgen, ist der Kapitalwert positiv, sofern der Kalkulationszinsfuß kleiner ist als der interne Zinsfuß. Der interne Zinsfuß als kritischer Wert gibt also die Obergrenze des Zinsbereichs an, für den die Durchführung der Investition die optimale Alternative ist.

Eine weitere Größe, für die man kritische Werte berechnen kann, ist die Lebensdauer eines Investitionsprojekts. Die Lebensdauer, die mindestens erreicht werden muß, damit sich ein nichtnegativer Kapitalwert ergibt, ist die Amortisationsdauer (vgl. Kapitel IV, Abschnitt 3.4). Als kritischer Wert gibt die Amortisationsdauer für den Parameter Lebensdauer die Untergrenze des Bereiches an, in dem die Durchführung der Investition sich lohnt.

Ein drittes Beispiel zur Berechnung kritischer Werte sei noch betrachtet. Eine Investition sei mit einer Anfangsauszahlung A_0 und gleichbleibenden jährlichen Überschüssen in Höhe von e für T Jahre verbunden. Der jährliche Überschuß e sei von der Absatzmenge x abhängig, und zwar gemäß folgender Formel:

$$e = (p-c)x-C$$

Hierbei sei p der Verkaufspreis, c der je Produkteinheit anfallende Betrag an variablen Auszahlungen und C ein fixer, von der Absatzmenge unabhängiger Auszahlungsbetrag. Der Kapitalwert kann nach der Rentenbarwertformel berechnet werden; RBF_T sei der Rentenbarwertfaktor für eine T-jährige nachschüssige Rente. Es gilt:

$$K_0 = e\,RBF_T - A_0 = [(p-c)x-C]\,RBF_T - A_0$$

Sucht man die Untergrenze des Bereichs für die Absatzmenge x, in dem sich ein positiver Kapitalwert ergibt, so muß man den Kapitalwert in dieser Formel gleich Null setzen und die Gleichung nach x auflösen. Man erhält so die kritische Absatzmenge x^*:

$$x^* = \frac{A_0/RBF_T + C}{p - c}$$

Dieser Zusammenhang läßt sich auch graphisch veranschaulichen (Abbildung 5.4). K_0 ist eine lineare Funktion von x, die durch eine Gerade mit dem Ordinatenwert $-(C\,RBF_T + A_0)$ und der Steigung $(p-c)RBF_T$ dargestellt wird. Die kritische Absatzmenge x^* liegt im Schnittpunkt der Geraden mit der Abszisse.

Die kritische Absatzmenge entspricht dem aus der elementaren Kostenanalyse bekannten Break-Even-Point, d. h. der kritischen Menge, bei der die Gewinnschwelle überschritten wird.

Abb. 5.4. Kritische Absatzmenge
(Break-Even-Point)

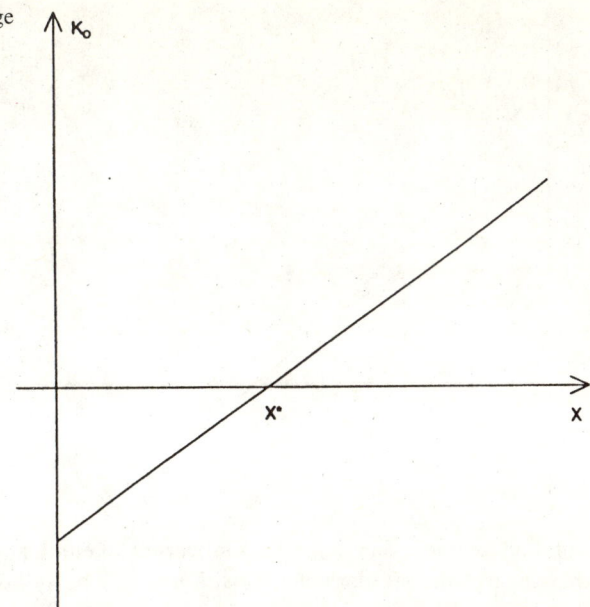

Bei den bisherigen Beispielen wurden Entscheidungssituationen betrachtet, in denen es nur um die Durchführung oder Nichtdurchführung einer bestimmten Investition ging; der kritische Wert eines Parameters liegt in diesem Fall da, wo der Kapitalwert vom Positiven ins Negative überwechselt. Die Berechnungsweise kritischer Werte ändert sich etwas, wenn es mehrere Alternativen gibt. Hat man z. B. die Möglichkeit, eines von zwei sich ausschließenden Investitionsprojekten durchzuführen, so kann von der angenommenen Datenkonstellation abhängen, welches optimal ist. Hat sich aufgrund quasi-sicher angenommener Daten eines von beiden durch einen höheren Kapitalwert als optimal erwiesen, so kann wieder für einzelne Parameter die Frage gestellt werden, bis zu welcher Grenze Abweichungen auftreten können, ohne daß sich an diesem Ergebnis etwas ändert. Diese Grenze kann da liegen, wo der Kapitalwert negativ wird, aber auch da, wo er kleiner wird als der Kapitalwert des anderen Projekts.

Als Beispiel seien zwei Investitionsprojekte 1 und 2 betrachtet, die mit Anfangsauszahlungen in Höhe von A_{01} bzw. A_{02} und laufenden Einzahlungsüberschüssen in Höhe von e_{t1} bzw. e_{t2} verbunden sind. Hierbei sei die Investition 1 mit einer geringeren Anfangsauszahlung, aber auch mit geringeren Einzahlungsüberschüssen in der Zukunft verbunden; es gilt also:

$$A_{01} < A_{02}$$
$$\text{und } e_{t1} < e_{t2} \qquad (t=1,\ldots,T).$$

Wenn sich aufgrund dieser als quasi-sicher angenommenen Daten zunächst Investition 2 mit einem hohen Kapitalwert als günstiger erweist, ist im Rahmen der Sensitivitätsanalyse zu prüfen, in welchem Bereich Abweichungen eintreten können, ohne daß sich daran etwas ändert. Ein Parameter, von dem das Ergebnis wesentlich abhängt, ist der Kalkulationszinsfuß. Bei steigendem Kalkulationszinsfuß ist

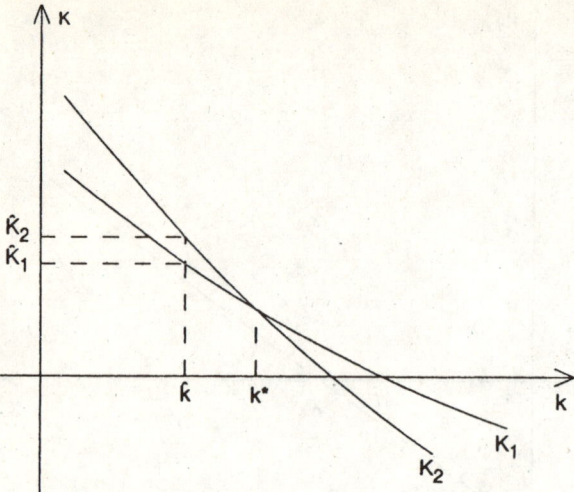

Abb. 5.5. Kritischer Kalkulationszinsfuß bei Entscheidung zwischen zwei Projekten

damit zu rechnen, daß beide Kapitalwerte sinken, der von Investition 2 aber möglicherweise stärker als der von Investition 1, weil bei höherem Kalkulationszinsfuß die zukünftigen Einzahlungsüberschüsse weniger stark ins Gewicht fallen als die Anfangsauszahlung. Die beiden Kapitalwerte K_1 und K_2 können sich in Abhängigkeit vom Kalkulationszinsfuß etwa so entwickeln wie in Abbildung 5.5 dargestellt.

Hat man zunächst mit $\hat{k}$ als Kalkulationszinsfuß gerechnet, so erhält man die Kapitalwerte $\hat{K}_1$ und $\hat{K}_2$, wobei $\hat{K}_2 > \hat{K}_1$. Mit wachsendem k werden beide Kapitalwerte kleiner, beim Kalkulationszinsfuß k* ist die kritische Grenze erreicht, wo K_1 größer als K_2 wird. Dieser kritische Wert ist durch die Gleichheit beider Kapitalwerte definiert, also durch die Gleichung:

$$\sum_{t=1}^{T} e_{t1}(1 + k^*)^{-t} - A_{01} = \sum_{t=1}^{T} e_{t2}(1 + k^*)^{-t} - A_{02}$$

oder

$$\sum_{t=1}^{T} (e_{t2} - e_{t1})(1 + k^*)^{-t} - (A_{02} - A_{01}) = 0$$

Wie aus der letzten Formulierung hervorgeht, kann der kritische Zinsfuß auch als interner Zinsfuß der Differenz der beiden Zahlungsreihen berechnet werden.

Es kann auch mehr als einen kritischen Wert geben. Dies gilt im Beispiel hinsichtlich der Investition 1; für diese ist der Bereich, in dem sie optimal ist, nach oben und nach unten begrenzt. Der untere kritische Wert ist k*; liegt der Kalkulationszinsfuß niedriger, ist Investition 2 besser als Investition 1. Der obere kritische Wert ist der interne Zinsfuß der Investition 1, in der graphischen Darstellung der Schnittpunkt der Kapitalwertkurve mit der Abszisse; liegt der Kalkulationszinsfuß höher, so lohnt sich keine der beiden Investitionen mehr.

Die geschilderte Verfahrensweise zur Berechnung kritischer Werte führt zu klaren und anschaulichen Ergebnissen, die aber doch nur begrenzt aussagefähig sind.

Dies liegt vor allem daran, daß kritische Werte jeweils nur für einen einzelnen Parameter berechnet werden. Die Aussage, daß der Parameter innerhalb der durch kritische Werte gesetzten Grenzen von den quasi-sicheren Erwartungen abweichen kann, ohne daß sich die Entscheidung ändert, gilt nur unter der Voraussetzung, daß alle anderen Parameter keine Abweichungen aufweisen. Wie sich gleichzeitige Abweichungen bei mehreren Parametern auswirken, bleibt dabei offen. Will man hierüber Aufschluß gewinnen, so muß die Verfahrensweise verallgemeinert werden. Um dies beispielhaft zu zeigen, sei wieder auf den Fall zurückgegriffen, in dem der Kapitalwert eines Investitionsprojekts als Funktion der Absatzmenge dargestellt wird. Hier gilt:

$$K_0 = [(p-c)x - C]\, RBF_T - A_0 .$$

Man kann nun die Frage stellen, innerhalb welcher Grenzen die Absatzmenge x und der im Rentenbarwertfaktor RBF_T steckende Kalkulationszinsfuß liegen können, ohne daß der Kapitalwert negativ wird. Um die Grenze dieses Bereichs zu ermitteln, setzt man den Kapitalwert gleich Null, setzt für RBF_T den Ausdruck $[1-(1+k)^{-T}]/k$ ein und löst die Gleichung nach x auf:

$$x = [A_0\, \frac{k}{1 - (1+k)^{-T}} + C]\, /\, (p-c) .$$

In graphischer Darstellung ergibt sich der in Abbildung 5.6 dargestellte Kurvenverlauf. Die Kurve ist der geometrische Ort aller x-k-Kombinationen, bei denen sich ein Kapitalwert von Null ergibt.

Alle Punkte, die oberhalb der Kurve liegen, stellen x-k-Kombinationen mit positivem Kapitalwert dar. Die Kurve ist die Grenze dieses Bereichs, eine kritische Grenze, die die gleiche Bedeutung hat wie der kritische Punkt bei der auf nur einen Parameter bezogenen Analyse.

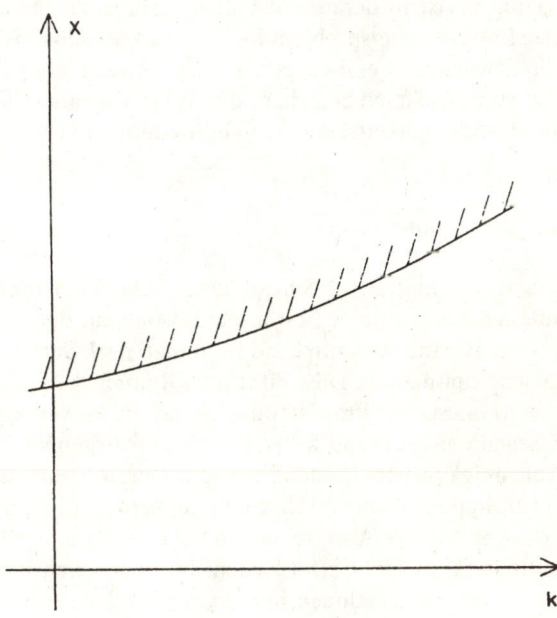

Abb. 5.6. Kritische Grenze für Absatzmenge und Kalkulationszinsfuß

Grundsätzlich läßt sich diese Verfahrensweise bei beliebig vielen Parametern anwenden. Wenn es gelänge, alle unsicheren Parameter in die Analyse einzubeziehen, so entspräche jede Parameterkombination einem Zustand. Die beschriebene Form der Sensitivitätsanalyse liefe darauf hinaus, die Menge von Zuständen zu beschreiben, bei denen eine bestimmte Entscheidung optimal ist.

Offensichtlich ist allerdings, daß das Berechnungsergebnis mit zunehmender Zahl der Parameter immer weniger anschaulich und durchschaubar wird. Damit geht ein wesentlicher Vorzug der Analyse auf der Grundlage kritischer Werte verloren. Es gibt aber noch einen grundsätzlichen Einwand, der schwerer ins Gewicht fällt. Wenn man die Menge der Zustände kennt, bei denen eine bestimmte Alternative optimal ist, lassen sich daraus entscheidungsrelevante Aussagen nur ableiten, wenn man auch eine Vorstellung darüber hat, welche Zustände überhaupt eintreten können. Bezeichnet man mit a* die aufgrund quasi-sicherer Erwartungen als optimal ermittelte Alternative, mit S* (a*) die Menge der Zustände, bei denen a* optimal ist, und mit S die Menge der Zustände, die eintreten können, so hätte man eine einwandfreie Lösung des Entscheidungsproblems, wenn S eine Teilmenge von S*(a*) wäre.

$$S \subset S^* (a^*)$$

Einfacher ausgedrückt: Wenn sich für jeden Zustand die gleiche Optimallösung ergibt, so ist dies die Optimallösung des Entscheidungsproblems bei Unsicherheit. Mit einem solchen Ergebnis kann aber im allgemeinen nicht gerechnet werden. Wenn jedoch diese Bedingung nicht erfüllt ist, weiß man zwar, innerhalb welcher Grenzen a* optimal ist, zugleich aber auch, daß Zustände eintreten können, die außerhalb dieser Grenzen liegen. Schon bei der Berechnung kritischer Werte für einen einzigen Parameter kann sich diese Situation ergeben; man kann z. B. bei der Berechnung der kritischen Untergrenze für die Absatzmenge zu dem Ergebnis kommen, daß die Möglichkeit einer Unterschreitung dieser Grenze nicht auszuschließen ist. Die Aktion a* ist in derartigen Fällen nicht mehr eindeutig allen anderen überlegen. Das Entscheidungsproblem bleibt damit ungelöst, jedenfalls solange nicht zusätzliche Erwägungen einbezogen werden, etwa solche, die sich auf die Wahrscheinlichkeit von Zuständen beziehen; dies führt aber über die Sensitivitätsanalyse, die ohne Wahrscheinlichkeitsaussagen auszukommen versucht, hinaus.

3.1.3　Bandbreitenanalyse

Die in Abschnitt 3.1.2 behandelten Methoden der Sensitivitätsanalyse beruhen darauf, daß zunächst eine bestimmte Lösung auf der Basis quasi-sicherer Erwartungen bestimmt wird. Anschließend fragt man nach der Menge der Zustände, für die diese Lösung optimal ist. Dies führt nicht immer zu einem befriedigenden Resultat.

Man kann die Fragestellung abändern, indem man von der Menge der möglichen Zustände ausgeht und feststellt, wie das Ergebnis einer bestimmten Alternative in Abhängigkeit vom Zustand variiert. Damit kehrt man zu der in Abschnitt 3.1.1 an erster Stelle genannten Fragestellung zurück, die sich auf die Sensitivität des Ergebnisses gegenüber Abweichungen bei den Ausgangsdaten bezieht. Bei dieser Fragestellung ist es nicht erforderlich, im ersten Schritt einen bestimmten Zustand als quasi-sicher anzunehmen, auf dieser Grundlage eine optimale Alternative zu bestimmen und die folgende Analyse auf diese zu beschränken. Vielmehr kann man von einer Menge möglicher Alternativen ausgehen und für jede davon ermitteln, wie sich die Ungewißheit hinsichtlich des Zustandes jeweils auf die Ungewißheit des Ergebnisses auswirkt. Die Information über die Ungewißheit geht also nicht wie beim Rechnen mit quasi-sicheren Erwartungen im Vorstadium des Entscheidungskalküls verloren; sie schlägt sich vielmehr unverkürzt im Resultat der Rechnung nieder. Zunächst gelangt man auch damit nicht zu eindeutigen Aussagen über optimale Alternativen. Man kann für jede Alternative nur Aussagen über die Unsicherheit des damit erreichbaren Ergebnisses machen. Zur endgültigen Entscheidung bedarf es zusätzlicher Erwägungen.

Bei Investitionsrechnungen besteht Ungewißheit in der Regel hinsichtlich bestimmter in den Kalkül eingehender Parameter wie Preise, Absatzmengen, Lebensdauer und Kalkulationszinsfuß. In Abhängigkeit von diesen Parametern steht die das Ergebnis repräsentierende Größe, etwa der Kapitalwert. Eine einfache Möglichkeit, die Ungewißheit der Parameter im Kalkül zu erfassen, besteht darin, daß man von einer Bandbreitenschätzung ausgeht. Für jeden Parameter wird eine Ober- und eine Untergrenze des Bereichs angegeben, in dem der tatsächliche Wert liegen kann. Die Menge aller innerhalb dieser Bandbreiten liegenden Wertekonstellationen der Parameter ist die Menge der Zustände. In der Regel ist es einfach, den für das Ergebnis günstigsten ebenso wie den ungünstigsten Wert jedes Parameters innerhalb der vorgegebenen Bandbreite festzustellen; diese Werte entsprechen normalerweise den Ober- und Untergrenzen der Bandbreite, wobei meist leicht zu erkennen ist, welcher dieser Grenzwerte der günstigste, welcher der ungünstigste ist. Bei Verkaufspreisen und Absatzmengen z. B. sind die Obergrenzen die günstigsten, die Untergrenzen die ungünstigsten Werte, bei Faktorpreisen und beim Kalkulationszinsfuß ist es umgekehrt. Man berechnet nun das Ergebnis, also den Kapitalwert zum einen für die günstigste, zum anderen für die ungünstigste Wertekonstellation. Man erhält so die Bandbreite des Ergebnisses, für den Kapitalwert also eine Ober- und eine Untergrenze. Hat man die Auswahl zwischen mehreren einander ausschließenden Investitionsprojekten zu treffen, so kann sich diese auf einen Vergleich der Bandbreiten beider Kapitalwerte stützen.

Die Bandbreitenanalyse kommt zunächst ohne Wahrscheinlichkeitsurteile aus. Allerdings wird bei ihr auch die Problematik eines Verzichts auf die Berücksichtigung von Wahrscheinlichkeiten besonders deutlich. Es ist unbefriedigend, daß man durch die Analyse zwar erfährt, in welcher Bandbreite das Ergebnis liegen kann, nicht aber, mit welchen Werten innerhalb dieser Bandbreite man in erster Linie rechnen muß und bei welchen die Möglichkeit des Eintritts nur gering einzuschätzen ist. Es gibt keine Information über die unterschiedliche Glaubwürdigkeit des Eintritts verschiedener Ergebnisse, obwohl Vorstellungen hinsichtlich der Ausgangsparameter im allgemeinen durchaus vorhanden sind, zumindest als subjektive Vorstellung; beim Bandbreitenkalkül geht die Information darüber verloren.

Eine genaue Überlegung zeigt zudem, daß die Bandbreitenbetrachtung nur scheinbar frei von Wahrscheinlichkeitsurteilen ist. Man kann im allgemeinen Ober- und Untergrenzen für einen Parameter nicht in der Weise angehen, daß eine Über- bzw. Unterschreitung völlig ausgeschlossen ist. Die Angabe einer Bandbreite bedeutet vielmehr nur, daß mit Werten außerhalb dieser Grenzen nach vernünftigem Ermessen nicht gerechnet werden muß, mit anderen Worten, daß ihre Wahrscheinlichkeit sehr gering ist. In die Aussage über die Bandbreite gehen somit zwei subjektive Beurteilungen ein, zum einen eine subjektive Wahrscheinlichkeitsschätzung, zum anderen ein Urteil darüber, wann eine Wahrscheinlichkeit vernachlässigenswert gering ist. Wie Abbildung 5.7 zeigt, können zwei Sachverständige bei sehr ähnlichen Vorstellungen über die Wahrscheinlichkeitsverteilung und gleichem Urteil über die Höhe der vernachlässigbaren Wahrscheinlichkeit zu sehr unterschiedlichen Aussagen über die Bandbreite kommen. Dies liegt daran, daß die Bandbreitenschätzung stark von der Form der Dichtefunktion in den Randbereichen mit geringen Wahrscheinlichkeiten abhängt, nicht hingegen von der Einschätzung des Bereichs hoher Wahrscheinlichkeitsdichten.

Faßt man die Bandbreitengrenzen im wahrscheinlichkeitsrechnerischen Sinne auf, d. h. als Grenzen, die mit einer bestimmten Wahrscheinlichkeit weder unter- noch überschritten werden, so ergeben sich zusätzliche Schwierigkeiten, wenn man aus den Bandbreiten mehrerer Parameter die Bandbreite der Ergebnisgröße ableitet. Hat man z. B. zwei Parameter, deren Bandbreiten so geschätzt sind, daß eine Unter- bzw. Überschreitung nur jeweils eine Wahrscheinlichkeit von 0,01 hat, so lassen sich für die daraus abgeleitete Ergebnisbandbreite keine eindeutigen Wahrscheinlichkeitsaussagen machen. Die Wahrscheinlichkeit einer Über- bzw. Unterschreitung des Ergebnisses, das den Bandbreitengrenzen der Parameter entspricht, ist, wenn man vom Fall vollständiger Korrelation der Parameter absieht, auf jeden Fall kleiner als 0,01. Generell gilt, daß die Wahrscheinlichkeit um so geringer ist, je mehr Parameter in die Rechnung eingehen und je geringer diese miteinander korreliert sind. Definiert man die Bandbreite der Ergebnisgröße in gleicher Weise wie die der Parameter, nämlich als Grenzen, deren Über- bzw. Unterschreitung eine bestimmte vernachlässigbar geringe Wahrscheinlichkeit hat, so wird die unmittelbar aus den Bandbreitengrenzen der Parameter abgeleitete Bandbreite der Ergebnisgröße zu breit geschätzt. Dies liegt daran, daß es Parameterkonstellationen gibt, in denen jeder einzelne Parameterwert für sich gesehen noch eine über der Grenze des Vernachlässigbaren liegende Wahrscheinlichkeit hat, die Konstellation insgesamt aber nicht mehr.

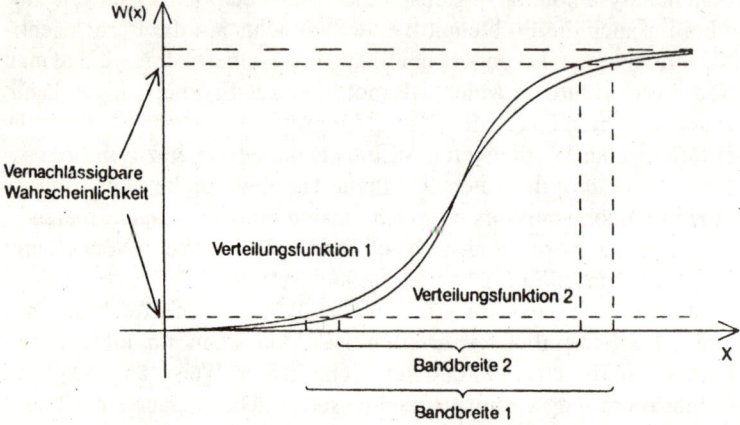

Abb. 5.7. Bandbreiteneinschätzung und Wahrscheinlichkeitsurteile

Exakte Aussagen über die Bandbreite der Ergebnisgröße sind somit nur auf der Basis von Wahrscheinlichkeitsschätzungen und -rechnungen möglich. Wenn dies nun aber ohnehin unumgänglich ist, besteht kein Grund, sich mit der Aussage über die Bandbreite als Resultat der Rechnung zu begnügen. Man kann statt der Bandbreite auch gleich die Wahrscheinlichkeitsverteilung angeben.

3.2 Wahrscheinlichkeitsaussagen über Ergebnisgrößen

3.2.1 Zur Problemstellung

Wenn Wahrscheinlichkeitsschätzungen in die Bandbreitenanalyse einbezogen werden, ergibt sich eine veränderte Problemstellung. Es geht nun darum, aus der Wahrscheinlichkeitsverteilung der Parameter die einer bestimmten Alternative entsprechende Wahrscheinlichkeitsverteilung des Ergebnisses abzuleiten, oder etwas allgemeiner, die jeder möglichen Alternative entsprechende Wahrscheinlichkeitsverteilung des Ergebnisses auf der Basis der Wahrscheinlichkeitsverteilung der Zustände zu ermitteln.

Zur Lösung dieser Aufgabe gibt es zwei grundlegend verschiedene Verfahrensweisen. Zum einen ist es prinzipiell möglich, die Wahrscheinlichkeitsverteilung des Ergebnisses bei gegebener Wahrscheinlichkeitsverteilung der Parameter analytisch zu berechnen. Rechnerisch relativ einfach ist dies, wenn nicht die gesamte Wahrscheinlichkeitsverteilung gesucht ist, sondern nur die ersten beiden Momente derselben, der Erwartungswert und die Varianz also; diese Beschränkung kann sich daraus ergeben, daß die Wahrscheinlichkeitsverteilung durch die beiden ersten Momente ohnehin eindeutig bestimmt ist, wie das bei Normalverteilung der Fall ist, oder auch daraus, daß aus entscheidungstheoretischen Gründen nur diese beiden Momente für die Entscheidung relevant sind. Wie in diesen Fällen gerechnet werden kann, soll im nächstfolgenden Abschnitt gezeigt werden.

Die zweite Möglichkeit, die Wahrscheinlichkeitsverteilung des Ergebnisses zu ermitteln, besteht in der Verwendung eines Simulationsverfahrens. Dieser Weg ist vor allem auch dann noch erfolgversprechend, wenn die analytische Lösung an rechnerischen Schwierigkeiten scheitert; diese Methode soll im übernächsten Abschnitt erläutert werden.

3.2.2 Die analytische Lösung

Die Lösung des Entscheidungsproblems wird wesentlich vereinfacht, wenn man nicht die gesamten Wahrscheinlichkeitsverteilungen der unsicheren Parameter und des Ergebnisses betrachtet, sondern sich auf Erwartungswerte und Varianzen oder Standardabweichungen beschränkt. Bezeichnet man mit $\tilde{y}$ eine beliebige zufällige Größe und mit $E(\cdot)$ den Operator der Erwartungswertbildung, so gelten folgende Definitionen:

Erwartungswert: $\qquad y \quad = E(\tilde{y})$

Varianz: $\qquad \sigma^2(\tilde{y}) = E(y - \tilde{y})^2$

Standardabweichung: $\qquad \sigma(\tilde{y}) = \sqrt{E(y - \tilde{y})^2}$

Weiter wird die Kovarianz von zwei zufälligen Variablen $\tilde{y}_1$ und $\tilde{y}_2$ folgendermaßen definiert:

Kovarianz: $\quad \text{Cov}(\tilde{y}_1, \tilde{y}_2) = E[(y_1 - \tilde{y}_1)(y_2 - \tilde{y}_2)]$

Es geht nun um folgendes Problem: Gegeben sind jeweils Erwartungswerte, Standardabweichungen oder Varianzen und Kovarianzen der unsicheren Parameter, die in die Rechnung eingehen; gesucht sind Erwartungswert und Standardabweichung oder Varianz der Ergebnisgröße. Die rechnerische Lösung ist einfach, wenn das Ergebnis eine lineare Funktion der Parameter ist.

Beispiel 1: In einer Investitionsrechnung sei der Kapitalwert K_0 Zielgröße, die von den Zahlungen der einzelnen Perioden $\tilde{e}_t (t=0,\dots,T)$ abhängt. Aus der Berechnungsformel

$$\tilde{K}_0 = \sum_{t=0}^{T} \tilde{e}_t (1 + k)^{-t}$$

ergibt sich, wenn die $\tilde{e}_t$ Zufallsgrößen mit den Erwartungswerten e_t sind, für den erwarteten Kapitalwert K_0:

$$K_0 = \sum_{t=0}^{T} e_t (1 + k)^{-t}$$

Die Varianz des Kapitalwerts $(\sigma^2(\tilde{K}_0))$ ist einfach aus den Varianzen der Zahlungswerte $(\sigma^2(\tilde{e}_t))$ abzuleiten, wenn diese untereinander nicht korreliert sind; dann gilt:

$$\sigma^2(\tilde{K}_0) = \sum_{t=0}^{T} \sigma^2(\tilde{e}_t)(1 + k)^{-2t}.$$

Die Annahme fehlender Korrelation ist allerdings wenig plausibel; man wird eher mit einer positiven Korrelation rechnen, d. h. bei hohen Einzahlungen in einer Periode sind auch die Wahrscheinlichkeiten hoher Einzahlungen in späteren Perioden hoch und umgekehrt. In diesem Fall müssen auch die Kovarianzen zwischen den Einzahlungen verschiedener Perioden berücksichtigt werden. Es gilt:

$$\sigma^2(\tilde{K}_0) = \sum_{t=0}^{T} \sigma^2(\tilde{e}_t)(1 + k)^{-2t} + \sum_{i=0}^{T} \sum_{\substack{j=0 \\ i \neq j}}^{T} \text{Cov}(\tilde{e}_i, \tilde{e}_j)(1 + k)^{-(i+j)}.$$

Die Berechnungsformel ist immer noch einfach; allerdings ist der Bedarf an Eingabedaten für die Rechnung recht groß; man benötigt Angaben über $T+1$ Varianzen und $T(T+1)/2$ Kovarianzen.

Beispiel 2: Die Abhängigkeit zwischen den Zahlungen aufeinanderfolgender Perioden kann im Modell auch in der Weise erfaßt werden, daß man die Größen $\tilde{e}_t$ in zwei Komponenten zerlegt.

$$\tilde{e}_t = \tilde{e}_{1t} + \tilde{e}_{2t} \qquad (t=0,\ldots,T)$$

Dabei gelte, daß alle $\tilde{e}_{1t}$ vollständig miteinander korreliert sind, während die $\tilde{e}_{2t}$ untereinander und mit den $\tilde{e}_{1t}$ völlig unkorreliert sind. Für den erwarteten Kapitalwert gilt auch hier wieder:

$$K_0 = \sum_{t=0}^{T} e_t (1+k)^{-t} = \sum_{t=0}^{T} (e_{1t} + e_{2t})(1+k)^{-t}.$$

Für die Varianz ergibt sich:

$$\sigma^2(\tilde{K}_0) = \sum_{j=0}^{T} \sum_{i=0}^{T} \sigma(\tilde{e}_{1i}) \sigma(\tilde{e}_{1j}) (1+k)^{-(i+j)} + \sum_{t=0}^{T} \sigma^2(\tilde{e}_{2t})(1+k)^{-2t}$$

$$= \left(\sum_{t=0}^{T} \sigma(\tilde{e}_{1t})(1+k)^{-t} \right)^2 + \sum_{t=0}^{T} \sigma^2(\tilde{e}_{2t})(1+k)^{-2t}.$$

Bei dieser Berechnungsformel kommt man mit weniger Daten aus; lediglich die Varianzen ($\sigma^2(\tilde{e}_{1t})$, $\sigma^2(\tilde{e}_{2t})$) oder Standardabweichungen müssen angegeben werden.

Beispiel 3: Wenn der Kapitalwert von Einzahlungen abhängt, die sich aus Verkaufserlösen ergeben, so gilt die Formel:

$$\tilde{K}_0 = \sum_{t=1}^{T} [(p-c)\tilde{x}_t - C](1+k)^{-t} - A_0.$$

Geht man davon aus, daß die $\tilde{x}_t$ Zufallsgrößen, die anderen Parameter hingegen mit Sicherheit bekannt sind, läßt sich der erwartete Kapitalwert bei gegebenen Erwartungswerten x_t leicht berechnen:

$$K_0 = \sum_{t=1}^{T} [(p-c)x_t - C](1+k)^{-t} - A_0.$$

Für die Varianz ergibt sich:

$$\sigma^2(\tilde{K}_0) = \sum_{t=1}^{T} \sigma^2(\tilde{x}_t)(p-c)^2 (1+k)^{-2t} + \sum_{j=1}^{T} \sum_{\substack{i=1 \\ i \neq j}}^{T} \operatorname{Cov}(\tilde{x}_i, \tilde{x}_j)(p-c)^2 (1+k)^{-(i+j)}.$$

Die Berechnung der Varianz ist einfach, solange der Kapitalwert eine lineare Funktion der Zufallsgrößen ist. Das ändert sich aber, wenn man berücksichtigt, daß auch andere Parameter unsicher sein können, z. B. p, c, C und k. Die zufälligen Variablen sind dann multiplikativ miteinander verknüpft, so daß man mit den einfachen Berechnungsformeln nicht mehr auskommt.

Die hier beschriebene Form der analytischen Risikoanalyse ist nur beschränkt anwendbar. Sie führt nur zur Berechnung von Erwartungswert und Varianz der Ergebnisgröße. Gewisse Schwierigkeiten bereiten auch stochastische Abhängigkeiten zwischen den Zufallsparametern, da alle Kovarianzen ermittelt werden müssen, falls es nicht möglich ist, die stochastischen Abhängigkeiten durch den Kunstgriff der Zerlegung der Parameter in vollständig korrelierte und unkorrelierte Komponenten zu erfassen. Die schwerwiegendste Einschränkung liegt in der Voraussetzung eines linearen Zusammenhangs zwischen Zufallsparametern und Ergebnisgröße. Die analytische Risikoanalyse stößt an verhältnismäßig enge Grenzen, die mit einer anderen Verfahrensweise, der Simulation, überwunden werden können.

3.2.3   Risikoanalyse durch Simulation

Es geht bei der Risikoanalyse darum, aus der Wahrscheinlichkeitsverteilung der Zustände die sich bei einer bestimmten Alternative ergebende Wahrscheinlichkeitsverteilung des Ergebnisses abzuleiten. Bedient man sich der Simulation zur Lösung dieses Problem, so wird das Modell in quasi-experimenteller Weise vielfach durchgerechnet, wobei bei jedem Rechengang ein bestimmter Zustand zufällig ausgewählt wird.

Im Kern des Simulationsverfahren steht ein Zufallsgenerator, der so konstruiert ist, daß er jeden Zustand genau mit der Wahrscheinlichkeit erzeugt, mit der auch in der Realität damit zu rechnen ist. In den meisten Anwendungsfällen ist ein Zustand dadurch definiert, daß zufällige Parameter bestimmte Werte annehmen. Die Wahrscheinlichkeitsverteilung der Zustände ist dann durch die gemeinsame Wahrscheinlichkeitsverteilung der Parameter definiert. Diese legt der Zufallsgenerator zugrunde, wenn er Werte für die einzelnen Parameter auswählt.

An einem einfachen Beispiel kann das Verfahren veranschaulicht werden. Angenommen sei, daß für einen Parameter, etwa die Absatzmenge x, die folgende diskrete Wahrscheinlichkeitsverteilung gelte:

x	50	60	70
w(x)	1/6	2/3	1/6

In diesem Fall könnte man sich eines sehr einfachen Zufallsgenerators bedienen, nämlich eines Würfels. Es läßt sich leicht eine Regel aufstellen, nach der jeder Augenzahl des Würfels ein bestimmter Wert von x zugeordnet wird, und zwar derart, daß der Würfel jeden Wert von x mit der ihm annahmegemäß entsprechenden Wahrscheinlichkeit erzeugt. Diese Voraussetzung ist z. B. bei folgender Zuordnungsregel erfüllt:

Augenzahl	1	2	3	4	5	6
x	50		60			70

Bei praktischer Anwendung des Simulationsverfahren bedient man sich nicht eines Würfels, sondern eines Rechners mit einem leistungsfähigeren Zufallsgenerator, dem beliebige Wahrscheinlichkeitsverteilungen vorgegeben werden können. Das Grundprinzip bleibt aber unverändert. Die Zufallsgesetzmäßigkeit, die für den Vorgang in der Realität maßgeblich ist, wird nachgeahmt; der Vorgang der Realität wird simuliert.

Wird der Zustand durch die Wertausprägungen mehrerer zufälliger Parameter bestimmt, so ist für jeden von ihnen ein Wert in der beschriebenen Weise zu erzeugen. Dies ist unproblematisch, wenn die einzelnen Wahrscheinlichkeitsverteilungen unabhängig voneinander sind; dann kann man in beliebiger Reihenfolge für jeden Parameter einen Wert auswählen. Das Verfahren wird komplizierter, wenn zwischen den Parametern stochastische Abhängigkeiten bestehen. In diesem Fall kann man zunächst für einen Parameter einen Wert bestimmen, muß beim zweiten Parameter aber dann von der bedingten Wahrscheinlichkeitsverteilung ausgehen, die unter der Voraussetzung des ersten zufällig bestimmten Parameterwerts gilt. In entsprechender Weise muß man bei jedem Parameter von der Konstellation der bereits ausgewählten Parameterwerte ausgehen und die dadurch bedingte Wahrscheinlichkeitsverteilung für den jeweils nächsten Parameter zugrunde legen.

Dies läßt sich an einer Variante des bereits erörterten Beispiels anschaulich zeigen. Es gehe darum, die Absatzmenge für vier aufeinanderfolgende Perioden festzulegen. Für die erste Periode gelte wieder die gleiche Wahrscheinlichkeitsverteilung wie im bereits erwähnten Fall:

x_1	50	60	70
$w(x_1)$	1/6	2/3	1/6

Für alle folgenden Perioden möge gelten, daß mit der Wahrscheinlichkeit von $\frac{2}{3}$ die gleiche Absatzmenge erzielt wird wie in der Vorperiode, mit der Wahrscheinlichkeit von je $\frac{1}{6}$ eine um 10 größere oder kleinere Absatzmenge; die bedingte Wahrscheinlichkeitsverteilung sieht also aus wie folgt:

x_t	$x_{t-1}-10$	x_{t-1}	$x_{t-1}+10$
$w(x_t|x_{t-1})$	1/6	2/3	1/6
Augenzahl	1	2 3 4 5	6

In der dritten Zeile ist wieder für den Fall, daß die Simulation mit einem Würfel als Zufallsgenerator erfolgt, eine mögliche Zuordnung der Augenzahlen angegeben. Die Simulation könnte etwa folgendermaßen ablaufen:

t	Augenzahl	Zugeordneter Wert für x_t
1	4	60
2	1	50
3	5	50
4	6	60

Damit hat man für alle zufälligen Parameter die gesuchten Werte bestimmt, die nunmehr in die Ergebnisberechnung, etwa in die Berechnung eines Kapitalwerts, eingehen können.

Die einmalige Bestimmung eines Zustands durch einen Zufallsgenerator und die darauf beruhende Berechnung besagen kaum etwas. Das Resultat beruht auf einer Zufallsauswahl, ist also nur zufällig. Wird der Vorgang häufig wiederholt, so erhält man zufallsbedingt immer wieder andere Resultate. An der Häufigkeitsverteilung des Ergebnisses wird aber die der Simulation zugrundeliegende stochastische Gesetzmäßigkeit erkennbar. Dies ist ähnlich wie bei der experimentellen Schätzung von Wahrscheinlichkeiten. Dabei wird ein bestimmter zufallsabhängiger Vorgang häufig wiederholt. Aus der Häufigkeitsverteilung der Ergebnisse zieht man dann Rückschlüsse auf deren Wahrscheinlichkeitsverteilung. Bei Anwendung des Simulationsverfahrens wird nicht der tatsächliche Vorgang experimentell häufig wiederholt; das wäre meist gar nicht möglich, auf jeden Fall sehr kostspielig. Das Experiment wird vielmehr nur rechnerisch simuliert. Im übrigen aber wird in beiden Fällen in der gleichen Weise von der experimentell ermittelten Häufigkeitsverteilung auf die Wahrscheinlichkeitsverteilung geschlossen.

Die Verfahrensweise läßt sich nunmehr zusammenfassend beschreiben:

1. Mit Hilfe eines Zufallsgenerators (der in das Rechenprogramm eingebaut werden kann) wird ein Zustand bestimmt, und zwar in der Weise, daß der Zufallsgenerator jeden möglichen Zustand mit genau der Wahrscheinlichkeit erzeugt, die ihm durch die vorgegebene Wahrscheinlichkeitsverteilung zugeordnet wird.

2. Für eine bestimmte Alternative und den zufällig erzeugten Zustand wird berechnet, zu welchem Ergebnis sie führen. Das Ergebnis kann durch eine einzige Größe, etwa den Kapitalwert, definiert sein. Man kann aber auch mehrere Ergebnisgrößen einbeziehen (z. B. neben dem Kapitalwert noch den Marktanteil).

3. Die Ergebnisberechnung auf der Grundlage eines zufällig ausgewählten Zustandes wird so häufig wiederholt, bis die Häufigkeitsverteilung der Ergebnisse hinreichend zuverlässige Schlüsse auf deren Wahrscheinlichkeitsverteilung zuläßt. Wie häufig wiederholt werden muß, ist eine Frage der statistischen Theorie, die Angaben über die Größe der für eine Schätzung benötigten Stichprobe macht.

4. Für alle in Frage kommenden Alternativen ist in der gleichen Weise die Wahrscheinlichkeitsverteilung für das Ergebnis zu ermitteln. Als Resultat der auf Simulation beruhenden Risikoanalyse hat man dann eine Übersicht über alle Alternativen und die Wahrscheinlichkeitsverteilungen ihrer Ergebnisse.

3.3 Risikomaße

3.3.1 Risikomaße und klassische Entscheidungsprinzipien

Die Risikoanalyse, und zwar sowohl in analytischer Form als auch mit Hilfe der Simulation, liefert Informationen über die jeder Alternative zugeordnete Wahrscheinlichkeitsverteilung für das Ergebnis. Sie dient damit der Vorbereitung der Entscheidung, reicht aber nicht aus, sie eindeutig festzulegen. Hierzu bedarf es noch zusätzlich eines Kriteriums für die Auswahl aus einer Menge von Wahrscheinlichkeitsverteilungen für das Ergebnis. Man kann sich mit dieser rechnerischen Entscheidungsvorbereitung begnügen und die endgültige Auswahl rein subjektivem Ermessen überlassen. Man kann aber auch dieses Auswahlproblem mit einer entscheidungstheoretischen Analyse zu lösen versuchen; hierauf wird im Kapitel VI noch zurückzukommen sein.

Im vorliegenden Zusammenhang soll zunächst nur erörtert werden, ob sich die Information über die Wahrscheinlichkeitsverteilung des Ergebnisses noch verdichten läßt, ohne daß dabei entscheidungsrelevante Information verlorengeht. Dies hätte den Vorteil, daß das Ergebnis der Risikoanalyse dem Entscheidenden in einfacherer und übersichtlicherer Form präsentiert werden könnte.

Die folgenden Überlegungen beziehen sich auf den Fall, daß das Ergebnis durch eine einzige Größe charakterisiert ist, den Kapitalwert etwa. Ergebnis der Risikoanalyse ist dann, daß jeder in Frage kommenden Alternative eine Wahrscheinlichkeitsverteilung der Ergebnisgröße zugeordnet ist. Eine Informationsverdichtung kann erreicht werden, indem man eine begrenzte Auswahl von Kennzahlen berechnet, die die Wahrscheinlichkeitsverteilung hinreichend beschreiben. Auf jeden Fall benötigt man eine Größe, die die mittlere Höhe des Ergebnisses erkennen läßt, einen Mittelwert der Verteilung also. Hier bietet sich in erster Linie der Erwartungswert an, obwohl grundsätzlich auch andere Mittelwerte, z. B. der Median oder der häufigste Wert der Verteilung, in Frage kämen. Durch den Mittelwert allein ist die Verteilung aber nur unzureichend beschrieben; wenn die Information über die Ungewißheit nicht völlig verlorengehen soll, muß mindestens eine weitere Größe angegeben werden, die die Möglichkeit der Abweichung des tatsächlich realisierten Wertes vom Mittelwert charakterisiert. Dies kann ein Streuungsmaß sein, aber auch irgendeine andere Größe. Man bezeichnet eine Größe, die der Charakterisierung der Abweichungen vom Mittelwert dient, als Risikomaß.

In der entscheidungstheoretischen Literatur sind sehr verschiedenartige Risikomaße entwickelt und beschrieben worden. Man muß bei der Betrachtung von Risikomaßen im Auge behalten, worauf es in erster Linie ankommt. Es geht darum, Größen anzugeben, die eine Wahrscheinlichkeitsverteilung für Entscheidungszwecke hinreichend charakterisieren. Ist die Auswahl des Risikomaßes ausschließlich ins subjektive Ermessen des Entscheidenden gestellt, so wird er sich in erster Linie von vorgegebenen Vorstellungen darüber leiten lassen, was unter Risiko zu verstehen ist und wie man es am besten mißt. Dies kann aber in die Irre führen. Aus entscheidungstheoretischer Sicht kommt es nicht darauf an, für eine vorgegebene, meist umgangssprachlich geprägte Risikovorstellung eine geeignete Maßgröße zu finden; das Problem ist vielmehr, ob eine Wahrscheinlichkeitsverteilung durch zwei oder mehr Maßgrößen charakterisiert werden kann, ohne daß entscheidungsrelevante Information verlorengeht.

Auf die entscheidungstheoretische Begründung von Risikomaßen soll hier noch nicht näher eingegangen werden. Im Kapitel VI wird dieses Problem in Abschnitt 2.3 aufgegriffen. Hier sollen zunächst nur beispielhaft einige in der Literatur vorzufindende Risikomaße erörtert werden.

Zur Beschreibung der Abweichungsmöglichkeiten vom Mittelwert einer Verteilung dienen in erster Linie Streuungsmaße; es liegt daher nahe, auf sie auch als Risikomaße zurückzugreifen. Das am häufigsten verwandte, wenn auch nicht unumstrittene Risikomaß ist die Standardabweichung der Verteilung oder auch deren Quadrat, die Varianz. Die Verteilung wird also beschrieben durch den Erwartungswert μ als Maß der mittleren Ergebnishöhe und die Standardabweichung σ bzw. die Varianz σ^2 als Risikomaß. Ist $\tilde{y}$ die Ergebnisvariable und E $(\cdot)$ der Operator der Erwartungswertbildung, so gelten folgende Definitionen:

$$\mu \equiv E(\tilde{y}),$$
$$\sigma^2 \equiv E(\tilde{y} - \mu)^2.$$

Eine Entscheidungsregel, für deren Anwendung man nicht die ganze Wahrscheinlichkeitsverteilung, sondern lediglich die Größen μ und σ^2 oder σ kennen muß, entspricht dem (μ, σ)- bzw. (μ, σ^2)-Prinzip.

Die Standardabweichung ist ein Mittelwert der möglichen Abweichungen vom Erwartungswert, und zwar gehen in diesen Mittelwert sowohl Abweichungen nach unten als auch Abweichungen nach oben ein. Will man die Abweichungen nach oben und nach unten getrennt berücksichtigen, so kann man auch die Semivarianzen berechnen, d. h. die Erwartungswerte der quadrierten Abweichungen nach oben und nach unten. Zur formalen Definition der Semivarianzen werden zwei Zufallsvariablen $\tilde{y}_u$ und $\tilde{y}_o$ definiert, die zu der ebenfalls als Zufallsvariable aufzufassenden Ergebnisgröße $\tilde{y}$ in folgender Beziehung stehen:

$$\tilde{y}_u = \begin{cases} \tilde{y}, \text{ falls } \tilde{y} \leqq \mu \\ \mu, \text{ falls } \tilde{y} > \mu \end{cases}$$

$$\tilde{y}_o = \begin{cases} \mu, \text{ falls } \tilde{y} \leqq \mu \\ \tilde{y}, \text{ falls } \tilde{y} > \mu. \end{cases}$$

Daraus ergeben sich die Definitionen der unteren (SV_u) und der oberen (SV_o) Semivarianz:

$$SV_u = E(\tilde{y}_u - \mu)^2$$
$$SV_o = E(\tilde{y}_o - \mu)^2$$

Die untere Semivarianz wird gelegentlich als Risikomaß der Varianz vorgezogen, weil Risiko als die Gefahr der Abweichung nach unten aufgefaßt wird. Dies scheint zunächst recht einleuchtend, ist aber bei näherer Betrachtung nicht überzeugend. Hier kann beispielhaft gezeigt werden, daß die Begründung der Wahl eines Risikomaßes aus einem umgangssprachlich geprägten Vorverständnis des Wortes Risiko heraus irreführend sein kann. Es kommt nur darauf an, ob die Wahrscheinlichkeitsverteilung durch μ und SV_u für die Entscheidung hinreichend charakterisiert ist, ob also die Verteilung der Abweichungen nach oben ganz bedeutungslos ist. Dagegen lassen sich aus entscheidungstheoretischer Sicht Einwände vorbringen. Als Beispiel sei die Entscheidung zwischen zwei Aktionen a_1 und a_2 betrachtet; bei a_1 ist ein Gewinn von 10 sicher, bei a_2 erhält man mit der Wahrscheinlichkeit von je 0,5 entweder einen Gewinn von 5 oder einen Gewinn von 15. Da die Erwartungswerte der Gewinne bei beiden Aktionen gleich groß sind ($\mu_1 = \mu_2 = 10$), bei Aktion a_2 Risiko besteht, bei Aktion a_1 hingegen nicht, ist für einen Entscheidungsträger, der Risiko scheut, die Wahl eindeutig.

Nun sei die Entscheidungssituation etwas abgeändert; es sei noch ungewiß, ob der Entscheidungsträger überhaupt die Wahl zwischen den Aktionen a_1 und a_2 hat. Nur mit der Wahrscheinlichkeit 0,5 sei mit dieser Situation zu rechnen; mit der Wahrscheinlichkeit 0,5 komme es zu einer Situation, in der keine der beiden Aktionen möglich ist und ein Gewinn von 0 anfällt. Der Entscheidungsträger soll aber die Wahl zwischen a_1 und a_2 schon im voraus treffen. Sinnvollerweise wird man erwarten, daß er auch in diesem Fall a_1 vorzieht. Betrachtet man allerdings die Wahrscheinlichkeitsverteilung der Ergebnisse bei beiden Wahlmöglichkeiten, so ergibt sich, daß beide in Erwartungswert und unterer Semivarianz übereinstimmen (Abbildung 5.8).

Bei Verwendung der unteren Semivarianz als einzigem Risikomaß würde man bei der Entscheidung im voraus beide Aktionen als gleich gut ansehen. Daran wird erkennbar, daß dieses Risikomaß entscheidungsrelevante Informationen unberücksichtigt läßt.

Denkbar ist, daß man beide Semivarianzen zur Charakterisierung der Risikosituation verwendet. Man muß sich aber vor der Fehlinterpretation hüten, die obere Semivarianz sei als „Chancenmaß" zu interpretieren, eine hohe obere Semivarianz sei also günstig zu beurteilen. Das Beispiel zeigt, daß die Vorentscheidung für a_2 falsch wäre, obwohl die obere Semivarianz dabei höher ist. Beschreibt man die Wahrscheinlichkeitsverteilung des Ergebnisses durch beide Semivarianzen, so ist damit zugleich die Information über die Varianz berücksichtigt; denn die Varianz ist gleich der Summe der Semivarianzen.

Einige weitere Risikomaße seien nur kurz erörtert: Man kann die Wahrscheinlichkeit P^*, daß ein bestimmtes Mindestergebnis y^* unterschritten wird, als Risikomaß verwenden; je nachdem in welcher Höhe y^* angesetzt wird, kann dieses Risiko-

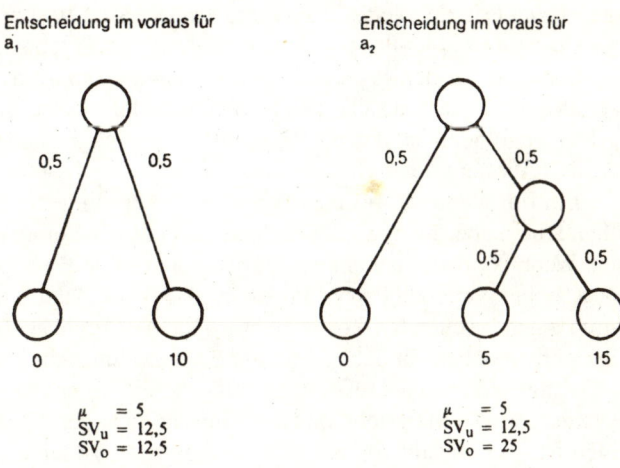

Entscheidung im voraus für a_1

Entscheidung im voraus für a_2

0,5   0,5

0,5   0,5

0,5   0,5

0   10

0   5   15

$\mu = 5$
$SV_u = 12,5$
$SV_o = 12,5$

$\mu = 5$
$SV_u = 12,5$
$SV_o = 25$

Abb. 5.8. Die Semivarianz als Risikomaß

maß verschieden interpretiert werden. Setzt man y*=0, also gleich der Grenze zwischen Gewinn und Verlust, so ist P* die Verlustwahrscheinlichkeit. Ist y* als das Ergebnis definiert, bei dessen Unterschreitung dem Entscheidungsträger der Ruin droht, so ist P* die Ruinwahrscheinlichkeit. Möglich ist auch, y* als subjektives Anspruchsniveau aufzufassen; P* ist dann die Wahrscheinlichkeit, das Anspruchsniveau nicht zu erreichen.

Statt nach der Wahrscheinlichkeit zu fragen, mit der eine bestimmte Grenze unterschritten wird, kann man auch eine bestimmte Wahrscheinlichkeit vorgeben und ermitteln, welches Ergebnis mit dieser Wahrscheinlichkeit nicht unterschritten wird. Man kann beispielsweise berechnen, welches Ergebnis mit einer Wahrscheinlichkeit von 99% nicht unterschritten wird. In der Regel läuft das darauf hinaus, daß man als Risikomaß den Verlust einsetzt, der mit der vorgegebenen Wahrscheinlichkeit nicht überschritten wird. Dieses Risikomaß wird als „Value at Risk" bezeichnet; es gewinnt heute in Theorie und Praxis der Risikopolitik zunehmend and Bedeutung; hierauf wird in Kapitel X zurückzukommen sein.

Bedient man sich der Verlustwahrscheinlichkeit als Risikomaß, so bleibt unberücksichtigt, wie hoch die Verluste sein können und wie ihre Wahrscheinlichkeitsverteilung aussieht. Um dies zu berücksichtigen, kann man statt der Verlustwahrscheinlichkeit den Erwartungswert des Verlustes als Risikomaß verwenden. Der Verlust ($\tilde{y}^-$) kann wie folgt definiert werden:

$$\tilde{y}^- = \begin{cases} 0, \text{ falls } y \geqq 0 \\ \tilde{y}, \text{ falls } y < 0. \end{cases}$$

Als Risikomaß dient die Größe $\lambda = E(\tilde{y}^-)$.

Ein weiteres mögliches Risikomaß ist das bei einer Alternative erreichbare Minimalergebnis y_{Min}. Hier ist allerdings zweifelhaft, ob ein Ergebnis, das zwar möglich ist, aber nur mit extrem geringer Wahrscheinlichkeit eintritt, für die Entscheidung bedeutsam sein kann.

Die auf Risikomaßen der beschriebenen Art beruhenden Entscheidungsprinzipien werden auch als klassische Entscheidungsprinzipien bezeichnet. Man charakterisiert ein Entscheidungsprinzip kurz durch die Größen, die man jeweils als relevant zur Beschreibung der Ergebnisverteilung ansieht. In diesem Sinne spricht man vom (μ,σ)-Prinzip, (μ,SV_u)-Prinzip, (μ,SV_u,SV_o)-Prinzip, (μ,P^*)-Prinzip, (μ,λ)-Prinzip oder (μ,y_{Min})-Prinzip. Die Verteilung der Ergebnisse wird jeweils durch einen Mittelwert, in der Regel den Erwartungswert μ, und ein oder mehrere Risikomaße beschrieben. Es lassen sich viele Risikomaße definieren, wobei aber meist nicht einfach zu begründen ist, daß ein Risikomaß wirklich die maßgeblichen Informationen für die Entscheidung enthält.

Ein Entscheidungsprinzip dient der Vorbereitung der Entscheidung, legt sie im allgemeinen aber nicht eindeutig fest; es dient der Vorauswahl unter den Alternativen. Wenn der Entscheidende z. B. nach dem (μ,σ)-Prinzip handelt und risikoscheu ist, d. h. bei gleichem Erwartungswert μ stets die Alternative mit dem niedrigeren, durch σ gemessenen Risiko vorzieht, so kann er zunächst für jede Alternative beide Größen berechnen. In der Abbildung 5.9 sind fünf Alternativen (a_1-a_5) mit den jeweils zugehörigen (μ,σ)-Kombinationen in einem entsprechenden Koordinatensystem dargestellt. Man sieht, daß die Alternative a_4 der Alternative a_1 eindeutig überlegen ist, weil bei ihr sowohl μ größer als auch σ kleiner ist; man sagt, daß a_4 die

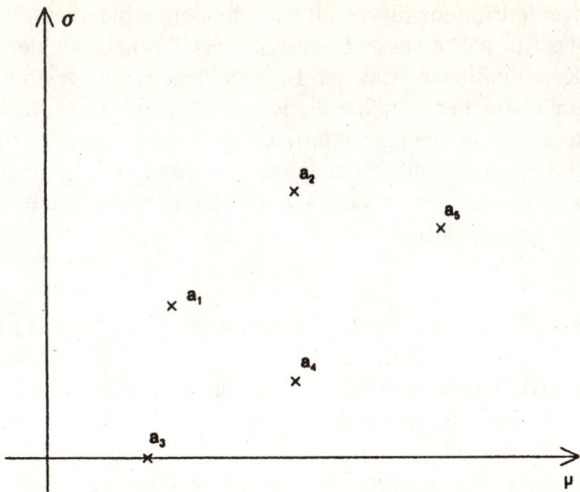

Alternative a_1 dominiert. Ebenso dominiert a_5 die Alternative a_2. Allgemein sagt man, daß eine Alternative eine andere dominiert, wenn die erstere hinsichtlich mindestens eines der Beurteilungskriterien besser als die letztere ist und hinsichtlich des anderen (oder bei mehreren Risikomaßen der anderen) mindestens ebenso gut.

Eine Alternative, die von keiner anderen dominiert wird, bezeichnet man als effizient. Alternativen, die nicht effizient sind, die also mindestens von einer anderen dominiert werden, können in der Vorauswahl ausgeschieden werden. In die engere Wahl kommen nur effiziente Alternativen. Man sieht am Beispiel, daß es mehrere effiziente Alternativen geben kann, die sich sowohl im Erwartungswert als auch im Risikomaß erheblich voneinander unterscheiden. Wie hier die endgültige Wahl zu treffen ist, lassen die klassischen Entscheidungsprinzipien offen. Die Wahl hängt von der individuellen Einstellung des Entscheidenden zum Risiko ab, die man mit Hilfe

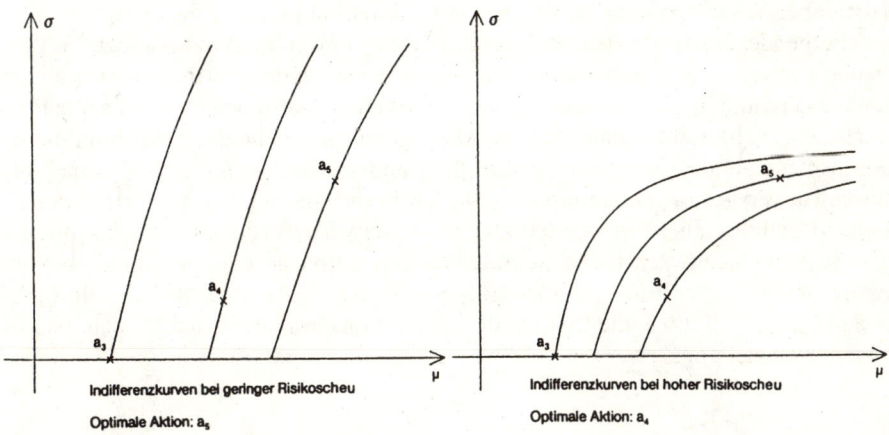

Abb. 5.10. Indifferenzkurven bei Risikoscheu

von Indifferenzkurven im Koordinatensystem darstellen kann. Bei Zugrundelegung des (μ,σ)-Prinzips z. B. ist eine Indifferenzkurve der geometrische Ort aller (μ,σ)-Kombinationen, die der Entscheidende für gleichwertig erachtet. Sie verlaufen um so flacher, je höher die Risikoscheu des Entscheidenden ist. Optimal ist die Alternative auf der am weitesten rechts unten liegenden Indifferenzkurve. Je nach der in der Form der Indifferenzkurve zum Ausdruck kommenden subjektiven Einstellung zum Risiko können sich, wie Abbildung 5.10 zeigt, unterschiedliche Alternativen als optimal erweisen.

3.3.2 Risikomaße für Investitionsprogramme und Einzelprojekte

Risikomaße dienen dazu, die den einzelnen Alternativen zugeordneten Wahrscheinlichkeitsverteilungen des Ergebnisses zu charakterisieren. Als Alternativen sind hierbei vollständige, sich gegenseitig ausschließende Handlungsprogramme zu verstehen. Auf die Investitionsentscheidung übertragen bedeutet dies, daß jeweils einander ausschließende Investitionsprogramme miteinander zu vergleichen und aufgrund von Erwartungswert und Risikomaß zu beurteilen sind. Nun setzen sich Investitionsprogramme meist aus einzelnen Investitionsprojekten zusammen. Investitionsentscheidungen sind häufig Entscheidungen über Einzelprojekte, die dann in ihrer Gesamtheit erst das Investitionsprogramm ausmachen. Dies führt zu der Frage, ob bei der Beurteilung von Einzelprojekten die gleichen Risikomaße verwandt werden können wie bei Investitionsprogrammen. Dies ist, wie gezeigt werden soll, nicht möglich. Bei der Beurteilung des Einzelprojekts ist es nicht sinnvoll, ein nur auf dieses Projekt bezogenes Risikomaß zu betrachten. Es kommt vielmehr darauf an, wie das Einzelprojekt Erwartungswert und Risikomaß des Gesamtprogramms beeinflußt.

In den folgenden Überlegungen soll davon ausgegangen werden, daß die Varianz als Risikomaß für das Gesamtprogramm dient. Die Varianz ist die quadrierte Standardabweichung, somit dieser als Risikomaß äquivalent. Während die Standardabweichung als Mittelwert der Abweichungen anschaulicher zu interpretieren ist, hat die Varianz den Vorzug, daß man etwas leichter mit ihr rechnen kann. Letztlich enthalten aber beide Risikomaße die gleiche Information und sind daher äquivalent.

Folgendes Beispiel sei betrachtet: Ein Investitionsprogramm besteht aus n Projekten; zur Vereinfachung wird angenommen, jedes von ihnen erfordere die gleiche Anfangsauszahlung, $1/n$ des Gesamtinvestitionsbetrages also; weiter mögen alle Projekte die gleiche Lebensdauer haben. Als Ergebnisgröße dient die während dieser Lebensdauer auf das Gesamtinvestitionsprogramm erzielte Rendite, die interne Verzinsung des eingesetzten Kapitals also. Da der Investitionsbetrag festliegt, ergibt sich aus der Rendite auch, zu welchem Endvermögen er während der Laufzeit des Investitionsprogramms anwächst. Die Rendite des Investitionsprogramms ($\tilde{R}$) ergibt sich aus den Renditen der Einzelprojekte ($\tilde{R}_j; j = 1, \ldots, n$); die Renditen der Einzelprojekte sind Zufallsvariablen, die Rendite des Investitionsprogramms daher auch. Es gilt folgende Beziehung:

$$\tilde{R} = \sum_{j=1}^{n} \frac{1}{n} \tilde{R}_j .$$

Bezeichnet man die Erwartungswerte von $\tilde{R}$ und $\tilde{R}_j$ mit μ bzw. μ_j, so gilt:

$$\mu = \sum_{j=1}^{n} \frac{1}{n} \mu_j .$$

Zur Berechnung der Varianz von $\tilde{R}$ benötigt man umfangreichere Information. Die Varianz von $\tilde{R}$ hängt nicht nur von den Varianzen der Einzelrenditen $\tilde{R}_j$ ab, sondern auch von den Kovarianzen zwischen den Einzelrenditen. Die Kovarianzen beschreiben die zwischen den Zufallsvariablen bestehenden stochastischen Abhängigkeiten. Eine positive Kovarianz bedeutet, daß hohe Werte der einen Variablen tendenziell auch mit höheren Werten der anderen zusammentreffen und umgekehrt. Eine negative Kovarianz hingegen zeigt an, daß hohe Werte der einen Variablen tendenziell eher mit niedrigeren der anderen Variablen einhergehen und umgekehrt.

Die Varianz von $\tilde{R}$ sei mit σ^2, die von $\tilde{R}_j$ mit σ_j^2, die Kovarianz zwischen $\tilde{R}_i$ und $\tilde{R}_j$ mit C_{ij} bezeichnet. Es gilt dann die Formel:

$$\sigma^2 = \sum_{j=1}^{n} \left(\frac{1}{n}\right)^2 \sigma_j^2 + \sum_{i=1}^{n} \sum_{\substack{j=1 \\ i \neq j}}^{n} \left(\frac{1}{n}\right)^2 C_{ij} .$$

Falls zwischen den Renditen der Projekte keine stochastischen Abhängigkeiten bestehen, sind alle C_{ij} gleich 0; der zweite Ausdruck, die Doppelsumme, entfällt also. In diesem Fall gilt:

$$\sigma^2 = \sum_{j=1}^{n} \left(\frac{1}{n}\right)^2 \sigma_j^2 = \frac{1}{n} \sum_{j=1}^{n} \frac{\sigma_j^2}{n} .$$

Dies kann folgendermaßen interpretiert werden:

$$\sum_{j=1}^{n} \sigma_j^2 / n$$

ist die durchschnittliche Varianz aller Renditen. Um die Varianz der Rendite des Gesamtprogramms zu ermitteln, ist die durchschnittliche Varianz der Projektrenditen noch einmal durch n zu dividieren. Mit wachsendem n wird die Varianz der Gesamtrendite immer kleiner. Bei sehr vielen Projekten, sehr großem n also, wird sie vernachlässigbar gering.

Dieser Effekt ist auf die Risikomischung zurückzuführen, die sich daraus ergibt, daß stochastisch unabhängige Projekte miteinander kombiniert werden. Durch Diversifikation kommt es bei hinreichend vielen Projekten praktisch zu einem Verschwinden des Risikos. Dieser Effekt der Diversifikation tritt aber nicht in der gleichen Weise ein, wenn stochastische Abhängigkeiten bestehen, die Kovarianzen also von 0 verschieden sind. Bei Investitionsprojekten wird man in der Regel eher mit positiven Kovarianzen rechnen müssen. Während also der Einfluß der Varianzen der Einzelrenditen auf die Varianz der Gesamtrendite bei größerer Projektanzahl wegen der Diversifikation geringfügig ist, gewinnen die Kovarianzen erheblich an Bedeutung. Daraus folgt, daß für die Beurteilung von Einzelprojekten die Varianz der Rendite nicht ausschlaggebend ist. Wichtig sind vor allem die Kovarianzen. Sie sind für die Risikoanalyse von vorrangiger Bedeutung.

An einer Variante des Modells kann gezeigt werden, welchen Beitrag ein einzelnes Projekt zur Varianz der Gesamtrendite liefert. Angenommen sei, daß der Betrag A_o zur Finanzierung von Investitionen zur Verfügung steht. Soweit dieser Betrag nicht für Investitionsprojekte benötigt wird, kann er zum Marktzinssatz r festverzinslich angelegt werden; die Möglichkeit, daß mehr als der Betrag A_o für Investitionsprojekte eingesetzt und der Fehlbetrag durch Kreditaufnahme zum Marktzinssatz r aufgebracht wird, besteht ebenfalls. Es sei nun bereits ein Investitionsprogramm beschlossen, das insgesamt Anfangsauszahlungen in Höhe von a_{0p} erfordert und die unsichere Rendite $\tilde{R}_p$ erbringt. Unter diesen Voraussetzungen wächst der Anfangsbestand A_0 in der Planungsperiode auf das unsichere Endvermögen $\tilde{A}_1$ an:

$$\tilde{A}_1 = a_{0p} (1 + \tilde{R}_p) + (A_0 - a_{0p}) (1 + r) = A_0(1 + r) + a_{0p} (\tilde{R}_p - r).$$

Für die Rendite des Gesamtprogramms ergibt sich:

$$\tilde{R} = \frac{\tilde{A}_1}{A_0} - 1 = r + \frac{a_{0p}}{A_0} (\tilde{R}_p - r).$$

Ist σ_p^2 die Varianz der Rendite des Investitionsprogramms, so gilt für σ^2, die Varianz der Rendite des Gesamtprogramms:

$$\sigma^2 = \left(\frac{a_{0p}}{A_0}\right)^2 \sigma_p^2.$$

Nun wird das Investitionsprogramm durch Hinzufügung eines Projekts mit der unsicheren Rendite $\tilde{R}_j$ geändert. Die festverzinsliche Anlage vermindert sich um a_{0j}, die Anfangsauszahlung des Projekts. Die Varianz der Rendite von Projekt j wird mit σ_j^2, die Kovarianz zwischen den Renditen des Programms und des Projekts j mit C_{pj} bezeichnet. Für $\tilde{A}_1^*$ und $\tilde{R}^*$, das Endvermögen und die Rendite des um das Projekt j erweiterten Gesamtprogramms gilt:

$$\tilde{A}_1^* = a_{0p} (1 + \tilde{R}_p) + a_{0j}(1 + \tilde{R}_j) + (A_0 - a_{0p} - a_{0j}) (1 + r)$$

$$= A_0 (1 + r) + a_{0p} (\tilde{R}_p - r) + a_{0j} (\tilde{R}_j - r)$$

$$\tilde{R}^* = \frac{\tilde{A}_1^*}{A_0} - 1 = r + \frac{a_{0p}}{A_0} (\tilde{R}_p - r) + \frac{a_{0j}}{A_0} (\tilde{R}_j - r)$$

Für die Varianz der Rendite ergibt sich:

$$\sigma^{*2} = \left(\frac{a_{0p}}{A_0}\right)^2 \sigma_p^2 + \left(\frac{a_{0j}}{A_0}\right)^2 \sigma_j^2 + 2 \frac{a_{0p} a_{0j}}{A_0^2} C_{pj}.$$

Hat das Projekt j nur geringen Anteil am gesamten Investitionsprogramm, so wird der Ausdruck $(a_{0j}/A_0)^2$ sehr klein; der zweite Summand kann dann vernachlässigt werden.

Es gilt:

$$\sigma^{*2} - \sigma^2 \approx 2\,\frac{a_{0p}a_{0j}}{A_0{}^2}\,C_{pj}.$$

Die Kovarianz C_{pj} charakterisiert also den maßgeblichen Beitrag des Projekts j zum Risiko des Gesamtprogramms. Sucht man ein geeignetes Risikomaß für ein Projekt, das in ein Gesamtprogramm eingefügt werden soll, so bietet sich in erster Linie die Kovarianz an.

Ein anschaulich interpretierbares Risikomaß ergibt sich, wenn man die Kovarianz C_{pj} durch die Varianz $\sigma_p{}^2$ dividiert:

$$\beta_{pj} = \frac{C_{pj}}{\sigma_p{}^2}.$$

Man kann den stochastischen Zusammenhang zwischen der Rendite des Investitionsprogramms P und der des Projekts j mit Hilfe einer Regressionslinie beschreiben; deren Steigung ist gleich β_{pj}.

Die tatsächlich realisierten $(\tilde{R}_j, \tilde{R}_p)$-Kombinationen liegen wegen der Zufälligkeit des Zusammenhangs nicht genau auf der Regressionslinie. Diese ist aber so konstruiert, daß die Summe der quadrierten Abweichungen von der Regressionslinie minimal ist. Sie beschreibt somit den tendenziellen Zusammenhang (Abbildung 5.11).

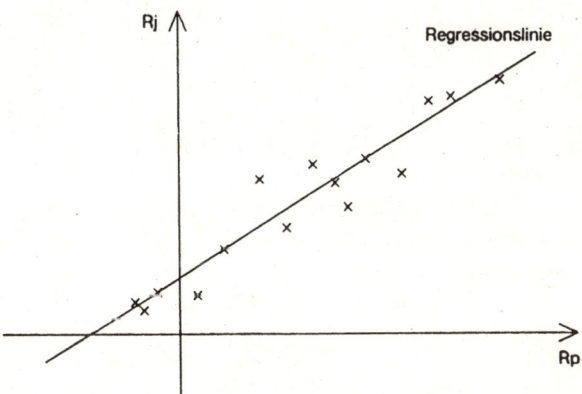

Abb. 5.11. β_{pj} als Steigungsmaß der Regressionslinie

Aus der graphischen Darstellung ist auch ersichtlich, daß β_{pj} ein geeignetes Risikomaß ist. Je größer β_{pj}, desto steiler verläuft die Regressionslinie, desto stärker schlägt also tendenziell $\tilde{R}_j$ mit den Änderungen von $\tilde{R}_p$ nach oben und unten aus, desto mehr erhöht sich also durch Hinzunahme des Projekts das Risiko. Ist hingegen β_{pj} gleich 0, so besteht überhaupt kein Zusammenhang zwischen $\tilde{R}_p$ und $\tilde{R}_j$. Ist β_{pj}

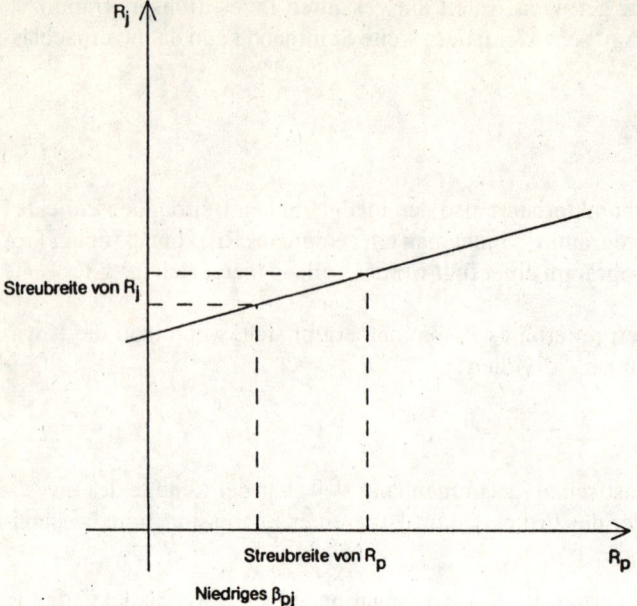

Abb. 5.12. a)

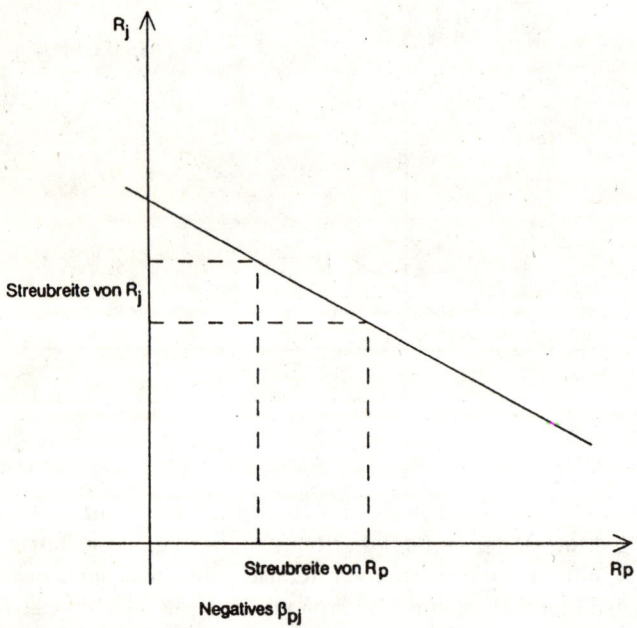

Abb. 5.12. b)

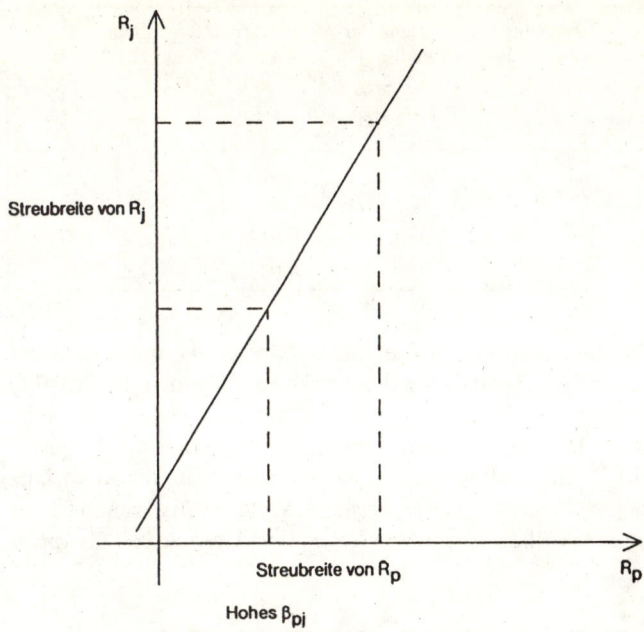

Abb. 5.12. c) β_{pj} als Risikomaß

negativ, so werden Ausschläge von $\tilde{R}_p$ tendenziell durch gegenläufige Ausschläge von $\tilde{R}_j$ kompensiert; das Projekt j mindert dann das Risiko, liefert also einen negativen Beitrag zum Gesamtrisiko (Abbildungen 5.12. a) - c)).

Die Größe β_{pj}, meist kurz als „Beta" bezeichnet, mißt das sogenannte „systematische Risiko", das heißt denjenigen Teil des mit einem Projekt verbundenen Risikos, der nicht durch Diversifikation im Rahmen des Gesamtprogramms verschwindet; das durch Diversifikation ausschaltbare Risiko wird im Unterschied dazu unsystematisches Risiko genannt. Als Maß für das systematische Risiko spielt „Beta" in der neueren Kapitalmarkt- und Finanzierungstheorie eine bedeutende Rolle. Als Risikomaß für kleine Einzelprojekte, die in umfassende Investitionsprogramme eingefügt werden, liefert sie wesentliche Informationen für die Beurteilung des Beitrags, den ein Projekt zum Gesamtrisiko liefert.

Zur Veranschaulichung der Zusammenhänge sei ein einfaches Zahlenbeispiel betrachtet. Der insgesamt zur Verfügung stehende Investitionsbetrag (A_0) sei 100. Das bereits in der Planung festliegende Investitionsprogramm (P) erfordert einen Kapitaleinsatz von 90. Nun stehen zwei weitere Projekte (1 und 2), die sich gegenseitig ausschließen, zur Auswahl, jedes mit einem Kapitalbedarf von 1. Das jeweils für das Investitionsprogramm nicht benötigte Kapital kann zum Zinssatz von 10 % angelegt werden. Alle Investitionen laufen nur über eine Periode. Folgende Daten liegen vor:

	Anfangsaus-zahlung	Erwartungs-wert der Ren-dite	Varianz der Rendite	Kovarianz	Beta
	(a_{0p}, a_{0j})	$(E(\tilde{R}_p), E(\tilde{R}_j))$	(σ_p^2, σ_j^2)	(C_{pj})	(β_{pj})
Investition-sprogramm P	90	0,2	0,04	–	–
Projekt 1	1	0,25	0,09	0,012	0,3
Projekt 2	1	0,25	0,04	0,032	0,8

Da beide Projekte die gleiche erwartete Rendite aufweisen, kommt es bei der Wahl zwischen beiden nur auf die Beurteilung des Risikos an. Werden die Projekte unabhängig vom Gesamtprogramm betrachtet, in das sie sich einfügen, so wird man sich an der Varianz der Rendite orientieren und als risikoscheuer Investor Projekt 2 vorziehen. Anders sieht die Risikobeurteilung aus, wenn man sich auf die Kovarianz oder auf Beta stützt; danach ist Projekt 1 weniger riskant. Welches Risikomaß besser geeignet ist, kann durch einen vollständigen Vergleich aller Alternativen überprüft werden:

Alternativen	Erwartungswert der Rendite	Varianz der Rendite
Investitionsprogramm P, festverzinsliche Anlage von 10	0,19	0,0324
Investitionsprogramm P, Projekt 1 festverzinsliche Anlage von 9	0,1915	0,032625
Investitionsprogramm P, Projekt 2 festverzinsliche Anlage von 9	0,1915	0,03298

Das Ergebnis des Vergleichs läßt offen, ob man beim Investitionsprogramm P bleibt oder zusätzlich noch eines der beiden Projekte durchführt; ob der Investor bereit ist, für die höhere erwartete Rendite ein höheres Risiko in Kauf zu nehmen, hängt vom Grad seiner Risikoscheu ab. Wenn aber überhaupt ein zusätzliches Projekt durchgeführt wird, so kommt nur Projekt 1 in Frage. Damit wird bestätigt, daß die Varianz als Risikomaß bei der Entscheidung über Einzelprojekte im Rahmen eines Gesamtprogramms irreführend ist. Kovarianz und Beta führen im Beispiel hingegen zur richtigen Entscheidung.

Diese Überlegungen machen deutlich, daß Risikoanalyse nicht sinnvoll auf ein isoliert betrachtetes Einzelprojekt bezogen werden kann. Die Wahrscheinlichkeitsverteilung des Ergebnisbeitrages, den ein Einzelprojekt liefert, ist für sich gesehen uninteressant. Von Bedeutung für die Entscheidung ist letztlich nur die Wahrscheinlichkeitsverteilung des Gesamtergebnisses. Die Risikoanalyse sollte daher stets bei der Betrachtung des Gesamtprogramms ansetzen. Soweit überhaupt Einzelprojekte risikoanalytisch betrachtet werden, ist in erster Linie die durch Größen wie die Kovarianz C_{pj} oder die Größe β_{pj} charakterisierte stochastische Beziehung zum Gesamtprogramm von Bedeutung.

3.4 Zusammenfassung

Mit einer Sensitivitätsanalyse kann Unsicherheit verhältnismäßig einfach in einen Entscheidungskalkül einbezogen werden. Hierbei wird das zunächst auf der Basis quasi-sicherer Erwartungen ermittelte Ergebnis daraufhin überprüft, wie es auf Abweichungen von den zunächst angenommenen Ausgangsdaten reagiert. Gebräuchliche Verfahren sind die Berechnung kritischer Werte, bei deren Über- oder Unterschreitung eine Alternative nicht mehr optimal ist, sowie die Ermittlung von Bandbreiten für das Ergebnis einer Entscheidung.

Zu einer erweiterten Fragestellung gelangt man, wenn, ausgehend von Wahrscheinlichkeitsschätzungen für unsichere Ausgangsparameter, Aussagen über die Wahrscheinlichkeitsverteilung der Ergebnisgröße bei einer bestimmten Entscheidung gemacht werden sollen. Diese Form der Risikoanalyse kann, sieht man von einfacheren Entscheidungsmodellen ab, am besten mit Hilfe von Simulationsverfahren rechnerisch bewältigt werden.

Risikoanalyse wird vereinfacht, wenn man sich eines Risikomaßes bedient. Auf der Definition von Risikomaßen beruhen die sogenannten klassischen Entscheidungsprinzipien, bei denen das unsichere Ergebnis durch einen Mittelwert (z. B den Erwartungswert) und ein (oder auch mehrere) Risikomaß(e) (z. B. die Standardabweichung) charakterisiert wird; damit lassen sich effiziente Lösungen definieren. Ist über ein Projekt zu entscheiden, das in ein größeres Investitionsprogramm eingefügt werden soll, so braucht man ein Risikomaß, das angibt, in welcher Weise das zusätzliche Projekt das Risiko des Gesamtprogramms verändert. Wenn das Risiko des Gesamtprogramms an der Standardabweichung gemessen wird, ist das geeignete Risikomaß für Einzelprojekte die Kovarianz oder Beta.

4 Planung und Informationsverarbeitung im Zeitablauf

4.1 Starre und flexible Planung

Entscheidungstheoretische Überlegungen werden häufig an Beispielfällen veranschaulicht, bei denen nur einmal, am Periodenbeginn, eine Entscheidung zu treffen ist, die zu einem späteren Zeitpunkt, am Periodenende, zu einem nicht sicher vorhersehbaren Ergebnis führt. Die Resultate derartiger Überlegungen lassen sich meist ohne Schwierigkeit auf den Fall mehrerer Perioden und Entscheidungszeitpunkte übertragen. Allerdings wird bei dieser Vereinfachung ein Aspekt des Entscheidungsproblems ausgeklammert, der nur im mehrperiodigen Fall von Bedeutung ist, die Interdependenz zeitlich aufeinanderfolgender Entscheidungen nämlich. Dieses Problem soll nun näher betrachtet werden.

Ausgangspunkt ist, daß im Rahmen der Planung Entscheidungen zu treffen sind, die nicht nur sofort auszuführende Maßnahmen betreffen, sondern zukünftige Maßnahmen im voraus festlegen. Die Notwendigkeit, gegenwärtige und zukünftige Maßnahmen gleichzeitig zu planen, ergibt sich bei Interdependenz von Maßnahmen im Zeitablauf. Für die Investitionsplanung gilt dies in besonderem Maße; Investitionsprogramme bestehen häufig aus einer Serie aufeinanderfolgender Maßnahmen, die gegenseitig abgestimmt werden müssen; außerdem ergibt sich eine allgemeine zeitliche Interdependenz daraus, daß die Finanzierungsmöglichkeiten vielfach begrenzt sind und somit auch Investitionen verschiedener Zeitpunkte in Konkurrenz um das knappe Kapital stehen.

Bei Zugrundelegung sicherer Erwartungen folgt aus diesen Überlegungen, daß Handlungsprogramme zu planen sind, die alle gegenwärtigen und zukünftigen Maßnahmen im Planungszeitraum umfassen. Speziell auf die finanzwirtschaftliche Planung bezogen bedeutet dies, daß über alle Investitionen und Finanzierungsmaßnahmen des Planungszeitraums in einem Simultanplanungsansatz zu entscheiden ist. Das erfordert sehr umfangreiche Planungsmodelle, ist aber bei sicheren Erwartungen grundsätzlich möglich. Berücksichtigt man die Unsicherheit der Zukunft, so ergeben sich zusätzliche Komplikationen. Zum einen besteht auch hier die Notwendigkeit, bereits im Planungsprozeß gegenwärtige und zukünftige Maßnahmen aufeinander abzustimmen. Andererseits aber scheint es wenig zweckmäßig, zukünftige Maßnahmen bereits zu einem Zeitpunkt festzulegen, in dem man nur sehr unzureichend über die Lage informiert ist, die dann bestehen wird, wenn die Maßnahmen zur Ausführung gelangen. Aus dieser Sicht scheint es sinnvoller, die Entscheidung so weit aufzuschieben wie möglich, weil sich der Informationsstand im Zeitablauf nur verbessern kann. Der Nachteil dabei wäre aber, daß Entscheidungen über zukünftige Maßnahmen offen blieben und eine gegenseitige Abstimmung mit den sofort auszuführenden Maßnahmen unterbliebe.

In dieser Situation lassen sich zwei grundsätzlich verschiedene Planungsansätze unterscheiden. Eine Möglichkeit ist, ein Handlungsprogramm aufzustellen, das unabhängig von den in der Zukunft möglichen Entwicklungen alle Maßnahmen des Planungszeitraums eindeutig festlegt. Diese Verfahrensweise wird als starre Planung bezeichnet. Starre Planung ergibt sich zwangsläufig, wenn man von quasi-sicheren Erwartungen ausgeht, die gesamte Planung also nur auf eine Zukunftsentwicklung abstellt, etwa auf diejenige, der man die höchste Wahrscheinlichkeit zuordnet. Alle Maßnahmen werden dann so geplant, daß sie bei dieser Zukunftsentwicklung zu einem optimalen Ergebnis führen. Starre Planung schließt spätere Planrevisionen keineswegs aus, die sich als unvermeidlich erweisen können, wenn die tatsächliche Entwicklung von der quasi-sicher vorausgesetzten abweicht. Bei der Planaufstellung bleiben auf Planrevision bezogene Überlegungen jedoch außer Be-

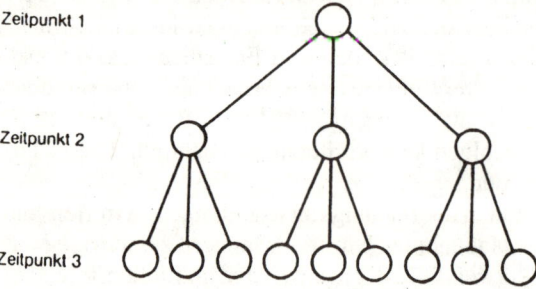

Abb. 5.13. Zustandsbaum zur flexiblen Planung

tracht. Es wird so geplant, als ob eine bestimmte Entwicklung mit Sicherheit einträte; auf diese Entwicklung sind alle Maßnahmen abgestellt.

Ein prinzipiell anderer Planungsansatz ergibt sich, wenn man von vornherein verschiedene mögliche Entwicklungen bei der Planung berücksichtigt und unterschiedliche Maßnahmen einplant, je nachdem, welche dieser Entwicklungen eintritt. Dieses Verfahren wird als flexible Planung bezeichnet. Bei flexibler Planung werden gegenwärtige und zukünftige Maßnahmen simultan geplant; es findet somit auch eine gegenseitige Abstimmung statt. Zukünftige Maßnahmen werden aber nicht eindeutig festgelegt, sondern davon abhängig gemacht, wie sich die Lage bis zum Zeitpunkt der Ausführung entwickelt. Es wird kein Plan aufgestellt, der alle Maßnahmen eindeutig festlegt, sondern ein System bedingter Teilpläne für verschiedene mögliche Zukunftslagen.

Der Unterschied zwischen starrer und flexibler Planung läßt sich verdeutlichen, wenn man sich der Darstellungstechnik des Zustandsbaums bedient (Abbildung 5.13). Die sich immer weiter verzweigenden Äste des Zustandsbaums beschreiben die möglichen Entwicklungen der Zukunft. Im Idealfall sind in den Verzweigungen des Zustandsbaums alle überhaupt möglichen Entwicklungen erfaßt.

Starre Planung bedeutet in bezug auf den Zustandsbaum, daß man für zukünftige Zeitpunkte Maßnahmen festlegt, ohne Rücksicht darauf, welcher Zustand im jeweiligen Zeitpunkt gegeben sein wird. Dies ergibt sich zwangsläufig, wenn man nur einen einzigen Ast des Zustandsbaums berücksichtigt, die entsprechende Entwicklung also als quasi-sicher voraussetzt.

Bei flexibler Planung hingegen werden zukünftige Maßnahmen von vornherein zustandsabhängig geplant. Für jeden Knotenpunkt des Zustandsbaums wird ein Eventualplan aufgestellt, der nur dann zur Ausführung kommt, wenn der betreffende Zustand tatsächlich eintritt. Auf diese Weise erreicht man, daß zum einen gegenwärtige und zukünftige Maßnahmen aufeinander abgestimmt werden, zum anderen aber die endgültige Auswahl der zu treffenden Maßnahmen abhängig von der Zustandsentwicklung erfolgt. Der Nachteil des Verfahrens liegt offenbar darin, daß der Planungsaufwand sehr groß ist. Man stellt bedingte Teilpläne für jeden Zustand einesZeitpunktes auf, von denen aber nur einer tatsächlich relevant wird; die Teilpläne für die Zustände, die nicht eintreten, erweisen sich nachträglich als überflüssig. Flexible Planung bedeutet Entwicklung von Teilplänen, die zum größten Teil überflüssig werden. Nur weiß man im voraus nicht, welche Teilpläne überflüssig sein werden.

Im Idealfall bezieht sich die flexible Planung auf einen Zustandsbaum, dessen Verzweigungen alle überhaupt möglichen zukünftigen Entwicklungen erfassen. Man weiß dann mit Sicherheit, daß eine der so dargestellten Zustandsabfolgen eintreten wird, allerdings nicht welche. In diesem Fall spricht man von einem idealen Zustandsbaum. Flexible Planung, die für jeden Knotenpunkt eines idealen Zustandsbaums einen bedingten Teilplan aufstellt, hat für jede Eventualität vorgesorgt. Nachträgliche Planrevisionen brauchen nicht in Betracht gezogen zu werden, da bereits im voraus alle überhaupt möglichen Fälle berücksichtigt worden sind.

Praktisch kommt flexible Planung in dieser Form nicht in Frage. Zum einen ist es kaum möglich, einen idealen Zustandsbaum anzugeben; zum anderen wäre der ideale Zustandsbaum so umfangreich, daß sich ein kaum zu bewältigender Planungsaufwand ergäbe. Deswegen braucht man aber nicht auf flexible Planung zu verzichten. Man kann einen vereinfachten Zustandsbaum zugrunde legen, der nicht alle, aber doch einige besonders wichtige Zustandsentwicklungen berücksichtigt. Letztlich beruht auch die starre Planung mit quasi-sicheren Erwartungen auf einer Vereinfachung des Zustandsbaums, die allerdings so weit geht, daß nur noch ein einziger Ast übrig bleibt. So weit braucht die Vereinfachung nicht zu gehen. Zwischen dem idealen Zustandsbaum und der Vereinfachung zu quasi-sicheren Erwartungen liegen viele praktisch realisierbare Zwischenlösungen.

4.2 Techniken der flexiblen Planung

4.2.1 Flexible Planung auf der Basis des Zustandsbaums

Zwei Techniken, deren man sich zur Aufstellung flexibler Pläne bedient, sollen im folgenden erläutert werden. Die eine setzt unmittelbar beim Zustandsbaum an, die andere beruht auf der Erweiterung des Zustandsbaums zu einem Entscheidungsbaum.

Die Planungstechnik auf Zustandsbaumbasis beruht darauf, daß man für jeden Knotenpunkt des Baumes ein Maßnahmenprogramm aufstellt. Hierbei müssen natürlich die Auswirkungen aller in einem Zustand vorgesehenen Maßnahmen in allen Folgezuständen in der Planung berücksichtigt werden. An einem einfachen Beispiel zur Investitionsplanung kann dies verdeutlicht werden. Gegeben sei der in Abbildung 5.14 dargestellte einfache Zustandsbaum, in dem die den Zuständen entsprechenden Knotenpunkte laufend durchnumeriert sind. In den Zuständen 1, 2 und 3 können Investitionsprojekte durchgeführt werden. Für jedes dieser Investitionsprojekte wird eine Variable x_j eingeführt; hierbei werden die Projekte und Variablen so definiert, daß sie jeweils auf einen bestimmten Zustand bezogen sind, in dem sie ausgeführt werden. Gibt es z. B. ein Projekt, das sowohl im Zustand 2 als auch im Zustand 3 ausgeführt werden kann, so werden zwei Variablen dafür definiert, als ob es sich um zwei Projekte handelte. Die Lösung kann z. B. so aussehen, daß das auf Zustand 2 bezogene Projekt ausgeführt wird, das auf Zustand 3 bezogene hingegen nicht; dann hängt es eben von der zukünftigen Entwicklung ab, ob das Projekt zur Ausführung kommt oder nicht.

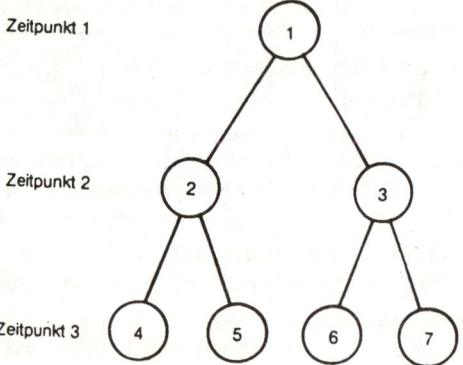

Abb. 5.14. Zustandsbaum zur Investitionsplanung

Für das Beispiel sei nun definiert: J_s sei die Menge der Indizes aller Projekte, die im Zustand s durchgeführt werden können. Da im Beispiel nur Investitionsprojekte für die Zustände 1, 2 und 3 zur Wahl stehen, gibt es die Mengen J_1, J_2 und J_3, die sich nicht überschneiden und die zusammen die Menge aller möglichen Investitionsprojekte (J) bilden. Kommen z. B. für jeden der drei Zustände zwei Projekte in Frage, so ergeben sich folgende Indexmengen:

$$J_1 = \{1, 2\} \qquad J_2 = \{3, 4\} \qquad J_3 = \{5, 6\}$$

$$J = \{1, 2, 3, 4, 5, 6\}$$

Für jedes Projekt werden die Zahlungen angegeben, die im Falle der Durchführung in jedem Zustand anfallen. Mit e_{sj} sei der Einzahlungsüberschuß bezeichnet, der im Zustand s bei Projekt j anfällt. Hierbei gilt, daß dieser Einzahlungsüberschuß gleich 0 ist in allen Zuständen, die durch das Projekt überhaupt nicht berührt werden. Im Beispielsfall ergibt sich für die sieben Zustände und sechs Projekte folgende Datenmatrix:

j	J_1		J_2		J_3	
s	1	2	3	4	5	6
1	e_{11}	e_{12}	$e_{13} = 0$	$e_{14} = 0$	$e_{15} = 0$	$e_{16} = 0$
2	e_{21}	e_{22}	e_{23}	e_{24}	$e_{25} = 0$	$e_{26} = 0$
3	e_{31}	e_{32}	$e_{33} = 0$	$e_{34} = 0$	e_{35}	e_{36}
4	e_{41}	e_{42}	e_{43}	e_{44}	$e_{45} = 0$	$e_{46} = 0$
5	e_{51}	e_{52}	e_{53}	e_{54}	$e_{55} = 0$	$e_{56} = 0$
6	e_{61}	e_{62}	$e_{63} = 0$	$e_{64} = 0$	e_{65}	e_{66}
7	e_{71}	e_{72}	$e_{73} = 0$	$e_{74} = 0$	e_{75}	e_{76}

Die Lösung wird durch die Werte angegeben, die die Projektvariablen x_j annehmen. Ein Projekt wird durchgeführt, wenn die Variable gleich 1 ist, nicht durchgeführt, wenn die Variable gleich 0 ist. Daraus ergibt sich als Nebenbedingung:

$x_j = 0$ oder 1 $(j \in J)$.

Weitere Nebenbedingungen können sich aus der begrenzten Verfügbarkeit von Finanzierungsmitteln ergeben. Es gilt die Bedingung, daß in jedem Zustand die Liquidität gesichert sein muß. Bezeichnet man mit b_s die liquiden Mittel, über die im Zustand s unabhängig vom sonstigen Investitionsprogramm verfügt werden kann, so ergibt sich für jeden Zustand eine Liquiditätsbedingung:

$$\sum_{j \in J} e_{sj} x_j + b_s \geqq 0 \quad (s = 1, \ldots, 7).$$

Durch die Nebenbedingungen (zu denen noch weitere hinzutreten können) wird ein Bereich zulässiger Lösungen abgegrenzt. Zur Bestimmung einer optimalen Lösung muß eine Zielgröße vorgegeben werden; man sucht dann im Bereich der zulässigen Lösungen das Maximum dieser Zielgröße. Verhältnismäßig einfach ist die Lösung, wenn man unterstellt, daß sich der Investor nur am Erwartungswert der Zahlungen orientiert, das Risiko also unberücksichtigt läßt. Dann sind die unsicheren Zahlungen jedes Zeitpunkts einer sicheren Zahlung in Höhe des Erwartungswerts äquivalent. Die Bewertung des als äquivalent angesehenen sicheren Zahlungsstroms kann durch die Berechnung des erwarteten Kapitalwerts erfolgen. Dies läßt sich begründen, wenn man annimmt, daß die für Investitionen nicht benötigten Mittel jeweils zum Kalkulationszinsfuß angelegt werden. Man maximiert also den erwarteten Kapitalwert des Investitionsprogramms. Kennt man die Wahrscheinlichkeit der Zustände, so kann man für jedes Projekt den erwarteten Kapitalwert K_j als Barwert der mit den Zustandswahrscheinlichkeiten gewichteten zustandsbezogenen Zahlungen ermitteln. Der erwartete Kapitalwert des Investitionsprogramms ist gleich der Summe der erwarteten Kapitalwerte der durchgeführten Projekte. Zu maximieren ist also der Ausdruck

$$\sum_{j \in J} K_j \, x_j \rightarrow \quad \text{Max}.$$

Es ergibt sich so eine lineare Programmierungsaufgabe mit binären Variablen. Schwieriger wird die Lösung, wenn auch das Risiko berücksichtigt werden soll. Ein grundsätzlich mögliches, aber sehr umständliches Lösungsverfahren wäre in diesem Fall die vollständige Enumeration aller Lösungen und aller Zustandsabfolgen. Da die Lösungsvariablen jeweils nur einen von zwei Werten annehmen, ist die Anzahl der Lösungen endlich. Für jede dieser Lösungen kann man nun wieder für jede Zustandsabfolge, für jeden Endpunkt des Zustandsbaums also, einen Kapitalwert berechnen. Da man die Wahrscheinlichkeiten der Zustandsabfolgen kennt, hat man damit für jede Lösung eine Wahrscheinlichkeitsverteilung des Kapitalwerts, für die man neben dem Erwartungswert auch Risikomaße berechnen und bei der Entscheidung berücksichtigen kann.

4.2.2   Flexible Planung auf der Basis des Entscheidungsbaums

Der Zustandsbaum gibt an, in welcher Weise sich die vom Entscheidenden nicht beeinflußbaren äußeren Gegebenheiten entwickeln können. Durch einen Zustand, dargestellt durch einen Knotenpunkt des Zustandsbaums, ist aber die Situation, in der sich der Entscheidende jeweils befindet, nur unvollständig beschrieben; diese Situation hängt auch davon ab, welche Entscheidungen bis zu diesem Zeitpunkt getroffen worden sind. Um zu einer vollständigen Beschreibung aller möglichen Situationsfolgen zu kommen, kann man den Zustandsbaum zum Entscheidungsbaum erweitern. Dies geschieht durch Einbeziehung zusätzlicher Verzweigungen des Baums, die den jeweiligen Entscheidungsmöglichkeiten entsprechen.

Dies sei beispielhaft an dem in Abbildung 5.14 dargestellten Zustandsbaum verdeutlicht. Angenommen sei, in den Zeitpunkten 1 und 2, in den Zuständen 1, 2 und 3 also, habe der Entscheidungsträger jeweils die Wahl zwischen zwei Handlungsalter-

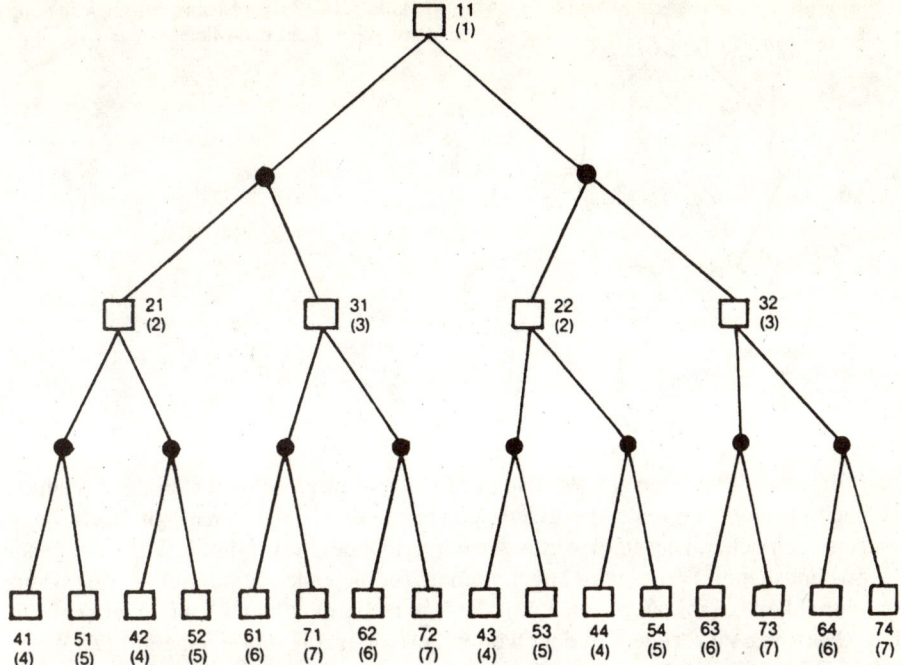

Abb. 5.15. Entscheidungsbaum für die flexible Planung

nativen. Dies führt zum Entscheidungsbaum der Abbildung 5.15. Die durch Rechtecke markierten Knotenpunkte des Entscheidungsbaums bezeichnen die in jedem der drei Zeitpunkte möglichen Situationen. In den Zeitpunkten 1 und 2, denen die Knotenpunkte 11, 21, 31, 22 und 32 entsprechen, ist jeweils eine Entscheidung zwischen zwei Alternativen zu treffen; dies wird durch jeweils zwei Äste des Graphen beschrieben, die zu runden Knoten führen; hier gibt es weitere Verzweigungen, die die verschiedenen möglichen Zustandsentwicklungen darstellen und die zu den die Situationen des nächstfolgenden Zeitpunkts dargestellten rechteckigen Knotenpunkten hinführen.

Die Situation in einem Zeitpunkt ist durch den Zustand und die vorhergegangenen Entscheidungen bestimmt. In dem Entscheidungsbaum der Abbildung 5.15 sind die Situationsknoten durch zweistellige Zahlen bezeichnet; dahinter ist in Klammern angegeben, welcher Zustand (gemäß der Bezeichnung von Abbildung 5.15) der jeweiligen Situation entspricht. Mit Ausnahme des Zustandes 1 entsprechen jedem Zustand mehrere Situationen; das ergibt sich daraus, daß jedem Zustand verschiedene Entscheidungen vorausgehen können, die dann auch zu verschiedenen Situationen führen.

Die Darstellung eines Entscheidungsproblems mit Hilfe des Entscheidungsbaums soll an einem einfachen Beispiel verdeutlicht werden. Es soll um eine Investition zur Herstellung eines Produkts gehen; hierbei besteht die Möglichkeit, die Produktionsanlagen entweder zu kaufen oder zu mieten. Das Produkt soll zwei Perioden

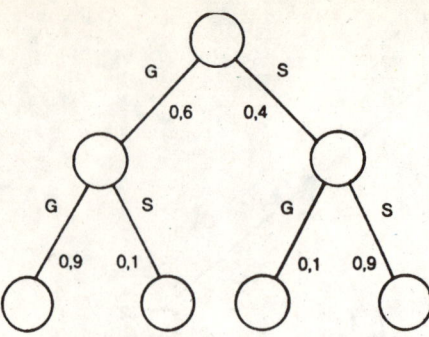

Abb. 5.16. Zustandsbaum zur Entscheidung zwischen Kauf und Miete

lang auf den Markt gebracht werden; der Erfolg ist ungewiß. Hier sei die Annahme gemacht, in jeder der beiden Perioden seien nur zwei Absatzlagen möglich, eine gute und eine schlechte. Diesen Erwartungen entspricht der in Abbildung 5.16 angegebene Zustandsbaum. Weiter wird angenommen, für die erste Periode sei mit der Wahrscheinlichkeit 0,6 mit einer guten, mit der Wahrscheinlichkeit 0,4 mit einer schlechten Absatzlage zu rechnen; in der zweiten Periode ist die Absatzlage mit der Wahrscheinlichkeit 0,9 ebenso wie in der ersten. Dem entsprechen die im Zustandsbaum angegebenen Übergangswahrscheinlichkeiten. Gesucht wird die Lösung mit dem höchsten erwarteten Kapitalwert. In beiden Perioden werden Zahlungsüberschüsse erwirtschaftet, deren abgezinste Werte folgende Höhe haben:

Abgezinster Zahlungsüberschuß	Periode 1	Periode 2
(ohne Mietzahlung)		
bei guter Absatzlage	110	100
bei schlechter Absatzlage	0	0

Bei Kauf der Anlage ist zu Beginn der ersten Periode ein Kaufpreis von 120 zu entrichten. Bei Miete sind in jeder Periode Mietzahlungen zu entrichten; deren abgezinster Wert beträgt für die erste Periode 66, für die zweite 60.

Es könnte nun folgende Überlegung angestellt werden: Jeder der vier möglichen Zustandsentwicklungen läßt sich aufgrund der vorliegenden Angaben ein Kapitalwert sowohl für Kauf als auch für Miete zuordnen. Da auch die Wahrscheinlichkeiten bekannt sind, kann man die Kapitalwerte für jede Zustandsentwicklung angeben:

Zustandsentwicklung		Wahr- schein- lichkeit	Kapitalwert der Zahlungs- überschüsse	Kapitalwert bei Kauf der Anlage	Kapitalwert bei Miete der Anlage
1. Periode	2. Periode				
Gute Absatzlage	Gute Absatzlage	0,54	210	90	84
Gute Absatzlage	Schlechte Absatzlage	0,06	110	– 10	– 16
Schlechte Absatzlage	Gute Absatzlage	0,04	100	– 20	– 26
Schlechte Absatzlage	Schlechte Absatzlage	0,36	0	–120	–126
	Erwarteter Kapitalwert			4	–2

Die Mietalternative ist anscheinend in jedem Fall schlechter als die Kaufalternative und hat auch einen negativen erwarteten Kapitalwert. Der Kauf scheint eindeutig die günstigere Lösung zu sein.

Endpunkt	Kaufpreis	Miete 1. Periode	Miete 2. Periode	Zahlungsüb- erschuß 1. Periode	Zahlungsüb- erschuß 2. Periode	Summe
41	–120	–	–	110	100	90
51	–120	–	–	110	0	– 10
42	–120	–	–	110	–	– 10
52	–120	–	–	110	–	– 10
61	–120	–	–	0	100	– 20
71	–120	–	–	0	0	–120
62	–120	–	–	0	–	–120
72	–120	–	–	0	–	–120
43	–	–66	–60	110	100	84
53	–	–66	–60	110	0	– 16
44	–	–66	–	110	–	44
54	–	–66	–	110	–	44
63	–	–66	–60	0	100	– 26
73	–	–66	–60	0	0	–126
64	–	–66	–	0	–	– 66
74	–	–66	–	0	–	– 66

Man kann nun aber zusätzlich berücksichtigen, daß nach der ersten Periode die Möglichkeit besteht, das Projekt abzubrechen. Dann entfallen eventuelle Zahlungsüberschüsse der 2. Periode. Im Mietfall entfällt die Mietzahlung der 2. Periode, im Kauffall hingegen kann die gebrauchte Anlage nur mehr zu einem Preis verkauft

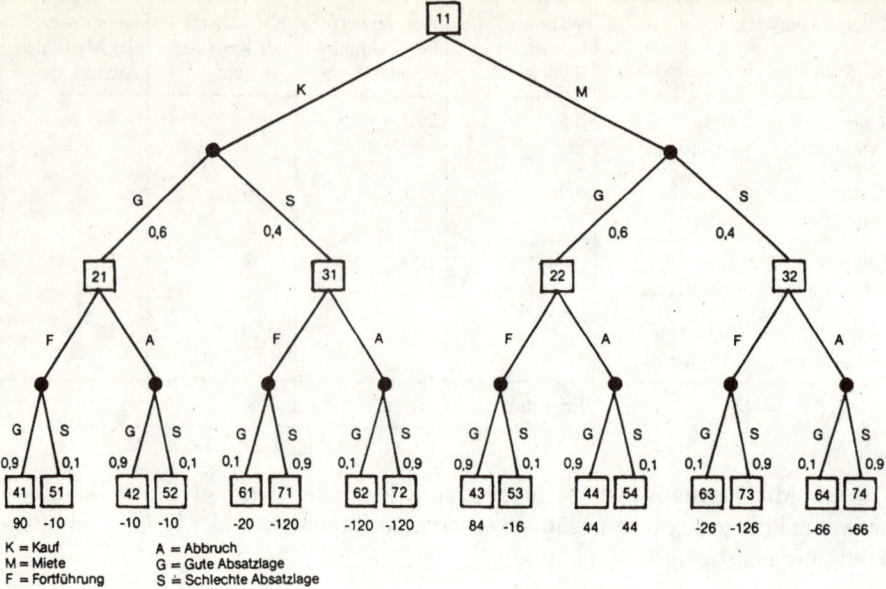

Abb. 5.17. Entscheidungsbaum zur Entscheidung zwischen Kauf und Miete

werden, der gerade die Abbruchkosten deckt, so daß kein Einzahlungsüberschuß entsteht. Das Entscheidungsproblem wird vollständig durch den Entscheidungsbaum der Abbildung 5.17 beschrieben. Die Numerierung der Knotenpunkte entspricht der in Abbildung 5.15. An den Verzweigungen, die unterschiedliche mögliche Zustandsentwicklungen angeben, sind die Übergangswahrscheinlichkeiten angegeben. Den Endpunkten des Zustandsbaums lassen sich nunmehr Kapitalwerte zuordnen; diese sind auch in Abbildung 5.17 angegeben.

Das Entscheidungsproblem wird nun in der Weise gelöst, daß man für die den Endpunkten des Baums nächstgelegenen Entscheidungsknoten jeweils die optimale Alternative bestimmt und dann sukzessiv zu den vorgelagerten Entscheidungsknoten übergeht; ist man am Anfang des Entscheidungsbaums angelangt, so hat man einen optimalen Gesamtplan. Im Beispielsfall betrachtet man also zunächst die Knoten 21, 31, 22 und 32 und legt bedingte Entscheidungen für den Fall fest, daß die betreffende Situation tatsächlich eintritt. Nimmt man an, daß jeweils die Alternative mit dem höchsten erwarteten Kapitalwert gewählt wird, so ergibt sich z. B. für Knoten 21, daß Fortführung (erwarteter Kapitalwert = 80) günstiger ist als Abbruch (erwarteter Kapitalwert = –10). Entsprechend ermittelt man die optimale Alternative für die übrigen Knoten.

Nur im Fall der Miete ist somit der Abbruch zu empfehlen, wenn die Absatzentwicklung in der 1. Periode schlecht war.

Nunmehr kann auch das Entscheidungsproblem für den Knotenpunkt 11 gelöst werden. Hierbei ist davon auszugehen, daß in den nachfolgenden Knotenpunkten jeweils die im ersten Schritt als optimal festgestellte Alternative gewählt wird. Für den Fall des Kaufs ist damit zu rechnen, daß man entweder zu Knoten-

Knoten	Erwarteter Kapitalwert		Optimale Alternative
	bei Fortführung	bei Abbruch	
21	80	– 10	Fortführung
31	–110	–120	Fortführung
22	74	44	Fortführung
32	–116	– 66	Abbruch

punkt 21 mit dem erwarteten Kapitalwert 80 oder zu Knotenpunkt 31 mit dem erwarteten Kapitalwert –110 kommt; der erwartete Kapitalwert der Kaufalternative ist somit $0{,}6 \cdot 80 - 0{,}4 \cdot 110 = 4$. Entsprechend erhält man den erwarteten Kapitalwert der Mietalternative ($0{,}6 \cdot 74 - 0{,}4 \cdot 66 = 18$). Ergebnis ist also:

Erwarteter Kapitalwert	
bei Kauf	bei Miete
4	18

Die optimale Lösung ist somit: Miete der Anlage, Fortführung nach der ersten Periode, wenn die Absatzlage in der ersten Periode gut ist, Abbruch nach der ersten Periode, wenn die Absatzlage schlecht ist. Die Mietalternative, die auf den ersten Blick ungünstiger erschien, erweist sich im Beispielsfall als überlegen. Ihr Vorzug liegt darin, daß im Gegensatz zur Kaufalternative ein Abbruch des Projekts nach der ersten Periode erheblich günstiger ausfällt. Dieser Vorzug kann nur bei einer Planungstechnik voll gewürdigt werden, die nicht nur auf die wahrscheinlichste Entwicklung abgestellt ist, im Beispielsfall auf gute Absatzlage in beiden Perioden, bei der vielmehr auch für den Fall abweichender Entwicklungen Eventualplanungen vorgesehen werden. Das Beispiel zeigt auch deutlich, welche Bedeutung solche Eventualplanungen haben: Es geht darum, von vornherein die richtige Ausgangsentscheidung zu treffen. Im Beispielsfall erweist sich die Mietalternative aufgrund ihrer höheren Elastizität, d. h. besserer Anpassungsmöglichkeit an unterschiedliche Verhältnisse, als überlegen. Nur im Rahmen flexibler Planung kann diese Elastizität in ihren Auswirkungen voll gewürdigt werden. Das bedeutet natürlich nicht, daß sich bei flexibler Planung die elastische Alternative immer als überlegen erweisen muß. Man braucht die Zahlen des Beispiels nur etwas abzuändern, um auch bei flexibler Planung die Kaufalternative als optimale Lösung zu erhalten. Wesentlich ist aber, daß nur bei flexibler Planung die Vorteile, die in der Elastizität einer Alternative liegen, im Kalkül voll zur Geltung kommen.

Der Entscheidungsbaum ermöglicht eine umfassende Beschreibung des Entscheidungsproblems und zugleich seine Lösung im Sinne einer flexiblen Planung. Das für den Beispielsfall beschriebene Lösungsverfahren, das sogenannte Roll-Back-Verfahren, ist allgemein anwendbar. Das Verfahren beruht auf einem grundlegenden Prinzip der Entscheidungstheorie, dem Bellman'schen Prinzip der dynamischen Programmierung: Bei einer Reihe aufeinanderfolgender und miteinander zusammenhängender Entscheidungen hat die optimale Entscheidungsfolge die Eigenschaft, daß in jedem Zwischenstadium des Prozesses der noch zu realisierende Rest dieser Entscheidungsfolge zugleich die optimale Lösung für den noch gegebenen Restzeitraum darstellt. Dies ist zugleich die Grundidee des Roll-Back-Verfahrens: In jedem Entscheidungsknoten ist die optimale Entscheidung für die nächste Stufe unter der Voraussetzung zu finden, daß für alle nachfolgenden Entscheidungsknoten die optimale Alternative bereits bekannt ist und bei Eintritt der betreffenden Situation realisiert wird. Von den Endpunkten des Baumes ausgehend werden sukzessiv alle vorgelagerten Entscheidungsknoten erreicht. Ist man am Anfang des Entscheidungsbaums angelangt, so hat man die optimale Lösung in Form eines Systems bedingter Entscheidungen für alle in Zukunft möglichen Situationen.

4.2.3   Die Bewertung von Realoptionen

Die Besonderheit der flexiblen Planung liegt darin, daß sie die für zukünftige Zeitpunkte offenbleibenden Entscheidungsspielräume berücksichtigt. Dies kann auch so interpretiert werden, daß bei der Beurteilung einer Planalternative Optionen, die in Zukunft bestehen, in die Erwägungen einbezogen werden. So kann man zum Beispiel die Alternative, ein Investitionsprojekt zunächst durchzuführen, auch so verstehen, daß damit eine Option auf spätere Durchführung des Projekts aufrechterhalten wird. Betrachtet man das im vorangehenden Unterabschnitt behandelte Beispiel der Entscheidung zwischen Kauf und Miete, so ist bei der Beurteilung der Mietalternative zu berücksichtigen, daß damit die Option auf vorzeitigen Abbruch des Projekts verbunden ist. Die bei der Planung von Realinvestitionsprogrammen auftretenden Optionen bezeichnet man als Realoptionen, um sie von den auf Finanzmärkten gehandelten Optionen bezeichnet man als Realoptionen, um sie von den auf Finanzmärkten gehandelten Optionen zu unterscheiden. Es liegt nun nahe, die Theorie der Bewertung von Optionen auf Finanzmärkten analog auf Realoptionen anzuwenden. Diese Betrachtungsweise hat der Theorie der Investitionsentscheidungen in jüngster Zeit wesentliche Anregungen vermittelt [Dixit/Pindyck 1994, C. Laux 1993]. Bei der Entscheidung geht man so vor, das bei jeder Alternative auch die Werte der damit verbundenen Realoptionen berücksichtigt werden. Die Bestimmung von Marktwerten für Realoptionen stößt allerdings meist auf Schwierigkeiten, weil man sich nicht wie bei den Optionen der Finanzmärkte auf beobachtete Preise des Optionsgegenstandes, etwa einer Aktie bei Aktienoptionen, stützen kann. Fehlen die Voraussetzungen für die Ermittlung von Marktwerten, so wird man bei der Bewertung von Realoptionen auf Verfahren zurückgreifen müssen, die in der Theorie der flexiblen Planung schon länger bekannt sind, wie vor allem das bereits beschriebene Entscheidungsbaumverfahren.

4.3   Planrevisionen

Wenn durch die Planung, sei sie starr oder flexibel, zukünftige Maßnahmen vorherbestimmt werden, bedeutet dies nicht, daß sie notwendig und in jedem Fall zur Ausführung kommen. Vielmehr kann es sich als zweckmäßig oder auch unumgänglich erweisen, Planrevisionen vorzunehmen. Dies gilt vor allem bei starrer Planung auf der Basis quasi-sicherer Erwartungen. Wenn die Zustandsentwicklung einen anderen als den der Planung zugrundeliegenden Verlauf nimmt, ist zu prüfen, ob ein abgeänderter Plan unter den neuen Voraussetzungen möglicherweise zu besseren Ergebnissen führt. Unumgänglich wird eine Planrevision, wenn der ursprüngliche Plan unter den veränderten Bedingungen gar nicht mehr durchführbar ist.

An einem starren Plan ohne Rücksicht auf äußere Entwicklungen festzuhalten, ist nicht sinnvoll, selbst wenn es möglich ist. Starre Planung ist deswegen zugleich revidierende Planung. Im Zeitablauf wird mehr oder weniger regelmäßig überprüft, ob der Plan noch den tatsächlichen Verhältnissen entspricht oder abzuändern ist. Mit dem Fortschreiten der Zeit wird dabei häufig auch der Zeithorizont der Planung hinausgeschoben, so daß sich ein System überlappender Pläne ergibt. Man kann z. B. jeweils einen Plan für 5 Jahre aufstellen, der jeweils am Ende des Jahres für die restlichen 4 Jahre revidiert und zugleich ein weiteres Jahr in die Zukunft weitergeführt wird.

Starre Planung, die regelmäßig revidiert wird, unterscheidet sich grundsätzlich von flexibler Planung, weil in dem Planungszeitpunkt nur ein bestimmtes, in der Regel auf eine quasi-sichere Zukunftsentwicklung bezogenes Aktionsprogramm festgelegt wird. Man weiß zwar, daß diese Planung möglicherweise später revidiert werden muß, macht sich aber darüber im Planungszeitpunkt noch keine Gedanken. Bei flexibler Planung hingegen werden von vornherein verschiedene Zustandsentwicklungen und entsprechende Aktionsprogramme in Betracht gezogen. Die Planrevision wird also zumindest teilweise antizipiert. Das kann dazu führen, daß man von vornherein andere Alternativen wählt als bei starrer Planung; ein Beispiel dafür wurde im vorangehenden Abschnitt erörtert.

Bei flexibler Planung auf der Grundlage eines idealen Zustandsbaumes wären überhaupt keine Planrevisionen mehr erforderlich. Für alle Fälle, die überhaupt eintreten könnten, lägen bereits Eventualpläne vor. Stützt man sich hingegen auf einen vereinfachten Zustandsbaum, so gelingt die vollständige Antizipation durch Eventualpläne nicht. Es können Zustände eintreten, die der vereinfachte Zustandsbaum nicht enthält, für die somit keine Eventualpläne vorhanden sind. Für alle praktisch relevanten Pläne kann also auch bei flexibler Planung nicht auf Planrevisionen verzichtet werden. Die erforderlichen Abänderungen sind aber tendenziell geringer als bei starrer Planung, weil von vornherein mehr als eine mögliche Zukunftsentwicklung planerisch berücksichtigt wurde.

4.4 Die Planung unspezifischen Anpassungspotentials: Liquiditätsreserven

Die Planung kann für zukünftige Planrevisionen Anpassungspotential vorsehen, ohne konkret anzugeben, in welchen Zuständen und in welcher Weise davon Gebrauch gemacht werden soll. In der finanzwirtschaftlichen Planung werden sehr oft Liquiditätsreserven in Form leicht liquidierbarer Aktiva oder unausgenutzter Finanzierungsquellen eingeplant, ohne daß vorgesehen wird, in welchen Fällen und wie man von diesen Reserven Gebrauch machen will. Man weiß lediglich, daß sich Situationen ergeben können, die in der Planung nicht vorgesehen sind, in denen es sich aber als sehr nützlich erweisen kann, auf Liquiditätsreserven zurückzugreifen zu können. Es handelt sich um ein Anpassungspotential, das insofern unspezifisch ist, als es sich nicht auf konkret geplante Anpassungsmaßnahmen bezieht, von dem man nur generell annimmt, daß es in möglichen, aber nicht näher spezifizierten Situationen von Nutzen sein kann.

Eine starre Planung wird durch Einplanung unspezifischen Anpassungspotentials noch nicht zur flexiblen Planung, weil konkrete Eventualprogramme für mögliche Fälle fehlen. Gleichwohl löst man sich damit von der reinen Konzeption der starren Planung auf der Basis quasi-sicherer Erwartungen, bei der Abweichungen vom erwarteten Zustandsverlauf gar nicht vorgesehen sind, folglich auch kein Anlaß zur Einplanung von Anpassungspotential besteht. Man stellt sich zumindest in unspezifischer Form auf die Möglichkeit von Abweichungen ein.

Auch bei flexibler Planung auf der Basis eines vereinfachten Zustandsbaums kann unspezifisches Anpassungspotential vorgesehen werden. Es dient dazu, die Anpassung zu erleichtern, wenn eine im vereinfachten Zustandsbaum nicht vorgesehene Entwicklung eintritt.

Die Entscheidung über unspezifisches Anpassungspotential, insbesondere also über Liquiditätsreserven im Rahmen der finanzwirtschaftlichen Planung, ist rechnerisch nur schwer zu erfassen, weil konkrete Vorstellungen über ihren Einsatz fehlen. Generell ist damit zu rechnen, daß das Ergebnis der konkreten Maßnahmenplanung durch unspezifisches Anpassungspotential, dessen Vorteil rechnerisch nicht erfaßt wird, beeinträchtigt wird. Hält man Reserven in Form leicht liquidierbarer Aktiva und nützt man nicht alle Finanzierungsmöglichkeiten aus, so kann weniger investiert werden. Je größer das vorgesehene Anpassungspotential ist, desto weniger Mittel bleiben für gewinnbringende Investitionen. Dennoch kann für alle möglichen Zukunftslagen insgesamt gesehen eine Verbesserung der Ergebnisaussichten erreicht werden.

Man kann auf eine Entscheidungsrechnung verzichten und das Anpassungspotential, im Falle der finanzwirtschaftlichen Planung also Höhe und Art der Reserven, autonom festsetzen. Legt man Wert auf rechnerische Abwägung der Vor- und Nachteile mehr oder weniger großen Anpassungspotentials, so braucht man ein Minimum an zahlenmäßigen Schätzungen. Man muß abschätzen, wie hoch zum einen die Wahrscheinlichkeit eines Zustands ist, in dem man Anpassungspotential benötigt, wie groß zum anderen der Mehrgewinn (oder die Verlustminderung) ist, der durch das Anpassungspotential in diesem Zustand ermöglicht wird. Für die folgende Beispielsrechnung (s. nächste Seite) wird angenommen, daß es drei Zustände mit verhältnismäßig geringen Wahrscheinlichkeiten gibt, in denen das Anpassungspotential verlustmindernd eingesetzt werden kann. Orientiert man sich am erwarteten Kapitalwert, so liegt das Optimum bei der zweiten Gestaltungsmöglichkeit (geringes Anpassungspotential). Bei Einbeziehung von Risikomaßen sind zusätzliche Berechnungen erforderlich, die zu einem anderen Resultat führen können.

Diese Form der Entscheidungsrechnung entspricht im Grundaufbau der flexiblen Planung, auch wenn das explizit geplante Investitionsprogramm auf quasi-sicheren Erwartungen beruht. Es werden zusätzliche Zustände berücksichtigt, wenn auch ohne explizite Eventualplanungen. An deren Stelle tritt eine pauschale Abschätzung von Wahrscheinlichkeiten und möglichen Gewinnen bzw. Verlustminderungen aus dem Anpassungspotential.

| | Erwarteter Kapitalwert des Investitionsprogramm | Erwarteter Kapitalwert der durch Anpassung ermöglichten Verlustminderung im Zustand | | | Erwarteter Kapitalwert des Anpassungspotentials | Erwarteter Kapitalwert von Investitionsprogramm und Anpassungspotential |
		1	2	3		
Kein Anpassungspotential	100	0	0	0	0	100
Geringes Anpassungspotential	90	120	150	150	12	102
Hohes Anpassungspotential	80	120	180	240	13,8	93,8
Zustandswahrscheinlichkeit		0,05	0,03	0,01		

Eine weitere Möglichkeit, Anpassungspotential zu beurteilen, ergibt sich, wenn man den dadurch geschaffenen Handlungsspielraum als Option versteht. Mit Hilfe der Optionspreistheorie kann man dann unter bestimmten Voraussetzungen den Marktwert des Anpassungspotentials abschätzen, genauer: die durch Anpassungspotential erreichte Erhöhung des Marktwerts des Unternehmens (FRANKE 1991, C. LAUX 1993).

4.5 Zusammenfassung

Bei Aktionsprogrammen für einen längeren Zeitraum ändert sich im Zeitablauf der Informationsstand. Während bei starrer Planung vom Informationsstand des Ausgangszeitpunktes her ein bestimmtes Aktionsprogramm festgelegt wird, finden bei flexibler Planung mögliche Änderungen des Informationsstandes von vornherein Berücksichtigung, indem vom jeweiligen zukünftigen Informationsstand abhängige Eventualentscheidungen getroffen werden. Planungstechnisch kann man sich dabei eines Zustandsbaums oder eines Entscheidungsbaums bedienen. Allerdings werden auch bei flexibler Planung Planrevisionen erforderlich, weil auch die flexible Planung praktisch nie von einem idealen Zustandsbaum, der alle möglichen Entwicklungen erfaßt, ausgehen kann. Starre ebenso wie flexible Planung kann durch unspezifisches Anpassungspotential (z. B. Liquiditätsreserven) ergänzt werden, das die Anpassung an nicht vorhergesehene Entwicklungen erleichtert.

5 Risikopolitik

Die hier dargestellten theoretischen Grundlagen einer Investitionsplanung bei Unsicherheit stehen in engem Zusammenhang mit dem Bereich der Unternehmenspolitik, der als Risikopolitik (oder auch als Risiko-Management) bezeichnet wird. Anregungen zu einer Theorie der Risikopolitik sind vor allem von der Versicherungslehre ausgegangen. Ausgangspunkt waren hierbei die Überlegungen, aufgrund derer ein Unternehmen darüber entscheidet, welche Risiken durch Abschluß von Versicherungsverträgen abgedeckt werden sollen. Entscheidungen über den Abschluß von Versicherungen müssen unter Berücksichtigung des Gesamtzusammenhangs aller mit der Tätigkeit des Unternehmens verbundenen Risiken getroffen werden. Hierbei sind zugleich alle Maßnahmen einzubeziehen, durch die die Gesamtheit der Risiken eines Unternehmens gestaltet und beeinflußt werden kann.

Risikopolitik beinhaltet somit den Einsatz eines Instrumentariums, in dem neben dem Abschluß von Versicherungen auch vielfältige andere Maßnahmen eine Rolle spielen. Dies beginnt bereits mit der Auswahl der Investitionsprojekte. Dazu gehören weiter Maßnahmen der Schadensbegrenzung und Schadensverhütung, nicht zuletzt auch die Einplanung unspezifischen Anpassungspotentials in Form finanzieller Reserven. Große und zunehmende Bedeutung haben Verträge, durch die Risiken auf Vertragspartner abgewälzt oder unter ihnen aufgeteilt werden. Diese Funktion haben nicht nur Versicherungsverträge, sondern auch andere Verträge, beispielsweise ein langfristiger und unkündbarer Mietvertrag für eine Produktionsanlage, durch den der Vermieter das Risiko einer Fehlinvestition ganz oder teilweise auf den Mieter abwälzt, wie es typischerweise beim Finanzierungs-Leasing geschieht. Vielfältige Möglichkeiten der Risikoabwälzung und Risikoteilung bieten die modernen Finanzmärkte, vor allem in Form von Termin- und Optionsgeschäften. Im Kapitel X, das dem Risikomanagement gewidmet ist, werden diese Instrumente der Risikopolitik ausführlicher behandelt.

Literaturangaben zu Kapitel V

Zu 1
Zu den Grundbegriffen siehe BAMBERG/COENENBERG 2002 Kap. 2, DE FINETTI 1970, EISENFÜHR/WEBER 2003 Kap. 2, FERSCHL 1975, INGERSOLL 1987 Kap. 1, H. LAUX 2003 Kap. II, MENGES 1974 Kap. 1 und 3, SAVAGE 1954, WEBER 1990.

Zu 2
Zu Prognosen siehe MERTENS 1994, PFOHL/STÖLZLE 1997.

Zu 3
Zu Sensitivitätsanalysen siehe DINKELBACH 1969, DINKELBACH/ISERMANN 1976, GAL 1973, HAX 1993 S. 122–133, KILGER 1965, KRUSCHWITZ 2003 Kap. 5.

Zu Wahrscheinlichkeitsanalysen über Ergebnisgrößen siehe ADELBERGER/GÜNTHER 1982 Abschnitt 3, BLOHM/LÜDER 1995, HERTZ 1964, HERTZ/THOMAS 1983, HILLIER 1963, PRIEWASSER 1972, RÜHLI 1971 und 1972, SALAZAR/SEN 1968, STREIM 1971, WURL 1972.

Zu Risikomaßnahmen siehe BITZ 1981 Kap. 3, H. LAUX 1995 Kap. VII, MARKOWITZ 1959 Kap. 4 und 9, SCHNEEWEISS 1967.

Zu 4

Zur flexiblen Planung siehe HAX 1993 S. 165–195, INDERFURTH 1982, KRUSCHWITZ 1995 Kap. 5, H. LAUX 1971, H. LAUX 2003 Kap. 11. Zur flexiblen Planung auf der Basis des Entscheidungsbaums siehe HESPOS/STRASSMANN 1964, MAGEE 1964a und 1964b. Zur sequentiellen Planung mit der stochastischen Programmierung siehe HAUMER 1983. Zum Bellmanschen Prinzip siehe BELLMAN/KALABA 1966. Zur Bewertung von Realoptionen siehe DIXIT/PINDYCK 1994, C. LAUX 1993, PINDYCK 1991. Zur Planung des Anpassungspotentials siehe KOCH 1973, MELLWIG 1972.

Kapitel VI Die Bewertung von Investitionen bei Unsicherheit

Die in Kapitel V beschriebenen Planungstechniken ermöglichen es, die Ergebnisse von Investitionsentscheidungen bei Unsicherheit umfassend zu beschreiben und die Planalternativen in ihrer vollen Komplexität zu erfassen. Dabei wurden auch einige Entscheidungsregeln angesprochen; die Frage, nach welchen Kriterien sich die Entscheidung letztlich richten kann, blieb aber weitgehend offen. Dieser Frage ist das folgende Kapitel gewidmet.

Zunächst sei genauer umrissen, um welche Entscheidungsprobleme es geht. Investitionsprogramme sind aus einzelnen Investitionsprojekten zusammengesetzt, von denen jedes durch eine Zeitreihe von Ein- und Auszahlungen charakterisiert ist. Durch die Summierung der Projekt-Zahlungsreihen erhält man die Zahlungsreihe des Investitionsprogramms. Aus der Unsicherheit ergibt sich, daß jedem Zeitpunkt nicht eine eindeutige Zahlung zugeordnet ist, sondern eine Wahrscheinlichkeitsverteilung von Zahlungen. Wenn man sich der Darstellungstechnik des Zustandsbaums bedient, kann man die unsichere Zahlungsreihe auch in der Weise angeben, daß jedem möglichen Zustand in jedem Zeitpunkt eine Eintrittswahrscheinlichkeit und eine Zahlung zugeordnet sind.

Die Bestimmung des optimalen Investitionsprogramms läuft also darauf hinaus, daß eine Auswahl aus einer Menge von einander ausschließenden Handlungsalternativen zu treffen ist, von denen jede durch eine Zeitreihe unsicherer, d. h. als Zufallsgrößen definierter Zahlungen charakterisiert wird. Zunächst ist zu klären, nach welchem Kriterium die Auswahl einer optimalen Handlungsalternative erfolgen sollte. Eine Möglichkeit ist, das Optimalitätskriterium aus subjektiven Präferenzen des Entscheidenden abzuleiten; dabei müssen die Präferenzvorstellungen sowohl hinsichtlich der Zeit als auch hinsichtlich der Unsicherheit, beschrieben durch Wahrscheinlichkeitsverteilungen, berücksichtigt werden. Dieser Lösungsansatz kann auf allgemeinen Grunderkenntnissen der Entscheidungstheorie aufbauen, die zunächst in Abschnitt 1 dieses Kapitels erörtert werden sollen. Es folgt in Abschnitt 2 die Anwendung der entscheidungstheoretischen Kriterien auf spezielle Investitionsentscheidungen, und zwar zum einen auf die Entscheidung eines Kapitalanlegers über die Zusammensetzung seines Portefeuilles, zum anderen auf die Entscheidung eines Unternehmers über sein Investitionsprogramm.

Schon in Kapitel IV wurde gezeigt, daß für Investitionsentscheidungen ein von individuell-subjektiven Zeitpräferenzen unabhängiges Optimalitätskriterium gefunden werden kann, wenn es einen Markt für zukünftige Zahlungen gibt; Optimierung kann dann mit Maximierung des Marktwertes gleichgesetzt werden. Wenn die zukünftigen Zahlungen unsicher sind, kann der gleiche Lösungsansatz in Betracht gezogen werden. Man muß sich dann aber auf eine Theorie der Marktpreisbildung für unsichere Zahlungen stützen können. Diese Problematik ist Gegenstand von Abschnitt 3. Besondere Bedeutung kommt hierbei der Wertadditivität zu, einer Eigenschaft, die für die Marktbewertung unter der Voraussetzung eines vollkommenen Kapitalmarkts nachgewiesen werden kann. Wertadditivität hat sowohl für Investitions- als auch für Finanzierungsentscheidungen weitreichende Konsequenzen. Spezielle Bewertungsfunktionen, für die Wertadditivität nachgewiesen werden kann, lassen sich aus Gleichgewichtsmodellen für den Kapitalmarkt ableiten.

1   Entscheidungstheoretische Grundlagen

1.1   Die Ergebnismatrix

Das hier zu behandelnde Entscheidungsproblem wurde bereits in Kapitel V (Abschnitt 1.2) kurz erörtert; es hat folgende formale Struktur: Der Entscheidende hat aus einer Menge A von Handlungsalternativen eine auszuwählen:

$$A = \{a_1, a_2, ..., a_m\}.$$

Dabei geht er von einer Menge von n Zuständen $\{s_1, s_2, ..., s_n\}$ aus.

Von der Handlungsalternative und dem Zustand hängt ab, welches Ergebnis erzielt wird. Bezeichnet man mit E_{ij} das Ergebnis der Alternative a_i bei Zustand s_j, so läßt sich diese Abhängigkeit in einer Ergebnismatrix (s. Kapitel V, Abschnitt 1.2) darstellen.

Bei der Auswahl der Alternative ist dem Entscheidenden nicht bekannt, welcher Zustand eintreten wird. Hier wird aber vorausgesetzt, daß er weiß, mit welcher Wahrscheinlichkeit jeder der Zustände eintreten wird; zumindest subjektive Wahrscheinlichkeitsschätzungen seien gegeben; w_j sei die Eintrittswahrscheinlichkeit des Zustands s_j. Das damit definierte Entscheidungsproblem wird in der Entscheidungstheorie als „Entscheidung unter Risiko" bezeichnet.

Bei der Investitionsentscheidung sind die Alternativen die zur Auswahl stehenden Investitionsprogramme. Wird die Unsicherheit der Zukunft durch einen Zustandsbaum beschrieben, der sich vom Zeitpunkt 0 zum Zeitpunkt T mehr und mehr verzweigt, so sind die für die Entscheidungsmatrix relevanten Zustände die dem Zeitpunkt T zugeordneten Endzustände; jedem dieser Endzustände entspricht genau eine Zustandsabfolge vom Zeitpunkt 0 bis zum Zeitpunkt T. Man weiß, daß eine dieser Zustandsabfolgen eintritt. Welche es sein wird, ist unbekannt. Bekannt ist nur die Wahrscheinlichkeit jeder Zustandsabfolge.

Betrachtet man ein bestimmtes Investitionsprogramm in Verbindung mit einer bestimmten, durch einen Endzustand charakterisierten Zustandsabfolge, so läßt sich als Ergebnis eine Zeitreihe von Zahlungen zuordnen. Damit sind die Menge der Alternativen, die Menge der Zustände und die für die Ergebnismatrix benötigte Zuordnung der Ergebnisse zu Alternativen und Endzuständen gegeben. Das Ergebnis ist hierbei ein Vektor, der die Zeitreihe der Zahlungen angibt.

Ein Sonderfall, an dem sich bestimmte theoretische Zusammenhänge besonders einfach zeigen lassen, ist dann gegeben, wenn alle zur Auswahl stehenden Investitionsprogramme nur über eine Periode laufen, an deren Anfang Auszahlungen und an deren Ende unsichere Einzahlungen stehen; dieser Sonderfall wird als Zwei-Zeit-punkt-Fall bezeichnet. Nimmt man weiter an, daß der Kapitaleinsatz, d. h. die Aus-zahlung im Zeitpunkt 0, bei allen zur Auswahl stehenden Investitionsprogrammen sicher und gleich hoch ist, so bleibt als einzige von Alternativenwahl und Zustands-entwicklung abhängige Ergebnisgröße die Einzahlung im Zeitpunkt 1. Das Ergebnis ist dann durch eine einzige Zahl charakterisiert. Jede Zeile der Entscheidungsmatrix läßt sich in Verbindung mit den zugeordneten Zustandswahrscheinlichkeiten als eine der betreffenden Alternative zugeordnete Wahrscheinlichkeitsverteilung der Ergeb-nisgröße interpretieren. Es geht nun darum, ein geeignetes Kriterium für die Auswahl einer optimalen Wahrscheinlichkeitsverteilung der Ergebnisgröße zu finden.

1.2 Das Bernoulli-Prinzip

Entscheidung unter Risiko bedeutet Wahl zwischen Wahrscheinlichkeitsverteilun-gen von Ergebnissen. Diese Wahl hängt letztlich von subjektiven Präferenzen des Entscheidenden ab. Eine theoretische Basis zur Beschreibung und Erfassung derar-tiger Präferenzen bietet das Konzept des Risiko-Nutzens, auf dem das sogenannte Bernoulli-Prinzip beruht. Für die Finanzierungs- und Kapitalmarkttheorie ist dieses entscheidungstheoretische Konzept von grundlegender Bedeutung; es soll daher zu-nächst in seinen Grundzügen dargestellt werden.

Eine Handlungsalternative, bei der mit den Wahrscheinlichkeiten $(w_1,...,w_n)$ die Ergebnisse $(E_1,...,E_n)$ erzielt werden, kann auch als Lotterielos aufgefaßt werden. Es geht also um eine Präferenzrangfolge zwischen Lotterielosen. Das Bernoulli-Prinzip beruht nun auf folgenden Voraussetzungen:

1. Hinsichtlich der Ergebnisse hat der Entscheidende eine vollständige transitive Präferenzordnung, d. h., für zwei beliebige Ergebnisse E_1 und E_2 gilt stets eine der drei Beziehungen:

    E_1 wird E_2 vorgezogen: $E_1 \succ E_2$
    oder
    E_2 wird E_1 vorgezogen: $E_2 \succ E_1$
    oder
    E_1 und E_2 sind gleichwertig: $E_1 \sim E_2$.

    Transitivität bedeutet:

    Wenn $E_1 \succ E_2$ und $E_2 \succ E_3$, dann gilt auch $E_1 \succ E_3$.
    Wenn $E_1 \sim E_2$ und $E_2 \sim E_3$, dann gilt auch $E_1 \sim E_3$.

2. Die Präferenzordnung hinsichtlich der Lotterielose, wie auch immer sie aus-sieht, ist ebenfalls vollständig und transitiv.
3. Hat man zwei Lotterielose, von denen jedes entweder zu dem Ergebnis E_1 oder zu dem Ergebnis E_2 führt, wobei $E_1 \succ E_2$ gilt, so wird das Los vorgezogen, bei dem E_1, das bessere Ergebnis also, die größere Wahrscheinlichkeit hat (Domi-nanzprinzip).

4. Es bestehe die Wahl zwischen dem sicheren Ergebnis E_2 und einem Lotterielos, das entweder das Ergebnis E_1 oder das Ergebnis E_3 abwirft. Gilt für die drei Ergebnisse die Beziehung $E_1 \succ E_2 \succ E_3$, so gibt es genau eine Wahrscheinlichkeit w, bei der das sichere Ergebnis E_2 einem Lotterielos gleichwertig ist, das mit der Wahrscheinlichkeit w zu dem Ergebnis E_1 und mit der Wahrscheinlichkeit $(1-w)$ zu dem Ergebnis E_3 führt (Stetigkeitsprinzip).

5. Ein zweistufiges Lotterielos ist dadurch definiert, daß es nicht direkt ein Ergebnis, sondern wieder ein Lotterielos abwirft. Ein zweistufiges Lotterielos, mit dem man mit den Wahrscheinlichkeiten w_{ok} jeweils ein Lotterielos k (k=1,..,m) gewinnen kann, das dann mit den Wahrscheinlichkeiten q_{kj} (k=1,...,m, j=1,...,n) zu den Ergebnissen E_j (j=1,...,n) führt, ist gleichwertig einem Lotterielos, das mit den Wahrscheinlichkeiten

$$w_j = \sum_{k=1}^{m} w_{ok} q_{kj} \quad (j=1,..,n)$$

direkt zu den Ergebnissen E_j (j=1,...,n) führt (Reduktionsprinzip). M. a. W., bei der Beurteilung der zweistufigen Lotterie, in der zunächst nur wieder Lotterielose und in der zweiten Stufe erst Ergebnisse erreicht werden, kommt es nur auf die Wahrscheinlichkeitsverteilung dieser Ergebnisse an; ob die Lotterie zweistufig oder einstufig ist, spielt keine Rolle.

6. Wenn man bei einem Lotterielos L eines der Ergebnisse durch ein anderes Ergebnis oder ein Lotterielos, das dem ersten Ergebnis gleichwertig ist, ersetzt, so entsteht bei unveränderten sonstigen Bedingungen ein neues Lotterielos, das dem Los L gleichwertig ist (Substitutionsprinzip).

Diese sechs Voraussetzungen können in strenger mathematischer Form als Axiome formuliert werden, die die Basis einer Theorie der Entscheidung unter Risiko bilden. Hier soll gezeigt werden, wie auf der Grundlage dieser Voraussetzungen aus den vom Entscheidenden für einfache Lotterien offenbarten Präferenzen eine allgemeine Entscheidungsregel abgeleitet werden kann.

Zunächst soll der Begriff des Standard-Lotterieloses eingeführt werden. Aus der Menge der möglichen Ergebnisse aller Lotterien greift man das beste (E_o) und das schlechteste (E_u) heraus. Ein Standard-Lotterielos ist dadurch definiert, daß man mit der Wahrscheinlichkeit w das Ergebnis E_o und mit der Wahrscheinlichkeit $(1-w)$ das Ergebnis E_u erhält; w kann als Gewinnwahrscheinlichkeit des Standard-Lotterieloses bezeichnet werden. Die Präferenzordnung unter verschiedenen Standard-Lotterielosen ist durch das Dominanz-Prinzip (Voraussetzung 3) gegeben; von zwei Standard-Lotterielosen wird jeweils das mit der höheren Gewinnwahrscheinlichkeit vorgezogen. Nach dem Stetigkeitsprinzip (Voraussetzung 4) kann der Entscheidende für jedes mögliche Ergebnis E_j angeben, welches Standard-Lotterielos diesem Ergebnis gleichwertig ist. Die Gewinnwahrscheinlichkeit des dem Ergebnis E_j gleichwertigen Standard-Lotterieloses wird mit $q(E_j)$ bezeichnet. Hat man nun ein beliebiges Lotterielos, das mit den Wahrscheinlichkeiten w_j zu den Ergebnissen E_j (j=1,...,n) führt, so kann man jedes der Ergebnisse E_j durch das gleichwertige Standard-Lotterielos ersetzen. Man erhält so ein zweistufiges Lotterielos, das nach dem Substitutionsprinzip (Voraussetzung 6) dem ursprünglichen gleichwertig ist. Im zweistufigen

Lotterielos sind in der zweiten Stufe nur noch die Ergebnisse E_o und E_u möglich. Die Wahrscheinlichkeit des Ergebnisses E_o ist hierbei:

$$w = \sum_{j=1}^{n} w_j q(E_j)$$

Nach dem Reduktionsprinzip (Voraussetzung 5) ist ein Standardlos mit dieser Gewinnwahrscheinlichkeit dem zweistufigen Lotterielos gleichwertig und damit aufgrund der Transitivität der Präferenzen (Voraussetzung 2) auch dem ursprünglichen Lotterielos.

Wenn man also für jedes Ergebnis E_j die Gewinnwahrscheinlichkeit des äquivalenten Standard-Lotterieloses ($q(E_j)$) kennt, kann man für jedes beliebige Lotterielos ein gleichwertiges Standard-Lotterielos berechnen und hat damit eine einfache Regel zur Bestimmung der Präferenzen zwischen Lotterielosen: Von zwei Lotterielosen wird jeweils dasjenige vorgezogen, bei dem die Gewinnwahrscheinlichkeit des gleichwertigen Standard-Lotterieloses größer ist. Die Anwendung dieser Entscheidungsregel setzt voraus, daß der Entscheidende zunächst seine Präferenzen für sehr einfache Entscheidungen offenbart, nämlich für die Wahl zwischen sicheren Ergebnissen und Standard-Lotterielosen. Dann lassen sich für alle Ergebnisse die äquivalenten Standard-Lotterielose bestimmen und auf dieser Grundlage auch kompliziertere Entscheidungen treffen. Dies ist der theoretische Kern des Bernoulli-Prinzips.

Als Beispiel sei folgende Entscheidungssituation betrachtet: Es ist zu wählen zwischen einem sicheren Gewinn von 50 und einem Lotterielos, das mit der Wahrscheinlichkeit 0,4 einen Gewinn von 0, mit der Wahrscheinlichkeit 0,3 einen Gewinn von 75 und mit der Wahrscheinlichkeit 0,3 einen Gewinn von 100 abwirft. Das beste aller möglichen Ergebnisse ist 100, das schlechteste 0. Zur Definition des Standard-Lotterieloses setzt man also $E_o = 100$ und $E_u = 0$. Für die Ergebnisse 50 und 75 muß nun das jeweils gleichwertige Standard-Lotterielos bestimmt werden. Angenommen sei, der Entscheidende betrachte ein Standard-Lotterielos mit der Gewinnwahrscheinlichkeit 0,6 als gleichwertig dem sicheren Ergebnis 50 und ein solches mit der Gewinnwahrscheinlichkeit 0,83 als gleichwertig dem sicheren Ergebnis 75. Man kann nun für jede der Alternativen die Gewinnwahrscheinlichkeit eines gleichwertigen Standard-Lotterieloses berechnen:

E_j	$q(E_j)$	Lotterielos		Sicherer Gewinn	
		w_j	$w_j q(E_j)$	w_j	$w_j q(E_j)$
0	0	0,4	0	0	0
50	0,6	0	0	1	0,6
75	0,83	0,3	0,25	0	0
100	1	0,3	0,3	0	0
			0,55		0,6

Man sieht, daß die Gewinnwahrscheinlichkeit des jeweils gleichwertigen Standard-Lotterieloses beim sicheren Gewinn höher ist als bei dem Lotterielos, daß der sichere Gewinn somit vorzuziehen ist.

Bei der Argumentation auf der Basis des Bernoulli-Prinzips bedient man sich meist des Begriffs des Nutzens. Die einfachste Art, den Nutzen einzuführen, ist, ihn mit der Größe $q(E_j)$, der Gewinnwahrscheinlichkeit des dem Ergebnis E_j gleichwertigen Standard-Lotterieloses also, gleichzusetzen:

$$U(E_j) = q(E_j).$$

Jedem Ergebnis kann so ein Nutzen zugeordnet werden. Die Entscheidungsregel des Bernoulli-Prinzips kann dann auch so formuliert werden: Von zwei Lotterien ist jeweils diejenige vorzuziehen, für die

$$w = \sum_{j=1}^{n} w_j\, q(E_j) = \sum_{j=1}^{n} w_j\, U(E_j)$$

größer ist. Als Beurteilungskriterium dient also der Erwartungswert des Nutzens, d. h. die mit den Wahrscheinlichkeiten w_j gewichtete Summe der Ergebnisnutzen $U(E_j)$. Man gelangt so zu der Entscheidungsregel des Bernoulli-Prinzips in der geläufigsten Form:

Bei einer Entscheidung unter Risiko ist die optimale Handlungsalternative die mit dem maximalen Erwartungswert des Ergebnisnutzens.

Ergänzend ist zu bemerken, daß der Nutzen nicht notwendig durch

$$U(E_j) = q(E_j)$$

definiert werden muß. Vielmehr kann U eine beliebige linear steigende Funktion von q sein:

$$U(E_j) = a + b\, q(E_j) \qquad \text{(wobei } b > 0\text{)}.$$

Wie leicht nachzuweisen ist, hat diese Transformation keinen Einfluß auf das Resultat des Optimierungskalküls.

Auch wenn die Voraussetzungen des Bernoulli-Prinzips plausibel erscheinen, so sind sie doch umstritten. Dies gilt insbesondere für das Stetigkeits-, das Reduktions- und das Substitutionsprinzip. Das Stetigkeitsprinzip verlangt eine außerordentlich hohe Fähigkeit des Entscheidenden, kleine Ergebnisunterschiede wahrzunehmen und in Wahrscheinlichkeitsunterschiede umzudeuten. Dies widerspricht der Existenz von Fühlbarkeitsschwellen, wonach Menschen nicht in der Lage sind, sehr kleine Unterschiede wahrzunehmen. Das Reduktions- und das Substitutionsprinzip besagen, daß ein- und mehrstufige Lotterien gleichwertig sind, sofern die Ergebniswahrscheinlichkeiten w_j (j=1,...,n) bei beiden übereinstimmen. Experimente haben gezeigt, daß menschliches Verhalten diesen beiden Prinzipien häufig nicht genügt.

Auch wenn zahlreiche Experimente die Voraussetzungen des Bernoulli-Prinzips in Frage stellen, so geht doch die ökonomische Forschung weitgehend von diesem Prinzip aus. Dies liegt einerseits an der einfachen mathematischen Handhabbarkeit, andererseits daran, daß das Bernoulli-Prinzip trotz seiner strengen Voraussetzungen eine Vielzahl unterschiedlicher Verhaltensweisen bei Risiko zu beschreiben erlaubt.

1.3 Nutzenfunktionen

Unter den Voraussetzungen, die dem Bernoulli-Prinzip zugrunde liegen, kann man jedem Ergebnis einen Nutzen derart zuordnen, daß die Präferenzordnung für beliebige Handlungsalternativen und damit verbundene Wahrscheinlichkeitsverteilungen von Ergebnissen unmittelbar aus den Erwartungswerten des Nutzens abgelesen werden kann. Diese Zuordnung wird als Nutzenfunktion bezeichnet. Definitionsbereich der Nutzenfunktion ist die Menge aller Ergebnisse. Die Ergebnisse brauchen nicht unbedingt quantifizierbar zu sein; Definitionsbereich einer Nutzenfunktion kann auch eine Menge von nur qualitativ unterscheidbaren Ergebnissen sein.

Bei der Investitionsentscheidung unter Risiko besteht das Ergebnis in einer Zeitreihe von Zahlungen, einem Vektor $(e_0,...,e_T)$ also. Entsprechend ist die Nutzenfunktion definiert:

$$U = U(e_0,...,e_T).$$

In dieser Nutzenfunktion kommen die Präferenzen des Entscheidenden sowohl hinsichtlich der zeitlichen Verteilung als auch hinsichtlich der Wahrscheinlichkeitsverteilung zum Ausdruck.

Ein Sonderfall liegt vor, wenn das Ergebnis durch eine einzige Zahl, genauer gesagt, durch die Ausprägung einer einzigen, kardinal meßbaren Größe definiert ist. Dieser Fall spielt in der Entscheidungstheorie eine besondere Rolle und soll auch hier näher betrachtet werden. Im Zusammenhang mit Investitionsentscheidungen ist dieser Fall gegeben, wenn alle zur Auswahl stehenden Investitionsprogramme mit nur zwei Zahlungen verbunden sind, einer für alle Alternativen gleichen Anfangsauszahlung am Periodenbeginn und einer unsicheren, d. h. zustandsabhängigen Einzahlung am Periodenende; die Einzahlung am Periodenende ist dann das entscheidungsrelevante Ergebnis.

Bezeichnet man die Ergebnisgröße mit $\tilde{e}$, so lautet die Nutzenfunktion:

$$\tilde{U} = U(\tilde{e}).$$

In den Eigenschaften dieser Nutzenfunktion kommt die Einstellung des Entscheidenden zum Risiko zum Ausdruck. Geht man von einer Lotterie aus, in der die Ergebnisgröße $\tilde{e}$ mit den Wahrscheinlichkeiten $w_j(j=1,...,n)$ die Ausprägungen $e_j(j=1,...,n)$ annehmen kann, so kommt es für die Beurteilung der Lotterie auf den Erwartungswert des Nutzens an:

$$E(\tilde{U}) = \sum_{j=1}^{n} w_j \, U(e_j).$$

Man kann nun die Frage stellen, ob der Entscheidende diese Lotterie einem sicheren Ergebnis in Höhe des Erwartungswertes von $\tilde{e}$ vorzieht oder nicht. Dies hängt davon ab, ob der Erwartungswert des Nutzens der Lotterie

$$\sum_{j=1}^{n} w_j \, U(e_j)$$

größer oder kleiner ist als der Nutzen des Erwartungswertes der Ergebnisgröße

$$U(\mu) \text{ mit } \mu = E(\tilde{e}) = \sum_{j=1}^{n} w_j e_j .$$

Hierdurch kann die Einstellung des Entscheidenden zum Risiko charakterisiert werden.

Wird das sichere Ergebnis μ der Lotterie vorgezogen, gilt also

$$U(\mu) > \sum_{j=1}^{n} w_j U(e_j) ,$$

so bezeichnet man den Entscheidenden als risikoscheu.

Im umgekehrten Fall, wenn also

$$U(\mu) < \sum_{j=1}^{n} w_j U(e_j)$$

gilt, wird der Entscheidende als risikofreudig bezeichnet.

Im Grenzfall, wenn

$$U(\mu) = \sum_{j=1}^{n} w_j U(e_j)$$

ist, spricht man von einem risikoindifferenten oder risikoneutralen Entscheider.

Risikoscheu, -freudigkeit und -indifferenz lassen sich auch unter Bezugnahme auf das Sicherheitsäquivalent einer Lotterie charakterisieren. Unter dem Sicherheitsäquivalent $\hat{e}$ einer Lotterie versteht man das sichere Ergebnis, das der Entscheidende als gleichwertig der Lotterie einschätzt. Definitionsgemäß gilt also:

$$U(\hat{e}) = \sum_{j=1}^{n} w_j U(e_j) .$$

Risikoscheu ist ein Entscheidungsträger, wenn das Sicherheitsäquivalent der Lotterie kleiner als der Erwartungswert der Ergebnisgröße ist:

$$\hat{e} < \mu .$$

Risikofreudig ist er, wenn das Umgekehrte gilt:

$$\hat{e} > \mu .$$

Bei Gleichheit beider Größen ist er risikoindifferent:

$$\hat{e} = \mu .$$

Die Differenz von Erwartungswert der Ergebnisgröße und Sicherheitsäquivalent wird als Risikoprämie (RP) bezeichnet:

$$RP = \mu - \hat{e} .$$

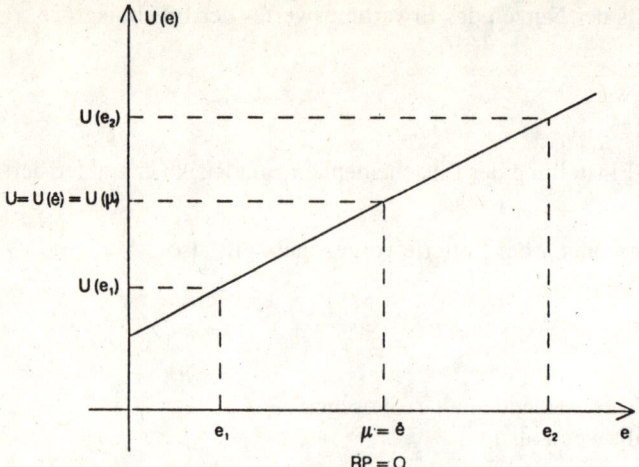

Abb. 6.1 a. Nutzenfunktion bei Risikoindifferenz

Bei Risikoscheu ist die Risikoprämie positiv. Die Risikoprämie gibt an, um wieviel das erwartete Ergebnis einer Lotterie höher ist als der sichere Geldbetrag, der dieser Lotterie äquivalent ist. Bei Risikoindifferenz ist die Risikoprämie gleich Null; bei Risikofreudigkeit ist sie negativ.

Der Zusammenhang läßt sich sehr gut graphisch veranschaulichen.

In den Abbildungen 6.1 a–c werden drei verschiedene Nutzenfunktionen dargestellt. In allen Fällen wird eine Lotterie betrachtet, bei der zwei Ergebnisse, e_1 und e_2, mit gleicher Wahrscheinlichkeit eintreten können.

Es gilt also für

das erwartete Ergebnis: $\mu = 0{,}5(e_1 + e_2)$,
den erwarteten Nutzen: $U = 0{,}5[U(e_1) + U(e_2)]$,
das Sicherheitsäquivalent: $U(\hat{e}) = U.$

Im Fall der linearen Nutzenfunktion (Abbildung 6.1 a) gilt:

$$U(\mu) = U \text{ und } \mu = \hat{e}.$$

Die lineare Nutzenfunktion bedeutet also Risikoindifferenz.

Bei einer mit sinkenden Zuwachsraten ansteigenden (streng konkaven) Nutzenfunktion (Abbildung 6.1 b) gilt:

$$U(\mu) > U \text{ und } \mu > \hat{e}.$$

Dies bedeutet Risikoscheu.

Entsprechend ergibt sich für eine mit wachsenden Zuwachsraten ansteigende (streng konvexe) Nutzenfunktion (Abbildung 6.1 c):

$$U(\mu) < U \text{ und } \mu < \hat{e}.$$

Somit liegt Risikofreudigkeit vor.

Die hier an einem einfachen Beispiel graphisch veranschaulichten Zusammenhänge gelten allgemein. Bei streng konkaver Nutzenfunktion ist der Entscheidende

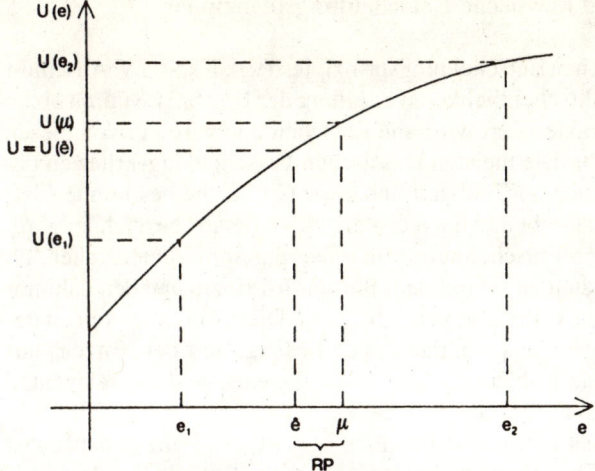

Abb. 6.1 b. Nutzenfunktion bei Risikoscheu

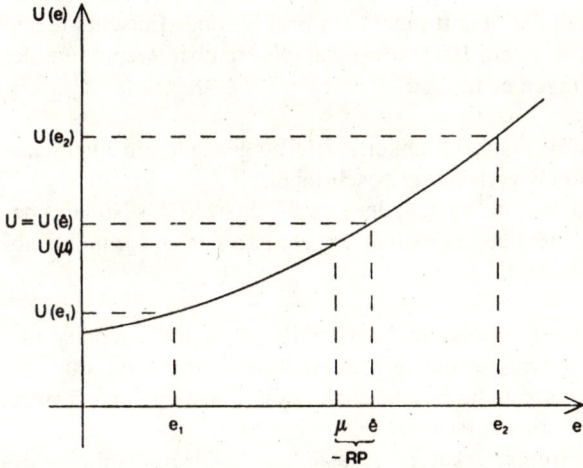

Abb. 6.1 c. Nutzenfunktion bei Risikofreudigkeit

risikoscheu, bei streng konvexer Nutzenfunktion risikofreudig, bei linearer Nutzenfunktion risikoindifferent. Man kann Risikoscheu, Risikofreudigkeit und Risikoindifferenz durch die jeweilige Form der Nutzenfunktion definieren. Diese Definition läßt sich dann auch erweitern auf den Fall, in dem das Ergebnis nicht durch eine einzige Zahl, sondern durch einen Vektor, etwa wie bei Investitionsentscheidungen durch eine Zeitreihe von Zahlungen, gegeben ist. Gilt also

$$e = (e_1,...,e_T),$$

so bezeichnet man den Entscheidenden als risikoscheu, wenn die Nutzenfunktion

$$U(e_1,...,e_T)$$

streng konkav ist.

1.4 Nutzenfunktionen und klassische Entscheidungsprinzipien

Die Besonderheit der klassischen Entscheidungsprinzipien (vgl. Kapitel V, Abschnitt 3.3.1) liegt darin, daß die Wahrscheinlichkeitsverteilung der Ergebnisse durch einen oder mehrere Parameter charakterisiert wird; die Entscheidung wird nur von diesen Parametern abhängig gemacht. Die meisten klassischen Entscheidungskriterien beruhen auf zwei Parametern, einem Mittelwert und einer Größe, die bestimmte Charakteristika der Streuung beschreibt und die meist als „Risikomaß" bezeichnet wird. Man kann nun die klassischen Entscheidungsprinzipien daraufhin untersuchen, ob und unter welchen Voraussetzungen sie mit dem Bernoulli-Prinzip und den dahinter stehenden Axiomen rationalen Verhaltens vereinbar sind. Diese Vereinbarkeit ist gegeben, wenn nachgewiesen werden kann, daß der Erwartungswert des Nutzens nur von den betreffenden Parametern abhängt, diese somit alle entscheidungsrelevanten Informationen über die Ergebnisverteilung enthalten.

Das wichtigste klassische Entscheidungsprinzip ist das (μ,σ)-Prinzip; danach ist die Entscheidungssituation hinreichend charakterisiert, wenn für jede Handlungsalternative Erwartungswert (μ) und Standardabweichung (σ) der Ergebnisgröße bekannt sind. Statt der Standardabweichung wird manchmal auch deren Quadrat, die Varianz (σ^2), herangezogen; das ändert nichts am Ergebnis des Entscheidungskalküls. Das (μ,σ)-Prinzip ist mit dem Bernoulli-Prinzip vereinbar, wenn eine der beiden folgenden Voraussetzungen erfüllt ist:

1. Alle in Frage kommenden Wahrscheinlichkeitsverteilungen gehören einer Klasse an und sind durch μ und σ vollständig beschrieben.
2. Die Nutzenfunktion ist so beschaffen, daß der Erwartungswert des Nutzens beliebiger Wahrscheinlichkeitsverteilungen der Ergebnisse nur von μ und σ abhängt.

Die erste Voraussetzung ist insbesondere dann erfüllt, wenn die Ergebnisgröße bei jeder der Handlungsalternativen normalverteilt ist. Eine Normalverteilung ist durch die Parameter μ und σ vollständig beschrieben; daher kann auch der Erwartungswert des Nutzens nur von diesen Parametern abhängen.

An einer speziellen Nutzenfunktion kann der Zusammenhang anschaulicher gezeigt werden, und zwar an einer exponentiellen Nutzenfunktion der Form

$$U(e) = -\exp(-a\,e) \qquad \text{(mit } a > 0) \,.$$

In Abbildung 6.2 ist die exponentielle Nutzenfunktion graphisch dargestellt. Sie ist streng konkav, entspricht somit einem risikoscheuen Entscheidungsträger. Der Nutzen steigt mit dem Ergebnis, indem er sich asymptotisch dem Wert 0 nähert. Durch eine lineare Transformation ließe sich leicht erreichen, daß der Nutzen auch positiv werden kann; das würde am Ergebnis des Entscheidungskalküls nichts ändern, hätte aber den Nachteil, daß alle Rechnungen komplizierter würden.

Es läßt sich nun nachweisen, daß unter der Voraussetzung der angegebenen exponentiellen Nutzenfunktion und einer normalverteilten Ergebnisgröße $\tilde{e}$ (mit den Parametern μ und σ) der Erwartungswert des Nutzens nach folgender Formel berechnet werden kann:

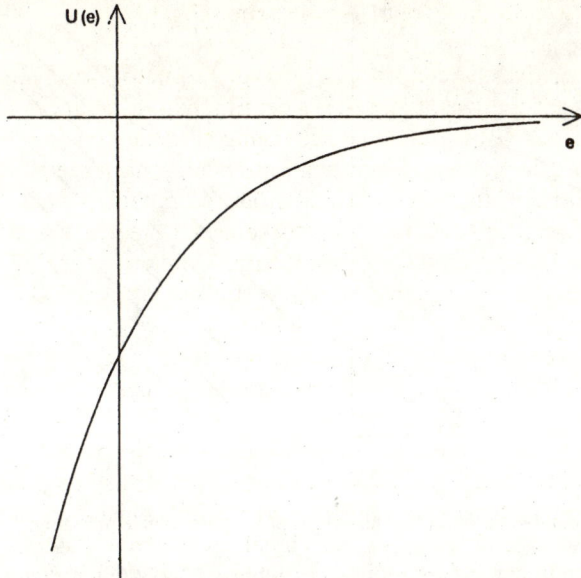

Abb. 6.2. Exponentielle Nutzenfunktion

$$E(\tilde{U}) = - \exp\left[-a(\mu - 0.5a\sigma^2)\right]$$
$$= U(\mu - 0.5a\sigma^2).$$

Daraus folgt, daß $(\mu - 0.5a\sigma^2)$ das Sicherheitsäquivalent der Ergebnisverteilung ist. Der erwartete Nutzen hängt nur von μ und σ ab; er ist um so höher, je höher $(\mu - 0.5a\sigma^2)$ ist.

Hieraus lassen sich auch Indifferenzkurven ableiten. Eine Indifferenzkurve ist der geometrische Ort aller (μ,σ)- bzw. (μ,σ^2)-Kombinationen, denen der gleiche erwartete Nutzen und somit auch das gleiche Sicherheitsäquivalent entspricht. Für ê, eine bestimmte Höhe des Sicherheitsäquivalents, erhält man die Menge aller äquivalenten (μ,σ)- bzw. (μ,σ^2)-Kombinationen, eine Indifferenzkurve also, aus der Gleichung

$$\mu - 0.5a\sigma^2 = \hat{e}.$$

Je nachdem, ob man die Varianz oder die Standardabweichung als Streuungsmaß verwendet, erhält man eine der folgenden Gleichungen für eine Indifferenzkurve:

$$\sigma = \sqrt{\frac{2(\mu - \hat{e})}{a}}$$

oder

$$\sigma^2 = \frac{2(\mu - \hat{e})}{a}.$$

Durch parametrische Variation von ê erhält man jeweils eine Schar von Indifferenzkurven, wie sie in den Abildungen 6.3 a und b dargestellt sind. Im (μ,σ^2)-System

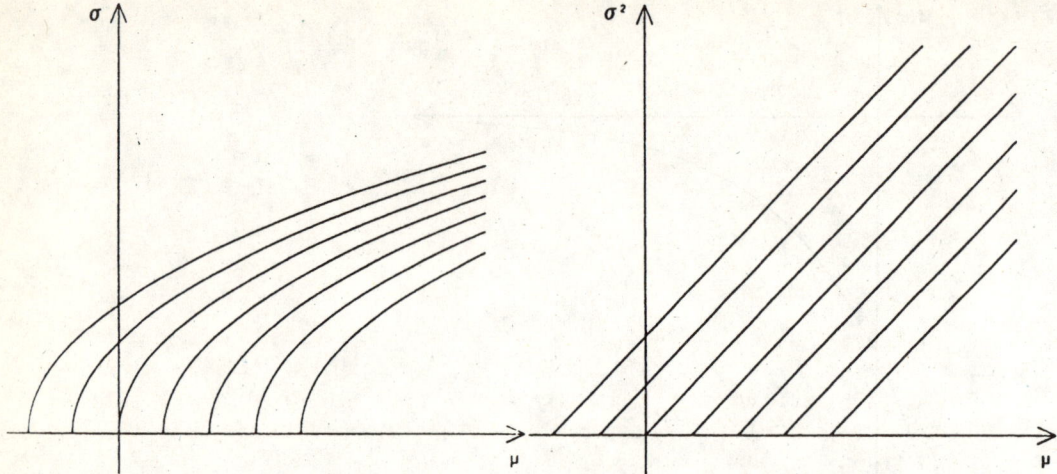

Abb. 6.3. Indifferenzkurven bei normalverteiltem Ergebnis und expotentieller Nutzenfunktion

verlaufen die Indifferenzkurven linear mit der Steigung $\frac{2}{a}$; im (μ,σ)-System haben sie Parabelform und steigen mit abnehmender Rate. In beiden Fällen gilt, daß das Niveau des erwarteten Nutzens nach rechts unten steigt, mit wachsendem μ und sinkendem σ bzw. σ^2 also. In der positiven Steigung der Indifferenzkurven kommt die Risikoscheu zum Ausdruck; eine Verminderung von μ kann durch eine Verminderung von σ (bzw. σ^2) kompensiert werden.

Wenn die Normalverteilungsvoraussetzung nicht erfüllt ist, kann das (μ,σ)-Prinzip auch aus der speziellen Form der Nutzenfunktion begründet werden. Setzt man beliebige Verteilungen der Ergebnisgröße voraus, so läßt sich nachweisen, daß das (μ,σ)-Prinzip genau dann mit dem Bernoulli-Prinzip vereinbar ist, wenn der Nutzen eine quadratische Funktion der Ergebnisgröße ist:

$$U(e) = a\,e + b\,e^2 \qquad \text{(mit } a > 0 \text{ und } b < 0).$$

Für den Erwartungswert des Nutzens gilt dann:

$$E(\tilde{U}) = U = \sum_{j=1}^{n} w_j U(e_j)$$

$$= \sum_{j=1}^{n} w_j (ae_j + be_j{}^2)$$

$$= a \sum_{j=1}^{n} w_j e_j + b \sum_{j=1}^{n} w_j e_j^2$$

$$= a\mu + b(\sigma^2 + \mu^2).$$

Zur Begründung: σ^2 ist definiert durch

$$\sigma^2 = \sum_{j=1}^{n} w_j(\mu - e_j)^2 = \sum_{j=1}^{n} w_j \mu^2 - \sum_{j=1}^{n} w_j 2\mu e_j + \sum_{j=1}^{n} w_j e_j^2$$

$$= \mu^2 - 2\mu^2 + \sum_{j=1}^{n} w_j e_j^2 .$$

Daraus folgt

$$\sum_{j=1}^{n} w_j e_j^2 = \sigma^2 + \mu^2 .$$

Die Funktion $U = a\mu + b(\sigma^2 + \mu^2)$ wird als die der quadratischen Nutzenfunktion zugeordnete Präferenzfunktion bezeichnet. Man kann daraus Indifferenzkurven ableiten. Um die Menge der (μ,σ)-Kombinationen zu ermitteln, die zu dem erwarteten Nutzen U führen, löst man die Gleichung

$$U = a\mu + b(\sigma^2 + \mu^2)$$

nach σ auf. Man erhält: $\sigma = \sqrt{\dfrac{U - a\mu - b\mu^2}{b}}$.

In graphischer Darstellung ist dies ein Kreis mit dem Mittelpunkt auf der Abszisse bei dem μ-Wert $-a/2b$. Setzt man verschiedene Werte für U ein, so erhält man eine Schar von Indifferenzkurven, und zwar in Form konzentrischer Kreise. Der erwartete Nutzen ist um so höher, je näher eine (μ,σ)-Kombination dem Zentrum der Kreise liegt (Abbildung 6.4). Bei Darstellung im (μ,σ^2)-System ergibt sich eine Schar von Parabeln, die alle bei dem Abszissenwert $-a/2b$ ein Maximum haben.

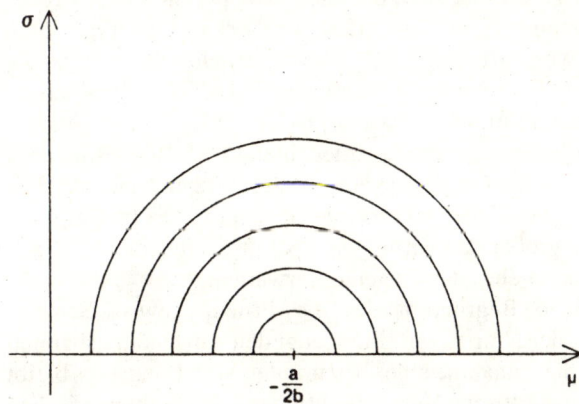

Abb. 6.4. Indifferenzkurven bei quadratischer Nutzenfunktion

Die quadratische Nutzenfunktion hat den großen Vorzug, daß sie eine allgemeingültige Begründung des (μ,σ)-Prinzips ermöglicht. Sie hat aber auch Eigenschaften, die wenig plausibel sind und ihre Anwendbarkeit in Frage stellen. Vor allem ist schwer zu akzeptieren, daß der Nutzen bei der Ergebnishöhe $-a/2b$ ein Maximum erreicht und dann wieder sinkt. Damit hängt auch der wenig einleuchtende Verlauf der Indifferenzkurven rechts von dem Abszissenwert –a/2b zusammen; das Fallen der Kurven impliziert, daß der erwartete Nutzen bei gleichbleibendem σ und wachsendem μ sinkt. Eine sinnvolle Anwendung der quadratischen Nutzenfunktion scheint nur möglich unter der einschränkenden Voraussetzung, daß alle in Frage kommenden Ausprägungen der Ergebnisgröße kleiner als –a/2b sind; dann wird der Abschnitt, in dem der Nutzen bei wachsendem Ergebnis fällt, nicht relevant.

Ein weiterer Einwand gegen die quadratische Nutzenfunktion kann an einem Zahlenbeispiel veranschaulicht werden. Es gelte die quadratische Nutzenfunktion $U(e) = 100e - e^2$. Betrachtet werden vier Lotterien, die sich nur in der absoluten Höhe der Ergebnisse, nicht hinsichtlich der Streuung, unterscheiden.

	Zustand			Erw. Nutzen	Sicherheits-äquivalent	Erwartetes Ergebnis	Risiko-prämie
	1 $w_1=$ 0,25	2 $w_2=$ 0,5	3 $w_3=$ 0,25	U	ê	μ	$RP = \mu - \hat{e}$
Lotterie 1	0	10	20	850	9,38	10	0,62
Lotterie 2	10	20	30	1550	19,18	20	0,82
Lotterie 3	20	30	40	2050	28,79	30	1,21
Lotterie 4	30	40	50	2350	37,75	40	2,25

Man kann sich vorstellen, daß sich Lotterie 2 (entsprechend auch 3 und 4) aus Lotterie 1 und einem sicheren Betrag von 10 (bzw. 20; 30) zusammensetzt. Man kann für jede Lotterie das erwartete Ergebnis (μ), das Sicherheitsäquivalent (ê) und die Risikoprämie (RP) berechnen. Es erweist sich, daß die Risikoprämie um so größer wird, je höher das mittlere Ergebnisniveau der Lotterie ist. Dies ist eine allgemeine Eigenschaft der quadratischen Nutzenfunktion. Mit wachsendem Reichtum steigt die Risikoprämie für eine Lotterie bei gegebener Streuung des Ergebnisses. Dies bedeutet, daß mit wachsendem Reichtum die Risikoscheu größer wird.

Dies kann zu Ergebnissen führen, die wenig einleuchtend sind. Bei bestimmten Investitionsplanungsmodellen auf der Grundlage einer quadratischen Nutzenfunktion ergibt sich z. B., daß der Anteil riskanter Investitionen am optimalen Investitionsprogramm um so kleiner ist, je größer das Vermögen des Entscheidenden ist. Nach allgemeiner Erfahrung würde man eher das Gegenteil erwarten.

Insgesamt erweist sich, daß die Begründung des (μ,σ)-Prinzips gewisse Schwierigkeiten macht. Die Annahme der Normalverteilung engt den Anwendungsbereich erheblich ein. Bei Verzicht auf die Annahme eines bestimmten Verteilungstyps bleibt aber nur der Rückgriff auf die quadratische Nutzenfunktion mit den problematischen Implikationen eines Maximums und zunehmender Risikoscheu. Trotz dieser Begründungsschwierigkeiten greift man bei Anwendungen der Entscheidungstheorie, insbesondere auch im Bereich der finanzwirtschaftlichen Entscheidungen, sehr oft auf das (μ,σ)-Prinzip zurück. Der Grund dafür ist, daß damit die Formulierung des Entscheidungsproblems oft erheblich vereinfacht werden kann. Man muß sich aber dabei der problematischen entscheidungstheoretischen Grundlage bewußt bleiben.

1.5   Zusammenfassung

Finanzwirtschaftliche Entscheidungen bei Risiko werden im allgemeinen unter Verwendung des Bernoulli-Prinzips untersucht. Das Entscheidungsproblem wird anhand einer Ergebnismatrix dargestellt, die für jede Alternative angibt, welche Ergebnisse sie in den möglichen Zuständen abwirft. Außerdem wird eine Wahrscheinlichkeitsverteilung der Zustände als bekannt vorausgesetzt. Letztlich wird damit jede Alternative durch eine Wahrscheinlichkeitsverteilung ihrer Ergebnisse gekennzeichnet. Entscheiden bedeutet damit die Wahl zwischen verschiedenen Wahrscheinlichkeitsverteilungen von Ergebnissen.

Die Wahl hängt von den Präferenzen des Entscheidungsträgers ab. Diese Präferenzen werden transparenter, wenn sie bestimmten Anforderungen genügen. Das Bernoulli-Prinzip beruht auf solchen Anforderungen (Axiomen), die zwar plausibel, aber dennoch umstritten sind. Nach dem Bernoulli-Prinzip existiert eine Nutzenfunktion des Entscheidungsträgers, die seine Präferenzen sowohl hinsichtlich von Ergebnisunterschieden als auch hinsichtlich von Risikounterschieden zum Ausdruck bringt. Demnach kann für jede Wahrscheinlichkeitsverteilung von Ergebnissen ein Erwartungswert des Nutzens berechnet werden. Der Entscheidungsträger wählt die Alternative mit dem höchsten Erwartungswert des Nutzens.

Ein gegenüber dem Risiko indifferenter Entscheidungsträger verwendet eine lineare Nutzenfunktion; der Erwartungswert des Ergebnisses stimmt mit dem Sicherheitsäquivalent überein. Ein risikoscheuer Entscheidungsträger verwendet eine konkave Nutzenfunktion; der Erwartungswert des Ergebnisses liegt über dem Sicherheitsäquivalent.

Das wichtigste klassische Entscheidungsprinzip ist das (μ,σ)-Prinzip; danach werden Alternativen anhand des Erwartungswertes und der Standardabweichung ihres Ergebnisses beurteilt. Dieses Prinzip ist mit dem Bernoulli-Prinzip vereinbar, wenn die Wahrscheinlichkeitsverteilung des Ergebnisses bei jeder Alternative durch μ und σ vollständig gekennzeichnet wird.

Das (μ,σ)-Prinzip ist auch dann mit dem Bernoulli-Prinzip vereinbar, wenn die Nutzenfunktion des Entscheidungsträgers quadratisch ist, also durch eine nach unten geöffnete Parabel dargestellt werden kann. Diese Nutzenfunktion weist jedoch wenig plausible Eigenschaften auf; so sinkt der Nutzen, wenn das Ergebnis eine bestimmte Höhe übersteigt; außerdem ist der Entscheidungsträger um so risikoscheuer, je reicher er ist. Daher ist Vorsicht bei Verwendung einer quadratischen Nutzenfunktion geboten.

2   Beurteilung von Investitionen aufgrund subjektiver Risikopräferenz

2.1   Isolierte Beurteilung eines Investitionsprojekts

Wie auf entscheidungstheoretischer Grundlage Investitionsentscheidungen bei Unsicherheit getroffen werden können, soll zunächst an einem sehr einfachen Beispielsfall gezeigt werden. Es sei über die Annahme oder Ablehnung eines riskanten Investitionsprojekts zu entscheiden. Außer diesem einen gebe es kein anderes Investitionsprojekt, das der Entscheidende durchführen könnte oder bereits durchgeführt hat. Die einzige Alternative zu dem riskanten Investitionsprojekt sei die Anlage zum sicheren Zinssatz k. Um die Darstellung noch weiter zu vereinfachen, wird angenommen, es handele sich um ein Projekt, das nur über eine Periode läuft, an deren Anfang eine Auszahlung von A_0 und an deren Ende eine Einzahlung von e_1 steht. Bei sicheren Erwartungen ist die Entscheidung einfach; der Vergleich mit der Anlage zum Zinssatz k kann durch Berechnung des Kapitalwerts durchgeführt werden:

$$K_0 = e_1(1 + k)^{-1} - A_0.$$

Ist der Kapitalwert positiv, so lohnt sich die Investition. Was ändert sich an diesem Kalkül, wenn e_1 nicht sicher ist, sondern eine Zufallsvariable? Als Ergebnisgröße kann man das Endvermögen einsetzen, d. h. den Betrag, auf den der Kapitaleinsatz A_0 bis zum Periodenende bei jeder der beiden Handlungsalternativen anwächst. Man erhält folgende Ergebnismatrix:

	s_1	s_2	...	s_n
Investition	e_{11}	e_{12}	...	e_{1n}
Anlage zum Zinssatz k	$A_0(1 + k)$	$A_0(1 + k)$	...	$A_0(1 + k)$

Die Entscheidung erfolgt gemäß der Nutzenfunktion. Die riskante Investition ist günstiger als die Anlage zum Zinssatz k, wenn gilt:

$$\sum_{j=1}^{n} w_j U(e_{1j}) > U[A_0(1 + k)].$$

Unter Verwendung der Formel für das Sicherheitsäquivalent $\hat{e}_1$

$$\sum_{j=1}^{n} w_j U(e_{1j}) = U(\hat{e}_1)$$

läßt sich diese Bedingung umformen zu:

$$U(\hat{e}_1) > U[A_0(1 + k)].$$

Da vorausgesetzt werden kann, daß $U(\cdot)$ eine streng monoton steigende Funktion ist, ist diese Bedingung äquivalent mit

$$\hat{e}_1 > A_0(1 + k)$$

oder auch $\quad \hat{e}_1(1 + k)^{-1} - A_0 > 0.$

Damit hat man eine modifizierte Kapitalwertformel: Die Investition lohnt sich, wenn unter Zugrundelegung des Sicherheitsäquivalents der zukünftigen Zahlung der Kapitalwert positiv ist.

Die Vorteilhaftigkeit kann noch anders interpretiert werden, wenn man die Risikoprämie einführt, die als Differenz des Erwartungswerts (μ_1) und des Sicherheitsäquivalents ($\hat{e}_1$) der unsicheren Zahlung definiert ist:

$$RP = \mu_1 - \hat{e}_1.$$

Die Vorteilhaftigkeitsbedingung lautet dann:

$$\hat{e}_1 = \mu_1 - RP > A_0(1 + k)$$

oder $\dfrac{\mu_1}{A_0} - 1 > k + \dfrac{RP}{A_0}$.

Dies bedeutet: Die Investition lohnt sich, wenn der aufgrund des Erwartungswertes von $\tilde{e}_1$ berechnete interne Zinsfuß, kurz die erwartete interne Verzinsung, größer ist als der Zinssatz k zuzüglich eines Zuschlags in Höhe von RP/A_0. Dieser Quotient gibt die Höhe der Risikoprämie je Einheit des eingesetzten Kapitals an; er kann auch als Risikozuschlag zum Zinssatz k verstanden werden. Der um diesen Zuschlag korrigierte Zinssatz ist der risikoäquivalente Kalkulationszinssatz $\hat{k}$:

$$\hat{k} = k + \frac{RP}{A_0}.$$

Somit lautet die Vorteilhaftigkeitsbedingung:

$$\frac{\mu_1}{A_0} - 1 > \hat{k}$$

oder $\mu_1(1+\hat{k})^{-1} - A_0 > 0$.

Also: Die Investition lohnt sich, wenn die erwartete interne Verzinsung größer ist als der risikoäquivalente Kalkulationszinsfuß.

Oder auch: Die Investition lohnt sich, wenn der mit dem risikoäquivalenten Kalkulationszinsfuß berechnete erwartete Kapitalwert (unter Zugrundelegung des Erwartungswerts der unsicheren Einzahlung) positiv ist.

Es erweist sich, daß eine Reduzierung des Investitionsentscheidungsproblems bei Risiko auf einen Entscheidungskalkül mit quasi-sicheren Erwartungen entscheidungstheoretisch begründet werden kann. Grundsätzlich ist dies auf zweierlei Weise möglich:

1. Man geht von den Erwartungswerten der unsicheren Zahlungen aus, vermindert sie um die Risikoprämien und erhält so die Sicherheitsäquivalente; mit den Sicherheitsäquivalenten wird der Kapitalwert unter Verwendung des Zinssatzes für sichere Anlagen als Kalkulationszinsfuß berechnet.
2. Der Kapitalwert wird direkt aus den Erwartungswerten der unsicheren Zahlungen berechnet, aber mit einem Kalkulationszinsfuß, der um einen Risikozuschlag höher ist als der Zinssatz für sichere Anlagen.

Bei beiden Verfahrensweisen kann auch statt des Kapitalwerts der interne Zinsfuß berechnet und dann mit dem jeweiligen Kalkulationszinsfuß verglichen werden.

Beide Verfahren werden für die praktische Investitionsrechnung empfohlen, zum einen die Verminderung der erwarteten Überschüsse um eine Risikoprämie, zum anderen die Erhöhung des Kalkulationszinsfußes um einen Risikozuschlag. Selbstverständlich dürfen beide Verfahren nicht kombiniert werden. Wenn die erwarteten Überschüsse schon um die Risikoprämie reduziert sind, darf der Kalkulationszinsfuß keinen Risikozuschlag enthalten.

Die vorstehende Beweisführung beruht allerdings auf speziellen Voraussetzungen, die nicht ohne weiteres aufgehoben werden können. Schon wenn man mehrere Perioden berücksichtigt, mehrere Zeitpunkte also, in denen unsichere Einzahlungen anfallen, ergeben sich Schwierigkeiten, weil außer der Risikopräferenz auch die Zeitpräferenz eine Rolle spielt. Man kann sich in diesem Fall mit der Annahme helfen, daß alle Zahlungen bis zum Ende des Planungszeitraums zu einem festen Zins wiederangelegt werden, so daß für die Entscheidung nur die Wahrscheinlichkeitsverteilung des Endvermögens von Bedeutung ist. Damit hat man wieder den Einperiodenfall, wobei der gesamte Planungszeitraum die Periode darstellt.

Schwerwiegender sind die folgenden drei Einwände:

1. Die Risikoprämie RP hängt von der Nutzenfunktion ab, ist also rein subjektiv. Wie hoch der Sicherheitsabschlag von den erwarteten Überschüssen bzw. der Risikozuschlag zum Kalkulationszinsfuß sein soll, bleibt dem subjektiven Urteil des Entscheidenden überlassen. Ein von dem Entscheidenden mit der Beurteilung der Investition beauftragter Berater müßte dessen Nutzenfunktion kennen, um korrekt rechnen zu können.

2. Die Beweisführung bezieht sich nur auf den Fall eines einzigen Investitionsprojekts, das mit der Alternative der sicheren Anlage verglichen wird. Sie läßt sich grundsätzlich auch erweitern auf die vergleichende Beurteilung mehrerer einander ausschließender Investitionsprojekte oder Investitionsprogramme; in diesem Fall ist allerdings zu beachten, daß Sicherheitsabschläge bzw. Risikozuschläge je nach der Wahrscheinlichkeitsverteilung der Überschüsse bei den verschiedenen Alternativen in unterschiedlicher Höhe anzusetzen sind; wie sie bemessen werden, bleibt wieder dem subjektiven Urteil des Entscheidenden überlassen.

3. Die Beweisführung hat keine Gültigkeit für den Fall, daß ein Investitionsprojekt neben anderen durchgeführt werden kann und mit diesen zusammen ein Investitionsprogramm bildet. Eine isolierte Beurteilung jedes einzelnen Projekts ist hier nicht möglich, weil es nicht auf die Wahrscheinlichkeitsverteilung der Überschüsse des einzelnen Projekts ankommt, sondern darauf, welche Wirkung das Projekt auf die Wahrscheinlichkeitsverteilung der Überschüsse des Gesamtprogramms hat. Das hängt vor allem davon ab, welche stochastischen Abhängigkeiten zwischen den Überschüssen der Projekte bestehen. Je nachdem, wie diese Abhängigkeiten aussehen, kann es zu mehr oder weniger starken Risikomischungseffekten kommen. Wenn man auch in diesem Fall einzelne Projekte aufgrund ihres Kapitalwerts oder ihres internen Zinsfußes beurteilen will, muß bei der Bemessung von Sicherheitsabschlägen bzw. Risikozuschlägen berücksichtigt werden, welchen Einfluß das Projekt auf das Risiko des Gesamtprogramms hat. Hierzu wird ein anderer theoretischer Ansatz benötigt, der sich auf das im folgenden zu erörternde Modell der Portefeuille-Optimierung stützt.

2.2 Beurteilung von Investitionsprogrammen

2.2.1 Das Modell der Portefeuille-Optimierung

a) Mischung von zwei Wertpapieren

Die Beurteilung einzelner Investitionsprojekte bei Risiko erfordert die Berücksichtigung der stochastischen Zusammenhänge mit der Gesamtheit aller übrigen Projekte, die durchgeführt werden. Dies legt die Verwendung eines Entscheidungsmodells nahe, in dem das Gesamtprogramm unter simultaner Berücksichtigung aller in Frage kommenden Einzelprojekte optimiert wird.

Hierzu soll zunächst ein spezielles Investitionsentscheidungsmodell behandelt werden, das auch in anderem Zusammenhang, besonders in der Theorie der Preisbildung auf dem Kapitalmarkt, von Bedeutung ist, das auf MARKOWITZ zurückgehende Modell der Portefeuille-Optimierung. Es geht dabei um folgendes Entscheidungsproblem: Ein Kapitalanleger hat einen bestimmten Geldbetrag, den er für eine Periode in Wertpapieren anlegen will. Die für ihn maßgebliche Ergebnisgröße ist das am Ende der Periode vorhandene Vermögen. Da der anzulegende Kapitalbetrag gegeben ist, kann man auch die Rendite der Anlage als Ergebnisgröße verwenden. Die Rendite ist definiert als die Summe aus Dividenden und Kurssteigerungen, bezogen auf das investierte Kapital. Wenn diese Rendite mit Sicherheit bekannt wäre, läge ein triviales Entscheidungsproblem vor: Man würde den gesamten Betrag in das Wertpapier mit der höchsten Rendite investieren. Bei unsicherer Rendite ist die Lösung nicht so einfach; dann taucht die für Portefeuille-Entscheidungen typische Frage nach der Herstellung einer geeigneten Risikomischung (oder Risikostreuung) auf.

Das Modell beruht auf der Voraussetzung, daß der Entscheidende risikoscheu ist und sich nach dem (μ,σ)-Prinzip richtet; die entscheidungstheoretische Problematik dieser Annahme wurde bereits erörtert. Wenn der Entscheidende risikoneutral wäre, so käme es nur auf μ, den Erwartungswert der Ergebnisgröße, an. Dann wäre das Entscheidungsproblem ebenso trivial wie bei Sicherheit. Es würde nur in das Wertpapier mit der höchsten erwarteten Rendite investiert. Nimmt man Risikoscheu an, so bedeutet dies, daß der Entscheidende eine hohe erwartete Rendite (μ) und eine niedrige Standardabweichung (σ) anstrebt. Bei manchen Berechnungen ist es zweckmäßig, statt der Standardabweichung die Varianz (σ^2) zu verwenden; am Ergebnis ändert das nichts.

Der Zusammenhang soll zunächst an einem einfachen Beispiel veranschaulicht werden. Angenommen wird, es gebe nur zwei Wertpapiere. Die folgende Tabelle gibt für jedes Wertpapier die erwartete Rendite μ_i sowie die Standardabweichung σ_i an:

Wertpapier (i)	1	2
μ_i	0,07	0,12
σ_i	0,09	0,08

Besteht die Wahl, den gesamten Betrag entweder in das eine oder das andere Wertpapier zu stecken, so ist die Entscheidung einfach. Bei Wertpapier 2 ist sowohl μ größer als auch σ kleiner als bei Wertpapier 1. Man sagt, daß Wertpapier 2 Wertpapier 1 dominiert, genauer: hinsichtlich der Beurteilungskriterien μ und σ dominiert. Für den risikoscheuen Entscheidungsträger gilt die allgemeine Regel, daß er keine Alternative wählen wird, die von einer anderen dominiert wird. Er wird nur solche Alternativen in die engere Wahl ziehen, die von keiner anderen dominiert werden; solche Alternativen werden als effizient bezeichnet.

Hat man nur die zwei genannten Alternativen, so ist nur eine davon effizient, nämlich die Anlage in Wertpapier 2. Nun gibt es aber auch die Möglichkeit, ein aus beiden Wertpapieren gemischtes Portefeuille herzustellen. Dann ist, wie sich am Beispiel zeigen läßt, die ausschließliche Anlage in Wertpapier 2 nicht mehr die einzige effiziente Lösung.

Die Standardabweichung der Rendite eines aus beiden Wertpapieren gemischten Portefeuilles hängt nicht nur von den Standardabweichungen der beiden Einzelrenditen ab, sondern auch davon, in welcher Weise sie miteinander korreliert sind.

Bezeichnet man den Anteil des Wertpapiers 1 am Portefeuille mit x_1, den des Wertpapiers 2 mit x_2 (wobei $x_2 = 1 - x_1$ gilt), so ist die Varianz der Portefeuillerendite nach folgender Formel zu berechnen:

$$\sigma^2 = x_1^2 \, \sigma_1^2 + x_2^2 \, \sigma_2^2 + 2 \, x_1 \, x_2 \, C_{12} \, .$$

C_{12} ist hierbei die Kovarianz der beiden Wertpapierrenditen. Zwischen der Kovarianz und dem Korrelationskoeffizienten ϱ_{12} besteht folgender Zusammenhang:

$$C_{12} = \sigma_1 \, \sigma_2 \, \varrho_{12} \, .$$

Der Korrelationskoeffizient liegt zwischen -1 und $+1$. Ein Korrelationskoeffizient von -1 bedeutet, daß ein strenger, inverser linearer Zusammenhang zwischen den beiden Wertpapierrenditen $\tilde{R}_1$ und $\tilde{R}_2$ besteht:

$$R_1 = a + b \, R_2; \quad b < 0 \, .$$

Beim Korrelationskoeffizienten $+1$ besteht ebenfalls ein strenger, linearer Zusammenhang, jetzt allerdings ist $b > 0$. Liegt ϱ_{12} zwischen 0 und 1, so geht eine hohe Rendite R_1 tendenziell mit einer hohen Rendite R_2 einher. Liegt ϱ_{12} zwischen -1 und 0, so geht eine hohe Rendite R_1 tendenziell mit einer niedrigen Rendite R_2 einher. Je stärker ϱ_{12} von 0 abweicht, um so enger ist der Zusammenhang zwischen beiden Renditen. $\varrho_{12} = 0$ bedeutet, daß die Kenntnis der Rendite eines Papiers bei der Prognose der Rendite des anderen Papiers nicht hilft; es besteht kein Zusammenhang zwischen beiden Renditen.

Dies läßt sich auch an einer Regressionslinie wie in Abb. 5.11 verdeutlichen, wenn R_1 auf der Ordinate und R_2 auf der Abszisse abgetragen wird. Ist $\varrho_{12} > 0$ [<0], so hat die Regressionsgerade eine positive [negative] Steigung. Je stärker ϱ_{12} von 0 abweicht, desto weniger weichen die Beobachtungspunkte, durch Kreuze markiert, im Durchschnitt von der Regressionslinie ab. Bei $\varrho_{12} = -1$ und $\varrho_{12} = +1$ liegen alle Beobachtungspunkte exakt auf der Geraden.

Ersetzt man C_{12} durch $\sigma_1 \sigma_2 \varrho_{12}$, so folgt:

$$\sigma^2 = x_1^2 \sigma_1^2 + x_2^2 \sigma_2^2 + 2 \, x_1 x_2 \sigma_1 \sigma_2 \varrho_{12} \, .$$

Die Berechnungsformel für die erwartete Rendite des Portefeuilles ist einfach

$$\mu = x_1 \mu_1 + x_2 \mu_2 \, .$$

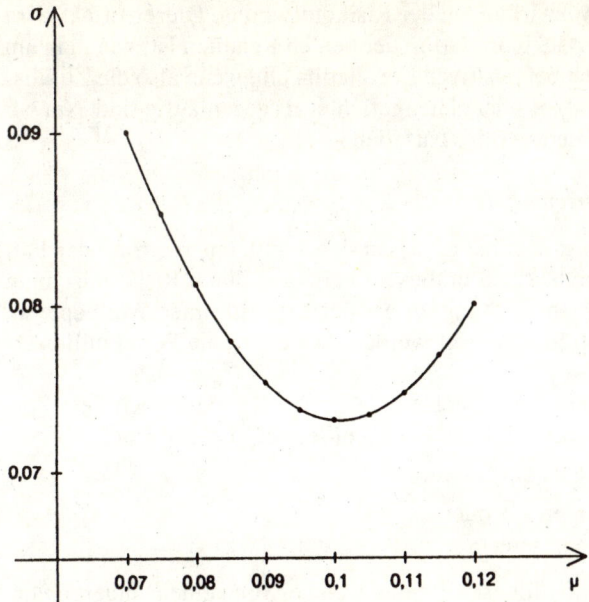

Abb. 6.5. (μ, σ)-Kombinationen bei Mischung von zwei Wertpapieren

Für das Zahlenbeispiel sei eine positive Korrelation angenommen: $\varrho_{12} = 0{,}5$. Für verschiedene Werte von x_1 und x_2 erhält man folgende Ergebnisse:

x_1	x_2	μ	σ
0	1	0,12	0,08
0,1	0,9	0,115	0,0769
0,2	0,8	0,11	0,0746
0,3	0,7	0,105	0,0733
0,4	0,6	0,10	0,0730
0,5	0,5	0,095	0,0736
0,6	0,4	0,09	0,0753
0,7	0,3	0,085	0,0778
0,8	0,2	0,08	0,0812
0,9	0,1	0,075	0,0853
1	0	0,07	0,09

Aus der Tabelle und aus Abbildung 6.5 ist zu ersehen, daß alle Portefeuilles, bei denen x_1 kleiner als 0,4 ist, effizient sind; dies entspricht in der Abbildung dem steigenden Abschnitt der Kurve. Man sieht daraus: Bei Kombination zweier Wertpapiere in einem Portefeuille kann die Standardabweichung der Rendite geringer sein als die Standardabweichung bei jedem einzelnen der Wertpapiere; und: ein Wertpapier, das für sich gesehen nicht effizient wäre, kann Bestandteil eines effizienten Portefeuilles werden.

Man erkennt hierin die Auswirkungen der Risikomischung. Dieser Effekt wird um so stärker sein, je geringer die Korrelation der beiden Renditen ist; wie man am Beispiel sieht, tritt er aber auch bei positiver Korrelation ein, wenn also die Zufallsschwankungen der beiden Renditen eher gleichgerichtet als gegenläufig sind. Nur bei einer Korrelation von +1 würde er völlig entfallen.

b) Bestimmung effizienter Portefeuilles

Die am Beispiel gezeigten Zusammenhänge lassen sich verallgemeinern auf den Fall von mehr als zwei Wertpapieren. Auch in diesem Fall kann durch Risikomischung eine Reduzierung der Standardabweichung im Vergleich zu einzelnen Wertpapieren erreicht werden. Zunächst soll hier gezeigt werden, wie effiziente Portefeuilles ermittelt werden können.

Die Definition der Effizienz sei zunächst präzisiert: Als effizient wird ein Portefeuille bezeichnet, wenn es kein anderes Portefeuille gibt, das entweder

- bei gleichem σ ein höheres μ oder
- bei gleichem μ ein niedrigeres σ oder
- ein höheres μ und ein niedrigeres σ

aufweist. Oder auch: Ein Portefeuille ist effizient, wenn es von keinem anderen Portefeuille hinsichtlich μ und σ dominiert wird.

Jedem Wertpapier und jedem Portefeuille entspricht eine (μ,σ)-Kombination. Bei Darstellung dieser (μ,σ)-Kombinationen in einem Koordinatensystem ergibt sich, daß alle durch Portefeuillebildung erreichbaren (μ,σ)-Kombinationen in einem bestimmten Bereich liegen. Dieser Bereich sieht unterschiedlich aus, je nachdem, ob man für die Variablen x_j negative Werte zuläßt oder nicht. Sind negative Werte zulässig, so ergibt sich, daß die erreichbaren (μ,σ)-Kombinationen auf einer U-förmigen Kurve oder oberhalb davon liegen, also in Abbildung 6.6 in dem schraffierten Bereich oder auf dessen Rand. Gelten Nichtnegativitätsbedingungen, so ist der Bereich möglicher (μ,σ)-Kombinationen enger begrenzt; er ist nicht nach oben offen und nach unten durch Teilstücke mehrerer U-förmiger Kurven begrenzt. Aus Abbildung 6.6 ist zu ersehen, daß nur solche Portefeuilles effizient sind, deren (μ,σ)-Kombinationen auf dem ansteigenden Abschnitt der U-förmigen Kurve liegen.

Zur rechnerischen Ermittlung effizienter Lösungen kann folgendermaßen verfahren werden: Man sucht ein Portefeuille, bei dem der Ausdruck

$$\alpha\mu - \sigma^2 \qquad (\alpha \geqq 0)$$

maximiert wird; α ist hierbei ein nichtnegativer Parameter, der variiert werden kann. Setzt man α gleich 0, so bedeutet dies Minimierung von σ^2 ohne Rücksicht auf μ; läßt man α positiv werden und immer weiter anwachsen, so erhält man andere Lösungen, bei denen μ und σ^2 immer größer werden. Es ist leicht zu sehen, daß die Maximierung des angegebenen Ausdrucks immer zu einer effizienten Lösung führt; es ist für das Ergebnis ohne Bedeutung, ob in den zu maximierenden Ausdruck die Standardabweichung σ oder die Varianz σ^2 eingesetzt wird; die Berechnung ist einfacher mit σ^2. Wenn der Bereich möglicher (μ,σ)-Kombinationen die in Abbildung 6.6 angegebene konvexe U-Form hat, gilt auch, daß man sämtliche effizienten Lösungen erreicht, wenn man α von 0 bis ∞ ansteigen läßt.

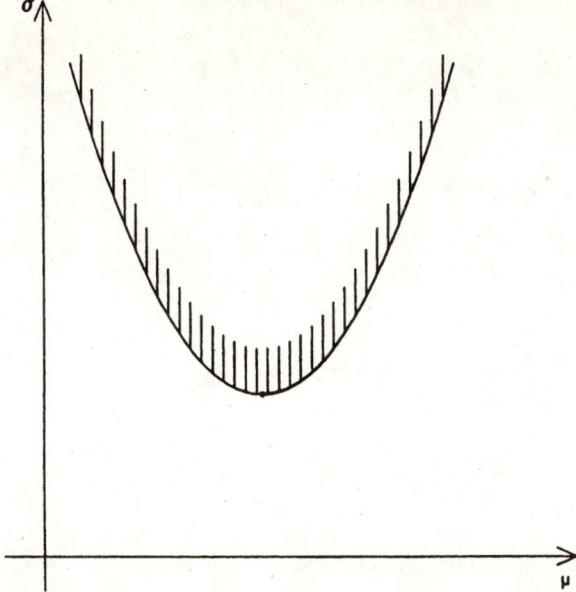

Abb. 6.6. (μ, σ) -Kombinationen bei Mischung von mehreren Wertpapieren

Die Berechnung geht von folgenden Größen aus:

μ_i – Erwartete Rendite des Wertpapiers i (i = 1, ..., m),

σ_i^2 (= C_{ii})   – Varianz der Rendite des Wertpapiers i (i = 1, ..., m),

$C_{ij} = \sigma_i\sigma_j\varrho_{ij}$ – Kovarianz der Rendite des Wertpapiers i mit der des Wertpapiers j,

ϱ_{ij} – Korrelation der Rendite des Wertpapiers i mit der des Wertpapiers j.

Zur Vereinfachung der Schreibweise wird für σ_i^2 im folgenden C_{ii} geschrieben; Verwechslungen sind ausgeschlossen, da C_{ij} als Kovarianz nur für den Fall i $\neq$ j definiert ist. Mit x_i (i = 1, ..., m) wird im folgenden der wertmäßige Anteil des Wertpapiers i am Portefeuille bezeichnet. Die x_i sind die Entscheidungsvariablen des Problems.

Die unsichere Rendite des Portefeuilles ($\tilde{R}$) ergibt sich als gewogener Durchschnitt der unsicheren Renditen der einzelnen Wertpapiere:

$$\tilde{R} = \sum_{i=1}^{m} x_i\tilde{R}_i .$$

Hieraus folgt für den Erwartungswert der Portefeuillerendite (μ):

$$\mu = \sum_{i=1}^{m} x_i\mu_i .$$

Für die Varianz der Rendite des Portefeuilles (σ^2) gilt:

$$\sigma^2 = \sum_{i=1}^{m} \sigma_i^2 x_i^2 + \sum_{\substack{i=1 \\ j\neq i}}^{m} \sum_{j=1}^{m} x_i x_j C_{ij} = \sum_{i=1}^{m} \sum_{j=1}^{m} x_i x_j C_{ij}.$$

Damit kann das Entscheidungsmodell formuliert werden:

$$\alpha \sum_{i=1}^{m} x_i \mu_i - \sum_{i=1}^{m} \sum_{j=1}^{m} x_i x_j C_{ij} \rightarrow \text{Max}.$$

Bei der Maximierung dieser Funktion ist die Nebenbedingung einzuhalten, daß die Summe aller Wertpapieranteile gleich 1 sein muß:

$$\sum_{i=1}^{m} x_i = 1.$$

Weiter kann gefordert werden, daß die Variablen x_i keine negativen Werte annehmen dürfen:

$$x_i \geqq 0 \qquad (i=1, ..., m).$$

Wird auf die Nichtnegativitätsbedingung verzichtet, dann sind auch Leerverkäufe eines Wertpapiers, also negative Bestände, zulässig. Der Investor erhält dann bei Verkauf sofort den gegenwärtigen Wertpapierkurs und muß am Periodenende das Wertpapier zum dann geltenden Kurs kaufen. Wenn in der Zwischenzeit keine Dividende gezahlt wird, so erhält der Investor im Ergebnis einen Kredit, dessen Zins der Rendite des betreffenden Wertpapiers gleicht.

Sollen bei der Lösung negative Wertpapierbestände ausgeschlossen werden, so gilt die Nichtnegativitätsbedingung; man hat ein nichtlineares Programmierungsproblem zu lösen: Maximierung einer quadratischen Funktion mit einer linearen Nebenbedingung und Nichtnegativitätsbedingungen für alle Variablen. Läßt man auch negative Wertpapierbestände zu, so vereinfacht sich das Optimierungsproblem. In beiden Fällen stehen Verfahren zur numerischen Lösung zur Verfügung. Für die folgende Analyse soll lediglich der einfachere Fall, der ohne Nichtnegativitätsbedingungen also, betrachtet werden.

Hier sei vor allem die Abhängigkeit der Lösung von dem Parameter α näher betrachtet. Wie in Anhang (A 1.1) im einzelnen gezeigt wird, bestehen zwischen den optimalen Lösungswerten x_i^* und dem Parameter α lineare Beziehungen:

$$x_i^* = K_i + k_i \alpha.$$

In Abbildung 6.7 ist der Zusammenhang für den Fall von 3 Wertpapieren dargestellt. Ist $\alpha = 0$, so erhält man das Portefeuille mit der minimalen Varianz; hier gilt $x_i^* = K_i$ ($i = 1, ..., m$). Wegen der Nebenbedingungen

$$\sum_{i=1}^{m} x_i^* = 1 \text{ gilt auch } \sum_{i=1}^{m} K_i = 1.$$

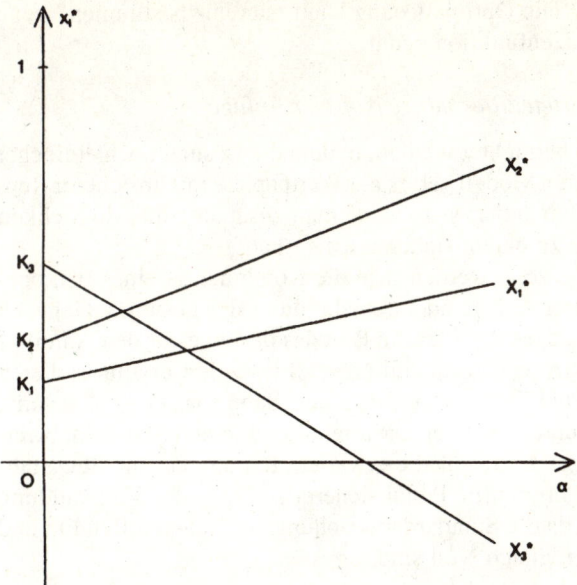

Abb. 6.7. Zusammensetzung effizienter Portefeuilles

Wird nun α erhöht, so ändern sich die Anteile x_i^* linear mit α. Da die Summe der Anteile stets gleich 1 ist, werden einige wachsen, andere fallen; es gilt also

$$\sum_{i=1}^{m} k_i = 0 .$$

Da bei der Lösung keine Nichtnegativitätsbedingungen berücksichtigt wurden, können die Variablen teils negativ, teils größer als 1 werden.

Weiter ergibt sich, daß mit wachsendem α die erwartete Rendite μ und die Varianz σ^2 ansteigen, und zwar ist μ eine lineare, σ^2 eine quadratische Funktion von α. Dies bedeutet, daß μ beliebig hoch ansteigen kann, ein Ergebnis, das zunächst wenig sinnvoll erscheint, das aber mit dem Fehlen von Nichtnegativitätsbedingungen zu erklären ist: Wenn man von einem Wertpapier mit niedriger erwarteter Rendite unbegrenzt negative Bestände, zugleich von einem Wertpapier mit hoher erwarteter Rendite hohe positive Bestände halten kann, läßt sich die erwartete Rendite des Portefeuilles beliebig steigern. Für die mit α linear ansteigende erwartete Rendite muß aber eine quadratisch steigende Varianz in Kauf genommen werden. Für einen risikoscheuen Investor ist deswegen eine unbegrenzte Steigerung der erwarteten Portefeuillerendite zwar möglich, aber nicht attraktiv.

Werden Nichtnegativitätsbedingungen berücksichtigt, so läßt sich die erwartete Rendite des Portefeuilles nicht unbegrenzt steigern. Sie kann nicht größer werden als die Rendite des Wertpapiers mit der höchsten erwarteten Rendite. Das beschriebene Lösungsverfahren führt zur Ermittlung der Menge aller effizienten Portefeuilles. Welche dieser effizienten Lösungen optimal ist, hängt von der subjektiven Einstellung des Entscheidenden zum Risiko ab; diese Einstellung kann durch eine Nutzenfunktion beschrieben werden. Die Optimallösung kann man nur bestimmen, wenn man die genaue Form der Nutzenfunktion kennt.

c) Bestimmung effizienter Portefeuilles mit risikofreier Anlage

Es soll nun ein spezieller Fall betrachtet werden, in dem die Lösung noch einfacher wird. Bei dem bisher diskutierten Modell gab es nur Wertpapiere mit unsicherer Rendite. Das Entscheidungsproblem ändert sich, wenn man zusätzlich die Möglichkeit der Anlage und Verschuldung zu einem sicheren Zins r hat.

Zunächst soll allgemein gezeigt werden, wie die Kombination eines risikobehafteten Portefeuilles mit sicherer Anlage oder Verschuldung sich auswirkt. Gegeben sei ein beliebig zusammengesetztes Portefeuille P, in das der Investor den Anteil x_P seines Anlagebetrags investiert; den Restanteil $(1 - x_P)$ investiert er zum sicheren Zinssatz r. Er kann sich auch zum Zinssatz r verschulden; dann wird $(1 - x_P)$ negativ, x_P somit größer als 1. Mit μ_P und σ_P werden erwartete Rendite und Standardabweichung des Portefeuilles P bezeichnet. Für die erwartete Rendite (μ) und die Standardabweichung (σ) des aus Portefeuille P und sicherer Anlage oder Verschuldung gemischten Portefeuilles gilt, da die Standardabweichung der sicheren Rendite und die Kovarianz beider Renditen gleich Null sind,

$$\mu = r(1 - x_P) + \mu_P x_P = r + (\mu_P - r)x_P,$$

$$\sigma = \sqrt{x_P^2 \sigma_P^2} = x_P \sigma_P.$$

Beide Größen sind linear von x_P abhängig. Daher besteht auch zwischen μ und σ ein linearer Zusammenhang:

$$\mu = r + \frac{\mu_P - r}{\sigma_P}\sigma.$$

Dieser Zusammenhang ist in Abbildung 6.8 graphisch dargestellt. Man sieht daraus: Durch Kombination des Portefeuilles P mit sicherer Anlage oder Verschuldung lassen sich alle (μ,σ)-Kombinationen erreichen, die auf einem vom Punkt r auf der Abszisse durch den Punkt (μ_P, σ_P) gehenden Strahl liegen. Auch die auf dem Strahl oberhalb des Punktes (μ_P, σ_P) liegenden (μ,σ)-Kombinationen sind erreichbar, und zwar durch Verschuldung zum Zinssatz r, während die unterhalb liegenden Lösungen einer Aufteilung des Anlagebetrags auf sichere Anlage und Portefeuille P entsprechen.

Dies gilt für beliebige Portefeuilles. In Abbildung 6.9 ist die Menge aller Portefeuilles, die aus unsicheren Wertpapieren zusammengestellt werden können, durch die schraffierte Fläche oberhalb und auf der U-förmigen Kurve charakterisiert. Wenn nun außerdem die Möglichkeit der Anlage und Verschuldung zum Zinssatz r besteht, verdient ein Punkt der schraffierten Fläche besondere Beachtung, derjenige nämlich, in dem ein vom Punkt r auf der Abszisse ausgehender Strahl die Fläche tangiert. Dem Tangentialpunkt entspricht ein bestimmtes Portefeuille, hier mit P* bezeichnet.

Offensichtlich sind nur die Lösungen effizient, die auf dieser Tangente liegen. Das bedeutet aber: Jede effiziente Lösung ist eine Kombination des Portefeuilles P* mit sicherer Anlage oder Verschuldung. Die Zusammensetzung des in jeder effizienten Lösung enthaltenen Portefeuilles aus unsicheren Wertpapieren ist stets die glei-

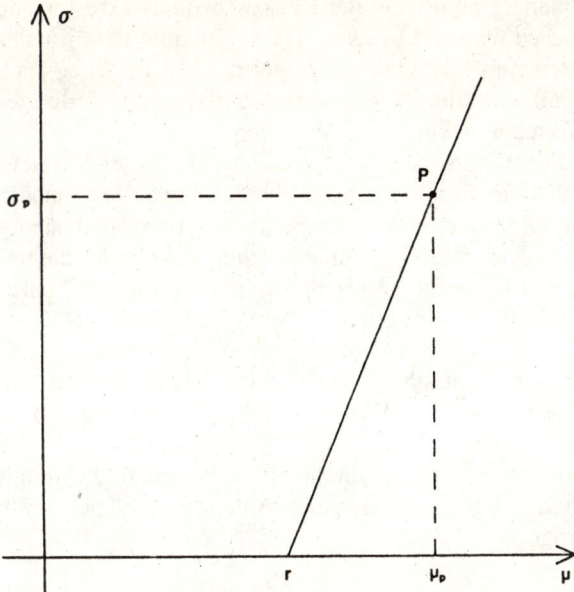

Abb. 6.8. Kombination eines riskanten Portefeuilles mit sicherer Anlage

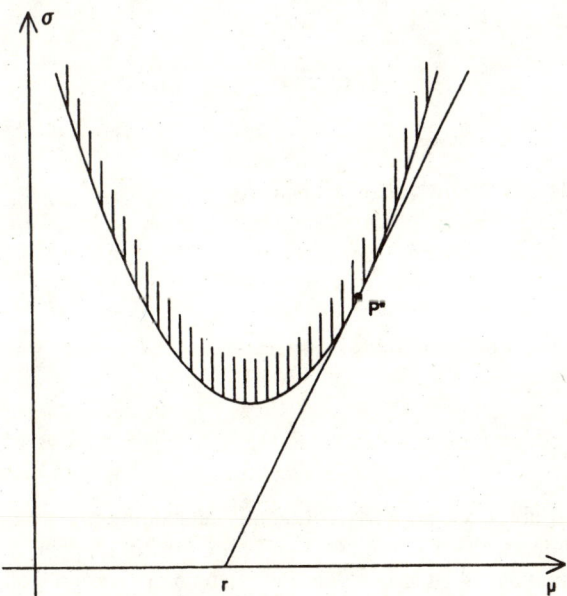

Abb. 6.9. Effiziente Portefeuilles bei Einbeziehung der sicheren Anlagemöglichkeit

che; sie ist insbesondere unabhängig vom Grad der Risikoscheu des Investors. Je nach dem Grad seiner Risikoscheu wird der Investor das Portefeuille P* mit mehr oder weniger Anlage zum festen Zins r verbinden, bei geringer Risikoscheu auch mit Verschuldung; auf jeden Fall aber bleibt die Zusammensetzung des Teilportefeuilles, das die unsicheren Wertpapiere enthält, unverändert.

Diese Aussage wird als „Separationstheorem" bezeichnet. In dieser Bezeichnung kommt zum Ausdruck, daß das Entscheidungsproblem in zwei voneinander trennbare Teilprobleme zerlegt werden kann. Im ersten Schritt kann man unabhängig vom Grad der Risikoscheu des Investors die Zusammensetzung von P*, des die unsicheren Wertpapiere umfassenden Teilportefeuilles, bestimmen. Im zweiten Schritt kann dann das von der subjektiven Risikoeinstellung abhängige Optimum als Kombination von P* mit sicherer Anlage oder Verschuldung ermittelt werden.

Der hier zunächst nur graphisch veranschaulichte Zusammenhang kann auch in einem Optimierungskalkül abgeleitet werden. Wie in dem bereits behandelten Fall maximiert man den Ausdruck $\alpha \mu - \sigma^2$.

Hierbei wird die sichere Anlage einbezogen; ihr Anteil am Portefeuille wird mit x_0 bezeichnet. Die Nebenbedingung, daß die Summe aller Anteile gleich 1 sein muß, kann auch so geschrieben werden:

$$x_0 = 1 - \sum_{i=1}^{m} x_i .$$

Die erwartete Portefeuillerendite ergibt sich aus der Formel

$$\mu = r \, x_0 + \sum_{i=1}^{m} \mu_i x_i = r\left(1 - \sum_{i=1}^{m} x_i\right) + \sum_{i=1}^{m} \mu_i x_i$$

$$= r + \sum_{i=1}^{m} (\mu_i - r) x_i .$$

Für die Varianz der Portefeuillerendite gilt wie bisher

$$\sigma^2 = \sum_{i=1}^{m} \sum_{j=1}^{m} x_i x_j C_{ij} .$$

Somit ist folgende Funktion zu maximieren:

$$\alpha \, r + \alpha \sum_{i=1}^{m} (\mu_i - r) x_i - \sum_{i=1}^{m} \sum_{j=1}^{m} x_i x_j C_{ij} .$$

Hierbei können für die Variablen $x_1, \ldots, x_m$ Nichtnegativitätsbedingungen berücksichtigt werden. Im folgenden soll für den einfachen Fall ohne Nichtnegativitätsbedingungen die Abhängigkeit der Lösung von dem Parameter α aufgezeigt werden. Setzt man die partiellen Ableitungen der zu maximierenden Funktion gleich 0, so erhält man als notwendige Bedingung für die optimale Lösung (s. Anhang A 1.2):

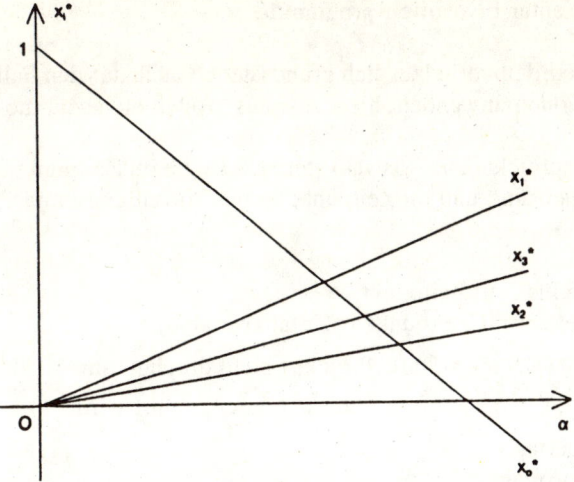

Abb. 6.10. Zusammensetzung effizienter Portefeuilles bei sicherer Anlagemöglichkeit

$$\alpha(\mu_i - r) - 2 \sum_{j=1}^{m} x_i{}^* C_{ij} = 0 \quad (i = 1, ..., m).$$

Hieraus ist zu ersehen, daß zwischen α und $x_i{}^*$ strenge Proportionalität besteht. Es gilt also:

$$x_i{}^* = k_i \alpha \qquad (i = 1, ..., m)$$

und

$$x_0{}^* = 1 - \sum_{i=1}^{m} k_i \alpha.$$

Das bedeutet: Wenn $\alpha = 0$ ist, wird $x_0{}^* = 1$ und $x_i{}^* = 0$ $(i = 1,...,m)$, d. h., der gesamte Anlagebetrag wird sicher angelegt; dies ist das Portefeuille mit der minimalen Varianz, nämlich von 0. Mit wachsendem α sinkt x_0 linear; die anderen Anteile verändern sich proportional zu α (Abbildung 6.10). Daraus ergibt sich auch, daß die Anteile der unsicheren Wertpapiere immer in den gleichen Relationen zueinander stehen, d. h., die Struktur des die unsicheren Wertpapiere umfassenden Teilportefeuilles bleibt unverändert. Dies ist die Aussage des Separationstheorems.

Wie im Anhang weiter gezeigt wird, steigen die erwartete Portefeuillerendite und die Standardabweichung linear mit α an; die Standardabweichung ist streng proportional zu α.

2.2.2 Die Bestimmung effizienter Investitionsprogramme

Der Lösungsansatz der Portefeuilletheorie läßt sich grundsätzlich auch auf den Fall der Planung von Sachinvestitionen anwenden; hierzu ist das Modell etwas zu modifizieren.

Es mögen nur Investitionsprojekte zur Auswahl stehen, die alle im Zeitpunkt 0 mit einer Auszahlung verbunden sind und im Zeitpunkt 1 eine Einzahlung in unsicherer Höhe versprechen.

A_{i0} – Auszahlung des Projekts i im Zeitpunkt 0

$\tilde{e}_{i1}$ – Einzahlung des Projekts i im Zeitpunkt 1 (Zufallsvariable)

x_i – Projektvariable $x_i = \begin{cases} 0, \text{ falls Projekt i nicht durchgeführt wird} \\ 1, \text{ falls Projekt i durchgeführt wird} \end{cases}$

K   – Verfügbarer Kapitalbetrag

r   – Zinssatz bei sicherer Anlage

y   – Betrag der sicheren Anlage

$\tilde{EV}$ – Endvermögen (Zufallsvariable)

Die Auswahl der Projekte soll so getroffen werden, daß mit dem verfügbaren Kapitalbetrag ein möglichst günstiges Endvermögen erreicht wird. Das Endvermögen ist aber unsicher und im Modell als Zufallsvariable definiert. Wenn der Investor risikoscheu ist und sich am (μ,σ)-Prinzip orientiert, geht es zunächst darum, effiziente Lösungen zu bestimmen. Hierzu muß man die Erwartungswerte, Varianzen und Kovarianzen der Zufallsvariablen $\tilde{e}_{i1}$ kennen:

e_{i1} – Erwartungswert von $\tilde{e}_{i1}$,

$\sigma_i^2 = C_{ii}$ – Varianz von $\tilde{e}_{i1}$,

C_{ij} – Kovarianz zwischen $\tilde{e}_{i1}$ und $\tilde{e}_{j1}$.

Das Endvermögen ergibt sich aus folgender Gleichung:

$$\tilde{EV} = \sum_{i=1}^{m} \tilde{e}_{i1} x_i + y(1+r).$$

Hieraus folgt für den Erwartungswert des Endvermögens:

$$\mu = \sum_{i=1}^{m} e_{i1} x_i + y(1+r).$$

Für die Varianz des Endvermögens gilt:

$$\sigma^2 = \sum_{i=1}^{m} \sum_{j=1}^{m} C_{ij} x_i x_j.$$

Um effiziente Lösungen zu erhalten, maximiert man die quadratische Funktion

$$\alpha \mu - \sigma^2 = \alpha \sum_{i=1}^{m} \left[e_{i1}x_i + y(1+r) \right] - \sum_{i=1}^{m} \sum_{j=1}^{m} C_{ij}x_i x_j$$

unter Beachtung der Nebenbedingungen

$$\sum_{i=1}^{m} A_{i0}x_i + y = K,$$

$$x_i = 0 \text{ oder } 1 \qquad (i = 1, ..., m),$$

$$y \geqq 0.$$

Durch Variation von α erhält man eine Menge effizienter Lösungen (nicht notwendig alle effizienten Lösungen).

Wenn zum Zinssatz r nicht nur Anlage, sondern auch beliebige Verschuldung möglich ist, kann die Nichtnegativitätsbedingung für y entfallen. Bei unbegrenzter Verschuldungsmöglichkeit läßt sich der Modellansatz noch etwas vereinfachen. Aus der ersten Nebenbedingung ergibt sich:

$$y = K - \sum_{i=1}^{m} A_{i0}x_i.$$

Dies kann man in den Ausdruck für das Endvermögen einsetzen:

$$EV = \sum_{i=1}^{m} \tilde{e}_{i1}x_i + (K - \sum_{i=1}^{m} A_{i0}x_i)(1+r)$$

$$= K(1+r) + \sum_{i=1}^{m} [\tilde{e}_{i1} - A_{i0}(1+r)]x_i.$$

Für Erwartungswert und Varianz des Endvermögens ergibt sich:

$$\mu = K(1+r) + \sum_{i=1}^{m} [e_{i1} - A_{i0}(1+r)]x_i,$$

$$\sigma^2 = \sum_{i=1}^{m} \sum_{j=1}^{m} C_{ij}x_i x_j.$$

Somit erhält man als zu maximierenden Ausdruck:

$$\alpha \mu - \sigma^2 = \alpha K(1+r) + \alpha \sum_{i=1}^{m} [e_{i1} - A_{i0}(1+r)]x_i - \sum_{i=1}^{m} \sum_{j=1}^{m} C_{ij}x_i x_j.$$

Als Nebenbedingungen bleiben:

$$x_i = 0 \text{ oder } 1 \qquad (i = 1, ..., m).$$

Das Separationstheorem gilt allerdings in diesem Fall nicht. Zwar wird unbegrenzte Verschuldungsmöglichkeit vorausgesetzt. Das Sachinvestitionsprogramm, das mit sicherer Anlage oder Verschuldung kombiniert wird, ist aber nicht beliebig teilbar.

Das dargestellte Entscheidungsmodell ist zur Lösung praktischer Investitionsprobleme schon deswegen nicht geeignet, weil nur Investitionen berücksichtigt werden, die nach Ablauf einer Periode mit einer unsicheren Einzahlung abgeschlossen sind. Sachinvestitionen wirken sich im allgemeinen über mehrere Perioden aus und erbringen in jeder Periode Zahlungen, die im Planungszeitpunkt unsicher sind. Die Erweiterung des Modells auf mehr als zwei Zeitpunkte ist aber nicht ohne weiteres möglich, weil dann die Investitionen späterer Zeitpunkte, und zwar in Abhängigkeit von der bis dahin eingetretenen Änderung des Informationsstandes, berücksichtigt werden müßten; es müßte ein Modell flexibler Investitionsplanung entwickelt werden.

Schwierigkeiten bei der praktischen Anwendung ergeben sich auch aus dem Bedarf an Daten. Zur Berechnung benötigt man für alle Projekte nicht nur die Erwartungswerte und Varianzen der zukünftigen Einzahlungen, sondern auch alle Kovarianzen; bei n Projekten gibt es $n(n-1)/2$ Kovarianzen. Bei Sachinvestitionsprojekten kann man zur Schätzung dieser Parameter nur sehr begrenzt auf statistisches Erfahrungsmaterial aus der Vergangenheit zurückgreifen. Es können im allgemeinen nur subjektive Schätzungen zugrunde gelegt werden, zunächst für Erwartungswerte und Standardabweichungen. Dann kann man zusätzlich die Korrelationskoeffizienten subjektiv abschätzen und daraus die Kovarianzen berechnen. Bei derart zahlreichen Schätzungen ist die Gefahr groß, daß die Ergebnisse von Willkür nicht weit entfernt sind.

Auch wenn das Modell für die unmittelbare praktische Anwendung wenig geeignet erscheint, verdient es Beachtung, weil es die wesentlichen Zusammenhänge deutlich werden läßt. Vor allem wird die Bedeutung der in den Kovarianzen zum Ausdruck kommenden stochastischen Abhängigkeiten zwischen den Projekten erkennbar. Ohne Berücksichtigung dieser stochastischen Zusammenhänge kann es nicht gelingen, ein effizientes Investitionsprogramm zusammenzustellen. Hieraus ergeben sich Konsequenzen für die praktische Risikoanalyse: Es genügt nicht, die Wahrscheinlichkeitsverteilung der Zahlungen oder anderer Zielgrößen für Einzelprojekte zu betrachten. Vielmehr muß das gesamte Investitionsprogramm als Einheit behandelt werden; hierzu ist unerläßlich, daß in der Risikoanalyse auch die stochastischen Abhängigkeiten zwischen den Einzelprojekten berücksichtigt werden.

Effizienzbeurteilung und Nutzenmaximierung sind immer nur in bezug auf das Gesamtprogramm möglich. Einzelne Projekte können nicht isoliert und ohne Bezugnahme auf das Gesamtprogramm beurteilt werden, in das sie sich einfügen sollen. Für einen risikoscheuen Investor, der ein subjektiv optimales Investitionsprogramm zu bestimmen sucht, ist eine Zerlegung des Entscheidungsproblems in Einzelentscheidungen über Investitionsprojekte nicht möglich.

2.3 Zusammenfassung

Investitionsentscheidungen bei Risiko sind dann relativ leicht zu treffen, wenn der Investor vor der Wahl steht, sein gesamtes Vermögen entweder in einem riskanten Projekt oder risikofrei anzulegen. Die Entscheidung läßt sich dann anhand eines modifizierten Kapitalwertkriteriums treffen. Dabei gibt es zwei mögliche Vorgehensweisen. (1) Gemäß seiner subjektiven Risikopräferenz ermittelt der Investor das Sicherheitsäquivalent der aus dem riskanten Projekt resultierenden Einzahlung; er berechnet den Kapitalwert des Projekts, indem er das Sicherheitsäquivalent mit dem Kalkulationszinsfuß bei risikofreier Anlage abdiskontiert. (2) Der Investor berechnet den Kapitalwert des riskanten Projektes, indem er dessen erwartete Einzahlungsüberschüsse mit einem um eine Risikoprämie erhöhten Kalkulationszinsfuß abdiskontiert. Bei beiden Vorgehensweisen wird das riskante Projekt gewählt, wenn sein Kapitalwert positiv ist.

Geht es bei der Investitionsentscheidung darum, ein Portefeuille aus mehreren Wertpapieren zusammenzustellen, dann wird die Entscheidungsfindung komplizierter, weil das Risiko eines Portefeuilles sich nicht additiv aus den Risiken der einzelnen Projekte zusammensetzt. Das Risiko besteht vielmehr aus den Varianzen der einzelnen Projekte und sämtlichen Kovarianzen. Ein dem (μ,σ)-Prinzip folgender Investor kann daher eine bessere Lösung durch Mischung von Projekten erzielen.

Der Entscheidungsprozeß kann in zwei Schritte zerlegt werden. Im ersten Schritt ermittelt der Investor sämtliche effizienten Portefeuilles, im zweiten wählt er aus der Menge der effizienten Portefeuilles gemäß seiner Risikopräferenz das für ihn beste aus. Gibt es keine risikofreie Anlage, sind jedoch Leerverkäufe zulässig, dann sind alle effizienten Portefeuilles dadurch gekennzeichnet, daß die Varianz der Portefeuillerendite eine quadratische Funktion der erwarteten Portefeuillerendite ist. Kann der Investor dagegen zum selben Zinssatz Geld risikofrei anlegen und aufnehmen, dann sind alle effizienten Portefeuilles eine Mischung aus risikofreier Geldanlage/-aufnahme und dem Tangentialportefeuille. Die Zusammensetzung des Tangentialportefeuilles ist unabhängig vom Grad der Risikoscheu des Investors. Dieser Sachverhalt wird als Separationstheorem bezeichnet. Alle effizienten Portefeuilles sind nun dadurch gekennzeichnet, daß die Standardabweichung der Portefeuillerendite linear mit der erwarteten Portefeuillerendite wächst.

Das vorgestellte Portefeuillemodell ist auf Sachinvestitionsprobleme nur mit erheblichen Einschränkungen übertragbar, da Sachinvestitionsprojekte nicht teilbar sind, an mehreren Zeitpunkten Einzahlungsüberschüsse abwerfen und über sie daher im Rahmen einer flexiblen Planung entschieden werden sollte.

3 Der Marktwert als Beurteilungsmaßstab für Investitionsprojekte und -programme

3.1 Marktwert- und Nutzenmaximierung

Bei Investitionsentscheidungen unter Risiko geht es stets um die vergleichende Beurteilung unsicherer zukünftiger Zahlungsströme. Diese Beurteilung kann, wie gezeigt wurde, gemäß den subjektiven Präferenzen des Entscheidenden erfolgen. Eine alternative Beurteilungsmöglichkeit ist gegeben, wenn man auf Marktwerte für unsichere Zahlungsströme zurückgreifen kann. Voraussetzung dafür ist, daß es einen Markt für unsichere zukünftige Zahlungen gibt und daß man weiß, wie die Preise auf diesem Markt zustande kommen. Dann kann man die zur Wahl stehenden Investitionsprogramme aufgrund ihres Marktwertes beurteilen und die optimale, in diesem Fall also die marktwertmaximale Lösung bestimmen.

An einem sehr einfachen Beispiel soll zunächst gezeigt werden, in welchem Verhältnis das Marktwertkriterium zur subjektiven Nutzenmaximierung steht. Angenommen sei, daß Zahlungen nur in einem zukünftigen Zeitpunkt anfallen und daß in diesem Zeitpunkt zwei Zustände möglich sind. Für jedes Investitionsprogramm kann angegeben werden, welche Zahlungen es in jedem der beiden Zustände erbringt. Für zwei Investitionsprogramme seien folgende Daten angegeben:

Investitions-programm	Einzahlung in Zustand	
	s_1 (e_1)	s_2 (e_2)
A	100	400
B	350	200

In Abbildung 6.11 sind die mit den beiden Investitionsprogrammen erreichbaren Positionen in einem (e_1, e_2)-Koordinatensystem abgebildet. Die subjektiven Präferenzen des Entscheidenden können im gleichen Koordinatensystem durch eine Schar von Indifferenzkurven dargestellt werden; eine Indifferenzkurve ist hierbei der geometrische Ort aller (e_1, e_2)-Positionen, die in der subjektiven Wertung des Entscheidenden äquivalent sind. Aus dem Verlauf der beiden in Abbildung 6.11 eingezeichneten Indifferenzkurven ergibt sich, daß der Entscheidende die Position B der Position A vorzieht.

Nun sei angenommen, es gebe einen Markt für zustandsbedingte Zahlungsansprüche, die nur wirksam werden, wenn ein bestimmter Zustand eintritt. Wer z. B. einen auf Zustand 1 bezogenen bedingten Zahlungsanspruch in Höhe von x Geldeinheiten erwirbt, erhält diesen Betrag, wenn Zustand 1 eintritt, hingegen nichts, wenn Zustand 2 eintritt. Jeder Marktteilnehmer kann zustandsbedingte Zahlungsansprüche nach Belieben kaufen, verkaufen und als Bestand halten. Der Bestand kann positiv oder negativ sein; ein negativer Bestand eines zustandsbedingten Zahlungsanspruchs bedeutet, daß der betreffende Marktteilnehmer sich verpflichtet, bei Eintritt eines Zustands bestimmte Zahlungen zu leisten.

Der Preis eines bedingten Zahlungsanspruchs in Höhe von einer Geldeinheit im Zustand s_j sei mit π^0_j bezeichnet. Für die beiden Zustände im Beispiel seien diese Preise gegeben.

Zustand	s_1	s_2
π^0_j	0,3	0,6

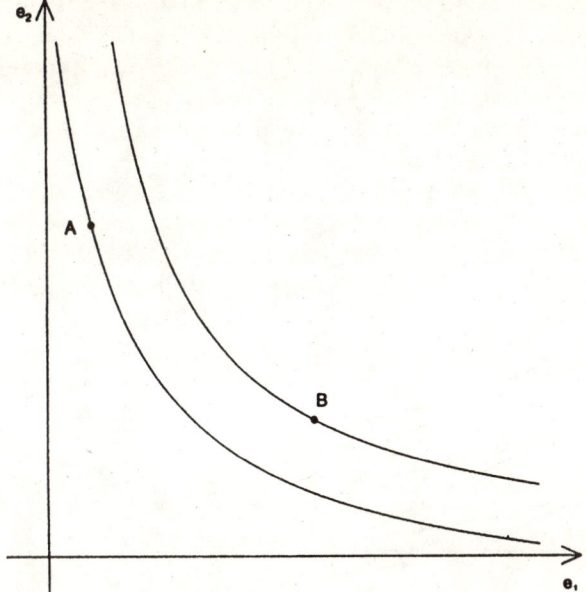

Abb. 6.11. Indifferenzkurven zur Beurteilung unsicherer Zahlungen

Die Investitionsprogramme A und B können als Bündel zustandsbedingter Zahlungsansprüche verstanden und entsprechend mit Marktpreisen bewertet werden. Dabei ergeben sich folgende Marktwerte:

für A: $0,3 \cdot 100 + 0,6 \cdot 400 = 270$
für B: $0,3 \cdot 350 + 0,6 \cdot 200 = 225$

Der Marktwert der Position A ist höher als der von B; damit ist zunächst ein Widerspruch zwischen den durch die Indifferenzkurven beschriebenen subjektiven Präferenzen und dem Marktwertkriterium gegeben. A hat den höheren Marktwert; B hingegen bringt den höheren subjektiven Nutzen. Dieser Widerspruch löst sich aber auf, wenn man berücksichtigt, daß der Entscheidende von der durch das jeweilige Investitionsprogramm erreichten Position aus durch Handel mit zustandsbedingten Ansprüchen beliebige andere Positionen mit gleichem Marktwert erreichen kann. Bei den gegebenen Preisen kann er jeweils zwei in Zustand 1 fällige Geldeinheiten gegen eine in Zustand 2 fällige Geldeinheit eintauschen. In Abbildung 6.12 sind von links nach rechts fallende Geraden eingezeichnet, die jeweils alle Positionen gleichen Marktwerts miteinander verbinden.

Von einer gegebenen Position aus kann man durch Markttransaktionen jede beliebige andere Position auf der gleichen Marktgeraden erreichen. Man sieht nun, daß jede Position, die von B aus erreichbar ist, von anderen Positionen, die von A aus erreicht werden können, dominiert wird. In Abbildung 6.12 liegt das Optimum des Entscheidenden im Punkt A'. Hier tangiert die durch A gehende Marktlinie die am weitesten rechts oben verlaufende Indifferenzkurve. A' hat den gleichen Marktwert wie A und liefert in jedem Zustand bessere Ergebnisse als B.

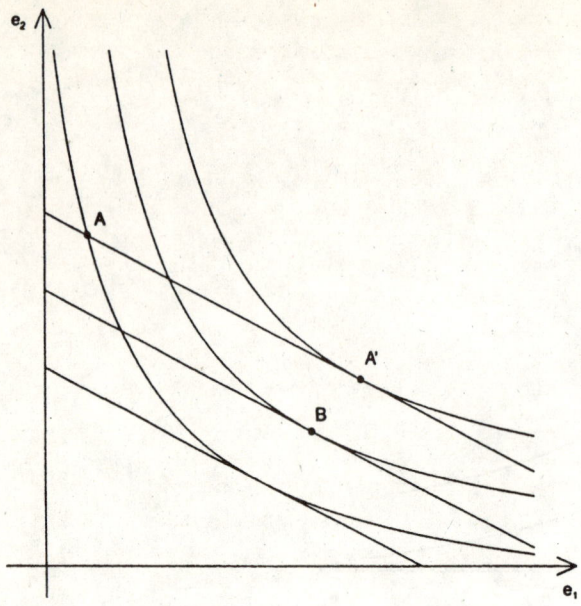

Abb. 6.12. Indifferenzkurven und Marktwertgeraden zur Beurteilung unsicherer Zahlungen

| Position | Einzahlungen in Zustand | | Marktwert |
	s_1 (e_1)	s_2 (e_2)	
A	100	400	270
B	350	200	225
A'	400	250	270

Die Position A' wird erreicht, indem man das Investitionsprogramm A durchführt und dann 150 in Zustand 2 fällige Geldeinheiten verkauft und 300 im Zustand 1 fällige Geldeinheiten kauft.

Die Orientierung am Marktwertkriterium steht also in Einklang mit der subjektiven Nutzenmaximierung. Voraussetzung dafür ist, daß auf dem Markt beliebige zustandsbedingte Zahlungsansprüche zu unveränderlichen Preisen gekauft und verkauft werden können. Nur unter dieser Voraussetzung löst sich der Widerspruch zwischen Marktwert- und Nutzenmaximierung auf. Wenn es etwa dem Entscheidenden durch Marktzugangsbeschränkungen verwehrt ist, die Position A' von der Position A aus zu erreichen, wird er das Investitionsprogramm B trotz des niedrigeren Marktwerts vorziehen.

Dieses Ergebnis kann verallgemeinert werden: Eine Position A ist aufgrund ihres höheren Marktwerts einer Position B immer dann vorzuziehen, wenn durch Markttransaktionen zu gegebenen Preisen Positionen mit gleichen Marktwerten beliebig gegeneinander getauscht werden können. Dann gibt es zur Position B und zu jeder durch Markttransaktionen aus ihr erreichbaren Position mindestens eine Position, die von A aus durch Markttransaktionen erreichbar ist und in jedem Zustand ein besseres Ergebnis abwirft.

Ein sehr ähnliches Ergebnis ist im Kapitel IV (Abschnitt 2) für das Verhältnis zwischen Marktwert und Nutzen von zu unterschiedlichen Zeitpunkten anfallenden Zahlungen bei sicheren Erwartungen abgeleitet worden. Auch in dem dort behandelten Fall ist für die Auswahl der optimalen Investitionsalternative nicht die subjektive Zeitpräferenz, sondern nur der Marktwert maßgeblich, wenn es einen Markt gibt, auf dem zukünftige Zahlungen zu gegebenen Preisen (d. h. Zinssätzen) beliebig gekauft und verkauft werden können.

Bei der Argumentation wird vorausgesetzt, daß sich die Preise für zustandsbedingte Zahlungsansprüche oder die Zinssätze durch zusätzliche Investitionen nicht verändern. Das ist eine problematische Annahme; wenn nämlich das Angebot an Zahlungsansprüchen durch zusätzliche Investitionen verändert wird, ist damit zu rechnen, daß sich auch die Preise für Zahlungsansprüche beziehungsweise die Zinssätze ändern. Dieser Einwand gilt immer, wenn angenommen wird, daß Unternehmen auf der Basis gegebener Marktpreise disponieren, ohne zu berücksichtigen, daß sich die Preise durch eben diese Dispositionen verändern können. Die Annahme gegebener und unveränderlicher Preise ist zu rechtfertigen, wenn der Anteil des einzelnen Unternehmens am Markt sehr klein ist; dann ist der durch seine Dispositionen bewirkte Preiseffekt so gering, daß er vernachlässigt werden kann.

3.2 Wertadditivität

3.2.1 Begriff und Bedeutung der Wertadditivität

Bei näherer Betrachtung des im vorangehenden Abschnitt behandelten Zahlenbeispiels zeigt sich eine Besonderheit, die der Erörterung bedarf. Gezeigt wurde, daß unsichere zukünftige Zahlungen mit Hilfe von Marktpreisen für zustandsbedingte Zahlungsansprüche bewertet werden können. Eine Eigenart dieser Bewertung ist, daß bei Addition von zwei Positionen zu einer dritten der Marktwert dieser dritten Position gleich der Summe der Marktwerte der beiden ersten ist. Addiert man z. B. Position A zu Position B, so entsteht die Position A + B, deren Marktwert gleich der Summe der Marktwerte von A und B ist.

| Position | Einzahlung in Zustand | | Marktwert |
	s_1	s_2	
A	100	400	270
B	350	200	225
A + B	450	600	495
π^0_j	0,3	0,6	

Diese Eigenschaft des Bewertungsverfahrens wird als Wertadditivität bezeichnet. Man sieht leicht, daß bei Bewertung mit Hilfe von Preisen für zustandsbedingte Zahlungsansprüche stets Wertadditivität gilt (vgl. auch Abschnitt 3.3.2 in diesem Kapitel).

Zunächst soll eine allgemeinere Definition gegeben werden. Unsichere Zahlungsströme können in allgemeiner Form folgendermaßen beschrieben werden: Es gibt im Planungszeitraum mehrere Zeitpunkte, zu denen Zahlungen erfolgen; in jedem zukünftigen Zeitpunkt gibt es mehrere Zustände. Abb. 5.14 verdeutlicht dies anhand eines Zustandsbaumes. Die Zustände werden fortlaufend durchnumeriert. In allen Zeitpunkten zusammen gibt es S Zustände; der Einzahlungsüberschuß im Zustand s wird zur Vereinfachung der Schreibweise mit e_s bezeichnet. Der gesamte unsichere Zahlungsstrom kann nun als Vektor der Einzahlungen in allen Zuständen beschrieben werden:

$$E = (e_1, e_2, .., e_s, .., e_S) \, .$$

Es geht darum, den Marktwert derart definierter Zahlungsströme zu bestimmen. Gesucht ist eine Bewertungsfunktion V(E), durch die jeder möglichen Ausprägung des Vektors E ein Marktwert zugeordnet wird. In Abschnitt 3.3 sollen verschiedene Ansätze zur näheren Bestimmung dieser Bewertungsfunktion behandelt werden. Zunächst ist hier jedoch eine Eigenschaft zu definieren, die die Bewertungsfunktion haben kann und die für Investitions- und Finanzierungsentscheidungen sehr wichtig ist, eben die Eigenschaft der Wertadditivität.

Wertadditivität ist gegeben, wenn die Bewertungsfunktion V(E) folgende Voraussetzung erfüllt: Für zwei Zahlungsströme mit den Vektoren E_1 und E_2 gilt stets:

$$V(E_1 + E_2) = V(E_1) + V(E_2) \, .$$

Das heißt also: Der Marktwert des durch Addition von zwei Zahlungsströmen entstehenden Zahlungsstroms ist gleich der Summe der Marktwerte der beiden Zahlungsströme.

Etwas anschaulicher wird der Zusammenhang, wenn man sich vorstellt, E_1 und E_2 seien die Zahlungsströme aus den Investitionsprogrammen von zwei Unternehmen. Werden diese Unternehmen jetzt durch eine Fusion miteinander vereinigt, und zwar in der Weise, daß die Zahlungsströme aus den beiden Investitionsprogrammen unverändert bleiben, so ist $(E_1 + E_2)$ der Zahlungsstrom des durch Fusion entstehenden Unternehmens. Unter der angegebenen Voraussetzung bedeutet Wertadditivität also, daß der Marktwert eines durch Fusion entstehenden Unternehmens gleich der Summe der Marktwerte der fusionierten Unternehmen ist.

Dieses Ergebnis gilt unabhängig davon, ob E_1 und E_2, die Zahlungsströme der beiden Unternehmen, positiv oder negativ miteinander korreliert sind, somit auch unabhängig von irgendwelchen Risikomischungseffekten. Hier sei ein Beispiel mit zwei Zahlungsvektoren betrachtet, die sich auf einen Zeitpunkt mit fünf möglichen Zuständen beziehen:

$$
\begin{aligned}
E_1 &= (-2, 0, 2, \quad 4, \quad 6) \\
E_2 &= (\quad 5, 3, 1, -1, -3) \\
E_3 = E_1 + E_2 &= (\quad 3, 3, 3, \quad 3, \quad 3) \, .
\end{aligned}
$$

Im Beispiel entsteht durch die Fusion eine sichere Zahlung in Höhe von 3; das Risiko ist durch Diversifikation ganz verschwunden. Trotzdem muß bei Wertadditivität gelten

$$V(E_3) = V(E_1 + E_2) = V(E_1) + V(E_2).$$

Diese Konsequenz der Wertadditivität erscheint zunächst wenig plausibel; man vermutet eher, daß die Fusion der beiden Unternehmen zu einer Werterhöhung führt, weil risikoscheue Investoren die damit erreichte Risikoreduzierung mit einem höheren Preis honorieren. Warum das nicht der Fall ist, wird bei der Behandlung verschiedener Ausprägungen der Bewertungsfunktion in Abschnitt 3.3 noch zu behandeln sein.

Zu beachten ist, daß diese Konsequenz der Wertadditivität nur eintritt, wenn die Zahlungsströme der fusionierten Unternehmen durch die Fusion nicht verändert werden. Mit Veränderungen ist zu rechnen, wenn im Fusionsfall die beiden Investitionsprogramme abgeändert und aufeinander abgestimmt werden mit dem Ziel, Auszahlungen einzusparen und höhere Einzahlungen zu erzielen; in diesem Fall spricht man von Synergie, die zwischen den Investitionsprogrammen beider Unternehmen besteht. Ein positiver Synergieeffekt, so läßt sich allgemein definieren, tritt dann ein, wenn der Zahlungsstrom des durch Fusion entstehenden Unternehmens (E_3) günstiger ist als die Summe der Zahlungsströme der in die Fusion eingehenden Unternehmen. Im einfachsten Fall der Synergie gilt

$$E_3 \geqq E_1 + E_2.$$

Das bedeutet, daß alle Elemente des Vektors E_3 mindestens so groß sind wie die entsprechenden Elemente der Vektorsumme $E_1 + E_2$ und daß mindestens ein Element des Vektors E_3 größer ist als das entsprechende Element der Vektorsumme $E_1 + E_2$. Dies ist allerdings nicht notwendig Voraussetzung eines positiven Synergieeffekts; es kann auch sein, daß der Zahlungsvektor E_3 für einige Zustände und Zeitpunkte niedrigere Zahlungen ausweist als der Zahlungsvektor $E_1 + E_2$, in anderen Zuständen und Zeitpunkten aber höhere, so daß der Vorteil überwiegt.

Ob es sich um einen positiven Synergieeffekt handelt, kann im allgemeineren Fall nur mit Hilfe der Bewertungsfunktion beurteilt werden.

Synergieeffekte und Risikomischungseffekte müssen klar voneinander unterschieden werden. Risikomischung kann durch eine Fusion auch erreicht werden, wenn die Zahlungsströme der Unternehmen unverändert bleiben und nur zueinander addiert werden. Unter der Voraussetzung der Wertadditivität wirken sich Synergie und Risikomischung bei einer Fusion ganz verschieden aus. Während durch Synergieeffekte ein Wertzuwachs bewirkt werden kann, ist dies allein durch Risikomischung nicht erreichbar. Unternehmen, die durch Fusion völlig verschiedenartiger und daher keinerlei Synergiebeziehungen aufweisender Unternehmen entstehen, bezeichnet man als Konglomerate. Wenn die Bewertungsfunktion die Eigenschaft der Wertadditivität hat, gilt somit, daß der Marktwert eines durch synergielose Konglomeratfusion entstehenden Unternehmens gleich der Summe der Marktwerte der fusionierten Unternehmen ist.

3.2.2 Wertadditivität und Investitionsentscheidungen

Wenn man von einer Bewertungsfunktion mit der Eigenschaft der Wertadditivität ausgehen kann, so hat dies erhebliche Bedeutung sowohl für Investitions- als auch für Finanzierungsentscheidungen. Zunächst soll erörtert werden, wie die Wertadditivität sich auf den Entscheidungskalkül für Investitionen auswirkt.

Ziel der Investitionstätigkeit ist, den Marktwert des Unternehmens zu maximieren, d. h. den Marktwert des Zahlungsstroms, der aus dem gesamten Investitionsprogramm des Unternehmens resultiert. Betrachtet man ein Investitionsprogramm, das im Zeitpunkt 1 zu den bereits laufenden Investitionen des Unternehmens hinzukommt, so wird man seine Vorteilhaftigkeit danach beurteilen, ob es unter Berücksichtigung der erforderlichen Anfangsauszahlung A_{0P} den Marktwert des Unternehmens erhöht oder nicht. Dies hängt in erster Linie davon ab, welcher Zahlungsstrom durch das Programm für das Unternehmen zusätzlich erzeugt wird. Nimmt man an, daß es für den Zeitpunkt 0 nur einen möglichen Zustand gibt, die Zahlungen dieses Zeitpunkts also mit Sicherheit bekannt sind, so kann man dem Programm den Zahlungsstrom E_P zuordnen:

$$E_P = (-A_{0P}, e_{1P}, \dots e_{sP}, \dots, e_{SP}).$$

Ist E_u der Zahlungsstrom, den das Unternehmen ohne das zusätzliche Investitionsprogramm erzielen kann, so gilt unter der Voraussetzung der Wertadditivität folgende Beziehung:

$$V(E_u + E_P) = V(E_u) + V(E_P).$$

Da E_u und damit auch $V(E_u)$ im Entscheidungszeitpunkt bereits gegeben sind, wird der Marktwert des Unternehmens durch das zusätzliche Investitionsprogramm erhöht, wenn $V(E_P)$ positiv ist. Stehen mehrere Investitionsprogramme zur Auswahl, so ist dasjenige mit dem größten Wert für $V(E_P)$ zu wählen.

Wenn sich das Investitionsprogramm, über das zu entscheiden ist, aus einzelnen Investitionsprojekten zusammensetzt, kann die Wertadditivität eine weitere Zerlegung des Entscheidungsproblems ermöglichen. Voraussetzung dafür ist, daß jedem Investitionsprojekt Zahlungen zugerechnet werden können, die unabhängig davon sind, welche anderen Projekte ausgeführt werden. Der Zahlungsstrom des Projekts i wird durch den Vektor E_i bezeichnet. Ein Investitionsprogramm ist definiert durch die Menge aller Investitionsprojekte, die in ihm enthalten sind; diese Menge sei mit P bezeichnet. Bei voneinander unabhängigen Investitionsprojekten gilt:

$$E_P = \sum_{i \epsilon P} E_i.$$

Bei Wertadditivität gilt dann auch:

$$V(E_P) = \sum_{i \epsilon P} V(E_i).$$

Will man $V(E_P)$ maximieren, so sind folgende Entscheidungsregeln zu beachten:

1. Können alle Projekte unabhängig voneinander durchgeführt oder abgelehnt werden, so ist jedes Projekt anzunehmen, bei dem $V(E_i)$, der Marktwert seines Zahlungsstroms also, positiv ist. Ein Projekt, dessen Zahlungsstrom einen negativen Marktwert hat, ist abzulehnen. Bei einem Marktwert von Null besteht Indifferenz zwischen Annahme und Ablehnung.
2. Gibt es Projekte, die sich gegenseitig ausschließen, so ist dasjenige mit dem höchsten Marktwert auszuwählen, sofern dieser positiv ist. Sind alle Marktwerte negativ, so ist keines der Projekte durchzuführen.

Die Wertadditivität ermöglicht somit eine Zerlegung der Investitionsprogrammentscheidung in Entscheidungen über Einzelprojekte. Bei der projektbezogenen Entscheidungsrechnung braucht man lediglich den Zahlungsstrom des Projekts in die Bewertungsfunktion $V(\cdot)$ einzusetzen.

Die Zerlegung der Programmentscheidung in Einzelentscheidungen über Projekte ist eine wesentliche Vereinfachung, wenn zwischen den Zahlungsströmen der Projekte stochastische Abhängigkeiten bestehen. Dann steht man zunächst vor der Schwierigkeit, daß diese Zusammenhänge bei der Risikoanalyse berücksichtigt werden müssen und daß deswegen ein einzelnes Projekt immer im Zusammenhang mit dem Gesamtprogramm gesehen werden muß, in das es sich einfügt. Diese Schwierigkeit führt, wie in Abschnitt 2.2.2 gezeigt wurde, dazu, daß bei Orientierung an subjektiven Präferenzen eine isolierte Beurteilung einzelner Projekte gar nicht möglich ist. Diese Schwierigkeit wird aber überwunden, wenn die Entscheidung sich am Marktwert orientiert und die Bewertungsfunktion die Eigenschaft der Wertadditivität hat. Im Abschnitt 3.3 wird gezeigt werden, daß derartige Bewertungsfunktionen theoretisch begründet und für Entscheidungsrechnungen benutzt werden können.

3.2.3   Wertadditivität und Finanzierung

a)   Irrelevanz der Finanzierung

Die Wertadditivität hat nicht nur für Investitionsentscheidungen, sondern auch für die Finanzierung des Unternehmens grundlegende Bedeutung. Um dies zu zeigen, sei angenommen, daß das Investitionsprogramm eines Unternehmens und damit auch der daraus resultierende Zahlungsstrom E_u gegeben seien. Dieses Investitionsprogramm kann nun in unterschiedlicher Weise finanziert werden. Eine Finanzierungsweise ist dadurch charakterisiert, daß Finanzierungstitel in einer bestimmten Kombination ausgegeben werden. Der Erwerber eines Finanzierungstitels hat zunächst bei Ausgabe des Titels eine bestimmte Zahlung an das Unternehmen zu leisten. In zukünftigen Zeitpunkten erhält er Zahlungen, die davon abhängig sein können, welcher Zustand jeweils eintritt. Bei Kreditfinanzierung z. B. ist vertraglich festgelegt, welche Zins- und Tilgungszahlungen in jedem Zeitpunkt zu leisten sind; es kann allerdings Zustände geben, in denen das Unternehmen nicht in der Lage ist, diese Zahlungen zu leisten; dann sind die Zahlungen zustandsbedingt niedriger oder fallen ganz aus. Bei Beteiligungsfinanzierung sind ebenfalls zunächst Zahlungen an das

Unternehmen zu leisten; später können Gewinnausschüttungen und Kapitalrückzahlungen erfolgen, die aber in starkem Maße zustandsabhängig sind.

Bei einer bestimmten Finanzierungsweise lassen sich für alle Arten von Finanzierungstiteln die daraus resultierenden Zahlungsströme angeben. Mit C_{isF} sei die Zahlung bezeichnet, die bei Finanzierungsweise F und Eintritt des Zustands s vom Unternehmen an die Inhaber der Finanzierungstitel des Typs i geleistet wird; ist C_{isF} negativ, so bezeichnet es eine Zahlung von den Inhabern der Finanzierungstitel an das Unternehmen. Der den Inhabern von Finanzierungstiteln des Typs i bei Finanzierungsweise F in allen Zuständen zufließende Zahlungsstrom kann in dem Vektor A_{iF} zusammengefaßt werden.

$$A_{iF} = (C_{i1F}, ..., C_{isF}).$$

Schließt man Kassenhaltung im Unternehmen aus, so stimmt die Summe aller Zahlungen an Inhaber von Finanzierungstiteln in jedem Zustand mit den aus dem Investitionsprogramm erzielten Einzahlungen überein. Es gilt also

$$E_u = \sum_i A_{iF}.$$

Diese Bedingung ist zwangsläufig immer erfüllt. Einerseits können Investitionen immer nur durchgeführt werden, wenn die dafür benötigten Mittel durch Finanzierungsmaßnahmen aufgebracht werden. Andererseits können Zahlungen an Inhaber von Finanzierungstiteln, also Zins- und Tilgungszahlungen, Gewinnausschüttungen und Kapitalrückzahlungen immer nur nach Maßgabe der mit dem Investitionsprogramm erzielten Einzahlungen geleistet werden. Wenn diese Einzahlungen nicht ausreichen, sind Kapitalrückzahlungen und Gewinnausschüttungen entsprechend zu kürzen; es kann auch Zustände geben, in denen auch die vertraglich fixierten Zins- und Tilgungszahlungen nicht mehr geleistet werden können. Auf jeden Fall stimmen die Zahlungen an die Inhaber von Finanzierungstiteln für jeden Zeitpunkt und Zustand im Ergebnis mit den Zahlungen aus dem Investitionsprogramm überein. Lediglich Veränderungen des Kassenbestandes könnten zu Abweichungen führen; sieht man den Kassenbestand als Teil des Investitionsprogramms zur Sicherung laufender Transaktionen, so gilt die angegebene Gleichung ohne Einschränkung.

Betrachtet man nun die Marktwerte der einzelnen Finanzierungstitel, so muß bei Wertadditivität immer gelten:

$$V(E_u) = \sum_i V(A_{iF}).$$

Diese Gleichung besagt, daß die Summe der Marktwerte aller Finanzierungstitel gleich dem Marktwert der aus dem Investitionsprogramm des Unternehmens resultierenden Zahlungen ist. Dies gilt aber nicht nur für die angenommene Finanzierungsweise F, sondern auch für jede beliebige andere Finanzierungsweise.

Bei Wertadditivität ergibt sich also generell, daß die Finanzierungsweise für den Marktwert des Unternehmens irrelevant ist. Wenn der Markt Finanzierungstitel zum jeweiligen Marktpreis unbegrenzt aufnimmt, ist jedes Investitionsprogramm finanzierbar unter der Voraussetzung, daß der Marktwert des daraus resultierenden Zahlungsstroms E_u nicht negativ ist:

$$V(E_u) \geqq 0\,.$$

Unter dieser Voraussetzung kann das Investitionsprogramm durch Ausgabe von Finanzierungstiteln zu ihrem Marktwert finanziert werden. Welche Finanzierungsweise gewählt wird, spielt keine Rolle; der Marktwert des Unternehmens ist davon unabhängig. MODIGLIANI und MILLER haben diese Irrelevanz der Finanzierung bereits 1958 für unterschiedliche Verschuldungsgrade behauptet und auch bewiesen. In verallgemeinerter Form lautet ihr Resultat:

Theorem von der Irrelevanz der Finanzierung: Ist das Investitionsprogramm eines Unternehmens unabhängig von seiner Finanzierung vorgegeben, so beeinflußt eine Änderung seiner Finanzierungspolitik bei vollkommenem Kapitalmarkt weder seinen Marktwert noch den finanziellen Nutzen eines Kapitalgebers.

Bei Wertadditivität gilt nicht nur, daß der Marktwert des Unternehmens unabhängig vom Verhältnis von Fremd- zu Eigenkapital ist. Auch mit Hilfe anderer Finanzierungstitel (z. B. Wandelschuldverschreibungen, Vorzugsaktien, Gewinnobligationen) läßt sich der Marktwert des Unternehmens nicht beeinflussen.

Dieses wichtige Resultat soll anhand eines einfachen Beispiels verdeutlicht werden. Das Investitionsprogramm eines Unternehmens wirft im folgenden Jahr einen Einzahlungsüberschuß ab, der je nach eintretendem Zustand zwischen 100 und 1000 GE liegt. Die folgende Tabelle zeigt für jeden möglichen Zustand den Einzahlungsüberschuß sowie den Preis für eine GE, die dann und nur dann gezahlt wird, wenn der betreffende Zustand eintritt (Preise für zustandsbedingte Ansprüche).

Zustand	1	2	3	Marktwert
Einzahlungsüberschuß	100	500	1000	390
Preis für zustandsbedingten Anspruch	0,4	0,3	0,2	–

Der Marktwert dieses Einzahlungsüberschusses beträgt

$$0{,}4 \cdot 100 + 0{,}3 \cdot 500 + 0{,}2 \cdot 1000 = 390\,.$$

Wird das Unternehmen nur mit Eigenkapital finanziert, dann stimmt der Marktwert des Eigenkapitals mit dem des Einzahlungsüberschusses überein.

Wird statt dessen das Unternehmen mit Fremdkapital, das den Gläubigern einen Anspruch von 330 GE gibt, und mit Eigenkapital finanziert, dann erhalten die Gläubiger vorab 330 GE und die Gesellschafter den Rest. Im Zustand 1 kommt es jedoch zur Insolvenz, da der Einzahlungsüberschuß von 100 GE nicht ausreicht, um den Anspruch der Gläubiger zu befriedigen. Vorerst sei angenommen, daß die Insolvenz zu keinerlei Transaktionskosten oder Einbußen führt. Dann zeigt die folgende Tabelle die Verteilung des Einzahlungsüberschusses auf Gläubiger und Gesellschafter sowie die zugehörigen Marktwerte von Fremd- und Eigenkapital, die sich zusammen wieder auf 390 belaufen.

Zustand	1	2	3	Marktwert
Preis für zustandsbedingten Anspruch	0,4	0,3	0,2	–
Einzahlungsüberschuß	100	500	1000	390
davon für Gläubiger	100	330	330	205
davon für Gesellschafter	–	170	670	185

Der Marktwert des gesamten Unternehmens ändert sich durch die Änderung der Finanzierungsweise nicht.

Dies gilt auch für jede beliebige andere Finanzierungsweise. Denn eine Änderung der Finanzierungsweise bedeutet lediglich eine andere Aufteilung des Einzahlungsüberschusses auf die Kapitalgeber. Da alle Kapitalgeber die auf sie entfallenden Einzahlungsüberschüsse mit denselben Preisen für zustandsbedingte Ansprüche bewerten, kann sich der Marktwert aller Finanzierungstitel zusammen nicht ändern.

b) Finanzierungsabhängige Belastungen

Dieses Ergebnis setzt allerdings voraus, daß es zusätzlich zu den an die Inhaber von Finanzierungstiteln zu leistenden Zahlungen keine weiteren finanzierungsabhängigen Belastungen gibt. Diese Voraussetzung ist nicht immer erfüllt. Sie ist z. B. dann verletzt, wenn die Höhe der zu zahlenden Steuern von der Finanzierungsweise abhängt. Bezeichnet man mit S_F den Zahlungsstrom der Steuern bei Finanzierungsweise F, so muß gelten:

$$E_u = \sum_i A_{iF} + S_F$$

und bei Wertadditivität folglich:

$$V(E_u) = \sum_i V(A_{iF}) + V(S_F)$$

oder

$$\sum_i V(A_{iF}) = V(E_u) - V(S_F).$$

Der Marktwert des Unternehmens, d. h. die Summe der Marktwerte aller Finanzierungstitel, ist gleich dem Marktwert des Zahlungsstroms aus dem Investitionsprogramm, vermindert um den Marktwert der Steuern. Bei gegebenem Investitionsprogramm wird der Marktwert des Unternehmens maximiert, wenn der Marktwert der Steuerzahlungen minimiert wird. Die Finanzierungsweise wäre nur dann irrelevant, wenn die Steuerzahlungen bei jeder Finanzierungsweise gleich hoch wären. Wenn aber z. B. die Steuerbelastung insgesamt mit wachsendem Fremdfinanzierungsanteil sinkt, dann wird der Marktwert des Unternehmens um so höher, je mehr Fremdkapital eingesetzt wird.

Es kann aber auch Belastungen geben, die mit wachsendem Fremdfinanzierungsanteil ansteigen. Generell gilt, daß mit wachsendem Fremdfinanzierungsanteil die Wahrscheinlichkeit zunimmt, daß das Unternehmen die damit verbundenen Zahlungsverpflichtungen nicht mehr voll erfüllen kann, daß es also insolvent wird. Insolvenz kann zur Folge haben, daß der Zahlungsstrom E_u nachteilig beeinflußt wird, etwa weil die Beziehungen zu Kunden, Lieferanten und Arbeitnehmern gestört werden oder weil Vermögensgegenstände zu ungünstigen Bedingungen veräußert werden müssen. Bezeichnet man mit K_F die Minderung des Zahlungsstroms E_u, die bei Finanzierungsweise F durch die dann in bestimmten Zuständen mögliche Insolvenz verursacht wird (Insolvenzkosten), so gilt bei gleichzeitiger Berücksichtigung von Steuern:

$$E_u = \sum_i A_{iF} + S_F + K_F$$

und somit bei Wertadditivität:

$$V(E_u) = \sum_i V(A_{iF}) + V(S_F) + V(K_F).$$

Wenn der Marktwert der Steuerzahlungen bei wachsendem Fremdfinanzierungsanteil sinkt, der Marktwert der insolvenzbedingten Belastungen hingegen steigt, kann es einen optimalen Verschuldungsgrad geben, bei dem der Marktwert des Unternehmens maximiert wird.

Diese Zusammenhänge sollen an dem vorangehenden Beispiel verdeutlicht werden. Bei Verbindlichkeiten von 330 GE wird das Unternehmen im Zustand 1 insolvent, so daß zahlungswirksame Insolvenzkosten in Höhe von $K_F = 10$ anfallen. An Steuern sind in den Zuständen 1, 2 und 3 20, 150 bzw. 300 zu zahlen. Die folgende Tabelle verdeutlicht dies.

Zustand	1	2	3	Marktwert
Preis für zustandsbedingten Anspruch	0,4	0,3	0,2	–
Einzahlungsüberschuß	100	500	1000	390
davon für – Steuerzahlung – Insolvenzkosten – Gläubiger – Gesellschafter	 20 10 70 –	 150 – 330 20	 300 – 330 370	 113 4 193 80

Die Marktwerte der Steuerzahlungen und der Insolvenzkosten belaufen sich auf 113 + 4 = 117. Verschuldet sich das Unternehmen jedoch nicht, dann ist Insolvenz ausgeschlossen. Die Steuerzahlungen sind dann jedoch höher, und zwar in jedem Zustand um 10. Nun ergibt sich folgendes Bild.

Zustand	1	2	3	Marktwert
Preis für zustandsbedingten Anspruch	0,4	0,3	0,2	–
Einzahlungsüberschuß	100	500	1000	390
davon für – Steuerzahlung – Insolvenzkosten – Gläubiger – Gesellschafter	30 – – 70	160 – – 340	310 – – 690	122 – – 268

Der Verzicht auf Fremdkapital führt zwar zu einem Wegfall der Insolvenzkosten und somit zu einem Marktwertzuwachs von 4, demgegenüber steht jedoch eine Marktwerteinbuße infolge höherer Steuerzahlungen von 9. Daher erweist sich in diesem Beispiel die Aufnahme von Fremdkapital als vorteilhaft: Gesellschafter und Gläubiger zusammen erhalten bei Aufnahme von Fremdkapital Zahlungen mit einem Marktwert von 193 + 80 = 273 GE, ansonsten nur 268 GE.

Eine optimale Finanzierungsweise aus der Sicht aller Kapitalgeber zusammen besteht darin, den Kapitalwert ihrer Finanzierungstitel zu maximieren. Bei Wertadditivität ist dies gleichbedeutend mit der Minimierung der Marktwerte der Steuerzahlungen und der Insolvenzkosten.

c) Separation von Investition und Finanzierung

Eine weitere Voraussetzung für die Irrelevanz der Finanzierungsweise ist, daß das Investitionsprogramm gegeben sein muß. Diese Voraussetzung ist allerdings unproblematisch, wenn ansonsten die Voraussetzungen des Irrelevanztheorems gelten, insbesondere keine Belastungen des Unternehmens existieren, die von der Finanzierungsweise abhängen. Dann ist das Investitionsprogramm, das den Marktwert des Unternehmens maximiert, bei jeder Finanzierungsweise dasselbe. Investitionsprojekte, die den Marktwert des Unternehmens erhöhen, tun dies bei jeder beliebigen Finanzierungsweise. Wenn also ein Unternehmen das Ziel verfolgt, seinen Marktwert zu maximieren, dann wird es unabhängig von seiner Finanzierungsweise dieselben Investitionsentscheidungen treffen. Die Investitionsentscheidung ist daher von der Finanzierungsentscheidung trennbar. Damit gilt, ebenso wie bei vollkommenem Kapitalmarkt unter Sicherheit (Kap. IV Abschnitte 2.2–2.4), auch bei Unsicherheit ein Separationstheorem: Ist der Kapitalmarkt vollkommen, dann sind die Investitionsentscheidungen, die den Marktwert des Unternehmens maximieren, von seiner Finanzierungsweise unabhängig.

Die Prämisse des Irrelevanztheorems, das Investitionsprogramm sei unabhängig von der Finanzierungsweise vorgegeben, kann daher durch die schwächere Prämisse ersetzt werden, wonach Ziel der Investitionspolitik die Maximierung des Marktwertes des Unternehmens ist. Das Irrelevanztheorem geht dann über in ein

Verallgemeinertes Theorem von der Irrelevanz der Finanzierung: Wird das Investitionsprogramm eines Unternehmens so festgelegt, daß sein Marktwert maximiert wird, dann beeinflußt eine Änderung seiner Finanzierungsweise bei vollkommenem Kapitalmarkt weder sein Investitionsprogramm noch seinen Marktwert noch den finanziellen Nutzen eines Kapitalgebers.

Bei vollkommenem Kapitalmarkt sind also Investitions- und Finanzierungsentscheidungen trennbar. Bei Unabhängigkeit der Investitions- von den Finanzierungsentscheidungen ist auch die Insolvenz ohne Bedeutung für die Fortführung des Unternehmens. Es trifft dann auch nicht zu, daß durch den Eintritt der Insolvenz Arbeitsplätze gefährdet werden. Allerdings ist auch bei vollkommenem Kapitalmarkt damit zu rechnen, daß es bei Insolvenz des Unternehmens zur Liquidation kommt. Ursache hierfür ist aber nicht die Insolvenz, vielmehr gehen Liquidation und Insolvenz auf eine gemeinsame Ursache zurück, nämlich die schlechte Ertragslage, die eine Anpassung der Investitionspolitik erforderlich macht, zugleich aber auch zur Insolvenz führen kann. Die Anpassung der Investitionspolitik ist auf jeden Fall geboten.

Bei unvollkommenem Kapitalmarkt tritt ein zweiter Gesichtspunkt hinzu. Auch wenn die Anpassung der Investitionspolitik geboten ist, wird sie doch häufig verschleppt, bis sie durch eine Insolvenz erzwungen wird. Dadurch wird die Insolvenz oft zum Auslöser der Liquidation, ohne die eigentliche Ursache dafür zu sein (siehe auch Kapitel IX, Abschnitt 2.6.2).

3.2.4   Voraussetzungen für Wertadditivität

Bislang wurde Wertadditivität benutzt, um verschiedene Implikationen zu erläutern, ohne daß die Voraussetzungen für Wertadditivität genannt wurden. Wertadditivität läßt sich in unterschiedlicher Weise definieren.

(1) Wird ein gegebener Zahlungsstrom in mehrere Teilströme additiv zerlegt, dann ist der Marktwert des Zahlungsstromes gleich der Summe der Marktwerte der Teilströme.

(2) Wird ein gegebener Zahlungsstrom um einen neuen ergänzt, dann läßt sich der gemeinsame Marktwert beider Zahlungsströme ermitteln, indem die Bewertungsfunktion, mit der der gegebene Zahlungsstrom bislang bewertet wurde, auch zur Bewertung der Summe beider Zahlungsströme herangezogen wird.

Die erste Variante der Wertadditivität läßt sich unter der Voraussetzung eines vollkommenen Kapitalmarktes nachweisen. Bei vollkommenem Kapitalmarkt gilt:

1.   Es gibt keine Informationskosten.
2.   Es gibt keine Transaktionskosten und keine Steuern.

3.   Alle Wertpapiere sind beliebig teilbar.
4.   Jeder Kapitalgeber maximiert seinen finanziellen Nutzen.
5.   Gleicher Marktzugang: Die Kapitalgeber können auf dem Kapitalmarkt die Transaktionen, die ein Unternehmen durchführen kann, auch privat auf eigene Rechnung zu denselben Konditionen durchführen.

Die ersten beiden Prämissen haben weitreichende Folgen. So darf eine Zerlegung eines gegebenen Zahlungsstromes keine Informationsprobleme aufwerfen, die die Kapitalgeber zu kostspieliger Informationsbeschaffung veranlassen. Weiterhin darf die Ausfertigung von Verträgen und Urkunden, die Abwicklung von Zahlungen, die Überwachung der Einhaltung der Verträge etc. keine Transaktionskosten verursachen. Auch schließt die zweite Annahme jedwede Kosten und Erträge einer Insolvenz aus. Insolvenz bedeutet danach lediglich, daß die bisherigen Gesellschafter ihre Rechte am Unternehmen anderen Kapitalgebern überlassen, ohne daß in irgendeiner Weise die geschäftliche Entwicklung des Unternehmens beeinflußt wird. Die Prämisse der beliebigen Teilbarkeit von Wertpapieren erscheint relativ harmlos. Problematisch erscheint die Prämisse, daß jeder Kapitalgeber seinen finanziellen Nutzen maximiert. Denn hierdurch wird eine eigenständige Bewertung von Einwirkungs- und Gestaltungsrechten ausgeschlossen. Solche Rechte haben hier nur Wert, soweit sie sich in Zahlungsströmen, z. B. Gewinnausschüttungen, niederschlagen.

Die Prämisse gleichen Marktzugangs beinhaltet, daß alle Unternehmen und Kapitalgeber zu ein und demselben Preis kaufen und verkaufen können. Jedes Wertpapier, das überhaupt von einem Unternehmen gehandelt werden kann, kann auch von jedem Kapitalgeber zu denselben Konditionen ge- und verkauft werden. Gleicher Marktzugang verlangt außerdem, daß jeder Kapitalgeber ein Wertpapier (= stochastischer Zahlungsstrom), das von einem Unternehmen emittiert werden kann, zu denselben Konditionen privat auf seinen Namen emittieren kann.

Wenn z. B. ein Großunternehmen eine Schuldverschreibung zu einem Zinssatz von 11 % p. a. emittieren kann, dann kann dies auch jeder Kapitalgeber mit gleicher Bonität. Die Prämisse gleichen Marktzugangs sichert somit, daß die Kapitalgeber selbständig durch private Transaktionen all das können, was Unternehmen durch ihre Finanzierungsweise bewerkstelligen können. Unerwünschte Änderungen der Finanzierungsweise können die Kapitalgeber durch private Transaktionen neutralisieren. Die Finanzierungsweise beeinflußt daher den Handlungsspielraum eines Kapitalgebers nicht.

Zur Veranschaulichung sei wieder angenommen, ein bisher rein eigenfinanziertes Unternehmen substituiere Eigen- durch Fremdkapital, indem es Gewinne nicht thesauriert, sondern ausschüttet und diese Ausschüttung durch Emission von Anleihen finanziert. Jeder Gesellschafter kann die Wirkung dieser Umfinanzierung neutralisieren, indem er für den an ihn ausgeschütteten Gewinn Anleihen des Unternehmens kauft. Folglich ist er jetzt zu gleichem Bruchteil Gesellschafter und Gläubiger des Unternehmens. Insgesamt erhält er daher vor und nach Umfinanzierung denselben Bruchteil des Leistungssaldos des Unternehmens.

Wenn das Unternehmen umgekehrt Kredite gegen Emission von Beteiligungstiteln vorzeitig tilgt, dann kann jeder Gläubiger für den ihm zugeflossenen Betrag Beteiligungstitel des Unternehmens erwerben. Nun ist aber der Zahlungsstrom der Beteiligungstitel nicht identisch mit dem des Kredits. Ein Gläubiger, der bisher nicht auch Gesellschafter war, kann daher die Wirkungen der Umfinanzierung auf diese Weise nicht neutralisieren.

Die Neutralisierung ist nun komplizierter: Die bisherigen Gesellschafter kaufen die jungen Beteiligungstitel vom Unternehmen und finanzieren dies, indem sie privat bei den bisherigen Gläubigern einen Kredit aufnehmen, der genau denselben Zahlungsstrom abwirft wie der vorzeitig vom Unternehmen getilgte.

Die erste Variante der Wertadditivität läßt sich nun wie folgt beweisen. Wird ein gegebener Zahlungsstrom additiv zerlegt, dann kann jeder Kapitalgeber die ihn treffenden Konsequenzen infolge gleichen Marktzugangs durch private Maßnahmen neutralisieren. Er erhält damit denselben zukünftigen Zahlungsstrom wie zuvor. Wenn nun der Marktwert des Zahlungsstromes von der Summe der Marktwerte der Teilströme abweicht, dann besteht eine gewinnbringende Arbitragemöglichkeit. Ist z. B. der Marktwert des Zahlungsstromes kleiner, dann kann ein Unternehmen oder ein Kapitalgeber die Teilströme verkaufen und den Gesamtstrom kaufen. Er erzielt dann einen Arbitragegewinn in Höhe der Differenz „Summe der Marktwerte der Teilströme abzüglich des Marktwertes des Zahlungsstromes". In einem arbitragefreien Markt ist dies nicht möglich, Wertadditivität muß gelten.

Allerdings setzt diese Argumentation voraus, daß sich die Bewertungsfunktion für Zahlungsströme bei Zerlegung nicht ändert, daß sich also der Preis eines unveränderten Zahlungsstromes nicht ändert. Diese Voraussetzung ist erfüllt. Denn eine Preisänderung setzt eine Änderung von Angebot und/oder Nachfrage voraus. Das wird besonders deutlich, wenn man die Existenz von zustandsbedingten Ansprüchen unterstellt. Das gesamte Angebot an Ansprüchen in einem Zustand wird durch die Summe der Leistungssalden aller Unternehmen in diesem Zustand determiniert. Dieses ist annahmegemäß gegeben. Lediglich die Zerlegung des gesamten Angebots in einzelne Teilströme kann verändert werden. Da jeder Kapitalgeber jede Änderung der Zerlegung bei gleichem Marktzugang durch private Transaktionen neutralisieren kann, beeinflußt eine Änderung der Zerlegung seine gesamte Nachfrage nach Ansprüchen in diesem Zustand nicht. Folglich sind Angebot und Nachfrage von der Zerlegung unabhängig, daher auch die Preise von zustandsbedingten Ansprüchen.

Da Wertpapiere Portefeuilles von zustandsbedingten Ansprüchen sind, können sich deren Preise nicht ändern, wenn sich die Zahl der zustandsbedingten Ansprüche nicht ändert. Die Bewertungsfunktion bleibt somit unverändert. Damit ist die erste Variante der Wertadditivität bewiesen.[1]

Die zweite Variante der Wertadditivität beinhaltet eine Unveränderlichkeit der Bewertungsfunktion auch für den Fall, daß neue Zahlungsströme geschaffen werden,

---

[1] Der von HALEY und SCHALL im Jahr 1973 erbrachte Beweis der Wertadditivität beruht im wesentlichen darauf, daß bei einer Änderung der additiven Zerlegung von Zahlungsströmen die Kapitalgeber diese durch eigenen Handel in Wertpapieren neutralisieren. Die Neutralisierung kann indessen auch durch die Unternehmen erfolgen. Dazu genügt es, daß Maßnahmen eines Unternehmens durch Maßnahmen anderer Unternehmen genau neutralisiert werden, daß also der gesamtwirtschaftliche Bestand an Finanzierungstiteln unabhängig von der Finanzierungspolitik eines Unternehmens ist. Den Beweis dieser Unabhängigkeit führt FAMA 1978 unter den oben angegebenen Prämissen 1. bis 3. sowie
4. Jedes Unternehmen maximiert seinen Marktwert.
5. Alle Unternehmen haben gleichen Zugang zum Kapitalmarkt.

z. B. durch neue Investitionsprojekte. Dann wird das insgesamt vorhandene Angebot von zustandsbedingten Ansprüchen geändert. Demnach können sich die Preise solcher Ansprüche ändern. Das Ausmaß dieser Preisänderungen hängt davon ab, wie stark sich das Angebot an Ansprüchen ändert. Sind diese Änderungen relativ gering, dann gilt dies auch für die Preisänderungen. Wenn z. B. ein Unternehmen unter vielen seine Investitionspolitik ändert, dann kann man die dadurch ausgelösten Änderungen der Preise für zustandsbedingte Ansprüche im allgemeinen vernachlässigen. Man spricht dann von einem kompetitiven Kapitalmarkt.

Ein kompetitiver Kapitalmarkt wird auch vorausgesetzt, wenn der Marktwert eines Unternehmens unter Berücksichtigung von Steuern und Insolvenzkosten wie im vorangehenden Abschnitt ermittelt wird. Denn Steuern und Insolvenzkosten mindern das den Kapitalgebern zustehende Angebot an zustandsbedingten Ansprüchen. Auf die Bewertungsfunktion hat dies dann keinen Einfluß, wenn der Kapitalmarkt kompetitiv ist.

Werden Steuern und Insolvenzkosten einbezogen, so wird die Prämisse des vollkommenen Kapitalmarktes aufgegeben. Hierbei ist jedoch Vorsicht geboten. Wertadditivität ist nämlich bei Existenz von Informations- und Transaktionskosten nicht mehr unbedingt gegeben. Wenn nur das Unternehmen durch Steuern, Informations- und Transaktionskosten einschließlich Insolvenzkosten belastet wird, kann nach wie vor Wertadditivität bestehen. Wenn aber die Kapitalgeber Informations- und Transaktionskosten in Abhängigkeit von der Investitions- und Finanzierungspolitik des Unternehmens zu tragen haben, dann werden diese Kosten auch die Bewertung von Wertpapieren beeinflussen. Die Interdependenzen zwischen der Investitions- und der Finanzierungspolitik, die später erläutert werden, veranlassen die Kapitalgeber bei einer Änderung der Finanzierungspolitik zu eigener Informationsbeschaffung und zu Änderungen ihrer Portefeuilles. Die damit verbundenen Kosten schlagen sich in der Bewertung von Wertpapieren nieder und heben damit die Wertadditivität auf.

3.3 Spezielle Bewertungsfunktionen

3.3.1 Der erwartete Kapitalwert

Die Bewertungsfunktion $V(\cdot)$ wurde bisher nur allgemein definiert. Nun sollen einige spezielle Formen betrachtet werden, die diese Bewertungsfunktion annehmen kann. Eine sehr einfache Form erhält man, wenn man von folgender Prämisse ausgeht: Der Marktwert eines Zahlungsstroms ist gleich dem erwarteten Kapitalwert, d. h. dem Kapitalwert der Erwartungswerte der Zahlungen in den einzelnen Zeitpunkten, berechnet mit einem für alle Zahlungsströme einheitlichen Kalkulationszinsfuß r. Bei der Bewertung des Zahlungsstroms E ermittelt man also zunächst die Erwartungswerte der Zahlungen in jedem Zeitpunkt (e_t). Im Zeitpunkt t gibt es n(t) Zustände. e_{tj} ist die Zahlung im Zustand j im Zeitpunkt t, w_{tj} die Wahrscheinlichkeit dieses Zustands. Es gilt

$$e_t = E(\tilde{e}_t) = \sum_{j=1}^{n(t)} w_{tj}e_{tj}.$$

Der Marktwert des Zahlungsstroms ergibt sich dann aus der Formel:

$$V(E) = \sum_{t=0}^{T} e_t(1+r)^{-t}.$$

Die Bewertungsfunktion hat offensichtlich die Eigenschaft der Wertadditivität. Es gilt nämlich:

$$V(E_1) + V(E_2) = \sum_{t=0}^{T} e_{1t}(1+r)^{-t} + \sum_{t=0}^{T} e_{2t}(1+r)^{-t}$$

$$= \sum_{t=0}^{T} (e_{1t}+e_{2t})(1+r)^{-t} = V(E_1+E_2).$$

Somit ist in diesem Fall auch die isolierte Beurteilung einzelner Investitionsprojekte möglich, wenn man ihnen einen Zahlungsstrom zuordnen kann, der bei Durchführung zum Zahlungsstrom des übrigen Investitionsprogramms addiert wird. Die Beurteilung erfolgt durch Einsetzen des Zahlungsstroms in die Bewertungsfunktion, durch Berechnung des erwarteten Kapitalwerts also. Die Entscheidungsregeln sind die gleichen wie im Fall sicherer Erwartungen; nur treten an die Stelle von sicheren Zahlungen Erwartungswerte.

Die Wertadditivität beruht im vorliegenden Fall auf der Annahme eines für alle Zahlungsströme einheitlichen Kalkulationszinsfußes r. Diese Voraussetzung ist aber angreifbar, weil damit unterstellt wird, die Bewertung sei unabhängig vom Risiko des Zahlungsstromes. Die Marktwerte von Zahlungsströmen könnten nur dann mit dieser Bewertungsfunktion ermittelt werden, wenn alle Kapitalanleger risikoindifferent wären. Sind hingegen die Kapitalanleger risikoscheu, so werden sie unsichere Zahlungsströme, die ihnen ein zusätzliches Risiko aufladen, nur dann erwerben, wenn die erwartete Verzinsung höher ist als die Verzinsung sicherer Anlagen, wenn also in der Verzinsung eine hinreichend große Risikoprämie enthalten ist. Im Marktgleichgewicht werden sich deswegen die verschiedenen Anlagemöglichkeiten hinsichtlich ihrer erwarteten Verzinsung unterscheiden, weil die Risikoprämien für die verschiedenen Zahlungsströme unterschiedlich hoch sind. Der Marktwert eines Zahlungsstroms kann zwar als Kapitalwert ermittelt werden, aber mit einem Kalkulationszinsfuß, der nicht einheitlich ist, sondern eine der jeweiligen Eigenart des Zahlungsstroms entsprechende Risikoprämie enthält. Damit entfällt der einfache Nachweis der Wertadditivität.

3.3.2   Bewertung mit Preisen für zustandsbedingte Zahlungsansprüche

Ein zustandsbedingter Zahlungsanspruch führt dann und nur dann zu einer Zahlung, wenn in einem bestimmten Zeitpunkt ein bestimmter Zustand eintritt. Geht man von einem Markt aus, auf dem die Preise für zustandsbedingte Zahlungsansprüche in bezug auf alle Zustände in allen Zeitpunkten bestehen, so läßt sich damit eine Bewertungsfunktion aufstellen. Jeder Zahlungsstrom wird hierbei als Bündel zustandsbedingter Zahlungsansprüche aufgefaßt und entsprechend bewertet, wie das Beispiel in

Abschnitt 3.2.3 verdeutlicht. Ist π^0_{tj} der Preis eines zustandsbedingten Zahlungsan-spruchs in bezug auf Zustand j im Zeitpunkt t, so ergibt sich als Marktwert des Zah-lungsstroms E:

$$V(E) = \sum_{t=0}^{T} \sum_{j=1}^{n(t)} \pi^0_{tj} e_{tj}.$$

Auch in diesem Fall hat die Bewertungsfunktion die Eigenschaft der Wert-additivität:

$$V(E_1) + V(E_2) = \sum_{t=0}^{T} \sum_{j=1}^{n(t)} \pi^0_{tj} e_{1tj} + \sum_{t=0}^{T} \sum_{j=1}^{n(t)} \pi^0_{tj} e_{2tj}$$

$$= \sum_{t=0}^{T} \sum_{j=1}^{n(t)} \pi^0_{tj} (e_{1tj} + e_{2tj}) = V(E_1 + E_2).$$

Wenn man die Preise π^0_{tj} kennt, lassen sich mit ihrer Hilfe Investitionsprojekte beurteilen. Der Zahlungsstrom wird mit den Preisen π^0_{tj} bewertet. Ergibt sich ein positiver Wert, so erhöht das Projekt den Marktwert des Unternehmens. Nimmt man für den Zeitpunkt 0 an, daß es nur einen möglichen Zustand gibt, in dem für das Investitionsprojekt i die Anfangsauszahlung A_{i0} anfällt, so kann man die Ent-scheidungsregel auch in folgender Weise formulieren: Die Investition lohnt sich, wenn

$$\sum_{t=1}^{T} \sum_{j=1}^{n(t)} \pi^0_{tj} e_{itj} - A_{i0} \geqq 0$$

oder

$$\sum_{t=1}^{T} \sum_{j=1}^{n(t)} \pi^0_{tj} e_{itj} \geqq A_{i0}$$

gilt.

Die Entscheidungsregel lautet also: Die Investition lohnt sich, wenn der Markt-wert der unsicheren zukünftigen Einzahlungen mindestens gleich der Anfangsaus-zahlung ist.

Die praktischen Schwierigkeiten bei der Anwendung dieser Entscheidungsregel liegen darin, daß man für jeden zukünftigen Zeitpunkt eine Menge von Zuständen bestimmen muß derart, daß zum einen für jeden Zustand der Preis des zustandsbe-dingten Zahlungsanspruchs ermittelt werden kann, zum anderen jedem Zustand ein-deutig eine bestimmte Zahlung des Investitionsprojekts zugeordnet werden kann. An diesen Schwierigkeiten dürfte eine unmittelbare praktische Anwendung der Ent-scheidungsregel durchweg scheitern. Trotzdem hat das Modell einen gewissen Er-kenntniswert auch im Hinblick auf praktische Investitionsentscheidungen. Um dies zu erläutern, sind einige weitere Überlegungen zu den Preisen zustandsbedingter Zahlungsansprüche erforderlich.

Man kann zur Bewertung zustandsbedingter Zahlungsansprüche auch folgende Überlegung anstellen: Unsichere zukünftige Zahlungen können bewertet werden, indem man ihren Erwartungswert mit einem risikoangepaßten Zinssatz abzinst. Dieses Verfahren kann auch bei zustandsbedingten Zahlungsansprüchen angewandt werden: Ist w_{tj} die Wahrscheinlichkeit des Zustands j im Zeitpunkt t, so gilt für π^0_{tj}, den Wert einer Zahlung in Höhe von 1 Geldeinheit, die dann und nur dann erfolgt, wenn im Zeitpunkt t der Zustand j eintritt:

$$\pi^0_{tj} = w_{tj}(1 + r_{tj})^{-t}.$$

Hierbei ist r_{tj} der risikoangepaßte Zinssatz; schreibt man für den Abzinsungsfaktor $(1 + r_{tj})^{-t}$ kurz π_{tj}, so ergibt sich

$$\pi^0_{tj} = w_{tj}\, \pi_{tj}.$$

Dies bedeutet, daß in dem Preis π^0_{tj} implizit ein Abzinsungsfaktor und damit ein dem Risiko angepaßter Zinssatz zum Ausdruck kommt.

Mit den Preisen π^0_{tj} lassen sich beliebige Zahlungsströme bewerten, auch sichere Zahlungen. Eine sichere Zahlung im Zeitpunkt t in Höhe von 1 Geldeinheit kann als Bündel zustandsbedingter Zahlungsansprüche für jeden der Zustände im Zeitpunkt t bewertet werden. Zugleich ergibt sich die Bewertung der sicheren Zahlung im Zeitpunkt t durch Multiplikation mit dem Abzinsungsfaktor $(1 + r)^{-t}$ oder kurz π_t; r ist hierbei der Zinssatz für sichere Anlagen. Somit gilt:

$$\sum_{j=1}^{n(t)} \pi^0_{tj} = \sum_{j=1}^{n(t)} w_{tj}\pi_{tj} = \pi_t.$$

Der Abzinsungsfaktor π_t ist also gleich dem Erwartungswert, d. h. gleich einem gewogenen Durchschnitt der Abzinsungsfaktoren π_{tj}. Dieses Ergebnis ist insofern überraschend, als man zunächst eher erwartet, daß die π_{tj} alle kleiner sind als π_t, und zwar deswegen, weil die Zinssätze r_{tj}, auf denen sie beruhen, einen Risikozuschlag enthalten. Nun erweist sich aber, daß einige π_{tj} (mindestens eines) auch größer als π_t sein müssen, daß die entsprechenden Risikozuschläge also negativ sein müssen.

Dieses Ergebnis wird einsichtiger, wenn man bedenkt, daß es Zustände gibt, bei denen die Zahlungen aus der Gesamtheit aller Investitionen niedrig sind; darauf bezogene zustandsbedingte Zahlungsansprüche werden einen relativ hohen Preis haben; der entsprechende Abzinsungsfaktor π_{tj} wird größer als π_t sein. Umgekehrt ist für Zustände, in denen die Gesamtheit aller Investitionen hohe Zahlungen liefert, ein eher niedriger Preis, somit ein unter π_t liegender Abzinsungsfaktor π_{tj} zu erwarten (siehe dazu Kap. VII, Abschnitt 3.1).

Ein Beispiel soll dies verdeutlichen. Es gebe nur zwei Zustände mit gleicher Wahrscheinlichkeit. Im ersten Zustand werfen alle Investitionen zusammen 1000, im zweiten Zustand nur 600 ab. Daher ist der Preis für einen Anspruch im ersten Zustand lediglich 0,4, im zweiten dagegen 0,5. Daraus ergeben sich als Abzinsungsfaktoren $(1 + r_1)^{-1} = 0,4/0,5 = 1/1,25$ und $(1 + r_2)^{-1} = 0,5/0,5 = 1$. Eine sichere Zahlung wird indessen mit $(1 + r)^{-1} = (0,4 + 0,5)/1 = 1/1,11$ abgezinst. Der Abzinsungsfaktor für den ersten Zustand liegt damit unter dem für sichere Zahlungen, derjenige für den zweiten Zustand liegt darüber.

Zustand	1	2	sichere Zahlung
Wahrscheinlichkeit	0,5	0,5	1
Ergebnis aller Investitionen	1000	600	–
Preis für zustandsbedingten Anspruch	0,4	0,5	0,9
Abzinsungsfaktor	1/1,25	1	1/1,11

Diese Überlegung führt zu einem besseren Verständnis der in Abzinsungsfaktoren enthaltenen Risikozuschläge. Betrachtet man z. B. eine unsichere Zahlung, so kann deren Marktwert auch durch Abzinsung des Erwartungswerts unter Berücksichtigung einer Risikoprämie berechnet werden. Wie hoch dieser Risikozuschlag ist, hängt von der Verteilung der Zahlungshöhe über die Zustände ab. Liegen hohe Zahlungen vor allem in Zuständen mit niedrigen Abzinsungsfaktoren, in Zuständen also, in denen aus der Gesamtheit aller Investitionen ebenfalls hohe Zahlungen entstehen, so fällt die Bewertung niedrig aus; dies läuft auf den Ansatz eines positiven Risikozuschlags hinaus. Liegen hingegen hohe Zahlungen vorwiegend in den Zuständen mit hohen Abzinsungsfaktoren, so entspricht die Bewertung im Ergebnis einem Risikoabschlag im Zinssatz. Das bedeutet: Eine unsichere Zahlung wird um so höher bewertet, je höher sie gerade in den Zuständen ist, die insgesamt eher schlecht sind. Das kann sogar zu einem negativen Risikozuschlag, einem Risikoabschlag also, führen.

Zur Veranschaulichung betrachten wir zwei Investitionsprojekte I und II; das erste wirft 1 GE im Zustand 1, das zweite 1 GE im Zustand 2 ab. Bei beiden ist somit der erwartete Einzahlungsüberschuß gleich hoch (0,5).

Zustand	1	2	E ($\tilde{e}$)	Marktwert	risiko-angepaßter Kalkulationszinsfuß
Wahrscheinlichkeit	0,5	0,5	–	–	–
Preis für zustands-bedingten Anspruch	0,4	0,5	–	–	–
Projekt I	1	0	0,5	0,4	25 %
Projekt II	0	1	0,5	0,5	0 %

Jedoch liegt der Marktwert von Projekt I deutlich unter dem für Projekt II, weil Projekt I Geld im Zustand 1 abwirft, in dem auch die übrigen Investitionen viel abwerfen, während Projekt II im Zustand 2 Geld abwirft, in dem die übrigen Investitionen wenig abwerfen. Daher wird der erwartete Einzahlungsüberschuß von Projekt I mit einem Kalkulationszinsfuß von 25 % abgezinst; hierin ist eine Risikoprämie von 25 – 11,1 = 13,9 % enthalten. Der Kalkulationszinsfuß für Projekt II beträgt dagegen 0 %; die darin enthaltene Risikoprämie ist also –11,1 %.

Die verbreitete Ansicht, die Erwartungswerte unsicherer Zahlungen aus Investitionsprojekten seien abzuzinsen mit einem Zinssatz, der einen Risikozuschlag enthalte, wird damit in Frage gestellt. Diese Regel ist nur dann zutreffend, wenn die Zahlungen aus dem Investitionsprojekt in bestimmter Weise über die Zustände verteilt sind, wenn nämlich die Investition tendenziell in den Zuständen bessere oder schlechtere Ergebnisse liefert, in denen die Investoren insgesamt bessere bzw. schlechtere Ergebnisse erzielen. Der Risikozuschlag ist positiv bei positiver Korrelation zwischen den Zahlungen der betreffenden Investitionen und dem Gesamtergebnis aller Investitionen; bei niedriger Korrelation hingegen ist der Risikozuschlag niedrig, bei negativer Korrelation sogar negativ.

Dies ist nur eine allgemeine Tendenzaussage. Sie hat aber für die praktische Investitionsrechnung unmittelbar Bedeutung, da sie deutlich werden läßt, worauf es bei der Bemessung von Risikozuschlägen im Kalkulationszinsfuß wesentlich ankommt.

3.3.3 Bewertung auf der Grundlage des „Capital Asset Pricing Model"

Das „Capital Asset Pricing Model" (kurz: CAPM) ist ein Erklärungsmodell für die Preisbildung auf dem Kapitalmarkt, genauer: zur Erklärung der Marktpreise von Anwartschaften auf unsichere Zahlungen. Es wurde Mitte der 60er Jahre in grundlegenden Arbeiten von J. LINTNER, J. MOSSIN und W. SHARPE entwickelt; es beruht auf der Grundidee der Theorie der Portefeuille-Auswahl, die in Abschnitt 2.2.1 behandelt worden ist.

Die Theorie der Portefeuille-Auswahl dient im CAPM der Erklärung des Verhaltens der Kapitalanleger, d. h. der Nachfrager auf dem Markt für Finanzierungstitel. Das Separationstheorem der Portefeuille-Auswahl besagt, daß bei unbegrenzter Möglichkeit der sicheren Anlage und Verschuldung zum Zinssatz r der Anleger unabhängig vom Grad seiner Risikoscheu ein bestimmtes Portefeuille P* aus unsicheren Wertpapieren hält; dieses wird mit sicherer Anlage oder Verschuldung kombiniert (siehe Anhang A 1.2). Der Übergang vom individuellen Portefeuilleoptimierungs- zum Marktgleichgewichtsmodell wird ermöglicht durch die zusätzliche Annahme, daß alle Anleger die gleichen Erwartungen haben, d. h., daß sie bei ihrem Optimierungskalkül alle von den gleichen Vorstellungen über erwartete Renditen, Varianzen und Kovarianzen ausgehen. Dann kommen auch alle zum gleichen Ergebnis hinsichtlich des Portefeuilles P*. Wenn alle zwar in unterschiedlichem Umfang, aber in gleicher Weise zusammengesetzt, das Portefeuille P* halten wollen, muß im Marktgleichgewicht die Zusammensetzung des Portefeuilles P* mit der des sogenannten Marktportefeuilles P_M übereinstimmen. Das Marktportefeuille entspricht in seiner Zusammensetzung, d. h. den Anteilen der einzelnen unsicheren Wertpapiere, dem Gesamtangebot auf dem Markt. Die Übereinstimmung von P* und P_M ist notwendige Bedingung dafür, daß der Markt geräumt wird und alle Wertpapiere in die Portefeuilles der Anleger aufgenommen werden. Ist diese Bedingung nicht erfüllt, so gibt es zwangsläufig ein Überangebot oder eine Übernachfrage bei einigen oder allen Wertpapieren.

Damit ist eine der wesentlichen Aussagen des CAPM begründet: Im Marktgleichgewicht stimmt P*, die optimale Kombination unsicherer Wertpapiere für jeden Anleger, mit dem Marktportefeuille überein. Daraus folgt auch, daß im Markt-

gleichgewicht die effizienten Portefeuilles Kombinationen aus dem Marktportefeuille und sicherer Anlage oder Verschuldung sind.

In graphischer Darstellung liegen alle effizienten (μ,σ)-Kombinationen auf der
Geraden, die der Formel

$$\mu = r + \frac{\mu_M - r}{\sigma_M} \sigma$$

entspricht (Abbildung 6.13); diese Gerade wird als Kapitalmarktlinie bezeichnet. Die
Symbole haben folgende Bedeutung:

r – Zinssatz für sichere Anlage;

μ_M – Erwartungswert der Rendite des Marktportefeuilles;

σ_M – Standardabweichung der Rendite des Marktportefeuilles.

Im vorliegenden Zusammenhang ist eine weitere, aus dem CAPM abgeleitete
Aussage von Bedeutung. Diese bezieht sich auf die Beziehung zwischen der erwarteten Rendite und dem Risiko einzelner Wertpapiere. Außer r, μ_M und σ_M werden
folgende Symbole eingeführt:

μ_i – Erwartungswert der Rendite des Wertpapiers i;

C_{iM} – Kovarianz zwischen der Rendite des Wertpapiers i und der Rendite des
       Marktportefeuilles;

β_i $= \dfrac{C_{iM}}{\sigma_M^2}$ – Beta (= systematisches Risiko) des Wertpapiers i;

RP_i $= \mu_i - r$ – Risikoprämie des Wertpapiers i;

RP_M $= \mu_M - r$ – Risikoprämie des Marktportefeuilles.

Wie im Anhang 2 bewiesen, gilt folgende Beziehung:

$$\mu_i = r + \frac{\mu_M - r}{\sigma_M^2} C_{iM} = r + \frac{RP_M}{\sigma_M^2} C_{iM}$$

oder:

$$\mu_i = r + (\mu_M - r)\, \beta_i = r + RP_M\, \beta_i\,.$$

Diese Beziehung läßt sich graphisch darstellen (Abbildungen 6.14 a und b). Die
beiden Gleichungen führen zu zwei Varianten der sogenannten Wertpapiermarktlinie. Diese beschreibt den Zusammenhang zwischen der erwarteten Rendite μ_i des
Wertpapiers i und der Kovarianz C_{iM} bzw. dem Risikomaß β_i. Die Wertpapiermarktlinie verläuft steigend, weil RP_M positiv ist; andernfalls würden die risikoscheuen
Anleger das Marktportefeuille nicht halten.

Im Unterschied zur Kapitalmarktlinie, die angibt, wie bei Wahl effizienter Portefeuilles die erwartete Rendite mit dem durch die Standardabweichung gemessenen
Risiko steigt, beschreibt die Wertpapiermarktlinie die Beziehung zwischen der Rendite einzelner Wertpapiere und C_{iM} oder β_i. Es leuchtet ein, daß in einem Marktgleichgewicht mit risikoscheuen Anlegern die Rendite eines Wertpapiers um so höher sein

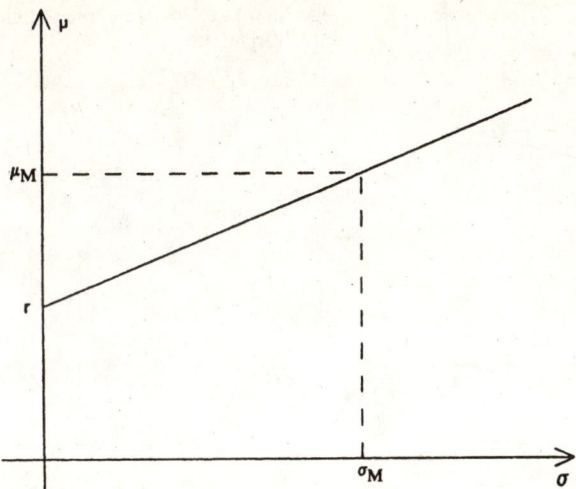

Abb. 6.13. Kapitalmarktlinie

wird, je größer das damit verbundene Risiko ist. Aus der Wertpapiermarktlinie ergibt sich, daß dies der Fall ist; das relevante Risikomaß ist aber nicht die Varianz der Rendite des Wertpapiers, sondern die Kovarianz mit der Rendite des Marktportefeuilles (oder das entsprechende Beta). Zur Erklärung dient die Unterscheidung zwischen dem systematischen und dem unsystematischen Risiko, die bereits in Kapitel V (Abschnitt 3.3.2) erläutert wurde. Im vorliegenden Zusammenhang gilt: Als unsystematisch wird das Risiko eines Wertpapiers bezeichnet, soweit es durch Diversifikation im Rahmen eines Portefeuilles ausgeschaltet wird. Hingegen bleibt das systematische Risiko auch bei Diversifikation bestehen; es kann als der Beitrag des einzelnen Wertpapiers zum Risiko des Gesamtportefeuilles verstanden werden. Das systematische Risiko eines Wertpapiers wird im Zusammenhang des CAPM durch die Kovarianz mit der Rendite des Marktportefeuilles oder durch Beta gemessen. Die Wertpapiermarktlinie besagt also, daß die erwartete Rendite eines Wertpapiers im Marktgleichgewicht um so höher ist, je größer das systematische Risiko ist.

Man kann aufgrund der Wertpapiermarktlinie auch unmittelbare Aussagen zur Risikoprämie machen. Für die in der erwarteten Rendite des Wertpapiers i enthaltene Risikoprämie RP_i gilt:

$$RP_i = \mu_i - r = \frac{RP_M}{\sigma_M^2} \, C_{iM} = RP_M \, \beta_i \, .$$

Die Risikoprämie steigt proportional zu dem durch Kovarianz oder Beta gemessenen systematischen Risiko. Da Kovarianz und Beta auch negativ sein können, sind auch negative Risikoprämien möglich. Sie kommen dann zustande, wenn ein Wertpapier das Risiko des Marktportefeuilles mindert, weil seine Rendite mit der des Marktportefeuilles negativ korreliert ist; das systematische Risiko ist in diesem Fall negativ.

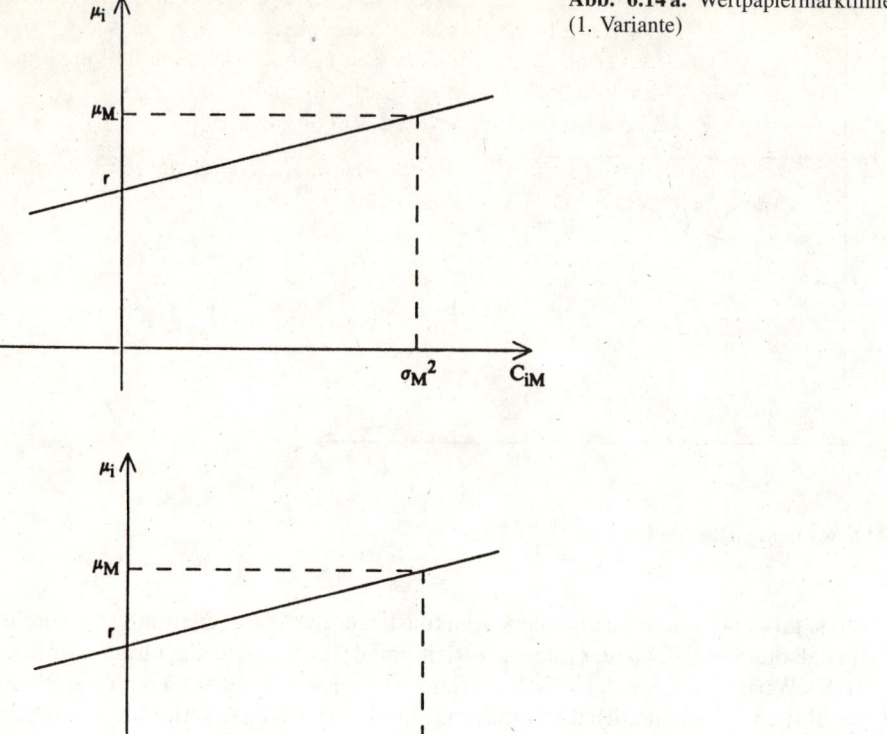

Abb. 6.14 a. Wertpapiermarktlinie (1. Variante)

Abb. 6.14 b. Wertpapiermarktlinie (2. Variante)

Diese Aussage ist dem Ergebnis sehr ähnlich, das in Abschnitt 3.3.2 aus den Eigenschaften der Preise für zustandsbedingte Zahlungsansprüche abgeleitet wurde. Auch dort konnte gezeigt werden, daß der Risikozuschlag um so höher ist, je stärker die Zahlungen eines Wertpapiers mit dem insgesamt erreichbaren Ergebnis, eben dem des Marktportefeuilles, korreliert sind. Dort ergab sich ebenfalls, daß negative Risikoprämien möglich sind.

Aus der Formel der Wertpapiermarktlinie läßt sich nun eine Bewertungsfunktion ableiten. Sie bezieht sich allerdings nur auf einen einperiodigen Betrachtungszeitraum, an dessen Ende unsichere Zahlungen erfolgen. Es sei nun:

$\tilde{e}_i$ — Unsichere Zahlung im Zeitpunkt 1;

$e_i = E(\tilde{e}_i)$ — Erwartungswert der unsicheren Zahlung $\tilde{e}_i$;

$\tilde{R}_i = \dfrac{\tilde{e}_i}{V(\tilde{e}_i)} - 1$ — Rendite der unsicheren Zahlung $\tilde{e}_i$;

$\mu_i = E(\tilde{R}_i)$ — Erwartungswert der Rendite der unsicheren Zahlung $\tilde{e}_i$;

C_{iM} – Kovarianz zwischen der Rendite der unsicheren Zahlung $\tilde{e}_i$ und der Rendite des Marktportefeuilles;

C_{eiM} – Kovarianz zwischen dem Betrag der unsicheren Zahlung $\tilde{e}_i$ und der Rendite des Marktportefeuilles;

$V(\tilde{e}_i)$ – Marktwert der unsicheren Zahlung $\tilde{e}_i$.

Dividiert man die Risikoprämie des Marktportefeuilles durch die Varianz seiner Rendite, so erhält man den Marktpreis für Risiko, g.

$$\frac{\mu_M - r}{\sigma_M^2} = g.$$

Gemäß der Wertpapiermarktlinie gilt dann

$$\mu_i = \frac{e_i}{V(\tilde{e}_i)} - 1 = r + g\, C_{iM}\,.$$

Daraus folgt:

$$V(\tilde{e}_i) = \frac{e_i}{1 + (r + g\, C_{iM})}\,.$$

Nimmt man an, daß jedes Wertpapier nur einen sehr geringen Anteil am Marktportefeuille hat, so kann man vernachlässigen, daß g von e_i und C_{iM} über μ_M und σ_M^2 abhängt.

Aus der Definition der Kovarianzen läßt sich ableiten (s. Satz a im Anhang 3):

$$C_{iM} = \frac{C_{eiM}}{V(\tilde{e}_i)}\,.$$

Setzt man dies in die Formel der Wertpapiermarktlinie ein, so erhält man:

$$\mu_i = \frac{e_i}{V(\tilde{e}_i)} - 1 = r + g\frac{C_{eiM}}{V(\tilde{e}_i)}\,.$$

Daraus ergibt sich:

$$V(\tilde{e}_i) = \frac{e_i - g\, C_{eiM}}{1 + r}\,.$$

Damit hat man die dem CAPM entsprechende Bewertungsfunktion in zwei Varianten:

$$V(\tilde{e}_i) = \frac{e_i}{1 + (r + g\, C_{iM})} = \frac{e_i - g\, C_{eiM}}{1 + r}\,.$$

Man erhält also den Marktwert der unsicheren Zahlung auf zweierlei Weise: Man kann entweder den Erwartungswert der Zahlung mit einem Satz abzinsen, der um den Risikozuschlag $g\, C_{iM}$ über dem Zinssatz r liegt; oder man kann den Erwartungswert der Zahlung um einen Risikozuschlag in Höhe von $g\, C_{eiM}$ reduzieren und den reduzierten Betrag mit dem Zinssatz r abzinsen; sind die Kovarianzen negativ, so tritt an die Stelle des Risikozuschlags beim Zins ein Risikoabschlag, an die Stelle der Reduzierung von e_i eine Erhöhung.

Den beiden Varianten der Bewertungsformel entsprechen geläufige Verfahrensweisen der praktischen Investitionsrechnung. Man kann hierbei das Risiko entweder durch einen Zuschlag zum Kalkulationszinsfuß oder durch Abschläge von den erwarteten Zahlungen berücksichtigen. Beide Verfahrensweisen lassen sich aus dem CAPM begründen. Die wesentliche zusätzliche Erkenntnis aus dem CAPM ist, worauf es bei der Höhe des Zuschlags ankommt, nämlich nicht auf das Risiko des für sich allein gesehenen Projekts, das man etwa durch die Varianz der Zahlungen messen könnte, sondern auf die Kovarianz mit dem Marktportefeuille.

Es kann nun auch gezeigt werden, daß die Bewertungsfunktion des CAPM die Eigenschaft der Wertadditivität hat. Hierzu geht man von der Variante

$$V(\tilde{e}_i) = \frac{e_i - g\, C_{eiM}}{1 + r}$$

aus. Kovarianzen haben folgende Eigenschaft: Die Kovarianz der Summe zweier zufälliger Variablen mit einer dritten Variablen ist gleich der Summe der Kovarianzen der beiden Variablen mit der dritten Variablen (s. Satz b im Anhang 3). Ist also

C_{e1M} (C_{e2M}) — Kovarianz der unsicheren Zahlung $\tilde{e}_1$ (bzw. $\tilde{e}_2$) mit der Rendite des Marktportefeuilles,

$C_{(e1+e2)M}$ — Kovarianz der unsicheren Zahlung ($\tilde{e}_1 + \tilde{e}_2$) mit der Rendite des Marktportefeuilles,

so gilt $C_{(e1+e2)M} = C_{e1M} + C_{e2M}$.

Daraus ergibt sich die Wertadditivität:

$$
\begin{aligned}
V(\tilde{e}_1) + V(\tilde{e}_2) \quad &= \frac{e_1 - g\, C_{e1M}}{1+r} + \frac{e_2 - g\, C_{e2M}}{1+r} \\[2mm]
&= \frac{(e_1 + e_2) - g(C_{e1M} + C_{e2M})}{1+r} \\[2mm]
&= \frac{(e_1 + e_2) - gC_{(e1+e2)M}}{1+r} \\[2mm]
&= V(\tilde{e}_1 + \tilde{e}_2)\,.
\end{aligned}
$$

Aus dem Nachweis der Wertadditivität folgt auch, daß man die Bewertungsfunktion des CAPM zur Beurteilung von Investitionsprojekten verwenden kann. Um ein Investitionsprojekt zu beurteilen, muß man den Erwartungswert der damit verbundenen Zahlung kennen, außerdem die Kovarianz C_{eiM}. Dann läßt sich durch Einsetzen in die Bewertungsfunktion feststellen, ob das Projekt den Marktwert des Unternehmens erhöht. Das ist dann der Fall, wenn der Marktwert der unsicheren zukünftigen Zahlung größer ist als die im Zeitpunkt 0 erforderliche Investitionsauszahlung.

Voraussetzung ist hierbei, daß sich die Bewertungsfunktion durch das zusätzliche Investitionsprojekt nicht ändert. Dies kann angenommen werden, wenn das einzelne Investitionsprojekt im Verhältnis zum Investitionsvolumen des gesamten Marktes nur geringen Umfang hat. Dann wird seine Hinzunahme das Marktgleichgewicht nicht wesentlich verändern. Da das CAPM in der hier dargestellten Form sich nur auf eine Periode bezieht, an deren Ende unsichere Zahlungen erfolgen, ist die Bewertungsfunktion auch nur geeignet zur Beurteilung einperiodiger Investitionen. Grundsätzlich läßt sich das CAPM auch auf den Fall mehrerer Perioden erweitern; dann erhält man eine mehrperiodige Bewertungsfunktion. Hier genügt es, die grundlegenden Zusammenhänge am einfachen Modell zu erläutern.

Im CAPM wurden erstmals aus entscheidungstheoretisch begründeten Annahmen über das Verhalten risikoscheuer Anleger allgemeine Aussagen über ein Kapitalmarktgleichgewicht abgeleitet, die sich insbesondere auf die Bestimmungsfaktoren von Renditen, Marktpreisen und Risikoprämien beziehen. Die Modellprämissen bieten manche Ansatzpunkte zur Kritik. Auf die Problematik des (μ,σ)-Prinzips aus entscheidungstheoretischer Sicht wurde bereits hingewiesen. Angreifbar ist daneben vor allem die Annahme homogener Erwartungen, die für alle Kapitalanleger den gleichen Informationsstand voraussetzt. Diese Annahme steht in engem Zusammenhang mit der offensichtlich den realen Tatsachen widersprechenden Implikation, daß alle Anleger ein in gleicher Weise zusammengesetztes Teilportefeuille aus unsicheren Wertpapieren halten.

Empirische Tests der Gültigkeit des CAPM stoßen auf erhebliche methodische Schwierigkeiten; die bisher vorliegenden empirischen Ergebnisse für den deutschen Kapitalmarkt lassen keine eindeutigen Aussagen über die empirische Gültigkeit des CAPM zu, der Erklärungsgehalt ist jedoch gering zu veranschlagen (MÖLLER 1988). Es besteht bestenfalls ein schwacher Zusammenhang zwischen den beobachteten durchschnittlichen Renditen von Wertpapieren und ihren Betas. Auch empirische Untersuchungen zum Erklärungsgehalt des CAPM auf anderen Märkten kommen überwiegend zu einem negativen Ergebnis (FAMA und FRENCH 1992). Dieser Befund löste eine Suche nach anderen Faktoren aus, die die beobachteten durchschnittlichen Renditen von Wertpapieren erklären. So finden FAMA und FRENCH 1993 für den US-amerikanischen Markt, daß die durchschnittliche Rendite einer Aktie im Mittel umso höher ist, je höher (1) das Verhältnis von Buch- zu Marktwert, (2) die Dividendenrendite und (3) je kleiner der Marktwert des Unternehmens ist. Die ersten beiden Beobachtungen lassen sich vielleicht mit zeitweiligen Über- und Unterbewertungen erklären. Ist eine Aktie unterbewertet, dann ist ihr Verhältnis Buch- zu Marktwert hoch ebenso wie ihre Dividendenrendite (=Dividende/Aktienkurs). Wird die Unterbewertung beseitigt, so weist die Aktie eine vergleichsweise hohe Rendite auf. Unklar ist, weshalb die Größe des Unternehmens, gemessen am Marktwert, einen Einfluß auf die erwartete Rendite haben sollte. Vielleicht beschränken sich viele Anleger auf den Kauf bekannter, großer Unternehmen, so daß deren Kurse vergleichsweise hoch sind. Da eine überzeugende theoretische Begründung für die FAMA-FRENCH Faktoren fehlt, ist auch unklar, ob diese Faktoren selbst die Renditen treiben oder lediglich ein statistischer Zusammenhang besteht. Es könnte sein, dass andere Faktoren die Renditen treiben, jedoch mit den FAMA-FRENCH Faktoren korrelieren. Insgesamt ist festzuhalten, daß nach wie vor unklar ist, welche Faktoren die Renditen von Aktien in der Realität bestimmen.

In erster Linie ist das CAPM heute als in sich geschlossene gedankliche Konstruktion zu sehen, aus der sich ergibt, in welcher Weise Renditen und Risikoprämien unter bestimmten Voraussetzungen bei rationalem Verhalten risikoscheuer Anleger zustande kommen. Wesentlich ist vor allem die Erkenntnis, daß die Risikoprämie eines Wertpapiers nicht durch ein nur auf dieses Wertpapier bezogenes Risikomaß bestimmt wird, sondern durch den stochastischen Zusammenhang mit der Rendite des Marktportefeuilles, der in der Kovarianz oder in Beta zum Ausdruck kommt.

3.4   Zusammenfassung

Investitionsentscheidungen unter Risiko werden gemäß den subjektiven Präferenzen des Entscheidenden getroffen. Existieren allerdings Marktwerte für unsichere Zahlungsströme, dann können diese zur Entscheidung herangezogen werden. Optimal ist die Entscheidung, die den höchsten Marktwert erzeugt. Man bedient sich einer Bewertungsfunktion, die den Marktwert unsicherer Zahlungen zu bestimmen gestattet. Diese Vorgehensweise ist besonders einfach, wenn die Bewertungsfunktion die Eigenschaft der Wertadditivität hat.

Bei Wertadditivität gilt: Wird ein Zahlungsstrom in mehrere Teilströme additiv zerlegt, dann ist der Marktwert des Zahlungsstroms gleich der Summe der Marktwerte der Teilströme. Bei vollkommenem Kapitalmarkt besteht Wertadditivität; ansonsten ließen sich nämlich Arbitragegewinne erzielen. Aus der Wertadditivität läßt sich bei vollkommenem Kapitalmarkt das Irrelevanztheorem der Finanzierung ableiten. Eine Änderung der Finanzierungsweise bedeutet dann lediglich eine andere Zerlegung des aus dem Investitionsprogramm resultierenden Zahlungsstroms, hat jedoch keinen Einfluß auf den Marktwert des Unternehmens. Selbst wenn es Belastungen wie Steuern und Insolvenzkosten gibt, die von der Finanzierungsweise abhängen, geht Wertadditivität nicht notwendig verloren. Optimal ist dann die Finanzierungsweise, die den Marktwert dieser Belastungen minimiert. Wenn allerdings Transaktions- und Informationskosten bestehen, so geht Wertadditivität im allgemeinen verloren.

Große Investitionsprojekte können einen Einfluß auf die Bewertungsfunktion ausüben. Bei kleineren Projekten ist dieser Einfluß vernachlässigbar. Dann bedeutet Wertadditivität, daß die Entscheidung über ein Gesamtprogramm in Entscheidungen über Einzelprojekte zerlegt werden kann, wenn sich der Zahlungsstrom des Gesamtprogramms additiv aus den Zahlungsströmen der Einzelprojekte zusammensetzt. Die Voraussetzung der Wertadditivität ist für die praktische Investitionsrechnung von grundlegender Bedeutung; das vielfach übliche Verfahren, Investitionsprogramme auf der Grundlage von Entscheidungen über Einzelprojekte zu planen, ist unter dieser Voraussetzung gerechtfertigt. Jedes Projekt mit einem positiven Marktwert wird akzeptiert.

Der Marktwert eines Projekts läßt sich berechnen, indem man die erwarteten Einzahlungsüberschüsse mit einem risikoangepaßten Kalkulationszinsfuß abdiskontiert. Die Risikoprämie im Kalkulationszinsfuß ist positiv (negativ), wenn die Einzahlungsüberschüsse des Projekts positiv (negativ) mit denen aller Investitionen korreliert sind. Dies wird auch im Capital Asset Pricing Model deutlich, einem Gleichgewichtsmodell des Kapitalmarkts, das auf dem (μ, σ)-Prinzip aufbaut. Das für die Beurteilung eines Projekts relevante Risikomaß ist die Kovarianz zwischen der Rendite des Projekts und der des Marktportefeuilles, oder Beta, die Steigung der entsprechenden Regressionsgeraden.

Anhang: Einige Beweise

A 1   Ableitung notwendiger Bedingungen für effiziente Portefeuilles

A 1.1 Ohne sichere Anlage und Verschuldung

Zu maximieren ist die Funktion:

$$\alpha \sum_{i=1}^{m} x_i \mu_i - \sum_{i=1}^{m} \sum_{j=1}^{m} x_i x_j C_{ij}$$

unter Beachtung der Nebenbedingung:

$$\sum_{i=1}^{m} x_i = 1 .$$

Man bildet die Lagrange-Funktion (L ist der Lagrange-Multiplikator):

$$\Lambda = \alpha \sum_{i=1}^{m} x_i \mu_i - \sum_{i=1}^{m} \sum_{j=1}^{m} x_i x_j C_{ij} + L \left(\sum_{i=1}^{m} x_i - 1 \right) .$$

Notwendige Bedingungen eines Maximums sind:

$$\alpha \mu_i - \sum_{j=1}^{m} 2 x_j^* C_{ij} + L^* = 0 \quad (i = 1, ..., m)$$

und

$$\sum_{i=1}^{m} x_i^* = 1 .$$

Dies ist ein lineares Gleichungssystem mit $(m + 1)$ Gleichungen und den $(m + 1)$ Unbekannten $x_1^*, ..., x_m^*$ und L^*. Sind die Gleichungen linear unabhängig voneinander, so läßt sich das System nach den Unbekannten auflösen. Für x_i^* ergibt sich dabei eine lineare Abhängigkcit von der Größe α, d. h. ein Gleichungssystem der Form:

$$x_i^* = K_i + k_i \alpha \quad (i; = 1, ..., m)$$

$$L^* = K_{m+1} + k_{m+1} \alpha .$$

Da die im System der notwendigen Bedingungen enthaltene Gleichung

$$\sum_{i=1}^{m} x_i^* = 1$$

bei beliebigen Werten von α erfüllt sein muß, gilt:

$$\sum_{i=1}^{m} K_i = 1$$

und

$$\sum_{i=1}^{m} k_i = 0 .$$

Setzt man die Lösung in die Ausdrücke μ und σ^2 ein, so erhält man:

$$\mu = \sum_{i=1}^{m} x_i\mu_i = \sum_{i=1}^{m} K_i\mu_i + \sum_{i=1}^{m} k_i\mu_i\alpha ;$$

$$\sigma^2 = \sum_{i=1}^{m} \sum_{j=1}^{m} (K_i + k_i\alpha)(K_j + k_j\alpha)C_{ij}$$

$$= \sum_{i=1}^{m} \sum_{j=1}^{m} K_iK_jC_{ij}$$

$$+ \sum_{i=1}^{m} \sum_{j=1}^{m} (K_ik_jC_{ij} + K_jk_iC_{ji})\alpha$$

$$+ \sum_{i=1}^{m} \sum_{j=1}^{m} (k_ik_jC_{ij})\alpha^2 .$$

μ wächst also linear mit α; σ^2 wächst mit α und dem Quadrat von α.

A 1.2   Mit sicherer Anlage und Verschuldung

Zu maximieren ist die Funktion:

$$\alpha r + \alpha \sum_{i=1}^{m} (\mu_i - r)x_i - \sum_{i=1}^{m} \sum_{j=1}^{m} x_ix_jC_{ij} .$$

Die Nebenbedingung, daß die Summe aller Variablen gleich 1 sein muß, entfällt, da sie schon zur Eliminierung von x_0 benutzt wurde.

Notwendige Bedingungen des Maximums sind:

$$\alpha(\mu_i - r) - 2 \sum_{j=1}^{m} C_{ij}x_j^* = 0 \quad (i = 1, ..., m) .$$

Dies ist ein lineares Gleichungssystem, das, lineare Unabhängigkeit vorausgesetzt, nach den Unbekannten x_j^* aufgelöst werden kann. Aus dem Gleichungssystem ist zu ersehen, daß zwischen x_i^* und α strenge Proportionalität besteht. Die Lösung hat also die Form:

$$x_i^* = k_i \alpha \quad (i = 1, ..., m) .$$

Demnach ist die Struktur des optimalen Portefeuilles P* ohne Berücksichtigung der sicheren Anlage, $x_1^* : x_2^* : ... : x_m^*$, von α und damit von der Risikoaversion unabhängig. Dies ist der Inhalt des Separationstheorems.

x_0^* ist dann leicht zu berechnen:

$$x_0^* = 1 - \sum_{i=1}^{m} x_i^* = 1 - \alpha \sum_{i=1}^{m} k_i \,.$$

Durch Einsetzen in den Ausdruck für die erwartete Portefeuillerendite erhält man:

$$\mu = r + \sum_{i=1}^{m} (\mu_i - r)x_i^* = r + \alpha \sum_{i=1}^{m} (\mu_i - r)k_i \,.$$

Entsprechend für die Varianz

$$\sigma^2 = \sum_{i=1}^{m} \sum_{j=1}^{m} x_i^* x_j^* C_{ij} = \alpha^2 \sum_{i=1}^{m} \sum_{j=1}^{m} k_{ij} C_{ij}$$

und für die Standardabweichung

$$\sigma = \alpha \sqrt{\sum_{i=1}^{m} \sum_{j=1}^{m} k_i k_j C_{ij}} \,.$$

Erwartete Rendite und Standardabweichung wachsen also linear mit α; die Varianz wächst mit dem Quadrat von α.

A 2   Ableitung der Gleichung für die Wertpapiermarktlinie

In Abschnitt A 1.2 wurden notwendige Bedingungen eines effizienten Portefeuilles abgeleitet:

$$\alpha(\mu_i - r) - 2 \sum_{j=1}^{m} C_{ij} x_j^* = 0 \quad (i = 1, ..., m) \,.$$

Da im Marktgleichgewicht das Marktportefeuille mit der Zusammensetzung $(x_{1M}, ..., x_{mM})$ ein effizientes Portefeuille ist, muß auch gelten:

$$\alpha(\mu_i - r) - 2 \sum_{j=1}^{m} C_{ij} x_{jM} = 0 \quad (i = 1, ..., m) \,.$$

Man multipliziert nun jede dieser Gleichungen mit x_{iM} und summiert sie dann auf:

$$\sum_{i=1}^{m} \alpha(\mu_i - r)x_{iM} - 2 \sum_{i=1}^{m} \sum_{j=1}^{m} C_{ij} x_{iM} x_{jM} = 0 \,.$$

Durch Umformung erhält man:

$$\frac{2}{\alpha} = \frac{\sum\limits_{i=1}^{m} (\mu_i - r)x_{iM}}{\sum\limits_{i=1}^{m} \sum\limits_{j=1}^{m} C_{ij}x_{iM}x_{jM}} = \frac{\mu_M - r}{\sigma_M{}^2}.$$

Die Kovarianz zwischen der Rendite des Marktportefeuilles und der Rendite des Wertpapiers i ergibt sich in folgender Weise (s. Satz c in Abschnitt A 3):

$$C_{iM} = \sum\limits_{j=1}^{m} C_{ij}x_{jM}.$$

Setzt man dies in die Bedingung

$$\alpha(\mu_i - r) - 2 \sum\limits_{j=1}^{m} C_{ij}x_{jM} = 0$$

ein, so erhält man nach Umformung:

$$\mu_i = r + \frac{2}{\alpha}C_{iM}.$$

Hier kann man nun den oben abgeleiteten Ausdruck für α einsetzen und erhält die Gleichung der Wertpapiermarktlinie:

$$\mu_i = r + \frac{\mu_M - r}{\sigma_M{}^2}C_{iM}.$$

A 3   *Elementare Sätze über Kovarianzen*

Im folgenden sind $E(\cdot)$ der Operator zur Bildung des Erwartungswerts einer Zufallsvariablen und $Cov(\cdot,\cdot)$ der Operator zur Bildung der Kovarianz zwischen zwei Zufallsvariablen.

a) Sind z_1, z_2 und z_3 drei Zufallsvariablen, wobei $z_1 = z_2/a$, so gilt:

$$Cov(z_1, z_3) = \frac{1}{a}Cov(z_2, z_3),$$

denn

$$Cov(z_1, z_3) = E[(E(z_1) - z_1)(E(z_3) - z_3)]$$

$$= E\left[\left(\frac{E(z_2)}{a} - \frac{z_2}{a}\right)(E(z_3) - z_3)\right]$$

$$= \frac{1}{a}E[(E(z_2) - z_2)(E(z_3) - z_3)]$$

$$= \frac{1}{a}Cov(z_2, z_3).$$

b) Sind z_1, z_2 und z_3 drei Zufallsvariablen, so gilt:

$$\text{Cov}\left[(z_1 + z_2), z_3\right] = \text{Cov}(z_1, z_3) + \text{Cov}(z_2, z_3),$$

denn

$$
\begin{aligned}
\text{Cov}\left[(z_1 + z_2), z_3\right] &= E[(E(z_1 + z_2) - (z_1 + z_2))(E(z_3) - z_3)] \\
&= E[(E(z_1) - z_1 + E(z_2) - z_2)(E(z_3) - z_3)] \\
&= E[(E(z_1) - z_1)(E(z_3) - z_3)] + E[(E(z_2) - z_2)(E(z_3) - z_3)] \\
&= \text{Cov}(z_1, z_3) + \text{Cov}(z_2, z_3).
\end{aligned}
$$

c) Ist z_j ($j = 1, \ldots, m$) eine Menge von Zufallsvariablen und $Z = \sum\limits_{j=1}^{m} z_j$, so gilt:

$$\text{Cov}(z_i, Z) = \sum\limits_{j=1}^{m} \text{Cov}(z_i, z_j),$$

denn

$$
\begin{aligned}
\text{Cov}(z_i, Z) &= E[(E(z_i) - z_i)(E(Z) - Z)] \\
&= E\left[(E(z_i) - z_i)\left(\sum\limits_{j=1}^{m} E(z_j) - \sum\limits_{j=1}^{m} z_j\right)\right] \\
&= \sum\limits_{j=1}^{m} E[(E(z_i) - z_i)(E(z_j) - z_j)] \\
&= \sum\limits_{j=1}^{m} \text{Cov}(z_i, z_j).
\end{aligned}
$$

Literaturangaben zu Kapitel VI

Zu 1
Zu den entscheidungstheoretischen Grundlagen:
BAMBERG/COENENBERG 2002 Kap. 2 und 4, BITZ 1981 Kap. 3 und 4, EISENFÜHR/
WEBER 2003 Kap. 9, LAUX 2003 Kap. VII und VIII, WEBER 1990.

Zu 2
Zur Beurteilung von Investitionsprogrammen auf Grundlage der Portefeuilletheorie:
ELTON/GRUBER 2003 Kap. 4–6, HAUGEN 2001 Kap. 4 und 5, HIELSCHER 1996 Kap. 12,
HUANG/LITZENBERGER 1988 Kap. 3 und 4, JARROW 1988 Kap. 14 und 15, KRUSCH-
WITZ 2003 Kap. 5.8, MARKOWITZ 1952 und 1959, SHARPE 1970, SHARPE/ALEXAN-
DER/BAILEY 1999 Kap. 6–8, TOBIN 1958.

Zu 3
Zum Verhältnis zwischen Marktwert- und Nutzenmaximierung:
BREUER 1997a, FAMA 1978, FRANKE 1989b, GROSSMAN/STIGLITZ 1977, WILHELM
1983a

Zum Begriff und zur Bedeutung der Wertadditivität:
BREUER 1997b, HALEY/SCHALL 1979 S. 202–208, HAX 1982, KRUSCHWITZ 2002
Kap. 4.

Darstellung und Beweis der Irrelevanz der Finanzierungsweise für den Marktwert der Unter-
nehmung:
FAMA 1978, HALEY/SCHALL 1979 Kap. 11, JARROW 1988 Kap. 4, MODIGLIANI/MIL-
LER 1958, RUDOLPH 1979b Kap. 3, STIGLITZ 1974, SWOBODA 1994 Kap. 4.2.

Zu speziellen Kapitalmarktmodellen und Bewertungsfunktionen:
ARROW 1964, DRUKARCZYK 1993 Kap. 8 und 9, ELTON/GRUBER 2003 Kap. 13,
FRANKE 1983, GÖPPL 1980, HIRSHLEIFER 1974, KRUSCHWITZ 2002 Kap. 5, 6 und
8, LINTNER 1965, MOSSIN 1966, MYERS 1968, NIPPEL 1996, RUDOLPH 1979a,
SCHMIDT/TERBERGER 1997 Kap. 9, SHARPE 1964, SHARPE/ALEXANDER/BAILEY
1999 Kap. 9, WILHELM 1983b, WOSNITZA 1995.

Kapitel VII   Die Preisbildung auf dem Kapitalmarkt

1   Die Bedeutung des Kapitalmarktes

In einer Marktwirtschaft werden die Güterströme über Gütermärkte von den Anbietern zu den Nachfragern gelenkt, die Geldströme über den Geld- und Kapitalmarkt. Da Geld der Vereinfachung des Güterhandels dient, bestehen enge Zusammenhänge zwischen den Vorgängen auf den Gütermärkten und den Vorgängen auf dem Geld- und Kapitalmarkt. So werden Investoren kaum bereit sein, Geld am Kapitalmarkt anzulegen, also auf heutigen Konsum zugunsten zukünftigen Konsums zu verzichten, wenn die am Kapitalmarkt erzielbare Rendite deutlich unter der Inflationsrate liegt. Gleichzeitig wird es bei einer solchen Konstellation zu hoher Kreditnachfrage kommen. Ein Ausgleich von Geldangebot und -nachfrage führt im allgemeinen zu einer Rendite, die über der Inflationsrate liegt.

Auf dem Geld- und Kapitalmarkt gibt es eine Fülle von Anlagemöglichkeiten. So kann ein Investor sein Geld in bereits umlaufende Finanzierungstitel investieren, indem er sie von anderen Investoren kauft, das heißt, er kauft einen Finanzierungstitel auf dem Sekundärmarkt. Gleichzeitig kann der Investor Finanzierungstitel auf dem Primärmarkt erwerben, das heißt, er kauft vom Emittenten einen neu geschaffenen Titel. Zu den Emittenten zählen vor allem Unternehmen und staatliche Einrichtungen. Die Investoren stellen denjenigen Titelemittenten Geld zur Verfügung, die die attraktivste Verzinsung in Aussicht stellen. Die Attraktivität richtet sich nach dem Erwartungswert der Rendite und dem Risiko der Anlage, analog zum unmittelbaren Parametervergleich bei Sicherheit. Erwartete Rendite und Risiko eines Titels hängen von seiner Ausgestaltung ab. Titel mit deterministischen Zahlungsansprüchen sind im allgemeinen weniger riskant als Beteiligungstitel, dafür bieten sie eine geringere erwartete Rendite. Mischformen wie z. B. Optionsanleihen nehmen eine mittlere Position hinsichtlich Risiko und erwarteter Rendite ein.

Die Allokationsfunktion des Kapitalmarktes zeigt sich auf dem Primärmarkt: Er „lenkt" das Geld zu den Verwendern, die die attraktivste Rendite bieten. Sieht man vom Staat und von den privaten Haushalten ab, so können im allgemeinen diejenigen Unternehmen die attraktivste Rendite bieten, die auch die größten Erfolge auf den Gütermärkten erzielen. Damit wird das Geld den „produktivsten" Verwendungen zugeführt. Verlustbringende Unternehmen können keine attraktive Rendite in Aussicht stellen. Daher ist es für sie sehr schwer, Geld zu beschaffen. Folglich können sie nicht oder nur in geringem Maß investieren. Auf diese Weise behindert der Kapitalmarkt unrentable Investitionen. Indem er das Geld in die produktiven Verwendungen lenkt, fördert er das gesamtwirtschaftliche Wachstum. Für die Geld nachfragenden

Unternehmen bedeutet dieser Selektionsmechanismus, daß sie sich um Erfolg auf den Gütermärkten bemühen müssen. Denn nur erfolgreiche Unternehmen sind im Urteil der Investoren in der Lage, weiteres Geld erfolgreich anzulegen.

Der Allokationsmechanismus des Kapitalmarktes funktioniert allerdings nur, wenn der Kapitalmarkt verschiedenen Anforderungen genügt. So darf die Preisbildung nicht durch staatliche Eingriffe verzerrt werden. Denn sonst werden auch die Renditen verzerrt, die sich aus den Preisen errechnen. Wichtig ist auch ein Mindestmaß an Information über den Erfolg der Unternehmen auf den Gütermärkten. Denn sonst können die Investoren die Renditen von Realinvestitionsprojekten nicht abschätzen. Je weniger Information es gibt, um so größer ist die Gefahr, daß die Wertpapierkurse nicht den Erfolgen auf den Gütermärkten entsprechen, um so größer ist die Gefahr einer Fehlallokation von Geld. Wegen der zentralen Bedeutung von Informationen befaßt sich die Kapitalmarktforschung intensiv damit.

Die Bedeutung des Kapitalmarktes für Unternehmen beschränkt sich nicht auf die Bereitstellung finanzieller Mittel. Für Unternehmen und Investoren bietet der Kapitalmarkt zahlreiche Möglichkeiten, Geld ertragbringend anzulegen. Wenn auch der Erwerb eines Titels dem Erwerber häufig Risiken auflädt, so trifft dies jedoch keineswegs generell zu. Gerade in jüngster Zeit wurden zahlreiche Wertpapiere geschaffen, die Unternehmen und Investoren erlauben, Risiken aus Realinvestitionen zu hedgen, d. h. durch negativ korrelierte Risiken aus Finanztransaktionen zu neutralisieren. Solche Finanztransaktionen erzeugen somit versicherungsähnliche Wirkungen.

Die wichtigsten Instrumente hierfür sind Terminkontrakte, Swaps und Optionen. Allen diesen Kontrakten ist gemeinsam, daß Leistung und Gegenleistung nicht wie beim Kassakontrakt sofort erfolgen, sondern später. Im Terminkontrakt werden Leistung und Gegenleistung sowie der zukünftige Termin festgelegt, an dem diese zu erbringen sind. Da Leistung und Gegenleistung mit Vertragsabschluß festliegen, besteht für den Leistungsempfänger kein Preisänderungsrisiko mehr. Dies gilt ebenso für Swaps, bei denen Leistung und Gegenleistung für mehrere zukünftige Termine vereinbart werden.

Z. B. unterliegt ein Exporteur, der in sechs Monaten 1 Mio US-$ bekommt, einem Wechselkursrisiko. Denn der Kassakurs, zu dem er in sechs Monaten die Dollars in € tauschen kann, ist ungewiß. Dieses Risiko kann der Exporteur ausschalten, indem er bereits heute die zukünftigen Dollars zum Terminkurs verkauft. Er liefert dann in sechs Monaten die Dollars dem Vertragspartner und bekommt als Gegenleistung einen €-Betrag in Höhe von 1 Mio · Terminkurs.

Während Swaps weitestgehend außerbörslich gehandelt werden, wird bei Terminkontrakten danach unterschieden, ob sie an einer Börse oder außerhalb einer Börse gehandelt werden. Die außerhalb einer Börse gehandelten Forward-Kontrakte können zwischen den beiden Vertragsparteien frei ausgehandelt werden und sind daher weniger standardisiert als die an einer Börse gehandelten Futures-Kontrakte. Bei diesen Kontrakten sind die Modalitäten weitgehend festgelegt. Zu vereinbaren sind nur der Future-Kurs, die Zahl der Kontrakte und der Erfüllungstermin. Im allgemeinen gibt es nur vier Erfüllungstermine pro Jahr. Zur Sicherung der Vertragserfüllung müssen beide Vertragspartner Sicherheiten in Form von Geld oder Wertpapieren bei der Börse hinterlegen. Diese Sicherheiten belaufen sich auf einen geringen Bruchteil, z. B. 5 % der im Kontrakt vereinbarten Leistung. Beiden Vertragspartnern werden Gewinne und Verluste aus Kursänderungen täglich auf ihren laufenden Konten gutgeschrieben bzw. belastet.[1] Übersteigen die Verluste eine vorgegebene Höhe, so muß der Kontoinhaber entweder Geld auf das Konto einzahlen oder sein Engagement in Futures wird glattgestellt, indem ein weiterer Futures-Kontrakt abgeschlossen wird: Beinhaltet der erste Kontrakt den Kauf einer Leistung, so beinhaltet der zweite Kontrakt den Verkauf derselben Leistung (und umgekehrt).

Futures-Kontrakte können im Prinzip Leistungen beliebiger Art beinhalten. An den Futures-Börsen werden vor allem Futures auf festverzinsliche Wertpapiere, Aktienkursindizes, Devisen, Rohstoffe und Edelmetalle gehandelt.

Optionen räumen dem Käufer das Recht ein, während der Laufzeit des Kontraktes die Leistung vom Verkäufer, dem Stillhalter, zu verlangen oder aber darauf zu verzichten. Der Käufer wird die Option vor ihrem Verfall ausüben, also die Leistung verlangen, wenn er dadurch einen Gewinn erzielt. Wenn die Leistungsabnahme einen Verlust erzeugt, so verzichtet der Käufer. Mit der Option kann sich der Käufer also gegen eine ungünstige Preisentwicklung bei gleichzeitiger Wahrung seiner Gewinnchancen absichern. Der Stillhalter ist zum Vertragsabschluß nur bereit, wenn er dafür einen Preis, den Optionspreis, erhält.

An Börsen werden standardisierte Optionen auf Aktien, Anleihen, Devisen, Rohstoffe, Edelmetalle, Aktienkursindizes sowie Optionen auf Futures-Kontrakte gehandelt. Außerhalb der Börse werden vielfältige Varianten von Optionen gehandelt. Dies gilt ebenso für Swaps.

Terminkontrakte, Swaps und Optionen eröffnen ein Spektrum von Absicherungsmöglichkeiten gegen Preisänderungen. Diese Möglichkeiten stehen Unternehmen und Investoren offen. Die rasche Entwicklung des Handels in solchen Kontrakten zeigt, daß für solche Kontrakte eine erhebliche Nachfrage existiert. Allerdings geht es dabei nicht nur um die Absicherung von Risiken, sondern auch um die spekulative Geldanlage.

Im Mittelpunkt der Kapitalmarktforschung steht die Preisbildung auf dem Kapitalmarkt. Für die Unternehmen ist die Preisbildung wichtig, da sie die Konditionen bestimmt, zu denen Unternehmen Geld beschaffen können. Für den Investor ist sie wichtig, da die Renditen, die er am Kapitalmarkt erzielen kann, von der Preisbildung abhängen. Daher wird die Preisbildung im zweiten und dritten Abschnitt dieses Kapitels erläutert. Im zweiten Abschnitt wird das allgemeine Prinzip arbitragefreier Bewertung vorgestellt und auf die Bewertung von Terminkontrakten, Swaps und Optionen angewendet. Im dritten Abschnitt werden die Preise von Wertpapieren anhand eines State-Preference-Ansatzes bestimmt. Das Capital Asset Pricing Model erweist sich als ein Spezialfall. Die Zeitstruktur der Zinssätze wird als Beispiel für mehrperiodige Modelle erörtert. Im vierten Abschnitt wird schließlich der Zusammenhang

---

[1] Z. B. hat Herr X am 3. 5. einen Futureskontrakt gekauft. Danach bekommt er am 14. 10. eine Bundesanleihe im Nennwert von 100.000 € zum Futures-Kurs von 98 % geliefert. Sinkt der Futures-Kurs am 4. 5. auf 97,5 %, so erleidet Herr X einen Verlust von 0,5 % · 100.000 € = 500 €. Dieser Verlust wird seinem Konto am 4. 5. belastet. Ebenso wird am 5. 5. der Gewinn bzw. Verlust errechnet, ausgehend vom letzten Kurs 97,5 %. Steigt der Kurs am 5. 5. auf 98,25 %, so ergibt sich ein Gewinn von 0,75 % · 100.000 € = 750 €. Dieser Gewinn wird dem Konto am 5. 5. gutgeschrieben.

zwischen Preisbildung und Informationsverarbeitung auf dem Kapitalmarkt herausgearbeitet.

2 Arbitragefreie Märkte

2.1 Das Prinzip der Arbitragefreiheit

Im vorangehenden Kapitel wurde der Marktwert als Kriterium für Investitionsentscheidungen erörtert, außerdem wurde ein spezielles Marktwertmodell, das Capital Asset Pricing Model, vorgestellt. Hier geht es um ein allgemeines Grundprinzip der Bewertung stochastischer Zahlungsströme. Damit wird bereits eine Einschränkung sichtbar: Wenn auch Finanzierungstitel neben der Anwartschaft auf einen Zahlungsstrom nicht-finanzielle Rechte, z. B. Rechte zur Beeinflussung der Geschäftspolitik von Unternehmen, verbriefen können, so beschränkt sich dieses Kapitel auf die Bewertung von Zahlungsströmen. Nicht-finanzielle Rechte werden vernachlässigt.

Außerdem wird ein vollkommener Kapitalmarkt unterstellt. Demnach werden Informations- und Transaktionskosten sowie Steuern ausgeschlossen; alle Wertpapiere sind beliebig teilbar.

Im einfachsten Fall einer Arbitrage kauft jemand (der Arbitrageur) ein Gut von einem Geschäftspartner und verkauft es gleichzeitig zu einem höheren Preis an einen anderen. Die Differenz zwischen Ein- und Verkaufspreis ist der Arbitragegewinn. Arbitrage bedeutet gewinnbringendes Ausnutzen von Preisdifferenzen durch simultanen Kauf und Verkauf von Gütern. Z. B. verkauft ein Devisenhändler 1 Mio US-$ zum Kurs von 0,99 €/$ und kauft gleichzeitig zum Kurs von 1,00 €/$. Sein Arbitragegewinn beträgt 10 T€. Dem Arbitragegewinn des einen entspricht ein gleich hoher Verlust anderer. Wäre es anders, dann könnten alle durch Arbitrage reicher werden. Niemand nimmt freiwillig und bewußt einen Arbitrageverlust in Kauf. Unvollkommenheiten des Marktes können zu unbewußten Arbitrageverlusten führen. Z. B. weiß jemand nicht, daß er das Gut billiger anderswo einkaufen kann. Bei vollkommenem Markt ist jedoch jeder Akteur über alles informiert. Daher kann es weder Arbitrageverluste noch -gewinne geben. Folglich kostet das Gut überall gleich viel, es gilt das „Gesetz des Einheitspreises". Dieser Preis kann sich natürlich im Zeitablauf ändern.

Damit läßt sich auch der Zusammenhang zwischen Arbitrage und Gleichgewicht klären. Solange durch Geschäfte Arbitragegewinne erzielt werden können, versucht jeder Akteur, weitere Geschäfte abzuschließen. Ein Gleichgewicht besteht also nicht. Erst wenn Arbitragegewinne nicht mehr erzielt werden können, wenn also Arbitragefreiheit besteht, kann ein Gleichgewicht existieren. Arbitragefreiheit ist daher eine notwendige Voraussetzung des Gleichgewichts, sie ist aber nicht hinreichend.

Das Prinzip der Arbitragefreiheit läßt sich auch auf die Bewertung stochastischer Zahlungsströme anwenden. Dazu betrachten wir ein einfaches Beispiel. Auf dem Kapitalmarkt werden drei Wertpapiere (WP) gehandelt, die nach einem Jahr Geld abwerfen. Nach einem Jahr kann entweder Zustand 1 oder Zustand 2 eintreten. Der Zustandsbaum in Abb. 7.1 zeigt im Zustand 0 die heutigen Preise der drei Papiere und in den beiden anderen Zuständen die Einzahlungsüberschüsse (EZÜ), die die Papiere nach einem Jahr abwerfen.

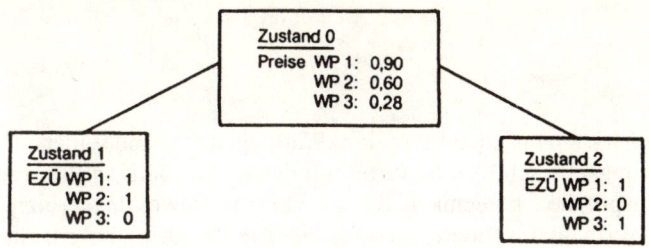

Abb. 7.1. Preise und zustandsbedingte Einzahlungsüberschüsse von drei Wertpapieren

Wertpapier 1 wirft in den Zuständen 1 und 2 jeweils 1 € ab, es handelt sich also um eine risikofreie Geldanlage. Der risikofreie Zinssatz r ergibt sich durch die Definitionsgleichung (1 + r) Preis = EZÜ, also (1 + r) 0,90 = 1. Daraus folgt r = 11,1 %. Wertpapier 2 wirft 1 € lediglich im Zustand 1 ab, Wertpapier 3 wirft 1 € im Zustand 2 ab. Der Anspruch auf Zahlung von 1 € im Zustand 1 kostet im Zustand 0 0,60 €, der Anspruch auf Zahlung von 1 € im Zustand 2 0,28 €. Diese Preise werden als Preise für zustandsbedingte Ansprüche bezeichnet.

Will jemand einen Anspruch auf Zahlung von 1 € im Zustand 1 und im Zustand 2 erwerben, also Geld risikofrei anlegen, so kann er entweder Wertpapier 1 kaufen oder Wertpapier 2 und 3 gemeinsam. Während Wertpapier 1 0,90 € kostet, kosten die Wertpapiere 2 und 3 zusammen 0,88 €. Damit zeigt sich eine gewinnbringende Arbitrage: Man emittiere Wertpapier 1, man nehme also einen Kredit von 0,90 € auf, der mit 11,1 % zu verzinsen ist. Gleichzeitig kaufe man die Wertpapiere 2 und 3. Das gesamte Portefeuille wirft im Zustand 0 einen Einzahlungsüberschuß von 90 – 60 – 28 = 2 ct ab, in den Zuständen 1 und 2 jedoch nichts. Der Arbitragegewinn beträgt also 2 ct. Folglich besteht kein Gleichgewicht. Ein Gleichgewicht kann nur existieren, wenn Wertpapier 1 genausoviel kostet wie die Wertpapiere 2 und 3 zusammen. Dahinter steht wieder das „Gesetz des Einheitspreises": Verschiedene Portefeuilles, die in Zukunft denselben (stochastischen) Zahlungsstrom abwerfen, müssen gleich viel kosten.

Eine allgemeinere Version läßt sich daraus ableiten: Wirft ein Portefeuille in Zukunft in jedem Zustand mindestens genausoviel ab wie ein anderes Portefeuille, so muß sein Preis mindestens genauso hoch wie der des anderen Portefeuilles sein. Da ein anderes Portefeuille, das in Zukunft nichts abwirft, einen Preis von 0 hat, folgt aus der allgemeineren Version das Prinzip der Arbitragefreiheit: Wirft ein Portefeuille in Zukunft in jedem Zustand einen nichtnegativen Einzahlungsüberschuß ab, so muß es einen nichtnegativen Preis haben.

Das Prinzip der Arbitragefreiheit wird nun weiter untersucht. Auf dem Kapitalmarkt werden m Wertpapiere gehandelt, indiziert mit i (i = 1, .., m). Es gebe eine endliche Zahl S von Zuständen s (s = 1, .., S). e_{is} bezeichnet den Einzahlungsüberschuß eines Stückes des Wertpapiers i im Zustand s, p_i den heutigen Preis des Wertpapiers i. Dann besagt das Farkas-Lemma, das auch der Dualitätstheorie der linearen Programmierung zugrunde liegt, in der Anwendung auf den Kapitalmarkt:

Auf einem vollkommenen Kapitalmarkt gilt das Prinzip der Arbitragefreiheit dann und nur dann, wenn nichtnegative Preise π_s° für zustandsbedingte Ansprüche existieren, so daß für jedes Wertpapier gilt (GARMAN/OHLSON 1981):

$$p_i = \sum_{s=1}^{S} e_{is}\pi_s^{\circ}; \quad i = 1,\ldots,m.$$

Gemäß diesem Lemma kann man den Preis eines Wertpapiers anhand seiner zustandsbedingten Einzahlungsüberschüsse, bewertet mit den nichtnegativen Preisen für zustandsbedingte Ansprüche[2], berechnen. Dieses einfache Bewertungsprinzip gilt nicht nur für jedes Wertpapier, sondern auch für jedes Portefeuille. So gilt für den Preis p_f eines aus den Wertpapieren i und h bestehenden Portefeuilles f:

$$p_f = p_i + p_h = \sum_{s=1}^{S} (e_{is} + e_{hs})\pi_s^{\circ} = \sum_{s=1}^{S} e_{fs}\pi_s^{\circ}.$$

Hierbei gilt $e_{is} + e_{hs} = e_{fs}$. Folglich besteht Wertadditivität auf einem vollkommenen, arbitragefreien Markt: Der Preis eines Portefeuilles ist gleich der Summe der Preise der im Portefeuille enthaltenen Wertpapiere.

Zur Veranschaulichung des Farkas-Lemmas betrachten wir zunächst eine deterministische Welt, in der der Zustand s den Zeitpunkt s bezeichnet. π_s° bezeichnet dann den Abzinsungsfaktor für den Zeitpunkt s. Gemäß dem Lemma ist der Kapitalmarkt genau dann arbitragefrei, wenn für alle Wertpapiere dieselben Abzinsungsfaktoren gelten, wenn also der Preis jedes Wertpapiers sein Kapitalwert ist, berechnet anhand der Abzinsungsfaktoren π_s°.

In einer stochastischen Welt werden gemäß dem Lemma die Wertpapierpreise ebenfalls durch Addition der zustandsbedingten Einzahlungsüberschüsse, multipliziert mit den Preisen π_s°, ermittelt. Dies rechtfertigt es, den Kurs einer Aktie als Kapitalwert der zukünftigen Ausschüttungen aufzufassen. Diese Betrachtungsweise liegt der gesamten Kapitalmarktforschung zugrunde. Verschiedene Modelle unterscheiden sich nicht hinsichtlich dieser Betrachtungsweise, sondern in der Erklärung der Preise π_s°. Das im dritten Abschnitt vorzustellende Bewertungsmodell impliziert z. B., daß der Preis π_s° vom Marktwert aller Wertpapiere im Zustand s bestimmt wird.

Die Stärke des Prinzips der Arbitragefreiheit beruht darauf, daß über die Risikoeinstellung der Investoren keine Annahmen gesetzt werden. Obwohl die dem Farkas-Lemma zugrundeliegenden Annahmen relativ schwach sind, erlauben sie doch die Ableitung wichtiger Ergebnisse der Finanzierungstheorie. So folgt aus der Arbitragefreiheit bei vollkommenem Kapitalmarkt Wertadditivität und damit die Irrelevanz der Finanzierungspolitik; schließlich lassen sich Terminkontrakte, Swaps und Optionen nach dem Prinzip der Arbitragefreiheit bewerten, wie im folgenden dargelegt wird.

2.2 Die Bewertung von Terminkontrakten und Swaps

In diesem Abschnitt soll die Bewertung von Terminkontrakten und Swaps beispielhaft anhand eines Terminkontraktes auf eine Aktie und anhand eines Terminkontrak-

---

[2] Wenn es mehr Zustände als Wertpapiere gibt (S > m), dann sind die Preise für zustandsbedingte Ansprüche nicht eindeutig. Auch kann man dann nicht beliebig zustandsbedingte Ansprüche kaufen. Die Preise π_s° werden dann als Schattenpreise bezeichnet.

tes auf eine Anleihe veranschaulicht werden. Außerdem wird die Bewertung von Swaps verdeutlicht. Später, im Abschnitt 3.3, wird bei der Erörterung der Zeitstruktur der Zinssätze auch auf kurzfristige Zinsterminkontrakte eingegangen.

2.2.1   Terminkontrakte auf Aktien

Wir betrachten einen Terminkontrakt auf eine Aktie, der nach drei Monaten zu erfüllen ist. Innerhalb dieser drei Monate wirft die Aktie weder Dividenden noch andere Nebenrechte ab. Die Aktie kostet heute 100 €, am Geldmarkt wird für Dreimonatsgeld ein Zinssatz von 6 % p. a. bezahlt. Wie hoch ist der Terminkurs heute?

Die Antwort läßt sich anhand des Prinzips der Arbitragefreiheit ableiten. Dazu vergleichen wir zwei Geschäfte:

(1)   Kaufe heute eine Aktie per Termin 3 Monate zum Terminkurs f_0 und verkaufe sie nach 3 Monaten zum heute noch unbekannten Kassakurs $\tilde{s}_3$. Daraus resultiert nach 3 Monaten ein Gewinn oder Verlust in Höhe von $\tilde{s}_3 - f_0$.

(2)   Kaufe heute eine Aktie zum Kassakurs $s_0 = 100$, finanziere diesen Kauf durch Kreditaufnahme zu 6 % und verkaufe die Aktie nach 3 Monaten zum Kassakurs $\tilde{s}_3$. Der Kredit ist nach 3 Monaten zu verzinsen und zu tilgen.

Daraus resultiert heute eine Einzahlung aus Kreditaufnahme in Höhe von 100, gleichzeitig eine Auszahlung in gleicher Höhe für die Aktie. Nach 3 Monaten erhalten wir aus dem Verkauf der Aktie $\tilde{s}_3$, während wir $100 (1 + 0{,}06/4) = 101{,}50$ für die Kreditbedienung aufwenden müssen. Der Gewinn oder Verlust nach 3 Monaten ist also $\tilde{s}_3 - 101{,}50$.

Die beiden Geschäfte unterscheiden sich also lediglich darin, daß im ersten Geschäft f_0, im zweiten 101,50 abgezogen wird. Arbitragefrei ist der Markt nur dann, wenn der Terminkurs $f_0 = 101{,}50$ ist. Denn wäre z. B. $f_0 > 101{,}50$, könnte man einen Arbitragegewinn in Höhe von $f_0 - 101{,}50$ erzielen, indem man das zweite Geschäft und gleichzeitig das erste mit umgekehrten Vorzeichen durchführt. Letzteres heißt, die Aktie per Termin 3 Monate zu verkaufen und sie nach 3 Monaten zum Kassakurs zu kaufen.

Die Bedingung $f_0 = 101{,}50$ bedeutet, daß der Terminkurs der Aktie mit dem aufgezinsten heutigen Kassakurs übereinstimmen muß:

$$f_0 = s_0(1 + iT).$$

Hierbei ist i der Geldmarktsatz für die Anlage von Geld bis zum Termin, angegeben auf Jahresbasis, und T die Restlaufzeit des Terminkontraktes in Bruchteilen eines Jahres. Ist $T < 1$, dann wird die unterjährige Zinsberechnung über den Faktor $(1 + iT)$ linearisiert. Bei überjähriger Zinsrechnung $(T > 1)$ wird mit dem Aufzinsungsfaktor $(1 + i)^T$ exponentiell gerechnet.

Die obige Bedingung kann wie folgt interpretiert werden: Will man zum späteren Termin eine Aktie besitzen, so läßt sich das auf zwei Wegen realisieren, erstens durch Kauf der Aktie zum Terminkurs f_0 und zweitens durch heutigen Kauf der Aktie zum Kassakurs s_0 und Finanzierung dieses Kaufs durch einen Kredit, der bis zum Termin läuft. Der zweite Weg kann daher als synthetischer Terminkauf aufgefaßt werden: Zwei Transaktionen werden so kombiniert, daß sie im Ergebnis einem Termingeschäft gleichen. Folglich müssen beide Wege gleich teuer sein. Der Zinsvorteil, den das Termingeschäft bietet, da der Terminkurs erst zum Termin zu zahlen ist, wird genau ausgeglichen dadurch, daß der Terminkurs um die ersparten Zinsen höher ist als der heutige Kassakurs.

Dieses Ergebnis ist insofern überraschend, als der Terminkurs völlig unabhängig davon ist, wie stark der spätere Kassakurs schwanken kann. Man könnte vermuten, daß der Terminkurs um so niedriger ist, je stärker der spätere Kassakurs schwanken kann. Dies mag durchaus zutreffen. Jedoch besteht lediglich ein indirekter Zusammenhang: Wenn stärkere Schwankungen des späteren Kassakurses von den Investoren infolge ihrer Risikoscheu als Belastung empfunden werden, dann wird der heutige Kassakurs s_0 entsprechend niedriger sein; da das Verhältnis Kassakurs zu Terminkurs durch den Zinseffekt determiniert ist, muß auch der Terminkurs niedriger sein.

2.2.2 Terminkontrakte auf Anleihen

Wir betrachten nun einen Terminkontrakt auf eine Anleihe. Ein Unterschied zwischen Anleihe und Aktie besteht darin, daß beim Kauf einer Anleihe nicht nur der Börsenkurs zu zahlen ist, sondern auch Stückzinsen: Die jährlich vom Emittenten ein- oder zweimal zu zahlenden Zinsen werden dem Käufer einer Anleihe zeitanteilig in Rechnung gestellt.

Beispiel: Eine Anleihe wirft jeweils am 1. 3. eines Jahres 10 % Zinsen ab, bei einem Nennwert von 100 € also 10 €. Kauft nun jemand diese Anleihe am 21. 4., also 50 Tage nach dem Zinszahlungszeitpunkt, dann muß er neben dem Börsenkurs anteilig für 50 Tage Stückzinsen zahlen, also $10 \cdot 50/360 = 1{,}39$ €. Der Kaufpreis wächst also zinsbedingt täglich um $10/360 = 0{,}0278$ € Zinsen bis zum nächsten Zinszahlungszeitpunkt. Dann sinkt er auf den jeweiligen Börsenkurs ab, um danach wieder mit den Stückzinsen zu wachsen.

Wir betrachten nun einen Terminkontrakt auf eine Anleihe, die jeweils am 1. 3. 10 € Zinsen abwirft. Sie wird heute, am 21. 4., zum Kassakurs von 102 € gehandelt. Der Geldmarktzinssatz auf 3 Monate beträgt wieder 6 % p. a.. Wie hoch ist der Terminkurs für eine Anleihe, wenn der Terminkontrakt nach 3 Monaten zu erfüllen ist?

Wieder vergleichen wir zwei Geschäfte:

(1) Kaufe heute eine Anleihe per Termin 3 Monate und verkaufe sie nach 3 Monaten im Kassamarkt.
Nach 3 Monaten muß der Käufer den Terminkurs f_0 zuzüglich der bis zum Termin aufgelaufenen Stückzinsen zahlen. Für den Verkauf der Anleihe bekommt er nach 3 Monaten den dann geltenden Kassakurs $\tilde{s}_3$ zuzüglich der bis zum Termin aufgelaufenen Stückzinsen. Aus beiden Transaktionen resultiert nach 3 Monaten ein Gewinn oder Verlust in Höhe von $\tilde{s}_3 - f_0$.

(2) Kaufe heute eine Anleihe im Kassamarkt, finanziere diesen Kauf durch einen 3-Monats-Kredit zu 6 % und verkaufe die Anleihe nach 3 Monaten im Kassamarkt.

Für den heutigen Kauf der Anleihe sind $(s_0 + \text{Stückzinsen}_0)$ zu zahlen, also $102 + 1{,}39 = 103{,}39$. Die bis heute aufgelaufenen Stückzinsen werden mit Stückzinsen_0 bezeichnet. Der Anleihekauf wird mit einem Kredit finanziert, für dessen

Tilgung und Verzinsung nach 3 Monaten 103,39 $(1 + 0,06/4) = 104,94$ zu zahlen sind. Aus dem Verkauf der Anleihe nach 3 Monaten resultiert eine Einzahlung von $(\tilde{s}_3 + \text{Stückzinsen}_T) = \tilde{s}_3 + 3,89$, da bis zum Termin $10\,(50 + 90)/360 = 3,89$ an Stückzinsen auflaufen. Insgesamt ergibt sich nach 3 Monaten ein Gewinn oder Verlust von $\tilde{s}_3 + 3,89 - 104,94 = \tilde{s}_3 - 101,05$.

Arbitragefrei ist der Markt nur dann, wenn beide Geschäfte dasselbe Ergebnis abwerfen, wenn also der Terminkurs $f_0 = 101,05$ ist. Sonst könnte man einen Arbitragegewinn erzielen, indem man das eine Geschäft und das andere mit umgekehrtem Vorzeichen durchführt, d. h. Kauf durch Verkauf ersetzt und Geldaufnahme durch Geldanlage. Der dahinter stehende Zusammenhang lautet allgemein wie folgt:

$$(s_0 + \text{Stückzinsen}_0) \cdot (1 + i\,T) = f_0 + \text{Stückzinsen}_T.$$

Hierin bezeichnet Stückzinsen_0 die heute zu zahlenden Stückzinsen, Stückzinsen_T die am Termin zu zahlenden. Es gilt also derselbe Zusammenhang wie beim Terminkurs einer Aktie, jedoch sind die Stückzinsen außerdem zu berücksichtigen. Wiederum wird der Zinsvorteil des Terminkontraktes aus der späteren Zahlung ausgeglichen durch eine entsprechende Korrektur des Terminkurses.

Jedoch muß der Terminkurs nun nicht über dem Kassakurs s_0 liegen. Er liegt dann über (unter) dem Kassakurs, wenn der Geldmarktsatz über (unter) dem Zinssatz der Anleihe liegt. Dies gilt zumindest näherungsweise, wie im folgenden gezeigt wird. Seien c_0 die heute zu zahlenden Stückzinsen, $c_0 + 100\,rT$ die am Termin zu zahlenden Stückzinsen, wobei r der Anleihezinssatz ist. Dann folgt aus der vorangehenden Gleichung

$$(s_0 + c_0)\,(1 + iT) = f_0 + c_0 + 100\,rT$$

oder

$$s_0\,[1 + (i - r)T] = f_0 + (100 - s_0)\,rT - c_0\,iT$$

oder

$$s_0\,[1 + (i - r)T] \approx f_0,$$

sofern der Kassakurs s_0 nur wenig vom Nennwert 100 abweicht und der Zins auf die Stückzinsen, $c_0\,i\,T$, gering ist.

Die Differenz aus Geldmarktzinssatz und Anleihezinssatz wird als Bestandshaltekosten (cost of carry) bezeichnet. Sind diese positiv (negativ), dann liegt der Terminkurs im allgemeinen über (unter) dem Kassakurs.

2.2.3 Swaps

Während ein Terminkontrakt Leistung und Gegenleistung für einen zukünftigen Termin vorsieht, schreibt ein Swap diese für mehrere zukünftige Termine vor. Ein Swap kann daher als ein Portefeuille von Terminkontrakten aufgefaßt werden. Folglich läßt sich die arbitragefreie Bewertung von Terminkontrakten auf Swaps übertragen.

Die wichtigsten Arten von Swaps sind Zinsswaps, Währungsswaps und Zinswährungsswaps. Bei einem Zinsswap zahlt der eine Vertragspartner an vertraglich fixierten zukünftigen Zeitpunkten feste Zinsbeträge, der andere variable Zinsbeträge, deren Höhe sich nach der Entwicklung eines vertraglich vereinbarten Referenzzinssatzes richtet. Z. B. kann bei halbjährlichen variablen Zinszahlungen der 6-Monats-LIBOR (Londoner Interbankenzinssatz für 6-Monats-Geld) als Referenzzinssatz gewählt werden. Der im Zeitpunkt t zu zahlende variable Zinsbetrag ergibt sich dann aus dem Nennwert des Zinsswaps, multipliziert mit dem 6-Monats-LIBOR, der ein halbes Jahr vor dem Zeitpunkt t beobachtet wird. Da beiden Zinszahlungen derselbe Nennwert in derselben Währung zugrunde liegt, erübrigt sich eine wechselseitige Zahlung dieses Nennwerts.

Bei einem Währungsswap verpflichtet sich ein Vertragspartner, an bestimmten zukünftigen Zeitpunkten bestimmte Fremdwährungsbeträge zu liefern; der andere Vertragspartner verpflichtet sich, dafür bestimmte €-Beträge zu zahlen.

Bei einem Zinswährungsswap handelt es sich um einen Zinsswap, wobei allerdings die variablen Zinsbeträge in einer anderen Währung zu zahlen sind als die festen Zinsbeträge. Außerdem werden am Ende der Laufzeit des Swaps neben den Zinsbeträgen die Nennwerte in den jeweiligen Währungen gezahlt. Im Ergebnis leistet eine Vertragspartei Zins- und Tilgungszahlungen für einen Kredit in einer Währung und bekommt dafür Zins- und Tilgungszahlungen für einen Kredit in einer anderen Währung; dabei liegt dem einen Kredit ein fester, dem anderen Kredit ein variabler Zinssatz zugrunde.

Die Bewertung eines Swaps beruht auf demselben Prinzip wie die Bewertung eines Terminkontraktes: Marktwert von Leistung(en) und Gegenleistung(en) müssen übereinstimmen. Das sei an einem Zinsswap verdeutlicht. A verpflichtet sich, auf einen Nennwert von 100 € am Ende jedes der folgenden 5 Jahre Zinsen in Höhe von i % zu zahlen. B verpflichtet sich, auf denselben Nennwert zu denselben Zeitpunkten Zinsen in Höhe des 12-Monats-LIBOR zu zahlen. Die Swaprate ist zu bestimmen.

Diesem Zinsswap gleichwertig ist folgende Vereinbarung: A und B verpflichten sich, neben den Zinszahlungen am Ende des 5. Jahres auch den Nennwert von 100 € zu zahlen. Damit läuft der Zinsswap darauf hinaus, daß A die Zins- und Tilgungszahlungen aus einem festverzinslichen Kredit, B diejenigen aus einem variabel verzinslichen Kredit zu leisten hat. Besitzen A und B eine hervorragende Bonität, dann ist der Zinsswap gleichwertig dem Tausch einer festverzinslichen gegen eine variabel verzinsliche Bundesanleihe. Die Swaprate i ist dann so zu wählen, daß beide Bundesanleihen gegenwärtig denselben Marktwert aufweisen. Notiert die variabel verzinsliche Anleihe zu pari, also in Höhe ihres Nennwertes, dann ist als Swaprate ein fester Zinssatz zu wählen, bei dem die festverzinsliche Anleihe ebenfalls zu pari notiert. Mit anderen Worten, man wählt als Swaprate den Zinssatz einer festverzinslichen Bundesanleihe mit 5 Jahren Restlaufzeit, die gegenwärtig zu pari notiert. Dieser Zinssatz stimmt mit der Rendite dieser Anleihe überein.

2.3 Die Bewertung von Optionen

2.3.1 Ein Beispiel

Eine Option beinhaltet ein Wahlrecht des Inhabers. Dieses Wahlrecht wird er zu seinem Vorteil nutzen. Daher kann der Wert eines solchen Wahlrechts nie negativ sein.

Z. B. hat der Besitzer eines Autos die Option, das Auto am Wochenende für einen Ausflug zu benutzen. Der Schuldner einer Anleihe, die dem Schuldner ein Kündigungsrecht einräumt, wird bei fallendem Zinsniveau überlegen, ob er im Wege der Kündigung die Anleihe durch eine niedriger verzinsliche ersetzen soll. Der Inhaber eines Bundesschatzbriefes überlegt bei steigendem Zinsniveau, ob er von seinem Recht zur vorzeitigen Rückgabe des Schatzbriefes Gebrauch machen soll. Der Inhaber einer Wandelschuldverschreibung prüft, ob er seine Wandelschuldverschreibung in Aktien tauschen soll. Vor einem ähnlichen Entscheidungsproblem steht der Inhaber einer Optionsanleihe. Abgesehen vom Autobeispiel geht es stets darum zu prüfen, wie Preisdifferenzen bestmöglich genutzt werden können. Dies trifft auch für Kauf- und Verkaufsoptionen auf Aktien zu, die im folgenden näher betrachtet werden.

Eine europäische Kaufoption gibt dem Erwerber das Recht, in einem zukünftigen Zeitpunkt eine festgelegte Zahl von Aktien zu einem festgelegten Kurs (= Basiskurs) vom Optionsverkäufer, dem Stillhalter, zu kaufen. Eine Verkaufsoption gibt dem Erwerber das Recht, an den Stillhalter zu verkaufen. Für dieses Recht zahlt der Erwerber dem Stillhalter bei Vertragsabschluß den Optionspreis. Lieferung der Aktien und Zahlung des Basiskurses sind bei Ausübung der Option fällig.

Im Gegensatz zur europäischen Option kann der Inhaber einer amerikanischen Option diese jederzeit während der Laufzeit der Option ausüben. Die amerikanische Option räumt dem Inhaber also weitergehende Rechte ein, folglich ist sie mindestens ebenso wertvoll wie die europäische.

Zur Illustration einer europäischen Option betrachten wir ein Beispiel. Herr X kauft im Zeitpunkt 0 eine Kaufoption zum Preis von C €. Diese Option verbrieft das Recht, im Zeitpunkt 1 eine Aktie einer bestimmten Gesellschaft zum Basiskurs von 250 € zu kaufen. Herr X geht von folgendem Zustandsbaum aus:

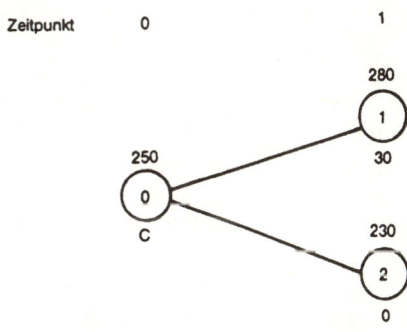

Abb.7.2. Zustandsbaum mit Kursen der Aktie (über den Zustandsknoten) und Kursen der Kaufoption (unter den Zustandsknoten)

Im Zeitpunkt 1 beläuft sich der Kurs der Aktie annahmegemäß auf 280 oder 230 €. Die Ausübung der Option ist nachteilig, wenn der Aktienkurs im Zeitpunkt 1 unter 250 €, dem Basiskurs, liegt, denn dann kann der Optionsinhaber die Aktie billiger an der Börse kaufen. Deswegen ist der Wert der Option im Zustand 2 gleich 0.

Liegt der Aktienkurs im Zeitpunkt 1 über 250 €, so kann der Optionsinhaber durch Ausübung der Option die Aktie zum Kurs von 250 € erwerben und gleichzeitig zum höheren Börsenkurs veräußern. Durch dieses Differenzgeschäft gewinnt er die

Differenz „Börsenkurs – Basiskurs". Der Wert der Option ist gleich dieser Differenz, also gleich 280 – 250 = 30 €, im Zustand 1.

Die Option wird im Zeitpunkt 1 also genau dann ausgeübt, wenn der Aktienkurs über dem Basiskurs liegt. Ohne Bedeutung für die Ausübungsentscheidung ist der im Zeitpunkt 0 gezahlte Optionspreis. Dieser ist sowieso ausgegeben und spielt daher für die Entscheidung im Zeitpunkt 1 keine Rolle.

Für den Stillhalter ergibt sich ein spiegelbildliches Ergebnis. Er bekommt im Zeitpunkt 0 C € als Optionspreis, im Zustand 1 verliert er durch das Differenzgeschäft 30 €, während er im Zustand 2 weder einen Gewinn noch einen Verlust erzielt. Abb. 7.3a) veranschaulicht die Ausübungsgewinne des Optionsinhabers und die Ausübungsverluste des Stillhalters für eine Kaufoption; sie sind gleich 0, wenn der Aktienkurs im Zeitpunkt 1 unter dem Basiskurs liegt. Abb. 7.3b) veranschaulicht die Ausübungsgewinne des Optionsinhabers und die Ausübungsverluste des Stillhalters für eine Verkaufsoption; sie sind gleich 0, wenn der Aktienkurs im Zeitpunkt 1 über dem Basiskurs liegt. Die Optionspreise sind dabei irrelevant.

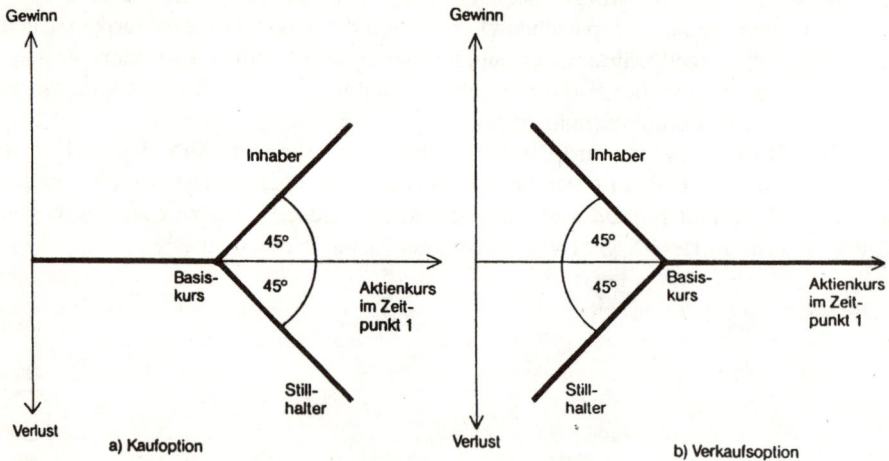

Abb. 7.3. Ausübungsgewinne und -verluste des Optionsinhabers bzw. des Stillhalters. Hierbei sind die Optionspreise nicht berücksichtigt

Wie wird die Option auf einem vollkommenen, arbitragefreien Markt bewertet? Gelingt es, ein Portefeuille aus Kaufoption und risikofreier Geldanlage zusammenzustellen, das im Zeitpunkt 1 genau dieselben Zahlungen wie eine Aktie abwirft, dann muß der Preis der Aktie mit dem des Portefeuilles übereinstimmen. Das Bewertungsproblem ist dann gelöst.

Aus der risikofreien Anlage resultiert ein gleich hoher Anspruch in beiden Zuständen. Da die Option im Zustand 2 wertlos ist, muß der aus der Aktie resultierende Wert von 230 durch risikofreie Anlage von 230/(1 + r) erzeugt werden. r ist der Zinssatz bei risikofreier Anlage. Im Zustand 1 wirft die Aktie 50 € mehr ab als im Zustand 2, die Kaufoption dagegen insgesamt 30 €. Daher müssen 5/3 Kaufoptionen in das

Portefeuille eingehen, um den Unterschied von 50 € wie bei der Aktie zu erzeugen [30 · 5/3 = 50]. Die mit diesem Portefeuille verbundenen Zahlungen zeigt der Zustandsbaum in Abb. 7.4.

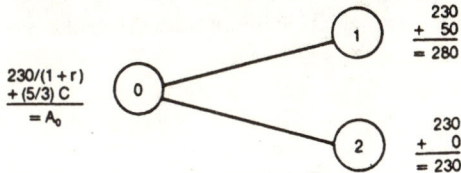

Abb. 7.4. Preise und Einzahlungsüberschüsse aus dem Portefeuille, bestehend aus risikofreier Geldanlage und 5/3 Kaufoptionen

Da dieses Portefeuille im Zeitpunkt 1 dieselben Zahlungen wie eine Aktie abwirft, muß es in einem vollkommenen, arbitragefreien Markt genausoviel wie eine Aktie kosten:

$$A_0 = 230 / (1 + r) + (5/3) \, C = 250.$$

Bei einem Sicherheitszinssatz von 5 % ergibt sich ein Optionspreis von $C = 18{,}57$ €.

Im Beispiel wurde der Optionspreis anhand der Arbitragefreiheit ermittelt. Genausogut hätten wir den Optionspreis als bekannt und den Zinssatz als unbekannt annehmen und anhand der Arbitragefreiheit bestimmen können. Sind in einem Modell mit nur zwei Zuständen (binomisches Modell) zwei Preise bekannt, so läßt sich der dritte berechnen. Ursache hierfür ist, daß von den drei betrachteten Papieren eines redundant ist in dem Sinne, daß es den Investoren keine zusätzlichen Möglichkeiten der Geldanlage bietet. Das dritte Papier ist eine in besonderer Weise konstruierte „Kopie" der beiden anderen.

Zur Ermittlung des Optionspreises wurde Arbitragefreiheit unterstellt, auf die Präferenzen der Anleger wurde nicht Bezug genommen. In diesem Sinn wurde der Optionspreis präferenzfrei ermittelt. Dennoch hängt der Optionspreis ebenso wie der Aktienkurs im Zustand 0 von den Präferenzen der Anleger ab. Dies läßt sich wie folgt zeigen.

Die Option hat einen Preis von 18,57 € und wirft lediglich im Zustand 1 30 € ab. Bezeichnet $\pi_1^0 (\pi_2^0)$ den Preis für den Anspruch auf 1 € im Zustand 1 (2), dann folgt gemäß dem Farkas-Lemma

$$18,57 = 30 \cdot \pi_1^0 + 0 \cdot \pi_2^0.$$

Somit ergibt sich $\pi_1^0 = 0{,}619$. Bei einem Sicherheitszinssatz von 5 % folgt außerdem: Legt man 1/1,05 € risikofrei an, so erhält man nach einem Jahr 1 €. Aus dem Farkas-Lemma folgt daher

$$\frac{1}{1,05} = 1 \cdot \pi_1^0 + 1 \cdot \pi_2^0$$

Aus dieser Gleichung und aus $\pi_1^0 = 0,619$ folgt $\pi_2^0 = 0,333$. Die Präferenzen der Anleger spiegeln sich in den Preisen π_1^0 und π_2^0 wider, wie im folgenden Abschnitt 3.1 gezeigt wird. Ändern sich diese Präferenzen, so ändert sich auch die Bewertung von Wertpapieren.

Z. B. wachse π_1^0 auf 0,650. Dann muß π_2^0 bei gleichbleibendem Sicherheitszinssatz auf 0,302 sinken. Folglich steigt der Optionspreis auf $30 \cdot 0,650 = 19,50$ €. Die Änderungen von π_1^0 und π_2^0 führen gleichzeitig zu einer Änderung des Aktienkurses im Zustand 0 auf

$$p_0 = 280 \cdot \pi_1^0 + 230 \cdot \pi_2^0$$

$$= 280 \cdot 0,650 + 230 \cdot 0,302 = 251,46 \text{ €}.$$

Daher ändern sich die Renditen der Aktie in den beiden Zuständen. Bislang betrug die Bruttorendite im Zustand 1 $R_1 = 280/250 = 1,12$, im Zustand 2 $R_2 = 230/250 = 0,92$. Jetzt betragen die Bruttorenditen $R_1 = 280/251,46 = 1,113$ und $R_2 = 230/251,46 = 0,915$. Diese Bruttorenditen und die risikofreie Bruttorendite $(1 + r)$ bestimmen eindeutig die Preise für zustandsbedingte Ansprüche in einem vollständigen Markt, d. h. in einem Markt, in dem es so viele verschiedene Wertpapiere wie Zustände gibt. Im Beispiel gibt es zwei Wertpapiere (Aktie und Kredit) und zwei Zustände, so daß der Markt vollständig ist. Nach dem Farkas-Lemma folgt für die Aktie, wenn man die letzte Gleichung durch p_0 teilt,

$$1 = R_1 \; \pi_1^0 + R_2 \; \pi_2^0,$$

und für den Kredit

$$1/(1 + r) = \pi_1^0 + \pi_2^0.$$

Löst man diese beiden Gleichungen nach π_1^0 und π_2^0 auf, so erhält man

$$\pi_1^0 = \frac{1}{1+r} \; \frac{(1+r) - R_2}{R_1 - R_2} \; = \; \frac{1}{1,05} \; \frac{1,05 - 0,915}{1,113 - 0,915} = 0,650,$$

$$\pi_2^0 = \frac{1}{1+r} \; \frac{R_1 - (1+r)}{R_1 - R_2} \; = \; \frac{1}{1,05} \; \frac{1,113 - 1,05}{1,113 - 0,915} = 0,302.$$

Diese beiden Gleichungen verdeutlichen den Zusammenhang zwischen Renditen und Preisen für zustandsbedingte Ansprüche: Eine Änderung der Präferenzen, die sich in Änderungen von π_1^0 und π_2^0 äußert, ändert auch die Renditen R_1 und R_2. Indem man wie im Beispiel die Entwicklung des Aktienkurses im Zeitablauf, folglich auch die Aktienrenditen, wie auch den risikofreien Zinssatz vorgibt, gibt man die Preise für zustandsbedingte Ansprüche vor und damit die Präferenzen der Anleger. Die arbitragefreie Bewertung der Option spiegelt diese Präferenzen wider (FRANKE/STAPLETON/SUBRAHMANYAM 1999). Dies gilt ebenso für das im nächsten Abschnitt vorzustellende Modell von BLACK und SCHOLES.

SHARPE hat das soeben erläuterte binomische Modell auf beliebig viele Zeitpunkte erweitert (SHARPE/GORDON/BAILEY 1995, Kap. 20). Das Modell heißt binomisch, weil auf einen Zustand im Zeitpunkt t jeweils nur zwei Zustände im Zeitpunkt (t+1) folgen können. COX/ROSS/RUBINSTEIN (1979) haben gezeigt, wie man durch einen Grenzübergang vom Sharpe-Modell zum Black/Scholes-Modell (1973) kommt. Da dieser Grenzübergang nicht leicht nachzuvollziehen ist, wird im folgenden sogleich das Black/Scholes-Modell skizziert.

2.3.2   Grundlagen des Modells von BLACK und SCHOLES

Wir betrachten wieder eine europäische Kaufoption auf Aktien. Sie berechtigt zum Kauf einer Aktie am Ende der Optionslaufzeit. Der Kapitalmarkt sei vollkommen. Der einzelne Investor beeinflusse durch seine Orders die Wertpapierkurse nicht in spürbarer Weise. Während der Laufzeit der Option sollen keine Dividenden oder Bezugsrechtsabschläge anfallen. Der Zinssatz für risikofreie Geldanlage sei während der Laufzeit der Option konstant.

Besonders wichtig für die Bewertung der Option ist die Annahme, daß während der Laufzeit der Option jederzeit neue Optionsverträge geschlossen werden können. Der Inhaber einer Kaufoption kann also jederzeit eine gleiche Kaufoption verkaufen und damit seine Position glattstellen. Die Veränderung des Aktienkurses p_t in einem „sehr kurzen" Zeitintervall dt wird mit dp_t bezeichnet. Dividiert man sie durch den Kurs p_t, so gibt der Quotient die Rendite der Aktie im sehr kurzen Zeitintervall dt an, die „Momentanrendite" R_t. Diese gehorcht annahmegemäß einer Brownschen Bewegung, wie sie in der Naturwissenschaft zur Beschreibung von Molekularbewegungen verwendet wird:[3]

$$R_t = dp_t / p_t = \mu dt + \sigma dz_t.$$

Hierin bezeichnet μdt den Erwartungswert der Momentanrendite, $\sigma\sqrt{dt}$ gibt ihre Standardabweichung an; beide sollen im Zeitablauf konstant sein. dz_t ist eine normalverteilte Zufallsvariable mit dem Erwartungswert 0 und der Standardabweichung $\sqrt{dt}$. Die Momentanrendite gehorcht folglich einer Normalverteilung. Außerdem hat die Brownsche Bewegung kein „Gedächtnis", d. h., die Momentanrendite im Zeitintervall dt ist stochastisch unabhängig von den zuvor eingetretenen Momentanrenditen. Daraus läßt sich nach den Regeln der stochastischen Integration ableiten, daß der Aktienkurs zu einem späteren Zeitpunkt t einer logarithmischen Normalverteilung gehorcht: $\ln [p_t/p_0]$ ist normalverteilt mit dem Erwartungswert $(\mu - \sigma^2/2)t$ und der Varianz $\sigma^2 t$. Da p_t/p_0 die Bruttorendite der Aktie im Zeitintervall 0 bis t ist, wachsen Erwartungswert und Varianz der logarithmierten Bruttorendite proportional mit der Länge des Zeitintervalls. σ^2 ist die Varianz der logarithmierten jährlichen Bruttorendite der Aktie.

Der Grundgedanke von BLACK und SCHOLES besteht darin, daß ein risikoloses Portefeuille aus Aktie und Kaufoption zusammengestellt werden kann. In einem vollkommenen, arbitragefreien Markt muß die Rendite dieses Portefeuilles mit dem Sicherheitszinssatz übereinstimmen. Die Bewertung des Portefeuilles ist daher von der Risikoscheu der Investoren unabhängig, folglich auch der Preis der Kaufoption bei gegebenem Aktienkurs. Insoweit besteht Übereinstimmung mit dem zuvor beschriebenen binomischen Modell, in dem der Aktienkurs von 250 auf 230 oder 280 € springt. Schwieriger zu verstehen ist allerdings, weshalb im Black/Scholes-Modell ein risikoloses Portefeuille aus Aktie und Kaufoption existiert. Dies soll im folgenden intuitiv verdeutlicht werden.

---

[3]   Die „Momentanrendite" hat bei der Brownschen Bewegung infolge ihrer stochastischen Komponente andere Eigenschaften als bei sicheren Erwartungen. Dementsprechend sind auch andere Regeln der Differentiation und Integration anzuwenden.

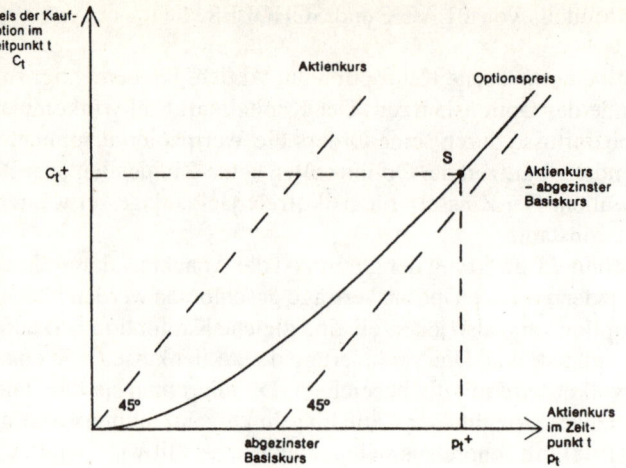

Abb. 7.5. Der Preis einer Kaufoption in Abhängigkeit vom Aktienkurs

Wir betrachten eine Kaufoption im Zeitpunkt t. Sie berechtigt zum Bezug einer Aktie im Zeitpunkt T gegen Zahlung des Basispreises K. Für den Wert dieser Option bestehen in einem arbitragefreien Markt drei Grenzen. Erstens kann der Wert nicht negativ sein. Der Wert strebt für einen sehr niedrigen Aktienkurs gegen 0, weil dann die Wahrscheinlichkeit einer gewinnbringenden Ausübung gegen 0 strebt. Zweitens kann der Wert der Option nicht unter dem Aktienkurs, vermindert um den abgezinsten Basiskurs, liegen. Würde nämlich die Option auf jeden Fall ausgeübt, also auf das Wahlrecht verzichtet, dann wäre ihr Wert genau gleich dem Aktienkurs, vermindert um den abgezinsten Basiskurs. Der Wert der Option nähert sich dieser Untergrenze asymptotisch mit steigendem Aktienkurs an, weil die Ausübungswahrscheinlichkeit mit steigendem Aktienkurs gegen 1 strebt. Drittens kann der Wert der Option nicht über dem der Aktie liegen. Bei einem Basiskurs von 0 würde die Option nämlich auf jeden Fall ausgeübt, so daß Option und Aktie den gleichen Wert hätten. Abb. 7.5 verdeutlicht diese Zusammenhänge.

Wie läßt sich nun ein risikoloses Portefeuille aus Aktie und Kaufoption im Zeitpunkt t zusammenstellen? Der Investor kenne die in Abb. 7.5 eingetragene Optionspreiskurve. Der Aktienkurs im Zeitpunkt t sei p_t^+, der zugehörige Optionspreis C_t^+. Im Punkt S hat die Optionspreiskurve die Steigung $\delta C_t / \delta p_t$, z. B. 0,8. Wenn also der Aktienkurs vom Zeitpunkt t bis zum Zeitpunkt „t + dt" um 1 € steigt oder fällt, dann steigt bzw. fällt der Optionspreis etwa um 0,80 €. Solange die Aktienkursänderung im Zeitintervall dt „gering" ist, ist also ein Portefeuille aus einer Aktie und (−1/0,8) Kaufoptionen risikolos, bezogen auf den Zeitpunkt (t + dt). Steigt z. B. der Aktienkurs um 1 €, so ergibt sich als aktienkursabhängige Wertänderung des Portefeuilles $1 + 0,8(−1/0,8) = 0$. Das Risiko aus der Aktie wird also ausgeschaltet, indem 1/0,8 Kaufoptionen veräußert werden.

Für das Verständnis erscheinen drei Punkte wichtig:

1. Da nur ein sehr kurzes Zeitintervall mit der Länge dt betrachtet wird, liegt bei einer Brownschen Bewegung der Aktienkurs p_{t+dt} mit sehr hoher Wahrschein-

lichkeit in der unmittelbaren Umgebung von p_t, folglich liegt auch der Optionspreis C_{t+dt} mit sehr hoher Wahrscheinlichkeit in der unmittelbaren Umgebung von C_t. Es ist daher eine zulässige Approximation, wenn für das Zeitintervall dt die Optionspreiskurve in der Umgebung des Punktes S durch eine Gerade ersetzt wird. Dies impliziert eine perfekte Korrelation zwischen Optionspreis und Aktienkurs in der Umgebung des Punktes S, so daß das Risiko des Portefeuilles durch geeignete Zusammensetzung ausgeschaltet werden kann.

2. Der Wert des Portefeuilles ist folglich von der Veränderung des Aktienkurses im Zeitintervall dt unabhängig. Da das Portefeuille risikolos ist, muß in einem arbitragefreien Markt der im Zeitpunkt t vorhandene Marktwert des Portefeuilles im Zeitintervall dt gemäß der risikofreien Verzinsung wachsen.

3. Im Zeitpunkt „t+dt" ist der Aktienkurs p_{t+dt}, der Optionspreis C_{t+dt}. Die Steigung der Optionspreiskurve bei diesen Preisen ist $\delta C_{t+dt}/\delta p_{t+dt}$, z.B. 0,81, wenn der Aktienkurs gestiegen ist. Folglich muß das Portefeuille nun umstrukturiert werden, um für das anschließende Zeitintervall dt wieder ein risikoloses Portefeuille zu erzeugen. Würde man das Portefeuille aus einer Aktie und (−1/0,81) Kaufoptionen zusammensetzen, so wäre es risikolos. Jedoch würde Geld benötigt, denn die Zahl der Optionen änderte sich von (−1/0,80) auf (−1/0,81), also von −1,25 auf −1,235. Es müßten also 0,015 Kaufoptionen erworben werden. Um diesen Geldbedarf zu vermeiden, verfolgt man eine selbstfinanzierende Strategie der Portefeuillerevision, d. h. eine Strategie, bei der weder Geld benötigt noch freigesetzt wird. Eine solche Strategie bedeutet im Beispiel, daß das erforderliche Verhältnis der Stückzahlen 1/−1,235 hergestellt wird, indem ein Bruchteil der Aktie verkauft und für den Verkaufserlös der erforderliche Bruchteil der Option erworben wird. Das neue Portefeuille besteht z. B. dann aus 0,99 Aktien und $-1{,}235 \cdot 0{,}99 = -1{,}22$ Optionen.

Die kontinuierliche Revision des Portefeuilles sorgt dafür, daß das Portefeuille nicht nur in einem Zeitintervall dt risikolos ist, sondern im gesamten Zeitintervall von t bis T. Da das Portefeuille stets selbstfinanzierend revidiert wird, muß der Marktwert des Portefeuilles im Zeitpunkt t, V_t, in einem arbitragefreien Markt im Zeitpunkt T auf $V_T = V_t \, e^{r(T-t)}$ anwachsen. $e^{r(T-t)}$ ist der risikofreie Aufzinsungsfaktor für das Zeitintervall (T-t), r bezeichnet hier die risikofreie Momentanverzinsung.[4]

Aus den vorangehenden Überlegungen leiten BLACK und SCHOLES eine Formel für den Preis der Kaufoption im Zeitpunkt t, C_t, ab:

---

[4] In den vorangehenden Kapiteln wurden Aufzinsungsfaktoren für Perioden mit endlicher Länge verwendet. Ist k der Zinssatz für 1 Jahr, dann ist der Aufzinsungsfaktor für 1 Jahr gleich (1+k). Bei monatlicher Zinsrechnung ergäbe sich, ausgehend vom Monatszinssatz k/12, der Aufzinsungsfaktor $(1+k/12)^{12}$. Wird das Jahr in m Teilperioden eingeteilt, so ergibt sich der Aufzinsungsfaktor $(1+k/m)^m$. Wird die Zahl der Teilperioden sehr groß, so wird die Länge der einzelnen Teilperiode sehr klein, es kommt zu kontinuierlicher Verzinsung. Der Aufzinsungsfaktor $(1+k/m)^m$ geht in e^k über, wenn $m \to \infty$ strebt. Da $e^k > 1+k$ ist, bietet ein Kreditnehmer bei kontinuierlicher Verzinsung nur die geringere Momentanrendite r an, die $e^r = 1+k$ erfüllt. Beträgt z. B. die jährliche Verzinsung k = 5 %, so führt eine Momentanrendite von 4,88 % zum gleichen Ergebnis.

$$C_t = p_t N\left(\frac{\ln(p_t/K_t^*) + (\sigma^2/2)(T-t)}{\sigma\sqrt{T-t}}\right) - K_t^* N\left(\frac{\ln(p_t/K_t^*) - (\sigma^2/2)(T-t)}{\sigma\sqrt{T-t}}\right).$$

Hierin bezeichnen p_t den Aktienkurs im Zeitpunkt t, K_t^* den auf den Zeitpunkt t abgezinsten Basiskurs, σ die Standardabweichung der logarithmierten jährlichen Bruttorendite der Aktie und $N(x)$ den Wert der kumulativen, standardisierten Normalverteilung an der Stelle x. Ist K der bei Ausübung im Zeitpunkt T zu zahlende Basiskurs, so folgt $K_t^* = Ke^{-r(T-t)}$.

2.3.3   Interpretation des Modells von BLACK und SCHOLES

Die Formel von BLACK und SCHOLES zeichnet sich dadurch aus, daß alle Daten zur Berechnung des Optionspreises mit Ausnahme von σ leicht zu ermitteln sind. Wenn die Momentanrendite der Aktie einer im Zeitablauf stabilen Standardabweichung unterworfen ist, dann stimmt σ mit der in der Vergangenheit beobachteten Standardabweichung überein. Der Optionspreis läßt sich dann rasch ermitteln. Dies ist wohl auch der Grund dafür, daß die Formel von BLACK und SCHOLES innerhalb weniger Jahre Eingang in die Praxis gefunden hat.

An der Formel überrascht, daß die erwartete Momentanrendite der Aktie nicht auftaucht. An die Stelle der erwarteten Momentanrendite tritt die niedrigere risikofreie Verzinsung. Anders ausgedrückt: An die Stelle des erwarteten Aktienkurses zum Verfallzeitpunkt der Option, $E(p_T)$, tritt der niedrigere Terminkurs der Aktie $f_t = p_t e^{r(T-t)}$. Dies ist eine Folge der Risikoscheu der Investoren. In der Black/Scholes Formel wird dies daran sichtbar, daß der Quotient $p_t / K_t^* = f_t / K$ ist. Zinst man den Optionspreis C_t mit der risikofreien Verzinsung auf, so erhält man den Terminkurs der Option $\check{C}_t = C_t e^{r(T-t)}$. Die Black/Scholes-Formel geht dann über in

$$\check{C}_t = f_t N\left(\frac{\ln(f_t/K) + (\sigma^2/2)(T-t)}{\sigma\sqrt{T-t}}\right) - K\, N\left(\frac{\ln(f_t/K) - (\sigma^2/s)(T-t)}{\sigma\sqrt{T-t}}\right)$$

Entscheidend für die Bewertung der Option sind folglich der Terminkurs und die Standardabweichung der Aktie.

Es läßt sich zeigen, daß der Optionspreis steigt, wenn ceteris paribus die Restlaufzeit (T-t), die Varianz σ^2 oder der Sicherheitszinssatz steigen. Ein Steigen des Sicherheitszinssatzes bedeutet, ceteris paribus, eine Verminderung des abgezinsten Basiskurses, also eine Verbilligung der Optionsausübung. Eine Erhöhung der Varianz erhöht die Wahrscheinlichkeit hoher Aktienkurse und damit hoher Gewinne bei Optionsausübung. Zwar steigt auch die Wahrscheinlichkeit sehr niedriger Aktienkurse; dies ist aber für den Wert der Option gleichgültig, da sie bei niedrigen Aktienkursen sowieso nicht ausgeübt wird. Eine Verlängerung der Restlaufzeit erhöht einerseits die Wahrscheinlichkeit hoher Aktienkurse und damit hoher Gewinne bei Optionsausübung und vermindert gleichzeitig den abgezinsten Basiskurs.

Anhand des Preises einer Kaufoption, die im Zeitpunkt T zum Basiskurs K ausgeübt werden kann, läßt sich auch der Preis einer Verkaufsoption, die im Zeitpunkt T zum Basiskurs K ausgeübt werden kann, ermitteln. Wir betrachten dazu einen Investor, der im Zeitpunkt t eine Kaufoption erworben und eine Verkaufsoption veräußert hat. Insgesamt bezahlt er dafür $C_t - p$, wobei p der Preis der Verkaufsoption ist.

Ist der Aktienkurs p_T im Zeitpunkt T höher als der Basiskurs K, so wird die Kaufoption ausgeübt, während die Verkaufsoption verfällt. Der Vermögenszuwachs des Investors im Zeitpunkt T gleicht dann dem Ausübungsgewinn $(p_T - K)$.

Ist der Aktienkurs p_T kleiner als der Basiskurs, so verfällt die Kaufoption, während die Verkaufsoption zu Lasten des Investors ausgeübt wird. Sein Vermögenszuwachs im Zeitpunkt T, der in diesem Fall negativ ist, beträgt dann

$- (K - p_T) = p_T - K.$

Der Investor realisiert also in jedem Zustand einen Vermögenszuwachs in Höhe von $p_T - K$. In einem arbitragefreien Markt ist der Marktwert dieser Position zum Zeitpunkt t gleich dem Marktwert der Aktie, p_t, minus dem abgezinsten Basiskurs K_t^*:

$C_t - p = p_t - K_t^*$ oder
$p = C_t + K_t^* - p_t.$

Der Preis einer Verkaufsoption läßt sich also aus dem Preis der Kaufoption ermitteln, indem der abgezinste Basiskurs addiert und der Aktienkurs subtrahiert wird. Dieser Sachverhalt wird als Put (= Verkaufsoption) – Call (= Kaufoption)-Parität bezeichnet.

Bislang wurden einfache Optionen vorgestellt. So wurden europäische Optionen untersucht, die lediglich im Zeitpunkt T ausgeübt werden können. Amerikanische Optionen hingegen können während der gesamten Optionslaufzeit ausgeübt werden. Gehandelt werden heute überwiegend amerikanische Optionen. Für Kaufoptionen auf Aktien ist diese Unterscheidung irrelevant, sofern während der Optionslaufzeit keine Dividenden, Bezugsrechtsabschläge etc. anfallen. Dann ist es nämlich vor dem Ende der Optionslaufzeit stets günstiger, die Option zu verkaufen statt sie auszuüben. Denn bei vorzeitiger Ausübung ginge der Schutz verloren, den die Option bis zum Ende der Laufzeit bietet. Die Kaufoption schützt den Inhaber im Vergleich zur Aktie vor Verlusten, die entstehen, wenn der Aktienkurs unter den Basiskurs fällt. Zudem entstünde bei vorzeitiger Ausübung ein Zinsverlust durch vorzeitige Zahlung des Basiskurses. Da vorzeitige Ausübung somit nachteilig ist, stimmt der Preis einer europäischen Kaufoption auf eine dividendenlose Aktie mit dem einer amerikanischen überein.

Dies trifft für Verkaufsoptionen nicht zu. Dies wird klar, wenn man den Fall betrachtet, in dem der Aktienkurs vor dem Ende der Optionslaufzeit beinahe auf den Minimalwert 0 sinkt. Ein Abwarten des Optionsinhabers kann dann nachteilig sein, weil er den Basiskurs erst später bekäme und daher einen Zinsverlust hinzunehmen hätte. Ist der Zinsverlust höher als der Wert des mit der Option verbundenen Versicherungsschutzes, dann wird vorzeitig ausgeübt. Eine amerikanische Verkaufsoption ist daher wertvoller als eine europäische.

Abschließend werden noch einige andere Einsatzmöglichkeiten des Optionsmodells erwähnt. (1) Kurzfristige Optionen auf Futures, Devisen und Edelmetalle lassen sich ebenfalls mit dem Modell von BLACK und SCHOLES bewerten. (2) Da ein Versicherungskontrakt, der den Versicherungsnehmer entweder gegen Preiserhöhungen oder gegen Preissenkungen versichert, inhaltlich mit einer Kauf- bzw. Verkaufsoption des Versicherungsnehmers übereinstimmt, lassen sich solche Versicherungskontrakte ebenfalls mit dem Modell von BLACK und SCHOLES bewerten. (3) Optionsanleihen setzen sich aus einem Optionsschein und einer Anleihe zusammen. Der Optionsschein ist eine Kaufoption auf Aktien. Allerdings ist bei Ausübung das Grundkapital der Aktiengesellschaft zu erhöhen, um dem Optionsinhaber junge Aktien gegen Zahlung des Emissionskurses (= Basiskurs) zu liefern. Da die Kapitalerhöhung den Aktienkurs verändert, ist dies im Modell zu berücksichtigen. (4) Die Bewertung von Wandelschuldverschreibungen ähnelt der von Optionsanleihen. Der Wert einer Wandelschuldverschreibung setzt sich zusammen aus dem Wert der Schuldverschreibung (= Anleihe) und dem Wert des Wandlungsrechts. Das Wandlungsrecht ist ähnlich wie ein Optionsschein zu bewerten. Dabei ist der Basiskurs gleich dem Wert der Schuldverschreibung im Wandlungszeitpunkt zuzüglich einer eventuell zu leistenden Zuzahlung. (5) Gerät eine Kapitalgesellschaft in Zahlungsschwierigkeiten, so stehen die Gesellschafter vor der Frage, ob sie diese Schwierigkeiten durch weitere Einlagen beheben sollen. Die Gesellschafter haben also die Option, die Bezahlung der fälligen Schulden (= Basiskurs) zu verweigern, so daß die Gesellschaft faktisch den Gläubigern zufällt. Die Gesellschafter üben die Option aus, wenn der Wert des gesamten Unternehmens unter seinen Schulden liegt. (6) Neben den Optionen auf Finanztitel gibt es zahlreiche andere Optionen, so auch reale Optionen. Eine reale Option ist z. B. gegeben, wenn ein Unternehmen seine Realinvestitionspolitik neuen Entwicklungen anpassen kann. Der Wert dieser Anpassungsmöglichkeiten kann ebenfalls mit Modellen der Optionsbewertung berechnet werden. Diese Vorgehensweise steht im engen Zusammenhang mit der in Kapitel V, Abschnitt 4 erörterten flexiblen Planung; sie kann dazu beitragen, das Konzept der rechentechnisch sehr aufwendigen flexiblen Planung durch eine leichter handhabbare Rechentechnik einer praktischen Anwendung näherzubringen.

2.4 Zusammenfassung

Ein Markt ist arbitragefrei, wenn es nicht möglich ist, durch gleichzeitigen Abschluß mehrerer Geschäfte einen Gewinn zu erzielen. Ein Gleichgewicht auf dem Kapitalmarkt setzt Arbitragefreiheit voraus. Der vollkommene Kapitalmarkt ist genau dann arbitragefrei, wenn es nichtnegative Preise für zustandsbedingte Ansprüche gibt, so daß der Preis jedes Wertpapiers errechnet werden kann als Produkt aus zustandsbedingtem Einzahlungsüberschuß und Preis für zustandsbedingte Ansprüche, addiert über alle Zustände. Dann besteht auch Wertadditivität.

Das Prinzip der Arbitragefreiheit erlaubt, derivative Finanztitel wie Terminkontrakte, Swaps und Optionen zu bewerten. Die Grundidee besteht darin, den zukünftigen Zahlungsstrom des derivativen Finanztitels synthetisch durch ein Portefeuille aus anderen Geschäften zu erzeugen. In einem arbitragefreien Markt muß dann der Preis des derivativen Finanztitels mit dem Preis des Portefeuilles übereinstimmen.

Den Kauf einer dividendenlosen Aktie per Termin z. B. kann man synthetisch darstellen durch heutigen Kauf der Aktie und Finanzierung des Kaufpreises bis zum Termin durch Kreditaufnahme. Folglich muß der Terminkurs der Aktie mit dem aufgezinsten, heutigen Kurs übereinstimmen. Die Bestimmung des Terminkurses setzt daher keine Kenntnisse über zukünftige Kursänderungen oder die Risikohaltung der Kapitalanleger voraus.

Komplizierter ist die Konstruktion eines Portefeuilles, das dieselben zukünftigen Zahlungen wie eine Option abwirft. Denn dieses Portefeuille muß während der Laufzeit der Option ständig umstrukturiert werden. BLACK und SCHOLES gelang es, das Bewertungsproblem für europäische Optionen zu lösen. Sie unterstellen kontinuierlichen Handel auf einem vollkommenen Kapitalmarkt; der Kurs des zugrundeliegenden Titels gehorcht einer Brownschen Bewegung. Dann hängt der Wert einer Option nur von beobachtbaren Daten sowie von der Varianz der logarithmierten jährlichen Bruttorendite des zugrundeliegenden Titels ab. Inzwischen sind die Ergebnisse von BLACK und SCHOLES in vielfacher Hinsicht verallgemeinert worden.

Auch die Put-Call-Parität beruht auf einer Arbitrageüberlegung. Der Kauf eines europäischen Calls und der Verkauf eines europäischen Puts mit demselben Basispreis erzeugen dasselbe zukünftige Ergebnis wie der Kauf des zugrundeliegenden Titels, vermindert um den Basiskurs. Daher stimmt der Preis des Puts überein mit dem des Calls, ergänzt um den abgezinsten Basiskurs und vermindert um den Kurs des zugrundeliegenden Titels.

3   Die Bewertung von Ertrag und Risiko

3.1   Ermittlung der Preise für zustandsabhängige Ansprüche

Das Prinzip arbitragefreier Märkte erlaubt die Bewertung eines Zahlungsstromes, wenn dieser auch durch ein Portefeuille von Wertpapieren erzeugt wird, deren Preise bekannt sind. Jedoch erlaubt das Prinzip arbitragefreier Märkte keine Aussage über die Preise zweier Wertpapiere, wenn das eine in einigen Zuständen mehr und in anderen Zuständen weniger als das andere abwirft. Eine solche Aussage läßt sich nur dann ableiten, wenn die Präferenzen der Investoren für Ertrag und Risiko bekannt sind. Diese Präferenzen schlagen sich in den Preisen für zustandsbedingte Ansprüche nieder. Sind diese Preise bekannt, so sind nach dem Farkas-Lemma die Preise aller Wertpapiere bekannt.

Die Preise für zustandsbedingte Ansprüche bringen Angebot und Nachfrage nach solchen Ansprüchen zum Ausgleich. Um diese Preise zu ermitteln, benötigt man ein Gleichgewichtsmodell. Im folgenden wird ein einfaches Modell vorgestellt. Dieses Modell wird als State Preference Ansatz bezeichnet, weil die möglichen Zustände einzeln betrachtet werden.

Vereinfachend gehen wir von einem Kapitalmarkt aus, auf dem im Zeitpunkt 0 zustandsabhängige Ansprüche gehandelt werden. Die Ansprüche sind im Zeitpunkt 1 fällig; alle Zustände beziehen sich also auf den Zeitpunkt 1. Der Investor kann den Anspruch auf Zahlung eines € im Zustand s heute für den Preis π_s° kaufen. Wenn er im Zustand s über x_s € verfügen möchte, hat er dafür $x_s \pi_s^\circ$ € zu zahlen. Sein Nutzen im

Zustand s ist $U(x_s)$, wobei U seine konkave Nutzenfunktion bezeichnet. Der Investor möchte den Erwartungswert seines Nutzens maximieren:

$$\sum_s w_s U(x_s) \text{ ist zu maximieren.}$$

Hierin bezeichnet w_s die Wahrscheinlichkeit des Zustands s. Insgesamt kann der Investor für den Erwerb von Ansprüchen nicht mehr als sein Anfangsvermögen W_0 ausgeben (Budgetrestriktion):

$$\sum_s x_s \pi_s^\circ \leqq W_0.$$

Durch Differentiation nach x_s erhält man die Bedingungen für den optimalen Erwerb von Ansprüchen. λ sei der Lagrange-Multiplikator der Budgetrestriktion, $U'(x_s)$ der positive Grenznutzen eines € im Zustand s. Dann lautet die Optimalitätsbedingung

$$w_s U'(x_s^*) = \lambda^* \pi_s^\circ; \text{ für jeden Zustand.}$$

Addiert man all diese Bedingungen, so folgt wegen $\sum \pi_s^\circ = (1+r)^{-1}$

$$(1+r)\, E[U'(\tilde{x}^*)] = \lambda^*$$

und damit

$$\pi_s^\circ = \frac{1}{1+r} \ \frac{w_s U'(x_s^*)}{E[U'(\tilde{x}^*)]}; \quad \text{für jeden Zustand.}$$

Im Optimum disponiert der Investor also so, daß sich der Preis für einen im Zustand s zahlbaren € proportional zur Wahrscheinlichkeit und zum Grenznutzen des Geldes in diesem Zustand verhält. Ist der Preis für einen € im Zustand s niedrig, so ist die Wahrscheinlichkeit dieses Zustands gering und/oder der Grenznutzen gering. Letzteres trifft zu, wenn x_s^* hoch ist.

Diese Analyse zeigt lediglich, wie sich ein Investor bei gegebenen Preisen verhält. Offen bleibt jedoch, wie die Preise im Gleichgewicht zustande kommen. Im Gleichgewicht müssen Angebot und Nachfrage übereinstimmen, sie werden durch den Preis zum Ausgleich gebracht. Das gesamtwirtschaftliche Angebot an zustandsbedingten Ansprüchen sei vorgegeben, es sei x_{Ms} im Zustand s. Dieses Angebot ist das gesamtwirtschaftliche Vermögen im Zustand s, hieran erwerben die Investoren im Zeitpunkt 0 Anteile. Dieses Angebot wird durch die primären Finanzierungstitel, die von den Unternehmen emittiert werden, bestimmt. Derivative Finanztitel bewirken lediglich eine Umverteilung zwischen den Investoren. Im Gleichgewicht muß die gesamte Nachfrage der Investoren nach Ansprüchen im Zustand s mit dem Angebot x_{Ms} übereinstimmen.

Üblicherweise wird die Gleichgewichtsanalyse erheblich vereinfacht, indem man von einem repräsentativen Investor ausgeht. Wenn z. B. alle Investoren von denselben Wahrscheinlichkeiten ausgehen, ihre Nutzenfunktionen und ihre Anfangsvermögen übereinstimmen, dann stimmen auch ihre optimalen Entscheidungen überein. Ein Investor ist dann repräsentativ für alle Investoren. Aber auch unter schwächeren Voraussetzungen existiert ein repräsentativer Investor. Die meisten Gleichgewichtsmodelle unterstellen die Existenz eines repräsentativen Investors.

Dieser repräsentative Investor kauft den Bruchteil α des gesamten Angebots, es gilt also $x_s = \alpha\, x_{Ms}$ für jeden Zustand. Würde er in einem Zustand einen größeren Bruchteil als in einem anderen kaufen, so müßte das Umgekehrte für die übrigen Investoren gelten. Der Investor wäre dann nicht mehr repräsentativ. Setzt man $\alpha\, x_{Ms}$ in die Bestimmungsgleichung von π_s° ein, so zeigt sich, daß der Gleichgewichtspreis π_s° eine Funktion des Sicherheitszinssatzes r, der Wahrscheinlichkeit w_s sowie des Angebots an Ansprüchen, x_{Ms}, ist:

$$\pi_s^\circ = \frac{1}{1+r}\ \frac{w_s U'(\alpha x_{Ms})}{E[U'(\alpha \tilde{x}_M)]}\,; \quad \text{für jeden Zustand.}$$

Anhand dieses State Preference Ansatzes lassen sich die Preise für zustandsbedingte Ansprüche leicht erklären: x_{Ms} kann als Reichtum der Volkswirtschaft im Zustand s interpretiert werden. Demnach ist der Preis für einen Anspruch im Zustand s, ceteris paribus, um so niedriger, je reicher die Volkswirtschaft in diesem Zustand ist. Denn der Grenznutzen sinkt mit wachsendem x_{Ms}. Unterstellt man, daß der Grenznutzen auch bei hohem Reichtum positiv ist, Sättigung also ausgeschlossen ist, dann sind alle Preise für zustandsbedingte Ansprüche positiv. Preise in Höhe von null, die nach dem Prinzip der Arbitragefreiheit möglich sind, werden dadurch ausgeschlossen. Weiter ist der Preis um so niedriger, je geringer die Wahrscheinlichkeit des Zustands ist. Schließlich bewirkt ein höherer Sicherheitszinssatz eine Preissenkung.

3.2   Ein Spezialfall: Das Capital Asset Pricing Model

Im vorangehenden Kapitel wurde das Capital Asset Pricing Model bereits vorgestellt. Es wurde dort abgeleitet aus dem (μ,σ)-Prinzip und dem Separationstheorem. Das Separationstheorem beruht darauf, daß jeder Investor vom (μ,σ)-Prinzip ausgeht und alle Investoren homogene Erwartungen haben. Diese Annahmen implizieren die Existenz eines repräsentativen Investors. Damit ist die Brücke zum vorangehenden State Preference Ansatz geschlagen. Um das Capital Asset Pricing Model aus diesem Ansatz abzuleiten, benötigt man nur noch die zusätzliche Annahme, daß der repräsentative Investor dem (μ,σ)-Prinzip folgt.

Im vorangehenden Kapitel wurde auch dargelegt, daß das (μ,σ)-Prinzip mit dem Bernoulli-Prinzip konsistent ist, wenn der Investor eine quadratische Nutzenfunktion befolgt oder wenn die Wahrscheinlichkeitsverteilung des Ergebnisses durch μ und σ vollständig charakterisiert wird. Letzteres trifft z. B. zu, wenn das Ergebnis normalverteilt ist. Im Anhang wird daher das Capital Asset Pricing Model aus dem vorangehenden State Preference Ansatz zum einen unter der Annahme einer quadratischen Nutzenfunktion, zum anderen unter der Annahme der Normalverteilung abgeleitet.

Damit ist auch das Verhältnis zwischen dem Prinzip arbitragefreier Märkte, dem State Preference Ansatz und dem Capital Asset Pricing Model deutlich: Das Prinzip arbitragefreier Märkte beruht auf den schwächsten Annahmen, es ist daher im State Preference Ansatz sowie im Capital Asset Pricing Model erfüllt. Der State Preference Ansatz unterstellt außerdem einen repräsentativen Investor, der dem Bernoulli-Prinzip folgt. Das Capital Asset Pricing Model setzt darüber hinaus voraus, daß der repräsentative Investor dem (μ,σ)-Prinzip folgt.

Anhang: Ableitung des Capital Asset Pricing Model (CAPM) aus dem State Preference Ansatz

Die Ableitung wird in zwei Schritten vollzogen. Im ersten Schritt wird, ausgehend vom Prinzip arbitragefreier Märkte, eine Formel abgeleitet, die der des CAPM sehr ähnlich ist. Im zweiten Schritt wird diese Formel in die des CAPM überführt, ausgehend von einem repräsentativen Investor, der dem (μ,σ)-Prinzip folgt.

Schritt 1:

Ausgangspunkt ist das Farkas-Lemma, wonach in einem arbitragefreien Markt für jedes Wertpapier $p_i = \sum_s e_{is}\pi_s^\circ = E(\tilde{e}_i\tilde{\pi})$ gilt, wobei $\pi_s^\circ = w_s\pi_s$ ist. Die Rendite eines Wertpapiers ist definiert durch $R_{is} = (e_{is}/p_i) - 1$. Daher folgt aus $p_i = E(\tilde{e}_i\tilde{\pi})$ nach Division durch p_i

$$1 = E[(\tilde{e}_i/p_i)\tilde{\pi}]$$
$$= E[(1+\tilde{R}_i)\tilde{\pi}].$$

Da $\text{cov}(\tilde{R}_i, \tilde{\pi}) = \text{cov}(1+\tilde{R}_i, \tilde{\pi}) = E[(1+\tilde{R}_i)\tilde{\pi}] - E(1+\tilde{R}_i)E(\tilde{\pi})$ ist, läßt sich diese Gleichung umformen zu

$$1 = \text{cov}(\tilde{R}_i, \tilde{\pi}) + E(1+\tilde{R}_i)E(\tilde{\pi}). \tag{$*$}$$

Ist r die Rendite der risikofreien Anlage, so ist $\text{cov}(r, \tilde{\pi}) = 0$, und wir erhalten $E(\tilde{\pi}) = (1 + r)^{-1}$. Dividiert man Gleichung $(*)$ durch $E(\tilde{\pi})$, so folgt

$$1/E(\tilde{\pi}) = \text{cov}(\tilde{R}_i, \tilde{\pi})/E(\tilde{\pi}) + E(1+\tilde{R}_i)$$
oder

$$1+r = \text{cov}(\tilde{R}_i, \tilde{\pi})/E(\tilde{\pi}) + E(1+\tilde{R}_i)$$

oder

$$E(\tilde{R}_i) - r = -\text{cov}(\tilde{R}_i, \tilde{\pi})/E(\tilde{\pi}).$$

Da Wertadditivität besteht, läßt sich diese Gleichung auch auf das Marktportefeuille anwenden:

$$E(\tilde{R}_M) - r = -\text{cov}(\tilde{R}_M, \tilde{\pi})/E(\tilde{\pi}).$$

Dividiert man die vorangehende Gleichung durch diese, so folgt

$$E(\tilde{R}_i) - r = [E(\tilde{R}_M) - r]\frac{\text{cov}(\tilde{R}_i, \tilde{\pi})}{\text{cov}(\tilde{R}_M, \tilde{\pi})}.$$

Diese Gleichung stellt lediglich eine Umformung der Bewertungsgleichung des Farkas-Lemma dar, sie läßt sich ebenfalls aus dem State Preference Ansatz ableiten.

Schritt 2:

a) Zunächst wird das CAPM unter der Prämisse abgeleitet, daß der repräsentative Investor eine quadratische Nutzenfunktion $U(x) = x - bx^2$ hat. Daraus ergibt sich

$U'(x) = 1 - 2bx$.

Aus dem State Preference Ansatz folgt

$$\pi_s = \frac{1}{1+r} \frac{U'(\alpha x_{Ms})}{E[U'(\alpha \tilde{x}_M)]}$$

$$= c_0 U'(\alpha x_{Ms})$$

$$= c_0 - c_0 2b\alpha x_{Ms} = c_0 - c_1 x_{Ms}.$$

Da x_{Ms} der Wert des Marktportefeuilles im Zustand s ist, ergibt sich die zugehörige Rendite des Marktportefeuilles $R_{Ms} = x_{Ms}/p_M - 1$, wobei p_M der Preis des Marktportefeuilles im Zeitpunkt 0 ist. Demnach ist

$$\pi_s = c_0 - c_1 p_M (1 + R_{Ms})$$

$$= (c_0 - c_1 p_M) - c_1 p_M R_{Ms}$$

$$= c_2 - c_3 R_{Ms}.$$

Weil $\mathrm{cov}(\tilde{R}_i, \tilde{\pi}) = \mathrm{cov}(\tilde{R}_i, c_2 - c_3 \tilde{R}_M)$

$$= \mathrm{cov}(\tilde{R}_i, -c_3 \tilde{R}_M)$$

$$= -c_3 \, \mathrm{cov}(\tilde{R}_i, \tilde{R}_M) \text{ ist},$$

folgt aus der letzten Gleichung in Schritt 1

$$E(\tilde{R}_i) - r = [E(\tilde{R}_M) - r] \frac{\mathrm{cov}(\tilde{R}_i, \tilde{R}_M)}{\mathrm{cov}(\tilde{R}_M, \tilde{R}_M)}$$

$$= [E(\tilde{R}_M) - r] \frac{\mathrm{cov}(\tilde{R}_i, \tilde{R}_M)}{\sigma^2(\tilde{R}_M)}.$$

Dies ist die Gleichung des CAPM.

b) Nun wird das CAPM unter der Prämisse abgeleitet, daß das Endvermögen, das ein beliebiges Portefeuille abwirft, normalverteilt ist. Dies setzt voraus: (1) Die Zahl der Zustände ist unendlich. Das Farkas-Lemma läßt sich auf diesen Fall nicht ohne weiteres verallgemeinern. Das Ergebnis des State Preference Ansatzes bleibt jedoch gültig. (2) Ein beliebiges Portefeuille von Wertpapieren erzeugt ein normalverteiltes Endvermögen genau dann, wenn die Renditen aller Wertpapiere einer multivariaten Normalverteilung gehorchen. Daraus folgt für jedes Wertpapier i

$$\tilde{R}_i = a_i + b_i \tilde{R}_M + \tilde{\epsilon}_i \tag{$**$}$$

wobei $\tilde{\epsilon}_i$ ein Störterm mit folgenden Eigenschaften ist: Für jeden beliebigen Wert von R_M ist $\tilde{\epsilon}_i$ normalverteilt mit dem Erwartungswert 0; es gilt also $E(\tilde{\epsilon}_i|R_M) = 0$ für jeden Wert von R_M. D. h., daß nicht nur der unbedingte Erwartungswert von $\tilde{\epsilon}_i$ gleich 0 ist, sondern auch der Erwartungswert unter der Bedingung, daß R_M irgendeinen festen Wert annimmt. Daraus folgt $\mathrm{cov}(\tilde{R}_M, \tilde{\epsilon}_i) = E[(\tilde{R}_M - E(\tilde{R}_M)) \cdot \tilde{\epsilon}_i] = 0$. Außerdem gehorchen $\tilde{R}_i$ und $\tilde{R}_M$ einer Normalverteilung, weil die Renditen aller Wertpapiere annahmegemäß einer multivariaten Normalverteilung gehorchen.

Weiter folgt aus Gleichung $(**)$

$$\mathrm{cov}(\tilde{R}_i, \tilde{R}_M) = \mathrm{cov}(a_i, \tilde{R}_M) + b_i \sigma^2(\tilde{R}_M) + \mathrm{cov}(\tilde{\epsilon}_i, \tilde{R}_M)$$

$$= b_i \sigma^2(\tilde{R}_M), \text{ so daß gilt}$$

$$b_i = \mathrm{cov}(\tilde{R}_i, \tilde{R}_M)/\sigma^2(\tilde{R}_M).$$

Entsprechend gilt für das Marktportefeuille $b_M = 1$.

Setzt man Gleichung $(**)$ in $\mathrm{cov}(\tilde{R}_i, \tilde{\pi})$ ein, so erhält man

$$\mathrm{cov}(\tilde{R}_i, \tilde{\pi}) = \mathrm{cov}(b_i \tilde{R}_M, \tilde{\pi}) + \mathrm{cov}(\tilde{\epsilon}_i, \tilde{\pi})$$

$$= b_i \mathrm{cov}(\tilde{R}_M, \tilde{\pi}) + \mathrm{cov}(\tilde{\epsilon}_i, \tilde{\pi}). \hspace{2cm} (***)$$

Es ist nun zu zeigen, daß $\mathrm{cov}(\tilde{\epsilon}_i, \tilde{\pi}) = 0$ ist. Da $E(\tilde{\epsilon}_i) = 0$ ist, folgt $\mathrm{cov}(\tilde{\epsilon}_i, \tilde{\pi}) = E(\tilde{\epsilon}_i \tilde{\pi}) = E[E(\tilde{\epsilon}_i \tilde{\pi} \mid \tilde{R}_M)]$.

Der letzte Ausdruck besagt, daß der Erwartungswert $E(\tilde{\epsilon}_i \tilde{\pi})$ zunächst unter der Bedingung einer fest vorgegebenen Marktrendite R_M berechnet und sodann der Erwartungswert dieser bedingten Erwartungswerte ermittelt wird.

Nun ist im State Preference Ansatz

$$\pi_s = c_0 U'(\alpha x_{Ms}) = c_0 U'[\alpha p_M(1 + R_{Ms})].$$

Daher ist π eindeutig durch R_M determiniert. Wenn R_M festliegt, dann liegt auch π fest. Folglich ist

$$E(\tilde{\epsilon}_i \tilde{\pi} \mid R_M) = E(\tilde{\epsilon}_i \pi(R_M)|R_M) = \pi(R_M)E(\tilde{\epsilon}_i \mid R_M) = 0,$$

weil $E(\tilde{\epsilon}_i \mid R_M) = 0$ ist. Dann muß auch $E[E(\tilde{\epsilon}_i \tilde{\pi} \mid R_M)] = 0$ sein.

Aus Gleichung $(***)$ folgt also

$$\mathrm{cov}(\tilde{R}_i, \tilde{\pi}) = b_i \mathrm{cov}(\tilde{R}_M, \tilde{\pi}).$$

Setzt man dies in die letzte Gleichung von Schritt 1 ein, so folgt

$$E(\tilde{R}_i) - r = [E(\tilde{R}_M) - r] \, b_i.$$

Da $b_i = \mathrm{cov}(\tilde{R}_i, \tilde{R}_M) / \sigma^2(\tilde{R}_M)$ ist, ist dies die Gleichung des CAPM.

3.3 Die Zeitstruktur der Zinssätze

3.3.1 Ableitung der Zeitstruktur

Das Capital Asset Pricing Model wie auch der zuvor dargestellte State Preference Ansatz wurden unter der vereinfachenden Prämisse abgeleitet, im Zeitpunkt 0 würden Wertpapiere oder Ansprüche gehandelt, die in einem Zeitpunkt 1 zu Zahlungen führen. Diese Prämisse wird nun aufgegeben. Anstelle einer Periode werden zwei Perioden betrachtet. Zur Veranschaulichung unterstellen wir den Zustandsbaum der Abb. 7.6.

In Abb. 7.6 sind die Preise für zustandsbedingte Ansprüche angegeben. So kostet im Zeitpunkt 0 ein Anspruch auf 1 €, zahlbar im Zustand 1, € 0,4512, ein Anspruch auf 1 €, zahlbar in Zustand 3, € 0,1825. Solche Preise lassen sich anhand ähnlicher Überlegungen wie im Abschnitt 3.1 ableiten. Dabei ist eine Nutzenfunktion zugrunde zu legen, die jedem Vektor (x_1, x_2) einen Nutzen zuordnet; x_1 (x_2) ist das Ergebnis, das der Investor im Zeitpunkt 1 (2) erzielt.

Anhand der Preise für zustandsbedingte Ansprüche lassen sich auch die Zinssätze für verschiedene Anlagedauern errechnen. Für einen Anspruch auf 1 €, die auf jeden Fall im Zeitpunkt 1 zahlbar ist, sind im Zeitpunkt 0 $0,4512 + 0,5012 = 0,9524$ € zu zahlen. Dies entspricht einem Zinssatz $_0r_1 = 5\,\%$, denn $0,9524\,(1 + _0r_1) = 1$. (Der links stehende Index 0 kennzeichnet den Zeitpunkt, in dem dieser Zinssatz gilt, der rechts stehende Index 1 kennzeichnet die Anlagedauer.)

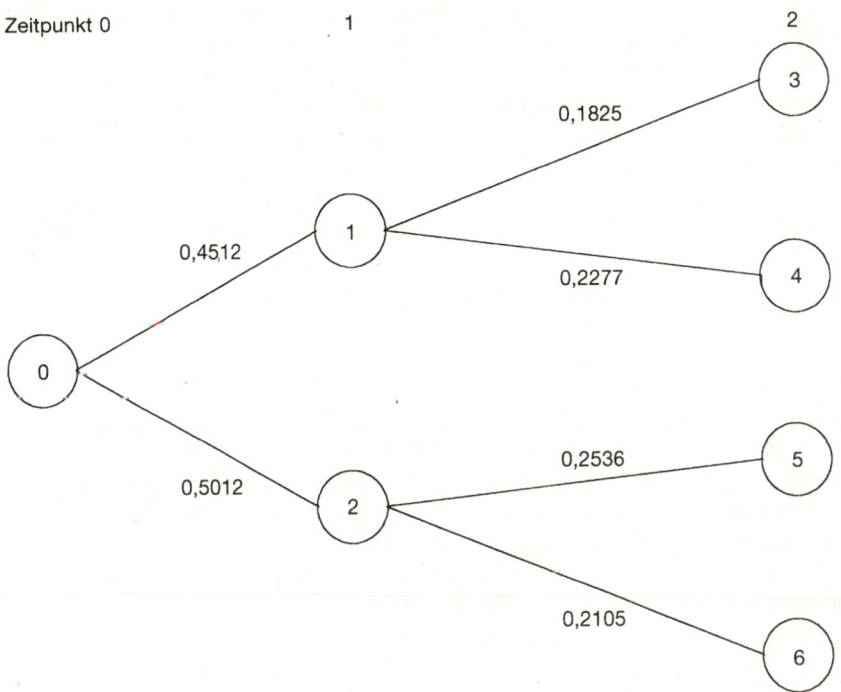

Zeitpunkt 0   1   2

Abb. 7.6. Zustandsbaum mit Preisen für zustandsbedingte Ansprüche

Für einen Anspruch auf 1 €, zahlbar auf jeden Fall im Zeitpunkt 2, ist im Zeitpunkt 0 der Preis 0,1825+0,2277+0,2536+0,2105 = 0,8743 € zu zahlen. Dies entspricht einem Zinssatz $_0r_2 = 6,95\,\%$, denn $0,8743(1+_0r_2)^2 = 1$.

Bei der Interpretation dieser Zahl ist zu beachten, daß es sich um die Rendite einer kuponlosen zweiperiodigen Geldanlage (= Zero-Bond) handelt, also einer Geldanlage, bei der nach einer Periode keine Zinsen gezahlt werden. Würden nämlich nach einer Periode Zinsen gezahlt und zum dann geltenden, noch unbekannten Zinssatz wiederangelegt, dann wäre auch das Endvermögen aus dieser Anlage ebenso wie ihre Rendite noch unbekannt.

Ähnlich läßt sich der Zinssatz für eine einperiodige Anlage errechnen, die im Zustand 1 erfolgt. Im Zustand 1 ist der Preis für einen Anspruch auf 1 €, zahlbar im Zustand 3, gleich 0,1825/0,4512, für einen Anspruch, zahlbar im Zustand 4, gleich 0,2277/0,4512. Folglich kostet ein Anspruch, zahlbar in den Zuständen 3 und 4, (0,1825 + 0,2277)/0,4512 = 0,9091. Dies entspricht einem Zinssatz $_1r_1 = 10\,\%$ im Zustand 1, denn $0,9091(1+_1r_1) = 1$. Entsprechend ergibt sich im Zustand 2 ein Zinssatz für einperiodige Anlage von 8 %.

Aus den Preisen für zustandsbedingte Ansprüche lassen sich folglich sämtliche Zinssätze ableiten. Im Beispiel liegt im Zeitpunkt 0 eine steigende Zeitstruktur der Zinssätze, oder kurz: Zinsstruktur, vor: Der Zinssatz steigt mit der Anlagedauer. Auf eine Periode beträgt der Zinssatz 5 %, auf zwei Perioden 6,95 %. Bereits in Kapitel IV, Abschnitt 4.4, wurde die Zinsstruktur vorgestellt. Abb. 4.18 zeigt eine steigende, eine flache und eine fallende Zinsstruktur.

3.3.2   Theorien zur Zeitstruktur der Zinssätze

Überwiegend sind steigende Zinsstrukturen zu beobachten, sie werden daher als normal bezeichnet. Jedoch gibt es von Zeit zu Zeit auch fallende Zinsstrukturen, sie werden als invers bezeichnet. Auch andere Zinsstrukturen, z. B. mit einem Maximum im mittleren Laufzeitbereich, treten gelegentlich auf. Dies führt zu der Frage, welche Faktoren die Zinsstruktur determinieren. In erster Linie sind dies Ertrag und Risiko. Dementsprechend lassen sich auch zwei Erklärungsansätze unterscheiden, die Erwartungstheorie und die Liquiditätspräferenztheorie.

Gemäß der Erwartungstheorie wird die Zinsstruktur durch die Erwartungen über die Entwicklung der kurzfristigen Zinssätze erklärt. Ein Investor kann Geld für t Perioden anlegen, indem er entweder zum Zinssatz $_0r_t$ einmalig auf t Perioden anlegt oder jeweils auf eine Periode revolvierend zu den Zinssätzen $_0r_1$, $_1\tilde{r}_1$, $_2\tilde{r}_1$, ..., $_{t-1}\tilde{r}_1$. Die Zinssätze $_1\tilde{r}_1$, $_2\tilde{r}_1$, ..., $_{t-1}\tilde{r}_1$, zu denen der Investor nach 1, 2, ... ,t−1 Perioden wiederanlegen kann, sind im Zeitpunkt 0 noch nicht bekannt. Jedoch hat sich der Investor Erwartungen gebildet $E(_1\tilde{r}_1)$, $E(_2\tilde{r}_1)$, ..., $E(_{t-1}\tilde{r}_1)$. Ein risikoneutraler Investor wird einen € einmalig langfristig anlegen, wenn sein daraus resultierendes Endvermögen $(1 + _0r_t)^t$ größer ist als das erwartete Endvermögen bei kurzfristig revolvierender Anlage. Dieses beträgt nach der einfachsten Variante der Erwartungstheorie, bei der Unkorreliertheit der Zinssätze unterstellt wird,

$$[1 +_0r_1][1 + E(_1\tilde{r}_1)][1 + E(_2\tilde{r}_1)]...[1 + E(_{t-1}\tilde{r}_1)].$$

Sind die Investoren risikoneutral, dann wird das erwartete Endvermögen bei beiden Anlageformen gleich groß sein:

$$(1 +_0 r_t)^t = [1 +_0 r_1][1 + E(_1\tilde{r}_1)][1 + E(_2\tilde{r}_1)]...[1 + E(_{t-1}\tilde{r}_1)].$$

Folglich kommt es zu einer steigenden Zinsstruktur $_0r_1 < {_0r_2} < ... < {_0r_t}$, wenn die Investoren mit einem jährlichen Anstieg der kurzfristigen Zinssätze rechnen. Umgekehrt kommt es zu einer fallenden Zinsstruktur $_0r_1 > {_0r_2} > ... > {_0r_t}$, wenn die Investoren mit periodisch sinkenden kurzfristigen Zinsen rechnen.

In unserem Beispiel liegt eine steigende Zinsstruktur vor: $_0r_1 = 5\,\% < {_0r_2} = 6,95\,\%$. Dies steht im Einklang mit der Erwartungstheorie. Denn im Zeitpunkt 1 beträgt der kurzfristige Zinssatz entweder 8 oder 10 %, er liegt also über 5 %, dem kurzfristigen Zinssatz im Zeitpunkt 0.

Allerdings muß bei risikoneutralem Verhalten gemäß der letzten Gleichung die schärfere Bedingung gelten

$$(1 + 0,0695)^2 = (1 + 0,05) [1 + w \cdot 0,10 + (1 - w)0,08],$$

wobei w die Wahrscheinlichkeit des Zustands 1 und (1 − w) die des Zustands 2 ist. Daraus folgt w = 46,8 %. Die gegebenen Daten stimmen also mit der Erwartungstheorie überein, wenn Zustand 1 mit einer Wahrscheinlichkeit von 46,8 % eintritt.

Die Erwartungstheorie ignoriert Risikoaspekte. Wenn die Investoren die langfristige Anlage als riskanter im Vergleich zur kurzfristig revolvierenden ansehen, dann werden sie zur langfristigen Anlage nur bereit sein, wenn diese ein höheres erwartetes Endvermögen abwirft. Dies trifft z. B. bei einer Wahrscheinlichkeit w = 1/3 zu. Dann beläuft sich der für den Zeitpunkt 1 erwartete kurzfristige Zinssatz auf $(1/3) \cdot 10 + (2/3) \cdot 8 = 8\,2/3\,\%$. Demnach ergibt sich bei kurzfristig revolvierender Anlage ein erwartetes Endvermögen von nur noch

$$1,05 \cdot 1,0867 = 1,1410\ \text{€},$$

während sich bei einmalig langfristiger Anlage nach wie vor ein Endvermögen von

$$1,0695^2 = 1,1438\ \text{€ ergibt.}$$

Solch eine Situation steht im Einklang mit der Liquiditätspräferenztheorie. Danach ziehen insbesondere Kreditinstitute und andere marktwertorientierte Investoren eine kurzfristig revolvierende Anlage einer langfristigen vor, weil der Marktwert der langfristigen erheblich stärker schwankt. Steigt das Zinsniveau, dann sinkt der Marktwert der langfristigen Anlage erheblich stärker als der der kurzfristigen, und umgekehrt. Das Marktwertrisiko der langfristigen Anlage ist daher größer. Ein hohes Marktwertrisiko ist unerwünscht, weil der Investor möglicherweise die Anlage vorzeitig zu einem niedrigen Preis auflösen muß oder weil niedrige Preise eine Abschreibung in der Bilanz erfordern. Gemäß der Liquiditätspräferenztheorie sind die marktwertorientierten Investoren nur zur langfristigen Anlage bereit, wenn sie dafür eine Risikoprämie bekommen. Die Liquiditätspräferenztheorie steht daher im Einklang mit der Beobachtung, daß die Zinsstruktur meistens steigt.

Allerdings ist auch diese Theorie umstritten. Denn neben den marktwertorientierten Investoren gibt es andere, die durch eine Geldanlage Auszahlungen zu späteren Terminen finanzieren wollen. Sie sind eher daran interessiert, daß die aus der Geldanlage resultierenden zukünftigen Einzahlungen die geplanten Auszahlungen übersteigen. Für diese Investoren ist es daher wichtiger, das Risiko dieser Einzahlungen zu minimieren. Dieses Risiko kann durch einmalige kuponlose Anlage minimiert werden. Im obigen Beispiel folgt aus einer solchen Anlage für zwei Perioden eine sichere Einzahlung von 1,1438 €. Bei kurzfristig revolvierender Anlage ergibt sich statt dessen entweder eine Einzahlung von $1,05 \cdot 1,1 = 1,155$ oder von $1,05 \cdot 1,08 = 1,134$ €. Das Risiko folgt aus der Unsicherheit des Zinssatzes, zu dem im Zeitpunkt 1 Geld wiederangelegt werden kann. Ein Investor, der das Risiko aus den späteren Einzahlungen minimieren will, wird daher bei gleichem erwarteten Endvermögen beider Anlagealternativen die langfristige kuponlose Anlage vorziehen oder eine Risikoprämie für die kurzfristig revolvierende Anlage verlangen. Wenn diese Investoren den Markt dominieren, müßte überwiegend eine fallende Zinsstruktur zu beobachten sein (siehe STÜTZEL 1970).

3.3.3   Terminzinssätze

Das Zinsrisiko der kurzfristig revolvierenden Anlage läßt sich ausschalten, wenn es Terminkontrakte auf zukünftige Zinssätze gibt, sog. Zinsterminkontrakte. Genauso wie man mit einem Terminkontrakt auf eine Aktie den Preis, den man zum späteren Termin für die Aktie bezahlen muß, bereits heute fest vereinbaren kann, kann man sich mit einem Zinsterminkontrakt für einen Anlagezeitraum, der am Termin beginnt, einen festen Zinssatz sichern. Z. B. sichert ein Dreimonats-€-Kontrakt, der am Termin 10. 6. zu erfüllen ist, einen festen €-Zinssatz für den Zeitraum vom 10. 6. bis 10. 9. Durch solche Zinsterminkontrakte läßt sich das Zinsrisiko aus zukünftiger Wiederanlage ausschalten. Die Zinssätze, die durch Zinsterminkontrakte gesichert werden, heißen Terminzinssätze. Sie lassen sich in einem vollkommenen Kapitalmarkt anhand des Prinzips arbitragefreier Märkte ermitteln: Das feste Endvermögen, das eine kurzfristig revolvierende Anlage zu Terminzinssätzen erzeugt, kann nicht vom festen Endvermögen bei langfristiger kuponloser Anlage abweichen.

Sei $_t\hat{r}_1$ der Terminzinssatz für eine einperiodige Anlage nach der Periode t. Dann ergibt sich als Endvermögen bei kurzfristig revolvierender Anlage über t Perioden $(1 + {}_0r_1)\,(1 + {}_1\hat{r}_1)\,(1 + {}_2\hat{r}_1) \ldots (1 + {}_{t-1}\hat{r}_1)$. Dieses muß in einem arbitragefreien Markt übereinstimmen mit $(1 + {}_0r_t)^t$, es muß also für eine t-periodige Anlage gelten

$$(1 + {}_0r_1)\,(1 + {}_1\hat{r}_1) \ldots (1 + {}_{t-1}\hat{r}_1) = (1 + {}_0r_t)^t,$$

für eine t+1-periodige Anlage muß gelten

$$(1 + {}_0r_1)\,(1 + {}_1\hat{r}_1) \ldots (1 + {}_t\hat{r}_1) = (1 + {}_0r_{t+1})^{t+1}.$$

Dividiert man die letzte durch die vorletzte Gleichung, dann folgt

$$1 + {}_t\hat{r}_1 = (1 + {}_0r_{t+1})^{t+1} / (1 + {}_0r_t)^t.$$

Der um 1 erhöhte Terminzinssatz für eine einperiodige Anlage nach dem Ende von Periode t ergibt sich also aus dem Endvermögen bei (t+1)-periodiger langfristiger Anlage, dividiert durch das Endvermögen bei t-periodiger langfristiger Anlage.

In unserem Beispiel gilt für den Terminzinssatz für eine einperiodige Anlage nach einem Jahr, $1 + {}_1\hat{r}_1 = 1,0695^2/1,05 = 1,0894$. Der Terminzinssatz beträgt

8,94 %. Er liegt über den im Zeitpunkt 0 geltenden Zinssätzen für ein- und zweiperiodige Anlage, da die Zinsstruktur steigend ist. Denn der Terminzinssatz muß den Zinsnachteil aus der kurzfristigen Anlage in der ersten Periode, 6,95 − 5 = 1,95 %, durch einen Zinsvorteil in der zweiten Periode ausgleichen. Dieser Vorteil beträgt 8,94 − 6,95 = 1,99 %.

3.4   Zusammenfassung

Das Prinzip arbitragefreier Märkte erlaubt zwar die Bewertung derivativer Finanztitel, gestattet jedoch keine Aussage über die Bewertung von Ertrag und Risiko. Hierzu wird ein Gleichgewichtsmodell benötigt, in das die Risikopräferenzen der Investoren und ihre Wahrscheinlichkeitsvorstellungen eingehen. Zahlreiche Gleichgewichtsmodelle unterstellen vereinfachend einen repräsentativen Investor, der einen einheitlichen Bruchteil aller primären Wertpapiere kauft.

Im State Preference Ansatz zeigt sich dann, daß der Preis für einen zustandsbedingten Anspruch um so niedriger ist, je kleiner die Wahrscheinlichkeit des Zustands und je höher das gesamtwirtschaftliche Vermögen in diesem Zustand ist. Letzteres folgt aus der Annahme abnehmenden Grenznutzens.

Das Capital Asset Pricing Model läßt sich als Spezialfall des State Preference Ansatzes interpretieren. Voraussetzung ist, daß der repräsentative Investor dem (μ,σ)-Prinzip folgt oder alle Portefeuilleergebnisse normalverteilt sind.

Mit der Zeitstruktur der Zinssätze wird ein Mehr-Perioden-Modell betrachtet. Sind für alle Zustände die Preise für zustandsbedingte Ansprüche bekannt, so lassen sich alle kurz- und längerfristigen Zinssätze errechnen. Gemäß Ertrag und Risiko lassen sich zwei Erklärungsansätze für die Zinsstruktur unterscheiden, die Erwartungs- und die Liquiditätspräferenztheorie. Nach der Erwartungstheorie kommt eine steigende Zinsstruktur zustande, wenn die Investoren mit einem Anstieg der kurzfristigen Zinssätze rechnen. Bei Risikoscheu der Investoren sind allerdings auch Risikoprämien in den Zinssätzen enthalten. Wenn die Investoren eine langfristige Anlage im Vergleich zu einer kurzfristig revolvierenden als riskanter ansehen, dann sollte in den langfristigen Zinssätzen eine höhere Risikoprämie enthalten sein. Dies könnte erklären, weshalb überwiegend steigende Zinsstrukturen beobachtet werden.

Aus der Zinsstruktur lassen sich anhand des Prinzips arbitragefreier Märkte Terminzinssätze ableiten. Denn eine langfristige Anlage muß dasselbe Endvermögen abwerfen wie eine kurzfristig revolvierende, wenn die Wiederanlage zu den risikofreien Terminzinssätzen erfolgt.

4   Die Informationsverarbeitung durch den Kapitalmarkt

4.1   Ein einfaches Modell bei vollkommenem Kapitalmarkt

Ein Beteiligungstitel beinhaltet eine Anwartschaft auf unsichere zukünftige Zahlungen. Die Bewertung eines Beteiligungstitels ist relativ einfach in einem vollkommenen Kapitalmarkt, da dann Steuern, Informations- und Transaktionskosten keine Rolle spielen. Im folgenden wird die Bewertung des Zahlungsstromes eines

Beteiligungstitels untersucht, Einwirkungs- und Gestaltungsrechte werden ausgeklammert. Besonders einfach ist diese Bewertung, wenn alle Anleger dieselben Zukunftserwartungen haben und die erwarteten Zahlungen mit demselben Zinssatz r abzinsen. Dann ist die Bewertung unabhängig davon, wer den Beteiligungstitel in welchem Ausmaß in seinem Portefeuille hält. Der Marktwert des Titels ist dann der Barwert der erwarteten Zahlungen, berechnet mit dem Zinssatz r. Dieser Zinssatz sei im Zeitablauf konstant. Sei K_t der Marktwert im Zeitpunkt t, $\tilde{e}_{t+n}$ die Zahlung des Unternehmens an den Inhaber des Titels im Zeitpunkt t+n, $E_t(\cdot)$ der Erwartungswertoperator im Zeitpunkt t. $E_t(\tilde{e}_{t+n})$ bezeichnet also den Erwartungswert der Zahlung $\tilde{e}_{t+n}$, gegeben die Information, die im Zeitpunkt t allen Anlegern zur Verfügung steht. Dann gilt

$$K_t = \sum_{n=1}^{\infty} E_t(\tilde{e}_{t+n})/(1+r)^n .$$

Der Marktwert des Titels ändert sich bis zum Zeitpunkt (t+1), weil (1) dann die Zahlung $\tilde{e}_{t+1}$ erfolgt ist, (2) die späteren Zahlungen um eine Zeiteinheit weniger abgezinst werden, und (3) sich die Erwartungswerte der späteren Zahlungen infolge von Änderungen des Informationsstands ändern können. Es ergibt sich die Frage, wie sich der Marktwert den Änderungen des Informationsstandes im Zeitablauf anpaßt, ob er in jedem Augenblick dem jeweils gegebenen Informationsstand entspricht oder ob die Anpassung mit zeitlichen Verzögerungen erfolgt. Im Zusammenhang damit steht die weitere Frage, ob und in welcher Weise ein Kapitalanleger durch Sammeln und Verarbeiten von Informationen Änderungen des Marktwerts im voraus erkennen und durch rechtzeitigen Kauf oder Verkauf aus diesem Wissen Vorteile ziehen kann. Da es bei vollkommenem Kapitalmarkt keine Informations- und Transaktionskosten gibt, kann man davon ausgehen, daß alle Anleger im Zeitpunkt (t+1) über dieselben Informationen verfügen und von den denselben Erwartungswerten $E_{t+1}(\tilde{e}_{t+n})$; n>1; ausgehen. Der neue Kurs ist dann

$$K_{t+1} = \sum_{n=2}^{\infty} E_{t+1}(\tilde{e}_{t+n})/(1+r)^{n-1} .$$

Der Kurs entspricht damit vollständig dem neuen Informationsstand. Die Kursanpassung erfolgt ohne jede zeitliche Verzögerung.

An einem einfachen Modell sollen die Zusammenhänge verdeutlicht werden. Hierbei besteht zwischen den Ausschüttungen aufeinanderfolgender Perioden im Urteil aller Anleger ein stochastischer Zusammenhang:

$$\tilde{e}_{t+1} = \tilde{a}_t\, e_t .$$

Die $\tilde{a}_t$ (t=1, ..., ∞) sind hierbei positive, stochastisch unabhängige Zufallsvariablen, die alle den Erwartungswert 1 haben. Im Zeitpunkt t ist e_t, die Ausschüttung der vorangegangenen Periode, bekannt. Von diesem Informationsstand ausgehend kann man die Wahrscheinlichkeitsverteilung für alle zukünftigen Ausschüttungen angeben. Es gilt:

$$\tilde{e}_{t+n} = \tilde{a}_t\, \tilde{a}_{t+1} \ldots \tilde{a}_{t+n-1}\, e_t .$$

Für die Erwartungswerte der zukünftigen Ausschüttungen gilt:

$$E(\tilde{e}_{t+n} \mid e_t) = E(\tilde{a}_t \, \tilde{a}_{t+1} \ldots \tilde{a}_{t+n-1} \, e_t) = e_t \, .$$

Im Zeitpunkt t ist also der Erwartungswert jeder zukünftigen Ausschüttung gleich der Ausschüttung der Vorperiode. Für K_t, den Kurs im Zeitpunkt t, gilt

$$K_t = \sum_{n=1}^{\infty} E(\tilde{e}_{t+n} \mid e_t)(1+r)^{-n} = \frac{e_t}{r} \, .$$

Entsprechend gilt für K_{t+1}:

$$\tilde{K}_{t+1} = \frac{\tilde{e}_{t+1}}{r} = \frac{\tilde{a}_t e_t}{r} = \tilde{a}_t K_t \, .$$

Und: $E(\tilde{K}_{t+1} \mid K_t) = K_t$.

Vom Informationsstand im Zeitpunkt t her gesehen ist $\tilde{K}_{t+1}$ eine zufällige Größe. Im Zeitablauf ändert sich der Kurs nach Art eines Zufallsprozesses, wobei der gegenwärtige Kurs gleich dem Erwartungswert des nächstfolgenden (und zugleich aller zukünftigen) ist.

Die Rendite $\tilde{R}_{t+1}$, die ein Kapitalanleger mit dem Beteiligungstitel in der bevorstehenden Periode erzielen kann, ist eine zufällige Größe:

$$\tilde{R}_{t+1} \quad = \frac{\tilde{e}_{t+1} + (\tilde{K}_{t+1} - K_t)}{K_t} = \frac{\tilde{a}_t e_t + (\tilde{a}_t K_t - K_t)}{K_t}$$

$$= \frac{\tilde{a}_t e_t}{e_t/r} + (\tilde{a}_t - 1)$$

$$= \tilde{a}_t r + (\tilde{a}_t - 1) \, .$$

Und: $E(\tilde{R}_{t+1}) = r$.

Die erwartete Rendite ist also immer gleich r; die tatsächlich realisierte Rendite kann höher oder niedriger liegen, je nachdem, ob die Zufallsvariable $\tilde{a}_t$ einen über oder unter 1 liegenden Wert annimmt. Da alle Anleger dieselben Erwartungen haben und die Realisation von a_t im Zeitpunkt noch nicht kennen, gelingt es keinem Anleger, durch geschicktes Taktieren eine höhere Rendite als $\tilde{R}_{t+1}$ zu erwirtschaften.

Da $\tilde{K}_{t+1} = \tilde{a}_t K_t$ ist, ergibt sich eine Kursänderung, die ausschließlich von der Zufallsvariablen $\tilde{a}_t$ gesteuert wird. Der Kurs folgt einem Zufallspfad. Insofern gehorchen Kursänderungen ähnlichen Gesetzen wie die Ergebnisse des Roulettes. Das mag zunächst überraschen, ist aber die zwangsläufige Folge der beschriebenen idealen Preisbildung. Wäre z. B. entgegen den obigen Ergebnissen die erwartete Rendite $E_t(\tilde{R}_{t+1})$ höher als die von den Anlegern verlangte erwartete Rendite r, dann würden alle Anleger den Titel zu kaufen suchen. Jedoch vergeblich, da niemand bereit ist, den Titel zum bisherigen Kurs zu verkaufen. Folglich steigt der Kurs, bis die erwartete Rendite auf das Niveau r gesunken ist. M.a.W., jede vorhersehbare Kursänderung, die eine Abweichung zwischen der erwarteten Rendite $E_t(\tilde{R}_{t+1})$ und der verlangten erwarteten Rendite r erzeugt, führt zu Kauf- und Verkaufsorders, die den Kurs verändern, bis beide erwarteten Renditen übereinstimmen. Da Abweichungen nicht bestehen können, muß die Differenz ($\tilde{R}_{t+1}$ − r) rein zufälliger Natur sein. Dies begründet den Zufallspfad des Kurses. Der Markt erweist sich als informationseffizient.

Diese Überlegung macht deutlich, daß kein Widerspruch zwischen der Zufallspfad-Hypothese und der Annahme rational handelnder Marktteilnehmer besteht. Es ist vielmehr so, daß rationales Handeln von Marktteilnehmern dazu führt, daß alles aufgrund vorliegender Beobachtungen und Erfahrungen Abschätzbare im Marktpreis berücksichtigt wird. Was sich der Antizipation entzieht, sind Änderungen zufälligen Charakters. Wenn diese zufälligen Änderungen im Zeitablauf eintreten und erkennbar werden, passen sich die Marktpreise an. Eben weil alles außer den zufälligen Änderungen antizipiert wird, bleibt nur noch der Zufallseinfluß als Ursache von Preisänderungen im Zeitablauf übrig.

4.2 Informationseffizienz

4.2.1 Zum Begriff des informationseffizienten Kapitalmarktes

Ein Kapitalmarkt, auf dem Informationseffizienz besteht, ist dadurch charakterisiert, daß alle Preise von Finanzierungstiteln in jedem Zeitpunkt voll dem jeweils gegebenen Informationsstand entsprechen. Das bedeutet, daß die Preise sich bei jeder neuen Information ohne zeitliche Verzögerung auf dem Niveau einstellen, das sich ergäbe, wenn alle Investoren diese Information gleichzeitig erhielten und unverzüglich ihre Dispositionen träfen. Der Begriff der Informationseffizienz wird deutlicher, wenn man sich klar macht, daß der Informationsstand eines Zeitpunktes einen Bestand an Fakten- und Erfahrungswissen darstellt und daß sich daraus Schlüsse ziehen lassen auf die Merkmale von Finanzierungstiteln, die ihren Marktwert bestimmen, also z. B. die relevanten Parameter der Wahrscheinlichkeitsverteilungen zukünftiger Zahlungen. Damit entspricht jedem Informationsstand ein System von Gleichgewichtspreisen. Bei Informationseffizienz erfolgt die Anpassung an das jeweilige Marktgleichgewicht unendlich schnell. In den Preisen kommt in jedem Zeitpunkt der auf dem Markt gegebene Informationsstand zum Ausdruck. Über- oder unterbewertete Titel gibt es nicht.

4.2.2 Stufen der Informationseffizienz

Der Informationsstand, auf den sich das Marktgleichgewicht einstellt, kann in unterschiedlicher Weise definiert werden. Daraus ergibt sich auch eine Unterscheidung nach verschiedenen Stufen der Informationseffizienz. Von Bedeutung ist vor allem, ob man sich bezieht auf

– den Informationsstand, der jedem Marktteilnehmer zugänglich ist,

oder

– den Informationsstand, der irgendwo vorhanden ist, auch wenn er nur einer Minderheit oder im Extremfall nur einem einzigen Marktteilnehmer verfügbar ist.

Wenn in jedem Zeitpunkt die Preise dem besten irgendwo vorhandenen Informationsstand entsprechen, auch wenn er nicht allgemein zugänglich ist, ist die höchste Stufe der Informationseffizienz gegeben: Dies wird als Informationseffizienz im strengen Sinne bezeichnet. Entsprechen die Preise hingegen in jedem Zeitpunkt nur dem für jeden Marktteilnehmer zugänglichen Informationsstand, so liegt Informationseffizienz im mittelstrengen Sinne vor.

Informationseffizienz im mittelstrengen Sinne findet eine Erklärung im rationalen Verhalten von Marktteilnehmern. Ist die Unter- oder Überbewertung von Finanzierungstiteln aufgrund allgemein zugänglicher Informationen erkennbar, so besteht für zahlreiche Kapitalanleger ein Anreiz, zum eigenen Vorteil von diesen Informationen Gebrauch zu machen. Um den Markt zu dem Gleichgewicht zu führen, das dem Informationsstand entspricht, ist es nicht notwendig, daß alle oder auch nur die Mehrheit der Marktteilnehmer diese Möglichkeiten nutzen. Schon eine Minderheit von rational disponierenden Anlegern kann durch ihre Kauf- und Verkaufsaufträge die Preise zum Gleichgewicht hin verschieben. Je schneller und wirksamer dies geschieht, desto näher ist man der Informationseffizienz im mittelstrengen Sinne.

Informationseffizienz im strengen Sinne ist unter realen Bedingungen nicht zu erwarten. Der Informationsvorsprung eines einzelnen oder einer kleinen Gruppe von Personen wird keine Nachfrage- oder Angebotseffekte haben, die das Ungleichgewicht rasch beseitigen. Andernfalls wären Insidergewinne ausgeschlossen. Die Insider werden zurückhaltend disponieren, zum einen weil sie den Gesichtspunkt der Diversifikation in ihrem Portefeuille beachten, vor allem aber, weil sie daran interessiert sind, zu den bisherigen oder nur leicht veränderten Kursen zu handeln; denn die Spanne zwischen diesen Kursen und den späteren Gleichgewichtskursen bestimmt ihren Insidergewinn. Die Verzögerung in der Preisanpassung ist allerdings um so schwieriger zu erreichen, je größer der Kreis der Insider ist. Hinzu kommt, daß die gut informierten Marktteilnehmer von anderen beobachtet und imitiert werden können. Dies beschleunigt die Anpassung an das neue Gleichgewicht.

Bei der Definition der mittelstrengen Informationseffizienz wird auf alle öffentlich verfügbaren Informationen Bezug genommen, sowohl solche über die Geschäftslage des Unternehmens als auch solche über das Geschehen auf dem Kapitalmarkt, insbesondere über die Preise in der Vergangenheit. Man kann die Betrachtung auch auf Informationen der letzteren Art beschränken; dahinter steht die Vermutung, daß Marktvorgänge der Vergangenheit Schlüsse auf die Entwicklung in der Zukunft zulassen könnten. Denkbar wäre etwa, daß sich bestimmte Verlaufsmuster in der Kursentwicklung häufig wiederholen; wer ein derartiges Muster rechtzeitig erkennt, hat damit eine Informationsgrundlage für die Prognose der weiteren Kursentwicklung. Dies wirft nun wieder die Frage auf, ob eine aufgrund allgemein zugänglicher Informationen vorhersehbare Kursentwicklung nicht vom Markt unverzüglich vollzogen wird. Ist dies der Fall, so wird der Markt als informationseffizient im schwachen Sinne bezeichnet. Informationseffizienz im schwachen Sinne ist gegeben, wenn die Preise auf dem Kapitalmarkt in jedem Zeitpunkt dem Stand der Informationen über das bisherige Marktgeschehen und der auf dieser Grundlage möglichen Prognose entsprechen.

Die Definitionen für die drei Stufen der Informationseffizienz lauten somit:

– Informationseffizienz im strengen Sinne ist gegeben, wenn zu jedem Zeitpunkt in den Marktpreisen alle überhaupt verfügbaren Informationen voll zum Ausdruck kommen;
– Informationseffizienz im mittelstrengen Sinne ist gegeben, wenn zu jedem Zeitpunkt in den Marktpreisen alle allgemein verfügbaren Informationen voll zum Ausdruck kommen;
– Informationseffizienz im schwachen Sinne ist gegeben, wenn zu jedem Zeitpunkt in den Marktpreisen alle Informationen über das Marktgeschehen in der Vergangenheit voll zum Ausdruck kommen.

Daß bestimmte Informationen in den Marktpreisen voll zum Ausdruck kommen, bedeutet, daß ein Marktgleichgewicht besteht, das den durch den Informationsstand begründeten Erwartungen entspricht.

Die Anpassung der Marktpreise an Änderungen des Informationsstandes wird dadurch bewirkt, daß Marktteilnehmer, die aufgrund der ihnen verfügbaren Informationen Unter- oder Überbewertungen erkennen, durch Kauf- bzw. Verkaufsaufträge daraus Nutzen zu ziehen versuchen. Je mehr Marktteilnehmer dies tun und je schneller sie reagieren, desto rascher paßt sich der Markt an. Informationseffizienz kennzeichnet den Grenzfall, in dem die Anpassungsgeschwindigkeit unendlich groß ist. Allerdings ist zu beachten, daß in diesem Grenzfall der Anreiz, Informationen als Grundlage einer vorteilhaften Anlagepolitik zu sammeln und auszuwerten, verlorengeht. Die Marktteilnehmer nehmen zwar Informationsänderungen wahr und reagieren sofort; es gelingt aber nicht, unterbewertete Titel zu kaufen oder überbewertete zu verkaufen, weil die Preise sich sofort dem neuen Informationsstand anpassen. Die Hoffnung, durch schnelle Reaktion aus Informationen Vorteile ziehen zu können, wird ständig enttäuscht. Mit dem Anreiz, Informationen zum eigenen Nutzen auszuwerten, entfällt aber zugleich die Antriebskraft, die den Markt zur Anpassung an veränderte Informationen veranlaßt. Dies gilt in verstärktem Maße bei unvollkommenem Kapitalmarkt, wenn das Sammeln und Auswerten von Informationen mit Arbeit und anderen Kosten verbunden ist; bei Informationseffizienz stehen diesen Kosten der Informationsauswertung keine Vorteile aus der damit verbundenen Anlagepolitik gegenüber. Im Grenzfall der Informationseffizienz liegt eine in sich widersprüchliche Situation vor. Die Kräfte, die den Markt zur Anpassung an veränderte Informationen bringen, werden gelähmt, wenn die Anpassung sich unendlich schnell vollzieht.

Theoretische Überlegungen dieser Art führen zu der Hypothese, daß mit Informationseffizienz im Sinne unendlich großer Anpassungsgeschwindigkeit nicht zu rechnen ist, wenn das Sammeln und Auswerten von Informationen mit Kosten verbunden ist. Der Markt paßt sich zwar an, aber nicht unendlich schnell, sondern mit Verzögerungen, die denjenigen, die durch ihr Verhalten die Anpassung bewirken, wenigstens so hohe Vorteile aus der Anlagepolitik ermöglichen, daß ihre Kosten gedeckt werden.

4.3 Informationsverarbeitung auf unvollkommenen Märkten

Ist der Kapitalmarkt vollkommen, dann haben alle Anleger jederzeit kostenlosen Zugang zu allen Informationen. Die Annahme homogener Erwartungen erscheint dann vertretbar. Bei unvollkommenem Kapitalmarkt dagegen beschaffen einige Anleger Informationen, andere nicht oder nur mit Verzögerung. Auch in der Auswertung von Informationen unterscheiden sich die Anleger. Professionelle Händler arbeiten eher mit aufwendiger Technik der Informationsbeschaffung und -auswertung als Privatpersonen, die weniger oft und mit kleineren Volumina handeln. Wenn sich Informationsbeschaffung und -auswertung lohnen, dann trifft dies eher für professionelle Händler zu.

Bei heterogener Informationsbeschaffung und -auswertung kommt es zu heterogenen Erwartungen. Der Erwartungswert E_t ($\tilde{e}_{t+n}$) variiert nun zwischen den Anlegern. Außerdem sind die Risikopräferenzen der Anleger unterschiedlich. Das einfache Modell in Abschnitt 4.1 versagt daher. Stattdessen erweist sich die Berechnung von Gleichgewichtskursen als sehr komplex. Denn diese Kurse hängen davon ab, wie sich der Anlegerkreis zusammensetzt. Wenn z. B. ein großer Teil der Aktien von optimistischen Anlegern mit niedriger Risikoscheu erworben wird, dann kommt ein vergleichsweise hoher Kurs zustande. Verkaufen diese Anleger kurze Zeit später zahlreiche Aktien an pessimistische Anleger, so kann der Kurs erheblich sinken. Dies rechtfertigt jedoch nicht, den Titel als unterbewertet zu bezeichnen. Damit zeigt sich, daß eine Feststellung, ein Titel sei fair bewertet, über- oder unterbewertet, sehr problematisch ist. Aus optimistischer Sicht mag ein Titel unterbewertet sein, während er gleichzeitig aus pessimistischer Sicht überbewertet ist.

Dementsprechend läßt sich Informationseffizienz, interpretiert als vollständige Verarbeitung aller (öffentlich) verfügbaren Informationen in den Wertpapierkursen, empirisch nicht überprüfen. Überprüfbar ist jedoch, ob Kurse unverzüglich oder mit Verzögerung auf Informationen reagieren. Für eine verzögerte Reaktion lassen sich verschiedene Gründe anführen.

- Insider dosieren ihre Orders vorsichtig, um eine rasche Kursanpassung zu verhindern.
- Anleger erhalten und verarbeiten Informationen zu unterschiedlichen Zeitpunkten, so daß auch Orders mit Verzögerung erteilt werden.
- Anleger interpretieren beobachtbare Kursänderungen als Ergebnis von Informationsauswertungen anderer Anleger und schließen sich dieser Einschätzung an. Ist z. B. der Kurs einer Aktie gestiegen, dann haben einige Anleger in jüngster Zeit höhere Preise für die Aktie gezahlt. Andere Anleger interpretieren dies als Indiz für eine „tatsächliche" Wertsteigerung der Aktie und versuchen, auf den „fahrenden Zug" durch Kauf der Aktie aufzuspringen. Dadurch kommt es zu einer weiteren Kurssteigerung.

Dieses Verhalten wird als „positive feedback trading" bezeichnet. Dahinter steht das Bemühen, von anderen Anlegern zu lernen und dadurch Kursgewinne zu erzielen oder Kursverluste zu vermeiden. Dieses Verhalten kann auch als Herdenverhalten gedeutet werden. Herdenverhalten ist insbesondere dann zu erwarten, wenn es, wie bei jungen Unternehmen, sehr schwierig ist, die langfristige Geschäftsentwicklung einzuschätzen. Dann ist die Versuchung groß, das Verhalten anderer Anleger zu kopieren in der Erwartung, daß diese wohlüberlegt handeln. Folgen genügend Anleger dieser Politik, dann kann es zu einem sich selbst verstärkenden Kursaufschwung kommen, der durch Herdenverhalten, nicht aber durch bessere Geschäftsaussichten gestützt wird. Die Kursblase bei jungen Unternehmen der Telekommunikation, die im Jahr 2001 platzte, mag so zustande gekommen sein.

Die Orientierung an kurzfristigen Kursänderungen ohne Bezug auf die langfristigen Geschäftsaussichten mag insbesondere für Händler gelten, die in kurzer Frist Spekulationsgewinne zu erzielen versuchen. Für sie kommt es darauf an, die kurzfristige Kursentwicklung zu prognostizieren, also die in nächster Zukunft zu erwartenden Dispositionen anderer Anleger. Hierzu wird häufig versucht, die jüngsten Kursänderungen auszuwerten und zu extrapolieren. Erweist sich dies als erfolgreich, so ist die Informationseffizienz im schwachen Sinn verletzt.

Reagiert der Kurs eines Papiers nur verzögert auf Informationen, dann bietet sich demjenigen, der die Informationen schneller auswertet und handelt, die Möglichkeit, zu Lasten der langsameren Anleger höhere Anlagerenditen zu erzielen. Damit besteht ein Anreiz, aus der verzögerten Reaktion Vorteile zu ziehen. Je mehr Anleger dies versuchen, umso schneller reagiert der Kurs, umso schwieriger wird es, die Vorteile zu erzielen.

4.4 Methoden und Erfolgsaussichten der Informationsverarbeitung durch Kapitalanleger

4.4.1 Formen der Wertpapieranalyse

Für einen Kapitalanleger, der den Erwerb von Finanzierungstiteln, vor allem von Aktien, in Betracht zieht, stellt sich die Frage, ob und in welcher Weise er sich genauere Informationen über die zur Auswahl stehenden Möglichkeiten beschaffen soll. Die hierzu entwickelten Methoden und Ansätze werden unter der Bezeichnung Wertpapieranalyse zusammengefaßt. Bei der Wertpapieranalyse lassen sich zwei grundsätzlich verschiedene Formen unterscheiden, die Fundamentalanalyse und die technische Analyse.

Die Fundamentalanalyse stellt die Sammlung und Auswertung von Informationen in den Mittelpunkt, die sich auf das Unternehmen und sein gesamtwirtschaftliches Umfeld beziehen. Es geht hierbei darum, die Einflußfaktoren zu erkennen, von denen das Erfolgspotential des Unternehmens und damit letztlich die den Inhabern von Finanzierungstiteln zufließenden Zahlungen abhängen. So interessiert sich z. B. der Fundamentalanalytiker für unternehmensbezogene Informationen wie

- die in den Jahresabschlüssen ausgewiesenen Erfolge,
- die Kapitalstruktur,
- die Entwicklung von Marktanteilen und Wettbewerbspositionen,
- die technologischen Entwicklungen, die die Marktposition des Unternehmens beeinflussen,
- die Exportabhängigkeit,
- die Abhängigkeit von Weltmarktpreisen für Rohstoffe,
- die Bedrohung durch Arbeitskämpfe,
- Indikatoren für die Qualität der Unternehmensführung.

Weiter werden Informationen über gesamtwirtschaftliche Entwicklungen einbezogen, Konjunktur- und Wachstumsprognosen, strukturelle Verschiebungen auf den Märkten, Vorgänge auf nationalen und internationalen Kreditmärkten u. a. Ziel aller dieser Bemühungen ist, ein besseres Urteil darüber zu gewinnen, wie sich das Erfolgspotential des Unternehmens in Zukunft entwickeln wird, welche Risiken zu beachten sind und wie der Finanzierungstitel unter Berücksichtigung dieser Einflußfaktoren in Zukunft auf dem Markt bewertet werden wird. Schließlich sind auch Informationen über die Zinsentwicklung von Bedeutung, da der Gegenwartswert zukünftiger Gewinne vom Kalkulationszinsfuß des Marktes abhängt.

Bei der technischen Analyse beschränkt sich die Betrachtung auf Informationen über den Kapitalmarkt; bei der technischen Analyse in reiner Form bleibt völlig außer Betracht, welche Eigenarten das betreffende Unternehmen hat, wie erfolgreich es in der Vergangenheit war und wovon sein zukünftiger Erfolg abhängt. Es interessiert nur, was sich auf dem Markt für Finanzierungstitel abspielt, insbesondere welche Kurse für die Aktien des betreffenden Unternehmens notiert werden und wie diese sich zu Kursen anderer Aktien verhalten. Die Grundidee der technischen Analyse ist, daß die Kursentwicklung von Aktien im Zeitablauf typische Muster aufweist, daß man diese Muster rechtzeitig erkennen und in die Zukunft extrapolieren kann. Um derartige Verlaufsmuster zu erkennen, bedient man sich bei der technischen Analyse ausgefeilter Methoden der graphischen Darstellung, sogenannter „Charts". Die technische Analyse wird deswegen auch als Chart-Analyse bezeichnet.

Die technische Analyse beruht auf der Auswertung von Erfahrungswissen. Das schließt nicht aus, daß man versuchen kann, sie durch Hypothesen über das Verhalten von Marktteilnehmern zu untermauern. Das wichtigste Beispiel technischer Analyse ist die Verwendung gleitender Durchschnitte. Der gleitende T-Tage-Durchschnitt eines Preises ist das arithmetische Mittel der Preise über die letzten T Tage.

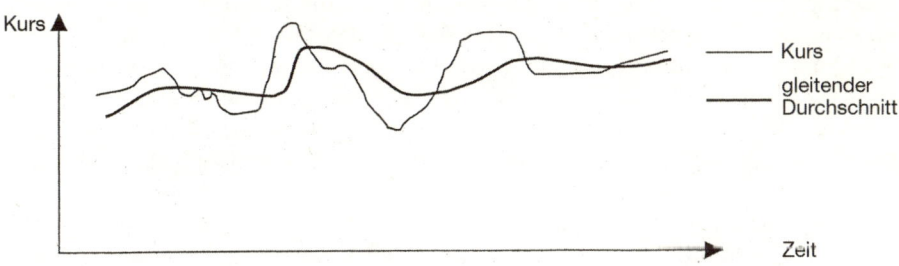

Abb. 7.7. Kurs und gleitender Durchschnitt

Abbildung 7.7 verdeutlicht dies. Wenn der Kurs den gleitenden Durchschnitt von unten nach oben durchbricht, wird dies oft als Kaufsignal gedeutet, im umgekehrten Fall als Verkaufssignal. Eine klare Begründung hierfür fehlt.

Daneben werden Formationen, also Muster von Kursverläufen, verwendet. Als Beispiel sei die sogenannte „Kopf-und-Schultern-Formation" betrachtet, die in der technischen Analyse als Indikator für eine Trendwende angesehen wird. Es wird behauptet, ein Aufwärtstrend in der Kursentwicklung einer Aktie werde häufig beendet durch ein Verlaufsmuster, wie es in Abb. 7.8 dargestellt ist: Auf einen zunächst nur

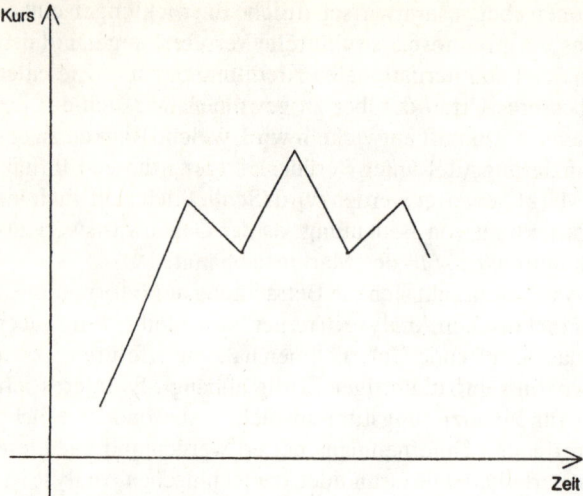

Abb. 7.8. „Kopf-und-Schultern-Formation"

leichten Kursrückgang folgt ein erneuter Anstieg auf ein noch etwas höheres Niveau, dann ein erneuter Rückgang, dem nur noch ein schwächerer Anstieg und dann der Umschlag in den Abwärtstrend folgt.

Manchmal wird versucht, die Entstehung von Formationen durch bestimmte, allerdings wenig fundierte Verhaltenshypothesen zu begründen. Zur „Kopf-und-Schultern-Formation" wäre etwa folgende Argumentation denkbar: Zunächst steigt der Kurs, dies löst weitere Kurssteigerungen durch „positive feedback trading" aus. An einem bestimmten Punkt steigen gut informierte Marktteilnehmer aus, was zum ersten leichten Rückschlag führt. Dies vermag aber die Kauflust der weniger Kundigen noch nicht zu bremsen, so daß der Kurs zunächst noch bis zum „Kopf" steigt. Jetzt kommt ein zweiter Rückschlag, der nur noch einmal durch die Kaufaktivität einiger Unbeirrbarer (oder Unbelehrbarer) aufgehalten werden kann. Nach Überschreiten der rechten Schulter geht die Entwicklung dann endlich in den Abwärtstrend über, wiederum verstärkt durch „positive feedback trading". Derartige „psychologische" Erklärungen haben oft den Charakter von Ad-hoc-Hypothesen. Eine überzeugende theoretische Begründung der technischen Analyse stößt auf Schwierigkeiten. Die empirische Geltung der behaupteten Gesetzmäßigkeiten wird dadurch allerdings nicht ausgeschlossen. Insbesondere die verhaltensorientierte Finanzmarktforschung untersucht in jüngerer Zeit solche Verhaltenshypothesen. So ist der Dispositionseffekt empirisch gut belegt: Anleger verkaufen ungern Wertpapiere mit Verlust, sie verkaufen viel lieber mit Gewinn. Auch zeigt sich häufig ein Übermaß an Vertrauen in die eigenen Prognosefähigkeiten. Dies führt zu hohen Positionen in einzelnen Titeln, der Grundsatz der Risikostreuung wird verletzt.

Ein richtiger Grundgedanke der technischen Analyse ist, daß Kursbewegungen durch Kauf- oder Verkaufsaufträge angestoßen werden und daß man Gewinne erzielen oder Verluste vermeiden kann, wenn man rechtzeitig erkennt, daß eine Tendenz zu verstärkten Käufen oder Verkäufen aufkommt. In dieser Hinsicht haben vor allem Intermediäre, die Aufträge an die Börse weiterleiten, Informationsvorteile. Sie können die Information über eingehende Aufträge nutzen, um durch vorauslaufende eigene Käufe oder Verkäufe Gewinne zu Lasten anderer Anleger zu erzielen. Das Problem der technischen Analyse ist, ob man auch durch Beobachtung des Marktgeschehens Tendenzen im Verhalten der Anleger mit hinreichender Verläßlichkeit und so frühzeitig erkennen kann, daß noch gewinnbringende Dispositionen getroffen werden können. Entscheidend ist, daß man die Signale früher erkennt als andere, weil sonst die Kursbewegung, von der man sich Vorteile erhofft, bereits bewirkt worden ist, ehe man zum Zuge kommt.

4.4.2   Erfolgsaussichten der Informationsverwertung

a) Theoretische Überlegungen

Ziel der Informationssammlung und -auswertung ist stets, Finanzierungstitel ausfindig zu machen, deren gegenwärtiger Kurs im Verhältnis zu ihren Zukunftsaussichten und dem damit verbundenen Risiko entweder zu hoch oder zu niedrig erscheint. Ziel der Fundamentalanalyse als auch der technischen Analyse ist es, Unter- und Überbewertungen zu erkennen. Unterbewertet ist ein Wertpapier im Urteil eines Anlegers, wenn er beim gegenwärtigen Kurs eine Rendite erwartet, die über der risikoadäquaten Marktverzinsung liegt; überbewertet ist es im umgekehrten Fall. Ein Kapitalanleger, der in korrekter Einschätzung stets unterbewertete Titel kauft und überbewertete verkauft, kann eine Rendite erreichen, die die dem Marktgleichgewicht entsprechende Rendite eines Wertpapierportefeuilles erheblich überschreitet.

   Die Rendite eines unter- oder überbewerteten Wertpapiers wird durch zwei Komponenten bestimmt:

1. Die auf lange Sicht dem Inhaber des Wertpapiers zufließenden Zahlungen.
2. Die Kurssteigerung oder Kurssenkung, mit der bei unter- bzw. überbewerteten Titeln zu rechnen ist.

   Die zweite Komponente kann nur dann wirksam werden, wenn der Markt die Unter- oder Überbewertung innerhalb einer gewissen Frist korrigiert. Es genügt nicht, daß der Kapitalanleger das langfristige Ertragspotential eines Wertpapiers richtig einschätzt; die Kurskorrektur tritt erst ein, wenn diese Einschätzung durch den Markt bestätigt wird. In diesem Zusammenhang wird gelegentlich J. M. KEYNES zitiert, der den Kauf von Wertpapieren mit einem Schönheitswettbewerb vergleicht, bei dem jeder Mitspieler das schönste Gesicht aus einer größeren Anzahl von Photographien auszuwählen hat und dann gewinnt, wenn er mit dem Urteil der Mehrheit übereinstimmt. Wer gewinnen will, richtet sich bei seiner Wahl nicht nach seinem eigenen Schönheitsempfinden, sondern versucht, das Urteil der anderen zu antizipieren. Ebenso komme es beim Kauf von Wertpapieren nicht darauf an, deren Erfolgspotential richtig einzuschätzen, sondern die Einschätzung durch die anderen Marktteilnehmer richtig vorherzusehen (KEYNES 1936, S. 156). Der Vergleich veranschaulicht einen wichtigen Aspekt, der vor allem für die Erzielung kurzfristiger Spekulationsgewinne von Bedeutung ist. Er trifft aber in einem anderen wesentlichen Punkt nicht zu: In dem Keynes'schen Schönheitswettbewerb gibt es außer dem Mehrheitsurteil kein anderes Beurteilungskriterium. Das ist bei Finanzierungstiteln nicht so; hier zeigt sich auf die Dauer, welches Ertragspotential vorhanden ist; das Mehrheitsurteil des Marktes kann sich als richtig oder falsch erweisen, was beim Schönheitswettbewerb nicht möglich ist. Endgültig erweist sich die Qualität des Finanzierungstitels zwar erst auf sehr lange Sicht; doch erhält der Markt ständig neue Signale, aus denen sich Schlüsse auf zukünftige Entwicklungen ziehen lassen und auf die er reagiert.

Die wichtigste Grundfrage der Wertpapieranalyse ist, welche Vorteile man aus der Sammlung und Auswertung von Informationen ziehen kann und unter welchen Voraussetzungen sich dies unter Berücksichtigung der damit verbundenen Kosten lohnt. Unter- oder überbewertete Wertpapiere gibt es nur, wenn der Markt mit Verzögerung auf Informationen reagiert, also nicht informationseffizient ist; auf einem informationseffizienten Markt hat ein informierter Anleger keine besseren Erfolgschancen als ein uninformierter. Fehlende Informationseffizienz ist aber keine hinreichende Erfolgsbedingung; vielmehr muß der Kapitalanleger auch in der Lage sein, Abweichungen vom Gleichgewichtspreis zu erkennen und richtig darauf zu reagieren.

Hinsichtlich der Möglichkeiten, aufgrund von Informationen eine vorteilhafte Anlagepolitik zu betreiben, lassen sich drei Modellansätze unterscheiden:

1. Der Kapitalanleger erkennt anhand der Fundamentalanalyse Anlagemöglichkeiten, die im Verhältnis zu ihrem langfristigen Ertragspotential unter- oder überbewertet sind; er nutzt diese Information zur Bildung eines Portefeuilles, das aufgrund der ihm daraus zufließenden Zahlungen eine übernormale Rendite einbringt.

2. Der Kapitalanleger erkennt anhand der technischen Analyse bestimmte Regelmäßigkeiten im Verhalten der Marktteilnehmer, die ihm die Prognose bevorstehender Kursänderungen ermöglichen.

3. Der Kapitalanleger erkennt zeitweilige Marktungleichgewichte, in denen der jeweilige Kurs nicht dem Informationsstand über das Ertragspotential entspricht; er kann damit rechnen, daß die Kurse sich dem Informationsstand anpassen, und auf dieser Grundlage Kursgewinne erzielen.

Im ersten Fall liegt der Vorteil des Anlegers ausschließlich im langfristigen Ertragspotential, im zweiten Fall ausschließlich in der Antizipation des Marktverhaltens; im dritten Fall wirken beide Erfolgskomponenten zusammen, da die Marktpreise sich den Erwartungen über das langfristige Ertragspotential anpassen.

Der erste Modellansatz entspricht einer eher konservativen Sicht der Wertpapieranalyse, die es sich zum Ziel setzt, eine vorteilhafte langfristige Anlagepolitik mit Hilfe der Fundamentalanalyse zu bestimmen, hingegen nicht den Anspruch erhebt, irgendwelche Prognosen über Kursänderungen in bestimmten Zeiträumen machen zu können. Dem entspricht die idealtypische Unterscheidung von zwei Typen von Kapitalanlegern, dem langfristigen Anleger, der an den Erträgen aus Finanzierungstiteln interessiert ist, und dem Spekulanten, der kurzfristig Kursgewinne erzielen will. Die Wertpapieranalyse beschränkt sich bei dieser Auffassung darauf den langfristigen Anbieter zu beraten. Der Erfolg dieser Anlagepolitik wird erst auf lange Sicht mit dem Zufluß der Wertpapiererträge erkennbar, auch mit Kurserhöhungen, die dem Erfolgspotential entsprechen, dies jedoch nur mit zeitlicher Verzögerung von schwer einschätzbarer Dauer (COTTLE/MURRAY/BLOCK 1988, 4. Kapitel, S. 41 ff). Ob der erste Modellansatz erfolgreich ist, hängt davon ab, wie viele Anleger denselben Ansatz verfolgen und ob ihre Prognosen besser oder schlechter sind. Folgen zahlreiche Anleger dieser Politik, dann kann nur derjenige Anleger einen Vorteil erzielen, der schneller und/oder besser als der Durchschnitt der Anleger prognostiziert und Wertpapiere handelt. Ein Vorteil setzt also Überlegenheit in der Prognose oder in der Geschwindigkeit der Umsetzung voraus. Ist der Markt informationseffizient, dann reagieren die Kurse unverzüglich auf Informationen. Fundamentalanalyse erlaubt dann nicht, über der adäquaten Marktverzinsung liegende Renditen zu erzielen.

Der zweite Modellansatz hat mit dem ersten gemeinsam, daß der Zusammenhang zwischen dem Ertragspotential von Wertpapieren und Kursbewegungen unberücksichtigt bleibt. Hier aber konzentriert sich die Aufmerksamkeit ganz auf die Prognose von Kursbewegungen. In diese Richtung zielt die technische Analyse: Die Verhaltensmuster, die man hierbei voraussetzt und zu erkennen versucht, sind Grundlage von Kursprognosen, die keine Beziehung zum Ertragspotential der Wertpapiere haben.

Die Schwierigkeiten, derartige Muster aus sinnvollen Hypothesen über das Verhalten der Marktteilnehmer zu begründen, wurden bereits erörtert. An dem bereits behandelten Beispiel der „Kopf-und-Schultern-Formation" können die Voraussetzungen einer erfolgreichen Anlagepolitik auf der Grundlage technischer Analyse deutlich gemacht werden. Wenn die Formation tatsächlich ein zuverlässiger Indikator für eine Trendwende ist, stellt sich die Frage, von welchem Zeitpunkt an sie mit hinreichender Sicherheit zu erkennen ist. Solange die Formation sich erst bildet und noch nicht vollendet ist, muß man damit rechnen, daß der Kurs plötzlich einen anderen Verlauf nimmt, die Formation also nicht zustande kommt. Man braucht also eine Regel zur hinreichend sicheren Feststellung der Formation. Im Falle der „Kopf-und-Schultern-Formation" könnte die Formation beispielsweise als vollendet gelten, wenn der Kurs nach Überschreiten der „rechten Schulter" die „Nackenlinie" unterschreitet (Abb. 7.9). Dies wäre dann das Signal zum Verkauf. Die Annahme, daß diese

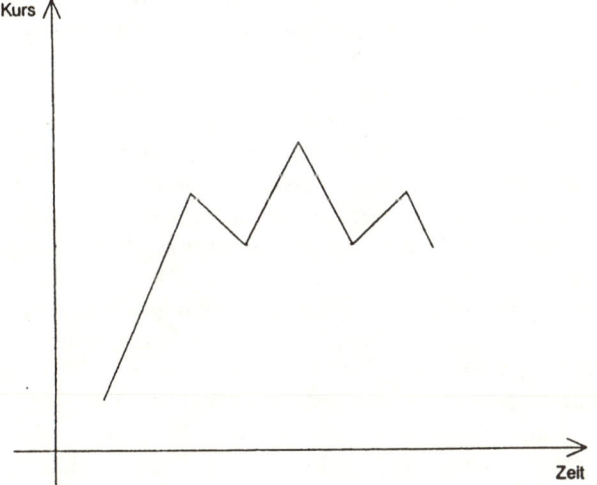

Abb. 7.9. Verkaufssignal bei der „Kopf-Schultern-Formation"

Regel richtig ist und sich bewährt, führt allerdings zu einem Widerspruch. Man muß damit rechnen, daß viele Marktteilnehmer diese Regel erkennen und sich danach richten. Das Signal der Unterschreitung der Nackenlinie führt dann zu einem plötzlichen Angebotsstoß mit entsprechendem Kursabfall. Das bedeutet aber, daß der durch das Signal angekündigte Kurssturz eben durch seine Beachtung herbeigeführt wird, und zwar so rasch, daß niemand mehr auf dem alten hohen Kursniveau verkaufen kann. Zum einen wird zwar die Richtigkeit des Signals bestätigt, zum anderen aber zugleich die vorteilhafte Nutzung des Signals verhindert.

Kauf- und Verkaufssignale der technischen Analyse können offenbar nur wenig Nutzen bringen, wenn sie allgemein bekannt sind und befolgt werden. Wer sich derartiger Analysemethoden bedient, muß sich darüber klar sein, daß er nur dann vorteilhaften Gebrauch davon machen kann, wenn er die Signale besser und schneller erkennt als andere. Deswegen lassen sich erfolgversprechende Anlageregeln der technischen Analyse auch nicht in präziser Form in Lehrbüchern oder Kursen vermitteln. Regeln, deren Kenntnis allgemein verbreitet ist, verlieren eben dadurch ihre Wirksamkeit. Aus diesem Grunde ist es auch schwer, generell nachzuweisen, daß die technische Analyse Erfolgsaussichten hat oder auch nicht. Der objektiven Überprüfung sind nur bekannte und eindeutige Regeln zugänglich. Daß kundige technische Analytiker über mehr oder weniger präzise Regeln verfügen, die ihnen Kursgewinne ermöglichen, ist schwer nachzuweisen, allerdings auch nicht zu widerlegen.

Der dritte Modellansatz verbindet die Beurteilung des Ertragspotentials mit einer Prognose der Kursentwicklung. Basis dieses Ansatzes ist die Hypothese, daß die Kurse von Wertpapieren zeitweilig vom Marktgleichgewicht abweichen, daher die Tendenz haben, sich zu diesem hin zu entwickeln. Die zeitweiligen Abweichungen können dadurch zustande kommen, daß die Kurse sich nur verzögert Informationen anpassen; ebenso ist es möglich, daß es durch zufallsbedingte Angebots- oder Nachfragestöße zu Abweichungen vom Gleichgewichtspreis kommt.

Vorteile aus verzögerter Kursanpassung lassen sich ziehen, wenn man rechtzeitig die erforderlichen Dispositionen trifft. Eine in diesem Sinne erfolgreiche Anlagepolitik setzt voraus, daß man entweder früher als andere über Informationen verfügt oder jedenfalls besser als andere die Bedeutung verfügbarer Informationen für die zukünftige Kursentwickung zu beurteilen vermag. Sobald eine Information allgemein verbreitet und von zahlreichen Anlegern in ihrer Bedeutung erkannt ist, wird sie so viele Kauf- oder Verkaufsaufträge auslösen, daß der Kurs sich anpaßt und eine Unter- oder Überbewertung nicht mehr feststellbar ist. Informationen und darauf beruhende Anlageratschläge, die über allgemein zugängliche Quellen wie Presse und Informationsdienste verbreitet werden, sind deswegen kaum geeignet, unter- oder überbewertete Wertpapiere zu erkennen. Voraussetzung des Erfolgs ist der Vorsprung vor anderen.

Ein ähnliches Problem besteht bei zufallsbedingten Abweichungen vom Marktgleichgewicht. Wer daraus Nutzen ziehen will, muß zunächst die Frage stellen, ob eine Kursänderung zufallsbedingt oder durch Informationen bedingt ist, die er vielleicht noch nicht kennt oder noch nicht richtig einschätzt. Am Beispiel zufallsbedingter Kursschwankungen kann anhand einer einfachen Modellanalyse deutlich gemacht werden, unter welchen Voraussetzungen die Anlagepolitik informierter Kapitalanleger Erfolgsaussichten hat. Dieses Modell wird im Abschnitt 4.4.3 erörtert.

b) Empirische Befunde

Zuvor wird kurz auf empirische Befunde zur Informationseffizienz eingegangen. Daß Insider aus dem Handel von Wertpapieren Gewinne erzielen können, ist unbestritten. Informationseffizienz im strengen Sinn besteht nicht. Allerdings wird der Insiderhandel in zahlreichen Ländern unter Strafe gestellt.

Man könnte vermuten, daß professionelle Portefeuille-Manager dank hervorragender Kenntnisse und Kontakte Informationsvorsprünge gegenüber anderen Anlegern haben und daher wie Insider bessere als die marktadäquaten Renditen erzielen. Eine Fülle von empirischen Untersuchungen widerlegt diese Vermutung. Die Renditen solcher Portefeuilles liegen im Durchschnitt unter den marktadäquaten. Dies liegt unter anderem an den Kosten des Portefeuille-Managements, die als Belastung zu Buche schlagen. Jedenfalls schaffen es die Portefeuille-Manager nicht, diese Kosten durch eine geschickte Portefeuille-Politik auszugleichen. Dieser Befund stützt die These der Informationseffizienz.

Die mit technischer Analyse erzielbaren Erfolge sind empirisch umstritten. Der sogenannte Momentumhandel kann Erfolge vorweisen. Bei einer Aktie wird hierzu die in jüngster Zeit erzielte Rendite ins Verhältnis zur Marktrendite gesetzt, um die relative Stärke zu errechnen. Eine hohe relative Stärke wird als Kaufsignal gewertet, eine geringe als Verkaufssignal. Ebenso zeigen Strategien im Anleihebereich, die auf gleitenden Durchschnitten von verschiedenen Zinssätzen beruhen, gewisse Erfolge. Häufig verschwinden diese allerdings bei Berücksichtigung von Transaktionskosten. Während Momentumstrategien kurzfristiger Natur sind, handelt es sich bei Gewinner-Verlierer-Strategien um Strategien über einen Zeitraum von 5 bis 10 Jahren. Aktien, die in einem Zeitraum von 3 bis 5 Jahren besonders hohe (niedrige) Renditen erzielt haben, werfen oft in den kommenden 3 bis 5 Jahren besonders niedrige (hohe) Renditen ab. Dies spricht gegen Informationseffizienz.

Ansonsten deuten empirische Untersuchungen darauf hin, daß technische Analyse keine Erfolge bringt. Die Beobachtung autokorrelierter Renditen allein widerlegt nicht die Informationseffizienz im schwachen Sinn, da Autokorrelation nicht nur durch verzögerte Informationsverarbeitung, sondern auch durch andere Faktoren erklärt werden kann.

Zur halbstrengen Informationseffizienz liegen zahlreiche empirische Befunde vor. Meistens handelt es sich um Ereignisstudien. Hierbei werden die Renditen von Aktien im Zeitraum von τ^- Tagen vor dem Ereignis bis τ^+ Tage nach dem Ereignis untersucht. Das Ereignis beinhaltet die Bekanntgabe einer bestimmten Information, z. B. des Gewinns im letzten Quartal oder eines Angebots zur Übernahme eines Unternehmens. Der Markt gilt als informationseffizient, wenn die vorhersagbare Kursänderung, bereinigt um die Kursänderung des Marktportefeuilles gemäß dem CAPM, innerhalb einiger Stunden oder eines Tages vollzogen wird.

Viele Studien zeigen, dass die ersten Kursreaktionen sehr schnell erfolgen. Zwar kommt es zu weiteren Kursänderungen; diese sind aber oft unsystematisch und lassen sich nicht gewinnbringend nutzen. Längerfristig angelegte Studien kommen zum Teil zu anderen Ergebnissen. So zeigen zahlreiche Studien, daß Aktien aus Erstemissionen auf längere Sicht im Durchschnitt schlecht rentieren.

Die empirischen Befunde zur Informationseffizienz sind daher gemischt. In Zweifel gezogen wird die Informationseffizienz auch durch Kursblasen wie die,

die sich in den neunziger Jahren aufbaute und danach platzte. Solche Kursblasen sind durch rationales Handeln nicht überzeugend zu erklären. Eine überzeugende verhaltensorientierte Erklärung steht ebenfalls aus.

4.4.3 Anlagepolitik bei zufälligen Kursschwankungen

Das folgende Modell verdeutlicht die Wirkungen von Informationsvorsprüngen einer Anlegergruppe. Es gibt zwei Gruppen von Anlegern: Uninformierte Anleger, die den jeweiligen Marktpreis als Gleichgewichtspreis ansehen, und informierte Anleger, die sich ein verläßliches Urteil über den Gleichgewichtspreis bilden und aus vermuteten Differenzen zwischen Marktpreis und Gleichgewichtspreis Vorteile zu ziehen suchen.

Betrachtet werden Angebot und Nachfrage in einem bestimmten Zeitpunkt. Angebot und Nachfrage der uninformierten Anleger ergeben sich daraus, daß sie nach ihren persönlichen Interessen verfügbare Mittel in Wertpapieren anlegen oder sich benötigte Mittel durch Wertpapierverkäufe beschaffen. Die uninformierten Anleger geben hierzu unlimitierte Kauf- oder Verkaufsaufträge. Sie verzichten darauf, sich durch Limitierung gegen zufallsbedingte Kursschwankungen zu schützen, weil sie nicht beurteilen können, ob eine Kursänderung auf Zufall oder auf neuen Informationen beruht. Die Differenz von Angebot und Nachfrage (Nettoangebot) der uninformierten Anleger ist eine Zufallsvariable mit dem Erwartungswert 0.

Für die Kursbildung ist neben dem Nettoangebot der uninformierten Anleger das Verhalten der zweiten Anlegergruppe wichtig, die durch Kauf und Verkauf zu jeweils günstigen Kursen Spekulationsgewinne anstrebt. Jeder dieser informierten Anleger bildet sich ein Urteil darüber, bei welchem Kurs es sich lohnt, zu kaufen oder zu verkaufen, und gibt entsprechend limitierte Kauf- bzw. Verkaufsaufträge; hierbei können die einzelnen Anleger zu unterschiedlichen Urteilen kommen. Das Ergebnis ist eine Nachfragefunktion, die angibt, wie die Nachfrage mit fallendem Preis steigt; diese Nachfragefunktion umfaßt auch das Angebot, und zwar in der Weise, daß bei steigendem Preis die Nachfrage negativ wird.

Für die Modellformulierungen werden folgende Beziehungen eingeführt:

K – Kurs des Wertpapiers,
x̃ – Nettoangebot (= Angebot – Nachfrage) der uninformierten Anleger,
y – Nettonachfrage (= Nachfrage – Angebot) der informierten Anleger.

Die Nachfragefunktion der informierten Anleger wird zur Vereinfachung als linear fallende Funktion angenommen:

$$K = a - by \qquad (a > 0, b > 0).$$

a gibt hierbei den Kurs an, bei dem die Nettonachfrage der informierten Anleger gleich Null ist; – b ist das Steigungsmaß der Nachfragekurve; b ist um so größer, je weniger informierte Anleger es gibt und je stärker ihre Beurteilungen der Marktlage und somit die Kauf- oder Verkaufslimits sich voneinander unterscheiden. An jedem Börsentag kommt ein Kurs zustande, bei dem Angebot und Nachfrage insgesamt ausgeglichen sind; es gilt also:

$$\tilde{x} = y$$

und somit für den Kurs: $\tilde{K} = a - b\tilde{x}$.

a ist somit der Kurs bei einem Nettoangebot der uninformierten Anleger von 0. Der Zusammenhang ist in Abb. 7.10 dargestellt: Die Zufallsvariable $\tilde{x}$ nimmt jeweils einen positiven oder negativen Wert an; in Abhängigkeit davon kommt ein Kurs zustande. Nimmt z. B. $\tilde{x}$ den Wert x* an, so ergibt sich daraus der Kurs K*. Da der Kurs von der Zufallsvariablen $\tilde{x}$ abhängt, ist er auch selbst eine Zufallsvariable, deren Streuung zum einen von der Streuung von $\tilde{x}$ abhängt, vor allem aber von b. Je kleiner b ist, desto geringer sind bei gegebenen Zufallsschwankungen der Nachfrage die entsprechenden Schwankungen des Kurses. Das liegt daran, daß bei kleinem b Nachfrage- oder Angebotsüberschüsse der uninformierten Marktteilnehmer schon bei geringen Kursänderungen durch informierte Anleger aufgenommen werden.

Ob und in welchem Umfang die informierten Anleger Vorteile erreichen können, hängt davon ab, ob sie die Marktlage aufgrund ihrer Information richtig einschätzen. Richtige Einschätzung bedeutet, daß man den Gleichgewichtspreis erkennt, zu dem der Markt nach Überwindung der zufallsbedingten Abweichung zurückkehrt. Da aber in der Zwischenzeit neue Zufallsstörungen auftreten und außerdem Änderungen im allgemeinen Informationsstand eintreten können, ist im Einzelfall nicht ohne weiteres festzustellen, ob eine Einschätzung richtig war. Es kann durchaus sein, daß eine in bezug auf den gegebenen Informationsstand an sich richtige Einschätzung sich wegen unvorhersehbarer Änderungen im Informationsstand im Ergebnis als falsch erweist. Ebenso ist der umgekehrte Fall möglich. Eine Einschätzung des Gleichgewichtspreises, zu dem der Markt tendiert, ist dann richtig, wenn der Erwartungswert des zukünftigen Kurses richtig geschätzt wird. Ob dies so ist, erweist sich nachträglich nicht im Einzelfall, sondern nur bei Gesamtbetrachtung vieler Fälle. Bei richtiger Schätzung des Erwartungswertes gleichen sich die nachträglich beobachteten Abweichungen nach oben und unten insgesamt aus.

Zunächst sei angenommen, die richtige Einschätzung des Gleichgewichtspreises entspreche dem Kurs, bei dem die Nettonachfrage der informierten Marktteilnehmer gerade gleich Null ist. Das schließt Fehleinschätzungen durch einzelne Marktteilnehmer nicht aus: Diese Fehleinschätzungen gleichen sich aber in ihrer Wirkung auf Angebot und Nachfrage in der Weise aus, daß beim Gleichgewichtspreis weder

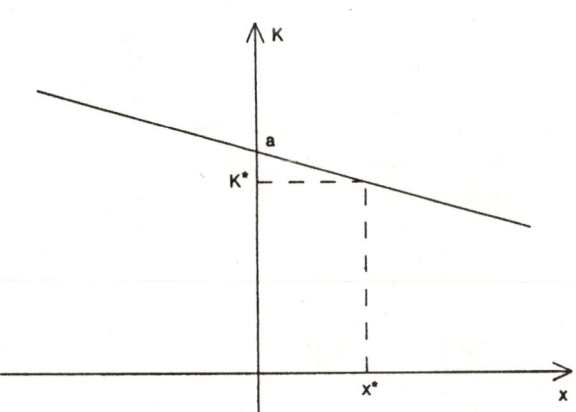

Abb. 7.10. Kursbildung bei informierten und uninformierten Anlegern

Angebots- noch Nachfrageüberschuß vorhanden ist. Wenn dies zutrifft, ist a der Gleichgewichtspreis.

Jetzt läßt sich angeben, wie groß der Vorteil der informierten und damit zugleich der Nachteil der uninformierten Marktteilnehmer ist, der dadurch entsteht, daß der Angebots- oder Nachfrageüberschuß der uninformierten Marktteilnehmer zu einem über bzw. unter dem Gleichgewichtspreis liegenden Kurs von den informierten Marktteilnehmern aufgenommen wird. Dieser Vorteil ($\tilde{G}$) ergibt sich als Produkt aus dem Nettoangebot der uninformierten Anleger und der Differenz zwischen Gleichgewichtspreis und Kurs:

$$\tilde{G} = (a - \tilde{K})\, \tilde{x}$$
$$= [a - (a - b\tilde{x})]\tilde{x}$$
$$= b\tilde{x}^2 .$$

Der Vorteil $\tilde{G}$ ist somit von der Zufallsvariablen $\tilde{x}$ abhängig; der Erwartungswert von $\tilde{G}$ ist:

$$E(\tilde{G}) = bE(\tilde{x}^2) .$$

Da $E(\tilde{x}^2) = [E(\tilde{x})]^2 + \sigma^2$ ist (wobei σ^2 die Varianz von $\tilde{x}$ bezeichnet und annahmegemäß $E(\tilde{x}) = 0$ gilt), so folgt:

$$E(\tilde{G}) = b\, \sigma^2 .$$

Der Vorteil der informierten Anleger hängt zum einen von der Varianz des Nettoangebots der uninformierten Anleger ab, d. h. von der Stärke der von dieser Seite ausgehenden Zufallsschwankungen, zum anderen von b; der Vorteil ist somit um so geringer, je flacher die Nachfragekurve verläuft, je mehr informierte Anleger es also gibt und je einheitlicher deren Urteil ist. Wenn b gegen Null geht, bewirken die Angebotsschwankungen keine Kursschwankungen mehr. Der Kurs liegt immer bei a, dem Gleichgewichtsniveau und der Erwartungswert des Vorteils der informierten Anleger ist Null. In diesem Fall ist der Markt informationseffizient.

Daß der erwartete Gewinn mit wachsendem b steigt, mag zunächst überraschen, weil in b auch die Unsicherheit der informierten Anleger über den Gleichgewichtspreis zum Ausdruck kommt. Weichen sie in ihrem Urteil stark voneinander ab, so ist b groß, und dies bedeutet, daß der Kurs stark nach oben oder unten vom richtigen Niveau abweichen muß, damit Angebot und Nachfrage sich ausgleichen; das führt zu entsprechend hohen Gewinnen für die Gruppe der informierten Marktteilnehmer insgesamt. Allerdings verteilen sich diese Gewinne nicht gleichmäßig auf alle informierten Marktteilnehmer. Am besten schneidet der ab, der bei allen unter a liegenden Preisen kauft und bei allen über a liegenden Preisen verkauft. Aber a ist nicht bekannt und kann vom einzelnen falsch eingeschätzt werden. Die Fehleinschätzung, die in b zum Ausdruck kommt, mindert den Vorteil des betreffenden Anlegers, kann sogar dazu führen, daß er in einen Nachteil umschlägt; um so größer ist der Gewinn der Anleger, die richtig disponiert haben.

Die Größe b hängt aber nicht nur vom Ausmaß der Fehleinschätzungen, sondern auch von der Anzahl der informierten Anleger ab. Gäbe es nur einen einzigen informierten Anleger, so könnte dieser b nach Belieben festsetzen und, da annahmegemäß Angebot und Nachfrage der uninformierten Marktteilnehmer unabhängig vom Preis sind, beliebig hohe Gewinne erzielen. Stehen die informierten Anleger jedoch im

Wettbewerb untereinander, so ergibt sich b aus der Gesamtheit der Kauf- und Verkaufsdispositionen, die jeder unabhängig vom anderen trifft. Je mehr informierte Anleger es gibt, desto flacher verläuft tendenziell die Nachfragekurve. Der Wettbewerb der informierten Anleger begrenzt somit den Gewinn, den sie auf Kosten der uninformierten Marktteilnehmer erzielen können.

Das dargestellte Ergebnis beruht auf der Annahme, daß a der Gleichgewichtspreis ist, daß also die informierten Anleger insgesamt immer zu einer richtigen Markteinschätzung kommen. In einer Variante der Modellanalyse soll nun noch berücksichtigt werden, daß die informierten Anleger sich in ihrer Gesamtheit auch irren können. Hierzu wird der Parameter a durch die Zufallsvariable $\tilde{a}$ ersetzt; der Erwartungswert dieser Zufallsvariablen ($a = E(\tilde{a})$) sei der Gleichgewichtspreis. Die Nachfragefunktion der informierten Anleger lautet:

$\tilde{K} = \tilde{a} - by$.

Im Einzelfall kann $\tilde{a}$, der Preis, bei dem die Nettonachfrage der informierten Anleger gleich Null ist, eine Ausprägung annehmen, die vom Gleichgewichtspreis um einen zufälligen Fehler abweicht. Die informierten Anleger als Gesamtheit können also den Gleichgewichtspreis über- oder unterschätzen. Es ist aber nicht zu vermuten, daß sie systematisch mehr zur Über- oder zur Unterschätzung neigen werden. Dem entspricht die Annahme, daß der Erwartungswert von $\tilde{a}$ der Gleichgewichtspreis ist.

Der Preis bildet sich in Abhängigkeit von $\tilde{a}$ und $\tilde{x}$:

$\tilde{K} = \tilde{a} - b\tilde{x}$.

Der Vorteil der informierten Anleger ist:

$$\tilde{G} = (a - \tilde{K})\,\tilde{x} = [a - (\tilde{a} - b\,\tilde{x})]\,\tilde{x}$$
$$= a\,\tilde{x} - \tilde{a}\,\tilde{x} + b\,\tilde{x}^2 .$$

Mit Cov($\tilde{a}$, $\tilde{x}$) wird die Kovarianz zwischen $\tilde{a}$ und $\tilde{x}$ bezeichnet; es gilt:

$E(\tilde{a}\,\tilde{x}) = E(\tilde{a})\,E(\tilde{x}) + \text{Cov}(\tilde{a}, \tilde{x})$.

Und somit (da $E(\tilde{x}) = 0$):

$E(\tilde{G}) = b\sigma^2 - \text{Cov}(\tilde{a}, \tilde{x})$.

Besteht kein Zusammenhang zwischen dem Nettoangebot der uninformierten Anleger und $\tilde{a}$, dann ist Cov($\tilde{a}$, $\tilde{x}$) = 0.

Wenn die informierten Anleger das Nettoangebot der uninformierten Anleger beobachten, werden sie eventuell ein höheres Nettoangebot als schlechtes Signal interpretieren, so daß $\tilde{a}$ geringer ausfällt. Cov($\tilde{a}$, $\tilde{x}$) ist dann negativ. Der Erwartungswert des Vorteils steigt dadurch. Wenn also ein positives Nettoangebot die informierten Anleger zu einer Unterschätzung des Gleichgewichtspreises verleitet, entsprechend negatives Nettoangebot zu einer Überschätzung, so wirkt sich dies insgesamt zu ihrem Vorteil aus. Denn sie kaufen bei positivem Nettoangebot zu einem niedrigeren Kurs und verkaufen bei negativem Nettoangebot zu einem höheren Kurs. Allerdings ist auch hierbei zu beachten, daß der Vorteil nicht gleichmäßig auf alle Anleger verteilt ist. Wer bei positivem Nettoangebot den Gleichgewichtspreis unterschätzt und nicht kauft, möglicherweise sogar verkauft, hat keinen Vorteil, sondern einen Nachteil; der Vorteil liegt immer nur bei denen, die verkaufen, wenn der Kurs über dem Gleichgewichtspreis liegt, und kaufen, wenn er darunter liegt. Die Fehleinschätzung eines einzelnen wirkt sich für diesen nicht vorteilhaft aus. Nur die Fehleinschätzung durch die Gruppe der informierten Anleger insgesamt führt zu einem Vorteil, an dem aber der einzelne um so mehr partizipiert, je weniger er die Fehleinschätzung der Gruppe teilt.

Der Erwartungswert des Vorteils der informierten Anleger wird im Vergleich zum Fall richtiger Einschätzung geschmälert, wenn die Kovarianz zwischen $\tilde{a}$ und $\tilde{x}$ positiv ist, wenn die informierten Anleger sich also bei hohem Nettoangebot der uninformierten Anleger eher nach oben verschätzen und umgekehrt. Möglicherweise entsteht sogar ein Nachteil.

Die Modellanalyse zeigt, daß informierte Anleger Vorteile aus zufälligen Marktschwankungen ziehen können, auch dann, wenn ihr Urteil nicht immer richtig ist. Die Größe des Vorteils hängt, wenn man von der Kovarianz zwischen $\tilde{a}$ und $\tilde{x}$ absieht, vom Ausmaß der Zufallsschwankungen (gemessen durch σ^2) und von dem Steigungsmaß der Nachfragekurve ab, in dem zum Ausdruck kommt, wie viele informierte Anleger es gibt und wie unterschiedlich ihr Urteil ist. Von der Höhe des zu erwartenden Vorteils hängt ab, ob ein Anleger sich zur Sammlung und Auswertung von Informationen entschließt; der Vorteil muß mindestens die damit verbundenen Kosten decken. Dies legt eine Vermutung über das Gleichgewicht unter Einbeziehung der Informationsbeschaffung nahe: Liegt der erwartete Vorteil der Informationsbeschaffung über den Kosten, so besteht damit ein Anreiz zur Informationsauswertung; die Anzahl der informierten Anleger wird steigen; damit sinkt b und der davon abhängende Vorteil. Entsprechend führt ein zu geringer Vorteil dazu, daß manche Anleger die Informationsauswertung aufgeben, b somit steigt. Im Gleichgewicht werden diejenigen Anleger (mit hohem Anlagevolumen) Informationen beschaffen, für die sich dies lohnt. Die anderen werden darauf verzichten, wohlwissend, daß dies von den informierten Anlegern ausgenützt wird.

4.4.4   Die Mikrostruktur des Marktes

Wie Informationen verarbeitet werden und in die Kursbildung eingehen, hängt auch davon ab, in welcher Weise die Kursfeststellung geregelt ist. Hierfür gibt es an den Börsen unterschiedliche Verfahrensweisen, durch die jeweils die sogenannte Mikrostruktur des Marktes bestimmt wird.

In dem Beispiel des Abschnitts 4.4.3 wurde eine Mikrostruktur gemäß dem Auktionsmodell angenommen. Dabei werden alle Aufträge, limitierte und unlimitierte, einem Auktionator zugeleitet, der dann den Preis ermittelt, bei dem die gehandelte Menge am größten ist; die Funktion des Auktionators kann auch ein Computer übernehmen. Bei dieser Form der Kursbildung können informierte Anleger in der in Abschnitt 4.4.3 beschriebenen Weise ihren Wissensvorsprung nutzen.

Wie sich die Mikrostruktur des Marktes auf die Informationsverarbeitung auswirkt, wird deutlich, wenn man von einer anderen Verfahrensweise ausgeht, der Einsetzung eines Market Makers. Der Market Maker erfüllt seine Aufgabe, indem er zwei Kurse stellt, einen Geldkurs, zu dem er auf eigene Rechnung Papiere kauft, und einen Briefkurs, zu dem er verkauft. Wenn ihm zum Geldkurs mehr angeboten wird, als er zum Briefkurs verkaufen kann, erhöht sich sein Bestand, im umgekehrten Fall verringert er sich. Dementsprechend wird er seine Kurse so stellen, daß auf die Dauer Angebot und Nachfrage sich ausgleichen, sein Bestand also weder ständig steigt noch ständig sinkt. Durch die Geld-Brief-Spanne, die Differenz zwischen dem Geldkurs und dem höheren Briefkurs, kann er seine Kosten decken und sich eine Prämie für das Kursrisiko sichern, das mit der Bestandshaltung verbunden ist (HO/STOLL 1983, HUANG/STOLL 1997).

Die Lage des Market Makers wird erschwert, wenn er damit rechnen muß, daß es informierte Anleger auf dem Markt gibt, die ihm Wertpapiere verkaufen, wenn der Geldkurs zu hoch ist, und Wertpapiere von ihm kaufen, wenn der Briefkurs zu niedrig ist. Da der Market Maker im Unterschied zu den informierten Anlegern selbst nicht direkt beurteilen kann, ob seine Kurse zu hoch oder zu niedrig sind, wird er das Auftragsvolumen als Signal dafür interpretieren, wobei er im Einzelfall nicht weiß, ob dahinter ein zufallsbedingter Angebots- oder Nachfrageüberschuß der uninformierten Marktteilnehmer oder gezielte Aufträge von informierten Anlegern stehen. Indem er bei hoher Nachfrage den Kurs erhöht und ihn bei hohem Angebot senkt, kann er im Durchschnitt Verluste aus dem Handel mit informierten Anlegern durch Gewinne aus dem Handel mit uninformierten Marktteilnehmern kompensieren. Die Gewinne der informierten Anleger gehen damit letztlich genau wie bei einem Auktionsverfahren zu Lasten der uninformierten Marktteilnehmer. Dies wird aber, bedingt durch die Mikrostruktur des Marktes, durch einen anderen Mechanismus bewirkt (GLOSTEN/MILGROM 1985, GLOSTEN 1989).

4.5   Zur Bedeutung der Informationsverarbeitung

Informationsverarbeitung auf dem Kapitalmarkt bewirkt, daß Informationen gesammelt und ausgewertet werden und daß sich die Preise von Finanzierungstiteln dem jeweiligen Informationsstand anpassen. Im Grenzfall der Informationseffizienz erfolgt die Anpassung ohne jede zeitliche Verzögerung; auch wenn dieser Grenzfall nicht vorliegt, sorgt die Informationsverarbeitung dafür, daß der Preis zu dem Gleichgewicht tendiert, das dem jeweiligen Informationsstand entspricht.

Will man die Bedeutung der Informationsverarbeitung beurteilen, so sind zwei Sichtweisen möglich, eine engere, die sich auf die Auswirkungen im Sekundärmarkt für Finanzierungstitel beschränkt, und eine weitere, die darüber hinausgehende Auswirkungen berücksichtigt.

Bei der engeren Sichtweise steht also nur der Sekundärmarkt für Finanzierungstitel im Blickfeld. Informationsverarbeitung bewirkt hier, daß die Preise sich mehr oder weniger schnell Veränderungen des Informationsstandes anpassen, wobei manche Marktteilnehmer Vorteile, andere entsprechende Nachteile haben. Für die Marktteilnehmer insgesamt handelt es sich um ein Konstantsummenspiel. Der Vorteil des Marktteilnehmers, der günstig kauft oder verkauft, ist gleich dem Nachteil dessen, von dem er kauft bzw. an den er verkauft. Da die Informationsverarbeitung zudem mit Kosten verbunden ist, stehen sich die Anleger insgesamt schlechter, als wenn alle auf Informationsverarbeitung verzichten. Nur die Verteilung des Vermögens ist anders.

Aus dieser Sicht scheint Informationsverarbeitung gesamtwirtschaftlich keinen Nutzen zu bringen.

Allerdings ist der Vermögensverteilungseffekt der Informationsverarbeitung nicht unwesentlich. Auch wenn keine systematische Informationsverarbeitung stattfindet, wird es immer einige Marktteilnehmer geben, die besser informiert sind als die Mehrzahl der anderen. Wenn vorhandene oder erreichbare Informationen in die Kursbildung nicht eingehen, können die wenigen informierten Marktteilnehmer große Vorteile zu Lasten der anderen erzielen. Je mehr Anleger aber Informationen verarbeiten, desto geringer wird dieser Vorteil. Er verschwindet ganz im Fall der Informationseffizienz.

Wer also als nichtinformierter Anleger an einem Markt tätig wird, der Informationen gar nicht oder nur schlecht verarbeitet, begibt sich in Gefahr, von informierten Marktteilnehmern ausgebeutet zu werden. Diese Gefahr ist um so geringer, je besser und schneller die Kurse sich jeweils dem Informationsstand anpassen; bei Informationseffizienz im strengen Sinne besteht die Gefahr überhaupt nicht. Die Gefahr der Ausbeutung kann die Bereitschaft der Anleger, Finanzierungstitel auf diesem Markt zu erwerben, wesentlich beeinträchtigen. Je besser der Markt Informationen verarbeitet, desto geringer ist diese Gefahr, desto größer ist auch das potentielle Angebot von Kapital, das die Unternehmen durch Ausgabe von Finanzierungstiteln zur Finanzierung von Investitionen beschaffen können. Der Verteilungseffekt der Informationsverarbeitung, der darin besteht, daß die Gefahr der Ausbeutung uninformierter durch informierte Marktteilnehmer vermindert wird, hat damit erhebliche Bedeutung für die Funktionsfähigkeit des Primärmarktes für Finanzierungstitel.

Diese Argumentation geht schon über die Grenzen der engeren Sichtweise hinaus, indem Rückwirkungen auf den Primärmarkt für Finanzierungstitel und damit auf die Finanzierungs- und Investitionsmöglichkeiten der Unternehmen betrachtet werden. Dies führt zu der weiteren Sichtweise. Die Informationsverarbeitung ist wesentliche Voraussetzung dafür, daß der Kapitalmarkt seine Allokationsfunktion erfüllen kann. Kapital soll in die besten Verwendungsmöglichkeiten gelenkt werden. Um diese herauszufinden, bedarf es eingehender Verarbeitung von Informationen. Es handelt sich um Informationen über Marktpositionen, technische Entwicklungen, Kostenvorteile oder -nachteile und viele andere Faktoren, von denen der Unternehmenserfolg abhängt, vor allem auch um Informationen über die Qualifikation der Unternehmensleitung. Von diesen Informationen und ihren Auswirkungen auf den Kurs hängt ab, ob und zu welchen Bedingungen die Unternehmen Kapital aufnehmen und investieren können. Über die Höhe der Kapitalkosten und die Begrenzung von Finanzierungsmöglichkeiten wirkt die Informationsverarbeitung auf die Investitions- und Produktionsentscheidungen der Unternehmen ein. Darüber hinaus kann das Urteil des Kapitalmarktes Auswirkungen in den Unternehmen haben; insbesondere kann eine schlechte Beurteilung der Unternehmensleitung zu personellen Konsequenzen führen.

Die Informationsverarbeitung auf dem Kapitalmarkt entspringt daraus, daß Marktteilnehmer Vorteile aus Kursschwankungen anstreben. Dies hat auf dem Sekundärmarkt zunächst nur einen Verteilungseffekt. Die volle Bedeutung der Informationsverarbeitung erschließt sich erst bei einer weiteren Sichtweise, die weiterreichende Wirkungen berücksichtigt. Dabei wird erkennbar, daß in erheblichem Umfang Informationen erhoben und aufbereitet werden, die dann maßgeblichen Einfluß auf Entscheidungen in den Unternehmen haben können. Die Informationsverarbeitung auf dem Kapitalmarkt hat damit erhebliche gesamtwirtschaftliche Bedeutung; sie fördert die Fähigkeit des Gesamtsystems, Informationen aufzunehmen und zur Grundlage ökonomischer Entscheidungen zu machen.

4.6 Zusammenfassung

Wenn sich der Informationsstand der Marktteilnehmer verändert, ändern sich auch ihre Erwartungen hinsichtlich zukünftiger Zahlungen und damit der Marktwert eines Finanzierungstitels. Solange der Kapitalmarkt vollkommen ist und die Anleger homogene Erwartungen haben, kann mit einer unverzüglichen Anpassung von Kursen an Informationen gerechnet werden. Bei unvollkommenem Markt ist allerdings von heterogenen Erwartungen auszugehen, so daß ein Marktwert im Sinne eines „korrekten" Gleichgewichtspreises nur schwer zu ermitteln ist. Über- und Unterbewertung von Titeln sind daher unscharfe Begriffe, die nicht losgelöst von den Erwartungen eines Anlegers verwendet werden können. Wenn der Marktwert nur mit Verzögerungen auf Informationen reagiert, kann ein Marktteilnehmer, der von den vorhandenen Informationen schneller und mit überdurchschnittlichen Fähigkeiten Gebrauch macht, überdurchschnittlich hohe Gewinne erzielen.

Der Kapitalmarkt wird als informationseffizient bezeichnet, wenn die Preise stets ohne Verzögerung auf Informationen reagieren. Dies schließt weitere Kursänderungen nicht aus. Jedoch darf es nicht möglich sein, aus diesen systematisch Gewinn zu ziehen. Je nachdem, auf welche Informationen man sich bezieht, alle irgendwo vorhandenen Informationen, die allgemein verfügbaren Informationen oder nur Informationen über das Marktgeschehen, kann man drei Stufen der Informationseffizienz unterscheiden: Informationseffizienz im strengen, im mittelstrengen und im schwachen Sinne. Die These, daß der Markt informationseffizient ist, hängt eng mit der Zufallspfad-Hypothese zusammen, nach der der Kurs eines Finanzierungstitels sich im Zeitablauf nach Art eines Zufallspfades entwickelt.

Die empirischen Befunde zur Informationseffizienz sind gemischt. Während strenge Informationseffizienz nicht gilt, wird die mittelstrenge Informationseffizienz häufig durch Befunde gestützt. Schwierigkeiten bereitet allerdings die Erklärung von Kursblasen, die gelegentlich auftreten.

Wertpapieranalyse in Form der Fundamentalanalyse und der technischen Analyse zielt darauf, durch Informationssammlung und Auswertung unter- und überbewertete Finanzierungstitel ausfindig zu machen. Fehlende Informationseffizienz ist notwendige, aber noch nicht hinreichende Voraussetzung für den Erfolg derartiger Bemühungen. Der erfolgreiche Kapitalanleger muß auch in der Lage sein, die relevanten Signale schneller zu erkennen, besser auszuwerten und/oder schneller zu reagieren als die mit ihm konkurrierenden Anleger. Kauf- und Verkaufsaufträge uninformierter Marktteilnehmer können zu zufälligen Kursschwankungen führen, aus denen informierte Anleger Vorteile ziehen können. In welcher Weise die Dispositionen der informierten Anleger den Kurs beeinflussen, hängt auch von der Mikrostruktur des Marktes ab.

Betrachtet man nur den Sekundärmarkt für Finanzierungstitel, so bewirken die Dispositionen besser informierter Kapitalanleger nur Umverteilungen von Vermögen

unter den Marktteilnehmern. Die Informationsverarbeitung hat aber zugleich Rückwirkungen auf den Primärmarkt und damit auf die Möglichkeiten der Unternehmen,
sich Kapital für Investitionen zu beschaffen; sie trägt damit wesentlich dazu bei, daß
der Kapitalmarkt seine Allokationsfunktion erfüllt.

Literaturangaben zu Kapitel VII

Zu 2
Zum Grundprinzip arbitragefreier Märkte siehe GARMAN/OHLSON 1981, INGERSOLL
1987, Kap. 2, MÜLLER 1985, SPREMANN 1986, WILHELM 1985.

Zu Terminkontrakten und ihrer Bewertung siehe CHANCE 2001, Kap. 3 und 9, DUFFIE 1989,
Kap. 5, HO 1990, Kap. 10, JARROW/TURNBULL 2000, Kap. 1 und 2.

Zur Bewertung von Optionen existiert eine umfangreiche Literatur: BLACK/SCHOLES 1973,
COX/RUBINSTEIN 1985, COX/ROSS/RUBINSTEIN 1979, FRANKE 1995, Kap. III, 3,
HULL 2003, Kap. 7–13, JARROW 2002, Kap. 11, 13, und 14, SHARPE/ALEXANDER/
BAILEY 1999, Kap. 19, UHLIR/STEINER 2001, Kap. 4, WILMOTT/HOWISON/
DEWYNNE 1995, Kap. 3.

Exotische Optionen werden erläutert in JARROW 1995 und ADAM-MÜLLER 1997.

Zu 3
Zum Capital Asset Pricing Model siehe COCHRANE 2001, Kap. 5, DUFFIE 1988, Kap. 11,
ELTON/GRUBER 2003, Kap. 13, JARROW 1988, Kap. 14 und 15, RUBINSTEIN 1976.

Zur Zeitstruktur der Zinssätze siehe COCHRANE 2001, Kap. 19, COX/INGERSOLL/ROSS
1985, HO 1990, Kap. 3 und 4, RITCHKEN 1987, Kap. 12, STÜTZEL 1970.

Zu 4
Zur Informationseffizienz
FAMA 1970 und 1991, FAMA/FRENCH 1992, FRANKE 1984a, GLASER/WEBER 2003,
GRANGER/MORGENSTERN 1970, GROSSMAN 1976, GROSSMAN/STIGLITZ 1980,
GUIMARAES/KINGSMAN/TAYLOR 1989, HAMERLE/RÖSCH 1996, HELLWIG 1982,
HIRSHLEIFER/SIEW 2003, KÜLPMANN 2003, MÜHLBRADT 1978, NEUMANN/KLEIN
1982, RITTER/WELCH 2002, STRONG/WALKER 1987.

Zur Wertpapieranalyse
BUCHNER 1981, Kap. 6, COTTLE/BLOCK 1987, Kap. 4, GRIESE/KEMPF 2002, HIEL-
SCHER 1996, Kap. 21 und 22, LOISTL 1996, Kap. 2 und 3, MALKIEL 2000, PERRI-
DON/STEINER 2002, Kap. C, SCHREDELSEKER 1984, SHARPE/ALEXANDER/BAILEY
1999, Kap. 17 und 18, WELCKER/THOMAS 1981.

Zur Marktmikrostruktur
BLUME/EASLEY/O'HARA 1994, GLOSTEN 1989, GLOSTEN/MILGROM 1985, KYLE
1985, HO/STOLL 1983, HUANG/STOLL 1997, PAGANO/ROELL 1992, SCHMIDT/TRES-
KE 1996.

Kapitel VIII Finanzierungsverträge bei Informationsasymmetrie

Mit Hilfe von Finanzierungstiteln lassen sich die aus den Investitionen der Unternehmen resultierenden Risiken transformieren und auf die Kapitalanleger gemäß ihren individuellen Präferenzen verteilen. Dies entspricht einer Betrachtungsweise, die für die Theorie der Finanzmärkte längere Zeit prägend war und sich als sehr fruchtbar erwiesen hat. Dieser theoretische Ansatz liegt auch den Ausführungen in den vorangegangenen Kapiteln VI und VII zugrunde. Damit ist die Problematik der Ungewißheit bei Finanztransaktionen aber nur unzureichend erfaßt. Ungewißheit resultiert nicht nur daraus, daß Investitionen riskant sind, sondern auch aus dem ungleichen Informationsstand der Transaktionspartner. Diese Informationsasymmetrie in Verbindung mit der Vermutung, daß jeder Transaktionspartner sich opportunistisch verhält, das heißt ausschließlich auf seinen eigenen Vorteil bedacht ist, hat zur Folge, daß jeder damit rechnen muß, aufgrund eines schlechten Informationsstandes übervorteilt zu werden. Das hat weitreichende Konsequenzen für das Zustandekommen von Transaktionen und für die vertragliche Ausgestaltung. Dies gilt für Finanztransaktionen in besonderem Maße. Rational handelnde Transaktionspartner werden stets mitbedenken, welche Verhaltensweisen mit einer bestimmten Vertragsgestaltung verbunden sind und wie man den damit verbundenen Schädigungen begegnen kann.

Im Abschnitt 1 dieses Kapitels wird zunächst in allgemeiner Form erörtert, wie sich Informationsasymmetrie und die Vermutung opportunistischen Verhaltens auf das Zustandekommen von Markttransaktionen auswirken und welche Probleme sich daraus für die Vertragsgestaltung ergeben. Im Abschnitt 2 wird anschließend beschrieben, welche Formen opportunistischen Verhaltens bei Finanzierungsverträgen auftauchen können, und zwar zum einen bei Beteiligungsfinanzierung, zum anderen bei Kreditfinanzierung; wesentlich ist, daß beide Vertragspartner, auch der besser informierte, an einer effizienten Lösung interessiert sind. Im Abschnitt 3 wird ein formales Modell zur effizienten Vertragsgestaltung bei der Unternehmensfinanzierung entwickelt. Abschnitt 4 enthält einen Überblick über Grundelemente von Finanzierungsverträgen; weiter werden die Bedeutung des Rechnungswesens und die Rolle von Intermediären behandelt; abschließend wird die Frage erörtert, inwieweit es zwingender gesetzlicher Regelungen bedarf, um effiziente Verträge zu erreichen.

1   Asymmetrische Information und opportunistisches Verhalten

1.1   Formen asymmetrischer Information

Asymmetrische Information zwischen potentiellen Vertragspartnern kann in zwei Formen auftreten und das Zustandekommen von Transaktionen erschweren:

– Die ungleiche Information kann sich auf bereits im Zeitpunkt des Vertragsschlusses gegebene Tatbestände beziehen. Beispielsweise kann der Verkäufer von Waren besser über deren Qualität informiert sein als der Käufer; oder der Kreditnehmer, der einen Vermögensgegenstand beleihen läßt, weiß über dessen Marktwert besser Bescheid als die Kreditgeber. In diesem Fall geht es um Informationsasymmetrie vor Vertragsabschluß. Sie bezieht sich auf Eigenschaften des Gegenstandes der Transaktion oder der beteiligten Personen. Man spricht auch von „versteckter Information" („hidden information") oder „versteckten Eigenschaften" („hidden characteristics").
– Informationsasymmetrie kann auch hinsichtlich des Verhaltens eines Vertragspartners nach Vertragsabschluß bestehen. Nach Abschluß eines Versicherungsvertrags kann zum Beispiel der Versicherte weniger Sorgfalt auf die Schadensverhütung verwenden, ohne daß dies für den Versicherer erkennbar wird; oder ein Unternehmer kann nach Aufnahme von Beteiligungskapital in seinen Bemühungen nachlassen, Gewinne für seine Teilhaber zu erzielen, ebenfalls ohne daß diese davon Kenntnis erhalten. Es geht hier um Informationsasymmetrie nach Vertragsabschluß. Sie bezieht sich auf nicht beobachtbares Handeln eines Vertragspartners. Man spricht kurz von „verstecktem Handeln" („hidden action"). Die Unsicherheit hinsichtlich des Verhaltens des Vertragspartners wird als „moral hazard" bezeichnet.

Beide Formen der Informationsasymmetrie können das Zustandekommen von Transaktionen, die grundsätzlich für alle Beteiligten einen höheren Nutzen einbringen, behindern oder sogar unmöglich machen. Weiß der schlechter informierte Partner um seinen Informationsnachteil, so muß er damit rechnen, daß der andere die Situation nutzen wird, ihn zu übervorteilen. Im ungünstigsten Fall wird er überhaupt nicht zum Abschluß bereit sein, so daß die an sich für beide vorteilhafte Transaktion nicht zustande kommt. Möglich ist aber auch, daß zwar Transaktionen zustande kommen, aber nicht in der Weise und in dem Umfang wie auf Märkten mit symmetrischer Informationsverteilung. Generell gilt: Informationsasymmetrie behindert das Funktionieren von Märkten, kann im Extremfall sogar zum Marktversagen führen.

Ein vielzitiertes theoretisches Beispiel für Marktversagen durch Informationsasymmetrie vor Vertragsabschluß ist ein Gebrauchtwagenmarkt, auf dem nur dem einzelnen Anbieter die Qualität des von ihm angebotenen Wagens bekannt ist, die Nachfrager hingegen nur die durchschnittliche Qualität des Gesamtangebots kennen, hingegen nicht in der Lage sind, den einzelnen Wagen zu beurteilen. Die Nachfrager werden deswegen nur bereit sein, höchstens einen der durchschnittlichen Qualität entsprechenden Preis zu zahlen. Dies führt dazu, daß Angebote überdurchschnittlicher Qualität, für die dieser Preis zu niedrig wäre, gar nicht erst auf den Markt kommen. Entsprechend niedriger sind die durchschnittliche Qualität und folglich auch der Preis, den die Nachfrager zahlen. Dies kann zu einem Marktgleichgewicht füh-

ren, bei dem nur noch die allerschlechteste Qualitätsklasse im Angebot ist (AKER-
LOF 1970). Ergebnis einer derartigen „adverse selection" ist, daß sich ein Marktgleichgewicht einstellt, in dem Transaktionen, die für beide Partner vorteilhaft wären, nicht zustande kommen; dies kann als Marktversagen bezeichnet werden. In
ähnlicher Weise wie beim Handel mit Gebrauchtwagen kann sich die adverse Selektion auswirken, wenn ein Kreditinstitut die Bonität seiner Kunden nicht im Einzelfall
beurteilen kann und die Ausfallprämie nach Maßgabe der durchschnittlichen Bonität
festsetzt.

Ähnliche Effekte sind auch in Verbindung mit Informationsasymmetrie nach
Vertragsabschluß möglich. Ein Versicherungsunternehmen zum Beispiel, das Reisegepäckversicherungen abschließt, muß damit rechnen, daß manche Versicherungsnehmer nach Vertragsabschluß weniger sorgfältig auf Schadensverhütung bedacht
sind oder auch höhere Schäden geltend machen als ihnen tatsächlich entstanden
sind; hinsichtlich ihres Verhaltens besteht also „moral hazard". Da die Schadensmel-
dungen aber keine Rückschlüsse auf derartiges Fehlverhalten im Einzelfall zulassen,
muß die Prämie so kalkuliert werden, daß sie auch die durch vertragswidriges Verhalten verursachten Schäden deckt. Wenn alle Versicherungsnehmer ohne Rücksicht
auf tatsächlich entstehende Schäden so viel aus der Versicherung herausholen, wie
möglich ist, zahlen sie entsprechend hohe Prämien. Im Ergebnis zahlt jeder so viel an
Prämie, wie die Versicherung ihm aufgrund wahrer oder fingierter Schadensmeldun-
gen auszahlt; die tatsächlich entstehenden Schäden bleiben hingegen ungedeckt. Unter diesen Umständen kommt es zum Marktversagen; niemand schließt einen Versicherungsvertrag ab, obwohl bei einer dem tatsächlichen Risiko entsprechenden
Prämie Nachfrage nach Versicherungsschutz bestünde.

Die beiden Beispiele sind theoretisch konstruiert. Tatsächlich tritt Marktversagen in der beschriebenen Weise weder auf dem Markt für Gebrauchtwagen noch auf
dem für Reisegepäckversicherungen ein. Die Marktteilnehmer wissen sich zu helfen,
indem sie der Informationsasymmetrie entgegenwirken. Die Anbieter von Gebrauchtwagen können den Nachfragern durch Einschaltung unabhängiger Gutachten
zuverlässige Informationen über die Qualität vermitteln; auch durch Übernahme von
Garantien können Informationen des Anbieters glaubwürdig gemacht werden. Versicherungsunternehmen pflegen Schadensfälle sorgfältig zu prüfen, um mißbräuchliche Inanspruchnahme ihrer Leistungen auszuschließen; außerdem können sie die
Versicherten zu größerer Sorgfalt motivieren, indem sie mit ihnen einen Selbstbehalt,
das heißt eine Beteiligung am Schaden, vereinbaren. Informationsasymmetrie ist
kein unüberwindliches Hindernis für Markttransaktionen; allerdings sind die Maßnahmen zur Überwindung des Hindernisses nicht kostenlos. Bei der Gestaltung der
Transaktionen bei Informationsasymmetrie muß man Wohlfahrtseinbußen hinnehmen, entweder durch diese Kosten oder dadurch, daß Transaktionen nicht in der
nach Art und Umfang wünschenswerten Weise erfolgen; dies ist ein Optimierungsproblem.

1.2 Die Annahme opportunistischen Verhaltens

Informationsasymmetrie wäre unschädlich und letztlich auch unerheblich, wenn man
davon ausgehen könnte, daß die an Transaktionen beteiligten Personen niemals die

Unkenntnis von Vertragspartnern zum eigenen Vorteil ausnutzen; dazu gehört insbesondere, daß sie alle relevanten Informationen wahrheitsgemäß übermitteln und sich stets gewissenhaft an vertragliche Vereinbarungen halten, auch dann, wenn der Vertragspartner dies nicht kontrollieren kann und Vertragsverletzungen ohne nachteilige Folgen möglich wären. Informationsasymmetrie wird erst dadurch zum Problem, daß man nicht allgemein mit einem derartigen Verhalten rechnen kann. Bei der theoretischen Analyse von Markttransaktionen bei Informationsasymmetrie geht man von einer anderen Verhaltensannahme aus: Man unterstellt opportunistisches Verhalten. Damit ist gemeint, daß der einzelne sich ausschließlich an der Maximierung seines persönlichen Nutzens orientiert und sich dabei auch über vertragliche, gesetzliche und moralische Verpflichtungen hinwegsetzt, sofern ihm dies keine Nachteile bringt, die die damit erreichbaren Vorteile überwiegen.

In dieser Form ist die Annahme angreifbar. Man kann mit Recht dagegen einwenden, daß menschliches Verhalten damit einseitig und in verzerrter Form beschrieben wird. Bindungen an ethische Normen werden dabei ebenso ignoriert wie zwischenmenschliches Vertrauen, beides unverzichtbare Grundlagen geordneten menschlichen Zusammenlebens. Dennoch hat die Annahme opportunistischen Verhaltens als Basis theoretischer Analyse ihre Berechtigung. Es geht gar nicht darum zu behaupten, daß alle Menschen sich stets opportunistisch verhalten. Die Probleme der Informationsasymmetrie ergeben sich vielmehr daraus, daß der schlechter informierte Transaktionspartner mit der Möglichkeit opportunistischen Verhaltens des besser informierten rechnen muß. Dies ist eine durchaus realistische Annahme, wie sich durch viele Beispiele belegen läßt. Der Käufer eines Gebrauchtwagens muß damit rechnen, daß der Verkäufer ihm Mängel verschweigt; der Versicherer muß damit rechnen, daß ihm Schäden vorgetäuscht werden; der Arbeitgeber muß damit rechnen, daß Arbeitnehmer, deren Arbeitsleistung nicht überwacht werden kann, sich das Leben bequem machen; der Teilhaber einer Gesellschaft muß damit rechnen, daß der geschäftsführende Gesellschafter sich zu Lasten des Gewinns persönliche Vorteile verschafft; der Kreditgeber muß damit rechnen, daß er vom Kreditnehmer falsch über dessen Vermögenslage und Ertragsaussichten informiert wird. Dies sind Tatbestände, die für die praktische Vertragsgestaltung von großer Bedeutung sind.

Theoretische Analysen, die opportunistisches Verhalten unterstellen, sind auch praktisch relevant; sie dürfen aber nicht so interpretiert werden, als würde damit unmittelbar die Realität beschrieben. Soziale und ökonomische Beziehungen werden vielmehr in starkem Maße dadurch geprägt, inwieweit das Verhalten des einzelnen auch durch Rücksichtnahme auf andere und Beachtung allgemeiner Normen bestimmt wird. Es ist schwer vorstellbar, wie ein soziales und ökonomisches System funktionieren könnte, in dem sich jeder ohne Einschränkung opportunistisch verhält. Generell gilt wohl: Je weniger sich die Mitglieder eines Gemeinwesens an übergeordnete Normen gebunden fühlen, sie sich also opportunistisch verhalten, desto schwieriger und kostspieliger wird es, die durch Informationsasymmetrie bedingten Hindernisse für allseits vorteilhafte Transaktionen zu überwinden.

1.3   Vertragsgestaltung als ökonomisches Problem

1.3.1   Elemente der Vertragsgestaltung

Die Hindernisse für das Zustandekommen von Markttransaktionen bei Informationsasymmetrie zu überwinden ist ein Problem der Vertragsgestaltung. Es geht dabei nicht einfach darum, Leistung und Gegenleistung so zu vereinbaren, daß jeder der Beteiligten davon einen Vorteil hat. Vielmehr muß auch bedacht werden, mit welchen vertraglichen Vorkehrungen man eine für alle Beteiligten zumindest akzeptable Lösung zu möglichst geringen Kosten und Einbußen findet. Hierbei spielen zwei Elemente der Vertragsgestaltung eine besondere Rolle:

–   Erstens können dem schlechter informierten Vertragspartner Möglichkeiten eingeräumt werden, seinen Informationsstand zu verbessern.
–   Zweitens können die Regeln für die Aufteilung des aus der Transaktion fließenden Ergebnisses so gestaltet werden, daß der besser informierte Partner möglichst wenig Anreize hat, gegen die Interessen des anderen zu handeln.

Beim ersten der beiden Vertragselemente geht es darum, das Informationsgefälle sowohl vor als auch nach Vertragsabschluß zu vermindern. Vor Vertragsabschluß kann die Ungewißheit des schlechter informierten Partners über relevante Eigenschaften von Sachen und Personen dadurch reduziert werden, daß man ihm ein Recht zur Überprüfung einräumt oder unabhängige Gutachter einschaltet. Nach Vertragsabschluß geht es darum, die Unsicherheit über das Verhalten des besser informierten Partners zu vermindern. Dies geschieht durch Einräumung von Informations- und Kontrollrechten, möglicherweise darüber hinaus auch noch von Mitwirkungs- oder Mitentscheidungsrechten. Derartige Rechte spielen gerade bei der Ausgestaltung von Finanzierungstiteln eine wichtige Rolle. In einer Theorie der Finanzmärkte, die die besondere Problematik der Informationsasymmetrie unberücksichtigt läßt, bleibt die Funktion von Informations- und Einwirkungsrechten ungeklärt. Erst bei Einbeziehung der Informationsasymmetrie in die Analyse wird die Bedeutung von Informations- und Einwirkungsrechten für die Funktionsweise von Märkten und für die Bewertung von Finanzierungstiteln erkennbar. Zu beachten ist, daß Maßnahmen zur Minderung des Informationsgefälles in der Regel mit Kosten verbunden sind; dies gilt für die Übermittlung glaubwürdiger Informationen vor Vertragsabschluß ebenso wie für die Vereinbarung von Informations- und Einwirkungsrechten, durch die die Übervorteilung eines Partners nach Vertragsabschluß verhindert werden soll.

Besonderes theoretisches Interesse verdienen die an zweiter Stelle genannten Elemente der Vertragsgestaltung, die darauf abzielen, durch geeignete Anreize den besser informierten Vertragspartner davon abzuhalten, daß er den anderen übervorteilt, genauer: ihn zu motivieren, daß er im Fall der Informationsasymmetrie vor Vertragsabschluß richtige Informationen übermittelt und daß er im Fall der Informationsasymmetrie nach Vertragsabschluß auch ohne Kontrolle so handelt, wie es im Interesse des Partners liegt. Für beide Fälle sind theoretische Lösungsansätze entwickelt worden.

Für den Fall der Informationsasymmetrie vor Vertragsabschluß ist das Modell des „Signaling" ein wichtiger Ansatz: Hierbei wird untersucht, unter welchen

Voraussetzungen der besser informierte Vertragspartner aus eigenem Interesse Signale gibt, aus denen der andere zutreffende Informationen entnehmen kann. Notwendige Bedingung dafür ist, daß das Aussenden eines falschen Signals für ihn immer ungünstiger ist als das richtige Signalisieren. Es gibt verschiedene Varianten des „Signaling"-Modells:

– Bei kostenverursachendem „Signaling" wird der besser informierte Vertragspartner durch die mit dem Signalisieren verbundenen Kosten davon abgehalten, falsche Signale zu geben. Dieses Ergebnis wird erreicht, wenn die Kosten falscher Signale um so viel höher sind als die wahrheitsgemäßer Signale, daß falsche Signale sich nicht lohnen. Dies läßt sich am Arbeitsmarkt veranschaulichen, dem Bereich, für den das Signaling-Modell zuerst entwickelt wurde (SPENCE 1974). Wenn ein Arbeitgeber nicht in der Lage ist, die Fähigkeiten der sich bei ihm bewerbenden Arbeitnehmer zu beurteilen, können ihm glaubwürdige Signale darüber vermittelt werden, und zwar in Form von Ausbildungsnachweisen, die die Arbeitnehmer vorlegen. Hierbei kommt es nicht darauf an, daß die Arbeitnehmer bei dieser Ausbildung tatsächlich etwas Nützliches gelernt haben. Entscheidend ist vielmehr, daß die Ausbildung für weniger Begabte viel mehr an Kosten und Mühe mit sich bringt, so daß es sich für sie trotz besserer Bezahlung nicht lohnt, den Ausbildungsnachweis zu erwerben. Unter diesen Voraussetzungen kann man erwarten, daß jeder Arbeitnehmer durch seine Ausbildung zutreffende Signale über seine Fähigkeiten gibt. Es liegt nahe, das Modell auf andere Märkte mit asymmetrischer Information zu übertragen, auch auf Finanzmärkte. So ist zum Beispiel untersucht worden, ob der Vorstand einer Aktiengesellschaft durch seine Dividendenpolitik glaubwürdige Signale über die Lage des Unternehmens übermitteln kann (HARTMANN-WENDELS 1986).

– Beim kostenlosen „Signaling" werden die Signale dadurch glaubwürdig, daß falsche Signale zu Marktreaktionen führen, die für den Signalgeber nachteilig sind. So kann beispielsweise bei der Finanzierung neuer Investitionen den Kapitalgebern durch die Wahl eines bestimmten Verhältnisses zwischen Fremd- und Eigenkapital signalisiert werden, ob der Emittent den gegenwärtigen Marktwert der Beteiligungstitel für zu hoch oder für zu niedrig hält. Bei Überbewertung wäre er zunächst mehr an der Ausgabe von Beteiligungstiteln, bei Unterbewertung mehr an der Ausgabe von Forderungstiteln interessiert. Da die Kapitalgeber diesen Zusammenhang durchschauen, ziehen sie aus dem vom Emittenten gewählten Verhältnis zwischen beiden Arten von Finanzierungstiteln Rückschlüsse auf seine Einschätzung des Unternehmenswerts. Unter bestimmten Voraussetzungen existiert ein Gleichgewicht, bei dem es für den Emittenten optimal ist, über die Fremdkapital-Eigenkapitalrelation seine Einschätzung wahrheitsgemäß zu signalisieren (FRANKE 1987).

– Eng verwandt mit dem „Signaling"-Modell ist das Modell der „Self Selection" (auch als „Screening" bezeichnet). Hierbei bietet der schlechter informierte Vertragspartner eine Auswahl von Verträgen an, die so gestaltet sind, daß die besser informierten Partner durch ihre Entscheidung für einen bestimmten Vertrag wesentliche Informationen offenbaren. Ein Versicherungsunternehmer kann zum Beispiel vor dem Problem stehen, daß seine Kunden sich hinsichtlich wesentlicher Risikomerkmale voneinander unterscheiden, wobei jeder Kunde seine eigenen Risikomerkmale kennt, diese aber für andere nicht erkennbar sind; man kann nicht ohne weiteres damit rechnen, daß die Kunden über ihre Risikomerkmale wahrheitsgemäß Auskunft geben. Ein Ausweg kann darin liegen, daß verschiedene Verträge angeboten werden, die insbesondere nach Prämie und Selbstbeteiligung so gestaffelt sind, daß jeder Kunde aus eigenem Interesse den Vertrag wählt, der seinen speziellen Risikomerkmalen entspricht und dadurch die relevante Information offenlegt (ROTHSCHILD/STIGLITZ 1976). Der Unterschied zwischen „Self Selection" und „Signaling" besteht nur darin, daß bei ersterem die Initiative, verschiedene Verträge zur Auswahl zu stellen, vom schlechter informierten Partner ausgeht, während bei letzterem der besser informierte Partner von sich aus Signale gibt. Die theoretische Analyse kann allerdings für die beiden Fälle zu sehr unterschiedlichen Ergebnissen führen; dies liegt daran, daß in spieltheoretischen Modellen das Ergebnis oft wesentlich davon abhängt, welcher Spieler den ersten Zug hat.

Generell gilt, daß ein „Signaling"-Gleichgewicht nur unter sehr speziellen Bedingungen zustande kommt. Die Anwendungsmöglichkeiten auf finanzwirtschaftliche Entscheidungen sind deswegen beim gegenwärtigen Stand der Theorie eingeschränkt.

Der Fall der Informationsasymmetrie nach Vertragsabschluß wird in dem theoretischen Modell der Prinzipal-Agenten-Beziehung erfaßt. Hierbei ist der Prinzipal der schlechter informierte Vertragspartner. Das Ergebnis der Transaktion hängt vom Handeln des Agenten ab, das der Prinzipal nicht beobachten kann; da auch nichtbeobachtbare zufällige Einflüsse auf das Ergebnis einwirken, ist aber ein eindeutiger Rückschluß vom Ergebnis auf das Handeln des Agenten nicht möglich. Gäbe es dieses stochastische Element nicht, so entfiele die Informationsasymmetrie und damit die gesamte Problematik der Prinzipal-Agenten-Beziehung. Ziel der theoretischen Analyse ist es nun, eine Entlohnungsregel für den Agenten, die zugleich eine Aufteilungsregel für das Ergebnis ist, zu finden, die diesen veranlaßt, sich in einer die Interessen des Prinzipals möglichst wenig verletzenden Weise zu verhalten. Das aus der Informationsasymmetrie resultierende „moral hazard" soll auf diese Weise bewältigt werden.

Die Analyse der Prinzipal-Agenten-Beziehung ist für die Finanzierungstheorie von großer Bedeutung. Der Leiter eines Unternehmens, sei er geschäftsführender Teilhaber oder Eigentümer oder auch nur Geschäftsführer, ist im Verhältnis zu seinen Kapitalgebern Agent; diese sind die Prinzipale. Dies gilt unabhängig davon, wie die Konditionen der Kapitalüberlassung aussehen, bei Beteiligungsfinanzierung ebenso wie bei Kreditfinanzierung. In jedem Fall ist das für die Kapitalgeber nicht vollständig kontrollierbare Handeln des Unternehmensleiters maßgeblich für das Ergebnis, von dem auch die Kapitalgeber betroffen sind, sei es, daß sie als Teilhaber mehr oder weniger hohe Gewinnanteile erhalten, sei es, daß sie als Gläubiger bei schlechten Ergebnissen mit Ausfällen rechnen müssen. Die Ausgestaltung des Finanzierungsvertrags führt zu einer bestimmten Entlohnung des Unternehmensleiters, und davon gehen bestimmte Anreize aus. Bei Kreditfinanzierung sehen diese Anreize, wie in Abschnitt 2 dieses Kapitels noch gezeigt wird, anders aus als bei Beteiligungsfinanzierung. Die Wahl der Finanzierungsweise kann somit als Lösung eines Prinzipal-Agenten-Problems gesehen werden. Dieser Aspekt der Finanzierung wird im folgenden noch ausführlicher behandelt.

1.3.2 Effiziente Verträge

Aus den beschriebenen Elementen, zum einen Regelungen über Informations- und Entscheidungsrechte, zum anderen Aufteilungsregeln, von denen Anreizwirkungen ausgehen, sind Verträge zu konstruieren, die dem opportunistischen Verhalten bei Informationsasymmetrie Rechnung tragen. Anzustreben sind effiziente Verträge. Ein Vertrag ist effizient, wenn es keinen anderen Vertrag gibt, der mindestens einen Vertragspartner besserstellt, ohne gleichzeitig einen anderen schlechter zu stellen. Damit wird das Prinzip der Pareto-Optimalität auf die Vertragsgestaltung übertragen. Eine Allokation von Ressourcen ist pareto-optimal, wenn es keine andere gibt, die mindestens eine Person besserstellt, ohne eine andere schlechter zu stellen. Soweit die Allokation von Ressourcen über Verträge geregelt wird, kann sie nur pareto-optimal sein, wenn es sich um effiziente Verträge handelt.

Ein möglicher Weg zur effizienten Vertragsgestaltung ist, daß einer der Vertragspartner die Initiative ergreift und den Vertrag in der Weise entwirft, daß er für jeden anderen den Mindestnutzen bringt, bei dem dieser den Vertrag gerade noch akzeptiert, und unter Einhaltung dieser Bedingung seinen eigenen Nutzen maximiert. Der so zustande kommende Vertrag ist effizient; denn wenn die Möglichkeit bestünde, durch eine Variation der Vertragskonditionen einen Vertragspartner ohne Schlechterstellung eines anderen besserzustellen, würde der Initiator des Vertrags diese Variation vornehmen, damit zunächst den betreffenden Vertragspartner besserstellen, dann aber zu dessen Lasten und zu seinen eigenen Gunsten eine weitere Modifikation des Vertrags vornehmen mit dem Ergebnis, daß der andere wieder auf das vorgegebene Mindestnutzenniveau zurückfiele, er selbst aber nun eine bessere Position erreicht hätte. Voraussetzung dafür ist nur, daß solche kompensierenden Vertragsmodifikationen zwischen dem Initiator und dem zunächst bessergestellten Partner immer möglich sind.

Es ist dabei für das Erreichen eines effizienten Vertrags grundsätzlich gleichgültig, wer die Initiative für die Vertragsgestaltung ergreift. Dies gilt generell für die Vertragsgestaltung bei Informationsasymmetrie, insbesondere auch für Verträge zwischen Prinzipalen und Agenten. In einer Prinzipal-Agenten-Beziehung kann sowohl der Prinzipal dem Agenten als auch der Agent dem Prinzipal einen jeweils den eigenen Interessen entsprechenden Vertrag anbieten. Wenn nur jeweils der Initiator den Vertrag so gestaltet, daß er für den anderen gerade akzeptabel ist und sein eigener Nutzen maximiert wird, so kommt ein effizienter Vertrag zustande.

Dies läßt sich an einem einfachen Fall der Unternehmensfinanzierung veranschaulichen. Angenommen sei, ein Unternehmer habe erfolgversprechende Investitionsmöglichkeiten, müsse sich aber das Kapital zur Finanzierung seiner Pläne von einem Kapitalgeber beschaffen. Da dieser als Außenstehender nicht über Vorgänge im Unternehmen informiert ist, liegt ein Fall der Informationsasymmetrie nach Vertragsabschluß vor, eine Prinzipal-Agenten-Beziehung somit. Im Vertrag ist eine Aufteilungsregel festzulegen, etwa ein festes Entgelt für den Kapitalgeber – dann ist es ein Kreditvertrag – oder eine Beteiligung am Erfolg – dann wird der Kapitalgeber Teilhaber; weiter können Informations- und Einwirkungsrechte, darüber hinaus auch Gestaltungsrechte für den Kapitalgeber vereinbart werden. Ein solcher Vertrag kann sowohl vom Unternehmer dem Kapitalgeber als auch vom Kapitalgeber dem Unternehmer angeboten werden; in beiden Fällen kommt ein effizienter Vertrag zustande, wenn nur der jeweilige Initiator seinen eigenen Nutzen maximiert und beachtet, daß der andere das Mindestnutzenniveau erreicht, bei dem der Vertrag für ihn akzeptabel ist. Letzteres bedeutet, wenn der Unternehmer den Vertrag gestaltet, daß dem Kapitalgeber in glaubwürdiger Weise eine hinreichende Verzinsung unter Einschluß einer Risikoprämie geboten werden muß; wenn der Kapitalgeber Initiator ist, muß er dem Unternehmer ein hinreichendes Entgelt für seine Tätigkeit bieten.

Der Initiator des Vertrags muß also jeweils die Interessen des anderen mit in seinen Kalkül einbeziehen. Die Folgen der Informationsasymmetrie müssen stets mitbedacht werden, auch wenn der Vertrag durch den besser informierten Partner, den Agenten, gestaltet wird. Wenn der Unternehmer den Vertrag entwirft, wird er zum Beispiel erwägen, ob es zweckmäßig ist, dem Kapitalgeber Informations- und Einwirkungsrechte einzuräumen, um diesen dagegen abzusichern, daß der Unternehmer sich unkontrolliert auf Kosten des Kapitalgebers bereichert. Bei Fehlen dieser Absicherung wäre nämlich der Kapitalgeber, wenn überhaupt, nur bei einer für den Unternehmer ungünstigeren Aufteilungsregel bereit, auf den Vertrag einzugehen. Daß derartige Überlegungen praxisrelevant sind, erkennt man daran, daß in Gesellschaftsverträgen von Kommanditgesellschaften für die Kommanditisten oft Einwirkungs- und Kontrollrechte vorgesehen sind, die weit über die gesetzlichen Regelungen hinausgehen.

Für die Vertragsgestaltung bei Informationsasymmetrie im allgemeinen und in einer Prinzipal-Agenten-Beziehung im besonderen ist es eine wichtige Erkenntnis, daß ein beiderseitiges Interesse an effizienten Verträgen besteht. Vertragsgestaltung durch den Agenten führt deswegen nicht zu einem grundlegend anderen Ergebnis als Vertragsgestaltung durch den Prinzipal. Vor Vertragsabschluß besteht insoweit kein Interessenkonflikt, als alle Beteiligten einen effizienten Vertrag anstreben. Der für die Prinzipal-Agenten-Beziehung typische Interessenkonflikt entsteht erst nach Vertragsabschluß, wenn der Agent die Informationsasymmetrie nutzen kann, um sich durch opportunistisches Verhalten auf Kosten des Prinzipals zu bereichern. Die Kunst der Vertragsgestaltung besteht darin, die Möglichkeiten opportunistischen Verhaltens zu antizipieren und durch Schaffung von Anreizen sowie durch Informations- und Mitwirkungsrechte Vorkehrungen zu treffen, daß es zu einer effizienten Lösung kommt.

1.4 Zusammenfassung

Informationsasymmetrie zwischen potentiellen Vertragspartnern kommt in zwei Formen vor: Vor Vertragsabschluß kann ein Vertragspartner schlechter als der andere über wesentliche Eigenschaften des Transaktionsgegenstandes oder der beteiligten Personen informiert sein („hidden information"); nach Vertragsabschluß kann ein Partner schlechter informiert sein, weil er das Verhalten des anderen nicht beobachten kann („hidden action" und „moral hazard"). Schwierigkeiten ergeben sich daraus, daß der schlechter informierte Partner mit opportunistischem Verhalten des anderen rechnen muß, das heißt damit, daß dieser ihn nicht wahrheitsgemäß informiert und sich nicht vertragsgemäß verhält.

Wie man mit den durch Informationsasymmetrie bedingten Schwierigkeiten fertig wird, ist eine Frage der Vertragsgestaltung. Man kann versuchen, das Informationsgefälle zu vermindern, man kann aber auch im Vertrag für den besser informierten Partner Anreize schaffen, daß er richtige Informationen liefert und sich so verhält, daß die Interessen des anderen Partners nicht geschädigt werden. Theoretische Lösungsansätze zur Schaffung von Anreizen für korrekte Informationsübermittlung bei Informationsasymmetrie vor Vertragsabschluß sind unter den Bezeichnungen „Signaling", „Screening" und „Self Selection" bekannt. Der Fall der Informationsasymmetrie nach Vertragsabschluß wird durch das Prinzipal-Agenten-Modell erfaßt. Vor allem das letztere Modell ist für die Finanzierungstheorie von großer Bedeutung.

Bei Informationsasymmetrie sind beide Vertragspartner, auch der besser informierte, daran interessiert, einen effizienten Vertrag abzuschließen. Dies kann erreicht werden, wenn einer der Vertragspartner die Initiative ergreift und einen Vertrag entwirft, der für den oder die anderen akzeptabel ist und seinen eigenen Nutzen maximiert. Wer die Initiative ergreift, spielt für das Zustandekommen eines effizienten Vertrages keine Rolle; in einer Prinzipal-Agenten-Beziehung kann dies sowohl der Prinzipal als auch der Agent sein.

2 Unternehmensfinanzierung als Prinzipal-Agenten-Beziehung

2.1 Informationsasymmetrie bei Finanzierungsvorgängen

Die folgenden Überlegungen beziehen sich auf Finanzierungsvorgänge, die einem einfachen Grundmuster entsprechen: Ein Unternehmer sieht die Möglichkeit, vorteilhafte Investitionen durchzuführen, hat aber selbst nicht die Mittel, diese zu finanzieren; als Unternehmer wird hierbei die Person bezeichnet, die die Initiative für unternehmerische Investitionen ergreift; Unternehmer in diesem Sinne kann ein Eigentümer, ein geschäftsführender Teilhaber, aber auch ein angestellter Geschäftsführer sein. Dieser Unternehmer setzt sich nun mit einem Kapitalgeber in Verbindung mit dem Ziel einer vertraglichen Einigung darüber, daß ihm gegen Entgelt Kapital zur Finanzierung der Investitionen überlassen wird. Der Vertrag muß vor allem festlegen, in welcher Weise das Entgelt des Kapitalgebers zu bemessen ist. Wird ein festes Entgelt vereinbart, so hat die Vertragsbeziehung den Charakter eines Kredits. Wird hingegen als Entgelt eine Erfolgsbeteiligung eingeräumt, so entspricht dies dem Grundtyp einer Beteiligungsfinanzierung.

Bei symmetrischer Informationsverteilung ist nur von Bedeutung, daß mit der Wahl der Finanzierungsform, Kredit oder Beteiligung, das Risiko des Investitionsprogramms in unterschiedlicher Weise aufgeteilt werden kann. Bei reiner Kreditfinanzierung läge das Risiko überwiegend beim Unternehmer; der Kreditgeber wäre nur insoweit daran beteiligt, als es auch zur Insolvenz kommen könnte. Werden hingegen Beteiligungstitel ausgegeben, so wird der Kapitalgeber voll am Risiko beteiligt; gibt es viele Unternehmer und viele Kapitalgeber, so können die Risiken breit gestreut werden, und zugleich kann jeder Kapitalgeber in seinem Portefeuille durch Diversifikation das Gesamtrisiko reduzieren. Das in Kapitel VI behandelte Capital Asset Pricing Model (CAPM) beschreibt ein Gleichgewicht auf einem derart beschaffenen Markt für Finanzierungstitel.

Berücksichtigt man Informationsasymmetrie, so ergibt sich ein zusätzlicher Gesichtspunkt. Zwischen Kapitalgeber und Unternehmer entsteht eine Prinzipal-Agenten-Beziehung. Je nach Inhalt der vertraglichen Vereinbarung hängt es in irgendeiner Weise von den Dispositionen des Unternehmers ab, welches Entgelt der Kapitalgeber erhält und ob er möglicherweise auch Verluste erleidet. Der Kapitalgeber kann aber das Handeln des Unternehmers nicht überwachen und muß damit rechnen, daß dieser opportunistisch handelt, das heißt seinen eigenen Vorteil verfolgt. Wie das Entgelt des Kapitalgebers bemessen wird, als Fixum oder in Abhängigkeit vom Ergebnis, ist dann nicht mehr nur unter dem Gesichtspunkt der Risikoaufteilung von Bedeutung, sondern auch im Hinblick auf die Anreizwirkungen für den Unternehmer, die sich daraus ergeben.

Bei der Betrachtung der für die Prinzipal-Agenten-Beziehung maßgeblichen Anreizwirkungen stehen die für Beteiligungsfinanzierung einerseits und Kreditfinanzierung andererseits charakteristischen Entgeltvereinbarungen im Vordergrund, also Erfolgsbeteiligung im ersteren, erfolgsunabhängige Zinszahlungen im letzteren Fall. Andere wesentliche Merkmale von Finanzierungsverträgen, Einwirkungs- und Informationsrechte bei Beteiligungsfinanzierung, Besicherungen und insolvenzrechtliche Regelungen bei Kreditfinanzierung, sind in diesem Zusammenhang von Bedeutung, weil sie Ansatzpunkte dafür bieten, das opportunistische Verhalten des Agenten einzuschränken. Von primärem Interesse sind aber die Entgeltregelungen und deren Anreizwirkungen.

2.2 Opportunistisches Verhalten bei Beteiligungsfinanzierung

Typisch für Beteiligungsfinanzierung ist, daß das Entgelt des Kapitalgebers in einem Anteil am Gewinn besteht, der je nachdem, welcher Anteil beim Unternehmer verbleibt, mehr oder weniger groß sein kann. Im Grenzfall erhält der Kapitalgeber den gesamten Gewinn, wobei die Leistung des Unternehmers durch ein festes Gehalt abgegolten ist. Durch diese Entgeltregelung entsteht für den Unternehmer ein Anreiz zu Dispositionen, die den Gewinn schmälern und dabei ihm selbst Nutzen bringen. Dieser Anreiz ist am stärksten, wenn der Kapitalgeber den gesamten Gewinn erhält, weil dann der Unternehmer durch die Gewinnschmälerung überhaupt keinen Schaden hat; in abgeschwächtem Maße bleibt er aber auch bestehen, wenn der Unternehmer am Gewinn beteiligt ist; in diesem Fall ist er auch von der Gewinnschmälerung betroffen, aber nur nach Maßgabe seiner Quote; die Kosten der Vorteile, die er sich persönlich verschafft, eben die Gewinnschmälerungen, werden zum Teil auf den Kapitalgeber abgewälzt.

Der Unternehmer kann sich auf vielfältige Weise Vorteile verschaffen, die mit Gewinnschmälerungen verbunden sind:

1. Der Gewinn hängt wesentlich vom Arbeitseinsatz des Unternehmers ab. Ist er am Gewinn gar nicht beteiligt, so hat er keinen Anreiz, sich über das zur Erhaltung der Unternehmung und damit seiner Einkommmensquelle notwendige Mindestmaß hinaus für Gewinnerzielung einzusetzen. Auch wenn er mit einer bestimmten Quote am Gewinn beteiligt ist, wird ein Leistungsanreiz nur beschränkt wirksam; der durch zusätzlichen Arbeitseinsatz erreichbare zusätzliche Gewinn kommt ihm immer nur zum Teil zugute, und zwar um so weniger, je geringer seine Beteiligungsquote ist. Anders ausgedrückt: Er wird mehr Freizeit

in Anspruch nehmen, als wenn er die Kosten dafür, die Gewinneinbuße nämlich, in vollem Umfang selbst tragen müßte.

2. Der Unternehmer kann Mittel des Unternehmens einsetzen, um sich persönlich Annehmlichkeiten und Vorteile zu verschaffen. Dies reicht von luxuriös ausgestalteten Büroräumen, Dienstwagen mit Fahrer über die Inanspruchnahme von Dienstleistungen für private Zwecke, beispielsweise Gartenpflege, Sekretariatsdienste oder auch Rechtsberatung, bis hin zu persönlichem Konsum wie Essen mit Geschäftsfreunden oder Reisen zu attraktiven Urlaubszielen. In diesen Zusammenhang gehört auch, daß der Unternehmer Mittel des Unternehmens für allgemein als förderungswürdig angesehene Zwecke verwendet, zum Beispiel für Kunst, Wissenschaft oder soziale Aufgaben, und dafür öffentliche Anerkennung und Ehrungen erhält.

3. Je geringer der Anteil des Unternehmers am Gewinn ist, desto geringer wird auch seine Neigung sein, sich bei Konflikten mit Härte dafür einzusetzen, daß Lösungen gefunden werden, die den Gewinn möglichst wenig schmälern. Soweit die Lage des Unternehmens es zuläßt, wird er beispielsweise großzügig übertarifliche Löhne zahlen und betriebliche Sozialleistungen gewähren. Auch bei Tarifverhandlungen, die für das von ihm geleitete Unternehmen geführt werden, wird sein Interesse an friedlicher Einigung größer sein als das an Gewinnerzielung.

4. Möglich ist auch, daß der Unternehmer Privatgeschäfte macht, die direkt oder indirekt zu Lasten des Gewinns gehen. Er kann sich von Lieferanten bestechen lassen; er kann das Unternehmen durch einen Strohmann auf eigene Rechnung zu überhöhten Preisen beliefern; er kann Spekulationsgeschäfte machen, die er bei gutem Ausgang sich persönlich, bei schlechtem Ausgang hingegen dem Unternehmen zurechnet.

In Modellen der Prinzipal-Agenten-Beziehung wird oft beispielhaft der unter 1. genannte Fall betrachtet, der sich besonders leicht theoretisch analysieren läßt, weil das opportunistische Verhalten des Unternehmers in einer einzigen Variablen, seinem Arbeitseinsatz, zum Ausdruck kommt. Praktisch dürfte der Fall, daß ein Unternehmer weniger arbeitet, weil die Gewinnbeteiligung anderer seinen Leistungsanreiz mindert, eher selten sein. Von großer praktischer Bedeutung sind hingegen die unter 2. und 3. beschriebenen Verhaltensweisen; sie sind bei Vorständen von Aktiengesellschaften ebenso zu beobachten wie in Personengesellschaften, in denen nicht alle Gesellschafter an der Geschäftsführung beteiligt sind. Opportunistisches Verhalten, wie unter 4. behandelt, verstößt nicht nur gegen Wortlaut und Sinn von Verträgen, sondern auch gegen das Strafgesetz; es ist sicher nicht typisch für die Leiter von Unternehmen; dennoch kommt es nicht selten vor, und bei Abschluß von Finanzierungsverträgen muß grundsätzlich auch mit dieser Möglichkeit gerechnet werden.

Beteiligungsfinanzierung erschöpft sich nicht darin, daß Kapital gegen Gewinnbeteiligung zur Verfügung gestellt wird. Insoweit ist eine auf die Anreizwirkung der Gewinnbeteiligung abgestellte Betrachtungsweise einseitig. Es zeigt sich aber, daß viele gesetzliche und vertragliche Regelungen im Zusammenhang mit Beteiligungsfinanzierung gerade darauf abzielen, opportunistisches Verhalten einzuschränken, so etwa Mitwirkungs- und Kontrollrechte der Kapitalgeber oder die Verpflichtung des Unternehmers zur Rechnungslegung und Prüfung durch unabhängige Revisoren. Dies bestätigt, daß die Vermutung opportunistischen Verhaltens auf seiten des Unternehmers den Inhalt von Finanzierungsverträgen maßgeblich mitbestimmt.

2.3   Opportunistisches Verhalten bei Kreditfinanzierung

Die bei Beteiligungsfinanzierung möglichen Formen opportunistischen Verhaltens wirken sich bei Kreditfinanzierung auf die Vermögensposition des Kapitalgebers jedenfalls solange nicht aus, wie die Zahlungsfähigkeit des Unternehmens außer Frage steht. Wenn als Entgelt für die Kapitalüberlassung ein fester Zins vereinbart ist, wirken sich gewinnschmälernde Dispositionen des Unternehmers nur auf sein eigenes Einkommen aus. Die Gefahr einer Schädigung des Kapitalgebers durch opportunistisches Verhalten des Unternehmers entsteht erst dann, wenn Insolvenz des Unternehmens im Bereich des Möglichen liegt. Von Bedeutung ist dann auch, ob der Unternehmer für die Verbindlichkeiten des Unternehmens persönlich und unbeschränkt haftet; aber auch wenn dies der Fall ist, muß der Kapitalgeber mit Verlusten rechnen, wenn das Privatvermögen des Unternehmers zur Begleichung der Kreditschuld nicht ausreicht.

Es sind verschiedene Verhaltensweisen denkbar, durch die sich der Unternehmer auf Kosten des Kapitalgebers Vorteile verschaffen kann:

– Wenn der Unternehmer nicht unbeschränkt haftet, kann er bei drohender Insolvenz Vermögen vom Unternehmen in seinen Privatbereich übertragen, etwa durch Ausschüttung von Gewinnen aus früheren Jahren. Dadurch wird die dem Kapitalgeber als Gläubiger haftende Vermögensmasse vermindert. Der Unternehmer kann auch Mittel des Unternehmens konsumtiv verwenden. Dies mindert ebenfalls das haftende Vermögen, in diesem Fall unabhängig davon, ob er persönlich haftet oder nicht.

– Der Unternehmer kann dem Unternehmen in versteckter Form Vermögen entziehen, zum Beispiel, indem er es über ein von ihm kontrolliertes Unternehmen mit Sitz im Ausland zu überhöhten Preisen beliefern läßt. So kann es ihm auch bei persönlicher Haftung gelingen, Vermögen des Unternehmens dem Zugriff der Gläubiger zu entziehen.

Im folgenden soll für drei Fälle an einem Zahlenbeispiel gezeigt werden, wie der Unternehmer durch bestimmte Investitions- und Finanzierungsmaßnahmen seine eigene Vermögensposition zu Lasten des Kapitalgebers verbessern kann:

a)   Der Unternehmer kann Investitionen mit hohem Risiko durchführen, die ihm bei gutem Ausgang Gewinn bringen, während bei schlechtem Ausgang nur der Verlust des Kapitalgebers erhöht wird.

b)   Der Unternehmer kann Investitionen unterlassen, die an sich vorteilhaft wären, die aber in erster Linie die Position des Kapitalgebers im Insolvenzfall verbessern, nicht jedoch seine eigenen Gewinnaussichten verbessern würden.

c)   Der Unternehmer kann die Position des Kapitalgebers im Insolvenzfall verschlechtern, selbst aber Vorteile daraus ziehen, daß er bei drohender Insolvenz zusätzliche Kredite aufnimmt und damit Ausschüttungen finanziert.

Das Zahlenbeispiel wird für einen einfachen Zwei-Zeitpunkt-Fall bei Unsicherheit gebildet. Die Unsicherheit besteht darin, daß im zweiten Zeitpunkt zwei Zustände möglich sind, und zwar mit gleicher Wahrscheinlichkeit. Zur weiteren Vereinfachung wird angenommen, Unternehmer und Kapitalgeber seien risikoneutral; dann läßt sich leicht aufgrund des erwarteten Endvermögens beurteilen, ob sich die jeweilige Position durch eine Maßnahme verbessert oder verschlechtert.

In der Ausgangslage ist ein Investitionsprogramm gegeben, das im zweiten Zeitpunkt zu einer Einzahlung in Höhe von 50 führt, falls Zustand I eintritt, zu einer Einzahlung von 150, falls Zustand II eintritt. Im zweiten Zeitpunkt hat der Kapitalgeber einen Zahlungsanspruch in Höhe von 120. Der Unternehmer haftet nicht persönlich. Der Kapitalgeber erhält deswegen den Betrag von 120 nur im Zustand II; im Zustand I stehen nur 50 zur Verfügung. Der Erwartungswert seines Endvermögens ist 85. Der Unternehmer erhält nur im Zustand II eine Zahlung in Höhe von 30; sein erwartetes Endvermögen ist 15.

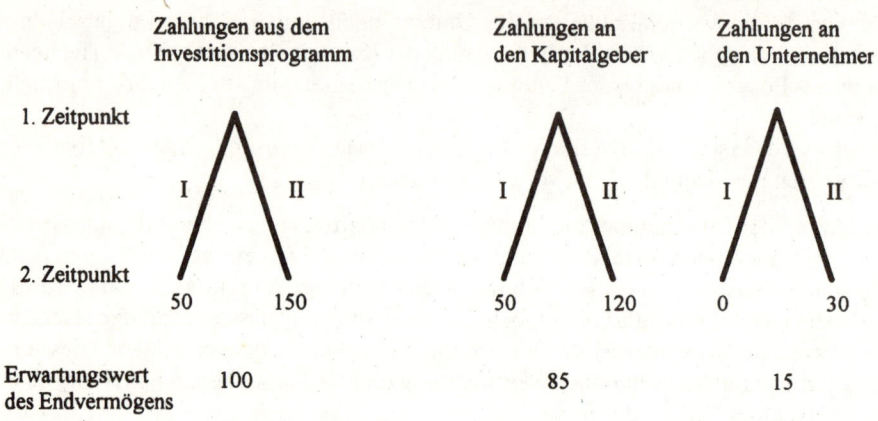

Abb. 8.1. Aufteilung der Zahlungen aus einem Investitionsprogramm

Nun sollen die oben unter a)–c) genannten Dispositionen des Unternehmers betrachtet werden.

Fall a): Der Unternehmer kann eine zusätzliche Investition durchführen, die bei einer Anfangsauszahlung von 50 im Zustand I eine Zahlung von –50, im Zustand II eine Zahlung von 120 erbringt. Dies ist an sich keine vorteilhafte Investition, da die erwartete Einzahlung im zweiten Zeitpunkt nur 35 beträgt, die erwartete Verzinsung also negativ ist. Dennoch kann der Unternehmer seine Position verbessern, indem er eine zusätzliche Kapitaleinlage von 50 leistet und und damit die Investition finanziert. Wenn Zustand I eintritt, ist seine Kapitaleinlage zwar verloren, bei Zustand II hingegen fließt ihm die gesamte zusätzliche Einzahlung aus dem Projekt in Höhe von 120 zu. Das erwartete Endvermögen erhöht sich gegenüber der Ausgangslage um 60; für die Kapitaleinlage von 50 wird eine erwartete Verzinsung von 20 % erzielt. Allerdings verschlechtert sich dabei die Position des Kapitalgebers. Im Zustand I erhält er überhaupt nichts mehr; gegenüber der Ausgangslage sind das um 50 weniger.

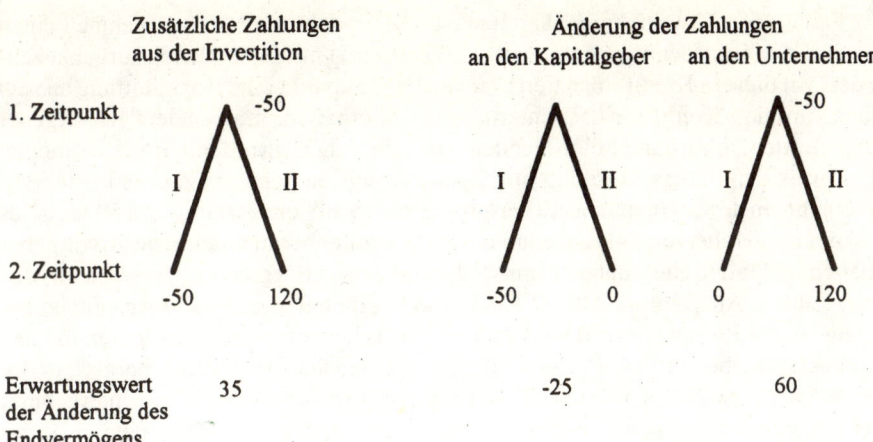

Abb. 8.2. Fall a): Der Unternehmer verbessert seine Position durch eine unrentable Investition

Fall b): Der Unternehmer kann eine zusätzliche Investition durchführen, die bei einer Anfangsauszahlung von 50 im Zustand I eine Einzahlung von 80, im Zustand II eine Einzahlung von 50 erbringt. Das entspricht einer erwarteten Verzinsung von 30 %, scheint also eine lohnende Investition zu sein. Für den Unternehmer lohnt sie sich jedoch nicht; denn er erhält mit dieser Investition im Zustand I den Betrag 10 und im Zustand II 80, also 50 mehr als in der Ausgangslage. Der Erwartungswert seines zusätzlichen Endvermögens gegenüber der Ausgangslage ist 30; dafür wird er nicht bereit sein, im ersten Zeitpunkt eine Kapitaleinlage von 50 zu leisten. Die Position des Kapitalgebers würde zwar durch die Investition verbessert; er könnte in beiden Zuständen mit der vollen Befriedigung seines Anspruchs von 120 rechnen, im Zustand I also mit 70 mehr als in der Ausgangslage. Aber diese Investition wird unterbleiben, wenn die Entscheidung darüber beim Unternehmer liegt.

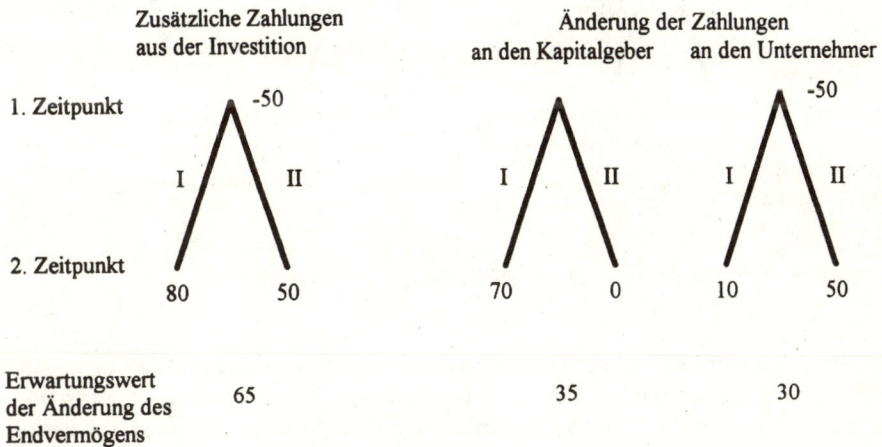

Abb. 8.3. Fall b): Eine rentable Investition verschlechtert die Position des Unternehmers

Fall c): Der Unternehmer kann im ersten Zeitpunkt für das Unternehmen einen Kredit von 100 aufnehmen, der im zweiten Zeitpunkt mit 20 % Zinsen zurückzuzahlen ist. Mit diesem Kredit finanziert er im ersten Zeitpunkt eine Ausschüttung an sich selbst. Um den Kredit für das Unternehmen zu erhalten, muß er dem Kreditgeber privat für den im Zustand I eintretenden Ausfallbetrag bürgen; sein Privatvermögen ist so groß, daß er diese Zahlung mit Sicherheit leisten kann. Im Zustand I steht im Unternehmen der aus dem Investitionsprogramm zufließende Betrag von 50 Verbindlichkeiten in Höhe von 240 gegenüber. Der Kapitalgeber und der neue Kreditgeber erhalten je 25; der Unternehmer muß aufgrund seiner Bürgschaft 95 an den Kreditgeber zahlen. Auch im Zustand II kann das Unternehmen nicht alle Ansprüche befriedigen; der Betrag von 150 wird zu gleichen Teilen auf den Kapitalgeber und den neuen Kreditgeber aufgeteilt. Der Unternehmer muß aufgrund seiner Bürgschaft 45, die Differenz zwischen 120 und 75, an den Kreditgeber zahlen. Der Unternehmer erhält im ersten Zeitpunkt 100 und muß im Zustand I 95, im Zustand II 45 an den neuen Kreditgeber zahlen; gegenüber der Ausgangslage verschlechtert sich seine Position im Zustand II um 75 (= 30 + 45). Was er im zweiten Zeitpunkt gegenüber der Ausgangslage einbüßt, ist in jedem Zustand weniger als der Betrag 100, den er im ersten Zeitpunkt erhält; der Erwartungswert der Einbuße im zweiten Zeitpunkt ist 85. Der neue Kreditgeber erhält mit Sicherheit die vereinbarte Verzinsung von 20 %. Das Nachsehen hat der alte Kapitalgeber. Da es in jedem der beiden Zuständen zur Insolvenz kommt, muß er die im Unternehmen vorhandenen Mittel mit dem neuen Kreditgeber teilen. Sein Endvermögen ist verglichen mit der Ausgangslage im Zustand I um 25, im Zustand II um 45 geringer; sein erwartetes Endvermögen sinkt um 35.

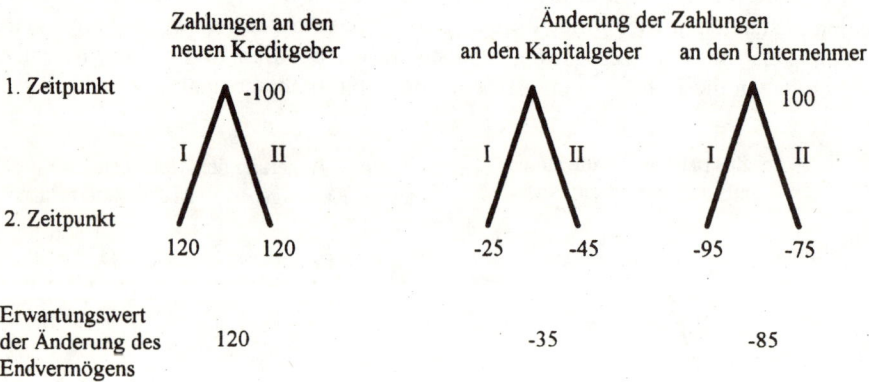

Abb. 8.4. Fall c): Zusätzliche Kreditaufnahme und Ausschüttung

Den drei Beispielfällen ist gemeinsam, daß mit der Möglichkeit einer Insolvenz des Unternehmens gerechnet werden muß. Infolgedessen wirken sich finanzwirtschaftliche Dispositionen des Unternehmers nicht nur auf seine eigene Vermögensposition, sondern unmittelbar auch auf die des Kapitalgebers aus. Gewinne oder Verluste in den Zuständen, in denen ohnehin Insolvenz eintritt, sind für den opportunistisch handelnden Unternehmer ohne Interesse, weil sie nur die Vermögensposition des Kapitalgebers verändern. Dies führt tendenziell dazu, daß Dispositionen unterbleiben, die die Verluste in ungünstiger Lage mindern (Fall b), hingegen andere erfolgen, die den Gewinn in günstigen Lagen erhöhen (Fall a). Dies liegt an der asymmetrischen Verteilung von Gewinnen und Verlusten in einem insolvenzbedrohten Unternehmen: Gewinne und Verluste verändern nur in günstigen Lagen die Position des Unternehmers, in ungünstigen ändern sie nichts an der Insolvenz und verändern daher nur die Position des Kapitalgebers.

Opportunistisches Verhalten des Unternehmers ist bei Kreditfinanzierung nur dann relevant, wenn Insolvenz im Bereich des Möglichen liegt. Hier liegt ein wesentlicher Unterschied zur Beteiligungsfinanzierung. Bei Beteiligungsfinanzierung muß der Kapitalgeber bei guter wie bei schlechter Lage des Unternehmens damit rechnen, daß der Unternehmer durch opportunistisches Verhalten den Gewinn schmälert. Im Fall der Kreditfinanzierung wird die Gefahr opportunistischen Verhaltens nur im Hinblick auf schlechte Lagen akut in dem Maße, wie mit Insolvenz gerechnet werden muß.

Den Anreizeffekten, die insbesondere bei drohender Insolvenz für den Schuldner entstehen, versucht man bei der Gestaltung von Kreditverträgen durch Vereinbarungen Rechnung zu tragen, die die Möglichkeiten zu opportunistischem Verhalten einschränken, etwa durch Stellung von Sicherheiten oder durch Kontrollrechte des Gläubigers. Dem gleichen Zweck dienen gesetzliche Regelungen, die vor allem bei beschränkter Haftung auf der Schuldnerseite dem Gläubigerschutz zu dienen bestimmt sind. So gilt zum Beispiel für Kapitalgesellschaften, daß Vermögenstransfers an Gesellschafter nur begrenzt und unter bestimmten Voraussetzungen zulässig sind; das oben für den Fall c) beschriebene Schuldnerverhalten, Kreditaufnahme mit sofort anschließender Ausschüttung, wäre nach deutschem Recht unzulässig, sofern keine Gewinnrücklagen vorhanden sind.

Hier ging es zunächst nur darum, die mit Kreditfinanzierung verbundenen Anreize zu bestimmen. Daß in der Realität Kreditverträge Vorkehrungen enthalten, diese Anreize nicht zur Wirkung kommen zu lassen, bestätigt nur, daß die theoretischen Überlegungen praxisrelevant sind.

2.4 Das Dilemma des Agenten

Aus der beispielhaften Erörterung von Fällen, an denen gezeigt wird, wie ein Kapitalgeber als Prinzipal durch opportunistisches Verhalten des Unternehmers als Agent geschädigt werden kann, darf nicht voreilig der Schluß gezogen werden, es gehe darum, einen Interessenkonflikt zu lösen, etwa einen angemessenen Interessenausgleich dadurch herzustellen, daß die Interessen des Prinzipals durch gesetzliche Regelungen geschützt werden. So einfach ist die Interessenlage des Agenten nicht. Wie bereits im Abschnitt 1.3.2 dargelegt wurde, sind vor Vertragsabschluß beide Seiten daran interessiert, einen effizienten Vertrag zustande zu bringen. Für den Agenten kann es sich ungünstig auswirken, wenn der Prinzipal bei Vertragsabschluß antizipiert, daß er sich opportunistisch verhalten wird. Dies kann an einem weiteren Zahlenbeispiel verdeutlicht werden.

Es wird wieder ein Zwei-Zeitpunkt-Fall betrachtet. Im zweiten Zeitpunkt sind drei Zustände möglich. Es gibt einen Markt für zustandsbedingte Ansprüche; man kann also Zahlungsansprüche, die dann und nur dann fällig werden, wenn ein bestimmter Zustand eintritt, zu einem gegebenen Marktpreis kaufen und verkaufen; π_j sei der Preis eines Anspruchs auf Zahlung von 1 Geldeinheit, der bei Eintritt des Zustands z_j fällig wird. Unter dieser Voraussetzung läßt sich der Marktwert unsicherer Zahlungen leicht bestimmen.

Der Unternehmer hat nun die Wahl zwischen zwei Investitionsprojekten, die beide mit einem Kapitaleinsatz von 40 verbunden sind. Er finanziert die Investition durch Ausgabe von Forderungstiteln, die im zweiten Zeitpunkt Anspruch auf eine Zahlung in Höhe von 50 gewähren. Dieser Anspruch kann nur aus den Zahlungen des jeweils gewählten Investitionsprojekts befriedigt werden. Der Unternehmer haftet nicht persönlich. Reicht die Zahlung aus dem Investitionsprojekt nicht aus, so werden die Ansprüche der Gläubiger nicht voll befriedigt. Die Gläubiger bezahlen im ersten Zeitpunkt für die Forderungstitel einen Betrag in Höhe des Marktwertes. Reicht dieser Betrag nicht zur Finanzierung der Investition aus, so muß der Unternehmer den Restbetrag aus eigenen Mitteln aufbringen. Die Zahlungen aus den Investitionsprojekten und die daraus resultierenden Zahlungen an die Gläubiger und an den Unternehmer ergeben sich aus folgender Übersicht:

Zustände Preise für zustandsbedingte Ansprüche (π_j)	z_1 $\pi_1=0,2$	z_2 $\pi_2=0,5$	z_3 $\pi_3=0,2$	Markt- wert
Zahlungen aus Projekt 1:	25	50	70	44
Zahlungen aus Projekt 2:	0	50	80	41
Aufteilung der Zahlungen				
bei Wahl von Projekt 1				
an die Gläubiger	25	50	50	40
an den Unternehmer	0	0	20	4
bei Wahl von Projekt 2				
an die Gläubiger	0	50	50	35
an den Unternehmer	0	0	30	6

Man sieht aus den Angaben zunächst, daß Projekt 1 aufgrund seines Marktwertes besser als Projekt 2 ist. Daraus folgt aber noch nicht, daß der Unternehmer tatsächlich dieses Projekt wählt. Welche Mittel er durch Ausgabe der Forderungstitel aufbringt, hängt davon ab, mit welchem Projekt die Kapitalgeber rechnen. Rechnen sie mit Projekt 1, so erhält er 40, rechnen sie mit Projekt 2, so erhält er 35; im letzteren Fall muß er 5 aus eigenen Mitteln beisteuern. Ob er nun aber 35 oder 40 erhält, nachdem er diese Mittel erhalten hat, ist aus seiner Sicht Projekt 2 günstiger; der Marktwert der ihm zufließenden Zahlungen beträgt 6 bei Projekt 2, hingegen nur 4 bei Projekt 1. Er wird also stets Projekt 2 wählen. Wenn die Kapitalgeber diese Wahl antizipieren, werden sie nur den entsprechenden Marktwert von 35 bezahlen. Zu einer Schädigung der Kapitalgeber durch opportunistisches Verhalten des Unternehmers käme es nur, wenn diese im Kreditvertrag Projekt 1 antizipierten und der Unternehmer dann Projekt 2 wählte. Dann würden die Kapitalgeber für unsichere Zahlungen mit dem Marktwert 35 den Betrag 40 zahlen; sie hätten also einen Schaden von 5. Der Unternehmer hätte ohne eigene Zahlung im ersten Zeitpunkt einen Marktwert von 6. Aber zu dieser Lösung kommt es nicht, wenn die Kapitalgeber sich rational verhalten und Projekt 2 antizipieren. Deswegen muß der Unternehmer im ersten Zeitpunkt 5 zahlen, so daß er nur einen Vermögensvorteil von 1 (= 6 − 5) erzielt.

Es wird deutlich, daß der Unternehmer sich opportunistisch verhält, daß der daraus resultierende Schaden aber auf ihn zurückfällt. Für ihn wäre es besser, wenn er Projekt 1 wählte und die Kapitalgeber dies auch antizipierten; er würde dann einen Nettomarktwert von 4 anstelle von 1 erreichen. Aber diese Lösung ist nicht ohne weiteres realisierbar. Es nützt ihm nichts, wenn er Projekt 1 wählt, solange die Kapitalgeber ihm opportunistisches Verhalten unterstellen und Projekt 2 antizipieren; dann erleidet er einen Vermögensverlust von 1, während den Kapitalgebern unverhofft ein Vermögensvorteil von 5 zufällt.

Hier wird das grundlegende Dilemma des Agenten in der Prinzipal-Agenten-Beziehung deutlich. Nach Abschluß des Vertrages liegt es in seinem Interesse, sich opportunistisch zu verhalten. Da dies vom Prinzipal aber bereits vor Vertragsabschluß antizipiert wird, wirkt es sich zum Nachteil des Agenten aus. Vor Vertragsabschluß hat der Agent daher ein Interesse daran, eigenes opportunistisches Verhalten auszuschließen, und zwar in einer für den Prinzipal glaubwürdigen Weise. Weil aber die Interessenlage des Agenten nach Vertragsabschluß anders ist und der Prinzipal dies weiß, läßt sich die Glaubwürdigkeit nicht ohne weiteres herstellen.

Der Unternehmer könnte im Kreditvertrag zusätzliche Vorkehrungen treffen, die die Glaubwürdigkeit seiner Zusicherung erhöhen, er werde Projekt 1 wählen. Er könnte etwa den Kapitalgebern Kontrollrechte einräumen. Die Wahrnehmung der Kontrollrechte wäre dann zwar mit Kosten verbunden. Der Unternehmer könnte aber auch für diese Kosten aufkommen. Solange die Kosten niedriger als 3 sind, der Differenz zwischen den Marktwerten beider Projekte, lohnt sich die Kontrolle für den Unternehmer.

Eine andere Möglichkeit wäre, daß der Unternehmer den Gläubigern persönliche Haftung anböte. Setzt man voraus, daß das Privatvermögen des Unternehmers groß genug ist, um auf jeden Fall die Ansprüche der Gläubiger in Höhe von 50 zu befriedigen, so steigt der Marktwert der Forderungstitel unabhängig vom gewählten Projekt auf 45; der Unternehmer hat also im ersten Zeitpunkt einen Überschuß von 5 über den für die Investition benötigten Betrag hinaus. Dafür muß er im zweiten Zeitpunkt Zahlungen an die Gläubiger leisten, wenn das Unternehmen zahlungsunfähig wird:

Zahlungen an den Unternehmer	im Zustand			Markt-wert
	z_1	z_2	z_3	
bei Projekt 1	−25	0	20	−1
bei Projekt 2	−50	0	30	−4

Der Vermögensvorteil unter Berücksichtigung des Überschusses von 5 im ersten Zeitpunkt ist 4 bei Projekt 1, 1 bei Projekt 2. Jetzt ist eindeutig, daß er Projekt 1 wählt.

Für die Kapitalgeber spielt die Projektwahl keine Rolle, da ihre Ansprüche auf jeden Fall befriedigt werden.

Durch Übernahme der persönlichen Haftung für die Ansprüche der Gläubiger hat der Unternehmer im Beispielsfall seine eigene Position verbessert, ohne die der Kapitalgeber zu verschlechtern. Hat er die Wahl zwischen einem Kreditvertrag ohne oder mit persönlicher Haftung, so ist der erstere nicht effizient.

2.5 Zusammenfassung

Wenn ein Unternehmer Investitionen durchführt und zu deren Finanzierung Mittel von einem Kapitalgeber aufnimmt, so entsteht eine Prinzipal-Agenten-Beziehung. Welche Anreize für den Unternehmer als Agenten entstehen, hängt davon ab, welcher Vertrag geschlossen und wie das Entgelt für den Kapitalgeber als Prinzipal darin geregelt wird. Ist ein erfolgsabhängiges Entgelt vereinbart, hat der Vertrag also den Charakter der Beteiligungsfinanzierung, so entsteht für den Agenten ein Anreiz, den Gewinn zu mindern und sich damit zugleich persönliche Vorteile zu verschaffen. Ist ein festes Entgelt vorgesehen, handelt es sich also um einen Vertrag vom Typ der Kreditfinanzierung, so kann der Agent sich Vorteile verschaffen, indem er das Ausfallrisiko des Gläubigers erhöht und zugleich seine eigene Vermögensposition verbessert.

Der Agent ist hierbei in einem Dilemma. Nach Vertragsabschluß kann er seinen Nutzen durch opportunistisches Verhalten erhöhen. Vor Vertragsabschluß wäre es für ihn aber günstiger, wenn er dem Prinzipal gegenüber opportunistisches Verhalten nach Vertragsabschluß glaubhaft ausschließen könnte. Das ist schwierig, weil der Prinzipal das Verhalten des Agenten nicht beobachten kann und weiß, daß dieser nach Vertragsabschluß durch opportunistisches Verhalten einen höheren Nutzen erreicht. Am Zahlenbeispiel wurde gezeigt, wie der Agent durch Übernahme persönlicher Haftung glaubhaft opportunistisches Verhalten ausschließen und damit einen effizienten Vertrag zustande bringen kann.

3 Ein Prinzipal-Agenten-Modell der Unternehmensfinanzierung

3.1 Das Grundmodell

Die Prinzipal-Agenten-Beziehung zwischen Kapitalgeber und Unternehmer hat weitreichende Auswirkungen auf die Wahl der Finanzierungsweise. Dies soll hier mit Hilfe eines einfachen Entscheidungsmodells gezeigt werden.

Im Grundmodell einer Prinzipal-Agenten-Beziehung gilt, daß das zwischen Prinzipal und Agent aufzuteilende Ergebnis x von der Tätigkeit des Agenten, charakterisiert durch die Variable a, und einer Zufallsgröße y abhängt:

$$x = x(y,a) \, .$$

Eine einfache Interpretation von a ist, daß es den Arbeitseinsatz des Agenten bezeichnet. Deswegen wird im weiteren auch angenommen, daß der Nutzen des Agenten eine fallende Funktion von a ist; a kann aber auch ganz generell als Aktionsvariable des Agenten verstanden werden, in der dessen opportunistisches Verhalten zum Ausdruck kommt. Wesentlich für die Problemstellung ist, daß der Prinzipal zwar das Ergebnis x beobachten kann, nicht jedoch, welches a der Agent wählt und welche Ausprägung die Zufallsvariable y annimmt. Da er die Ausprägung von y nicht kennt, kann er auch nicht von dem beobachteten x eindeutig auf a zurückschließen. Es besteht indes ein probabilistischer Zusammenhang zwischen x und a: Je höher der Arbeitseinsatz a ist, desto größer ist bei gegebenem y das Ergebnis x.

Es geht nun darum, das Ergebnis x in irgendeiner Weise zwischen Prinzipal und Agent aufzuteilen. Hierzu ist eine Entlohnungsfunktion zu bestimmen, die angibt, in welcher Weise s, die Entlohnung des Agenten, vom Ergebnis x abhängen soll:

$$s = s\,(x).$$

Der dem Prinzipal zufallende Anteil am Ergebnis ist dann $x - s(x)$.

Um das Problem zu lösen, muß man die Nutzenfunktionen von Prinzipal und Agent kennen. Die Nutzenfunktion des Prinzipals ist:

$$U_p = U_p[x - s(x)].$$

Der Nutzen des Agenten hängt nicht nur von seiner Entlohnung s, sondern auch von der Variablen a (in einfacher Interpretation: seinem Arbeitseinsatz) ab:

$$U_A = U_A[s(x),a].$$

Für Prinzipal und Agent gilt, daß der Grenznutzen des Einkommens positiv ist, der Grenznutzen des Arbeitseinsatzes für den Agenten negativ. Es geht darum, die Entlohnungsfunktion s(x) so zu bestimmen, daß sich ein effizienter Vertrag ergibt. Dieses Problem kann auf verschiedene Weise gelöst werden. Zwei Ansätze werden im folgenden behandelt. Der erste besteht darin, daß der Prinzipal einen Vertrag formuliert; dieser soll seinen Nutzen maximieren unter der Nebenbedingung, daß der Vertrag dem Agenten einen bestimmten Mindestnutzen gewährt und damit für diesen akzeptabel ist. Im zweiten Ansatz sind die Rollen vertauscht: Der Agent formuliert einen Vertrag, der seinen Nutzen maximiert und zugleich vom Prinzipal akzeptiert wird. Bei beiden Ansätzen gilt die Nebenbedingung, daß der Agent sich nach Vertragsabschluß opportunistisch verhält, das heißt, daß er unter den dann gegebenen Nebenbedingungen seinen erwarteten Nutzen maximiert.

Nach Vertragsabschluß ist der Agent mit einer Entlohnungsfunktion s(x) konfrontiert, die als gegeben in seinen Optimierungskalkül eingeht; er wählt nur noch a so, daß sein Nutzen maximiert wird. Ist $E(\cdot)$ der Operator für den Erwartungswert, so ergibt sich:

$$E[U_A[s(x(y,a)),a]] \quad \underset{a}{\to} \text{Max}.$$

a wird entsprechend der Lösung dieses Maximierungsproblems gewählt; der Agent wählt seinen Arbeitseinsatz so, daß seine erwartete Nutzeneinbuße aus erhöhtem Arbeitseinsatz mit dem erwarteten Nutzenzuwachs aus erhöhter Entlohnung übereinstimmt. Dies läßt sich auch so schreiben:

$$a \in \arg\max \{E[U_A[s(x(y,a)),a]]\} \tag{A}$$

Wenn der Prinzipal den Vertrag formuliert, muß er auf die weitere Nebenbedingung achten, daß der Agent den Mindestnutzen U_A^+ erreicht; andernfalls würde der Agent den Vertrag nicht akzeptieren:

$$E[U_A[s(x(y,a)),a]] \geq U_A^+ . \tag{B}$$

Damit läßt sich das Optimierungsproblem des Prinzipals angeben: Unter Beachtung der Nebenbedingungen (A) und (B) ist eine Entlohnungsfunktion s(x) und, daraus in Verbindung mit (A) resultierend, ein Wert für die Variable a zu bestimmen, die den erwarteten Nutzen des Prinzipals maximiert:

$$E[U_P[x(y,a) - s(x(y,a))]] \quad \underset{a,\, s(x)}{\to \text{Max}} .$$

In dieser Maximierungsaufgabe erscheint auch der Arbeitseinsatz a als Entscheidungsvariable. Der Prinzipal legt jedoch nur die Entlohnungsfunktion s(x) fest; daraus ergibt sich dann über die Nebenbedingung (A) der Arbeitseinsatz a.

Wird der Vertrag nicht vom Prinzipal, sondern vom Agenten formuliert, so tritt an die Stelle der Nebenbedingung (B) eine andere, die besagt, daß der Vertrag für den Prinzipal akzeptabel sein muß; das heißt, dieser muß mit dem Vertrag einen Mindestnutzen U_p^+ erreichen:

$$E[U_p[x(y,a) - s(x(y,a))]] \geq U_p^+ . \tag{C}$$

Die Nebenbedingung (A) gilt unverändert auch dann, wenn die Vertragsgestaltung beim Agenten liegt. Das heißt: Der Agent geht auch selbst von der Voraussetzung aus, daß er sich nach Vertragsabschluß opportunistisch verhalten wird. Es würde ihm nichts nützen, wenn er sich ein anderes Verhalten vornähme. Der Prinzipal wird nämlich, wenn er gemäß Nebenbedingung (C) prüft, ob er den Vertrag akzeptieren kann, auf jeden Fall von der Vermutung ausgehen, daß der Agent sich opportunistisch verhält. Der Agent wird somit unter Beachtung der Nebenbedingungen (A) und (C) die Entlohnungsfunktion s(x) und das Niveau der Variablen a so wählen, daß sein erwarteter Nutzen maximiert wird:

$$E[U_A[s(x(y,a)),a]] \quad \underset{a,\, s(x)}{\to \text{Max}} .$$

Die beiden Varianten des Ansatzes können zu unterschiedlichen Lösungen führen, die aber auf jeden Fall effizient sind. Der Unterschied liegt darin, daß der passive Partner, der vor der Wahl steht, den Vertrag zu akzeptieren oder nicht, immer nur gerade seinen Mindestnutzen erreicht. Der aktive Partner hingegen, der den Vertrag entwirft und dem anderen anbietet, kann einen höheren Nutzen erreichen. Ihm fließt der Ertrag aus der Vertragsbeziehung zu, der über das für die Akzeptanz durch beide Partner unerläßliche Minimum hinausgeht.

Zu der Vorstellung, daß der Agent ein Unternehmer und der Prinzipal ein Kapitalgeber (oder auch eine Vielzahl von Kapitalgebern) ist, paßt am besten, daß der Agent als der aktivere Teil auch die Initiative bei der Vertragsgestaltung ergreift. Charakteristisch für Unternehmer ist, daß sie erfolgsträchtige Transaktionen ausfindig machen und dann Partner für ihre Realisierung gewinnen, indem sie ihnen akzeptable Verträge anbieten. Der über den Mindestnutzen hinausgehende Ertrag aus der Transaktion kann als Unternehmergewinn aufgefaßt werden. Die Aussicht auf Unternehmergewinne ist für die Unternehmer Anreiz, ständig nach neuen Möglichkeiten für erfolgversprechende Transaktionen zu suchen. Dieser Interpretation des Modells entsprechend wird im folgenden bei der Behandlung eines vereinfachten Modells nur noch die Lösungsvariante betrachtet, bei der die Initiative zur Vertragsgestaltung bei dem Agenten liegt.

3.2   Ein vereinfachter Ansatz: Das LEN-Modell

Das sehr allgemein formulierte Grundmodell soll die Struktur des Problems verdeutlichen. Einer ins einzelne gehenden Analyse ist es kaum zugänglich. Deswegen soll hier eine vereinfachte Variante des Modells behandelt werden, das sogenannte LEN-Modell (SPREMANN 1987). In der Bezeichnung kommt zum Ausdruck, daß wichtige Grundbeziehungen als lineare Funktionen definiert werden, daß für Prinzipal und Agent exponentielle Nutzenfunktionen gelten und daß für das Ergebnis Normalverteilung angenommen wird (Linear, Exponentiell, Normalverteilt).

Der allgemeine Zusammenhang zwischen Ergebnis und Aktivität des Agenten

$x = x(y,a)$

hat im LEN-Modell die spezielle lineare Form

$x = k + a + y$.

Hierbei ist k eine Konstante und y eine normalverteilte Zufallsvariable mit dem Erwartungswert 0 und der Varianz $\sigma^2(y)$. Auch die Entlohnungsfunktion s(x) soll linear sein:

$s = b + cx$.

b und c sind Funktionsparameter, für die bei der Lösung des Entscheidungsproblems geeignete Werte gefunden werden sollen.

Die lineare Entlohnungsfunktion kann für den hier im Vordergrund stehenden Fall, daß der Agent Unternehmer und der Prinzipal Kapitalgeber ist, als Ergebnis der Finanzierungsweise gedeutet werden:

–   Ist c = 0 und b > 0, so entspricht dies dem Fall der Beteiligungsfinanzierung, wobei der Unternehmer ein festes Gehalt in Höhe von b bezieht und das gesamte übrige Ergebnis dem Kapitalgeber zufließt. Allerdings kann der Unternehmer auch bei Beteiligungsfinanzierung einen Anteil am Ergebnis erhalten; dann ist c positiv und b ebenfalls, aber kleiner als im erstgenannten Fall.
–   Ist c = 1 und b < 0, so handelt es sich um Kreditfinanzierung; der Unternehmer zahlt an den Kapitalgeber einen festen Betrag in Höhe von -b; das verbleibende Ergebnis fällt ihm in voller Höhe zu. Allerdings bleibt unberücksichtigt, daß das Unternehmen insolvent werden kann; wenn x kleiner als -b ist und der Unternehmer nicht persönlich haftet, kann der Vertrag nicht erfüllt werden. Die Möglichkeit der Insolvenz wird durch die Annahme einer linearen Entlohnungsfunktion ausgeschlossen. Es wird unterstellt, daß der Unternehmer nicht nur unbeschränkt haftet, sondern auch alle Verbindlichkeiten aus seinem Privatvermögen begleichen kann. Damit bleibt ein wesentlicher Aspekt der Prinzipal-Agenten-Beziehung im Fall der Kreditfinanzierung ausgeblendet.

–   Ist $0 < c < 1$ und $b < 0$, so liegt eine Mischung von Kreditfinanzierung und Beteiligungsfinanzierung vor. Hierbei ist – b der Betrag für die Kreditbedienung und $(1 - c)$ der Gewinnanteil der Inhaber von Beteiligungstiteln.

Da für die Zufallsvariable y (und damit für die Größen x und s, die lineare Funktionen von y sind) Normalverteilung angenommen wird und für Prinzipal und Agent exponentielle Nutzenfunktionen vorausgesetzt werden, können an die Stelle der zu maximierenden Nutzenfunktionen Präferenzfunktionen der Form

$$\phi = E(\cdot) - 0{,}5 \, q\sigma^2(\cdot)$$

treten (siehe dazu Kapitel VI, Abschnitt 1.4); hierbei ist E der Operator für den Erwartungswert, σ^2 der Operator für die Varianz und q ein Maß der hier als konstant angenommenen Risikoscheu. Für den Prinzipal gilt die Präferenzfunktion:

$$
\begin{aligned}
\phi_P &= E(x{-}s) - 0{,}5 \, q_P\sigma^2(x{-}s) \\
&= E[x{-}(b{+}cx)] - 0{,}5 \, q_P\sigma^2[x{-}(b{+}cx)] \\
&= E[(1{-}c)x{-}b] - 0{,}5 \, q_P\sigma^2[(1{-}c)x{-}b] \\
&= (1{-}c)(k{+}a) - b - 0{,}5 \, q_P(1{-}c)^2\sigma^2(y) \, .
\end{aligned}
$$

In die Präferenzfunktion des Agenten geht neben Erwartungswert und Varianz des Anteils am Ergebnis zusätzlich mit negativem Vorzeichen der Term $0{,}5 \, a^2/h$ ein. Dieser bezeichnet die mit a anwachsende Nutzeneinbuße zusätzlichen Arbeitseinsatzes. Die Präferenzfunktion lautet:

$$
\begin{aligned}
\phi_A &= E(s) - 0{,}5 \, q_A\sigma^2(s) - 0{,}5 \, a^2/h \\
&= E(b{+}cx) - 0{,}5 \, q_A\sigma^2(b{+}cx) - 0{,}5 \, a^2/h \\
&= b + c(k{+}a) - 0{,}5 \, q_A c^2\sigma^2(y) - 0{,}5 \, a^2/h \, .
\end{aligned}
$$

Liegt die Entlohnungsfunktion mit den Parametern b und c fest, so wird der Agent die Größe a so wählen, daß seine Präferenzfunktion maximiert wird. Diese Maximierung führt zu dem Ergebnis:

$$a = c \cdot h \, . \tag{A$'$}$$

Dies entspricht der Nebenbedingung (A) im allgemeinen Modell. Bei der Bestimmung der Entlohnungsfunktion muß der Agent weiter die Nebenbedingung beachten, daß der Vertrag für den Prinzipal akzeptabel sein muß; dieser muß auf seiner Präferenzfunktion ein Mindestniveau ϕ_p^+ erreichen:

$$\phi_p = (1{-}c)(k{+}a) - b - 0{,}5 \, q_P(1{-}c)^2\sigma^2(y) > \phi_p^+ \, . \tag{C$'$}$$

Dies entspricht der Nebenbedingung (C) im allgemeinen Modell. Der Agent wählt nun unter Beachtung der Nebenbedingungen (A$'$) und (C$'$) die Parameter der Entlohnungsfunktion, b und c, derart, daß ϕ_A maximiert wird:

$$\phi_A = b + c(k{+}a) - 0{,}5 \, q_A c^2\sigma^2(y) - 0{,}5 \, a^2/h \quad \underset{a, b, c}{\to \text{Max}} \, .$$

Der Arbeitseinsatz a erscheint hier auch als Entscheidungsvariable, ist aber durch die Nebenbedingung (A$'$) bereits festgelegt.

Als Lösung der Maximierungsaufgabe erhält man:

$$c^* = \frac{h + q_P \sigma^2(y)}{h + (q_A + q_P)\sigma^2(y)}$$

$$a^* = c^* h$$

$$b^* = (1 - c^*)(k + a^*) - 0{,}5 \, q_P(1 - c^*)^2 \sigma^2(y) - \phi_P^+.$$

Aufschlußreich ist vor allem die Formel für c^*:

- Wenn $q_A = 0$ gilt, der Agent also risikoneutral ist, wird $c^* = 1$, das heißt, der Agent erhält das gesamte Ergebnis abzüglich des an den Prinzipal zu zahlenden Betrags b^*, der so bemessen ist, daß dieser gerade das Mindestniveau seiner Präferenzfunktion erreicht. Ist der Agent hingegen risikoscheu, ist also $q_A > 0$, so ist c^* kleiner als eins, und zwar um so geringer, je größer q_A ist.
- Gilt $q_A > 0$, so ist c^* um so größer, je größer q_p ist. Anders ausgedrückt: Je stärker die Risikoscheu des Prinzipals ausgeprägt ist, desto geringer ist seine Beteiligung am Ergebnis.
- Gilt $q_A > 0$, so ist c^* um so größer, je größer h ist. In dem Parameter h kommt zum Ausdruck, daß Arbeitseinsatz für den Agenten eine Nutzeneinbuße bringt, und zwar ist das „Arbeitsleid" um so geringer, je größer h ist. Geht h gegen unendlich, so geht c^* gegen eins. Also: Der Anteil des Agenten am Ergebnis wird um so höher bemessen, je geringer seine Abneigung gegen Arbeit ist.

Man sieht hieraus schon, daß in der Lösung zwei verschiedene Aspekte zur Geltung kommen, zum einen die Risikoaufteilung zwischen Agent und Prinzipal, zum anderen der Leistungsanreiz für den Agenten. Das eine wie das andere hängt von dem Parameter c, dem Gewinnanteil des Agenten, ab. Ist c = 1, so ist der Leistungsanreiz am stärksten; der Agent hat aber auch das gesamte Risiko zu tragen; diese Lösung ist optimal, wenn der Agent risikoneutral ist, wenn also $q_A = 0$ ist, aber auch, wenn der Gewinn risikofrei ist, wenn also $\sigma^2(y) = 0$ ist. Wäre c = 0, so läge das gesamte Risiko beim Prinzipal; der Agent hätte keinen Leistungsanreiz. Wenn der Arbeitseinsatz für den Agenten mit einer Nutzeneinbuße verbunden ist, bei positiven Werten von h also, kann diese Lösung nicht optimal sein, auch dann nicht, wenn der Agent risikoscheu und der Prinzipal risikoneutral ist; die Optimallösung ist auf jeden Fall ein Kompromiß zwischen zwei Aspekten, dem der Risikoaufteilung und dem des Leistungsanreizes.

Dieser Zusammenhang wird noch deutlicher, wenn man zum Vergleich die Lösung behandelt, die sich ergäbe, wenn das Agency-Problem nicht bestünde, wenn etwa der Prinzipal das Verhalten des Agenten ohne Kosten überwachen könnte. Dann würden beide ein bestimmtes optimales Niveau des Arbeitseinsatzes von vornherein vertraglich vereinbaren. Damit wäre opportunistisches Verhalten ausgeschlossen, und die Nebenbedingung (A′) würde entfallen. Der Agent kann die optimalen Werte für a, b und c im Vertrag bestimmen, indem er ϕ_A unter Beachtung der Nebenbedingung (C′) maximiert. Da die Nebenbedingung (A′) entfällt, ist das Ergebnis für den Agenten besser oder mindestens ebensogut wie im zuvor behandelten Fall. Man bezeichnet das Resultat ohne Berücksichtigung der Nebenbedingung (A′) als „first-best"-Lösung. Dies ist die Lösung, die man erreichen könnte, wenn es keine Informationsasymmetrie gäbe. Erst die Informationsasymmetrie zwingt zur Berücksichtigung der Nebenbedingung (A′). Damit wird der Lösungsraum eingeschränkt. Die dann noch erreichbare Optimallösung ist schlechter oder im Grenzfall allenfalls ebensogut wie die „first-best"-Lösung; sie wird als „second-best"-Lösung bezeichnet. Da der Prinzipal gemäß Nebenbedingung (C′) bei beiden Lösungen gerade das Mindestniveau ϕ_p^+ erreicht, geht die Differenz zwischen „first-best"- und „second-best"-Lösung zu Lasten des Agenten; der Agent ist also bei der Vertragsgestaltung daran interessiert, diese Differenz möglichst gering zu halten.

Man findet die „first-best"-Lösung, indem man ϕ_A, die Präferenzfunktion des Agenten also, unter Beachtung der Nebenbedingung (C′) maximiert. Man erhält dann:

$$c^{**} = \frac{q_P}{q_A + q_P}$$

$$a^{**} = h$$

$$b^{**} = (1 - c^{**})(k + a^{**}) - 0{,}5\, q_P(1 - c^{**})^2 \sigma^2(y) - \phi_P^+.$$

Hieraus ist zu ersehen:

- Der Gewinnanteil des Agenten (c^{**}) richtet sich nach seinem Anteil an der Summe der beiden Maße für die Risikoscheu. Ist der Agent risikoneutral und der Prinzipal risikoscheu ($q_A = 0$, $q_p > 0$), so wird $c^{**} = 1$; der Prinzipal enthält dann ein festes Entgelt, und der Agent trägt allein das Risiko. Ist umgekehrt der Agent risikoscheu und der Prinzipal risikoneutral ($q_A > 0$, $q_p = 0$), so wird $c^{**} = 0$; der Agent enthält dann ein festes Entgelt, und nur der Prinzipal trägt Risiko. Sind beide risikoscheu ($q_A > 0$, $q_p > 0$), so kommt es zu einer Teilung des Risikos. Sind beide risikoneutral ($q_A = 0$, $q_p = 0$), so bleibt c^{**} unbestimmt; die Aufteilung des Risikos ist irrelevant. In jedem Fall dient der Parameter c nur der effizienten Risikoteilung. Da der Arbeitseinsatz a unabhängig von c im voraus festgesetzt wird, entfällt die Notwendigkeit, durch Gewinnbeteiligung einen Anreiz für Arbeitseinsatz zu schaffen.
- Der optimale Arbeitseinsatz ist in der „first-best"-Lösung unabhängig von der Ergebnisaufteilung durch den Parameter c^{**}. Der Arbeitseinsatz wird so gewählt, daß der erwartete Ergebniszuwachs durch ein Mehr an Arbeit gleich dem Grenzleid der Arbeit ist. Der Arbeitseinsatz ist größer als in der „second-best"-Lösung, falls $c^* < 1$ ist; dies gilt immer dann, wenn der Agent risikoscheu ist. Nur wenn der Agent risikoneutral ist, wird $c^* = 1$; dann trägt er das gesamte Risiko, und der Arbeitsanreiz kommt so zur Geltung, daß die „second-best"-Lösung im Ergebnis nicht mehr von der „first-best"-Lösung abweicht. Ist der Agent hingegen risikoscheu, so hat der Parameter c bei Informationsasymmetrie zwei Aufgaben, die sich nicht mehr konfliktfrei miteinander vereinbaren lassen; zum einen soll er Arbeitsanreiz erzeugen, zum anderen die Risikoaufteilung bestimmen. Der optimale Arbeitsanreiz würde erzeugt, wenn c = 1 wäre; eine effiziente Risikoaufteilung wird aber nur bei einem kleineren Wert von c erreicht. In der „second-best"-Lösung wird beiden Gesichtspunkten Rechnung getragen; dies bedingt jedoch eine Nutzeneinbuße gegenüber der „first-best"-Lösung.

3.3   Marktgleichgewichte

Das LEN-Modell eignet sich in besonderem Maße, die Bedeutung von zwei wichtigen Aspekten der Unternehmensfinanzierung deutlich zu machen, zum einen der durch die Finanzierung bedingten Risikoaufteilung, zum anderen der davon ausgehenden Verhaltensanreize für die Unternehmensleitung. Zur Vertiefung der daraus gewonnenen Einsichten sollen zwei auf speziellen Voraussetzungen beruhende Marktgleichgewichte beschrieben und miteinander verglichen werden.

Für beide Fälle wird angenommen, daß es in einer Volkswirtschaft eine bestimmte Anzahl von Unternehmern gibt, von denen jeder den alleinigen Zugang zu einem Investitionsprogramm hat; er hat aber nicht genügend eigene Mittel, um diese Investitionen zu finanzieren. Es gibt in der Volkswirtschaft auch Kapitalanleger, die über Mittel verfügen und bereit sind, sie den Unternehmern gegen Entgelt zur Verfügung zu stellen. Die Frage ist, welche Verträge zwischen Unternehmern und Kapitalanlegern geschlossen werden.

Der erste der hier zu betrachtenden Fälle beruht auf den Annahmen, daß alle Kapitalanleger und Unternehmer risikoscheu sind und daß es keine Informationsasymmetrie gibt. Unter dieser Voraussetzung werden die Unternehmer ihre Investitionsprogramme durch Ausgabe von Beteiligungstiteln finanzieren, und die Kapitalanleger werden diversifizierte Portefeuilles aus Beteiligungstiteln halten. Alle Voraussetzungen des in Kapitel VI behandelten „Capital Asset Pricing Model" (CAPM) seien erfüllt. Das bedeutet, daß alle Kapitalanleger und, soweit sie über eigene Mittel verfügen, auch die Unternehmer einen Anteil des Marktportefeuilles halten. Kein Unternehmer hält einen größeren Anteil seines Unternehmens, als seinem Anteil am Marktportefeuille entspricht. Für ihren Arbeitseinsatz erhalten die Unternehmer ein festes Entgelt. Bei dieser Lösung wird das Risiko in jedem einzelnen Portefeuille so weit reduziert wie möglich, das heißt, keiner der Beteiligten trägt unsystematisches Risiko, das sich durch Diversifizierung beseitigen ließe. Das nach Diversifizierung verbleibende systematische Risiko wird nach Maßgabe der individuellen Risikoscheu auf alle Beteiligten aufgeteilt.

Im zweiten Fall soll nun die Informationsasymmetrie berücksichtigt werden. Zwischen Unternehmern und Kapitalgebern besteht dann eine Prinzipal-Agenten-Beziehung. Weiter wird angenommen, daß die Unternehmer risikoneutral sind. Nach dem LEN-Modell ergibt sich daraus, daß das Kapital in Form von Krediten in die Unternehmen eingebracht wird. Jeder Unternehmer erhält den Gewinn seines Unternehmens, der nach Bedienung des Kredits verbleibt.

Daß sich im ersten Fall die Beteiligungsfinanzierung, im zweiten die Kreditfinanzierung als die dominierende Finanzierungsform erweist, liegt an den jeweiligen Prämissen. Im ersten Fall ist die Prinzipal-Agenten-Problematik durch die Annahme der Informationssymmetrie ausgeschlossen. Es geht nur noch darum, eine möglichst günstige Risikoallokation zu erreichen. Hier erweist sich die Beteiligungsfinanzierung als überlegen. Im zweiten Fall hingegen tritt die Risikoproblematik in den Hintergrund, weil für die Unternehmer Risikoneutralität vorausgesetzt wird. Die Prinzipal-Agenten-Beziehung hat in diesem Fall vorrangige Bedeutung; im Sinne effizienter Vertragsgestaltung erweist sich der Kredit als überlegene Finanzierungsweise.

Wegen der den beiden Fällen zugrundeliegenden speziellen Annahmen muß man sich vor zu raschen Verallgemeinerungen hüten. Gewisse Tendenzaussagen sind jedoch möglich. Die Vorzüge einer auf breitgestreuten Beteiligungstiteln beruhenden Finanzierungsweise liegen darin, daß damit eine Aufteilung des Risikos und eine Diversifikation in den einzelnen Portefeuilles ermöglicht werden; die Schwäche dieser Finanzierungsweise ist, daß für die Unternehmensleitung kein besonderer Anreiz besteht, der Gewinnerzielung gegenüber anderen Interessen Vorrang zu geben. Betrachtet man als Alternative Unternehmen, die voll im Eigentum und unter der Leitung von Unternehmern stehen und denen externes Kapital nur in Form von Krediten zugeführt wird, so wird bei dieser Finanzierungsweise das Anreizproblem weit besser gelöst. Die Unternehmer tragen das Risiko ihrer Investitionen jedoch ganz allein; die grundsätzlich vorhandene Bereitschaft anderer Kapitalanleger, sich an diesem Risiko zu beteiligen, wird nicht genutzt. Da die Unternehmer keine diversifizierten Portefeuilles bilden können, tragen sie zudem unsystematisches Risiko. Den Vorzügen dieser Finanzierungsweise unter dem Anreizgesichtspunkt stehen somit hinsichtlich der Risikoallokation schwerwiegende Nachteile gegenüber.

3.4 Grenzen der Aussagefähigkeit des LEN-Modells

Das LEN-Modell ist gut geeignet, die Betrachtungsweise der Unternehmensfinanzierung als Prinzipal-Agenten-Beziehung in ihren Grundzügen zu verdeutlichen. Allerdings wird ein sehr vereinfachtes Bild der Realität zugrunde gelegt; wesentliche Aspekte werden vernachlässigt.

Eine gravierende Vereinfachung liegt vor allem darin, daß unterstellt wird, die durch die Entlohnungsfunktion bedingten Zahlungen würden auf jeden Fall geleistet, auch im Fall reiner Kreditfinanzierung, wenn der Agent eine fixe Zahlung an den Prinzipal zu leisten hat und den verbleibenden Gewinn (oder Verlust) für sich selbst behält. Es wird nicht berücksichtigt, daß der Agent zahlungsunfähig werden kann. Damit werden die in Abschnitt 2.3 beschriebenen Formen opportunistischen Verhaltens bei Kreditfinanzierung ausgeschlossen. Diese Verhaltensweisen sind nur dann relevant, wenn die Insolvenz des Schuldners im Bereich des Möglichen liegt und deswegen Risiken vom Schuldner auf den Gläubiger verlagert werden können. Das LEN-Modell vernachlässigt die für Kreditfinanzierung charakteristische Form opportunistischen Verhaltens und führt daher zu einer zu günstigen Einschätzung des Anreizcharakters der Kreditfinanzierung.

Eine weitere problematische Voraussetzung des Modells ist, daß die Agenten nicht die Möglichkeit haben dürfen, das von ihnen zu tragende unsystematische Risiko durch eigene Portefeuillebildung zu reduzieren. Wenn die Agenten in beliebigem Umfang Wertpapiere kaufen und verkaufen können, werden sie davon zum Zweck der Diversifikation Gebrauch machen. Sie können durch Leerverkauf von Aktien ihres eigenen Unternehmens und durch Kauf anderer Aktien eine Position erreichen, die dem Halten des Marktportefeuilles adäquat ist. Es läßt sich zeigen, daß bei freiem Marktzugang für die Agenten ein dem CAPM entsprechendes Marktgleichgewicht zustande kommt, in dem alle Beteiligten, auch alle Agenten, das Marktportefeuille oder eine diesem entsprechende Position halten; in diesem Fall geht allerdings die Anreizwirkung des Entlohnungsvertrags verloren (NEUS 1989, S. 169 ff).

Das LEN-Modell ist darüber hinaus auch deswegen nur begrenzt aussagefähig, weil es voraussetzt, daß das Verhalten des Agenten einzig und allein über die Entlohnungsfunktion und sonst auf keine andere Weise beeinflußt werden kann. Damit sind die vielfältigen Möglichkeiten ausgeschlossen, das Verhalten des Agenten durch Beschränkung seiner Handlungsmöglichkeiten, durch Verpflichtung zur Offenlegung von Informationen und durch Einwirkungs- und Kontrollrechte in bestimmte Bahnen zu lenken. Für Finanzierungsverträge haben Vorkehrungen dieser Art große praktische Bedeutung.

3.5 Zusammenfassung

Das Grundmodell einer Prinzipal-Agenten-Beziehung kann durch vereinfachende Annahmen zum LEN-Modell umgeformt werden, das einer theoretischen Analyse besser zugänglich ist. Eine wichtige Vereinfachung liegt in der Annahme einer linearen Entlohnungsfunktion für den Agenten; diese kann als Resultat einer Kombination von Beteiligungs- und Kreditfinanzierung interpretiert werden. Der Optimierungsansatz des LEN-Modells führt zu einer Lösung, bei der der Agent einen Anteil am Ergebnis erhält; außerdem gibt es eine fixe Zahlung, die so zu bemessen ist, daß der Vertrag für den Prinzipal akzeptabel ist. Der Ergebnisanteil des Agenten hat eine doppelte Funktion. Zum einen bewirkt er eine Risikoaufteilung, zum anderen erzeugt er einen Leistungsanreiz für den Agenten. Zwischen beiden Funktionen besteht ein Konflikt, der beim Vergleich mit der „first-best"-Lösung deutlich wird: Unter dem Gesichtspunkt der Risikoaufteilung ist ein anderer Ergebnisanteil des Agenten optimal als unter dem des Leistungsanreizes. Die „second-best"-Lösung des LEN-Modells stellt einen Kompromiß zwischen beiden Aspekten dar.

An diese Analyse anknüpfend führen weitere Überlegungen zu zwei grundlegend verschiedenen Konzeptionen für das Gleichgewicht auf dem Kapitalmarkt. Wird der Aspekt des Leistungsanreizes vernachlässigt, so ergibt sich ein Gleichgewicht nach Art des CAPM mit Beteiligungsfinanzierung, diversifizierten Portefeuilles und weitgestreutem Anteilsbesitz. Läßt man hingegen die Risikoscheu der Unternehmer außer Betracht und sucht man nach einer Lösung nur unter dem Gesichtspunkt des Leistungsanreizes, so gibt es im Marktgleichgewicht nur Eigentümer-Unternehmer, denen andere Kapitalgeber ihre Mittel als Kredit zur Verfügung stellen.

Eine Schwäche des LEN-Modells ist, daß durch die Annahme einer linearen Entlohnungsfunktion ein Kreditausfall durch Insolvenz ausgeschlossen wird; bestimmte Formen des opportunistischen Verhaltens von Schuldnern können deswegen nicht erfaßt werden.

4 Finanzierungsverträge

4.1 Grundelemente der Vertragsgestaltung

4.1.1 Effizienz als Gestaltungskriterium

Verträge zwischen Unternehmen und ihren Kapitalgebern zeichnen sich durch eine Fülle oft sehr komplexer Vereinbarungen aus. Wesentlicher Bestandteil ist immer, daß der Kapitalgeber eine Anwartschaft auf zukünftige Zahlungen erhält; aber daneben gibt es vielfältige weitere Vertragsklauseln, die beispielsweise Mitwirkungs- und Kontrollrechte bei Gesellschaftsverträgen oder Sicherheiten bei Kreditverträgen betreffen. Hinzu kommen gesetzliche Regelungen, die teils zwingend, teils nur, soweit die Partner nichts anderes vereinbaren, die beiderseitigen Rechte und Pflichten aus der Vertragsbeziehung bestimmen. Die Gesamtheit der vertraglichen und gesetzlichen Regelungen ist unter dem Gesichtspunkt zu sehen, daß damit effiziente Verträge zustande kommen sollen.

Was unter effizienter Vertragsgestaltung zu verstehen ist, wurde in Abschnitt 1.3.2 erörtert. Dort wurde auch gezeigt, daß ein effizienter Vertrag zustande kommt, wenn einer der Beteiligten die Konditionen so setzt, daß sie für den anderen gerade noch akzeptabel sind und daß sein eigener Nutzen maximiert wird. Im Abschnitt 3.2 wurde dargestellt, wie ein Unternehmer als Agent einen effizienten Finanzierungsvertrag gestaltet; die Gestaltungsmöglichkeiten beschränkten sich dabei aber gemäß den Prämissen des LEN-Modells auf die Wahl der Parameter einer linearen Entlohnungsfunktion. Die Vertragsgestaltung wird viel komplexer, wenn man berücksichtigt, daß Entlohnungsfunktionen nicht linear sein müssen, vor allem aber, daß Finanzierungsverträge außer einer Teilungsregel, eben der Entlohnungsfunktion, zahlreiche andere Vorkehrungen enthalten können, durch die das Verhalten des Agenten bestimmt wird. Es bleibt aber dabei, daß der Unternehmer auf Maximierung seines Nutzens bedacht ist, dabei jedoch dem Kapitalgeber einen für diesen akzeptablen Vertrag anbieten muß. Unter diesen Voraussetzungen kommt ein effizienter Vertrag zustande.

Zu berücksichtigen ist, daß die Wahrnehmung von Einwirkungsrechten, die Durchführung von Kontrollen, die Übermittlung von Informationen und ähnliche Vorkehrungen mit Kosten verbunden sind. Da der Unternehmer den Kapitalgebern einen akzeptablen Vertrag anbieten muß, fallen diese Kosten letztlich immer auf ihn zurück, ganz gleich, wer sie zunächst zu tragen hat. Dennoch können Regelungen dieser Art sich für ihn lohnen, dann nämlich, wenn damit eine bessere Annäherung an die „first-best"-Lösung erreicht wird als mit der ohne zusätzliche Vorkehrungen erreichbaren „second-best"-Lösung.

Am Beispiel des LEN-Modells kann dieser Gedanke verdeutlicht werden: In der aus diesem Modell hervorgehenden „second-best"-Lösung wird das „first-best"-Ergebnis verfehlt, weil neben dem Aspekt des Arbeitsanreizes auch der der Risikoallokation berücksichtigt werden muß. Es wird weder die Risikoallokation der „first-best"-Lösung erreicht noch der dieser Lösung entsprechende Arbeitseinsatz. Wenn es nun gelänge, durch Kontrollen ein Niveau des Arbeitseinsatzes zu sichern, das mindestens so hoch wäre wie der Arbeitseinsatz in der „second-best"-Lösung ohne Kontrollen, dann könnte die Entlohnungsfunktion ganz nach dem Gesichtspunkt der Risikoallokation gestaltet werden. Damit wäre ein Nutzenzuwachs verbunden, der dem Nutzenentgang durch die Kosten der Kontrolle gegenüberzustellen wäre. Ergäbe sich für den Agenten bei unverändertem Nutzenniveau des Prinzipals ein Nutzenzuwachs, so wäre die Kontrolle eine im Sinne effizienter Vertragsgestaltung sinnvolle Maßnahme. Der Agent würde sich freiwillig dieser Kontrolle unterwerfen und auch direkt oder indirekt die Kosten dafür tragen; dies läge in seinem eigenen Interesse.

Vertragliche Regelungen, die opportunistisches Verhalten des Agenten einschränken, kommen also auch dann zustande, wenn die Initiative zur Vertragsgestaltung beim Agenten liegt. Dies ist eine Folge des in Abschnitt 2.4 aufgezeigten Dilemmas des Agenten: Er kann ein Interesse daran haben, seinen eigenen Spielraum für opportunistisches Verhalten zu beschränken und sogar die damit verbundenen Kosten zu tragen. Generell gilt: Vertragselemente wie Teilungsregeln, Einwirkungsrechte, Beschränkungen des Handlungsspielraums des Agenten, Übermittlung von Informationen und Kontrollen werden vom Agenten aus eigenem Interesse im Vertrag vorgesehen, wenn dies im Sinne effizienter Vertragsgestaltung ist. Auf diese Vertragselemente ist in den folgenden Abschnitten näher einzugehen.

4.1.2 Teilungsregeln

Wesentlicher Bestandteil von Finanzierungsverträgen sind Teilungsregeln, Regeln also, nach denen das im Unternehmen erwirtschaftete Ergebnis zwischen Unternehmern und Kapitalgebern aufgeteilt wird. In dem in Abschnitt 3 behandelten Modell der Prinzipal-Agenten-Beziehung ging es um die Bestimmung einer Teilungsregel in Form der Entlohnungsfunktion. Notwendige Bedingung dafür, daß ein Vertrag zustande kommt, ist eine Teilungsregel, die jedem Vertragspartner den Mindestnutzen gewährt, ohne den er überhaupt nicht zur Kooperation bereit ist. Von der Teilungsregel hängt weiterhin ab, wie das Risiko unter den Vertragspartnern aufgeteilt wird. Vor allem aber ist die Teilungsregel von Bedeutung, weil sie Verhaltensanreize für den Agenten, im Fall der Unternehmensfinanzierung also für den Unternehmer, setzt. Am Beispiel des LEN-Modells wird deutlich, daß ein effizienter Vertrag sowohl diesen Anreizeffekten als auch dem Gesichtspunkt der Risikoallokation Rechnung zu tragen hat.

Die Teilungsregel braucht nicht die einfache Form einer linearen Funktion zu haben. Bei genauerem Hinsehen erweist sich schon, daß die normale Kreditfinanzierung nicht auf einer linearen Teilungsregel beruht. Solange das Unternehmen solvent ist, erhält der Unternehmer den im Unternehmen erzielten Bruttoüberschuß abzüglich der konstanten Zahlung an die Kreditgeber. Im Falle der Insolvenz hingegen geht der gesamte Bruttoüberschuß an die Kreditgeber; der Unternehmer erhält nichts. Die Teilungsregel entspricht einer abschnittsweise linearen Funktion mit einem Knick.

Nichtlineare Teilungsregeln kommen in der Finanzierungspraxis in vielen Formen vor. Dazu gehören mit Vorzugsdividenden ausgestattete Aktien ebenso wie Gewinnschuldverschreibungen, deren Inhaber am Gewinn, nicht aber am Verlust partizipieren. Auf eine nichtlineare Verteilung läuft auch die Gewährung von Optionen hinaus, insbesondere im Zusammenhang mit der Emission von Wandelschuldverschreibungen und Optionsschuldverschreibungen sowie durch Gewährung von Bezugsrechten an Arbeitnehmer und Mitglieder der Geschäftsführung; derartige Optionen bewirken, daß der Inhaber am Gewinn partizipiert, nicht jedoch in gleicher Weise am Verlust.

Eine Teilungsregel bezieht sich auf ein Ergebnis, das verteilt werden soll. Es bedarf auch einer Regelung darüber, wie dieses Ergebnis zu bestimmen und rechnerisch zu ermitteln ist. Im einfachen Prinzipal-Agenten-Modell wird angenommen, daß das Ergebnis am Ende einer Periode eindeutig vorliegt. Bei einem Unternehmen ist dies nur der Fall, wenn es liquidiert wird, insbesondere auch im Insolvenzfall; dann wird der Liquidationserlös gemäß der geltenden Teilungsregel verteilt. Bei einem bestehenden Unternehmen ist die Teilungsregel auf Periodenergebnisse anzuwenden. Hierzu dient im Regelfall die Gewinnermittlung mit Hilfe der Bilanz. Der bilanzielle Gewinn kann allerdings durch Ermessensurteile und Wahlrechte des Bilanzierenden, in der Regel also der Unternehmensleitung, beeinflußt werden. Eine andere Ergebnisgröße, die ebenfalls Grundlage einer Teilungsregel sein kann und in jüngster Zeit vor allem als Berechnungsbasis für die Entlohnung von Managern Verwendung findet, ist der Marktwert des Unternehmens. Bei Unternehmen, deren Anteile an der Börse notiert werden, ist der Marktwert unmittelbar zu beobachten und scheint auf den ersten Blick eine objektivere Ergebnisgröße zu sein als der bilanzielle Gewinn. Auf diese Problematik wird in Abschnitt 4.2.2 näher eingegangen.

Die von Teilungsregeln ausgehenden Anreizwirkungen sind grundlegend wichtig für die effiziente Vertragsgestaltung. Dies gilt nicht nur für den in diesem Kapitel ausführlich behandelten Fall der nachvertraglichen Informationsasymmetrie, in dem eine Prinzipal-Agenten-Beziehung zu regeln ist. Auch bei vorvertraglicher Informationsasymmetrie kann die von einem der Vertragspartner vorgeschlagene oder gewählte Teilungsregel dazu dienen, daß glaubwürdige Informationen übermittelt werden und dadurch ein insgesamt günstiger Vertrag zustande kommt. Auf die Möglichkeit, durch die Wahl eines bestimmten Verhältnisses zwischen Kredit- und Beteiligungsfinanzierung, eine bestimmte Teilungsregel also, glaubwürdige Informationen über die Einschätzung des Unternehmenswerts durch die Unternehmensleitung zu übermitteln, wurde in Abschnitt 1.3.1 hingewiesen.

4.1.3 Einwirkungsrechte

Opportunistisches Verhalten des Agenten kann wirksam eingeschränkt werden, wenn der Prinzipal bei den maßgeblichen Entscheidungen im Unternehmen mitwirkt. Für Beteiligungsfinanzierung ist typisch, daß die Kapitalgeber als Gesellschafter Einwirkungsrechte haben; aber auch bei Kreditfinanzierung werden dem Gläubiger nicht selten Möglichkeiten der Mitsprache eingeräumt.

Bei uneingeschränkter Mitsprache der Kapitalgeber ist die typische Prinzipal-Agenten-Problematik gar nicht mehr gegeben. Einwirkung ist aber mit Kosten verbunden, und die Kosten sind um so höher, je umfassender die Einwirkungsrechte ausgestaltet sind und je intensiver sie wahrgenommen werden. Zu den Kosten der Einwirkung muß man dabei auch die Reibungsverluste rechnen, zu denen es kommt, wenn mehrere Personen bei Entscheidungen zusammenwirken müssen. Uneingeschränkte Einwirkungsrechte, durch die Kapitalgeber zu Mitunternehmern werden, sind nur realisierbar, wenn der Kreis der Beteiligten klein ist; passende Rechtsformen dafür sind die OHG und die GmbH.

Die Schwierigkeiten und Kosten der Ausübung von Einwirkungsrechten wachsen vor allem mit der Anzahl der Beteiligten. Das Zusammenwirken zahlreicher Personen bei der Entscheidungsbildung ist zeitraubend und schwer zu organisieren. Zudem hat der einzelne oft nur geringe Anreize, die Mühen und Kosten der Mitwirkung auf sich zu nehmen, wenn er damit rechnet, daß andere, deren Interessenlage die gleiche ist, die Entscheidungsbildung in die richtigen Bahnen lenken; denken und handeln allerdings alle so, dann kommt gar keine Einwirkung zustande.

Die Problematik von Einwirkungsrechten, die durch zahlreiche Kapitalgeber gemeinsam wahrgenommen werden müssen, tritt vor allem bei Publikumsaktiengesellschaften deutlich in Erscheinung. In der Verfassung der Aktiengesellschaft wird versucht, diesen Schwierigkeiten durch Einsetzung besonderer Entscheidungsinstanzen (Hauptversammlung, Aufsichtsrat) Rechnung zu tragen. Es kann jedoch nur in sehr unvollkommener Weise gelingen, den Spielraum der Unternehmensleitung für opportunistisches Verhalten über Einwirkungsrechte von zahlreichen Gesellschaftern einzuengen. Es gibt deswegen ernsthafte Zweifel daran, daß die Publikumsaktiengesellschaft eine effiziente Gestaltungsform für die Beziehungen zwischen Unternehmen und Kapitalgebern ist (JENSEN 1986). Unbestritten sind allerdings die Vorzüge der Publikumsgesellschaft hinsichtlich der Möglichkeit, Risiken zu verteilen und zu diversifizieren.

4.1.4 Beschränkung des Handlungsspielraums

Finanzierungsverträge können Regelungen enthalten, die den Handlungsspielraum des Agenten einschränken. Allerdings sind solche Regelungen nur wirksam, wenn ihre Einhaltung überwacht oder zumindest nachträglich überprüft werden kann und ein Verstoß dagegen Sanktionen nach sich zieht. Kosten entstehen zum einen durch die Überwachung und Überprüfung, zum anderen dann, wenn der Handlungsspielraum so stark eingeengt wird, daß bestimmte Möglichkeiten der Gewinnerzielung nicht wahrgenommen werden können.

Ein Beispiel für Handlungsbeschränkungen im Zusammenhang mit Kreditverträgen sind die Regelungen, mit denen im Fall beschränkter Haftung der Eigentümer die Übertragung von Vermögen aus dem Unternehmen in den der Haftung entzogenen Privatbereich der Eigentümer eingeschränkt wird. Bei beschränkter Haftung kann ein Unternehmensleiter, der zugleich Eigentümer ist oder aus anderen Gründen im Interesse der Eigentümer handelt, durch Vermögensübertragungen die Position der Gläubiger verschlechtern. Im Sinne effizienter Vertragsgestaltung kann es zweckmäßig sein, dies von vornherein auszuschließen.

Am Beispiel der gesetzlichen Regelungen für die Aktiengesellschaft kann gezeigt werden, in welcher Weise der Spielraum für Vermögensübertragungen eingeschränkt wird. Die jährlichen Dividendenzahlungen sind auf den ausgewiesenen Bilanzgewinn begrenzt. Dieser wiederum kann nur insoweit über dem ausgewiesenen Jahresüberschuß liegen, wie durch Auflösung von Gewinnrücklagen oder über einen Gewinnvortrag auf noch nicht ausgeschüttete Jahresüberschüsse früherer Jahre zurückgegriffen werden kann. Jahresfehlbeträge, die nicht durch Auflösung von Rücklagen ausgeglichen werden können, mindern das Ausschüttungspotential späterer Jahre. Vorschriften über Rechnungslegung und Prüfung verhindern, daß die Ausschüttungsbegrenzungen durch willkürliche rechnerische Manipulationen des Jahresüberschusses umgangen werden. Vermögensübertragungen an Aktionäre außerhalb der Gewinnausschüttung sind möglich, aber an genau geregelte Verfahrensweisen wie Kapitalherabsetzung oder Abwicklung gebunden, die besondere Vorkehrungen zum Schutz der Gläubiger vorsehen. Die Vermögensübertragung an Aktionäre in der Form des Kaufs eigener Aktien durch die Gesellschaft ist nur unter besonderen Voraussetzungen und innerhalb enger Grenzen zulässig; wenn in diesem

Rahmen eigene Aktien erworben werden, muß eine „Rücklage für eigene Aktien" zu Lasten des Jahresüberschusses gebildet werden; die mit dem Kauf eigener Aktien verbundene Vermögensübertragung an Aktionäre wird also dadurch kompensiert, daß das Potential für Gewinnausschüttungen entsprechend reduziert wird.

Ein Beispiel für einschneidende Beschränkungen des Handlungsspielraums, die in bestimmten Fällen wirksam werden, bietet das Insolvenzrecht. Wenn bestimmte Tatbestandsmerkmale erfüllt sind, gilt das Unternehmen als insolvent mit der Folge, daß den Eigentümern die Verfügungsgewalt darüber entzogen werden kann. Der Sinn dieser Regelung liegt wieder darin, daß ein Eigentümer, der bei Insolvenz die Verfügungsgewalt behielte, viele Möglichkeiten hätte, zum Schaden der Gläubiger einen Teil des Vermögens für sich zu retten. Daß opportunistisches Verhalten dieser Art verhindert wird, kann wieder unter dem Aspekt effizienter Vertragsgestaltung begründet werden.

Die Besicherung von Krediten durch dingliche Rechte (Grundpfandrechte, Sicherungsübereignung, Eigentumsvorbehalt) bewirkt ebenfalls eine Beschränkung des Handlungsspielraums für den Schuldner. Er kann über die belasteten Gegenstände nicht mehr frei verfügen; insbesondere ist ihm die Möglichkeit genommen, diese Gegenstände zur Besicherung anderer Kredite zu verwenden und damit die Position des ersten Kreditgebers zu verschlechtern.

4.1.5 Übermittlung von Informationen

Die Probleme der Vertragsgestaltung resultieren in erster Linie aus Informationsasymmetrie. Es liegt daher nahe, daß man versucht, die Problematik durch Übermittlung von Informationen zu entschärfen. Den Kapitalgebern kann das Recht eingeräumt werden, bestimmte Informationen anzufordern, und die Unternehmensleitung kann verpflichtet werden, bestimmte Informationen auch ohne besondere Anforderung zu liefern. Das Grundproblem jeder Informationsübermittlung ist, wie gewährleistet werden kann, daß sie glaubwürdig ist. Die Möglichkeiten, über Teilungsregeln den besser informierten Vertragspartner zur wahrheitsgemäßen Informationsübermittlung zu motivieren, sind sehr eng begrenzt. Ein praktischer Lösungsweg besteht darin, daß für Form und Inhalt der Informationsübermittlung genaue Regeln aufgestellt werden. Die genaue Einhaltung dieser Regeln kann ständig oder stichprobenweise oder auch nur in besonderen Fällen überprüft werden, wobei eine Verletzung der Regeln Sanktionen nach sich zieht.

So gibt es Regeln für die Rechnungslegung von Unternehmen, deren Ergebnisse, insbesondere die Jahresabschlüsse, wichtige Informationen für Kapitalgeber darstellen. Für Kapitalgesellschaften ist eine Prüfung der Rechnungslegung durch unabhängige Revisoren, in der Regel Wirtschaftsprüfer, gesetzlich vorgeschrieben. Es kommt aber auch vor, daß Unternehmen, die nicht der Prüfungspflicht unterliegen, ihre Rechnungslegung freiwillig einer Prüfung unterwerfen, um die daraus resultierenden Informationen glaubwürdig zu machen. Aber auch wenn keine regelmäßige Prüfung vorgesehen ist, gibt es Anreize dafür, die verbindlichen Regeln der Rechnungslegung zu beachten. Man muß damit rechnen, daß in bestimmten Situationen, vor allem im Insolvenzfall, die Rechnungslegung überprüft wird; werden dann Verstöße festgestellt, so führt dies zu Sanktionen gegen die Verantwortlichen. Im Insolvenzfall kann eine nicht ordnungsgemäße Rechnungslegung strafrechtliche Folgen nach sich ziehen.

4.1.6   Kontrollen

Kontrollen haben für Finanzierungsverträge zentrale Bedeutung. Ohne Kontrollen kann nicht sichergestellt werden, daß Teilungsregeln korrekt angewandt werden, daß Mitwirkungsrechte beachtet werden, daß Handlungsbeschränkungen eingehalten werden, daß Regeln zur Informationsübermittlung nicht verletzt werden. Kontrollen können nicht immer von den daran interessierten Kapitalgebern selbst vorgenommen werden. Zum einen fehlt ihnen dazu oft die Sachkenntnis, zum anderen kommt bei einer größeren Anzahl von Kapitalgebern eine gemeinsame Wahrnehmung von Kontrollrechten kaum in Frage. Die Kontrolle wird deswegen meist delegiert. Dabei entsteht aber das Problem, wie vertrauenswürdig der Kontrolleur selbst ist. So ist beispielsweise wenig damit gewonnen, wenn die Rechnungslegung eines Unternehmens geprüft ist, dabei aber damit gerechnet werden muß, daß der Prüfer aus eigenem Interesse, etwa weil er auf gute Beziehungen zur Unternehmensleitung angewiesen ist, die Verfälschung von Informationen nicht beanstandet. Für die Glaubwürdigkeit der mit der Rechnungslegung verbundenen Informationen ist die Unabhängigkeit der Prüfer von grundlegender Bedeutung.

4.2   Zur Bedeutung des Rechnungswesens

4.2.1   Funktionen des Rechnungswesens im Rahmen von Finanzierungsverträgen

Die Beziehungen zwischen Finanzwirtschaft und Rechnungswesen sind bereits in Kapitel II behandelt worden. Dort standen allerdings die technisch-rechnerischen Zusammenhänge im Vordergrund. Im Lichte der Erkenntnisse über die effiziente Gestaltung von Finanzierungsverträgen wird nun auch deutlich, daß das Rechnungswesen einen sehr wesentlichen Beitrag zum Funktionieren von Finanzierungsmärkten leistet.

Das Rechnungswesen dient zur Aufbereitung und Übermittlung von Informationen. Es ist zum einen Instrument der Unternehmensführung, zum anderen wesentliches Element der Beziehungen des Unternehmens zu seiner Umwelt, vor allem zu Vertragspartnern und zum Staat; diesen beiden Funktionen entspricht die Unterscheidung zwischen internem und externem Rechnungswesen. Hier ist das externe Rechnungswesen von Interesse, und zwar in seiner Bedeutung für Finanzierungsverträge, sowohl für Beteiligungsverträge als auch für Kreditverträge. Andere Funktionen des externen Rechnungswesens, beispielsweise hinsichtlich der Beziehungen zu Arbeitnehmern oder zum Staat, sollen hier nicht betrachtet werden. Allerdings sei darauf hingewiesen, daß das externe Rechnungswesen im Verhältnis zum Staat in erster Linie für die Steuerbemessung von Bedeutung ist und damit indirekt Auswirkungen auf finanzwirtschaftliche Dispositionen haben kann. Auch ergeben sich im Verhältnis zum Staat zum Teil ähnliche Probleme wie bei Finanzierungsbeziehungen; dies hängt damit zusammen, daß der Staat bei der Besteuerung eine ähnliche Position hat wie ein außenstehender Teilhaber des Unternehmens.

Für das externe Rechnungswesen gibt es ein umfassendes Regelwerk, das bei der Sammlung und Aufbereitung von Informationen zu beachten ist. Zum Teil sind diese Regeln gesetzlich fixiert, zum Teil gewinnen sie Geltung als anerkannte Grundsätze ordnungsmäßiger Buchführung und Bilanzierung. Die Einhaltung dieser Regeln kann dadurch gesichert werden, daß unabhängige Revisoren die Ordnungsmäßigkeit der Rechnungslegung prüfen. Prüfungen sind für bestimmte Unternehmen, vor allem für Kapitalgesellschaften, gesetzlich vorgeschrieben. Aber auch wenn kein gesetzlicher Zwang besteht, können im Rahmen von Gesellschaftsverträgen oder Kreditverträgen regelmäßige oder gelegentliche Prüfungen vorgesehen werden. Dies kann im Interesse effizienter Vertragsgestaltung liegen, weil es die Glaubwürdigkeit der mit der Rechnungslegung übermittelten Informationen erhöht.

Das Regelwerk des externen Rechnungswesens ist allerdings nicht so umfassend, daß überhaupt kein Spielraum für Ermessensurteile mehr bliebe. Würde durch strenge Regelungen, beispielsweise hinsichtlich der Wertansätze in der Bilanz, jeglicher Ermessensspielraum ausgeschlossen, so litte darunter der Informationsgehalt der Rechnungslegung; schematisierte Regeln würden es nicht mehr zulassen, den Besonderheiten des Einzelfalls Rechnung zu tragen. Andererseits werden mit der Zulassung von Ermessensurteilen zwangsläufig zugleich Spielräume für opportunistisches Verhalten geschaffen. Dies bedeutet konkret, daß die Rechnungsergebnisse in einem von der Unternehmensleitung erwünschten Sinne gestaltet werden; es ist eine übliche und anerkannte Praxis, innerhalb gewisser Grenzen „Bilanzpolitik" zu betreiben. Die Eignung der Rechnungslegung, bei vermutetem opportunistischen Verhalten glaubwürdige Informationsübermittlung zu ermöglichen, wird durch Ermessensspielräume allerdings beeinträchtigt. Es ist ein zentrales Problem des externen Rechnungswesens, wie der beste Mittelweg zwischen umfassender, damit aber auch schematischer Regelbindung einerseits und dem Entstehen eines Spielraums für opportunistisches Verhalten andererseits gefunden werden kann.

Für Finanzierungsverträge ist das Rechnungswesen in zweifacher Hinsicht von Bedeutung. Zum einen dient es der Information der Vertragspartner; zum anderen können unmittelbare Rechtsfolgen an Rechenergebnisse geknüpft sein.

Als Informationsquelle ist das externe Rechnungswesen sowohl für Kreditgeber als auch für Inhaber von Beteiligungstiteln von Bedeutung. Kreditgeber erhalten einen Einblick in die Vermögens-, Finanz- und Ertragslage des Unternehmens und damit eine Grundlage für die Beurteilung der Wahrscheinlichkeit eines Forderungsausfalls. Wenn Beteiligungstitel ausgegeben werden, bietet das Rechnungswesen potentiellen Kapitalanlegern Entscheidungshilfen. Wer bereits Beteiligungstitel besitzt, kann aufgrund der Rechnungslegung den Erfolg des Unternehmens beurteilen und auf dieser Grundlage seine Dispositionen treffen, zum Beispiel auf einen Wechsel in der Unternehmensleitung hinwirken oder sich aus der Beteiligung zurückziehen.

Informationen zur Rechnungslegung werden teils aufgrund gesetzlicher Regelungen, teils nach freier Vereinbarung zwischen den Vertragspartnern übermittelt. Gesetzliche Vorschriften gelten insbesondere für Kapitalgesellschaften, die verpflichtet sind, ihre Jahresabschlüsse zu veröffentlichen. Kreditgebern und Gesellschaftern von Personengesellschaften wird in der Regel schon in der Verhandlungsphase vor Vertragsabschluß Einblick in die Rechnungslegung gewährt; in Kredit- und Gesellschaftsverträgen wird regelmäßig vereinbart, daß Jahresabschlüsse und gegebenenfalls noch darüber hinausgehende Rechnungsergebnisse den Vertragspartnern mitzuteilen sind. Da Informationen aus der Rechnungslegung auch für Sekundärmarkttransaktionen wichtige Entscheidungsgrundlagen darstellen, werden von den Börsen besondere Anforderungen an die Rechnungslegung gestellt. Dies gilt insbesondere für die USA: Für Unternehmen, deren Finanzierungstitel an einer amerikanischen Börse zugelassen werden, gelten dort weit anspruchsvollere Rechnungslegungsvorschriften als für Kapitalgesellschaften im allgemeinen.

Unmittelbare Rechtsfolgen ergeben sich aus dem Rechnungswesen für die Verteilung und, je nachdem, welche Regelungen dafür getroffen sind, die Entnahme von Gewinnen. Die vertragliche Teilungsregel setzt voraus, daß der Gewinn nach bestimmten Regeln ermittelt wird. Vom Ergebnis hängt ab, wie sich die Kapitalkonten der Gesellschafter entwickeln und welche Entnahmen zulässig sind.

Auch in Kapitalgesellschaften hängt vom Gewinnausweis ab, welche Ausschüttungen möglich sind. Dies ist aber nicht nur für die Vertragsbeziehungen zu den Gesellschaftern von Bedeutung, sondern auch für die zu den Gläubigern. Für die Gläubiger ist wichtig, daß Vermögensübertragungen in den der Haftung entzogenen Privatbereich der Gesellschafter beschränkt werden, und zwar im Regelfall auf die Ausschüttung von Gewinnen (einschließlich noch nicht ausgeschütteter Gewinne früherer Jahre). Wenn das Reinvermögen durch Verluste unter das durch Satzung festgelegte Nominalkapital sinkt, tritt zudem eine Ausschüttungssperre in Kraft: Wenn wieder Gewinne erzielt werden, dürfen sie nicht ausgeschüttet werden, solange das Reinvermögen den Betrag des Nominalkapitals nicht wieder erreicht hat (s. Kapitel II, Abschnitt 2.2.1). Die Ausschüttungssperre kann zwar durch Herabsetzung des Nominalkapitals aufgehoben werden; dies ist aber nur in Verbindung mit besonderen Maßnahmen zur Sicherstellung der Gläubiger zulässig.

Eine weitere wichtige gesetzliche Regelung, die am Rechnungswesen anknüpft und die Beziehungen zu Gläubigern betrifft, findet sich im Insolvenzrecht. Wenn die Verbindlichkeiten einer Kapitalgesellschaft das Vermögen überschreiten, gilt sie als überschuldet mit der Folge, daß ein Konkurs- oder Vergleichsverfahren eröffnet werden muß. Die Feststellung der Überschuldung setzt die Aufstellung einer Bilanz nach bestimmten Regeln voraus (wobei für die Überschuldungsbilanz zum Teil andere Regeln gelten als für die Bilanz im Rahmen des regelmäßigen Jahresabschlusses).

Regelungen über Rechtsfolgen, die an bestimmte Rechnungsergebnisse gebunden sind, finden sich nicht nur in Gesetzen. Sie können auch vertraglich vereinbart werden. So kann zum Beispiel der Schuldner in einem Kreditvertrag verpflichtet werden, bestimmte Bilanzstrukturnormen (zum Beispiel hinsichtlich des Verschuldungsgrades oder des Anlagendeckungsgrades, s. hierzu Kapitel II, Abschnitt 3.3) einzuhalten. Bei Verletzung dieser Verpflichtung hat der Gläubiger ein Recht zur vorzeitigen Kündigung.

4.2.2 Maßstäbe für den Periodenerfolg: Bilanzieller Gewinn und Marktwert

Die Ermittlung und der Ausweis von Periodenerfolgen als eine der Hauptaufgaben des externen Rechnungswesens ist im Rahmen von Finanzierungsverträgen in zweifacher Hinsicht von Bedeutung, zum einen zur Information über die Ertragslage des Unternehmens, zum anderen als Anknüpfungspunkt für unmittelbare Rechtsfolgen, insbesondere im Zusammenhang mit Teilungsregeln. Dabei darf aber nicht übersehen werden, daß eine exakte Messung von Periodenerfolgen in einem Unternehmen gar nicht möglich ist. Der Erfolg eines Unternehmen steht genau genommen erst nach seiner Liquidation als Totalerfolg fest. Die auf eine gerade abgeschlossene Periode bezogene Vorwegnahme eines Teils des Totalerfolgs als Periodenerfolg kann keine exakte Zurechnung sein; sie ist nur auf der Grundlage konventioneller Bewertungsregeln möglich. Die Regeln können, wie es im deutschen Bilanzrecht der Fall ist, dem Bilanzierenden Wahlrechte für Ansatz und Bewertung einräumen. Aber auch wenn es solche Wahlrechte nicht gäbe, käme man bei der Erfolgsermittlung nicht ohne zukunftsbezogene Ermessensurteile aus, dies vor allem wegen der wichtigen Grundregel, daß zukünftige Verluste in der Bewertung zu antizipieren sind. Ob und inwieweit Verluste zu antizipieren sind, etwa durch Abschreibungen auf Vorräte, auf Beteiligungen, auf den bei der Übernahme eines Unternehmens entstehenden derivativen Goodwill oder durch Bildung von Rückstellungen, kann stets nur aufgrund einer Beurteilung zukünftiger Entwicklungen entschieden werden, deren objektive Überprüfung nur begrenzt möglich ist. Damit gewinnt die für die Aufstellung der Bilanz zuständige Instanz, das ist in der Regel die Unternehmensleitung, einen erheblichen Gestaltungsspielraum, den sie ihren eigenen Interessen entsprechend nutzen kann. Die Aussagefähigkeit des Bilanzgewinns wird vor allem dann fragwürdig, wenn er als Erfolgsmaßstab zur Beurteilung der Leistung eben dieser Unternehmensleitung dient, möglicherweise auch als Grundlage für deren Entlohnung.

Diese Mängel der bilanziellen Erfolgsermittlung legen es nahe, nach einem anderen Erfolgsmaßstab zu suchen, der unabhängig von Ermessensurteilen der Unternehmensleitung ist. Hierfür bietet sich der Marktwert des Unternehmens oder auch der Marktwert des Eigenkapitals (heute gern als „Shareholder Value" bezeichnet) an. Dies ist eine Größe, die bei börsennotierten Unternehmen unmittelbar und objektiv beobachtet werden kann. In ihr spiegelt sich die Einschätzung der zukünftigen Aussichten des Unternehmens durch die Marktteilnehmer. Die Entlohnung leitender Manager nach Maßgabe des Marktwerts hat in den letzten Jahren auch in Deutschland weite Verbreitung gefunden. Sie ist in verschiedenen Formen möglich, durch marktwertabhängige Prämien ebenso wie durch Entlohnung mit Aktien oder mit Optionen.

Allerdings darf die Aussagefähigkeit des Marktwertes als Erfolgsmaßstab nicht überschätzt werden. Die Qualität dieses Erfolgsmaßstab hängt davon ab, in welchem Umfang sich die Informationen über das Unternehmen in der Preisbildung am Markt niederschlagen, von der Informationseffizienz des Marktes also (s. Kapitel VII, Abschnitt 4.2). Der Marktwert wäre ein idealer Erfolgsmaßstab bei Informationseffizienz im strengen Sinne, wenn also in ihm zu jedem Zeitpunkt sämtliche vorhandenen Informationen, auch die nicht allgemein verfügbaren, zum Ausdruck kämen.

Während bei der bilanziellen Gewinnermittlung Informationen aus dem Unternehmen aufbereitet und nach außen bekanntgegeben werden, bleibt bei der Verwendung des Marktwertes als Erfolgsmaßstab offen, auf welchen Wegen Informationen Verbreitung finden und wie sie auf dem Markt verarbeitet werden. Ob der Marktwert dem bilanziellen Gewinn als Erfolgsmaßstab überlegen ist, hängt aber entscheidend davon ab, ob bessere und vollständigere Informationen in ihn einfließen, vor allem auch Informationen, die weniger durch interessenbedingte Manipulationen verzerrt werden können. Die Erfahrung zeigt aber, daß der Markt stark auf Signale reagiert, die sich später als irrelevant erweisen; das führt zu hoher Volatilität der Preise. Insbesondere aber ist der Markt auf Informationen aus dem Unternehmen angewiesen, vor allem in starkem Maße auf Informationen des externen Rechnungswesens, einschließlich der bilanziellen Gewinnermittlung. Wenn man gegen den bilanziellen Gewinn anführt, daß die Gestaltungsspielräume des externen Rechnungswesens ihn manipulationsanfällig machen, darf man nicht übersehen, daß diese und möglicherweise auch andere manipulierten Informationen ebenso in den Marktwert einfließen. Man mag dazu anführen, daß alle Informationen über ein Unternehmen der kritischen Prüfung durch erfahrene Marktteilnehmer, vor allem durch professionelle Analysten unterliegen. Doch läßt sich damit nicht ausschließen, daß der Marktwert durch eine gezielte Informationspolitik der Unternehmensleitung beeinflußt wird. Auf längere Sicht ist damit zu rechnen, daß die Wirkung verzerrter Informationen auf den Marktpreis korrigiert wird. Das gilt jedoch in ähnlicher Weise auch für den bilanziellen Gewinn; Manipulationen sind möglich, etwa durch Unterlassung der Antizipation drohender Verluste, aber damit läßt sich der Verlustausweis nur zeitlich verschieben. Bei beiden Erfolgsmaßstäben ist damit zu rechnen, daß aus kurzfristige Motiven Manipulationen stattfinden. Daher bietet es sich an, Anreize an langfristige Erfolgsmaße wie den langfristigen durchschnittlichen Gewinn oder durchschnittliche Kapitalwertsteigerungen zu koppeln.

Nach dem gegenwärtigen Stand des Wissens ist nicht entscheidbar, welches der bessere Erfolgsmaßstab ist, der bilanzielle Gewinn oder der Marktwert. Nicht zu bestreiten ist, daß bei der Bildung von Marktpreisen weit mehr an zukunftsgerichteten Informationen Eingang finden kann als bei der bilanziellen Gewinnermittlung. Andererseits führt die hohe Volatilität von Marktpreisen dazu, daß diejenigen, deren Entlohnung danach bemessen wird, ein hohes Einkommensrisiko tragen. Dieses Risiko muß in der Entlohnung abgegolten werden; dies erhöht die Kosten für die Eigentümer des Unternehmens und mindert die Effizienz. Möglichkeiten der Manipulation sind bei beiden Erfolgsmaßstäben gegeben. Die Aussagefähigkeit steigt bei jedem von beiden in dem Maße, wie es gelingt, diese Möglichkeiten zu begrenzen.

4.3   Die Rolle von Intermediären

Bei Transaktionen auf Finanzmärkten, insbesondere auch bei der Wahrnehmung der Rechte und der Erfüllung von Verpflichtungen aus Finanzierungsverträgen, werden vielfach bestimmte Aufgaben auf darauf spezialisierte Personen oder Institutionen übertragen. So werden etwa Mitwirkungs- und Kontrollaufgaben durch eigens dafür bestellte Aufsichtsräte und Beiräte wahrgenommen. Oder : Um die Glaubwürdigkeit der Rechnungslegung zu sichern, läßt man sie durch Revisoren überprüfen. Intermediäre, die zwischen die Vertragspartner eingeschaltet werden, findet man in vielen Formen (s. dazu BREUER 1993a, S. 8ff.).

Beim Zustandekommen und der Abwicklung von Transaktionen auf Primärmärkten ebenso wie auf Sekundärmärkten werden häufig Intermediäre in der Weise eingeschaltet, daß sie bei der Vertragsanbahnung und der Preisbildung tätig werden (zum Beispiel Emissionsbanken, Börsen, Finanzmakler), daß sie als selbständige

Händler tätig werden (zum Beispiel Wertpapierhändler) oder daß sie darüber hinaus auch eine Transformation der gehandelten Produkte vornehmen (zum Beispiel Banken, die von ihren Kunden Einlagen aufnehmen und daraus Kredite unterschiedlicher Fristigkeit finanzieren, Kapitalbeteiligungsgesellschaften, die die Mittel ihrer Kunden in diversifizierten Portefeuilles anlegen). In den beiden letztgenannten Fällen entsteht gar keine direkte Vertragsbeziehung zwischen den Anbietern und Nachfragern von Finanzierungstiteln; vielmehr kontrahieren beide Seiten nur mit dem Intermediär.

Auf den vollkommenen Kapitalmärkten der Theorie ist für Intermediäre kein Raum. Erst wenn man berücksichtigt, daß Markttransaktionen nicht kostenlos zustande kommen, daß es vielmehr dafür gezielter Bemühungen und des Einsatzes von Ressourcen bedarf, wird erklärbar, warum es sinnvoll sein kann, die Dienste von Intermediären in Anspruch zu nehmen. Eine wesentliche Rolle spielt dabei sicherlich, daß Intermediäre bei der Übernahme bestimmter Aufgaben Spezialisierungsvorteile haben und damit die Kosten von Transaktionen insgesamt senken.

Eine wichtige Rolle spielt auch die Informationsasymmetrie, die unter bestimmten Voraussetzungen mit der Einschaltung eines Intermediärs besser bewältigt werden kann als ohne ihn. Dafür spricht, daß ein Intermediär, bei dem die Rechte zahlreicher Vertragspartner gebündelt sind, mit geringeren Kosten Informationen beschaffen, bei Entscheidungen mitwirken und Kontrollen vornehmen kann. Dies gilt zum Beispiel für die Kreditwürdigkeitsprüfung und die Kreditüberwachung durch eine Bank, ebenso für die Auswahl von Beteiligungen und die Wahrnehmung von Beteiligungsrechten durch eine Kapitalbeteiligungsgesellschaft. In beiden Fällen bringt die Einschaltung des Intermediärs zunächst offensichtliche Vorteile gegenüber der Alternative, daß die Kapitalgeber, die Einleger der Bank also oder die Gesellschafter der Kapitalbeteiligungsgesellschaft, selbst diese Tätigkeiten ausüben.

Es darf aber nicht außer Betracht gelassen werden, daß mit der Einschaltung von Intermediären stets zusätzliche Vertragsbeziehungen entstehen, die auch wieder durch Informationsasymmetrie und damit verbundene Interessenkonflikte charakterisiert sind. Die Prinzipal-Agenten-Beziehung zwischen einer Bank und einem kreditsuchenden Unternehmen tritt zunächst an die Stelle zahlreicher derartiger Beziehungen, die entstünden, wenn die Anleger ohne Zwischenschaltung der Bank direkt mit dem Unternehmen Kreditverträge abschlössen. Dieser Vereinfachung steht aber die Entstehung neuer und andersartiger Prinzipal-Agenten-Beziehungen zwischen den Anlegern und der Bank gegenüber.

Eine besondere Rolle spielen Intermediäre, deren Funktion darin besteht, Informationen zu beschaffen und aufzubereiten oder die Zuverlässigkeit von Informationen zu gewährleisten. Hierzu gehören Rating Agenturen, Analysten, Wirtschaftsjournalisten und Wirtschaftsprüfer. Die Einschaltung solcher Intermediäre soll dazu dienen, Informationsasymmetrie zu überwinden; dabei entsteht aber zwischen den Intermediären und den Nutzern ihrer Dienste neue Informationsasymmetrie, und auch opportunistisches Verhalten ist nicht auszuschließen. So weiß etwa ein Kapitalanleger nicht, inwieweit die veröffentlichte Beurteilung einer Aktie durch den Analysten einer Bank von speziellen Interessen dieser Bank beeinflußt ist; es mag zum Beispiel sein, daß die Bank fürchtet, das Unternehmen als Kunden zu verlieren, wenn sie ein negatives Urteil über die Aktie abgibt. Der Anleger weiß auch nicht, ob es bei dem Testat des Wirtschaftsprüfers eine Rolle gespielt hat, daß die betreffende Revisionsgesellschaft lukrative Beratungsaufträge von dem geprüften Unternehmen erhofft und den Vorstand nicht durch Einschränkungen beim Testat verärgern will. Durch gesetzliche Regelungen und freiwillige Vereinbarungen sollten die Rahmenbedingungen für die Tätigkeit des Intermediärs so gestaltet werden, daß Anreize zu Fehlinformationen weitgehend ausgeschlossen werden können.

Bei der Einschaltung von Intermediären geht es zunächst darum, Spezialisierungsvorteile zu nutzen. Aber das ist nicht alles: Die Problematik liegt vielmehr darin, daß ein Vertragsgefüge zustande gebracht werden muß, in dem es Informationsasymmetrien und Interessenkonflikte verschiedenster Art geben kann; für dieses Vertragsgefüge ist eine insgesamt effiziente Gestaltung zu finden.

4.4 Corporate Governance

Ein Finanzierungsvertrag besonderer Art betrifft die Beziehungen zwischen den Anteilseignern und der Geschäftsführung einer Kapitalgesellschaft. Er umfaßt Regelungen über Mitwirkungs-, Kontroll- und Informationsrechte, über Beschränkungen des Handlungsspielraums für die Geschäftsführung und über Sanktionen im Fall von Verstößen, über Rechnungslegung und Prüfung, aber auch über indirekte Formen der Kontrolle durch den Markt, nicht zuletzt auch durch feindliche Übernahme. Die Gesamtheit dieser Regelungen wird heute mit dem Stichwort „Corporate Governance" bezeichnet.

Corporate Governance kann in einem weiteren und einem engeren Sinne verstanden werden. In jedem Fall geht es um die Wahrnehmung der Interessen von Außenstehenden, Personen also, die nicht direkt an der Leitung des Unternehmens beteiligt sind. Corporate Governance im weiteren Sinne umfaßt die Interessenwahrnehmung durch alle Gruppen von „Stakeholders", also nicht nur die Anteilseigner, sondern auch Gläubiger, Arbeitnehmer, Lieferanten, Kunden und andere. Corporate Governance im engeren Sinne betrifft hingegen nur die Steuerung und Kontrolle des Unternehmens durch die Anteilseigner. Heute finden in erster Linie die Fragen der Corporate Governance im engeren Sinne besondere Beachtung. Dies hat seine Gründe: Die Interessen und Ansprüche der Anteilseigner sind im Unterschied zu denen anderer Stakeholder nur unklar umrissen und schwer durchsetzbar. Von dem im Unternehmen erwirtschafteten Einkommen können sie nur das nach Befriedigung aller anderen Ansprüche verbleibende Residuum beanspruchen; sie haben nur begrenzt Einfluß darauf, inwieweit die Geschäftsführung ihrem Interesse an diesem Residuum Rechnung trägt.

Ein wirksames System der Corporate Governance ist für das Funktionieren des Kapitalmarkts und damit für die wirtschaftliche Entwicklung insgesamt von grundlegender Bedeutung. Die Bereitschaft von Kapitalanlegern, den Unternehmen Mittel in Form von Beteiligungskapital zur Verfügung zu stellen, hängt maßgeblich davon ab, inwieweit sie davon ausgehen können, daß ihre Interessen gewahrt werden. Dies gewinnt besonderes Gewicht angesichts der Internationalisierung der Kapitalmärkte, die Inländern die Anlage im Ausland erleichtert und andererseits dazu führt, daß die Kapitalaufbringung inländischer Unternehmen in zunehmendem Maße davon abhängt, daß die Anlage auch für ausländische Kapitalgeber attraktiv wird. Dies betrifft in erster Linie den Aktienmarkt; deswegen steht bei Bemühungen um Reform die

Corporate Governance in der Aktiengesellschaft im Vordergrund. Das Ziel, die Attraktivität des deutschen Kapitalmarkts zu verbessern, hat den Gesetzgeber in jüngster Zeit mehrfach zu Änderungen im Gesellschaftsrecht veranlaßt, zuletzt durch das im Jahre 2002 in Kraft getretene Transparenz- und Publizitätsgesetz. Aufgrund dieses Gesetzes ist zusätzlich eine Regierungskommission zur Erarbeitung eines „Deutschen Corporate Governance Kodex" eingesetzt worden. Der von der Kommission vorgelegte Kodex enthält in Ergänzung gesetzlicher Vorschriften Empfehlungen und Anregungen zur Tätigkeit der Organe des Unternehmens, der Hauptversammlung, des Aufsichtsrats und des Vorstands. Das Gesetz verpflichtet den Vorstand, jährlich öffentlich zu erklären, inwieweit den Empfehlungen des Kodex gefolgt wurde, und gegebenenfalls zu begründen, warum dies nicht geschehen ist.

Nach in Deutschland herrschender Rechtsauffassung ist der Vorstand einer Aktiengesellschaft nicht in erster Linie verpflichtet, die Interessen der Aktionäre zu verfolgen. Als verbindlich (obwohl seit 1965 nicht mehr im Aktiengesetz enthalten) gilt immer noch die vage Formel, die den Vorstand verpflichtet, seine Aufgaben zum Wohl des Unternehmens wahrzunehmen. Diese Formel ist inhaltsleer, wird aber meist so ausgelegt, daß der Vorstand nicht nur die Interessen der Aktionäre, sondern auch die anderer Gruppen von Stakeholders zu berücksichtigen habe. Die Problematik der Hervorhebung des Wohls des Unternehmens liegt darin, daß die Verpflichtung des Vorstands gegenüber den Aktionären gelockert wird, ohne daß damit konkret definierte Verpflichtungen gegenüber anderen Stakeholders begründet werden. Im Ergebnis wird nur der diskretionäre Entscheidungsspielraum des Vorstands erweitert.

Wichtiger als eine allgemeine Verpflichtungsformel ist allerdings die konkrete Ausgestaltung der Einwirkungsmöglichkeiten auf die Unternehmensführung. Der unmittelbarste Einfluß auf die Tätigkeit des Unternehmens wird den Aktionären durch das Mitwirkungs- und Stimmrecht auf der Hauptversammlung gewährt. Die Hauptversammlung kann allerdings nur bei wenigen wichtigen Angelegenheiten im Unternehmen, bei Kapitalerhöhungen zum Beispiel, direkt mitentscheiden. Wesentliche Kontroll- und Mitentscheidungsbefugnisse sind dem von der Hauptversammlung zu wählenden Aufsichtsrat übertragen, der insbesondere auch für die Bestellung des Vorstands zuständig ist. Daß der Einfluß der Aktionäre meist gering ist, liegt jedoch nicht in erster Linie an den begrenzten Rechten, die das Gesetz der Hauptversammlung zugesteht. Ein Großaktionär kann über sein Stimmrecht in der Hauptversammlung maßgeblichen Einfluß auf die Unternehmenspolitik gewinnen, insbesondere durch Wahl von Mitgliedern des Aufsichtsrats, die seine Interessen wahrnehmen. Daß die Hauptversammlung ihren potentiellen Einfluß häufig nicht geltend machen kann, ist dadurch bedingt, daß es zahlreiche Aktionäre mit geringen Anteilen gibt, für die nur schwer eine einheitliche Willensbildung zu organisieren ist. Für solche Aktionäre lohnt es sich meist nicht, Zeit und Mühe für die Mitwirkung in der Hauptversammlung aufzuwenden; viele nehmen gar nicht an der Versammlung teil und überlassen ihr Stimmrecht Stellvertretern, in der Regel ihren Depotbanken. Corporate Governance in Aktiengesellschaften ist deswegen kein Problem der Großaktionäre. Es geht um die Interessen der Eigner von kleinen und mittleren Anteilen, die diversifizierte Portefeuilles halten und sich nicht jedem einzelnen Unternehmen, an dem sie beteiligt sind, mit Sorgfalt widmen können. Dies sind zugleich die Kapitalanleger, die man für den Kapitalmarkt gewinnen will.

Eine Schlüsselfunktion kommt nach deutschem Aktienrecht dem Aufsichtsrat zu. Der Aufsichtsrat kann ein wirkungsvolles Instrument der Corporate Governance sein, wenn er seine Aufgabe darin sieht, im Namen der Aktionäre die Tätigkeit des Unternehmens zu überwachen. Die Aufsichtsräte deutscher Unternehmen weisen allerdings zwei Besonderheiten auf. Zum einen ist der Aufsichtsrat seit der Einführung der Mitbestimmung der Arbeitnehmer nicht mehr allein ein Kontrollorgan der Anteilseigner. Er ist paritätisch mit Vertretern der Arbeitnehmer besetzt. Dies führt dazu, daß ein mehr oder weniger großer Teil seiner Aktivität der Austragung von Konflikten zwischen Anteilseignern und Arbeitnehmervertretern gewidmet werden muß; auch ist damit zu rechnen daß Kontroversen mit dem Vorstand und unter den Anteilseignern nicht ausgetragen werden, weil die paritätische Besetzung Gruppendisziplin erzwingt. Zum anderen spielen Banken in den Aufsichtsräten oft eine maßgebliche Rolle. Banken haben aus drei Gründen in vielen deutschen Unternehmen eine starke Position; erstens spielen bei der Finanzierung Bankkredite eine große Rolle, zweitens halten große Geschäftsbanken größere Beteiligungen an einigen Unternehmen, und drittens verfügen sie meist über das Depotstimmrecht ihrer Kunden. Die Banken haben aufgrund dieser Position zentrale Bedeutung für die Überwachung der Unternehmen. Dies ist eine hervorstechende Besonderheit des deutschen Systems der Corporate Governance (SCOTT 1999, MANN 2003) Die Funktionsfähigkeit des Kapitalmarkts hängt entscheidend davon ab, daß die Kapitalanleger Vertrauen in dieses System haben. Sie müssen gute Gründe haben, darauf zu vertrauen, daß die Banken bei Wahrnehmung ihrer Aufgabe stets das Interesse der Kapitalgeber im Auge haben.

Wesentlich für die Wirksamkeit der Corporate Governance ist, daß Vorstände und Aufsichtsräte, die ihre Pflichten gegenüber den Kapitalanlegern vernachlässigen, mit wirksamen Sanktionen bedroht sind. Für Mitglieder des Vorstands liegt die praktisch bedeutendste Sanktion darin, daß sie ihres Amtes enthoben werden können. Dies liegt in der Hand des Aufsichtsrates; die Hauptversammlung hat darauf keinen Einfluß, noch weniger ein einzelner Aktionär. Denkbar wäre auch, Vorstände und Aufsichtsräte bei Verstößen gegen die Interessen der Aktionäre schadensersatzpflichtig zu machen. Dies ist nach deutschem Recht weitgehend ausgeschlossen und selbst bei offensichtlich schuldhaften Verstößen aus verfahrensrechtlichen Gründen wenig aussichtsreich. Die Klage gegen einen Vorstand, dessen Politik nicht den Interessen der Aktionäre entspricht, scheitert daran, daß der Vorstand sich auf das vom Gericht zu respektierende unternehmerische Ermessen und auf das mit dem Interesse der Aktionäre nicht unbedingt übereinstimmende Wohl des Unternehmens berufen kann. Es kann auch zu strafrechtlichen Sanktionen kommen, dies aber nur im Fall eines kriminellen Verstoßes, zum Beispiel bei Verstößen gegen die Vorschriften zur Rechnungslegung oder bei grob irreführenden Informationen. Ein krimineller Verstoß liegt im Normalfall nicht vor, wenn Anteilseigner Veranlassung sehen, gegen einen Vorstand einzuschreiten, dessen Verhalten nicht ihren Erwartungen entspricht. Praktisch verfügt in diesem Fall nur der Aufsichtsrat über Sanktionsmöglichkeiten, in erster Linie in Form der Amtsenthebung des Vorstands.

Wegen der besonderen Bedeutung des Aufsichtsrats steht er im Mittelpunkt der aktuellen Bemühungen um eine Reform. Der Deutsche Corporate Governance Kodex enthält eine Reihe von Empfehlungen zur Sicherung der fachlichen Fähigkeiten und der Unabhängigkeit von Aufsichtsratsmitgliedern, weiter Regeln zur Verfahrensweise bei Interessenkonflikten. Berater- und sonstige Dienstleistungs- und Werkverträge eines Aufsichtsratsmitglieds mit dem Unternehmen sind nach dem Kodex zulässig; sie bedürfen der Zustimmung des Aufsichtsrats, brauchen aber nicht der Öffentlichkeit oder der Hauptversammlung bekanntgegeben zu werden. Bestrebungen, die Mitgliederzahl des Aufsichtsrats zu reduzieren, um dadurch häufigere Sitzungen und eine effektivere Arbeit zu ermöglichen, waren bisher erfolglos; sie stoßen vor allem auf den Widerstand der Gewerkschaften.

Sanktionen gegen eine nicht genügend am Anlegerinteresse orientierte Geschäftsführung können auch über den Markt ausgelöst werden. Wenn die Unternehmenspolitik die Mißbilligung des Marktes findet, wirkt sich dies in Einbußen des Marktwertes aus, und dies kann wiederum in Verbindung mit öffentlicher Kritik den Aufsichtsrat dazu veranlassen, den dafür verantwortlichen Vorstand zur Rechenschaft zu ziehen. Dieser Sanktionsmechanismus kann aber nur funktionieren, wenn die Marktteilnehmer hinreichend über die Unternehmenspolitik und ihre Ergebnisse informiert sind. Deswegen ist die Verpflichtung der Unternehmen, zuverlässige Informationen zu liefern, wesentliches Element im System der Corporate Governance. Dazu gehört in erster Linie die Veröffentlichung von Jahresabschlüssen und Zwischenabschlüssen. Darüber hinaus muß der Vorstand alle neuen Tatsachen, die sich auf die Vermögens- und Finanzlage oder den allgemeinen Geschäftsverlauf auswirken und deswegen den Aktienkurs wesentlich beeinflussen können, unverzüglich der Öffentlichkeit mitteilen (Ad hoc-Publizität).

Die von der Unternehmensleitung gelieferten Informationen erfüllen ihren Zweck nur, wenn sie zuverlässig und glaubwürdig sind. Deswegen wird die Rechnungslegung durch unabhängige Revisoren geprüft. Der mit der Revision beauftragte Wirtschaftsprüfer kann allerdings nur dafür sorgen, daß die Rechnungslegung mit den gesetzlichen Regelungen und den Grundsätzen ordnungsmäßiger Bilanzierung in Einklang steht. Die Prüfung schließt nicht aus, daß die Unternehmensleitung bei der Rechnungslegung von den ihr nach geltendem Recht belassenen Wahlrechten und Ermessensspielräumen Gebrauch macht. Unvermeidlich ist auch, daß in die Rechnungslegung Ermessensurteile über die Zukunft eingehen, die der Revisor nur schwer überprüfen kann. Dennoch liegt in der Überprüfung der Rechnungslegung auf Übereinstimmung mit den geltenden verbindlichen Regelungen eine sehr wichtige Aufgabe. Deswegen ist es besonderer Wert darauf zu legen, daß der Prüfer unabhängig arbeitet und urteilt. Problematisch ist aus dieser Sicht, wenn eine Revisionsgesellschaft zugleich Beratungsverträge mit dem Unternehmen hat und damit rechnen muß, diese zu verlieren, wenn der Prüfer unliebsame Bemerkungen in seinem Prüfbericht macht. Der Deutsche Corporate Governance Kodex schließt solche Beratungsverträge nicht aus; er fordert lediglich, daß sie gegenüber dem Aufsichtsrat offengelegt werden.

Die Verläßlichkeit der Informationen über ein Unternehmen wird auch durch andere Intermediäre überprüft, insbesondere durch Analysten und Wirtschaftsjournalisten. Durch Sammlung und kritische Auswertung von Informationen erfüllen diese Intermediäre eine wichtige Funktion. Freilich ist auch hier mit opportunistischem Verhalten zu rechnen. Anreize zu korrekter Information gehen vor allem von dem Bestreben aus, die Reputation als verläßlicher Lieferant von Informationen zu erwerben und zu erhalten. Andererseits können geschäftliche oder persönliche Abhängigkeiten bestehen, sei es von dem Unternehmen, über das berichtet wird, sei es von anderen Akteuren auf dem Kapitalmarkt, die zu tendenziöser Verzerrung von Informationen führen.

Zu den über den Markt wirksam werdenden Mechanismen der Corporate Governance gehört die Möglichkeit der „feindlichen" Übernahme eines Unternehmens. Häufig, allerdings nicht immer, liegen die Chancen für eine gewinnbringende Übernahme darin, daß ein Unternehmen schlecht geführt wird, sein Potential zur Gewinnerzielung nicht hinreichend nutzt und deswegen unterbewertet ist. Der Erwerber kann dann eine eigene Unternehmensleitung einsetzen, die die Unternehmenspolitik auf einen neuen Kurs bringt. Man spricht von einer feindlichen Übernahme, wenn sie gegen den Widerstand der bisherigen Unternehmensleitung stattfindet und auf deren Verdrängung zielt. „Feindlich" ist eine solche Übernahme nur gegenüber der bisherigen Unternehmensleitung, nicht gegenüber den Anteilseignern, die über den Preis des Übernahmeangebots an der erhofften Wertsteigerung partizipieren können, grundsätzlich auch nicht gegenüber den Arbeitnehmern, obwohl diese im Zusammenhang mit einer Übernahme in der Regel organisatorische Umgestaltungen, manchmal auch Personalabbau hinnehmen müssen; dem kann aber der Vorteil einer Konsolidierung des Unternehmens und damit einer Sicherung der verbleibenden Arbeitsplätze gegenüberstehen.

Feindliche Übernahmen sind mit zahlreichen Konflikten und rechtlichen Problemen verbunden, auf die hier nicht im einzelnen eingegangen werden kann. Umstritten ist vor allem, inwieweit der Unternehmensleitung Maßnahmen zur Abwehr einer feindlichen Übernahme gestattet und ermöglicht werden sollten. Ein wichtiger Gesichtspunkt ist auch zu verhindern, daß die Anteilseigner durch das Übernahmeangebot oder später als Minderheitsaktionäre übervorteilt werden. Bei allem ist jedoch zu bedenken, daß restriktive Bedingungen für feindliche Übernahmen den Anreiz für potentielle Übernehmer reduzieren und damit ein wesentliches Sanktionsinstrument gegenüber einer nicht im Anlegerinteresse operierenden Unternehmensführung außer Kraft setzen. In Deutschland sind feindliche Übernahmen bisher selten. In Verbindung mit der Internationalisierung der Kapitalmärkte und gefördert durch einheitliche Regelungen innerhalb der Europäischen Union können sie jedoch in Zukunft für die Corporate Governance größere Bedeutung gewinnen.

4.5 Zwingende gesetzliche oder freiwillige vertragliche Regelungen?

Effiziente Vertragsgestaltung kann grundsätzlich den Vereinbarungen zwischen autonomen Vertragspartnern überlassen werden; dafür würde als gesetzliche Grundlage ein allgemeines Vertragsrecht genügen. Tatsächlich wird der Inhalt von Finanzierungsverträgen aber in erheblichem Maße durch gesetzliche Regelungen bestimmt, darunter zahlreiche zwingenden Charakters, die auch durch abweichende vertragliche Vereinbarungen nicht außer Kraft gesetzt werden können. Dies gilt beispielsweise für wesentliche Teile des Gesellschaftsrechts, vor allem das Recht der Kapitalgesellschaften, sowie für das Insolvenzrecht. Ein maßgeblicher Gesichtspunkt für zwingende gesetzliche Regelungen ist, daß in bestimmten Fällen der eine Vertragspartner gegen Schädigungen durch Handlungen des anderen geschützt wird; die Schutzbedürftigkeit kann sich vor allem auch aus Informationsnachteilen ergeben. In diesem Sinne sind zahlreiche zwingende Regelungen des Handels- und Gesellschaftsrechts zu verstehen, die dem Gläubigerschutz oder dem Anteilseignerschutz zu dienen bestimmt sind.

Aus der Sicht der Theorie der effizienten Vertragsgestaltung ist die Begründung zwingender gesetzlicher Regelungen mit der Schutzbedürftigkeit bestimmter Vertragspartner nicht von vornherein überzeugend. Falsch ist sicherlich die Vorstellung, ohne zwingende gesetzliche Regelungen sei ein Vertragspartner mit Informationsnachteilen der Ausbeutung durch den anderen schutzlos preisgegeben. Wer Informationsnachteile hat, sich aber dessen bewußt ist und weiß, welche Schäden ihm deswegen durch opportunistisches Verhalten des anderen entstehen können, wird einen Vertrag, der ihm nicht hinreichenden Schutz dagegen gewährt, nicht akzeptieren. Vorkehrungen zum Schutz der Gläubiger, wie Ausschüttungssperren, oder der Anteilseigner, wie Rechnungslegung und Prüfung, gäbe es auch, wenn sie nicht gesetzlich vorgeschrieben wären, vorausgesetzt nur, sie erwiesen sich als zweckmäßige Elemente eines effizienten Vertrags. Sie würden dann im Kreditvertrag oder im Gesellschaftsvertrag vereinbart. In Gesellschaftsverträgen von Personengesellschaften, die weniger durch zwingendes Recht eingeengt sind, werden derartige Vereinbarungen auch tatsächlich getroffen, ebenso in Kreditverträgen.

Gegen zwingende gesetzliche Regelungen läßt sich vorbringen, daß sie den Gestaltungsspielraum der Vertragspartner einschränken und damit möglicherweise zu Lösungen führen, die nicht effizient sind. So ist der Fall denkbar, daß eine Kapitalgesellschaft zur Publikation ihres Jahresabschlusses gezwungen wird, obwohl dies weder aus der Sicht der Gesellschafter noch aus der der Kreditgeber wesentlichen Nutzen bringt. Gesetzliche Regelungen, die generell gelten, können nicht den besonderen Bedingungen jedes Einzelfalls gerecht werden. Wird die Fähigkeit der als schutzbedürftig angesehenen Vertragspartner, sich selbst gegebenenfalls durch Verweigerung der Annahme des Vertrags zu schützen, unterschätzt, so besteht die Gefahr einer Überregulierung durch den Gesetzgeber.

Ein Argument zugunsten zwingender gesetzlicher Regelungen ist, daß das Modell der effizienten Vertragsgestaltung bei den Vertragspartnern mehr Fähigkeit zur rationalen Beurteilung voraussetzt als normalerweise gegeben ist. Die Schutzbedürftigkeit von Vertragspartnern ergäbe sich nach dieser Argumentation nicht allein aus ihrem Informationsnachteil, sondern daraus, daß sie nicht in der Lage wären, die möglichen Folgen dieses Informationsnachteils zu erkennen und vertragliche Vereinbarungen zum Schutz gegen schädliche Folgen zu beurteilen. Dies ist nicht ganz von der Hand zu weisen; es muß aber auch vor einer systematischen Unterschätzung der Urteilsfähigkeit der üblicherweise an Finanzierungsverträgen beteiligten Personen mit der Folge eines Überwucherns zwingender gesetzlicher Regelungen gewarnt werden.

Überzeugender ist ein anderes Argument: Gesetzliche Regelungen bewirken eine Normierung von Vertragsinhalten und erleichtern damit die Orientierung. Zwar ist zu vermuten, daß auch ohne gesetzlichen Zwang Kapitalgesellschaften in ihren Satzungen gläubigerschützende Regelungen wie Ausschüttungssperren und Grundsätze für die Rechnungslegung festlegen würden. Ein Kreditgeber müßte aber in jedem Einzelfall überprüfen, wie diese Regelungen aussähen. Der Geschäftsverkehr wird außerordentlich vereinfacht, wenn jeder sich darauf verlassen kann, daß alle Kapitalgesellschaften bestimmten Mindestnormen unterliegen, daß es allgemeingültige Grundsätze ordnungsmäßiger Rechnungslegung gibt, daß das Insolvenzrecht verbindliche Regelungen für den Fall vorgibt, daß Kreditverträge nicht erfüllt werden können. Theoretisch könnte dies alles auch in Verträgen geregelt werden; dies wäre aber mit hohen Kosten verbunden. Die Vorzüge der Normierung von Vertragsinhalten durch zwingendes Recht müssen allerdings stets abgewogen werden gegen die Nachteile der damit verbundenen Einschränkungen des Spielraums für effiziente Vertragsgestaltung. In der Entwicklung des in Deutschland für Finanzierungsverträge relevanten Rechts während der letzten Jahrzehnte ist zu beobachten, daß die Regulierungsdichte durch zwingendes Recht zunimmt. Dies gibt Anlaß zu kritischen Fragen, ob nicht die private Vertragsfreiheit in mancher Hinsicht stärker eingeschränkt wird als sinnvoll ist. Beachtenswert ist aus dieser Sicht der mit dem Deutschen Corporate Governance Kodex gewählte Ansatz. Es handelt sich um Empfehlungen, denen die Unternehmen nicht zwingend folgen müssen; sie sind nur verpflichtet zu begründen, wenn sie dies nicht tun. Damit verbindet sich der Vorteil einer Normierung mit größerer Flexibilität bei der Anwendung.

Hilfreich ist auch der Blick auf andere Länder und Rechtsordnungen, in denen die Grenzen zwischen zwingendem Recht und privater Vertragsfreiheit anders verlaufen als in Deutschland. Ein Beispiel: Ein grundsätzliches Verbot des Erwerbs eigener Aktien wie in Deutschland kennt das amerikanische Recht nicht. Auch in den USA weiß man, daß durch Erwerb eigener Aktien der Gesellschaft Vermögen entzogen und in den Privatbereich von Aktionären übertragen wird, und es ist auch bekannt, daß dies zur Schädigung von Gläubigern führen kann. Man überläßt es jedoch den Kreditgebern, sich durch vertragliche Vereinbarungen dagegen zu schützen. Wenn und soweit solche Vereinbarungen unterbleiben, deutet dies darauf hin, daß die Kreditgeber diese Gefährdung für weniger gewichtig halten. Sollte der Gesetzgeber hier eingreifen und den Erwerb eigener Aktien mit der Begründung der Schutzbedürftigkeit von Gläubigern untersagen?

Diese Überlegungen sollen deutlich machen, daß zwingende gesetzliche Regelungen durchaus im Sinne effizienter Vertragsgestaltung liegen können, vor allem unter dem Gesichtspunkt der Normierung. Es muß aber gesehen werden, daß die damit verbundene Einengung der Gestaltungsfreiheit für die Vertragspartner auch Nachteile bringen kann. Bei genauerem Durchdenken der Zusammenhänge wird vor allem klar, daß der Hinweis auf eine durch Informationsasymmetrie bedingte Schutzbedürftigkeit allein noch keine hinreichende Begründung für die Beschränkung der Vertragsfreiheit ist.

4.6 Zusammenfassung

Finanzierungsverträge regeln die Beziehungen zwischen einem Unternehmen und seinen Kapitalgebern. Sie müssen der Informationsasymmetrie und der Vermutung opportunistischen Verhaltens der Vertragspartner Rechnung tragen. Maßgebliches Gestaltungskriterium ist die Effizienz. Als Elemente eines effizienten Vertrags kommen neben Teilungsregeln Einwirkungsrechte des Prinzipals, Vorkehrungen zur Beschränkung des Handlungsspielraum des Agenten, Regeln zur Informationsübermittlung und Kontrollen in Frage.

Ein nach anerkannten Grundsätzen aufgebautes Rechnungswesen ermöglicht die Übermittlung glaubwürdiger Informationen sowie eine an Rechnungsergebnisse gebundene Beschränkung der Handlungsmöglichkeiten des Agenten, zum Beispiel hinsichtlich der Ausschüttung von Gewinnen. Das Rechnungswesen ermöglicht auch Erfolgskontrolle und in Verbindung damit die Schaffung von Anreizen. Als Erfolgsmaßstab kommt neben dem über das Rechnungswesen ermittelten Periodenerfolg der beobachtete Marktwert in Frage; beide Erfolgsmaßstäbe sind nicht frei von Schwächen.

Zwischen die Partner von Finanzierungsverträgen können Intermediäre eingeschaltet werden. Diese können als Spezialisten bestimmte Aufgaben, beispielsweise Kreditwürdigkeitsprüfungen oder die Überwachung der Geschäftsführung, kostengünstiger erfüllen als die Prinzipale. Eine wichtige Rolle spielen Intermediäre auch bei der Aufbereitung von Informationen. Den Vorteilen der Einschaltung von Intermediären steht gegenüber, daß damit zugleich neue Prinzipal-Agenten-Beziehungen entstehen.

Unter dem Stichwort Corporate Governance werden die normierten Vertragsbeziehungen zwischen den Anteilseignern und der Geschäftsführung einer Kapitalgesellschaft behandelt. Die Grundprobleme resultieren wie bei allen Finanzierungsverträgen aus Informationsasymmetrie und opportunistischem Verhalten. Im einzelnen geht es um die Rolle von Aufsichtsräten, um Rechnungslegung und Prüfung, um Sanktionsmöglichkeiten gegenüber Agenten, speziell auch um die Regelung feindlicher Übernahmen.

Zwingende gesetzliche Regelungen , insbesondere auch für Finanzierungsverträge, werden häufig mit der Schutzbedürftigkeit schlechter informierter Vertragspartner begründet. Demgegenüber stellt sich die Frage, ob und inwieweit die effiziente Vertragsgestaltung den Vereinbarungen zwischen autonomen Partnern überlassen werden kann. Für zwingende gesetzliche Regelungen spricht, daß sie der Normierung dienen und die Orientierung erleichtern. Dem steht jedoch die Gefahr der Überregulierung gegenüber.

Literaturangaben zu Kapitel VIII

Zu 1
Allgemein zum Problem der Informationsasymmetrie:
AKERLOF 1970, ARROW 1985, RASMUSEN 2001, Part II, SPREMANN 1990.

Zu Signaling und Self Selection:
BESTER 1985, BHATTACHARYA 1979, BRENNAN/KRAUS 1987, FRANKE 1987, HARTMANN-WENDELS 1986, LELAND/PYLE 1977, MILLER/ROCK 1985, ROSS 1977, ROTHSCHILD/STIGLITZ 1976, SPENCE 1973 und 1974, THAKOR 1991.

Zu 2
GAVISH/KALAY 1983, GREEN 1984, GREEN/THALMOR 1986, JENSEN/MECKLING 1976, MYERS 1977, NEUS 1991b, SMITH/WARNER 1979, STIGLITZ/WEISS 1981, THAKOR 1989, WIENDIECK 1992.

Zu 3
GROSSMAN/HART 1983, HOLMSTRØM 1979, H. LAUX 1990 Kap. V, NEUS 1989, SHAVELL 1979, SPREMANN 1987 und 1988.

Zu 4.1
DOWD 1992, HARRIS/RAVIV 1992, NIPPEL 1994, TERBERGER 1987.

Zu 4.2
EWERT 1986 und 1990, HARTMANN-WENDELS 1991, WAGENHOFER 1990.

Zu 4.3
BENSTON/SMITH 1976, BREUER 1993a und 1994, DIAMOND 1984, WAHRENBURG 1992.

Zu 4.4
SCOTT 1999, MANN 2003.

Zu 4.5
HARTMANN-WENDELS 1991, HAX 1988 und 1989a.

Kapitel IX **Finanzierungspolitik**

Die Wahl einer optimalen Finanzierungspolitik eines Unternehmens ist ein komplexes Entscheidungsproblem. Verschiedene Grundlagen wurden bereits vorgestellt. In Kapitel II wurden Finanzierungstitel und Finanzierungsmärkte als wesentliche Elemente des institutionellen Rahmens der Finanzierungspolitik dargestellt. In Kapitel VI wurde das Irrelevanztheorem der Finanzierungspolitik erörtert, ausgehend von Wertadditivität, die auf strengen Prämissen beruht. Insbesondere geht die Eigenschaft der Wertadditivität im allgemeinen bei Informations- und Transaktionskosten verloren. Damit ist auch das Irrelevanztheorem in Frage gestellt. In Kapitel VIII wurden die Probleme aufgegriffen, die aus asymmetrischer Information und opportunistischem Verhalten resultieren. Diese Probleme sollen bestmöglich durch effiziente Verträge gelöst werden, die einerseits Verhaltensanreize für die Akteure und andererseits Kontrollen ihres Verhaltens vorsehen, um die Wohlfahrt der beteiligten Wirtschaftssubjekte zu fördern. Die Optimierung der Finanzierungspolitik kann ebenfalls als die effiziente Gestaltung zahlreicher Verträge aufgefaßt werden, zu deren Parteien die Gläubiger, Gesellschafter, Manager, Arbeitnehmer, Lieferanten und Kunden des Unternehmens zählen. Auch wenn es „Rezepte" zur effizienten Vertragsgestaltung nicht gibt, so sind doch zahlreiche Aspekte bekannt, die zu beachten sind. Diese werden im folgenden analysiert.

Im ersten Abschnitt werden Kriterien zur Beurteilung der Finanzierungspolitik vorgestellt. Sie können am Wert der Zahlungsströme anknüpfen, die die Finanzierungstitel abwerfen, an der Verteilung von Einwirkungs-, Gestaltungs- und Informationsrechten auf verschiedene Personengruppen, an der Wahrscheinlichkeit, daß es zur Insolvenz des Unternehmens kommt, sowie an den Transaktionskosten. Diese Kriterien determinieren auch die Effizienz von Finanzierungsverträgen.

Der zweite Abschnitt behandelt die Verschuldungspolitik. Zunächst werden die Wirkungen einer Verschuldungszunahme in einem vollkommenen Kapitalmarkt vorgestellt, sodann die Prämissen kritisch beleuchtet und die Konsequenzen ihrer Aufhebung erörtert. Insbesondere wird auf die Bestimmung des Verschuldungsvolumens, die aus potentieller Insolvenz resultierenden Probleme sowie auf deren Lösung durch Gestaltung von Kreditverträgen eingegangen. Daneben wird die Verwendung spezieller Schuldtitel (Kredite aus Pensionszusagen, Leasing) erörtert.

Die Beteiligungsfinanzierung und die Ausschüttungspolitik werden im dritten Abschnitt untersucht. Zunächst wird die Beteiligungsfinanzierung analysiert. Informationsdefizite der externen Kapitalgeber sind hierbei die Regel. Daher ist zu klären, welche Möglichkeiten diese Kapitalgeber besitzen, um sich vor Übervorteilung zu schützen. Bei der Diskussion der Ausschüttungspolitik wird wiederum zunächst gezeigt, daß diese bei vollkommenem Kapitalmarkt irrelevant ist. Bei unvollkommenem Kapitalmarkt kann die Ausschüttungspolitik von den Gesellschaftern als Instrument der Managerkontrolle eingesetzt werden. Die damit verbundenen Interessenkonflikte und die daraus resultierenden Verhaltensweisen der Manager werden sodann erörtert. Abschließend wird ein Fazit zur Finanzierungspolitik gezogen.

1   Kriterien zur Beurteilung der Finanzierungspolitik

Kapitel II systematisiert Finanzierungstitel nicht nur nach den Zahlungsanwartschaften, die sie gewähren, sondern auch nach den Gestaltungs-, Einwirkungs- und Informationsrechten. Im vorangehenden Kapitel wurden Agency-Probleme der Finanzierungspolitik erörtert. Zunächst werden hier unterschiedliche Kriterien zur Beurteilung der Finanzierungspolitik vorgestellt. Für die Kapitalgeber ist vor allem der Zahlungsstrom bedeutsam, den ihre Finanzierungstitel abwerfen. Daher werden zuerst die Beurteilungskriterien „Wert des Zahlungsstromes von Finanzierungstiteln" und „durchschnittliche Kapitalkosten" erläutert.

1.1   Wert des Zahlungsstromes von Finanzierungstiteln

Der Kapitalgeber eines Unternehmens präferiert eine Finanzierungspolitik, die den Wert seiner Finanzierungstitel maximiert. Dieser Wert hängt in erster Linie vom Wert des Zahlungsstromes ab, den seine Titel abwerfen. Damit wird der Wert des Zahlungsstromes zu einem Kriterium, anhand dessen der Kapitalgeber die Finanzierungspolitik des Unternehmens beurteilt.

Der Wert eines Zahlungsstromes hängt von seiner Größenordnung und seinem Risiko ab. Als ein Maß für die Größenordnung können die erwarteten Zahlungen in den zukünftigen Zeitpunkten 1, 2, 3, ... herangezogen werden. Je höher die erwarteten Zahlungen sind, um so wertvoller ist der Strom. Umgekehrt ist der Wert des Zahlungsstromes um so geringer, je größer sein Risiko ist.

Wie in Kapitel VI erläutert, läßt sich der Wert V eines Zahlungsstromes vereinfachend durch den Kapitalwert der erwarteten Einzahlungen $E(\tilde{e}_t)$ abschätzen, wobei sich der Kalkulationszinsfuß k aus dem Sicherheitszinssatz und einer Risikoprämie zusammensetzt. Die Risikoprämie bemißt sich nach dem Risiko, das ein Kapitalgeber mit dem Zahlungsstrom übernimmt. Der Wert des Zahlungsstromes ist dann gleich

$$V = e_0 + \sum_{t=1}^{\infty} \frac{E(\tilde{e}_t)}{(1+k)^t}.$$

Ändert ein Unternehmen seine Finanzierungspolitik, so wirkt dies im allgemeinen in doppelter Weise auf den Zahlungsstrom eines von ihm emittierten Wertpapiers: Die erwarteten Einzahlungen ändern sich, außerdem ändert sich das Risiko des Zahlungsstromes und damit der Kalkulationszinsfuß. Beide Änderungen bestimmen gemeinsam, ob der Wert steigt, ob also die Änderung der Finanzierungspolitik den Inhaber des Wertpapiers begünstigt.

Eine Änderung der Finanzierungspolitik kann eine Gruppe von Kapitalgebern begünstigen und gleichzeitig eine andere Gruppe benachteiligen. Eine Erhöhung der

Gewinnausschüttungen z. B., die durch Kreditaufnahme finanziert wird, vermindert das haftende Vermögen. Sie kann daher die Unternehmensgläubiger schädigen und die Gesellschafter begünstigen. Für die Unternehmensleitung stellt sich dann die Frage, in wessen Interesse sie handeln soll. Ist die Unternehmensleitung primär vom Wohlwollen der Gesellschafter abhängig oder besteht sie gar aus Gesellschaftern, so wird sie einer Finanzierungspolitik zuneigen, die die Gesellschafter begünstigt. Bezeichnet $E(\tilde{d}_t)$ die erwarteten Zahlungen des Unternehmens an seine Gesellschafter im Zeitpunkt t und k_e den Kalkulationszinsfuß der Gesellschafter, so läßt sich der Wert des Eigenkapitals als Barwert der erwarteten Ausschüttungen bestimmen:

$$EK = d_0 + \sum_{t=1}^{\infty} \frac{E(\tilde{d}_t)}{(1 + k_e)^t}.$$

Die Unternehmensleitung kann eine Finanzierungspolitik anstreben, die den Wert des Eigenkapitals und damit den Preis eines Beteiligungstitels maximiert. Eine solche Politik impliziert, neue Beteiligungstitel neuen Gesellschaftern zu möglichst hohen Preisen zu verkaufen. Bei gegebenem Bedarf an finanziellen Mitteln minimiert eine solche Politik die Zahl der neuen Beteiligungstitel. Die Beteiligungsquote der bisherigen Gesellschafter wird folglich maximiert.

Benachteiligt die Maximierung des Wertes des Eigenkapitals die Gläubiger des Unternehmens, so kann dies in Zukunft negative Rückwirkungen auf die Fremdfinanzierungsmöglichkeiten des Unternehmens erzeugen. Eine Möglichkeit, auch die Interessen der Gläubiger bei der Finanzierungspolitik zu berücksichtigen, besteht darin, nicht den Wert des Eigenkapitals, sondern den des Gesamtkapitals zu maximieren. Demnach würde die Summe aus Eigen- und Fremdkapital maximiert. Eine solche Politik liegt im Interesse von Gesellschaftern und Gläubigern, wenn durch eine Änderung der Unternehmenspolitik der Marktwert des Gesamtkapitals erhöht und der zusätzliche Marktwert auf die Gesellschafter und Gläubiger verteilt wird, so daß jede Gruppe profitiert. Ist die letzte Bedingung nicht erfüllt, dann können allerdings die Gläubiger zugunsten der Gesellschafter geschädigt werden.

Bezeichnen FK und GK den Wert des Fremd- bzw. Gesamtkapitals, $E(\tilde{z}_t)$ die erwarteten Zahlungen des Unternehmens an die Gläubiger im Zeitpunkt t und k_f den Kalkulationszinsfuß der Gläubiger, so folgt:

$$GK = EK + FK = \sum_{t=0}^{\infty} \frac{E(\tilde{d}_t)}{(1 + k_e)^t} + \sum_{t=0}^{\infty} \frac{E(\tilde{z}_t)}{(1 + k_f)^t}.$$

Bereicherungen der einen Gruppe zu Lasten der anderen erscheinen bei einer Maximierung des Marktwertes des Gesamtkapitals nicht von Vorteil. Eine Änderung der Finanzierungspolitik ist vorteilhaft, wenn Gesellschafter und Gläubiger zusammen dadurch höhere Einzahlungen erhalten (z. B. weil weniger Steuern zu entrichten sind) oder wenn dadurch eine insgesamt günstigere Risikoverteilung erreicht wird.

Zur Illustration der Risikoverteilung nehmen wir an, das Investitionsprogramm des Unternehmens sei unabhängig von seiner Finanzierungspolitik vorgegeben, Steuern und Transaktionskosten gebe es nicht. Folglich ist der Strom aller Zahlungen vom Unternehmen an seine Kapitalgeber von der Finanzierungspolitik unabhängig, also auch der Betrag $E(\tilde{d}_t) + E(\tilde{z}_t)$ in jedem Zeitpunkt. Die Verteilung des Risikos aus dem Zahlungsstrom $(\tilde{d}_1 + \tilde{z}_1, \tilde{d}_2 + \tilde{z}_2, \ldots)$ auf Gesellschafter und Gläubiger kann jedoch möglicherweise durch die Finanzierungspolitik verbessert werden. Z. B. übernimmt ein reicher Gesellschafter von den Gläubigern und den anderen Gesellschaftern einen größeren Teil des Risikos; infolge seiner geringen Risikoscheu belastet ihn dieses Risiko nur wenig; er begnügt sich daher mit einer geringen Risikoprämie im Kalkulationszinsfuß. k_e und k_f sinken dann durch die Umverteilung des Risikos, so daß der Wert des Gesamtkapitals wächst.

Besonders anschaulich läßt sich dieser Effekt verdeutlichen, wenn die Zahlungen d_0 und z_0 im Zeitpunkt 0 bereits erfolgt sind und die erwarteten Zahlungen an die Gesellschafter und Gläubiger in allen zukünftigen Perioden gleich hoch sind. Es handelt sich dann um ewige Renten: $E(\tilde{d}_t) = E(\tilde{d})$ und $E(\tilde{z}_t) = E(\tilde{z})$ für $t = 1,2,\ldots, \infty$. Die Barwerte vereinfachen sich dann zu $EK = E(\tilde{d})/k_e$ und $FK = E(\tilde{z})/k_f$. Definiert man nun einen durchschnittlichen Kalkulationszinsfuß für das Gesamtkapital, k_g, durch

$$GK = \sum_{t=1}^{\infty} \frac{E(\tilde{d}_t) + E(\tilde{z}_t)}{(1+k_g)^t} = \frac{E(\tilde{d}) + E(\tilde{z})}{k_g}, \qquad (*)$$

so folgt

$$k_g = \frac{E(\tilde{d}) + E(\tilde{z})}{GK} = \frac{k_e EK + k_f FK}{GK} = k_e \frac{EK}{GK} + k_f \frac{FK}{GK}.$$

Der Kalkulationszinsfuß des Gesamtkapitals ist also gleich dem Kalkulationszinsfuß der Gesellschafter, multipliziert mit dem anteiligen Wert des Eigenkapitals, plus dem Kalkulationszinsfuß der Gläubiger, multipliziert mit dem anteiligen Wert des Fremdkapitals.

Ist die erwartete Rente $E(\tilde{d}) + E(\tilde{z})$ vorgegeben, so wird der Wert des Gesamtkapitals gemäß Gleichung $(*)$ maximiert, wenn k_g minimiert wird. Da sich der Kalkulationszinsfuß k_g aus dem Sicherheitszinssatz und einer durchschnittlichen Risikoprämie zusammensetzt, bedeutet die Minimierung von k_g die Minimierung der in k_g enthaltenen Risikoprämie. Indem die Finanzierungspolitik das Risiko so auf die Kapitalgeber verteilt, daß die durchschnittliche Risikoprämie minimiert wird, maximiert sie den Wert des Gesamtkapitals.

1.2 Die durchschnittlichen Kosten des Gesamtkapitals

Häufig wird k_g als durchschnittliche Kosten des Gesamtkapitals bezeichnet. Die Bezeichnung „durchschnittliche Kosten des Gesamtkapitals" entspringt folgender Überlegung: k_e und k_f sind die Kalkulationszinsfüße der Eigen- bzw. Fremdkapitalgeber. Emittiert das Unternehmen neue Finanzierungstitel, so ist ein Kapitalgeber nur bereit, solche Titel zu erwerben, wenn die damit erzielbare erwartete Rendite (= Erwartungswert der Rendite) mindestens so hoch ist wie sein Kalkulationszinsfuß für Titel mit vergleichbarer Ausstattung. Der Emissionspreis darf also eine bestimmte Grenze nicht überschreiten. Umgekehrt drängen die bisherigen Gesellschafter des Unternehmens darauf, die jungen Titel zu einem möglichst hohen Kurs zu emittieren. Folglich wird das Unternehmen versuchen, einen jungen Titel zu einem Kurs zu emittieren, der dem Erwerber gerade noch erlaubt, eine erwartete Rendite in Höhe seines Kalkulationszinsfußes zu erzielen. Das Unternehmen legt also die Konditionen des Titels so fest, daß sie dem Erwerber die geforderte erwartete Rendite in Höhe des Kalkulationszinsfußes bieten. Aus der Sicht des Unternehmens ist die von den Kapitalgebern geforderte erwartete Rendite gleich den durchschnittlichen Kosten des beschafften Kapitals. k_e, k_f und k_g sind daher die durchschnittlichen Kosten des Eigen-, Fremd- bzw. Gesamtkapitals. Obwohl sich diese Kosten im Zeitablauf ändern können, unterstellen wir vereinfachend Konstanz im Zeitablauf.

Das Kapitalkostenkonzept wird im folgenden an einigen Beispielen verdeutlicht. Werden 1.000 € Kredit beschafft, die mit 10 % p. a. zu verzinsen sind, so betragen die Kosten pro € Kredit, also die durchschnittlichen Kosten des Kredits, 10 % p. a. Wird der Kredit mit einem Disagio von 2 % ausgezahlt und nach drei Jahren en bloc zurückgezahlt, so ergibt sich ein interner Zinsfuß k_f der mit dem Kredit verbundenen Zahlungsreihe von 10,8 %:

$$1.000(1 - 0,02) = \frac{1.000 \cdot 0,10}{1 + k_f} + \frac{1.000 \cdot 0,10}{(1 + k_f)^2} + \frac{1.000(1 + 0,10)}{(1 + k_f)^3};$$

$$k_f = 10,8 \% .$$

Die durchschnittlichen Kosten dieses Kredits betragen 10,8 %. Sie wurden unter der Prämisse ermittelt, daß der Schuldner seinen vertraglichen Verpflichtungen vollauf genügt. Daher handelt es sich um die durchschnittlichen Kapitalkosten eines stets zahlungsfähigen und -willigen Schuldners.

Wenn hingegen damit zu rechnen ist, daß der Schuldner seinen vertraglichen Verpflichtungen nicht uneingeschränkt nachkommen wird, dann sind in der Rechnung die vertraglich vereinbarten Zahlungen des Schuldners durch die erwarteten Zahlungen zu ersetzen. Z. B. zahlt der Schuldner im dritten Jahr die fälligen 1.100 € nur mit einer Wahrscheinlichkeit von 95 % zurück, mit einer Wahrscheinlichkeit von jeweils 2,5 % zahlt er nur 550 € bzw. gar nichts. Die erwartete Zahlung im dritten Jahr beläuft sich dann auf

$$E(\tilde{z}_3) = 1.100 \cdot 0,95 + 550 \cdot 0,025 + 0 \cdot 0,025 = 1.058,75 \text{ €}.$$

Die durchschnittlichen Kosten des Kredits ergeben sich dann als interner Zinsfuß aus der Gleichung

$$980 = \frac{100}{1 + k_f} + \frac{100}{(1 + k_f)^2} + \frac{1.058,75}{(1 + k_f)^3}; \quad k_f = 9,5 \% .$$

Die Differenz zwischen dem internen Zinsfuß auf Basis der vertraglichen Zahlungen, 10,8 %, und dem internen Zinsfuß auf Basis der erwarteten Zahlungen, 9,5 %, kann als Ausfallprämie (1,3 %) interpretiert werden. Einen solchen riskanten Kredit gibt ein Gläubiger im allgemeinen nur, wenn er bei anderweitiger risikofreier Anlage des Geldes nur eine geringere Rendite erzielt. Beträgt die Rendite bei risikofreier Anlage 9 %, so verlangt der Gläubiger eine Risikoprämie von 9,5 – 9 = 0,5 %.

In gleicher Weise lassen sich die durchschnittlichen Kosten des Eigenkapitals, k_e, anhand der bereits angegebenen Gleichung

$$EK = \sum_{t=0}^{\infty} E(\tilde{d}_t)/(1+k_e)^t$$

als interner Zinsfuß bestimmen, wenn EK und $E(\tilde{d}_t)$ für alle zukünftigen Zeitpunkte bekannt sind. Der Wert des Eigenkapitals EK ist z. B. bekannt, wenn es sich bei dem Unternehmen um eine börsennotierte Aktiengesellschaft handelt. Dann ergibt sich der Wert aus der Zahl der Aktien, multipliziert mit ihrem Börsenkurs. Schwierigkeiten bereitet die Schätzung der erwarteten Ausschüttungen. Im einfachsten Fall geht man von im Zeitablauf gleichbleibenden Beträgen $E(\tilde{d})$, also einer nachschüssigen ewigen Rente, aus. Dann vereinfacht sich die Gleichung zu $EK = E(\tilde{d})/k_e$ oder

$$k_e = \frac{E(\tilde{d})}{EK}.$$

Gilt z. B. $E(\tilde{d}) = 15$ und $EK = 120$, so folgt $k_e = 12{,}5\,\%$.

Die Gleichung kann auch anders interpretiert werden. Die Annahme einer im Zeitablauf gleichbleibenden erwarteten Dividende ist sinnvoll, wenn im Zeitablauf gleichbleibende Gewinne erwartet werden und der erzielte Gewinn stets voll ausgeschüttet wird. Dann stimmen erwarteter Gewinn und erwartete Dividende überein. $E(\tilde{d})$ ist somit der erwartete Gewinn, EK der Wert des Eigenkapitals. Dividiert man $E(\tilde{d})$ und EK durch die Zahl der Beteiligungstitel, m, so erhält man den erwarteten Gewinn pro Beteiligungstitel bzw. seinen Preis p. Bei einer börsennotierten Aktie ist der Preis gleich dem Börsenpreis, so daß

$$k_e = \frac{E(\tilde{d})/m}{p}$$

der erwartete Gewinn pro Aktie, dividiert durch den Preis, ist, also der Kehrwert der Price/earnings-Kennzahl. Diese Kennzahl gibt daher einen ersten Anhaltspunkt für die durchschnittlichen Eigenkapitalkosten.

Eine Annäherung an die Realität läßt sich erreichen, wenn ein im Zeitablauf gleichbleibendes Wachstum der erwarteten Dividende unterstellt wird. Zu einem solchen Wachstum kommt es z. B., wenn in jedem Jahr ein bestimmter Bruchteil α des Gewinns ausgeschüttet und der Rest mit der erwarteten Rendite R reinvestiert wird. Es gilt dann:

erwarteter Gewinn im Jahr t+1

= erwarteter Gewinn im Jahr t

+ $(1 - \alpha)R \cdot$ erwarteter Gewinn im Jahr t

= erwarteter Gewinn im Jahr t $\cdot [1 + (1 - \alpha)R]$.

Der erwartete Gewinn wächst also jährlich mit der Rate $\gamma = (1 - \alpha)R$. Da die erwartete Dividende annahmegemäß ein konstanter Bruchteil des erwarteten Gewinns ist, wächst sie mit derselben Rate. Daher folgt:

$$E(\tilde{d}_t) = E(\tilde{d}_{t-1})\,(1 + \gamma)$$
$$= E(\tilde{d}_{t-2})\,(1 + \gamma)^2$$
$$= E(\tilde{d}_1)\,(1 + \gamma)^{t-1}.$$

Für den Wert des Eigenkapitals nach Zahlung von d_0 folgt:

$$EK = \sum_{t=1}^{\infty} E(\tilde{d}_1) \frac{(1+\gamma)^{t-1}}{(1+k_e)^t}$$

$$= E(\tilde{d}_1)(1+\gamma)^{-1} \sum_{t=1}^{\infty} \left[\frac{1+\gamma}{1+k_e}\right]^t.$$

Die Summe ist positiv und endlich, wenn die Wachstumsrate γ unter den durchschnittlichen Eigenkapitalkosten k_e liegt. In Kapitel IV, Abschnitt 3.2.2 wurde gezeigt, daß $\sum\limits_{t=1}^{\infty} q^t = (q^{-1} - 1)^{-1}$ ist. Daher folgt

$$EK = E(\tilde{d}_1)(1+\gamma)^{-1} \left[\frac{1+k_e}{1+\gamma} - 1\right]^{-1} = \frac{E(\tilde{d}_1)}{k_e - \gamma},$$

so daß sich für die durchschnittlichen Eigenkapitalkosten k_e folgender Schätzwert ergibt:

$$k_e = \frac{E(\tilde{d}_1)}{EK} + \gamma.$$

Der erste Summand ist die kurzfristige erwartete Dividendenrendite, bezogen auf den Wert des Eigenkapitals. Addiert man zu dieser die Wachstumsrate des erwarteten Gewinns, so ergeben sich die durchschnittlichen Kosten des Eigenkapitals.

Die Problematik der Schätzgleichung für die durchschnittlichen Eigenkapitalkosten liegt in der Schätzung der Wachstumsrate des Gewinns. Diese Rate unterliegt deutlichen Schwankungen im Zeitablauf; vor allem hohe und niedrige Wachstumsraten sind im allgemeinen nicht von Dauer. Hohe Raten locken Konkurrenz an und werden dadurch beschnitten; negative Raten bedeuten Schrumpfung und beenden die Existenz des Unternehmens, wenn sie längere Zeit andauern.

Die zweite Problematik der Schätzgleichung liegt in der Voraussetzung, der Wert des Eigenkapitals sei bekannt. Bei nicht börsennotierten Gesellschaften ist dies im allgemeinen nicht der Fall. Allerdings gibt es dann meist nur wenige Gesellschafter, die man befragen kann, welche Risikoprämien sie für die Bereitstellung von Eigenkapital verlangen. Bildet man aus ihren Angaben einen anhand ihrer Kapitalanteile gewogenen Durchschnitt und addiert dazu den Sicherheitszins, so ergibt sich wiederum eine Schätzung der durchschnittlichen Eigenkapitalkosten.

Approximativ lassen sich die durchschnittlichen Kosten des Gesamtkapitals als gewogener Durchschnitt der Kosten der einzelnen Kapitalarten ermitteln.[1] Die Gewichtung erfolgt anhand der anteiligen Werte der einzelnen Kapitalarten. Die hierzu

---

[1] Präzise ist diese Berechnung, wenn alle Kapitalgeber ewige Renten aus dem Unternehmen beziehen.

benötigten Werte sind Kapitalwerte von Zahlungsströmen, nicht Buchwerte. Soweit Marktwerte bekannt sind, sind diese gleich den Kapitalwerten. Andernfalls wird man eventuell hilfsweise auf Buchwerte zurückgreifen müssen. Bezeichnet k_i die durchschnittlichen Kosten des Kapitals der Art i, dann werden die durchschnittlichen Kosten des Gesamtkapitals wie folgt geschätzt:

$$k_g = \sum_i k_i \frac{\text{Wert des Kapitals der Art i}}{\text{Wert des Gesamtkapitals}}.$$

Beispiel: Eine Kommanditgesellschaft ist finanziert mit
  500.000 € Eigenkapital (Buchwert),
  400.000 € Bankverbindlichkeiten (Buchwert) und
  350.000 € Lieferantenkrediten (Buchwert).

Die durchschnittlichen Kosten der drei Kapitalarten betragen 15 %, 8 % bzw. 11 %. Der Kapitalwert des Eigenkapitals wird auf 750.000 € geschätzt. Da die Insolvenzgefahr als sehr gering angesehen wird, werden hilfsweise die Buchwerte des Fremdkapitals herangezogen. Der Wert des Gesamtkapitals beträgt dann

GK = 750.000 + 400.000 + 350.000 = 1.500.000 €.

Die durchschnittlichen Kosten des Gesamtkapitals werden auf

$$k_g = 0,15 \frac{750.000}{1.500.000} + 0,08 \frac{400.000}{1.500.000} + 0,11 \frac{350.000}{1.500.000} = 0,122,$$

also 12,2 % geschätzt.

Die durchschnittlichen Kosten des Gesamtkapitals spielen für die Investitions- und Finanzierungspolitik eine erhebliche Rolle. Bei Investitionsentscheidungen richtet sich der Kalkulationszinsfuß u. a. nach ihnen; die Finanzierungspolitik orientiert sich ebenfalls an den durchschnittlichen Kosten des Gesamtkapitals, denn ihre Minimierung impliziert die Maximierung des Wertes des Gesamtkapitals, wie bereits gezeigt wurde.

1.3 Die Insolvenzwahrscheinlichkeit

Ein weiteres Kriterium zur Beurteilung der Finanzierungspolitik ist die Insolvenzwahrscheinlichkeit. Insolvenz läßt sich eng definieren als ein rechtlich definierter Tatbestand; Insolvenzauslöser nach deutschem Recht sind Zahlungsunfähigkeit, drohende Zahlungsunfähigkeit und Überschuldung. Insolvenz läßt sich aus Gläubigerperspektive definieren als eine Situation, in der nicht sämtliche Ansprüche der Gläubiger erfüllt werden. Die Wahrscheinlichkeit, daß es zu einer solchen Situation kommt, wird als Insolvenzwahrscheinlichkeit bezeichnet. Gläubiger fürchten die Insolvenz wegen der damit verbundenen Kreditausfälle, Gesellschafter fürchten sie wegen der möglichen Einbuße ihrer Rechte am Unternehmen. Sofern eine Insolvenz Rückwirkungen auf die Investitionspolitik des Unternehmens erzeugt, z. B. zu Entlassungen führt, wird sie auch von den Arbeitnehmern gefürchtet. So einleuchtend diese Befürchtungen erscheinen, so notwendig ist es, ihre Berechtigung zu überprüfen.

Zunächst wird die Interessenlage der Gesellschafter untersucht. Grundsätzlich ist festzustellen, daß die Gesellschafter eines Unternehmens oft weitreichende Möglichkeiten besitzen, eine Insolvenz zu verhindern. Soweit sie über finanzielle Mittel verfügen, können sie weitere Einlagen leisten und dadurch eine Insolvenz verhindern. Tun sie dies nicht, so ist das Kriterium „Insolvenzwahrscheinlichkeit" für sie allenfalls von nachgeordneter Bedeutung.

Verfügen sie jedoch nicht über die notwendigen finanziellen Mittel, so können sie versuchen, das Unternehmen zu verkaufen oder neue Gesellschafter aufzunehmen, die die nötigen Mittel bereitstellen. Lehnen die bisherigen Gesellschafter diesen Versuch ab, so deutet dies ebenfalls darauf hin, daß sie dem Kriterium „Insolvenzwahrscheinlichkeit" eine nachgeordnete Bedeutung beimessen. Wird der Versuch intensiv betrieben, so ist dies nicht notwendig ein Indiz für eine erhebliche Bedeutung des Kriteriums „Insolvenzwahrscheinlichkeit". Wenn z. B. Zahlungsunfähigkeit kurzfristig einzutreten droht, so ist es für die bisherigen Gesellschafter natürlich günstiger, neue Gesellschafter aufzunehmen und damit ihre Rechte am Unternehmen wenigstens teilweise zu erhalten oder das Unternehmen zu verkaufen, als alle Rechte bei einer Insolvenz aufzugeben.

Von Bedeutung können die Kosten und Erträge einer Insolvenz sein. Man unterscheidet direkte und indirekte Kosten. Sie hängen davon ab, ob es zu einem gerichtlichen Insolvenzverfahren kommt. Als direkte Kosten eines gerichtlichen Verfahrens werden die Kosten des Insolvenzverwalters, des Insolvenzgerichts und weitere Kosten der Verfahrensdurchführung bezeichnet. Auch wenn es kein gerichtliches Insolvenzverfahren gibt, entstehen direkte Kosten, weil Verhandlungen geführt und die beschlossenen Maßnahmen überwacht werden müssen. Beim gerichtlichen Insolvenzverfahren sind diese Kosten aber höher, weil Formvorschriften eingehalten werden müssen. Neben diesen direkten Kosten der Insolvenz können indirekte Kosten noch stärker ins Gewicht fallen. Diese entstehen dadurch, daß die finanziellen Schwierigkeiten bekannt werden und zu Reaktionen bei Geschäftspartnern des Schuldners führen. Kunden zweifeln an seiner Zuverlässigkeit als Lieferant, vor allem hinsichtlich zukünftiger Gewährleistung, Serviceleistungen und Ersatzteillieferungen; Lieferanten liefern nur noch gegen Barzahlung; Arbeitnehmer sehen sich nach sichereren Arbeitsplätzen um. Besonders ausgeprägt sind diese Effekte bei gerichtlichen Insolvenzverfahren wegen der damit verbundenen Publizität.

Den Kosten der Insolvenz können allerdings Erträge im Sinne einer Erhöhung des Marktwertes des gesamten Unternehmens gegenüberstehen. Z. B. kann es sein, daß der Insolvenzverwalter eine bessere Unternehmenspolitik betreibt als das bisherige Management. Auch können die Normen des Insolvenzrechts die Neuordnung der Eigentumsverhältnisse erleichtern und dadurch Konflikte entschärfen, die eine Einigung über die zweckmäßige Art der Fortführung verhindern.

Neben den genannten Kosten und Erträgen einer Insolvenz kann eine Gruppe von Betroffenen durch die Insolvenz zu Lasten einer anderen Gruppe bereichert werden. So werden bei Insolvenz der gesetzliche Kündigungsschutz der Arbeitnehmer ebenso wie das Volumen von Sozialplänen eingeschränkt. Insoweit begünstigt der Eintritt der Insolvenz die Kapitalgeber, in erster Linie die Gläubiger, zu Lasten der Arbeitnehmer. Verpflichtungen eines Unternehmens zur Zahlung von Pensionen gehen anteilig auf Dritte über, so in Deutschland auf den Pensionssicherungsverein. Auch dies begünstigt die Kapitalgeber.

Die Gesellschafter werden die Erträge und Kosten einer Insolvenz bei ihren Entscheidungen berücksichtigen, soweit diese ihnen zugute kommen bzw. von ihnen zu tragen sind. Hierzu zählen nicht nur die mit dem Eintritt der Insolvenz anfallenden Erträge und Kosten, sondern auch diejenigen, die bereits vor Insolvenz auf die Gesellschafter überwälzt werden. Gläubiger, Arbeitnehmer und sonstige Vertragspartner antizipieren die Folgen einer möglichen späteren Insolvenz bereits bei Abschluß eines Vertrages und fixieren die vertraglichen Bestimmungen entsprechend. Z. B. verlangen die Gläubiger höhere Zinsen, so daß die Ausschüttungen an die Gesellschafter bereits vor Insolvenz vermindert werden. Dementsprechend sinkt der Marktwert des Eigenkapitals. Wenn also die Kosten und Erträge einer Insolvenz bereits bei der Bewertung des Eigenkapitals erfaßt werden, so erübrigt sich das Kriterium „Insolvenzwahrscheinlichkeit" für die Gesellschafter. Allerdings kann es schwierig sein, den Einfluß der Insolvenzwahrscheinlichkeit auf den Wert des Eigenkapitals abzuschätzen, so daß es einfacher ist, direkt mit dem Kriterium „Insolvenzwahrscheinlichkeit" zu arbeiten.

Bedeutung gewinnt die Insolvenzwahrscheinlichkeit außerdem durch die sozialen Folgen einer Insolvenz: Gesellschaftliches Ansehen und Einfluß eines Unternehmers leiden, wenn sein Unternehmen insolvent und dieses bekannt wird.

Anders sind die Interessen der Gläubiger gelagert. Da sie bei Insolvenzen mit Ausfällen zu rechnen haben, werden sie einen ungesicherten Kredit nur geben, wenn die Insolvenzwahrscheinlichkeit eine vorgegebene Schranke nicht überschreitet, genauer: wenn die Investitions- und Finanzierungspolitik des Unternehmens die Insolvenzwahrscheinlichkeit genügend einschränkt. Nach Kreditvergabe werden einflußreiche Gläubiger auf die Unternehmenspolitik einwirken, um die Insolvenzwahrscheinlichkeit zu vermindern.

Zu den Gläubigern im weiteren Sinn zählen auch die Lieferanten und die Kunden. Ein Kunde erwirbt oft mit dem Kauf eines Produktes einen Anspruch auf spätere Gewährleistung und auf späteren Service. Die Erfüllung dieses Anspruchs ist gefährdet, wenn das Unternehmen insolvent wird. Z. B. verliert ein Bauherr seinen Anspruch auf Beseitigung von Baumängeln, wenn das Bauunternehmen insolvent und zerschlagen wird. Der Bauherr wird daher bei nicht vernachlässigbarer Insolvenzwahrscheinlichkeit einen Bauvertrag nicht abschließen oder eine Absicherung für den Insolvenzfall verlangen.

Ähnlich wird ein Lieferant eine Absicherung für den Insolvenzfall verlangen, bevor er die Einzelanfertigung eines größeren Objektes beginnt, sofern die Insolvenzwahrscheinlichkeit des Kunden nicht vernachlässigbar ist.

Ein Unternehmen wird sich daher im Interesse reibungsloser Geschäftsbeziehungen zu Kunden und Lieferanten darum bemühen, die Insolvenzwahrscheinlichkeit gering zu halten. Allerdings ist es nicht ausgeschlossen, daß die Gesellschafter eines Unternehmens bewußt das Eigenkapital des Unternehmens so niedrig bemessen, daß es bei Eintritt größerer Gewährleistungsschulden zur Insolvenz kommt und damit zur Verweigerung der Gewährleistung.

Die größte Bedeutung gewinnt das Kriterium „Insolvenzwahrscheinlichkeit" vermutlich für die Manager von Unternehmen. Diese beziehen ihr Arbeitseinkommen aus dem Unternehmen. Wird das Unternehmen insolvent, so werden die Manager hierfür mitverantwortlich gemacht. Auch bei Fortführung des Unternehmens ist ihr Arbeitsplatz gefährdet, und es fällt ihnen schwer, bei Verlust einen vergleichbaren wiederzufinden. Manager präferieren daher eine Finanzierungspolitik, die die Insolvenzwahrscheinlichkeit auf niedrigem Niveau hält.

1.4 Risikoverteilung und Risikoausgleich

Finanzierungspolitik bedeutet Zuweisung von Risiken an Gesellschafter, Gläubiger, Arbeitnehmer, Kunden und Lieferanten. Die Finanzierungspolitik kann jedoch auch eingesetzt werden, um Risiken aus dem Investitionsprogramm auszugleichen. Dies kann dazu dienen, die Insolvenzwahrscheinlichkeit zu vermindern, aber auch dazu, Risiken bei Solvenz zu vermindern. So dient der Abschluß zahlreicher Versicherungsverträge dazu, zufällige Schäden zu decken. Andernfalls könnte ein hoher Schaden die Haftungsmasse des Unternehmens so weit vermindern, daß es zur Insolvenz kommt und die Eigentumsverhältnisse am Unternehmen neu geordnet werden müssen.

Auch wenn die Solvenz nicht gefährdet ist, kann es sinnvoll sein, Risiken aus dem Investitionsprogramm auszugleichen. Z. B. möchten die Gesellschafter bestimmte Risiken nicht tragen. Infolge unvollkommener Information sind die Gesellschafter über die vom Unternehmen eingegangenen Risiken nur unzulänglich informiert, so daß sie diese Risiken nicht privat hedgen können. Auch sind die Transaktionskosten des Hedgings geringer, wenn das Unternehmen in einer Transaktion hedgt anstelle von vielen kleinen Hedge-Transaktionen der Gesellschafter.

Um Risiken aus dem Investitionsprogramm auszugleichen, muß durch die Finanzierungspolitik ein Zahlungsstrom erzeugt werden, der negativ mit dem des Investitionsprogramms korreliert ist. Einige Beispiele sollen die Vorgehensweise verdeutlichen.

1. Der Abschluß einer Schadensversicherung schließt das Schadensrisiko weitgehend aus.
2. Ein Preisrisiko kann durch Abschluß von Terminkontrakten oder Optionen auf diesen Preis weitgehend ausgeschaltet werden.
3. Ein Kreditinstitut, das kurz-, mittel- und langfristige Festzinskredite vergibt, kann sich gegen Zinsänderungsrisiken schützen, indem es sich fristenkongruent mit Festzinseinlagen refinanziert. Bei Fristenkongruenz stimmen Volumen und Fälligkeitsstrukturen von Krediten und Einlagen überein. Wenn statt dessen das Kreditinstitut langfristige Festzinskredite durch kurzfristige Einlagen finanziert, dann ist es bei im Zeitablauf steigendem Zinsniveau gezwungen, den Einlegern höhere Zinsen zu zahlen. Eine anfangs positive Zinsspanne des Kreditinstituts kann dadurch negativ werden. Ein Kreditinstitut, das Kredite mit variablem Zinssatz vergibt, kann das Zinsänderungsrisiko ausschalten, indem es Einlagen mit variablem Zinssatz hereinnimmt.

Ob solche Maßnahmen des Risikoausgleichs für die Gesellschafter eines Unternehmens von Vorteil sind, hängt nicht nur von der damit erzielten Risikoverminderung ab, sondern auch von den Kosten solcher Maßnahmen. Der Abschluß eines Versicherungsvertrages kostet z. B. eine Prämie, die über den erwarteten Schaden hinausgeht; dieser zusätzliche Betrag macht die Kosten der Versicherung aus. Welche Maßnahmen des Risikoausgleichs gewählt werden, hängt daher von ihren Kosten, der erzielbaren Risikoverminderung und der Abwägung beider Effekte seitens der Gesellschafter ab.

Ein für die Gesellschafter besonders wichtiger Aspekt der Risikoverteilung betrifft ihre Haftung für Schulden des Unternehmens. Kommt es zur Insolvenz eines Unternehmens, so müssen die unbeschränkt haftenden Gesellschafter damit rechnen, auch ihr Privatvermögen zu verlieren. Eventuell verlieren sie mit der Insolvenz auch ihren Arbeitsplatz, so daß sie ihren Lebensunterhalt weder aus ihrem Privatvermögen noch aus ihrem Arbeitseinkommen bestreiten können. Zunehmend werden Unternehmensrechtsformen vorgezogen, bei denen keine natürliche Person unbeschränkt haftet. Die Gründungen in Deutschland zeigen eine große Beliebtheit der GmbH und der GmbH & Co KG. Dies deutet darauf hin, daß die Beschränkung der Haftung ein wichtiges Ziel der Finanzierungspolitik ist.

1.5   Zuweisung von Einwirkungs-, Gestaltungs- und Informationsrechten

Ein weiteres Kriterium zur Beurteilung der Finanzierungspolitik ist die Zuweisung von Einwirkungs-, Gestaltungs- und Informationsrechten. Ein Beispiel hierfür ist der „selbständige Unternehmer". Er lehnt es ab, Gesellschafter aufzunehmen, die nicht zu seinem engeren Familienkreis gehören. Für ihn ist es wichtig, die Einwirkungsrechte anderer zu minimieren. Ebenso sind Manager im allgemeinen auf ihre Unabhängigkeit bedacht.

Die Zuweisung von Einwirkungs-, Gestaltungs- und Informationsrechten ist grundlegender Bestandteil effizienter Finanzierungsverträge. Bei Existenz von Informations- und Transaktionskosten lassen Finanzierungsverträge einen weiten Spielraum für das Verhalten einzelner Vertragsparteien offen. Andere Parteien können dadurch in ihren Interessen erheblich geschädigt werden. Sie werden daher einem Vertrag nur zustimmen, wenn ihre Interessen geschützt werden. Ein solcher Schutz kann durch Einwirkungs-, Gestaltungs- und Informationsrechte geschaffen werden. Die Zuweisung solcher Rechte kann auch im Interesse der übrigen Parteien liegen, wie die Ausführungen zu effizienten Verträgen deutlich gemacht haben.

Da Einwirkungsrechte nur wirkungsvoll geltend gemacht werden können, wenn der Einwirkende gut informiert ist, ist die Einräumung von Einwirkungsrechten so lange nicht von besonderer Bedeutung, wie dem Einwirkenden keine Informationsrechte zustehen. Daher ist die Verteilung von Einwirkungsrechten im engen Zusammenhang mit der Verteilung von Informationsrechten zu beurteilen.

Ein ähnlicher, wenn auch erheblich schwächerer Zusammenhang besteht zwischen Einwirkungs- und Gestaltungsrechten. So kann die Drohung, ein Gestaltungsrecht auszuüben (z. B. den Titel zu kündigen), dazu verwendet werden, die Geschäftsführung zu einer Änderung ihrer Politik zu veranlassen. Auf diese Weise kommt es zu einer Einwirkung durch Nutzung eines Gestaltungsrechts.

Ähnlich wie bei dem Beurteilungskriterium „Insolvenzwahrscheinlichkeit" ist auch bei der „Verteilung von Einwirkungs-, Gestaltungs- und Informationsrechten" zu prüfen, inwieweit eine Verbindung zum Kriterium „Wert des Zahlungsstromes von Finanzierungstiteln" besteht. Ist z. B. ein Kapitalgeber an Einwirkungsrechten nur interessiert, weil sie ihm erlauben, den Zahlungsstrom seiner Titel zu verbessern, so genügt ihm zur Beurteilung der Finanzierungspolitik das Kriterium „Wert des Zahlungsstromes". Eine gleichzeitige Verwendung des Kriteriums „Verteilung der Einwirkungsrechte" würde eine Doppelzählung bedeuten.

Stimmrechtslose Aktien notieren z. B. im allgemeinen niedriger als Aktien mit Stimmrecht, selbst wenn letztere weniger Dividende erwarten lassen. Die Verteilung von Einwirkungsrechten schlägt sich also deutlich in den Aktienkursen nieder; sie wird bereits im Kriterium „Wert des Zahlungsstromes von Finanzierungstiteln" erfaßt. Anders verhält es sich bei dem Unternehmer, der sich mit einem „bescheidenen" Zahlungsstrom zufriedengibt, um seine Selbständigkeit zu bewahren. Hier sind beide Kriterien getrennt zu berücksichtigen.

1.6   Zusammenfassung

Von der Finanzierungspolitik sind verschiedene Personengruppen betroffen, so die Gesellschafter, Gläubiger, Arbeitnehmer, Kunden und Lieferanten. Die Kriterien dieser Gruppen zur Beurteilung der Finanzierungspolitik divergieren naturgemäß. Die Kapitalgeber sind an einem möglichst hohen Wert des Zahlungsstromes, den sie aus dem Unternehmen beziehen, interessiert. Eine Änderung der Finanzierungspolitik verändert im allgemeinen die erwarteten Zahlungen, die auf einen Finanzierungstitel entfallen, wie auch deren Risiko und folglich seinen Wert. Die Gesellschafter sind an der Maximierung des Wertes der Beteiligungstitel, die Gläubiger an der Maximierung des Wertes der Schuldtitel interessiert. Der Marktwert all dieser Titel, des Gesamtkapitals also, wird bei gegebener Investitionspolitik maximiert, wenn die durchschnittlichen Kosten des Gesamtkapitals minimiert werden.

Ein weiteres Kriterium zur Beurteilung der Finanzierungspolitik ist die Insolvenzwahrscheinlichkeit. Vor allem Gläubiger fürchten die Insolvenz wegen der damit verbundenen Kreditausfälle, Arbeitnehmer wegen der Gefahr, daß die Insolvenz einen Abbau von Arbeitsplätzen auslöst. Die Gesellschafter können den Eintritt einer Insolvenz durch neue Einlagen verhindern, sofern sie über die notwendigen Mittel verfügen. Ob sie dies tun, hängt vom Wert des Unternehmens, den erforderlichen Einlagen sowie von den Kosten und Erträgen einer Insolvenz ab. Bereits im Vorfeld einer Insolvenz können solche Kosten auftreten: Eine beachtliche Insolvenzwahrscheinlichkeit stört die Beziehungen des Unternehmens zu Gläubigern, Arbeitnehmern, Lieferanten und Kunden. Daher dient eine geringe Insolvenzwahrscheinlichkeit dem reibungslosen Geschäftsverkehr.

Finanzierungspolitik dient der Zuweisung von Risiken an verschiedene Gruppen, sie kann jedoch auch eingesetzt werden, um Risiken auszugleichen. So können Risiken durch Versicherungsverträge abgewälzt, durch Termin- und Optionskontrakte gehedgt werden. Allerdings sind die Kosten solcher Maßnahmen gegen die Risikoverminderung abzuwägen. Für die Gesellschafter ist außerdem die Beschränkung ihrer persönlichen Haftung ein wichtiges Kriterium zur Beurteilung der Finanzierungspolitik.

Schließlich sind mit bestimmten Finanzierungstiteln Einwirkungs-, Gestaltungs- und Informationsrechte verbunden. Diese beeinflussen maßgeblich das Verhalten der Geschäftsführung wie auch der anderen Gruppen. Die Zuweisung solcher Rechte stellt ein wesentliches Instrument dar, um die Effizienz von Finanzierungsverträgen zu verbessern.

2   Verschuldungspolitik

In diesem Abschnitt wird die Verschuldungspolitik von Unternehmen untersucht. Zunächst werden Leverage- und Risikoeffekt einer Verschuldungszunahme erläutert. Sodann wird das Irrelevanztheorem der Finanzierungspolitik im vollkommenen Kapitalmarkt an der Verschuldungspolitik, danach die Relevanz der Verschuldungspolitik im unvollkommenen Kapitalmarkt verdeutlicht.

2.1   Leverage- und Risikoeffekt einer Verschuldungszunahme

Wird Eigen- durch Fremdkapital substituiert, dann werden Ertrag und Risiko des Eigenkapitals verändert. Diese beiden Änderungen werden als Leverage- und als Risikoeffekt bezeichnet. Beide Effekte werden anhand eines Beispiels verdeutlicht. Gegeben sei eine Kapitalgesellschaft. Ihr Investitionsprogramm liegt fest, damit auch der stochastische Leistungssaldo im Zeitpunkt 1. Zur Vereinfachung unterstellen wir, daß das Unternehmen im Zeitpunkt 1 liquidiert wird. Insolvenz tritt ein, wenn der Leistungssaldo kleiner ist als die Verbindlichkeiten des Unternehmens. Die Gesellschafter haben nämlich kein Interesse, durch weitere Einlagen die Bezahlung der Verbindlichkeiten zu sichern.

Der Leistungssaldo beträgt, je nach dem eintretenden Zustand, 80, 90, 100, 110 oder 120 T€. Tabelle 9.1 weist in Zeile 1 diese Leistungssalden, in Zeile 2 die zugehörigen Eintrittswahrscheinlichkeiten aus. Die Zeilen 3 und 4 zeigen die Verteilung des Leistungssaldos auf Gesellschafter und Gläubiger bei Verbindlichkeiten (einschließlich Zinsen) von 75 bzw. 95 T€, Zeile 5 die Verteilung auf Stamm- und Vorzugsaktionäre, wenn anstelle von Forderungstiteln Vorzugsaktien emittiert werden. Auf die Vorzugsaktien werden 40 T€ Dividende mehr als auf die Stammaktien gezahlt, die Vorzugsdividende ist jedoch auf 70 T€ beschränkt.

Tabelle 9.1. Die Verteilung des Leistungssaldos auf verschiedene Kapitalgeber

Zeile Nr.								$E(\cdot)$	$\sigma^2(\cdot)$	cov $(\cdot, \tilde{R}_M)$
1	Leistungssaldo		80	90	100	110	120	100	110	0,675
2	Wahrscheinl.		0,10	0,15	0,50	0,15	0,10	–	–	–
3	a	Verb.: 75	Gesell.	5	15	25	35	45	25	110	0,675
	b		Gläub.	75	75	75	75	75	75	0	0
4	a	Verb.: 95	Gesell.	0*	0*	5	15	25	7,25	56,19	0,525
	b		Gläub.	80*	90*	95	95	95	92,75	21,19	0,150
5	a	Stammaktien	20	25	30	40	50	31,75	65,69	0,575
	b	Vorzugsaktien	60	65	70	70	70	68,25	10,69	0,100

(* = Insolvenz)

Die beiden vorletzten Spalten der Tabelle zeigen den Erwartungswert und die Varianz der jeweiligen stochastischen Zahlung, die letzte Spalte die unterstellte Kovarianz der Zahlung mit der Rendite des Marktportefeuilles, $\tilde{R}_M$.

Zur Insolvenz kommt es nur bei einer Verschuldung von 95 T€, sofern der Leistungssaldo darunter liegt. Mit der Ausgabe von Vorzugsaktien ist kein Insolvenzrisiko verbunden. Die Zahlungen an Gläubiger bzw. Vorzugsaktionäre und Stammaktionäre zusammen addieren sich stets zum Leistungssaldo des betreffenden Zustands. Ebenso addieren sich die erwarteten Zahlungen zum erwarteten Leistungssaldo. Schließlich addieren sich die Kovarianzen der Zahlungen mit der Marktrendite stets zur Kovarianz des Leistungssaldos mit der Marktrendite.

Das Risiko des Leistungssaldos, gemessen an seiner Varianz (110) oder seiner Kovarianz mit der Marktrendite (0,675), trifft ausschließlich die Gesellschafter, solange die Verschuldung unter 95 T€ bleibt. Bei einer Verschuldung von 95 T€ übernehmen auch die Gläubiger infolge der Insolvenzgefahr ein Risiko, das Risiko der Gesellschafter sinkt. Bei der Emission von Vorzugsaktien übernehmen Stamm- und Vorzugsaktionäre Risiken. Dies unterstreicht, daß Finanzierungspolitik auch Politik der Risikenzuweisung an Kapitalgeber ist.

Die bisherige Analyse läßt offen, zu welchen Preisen die Forderungstitel bzw. die Vorzugsaktien im Zeitpunkt 0 emittiert werden. Da der Emissionserlös den Stammaktionären zufließt, bestimmt er auch aus deren Sicht die Vorteilhaftigkeit einer solchen Finanzierungspolitik. Die Frage nach dem Emissionserlös ist die Frage nach der Bewertung monetärer Ansprüche, also nach dem Wert der Zahlungsströme der Finanzierungstitel.

Gilt das in Kapitel VI, Abschnitt 3.3.3 vorgestellte Capital Asset Pricing Model, so ist der Preis eines Titels j im Zeitpunkt 0, p_j, durch folgende Gleichung bestimmt:

$$p_j = \frac{1}{1+r}\,[E(\tilde{e}_j) - g\,cov(\tilde{R}_M, \tilde{e}_j)],$$

wobei r der Sicherheitszinssatz, $g = (\mu_M - r)/\sigma_M^2$ der Marktpreis für Risiko und cov$(\tilde{R}_M, \tilde{e}_j)$ die Kovarianz zwischen der Marktrendite und der Einzahlung auf den Titel sind. Der Ausdruck in der eckigen Klammer ist das Sicherheitsäquivalent der stochastischen Einzahlung $\tilde{e}_j$. Dieses wird mit dem Sicherheitszinssatz auf den Zeitpunkt 0 abgezinst. Betragen der Sicherheitszinssatz 11,11 % und der Marktpreis für Risiko $g = 5$, so ist der Marktwert des Leistungssaldos, d. h. der Marktwert des Gesamtkapitals, gleich

GK = 0,9 [100 − 5 · 0,675] $\approx$ 87 T€.

Wird nun der Leistungssaldo (e_{GK}) auf Gesellschafter (e_{EK}) und Gläubiger (e_{FK}) aufgeteilt, so gilt $e_{EK} + e_{FK} = e_{GK}$. Das Capital Asset Pricing Model impliziert Wertadditivität, wie im Kapital VI, Abschnitt 3.3.3 gezeigt. EK und FK, die Marktwerte von Eigen- und Fremdkapital, addieren sich also stets zu 87 T€, unabhängig von der Finanzierungspolitik.

Leverage- und Risikoeffekt lassen sich nun verdeutlichen. Da diese Effekte anhand der Renditen von Finanzierungstiteln veranschaulicht werden, sind zunächst die Einzahlungen auf Titel in Renditen umzurechnen. Bei einer Einzahlung e_j auf den Titel j und einem Marktpreis p_j im Zeitpunkt 0 beträgt die Rendite $(e_j - p_j)/p_j$.

Tabelle 9.2 gibt die Renditen der Finanzierungstitel an, deren Einzahlungen in Tabelle 9.1 dargestellt sind. Zur besseren Übersichtlichkeit sind die beiden Kopfzeilen von Tab. 9.1 auch in Tab. 9.2 enthalten. Darüber hinaus ist zwischen die Zeilen 2 und 3 eine Zeile eingefügt, die die Eigenkapitalrendite bei reiner Eigenfinanzierung angibt. Der Fremdkapitalzinssatz ist gleich dem Sicherheitszinssatz (11,11 %), solange Insolvenz ausgeschlossen ist. Steigen die Verbindlichkeiten auf 95 T€, so beträgt der Marktwert des Fremdkapitals nach dem Capital Asset Pricing Model 82,80 T€. Der vertraglich vereinbarte Fremdkapitalzinssatz beläuft sich damit auf (95 – 82,80)/82,80 = 0,147 oder etwa 15 %. Die erwartete Fremdkapitalrendite beläuft sich dagegen nur auf 12 %. Dies bedeutet eine Risikoprämie von 12 – 11,11 = 0,89 % und eine Ausfallprämie von 14,7 – 12 = 2,7 %.

Tabelle 9.2. Renditen der Finanzierungstitel auf der Basis von Marktwerten bei unterschiedlichen Finanzierungspolitiken

Zeile Nr.		$\frac{FK}{EK}$		80	90	100	110	120	$E(\cdot)$	$\sigma^2(\cdot)$	cov $(\cdot, \tilde{R}_M)$
1	Leistungs-saldo			80	90	100	110	120	100	110	0,675
2	Wahrscheinl.			0,10	0,15	0,50	0,15	0,10	–	–	–
	EK = 87	0		–0,08	0,03	0,15	0,26	0,38	0,15	0,0145	0,0078
	FK = 0			–	–	–	–	–	–	–	–
3 a	EK = 19,5	3,46		–0,74	–0,23	0,28	0,80	1,31	0,28	0,2904	0,0347
b	FK = 67,5			0,11	0,11	0,11	0,11	0,11	0,11	0	0
4 a	EK = 4,2	19,71		–1*	–1*	0,20	2,60	5,01	0,74	3,2429	0,1262
b	FK = 82,8			–0,03*	0,09*	0,15	0,15	0,15	0,12	0,0031	0,0018
5 a	EK(StA) = 26	0		–0,23	–0,04	0,15	0,54	0,92	0,22	0,0973	0,0221
b	EK(VA) = 61			–0,02	0,07	0,15	0,15	0,15	0,12	0,0029	0,0016

(* = Insolvenz)

Tab. 9.2 zeigt: Ist die Eigenkapitalrendite bei reiner Eigenfinanzierung, also die Gesamtkapitalrendite, kleiner als der Fremdkapitalzinssatz, dann sinkt die Eigenkapitalrendite mit zunehmender Verschuldung. Dies trifft bei einem Leistungssaldo von 80 und 90 zu. Ist die Gesamtkapitalrendite jedoch größer als der Fremdkapitalzinssatz, dann steigt die Eigenkapitalrendite mit zunehmender Verschuldung. Dieser Effekt heißt Leverage-Effekt. Hierbei wird ein konstanter Fremdkapitalzinssatz unterstellt.

Dieser Effekt beruht darauf, daß Eigenkapital durch Fremdkapital mit höherer bzw. niedrigerer Rendite ersetzt wird. Ist der Fremdkapitalzinssatz höher als die Eigenkapitalrendite, so sinkt bei zunehmender Fremdfinanzierung die Rendite des verbleibenden Eigenkapitals. Der umgekehrte Effekt tritt ein, wenn der Fremdkapitalzinssatz unter der Eigenkapitalrendite liegt.

Der Leverage-Effekt gilt in gleicher Weise für die erwartete Rendite des Eigenkapitals. Da diese bei reiner Eigenfinanzierung (15 %) größer ist als die Fremdkapitalkosten (11,11 %), steigt die erwartete Eigenkapitalrendite mit zunehmender Verschuldung.

Aus dem Leverage-Effekt resultiert bei Unsicherheit der Risikoeffekt einer Substitution von Eigen- durch Fremdkapital: Mit zunehmender Verschuldung wächst die Streuung der Eigenkapitalrendite, also das Risiko des Eigenkapitals. Dies zeigen die Eigenkapitalrenditen bei den Leistungssalden 80 und 120. Die Schwankungsbreite wächst von $0,38-(-0,08) = 0,46$ bei reiner Eigenfinanzierung auf $5,01-(-1) = 6,01$ bei Fremdkapital in Höhe von 82,80 T€. Die Zunahme des Risikos zeigen darüber hinaus die Varianz der Eigenkapitalrendite ebenso wie ihre Kovarianz mit der Marktrendite.

Bei Insolvenz ist die Eigenkapitalrendite gleich -1. Die Insolvenzwahrscheinlichkeit wächst mit zunehmender Verschuldung, sobald die Verbindlichkeiten den minimalen Leistungssaldo überschreiten. Im Beispiel tritt dieser Effekt auf, wenn die Verbindlichkeiten 80 T€ überschreiten.

Während der Anstieg der erwarteten Eigenkapitalrendite (Leverage-Effekt) aus der Sicht der Gesellschafter erfreulich ist, sind der Risikoeffekt und der Anstieg der Insolvenzwahrscheinlichkeit nachteilig. Diese Trennung von Leverage- und Risikoeffekt ist allerdings irreführend. Die Bewertung eines Titels durch den Kapitalmarkt erfolgt ja gerade so, daß der Kapitalgeber für ein höheres Risiko durch eine höhere erwartete Rendite entschädigt wird. Bleibt bei einer Änderung der Finanzierungspolitik das Risiko eines Titels unverändert, so bleibt auch seine erwartete Rendite unverändert.

Leverage- und Risikoeffekt kennzeichnen die Wirkung einer Verschuldungszunahme auf den Ertrag (d. h. die erwartete Rendite) und das Risiko der verbleibenden Beteiligungstitel. Es bleibt hier offen, wie die Gesellschafter das durch eine Verschuldungszunahme freigesetzte Eigenkapital ihrerseits anlegen. Ob also die Verschuldungszunahme die Wohlfahrt der Gesellschafter erhöht oder vermindert, kann nicht allein anhand von Leverage- und Risikoeffekt beurteilt werden, sondern muß auch berücksichtigen, wie die Gesellschafter das freigesetzte Geld verwenden. Diesem Gesamtkomplex sind die folgenden Ausführungen gewidmet.

2.2 Irrelevanz der Verschuldungspolitik bei vollkommenem Kapitalmarkt

Im vorangehenden Beispiel addierten sich die Marktwerte von Eigen- und Fremdkapital stets auf 87 T€, unabhängig von der Verschuldungshöhe. Die Verschuldungshöhe erwies sich daher als irrelevant für den Marktwert des Unternehmens. Dieses Ergebnis illustriert das Irrelevanztheorem der Finanzierungspolitik (siehe Kap. VI, Abschn. 3.2.3) am Beispiel der Verschuldungspolitik. Da ein vollkommener Kapitalmarkt unterstellt wurde, gilt Wertadditivität und somit das Irrelevanztheorem.

Das Verhalten der durchschnittlichen Kapitalkosten läßt sich bei Irrelevanz der Finanzierungspolitik rasch ableiten. Der Marktwert des Gesamtkapitals, GK, ist gleich

$$GK = \sum_{t=0}^{\infty} \frac{E(\tilde{d}_t) + E(\tilde{z}_t)}{(1+k_g)^t},$$

d. h., die erwarteten Leistungssalden des Unternehmens werden mit k_g abgezinst, um den Marktwert des Gesamtkapitals, GK, zu ermitteln.

Bei gegebenem Investitionsprogramm sind die erwarteten Leistungssalden von der Finanzierungspolitik unabhängig; nach dem Irrelevanztheorem ist GK von der Finanzierungspolitik unabhängig. Folglich müssen auch die durchschnittlichen Kosten des Gesamtkapitals von der Finanzierungspolitik unabhängig sein: $k_g = \tilde{k}_g$.

In Abschnitt 1.2 wurde gezeigt, daß die durchschnittlichen Kosten des Gesamt-kapitals approximativ als die gewogenen durchschnittlichen Kosten der verschiede-nen Kapitalarten berechnet werden können:

$$k_g = k_e \frac{EK}{GK} + k_f \frac{FK}{GK}.$$

Löst man diese Gleichung nach den durchschnittlichen Kosten des Eigenkapi-tals, k_e, auf, so folgt:

$$k_e = k_g \frac{GK}{EK} - k_f \frac{FK}{EK}.$$

Definiert man FK/EK als den Verschuldungsgrad, so folgt mit GK/EK = (EK + FK)/EK = 1 + FK/EK

$$k_e = k_g + (k_g - k_f)\, FK/EK.$$

Ist die Verschuldung so niedrig, daß kein Ausfallrisiko besteht, so gleichen die durchschnittlichen Kosten des Fremdkapitals dem Sicherheitszinssatz. Da k_g nach dem Irrelevanztheorem konstant ist, steigt k_e insoweit linear mit dem Verschuldungs-grad. Die Steigung ist gleich $(k_g - k_f)$. Dies verdeutlicht Abb. 9.1.

Wenn vom Verschuldungsgrad $\hat{V}$ an ein Ausfallrisiko entsteht, dann kann eine risikoscheue Bewertung von Zahlungsansprüchen dazu führen, daß die Gläubiger ihren Kalkulationszinsfuß k_f um eine Risikoprämie erhöhen. Es ergeben sich dann die gestrichelten Kapitalkostenverläufe. Die Übernahme von Risiken durch die Gläubiger entlastet die Gesellschafter von Risiken. Daher wächst ihr Kalkulati-onszinsfuß k_e nicht mehr linear an, sondern schwächer.

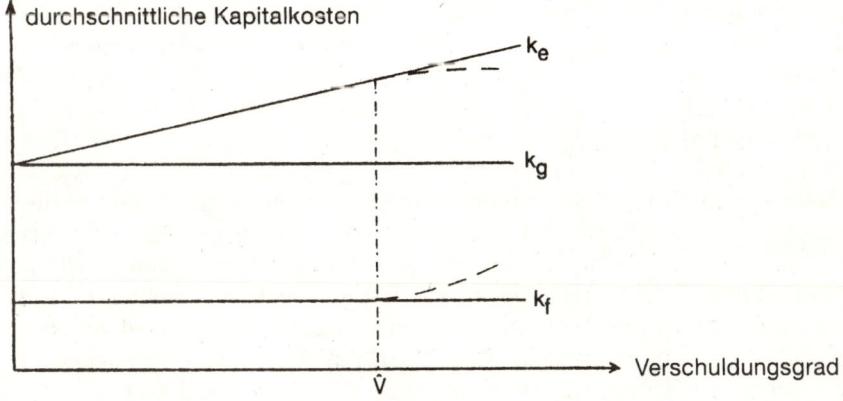

Abb. 9.1. Der Kapitalkostenverlauf nach MODIGLIANI und MILLER

2.3 Die Berücksichtigung von Steuern

Das Irrelevanztheorem gilt bei vollkommenem Kapitalmarkt. Im folgenden sollen die Wirkungen von Unvollkommenheiten am Beispiel der Verschuldungspolitik demonstriert werden. Zunächst werden die Wirkungen der Besteuerung untersucht.

2.3.1 Einkommensteuer

Es geht nun um die Frage, ob verschiedene Finanzierungstitel unterschiedlich hohen Steuerbelastungen unterworfen sind. Ist die Steuerbelastung aller Titel gleich hoch, so daß die insgesamt zu zahlenden Steuern unabhängig von der Finanzierungspolitik sind, so beeinträchtigt die Existenz von Steuern die Gültigkeit des Irrelevanztheorems nicht. Dies gilt in etwa für die Besteuerung von Personengesellschaften. Betrachten wir zunächst ein Steuersystem, das lediglich eine Einkommensteuer kennt. Der marginale Einkommensteuersatz s sei für alle Kapitalgeber gleich hoch. Jeder Kapitalgeber muß als Einkommen aus Kapitalvermögen und Gewerbebetrieb seinen Anteil am Gewinn der Personengesellschaft sowie seine Zinserträge abzüglich seiner Zinskosten deklarieren. Gewinnanteile und Zinserträge werden, so sei angenommen, in gleicher Weise besteuert, wenn von Steuerhinterziehung abgesehen wird. Wandelt die Personengesellschaft einen Teil ihres Fremdkapitals in Eigenkapital um oder umgekehrt, so wird lediglich ein Teil des Zinseinkommens in Gewinneinkommen transformiert bzw. umgekehrt. Die insgesamt zu entrichtende Einkommensteuer bleibt davon unberührt.

Jetzt wird die Prämisse aufgehoben, daß der marginale Einkommensteuersatz für alle Kapitalgeber gleich hoch ist. Wenn eine Änderung der Finanzierungspolitik bewirkt, daß das Einkommen höher besteuerter Kapitalgeber zu Lasten des Einkommens niedriger besteuerter wächst oder umgekehrt, dann verändert sich die Gesamtsteuerlast mit der Finanzierungspolitik. Eine solche Einkommensverlagerung kann allerdings bei gleichem Marktzugang nicht eintreten; denn dann würden Änderungen in der Finanzierungspolitik des Unternehmens durch Umschichtungen in den Portefeuilles der Kapitalgeber neutralisiert. Die Irrelevanz der Finanzierungspolitik bliebe dann bestehen. Bei ungleichem Marktzugang können jedoch solche Umschichtungen nur eingeschränkt vorgenommen werden, so daß Steuereffekte nicht mehr ausgeschlossen werden können. Irrelevanz ist dann nicht mehr unbedingt gegeben.

2.3.2 Gewerbeertragsteuer

Die Gewerbeertragsteuer diskriminiert die Eigenfinanzierung. Der Gewerbeertrag besteht im wesentlichen aus dem Gewinn vor Steuern zuzüglich der Hälfte der durch Dauerschulden verursachten Zinslasten. Wird ein Teil des Eigenkapitals durch Dauerschulden substituiert, so sinkt der Gewerbeertrag um die Hälfte der durch die neuen Dauerschulden verursachten Zinslasten. Wird ein Teil des Eigenkapitals durch Nicht-Dauerschulden substituiert, so sinkt der Gewerbeertrag sogar um die gesamten dadurch verursachten Zinslasten. Am günstigsten ist deshalb eine Finanzierung mit Nicht-Dauerschulden, am ungünstigsten die Eigenfinanzierung.

2.3.3   Körperschaftsteuer

Wir betrachten nun die Besteuerung des Einkommens einer Kapitalgesellschaft. Das steuerpflichtige Einkommen nach Abzug der Gewerbesteuer unterliegt der Körperschaftsteuer. Es wird mit dem Satz $\tau_N = 0,25$ besteuert. Darüber hinaus sind die Ausschüttungen der Kapitalertragsteuer unterworfen. Den inländischen Gesellschaftern wird die auf ausgeschüttete Gewinne gezahlte Kapitalertragsteuer bei der nächsten Einkommensteuerveranlagung angerechnet oder erstattet; sie haben jedoch die Hälfte des ausgeschütteten Gewinns (einschließlich der gezahlten Kapitalertragsteuer) als Einkünfte aus Kapitalvermögen zu versteuern (Halbeinkünfteverfahren). Vernachlässigt man die Zeitspanne zwischen der Zahlung der Kapitalertragsteuer und ihrer späteren Erstattung, so unterliegen auszuschüttende Gewinne aus der Perspektive des Gesellschafters der Körperschaft- und der Einkommensteuer.

Beträgt z. B. das steuerpflichtige Einkommen der Gesellschaft nach Abzug der Gewerbesteuer 100 €, dann hat sie 25 € Körperschaftsteuer zu zahlen. Wird der Betrag von 75 € an die Gesellschafter ausgeschüttet, dann haben diese $1/2 \cdot 75 = 37,50$ € als Einkünfte aus Kapitalvermögen zu versteuern. Bei einem marginalen Einkommensteuersatz von $s_E = 40\,\%$ zahlen sie $0,4 \cdot 37,50 = 15$ € Einkommensteuer, so dass sie $75 - 15 = 60$ € konsumieren können.

Zur Veranschaulichung der Steuerwirkungen auf die Verschuldungspolitik betrachten wir einige Beispiele.

Beispiel 1: Eine Personengesellschaft zahlt im Jahr t 100 € an ihre Gesellschafter aus und finanziert dies durch Aufnahme eines kurzfristigen Kredites bei einer Bank in der Rechtsform einer Kapitalgesellschaft. Die Bank refinanziert sich am Kapitalmarkt. Von der Steuer abgesehen gelten die Voraussetzungen des Irrelevanztheorems. Der risikofreie Zinssatz beträgt 10 %. Welche Steuerwirkungen löst diese Vorgehensweise aus?

Da die Bank infolge dieser Transaktion 10 € an Zinserträgen und 10 € an Zinsaufwendungen hat, bleibt ihr steuerpflichtiger Gewinn unberührt, folglich auch ihre Steuerlast. Der Gewinn der Personengesellschaft sinkt um die Zinsen von 10 €, folglich sinkt die Gewerbesteuer um $s_{GE} \cdot 10 = 1,67$ €, (s_{GE} sei 16,67 %). Der Gewinn nach Gewerbesteuer sinkt um $10 - 1,67 = 8,33$ €. Gleichzeitig erzielen die Gesellschafter durch Anlage der 100 € am Kapitalmarkt ein Einkommen von 10 €, so dass ihr steuerpflichtiges Einkommen um die gesparte Gewerbesteuer von 1,67 € wächst. Ihre Einkommensteuer wächst daher um $s_E \cdot 1,67$ €. Außerdem entfällt bei den Gesellschaftern der Personengesellschaft die Ermäßigung der Einkommensteuer infolge der Gewerbesteuer um $1,8 \cdot 0,05 \cdot (10\text{-}1,67)$. Bei einem Steuersatz $s_E = 40\,\%$ erhöht sich daher die Einkommensteuer um $0,4 \cdot 1,67 + 1,8 \cdot 0,05 \cdot (10\text{-}1,67) = 1,42$ €. Die Verschuldung der Personengesellschaft, gepaart mit Auszahlung an die Gesellschafter, ergibt daher in diesem Beispiel einen Vorteil von $1,67 - 1,42 = 0,25$ €.

Dieses Resultat bleibt gültig, solange die Belastung durch die Gewerbesteuer, $s_{GE}(1\text{-}s_E)\text{-}1,8 \cdot 0,05 \cdot (1\text{-}s_{GE})$, positiv ist. Diese Belastung sinkt mit steigendem Einkommensteuersatz, selbst für hoch besteuerte Gesellschafter ist es jedoch nachteilig, die Mittel in der Personengesellschaft zu lassen.

Beispiel 2: Das steuerpflichtige Einkommen der Auto-AG nach Gewerbesteuer beträgt 100 T€ im Jahr t. Die Auto-AG möchte im kommenden Jahr 75 T€ investieren.

Sie plant also eine Investition ihres Gewinns nach Körperschaftsteuer. Sie kann diese Investition entweder durch Thesaurierung ihres Jahresüberschusses oder durch kurzfristige Kreditaufnahme finanzieren. Die Investition rentiert sich zu 15 %, der risikofreie Zinssatz beträgt ebenfalls 15 %. Wie wirkt sich die Besteuerung aus, wenn ansonsten die Irrelevanz der Verschuldungspolitik gilt?

Die AG zahlt 25 T€ Körperschaftsteuer im Jahr t. Nimmt sie Kredit auf und schüttet sie die verbleibenden 75 T€ sofort aus, so haben die Aktionäre hierauf Einkommensteuer zu zahlen. Bei einem marginalen Einkommensteuersatz von 35 % ergibt sich eine Einkommensteuer von 0,35 · 75.000/2 = 13.125 €. Die um die Steuer verminderte Ausschüttung legen die Aktionäre für ein Jahr zu 15 % am Kapitalmarkt an und erzielen damit Zinsen von 9.281 €. Ihr Vermögen nach einem Jahr beträgt dann (75.000 – 13.125) (1 + 0,15 (1 – 0,35)) = 61.875 · 1,0975 = 67.908 €.

Da die Auto-AG eine Investitionsrendite erzielt, die mit den Zinskosten des Kredits übereinstimmt, bleibt das steuerpflichtige Einkommen der AG im kommenden Jahr unverändert, folglich auch ihre Steuerlast.

Alternativ können die Aktionäre auf die Ausschüttung im Jahr t verzichten. Dann wächst das steuerpflichtige Einkommen der Auto-AG im kommenden Jahr um 75.000 · 0,15 = 11.250 €. Die Gewerbesteuer wächst folglich um 11.250 · 0,1667 = 1.875 €, die Körperschaftsteuer um (11.250 – 1.875) · 0,25 = 2.344 €. An die Aktionäre werden daher 75.000 + 11.250 – 1.875 – 2.344 = 82.031 € ausgeschüttet. Dies löst eine Einkommensteuer von 0,35 · 82.031/2 = 14.355 € aus. Damit ergibt sich ein Vermögen der Aktionäre nach einem Jahr von 82.031 – 14.355 = 67.676 €. Bei sofortiger Ausschüttung im Jahr t ist das Endver-

Tabelle 9.3. Der Einfluss von Einkommen- und Körperschaftsteuer auf die Finanzierungspolitik (in T€) (KSt = Körperschaftsteuer)

	Ausschüttung am Ende von t	Ausschüttung am Ende von (t+1)
Jahr t		
Einkommen vor KSt der AG	100	100
Körperschaftsteuer	25	25
Ausschüttung	75	–
Einkommen der Aktionäre	75	–
Einkommensteuer (35%)	13,125	–
Barvermögen der Aktionäre	61,875	–
Barvermögen der AG	–	75
Jahr (t+1)		
Einkommen vor Steuer der AG	–	75 · 0,15 = 11,250
Gewerbesteuer	–	1,875
Körperschaftsteuer	–	2,344
Ausschüttung	–	82,031
Einkommen der Aktionäre	9,281	82,031
Einkommensteuer (35%)	3,248	14,355
Endvermögen der Aktionäre	67,908	67,676

mögen der Aktionäre um 67.908-67.676 = 232 € höher. Tab. 9.3 fasst diese Zahlen zusammen.

Wodurch entsteht die Differenz von 232 €? Sei J_t das steuerpflichtige Einkommen nach Gewerbesteuer der Auto-AG im Jahr t. Nach Körperschaft- und Einkommensteuer bleibt den Aktionären bei sofortiger Ausschüttung

$J_t (1-\tau_N)(1-s_E/2)$.

Wird dieser Betrag für ein Jahr zum Zinssatz k angelegt, dann ergibt sich ein Vermögen nach einem Jahr von

$J_t (1-\tau_N)(1-s_E/2)(1+k(1-s_E))$.

Wenn die Ausschüttung alternativ erst nach einem Jahr erfolgt, dann legt die AG den Betrag $J (1-\tau_N)$ intern an. Nach einem Jahr schüttet sie

$J_t (1-\tau_N)(1+k(1-s_{GE})(1-\tau_N)$.

aus, so dass den Aktionären nach Einkommensteuer

$J_t (1-\tau_N)(1+k(1-s_{GE})(1-\tau_N))(1-s_E/2)$.

verbleibt.

Die Vermögensdifferenz beider Alternativen beträgt daher

$J_t (1-\tau_N)(1-s_E/2)k(\tau_N+s_{GE}(1-\tau_N)-s_E)$.

Im Beispiel ist dieser Ausdruck gleich

$100.000 (1 - 0,25) (1-0,35/2) 0,15 (0,25 + 0,1667 \cdot 0,75 - 0,35) = 232$ €.

Wenn der um die Gewerbesteuerbelastung $s_{GE}(1-\tau_N)$ ergänzte Körperschaftsteuersatz τ_N mit dem Einkommensteuersatz übereinstimmt, dann ist die Vermögensdifferenz gleich 0. Dies trifft z. B. bei s_{GE} = 16,67 % und s_E = 37,5 % zu. Die Erklärung hierfür lautet: Einerseits ist die Verzögerung der Ausschüttung von Vorteil, weil dann die Einkommensteuer erst später zu zahlen ist. Jedoch unterliegen die Erträge der Kapitalgesellschaft sowohl der Gewerbe-, der Körperschaft- als auch der halben Einkommensteuer, sie werden also dreifach besteuert. Im Beispiel ist dieser Nachteil größer als der Vorteil aus der späteren Zahlung der Einkommensteuer. Die frühere Ausschüttung ist daher vorteilhaft.

Liegt der Einkommensteuersatz über 37,5 %, dann ist jedoch eine spätere Ausschüttung besser. Gesellschafter mit hohen Einkommensteuersätzen bevorzugen daher eine Einbehaltung von Gewinnen.

Beispiel 3: Wie in Beispiel 2 möchte die Auto-AG 75 T€ investieren. Sie deklariert aber die Auszahlung von 75 T€ an die Aktionäre nicht als Gewinnausschüttung, sondern als Kapitalrückzahlung. Auf eine Kapitalrückzahlung brauchen die Aktionäre keine Einkommensteuer zu zahlen.

Bei sofortiger Ausschüttung legen die Aktionäre 75 T€ privat an und erzielen nach einem Jahr ein Vermögen von 75 (1 + k (1 - s_E)). Wird jedoch die Ausschüttung erst ein Jahr später vorgenommen, dann ist der von der AG erzielte Anlageertrag voll zu versteuern, lediglich die Einkommensteuer auf die 75 T€ entfällt auch jetzt. Das Vermögen der Aktionäre beträgt dann nach einem Jahr

$75+75k(1-s_{GE})(1-\tau_N)(1-s_E/2)$.

Ausgehend von $s_{GE} = 16,67\,\%$, $\tau_N = 25\,\%$ und $s_E = 35\,\%$ erweist sich die dreifache Besteuerung des Anlageertrages mit 48,4 % als höher im Vergleich zur normalen Einkommenbesteuerung von 35 %. Es ist daher günstiger, das Geld früher an die Aktionäre auszuzahlen.

Dies gilt auch für sehr hoch besteuerte Aktionäre. Erst ab einem marginalen Einkommensteuersatz über 54,5 % wäre eine Verzögerung der Auszahlung von Vorteil.

Beispiel 4: Es gelten wieder die Daten des Beispiels 2. Die Aktien werden jederzeit an einer Börse gehandelt. Empfiehlt es sich für einen Aktionär dann, wenn die Ausschüttung am Ende des Jahres ($t + 1$) erfolgt, die Aktien unmittelbar vorher zu verkaufen? Zur Vereinfachung unterstellen wir, dass die Auto-AG neben der Ausschüttung von 82.031 € kein Vermögen besitzt. 1000 Aktien sind im Umlauf.

Für die Entscheidung des Aktionärs über den vorzeitigen Verkauf sind zwei Fragen von Bedeutung: (1) Zu welchem Kurs notiert die Aktie unmittelbar vor der Ausschüttung? (2) Zu welchem Satz muss der Aktionär seinen Veräußerungsgewinn versteuern? In Deutschland ist der von Privaten erzielte Veräußerungsgewinn nicht zu versteuern, wenn zwischen Kauf und Verkauf mehr als ein Jahr verstrichen ist. Daher wird hier von einer Besteuerung des Veräußerungsgewinns abgesehen.

Der Aktionär mit einem marginalen Einkommensteuersatz von 35 % ist indifferent zwischen Veräußerung und Ausschüttung, wenn die Aktie genau zu 82,031 ($1-s_E$ /2) = 67,67 € notiert. Er wird die Aktien veräußern, wenn sie über diesem Kurs notiert. Andernfalls wird er sie behalten. Ein Aktionär, der einem geringeren Steuersatz unterliegt, wird weitere Aktien zum Kurs von 67,67 € kaufen, da der Wert der Aktie für ihn aufgrund seiner geringeren Einkommensteuerlast über 67,67 € liegt. Umgekehrt wird ein Aktionär mit einer höheren Belastung die Aktien zu diesem Kurs veräußern. Im Gleichgewicht spiegelt also der Aktienkurs den marginalen Einkommensteuersatz derjenigen Aktionäre wider, die zwischen Verkauf, Kauf und Ausschüttung indifferent sind.

2.3.4 Steuern und Kapitalmarktgleichgewicht

Die vorangehenden Ausführungen haben verdeutlicht, wie die Vorteilhaftigkeit fremdfinanzierter Ausschüttungen vom Gewerbesteuersatz, vom Körperschaftsteuersatz und vom marginalen Einkommensteuersatz abhängt. MILLER 1977 hat diese Betrachtungsweise kritisiert, weil sie den Einfluss der Besteuerung auf das Kapitalmarktgleichgewicht vernachlässigt. Im Kapitalmarktgleichgewicht, so MILLER, ist es jedoch gleichgültig, wie sich ein Unternehmen finanziert.

Ein einfaches Beispiel soll dies verdeutlichen. Dabei wird von Transaktionskosten und von Unsicherheit abgesehen. Wir betrachten zwei verschiedene Finanzierungstitel, z. B. Aktien und Anleihen. Auf einem vollkommenen Kapitalmarkt unter Sicherheit müssen beide Titel dieselbe Rendite abwerfen. Wird nun ein Steuersystem eingeführt, dann setzt ein Gleichgewicht auf dem Kapitalmarkt voraus, daß der Marktwert aller von allen Unternehmen und allen Kapitalgebern zu zahlenden Steuern minimal ist. Solange diese Bedingung nicht erfüllt ist, bestehen Möglichkeiten zu einer gewinnbringenden Steuerarbitrage, d. h., mindestens ein Unternehmen kann durch eine Änderung seiner Finanzierungspolitik den Marktwert der Steuern, die es selbst oder seine Kapitalgeber zu zahlen haben, vermindern. Im Gleichgewicht existiert eine solche Arbitrage nicht mehr. Folglich bleibt die Steuerbelastung bei einer marginalen Substitution von Eigen- durch Fremdkapital konstant. Das kann nur zutreffen, wenn die zugehörigen Titel Aktie und Anleihe, die im Nichtsteuerfall dieselbe Rendite abwerfen, im Steuerfall dieselbe Rendite nach Steuern abwerfen. Die Kapitalgeber sind dann zwischen beiden Titeln indifferent.

Z. B. seien Zinseinkünfte einer Kapitalertragsteuer von 40 %, jedoch keiner sonstigen Belastung unterworfen, während Dividenden und Kursgewinne von Aktien der Einkommensteuer unterliegen. Dann muß bei einem Fremdkapitalzinssatz nach Steuern von 6 % die Rendite der Aktien nach Steuern im Gleichgewicht ebenfalls 6 % betragen. Bei einer progressiven Einkommensteuer läßt sich dies gemäß Abb. 9.2 verdeutlichen.

Solange das Eigenkapitalvolumen klein ist, werden Aktien nur von Personen erworben, deren marginaler Einkommensteuersatz gleich 0 ist. Ist das Reservoir dieser Personen erschöpft, so erwerben bei ansteigendem Eigenkapitalvolumen zunehmend Personen mit höherem Einkommensteuersatz Aktien. Die Aktienrendite nach Steuern ist für diese Personen entsprechend geringer. Das optimale Eigenkapitalvolumen ist erreicht, wenn der marginale Einkommensteuersatz des letzten Aktienkäufers gleich 40 % ist, also gleich dem Steuersatz auf Zinseinkünfte. Bei diesem Eigenkapitalvolumen ist die Steuerlast minimal. Wenn z. B. ein Unternehmen im Gleichgewicht einen Teil seines Eigen- durch Fremdkapital substituiert, dann wird der letzte Aktienkäufer seine Aktien zurückgeben und dafür Kredit geben. Da seine Steuerbelastung bei beiden Titeln 40 % beträgt, bleibt die gesamte Steuerlast konstant.

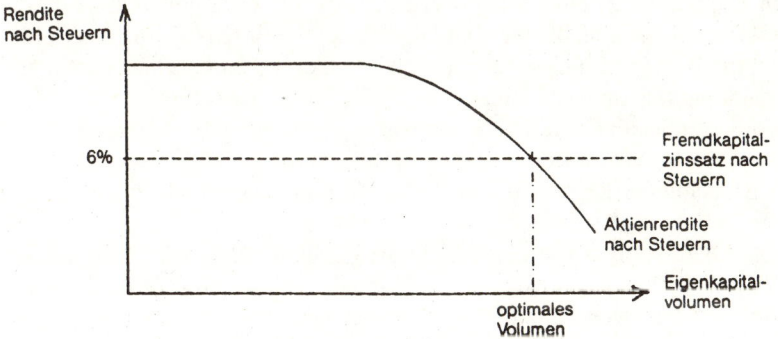

Abb. 9.2. Bestimmung des optimalen Eigenkapitalvolumens

Wenn jedoch Eigen- durch Fremdkapital in erheblichem Umfang substituiert wird, dann müssen auch Gesellschafter mit einem marginalen Steuersatz unter 40 % Aktien zurückgeben und dafür Kredit geben. Die gesamte Steuerlast wächst. Dadurch eröffnen sich anderen Unternehmen Möglichkeiten einer vorteilhaften Steuerarbitrage. Sie können jetzt steuersparend Fremd- durch Eigenkapital ersetzen, bis das gesamtwirtschaftlich optimale Eigenkapitalvolumen wieder erreicht wird. Hier zeigt sich ein wichtiges Ergebnis: Im Kapitalmarktgleichgewicht ist dieses optimale Eigenkapitalvolumen nur für die Gesamtheit der Unternehmen bestimmt, nicht für das einzelne Unternehmen. Wenn ein Unternehmen sein Eigenkapital vermindert, wird dies im Gleichgewicht durch eine entgegengesetzte Politik anderer Unternehmen neutralisiert. Einzelwirtschaftlich gilt danach die Irrelevanz der Finanzierung auch bei Existenz von Steuern.

Dieses Resultat ist jedoch einzuschränken. Im o. a. Beispiel ist ein Gleichgewicht dadurch definiert, daß zwei Arten der Einkommensteuer eine gleich hohe marginale Belastung erzeugen. Ein solches Gleichgewicht existiert jedoch nicht immer. Gibt es z. B. nur eine Gewerbesteuer, die die Eigenfinanzierung diskriminiert, dann ist unter steuerlichen Gesichtspunkten reine Fremdfinanzierung optimal. Dieses Resultat bleibt auch gültig, wenn neben einer solchen Gewerbesteuer eine Einkommensteuer besteht, die in gleicher Weise sämtliche Erträge aus Aktien und Krediten erfaßt.

MILLER hat zu Recht die Steuerwirkungen auf das Kapitalmarktgleichgewicht betont. Die Irrelevanz der Finanzierung läßt sich jedoch auch bei Berücksichtigung dieser Wirkungen nur unter engen Prämissen bezüglich der steuerlichen Regelungen nachweisen.

2.3.5 Auswirkungen auf das Kapitalkostenkonzept

Wegen der großen praktischen Bedeutung des Kapitalkostenkonzepts soll es jetzt noch einmal unter Berücksichtigung von Steuern aufgegriffen werden. Da Transaktionskosten ähnlich wie Steuern erfaßt werden können, werden sie einbezogen.

Bei vollkommenem Kapitalmarkt war die Interpretation einfach: Die durchschnittlichen Kapitalkosten eines Finanzierungstitels aus Unternehmenssicht sind gleich der erwarteten Rendite, die die Kapitalgeber für die Bereitstellung des Geldes verlangen. Optimal ist die Finanzierungspolitik, bei der die durchschnittlichen Kosten des Gesamtkapitals minimal sind.

Bei unvollkommenem Kapitalmarkt versagt diese Interpretation. Wenn z. B. die Emission eines Titels den Emittenten mit Transaktionskosten belastet, so kann man diese in die Berechnung der durchschnittlichen Kapitalkosten einbeziehen. Diese Kapitalkosten sind dann allerdings höher als die erwartete Rendite, die der Kapitalgeber bezieht. Auch ist im allgemeinen nicht die Finanzierungspolitik optimal, bei der die durchschnittlichen Kosten des Gesamtkapitals minimal sind. Denn diese Politik maximiert nicht notwendig den Marktwert des Gesamtkapitals, da nun die erwarteten Zahlungen an alle Kapitalgeber zusammen infolge von Steuern und Transaktionskosten nicht mehr unabhängig von der Finanzierungspolitik sind. Kurzum, bei unvollkommenem Kapitalmarkt ist das Kapitalkostenkonzept präzisierungsbedürftig, und zwar so, daß seine Anwendung relativ einfach bleibt.

Hier wird folgender Weg eingeschlagen: Es wird unterstellt, daß die Kapitalgeber Einkommensteuer zu zahlen haben. Von den Kapitalgebern zu tragende Transaktionskosten werden vernachlässigt.

Die durchschnittlichen Kosten eines Finanzierungstitels im Nichtsteuerfall sind definiert als interner Zinsfuß, der sich aus den erwarteten Zahlungen des Titels ergibt. Entsprechend werden die durchschnittlichen Kosten im Steuerfall definiert als interner Zinsfuß, der sich aus den erwarteten Zahlungen nach Steuern ergibt, die der Kapitalgeber erhält. Die erwartete Rendite eines GmbH-Anteils z. B. ergibt sich aus den

Nettoausschüttungen, die dem Gesellschafter zufließen, d. h. nach Abzug der Gewerbe-, der Körperschaft- und der Einkommensteuer.

Die erwartete Rendite von börsennotierten Aktien läßt sich aus der Sicht eines inländischen Privatanlegers auch als Summe aus angenommen steuerfreier erwarteter Kurssteigerungsrendite und steuerpflichtiger erwarteter Dividendenrendite errechnen. Wenn z. B. jährlich eine Kurssteigerung von 10 % und eine Dividendenrendite von 5 % vor Einkommensteuer erwartet wird, dann ergibt sich die erwartete Rendite der Aktie aus $10\% + (1 - s_E) \, 5/2\%$.

Gemäß dieser Definition sind die durchschnittlichen Kosten eines Titels gleich der erwarteten Nettorendite des Titelinhabers. Für das Unternehmen können mit dem Einsatz des Titels Transaktionskosten und weitere steuerliche Effekte verbunden sein, die in der erwarteten Nettorendite nicht zum Ausdruck kommen. Daher sind diese Kosten und Effekte explizit in den erwarteten Zahlungen der zu bewertenden Alternativen zu erfassen. Die aus einer Investition resultierenden erwarteten Zahlungen sind also entsprechend zu korrigieren. Dies soll im folgenden präzisiert werden.

Wenn das Ziel der Unternehmensleitung darin besteht, den Marktwert des Gesamtkapitals zu maximieren, so ist ein Investitionsprojekt von Vorteil, wenn der Kapitalwert seiner erwarteten Nettoeinzahlungsüberschüsse positiv ist. Die abzuzinsenden Nettoeinzahlungsüberschüsse aus der Investition sind definiert durch:

      Einzahlungsüberschuß vor Steuern aus der Investition
-   finanzierungsbedingte Transaktionskosten
-   Gewerbesteuer
-   von einer Kapitalgesellschaft zu zahlende Körperschaftsteuer
-   von den Gesellschaftern und Gläubigern zu zahlende Einkommensteuer

=   Nettoeinzahlungsüberschuß aus der Investition

Der Nettoeinzahlungsüberschuß ist also der Einzahlungsüberschuß, vermindert um die finanzierungsbedingten Transaktionskosten und um die von den Kapitalgebern insgesamt zu zahlenden Steuern; diese hängen im allgemeinen auch von der Finanzierung ab. Somit ist der Nettoeinzahlungsüberschuß der Betrag, der den Kapitalgebern insgesamt für Konsumzwecke zur Verfügung steht.

Die erwarteten Nettoeinzahlungsüberschüsse sind mit einem Kalkulationszinsfuß k_s in Höhe der durchschnittlichen Kosten des Gesamtkapitals nach Steuern abzuzinsen. Diese lassen sich, ebenso wie im Nichtsteuerfall, als gewogener Durchschnitt der Kosten der einzelnen Kapitalarten nach Einkommensteuer abschätzen. Die in k_s enthaltene Risikoprämie bemißt sich dabei nach dem Risiko der Nettoeinzahlungsüberschüsse. Denn dieses Risiko übernehmen die Kapitalgeber mit diesem Zahlungsstrom, dafür verlangen sie die Risikoprämie.

2.4 Beschränkungen des Marktzugangs

Ebenso wie Steuern setzen auch Informations- und Transaktionskosten das Irrelevanztheorem außer Kraft. Mit der Beschlußfassung und Durchführung einer Änderung der Finanzierung sind Transaktionskosten verbunden. Diese Kosten hemmen jede Art der Umfinanzierung, „zementieren" also den status quo. Wenn die gegebene Finanzierungspolitik wegen der Transaktionskosten nicht geändert wird, folgt daraus jedoch nicht, daß diese Finanzierungspolitik grundsätzlich besser ist als andere Politiken.

Anders verhält es sich, wenn die Emissionskosten von Titeln unterschiedlich sind. In Deutschland hat z. B. das Schuldscheindarlehen die Anleihe als Instrument der Industriefinanzierung weitgehend verdrängt, weil die Anleiheemission mit höheren Kosten verbunden ist. Ein anderes Beispiel ist Factoring. Für kleinere Unternehmen ist der Aufbau einer eigenen Abteilung zur Verwaltung von Forderungen teurer als die Inanspruchnahme eines auf die Forderungsverwaltung spezialisierten Unternehmens, des Factors. Auch kann er mit geringeren Kosten die Bonität von Kunden prüfen. Diese Bonitätsprüfung ermöglicht ihm, die Forderungen nach ihrem Entstehen mit Übernahme des Ausfallrisikos (Delkredererisiko) anzukaufen.

Besonders fragwürdig erscheint die dem Irrelevanztheorem zugrundeliegende Prämisse gleichen Marktzugangs. Kann ein unbekannter Kapitalgeber zu denselben Konditionen einen Titel emittieren wie ein bekanntes Unternehmen ? Die Emissionsfähigkeit des Kapitalgebers leidet insbesondere darunter, daß er unbekannt ist, so daß der Käufer eines von ihm emittierten Titels die Eigenschaften dieses Titels schlecht abschätzen kann. Diesem Problem kann der Käufer durch Informationsbeschaffung oder durch den Einsatz von Schutzinstrumenten begegnen. Beides verursacht indessen Kosten.

Den Einsatz von Schutzinstrumenten verdeutlicht folgendes Beispiel: Die X-AG hat 10 Aktien und 10 Obligationen emittiert. Die Gesellschaft beschließt, die Obligationen über die Börse zurückzukaufen; der Rückkauf wird durch eine Kapitalerhöhung im Verhältnis 1 : 1 finanziert. Herr M. besitzt eine Aktie, ansonsten kein Vermögen.

Bei gleichem Marktzugang kann Herr M. auch nach Rückkauf den alten Zahlungsstrom wieder herstellen : Er erwirbt mit einer Einlage von y € eine junge Aktie, die Gesellschaft kauft dafür eine Obligation zurück. Herr M. erhält nun $\frac{1}{10}$ des Leistungssaldos der X-AG. Er emittiert dann persönlich die gleiche Obligation gegen Verpfändung seiner X-Aktien und erhält dafür y €. Damit hat er seine alte Position wiederhergestellt.

Zur Illustration wird unterstellt, daß die X-AG nur noch ein Jahr existiert. Einer von drei Zuständen tritt ein (Tab. 9.4).

Der Anspruch der Gläubiger vor Rückkauf betrage 80 €. Im Zustand 3 tritt Insolvenz ein, die Gläubiger erhalten lediglich 70 €, also 7 € pro Obligation (Spalte 4). Nach Rückkauf der Obligationen und Kapitalerhöhung laufen 20 Aktien um. Herr M. besitzt 2 Stück und erhält daher $\frac{1}{10}$ des Leistungssaldos (Spalte 5). Er emittiert nun eine Obligation mit einem Anspruch des Erwerbers von 8 €. Dieser Anspruch wird ausschließlich aus Herrn M.'s Einzahlungen aus den beiden Aktien gedeckt. Im Zustand 3 belaufen sich diese auf lediglich 7 €, so daß der Gläubiger nur diesen Betrag erhält. Die letzte Spalte zeigt, was Herrn M. schließlich verbleibt. Sie stimmt mit Spalte 3 überein. Die Position von Herrn M. hat sich also nicht geändert.

Dieses Beispiel zeigt, daß die von Herrn M. privat emittierte Obligation genausoviel wert ist wie die von der X-AG emittierte. Faktisch haben nämlich die Gläubiger in beiden Fällen einen Anspruch gegen den Leistungssaldo der X-AG. Ein Gläubiger hat daher keinen Grund, die von Herrn M. privat emittierten Obligationen

Tabelle 9.4. Besicherung einer Privatemission durch Aktien

Zustand	Leistungs-saldo	Verteilung des Leistungssaldos			Verpflich-tung aus Privat-emission	Netto-einzah-lung v. Herrn M
		pro Aktie	pro Oblig.	nach Rück-kauf pro 2 Aktien		
(1)	(2)	(3)	(4)	(5)	(6)	(7)
1	140	6	8	14	8	6
2	100	2	8	10	8	2
3	70	–	7	7	8	–

mit mehr Skepsis zu beurteilen als die von der X-AG emittierten. An Kosten entstehen durch diese Transaktionen Emissions-, Rückkauf- und Verpfändungskosten.

Einige Ergänzungen sind indessen notwendig:

– Besitzt Herr M. darüber hinaus sonstiges Vermögen, so muß er sich davor schützen, daß er für die Verzinsung und Tilgung der von ihm emittierten Obligation mit seinem sonstigen Privatvermögen haftet. Wäre nämlich die X-AG zuvor insolvent geworden, hätte Herr M. als Aktionär nicht persönlich gehaftet. Diese Haftungsbeschränkung kann Herr M. bei Privatemission dadurch erreichen, daß er im Emissionsvertrag seine Privathaftung ausschließt.

– Hat die X-AG neben den Obligationen weitere Schulden, so setzt die im Beispiel gezeigte Irrelevanz des Rückkaufs der Obligationen voraus, daß andere Gläubiger durch den Rückkauf weder begünstigt noch benachteiligt werden. Auch das Investitionsprogramm darf nicht beeinflußt werden.

– Für den Gläubiger sind die Möglichkeiten der Informationsbeschaffung unterschiedlich, je nachdem ob er Herrn M. oder der X-AG Kredit einräumt. Nur in letzterem Fall kann er sich unmittelbar an die X-AG wenden, um sich über ihre Bonität zu informieren. Auch kann er auf die Politik der X-AG nur einwirken, wenn er ihr statt Herrn M. Kredit einräumt.

– Während ein Kapitalgeber privat durchaus Kredit innerhalb bestimmter Grenzen beschaffen kann, also Schuldtitel emittieren kann, ist die Privatemission von Beteiligungstiteln praktisch ausgeschlossen. Ein Beteiligungstitel räumt eine Anwartschaft auf einen Bruchteil des Reinvermögens des Emittenten ein. Ein privater Kapitalgeber, der einen erheblichen Bruchteil seines Reinvermögens anderen verkauft hat, wird Entscheidungen über sein Vermögen deshalb nur von den Wirkungen auf seinen Bruchteil abhängig machen. Folglich besteht ein Problem externer Effekte mit den bereits geschilderten negativen Auswirkungen. Die Beseitigung dieser Effekte bzw. ihre korrekte Antizipation verursacht Transaktionskosten. Da die externen Effekte bei privater Beteiligungsfinanzierung stärker als bei privater Fremdfinanzierung ausgeprägt sind, ist es

nicht verwunderlich, wenn private Kapitalgeber keine Beteiligungstitel emittieren. Folglich kann ein Kapitalgeber die Emission von Beteiligungstiteln durch
ein Unternehmen nicht durch Privatemission von Beteiligungstiteln neutralisieren.

Damit läßt sich folgendes Fazit ziehen: Gleicher Marktzugang besteht in der
Realität nicht, weil die Emission seitens eines wenig bekannten Kapitalgebers
oder Unternehmens höhere Transaktionskosten verursacht als die Emission eines bekannten Kapitalgebers oder Unternehmens. Der unbekannte Kapitalgeber kann daher
nur zu ungünstigeren Bedingungen emittieren. Diese Bedingungen können prohibitiv
schlecht werden, so daß bestimmte Titel, insbesondere Beteiligungstitel, von unbekannten Kapitalgebern oder Unternehmen überhaupt nicht emittiert werden. Zwar
lassen sich solche Bedingungen zumindest teilweise durch den Einsatz von Schutzinstrumenten umgehen, aber auch dies verursacht Transaktionskosten. Daher ist nicht
die Prämisse gleichen Marktzugangs problematisch, sondern die dahinterstehende
Prämisse, wonach es keine Informations- und sonstigen Transaktionskosten gibt.
  Wenn die Unternehmen einen besseren Marktzugang als die Kapitalgeber haben,
so liegt es nahe, daß die Unternehmen diesen Zugangsvorteil im Interesse der Kapitalgeber nutzen. So kann ein Unternehmen die Risikoallokation verbessern, indem es
unterschiedliche Arten riskanter Titel emittiert und dadurch neue Kapitalgeber gewinnt. Z. B. mag ein Kapitalgeber bereit sein, eine Wandelschuldverschreibung zu
kaufen, obwohl er nicht bereit ist, Aktien zu kaufen. Eine Wandelschuldverschreibung ermöglicht dem Inhaber, an Kurssteigerungen der zugrundeliegenden Aktie zu
partizipieren, indem er sein Wandlungsrecht ausübt. Gleichzeitig ist er jedoch gegen
einen Kursverfall der Aktie weitgehend geschützt, da er dann sein Wandlungsrecht
nicht ausübt. Dieses Risikoprofil einer Wandelschuldverschreibung kann ein Kapitalgeber selbst durch private Transaktionen kaum erzeugen. Das Unternehmen hat
den besseren Marktzugang. Ebenso können Zugangsvorteile von Unternehmen erklären, weshalb diese anstelle ihrer Kapitalgeber Risiken aus dem betrieblichen Investitionsprogramm hedgen. So kann ein Versicherungsvertrag zur Abdeckung von
betrieblichen Schäden nur vom Unternehmen selbst abgeschlossen werden, nicht
aber von seinen Kapitalgebern.

2.5   Zwischenergebnis

Die Verschuldungspolitik ist ein zentraler Baustein der Finanzierungspolitik. Bei gegebener Investitionspolitik bedeutet eine Zunahme der Verschuldung eine Substitution von Eigen- durch Fremdkapital; ein Teil der zukünftigen Einzahlungsüberschüsse aus dem Investitionsprogramm fließt an die Gläubiger statt an die Gesellschafter
des Unternehmens. Häufig werden statt der Zahlungsströme die Renditen von Eigen-,
Fremd- und Gesamtkapital analysiert. Sind die Fremd- und die Gesamtkapitalrendite
von der Verschuldung unabhängig, dann wächst oder fällt die Eigenkapitalrendite mit
dem Verschuldungsgrad, je nachdem ob die Gesamtkapitalrendite über oder unter der
Fremdkapitalrendite liegt. Dieser Zusammenhang gilt entsprechend für die erwarteten Renditen und wird als Leverageeffekt bezeichnet. Da die Gesellschafter im allgemeinen mehr Risiko tragen als die Gläubiger, verlangen sie eine höhere erwartete

Rendite. Ihr Risiko, gemessen an der Standardabweichung der Eigenkapitalrendite, wächst mit dem Verschuldungsgrad (= Risikoeffekt). Daher wächst auch ihre erwartete Rendite mit dem Verschuldungsgrad. Ebenso wächst die Insolvenzwahrscheinlichkeit mit dem Verschuldungsgrad.

Ignoriert man gemäß der ersten Betrachtungsweise der Finanzierungspolitik sämtliche Unvollkommenheiten des Kapitalmarktes, dann erweist sich die Finanzierungspolitik als irrelevant für den Marktwert des Unternehmens. Denn es besteht Wertadditivität, eine Änderung der Verschuldungspolitik bedeutet lediglich eine andere Aufteilung des Zahlungsstroms aus dem Investitionsprogramm auf Gesellschafter und Gläubiger. Infolgedessen sind auch die Investitions- von den Finanzierungsentscheidungen trennbar.

Die Berücksichtigung von Steuern setzt die Irrelevanz solange nicht außer Kraft, wie der Marktwert der von Unternehmen und Kapitalgebern insgesamt zu zahlenden Steuern von der Verschuldungshöhe unabhängig ist. Im deutschen Steuerrecht ist dies indessen nicht zu erwarten. Die Gewerbesteuer diskriminiert die Eigenfinanzierung; am günstigsten ist die Finanzierung mit Nicht-Dauerschulden. Allerdings ist dieser Effekt bei Personengesellschaften gering, da die Gewerbesteuer zu einem großen Teil von der Einkommensteuer der Gesellschafter abgezogen wird. Komplizierter ist die Wirkung der Körperschaftsteuer. Werden freie Rücklagen ausgeschüttet und wird dies durch Kreditaufnahme finanziert, dann reduzieren die zusätzlichen Zinsausgaben die von der Kapitalgesellschaft zu zahlende Gewerbe- und Körperschaftsteuer sowie bei Gewinnausschüttung die von den Gesellschaftern zu zahlenden Einkommensteuer. Gleichzeitig zahlen die Gesellschafter Einkommensteuer auf die bei Privatanlage erzielten Erträge. Hoch besteuerte Gesellschafter bevorzugen eine Nichtausschüttung von Gewinnen im Gegensatz zu niedrig besteuerten Gesellschaftern. Eine frühzeitige einkommensteuerfreie Kapitalrückzahlung der Kapitalgesellschaft begünstigt jedoch steuerlich alle Gesellschafter.

Berücksichtigt man all diese Steuern in der Investitionsrechnung, so sind die erwarteten Nettoeinzahlungsüberschüsse aus der Investition mit den durchschnittlichen Gesamtkapitalkosten abzuzinsen. Dabei sind die erwarteten Nettoeinzahlungsüberschüsse definiert als die erwarteten Einzahlungsüberschüsse abzüglich der vom Unternehmen und von allen Kapitalgebern insgesamt hierauf zu zahlenden Steuern sowie der finanzierungsbedingten Transaktionskosten. Die durchschnittlichen Gesamtkapitalkosten sind ein gewogener Durchschnitt der Kosten der einzelnen Kapitalarten; die durchschnittlichen Kosten einer Kapitalart sind gleich der erwarteten Nettorendite des Kapitalgebers, wobei die darin enthaltene Risikoprämie sich nach dem Risiko bemisst, das der Kapitalgeber mit den auf ihn entfallenden Nettoeinzahlungsüberschüssen aus der Investition übernimmt.

Das Irrelevanztheorem der Finanzierung beruht auf Wertadditivität, diese ihrerseits auf der Prämisse gleichen Marktzugangs aller Kapitalgeber und Unternehmen. Dieser besteht jedoch nicht, weil es Informations- und Transaktionskosten gibt. So kann ein unbekannter, privater Kapitalgeber im allgemeinen nur zu ungünstigeren Konditionen Kredit aufnehmen als ein Unternehmen, weil die Kreditgeber mehr Informationskosten für die Bonitätsprüfung aufwenden müssen; häufig ist auch der privat aufgenommene Kredit kleiner, so dass der transaktions- und informationskostenbedingte Zinsaufschlag größer ist. Transaktionskosten sowie opportunistisches Verhalten führen überdies dazu, dass Privatpersonen keine Beteiligungstitel emittieren können. Folglich ist die Prämisse gleichen Marktzugangs nicht erfüllt, die Kapitalgeber können daher Änderungen der Finanzierungspolitik eines Unternehmens im allgemeinen nicht durch private Transaktionen neutralisieren. Die Irrelevanz der Finanzierung wird damit in Frage gestellt.

2.6 Rechtliche Regelungen von Kreditbeziehungen

a) Gesetzliche Regelungen

Die Verschuldungspolitik hat den gesetzlichen Bedingungen zu genügen. Soweit es die gesetzlich definierte Vertragsfreiheit erlaubt, kann die Verschuldungspolitik das Rechtsverhältnis zu den Gläubigern selbst regeln. In diesem Abschnitt werden die gesetzlichen Bestimmungen erläutert, sodann häufig anzutreffende vertragliche Regelungen.

Ein Zweck wesentlicher gesetzlicher Regelungen in Deutschland besteht darin, den Gläubiger im Sinne effizienter Vertragsgestaltung vor Schädigungen durch den Schuldner zu schützen (siehe auch Kapitel VIII, Abschnitt 4). Dem Schuldner wird dann, wenn Insolvenz eingetreten ist, durch das Insolvenzrecht die Geschäftsführungskompetenz entzogen, so daß er die Gläubiger nicht mehr schädigen kann. Da dieses Ergebnis jedoch erst spät eintritt, wird der Gläubiger bereits früher geschützt. Neben Informationspflichten des Schuldners sind insbesondere Vorschriften zu nennen, die die Zahlungen des verschuldeten Unternehmens an seine Gesellschafter beschränken. Damit soll verhindert werden, daß die Haftungsmasse des Unternehmens zu Lasten der Gläubiger ausgehöhlt wird.

Das Prinzip, das dem gesetzlichen Gläubigerschutz zugrunde liegt, läßt sich wie folgt umreißen: Die Gläubiger sind vor unangemessen hohen Zahlungen des Unternehmens an beschränkt haftende Gesellschafter zu schützen. Unangemessen hoch ist eine Zahlung, wenn das Eigenkapital des Unternehmens dadurch unter die Ausschüttungssperrzahl sinkt.

Bei der GmbH ist die Ausschüttungssperrzahl gleich dem Stammkapital (§ 30 GmbHG), bei der AG gleich dem Grundkapital zuzüglich der gesetzlichen Rücklage und der Kapitalrücklage (§ 158, I; § 174, I, II AktG), bei der Genossenschaft gleich dem Geschäftsanteil eines Genossen (§ 22 GenG), da infolge der Mitgliederfluktuation eine Festschreibung der Summe der Geschäftsanteile unzweckmäßig wäre. Bei der AG ergibt sich die Ausschüttungssperrzahl aus der Beschränkung der Ausschüttungen auf den Bilanzgewinn; dieser darf höchstens so hoch angesetzt werden, daß das Eigenkapital nach Ausschüttung auf die Ausschüttungssperrzahl sinkt.

Durch diese Vorschriften werden nicht nur Gewinnausschüttungen beschränkt, sondern auch Rückzahlungen von Beteiligungskapital. Wird durch eine solche Rückzahlung die Ausschüttungssperrzahl unterschritten, so darf diese Zahlung erst erfolgen, nachdem den Gläubigern, die dies wünschen, Sicherheiten für diese Forderungen bestellt oder diese Forderungen getilgt werden (§ 225 AktG, § 58 GmbHG, § 22 GenG). Die Gläubiger sind durch öffentliche Bekanntmachung über die geplante Rückzahlung zu informieren.

Diese gesetzliche Regelung beschränkt lediglich offene Rückzahlungen von Beteiligungskapital, nicht aber verdeckte wie z. B. überhöhte Vergütungen an Gesellschafter. Letztere werden teilweise durch das 1. Gesetz zur Bekämpfung der Wirtschaftskriminalität (Artikel 1, V) unter Strafe gestellt, wenn sie zur Insolvenz des Unternehmens führen. Wird eine Strafe verhängt, so löst dies zivilrechtliche Schadensersatzpflichten der Gesellschafter aus.

Darüber hinaus läßt sich das Problem verdeckter Entnahmen durch vertragliche Regelungen teilweise entschärfen. So verlangen Kreditinstitute häufig selbstschuldnerische Bürgschaften geschäftsführender Gesellschafter. Zahlt das Unternehmen diesen Gesellschaftern z. B. hohe Gehälter, dann bleibt durch die Bürgschaft dieses Geld wenigstens teilweise Haftungkapital. Eine andere Möglichkeit, die vor allem in den angelsächsischen Ländern praktiziert wird, besteht darin, die Entnahmen einschließlich der Gehälter, die die Gesellschafter aus dem Unternehmen beziehen, zu beschränken.

Zu den gesetzlichen Regelungen gehört auch das Insolvenzrecht (siehe Abschnitt 2.8.3). Dieses Recht soll die Gläubiger eines Unternehmens in Krisenzeiten schützen, indem es die Rechte der Gesellschafter in der Insolvenz stark zugunsten der Gläubiger beschneidet, eine fällige Liquidation erzwingt, möglicherweise aber auch die Aussichten für eine Reorganisation und Fortführung des Unternehmens verbessert. Effiziente vertragliche Regelungen zwischen Schuldnern und Gläubigern sind stets unter Einbezug der Verfahren zur Neuordnung der Eigentumsverhältnisse in der Insolvenz zu suchen.

b) Vertragliche Vereinbarungen

– Kreditsicherheiten

Neben die gesetzlichen Regelungen treten vertragliche Vereinbarungen, wie bereits am Beispiel verdeckter Entnahmen deutlich wurde. Eine wichtige Rolle spielen Kreditsicherheiten (siehe Kap. II, Abschnitt 2.2.1), insbesondere bei langfristigen Krediten (siehe den folgenden Abschnitt 2.6). Kreditsicherheiten sollen den Gläubiger vor unliebsamen Überraschungen schützen. Selbst wenn der Schuldner insolvent wird, ist der Gläubiger vor Ausfällen geschützt, solange die Verwertung der Kreditsicherheit einen Erlös in Höhe seines Anspruchs abwirft. Kreditsicherheiten schränken außerdem den Handlungsspielraum des Schuldners ein. Zum Beispiel kann er sicherungsübereignete Fahrzeuge nicht ohne Zustimmung des gesicherten Gläubigers veräußern; damit kann er auch nicht über den Veräußerungserlös in seinem Interesse verfügen.

Ist ein Unternehmen nur wenig verschuldet, so könnte ein Gläubiger auf Kreditsicherheiten verzichten. Dann besteht für ihn jedoch die Gefahr, daß der Schuldner später weitere Kredite gegen Sicherheiten aufnimmt und damit seinen Anspruch entwertet. Hiergegen bieten Negativklauseln Schutz, die eine bessere Sicherung zukünftiger Gläubiger ausschließen.

– Informations- und Einwirkungsrechte

Weiterhin kann sich ein Gläubiger vor unliebsamen Änderungen der Investitions- und Finanzierungspolitik schützen, wenn er auf diese Politik einzuwirken vermag. Zwar stehen den Gläubigern prinzipiell keine Einwirkungsrechte zu, jedoch können sie über ihre Mitwirkung im Aufsichtsrat oder in einem Beirat oder über die Drohung, ihre Kredite zu kürzen, Einfluß ausüben.

Dies setzt allerdings auch entsprechende Informationsrechte voraus, denn ohne Informationen kann der Gläubiger seine Einwirkungsmöglichkeiten nicht erfolgreich nutzen.

Kreditinstitute geben im allgemeinen einem Unternehmen nur Kredit, wenn sich dieses verpflichtet, seine Jahresabschlüsse und in vielen Fällen zusätzlich Zwischenabschlüsse innerhalb vereinbarter Fristen vorzulegen. Bei größeren Krediten sind die Kreditinstitute gesetzlich verpflichtet, dies zu verlangen. Da ein stetiger Informationsfluß über die Geschäftslage des Unternehmens das Vertrauen des Kreditinstituts verbessert, wird das Unternehmen darüber hinaus freiwillig Informationen weitergeben. Gerade in Krisensituationen sind Kreditinstitute eher zur Hilfe bereit, wenn ein Vertrauensverhältnis besteht.

Möchte ein Unternehmen Schuldverschreibungen emittieren, so ist es häufig für potentielle Käufer schwierig, deren Ausfallrisiko einzuschätzen. Es mag schwer sein, Käufer zu finden. Die Emittenten beauftragen deshalb häufig eine Ratingagentur, um die Qualität der Schuldverschreibung durch ein Rating zu kennzeichnen. Gleichzeitig verpflichtet sich die Ratingagentur, das Rating regelmäßig zu überprüfen. Der damit erzielbare Zinsvorteil übersteigt im allgemeinen die Kosten des Ratings.

– *Gestaltungsrechte*

Im Kontokorrentkreditvertrag ist im allgemeinen vorgesehen, daß der Gläubiger den Kredit zum Quartalsende kündigen kann. Nutzt der Gläubiger dieses Recht frühzeitig, so bestehen gute Aussichten, daß der Schuldner den Kredit zurückzahlt und der Gläubiger Ausfälle vermeidet. Geschieht dies dagegen, wenn der Schuldner kaum noch Finanzierungsspielräume besitzt, dann kann die Kreditkündigung zur Zahlungsunfähigkeit und damit zur Insolvenz führen. Dadurch können die Ausfälle des Gläubigers in ungünstigen Fällen höher sein als wenn er sein Kündigungsrecht nicht nutzt.

Auch bei Krediten mit fest vereinbarter Laufzeit steht dem Kreditinstitut ein Recht auf fristlose Kündigung zu, wenn sich die Vermögensverhältnisse des Schuldners oder der Wert der von ihm gestellten Kreditsicherheiten erheblich verschlechtern oder dies droht (§ 19, Allgemeine Geschäftsbedingungen der Banken). Das Kreditinstitut muß demnach bei Verlusten des Schuldners, die die Kreditbedienung gefährden und für den Schuldner Anreize zur Ausbeutung des Gläubigers schaffen, nicht untätig bis zur vertraglichen Fälligkeit des Kredites zusehen. Mit der Drohung einer fristlosen Kündigung kann es versuchen, den Schuldner zu einer für das Kreditinstitut vorteilhaften Politik zu veranlassen.

Schließlich können Gläubiger und Schuldner statt eines normalen Kredits eine Wandelschuldverschreibung oder eine Optionsanleihe vereinbaren. Dadurch wird der Anreiz des Schuldners zu risikoerhöhenden Investitionen gedämpft. Wenn sich nämlich die riskanten Investitionen als sehr erfolgreich erweisen und somit der Wert des Unternehmens erheblich steigt, dann profitieren hiervon nicht nur die Gesellschafter, sondern auch der Gläubiger, indem er seine Option zum Bezug von Gesellschaftsanteilen ausübt und damit Gesellschafter wird.

Der Einsatz der genannten Schutzinstrumente verursacht im allgemeinen Kosten. Daher werden sie nur eingesetzt, wenn die dadurch entstehenden Kosten durch Vorteile der Vertragsparteien überkompensiert werden. Eine vollständige, vertragliche Eliminierung unerwünschter Effekte durch Schutzinstrumente lohnt sich im allgemeinen nicht. Die Gültigkeit des Irrelevanz-Theorems wird daher eingeschränkt

– *Hedging von Investitionsrisiken*

Auch wenn ein Unternehmen gegenwärtig nur wenig verschuldet ist, so kann doch der Überschuß des Vermögens über die Schulden schnell durch äußere Einflüsse wie Katastrophenschäden oder Verluste aus ungünstigen Preisentwicklungen aufgezehrt werden. Die Gläubiger können daher die Kreditvergabe davon abhängig machen, daß Versicherungen gegen solche Schäden abgeschlossen und Verluste aus ungünstigen Preisentwicklungen nach Möglichkeit gehedgt werden. Eine explizite Vereinbarung über den Abschluß von Versicherungen ist im Kreditvertrag nur selten zu finden. Grund dafür ist allerdings nicht, daß Kreditgeber solche Versicherungen für überflüssig halten, sondern daß sie den Abschluß solcher Versicherungen für selbstverständlich halten. Solche Abschlüsse sind daher „impliziter" Bestandteil von Kreditverträgen. Dennoch sollte der Kreditgeber nicht blindlings darauf vertrauen, daß solche Versicherungen abgeschlossen werden.

Allgemein begünstigt jedes Hedging von Investitionsrisiken nicht nur die Kreditgeber, sondern auch die Kunden über eine höhere Zuverlässigkeit von Gewährleistung und Service. Auch die Arbeitnehmer fürchten weniger um ihre Arbeitsplätze. Diese Vorteile des Hedging erlauben dem Schuldner, günstigere Konditionen beim Abschluß von Verträgen mit diesen Personen zu erzielen. Daher liegt das Hedging auch im Interesse des Schuldners.

In einem vollkommenen Kapitalmarkt träten diese Effekte nicht auf, da Investition und Finanzierung trennbar wären. Bei unvollkommener Information gilt dies jedoch nicht mehr.

Als Beispiel betrachten wir eine international tätige Bank. Würde die Bank mit Sitz in Deutschland erhebliche Kredite in US-$ vergeben, ohne das Wechselkursrisiko zu hedgen, so könnten Wechselkursverluste zu Jahresfehlbeträgen führen. Träten solche Fehlbeträge mehrmals auf, so würde wohl kaum ein Kapitalgeber der Bank neues Geld zur Verfügung stellen. Denn er hätte sein Vertrauen in die Fähigkeiten der Bankmanager verloren. Die Bank wird daher entgegen dem Irrelevanztheorem das Wechselkursrisiko hedgen.

Finanzierungspolitik als Risikopolitik dient der Verstetigung des Unternehmenserfolges und der Stabilisierung der Vertrauensbeziehungen zwischen Unternehmen einerseits und Kapitalgebern, Lieferanten, Kunden und Arbeitnehmern andererseits.

Hedging kann auch zu einer Reduzierung der erwarteten Steuerbelastung des Unternehmens führen. Da der Fiskus durch die Gewinnbesteuerung an den Unternehmensgewinnen partizipiert, Verluste aber nur unter bestimmten Voraussetzungen subventioniert, sind Verluste nach Möglichkeit zu vermeiden. Bei einem Gewinnsteuersatz von 40 % zahlt z. B. ein Unternehmen mit einem risikofreien Gewinn von 100 € 40 € an Steuern. Ein anderes Unternehmen, das mit einer Wahrscheinlichkeit von je 50 % 300 € Gewinn und 100 € Verlust erzielt, zahlt im ersten Zustand 120 € an Steuern, im zweiten nichts. Seine erwartete Steuerzahlung von 60 € liegt also wegen seines hohen Risikos über der des anderen Unternehmens. Diesem Effekt kann ein Unternehmen durch Hedging der Investitionsrisiken begegnen.

– Beschränkung der Haftung

Die bisherigen Ausführungen zur Vertragsgestaltung gingen primär vom Interesse des Gläubigers aus, sich vor Ausfällen zu schützen. Umgekehrt besitzen auch die Gesellschafter des Schuldnerunternehmens ein Interesse daran, Vermögensverluste aus dem Unternehmen nicht unbegrenzt auf ihr Privatvermögen durchschlagen zu lassen, da ihnen dadurch ihre finanzielle Lebensgrundlage entzogen werden könnte. Insbesondere wird kaum jemand bereit sein, unbegrenzt für die Schulden eines Unternehmens zu haften, dessen Geschäftspolitik er nicht maßgeblich mitbestimmt. Eine effiziente Risikoallokation schließ daher häufig eine Beschränkung der persönlichen Haftung der Gesellschafter ein. Dies geschieht über die Wahl der Rechtsform des Unternehmens.

Der Ausschluß unbeschränkter Haftung führt insbesondere dann zu besserer Risikoallokation, wenn das Vermögen der Gesellschafter weitgehend in einem Unternehmen gebunden ist, während die Gläubiger vielen Unternehmen Kredit einräumen und dadurch ihr Risiko stark streuen. Es fällt den Gläubigern dann leicht, das zusätzliche Risiko aus der Haftungsbeschränkung zu tragen, während die Gesellschafter erheblich entlastet werden.

Allerdings darf die Wirkung der Haftungsbeschränkung auf Prinzipal-Agenten-Probleme nicht übersehen werden. Haften die Gesellschafter eines Unternehmens unbeschränkt für die Schulden des Unternehmens, dann haben sie bei Insolvenz die Schulden aus ihrem Privatvermögen zu decken. Nur soweit dies nicht gelingt, erleiden die Gläubiger Ausfälle. Das Prinzipal-Agenten-Problem der Verschuldung beruht auf den Möglichkeiten der Gesellschafter, den Gläubigern Ausfälle aufzubürden. Diese Möglichkeiten sind bei unbeschränkter Haftung erheblich geringer als bei beschränkter. Daher verstärkt die Haftungsbeschränkung das Prinzipal-Agenten-Problem der Verschuldung.

Das Bedürfnis der Gesellschafter, ihre Haftung zu beschränken, wird um so größer sein, je größer die Risiken aus dem Investitionsprogramm sind. Denn um so größer sind die potentiellen Ausfälle, die die Gesellschafter bei unbeschränkter Haftung aus ihrem Privatvermögen decken müssen.

2.7 Verschuldungsgrenzen

In einem vollkommenen Kapitalmarkt verliert die Unterscheidung zwischen Eigen- und Fremdkapital weitgehend ihre Bedeutung. Gemäß dem Irrelevanztheorem spielt es keine Rolle, ob der Verschuldungsgrad niedrig oder hoch ist. In der Realität zeigt sich indessen ein anderes Bild. Für junge Unternehmen ist es sehr schwer, Kredit zu beschaffen. Etablierte Unternehmen sehen sich ebenfalls nicht in der Lage, weiteren Kredit zu beschaffen, wenn ihr Verschuldungsgrad bereits hoch ist. Banken können einen Kredit unter bestimmten Bedingungen fristlos kündigen. Kommt es zu einer fristlosen Kündigung, dann ist eine anderweitige Beschaffung von Krediten außerordentlich schwierig. Eine Beteiligungsfinanzierung ist dann oft nur zu sehr ungünstigen Konditionen möglich, wenn überhaupt. In der Realität bestehen daher Verschuldungsgrenzen.

Im folgenden werden zunächst Gründe für Verschuldungsgrenzen erörtert. Diese sind zum einen institutionell bedingt, zum anderen durch Informationsmängel und Informationsasymmetrien. Danach wird gezeigt, wie die Verschuldungshöhe auf den Kreditzinssatz einwirkt. Ist der Kreditzinssatz institutionellen Grenzen unterworfen, dann folgt daraus eine Verschuldungsgrenze. Wie eng diese ist, wird vor allem durch das Risiko des Investitionsprogramms bestimmt. Die Schwierigkeiten junger Unternehmen, Kreditfinanzierung zu betreiben, resultieren vor allem aus dem Mangel an Information über zukünftige Unternehmensgewinne. Dieser Mangel wird erläutert, ebenso die Konsequenzen für die Finanzierung junger Unternehmen. Dies leitet über zur Vorstellung mezzaniner Finanzierungsinstrumente, die Elemente der Fremd- und Eigenfinanzierung verbinden. Für etablierte Unternehmen bieten sich außerdem zahlreiche Varianten der Verschuldungspolitik an, die sich in unterschiedlichen rechtlichen Regelungen von Kreditverträgen äußern wie auch in der Fristigkeit der Verschuldung.

Da die Finanzierungspolitik auch präventiv für Krisenszenarien vorsorgen soll, besteht eine Präventivmaßnahme darin, zusätzliche Kreditfinanzierungsmöglichkeiten offen zu halten. Dementsprechend setzt die Unternehmensleitung interne Verschuldungsgrenzen. Werden dennoch die von den Gläubigern oder von der Unternehmensleitung gesetzten Verschuldungsgrenzen überschritten, dann kommt es zu einer Neuordnung der Eigentumsverhältnisse am Unternehmen. Diese kann außergerichtlich oder im Rahmen eines gerichtlichen Insolvenzverfahrens vorgenommen werden.

2.7.1 Gründe für Verschuldungsgrenzen

a) Institutionelle Grenzen

Verschuldungsgrenzen werden unter anderem durch institutionelle Rahmenbedingungen erzeugt. Ein Kreditinstitut kann in einem Kreditvertrag nicht einen beliebig hohen Kreditzinssatz vereinbaren, ohne sich dem Vorwurf des Wuchers (§ 138 BGB) auszusetzen. Daher empfiehlt sich eine obere Limitierung des Kreditzinssatzes. Dementsprechend werden die Ausfallrisiken eingeschränkt, die das Kreditinstitut zu übernehmen bereit ist. Da das Ausfallrisiko mit der Verschuldung des Schuldners wächst, ergibt sich hieraus eine Verschuldungsgrenze.

Auch ist die Fähigkeit des Kreditinstituts, Kreditausfälle zu tragen, ohne selbst in Schwierigkeiten zu geraten, von Bedeutung. Kreditinstitute benötigen eigene Reserven, um Kreditausfälle zu verkraften. Bedenkt man, dass in Deutschland das in der Bilanz ausgewiesene Eigenkapital bei Kreditinstituten lediglich rund 5 % des Gesamtkapitals ausmacht, so sind (trotz der Existenz stiller Reserven) die Reserven als insgesamt relativ niedrig anzusehen. Folglich sind die Kreditinstitute gezwungen, nur Kredite mit durchschnittlich geringer Ausfallwahrscheinlichkeit zu geben, wenn sie die eigene Solvenz mit hoher Wahrscheinlichkeit sichern wollen.

Schließlich wird der Kreditsachbearbeiter einer Bank vorsichtig sein, einen Kredit zu vergeben, der mit einer relativ hohen Wahrscheinlichkeit falliert. Denn seine Karriere kann beeinträchtigt werden, wenn mehrere von ihm zu verantwortende Kredite notleidend werden.

Allerdings sind die institutionellen Grenzen in jüngerer Zeit aufgeweicht worden. Gläubiger sind zunehmend bereit, auch Kredite mit höheren Ausfallrisiken zu übernehmen, wenn sie dafür eine entsprechend hohe Ausfallprämie bekommen. Dies zeigt sich unter anderem in dem starken Wachstum des Marktes für Anleihen mit hohem Ausfallrisiko, den sogenannten Junk Bonds.

b) Mangel an Information

Um das Ausfallrisiko eines Kredits abschätzen zu können, benötigt ein Gläubiger verläßliche Informationen über die Qualität des Schuldners. Bei Unternehmenskrediten beruht eine Prognose des Ausfallrisikos zu einem erheblichen Teil auf Informationen über die Unternehmenserfolge der Vergangenheit. Diese zeigen sich in den Jahresabschlüssen. Liegen solche nicht vor, dann ist eine Prognose des Ausfallrisikos sehr schwierig. Diese Situation ist typisch für junge Unternehmen. Oft werden in den ersten Jahren nur Verluste erwirtschaftet. Ob es gelingt, in einigen Jahren die Gewinnzone zu erreichen, ist nur schwer abschätzbar. In Anbetracht des hohen Ausfallrisikos überrascht es nicht, dass Kreditinstitute eine sehr restriktive Kreditpolitik gegenüber jungen Unternehmen verfolgen.

Auch bei der Vergabe von Konsumentenkrediten verfügen die Kreditinstitute häufig nur über wenig Information, wie z. B. Alter, Geschlecht, Schulden und Einkommen des Konsumenten wie auch ggf. Verletzungen von Pflichten aus Kreditverträgen in der Vergangenheit. Da der einzelne Kredit nur ein geringes Volumen hat, lohnt sich eine eingehende Informationsbeschaffung nicht. Soweit es ohne Verstoß gegen den Wucherparagraphen möglich ist, versuchen die Kreditinstitute, in diesem Geschäft eine hohe Ausfallprämie zu erwirtschaften, so dass es trotz einer vergleichsweise hohen Ausfallrate rentabel ist.

c) Informationsvorsprünge des Schuldners

Zusätzlich zu einem Informationsmangel, der alle Parteien eines Kreditvertrags in gleicher Weise trifft, besteht häufig ein Informationsvorsprung des Schuldners vor den Gläubigern, den dieser zu Lasten der Gläubiger ausnutzen kann. Wie bereits in Kapitel VIII, Abschnitt 2.3, erläutert, erzeugt ein hoher Verschuldungsgrad Verhaltensanreize für den Schuldner, die sich zum Nachteil der Gläubiger auswirken können. Voraussetzung hierfür sind positive Informations- und Transaktionskosten, da diese einen Verhaltensspielraum des Schuldners begründen.

Gibt es keine Informationskosten, dann kann die Leitung eines Unternehmens die gegenwärtige und zukünftige Investitionspolitik bereits heute genau festlegen; dabei wird die zukünftige Investitionspolitik in Abhängigkeit von möglichen Umweltentwicklungen, also flexibel, bestimmt. Damit liegt auch der Leistungssaldo des Unternehmens in jedem zukünftigen Zustand fest. Desgleichen kann auch die gegenwärtige und zukünftige flexible Finanzierungspolitik bereits heute genau festgelegt werden. Wenn es keine Transaktionskosten gibt, dann werden in jedem Emissionsvertrag die gegenwärtigen und zukünftigen zustandsbedingten Zahlungen des Emittenten genau festgeschrieben. Jeder Kapitalgeber kennt dann den Zahlungsstrom, der auf seinen Titel entfällt. Sämtliche Probleme, die aus unerwarteten Änderungen der Investitions- und Finanzierungspolitik resultieren, entfallen daher. Ein Prinzipal-Agenten-Problem existiert nicht.

Existieren positive Informations- und sonstige Transaktionskosten, so hat dies Konsequenzen: Die vorläufige Investitions- und Finanzierungspolitik wird im Emissionsvertrag allenfalls in groben Umrissen festgelegt. Die Gläubiger können im einzelnen nicht beobachten, welches Investitions- und Finanzierungsprogramm durchgeführt wird. Daher können sie auch nicht bestimmen, welche Zahlungen ihnen in den einzelnen Zuständen zufließen werden.

Damit bestehen die im vorangehenden Kapitel beschriebenen Prinzipal-Agenten-Probleme. Die Gläubiger sind davon solange nicht betroffen, wie die Kredite mit Sicherheit getilgt und verzinst werden. Kommt es jedoch möglicherweise zur Insolvenz des Unternehmens, dann sind die Ansprüche der Gläubiger unmittelbar in ihrer Erfüllung gefährdet, zudem aber auch mittelbar durch die von potentieller Insolvenz ausgehenden Verhaltensanreize. Es kann für die Gesellschafter vorteilhaft sein, eine an sich günstige Liquidation zu unterlassen, oder eine lohnende risikofreie Investition zu unterlassen und statt dessen die Ausschüttungen zu erhöhen, oder unrentable und zugleich riskante Investitionen durchzuführen und gegebenenfalls dafür zusätzliche Kredite aufzunehmen. Die Gesellschafter können auf diese Weise bei hoher Verschuldung Unternehmensvermögen zu Lasten der Gläubiger und zu ihren eigenen Gunsten verschieben, so dass sie trotz eines insgesamt schlechteren Ergebnisses besser abschneiden.

Den Kreditgebern sind diese Zusammenhänge bekannt. Daher verweigern sie im allgemeinen neue Kredite, wenn das kreditsuchende Unternehmen bereits hoch verschuldet ist. Informationsvorsprünge des Schuldners begründen so ebenfalls eine Verschuldungsgrenze. Wie in Kap. VIII, Abschnitt 4, dargelegt, liegt es im Interesse des Schuldners, die von seinem Informationsvorsprung ausgehenden Gefahren für die Gläubiger einzuschränken. Ansonsten werden sich die Gläubiger durch hohe Zinsforderungen schadlos zu halten versuchen oder den Kredit sogar verweigern.

STIGLITZ und WEISS 1981 haben indessen gezeigt, daß es für die Gläubiger gefährlich ist, sich durch hohe Zinsforderungen schadlos zu halten. Folgende Situation liegt zugrunde. Einer Bank liegen zahlreiche Kreditanträge vor. Zwar besitzt die Bank Informationen über die einzelnen Antragsteller, jedoch bleibt eine Informationslücke über deren Qualität, gemessen an der Höhe der erwarteten Kreditausfallrate. Die einfachste Politik der Bank besteht darin, einen einheitlichen Kreditzinssatz von allen Antragstellern zu fordern, der die durchschnittlich erwartete Kreditausfallrate und eine Gewinnmarge abdeckt. Dieser einheitliche Kreditzinssatz bürdet den guten Antragstellern eine unverhältnismäßig hohe Zinslast auf, während er die schlechten Antragsteller subventioniert. Letztere werden daher den Einheitszinssatz gern akzeptieren, die guten Antragsteller werden ihn indessen nicht akzeptieren und andere Finanzierungsmöglichkeiten suchen.

Im Ergebnis wird die Bank feststellen, daß sie die guten Kreditnehmer durch ihre Politik verliert, die schlechten jedoch bekommt. Ihre Zinskalkulation erweist sich daher als unzureichend. Die adverse Selektion von Schuldnern bürdet der Bank höhere Ausfallrisiken als geplant auf. Um diese zu vermeiden, kann die Bank versuchen, ihre Schätzung der Ausfallrisiken zu verbessern, um die Kreditzinssätze entsprechend zu differenzieren, oder die Bank greift zum Instrument der Kreditrationierung. Sie verweigert die Vergabe eines Kredits mit schlecht abschätzbarem Ausfallrisiko oder reduziert zumindest den Kreditbetrag.

Kreditrationierung liegt vor, wenn ein Schuldner den von ihm gewünschten Kredit nicht oder nur teilweise bekommen kann. Grund hierfür ist nicht, daß der Schuldner die Zahlung eines seiner Qualität entsprechenden Zinssatzes verweigert, sondern daß die Bank aufgrund des Informationsgefälles zwischen ihr und den Schuldnern nicht in der Lage ist, eine rentable Kreditvergabepolitik zu sichern. Das Informationsgefälle kann daher dazu führen, daß sich „einfache" Kreditverträge, die lediglich durch Zinssatz und Kreditvolumen gekennzeichnet sind, als nicht lebensfähig erweisen und dadurch Verschuldungsgrenzen entstehen oder verschärft werden. In nachfolgenden Teilen dieses Abschnittes werden „komplexere" Verträge erörtert, die geeignet sind, die Informationsprobleme zu entschärfen.

2.7.2 Verschuldung, Kreditzinssatz und Gläubigervorrechte

Ein Blick in die Praxis zeigt, daß in den westlichen Industrieländern der statische Verschuldungsgrad (Fremdkapital/Bilanzsumme) im Durchschnitt der Unternehmen langfristig gewachsen ist. So betrug er in der Bundesrepublik Deutschland 1967 noch etwa 69 %, während er heute bei etwa 82 % liegt. Unternehmen mit einem höheren Verschuldungsgrad sehen sich mit erheblichen Problemen konfrontiert, wenn sie weitere Kredite beschaffen wollen.

Im folgenden wird der Zusammenhang zwischen Verschuldung, Kreditzinssatz und Gläubigervorrechten illustriert. Daraus lassen sich Grenzen der Verschuldung ableiten. Dabei wird von Informationsproblemen abstrahiert. Auch werden Anreizeffekte der Verschuldung ausgeklammert, es wird also ein gegebenes Investitionsprogramm des verschuldeten Unternehmens unterstellt.

Das betrachtete Unternehmen weist im Zeitpunkt 0 einen Marktwert des Gesamtkapitals V_0 (€) auf. Alle Kredite müssen im Zeitpunkt 1 getilgt und verzinst werden, bevor neue Kredite aufgenommen werden können. Die Gesellschafter sichern Tilgung und Verzinsung genau dann, wenn der Marktwert des Gesamtkapitals im Zeitpunkt 1 die Verbindlichkeiten übersteigt, dann lohnt es sich für die Gesellschafter, die Bedienung der Verbindlichkeiten, soweit erforderlich, durch neue Einlagen zu sichern. Denn sie gewinnen damit die Differenz aus Marktwert und Verbindlichkeiten. Liegt der Marktwert unter den Verbindlichkeiten, dann verweigern die Gesellschafter die für die Bedienung erforderlichen Einlagen, da sie sonst die Differenz aus Verbindlichkeiten und Marktwert verlieren würden. Sie nutzen also ihre Option, die Bedienung der Verbindlichkeiten zu verweigern. Es kommt zur Insolvenz, die Gläubiger erleiden einen Ausfall in Höhe der Differenz (Verbindlichkeiten ÷ Marktwert des Gesamtkapitals).

Dieser Sachverhalt läßt sich mit Hilfe der Optionstheorie beschreiben und analysieren. Die Gesellschafter besitzen eine Anwartschaft auf den um die Verbindlichkeiten verminderten Marktwert des gesamten Unternehmens und eine Verkaufsoption auf den Marktwert des gesamten Unternehmens mit einem Basispreis in Höhe der Verbindlichkeiten. Stillhalter dieser Option sind die Gläubiger. Die Gesellschafter üben die Option stets aus (verweigern also aufgrund ihrer Haftungsbeschränkung neue Einlagen), wenn der Marktwert unter den Verbindlichkeiten liegt, und erzielen damit einen Gewinn in Höhe der Differenz zu Lasten der Gläubiger. Der Ausschluß der persönlichen Haftung der Gesellschafter kann also interpretiert werden als Einräumung einer Verkaufsoption. Diese Option wird im folgenden näher untersucht.

Die Gläubiger haben annahmegemäß ihre Kredite sehr gut gestreut. Sie verhalten sich daher bei der Vergabe eines Einzelkredits risikoneutral. Auch die Gesellschafter verhalten sich risikoneutral.

Fall 1: Alle Kreditgeber sind bei Insolvenz gleichberechtigt. Sie verlangen daher einen gleich hohen Zinssatz. Bei Insolvenz fällt ihnen das gesamte Schuldnervermögen zu.

Fall 2: Nimmt der Schuldner zusätzlichen Kredit im Zeitpunkt 0 auf, so ist der Anspruch des neuen Kreditgebers bei Insolvenz nachrangig. Der neue Kreditgeber unterstellt daher bei seiner Kreditvergabe, daß er bei Insolvenz leer ausgeht.

Analyse von Fall 1: Sei F_0 der im Zeitpunkt 0 in Anspruch genommene Kredit, i der Kreditzinssatz, so daß der Anspruch der Kreditgeber im Zeitpunkt 1 auf $F_0(1+i)$ lautet. r sei der Sicherheitszinssatz, $\tilde{V}_1$ der stochastische Marktwert des Unternehmens im Zeitpunkt 1, $\tilde{F}_1$ die stochastische Zahlung des Unternehmens an seine Kreditgeber im Zeitpunkt 1. Schließlich gilt für $\tilde{V}_1$ die Wahrscheinlichkeitsdichte $f(V_1)$.

Die Gläubiger erhalten im Zeitpunkt 1

$$F_1 = F_0(1+i), \text{ falls } V_1 \geqq F_0(1+i),$$

$$F_1 = V_1, \qquad \text{falls } V_1 < F_0(1+i); \text{ (Insolvenz)}.$$

Die Wahrscheinlichkeit, daß es zu einem Ausfall kommt, Prob(A), ist gleich

$$\text{Prob(A)} = \int\limits_{-\infty}^{F_0(1+i)} f(V_1) \, dV_1$$

Der Erwartungswert von F_1 beträgt

$$E(F_1) = \int\limits_{-\infty}^{F_0(1+i)} V_1 \, f(V_1) \, dV_1 + \int\limits_{F_0(1+i)}^{\infty} F_0(1+i) \, f(V_1) \, dV_1$$

$$= F_0(1+i) - \int\limits_{-\infty}^{F_0(1+i)} [F_0(1+i) - V_1] \, f(V_1) \, dV_1.$$

Die erwartete Zahlung an die Gläubiger ist also gleich ihrem vertraglich fixierten Anspruch, $F_0(1+i)$, abzüglich der erwarteten Einzahlung aus einer Verkaufsoption auf das Gesamtkapital mit dem Basiskurs $F_0(1+i)$. Diese Option wird ausgeübt, wenn $F_0(1+i) > V_1$ ist; die Gläubiger erleiden dann einen Ausfall von $F_0(1+i) - V_1$. Die erwartete Einzahlung aus der Verkaufsoption ist der Erwartungswert aller Kreditausfälle.

Bei risikoneutralem Verhalten sind die Kreditinstitute indifferent zwischen einem ausfallgefährdeten und einem risikofreien Kredit in Höhe von F_0, wenn die erwartete Einzahlung aus beiden Krediten gleich groß ist. Sei $\hat{\imath}$ der Zinssatz für den riskanten Kredit, bei dem dies gilt:

$$F_0(1+\hat{\imath}) - \int\limits_{-\infty}^{F_0(1+\hat{\imath})} [F_0(1+\hat{\imath}) - V_1]\, f(V_1)\, d\,V_1 = F_0(1+r)$$

r ist der risikofreie Zinssatz. Die letzte Gleichung läßt sich umformen zu

$$F_0(\hat{\imath} - r) = \int\limits_{-\infty}^{F_0(1+\hat{\imath})} [F_0(1+\hat{\imath}) - V_1]\, f(V_1)\, d\,V_1$$

Bei Risikoneutralität ist ein Kreditinstitut also indifferent zwischen der Hergabe eines sicheren und der eines ausfallgefährdeten Kredits, wenn die vertraglich fixierte Ausfallprämie, $F_0(\hat{\imath}-r)$, gleich dem erwarteten Kreditausfall ist oder, was dasselbe bedeutet, gleich der erwarteten Einzahlung auf die zugehörige Verkaufsoption.

Die folgende Tabelle illustriert diese Zusammenhänge. Da die Größenordnung des Unternehmens, gemessen am Marktwert V_0, irrelevant ist, kann man ohne Beschränkung der Allgemeinheit $V_0 = 1$ setzen. F_0/V_0 ist der Verschuldungsgrad im Zeitpunkt 0. Dieser ist maßgeblich.

Das Zahlenbeispiel geht von einem Sicherheitszinssatz $r = 8\,\%$ aus. V_1 kann nur nichtnegative Werte annehmen, es gehorcht einer logarithmischen Normalverteilung[3] mit dem Erwartungswert $1,08\,V_0$.

Die Standardabweichung der logarithmischen Normalverteilung wird so gewählt, daß die Ausfallwahrscheinlichkeit $5\,\%$ beträgt, wenn sich der vertraglich fixierte Anspruch der Gläubiger, $F_0(1+\hat{\imath})$, auf $80\,\%$ des erwarteten Marktwertes $E(\tilde{V}_1)$ beläuft. Die zugehörigen Parameter der logarithmischen Normalverteilung sind demnach $E[\ln(\tilde{V}_1/V_0)] = 0,0648$, $\sigma[\ln(\tilde{V}_1/V_0)] = 0,1305$.

Aus Tabelle 9.5 geht hervor, daß bei einem Verschuldungsgrad von 0,80 die Ausfallwahrscheinlichkeit etwas über $5\,\%$ liegt. Eine Ausfallprämie von lediglich $0,3\,\%$ genügt im Fall 1, um die Ausfallverluste der Kreditgeber auszugleichen. Bei einem Verschuldungsgrad von 0,90 genügt eine Ausfallprämie von $2,4\,\%$, obwohl die Ausfallwahrscheinlichkeit über $28\,\%$ liegt. Folglich stützen diese Zahlen nicht die Behauptung, daß die Kreditinstitute bei Verschuldungsgraden von über $80\,\%$ Wucherzinssätze verlangen müßten, um Ausfälle zu kompensieren. Allerdings kann die zugehörige Insolvenzwahrscheinlichkeit hoch sein und den Schuldner zu einer „gesunden Insolvenz" motivieren. Bei einer „gesunden Insolvenz" versuchen die Gesellschafter, durch stille Liquidation von Vermögensgegenständen Geld freizusetzen und aus dem Unternehmen herauszuziehen. Damit ist das Ende des Unternehmens vorprogrammiert, das Nachsehen haben die Gläubiger.

---

[3] Eine solche Verteilung ist rechtsschief. Sie liegt auch dem Optionsbewertungsmodell von BLACK/SCHOLES zugrunde. Eine vereinfachte Version ihres Modells wird zur Berechnung der erwarteten Einzahlung aus der Verkaufsoption herangezogen.

Tabelle 9.5. Verschuldungsgrad, Ausfallwahrscheinlichkeit, Ausfallprämien und Verkaufsoption

Verschuldungs-grad (F_0/V_0)	Ausfallwahr-scheinlichkeit (%)	Fall 1		Fall 2 Ausfall-prämie $(i^* \text{-}r)$; (%)
		Ausfall-prämie $(\hat{\imath}\text{-}r)$; (%)	erwartete Einz. aus Verkaufs-option (€) $(F_0/V_0)(\hat{\imath}\text{-}r)$	
0,60	0,006	0,000	0,000	0,01
0,65	0,061	0,002	0,000	0,07
0,70	0,383	0,016	0,000	0,42
0,75	1,665	0,081	0,001	1,83
0,80	5,229	0,296	0,002	5,96
0,85	13,191	0,891	0,008	16,41
0,875	19,652	1,468	0,013	26,42
0,90	28,295	2,372	0,021	42,62
0,91	32,438	2,863	0,026	51,85
0,92	36,941	3,443	0,032	63,27
0,93	42,072	4,170	0,039	78,44
0,94	47,768	5,071	0,048	98,77
0,95	54,022	6,197	0,059	126,89
0,96	60,856	7,630	0,073	167,90
1,00	100	∞	∞	∞

Entscheidend für dieses Ergebnis sind jedoch die Voraussetzungen von Fall 1. Danach sind alle Kreditgeber im Konkurs gleichberechtigt. Realitätsnäher ist Fall 2, wonach die bisherigen Kreditgeber bei Insolvenz einen vorrangigen Anspruch gegenüber dem neuen Kreditgeber haben. Geht dieser davon aus, daß er bei Insolvenz nichts erhält, so ist er nur bereit, eine zusätzliche Einheit Kredit zum Zinssatz i^* zu geben, wenn gilt

$$(1 + i^*)\,[1 - \text{Prob}(A)] = 1 + r.$$

Die marginale Ausfallprämie $(i^*\text{--}r)$ beträgt dann

$$i^* - r = \frac{\text{Prob}(A)}{1 - \text{Prob}(A)}(1 + r).$$

Diese Ausfallprämie hängt lediglich von der Ausfallwahrscheinlichkeit und dem Sicherheitszinssatz ab. Sie ist in der letzten Spalte von Tab. 9.5 angegeben. Sie ist erheblich höher als die durchschnittliche Ausfallprämie im Fall 1. Einer Ausfallprämie von 6 % im Fall 1 entspricht ein Verschuldungsgrad von 0,95, im Fall 2 von 0,80. Soll die Ausfallprämie unter 10 % bleiben, so ist die Verschuldungsgrenze schon bei einem Verschuldungsgrad von etwa 0,82 erreicht.

Dieses Beispiel zeigt deutlich die Wirkung von Kreditsicherheiten auf den Verschuldungsspielraum. Der Spielraum ist um so kleiner, je großzügiger Kreditsicherheiten eingeräumt wurden. Denn umso geringer ist die Haftungsmasse für einen zusätzlichen Kredit, eine um so höhere Ausfallprämie oder Besicherung ist bei einer zusätzlichen Verschuldung erforderlich.

2.7.3 Verschuldungsgrenze und Risiko des Investitionsprogramms

Im vorangehenden Beispiel wurde das Investitionsprogramm als gegeben unterstellt, folglich auch das Risiko hieraus. Dieses Risiko variiert jedoch erheblich von Unternehmen zu Unternehmen. Das Risiko eines Stromversorgers ist im allgemeinen erheblich geringer als das eines Telekommunikationsunternehmens. Dieses Risiko ist eine zentrale Determinante der Verschuldungsgrenze. Abbildung 9.3 verdeutlicht dies.

Auf der Abszisse ist der im Zeitpunkt 1 bestehende Marktwert der Leistungssalden des Unternehmens abgetragen, die in den Zeitpunkten 1, 2, 3, ... anfallen. Für zwei sich wechselseitig ausschließende Investitionsprogramme zeigt die Abbildung die Wahrscheinlichkeitsverteilung ihrer Marktwerte. Die beiden schraffierten Flächen kennzeichnen jeweils $\alpha\%$ der Wahrscheinlichkeitsmasse, d. h. die Wahrscheinlichkeit dafür, daß der Marktwert unter V_I bzw. V_{II} liegt, beträgt jeweils $\alpha\%$.

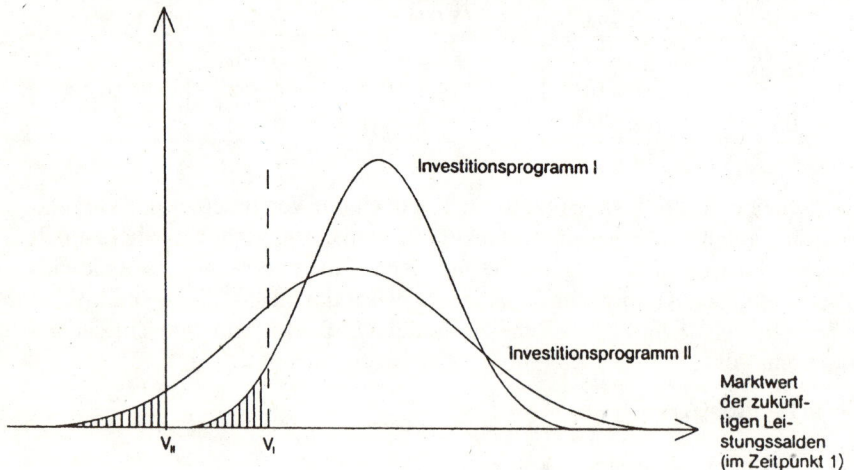

Abb. 9.3. Risiken aus dem Investitionsprogramm und Verschuldungsgrenzen

Zur Insolvenz kommt es annahmegemäß dann, wenn der Marktwert der Leistungssalden kleiner ist als die Verbindlichkeiten des Unternehmens. Zu diesen Verbindlichkeiten zählen hier nicht diejenigen gegenüber Arbeitnehmern und Lieferanten, da ihre Bezahlung die zukünftigen Leistungssalden vermindert. Soll die Insolvenzwahrscheinlichkeit nicht größer als $\alpha\%$ sein, so kann das Unternehmen nur Verbindlichkeiten bis zum Betrag V_I bzw. V_{II} eingehen. Da bei dem hoch riskanten Investitionsprogramm II V_{II} gleich Null ist, kann das Unternehmen keine Verbindlichkeiten eingehen. Das weniger riskante Investitionsprogramm I erlaubt indessen eine Verschuldung bis zum Betrag V_I. Soweit darüber hinaus ein Bedarf an finanziellen Mitteln besteht, ist er durch Einlagen zu finanzieren. Der Bedarf an Beteiligungskapital ist daher bei Investitionsprogramm II deutlich größer als bei Programm I, wenn beide Programme dieselbe Anfangsauszahlung verursachen.

Die vorangehenden Darlegungen können auch anhand der Optionstheorie verdeutlicht werden. Die Gläubiger wollen die erwarteten Kreditausfälle, also den Wert der Verkaufsoption, deren Stillhalter sie sind, beschränken. Würden sie bei beiden Investitionsprogrammen einen gleich hohen Kredit einräumen, so wären die erwarteten Ausfälle bei Investitionsprogramm II deutlich höher. Dies liegt am höheren Risiko von Programm II. Da der Wert einer Option mit dem Risiko wächst, ist die mit dem Kredit verbundene Verkaufsoption bei Programm II wertvoller. Die Gläubiger werden daher den Gesellschaftern eine solch wertvollere Option nur dann einräumen, wenn sie dafür anderweitig eine Vergütung bekommen, oder aber den Kredit und damit den Wert der Verkaufsoption reduzieren.

2.7.4 Finanzierung junger Unternehmen

Besonders eng sind die Verschuldungsgrenzen bei jungen Unternehmen. Weit weniger als die Hälfte der neu gegründeten Unternehmen erweist sich im Durchschnitt als erfolgreich. Wenn man annimmt, dass die Hälfte der neu gegründeten Unternehmen in relativ kurzer Zeit insolvent wird, zeigt sich die Schwierigkeit einer Kreditvereinbarung. Wenn die kreditgebende Bank eine erwartete Rendite in Höhe des Sicherheitszinssatzes r bei einem Kredit über ein Jahr erzielen möchte, dann muss sie einen Kreditzinssatz i* verlangen, der der Gleichung genügt

$$p(1 + i^*) + (1 - p)Q = 1 + r.$$

Hierbei ist p die Wahrscheinlichkeit, dass der Kredit vollständig bedient wird. Q ist die Rückzahlungsquote bei Insolvenz, ausgedrückt als Anteil des Nennwerts des Kredits.

Aus der vorangehenden Gleichung folgt

$$i^* = \frac{1-p}{p}(1 - Q) + \frac{1}{p}r$$

Der Kreditzinssatz gleicht also dem gewogenen Durchschnitt aus dem Sicherheitszins und der Ausfallrate $(1 - Q)$ bei Ausfall. Bei einem Sicherheitszinssatz von r = 5 %, einer Wahrscheinlichkeit p = $\frac{1}{2}$ und einer Ausfallrate $1 - Q = 40$ % ergibt sich ein Kreditzinssatz von 50 %, ein für die meisten Unternehmen inakzeptabler Satz. Eine nennenswerte Verschuldung zu solchen Konditionen käme für die meisten jungen Unternehmen nicht in Betracht.

Die Ursache hierfür liegt in der hohen Ausfallwahrscheinlichkeit des Kredites. Sie ist darin begründet, dass es für einen Kreditgeber sehr schwer ist, zwischen erfolgreichen und nicht erfolgreichen Unternehmen zu unterscheiden. Bei jungen Unternehmen liegen kaum Erfahrungen vor, vielleicht ein bis zwei durch Anlaufverluste geprägte Jahresabschlüsse. Dies ist eine sehr schmale Informationsbasis. Je älter ein Unternehmen wird, umso besser wird die Informationslage, umso leichter lassen sich erfolgreiche Unternehmen identifizieren. Diese können dann leichter Kredit beschaffen.

In Anbetracht des hohen Risikos eines jungen Unternehmens liegt eine Beteiligungsfinanzierung nahe. Diese sichert dem Kapitalgeber im Falle des Erfolges hohe Einzahlungsüberschüsse. Dies kann, auf die erforderliche Anfangsinvestition bezogen, eine attraktive erwartete Rendite abwerfen. Wird die Aussicht auf hohe Einzahlungsüberschüsse wie beim klassischen Kredit ausgeklammert, dann rentiert sich eine Kapitalanlage nicht.

Wird das Unternehmen ausschließlich durch externe Kapitalgeber über Beteiligungstitel finanziert, dann besteht für den Jungunternehmer kein finanzieller Anreiz sich anzustrengen. Denn die Erfolge kommen fast ausschließlich den Kapitalgebern zugute. Eine andere Variante besteht daher in einer Mischung aus Beteiligungstiteln und Wandelschuldverschreibungen. Der Jungunternehmer erhält für die Einbringung seines technologischen Wissens und seiner Arbeitskraft einen Teil der Beteiligungstitel, die der externe Kapitalgeber gegen Einlage erworben hat. Zusätzlich bringt der Kapitalgeber Fremdkapital ein und erhält dafür Wandelschuldverschreibungen. Die Verteilung des Einzahlungsüberschusses des Unternehmens bei dieser Finanzierung verdeutlicht Abb. 9.4 für den Einperiodenfall. D ist der Anspruch aus der Anleihe.

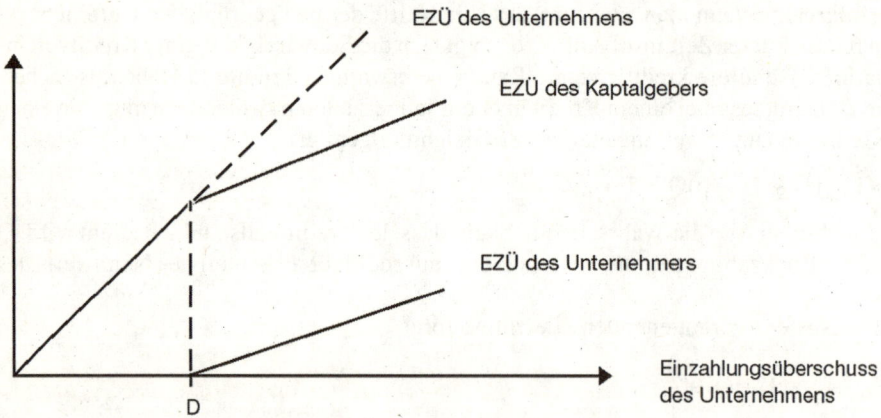

Abb. 9.4. Verteilung des Einzahlungsüberschusses EZÜ des Unternehmens auf Kapitalgeber und Unternehmer bei Finanzierung mit Beteiligungstiteln und Wandelschuldverschreibungen

Sofern der Einzahlungsüberschuss unter D liegt, fällt der gesamte Einzahlungsüberschuss an den Kapitalgeber als Inhaber der Anleihe. Liegt der Einzahlungsüberschuss über D, dann wandelt der Kapitalgeber seine Schuldverschreibung in Beteiligungstitel und erhöht damit seinen Anteil am Einzahlungsüberschuss.

Mit dieser Finanzierung wird Verschiedenes erreicht. (1) Der Unternehmer erhält einen starken Leistungsanreiz. Er bekommt nur dann etwas vom Einzahlungsüberschuss des Unternehmens, wenn dieser den Betrag D übersteigt. (2) Infolge des Wandlungsrechts kann die Anleihe mit einem „normalen" Zins ausgestattet werden. Daher können unterschiedliche Kapitalgeber für den Erwerb der Wandelschuldverschreibungen und für den Beteiligungstitel gewonnen werden.

Häufig wird in der Realität allerdings eine andere Vorgehensweise gewählt. Der Jungunternehmer versucht, eine Venture Capital (VC)-Gesellschaft als Kapitalgeber zu gewinnen. VC-Gesellschaften sind auf die Finanzierung junger Unternehmen spezialisiert. Sie übernehmen Beteiligungstitel und häufig auch Schuldtitel. Sie engagieren sich gleichzeitig als Management-Experten in der Unternehmensführung und decken damit das häufig bestehende Führungsdefizit des Jungunternehmers ab. Außerdem schützt die Mitwirkung die VC-Gesellschaft weitgehend vor opportunistischem Verhalten des Jungunternehmers. Denn infolge ihrer besseren Information und ihrer Einwirkungsrechte kann sie opportunistischem Verhalten vorbeugen. Die Verträge, die VC-Gesellschaften mit Jungunternehmern abschließen, sind infolge der Verkoppelung von Management- und Finanzierungsaufgaben komplex.

VC-Gesellschaften engagieren sich gewöhnlich nur für einen begrenzten Zeitraum im Unternehmen. Erweist sich das Unternehmen als nicht erfolgreich, dann zieht sich die VC-Gesellschaft unter Inkaufnahme eines Kapitalverlustes zurück. Im Erfolgsfall versucht die VC-Gesellschaft, ihre Beteiligung an den Jungunternehmer oder an Dritte zu veräußern. Als besonders vorteilhaft erweist sich häufig eine Emission von Aktien, verbunden mit einer Börseneinführung, ein sogenanntes Initial Public Offering (IPO). Da das Risiko des Unternehmens dadurch auf eine Vielzahl von Aktionären verteilt werden kann, lassen sich vergleichsweise hohe Emissionskurse erzielen.

Die temporäre Einbindung einer VC-Gesellschaft erweist sich oft als attraktiv für den Jungunternehmer. Diese bringt das notwendige Kapital und Managementwissen ein, opportunistisches Verhalten wird weitgehend eingeschränkt. Hat sich das Unternehmen erfolgreich etabliert, dann erübrigt sich die Mitwirkung der VC-Gesellschaft. Es existieren dann auch Jahresabschlüsse mehrerer Jahre, so daß externe Kapitalgeber gewonnen werden können, sowohl für die Beteiligungs- als auch für die Kreditfinanzierung.

2.7.5   Mezzanine Finanzierungsinstrumente

Die klassische Beteiligungs- und die klassische Kreditfinanzierung stellen einfache Finanzierungsinstrumente dar. Infolge von Verschuldungsgrenzen stößt die klassische Kreditfinanzierung oft auf Schwierigkeiten. Beschränkt sich das Unternehmen auf die klassische Beteiligungsfinanzierung, dann werden damit solche Kapitalgeber ausgeschlossen, denen Beteiligungstitel zu riskant erscheinen. Auch ist es zahlreichen institutionellen Investoren nicht erlaubt, Beteiligungstitel zu erwerben. Daher werden zunehmend mezzanine Finanzierungsinstrumente eingesetzt, die Elemente von Beteiligungs- und Forderungstiteln verbinden.

Beispiele sind Wandelschuldverschreibungen und Optionsanleihen. Kreditinstitute emittieren häufig Genußscheine. Sie sind Forderungstitel mit einer festen Verzinsung, die jedoch dann gekürzt wird, wenn das Unternehmen Verluste erleidet. Seltener sind Gewinnobligationen. Bei ihnen wird neben einer festen Grundverzinsung eine gewinnabhängige Zusatzverzinsung gezahlt.

Mezzanine Titel können, abweichend von klassischen Forderungstiteln, mit Einwirkungsrechten des Titelinhabers und weiteren Optionen ausgestattet werden. Durch den Einsatz solcher Titel kann es gelingen, Verschuldungsgrenzen zu umgehen oder aufzuweichen. Gleichzeitig wird es möglich, unerwünschte Verhaltensanreize einzuschränken und damit einer effizienten Vertragsgestaltung näherzukommen. Dies soll an einem Beispiel erläutert werden.

Ein Unternehmen kann zwischen zwei Investitionsalternativen wählen, die beide eine Anfangsauszahlung von 100 € erfordern. Alternative II wirft mit Sicherheit nach einem Jahr 110 € ab, Alternative I mit gleicher Wahrscheinlichkeit 70 € oder 140 €. Die Rendite von Alternative II beträgt 10 %, die erwartete Rendite von Alternative I 5 %. Alternative I hat einen negativen Kapitalwert, Alternative II einen Kapitalwert von 0 bei einem Sicherheitszinssatz von 10 %. Das Unternehmen verfügt über 20 € und benötigt zur Finanzierung 80 € an Kredit. Folgende Varianten des Kreditvertrags werden diskutiert:

Variante 1: Die Gläubiger geben einen Kredit von 80 € zum Zinssatz von 10 %, Einwirkungsrechte stehen ihnen nicht zu.

Aufgrund ihrer Forderung von 88 € erhalten die Gläubiger bei Alternative II diesen Betrag, die Gesellschafter 110-88 = 22 €. Bei Alternative I beträgt der Erwartungswert der Einzahlung für die Gläubiger $1/2 \cdot 88 + 1/2 \cdot 70 = 79$ €, für die Gesellschafter 105-79 = 26 €. Bei mäßiger Risikoscheu ziehen die Gesellschafter die inferiore Alternative I vor. Wenn die Gläubiger die Sachlage durchschauen, werden sie den klassischen Kredit gemäß Variante 1 verweigern. Eine andere Vereinbarung ist daher erforderlich.

Variante 2: Die Gläubiger geben einen Kredit von 80 € zum Zinssatz von 10 %; die Realisierung von Alternative II wird vereinbart.

Bei dieser Variante wird der Interessenkonflikt zwischen Gesellschaftern und Gläubigern von vornherein durch eine vertragliche Festlegung der Investitionspolitik kanalisiert. Neben den Kosten der Vertragsvereinbarung entstehen solche der Überwachung, denn die Gläubiger werden die Einhaltung des Vertrages überwachen.

Variante 3: Die Gläubiger geben einen Kredit zum Zinssatz von 10 %. Die Gesellschafter übereignen den Gläubigern zur Sicherheit wertbeständiges Privatvermögen, so daß der Anspruch der Gläubiger gegebenenfalls aus der Verwertung dieses Vermögens gedeckt werden kann.

Bei dieser Variante erhalten die Gläubiger stets den Betrag von 88 €, sie sind vor einer sie schädigenden Investitionspolitik der Gesellschafter geschützt. Die Gesellschafter tragen die Folgen ihrer Investitionsentscheidung allein. Sie werden daher Alternative II wählen, wie bei reiner Beteiligungsfinanzierung. Neben den Kosten der Vertragsvereinbarung entstehen Kosten der Sicherungsübereignung und der potentiellen Verwertung der Sicherheiten.

Variante 4: Die Gläubiger geben einen Kredit von 80 € zu einem Zinssatz von 32,5 %, so daß das Kreditgeschäft auch bei Wahl von Alternative I für sie vorteilhaft ist.

Dieser Variante liegt folgende Überlegung zugrunde: Die Gläubiger wissen, daß die Gesellschafter bei einem festen Gläubigeranspruch Alternative I wählen, sofern der

Kreditvertrag ihnen diese Wahl überläßt. Die Gläubiger setzen daher den Kreditzins-satz von vornherein so hoch an, daß sie auch bei Alternative I noch einen Vorteil erzielen. Die Gesellschafter wählen tatsächlich Alternative I.

Für die Gesellschafter ist das Ergebnis jedoch unbefriedigend: Wenn nämlich die Gläubiger sich über einen Zinssatz von 32,5 % einen erwarteten Einzahlungsüber-schuss von mindestens 88 € sichern, bleibt für die Gesellschafter 105-88 = 17 €. Dann würden die Gesellschafter überhaupt nicht investieren. Die Gesellschafter wer-den daher Variante 2 vorziehen, d. h., sie werden gern ihre Entscheidungsfreiheit ver-traglich einschränken, um günstigere Kreditkonditionen zu erzielen. Für die Gesell-schafter ist also eine freiwillige Selbstbindung günstiger. Im Ergebnis wird dann wie-der Alternative II gewählt.

Variante 5:   Die Gläubiger geben einen Kredit von 80 € zu einem Zinssatz, dessen Höhe von der gewählten Investitionsalternative abhängt. Der Zinssatz wird jeweils so festgelegt, daß die Gläubiger an dem Kreditgeschäft gerade noch verdienen.

Bei dieser Vertragsvariante können die Gesellschafter durch ihre Entscheidung keine externen Effekte erzeugen, denn über die Anpassung des Kreditzinssatzes werden diese Effekte internalisiert, d. h. auf die Gesellschafter zurückverlagert. Die Gesell-schafter wählen daher wieder dieselbe Alternative wie bei reiner Beteiligungs-finanzierung, nämlich Alternative II. An Kosten entstehen hier im wesentlichen die der Vertragsvereinbarung und Überwachung. Variante 5 ist äquivalent zu Vari-ante 6.

Variante 6:   Die Gläubiger erwerben für 80 € eine Wandelschuldverschreibung mit einem Nennwert von 80 € und einem Zinssatz von 10 %. Das Wand-lungsrecht ermöglicht ihnen, ihre Schuldverschreibung gegen 75,7 % des Beteiligungskapitals einzutauschen.

Die Wandlung lohnt sich ab einem Einzahlungsüberschuß von 88/0,757 = 116,25 €. Bei Alternative I haben die Gläubiger daher einen erwarteten Einzahlungsüberschuß von $1/2 \cdot 70 + 1/2 \cdot 0{,}757 \cdot 140 = 88$ €, ebenso wie bei Alternative II. Die Gesell-schafter werden Alternative I vorziehen. Die Transaktionskosten sind denen von Va-riante 5 ähnlich.

Variante 7:   Die Gläubiger geben einen Kredit von 80 € zu einem Zinssatz von 10 %, gleichzeitig werden ihnen Einwirkungs- und Informationsrechte einge-räumt.

Ob es bei dieser Vertragsvariante zur Wahl von Alternative I oder II kommt, hängt von der Stärke der Einwirkungsrechte der Gläubiger ab. Können sie ihre Vorstellungen durchsetzen, so wird Alternative II gewählt, ansonten Alternative I. Können die Ge-sellschafter ihre Vorstellungen durchsetzen, so werden die Gläubiger wie in Variante 1 einen entsprechenden Verlust erleiden und daher den Kredit verweigern.

Neben den genannten Vertragsvarianten existieren weitere, die hier jedoch nicht erörtert werden. Statt dessen soll der Frage nachgegangen werden, welche Variante am ehesten gewählt wird. Varianten, die zur Wahl von Alternative I führen, haben nur geringe Realisierungschancen. Denn Alternative I wirft einen geringeren erwarteten Einzahlungsüberschuß ab und erzeugt ein höheres Risiko als Alternative II. Gläubiger und Gesellschafter können gewinnen, indem sie statt der ersten die zweite Alternative realisieren. Dies zeigen auch die Erörterungen der Varianten. Die Varianten 1, 4 und eventuell auch 7 führen zur Wahl von Alternative I. Variante 1 wird jedoch von den Gläubigern, Variante 4 von den Gesellschaftern nicht akzeptiert. Ebenso lehnen die Gläubiger Variante 7 ab, wenn sie ihre Vorstellungen nicht durchsetzen können. Damit bleiben nur die Varianten, die zur Realisierung der insgesamt besseren Alternative II führen.

Gibt es keine Transaktionskosten, so sind alle Varianten, die zur Wahl von Alternative II führen, gleich gut. Existieren jedoch Transaktionskosten (einschließlich Informationskosten), dann ist von diesen diejenige mit den geringsten Transaktionskosten am besten.

Ist es z. B. für die Gläubiger teuer, sich mit dem Investitionsproblem näher vertraut zu machen, sind die Kosten der Sicherungsübereignung jedoch gering, so ist Variante 3 günstig. Denn sie ermöglicht den Gläubigern, sich mit geringen Kosten vor Schäden durch einseitige Maßnahmen der Gesellschafter zu schützen; gleichzeitig motiviert sie die Gesellschafter, die insgesamt beste Investitionsalternative zu wählen. Verfügen indessen die Gesellschafter nicht über genügend Privatvermögen, so mag Variante 5 oder 6 am günstigsten sein.

Noch günstiger kann Variante 7 sein, so zum Beispiel, wenn die Umsetzung einer Investitionsalternative mehrere Jahre benötigt und weder die Gesellschafter noch Gläubiger beim Abschluß des Kreditvertrages die zukünftige Entwicklung zuverlässig einschätzen können. Dann sind in den kommenden Jahren jeweils weitere Entscheidungen zu fällen. Durch Informations- und Einwirkungsrechte können die Gläubiger dann einseitigen Entscheidungen der Gesellschafter begegnen.

In der Realität werden zahlreiche Vertragsvarianten miteinander vermischt, um die Vorteile einzelner Varianten unter Vermeidung ihrer Nachteile zu verbinden. Einige Nachteile werden im folgenden erwähnt:

1. Variante 2 kann dem Schuldner durch detaillierte Festlegung der Investitionsstrategie vorteilhafte Möglichkeiten der Anpassung an einzelne Umweltentwicklungen rauben und damit auch dem Gläubiger Schaden zufügen.
2. Variante 3 lädt alle Investitionsrisiken den Gesellschaftern auf und verhindert damit eventuell eine optimale Verteilung der Risiken auf Gesellschafter und Gläubiger.
3. Variante 7 kann aus rechtlicher Sicht problematisch werden, weil die Rechtsprechung dem Gläubiger Zurückhaltung bei der Nutzung von Einwirkungsrechten auferlegt.

Indem die Elemente verschiedener Vertragsvarianten genutzt werden, kann es gelingen, die Nachteile dieser Varianten abzuschwächen, ohne damit die Vorteile aufzugeben. Gelingt dies, so wird ein effizienter Vertrag gewählt, Verschuldungsgrenzen werden nicht wirksam.

2.7.6 Die Fristigkeit der Verschuldung

Eng verknüpft mit der effizienten Vertragsgestaltung ist auch die Fristigkeit der Verschuldung. Bei Irrelevanz der Finanzierung ist es gleichgültig, ob ein Unternehmen sich kurz- oder langfristig oder zugleich kurz- und langfristig verschuldet. Unvollkommenheiten des Kapitalmarktes lassen dies jedoch fragwürdig erscheinen. Kreditverhandlungen und vorzeitige Kredittilgungen verursachen Kosten; die Spanne zwischen Soll- und Habenzins macht eine simultane Verschuldung und Geldanlage kostspielig; private und betriebliche Verschuldung über 10 Jahre hinaus sind in Deutschland nur mit der Stellung langfristig werthaltiger Kreditsicherheiten zu erreichen. Ansonsten bestehen enge Grenzen langfristiger Verschuldung gegenüber Kapitalgebern.

Verbunden mit der Fristigkeit der Verschuldung ist das Verlangen der Kreditgeber nach Einwirkungs- und Gestaltungsrechten sowie Kreditsicherheiten. Ein de jure kurzfristiger Kredit wie z. B. der Kontokorrentkredit räumt dem Kreditgeber das Recht ein, die Tilgung des Kredites kurzfristig zu verlangen. Die Drohung, dieses Gestaltungsrecht zu nutzen, kann er einsetzen, um auf die Geschäftspolitik des Schuldners einzuwirken. Oder er kündigt den Kredit tatsächlich, wenn ihm die Geschäftspolitik mißfällt. Insofern kann sich der Kreditgeber partiell vor unerwünschten Entwicklungen schützen.

Diese Möglichkeit ist bei Vergabe eines langfristigen Kredits erheblich eingeschränkt. Um sich dennoch vor unerwünschten Entwicklungen zu schützen, bestehen die Kreditgeber bei langfristiger Finanzierung im allgemeinen auf erstklassigen Kreditsicherheiten wie Grundpfandrechten. Bei kurzfristiger Finanzierung verzichtet der Kreditgeber manchmal ganz auf Sicherheiten bzw. begnügt sich mit zweitklassigen Sicherheiten wie der Zession.

Die Wahl zwischen kurz- und langfristiger Kreditfinanzierung ist daher auch eine Wahl zwischen der Einräumung von Einwirkungs- und Gestaltungsrechten einerseits und der Vergabe von Sicherheiten andererseits. Für die Finanzierungspolitik bietet sich ein Mittelweg an: Man nehme kurzfristigen Kredit gegen Einräumung von Einwirkungs- und Gestaltungsrechten auf, schränke jedoch deren Umfang und Wirkung ein, indem man gleichzeitig langfristig finanziert und ein Reservoir an unbelasteten Grundstücken hält. Die Wirkung der Einwirkungs- und Gestaltungsrechte der Gläubiger kurzfristiger Kredite ist dann gering, weil der Schuldner sich bei Kündigung anderweitig gegen Einräumung von Grundpfandrechten refinanzieren kann. Das Reservoir an unbelasteten Grundstücken sichert gleichzeitig eine Verschuldungsreserve.

Die Fristigkeit der Finanzierung soll gleichzeitig so gewählt werden, daß eine unnötige Zinsbelastung aus gleichzeitiger Geldaufnahme und -anlage möglichst vermieden und das Refinanzierungsrisiko gering gehalten wird. Um gleichzeitige Geldaufnahme und -anlage zu vermeiden, erweist sich eine synchrone Finanzierung als zweckmäßig. Korrigiert man die zukünftigen Leistungssalden des Unternehmens um geplante Einlagen und Entnahmen, so ist die geplante Fremdfinanzierung synchron, wenn sie Auszahlungsüberschüsse genau in Höhe der korrigierten Leistungssalden verursacht. Die Zahlungsfähigkeit des Unternehmens ist dann gerade gewährleistet.[4]

---

[4] Dieses Ergebnis ähnelt der Forderung der goldenen Finanzierungsregel, wonach die Fristigkeit der Finanzierung der Fristigkeit der Kapitalbindung entsprechen soll. Allerdings ist die goldene Finanzierungsregel an der Bilanz orientiert und nicht an den zukünftigen Leistungssalden.

Ein Beispiel veranschaulicht dies: Infolge einer größeren Investition lauten die geschätzten korrigierten Leistungssalden der nächsten Jahre auf –5000, 2000, 500, 4000 €. Eine synchrone Fremdfinanzierung verursacht Auszahlungsüberschüsse in Höhe dieser Salden, wobei der letzte Auszahlungsüberschuß auch unter 4000 € bleiben kann. Sie kann kurzfristig revolvierend oder mittel- bis langfristig angelegt sein.

Bei kurzfristig revolvierender Politik wird von Jahr zu Jahr eine neue Kreditvereinbarung getroffen. Bei mittel- bis langfristiger Politik wird von vornherein in nur einer Kreditverhandlung eine synchrone Fremdfinanzierung vereinbart. Bei jährlich zu zahlenden Zinsen (Z) von 10 % kann ein synchrones Finanzierungspaket mit einem „kurzfristigen„ Kredit von 1500 €, einem „mittelfristigen" von 150 € und einem „langfristigen" von 3350 € vereinbart werden. Denselben Effekt erzielt ein Darlehen über 5000 € mit den Tilgungsraten 1500, 150 und 3350 €.

Tabelle 9.6. Synchrone Finanzierung

Zeit- punkt	Leistungs- saldo	Kreditaufnahme (+) und Tilgung (–)			Zinsen	Überschuß
		kurzfr.	mittelfr.	langfr.		
0	– 5.000	1.500	150	3.350	–	–
1	2.000	– 1.500	–	–	– 500	–
2	500	–	– 150	–	–350	–
3	4.000	–	–	– 3.350	– 335	315

Ergänzt wird diese Fälligkeitsstruktur durch Inanspruchnahme eines Kontokorrentkredits, über den tägliche Schwankungen des Leistungssaldos abgefangen werden. Um eine Zwischenanlage überschüssiger Mittel zu vermeiden, kann man die längerfristige Finanzierung zu Lasten des Kontokorrents so weit verringern, daß das Kontokorrentkonto im allgemeinen einen Sollsaldo aufweist.

Die Festlegung der Fälligkeitsstruktur verliert an Bedeutung, wenn ein Unternehmen laufend investiert und sein Kapitalbedarf im Zeitablauf wächst. Dann erfordert jede Tilgung eine Refinanzierung. Es ist dann zweckmäßig, von Anfang an einen langfristigen Kredit zu vereinbaren. Die dadurch entstehenden Transaktionskosten sind geringer als bei kurzfristig revolvierender Verschuldung. Denn sie erfordert jährlich neue Verhandlungen. Außerdem vermindert eine langfristige Finanzierung das Refinanzierungsrisiko: Sowohl das Risiko, daß bei kurzfristiger Finanzierung die notwendige Anschlußfinanzierung mißlingt, als auch das Risiko, bei der Anschlußfinanzierung höhere Zinsen zahlen zu müssen, entfallen.

Das Zinsänderungsrisiko kann allerdings auch bewußt in Kauf genommen werden. Die Unternehmensleitung geht z. B. davon aus, daß die Kreditzinssätze in den kommenden Perioden so stark sinken werden, daß die Zinsbelastung insgesamt bei kurzfristig revolvierender Fremdfinanzierung niedriger ist als bei langfristiger. Dann wird sie eine kurzfristige Fremdfinanzierung vorziehen.

2.7.7   Risiko- und Verschuldungsgrenzen seitens der Unternehmensleitung

Zu den wichtigsten Aufgaben des Finanzbereichs gehört die Sicherung der Zahlungsfähigkeit des Unternehmens. Zur Zahlungsunfähigkeit kommt es umso eher, je höher die Verschuldung ist.

Operiert ein Unternehmen an der von den Gläubigern gesetzten Verschuldungsgrenze, so kann es später keine weiteren Kredite beschaffen, wenn eine ungünstige Entwicklung zu einem zusätzlichen Bedarf an finanziellen Mitteln führt. Prinzipiell besteht dann zwar die Möglichkeit, mit den Gesellschaftern über zusätzliche Einlagen oder mit den Gläubigern über eine Erhöhung der Kreditlimite zu verhandeln. Erstens benötigen die Kapitalgeber jedoch Zeit zur Vorbereitung ihrer Entscheidung, zweitens ist es relativ schwierig, die Kapitalgeber bei ungünstigen Geschäftsentwicklungen für die Bereitstellung zusätzlicher Mittel zu gewinnen, drittens mag es sein, daß die Gesellschafter über keine finanziellen Reserven verfügen und andere Gesellschafter kaum zu gewinnen sind. Daher ist es für das Unternehmen zweckmäßig, sich eine rasch nutzbare Verschuldungsreserve offenzuhalten. Die von der Unternehmensleitung geplante Verschuldungsgrenze ergibt sich dann wie folgt:

von den Gläubigern gesetzte Verschuldungsgrenze
–   vom Unternehmen geplante Verschuldungsreserve

=   vom Unternehmen geplante Verschuldungsgrenze.

Die Verschuldungsreserve kann einerseits als Liquiditätsreserve für das bestehende Investitionsprogramm dienen, andererseits als Finanzierungsquelle für mögliche zukünftige Erweiterungen des Investitionsprogramms. Wie in Kap. V, Abschnitt 4.4 ausgeführt wird, ist die Liquiditätsreserve eine Reserve an finanziellen Mitteln für negative Abweichungen zukünftiger Leistungssalden von ihren Erwartungswerten. Diese Abweichungen können um so größer werden, je größer das Risiko der Leistungssalden ist.

Hier zeigt sich der Zusammenhang zwischen Verschuldungsreserve und Risiko des Investitionsprogramms. Bei gegebenem Eigenkapital ist das Risiko des Investitionsprogramms so zu beschränken, daß potentielle Verluste das Eigenkapital nur mit einer sehr kleinen Wahrscheinlichkeit aufzehren. Da solche Verluste oft mit einem Abfluß von finanziellen Mitteln verbunden sind, kann die Zahlungsunfähigkeit des Unternehmens nur bei einer entsprechend hohen Liquiditätsreserve gesichert werden. Dies wird aber durch den Verschuldungsspielraum beschränkt, der seinerseits durch das Risiko des Investitionsprogramms beschränkt wird (siehe Abschnitt 2.6.3). Um einen ausreichenden Verschuldungsspielraum auch für schwierige Zeiten zu sichern, ist daher eine entsprechende Beschränkung des Risikos des Investitionsprogramms unerläßlich.

Wird die Verschuldungsreserve auch noch als Finanzierungsquelle für mögliche zukünftige Erweiterungen des Investitionsprogramms eingesetzt, so ist die vom Unternehmen gesetzte gegenwärtige Verschuldungsgrenze entsprechend zu verschärfen. Dieser Aspekt ist insbesondere wichtig bei Unternehmen, denen weitere Beteiligungsfinanzierungen verschlossen sind. Investitions- und Verschuldungsvolumen sind dann hoch korreliert. Wird die Verschuldungsgrenze erreicht, dann sind weitere Investitionen nicht finanzierbar.

2.8 Verfahren zur Neuordnung der Eigentumsverhältnisse

Wenn ein Unternehmen seine geplanten Auszahlungen nicht aus Einzahlungen und vorhandenen liquiden Mitteln decken kann, wird es zunächst versuchen, zusätzliche Mittel durch Kreditaufnahme oder Aufnahme von Beteiligungskapital zu erhalten, oder auch Auszahlungen zu reduzieren, etwa durch Einschränkung von Investitionen. Gelingt all dies nicht, dann droht Zahlungsunfähigkeit. Eine Lösung dieser bedrohlichen Situation ist auf verschiedenen Wegen erreichbar:

- Das Unternehmen wird stillschweigend liquidiert.
- Das Unternehmen wird an andere Gesellschafter veräußert, die die Verschuldung zurückführen.
- Gläubiger und Gesellschafter führen in einem außergerichtlichen Vergleich die Verschuldung zurück.
- Es kommt zu einem gerichtlichen Insolvenzverfahren, in dem das Unternehmen liquidiert oder die Eigentumsverhältnisse neu geordnet werden.

Häufig ist zu beobachten, daß Unternehmen, die an ihre Verschuldungsgrenzen stoßen, auch unter einer schlechten Geschäftslage leiden. Daher wird bei Eintritt von Zahlungsschwierigkeiten zu klären sein, ob sich eine Fortführung des Unternehmens lohnt, unabhängig von einer Neuordnung der Eigentumsverhältnisse. Zunächst wird daher die Entscheidung zwischen Fortführung und Liquidation aufgegriffen. Dann werden außergerichtliche und schließlich gerichtliche Verfahren zur Neuordnung der Eigentumsverhältnisse erörtert.

2.8.1 Liquidation versus Fortführung des Unternehmens

Ein Unternehmen ist in rechtlicher Definition insolvent, wenn Zahlungsunfähigkeit eingetreten ist oder droht, oder wenn es, falls keine natürliche Person unbeschränkt haftet, überschuldet ist. Aus Gläubigerperspektive ist ein Unternehmen insolvent, wenn nicht sämtliche Ansprüche der Gläubiger erfüllt werden. Die Gläubiger erleiden bei Insolvenz Zahlungsausfälle. Es kann zu Zahlungsausfällen kommen, ohne daß ein gerichtliches Insolvenzverfahren beantragt wird. Droht eine Insolvenz oder ist sie schon eingetreten, dann können die unerwünschten Anreizeffekte hoher Verschuldung durch eine Neuordnung der Eigentumsverhältnisse beseitigt werden. Damit soll der Weg für eine Fortführung des Unternehmens geebnet werden. Mit Insolvenz verbindet sich oft die Vorstellung, daß das Unternehmen gezwungen ist, seine Tätigkeit einzustellen, wobei die vorhandenen Vermögensgegenstände zur Befriedung der Gläubiger einzeln veräußert werden. Tatsächlich geschieht dies auch in vielen Fällen, wenn ein Unternehmen insolvent wird. Jedoch muß Insolvenz nicht notwendig zur Auflösung des Unternehmens führen.

Vielmehr wird bei genauerer Überlegung deutlich, daß die Entscheidung über Fortführung oder Beendigung sich nach anderen Kriterien richtet als die Eröffnung eines Insolvenzverfahrens.

Ob die Fortführung eines Unternehmens sich lohnt oder nicht, ist Gegenstand einer Investitionsentscheidung. Bei Fortführung entstehen im Leistungsbereich des Unternehmens Ein- und Auszahlungen. Der Kapitalwert der Einzahlungsüberschüsse bei Fortführung (K_F) ist zu vergleichen mit dem Kapitalwert der im Liquidationsfall durch Einzelveräußerung der Vermögensgegenstände erzielbaren Einzahlungen (K_L). Das Unternehmen ist fortzuführen, solange $K_F > K_L$ ist; im umgekehrten Fall ist es zu liquidieren. Diese Regel gilt grundsätzlich unabhängig von der Finanzierung, also auch von der Höhe der Verschuldung.

Als Kriterium für Insolvenz soll hier die marktwertbezogene Überschuldung herangezogen werden. Ob sie vorliegt, ergibt sich aus dem Vergleich zwischen der Höhe der Verbindlichkeiten (F) und dem Wert des vorhandenen Vermögens (V), wobei dieser Wert bei einem fortführungswürdigen Unternehmen gleich dem Kapitalwert der zukünftigen Einzahlungsüberschüsse des Leistungsbereichs (K_F), bei einem nicht fortführungswürdigen hingegen gleich dem Kapitalwert der Liquidationserlöse (K_L) ist, also

$$V = \text{Max} \, (K_F, K_L).$$

Ist $V < F$, so kann das Unternehmen als insolvent gelten, da der Wert des vorhandenen Vermögens die Verbindlichkeiten nicht deckt. Dieses einfache und theoretisch einleuchtende Kriterium eignet sich zwar nicht als praktische Regel für die Eröffnung eines gerichtlichen Verfahrens, weil die Ermittlung von V auf einem kaum objektivierbaren Ermessensurteil beruht; das spielt für die theoretischen Überlegungen aber zunächst keine Rolle.

Man kann nun, wie die Übersicht zeigt, vier Fälle unterscheiden, je nachdem, wie sich die Größen K_F, K_L, V und F zueinander verhalten.

	$K_F \geq K_L$	$K_F < K_L$
$V \geq F$	Fall 1: Fortführungswürdiges, solventes Unternehmen	Fall 2: Nicht fortführungswürdiges, jedoch solventes Unternehmen
$V < F$	Fall 3: Fortführungswürdiges, jedoch insolventes Unternehmen	Fall 4: Nicht fortführungswürdiges, insolventes Unternehmen

Zu Fall 1 gehört der Normalfall eines rentablen und finanziell nicht gefährdeten Unternehmens. Im Fall 2 lohnt sich die Fortführung des Unternehmens nicht, die Ansprüche der Gläubiger sind jedoch nicht gefährdet, weil der Liquidationswert des Vermögens sie deckt. Dieser Fall kommt in der Realität häufig vor, weit häufiger übrigens als der Fall 4. Es werden viel mehr Unternehmen wegen mangelnder Rentabilität von den Eigentümern freiwillig aufgegeben als unter dem Zwang der Insolvenz. Im Fall 3 ist zwar wegen der Insolvenz eine Neuordnung der Eigentumsverhältnisse unumgänglich. Dabei liegt aber die Fortführung des Unternehmens im Interesse aller Beteiligten, auch der Gläubiger, für deren Befriedigung dann ein höherer Vermögenswert zur Verfügung steht als bei Liquidation und Einzelveräußerung. Man wird in diesem Fall versuchen, das Unternehmen insgesamt zu veräußern oder mit dem bisherigen Eigentümer zu einer Einigung über die Fortführung zu kommen. Im Fall 4 hingegen ist die Lage eindeutig: Das Unternehmen ist insolvent und wird liquidiert.

In Deutschland scheint der Fall 3 viel seltener zu sein als der Fall 4. Dies gilt eindeutig für die Fälle, in denen gerichtliche Insolvenzverfahren stattfinden; diese enden meist mit der Liquidation des Unternehmens. In den statistisch nicht erfaßten Fällen, in denen man sich außergerichtlich einigt, dürfte allerdings der Anteil der Unternehmen, die fortgeführt werden können, größer sein. Aus diesen Beobachtungen darf nicht auf einen kausalen Zusammenhang zwischen Insolvenz und Liquidation geschlossen werden. Die Erklärung dafür, daß insolvente Unternehmen meist liquidiert werden, ist vielmehr, daß die Ursache ihrer finanziellen Bedrängnis in mangelnden Erfolgen im Leistungsbereich liegt. Dadurch sinkt K_F, der Kapitalwert für den Fortführungsfall; wird K_F kleiner als K_L, der Liquidationswert, so ist das Unternehmen nicht mehr fortführungswürdig. Da K_L häufig unter F liegt, dem Betrag der Verbindlichkeiten, kommt es zugleich zur Insolvenz. Die Liquidation ist also nicht Folge der Insolvenz; vielmehr gehen Insolvenz und Liquidationsreife auf die gleiche Ursache zurück, die Schwäche im Leistungsbereich.

2.8.2 Außergerichtliche Verfahren zur Neuordnung der Eigentumsverhältnisse

Droht Insolvenz oder ist sie bereits eingetreten, so muß es nicht unbedingt zu einem gerichtlichen Insolvenzverfahren kommen. Die Gläubiger können den Schuldner unter Druck setzen, einer außergerichtlichen Neuordnung der Eigentumsverhältnisse zuzustimmen. Das stärkste Druckmittel liegt darin, daß ein Gläubiger bei Vorliegen der gesetzlichen Voraussetzungen ein gerichtliches Verfahren erzwingen kann; durch Kündigung oder Nichtverlängerung des Kredits kann er z.B. den Insolvenztatbestand der Zahlungsunfähigkeit des Schuldners herbeiführen. Die Einigungsbereitschaft in außergerichtlichen Verfahren wird durch ein im Hintergrund drohendes gerichtliches Verfahren gefördert. Aber auch der Schuldner kann ein eigenständiges Interesse an einer außergerichtlichen Einigung besitzen. Z. B. ermöglicht ihm diese, wieder neue Kredite zu beschaffen und damit die erforderlichen Investitionen zu finanzieren.

Ein weiterer Grund, ein gerichtliches Verfahren zu vermeiden, kann in den Kosten eines solchen Verfahrens liegen. Zwar entstehen auch bei außergerichtlichen Verfahren Transaktionskosten, jedoch sind sie bei gerichtlichen Verfahren im allgemeinen höher.

Ziel des außergerichtlichen Verfahrens ist ein Vergleich, durch den die Lücke zwischen dem Anspruch des Gläubigers und den verfügbaren Mitteln des Unternehmens beseitigt wird; damit entfallen zugleich die Fehlanreize, die von dieser Lücke ausgehen. Es geht dabei keineswegs darum, daß dem Schuldner ein Geschenk gemacht wird. Vielmehr werden wechselseitige Leistungen vereinbart, die insgesamt für alle Beteiligten vorteilhaft sind.

Bei fortzuführenden Unternehmen werden häufig Erlaß- oder Stundungsvergleiche ausgehandelt. Beim Erlaßvergleich verzichten die Gläubiger auf einen Teil ihrer Forderungen. Beim Stundungsvergleich gewähren sie ein Moratorium, d. h., die Fälligkeit der Forderungen wird in die Zukunft verschoben; damit kann auch ein partieller Zinsverzicht verbunden werden.

Wie ein Erlaßvergleich sich auswirken kann, soll an einem einfachen Zahlenbeispiel gezeigt werden. Die Situation ist in dem Zustandsbaum der Abbildung 9.5 dargestellt. An den Kanten des Baums sind die Übergangswahrscheinlichkeiten ange-

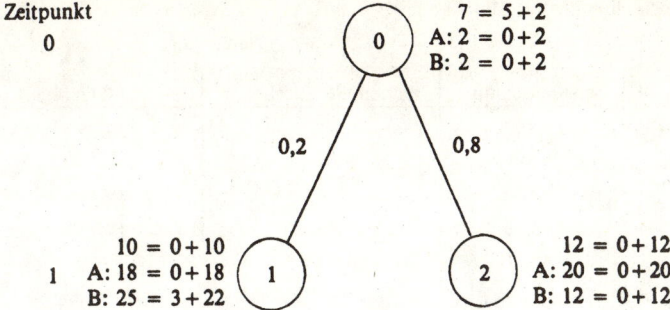

Abb. 9.5. Zustandsbaum der Leistungssalden eines insolvenzbedrohten Unternehmens und seine Aufteilung auf Gesellschafter und Gläubiger

geben, an den Zustandsknoten die bei den drei im folgenden zu erörternden Alternativen anfallenden Leistungssalden, und zwar in der ersten Zeile für den Fall, daß keine zusätzlichen Investitionen stattfinden, in der zweiten unter der Annahme einer zusätzlichen Investition A, in der dritten unter Annahme einer zusätzlichen Investition B. Weiter ist zu ersehen, wie sich diese Leistungssalden jeweils auf Gesellschafter und Gläubiger aufteilen. Vorausgesetzt wird dabei, daß es einen beschränkt haftenden Gesellschafter und einen Gläubiger gibt, dessen Kredit in Höhe von 20 Mio € mit 10 % zu verzinsen und im Zeitpunkt 1 zurückzuzahlen ist.

Ohne zusätzliche Investition beträgt der Leistungssaldo im Zustand 0 7 Mio €, im Zustand 1, der mit 20 % Wahrscheinlichkeit eintritt, 10 Mio €, im Zustand 2, dessen Wahrscheinlichkeit bei 80 % liegt, 12 Mio €. Im Zeitpunkt 0 kann die fällige Zinszahlung in Höhe von 2 Mio € aus dem Leistungssaldo von 7 Mio € bestritten werden; 5 Mio € bleiben verfügbar zur Ausschüttung an den Gesellschafter. Es ist abzusehen, daß das Unternehmen im Zeitpunkt 1 zahlungsunfähig wird; der dann eingehende Leistungssaldo reicht auf keinen Fall aus, den Anspruch des Gläubigers von 22 Mio € zu befriedigen. Wenn im Zeitpunkt 0 5 Mio € an den Gesellschafter ausgeschüttet werden, ist der erwartete Kapitalwert der Zahlungen, mit denen der Gläubiger rechnen kann, $2 + (0,2 \cdot 10 + 0,8 \cdot 12)/1,1 = 12,55$ Mio €.

Zur Vereinfachung wird im folgenden wieder angenommen, daß Gesellschafter und Gläubiger risikoindifferent sind und sich bei ihren Entscheidungen am erwarteten Kapitalwert orientieren. Es steht folgende Entscheidung an. Das Unternehmen kann im Zeitpunkt 0 eine von zwei Investitionen durchführen, A oder B, die beide einen Kapitaleinsatz von 5 Mio € erfordern; die Finanzierung ist möglich, wenn die Ausschüttung unterbleibt. Investition A bringt im Zeitpunkt 1 mit Sicherheit, d. h. in jedem der beiden Zustände, eine Einzahlung von 8 Mio €. Dementsprechend erhöht sich der Leistungssaldo im Zustand 1 auf 18, im Zustand 2 auf 20 (Zeile A in Abb. 9.5). Investition B bringt eine Zahlung von 15 Mio €, wenn Zustand 1 eintritt, hingegen einen Leistungssaldo von Null im Zustand 2. Nach dem erwarteten Kapitalwert ist A eine günstige Investition; der erwartete Kapitalwert beträgt $8/1,1 - 5 = 2,27$ Mio €. B hingegen hat einen negativen Kapitalwert von $15 \cdot 0,2/1,1 - 5 = -2,27$ Mio €. Bei Vergleich der Alternativen ergibt sich folgendes Bild:

Erwarteter Kapitalwert der Zahlungen (in Mio €)

Alternativen	Leistungssaldo	Zahlungen	
		an den Gesellschafter	an den Gläubiger
Ausschüttung von 5 Mio €; keine Investition	17,55	5	12,55
Investition A	19,82	–	19,82
Investition B	15,27	0,55	14,73

Wenn der Gesellschafter allein zu entscheiden hat, wird er die 5 Mio € ausschütten und überhaupt nicht investieren. Wenn ihm die Ausschüttung verwehrt wird, entscheidet er sich nicht für die günstige Investition A, sondern für die schlechte Investition B. Der Grund dafür ist einfach zu erkennen. Die hohen Einzahlungen aus Investition A im Zeitpunkt 1 kommen nicht ihm selbst, sondern nur dem Gläubiger zugute. Bei Investition B hingegen bleibt in dem weniger wahrscheinlichen Zustand 1 noch ein Überschuß für ihn; wenn Zustand 2 eintritt, Investition B sich also als Fehlschlag erweist, trägt der Gläubiger den Schaden.

Nun kann man annehmen, daß der Gläubiger angesichts der sehr schlechten Lage des Unternehmens im Zeitpunkt 0 eingreifen und eine Neuordnung der Eigentumsverhältnisse durchsetzen kann. Was aber sollte er zweckmäßigerweise tun? Er könnte die sofortige Liquidation erzwingen; der mögliche Liquidationserlös liegt aber, so sei angenommen, so niedrig, daß dies nicht sinnvoll erscheint. Am besten wäre, wenn er erreichen könnte, daß Investition A durchgeführt wird; das aber erfordert die Kooperation des Gesellschafters, der diese Investitionsmöglichkeit erschließen müßte; der Gesellschafter ist nicht motiviert, dies zu tun, weil alle damit erzielten Zahlungen dem Gläubiger zufließen würden. Der Gläubiger könnte auch versuchen, eine sofortige Teiltilgung des Kredits in Höhe von 5 Mio € durchzusetzen und dann das Unternehmen bis zum Zeitpunkt 2 ohne zusätzliche Investitionen weiterarbeiten zu lassen; der Kapitalwert der ihm zufließenden Zahlungen betrüge dabei 17,55 Mio €. Allerdings bestünde die Gefahr, daß das Unternehmen unter der Leitung des jetzt demotivierten Gesellschafters nur noch geringere Leistungssalden erzielt als 10 Mio € im Zustand 1 und 12 Mio € im Zustand 2.

Durch einen Erlaßvergleich kann die Situation verbessert werden. Es kann vereinbart werden, daß im Zeitpunkt 0 keine Ausschüttung erfolgt und zugleich die Schuld von 20 Mio € auf 16 Mio € reduziert wird. Bei einer Verzinsung von 10 % hat der Gläubiger somit im Zeitpunkt 1 Anspruch auf 17,6 Mio €. Für die noch verfügbaren Alternativen ergeben sich folgende erwartete Kapitalwerte:

Erwarteter Kapitalwert der Zahlungen (in Mio €)

Alternativen	Leistungssaldo	Zahlungen	
		an den Gesellschafter	an den Gläubiger
Investition A	19,82	1,82	18
Investition B	15,27	1,35	13,93

Durch den Schulderlaß wird der Fehlanreiz für den Gesellschafter beseitigt. Er wird sich nun für Investition A entscheiden. Für den Gläubiger ist das Ergebnis mit einem Kapitalwert von 18 auch günstiger als bei jeder anderen für ihn erreichbaren Alternative.

Das Beispiel kann verallgemeinernd interpretiert werden: Der Gesellschafter des notleidenden Unternehmens hat im Ausgangszustand die Möglichkeit, ein solides und gewinnbringendes Investitionsprogramm (Investition A) zu entwickeln. Es fehlt aber die Motivation dazu, weil nur der Gläubiger den Nutzen davon hätte. Für den Gesellschafter erscheint es nützlicher, entweder noch möglichst viel an Ausschüttungen aus dem Unternehmen herauszuziehen oder eine unsolide und hochspekulative Investitionspolitik (Investition B) zu betreiben. Durch den Erlaßvergleich werden zum einen Ausschüttungen verhindert, zum anderen wird der Gesellschafter zu der soliden Investitionspolitik motiviert, die ihm wie dem Gläubiger Vorteile bringt.

Statt eines Erlaßvergleichs käme im vorliegenden Fall auch die Umwandlung von Fremdkapital in Eigenkapital in Frage. Der Gläubiger könnte den Kredit in eine Beteiligung umwandeln und eine Beteiligungsquote von 90 % für sich vereinbaren. Für die Verteilung des erwarteten Kapitalwerts ergäbe sich dann:

Erwarteter Kapitalwert der Zahlungen (in Mio €)

Alternativen	Leistungssaldo	Zahlungen	
		an den bisherigen Gesellschafter	an den bisherigen Gläubiger
Investition A	19,82	1,98	17,84
Investition B	15,27	1,53	13,74

Auch in diesem Fall ist der Gesellschafter motiviert, sich für Investition A einzusetzen.

Außergerichtliche Vergleiche haben den Vorzug, daß sie zustande kommen können, ohne große öffentliche Aufmerksamkeit zu erregen; zudem sind sie mit geringeren Kosten belastet als gerichtliche Verfahren. Dennoch erweist sich dieser Weg zur Neuordnung der Eigentumsverhältnisse nicht immer als gangbar, so daß in vielen Fällen doch gerichtliche Verfahren eingeleitet werden. Dies hat vor allem zwei Gründe.

(1) Mißbrauchsgefahr: Die Gesellschafter eines Unternehmens können versuchen, mittels eines Vergleichs Vermögen von den Gläubigern zu sich zu verschieben. Dieser Versuch wird durch ein gegebenenfalls bestehendes Informationsgefälle zwischen den Gesellschaftern und den Gläubigern begünstigt. Insbesondere Eigentümermanager sind im allgemeinen erheblich besser als Gläubiger informiert. Die Eigentümermanager können daher versuchen, die geschäftliche Lage des Unternehmens schlechter darzustellen als sie tatsächlich ist, um die Gläubiger zu einem überhöhten Forderungsverzicht zu bewegen. Gelingt den Gesellschaftern dies, so profitieren sie vom Vergleich zu Lasten der Gläubiger.

Die Gläubiger können sich gegen mißbräuchliche Vergleiche durch eine umfassende Informationsbeschaffung schützen. Dies verursacht jedoch Informationskosten, so daß der Vergleich teurer und damit weniger attraktiv wird.

Die elegantere Methode, sich vor Mißbrauch zu schützen, bezieht einen Besserungsschein ein. Ein Besserungsschein ist ein bedingtes Zahlungsversprechen: Das den Schein ausstellende Unternehmen verspricht dem Begünstigten Zahlungen, sofern die finanzielle Lage des Unternehmens dies erlaubt.

Im zuletzt behandelten Zahlenbeispiel etwa könnte ein Schulderlaß auf 16 Mio € vereinbart werden, zugleich aber für den Fall, daß im Zeitpunkt 1 ein Leistungssaldo von 20 Mio € oder mehr eintritt, ein Besserungsschein über 2 Mio €, verzinslich mit 10 %, ausgestellt werden; im letzteren Fall hätte der Gläubiger einen Anspruch auf 19,8 Mio €. Es erweist sich aber, daß auf diese Weise zwar die Bereicherung des Gesellschafters durch den Erlaßvergleich begrenzt wird. Der Fehlanreiz aus der möglichen Lücke zwischen Anspruch des Gläubigers und Zahlungsfähigkeit des Unternehmens wird jedoch nicht beseitigt. Die Verteilung der Zahlungen führt nämlich zu folgenden Kapitalwerten:

Erwarteter Kapitalwert der Zahlungen (in Mio €)

| Alternativen | Leistungssaldo | Zahlungen | |
		an den Gesellschafter	an den Gläubiger
Investition A	19,82	0,22	19,60
Investition B	15,27	0,95	14,33

Der bei uneingeschränktem Schulderlaß für den Gesellschafter bestehende Anreiz, die solide Investition A durchzuführen, wird durch den Besserungsschein wieder gemindert, weil das Ergebnis auch im günstigeren Fall fast in vollem Umfang dem Gläubiger zugute käme. Bei der spekulativen Investition B bleibt hingegen im weniger wahrscheinlichen Fall, daß Zustand 1 eintritt, ein beachtlicher Überschuß für den Gesellschafter; er wird daher die Investition B vorziehen. Der Besserungsschein ist geeignet, die Mißbrauchsgefahr beim außergerichtlichen Vergleich einzuschränken. Da aber die Höhe des Gläubigeranspruchs von der finanziellen Lage des Unternehmens abhängig ist, wird der Anreiz für den Schuldner, diese Lage zu verbessern, beeinträchtigt, jedenfalls soweit diese Verbesserung ganz überwiegend nur dem Gläubiger nutzt.

(2) Das zweite Hindernis für außergerichtliche Vergleiche ist ein Trittbrettfahrerproblem. Es tritt auf, wenn es mehrere Gläubiger gibt. Für den einzelnen Gläubiger besteht ein Anreiz zum Trittbrettfahren, d. h. selbst keinen Verzicht zu leisten, während andere Gläubiger verzichten. Erklärt lediglich ein Teil der Gläubiger einen partiellen Forderungsverzicht, so führt dies zu einer Bereicherung der übrigen Gläubiger. Denn in den Zuständen, in denen es zur Insolvenz kommt, wächst die Konkursquote durch den Forderungsverzicht. Die übrigen Gläubiger erhalten daher in diesen Zuständen einen erhöhten Geldbetrag. Das Trittbrettfahrerproblem erklärt, warum bei außergerichtlichen Vergleichen stets versucht wird, alle Gläubiger zu einem prozentual gleichen Forderungsverzicht zu veranlassen. Gelingt dies nicht, so kann der Vergleich daran scheitern.

2.8.3   Gerichtliche Verfahren zur Neuordnung der Eigentumsverhältnisse

a)   Grundlagen

In Deutschland gibt es seit Inkrafttreten der Insolvenzordnung (InsO) am 1. 1. 1999 ein einheitliches Insolvenzverfahren. Ziel des Insolvenzverfahrens ist nach § 1 InsO, die Gläubiger eines Schuldners gemeinschaftlich zu befriedigen, indem das Vermögen des Schuldners verwertet und der Erlös verteilt oder in einem Insolvenzplan eine abweichende Regelung insbesondere zum Erhalt des Unternehmens getroffen wird; dem redlichen Schuldner wird Gelegenheit gegeben, sich von seinen restlichen Verbindlichkeiten zu befreien. Zur Erreichung des Ziels, die Gläubiger zu befriedigen, stehen also zwei Wege offen, als Regelverfahren die Verwertung des Schuldnervermögens und die Verteilung des Erlöses an die Gläubiger, als Alternative dazu eine abweichende Regelung in einem Insolvenzplan. Welcher dieser Wege beschritten wird, ist erst im Rahmen des Verfahrens zu entscheiden; die einmal getroffene Entscheidung kann auch zu einem späteren Zeitpunkt wieder revidiert werden; das heißt, eine zunächst zugunsten der Vermögensverwertung getroffene Entscheidung schließt nicht aus, daß später doch noch ein Insolvenzplan zustande kommt; ebenso gilt das Umgekehrte.

Im Unterschied zum außergerichtlichen Verfahren ist das gerichtliche Verfahren ein Zwangsverfahren, dem der Schuldner zum Schutz der Gläubiger unterworfen wird und das meist nicht in seinem Interesse liegt. Der Schuldner kann versuchen, die Verfahrenseröffnung hinauszuzögern und Transaktionen vorzunehmen, die sich im Verfahren zu seinem Vorteil, jedoch zum Nachteil der Gläubiger auswirken. Ein derartiges Verhalten wird in den §§ 283–283d StGB mit Strafe bedroht.

Ein Insolvenzverfahren ist auf Antrag des Schuldners oder des Gläubigers bei Zahlungsunfähigkeit einzuleiten (§ 17 InsO), auf Antrag des Schuldners auch schon bei drohender Zahlungsunfähigkeit (§ 18 InsO). Bei juristischen Personen, vor allem also bei Kapitalgesellschaften, ebenso aber auch bei Gesellschaften ohne Rechtspersönlichkeit, in denen es keine natürliche Person als persönlich haftenden Gesellschafter gibt (wie zum Beispiel in einer GmbH & Co. KG), ist auch Überschuldung Eröffnungsgrund für ein Insolvenzverfahren; die vertretungsberechtigten Organe dieser Gesellschaften sind verpflichtet, bei Zahlungsunfähigkeit oder Überschuldung die Eröffnung des Verfahrens zu beantragen (§ 92 AktG, § 64 GmbH, § 130a HGB).

Die ein Insolvenzverfahren auslösenden Eröffnungsgründe „Zahlungsunfähigkeit" und „Überschuldung" sind nicht so eindeutig definiert, wie es auf den ersten Blick scheinen mag. Eine vorübergehende Zahlungsstockung gilt noch nicht als Zahlungsunfähigkeit. Ob eine Zahlungsstockung vorübergehend ist oder andauert und damit Zahlungsunfähigkeit bedeutet, läßt sich nur aufgrund einer Prognose zukünftiger Ein- und Auszahlungen feststellen. Noch größer ist der Ermessensspielraum bei der Beurteilung der Überschuldung. Überschuldung liegt vor, wenn das Vermögen des Schuldners die bestehenden Verbindlichkeiten nicht mehr deckt; bei der Bewertung des Vermögens ist die Fortführung des Unternehmens zugrunde zu legen, wenn diese nach den Umständen „überwiegend wahrscheinlich" ist (§ 19 Abs. 2 InsO). Die Feststellung, ob Überschuldung vorliegt oder nicht, kann von dem Ermessensurteil über die Wahrscheinlichkeit der Fortführung und den dadurch bedingten Wertansätzen abhängen.

Der Antrag auf Eröffnung eines Insolvenzverfahrens wird vom Gericht abgelehnt, wenn es zu dem Ergebnis kommt, daß das Vermögen des Schuldners voraussichtlich nicht ausreichen wird, die Kosten des Verfahrens zu decken (§ 26 InsO). Bei Abweisung des Eröffnungsantrags wegen Masselosigkeit kommt es zu Zwangsvollstreckungen und Einzelliquidationen von Vermögensgegenständen durch die Gläubiger; dies kann chaotische Formen annehmen. Die Abweisung des Antrags wegen Masselosigkeit erfolgt in den alten Bundesländern in etwa 40 Prozent der Fälle. Eines der Ziele der Insolvenzrechtsreform, war es, die Anzahl derartiger Fälle zu verringern. Hierzu wurden unter anderem die Möglichkeiten und Anreize zur frühzeitigen Stellung des Insolvenzantrags erweitert, zum einen durch Einführung des neuen Eröffnungsgrundes der drohenden Zahlungsunfähigkeit, zum anderen durch die Aussicht auf Restschuldbefreiung für den Schuldner, der das seinige zur Schadensbegrenzung beiträgt. Dem gleichen Zweck dient die Regelung, daß gesicherte Gläubiger mit Absonderungsrechten an beweglichen Sachen und Forderungen einen Kostenbeitrag für die Feststellung und Verwertung dieser Gegenstände zu leisten haben (§§ 170 f InsO).

Wird das Insolvenzverfahren eröffnet, so geht das Recht des Schuldners, das zur Insolvenzmasse gehörende Vermögen zu verwalten und über es zu verfügen, auf den vom Gericht bestellten Insolvenzverwalter über (§ 80 InsO). Mit dem Übergang der Verwaltungs- und Verfügungsrechte an den Insolvenzverwalter wird die Neuordnung der Eigentumsverhältnisse eingeleitet.

b) *Die Verwertung des Schuldnervermögens*

Die Insolvenzordnung sieht zwei Vorgehensweisen zur Befriedigung der Gläubiger in einem Insolvenzverfahren vor, zum einen die unmittelbare Verwertung des Schuldnervermögens zur Befriedigung der Gläubiger, zum anderen eine davon abweichende Regelung im Rahmen eines Insolvenzplans. Da der Insolvenzplan nur im Einvernehmen mit den Gläubigern zustande kommen kann, muß auch der letztere Weg der Befriedigung der Gläubiger dienen; sie werden dem Insolvenzplan nur zustimmen, wenn sie dabei auf ein besseres Ergebnis hoffen dürfen als im Fall der unmittelbaren Verwertung.

Der Insolvenzverwalter steht bei der Verwertung des Schuldnervermögens vor der Aufgabe, möglichst hohe Veräußerungserlöse zu erzielen. Bei der Verteilung hat er die besonderen Ansprüche der einzelnen Gläubiger zu beachten, insbesondere derjenigen, die aufgrund von Gesetzen oder von Sicherheiten nach bestimmten Regeln Vorrang bei der Befriedigung ihrer Ansprüche genießen.

Die Verwertung des Schuldnervermögens schließt den Fortbestand des Unternehmens oder von selbständigen Unternehmensteilen nicht aus. Der Insolvenzverwalter kann das Unternehmen oder Teile davon im ganzen veräußern; man bezeichnet dies als „übertragende Sanierung". Diese Form der Verwertung liegt auch im Interesse der Gläubiger, wenn dabei insgesamt ein höherer Erlös erzielt wird als bei Einzelveräußerung aller Vermögensgegenstände. Freilich kann sich dabei ein Konflikt ergeben mit gesicherten Gläubigern, die es zunächst vorziehen, auf das Sicherungsgut zuzugreifen, anstatt eine unsicher erscheinende Gesamtveräußerung abzuwarten. Wenn schließlich mit der Gesamtveräußerung ein höherer Erlös erzielt wird, kann dies zu besseren Resultaten für alle Gläubiger, auch für die gesicherten, führen. Solange darüber aber noch Unsicherheit besteht, sind Interessenkonflikte zwischen den Gläubigern nicht auszuschließen.

Ein besonderes Problem der übertragenden Sanierung liegt darin, daß nach § 613a BGB der Erwerber eines Betriebs oder Betriebsteils in die Rechte und Pflichten aus den im Zeitpunkt des Übergangs bestehenden Arbeitsverhältnissen eintritt. Da mit einer Sanierung häufig die Notwendigkeit verbunden ist, Personal zu reduzieren, muß der Erwerber im Insolvenzfall mit erheblichen Belastungen durch Kündigungsschutzregelungen und Abfindungszahlungen rechnen. Das kann dazu führen, daß der Erwerb des Unternehmens auch zu einem sehr niedrigen Preis nicht mehr lohnend erscheint, die übertragende Sanierung scheitert und im Ergebnis mehr Arbeitnehmer ihren Arbeitsplatz verlieren, als wenn man dem Erwerber Entscheidungsfreiheit bei der Übernahme des Personals eingeräumt hätte. Dieser Effekt wird vermieden, wenn der Insolvenzverwalter die unvermeidbaren Kündigungen bereits vor Veräußerung des Unternehmers rechtswirksam vornehmen kann; die Abfindungsansprüche richten sich dann nicht gegen den neuen Eigentümer des Unternehmens, sondern gegen die Insolvenzmasse. Um dieses Vorgehen zu erleichtern, ist in den §§ 125 f. InsO eine besondere Form der Kündigung vorgesehen, die vor allem dazu dient, ohne großen Zeitverlust Klarheit über die Rechtswirksamkeit von Kündigungen zu schaffen.

Für die Verteilung des Erlöses aus der Verwertung des Schuldnervermögens gilt grundsätzlich, daß alle Gläubiger nach Maßgabe der Höhe ihrer Ansprüche mit der gleichen Quote beteiligt werden („par condicio creditorum"). Dieser Grundsatz wird jedoch durch wesentliche Ausnahmen durchbrochen. Gläubiger, die aufgrund von Besicherungen zur Aussonderung bestimmter Gegenstände berechtigt sind, genießen insoweit Vorrang. Auch Masseverbindlichkeiten haben Vorrang; dazu gehören neben den Verfahrenskosten insbesondere alle Verbindlichkeiten, die durch das Handeln des Insolvenzverwalters entstehen (§ 53–55 InsO). Andererseits gibt es nach § 39 InsO auch Insolvenzgläubiger, deren Forderungen gegenüber den übrigen nachrangig sind; dies gilt zum Beispiel für die seit Eröffnung des Insolvenzverfahrens laufenden Zinsen auf Forderungen gegen die Insolvenzmasse, ebenso für den Anspruch auf Rückzahlung eines kapitalersetzenden Gesellschafterdarlehens.

Für die Stellung der Gesellschafter eines Unternehmens ist im Insolvenzfall von maßgeblicher Bedeutung, ob sie beschränkt oder unbeschränkt haften. Der beschränkt haftende Gesellschafter kann sich ganz aus dem Unternehmen zurückziehen; sein Privatvermögen und seine sonstigen Einkünfte bleiben unberührt. Hingegen kann der unbeschränkt haftende Gesellschafter mit seinem gesamten Privatvermögen in Anspruch genommen werden. Darüber hinaus können die Gläubiger ihre Forderungen, soweit sie im Insolvenzverfahren unbefriedigt geblieben sind, auch später noch ihm gegenüber geltend machen; in den §§ 286 ff. InsO wird jedoch für natürliche Personen die Möglichkeit der Restschuldbefreiung eröffnet, die nur dann zu versagen ist, wenn dem Schuldner Verfehlungen im Zusammenhang mit dem Insolvenzverfahren vorzuwerfen sind oder wenn ihm in den letzten zehn Jahren vor Eröffnung des Insolvenzverfahrens schon einmal Restschuldbefreiung erteilt worden ist. Die Aussicht auf Restschuldbefreiung ist geeignet, den Schuldner zu einem kooperativen Verhalten im Insolvenzverfahren zu motivieren. Zugleich eröffnet sie Chancen für einen Neuanfang im Erwerbsleben.

c) Der Insolvenzplan

Die Insolvenzordnung sieht die Möglichkeit vor, in einem im Zusammenwirken von Insolvenzverwalter und Gläubigern zustande kommenden Insolvenzplan Regelungen zu treffen, die von den vom Gesetz für den Normalfall vorgesehenen abweichen. Dabei ist vor allem an Regelungen gedacht, die der Erhaltung des Unternehmens dienen. Doch ist dies nicht zwingende Voraussetzung; ein Insolvenzplan kann auch mit dem Ziel aufgestellt werden, das Unternehmen zu liquidieren, hierbei jedoch anders zu verfahren als im Gesetz für den Normalfall vorgesehen.

Die Regelungen zum Insolvenzplan beruhen auf dem Grundgedanken, daß den am Verfahren Beteiligten, in erster Linie den Gläubigern, ein Gestaltungsspielraum eröffnet werden soll; in diesem Rahmen steht es ihnen frei, nach der Form der Abwicklung zu suchen, die ihnen am günstigsten erscheint. Grundsätzlich richtet sich das Interesse aller Gläubiger auf eine möglichst weitgehende Befriedigung ihrer Ansprüche, im Falle der Veräußerung, sei es Einzelveräußerung oder Gesamtveräußerung, also auf einen möglichst hohen Erlös. Dabei ist nicht auszuschließen, daß bei Fortführung des Unternehmens unter seinen bisherigen Eigentümern die für die Gläubiger günstigste Lösung gefunden wird.

Die Regel, daß ein Unternehmen auch im Insolvenzfall fortgeführt werden sollte, wenn der Fortführungswert den Liquidationswert überschreitet, ist in der Praxis nicht einfach umzusetzen. Der Fortführungswert ist zunächst nicht bekannt und auch nicht ohne weiteres durch einen Gutachter zu ermitteln. Vielmehr setzt die Abschätzung des Fortführungswertes voraus, daß man eine strategische Grundkonzeption für die Sanierung des Unternehmens entwickelt, die die Aussicht eröffnet, auf Dauer durch Leistungen für den Markt Überschüsse zu erwirtschaften. Eine solche Konzeption fehlt bei Eintritt der Insolvenz in aller Regel, das Ausbleiben von Erfolgen auf dem Markt ist meist die Ursache der Insolvenz. Es bedarf also eines schwierigen und langwierigen Suchprozesses nach einer überzeugenden leistungswirtschaftlichen Sanierung und in Verbindung damit einer akzeptablen Regelung der finanziellen Beziehungen, insbesondere hinsichtlich der Befriedigung der Gläubiger. Diesen Suchprozeß zu ermöglichen und einen breiten Gestaltungsspielraum für Lösungen zu eröffnen, ist der Sinn der gesetzlichen Regelungen zum Insolvenzplan.

Eine Lösung, bei der der Fortführungswert maximiert wird und den Liquidationswert überschreitet, ist eine effiziente Lösung in dem Sinne, daß sie es ermöglicht, alle Gläubiger besser zu stellen als bei Liquidation. Insoweit müßte sie sogar die einstimmige Billigung der Gläubiger finden. Die Insolvenzordnung fordert allerdings für die Annahme des Insolvenzplans nicht Einstimmigkeit der Gläubiger, sondern nur mehrheitliche Zustimmung in allen Gruppen von Gläubigern gleicher Rechtsstellung, wobei insbesondere die absonderungsberechtigten Gläubiger eine besondere Gruppe darstellen (§ 243–246 InsO). Das Erfordernis der Einstimmigkeit wäre in der Praxis allzu restriktiv und würde schikanöse Obstruktion und erpresserische Blockade der effizienten Lösung durch einzelne Gläubiger ermöglichen. Das in der Insolvenzordnung vorgesehene Mehrheitserfordernis beruht auf der Vermutung, daß kein Mitglied einer homogenen Gruppe von Gläubigern geschädigt wird, wenn die Mehrheit dieser Gruppe dem Insolvenzplan zustimmt.

Der Insolvenzplan kann durch Mehrheitsentscheidungen auch gegen den Willen einzelner Gläubiger durchgesetzt werden; das bedeutet aber nicht, daß die Sanierung des Unternehmens unter Hintanstellung der Interessen dieser Gläubiger stattfindet. Es gibt zwar auch die Vorstellung, die Sanierung eines insolventen Unternehmens sei unabhängig von Gläubigerinteressen ein so hochrangiges Ziel, daß den Gläubigern dafür auch Opfer zuzumuten seien. Dies ist jedoch verfehlt, weil für die Erhaltung eines Unternehmens auch im Sinne gesamtwirtschaftlicher Effizienz nur maßgeblich sein kann, ob der Fortführungswert größer als der Liquidationswert ist. Wenn dies der Fall ist, entspricht die Erhaltung des Unternehmens auch dem Interesse der Gläubiger an möglichst hoher Befriedigung ihrer Ansprüche. Keiner von ihnen muß dabei ein Opfer bringen. Daß die Insolvenzordnung in den einzelnen Gläubigergruppen Mehrheitsentscheidungen vorsieht, für den Insolvenzplan also keine Einstimmigkeit gefordert wird, ist nicht damit begründet, daß auf diese Weise uneinsichtige Gläubiger gezwungen werden sollen, Opfer für die Erhaltung des Unternehmens zu bringen. Mehrheitsentscheidungen sollen vielmehr Blockaden durch einzelne Gläubiger verhindern, die letztlich allen, auch den Urhebern, schaden.

Mit dem Insolvenzplan werden Gestaltungsmöglichkeiten durch freie Vereinbarung zwischen den Beteiligten eröffnet. Die so gewonnene Flexibilität hilft, fortführungswürdige Unternehmen oder Unternehmensteile zu erhalten.

2.8.4 Zur Wahl zwischen gerichtlichen und außergerichtlichen Verfahren

Die Beobachtung, daß insolvente Unternehmen oft zerschlagen werden, deutet darauf hin, daß außergerichtliche Verfahren Vorteile bei beabsichtigter Fortführung bieten. Um dies zu prüfen, sollen im folgenden die bei außergerichtlichen und gerichtlichen Verfahren anfallenden Kosten und Erträge (siehe Abschnitt 1.3) einander gegenübergestellt werden. Die Kapitalgeber werden dasjenige Verfahren wählen, bei dem aus ihrer Perspektive die um Erträge verminderten Kosten am geringsten sind.

Indirekte Kosten entfallen bei außergerichtlichen Verfahren, wenn ihre Geheimhaltung gelingt. Sie gelingt jedoch im allgemeinen nur dann, wenn der Kreis der einbezogenen Gläubiger klein gehalten wird. Folglich sind die Ansprüche der nicht einbezogenen Gläubiger vollständig zu erfüllen. Ebenso können Verbindlichkeiten des Unternehmens aus Pensionszusagen im außergerichtlichen Verfahren nicht auf den Pensionssicherungsverein abgewälzt werden. Diese Nachteile entfallen im gerichtlichen Insolvenzverfahren.

Darüber hinaus kann ein gerichtliches Verfahren weitere Vorteile bieten. Anpassungsmaßnahmen eines Unternehmens im Personalbereich können auf erhebliche Widerstände der Arbeitnehmer und der Öffentlichkeit stoßen, deren Überwindung entsprechende Kosten verursacht. Durch Eröffnung eines gerichtlichen Verfahrens wird die Notlage deutlich sichtbar; die Widerstände sind dann geringer. Sozialplanaufwendungen sind in der Insolvenz auf höchstens zweieinhalb Monatsverdienste der zu entlassenden Arbeitnehmer beschränkt (§ 123 InsO). Außerdem wird der Kündigungsschutz der Arbeitnehmer in der Insolvenz eingeschränkt. Daher bietet ein gerichtliches Verfahren den Kapitalgebern Erträge zu Lasten der Arbeitnehmer.

Vergleicht man Kosten und Erträge gerichtlicher und außergerichtlicher Verfahren aus der Perspektive der Kapitalgeber, dann sprechen vor allem die indirekten Kosten gegen das gerichtliche Verfahren. Diese Kosten spielen nur bei Fortführung eine Rolle. Daher existiert ein Anreiz, bei Fortführung ein außergerichtliches Verfahren zu wählen. Allerdings lassen sich bei diesem die Erträge eines gerichtlichen Verfahrens nicht realisieren. Daher kann auch bei Fortführung ein gerichtliches Verfahren vorzuziehen sein.

Da bei Zerschlagung indirekte Kosten keine Rolle spielen, wird dann für die Kapitalgeber das gerichtliche Verfahren häufig vorzuziehen sein. Dies steht im Einklang mit der Beobachtung, daß gerichtliche Verfahren oft mit der Zerschlagung enden, insbesondere bei kleinen und mittleren Unternehmen.

2.9   Kreditfinanzierung aus Sachleistungsverträgen

2.9.1   Grundlagen

Die bisherigen Ausführungen zur Verschuldungspolitik unterstellen Kreditbeziehungen aus Geldleihverträgen. Ein Kreditinstitut leiht Geld in der Erwartung, es später mit Zinsen zurückzuerhalten. Ein Blick in die Bilanzen von Unternehmen zeigt indessen, daß oft hohe Verbindlichkeiten aus erhaltenen Lieferungen und Leistungen und gleichzeitig hohe Forderungen aus eigenen Lieferungen und Leistungen bestehen. Es handelt sich hierbei um Forderungen und Verbindlichkeiten aus Sachleistungsverträgen. Hinzu treten in der Bilanz nicht sichtbare Verbindlichkeiten aus Leasingverträgen, einer besonderen Form von Sachleistungsverträgen. Schließlich versprechen zahlreiche Unternehmen ihren Arbeitnehmern Pensionszahlungen. Während des Arbeitsverhältnisses wachsen die Pensionsverpflichtungen an; hierbei handelt es sich um Kredite der Arbeitnehmer an den Arbeitgeber aus Arbeitsverträgen, die ihren bilanziellen Niederschlag in Pensionsrückstellungen finden. Im folgenden wird die Kreditfinanzierung aus Sachleistungsverträgen näher untersucht.

Kreditfinanzierung aus Sachleistungsverträgen ist komplexer als Kreditfinanzierung aus Geldleihverträgen, weil die Qualität eines vom Kreditinstitut bereitgestellten Geldbetrages kaum Beurteilungsprobleme aufwirft, wohl hingegen die Qualität einer Sachleistung. Dennoch erscheint es zweckmäßig, zunächst einmal hiervon und von der Unvollkommenheit des Kapitalmarktes zu abstrahieren, um grundlegende Zusammenhänge zu verdeutlichen.

Sind der Kapitalmarkt und der Sachleistungsmarkt vollkommen, dann gibt es auf beiden Märkten keine Transaktionskosten, keine Informationskosten und keine Steuern. Ob ein Unternehmen eine Sachleistung dann gegen Barzahlung oder auf Kredit oder über einen Leasingvertrag erwirbt, spielt keine Rolle. Denn es wird stets dieselbe Sachleistung erworben, nur die Finanzierung des Erwerbs ist unterschiedlich. Es gilt die Irrelevanz der Finanzierung. Noch deutlicher wird dies, wenn man den Erwerb der Sachleistung auf Kredit interpretiert als den Erwerb gegen Barzahlung des Kaufpreises, kombiniert mit einer zweiten Transaktion, die einen Kredit des Lieferanten in Höhe des Kaufpreises beinhaltet. Bei vollkommenem Kapital- und Sachleistungsmarkt sind beide Transaktionen voneinander unabhängig, d. h., die Wirkungen der einen Transaktion sind unabhängig davon, ob die andere Transaktion durchgeführt wird oder nicht.

Dies gilt ebenso bei der Zusage von Pensionen, wenn diese zu einer entsprechenden Kürzung der Lohn- und Gehaltszahlungen führt. Genauer: Wenn der Marktwert aller zukünftigen Lohn-, Gehalts- und Pensionszahlungen an einen Arbeitnehmer sich bei einer Pensionszusage nicht ändert, ebenso nicht die von ihm zukünftig geleistete Arbeit, dann ist bei vollkommenem Kapitalmarkt die Pensionszusage irrelevant: Sie verändert weder den Marktwert des Unternehmens noch den Nutzen des Arbeitnehmers.

Wenn im folgenden die Kreditfinanzierung aus Sachleistungsverträgen erörtert wird, so wird der Schwerpunkt auf Unvollkommenheiten des Kapital- und des Sachleistungsmarktes liegen. Anknüpfend an die drei Betrachtungsweisen der Finanzierungstheorie (Kap. II, Abschnitt 4) sind Steuern, Insolvenzkosten, Transaktions- und Informationskosten sowie die aus Prinzipal-Agenten-Beziehungen resultierenden Probleme zu untersuchen.

2.9.2 Der Lieferantenkredit

a) Der kurzfristige Lieferantenkredit

Beim kurzfristigen Lieferantenkredit wird dem Kunden ein Zahlungsziel bis zu zwei Monaten eingeräumt. Verschiedene Argumente können herangezogen werden, um die Effizienz eines solchen Kredits im Vergleich zur sofortigen Bezahlung des Kaufpreises zu begründen.

(1) Der Kunde ist häufig nicht in der Lage, die Qualität der Sachleistung sofort bei Lieferung zweifelsfrei zu beurteilen. Indem er die Bezahlung verzögern kann, sichert er sich das Recht, die Qualität zu prüfen und bei mangelhafter Qualität die Bezahlung zu verweigern. Da der Lieferant dies weiß, wird er sich von vornherein um Lieferung einwandfreier Qualität bemühen. Der Anreiz zu opportunistischem Verhalten des Lieferanten wird eingeschränkt.

Dieses Argument entfällt bei qualitätsmäßig standardisierten Sachleistungen wie börsenmäßig gehandelten Rohstoffen und Wertpapieren. Die Börsen bestehen auf Zug-um-Zug-Geschäften, d. h. sofortiger Bezahlung bei Lieferung.

(2) Bestimmte Arten des Lieferantenkredits ermöglichen eine besonders günstige Geldbeschaffung. Ein Handelswechsel z. B. kann an eine Bank vor Fälligkeit zu günstigen Konditionen veräußert werden, da für die Bezahlung des Wechsels der Aussteller, der Bezogene und die Indossanten haften. Die Finanzierung ist daher im allgemeinen billiger als diejenige über Kontokorrentkredit oder Darlehen.

(3) Mit dem Lieferantenkredit räumt der Lieferant dem Kunden eine Option auf den Zahlungstermin ein. Müßte der Kunde sofort bei Lieferung bezahlen, dann müßte er die erforderliche Liquidität vorhalten. Ist der Liefertermin ungewiß, dann muß ständig bis zur Lieferung eine Liquiditätsreserve vorgehalten werden, die Kosten verursacht. Wird dem Kunden dagegen die Option eingeräumt, den Zahlungstermin innerhalb vorgegebener Grenzen zu wählen, dann muß er die notwendigen finanziellen Mittel lediglich zum Zahlungstermin beschaffen. Für den Lieferanten resultiert aus dieser Option im allgemeinen nur eine geringe Unsicherheit über den Termin des Zahlungseingangs, da der Kunde zum spätestzulässigen Termin zahlen wird, gegebenenfalls unter Inanspruchnahme von Skonto.

Diesen Vorteilen des kurzfristigen Lieferantenkredits steht jedoch das Risiko des Lieferanten gegenüber, daß der Kunde nach Ablauf der Zahlungsfrist nicht zahlt.

Daher gehört zu einer effizienten Vertragsgestaltung eine Sicherung des Lieferanten gegen Zahlungsausfälle. Hierfür bieten sich verschiedene Instrumente an:

- Der Lieferant bleibt Eigentümer der gelieferten Sache, bis sie bezahlt ist. Dies geschieht durch Eigentumsvorbehalt und erweiterten/verlängerten Eigentumsvorbehalt. In der Insolvenz des Kunden hat der Lieferant ein Recht auf Aussonderung der gelieferten Sache.
- Dem Lieferanten wird eine Haftungszusage eines Dritten gegeben. Beim unwiderruflichen Dokumentenakkreditiv z. B. garantiert meist ein Kreditinstitut die Bezahlung des Kaufpreises.
- Der Lieferant kann sich auch durch Einschaltung von Kreditspezialisten sichern, z. B. indem er einen Factor einschaltet. Beim echten Factoring prüft der Factor bereits vor Abschluß des Liefervertrages die Bonität des Kunden. Ist diese im Urteil des Factors ausreichend, dann kauft der Factor nach Lieferung die Forderung des Lieferanten unter Übernahme des Ausfallrisikos; der Lieferant zahlt hierfür eine Provision an den Factor. Gegenüber dem Lieferanten besitzt der Factor einen Spezialisierungsvorteil in der Bonitätsbeurteilung, in der Verwaltung und im Inkasso von Forderungen.
- Der Lieferantenkredit wird durch einen Handelswechsel verbrieft; wird dieser bei Fälligkeit vom Kunden nicht bezahlt, so kann der Lieferant infolge der Wechselstrenge relativ rasch mit gerichtlicher Hilfe gegen den Kunden vorgehen.
- Der Lieferant kann einen Anreiz für frühzeitige Bezahlung geben, z. B. indem er bei Zahlung innerhalb von 10 Tagen 1 % Skonto gewährt, ansonsten auf Zahlung innerhalb von 30 Tagen besteht. Ein wirksamer Schutz gegen Zahlungsausfälle wird hiermit allerdings nicht geschaffen. Nutzt der Kunde den Skonto nicht, so nimmt er einen teuren Kredit in Anspruch. Für einen 20tägigen Kredit zahlt er 1 %; auf ein Jahr umgerechnet zahlt der Kunde einen Zins von ca. $1 \cdot {}^{360}\!/_{20} = 18 \%$ (ohne Zinseszinsen). Der Kunde wird diesen Kredit nur in Anspruch nehmen, wenn er in Zahlungsschwierigkeiten steckt. Aus dem Zahlungsverhalten des Kunden kann der Lieferant also einen Rückschluß auf die Bonität des Kunden ziehen und damit die diesbezügliche Informationsasymmetrie reduzieren. Dies ist für zukünftige Vertragsabschlüsse wichtig.

Lieferantenkredite werden im allgemeinen nur gegeben, wenn der Kunde eine Mindestbonität aufweist. Ist der Kunde insolvenzbedroht oder bereits insolvent, dann werden Dritte nicht bereit sein, das Ausfallrisiko zu übernehmen; die übrigen Schutzmechanismen erweisen sich dann im allgemeinen als nicht ausreichend. Ein solcher Kunde bekommt daher Sachleistungen nur gegen Barzahlung.

b) Der langfristige Lieferantenkredit

Lieferanten von langlebigen Gebrauchsgütern, z. B. von Autos, räumen ihren Kunden häufig einen langfristigen Kredit ein. Um sich gegen Kreditausfälle zu sichern, lassen sich die Lieferanten das Gebrauchsgut zur Sicherheit übereignen. In der Insolvenz des Kunden steht ihnen ein Recht auf Absonderung des Gegenstandes zu. Möglicherweise besteht der Lieferant auf weiteren Sicherheiten, insbesondere bei spezifischen Gebrauchsgütern. Spezifische Gebrauchsgüter sind solche, deren Nutzungsmöglichkeiten eng begrenzt sind und die daher bei Veräußerung nur geringe Erlöse abwerfen. Solche Güter werden daher nur mit relativ niedrigen Quoten beliehen. Der Lieferant besteht dann neben der Sicherungsübereignung auf weiteren Sicherheiten, sofern die Bonität des Kunden zweifelhaft ist.

Worin liegen nun die möglichen Vorteile eines langfristigen Lieferantenkredits gegenüber sofortiger Bezahlung? Viele Lieferanten sehen sich einem heterogenen Kundenkreis gegenüber.

(1) Manche Kunden verfügen nicht über genügend Zahlungsmittel, um das Gut sofort zu bezahlen. Sie müßten daher einen relativ teuren Kredit aufnehmen. Der Lieferant, der sich billiger Geld beschaffen kann, bietet dem Kunden einen Lieferantenkredit an. Dies ist typisch für die Hersteller von Autos.

(2) Die Preise, die einzelne Kunden zu zahlen bereit sind, unterscheiden sich. Ein Lieferant kann nun versuchen, durch Marktsegmentierung einen höheren erwarteten Gewinn zu erzielen. Z. B. liegen die Selbstkosten des Gebrauchsgutes bei 10 000 € pro Stück; Kundengruppe 1 bezahlt höchstens einen Preis von 13 000 €, Kundengruppe 2 höchstens 14 000 €. Will der Lieferant in einem einheitlichen Markt beide Kundengruppen beliefern, so kann er höchstens einen Preis von 13 000 € verlangen. Gelingt es ihm jedoch, den Gütermarkt zu segmentieren, dann kann er im Segment 1 einen Preis von 13 000 €, im Segment 2 einen Preis von 14 000 € verlangen. Sein erwarteter Gewinn wächst durch die Segmentierung.

BRENNAN, MAKSIMOVIC und ZECHNER 1988 zeigen, wie eine solche Marktsegmentierung erreicht werden kann, indem den Kunden die Wahl zwischen sofortiger Bezahlung von 14 000 € und Inanspruchnahme eines langfristigen Lieferantenkredits über 14 000 € zu einem Zinssatz von 10 % eröffnet wird. Der risikofreie Zinssatz liegt bei 6 %. Für einen „reichen" Kunden ist die Inanspruchnahme eines Lieferantenkredits zu 10 % nicht attraktiv, er wird daher sofort 14 000 € bezahlen. Für einen „armen" Kunden, der mit beachtlicher Wahrscheinlichkeit während der Kreditlaufzeit insolvent wird, bedeutet indessen ein Kredit zu 10 % eine Vergünstigung. Infolge potentieller Insolvenz liegen seine erwarteten Zahlungen unter den vertraglich vereinbarten. Diskontiert man die erwarteten Zahlungen, die der „arme" Kunde auf den Lieferantenkredit leisten wird, mit 6 % ab, so ergebe sich ein erwarteter Kapitalwert von nur 12 800 €. Für die „armen" Kunden ist daher der Lieferantenkredit attraktiver als die sofortige Zahlung. Obgleich der vertragliche Zins von 10 % hoch erscheint, bedeutet er letztlich eine Subvention an bonitätsschwache Kunden. In der Tat scheint in der Realität ein langfristiger Lieferantenkredit häufig ein Instrument der verdeckten Preisreduzierung zu sein.

Ein weiterer Aspekt zugunsten des langfristigen Lieferantenkredits besteht aus der Sicht des Lieferanten darin, daß er durch diesen Kredit in eine langfristige Geschäftsbeziehung zum Kunden eintritt, die seine Chancen für zukünftige Geschäftsabschlüsse verbessert.

2.9.3 Leasing

Im Vergleich zum langfristigen Lieferantenkredit tritt beim Leasing an die Stelle des Erwerbs des Gegenstands durch den Kunden eine mehr oder minder komplexe Vereinbarung über die Zuweisung von Verfügungsrechten am Gegenstand sowohl an den

Leasinggeber (Vermieter) als auch an den Leasingnehmer (Mieter). Mit dieser Zuweisung von Verfügungsrechten kann versucht werden, Ersparnisse an Steuern und an Insolvenzkosten zu realisieren, aber auch die besten Einkaufsmöglichkeiten und die besten Nutzungsmöglichkeiten für den Gegenstand auszuschöpfen. Allerdings stehen diesen Vorteilen nicht selten Nachteile aus opportunistischem Verhalten der Vertragspartner gegenüber.

Zunächst soll Leasing näher gekennzeichnet, dann sollen die angesprochenen Aspekte erörtert werden. Leasing beinhaltet die Vermietung oder Verpachtung eines Gegenstandes. Dafür hat der Mieter regelmäßige Mietzahlungen an den Vermieter zu entrichten. Während der Mietdauer hat der Mieter das alleinige Nutzungsrecht an dem Gegenstand, allerdings wird dieses Recht im allgemeinen vertraglich beschränkt. Nach Ablauf der Mietdauer gibt der Mieter den Gegenstand dem Vermieter zurück. Jedoch wird häufig dem Mieter im Mietvertrag eine Option eingeräumt, den Gegenstand nach Ablauf der Mietdauer zu einem festen Preis zu kaufen. Die Mietdauer kann nahe an die betriebsgewöhnliche Nutzungsdauer des Gegenstandes heranreichen oder erheblich darunter bleiben. Im ersten Fall decken die Mietzahlungen auch die Anschaffungsauszahlung für den Gegenstand ab, so daß von einem Vollamortisationsvertrag gesprochen wird. Im zweiten Fall liegt ein Teilamortisationsvertrag vor. Juristischer Eigentümer des Gegenstandes ist auf jeden Fall der Vermieter.

Aus der Perspektive des Mieters kommt das Vollamortisationsleasing dem Kauf des Gegenstandes auf Kredit sehr nahe. An die Stelle der Zins- und Tilgungszahlungen treten die Mietzahlungen. Unterschiede zwischen Miete und kreditfinanziertem Kauf können verschiedene Ursachen haben:

1. Damit der Vermieter steuerlich als Eigentümer des Gegenstandes anerkannt wird, muß die vertragliche Mietdauer zwischen 40 % und 90 % der betriebsgewöhnlichen Nutzungsdauer liegen (siehe im einzelnen WÖHE/BILSTEIN 1998, S. 224).

2. Die Aufnahme eines langfristigen Kredits erhöht beim Kreditnehmer die Gewerbeertragsteuer. Der Mieter braucht jedoch bei Miete diese Steuer nicht abzuführen. Auch beim Vermieter fällt sie nicht an, wenn er die Leasingforderungen an ein Kreditinstitut forfaitiert, d. h. an das Kreditinstitut verkauft unter Weitergabe des Ausfallrisikos. Dann bietet Leasing einen Vorteil bei der Gewerbeertragsteuer.

3. Der Hersteller des Gegenstands sei selbst Vermieter. Beim normalen Verkauf des Gegenstands fällt der Gewinn sofort beim Hersteller an, beim Leasing verteilt er sich jedoch auf die Leasingjahre. Beim Herstellerleasing ergibt sich damit eine verzögerte Zahlung von Gewinnsteuern und somit ein Zinsvorteil.

4. Unterliegen Mieter und Vermieter einer proportionalen Gewinnsteuer mit dem Steuersatz s, so ergibt sich ein Vorteil des Leasing gegenüber dem fremdfinanzierten Kauf, wenn Mieter und Vermieter zusammen über Leasing zusätzliche zinslose Steuerkredite in Anspruch nehmen können. Da in jedem Jahr der Mietaufwand des Mieters mit dem Mietertrag des Vermieters übereinstimmt, kann sich ein zusätzlicher Steuerkredit bei Leasing nur ergeben, wenn der Vermieter Aufwendungen steuerlich früher geltend machen kann als ein fremdfinanzierender Käufer. Hierfür liefert das deutsche Steuerrecht jedoch keine Anhaltspunkte.

Erst wenn sich die Gewinnsteuersätze von Mieter und Vermieter unterscheiden, läßt sich eine gewinnbringende Steuerarbitrage realisieren, d. h. ein Vermögensgewinn zu Lasten des Fiskus. Ist z. B. der Steuersatz des Vermieters, s_V, höher als der des Mieters, s_M, dann sind die Mietzahlungen zu Beginn der Mietzeit niedrig und am Ende der Mietzeit hoch anzusetzen. Der Vermieter weist dann zu Beginn Verluste und später Gewinne aus, für den Mieter ist es umgekehrt. Da der Vermieter einem höheren Steuersatz unterliegt, entsteht ein zinsloser Steuerkredit, den beide zusammen in Anspruch nehmen.

Dazu betrachten wir ein Beispiel. Der Steuersatz des Vermieters sei $s_V = 40\%$, der des Mieters $s_M = 30\%$. Wird eine Mietzahlung von 1000 € im Zeitpunkt t um 12 Monate hinausgezögert, so ergeben sich folgende Änderungen:

Tabelle 9.7. Steuerarbitrage durch Leasing, wenn der Vermieter höher besteuert wird als der Mieter

Jahr	t	t + 1
(1) Gewinn des Vermieters	− 1.000	+ 1.000
(2) Gewinnsteuer des Vermieters	− 400	+ 400
(3) Gewinn des Mieters	+ 1.000	− 1.000
(4) Gewinnsteuer des Mieters	+ 300	− 300
(5) Steuereinnahmen des Fiskus = (2) + (4)	− 100	+ 100

Tab. 9.7 zeigt, daß infolge der Verzögerung der Mietzahlung um 1000 € der Fiskus im Jahr t 100 € weniger und im Jahr (t+1) 100 € mehr an Steuern einnimmt. Folglich kommen Vermieter und Mieter zusammen in den Genuß eines zusätzlichen zinslosen Steuerkredits von 100 € für ein Jahr.

Eine solche Steuerarbitrage wird jedoch in zweierlei Hinsicht eingeschränkt. Erstens wird die steuerliche Anerkennung des Leasing in Frage gestellt, wenn sich die Höhe der Mietzahlungen im Zeitablauf erheblich ändert. Zweitens sind die Vermieter eher an hohen frühzeitigen Mietzahlungen interessiert, um Zahlungsausfälle einzuschränken. Damit sind die Möglichkeiten der Steuerarbitrage, abgesehen von der Gewerbeertragsteuer, in Deutschland eng begrenzt. Bessere Möglichkeiten der Steuerarbitrage bieten sich beim grenzüberschreitenden Leasing, da hierbei Unterschiede zwischen den steuerrechtlichen Regelungen verschiedener Länder genutzt werden können.

5. Der Vermieter kauft den Gegenstand häufiger als der Mieter und erhält daher einen höheren Einkaufsrabatt, den er teilweise durch Senkung der Miete weitergibt. Derartige losgrößenbedingte Vorteile des Vermieters können auch im administrativen Bereich und bei Reparatur- und Instandhaltungsarbeiten bestehen. Ebenfalls kennt der Vermieter den Markt für gebrauchte Gegenstände oft besser als der Mieter und kann daher bei der Veräußerung gebrauchter Gegenstände höhere Preise erzielen.

6. Weil der Vermieter den geleasten Gegenstand im allgemeinen später besser verwerten kann als der Mieter, begnügt sich der Vermieter zumindest bei nichtspezifischen Gütern mit geringeren Sicherheiten als der normale Kreditgeber. Im allgemeinen genügt es dem Vermieter, daß er Eigentümer des Gegenstands ist und in der Insolvenz des Mieters ein Aussonderungsrecht besitzt. Somit er-

höht Leasing im Vergleich zur normalen Kreditfinanzierung den Finanzierungsspielraum des Mieters. Da potentielle Insolvenz Leasingtransaktionen weniger beeinträchtigt als normale Kredittransaktionen, kann sich auch ein Vorteil aus einer Verminderung der Insolvenzkosten ergeben.

7. Die Verbindlichkeiten des Mieters aus seiner Verpflichtung zur Mietzahlung brauchen in der Bilanz nicht ausgewiesen werden, während Verbindlichkeiten aus Kreditaufnahme ausgewiesen werden müssen. Somit erzeugt Leasing einen bilanzoptischen Vorteil. Allerdings sind die Leasingverpflichtungen im Bilanzanhang anzugeben (§ 285, III HGB).

8. Im allgemeinen sind die Nutzungsrechte bei Leasing im Vergleich zum fremdfinanzierten Kauf eingeschränkt. Ist der Hersteller eines Gegenstands auch der Vermieter, so kann er z. B. versuchen, die Nutzungsrechte am Gegenstand so einzuschränken, daß Zubehör anderer Hersteller nicht mit dem gemieteten Gegenstand kombiniert werden darf.

9. Die Behauptung der Vermieter, der Mieter partizipiere stets am technischen Fortschritt, ist allerdings zweifelhaft. Zwar kann der Mieter nach Ablauf einer Karenzzeit den Mietvertrag kündigen, um einen neuen Gegenstand zu mieten. Dieses Argument unterschlägt jedoch die Vertragsstrafe bei Kündigung. Die Vermieter sichern sich bei Vollamortisationsverträgen gegen potentielle Verluste aus Kündigung durch eine entsprechend hohe Vertragsstrafe. Daher ist der Mieter im allgemeinen nicht besser gestellt als der fremdfinanzierte Käufer.

Bei Teilamortisationsverträgen gibt es unterschiedliche Vereinbarungen. Eine Variante besteht darin, daß der Mieter während der Mietzeit fest vereinbarte Mietzahlungen leistet und bei Rückgabe des Gegenstands das Veräußerungsrisiko trägt: Liegt der Veräußerungserlös über (unter) dem vertraglich vorgesehenen Restwert, dann erhält (zahlt) der Mieter am Schluß die Differenz. Das gesamte Restwertrisiko liegt beim Mieter.

Anders verhält es sich bei der zweiten Variante, bei der der Mieter den Gegenstand nach Ablauf der Mietzeit ohne weitere Zahlung zurückgibt. Das Restwertrisiko trägt in diesem Fall der Vermieter; er wird es sich durch eine entsprechende Risikoprämie in den Mietzahlungen vergüten lassen. Der Mieter kann dann anschließend einen moderneren Gegenstand mieten. Allerdings erzeugt ein solcher Vertrag für den Mieter einen Anreiz zu exzessiver Nutzung und geringer Wartung des Gegenstands. Denn die dadurch erzeugte Restwertminderung geht zu Lasten des Vermieters. Der Vermieter kann sich in verschiedener Weise schützen: (1) Er kalkuliert die Mietzahlungen ausgehend von exzessiver Nutzung und geringer Wartung. Dann steht er allerdings vor einem Problem adverser Selektion: Er schreckt mit solch hohen Mietforderungen die moderaten Nutzer ab, so daß nur die exzessiven Nutzer den Leasingvertrag abschließen werden. (2) Im Leasingvertrag wird vereinbart, daß der Mieter den Gegenstand auf eigene Kosten bei einem Dritten warten lassen muß. Damit wird ein Mindestwartungsniveau sichergestellt. Außerdem führt exzessive Nutzung zu höheren Wartungskosten, dies schränkt den Anreiz zu exzessiver Nutzung ein.

Ähnliche Probleme opportunistischen Verhaltens des Mieters treten in abgeschwächter Form auch beim Vollamortisationsvertrag auf, wenn dem Mieter im Leasingvertrag eine Option eingeräumt wird, den Gegenstand nach Ablauf der Mietdauer zu einem vertraglich vereinbarten Preis zu erwerben. Ist für den Mieter absehbar, daß er diese Option nicht ausüben wird, so besteht wieder ein Anreiz zu exzessiver Nutzung und geringer Wartung des Gegenstands.

Hiermit wird ein grundlegendes Problem von Sachleistungsverträgen deutlich, bei denen das Verhalten des einen Vertragspartners auch zu Lasten des anderen wirkt. Es kommt zu externen Effekten, die eine first best-Lösung verhindern. Folglich stellt Leasing nur dann einen effizienten Vertrag dar, wenn die aus externen Effekten resultierenden Nachteile durch andere Vorteile überkompensiert werden. Dies soll anhand des Vergleichs von drei Vorgehensweisen veranschaulicht werden:

- Teilamortisationsvertrag ohne Kaufoption,
- Teilamortisationsvertrag mit Kaufoption,
- fremdfinanzierter Kauf.

Vergleicht man zuerst den Teilamortisationsvertrag ohne Kaufoption mit dem, der dem Mieter nach Ablauf der Mietzeit eine Kaufoption einräumt, so werden die durch exzessive Nutzung und geringe Wartung auftretenden externen Effekte durch die Kaufoption gemindert. Denn bei Ausübung der Kaufoption trägt der Mieter selbst die Nachteile exzessiver Nutzung und geringer Wartung. Gleichzeitig räumt die Kaufoption dem Mieter die Möglichkeit ein, bei guter Geschäftslage den Gegenstand weiter zu nutzen, bei schlechter Geschäftslage jedoch den Gegenstand an den Vermieter zurückzugeben, der einen Verwertungsvorteil besitzt. Daher erscheint die Einräumung einer Kaufoption effizient.

Im zweiten Schritt sind daher der Teilamortisationsvertrag mit Kaufoption und der fremdfinanzierte Kauf zu vergleichen. Beim fremdfinanzierten Kauf existieren keine externen Effekte aus exzessiver Nutzung und geringer Wartung, auch kann der Käufer je nach Geschäftslage den Gegenstand veräußern oder weiterhin nutzen. Bei der Veräußerung ist er jedoch gegenüber dem Vermieter im Nachteil. Vernachlässigt man andere Unterschiede zwischen Leasing und fremdfinanziertem Kauf, dann erscheint der Leasingvertrag mit Kaufoption effizient, wenn die aus externen Effekten resultierenden Nachteile mehr als aufgewogen werden durch die potentiellen Veräußerungsvorteile des Vermieters.

Einen ersten Anhaltspunkt, ob Leasing teurer oder billiger ist als fremdfinanzierter Kauf, liefert ein Vergleich der Kapitalwerte der Auszahlungen: Der Kapitalwert wird beim Leasing anhand der Mietzahlungen und anderer vom Mieter zu tragender Auszahlungen (z. B. Wartungskosten) errechnet. Beim fremdfinanzierten Kauf werden die Zins- und Tilgungszahlungen sowie die sonstigen vom Käufer zu tragenden Auszahlungen abgezinst; außerdem ist der geschätzte Restwert nach Ablauf der Mietzeit abzuzinsen und abzuziehen, da der Gegenstand dem Käufer gehört. Ergänzend ist zu berücksichtigen, daß die Optionen, die der Nutzer des Gegenstands bei Leasing und fremdfinanziertem Kauf besitzt, unterschiedlich wertvoll sein können und daß Leasing den Finanzierungsspielraum eines Unternehmens im allgemeinen weniger einschränkt als fremdfinanzierter Kauf.

2.9.4 Pensionszusagen

a) Grundlagen

Die Altersvorsorge von Arbeitnehmern beruht in Deutschland wie auch in zahlreichen anderen westlichen Industrieländern auf drei Säulen, (1) der gesetzlichen Rentenversicherung, (2) der betrieblichen Altersvorsorge und (3) der privaten Altersvorsorge. Während die Rentenversicherung im Umlageverfahren durch Beiträge der aktiven Arbeitnehmer finanziert wird, spart der Arbeitnehmer bei der privaten Altersvorsorge selbst und kann den so gebildeten Kapitalstock nach der Pensionierung verbrauchen. Die betriebliche Altersvorsorge ergänzt die gesetzliche Rentenversicherung und die private Altersvorsorge um Leistungen des Betriebes, in dem der Arbeitnehmer beschäftigt ist. Allerdings erfaßt die betriebliche Altersvorsorge in Deutschland etwa nur ⅓ der Arbeitnehmer. Insbesondere kleinere Unternehmen beteiligen sich hieran nicht.

Die betriebliche Altersvorsorge wird bisher über vier Formen abgewickelt:

1. Bei der *Direktzusage* zahlt das Unternehmen selbst die Pension. Es muß dann in der Arbeitsphase des Arbeitnehmers Pensionsrückstellungen bilden. Kann das Unternehmen wegen Insolvenz die Direktzusage nicht erfüllen, so erwirbt der Arbeitnehmer bei einer unverfallbaren Anwartschaft einen gleich hohen Leistungsanspruch gegen den Pensionssicherungsverein.
2. Das Unternehmen kann eine rechtlich selbständige *Pensionskasse* gründen, der es die für die späteren Versorgungsleistungen notwendigen finanziellen Mittel zur Verfügung stellt.
3. Das Unternehmen kann für den Arbeitnehmer einen Versicherungsvertrag abschließen und die Versicherungsprämien zahlen. Das Versicherungsunternehmen zahlt dann die Pension (*Direktversicherung*).
4. Das Unternehmen leistet Beiträge an eine rechtlich selbständige *Unterstützungskasse*, ohne daß ein Rechtsanspruch des Arbeitnehmers auf deren Leistungen besteht. Jedoch haftet das Unternehmen gegenüber dem Arbeitnehmer, wenn die Unterstützungskasse nicht zahlt.

Bisher dominiert in Deutschland die Direktzusage. Im Jahr 2001 wurden in den Katalog der gesetzlich geförderten Altersvorsorge auch *Pensionsfonds* aufgenommen. Sie sind, ebenso wie Pensionskassen und Versicherungsunternehmen, rechtlich selbständige Einrichtungen und unterliegen der Versicherungsaufsicht. Während bei der Direktzusage und der Unterstützungskasse die finanziellen Mittel im wesentlichen im Unternehmen bis zur Zahlung der Pension verbleiben, fließen sie bei der Pensionskasse, der Direktversicherung und dem Pensionsfonds während der Tätigkeit des Arbeitnehmers ab. Der wesentliche Unterschied zwischen einer Pensionskasse und einem Pensionsfonds besteht darin, daß der Pensionsfonds viel größere Freiräume bei der Geldanlage besitzt. Der Pensionsfonds soll die ihm anvertrauten Mittel professionell mit „möglichst großer Sicherheit und Rentabilität unter Wahrung angemessener Besicherung und Streuung" verwalten und dem pensionierten Arbeitnehmer im Regelfall eine lebenslange Rente zahlen. Dem Pensionsfonds stehen die Möglichkeiten der Anlage am Kapitalmarkt offen. Er hat sicherzustellen, daß die späteren Auszahlungen an den Arbeitnehmer in der Summe mindestens die geleisteten Einzahlungen erreichen. Anderenfalls entfällt die steuerliche Förderung dieser Altersvorsorge. Wie bei der Direktzusage besteht auch beim Pensionsfonds und bei der Unterstützungskasse ein Insolvenzschutz durch den Pensionssicherungsverein.

Die Attraktivität der verschiedenen Formen der Altersvorsorge wird unter anderem durch die steuerliche Behandlung bestimmt. Hierbei ist zwischen der vorgelagerten und der nachgelagerten Besteuerung zu unterscheiden. Bei der vorgelagerten Besteuerung werden Leistungen des Unternehmens und des Arbeitnehmers bereits in der Ansparphase besteuert, in der späteren Auszahlungsphase unterliegen nur die zwischenzeitlich erwirtschafteten Erträge der Besteuerung. Bei der nachgelagerten Besteuerung bleiben die Leistungen in der Ansparphase steuerfrei, unterliegen jedoch mit den Erträgen der Besteuerung in der Auszahlungsphase. Eine einheitliche steuerliche Regelung der betrieblichen Altersvorsorge besteht bisher nicht, bei den Pensionsfonds wird die nachgelagerte Besteuerung zur Regel werden.

Die rechtlichen Grundlagen enthalten das Gesetz zur betrieblichen Altersvorsorge (BetrAVG), das Gesetz zur Reform der gesetzlichen Rentenversicherung und zur Förderung eines kapitalgedeckten Altersvorsorgevermögens (AvmG) sowie die Steuergesetze. Da die Direktzusage nach wie vor die dominierende Form der betrieblichen Altersvorsorge darstellt, wird sie im folgenden näher untersucht.

b) Finanzwirtschaftliche Beurteilung von Direktzusagen

Zunächst werden steuerliche Effekte bei der finanzwirtschaftlichen Beurteilung vernachlässigt. Zwei Situationen sind zu unterscheiden.

Situation 1: Obwohl keine Notwendigkeit besteht, den Arbeitnehmer durch Pensionszusagen an das Unternehmen zu binden, wird ihm mit der Pensionszusage ein Geschenk gemacht. Mit diesem Geschenk mag das Unternehmen die Hoffnung auf eine Produktivitätssteigerung verbinden. Infolge der Pensionszusage wird das Unternehmen später finanziell belastet, ohne daß gegenwärtig eine finanzielle Entlastung eintritt.

Situation 2: Durch die Pensionszusage gelingt es dem Unternehmen, die gegenwärtigen Lohn- und Gehaltszahlungen zu reduzieren. Indem der Arbeitnehmer auf einen Teil der Lohn- und Gehaltszahlungen verzichtet, räumt er dem Unternehmen einen Kredit ein. Das Unternehmen wird also gegenwärtig finanziell entlastet. Stimmt der erwartete Kapitalwert der Pensionszahlungen mit dem erwarteten Kapitalwert der Lohn- und Gehaltskürzungen überein, so hat die Pensionszusage keinen Einfluß auf das Unternehmensvermögen.

Das gilt dann, wenn die vom Arbeitnehmer erbrachte Arbeitsleistung von der Pensionszusage unabhängig ist. Dies ist eine plausible Annahme, wenn die Pensionszahlungen keine Leistungsprämie beinhalten. Ist die Höhe der Pension nach der Dauer der Betriebszugehörigkeit gestaffelt, dann motiviert diese Regelung den Arbeitnehmer zu einer längeren Verweildauer im Unternehmen. Allerdings kann derselbe Effekt auch durch eine entsprechende Staffelung der Lohn- und Gehaltszahlungen erzielt werden. Es erscheint daher vertretbar, die Arbeitsleistung als von der Pensionszusage unabhängig anzusehen. Demnach ist die Pensionszusage am ehesten dem Kauf einer Sachleistung mit langfristigem Lieferantenkredit vergleichbar.

Gleich welche der beiden Situationen vorliegt, für die Bereitschaft deutscher Unternehmen, Pensionszusagen in Form von Direktzusagen zu geben, ist die steuerliche Begünstigung von Pensionszusagen bedeutsam. Sagt das Unternehmen einem Arbeitnehmer eine Pension zu, so baut es von dem Zeitpunkt an zu Lasten des steuerpflichtigen Gewinns eine Pensionsrückstellung auf. Da die Pensionen erst viel später, nämlich nach Pensionierung des Arbeitnehmers, ausgezahlt werden, ergibt sich ein erheblicher zinsloser Steuerkredit zugunsten des Unternehmens. Der Vorteil aus diesem Steuerkredit kann im Extremfall so weit gehen, daß der Wert des Unternehmens durch die Pensionszusage nicht sinkt, sondern sogar wächst. Ein Beispiel soll dies verdeutlichen.

Ein Unternehmen sagt einem neu eingestellten 38jährigen Arbeitnehmer zu, ihm nach seiner Pensionierung bei Vollendung des 63. Lebensjahres eine jährliche Pension von 1000 € zu zahlen. Die Höhe der zugehörigen Pensionsrückstellung ist nach versicherungsmathematischen Grundsätzen als Kapitalwert der erwarteten Pensionszahlungen zu berechnen. Dabei ist ein Kalkulationszinsfuß von 6 % p. a. zu verwenden. Das Bewertungsgesetz enthält in der Anlage eine Tabelle von Vervielfältigern. Um die Höhe der Pensionsrückstellung in einem bestimmten Jahr zu errechnen, ist der Vervielfältiger (abhängig vom Alter des Arbeitnehmers) mit dem Verhältnis aus zurückliegender Dienstzeit zu gesamter Dienstzeit des Arbeitnehmers im Unternehmen und mit dem jährlichen Pensionsbetrag zu multiplizieren. Die Änderung der Pensionsrückstellung von Jahr zu Jahr gibt den Aufwand aus der Bildung von Pensionsrückstellungen an, der den steuerpflichtigen Gewinn mindert. Die Steuerersparnis im gleichen Jahr ist gleich diesem Aufwand, multipliziert mit dem Gewinnsteuersatz.

Vom Zeitpunkt der Pensionierung an wird die Pensionsrückstellung von Jahr zu Jahr vermindert, da der erwartete Kapitalwert zukünftiger Pensionszahlungen sinkt; in Höhe der Verminderung entsteht ein steuerpflichtiger Ertrag. Gleichzeitig ist die Pension zu zahlen, sie stellt einen steuermindernden Aufwand dar.

Tabelle 9.8. Zuführung zur Pensionsrückstellung und Pensionszahlungen für einen Arbeitnehmer, der mit 38 Jahren eingestellt wird, sofort die Zusage einer jährlichen Pension von 1.000 € erhält und bei Vollendung des 73. Lebensjahres stirbt. Die Vervielfältiger sind den Anlagen 10 und 13 des Bewertungsgesetzes entnommen.

Alter	Verviel-fältiger	zurückliegende/gesamte Dienst-zeit	Rückstellung = 1000·(2)·(3)	Zuführung zur Rückstellung	Pensions-zahlung
(1)	(2)	(3)	(4)	(5)	(6)
39	4,4	0,04	176	176	
40	4,6	0,08	368	192	
41	4,7	0,12	564	196	
42	4,8	0,16	768	204	
43	5,0	0,20	1.000	232	
44	5,2	0,24	1.248	248	
45	5,3	0,28	1.484	236	
46	5,5	0,32	1.760	276	
47	5,7	0,36	2.052	292	
48	5,9	0,40	2.360	308	
49	6,1	0,44	2.684	324	
50	6,3	0,48	3.024	340	
51	6,5	0,52	3.380	356	
52	6,7	0,56	3.752	372	
53	6,9	0,60	4.140	388	
54	7,1	0,64	4.544	404	
55	7,4	0,68	5.032	488	
56	7,6	0,72	5.472	440	
57	7,9	0,76	6.004	532	
58	8,1	0,80	6.480	476	
59	8,4	0,84	7.056	576	
60	8,7	0,88	7.656	600	
61	9,0	0,92	8.280	624	
62	9,4	0,96	9.024	744	
63	9,8	1,00	9.800	776	
64	9,6	1,00	9.600	− 200	1.000
65	9,3	1,00	9.300	− 300	1.000
66	9,0	1,00	9.000	− 300	1.000
67	8,8	1,00	8.800	− 200	1.000
68	8,5	1,00	8.500	− 300	1.000
69	8,2	1,00	8.200	− 300	1.000
70	7,9	1,00	7.900	− 300	1.000
71	7,7	1,00	7.700	− 200	1.000
72	7,4	1,00	7.400	− 300	1.000
73	0,0	1,00	0	− 7.400	1.000

Der Barwert der Pensionszusage, bezogen auf den Zeitpunkt der Pensionszusage, ist gleich dem Barwert der Steuerminderungen aus der Bildung der Pensionsrückstellung abzüglich dem Barwert der steuerwirksamen Pensionszahlungen.

$$K_0 = \sum_{t=1}^{T} \frac{s\Delta R_t}{(1+k)^t} - (1-s)P(1+k)^{-t_p} \, RBF \, (k; \, T-t_p).$$

Hierbei bedeuten

T   Todesjahr des Arbeitnehmers,

t_p Jahr der Pensionierung,

ΔR_t Erhöhung (+) oder Minderung (−) der Pensionsrückstellung im Jahr t,

s   Gewinnsteuersatz,

P   jährliche Pensionszahlung,

RBF   Rentenbarwertfaktor, bezogen auf die Zahl der erlebten Pensionsjahre $(T-t_p)$.

Bei einem pauschalierten Gewinnsteuersatz von 50 % und einem Kalkulationszinsfuß nach Steuern von 5 % ergibt sich ein Kapitalwert der Pensionszusage von 293 €. Das Unternehmen erzielt mit der Pensionszusage sogar einen Vermögensgewinn, da der Vorteil aus dem zinslosen Steuerkredit größer ist als der Nachteil aus den Pensionszahlungen. Bei einem Gewinnsteuersatz von 50 % und einem Kalkulationszinsfuß von 3 % ergäbe sich jedoch ein negativer Kapitalwert von −726 €.

Es läßt sich zeigen, daß eine Pensionszusage stets einen negativen Kapitalwert erzeugt, wenn der Kalkulationszinsfuß vor Steuern mit dem gesetzlich vorgeschriebenen Zinsfuß von 6 % übereinstimmt, der der Berechnung der Pensionsrückstellung zugrunde zu legen ist. Bei einem Steuersatz von 50 % ergäbe sich dann ein Kalkulationszinsfuß nach Steuern von 6(1−0,50) = 3,0 % und damit ein Vermögensverlust. Der Break-even-Punkt wird bei einem Kalkulationszinsfuß vor Steuern von 8,46 % (dies entspricht einem Kalkulationszinsfuß nach Steuern von 8,46(1−0,50) = 4,23 %) erreicht. Wenn also das Unternehmen mit dem zinslosen Steuerkredit einen Bankkredit zu einem Zinssatz von 8,46 % ablöst, dann beeinflußt die Pensionszusage den Unternehmenswert nicht. Bei einem geringen Steuersatz ist der Kapitalwert im allgemeinen geringer, da der Steuerkredit niedriger ist.

Die steuerliche Subvention von Pensionszusagen hat die Bereitschaft von Unternehmen, solche Zusagen zu geben, gefördert. Das obige Beispiel stellt jedoch die Situation für die Unternehmen zu günstig dar (FUNK 1987):

1. Wird der Arbeitnehmer vor Ablauf des 63. Lebensjahres pensioniert, so ist auch früher mit der Pensionszahlung zu beginnen.

2. Wird die Pensionshöhe im Zeitablauf entsprechend der Erhöhung der Tariflöhne angepaßt, so kann sich ein erheblich ungünstigeres Ergebnis einstellen. Eine Anpassung der Pensionshöhe an die Inflation während der Pensionierung ist zwingend (§ 16 BetrAVG). Jede nach der Pensionszusage eintretende Erhöhung der Pension vermindert die Steuereffekte aus der Rückstellungsbildung, da die Rückstellung nur während eines kürzeren Zeitraumes besteht und daher der Zinsvorteil entsprechend kleiner ausfällt (BOGNER und SWOBODA 1994).

3. Erwirtschaftet das Unternehmen in mehreren Jahren Verluste, so wird die steuerliche Geltendmachung der Zuführungen zu den Pensionsrückstellungen beeinträchtigt. Der zinslose Steuerkredit vermindert sich dementsprechend, ähnlich wie bei einem geringeren Gewinnsteuersatz.

Aus diesen Gründen ist davon auszugehen, daß Pensionszusagen das Unternehmen belasten. Sie erzeugen trotz der hohen steuerlichen Subvention Verbindlichkeiten des

Unternehmens, die sein Vermögen im allgemeinen deutlich mindern und später zu erheblichen finanziellen Belastungen führen.

2.10 Zusammenfassung

Die Abschnitte 2.1–2.4 wurden bereits im Zwischenergebnis (Abschnitt 2.5) resümiert. Kreditbeziehungen unterliegen einem gesetzlichen Rahmen. Schutz vor Aushöhlung der Gläubigerposition durch überhöhte Gewinnausschüttungen bietet das deutsche Recht mit seinem ausgeprägten Gläubigerschutz. Neben die gesetzlichen treten die vertraglichen Regelungen zwischen Gläubiger und Schuldner. An erster Stelle sind Kreditsicherheiten zu nennen. Daneben sichern sich Gläubiger über Informations-, Einwirkungs- und Gestaltungsrechte. Insbesondere über die Drohung, seinen Kredit bei deutlicher Verschlechterung des Schuldnervermögens zu kündigen, kann der Gläubiger auf die Geschäftspolitik des Schuldners einwirken.

Entgegen dem Irrelevanztheorem der Finanzierung bestehen für alle Unternehmen Grenzen der Verschuldung. Mit zunehmender Verschuldung eines Unternehmens wächst die für weitere Kredite erforderliche Ausfallprämie, wenn keine Kreditsicherheiten gestellt werden. Institutionelle Grenzen von Kreditzinssätzen beschränken daher die Verschuldung. Diese Beschränkung ist umso strenger, je höher das Risiko des Investitionsprogramms ist. Durch Hedging kann dieses Risiko reduziert und damit der Verschuldungsspielraum erweitert werden. Weiterhin beeinträchtigen Informationsmängel und Informationsvorsprünge des Schuldners die Möglichkeiten der Verschuldung. Da die Erfolgsaussichten junger Unternehmen besonders schlecht abschätzbar sind, ist ihnen die Kreditfinanzierung weitgehend verschlossen. Sie benötigen eine weitreichende Eigenfinanzierung. Häufig nehmen sie auf Zeit eine Venture Capital-Gesellschaft als Gesellschafter auf, die nicht nur Beteiligungskapital einbringt, sondern auch im Management mitwirkt. Ebenso begrenzen Informationsvorsprünge des Schuldners und die von hoher Verschuldung ausgehenden Verhaltensanreize die Verschuldung. Diese Grenzen lassen sich hinausschieben durch mezzanine Finanzierungsinstrumente, die Merkmale von Fremd- und Eigenkapital verbinden und daher zusätzliche Möglichkeiten der Vertragserhaltung unter Einschluss von Informations-, Einwirkungs- und Gestaltungsrechten bieten.

Die Substitutionalität verschiedener Instrumente zum Schutz der Gläubigerposition zeigt sich insbesondere bei der Fristigkeit der Kreditfinanzierung: Kurzfristige Kredite räumen dem Gläubiger wirksame Einwirkungs- und Gestaltungsrechte ein, er kann daher auf Kreditsicherheiten leichter verzichten. Langfristige Kredite sind mit relativ schwachen Einwirkungs- und Gestaltungsrechten verbunden, daher besteht der Gläubiger im allgemeinen auf wertbeständigen Kreditsicherheiten.

Eine der wichtigsten Aufgaben der Finanzabteilung ist es, die Zahlungsunfähigkeit des Unternehmens zu verhindern. Um auch bei schlechter Geschäftsentwicklung zahlungsfähig zu bleiben, wird die Unternehmensleitung daher einen Verschuldungsspielraum sichern, indem sie selbst eine noch schärfere Verschuldungsgrenze als die Gläubiger setzt.

Wird die von den Gläubigern gesetzte Verschuldungsgrenze überschritten, so müssen diese befürchten, daß sich die Gesellschafter des Unternehmens zu ihren Lasten durch eine Änderung der Investitions- oder Finanzierungspolitik bereichern.

Die Gläubiger werden daher auf eine Neuordnung der Eigentumsverhältnisse drängen.

Die Entscheidung, ein Unternehmen fortzuführen oder zu zerschlagen, sollte nicht von seiner Verschuldung abhängen, sondern davon, ob der Unternehmenswert bei Fortführung größer ist als bei Zerschlagung. Eine Neuordnung der Eigentumsverhältnisse an einem fortzuführenden Unternehmen kann in einem außergerichtlichen oder einem gerichtlichen Verfahren vorgenommen werden. In beiden Fällen kommt es häufig zu einer Reduzierung der Schulden, allerdings im allgemeinen bei gleichzeitigem Opfer der Gesellschafter, z. B. in Form von neuen Einlagen oder der Übertragung eines Teils der Beteiligungstitel auf die Gläubiger, die auf einen Teil ihrer Forderungen verzichten. Mit der Neuordnung der Eigentumsverhältnisse werden die Anreize für eine die Gläubiger schädigende Politik erheblich reduziert; oft wird gleichzeitig die Investitionspolitik des Unternehmens revidiert, weil dies bei drohender oder bereits eingetretener Insolvenz leichter durchsetzbar ist und die Kapitalgeber die Zufuhr neuen Geldes oft hiervon abhängig machen.

Die Wahl zwischen gerichtlichem und außergerichtlichem Verfahren zur Neuordnung der Eigentumsverhältnisse hängt von den jeweiligen Kosten und Erträgen beider Verfahren ab. Die indirekten Insolvenzkosten entfallen bei außergerichtlichen Verfahren, wenn Geheimhaltung gelingt. Umgekehrt bietet ein gerichtliches Verfahren verschiedene Vorteile; so können Pensionsverpflichtungen teilweise auf den Pensionssicherungsverein abgewälzt werden, der Kündigungsschutz der Arbeitnehmer sowie ihre Sozialplanansprüche werden eingeschränkt. Da indirekte Kosten bei Zerschlagung keine Rolle spielen, werden die Kapitalgeber bei zerschlagungswürdigen Unternehmen häufig das gerichtliche Verfahren vorziehen.

Kreditfinanzierung aus Sachleistungsverträgen kann bei unvollkommenen Kapital- und Gütermärkten Vorteile bieten. Kurzfristige Lieferantenkredite können als effizientes Arrangement zwischen Lieferant und Kunde aufgefaßt werden, weil sie für den Lieferanten einen Anreiz zur Lieferung einwandfreier Ware schaffen und er gleichzeitig vor Nichtzahlung des Kunden geschützt wird. Der langfristige Lieferantenkredit ermöglicht dem Lieferanten eine Segmentierung seines Absatzmarktes und damit eine Verbesserung seines Gewinnpotentials. Beim Leasing werden die Verfügungsrechte am vermieteten Gegenstand auf Vermieter und Mieter aufgeteilt. Dies führt einerseits zu Belastungen durch externe Kosten, andererseits können Vorteile des Vermieters, z. B. auf den Beschaffungs- und Absatzmärkten, genutzt werden. Pensionszusagen führen zu langfristigen Krediten der Arbeitnehmer an den Arbeitgeber. Infolge der Möglichkeit, lange vor dem Beginn der Pensionszahlungen Rückstellungen steuerwirksam zu bilden, kommt es zu erheblichen zinslosen Steuerkrediten zugunsten des Unternehmens. Jedoch reicht dieser Vorteil im allgemeinen bei weitem nicht aus, um die Belastung des Unternehmensvermögens durch die Pensionszusage auszugleichen.

3   Politik der Eigenfinanzierung

Zunächst werden Vorgänge der Beteiligungsfinanzierung und -definanzierung erörtert, sodann die Ausschüttungspolitik.

3.1   Gründung

Die erstmalige Beteiligungsfinanzierung eines Unternehmens erfolgt bei der Unternehmensgründung. Gründung wird hier verstanden als eine Gesamtheit von Vorgängen und Maßnahmen mit dem Ziel, ein rechtlich selbständiges Unternehmen zu schaffen. Die Gründung wird durch zahlreiche zwingende gesetzliche Vorschriften geregelt. Aus der Sicht der effizienten Vertragsgestaltung können zwingende gesetzliche Regeln der Gründung als normierte Bestandteile vertraglicher Vereinbarungen angesehen werden, die im Interesse aller Parteien liegen sollten. Der Bedarf an solchen Regelungen wird im folgenden erläutert:

Ein besonders hervorstechendes Merkmal bei der Schaffung eines Unternehmens ist der Mangel an Information. Dieser Mangel trifft indessen nicht alle durch die Gründung Betroffenen in gleichem Maß. Die Gründer sind im allgemeinen besser informiert als die übrigen. Es besteht folglich auch ein Problem asymmetrischer Information. Der Mangel an Information läßt sich in zwei Klassen einteilen:

1. Der Mangel an Informationen über die Gestaltung a) der Rechtsverhältnisse zwischen den zukünftigen Inhabern von Finanzierungstiteln und dem Unternehmen, b) der Geschäftsführungskompetenzen, c) der Rechtsverhältnisse zwischen dem Unternehmen und Dritten.

2. Der Mangel an Informationen über die zukünftige geschäftliche Entwicklung des Unternehmens.

Beide Mängel führen dazu, daß eine Person, die in eine rechtliche Beziehung zum Unternehmen tritt, ihre daraus resultierenden Rechte und Pflichten nur in Umrissen kennt und demnach nur schlecht bewerten kann. Daher besteht ein Interesse an einer Verminderung des Informationsmangels. Durch gesetzliche Vorschriften soll der erstgenannte Mangel an Informationen abgebaut werden. Dies gelingt auch, da dieser Mangel sich auf rechtlich regelbare Tatbestände bezieht. Der zweitgenannte Mangel ist durch gesetzliche Vorschriften kaum zu beheben, da Prognosen über die geschäftliche Entwicklung eines Unternehmens stets erhebliche subjektive Elemente enthalten. Zur Einschränkung des erstgenannten Informationsmangels veranlaßt das Gesetz die Gründer eines Unternehmens, sich für eine der verfügbaren Unternehmensrechtsformen zu entscheiden. Mit der Rechtsform werden die Rechtsverhältnisse einschließlich der Geschäftsführungskompetenzen in ihren Grundlagen festgelegt. Durch die Eintragung ins Handelsregister entsteht das Unternehmen rechtswirksam. Da das Handelsregister öffentlich ist, steht jedem die Einsicht zu. Sein Inhalt ist maßgeblich bei Rechtsstreitigkeiten. Die Gründer eines Unternehmens können daher später nicht ihre Rechte und Pflichten in einer von der Eintragung abweichenden, für Dritte nachteiligen Weise präzisieren.

Ein besonderes Problem ist der Gründungsschwindel, also das Vortäuschen unrichtiger Tatbestände bei der Gründung. Eine Variante dieses Schwindels besteht darin, nicht vorhandene Vermögenswerte vorzutäuschen. Z. B. werden in einer Gründungsbilanz Rohstoffe bilanziert, die gar nicht existieren. Ein subtilerer Schwindel besteht darin, daß das Unternehmen von einem Gesellschafter einen Vermögensgegenstand, z. B. ein Grundstück, zu einem überhöhten Preis erwirbt oder dem Gesellschafter für eine Sacheinlage Beteiligungstitel mit einem unangemessen hohen Wert überlassen werden. Dieser Gesellschafter bereichert sich dann auf Kosten der anderen Kapitalgeber. Zudem wird die Bilanz verfälscht, wenn der erworbene Gegenstand zu den überhöhten Anschaffungskosten bilanziert wird.

Das Gesetz beugt solchen Manipulationen im Aktiengesetz vor: Über die Gründung der Aktiengesellschaft ist ein Gründungsbericht zu erstellen und zu prüfen. Insbesondere sind Vergütungen für Sacheinlagen zu prüfen (§§ 32 f AktG). Bei der GmbH ist ein Sachgründungsbericht zu erstellen und die Angemessenheit der Vergütungen für Sacheinlagen darzulegen (§ 5, IV GmbHG). Vergleichbare Vorschriften für andere Rechtsformen existieren nicht. Unbeschadet dessen können betrügerische Manipulationen zivil- und strafrechtlich verfolgt werden.

Der zweitgenannte Informationsmangel über die wirtschaftliche Entwicklung der Gesellschaft erhöht ebenfalls das Risiko für die Kapitalgeber. Insbesondere bei jungen, hoch verschuldeten Unternehmen besteht ein relativ großes Insolvenzrisiko.

Das Gesetz versucht, diesem durch Vorschriften über Mindesteinlagen für Kapitalgesellschaften (25 000 € bei der GmbH, 50 000 € bei der AG) zu begegnen. Von den Einlagen müssen bei der GmbH mindestens ein Viertel, jedoch nicht weniger als 12 500 € bei der Gründung geleistet sein; existiert nur ein Gründer, so muß dieser für die nicht geleistete Einlage eine Sicherheit bestellen (§ 7, II GmbHG). Bei der AG muß mindestens ein Viertel des Grundkapitals zuzüglich des Emissionsagios eingezahlt werden (§§ 9, I und 36a AktG).

Insolvenzen beruhen nicht nur auf Mangel an Eigenkapital, sondern auch auf zahlreichen anderen Ursachen, wie z. B. einem Mangel an Kontrolle der Geschäftsleitung durch Gläubiger und Gesellschafter. Solange die Geschäftsleitung weitgehend freie Hand hat (und gerade bei neugegründeten Unternehmen sind zahlreiche strategische Entscheidungen zu treffen, so daß die Geschäftsleitung einen relativ großen Spielraum benötigt), kann sie sich durch finanzielle Transaktionen bereichern, ohne daß dies notwendig illegal oder die Illegalität nachweisbar ist. Die dabei transferierten finanziellen Mittel erreichen möglicherweise eine Höhe, so daß selbst eine verlorene Stammeinlage von 25 000 € zu verschmerzen ist. Wichtig erscheint daher eine wirksame Kontrolle der Geschäftsleitung eines neugegründeten Unternehmens durch diejenigen Kapitalgeber, die nicht darin mitwirken. Entsprechende Kontrollinstrumente für die Gesellschafter können durch den Gesellschaftsvertrag vorgeschrieben werden.

Wenn auch das Gesetz Informationsmängel bei der Gründung durch zwingende Vorschriften einschränkt, so kann dies nur partiell gelingen. Daher bietet es sich für die an der Geschäftsführung nicht beteiligten Kapitalgeber an, sich weitere Informationsrechte vertraglich zu sichern. Der Vorteil der vertraglichen gegenüber der gesetzlichen Regelung besteht darin, daß sie stärker auf den Einzelfall ausgerichtet werden kann (siehe auch Kapitel VIII, Abschnitt 4).

3.2 Einzahlung zusätzlichen Beteiligungskapitals

3.2.1 Der rechtliche Rahmen

Zunächst wird der rechtliche Rahmen der Beteiligungsfinanzierung skizziert. Die Beteiligungsfinanzierung durch unbeschränkt haftende Gesellschafter ist gesetzlich nur wenig geregelt, da Verschiebungen aus dem Unternehmensvermögen in das Privatvermögen die Haftungsmasse nur insoweit vermindern, wie es dadurch zu zusätzlichem Konsum oder zu einem Verstecken von Vermögen vor den Gläubigern kommt. Daher ist der Einzelunternehmer frei, Privatvermögen in sein Unternehmen einzubringen und umgekehrt. Bei der oHG sind die Gläubiger ebenfalls weitgehend durch die unbeschränkte Haftung der Gesellschafter geschützt. Allerdings ist bei Kapitaleinlagen einzelner Gesellschafter eine Vereinbarung zwischen den Gesellschaftern erforderlich, wie diese Kapitaleinlagen bei der Gewinnverteilung zu berücksichtigen sind. Die übrigen Gesellschafter werden darauf dringen, daß über die Änderung der Gewinnverteilung die Gesellschafter für ihre neuen Kapitaleinlagen Gewinne bekommen, deren Marktwert dem Betrag der neuen Einlagen gleicht oder darunter bleibt. Vermögensverschiebungen zwischen den Gesellschaftern werden so begrenzt. Die Gewinnverteilung regelt im allgemeinen der Gesellschaftsvertrag.

Die Schwierigkeiten der Beteiligungsfinanzierung beim Einzelunternehmen und bei der oHG resultieren oft daraus, daß die vorhandenen Gesellschafter nicht über genügend Privatvermögen verfügen, das sie als Kapitaleinlage einbringen können. Der Aufnahme neuer Gesellschafter sind ebenfalls enge Grenzen gesetzt, da diese im allgemeinen eine unbeschränkte Haftung nur akzeptieren, wenn sie in der Geschäftsführung mitwirken. Dies setzt nicht nur eine entsprechende Qualifikation und Bereitschaft voraus, sondern auch ein gutes Einvernehmen mit den übrigen Gesellschaftern.

Diese Schwierigkeiten entfallen bei der KG. Da der Kommanditist nur mit seiner Einlage haftet, sind im Interesse des Gläubigerschutzes entsprechende gesetzliche Vorschriften bei einer Beteiligungsfinanzierung zu beachten (siehe Kapitel II, Abschnitt 2.2.2). Insbesondere ist die Erhöhung seiner Einlage im Handelsregister einzutragen. Ebenso sind gesetzliche Vorschriften bei der Beteiligungsfinanzierung einer Genossenschaft zu beachten. Mit der Beitrittserklärung verpflichtet sich der Genosse zur geschuldeten Einzahlung auf den Geschäftsanteil (§ 15 a GenG). In ähnlicher Weise kann sich ein Genosse mit weiteren Geschäftsanteilen beteiligen (§ 15 b GenG). Diese Vorgänge sind bei Gericht anzumelden und einzutragen.

Bei der GmbH kommt es infolge der Haftungsbeschränkung aller Gesellschafter eher zu einer personellen Trennung von Gesellschaftern und Geschäftsführern als bei der Personengesellschaft. Dies erleichtert auch die Aufnahme neuer Gesellschafter, sofern die bisherigen eine Beteiligungsfinanzierung aus ihrem Privatvermögen nicht durchführen wollen oder können. Die Beteiligungsfinanzierung wird durchgeführt, indem die Gesellschafter weitere Stammeinlagen übernehmen. Dafür zahlen sie einen Betrag in Höhe dieser Stammeinlagen an das Unternehmen, gegebenenfalls zuzüglich eines Agios, das auf ein Konto „Kapitalrücklage" gebucht wird. Das Agio zuzüglich der Stammeinlage ist der Preis, den der Gesellschafter für die neue Stammeinlage bezahlt. Dieser Preis kann als Marktwert der neuen Stammeinlage aufgefaßt werden, sofern ein neuer Gesellschafter sie erwirbt. Dies gilt auch, wenn ein bisheriger Gesellschafter sie erwirbt, wobei sich die Beteiligungsquoten der Gesellschafter verändern. Bleiben die Beteiligungsquoten der Gesellschafter allerdings unverändert, dann kann das Agio unabhängig vom Marktwert der neuen Stammeinlage gewählt werden. Denn dann zahlen alle Gesellschafter neues Kapital gemäß ihrer bisherigen Beteiligungsquote ein, so daß es nicht zu Vermögensverschiebungen kommt.

Bei der Aktiengesellschaft kann die Emission von Aktien rechtlich in drei Varianten abgewickelt werden. Bei der Kapitalerhöhung gegen Einlagen („ordentliche Kapitalerhöhung") (§§ 182–191 AktG) beschließt die Hauptversammlung vor Durchführung der Kapitalerhöhung die Modalitäten. Der Vorstand führt dann die Beschlüsse der Hauptversammlung aus, ohne eigene nennenswerte Entscheidungsspielräume zu besitzen. Da die Kapitalerhöhung bereits in der Einladung zur Hauptversammlung angekündigt werden muß, verstreicht eine längere Zeit von der Entscheidung des Vorstands, eine Kapitalerhöhung vorzuschlagen, bis zur Abwicklung der Kapitalerhöhung.

Die Schaffung eines genehmigten Kapitals (§§ 202–206 AktG) bedeutet die Zustimmung der Aktionäre zu einer zukünftigen Kapitalerhöhung gegen Einlagen, wobei dem Vorstand das Recht eingeräumt wird, über den Zeitpunkt der Durchführung der Kapitalerhöhung zu entscheiden. Zweck dieser Regelung ist es, dem Vorstand ein Instrument zu verschaffen, um bei Bedarf an finanziellen Mitteln diesen rasch decken zu können.

Bei der bedingten Kapitalerhöhung (§§ 192–201 AktG) setzt die Durchführung einer Kapitalerhöhung das Eintreten einer Bedingung voraus. Die Bedingung tritt ein, wenn ein Inhaber eines Rechts zum Bezug von Aktien dieses ausübt. Dabei geht es lediglich um Bezugsrechte aus Wandelschuldverschreibungen und Optionsanleihen, Bezugsrechte zur Abfindung von Gesellschaftern übernommener Unternehmen und Bezugsrechte der Arbeitnehmer und Mitglieder der Geschäftsführung. Die Hauptversammlung muß gleichzeitig mit dem Beschluß über die Einräumung solcher Bezugsrechte die bedingte Kapitalerhöhung beschließen. Das Kapital wird mit dem Eintritt der Bedingung erhöht.

Bei all diesen Varianten ist das Grundkapital der Gesellschaft um den Nennwert aller jungen Aktien zu erhöhen, wenn die Aktien einen Nennwert haben. Bei nennwertlosen Aktien, sog. Stückaktien, ist das Grundkapital um den rechnerischen Wert der Aktien zu erhöhen. Das Emissionsagio ist auf das Konto „Kapitalrücklagen" zu verbuchen. Die Mechanismen, durch die Vermögensverschiebungen zwischen den Aktionären infolge der Kapitalerhöhung vermieden werden sollen, werden im Abschnitt 3.2.4 erläutert.

Die Kapitalerhöhung aus Gesellschaftsmitteln (§§ 207–220 AktG) ist eine Kapitalerhöhung zum Emissionskurs 0. Sie gehört daher strenggenommen nicht in den Abschnitt „Einzahlung zusätzlichen Beteiligungskapitals". Diese Form der Kapitalerhöhung bewirkt bei Nennwertaktien in erster Linie eine Größentransformation: Eine bestehende Zahl von Aktien wird durch eine größere Zahl ersetzt, so daß die Rechte und Pflichten einer Aktie vermindert werden. Dementsprechend sinkt der Kurs der Aktien im Zeitpunkt der Durchführung entsprechend dem Bezugsverhältnis. Bei einem Bezugsverhältnis von 2:1 z. B. erhält jeder Aktionär auf 2 alte Aktien eine junge Aktie; der Aktienkurs sinkt auf $\frac{2}{3}$ seines bisherigen

Niveaus. Buchtechnisch besteht der Vorgang darin, daß ein Betrag in Höhe des Nennwerts aller jungen Aktien umgebucht wird von den Rücklagen auf das Grundkapital. Bei nennwertlosen Aktien kann die Umbuchung erfolgen, ohne daß junge Aktien begeben werden. In diesem Fall wird im wesentlichen nur die Ausschüttungssperrzahl erhöht.

Da es sich bei der Kapitalerhöhung aus Gesellschaftsmitteln vorwiegend um einen buchtechnischen Vorgang handelt, kann ein einzelner Aktionär insoweit kaum einen Vorteil erkennen. Warum dennoch die Ankündigung einer solchen Kapitalerhöhung oft einen Anstieg des Börsenkurses auslöst, wird im Abschnitt 3.2.5 analysiert.

3.2.2   Änderungen bei Einwirkungs- und Informationsrechten

Mit einer Beteiligungsfinanzierung werden auch Einwirkungs- und Informationsrechte der Gesellschafter verändert, wenn nicht alle Gesellschafter gemäß ihren bisherigen Beteiligungsquoten neue Titel erwerben. Denn die Einwirkungsrechte eines Gesellschafters sind im allgemeinen an die Beteiligungsquote gekoppelt.

Sofern die Einwirkungsrechte von Beteiligungstiteln unterschiedlich gestaltet werden können, besteht bei Aufnahme neuer Gesellschafter die Möglichkeit, die bestehenden Machtverhältnisse zu konservieren, indem die Einwirkungsrechte der neuen Gesellschafter weitgehend beschnitten werden. Vorzugsaktien sind z. B. stimmrechtslos. Da dies von den neuen Gesellschaftern als Nachteil empfunden wird, muß dafür ein Abschlag beim Emissionskurs eingeräumt werden.

Gravierend wird die Änderung der Einwirkungsrechte dann, wenn durch die Beteiligungsfinanzierung ein Gesellschafter die Mehrheit oder gar mehr als drei Viertel aller Stimmrechte erwirbt. Bei Kapitalgesellschaften kann dieser Gesellschafter dann die gesamte Geschäftspolitik nach seinen Wünschen ausrichten. Sind die übrigen Gesellschafter hiermit nicht einverstanden, so können sie zwar ihre Titel veräußern. Dies ist allerdings ein schwacher Trost, wenn der Veräußerungserlös infolge der neuen Geschäftspolitik relativ niedrig ist.

Faktisch erwirbt ein Mehrheitsgesellschafter auch weitreichende Informationsmöglichkeiten, da er die Abberufung von geschäftsführenden Personen betreiben wird, wenn sie ihm die erwünschten Informationen versagen. Die mit Aktienpaketen verbundenen Einwirkungs- und Informationsrechte führen dazu, daß für Aktienpakete Paketzuschläge gezahlt werden.

Schließlich kann eine Beteiligungsfinanzierung die Einwirkungsmöglichkeiten der Gläubiger beschränken, insbesondere dann, wenn infolge dieser Finanzierung die Kreditfähigkeit des Unternehmens so wächst, daß die Substitution eines Gläubigers durch einen anderen ohne Mühe gelingt.

Nicht so einfach liegen die Verhältnisse, wenn Eigentum und Management personell getrennt sind. Die Manager streben eine Zuweisung von Einwirkungs-, Gestaltungs- und Informationsrechten an, die ihren Nutzen maximiert. Dieser Nutzen ist allerdings nicht unbedingt am größten, wenn die Informationsrechte der Kapitalgeber minimal sind. Denn geringe Informationsrechte der Kapitalgeber können ihre Bereitschaft, Geld bereitzustellen, beeinträchtigen und die durchschnittlichen Kapitalkosten erhöhen. Dies schränkt den Handlungsspielraum des Managers ein, vermindert also insoweit seinen Nutzen. Ähnliche Überlegungen gelten auch für die Zuweisung von Einwirkungs- und Gestaltungsrechten.

Einerlei ob Beteiligungs- und/oder Forderungstitel emittiert werden, stets können die Manager versuchen, nach dem Prinzip „divide et impera" die Einwirkungs- und Informationsrechte so zuzuweisen, daß kein Kapitalgeber nennenswerten Einfluß auf die Geschäftsführung gewinnt. Das stärkste Instrument hierfür besteht in der Emission von Beteiligungstiteln, deren Veräußerung an die Zustimmung der Geschäftsführung gebunden ist. Diese Titel veräußere man bei der Emission an viele verschiedene Anleger, so daß der Einfluß des einzelnen gering bleibt. Eine spätere Paketbildung kann die Geschäftsführung durch ihr Veto verhindern. Trittbrettfahren trägt ein übriges dazu bei, Anleger von Einwirkungsversuchen abzuhalten (siehe Kap. VIII, Abschnitt 4).

Die zuletzt erwähnte Politik des „divide et impera" kann einerseits nach dem Prinzip der Zersplitterung der Einwirkungsrechte arbeiten, andererseits nach dem Prinzip der Einflußlähmung, indem die Finanzierungstitel unterschiedlich gestaltet werden, und zwar so, daß verschiedene Kapitalgeber gegenläufige Interessen vertreten und ihren Gesamteinfluß daher beschneiden.

Ein Beispiel möge dies verdeutlichen: Der Geschäftsführer einer GmbH möchte den Einfluß der Kapitalgeber auf Investitionsentscheidungen zurückdrängen. Die Gesellschafter plädieren für Investitionen mit hohem Ertrag und hohem Risiko. Der Geschäftsführer präferiert weniger riskante Investitionen, um eine Insolvenz nach Möglichkeit zu vermeiden. Denn diese würde ihn seine gut dotierte Stellung kosten. Um den Einfluß der Gesellschafter zurückzudrängen, konzentriert der Geschäftsführer die Kreditfinanzierung bei einem Kreditinstitut. Dieses plädiert für wenig riskante Investitionen, da dann die Tilgung und Verzinsung der Kredite am ehesten gewährleistet ist. Da es in der Tat kaum möglich ist, einen Großkreditgeber kurzfristig durch einen anderen zu ersetzen, wird das Kreditinstitut auf wenig riskante Investitionen dringen. Infolge der Interessenkollision zwischen Kreditinstitut und Gesellschaftern sind beide relativ schwach, so daß der Geschäftsführer weitgehend freie Hand hat.

Kapitalverflechtungen sind ein anderes Mittel, um den Einfluß der Manager zu Lasten der Gesellschafter zu stärken. So kann ein Manager versuchen, neue Einlagen seitens eines Unternehmens anzuwerben, mit dessen Managern er befreundet ist. Geschieht dies wechselseitig, so kommt es zu einer Kapitalverflechtung, bei der die außenstehenden Aktionäre an Einfluß zugunsten der Manager verlieren, die sich kaum gegenseitig kontrollieren.

Wenn die außenstehenden Gesellschafter diese Zusammenhänge durchschauen, werden sie solchen Finanzierungspolitiken entgegenzuwirken versuchen. Sie können z. B. versuchen, Manager abzuberufen, wenn diese ihren Interessen nicht genügend Beachtung schenken (WENGER 1987). Dies ist jedoch nicht leicht, wenn die Gesellschafter selbst nicht die Manager bestellen und abberufen, sondern der Aufsichtsrat, der sich, abgesehen von den Arbeitnehmervertretern, aus Vertretern der Anteilseigner zusammensetzt, die dem Management genehm sind. Dazu kann es bei Aktiengesellschaften kommen, die keinen Großaktionär haben und deren Hauptversammlungen durch Vertreter von Kreditinstituten, sprich: anderen Managern, dominiert werden. Kreditinstitute vertreten häufig auf Hauptversammlungen Aktionäre, die ihnen ihr Stimmrecht übertragen (Depotstimmrecht), ohne Weisungen für die Ausübung des Stimmrechts zu erteilen. Allerdings müssen sich die Kreditinstitute bei ihrem Stimmverhalten von den Interessen des Aktionärs leiten lassen (§ 128 AktG).

3.2.3 Monetäre Wirkungen der Beteiligungsfinanzierung

Nach Gründung eines Unternehmens kann eine spätere Beteiligungsfinanzierung drei Zwecken dienen:

1. der Finanzierung weiterer Investitionen (Expansion),
2. der Substitution von andersartigem Beteiligungskapital (Umstrukturierung des Eigenkapitals),
3. der Substitution von Fremdkapital (finanzielle Konsolidierung).

Um die monetären Wirkungen einer Beteiligungsfinanzierung unter klaren Voraussetzungen erörtern zu können, unterstellen wir den dritten Zweck, die Substitution von Fremdkapital. Damit werden die Effekte von Änderungen des Investitionsprogramms ausgeklammert. Besonderes Augenmerk wird auf die Vermögensverschiebungen zwischen den Kapitalgebern gelegt, die aus einer Beteiligungsfinanzierung resultieren können.

Die vor der Beteiligungsfinanzierung bereits vorhandenen Beteiligungstitel werden durch die Emission junger Titel und die Rückzahlung von Fremdkapital eventuell in ihrem Wert verändert. Erstens wachsen die auf alle Beteiligungstitel entfallenden Zahlungen um die ersparten Zahlungen auf das getilgte Fremdkapital, zweitens verteilt sich der neue Zahlungsstrom auf eine größere Anzahl von Beteiligungstiteln.

Ein Beispiel soll diese Zusammenhänge veranschaulichen.

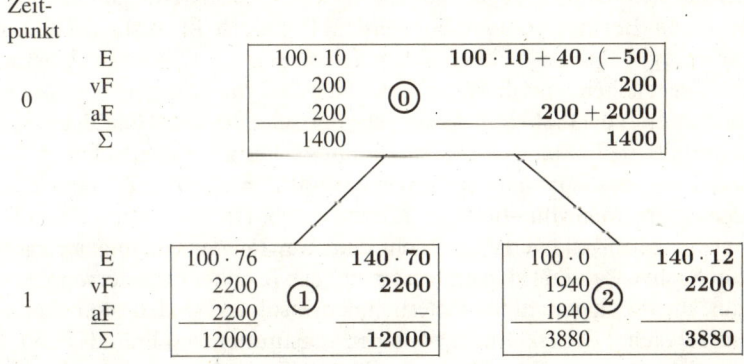

Abb. 9.6. Substitution von Fremd- durch Eigenkapital

Der Zustandsbaum umfaßt lediglich zwei Zeitpunkte und drei Zustände. Die normal gedruckten Zahlen links von den Zustandsknoten 0, 1, 2 gelten ohne, die fett gedruckten rechts mit Umfinanzierung. Die jeweils erste Zeile in einem Zeitpunkt gibt die dem Eigenkapital (E), die zweite die dem nach Umfinanzierung verbleibenden Fremdkapital (vF), die dritte die dem ausscheidenden Fremdkapital (aF) zufallenden Einzahlungsüberschüsse an.

Ohne Umfinanzierung ist das Unternehmen mit $2 \cdot 2000 = 4000$ € verschuldet, die mit 10 % p. a. zu verzinsen sind. Keiner der beiden Kredite ist besichert. Im Zeitpunkt 0 wird auf jeden Kredit 200 € an Zinsen gezahlt, im Zeitpunkt 1 sind beide Kredite zu tilgen. Im Zustand 1 bereitet dies keine Schwierigkeiten, da der Leistungssaldo 12 000 € beträgt. Im Zustand 2 jedoch beläuft er sich auf lediglich 3880 €, so daß insgesamt Forderungen in Höhe von $4400 - 3880 = 520$ € ausfallen. Es kommt zur Insolvenz. Dementsprechend erhalten die Gesellschafter nichts. In den Zuständen 0 und 1 entfallen auf jeden der 100 umlaufenden Beteiligungstitel 10 bzw. 76 €.

Nun emittiert das Unternehmen im Zeitpunkt 0 40 weitere Beteiligungstitel zu einem Emissionskurs (= Marktwert) von 50 € und zahlt damit die Hälfte des Fremdkapitals (2000 €) zurück. Infolgedessen erhalten die ausscheidenden Gläubiger insgesamt 2200 €. Die verbleibenden Gläubiger erhalten in den Zuständen 1 und 2 ihren Forderungsbetrag von 2200 € vollständig, so daß eine Insolvenz ausgeschlossen ist. Die verbleibenden Gläubiger werden somit im Zustand 2 durch die Umfinanzierung um $2200 - 1940 = 260$ € reicher. Das Vermögen der verbleibenden Gläubiger wächst also durch die Beteiligungsfinanzierung.

In einem vollkommenen Kapitalmarkt muß dem Vermögenszuwachs dieser Gläubiger eine gleich hohe Vermögenseinbuße anderer gegenüberstehen. Denn die Leistungssalden des Unternehmens werden durch die Umfinanzierung nicht berührt. Da die Erwerber der neuen Beteiligungstitel dafür genau den Marktwert bezahlen, kann die Bereicherung der verbleibenden Gläubiger nur zu Lasten der bisherigen Gesellschafter und/oder der ausscheidenden Gläubiger gehen. Die ausscheidenden Gläubiger werden einer vorzeitigen Kreditrückzahlung nur zustimmen, wenn sie dadurch kein Vermögen verlieren. Da die bisherigen Gesellschafter durch die Umfinanzierung einen Vermögensverlust erleiden, der genauso groß ist wie der Vermögenszuwachs der Gläubiger, werden sie der Umfinanzierung nicht zustimmen.

Dies soll am Beispiel verdeutlicht werden. Die Preise für zustandsbedingte Ansprüche seien $\pi_1^0 = 0{,}67$; $\pi_2^0 = 0{,}26$. Demnach beträgt der risikofreie Zinssatz etwa 7,53 %. Die verbleibenden Gläubiger gewinnen 260 im Zustand 2; dies entspricht einem Marktwert von $0{,}26 \cdot 260 \approx 68$. Die ausscheidenden Gläubiger gewinnen an Marktwert $2000 - 2200\pi_1 - 1940\pi_2 \approx 22$. Die bisherigen Gesellschafter verlieren im Zustand 1 $100(76 - 70) = 600$; sie gewinnen $100 \cdot 12 = 1200$ im Zustand 2; dies bedeutet einen Marktwert von $-600\pi_1 + 1200\pi_2 = -90$. Die bisherigen Gesellschafter erleiden also einen Marktwertverlust, der dem Gewinn der Gläubiger gleicht.

Dieser Sachverhalt läßt sich allgemein fassen: Je höher die zu erwartenden Forderungsausfälle durch potentielle Unternehmensinsolvenz sind, desto höher sind die Vermögenszuwächse der Gläubiger bei einer Substitution von Fremd- durch Eigenkapital. Da diese Vermögenszuwächse zu Lasten der bisherigen Gesellschafter gehen, werden diese der Substitution Widerstand entgegensetzen.

Dieser Sachverhalt deckt sich mit der Erfahrung, daß es für Gesellschaften, die in erheblichen Schwierigkeiten stecken, schwierig ist, die Gesellschafter zu neuen Einlagen zu bewegen.

An dem Beispiel in Abb. 9.5 läßt sich auch die „Verwässerung" von Beteiligungstiteln verdeutlichen. Im Zustand 1 entfallen auf jeden Beteiligungstitel vor

Umfinanzierung 76, nach Umfinanzierung nur noch 70 €. Der auf einen Beteiligungstitel entfallende Betrag sinkt also im Zustand 1; der Beteiligungstitel wird im Zustand 1 „verwässert". Im schlechten Zustand hingegen ist es umgekehrt. Vor Umfinanzierung kommt es zur Insolvenz, so daß die Gesellschafter nichts bekommen. Nach Umfinanzierung entfallen 12 € auf jeden Beteiligungstitel. Es kommt also im schlechten Zustand 2 zu einer „Entwässerung".

Die Aussage, daß der Vermögensvorteil der Gläubiger ausschließlich durch die bisherigen Gesellschafter bezahlt wird, trifft in einem vollkommenen Kapitalmarkt zu. Denn die neuen Gesellschafter durchschauen alle Zusammenhänge genau und können daher nicht durch überhöhte Emissionspreise übervorteilt werden. In einem unvollkommenen Kapitalmarkt muß dies nicht zutreffen. Das Unternehmen wird im Interesse der bisherigen Gesellschafter versuchen, die neuen Beteiligungstitel zu einem möglichst hohen Kurs zu emittieren. Gelingt es, den neuen Gesellschaftern aufgrund von deren Informationsdefiziten die Titel zu einem überhöhten Kurs zu verkaufen, so können möglicherweise die bisherigen Gesellschafter von der Beteiligungsfinanzierung trotz der Bereicherung der Gläubiger profitieren. Den Schaden tragen dann (unwissentlich) die neuen Gesellschafter.

3.2.4 Vorgehensweisen bei der Aktienemission

Vermögensverschiebungen zwischen den Gesellschaftern können bei Beteiligungsfinanzierungen vermieden werden, indem die neuen Beteiligungstitel zum Marktwert emittiert werden. Bei nicht-börsennotierten Gesellschaften ist dieser jedoch unbekannt.

Vermögensverschiebungen lassen sich dann vermeiden, wenn alle bisherigen Gesellschafter gemäß ihren bisherigen Beteiligungsquoten neue Beteiligungstitel erwerben, jetzt allerdings zu einem beliebigen Emissionskurs. Diese Variante wird daher häufig bei nicht-börsennotierten Gesellschaften angewendet.

Bei börsennotierten Aktiengesellschaften kann der Emissionskurs unter dem Marktwert festgelegt werden, ohne daß alle bisherigen Gesellschafter an der Kapitalerhöhung teilnehmen müssen. Das Instrument, durch das Vermögensverschiebungen vermieden werden, sind börsengehandelte Bezugsrechte. Die Emission junger Aktien zu ihrem Marktwert ist problematisch, da der Marktwert laufend schwankt und zudem durch die Emission gedrückt werden kann (Angebotsdruck). Daher besteht die Gefahr, daß der Marktwert unter den festgelegten Emissionskurs sinkt mit der Folge, daß niemand die jungen Titel kauft. Im allgemeinen versucht man, dieser Gefahr zu begegnen, indem man den Emissionskurs etwas unter dem Marktwert im Planungszeitpunkt fixiert und gegebenenfalls nachträglich Änderungen des Marktwertes anpaßt.

In Deutschland fixiert man gewöhnlich den Emissionskurs deutlich unterhalb des Marktwertes und räumt den bisherigen Aktionären ein Recht zum Bezug der jungen Aktien ein (§ 186 AktG). Zweck dieser Regelung ist es, die eintretenden Vermögensverschiebungen durch ein handelbares Bezugsrecht zu neutralisieren und den Verkauf der jungen Aktien zu sichern.

Zum besseren Verständnis betrachten wir ein Beispiel: Die Zement-AG plant, den bisher umlaufenden Bestand von 1 Mio Aktien durch Emission von jungen Aktien im

Verhältnis 4 : 1 zu erhöhen. Die 250 000 jungen Aktien sind mit denselben Rechten und Pflichten wie die bisher umlaufenden Aktien ausgestattet. Der Nennwert pro Aktie beträgt 50 €. Die jungen Aktien werden zum Kurs von 125 € pro Stück emittiert. Damit wird das gesetzliche Verbot der unter-pari-Emission nicht verletzt.

Vor der Kapitalerhöhung beträgt der Marktwert aller Zement-Aktien 200 Mio €. Hierin enthalten sind bereits die Wirkungen der geplanten Kapitalerhöhung, soweit sie von den Aktionären antizipiert werden. Der Aktienkurs beläuft sich auf 200 €. Die Aktien können nicht zu einem Kurs über 200 € emittiert werden. Dann würde niemand die jungen Aktien kaufen. Es wäre billiger, alte zu kaufen.

Der Emissionserlös beträgt 250 000·125 = 31,25 Mio €. Verändert sich die Bewertung der Gesellschaft nicht, dann beläuft sich der Marktwert aller Aktien nach Kapitalerhöhung auf 200 + 31,25 = 231,25 Mio €. Der Marktwert einer Aktie ist dann gleich 231 250 000/1 250 000 = 185 €. Infolge der Kapitalerhöhung sinkt also der Kurs der alten Aktien um 15 €. Werden die alten Aktionäre hierfür nicht entschädigt, so verlieren sie insgesamt 15 Mio €, während die neuen Aktionäre (185–125)·250 000 = 15 Mio € gewinnen.

Eine solche Vermögensverschiebung wird durch ein Bezugsrecht neutralisiert. Dies zeigt folgende Arbitrageüberlegung: Jede alte Aktie gewährt ein Bezugsrecht. Gemäß dem festgelegten Emissionsverhältnis von 4 : 1 sind vier Bezugsrechte erforderlich, um eine junge Aktie gegen Zahlung von 125 € zu erwerben. Während der Frist, in der das Bezugsrecht an der Börse gehandelt wird, gibt es nun zwei Wege, um eine junge Aktien zu erwerben:

1. Man kauft 4 Bezugsrechte zum Kurs von B € pro Stück und zahlt den Emissionskurs von 125 €. Insgesamt kostet dies 4 B + 125.
2. Man kauft eine alte Aktie ex Bezugsrecht zum Kurs K_{ex}.

Bei Vernachlässigung von Transaktionskosten müssen beide Wege gleich teuer sein, sonst existiert eine gewinnbringende Arbitragemöglichkeit. Ist z. B. der erste Weg teurer als der zweite, dann ist das Bezugsrecht überbewertet. Dementsprechend bietet sich folgende Arbitrage für die Inhaber von Bezugsrechten an:

– Verkaufe vier Bezugsrechte zum Kurs B, anstatt sie auszuüben.
– Kaufe eine alte Aktie ex Bezugsrecht zum Kurs K_{ex}.

Dadurch ändert sich das Aktienvermögen des Aktionärs nicht, wohl aber steigt sein Barvermögen um 4 B + 125 – K_{ex}. Dieser Ausdruck ist positiv, da annahmegemäß der erste Weg teurer ist als der zweite. Da alle Inhaber von Bezugsrechten diese Arbitragemöglichkeit nutzen möchten, drücken sie den Kurs des Bezugsrechts B und treiben den Kurs der alten Aktie ex Bezugsrecht K_{ex} in die Höhe. Dadurch wird der Arbitragegewinn eliminiert.

Umgekehrt existiert auch eine gewinnbringende Arbitragemöglichkeit, wenn der zweite Weg teurer ist als der erste. Jeder Inhaber von Aktien verkauft dann diese, erwirbt Bezugsrechte und übt diese aus. Gewinnbringende Arbitragemöglichkeiten sind also dann und nur dann ausgeschlossen, wenn gilt:

$$4 B + 125 = K_{ex}.$$

Bei einem Kurs ex Bezugsrecht von 185 € ergibt sich somit ein Marktwert des Bezugsrechts von 15 €.

Allgemein gilt:

$$\text{Kurs des Bezugsrechts} = \frac{\text{Kurs der alten Aktie ex Bezugsrecht} - \text{Emissionskurs}}{\text{Bezugsverhältnis}}.$$

Die Eliminierung von Arbitragegewinnen durch entsprechende Kurse bedeutet: Ein Aktionär kann sein Vermögen nicht durch eine gezielte Politik des Handelns mit Bezugsrechten und Aktien verändern. Was auch immer er tut, er kann zwar sein Wertpapiervermögen zu Lasten seines Barvermögens erhöhen und umgekehrt, sein Reinvermögen bleibt jedoch immer gleich.

Ein Aktionär, der seine Bezugsrechte veräußert, wandelt einen Teil seines Wertpapiervermögens in Barvermögen um. Der Veräußerungserlös von 15 € entschädigt ihn also für die Entwertung seiner Aktien um 15 € infolge der Beteiligungsfinanzierung. Der Kurs eines Bezugsrechts ist der Marktwert der infolge der Beteiligungsfinanzierung eintretenden Änderung der Rechte und Pflichten einer Aktie.

In der Praxis wird häufig eine andere Formel für den Kurs des Bezugsrechts verwendet:

$$\text{Kurs des Bezugsrechts} = \frac{\text{Kurs der alten Aktie cum Bezugsrecht} - \text{Emissionskurs}}{\text{Bezugsverhältnis} + 1}.$$

Beide Formeln führen zum selben Ergebnis, wenn gilt:

Kurs der alten Aktie cum Bezugsrecht =
Kurs der alten Aktie ex Bezugsrecht + Kurs des Bezugsrechts.

Diese letzte Gleichung resultiert nicht aus der Eliminierung gewinnbringender Arbitragemöglichkeiten. Denn die alte Aktie cum Bezugsrecht wird bis zum Tage t gehandelt, die alte Aktie ex Bezugsrecht sowie das Bezugsrecht werden erst ab dem Tag (t+1) gehandelt. Wer also eine alte Aktie cum Bezugsrecht in der Hoffnung kauft, später die alte Aktie ex Bezugsrecht und das Bezugsrecht mit Gewinn zu verkaufen, muß ein Kursänderungsrisiko mit der Folge eines möglichen Verlustes übernehmen. Bei Vernachlässigung von Zinseffekten lautet die letzte Gleichung korrekt:

Kurs der alten Aktie cum Bezugsrecht in t =
   erwarteter Kurs der alten Aktie ex Bezugsrecht in (t+1)
 +erwarteter Kurs des Bezugsrechts in (t+1).

Diese Gleichung impliziert: Die erwartete Vermögensänderung eines Aktionärs im Zeitraum t bis (t+1) ist gleich 0. Dies erscheint realistisch. Die sich tatsächlich einstellende Vermögensänderung ist jedoch ungewiß.

Liegt der Emissionskurs nur wenig unter dem Aktienkurs, so ergibt sich ein höherer Kurs des Bezugsrechts als oben angegeben. Denn das Bezugsrecht stellt eine Option auf junge Aktien dar, die nur dann ausgeübt wird, wenn am Ende der Bezugsfrist der Aktienkurs über dem Emissionskurs liegt. Die Möglichkeit, auf die Ausübung des Bezugsrechts zu verzichten, wenn der Aktienkurs unter den Emissionskurs fällt, erhöht den Wert des Bezugsrechts (KRUSCHWITZ 1986).

Manchmal schlagen Vorstand und Aufsichtsrat einer Aktiengesellschaft der Hauptversammlung vor, das Bezugsrecht der Aktionäre auszuschließen. Ein solcher

Ausschluß kann dazu dienen, die Durchführung der Kapitalerhöhung zu beschleunigen oder ihre Transaktionskosten zu senken. Er ermöglicht dem Vorstand allerdings auch, den Erwerbern der jungen Aktien Vermögensvorteile zu Lasten der bisherigen Aktionäre durch Verkauf der jungen Aktien unter ihrem Kurs cum Bezugsrecht zu verschaffen. Die bisherigen Aktionäre werden einem Ausschluß des Bezugsrechts nur zustimmen, wenn der Emissionskurs dicht unter dem Kurs cum Bezugsrecht liegt.

3.2.5   Beteiligungsfinanzierung bei asymmetrischer Information

Bei vollkommenem Kapitalmarkt gilt das Irrelevanztheorem. Dann ist es zum Beispiel gleichgültig, ob der Emissionskurs bei einer Aktienemission mit Bezugsrechtshandel höher oder niedriger festgelegt wird. Ist jedoch der Informationsstand der Gesellschafter unterschiedlich oder weicht er von dem der Manager ab, dann kann es aus seiner Perspektive zu Über- oder Unterbewertungen bei der Emission von Titeln kommen, so daß einige Gesellschafter zugunsten anderer geschädigt werden. Diesen Problemen und den Versuchen, sie einzugrenzen, soll im folgenden nachgegangen werden.

a)   *Erstemission von Beteiligungstiteln über die Börse*

In den achtziger Jahren haben zahlreiche Aktiengesellschaften, deren Anteile bis dahin meist im Eigentum einer Familie konzentriert waren, den Gang an die Börse beschritten. Dabei wird unter Mitwirkung eines Kreditinstituts ein Emissionsprospekt erstellt, der die wichtigsten Angaben über die Gesellschaft einschließlich der letzten Jahresabschlüsse enthält. Gleichzeitig wird ein Emissionspreis für die zu verkaufenden Aktien bekanntgegeben, zu dem jedermann Aktien erwerben kann. Schließlich wird die Zulassung der Aktien zum Handel an einer Börse beantragt, so daß die Aktien später ohne Schwierigkeiten veräußert werden können.

Da die Aktien bisher an keiner Börse notiert worden sind, gibt es für die Käufer nur wenige Anhaltspunkte dafür, ob der Emissionspreis „fair" ist, d. h. dem „wahren" Marktwert entspricht. Zwar kann sich ein Käufer anhand des Emissionsprospektes ein Urteil über die zukünftigen Unternehmensgewinne bilden und dann den Kapitalwert der zukünftigen Dividenden schätzen. Jedoch ist eine solche Schätzung mit großen Fehlerquellen behaftet. Daher besteht die Gefahr, daß der Käufer mit dem Emissionspreis einen zu hohen Preis zahlt.

Diese Problematik zeigt sich besonders deutlich am „Fluch des Gewinners" (ROCK 1986). Ausgangspunkt sind besser und schlechter informierte Investoren, die Aktien erwerben. Wird der Emissionspreis zu niedrig festgelegt, dann erkennen dies die besser informierten Investoren. Sie erteilen daher sehr große Kauforders, während die schlechter informierten durchschnittlich große erteilen. Insgesamt übersteigt dann die Nachfrage nach Aktien das Angebot erheblich. Es kommt zu einer Repartierung, bei der die schlechter informierten Investoren nur wenige Aktien bekommen. Umgekehrt verhält es sich bei Aktien mit zu hohem Emissionskurs. Die besser informierten Investoren erteilen hier keine Kauforders, so daß die schlechter informierten alle gezeichneten Aktien bekommen. Die schlechter informierten bekommen also die überbewerteten Aktien in großer Zahl (hier sind sie „Gewinner"), die unterbewerteten nur in geringer Zahl. Im Durchschnitt erleiden sie daher einen Verlust.

Eine mögliche Reaktion der schlechter informierten Investoren kann darin bestehen, grundsätzlich nur Aktien zu zeichnen, die gemäß ihrem Informationsstand unterbewertet sind. Dieser Gedanke liegt der These zugrunde, wonach Erstemissionen im Durchschnitt zu einem zu niedrigen Preis angeboten werden. Die empirische Evidenz für diese These ist allerdings umstritten. Zwar liegen die Börsenkurse, die am ersten Handelstag nach Emission notiert werden, im Durchschnitt deutlich über den Emissionskursen, jedoch erwiesen sich die Käufe erstemittierter Aktien über längere Frist als ungünstige Geldanlage (UHLIR 1989, LOUGHRAN/RITTER 1995).

Ein wichtiges Signal, das das Vertrauen der Käufer in die Fairneß des Emissionspreises stärkt, ist das Underwriting. Das Kreditinstitut, das bei der Erstellung des Emissionsprospektes mitwirkt, verpflichtet sich, die nicht vom Publikum gezeichneten Akten selbst zum Emissionskurs zu übernehmen. Für diese Verpflichtung erhält es eine Provision. Da sich das Kreditinstitut sehr gut informiert hat, liegt die Vermutung nahe, daß der Emissionspreis eher unter dem fairen Preis liegt. Denn das Kreditinstitut wird kaum bereit sein, sich zur potentiellen Übernahme zu einem überhöhten Preis zu verpflichten. Das Underwriting beinhaltet daher ein glaubwürdiges Signal.

b)   Folgeemissionen börsennotierter Gesellschaften

Informationsasymmetrien können auch bei der Emission von Aktien eine Rolle spielen, wenn bereits Aktien der betreffenden Gesellschaft an einer Börse notiert werden. Nicht nur werden neue Aktionäre durch Emission zu überhöhten Kursen übervorteilt oder durch Emission zu zu niedrigen Kursen begünstigt, sondern es kann auch zu Unter- und Überinvestitionen kommen (MYERS/MAJLUF 1984). Dies soll an einem Beispiel verdeutlicht werden.

α)   Unter- und Überinvestitionen

Eine Gesellschaft möchte Investitionsprojekte mit einem Kapitalwert von 1 Mio € durchführen. Da sie bereits hoch verschuldet ist, erfordert die Finanzierung dieser Projekte auch die Emission von Aktien. Aus dieser sollen 20 Mio € in die Kasse der Gesellschaft fließen. Die Manager der Gesellschaft sind aufgrund ihres hervorragenden Informationsstandes der Ansicht, daß die Aktien der Gesellschaft gegenwärtig unterbewertet sind, und zwar werden sie mit 400 € statt mit dem fairen Wert von 450 € gehandelt. Diese Unterbewertung resultiert daraus, daß die Aktionäre schlechter informiert sind. Hätten sie denselben Informationsstand wie die Manager, dann stimmten Marktwert und fairer Wert überein.

Emittiert nun die Gesellschaft 50 000 junge Aktien zum Marktwert von 400 €, so erzielt sie einen Emissionserlös von 20 Mio €. Die neuen Aktionäre erzielen aus der Unterbewertung der jungen Aktien einen Vorteil zu Lasten der bisherigen Aktionäre. Es fragt sich daher, ob sich die Durchführung der Investitionsprojekte trotz ihres positiven Kapitalwertes für die bisherigen Aktionäre lohnt.

Bisher laufen, so sei angenommen, bereits 50 000 Aktien um. Der faire Wert des Eigenkapitals ohne Investitionsprojekte beträgt daher 50 000 · 450 = 22,5 Mio €. Werden die Projekte nun wie geplant durchgeführt, dann wächst der faire Wert des Eigenkapitals um 20 Mio € infolge der Aktienemission und um 1 Mio € infolge des Kapitalwertes der Projekte auf 22,5 + 20 + 1 = 43,5 Mio €. Da die bisherigen Aktionäre in Zukunft nur noch die Hälfte der Aktien besitzen, beläuft sich ihr faires Aktienvermögen auf 43,5/2 = 21,75 Mio €. Es sinkt also infolge der Investition und der Aktienemission von 22,5 auf 21,75 Mio €. Die neuen Aktionäre dagegen erhalten für eine Einzahlung von 20 Mio € ein faires Aktienvermögen von 21,75 Mio €. Sie gewinnen 1,75 Mio € zu Lasten der bisherigen Aktionäre. Da der Kapitalwert der Investition lediglich 1 Mio € beträgt, erleiden die bisherigen Aktionäre einen Vermögensverlust von 1,75−1 = 0,75 Mio €.

Handelt das Management im Interesse der bisherigen Gesellschafter, so wird es die Investition und die Aktienemission unterlassen. Es kommt zur Unterinvestition, d. h., eine Investition mit positivem Kapitalwert wird unterlassen. Günstiger für die Aktionäre wäre es jedoch, wenn das Unternehmen zu marktgerechten Konditionen Kredit aufnehmen und damit die Investitionsprojekte finanzieren würde.

Umgekehrt kann es auch zur Überinvestition kommen. Hätten die Investitionsprojekte einen negativen Kapitalwert von 1 Mio €, wären die Aktien jedoch mit einem Kurs von 500 € überbewertet, dann würde das faire Aktienvermögen der bisherigen Gesellschafter von 22,5 Mio € auf $(22,5 + 20 - 1)\dfrac{50.000}{50.000 + 40.000} =$ 23,06 Mio € wachsen. Denn das faire Aktienvermögen insgesamt würde um 20 Mio € aus der Aktienemission steigen und um den Kapitalwert der Investitionsprojekte von 1 Mio € fallen. Die Beteiligungsquote der bisherigen Aktionäre beliefe sich dann jedoch auf 5/9, da bei einem Emissionskurs von 500 € nur 40 000 junge Aktien emittiert werden müssen. Handelt das Management im Interesse der bisherigen Aktionäre, dann wird es die Emission und die Investitionsprojekte durchführen, obwohl letztere einen negativen Kapitalwert haben.

In dieser Situation wäre es allerdings für die bisherigen Aktionäre im allgemeinen noch günstiger, wenn der Erlös aus der Aktienemission zur Verminderung der Schulden der Gesellschaft verwendet würde. Dann entfiele der negative Kapitalwert der Investitionsprojekte.

β) Signale zur Verminderung von Informationsasymmetrien

Wie können sich die neuen Gesellschafter gegen eine Übervorteilung durch überhöhte Emissionskurse schützen? Sie können versuchen, sich eingehender über die Gesellschaft zu informieren, um sich ein besseres Urteil über den fairen Aktienkurs zu bilden. Außerdem können sie prüfen, ob es glaubwürdige Signale der Gesellschaft gibt, die den fairen Preis abzuleiten gestatten. Wie bereits in Kap. VIII, Abschnitt 1.3.1 beschrieben, lassen sich zwei Arten von Signalen unterscheiden, kostenlose und kostenverursachende.

Kostenlose Signale können zum Beispiel von der Finanzierungspolitik ausgehen. Die Gesellschaft habe die Möglichkeit, die für Investitionen erforderlichen Mittel in Höhe von $\bar{I}$ durch eine Mischung von Anleiheemission (Kreditaufnahme) und

Aktienemission zu beschaffen. dann kann der Bruchteil α der durch Kredit beschafften Mittel ein Signal sein. Dieses Signal ist nur dann glaubwürdig, wenn die Manager
der Gesellschaft nichts besseres tun können als die Finanzierungspolitik zu wählen,
die ihre Insiderinformation wahrheitsgetreu signalisiert. Ihre Insiderinformation bezieht sich auf die Qualität der Gesellschaft, z. B. gemessen am Marktwert des gesamten Unternehmens. Lügen oder Täuschen darf sich nicht lohnen. Die Bedingungen hierfür sind allerdings recht streng. Die dahinter stehende Intuition soll im folgenden verdeutlicht werden.

Ziel der Manager sei es, das faire Vermögen der bisherigen Aktionäre zu
maximieren. Dies ist äquivalent der Zielsetzung, den fairen Wert der neu zu
emittierenden Aktien und Anleihen zu minimieren. Auch die Gläubiger des neuen
Kredits können die Bonität der Gesellschaft nicht zuverlässig einschätzen, so daß
es bei der Kreditaufnahme zu Fehlbewertungen kommen kann. Wenn die Aktien stark
überbewertet sind, versuchen die Manager, den gesamten Finanzbedarf über Aktienemission zu decken ($\alpha = 0$). Wenn die Aktien stark unterbewertet sind, versuchen die
Manager, nur Kredit zu beschaffen ($\alpha = 1$). Die neuen Aktionäre durchschauen dies
und korrigieren ihre Bewertung dementsprechend. Je höher α ist, um so stärker korrigieren sie ihre Aktienbewertung nach oben, um so stärker korrigieren die neuen
Gläubiger ihre Kreditbewertung nach unten. Dementsprechend sind die neuen Aktionäre bereit, mehr für eine junge Aktie zu zahlen, während die neuen Gläubiger
einen höheren Kreditzinssatz verlangen. Eine Erhöhung von α bedeutet also aus
der Sicht der bisherigen Aktionäre bessere Bedingungen bei der Aktienemission
und schlechtere bei der Kreditaufnahme. Die Manager legen dann α so fest, daß
der faire Wert der neu zu emittierenden Anleihen und Aktien minimiert wird (siehe
Abb. 9.7)

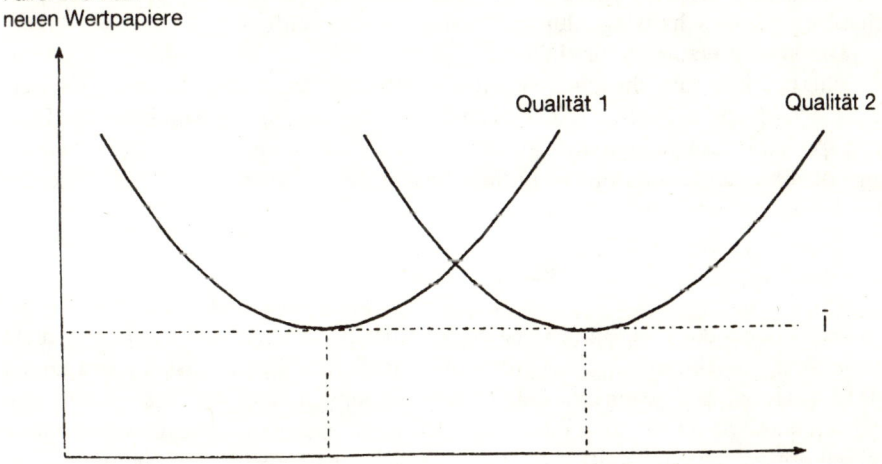

Abb. 9.7. Der faire Wert der neuen Wertpapiere in Abhängigkeit von der Finanzierungspolitik für
zwei Gesellschaften unterschiedlicher Qualität

Gehört die Gesellschaft zu den Unternehmen der Qualität 1, dann minimiert die Finanzierungspolitik α_1 den Wert der neuen Wertpapiere; bei Unternehmen der Qualität 2 ist dies die Finanzierungspolitik α_2. Die neuen Kapitalgeber durchschauen dies und können daraus korrekt auf die Insiderinformationen der Manager schließen. Dies bedeutet, daß im Idealfall alle Fehlbewertungen von Aktien und Kredit verschwinden. Die vorher erörterten Unter- und Überinvestitionsprobleme verschwinden damit ebenfalls.

Zu den strengen Voraussetzungen für ein kostenloses Signalgleichgewicht gehört nicht nur, daß sich die Marktbewertung von Aktie und Kredit nach α richtet, sondern auch, daß die Bewertungsfunktionen ganz spezielle Formen aufweisen (FRANKE 1987). Denn je nach Qualität des Unternehmens muß sich ein anderes α als optimal herausstellen; sonst könnten die Kapitalgeber keinen eindeutigen Rückschluß von α auf die Qualität ziehen.

Dieser Signalmechanismus heißt kostenlos, weil sein Einsatz keine Transaktionskosten oder andere Kosten verursacht. Dies ist anders bei kostenverursachenden Signalen. Z. B. kann die Höhe der Dividende ein kostenverursachendes Signal sein. Wenn die Dividende durch Kreditaufnahme finanziert wird, dann sind die für die Kreditbeschaffung erforderlichen Mühen oder Transaktionskosten um so höher, je schlechter die Vermögenslage und die Ertragsaussichten des Unternehmens sind. Sind die Gläubiger bei hoch verschuldeten Unternehmen nicht bereit, weitere Kredite einzuräumen, dann müßte die Zahlung einer Dividende durch Streichen vorteilhafter Investitionsprojekte finanziert werden. Für sehr erfolgreiche Unternehmen gilt dies nicht; auch sind die Transaktionskosten sehr niedrig, so daß ihnen die Zahlung einer hohen Dividende keine Schwierigkeiten bereitet. Für erfolglose Unternehmen sind die Transaktionskosten indessen so hoch, daß es für sie günstiger ist, sie zu vermeiden, indem sie keine oder nur eine niedrige Dividende zahlen. Aus der Höhe der Dividende können die Aktionäre dann unter weiteren Voraussetzungen auf die Einschätzung der Geschäftslage durch das Management schließen.

Die Voraussetzungen für ein Signalgleichgewicht, also ein Kapitalmarktgleichgewicht, bei dem nur „ehrliche" Signale gesandt werden, sind recht streng (HARTMANN-WENDELS 1986). Sie sind in der Realität im allgemeinen nicht erfüllt. Dennoch spielen Überlegungen über glaubwürdige Signale eine wichtige Rolle, wie im folgenden bei der Erörterung von Emissionskursen und später am Signaleffekt der Dividende deutlich werden wird.

c) Signaleffekte der Aktienemission

Bei vollkommenem Kapitalmarkt ist es bei einer Aktienemission mit Bezugsrecht der bisherigen Aktionäre gleichgültig, wie hoch der Emissionskurs festgesetzt wird. Dies folgt, weil erstens Vermögensverschiebungen durch das Bezugsrecht neutralisiert werden und zweitens die Höhe des Emissionskurses kein Signal beinhaltet. Bei unvollkommenem Kapitalmarkt kann jedoch einerseits die Ankündigung einer Kapitalerhöhung selbst ein Signal sein und andererseits die Höhe des Emissionskurses. Zu einer Kapitalerhöhung kann es aus verschiedenen Gründen kommen:

1. Die Aktien des Unternehmens sind aus Sicht des Managements überbewertet, so daß die bisherigen Aktionäre profitieren, wenn neue Aktionäre für junge Aktien überhöhte Kurse zahlen.

2. Die Einzahlungsüberschüsse aus dem Investitionsprogramm sind niedriger als erwartet, so daß eine Nachfinanzierung erforderlich wird.

3. Das Management entdeckt neue attraktive Investitionsprojekte, für deren Finanzierung Geld benötigt wird.

Durchschauen die Aktionäre diese Gründe, so wird es bei Vorliegen des ersten oder zweiten Grundes zu einer Kurssenkung kommen. Lediglich bei Vorliegen des dritten Grundes kommt es zu einem Kursanstieg, da hier eine positive Information vorliegt. Empirische Untersuchungen belegen, daß der Aktienkurs bei Ankündigung einer Kapitalerhöhung genauso steigen wie fallen kann.

Der Signaleffekt des Emissionskurses besteht darin, daß ein niedriger Emissionskurs, also ein hoher Wert des Bezugsrechts, als positives Signal interpretiert wird. Am deutlichsten wird dies daran, daß der Aktienkurs bei der Ankündigung einer Kapitalerhöhung aus Gesellschaftsmitteln im allgemeinen steigt, obgleich es sich bei dieser Kapitalerhöhung lediglich um einen buchtechnischen Vorgang handelt. Eine mögliche Erklärung liefert der Signaleffekt.

Die im allgemeinen nicht umfassend informierten Aktionäre sehen in dieser Kapitalerhöhung ein Signal, das sie berechtigt, ihre Erwartungen über die Geschäftslage der Gesellschaft zum Positiven hin zu korrigieren. Insbesondere hoffen sie darauf, auch in Zukunft pro Aktie die gleiche jährliche Dividende wie bisher zu erhalten. Da die Zahl der Aktien wächst, wächst dann auch die insgesamt zu zahlende Dividende. Wenn Vorstand und Aufsichtsrat eine solche Kapitalerhöhung vorschlagen, dann deutet das nach Ansicht der Aktionäre darauf hin, daß Vorstand und Aufsichtsrat die geschäftliche Lage entsprechend positiv beurteilen. Da diese Organe der Gesellschaft besser informiert sind als die Aktionäre, schließen sich letztere der vermuteten Beurteilung dieser Organe an und bewerten die Aktien höher. Die Existenz dieses Signaleffektes der Kapitalerhöhung aus Gesellschaftsmitteln ist um so eher zu vermuten, je schlechter der Informationsstand der Aktionäre ist.

Diese Zusammenhänge gelten in ähnlicher Weise auch bei Kapitalerhöhungen gegen Einlagen. Je niedriger der Emissionskurs ist, desto mehr Aktien werden ceteris paribus emittiert, desto höher ist die in Zukunft insgesamt auszuschüttende Dividende bei gleichbleibender Dividende pro Aktie. Ein niedriger Emissionskurs wird daher als positives Signal interpretiert.

Der Signaleffekt beruht auf dem Prinzip „Hoffnung der Aktionäre", da seine Berechtigung ex ante nur schwer prüfbar ist. So können Vorstand und Aufsichtsrat in Einzelfällen diesen Signaleffekt mißbrauchen. Sie können z. B. durch eine Kapitalerhöhung aus Gesellschaftsmitteln die Zustimmung der Aktionäre zu bestimmten Maßnahmen, z. B. einer Kapitalerhöhung gegen Einlagen, erwirken, auch wenn die Geschäftslage sich verschlechtert hat und die Dividende in Zukunft gekürzt werden muß.

Dies zeigt, daß die Voraussetzungen für ein Signalgleichgewicht keineswegs immer gegeben sind. Es ist dann mit täuschenden Signalen zu rechnen. Selbst ein asymmetrischer Belohnungsmechanismus, wonach Vorstand und Aufsichtsrat bei einer Herabsetzung der Dividende mehr Kritik ernten als sie bei einer Heraufsetzung

Lob ernten, garantiert nicht, daß sie die Dividende nur dann erhöhen, wenn sie glauben, die erhöhte Dividende langfristig zahlen zu können. Daher ist Vorsicht bei der Interpretation solcher Signale geboten.

3.2.6   Der Einsatz unterschiedlicher Beteiligungstitel

Häufig sind sämtliche Beteiligungstitel eines Unternehmens gleicher Natur; bei der KG und der KGaA ist dies ausgeschlossen. Auch bei anderen Rechtsformen ist es jedoch möglich, durch eine entsprechende Vereinbarung im Gesellschaftsvertrag die Beteiligungstitel unterschiedlich zu gestalten. Dies kann insbesondere zwei Zwecken dienen:

- der Vergrößerung des Kapitalgeberkreises,
- der unterschiedlichen Ausstattung von Kapitalgebern mit Einwirkungs-, Gestaltungs- und Informationsrechten; hierdurch können z. B. die Einwirkungsmöglichkeiten bisheriger Gesellschafter konserviert werden.

Eine Vergrößerung des Kapitalgeberkreises kann erzielt werden durch

- unterschiedliche Risikoprofile der Titel,
- unterschiedliche Steuerbelastung der Titel.

Unterschiede im Risikoprofil der Titel können nur dann bedeutungsvoll sein, wenn gleicher Marktzugang von Unternehmen und Kapitalgebern nicht existiert (siehe Abschnitt 2.4). Ansonsten können die Kapitalgeber durch Privatemission jede Umfinanzierung eines Unternehmens neutralisieren.

Augenfällig sind die Unterschiede im Risikoprofil zwischen Titeln mit unbeschränkter Haftung des Inhabers und Titeln mit beschränkter Haftung wie z. B. bei der KG. Aber auch bei Kapitalgesellschaften lassen sich erhebliche Unterschiede erzeugen, z. B., indem einer Art von Beteiligungstiteln eine forderungsähnliche Anwartschaft auf Verzinsung eingeräumt wird. Vorzugsaktien kann eine kumulative Mindestdividende eingeräumt werden, wobei die Höchstdividende nur wenig über der Mindestdividende liegt. Bei guter Geschäftslage sind die Ausschüttungen auf diese Vorzugsaktien weniger riskant. Daher ist vielleicht mancher Kapitalgeber zum Kauf dieser Vorzugsaktie bereit, nicht aber zum Kauf der riskanten Stammaktien. Der Ausschluß des Stimmrechts bei Vorzugsaktien ist für Kleinaktionäre wenig bedeutsam.

Ein besonders riskantes Beteiligungspapier ist ein Optionsschein, der zum Bezug von Stammaktien gegen Zahlung eines Bezugskurses berechtigt. Es handelt sich um ein Beteiligungspapier, da der Optionsschein bei Ausübung der Option die Stellung eines Gesellschafters verschafft. Das Recht wird analog zur Kaufoption auf Aktien des Unternehmens ausgeübt (siehe Kap. VII, Abschnitt 2.3), wenn in der Optionsfrist der Aktienkurs über dem Bezugskurs liegt. Es lassen sich dann oft hohe Renditen erzielen. Liegt der Aktienkurs unter dem Bezugskurs, so wird die Option nicht ausgeübt. Der Optionsschein wird dann wertlos; die Rendite des Optionsscheins ist $-100\,\%$. Der Optionsschein ist daher hoch riskant. Ein solcher Titel mag eine weitere Gruppe von Kapitalgebern anlocken.

Beteiligungstitel können unterschiedlich mit Steuern belastet sein. Kursgewinne von Aktien sind steuerfrei, soweit eine natürliche Person sie erzielt und nicht durch Kauf und Verkauf innerhalb von 12 Monaten realisiert. Dividenden hingegen sind zur Hälfte einkommensteuerpflichtig. Daher bietet es sich an, einerseits Titel mit einer relativ hohen Dividende und andererseits Titel mit geringer Anwartschaft auf Dividende und hoher Kurssteigerungserwartung zu schaffen. Die Titel mit hoher Dividende wandern dann zu den Gesellschaftern mit geringer, die anderen Titel zu denen mit hoher marginaler Einkommensteuerbelastung. Gäbe es nur eine Art von Titeln, so würde eventuell eine der beiden Gesellschaftergruppen entfallen.

Ein Beispiel hierfür liefert die häufig zu beobachtende Emission von Optionsanleihen. Während Steuerinländer nur die halbe Dividende versteuern und die Kapitalertragsteuer erstattet bekommen, trifft dies für Steuerausländer nicht zu. Für sie ist daher der Erwerb von Optionsanleihen attraktiver als der Erwerb von Aktien. Denn der Optionsschein ist ein aktienähnlicher dividendenloser Titel, dessen Kurs infolge des Rechts auf Bezug der Aktie eng mit dem Aktienkurs zusammenhängt.

3.3 Rückzahlung von Beteiligungskapital

Das Pendant zur Einzahlung zusätzlichen Beteiligungskapitals ist die Rückzahlung von Beteiligungskapital. Im Extremfall kann diese mit einer Liquidation des Unternehmens einhergehen. Die Rückzahlung von Beteiligungskapital kann ebenso wie die Beteiligungsfinanzierung zu Vermögensverschiebungen zwischen den Kapitalgebern führen. Bei unbeschränkter Haftung der Gesellschafter ist dies jedoch nicht so gravierend, da die Gläubiger sich notfalls aus dem Privatvermögen der Gesellschafter befriedigen können. Soweit die Gesellschafter allerdings ihr Vermögen durch Konsum verbrauchen oder in anderer Weise dem Zugriff der Gläubiger entziehen, werden die Gläubiger möglicherweise geschädigt. Sie können dem z. B. durch Verpfändung von Privatvermögen begegnen.

Vermögensverschiebungen durch Rückzahlung von Beteiligungskapital werden vor allem bei Kapitalgesellschaften und Genossenschaften ausgelöst. Diese Rechtsformen stehen hier daher im Vordergrund. In diesem Zusammenhang sind auch verdeckte Rückzahlungen von Beteiligungskapital zu beachten, also Rückzahlungen, die de jure anderen Charakter haben, z. B. Zahlung von hohen Gehältern an geschäftsführende Gesellschafter oder Zahlung überhöhter Rechnungsbeträge an andere Unternehmen mit einem teilweise identischen Gesellschafterkreis. Im folgenden wird zwischen einer Rückzahlung von Beteiligungskapital ohne und mit Desinvestitionen unterschieden.

3.3.1 Rückzahlung ohne Desinvestition

Wird nicht desinvestiert, so bedeutet die Rückzahlung von Beteiligungskapital nichts anderes als die Substitution von Eigen- durch Fremdkapital. Insoweit treffen die Ausführungen im Abschnitt 3.2.3 weitgehend auch hier zu, allerdings mit umgekehrtem Vorzeichen. Insbesondere wächst die Insolvenzwahrscheinlichkeit. Dies trifft die alten Gläubiger, denn die neuen Gläubiger werden die Insolvenzgefahr antizipieren und sich dementsprechend absichern. Die alten Gläubiger werden also durch die Rückzahlung von Beteiligungskapital teilenteignet (entreichert); den Enteignungsgewinn verdienen die Gesellschafter: Sie verkaufen den neuen Gläubigern nämlich auch einen Teil der monetären Rechte der bisherigen Gläubiger, ohne diese dafür zu entschädigen.

3.3.2 Rückzahlung mit Desinvestitionen

Wird die Rückzahlung von Beteiligungskapital mit Desinvestitionen verbunden, so können die Liquidationserlöse aus den Desinvestitionen zur Finanzierung der Rückzahlung herangezogen werden. Insoweit unterbleibt eine Substitution von Eigendurch Fremdkapital. Zur Vereinfachung betrachten wir eine Rückzahlung von Eigenkapital, die ausschließlich durch Desinvestitionen finanziert wird. Gedanklich läßt sich die Wirkung auf die Gläubigerposition zerlegen in

a) die Wirkung der Desinvestitionen auf den Strom der Leistungssalden des Unternehmens und
b) die Wirkung der Rückzahlung von Beteiligungskapital auf die Gläubigerposition, ausgehend vom Strom der Leistungssalden nach Desinvestition.

Ad a): Der Strom der Leistungssalden des Unternehmens gewinnt infolge der Desinvestition an Wert, wenn die Desinvestition der Beseitigung von Verlustquellen dient. Ebenso kann es sein, daß ein Unternehmensteil zu einem Preis verkauft wird, der den Kapitalwert der in diesem Teil erzielbaren Einzahlungsüberschüsse übersteigt. Im allgemeinen wird ein Unternehmen freiwillig nur solche Desinvestitionen durchführen, die seinen Wert erhöhen. Vorstellbar sind allerdings auch Desinvestitionen, die die Leistungssalden entwerten. Z. B. kann eine Kreditkündigung den Finanzierungsspielraum des Unternehmens einengen und nachteilige Desinvestitionen erzwingen.
Ad b): Durch die Desinvestition und die Rückzahlung von Beteiligungskapital wird das Potential, Verbindlichkeiten in Zukunft bedienen zu können, vermindert, ohne die Verbindlichkeiten des Unternehmens zu vermindern. Im Vergleich zu einer anteiligen Rückzahlung, die das Verhältnis von Eigen- zu Fremdkapital unverändert läßt, werden die Gläubiger teilenteignet und die Gesellschafter bereichert. Aus der Sicht der Gläubiger kommt daher gesetzlichen und vertraglichen Ausschüttungssperren erhebliche Bedeutung zu. Selbst wenn also die Desinvestitionen den Wert des gesamten Unternehmens erhöhen, fürchten die Gläubiger diese, sofern die freigesetzten Zahlungsmittel nur an die Gesellschafter ausgeschüttet werden.

3.3.3 Rechtliche Schranken der Kapitalrückzahlung

Bei einer Rückzahlung von Beteiligungskapital ohne Desinvestitionen gleicht die Bereicherung der Gesellschafter der Entreicherung der Gläubiger, sofern der Kapitalmarkt vollkommen ist. Dieser Entreicherung wirken zwei Schranken entgegen: der gesetzliche und der vertragliche Gläubigerschutz (Abschnitt 2.6.3). Rückzahlun-

gen von Beteiligungskapital, durch die das Eigenkapital unter die Ausschüttungssperrzahl sinkt, dürfen erst erfolgen, nachdem den Gläubigern, die dies wünschen,
Sicherheiten für ihre Forderungen bestellt oder diese Forderungen getilgt worden
sind. Die Gläubiger sind durch öffentliche Bekanntmachung über die geplante Rückzahlung zu informieren.

Die detailliertesten Regelungen zur Rückzahlung von Beteiligungskapital enthält das Aktiengesetz. Einerseits kann die Gesellschaft Aktien bis zu zehn Prozent
des Grundkapitals zurückkaufen und einziehen (§ 71, I AktG), andererseits kann sie
durch eine ordentliche Kapitalherabsetzung (§§ 222-228 AktG) das Grundkapital
herabsetzen, indem der Nennbetrag der Aktien (auf minimal 1 €) herabgesetzt
wird oder Aktien zusammengelegt werden. Zahlungen an die Aktionäre aufgrund
einer Kapitalherabsetzung dürfen frühestens sechs Monate nach Eintragung des Her-
absetzungsbeschlusses in das Handelsregister und nach Befriedigung oder Sicherung
der Gläubiger geleistet werden.

Rückzahlungen von Beteiligungskapital sind häufig mit Desinvestitionen verbunden. Die weitestgehende Desinvestition ist die Liquidation des Unternehmens.
Die Folgen der Liquidation des Unternehmens hängen von der Art der Liquidation
ab. Kommt es zur Veräußerung der wirtschaftlichen Einheit „Unternehmen" (Gesamtliquidation), so werden die Vermögensgegenstände des Unternehmens zusammen an einen Erwerber veräußert. Die Arbeitnehmer behalten weitgehend ihre Arbeitsplätze. Der Erwerber des Unternehmens kann dessen Rechtsform ändern oder
auch die rechtliche Selbständigkeit beenden, indem das Unternehmen mit einem anderen rechtlich zusammengeschlossen wird. Durch die Unternehmensveräußerung
wird die Position der Gläubiger zunächst nicht beeinträchtigt, wenn das Unternehmensvermögen unverändert bleibt und kein sonstiges Vermögen den Gläubigern haftet. Allerdings kann mit der Veräußerung die Geschäftspolitik mit negativen Auswirkungen für die Gläubiger geändert werden.

Im Gegensatz zur Gesamtliquidation wird bei einer Einzelliquidation die wirtschaftliche Einheit zerschlagen. Die Einzelliquidation beinhaltet die Abwicklung der
Rechtsverhältnisse eines aufgelösten Unternehmens. Die Auflösung eines Unternehmens beendet seine rechtliche Existenz. Die Auflösung kann durch die Gesellschafter
beschlossen werden, durch Ablauf einer im Gesellschaftsvertrag vorgesehenen Zeitdauer oder durch Eröffnung des Insolvenzverfahrens über das Vermögen der Gesellschaft erfolgen. Daneben sieht das Gesetz noch einige praktisch wenig bedeutsame
Auflösungsgründe vor.

Die Liquidation der aufgelösten Gesellschaft umfaßt die Beendigung der laufenden Geschäfte, den Einzug der Forderungen, die Veräußerung des übrigen Vermögens sowie die Befriedigung der Gläubiger. Da die Arbeitnehmer ihren Arbeitsplatz verlieren, ist für sie ein Sozialplan zu erstellen. Verbleibt nach Bezahlung aller
Schulden noch Vermögen, so ist dies unter die Gesellschafter zu verteilen. Die Gläubiger werden hierbei geschützt, indem Kapitalrückzahlungen an die Gesellschafter
erst erlaubt sind, nachdem die Gläubiger befriedigt worden sind.

Neben der ordentlichen Kapitalherabsetzung, bei der den Aktionären finanzielle
Mittel zufließen, sieht das Aktiengesetz auch die Möglichkeit einer vereinfachten
Kapitalherabsetzung ohne Abfluß finanzieller Mittel vor. Strenggenommen gehört
sie nicht in den Abschnitt „Rückzahlung von Beteiligungskapital". Diese auch als
nominell bezeichnete Kapitalherabsetzung ist das Pendant zur Kapitalerhöhung

aus Gesellschaftsmitteln. Für die Aktiengesellschaft ist diese Form der Kapitalherabsetzung in §§ 229–236 AktG geregelt. Die Herabsetzung des Grundkapitals dient dem buchtechnischen Ausgleich von Verlusten, außerdem kann ein Teil der Grundkapitalminderung in die gesetzliche Rücklage und die Kapitalrücklage eingestellt werden. Da durch die Kapitalherabsetzung die Ausschüttungssperrzahl gesenkt wird, schützt das Gesetz die Gläubiger durch besondere Vorschriften auch bei der nominellen Kapitalherabsetzung.

Mit einer vereinfachten Kapitalherabsetzung können zwei Ziele verfolgt werden:

1. Tilgung von Verlusten im Jahresabschluß. Hierbei handelt es sich um einen „optischen Zweck": Das Bild des Jahresabschlusses soll nicht durch Verluste beeinträchtigt werden.
2. Verbesserung der Möglichkeiten der Beteiligungsfinanzierung. Einerseits kann es sein, daß der Aktienkurs gegenwärtig unter dem Nennwert einer Aktie liegt, so daß eine Emission am Verbot der unter-pari-Emission scheitern würde. Eine Kapitalherabsetzung bewirkt entweder eine Herabsetzung des Nennbetrags pro Aktie oder, bei Zusammenlegung von Aktien, einen entsprechenden Kursanstieg. Andererseits kann ein hoher Verlustvortrag die Aussicht auf Dividenden für lange Zeit verbauen und dadurch die Beschaffung weiteren Eigenkapitals erschweren. Eine vereinfachte Kapitalherabsetzung beseitigt den Verlustvortrag und ermöglicht die Zahlung einer Dividende nach kürzerer Zeit (§ 233 AktG), sofern wieder Gewinne erwirtschaftet werden.

3.4   Ausschüttungspolitik

3.4.1   Rahmenbedingungen

Schüttet ein Unternehmen heute Geld an seine Gesellschafter aus, so wird dadurch die Anwartschaft der Gesellschafter auf zukünftige Ausschüttungen geschmälert. Kern der Ausschüttungspolitik ist somit die Entscheidung, inwieweit gegenwärtige Ausschüttungen durch riskante zukünftige Ausschüttungen substituiert werden sollen und umgekehrt.

Bei Personengesellschaften bestimmen die einzelnen Gesellschafter weitgehend selbst, wieviel Geld sie entnehmen wollen. Ein Problem der Ausschüttungspolitik besteht daher nur insoweit, als die Gesellschafterversammlung Höchstgrenzen für Entnahmen beschließen kann. Diese Höchstgrenzen ergeben sich aus dem geplanten Investitionsprogramm und der geplanten Verschuldungsgrenze.

Im folgenden beschränken wir uns auf Kapitalgesellschaften. Ausschüttungen unterliegen einer gesetzlichen Beschränkung, denn infolge von Ausschüttungen darf das Eigenkapital der Gesellschaft nicht unter die Ausschüttungssperrzahl sinken oder es muß eine Kapitalherabsetzung durchgeführt werden. Einer ökonomischen Beschränkung unterliegen Ausschüttungen, weil sie finanziert werden müssen. Sie können finanziert werden

- durch zusätzliche Kreditaufnahme,
- durch Kürzung von Investitionen sowie durch Desinvestitionen,
- durch Einlagen aus Kapitalerhöhung (Schütt-aus-Hol-zurück-Politik).

Die Aufnahme zusätzlicher Kredite sowie die Kürzung des Investitionsprogramms verringern die in Zukunft für Ausschüttungen verfügbaren Mittel. Eine Schütt-aus-Hol-zurück-Politik bedeutet lediglich eine Umstrukturierung des gegenwärtigen Eigenkapitals, wobei die Ausschüttungen durch neue Einlagen finanziert werden.

Wird die Ausschüttung durch zusätzliche Kreditaufnahme finanziert, so hängt ihre Höchstgrenze von der geplanten Verschuldungsgrenze ab. Diese darf nicht überschritten werden. Ansonsten gelten hierfür die bisherigen Ausführungen zur Substitution von Eigen- durch Fremdkapital.

Wird die Ausschüttung durch Kürzung des Investitionsprogramms finanziert (weil z. B. die geplante Verschuldungsgrenze bereits erreicht ist), so wird eine Finanzierungsentscheidung mit einer Investitionsentscheidung verknüpft. Eine solche Maßnahme kann daher nicht allein anhand finanzierungstheoretischer Kriterien beurteilt werden.

Investieren die Gesellschafter den ausgeschütteten Betrag außerhalb des Unternehmens, so ist dies für sie von Vorteil, wenn sie dadurch eine günstigere Konstellation von Ertrag und Risiko erreichen können. Wenn z. B. die externe Investition bei gleichem Risiko eine höhere erwartete Rendite abwirft als die unternehmensinterne Investition, dann ist die externe Investition vorzuziehen. Die Vorteilhaftigkeit ist hier anhand der Instrumente der Investitionsrechnung zu analysieren.

Konsumieren die Gesellschafter dagegen den ausgeschütteten Betrag, so müssen sie heutigen Konsum abwägen gegen den unsicheren zukünftigen Konsum, der sonst durch die Leistungssalden der internen Investition ermöglicht würde. Dann geht es um die investitionsrechnerische Analyse, ob Ertrag und Risiko der Investition den Gesellschaftern in Anbetracht ihrer Zeit- und Risikopräferenz attraktiv erscheinen.

3.4.2   Zur Vorteilhaftigkeit einer Schütt-aus-Hol-zurück-Politik

Einer Schütt-aus-Hol-zurück-Politik stehen die Gesellschafter indifferent gegenüber, wenn es keine Steuern und Transaktionskosten gibt, alle Wertpapiere beliebig teilbar sind und Dividendenkontinuität keine Rolle spielt. Denn dann bekommt ein Gesellschafter eine Ausschüttung, die er als Einlage dem Unternehmen gleichzeitig zurückzahlt. Insoweit ändert sich seine Situation nicht. Dagegen könnte argumentiert werden, die Schütt-aus-Hol-zurück-Politik sei von Vorteil für den Gesellschafter, denn er könne jetzt entscheiden, ob er den ausgeschütteten Betrag als Einlage zurückzahlen oder anderweitig günstiger einsetzen solle. Wenn eine anderweitige Verwendung günstiger sei, dann erziele der Gesellschafter durch die Schütt-aus-Hol-zurück-Politik einen Vorteil. Das Irrelevanztheorem zeigt jedoch, daß die Schütt-aus-Hol-zurück-Politik den Handlungsspielraum des Gesellschafters bei vollkommenem Kapitalmarkt nicht vergrößert.

Zur Verdeutlichung ein Beispiel: Aktionär Meyer ist an der Müller-AG zu 10 % beteiligt. Die 100 000 umlaufenden Müller-Aktien notieren an der Börse zu 110 €/Stück. Im Rahmen der Schütt-aus-Hol-zurück-Politik möchte die AG 10 €/Aktie ausschütten und über eine Kapitalerhöhung im Verhältnis 10:1 wieder hereinholen. Infolge der Dividendenzahlung sinkt der Aktienkurs um 10 € auf 100 €. Die Kapitalerhöhung wird zu einem Emissionskurs von 100 € durchgeführt, so daß das Bezugsrecht wertlos ist.

Nimmt Meyer an der Kapitalerhöhung teil, so bleibt seine Beteiligungsquote bei 10 %. Nimmt er nicht teil, so wächst sein Barvermögen um 10 000·10 = 100 000 €, während seine Beteiligungsquote auf 10 000/(100 000 + 10 000) = 9,09 % sinkt.

Verweigert indessen die Müller-AG die Schütt-aus-Hol-zurück-Politik, so hätte Meyer durch Verkauf von 10–9,09 = 0,91 % seiner Müller-Aktien seine Beteiligungsquote auf 9,09 % reduziert und sein Barvermögen um 110·100 000·0,91/100 = 100 000 € erhöht. Mit anderen Worten, die durch die Schütt-aus-Hol-zurück-Politik erzeugte Situation kann Meyer auch selbständig erreichen, indem er die entsprechende Beteiligungsquote durch Verkauf von Aktien realisiert.

Folglich vergrößert eine Schütt-aus-Hol-zurück-Politik nicht den Handlungsspielraum eines Kapitalgebers. Das Irrelevanztheorem gilt daher, wenn es keine Steuern und Transaktionskosten gibt und die Müller-Aktien beliebig teilbar sind. Gleicher Marktzugang ist nicht erforderlich.

Die Irrelevanz der Schütt-aus-Hol-zurück-Politik entfällt bei Existenz von Steuern und Transaktionskosten. Die Ausführungen im Abschnitt 2.3 gelten analog. Die Körperschaftssteuer fällt unabhängig von der Ausschüttungspolitik an. Jedoch führt eine Schütt-aus-Hol-zurück-Politik zur Vorwegnahme einer Einkommensteuerbelastung, die ansonsten später anfiele. Daher ist eine solche Politik nachteilig. Außerdem verursacht eine Schütt-aus-Hol-zurück-Politik im Gegensatz zur Einbehaltung Transaktionskosten. Auch dies spricht gegen eine Schütt-aus-Hol-zurück-Politik.

Die Gläubiger begrüßen eine Schütt-aus-Hol-zurück-Politik, da infolge der Kapitalerhöhung die Ausschüttungssperrzahl steigt. Diese Verbesserung ihrer Position erlaubt ihnen, auf den Einsatz anderer Schutzinstrumente teilweise zu verzichten.

3.4.3 Zur Vorteilhaftigkeit von Ausschüttungen bei gegebenem Investitionsprogramm

Werden Ausschüttungen bei gegebenem Investitionsprogramm durch Kreditaufnahme finanziert, dann ergeben sich die in Abschnitt 2.3 beschriebenen Steuerwirkungen. Die Steuerlast wird durch Ausschüttungen minimiert, wenn der marginale Einkommensteuersatz der Gesellschafter eine bestimmte Höhe nicht überschreitet.

Allerdings läßt sich ein differenzierteres Bild zeichnen, wenn berücksichtigt wird, daß es den marginalen Einkommensteuersatz der Kapitalgeber nicht gibt, sondern daß dieser Satz von Kapitalgeber zu Kapitalgeber variiert. Z. B. sei bei der Auto-AG die Ausschüttung besser als die Einbehaltung für alle Aktionäre, deren marginaler Einkommensteuersatz unter 45 % liegt. Schüttet die Auto-AG jährlich nur einen geringen Bruchteil ihrer Jahresüberschüsse aus, so handelt sie nicht im Interesse dieser Aktionäre, sondern im Interesse der höher besteuerten Aktionäre. Dementsprechend lockt die Auto-AG hoch besteuerte Aktionäre an, während niedrig besteuerte Aktionäre ihr Geld lieber in Aktien mit hoher Gewinnausschüttung anlegen. Durch ihre Ausschüttungspolitik nehmen die Aktiengesellschaften also Einfluß auf die Zusammensetzung ihres Aktionärskreises, d. h. ihrer Aktionärsklientel. Dieser Effekt wird als Klientel-Effekt der Ausschüttungspolitik bezeichnet.

Hat sich eine solche Klientel aufgrund der Ausschüttungspolitik herausgebildet, dann führt ein Abrücken von dieser Politik zu einer Änderung der Klientel: Die Aktien werden von der alten Klientel an eine neue verkauft. Die Kosten dieser Transaktion lassen die Änderung der Ausschüttungspolitik nachteilig erscheinen. Im Interesse einer stabilen Klientel sollte eine Kapitalgesellschaft daher eine im Zeitablauf gleichbleibende Ausschüttungspolitik betreiben. Gleichzeitig sind bei der Beurteilung der fremdfinanzierten Ausschüttung auch all die anderen Aspekte einer Verschuldungszunahme zu beachten, die in Abschnitt 2 beschrieben wurden.

Häufig steigt der Aktienkurs bei Ankündigung einer Dividendenerhöhung. Dies läßt sich mit dem Signaleffekt der Dividende erklären, der auf demselben Mechanismus beruht wie der im vorangehenden Abschnitt diskutierte Signaleffekt des Emissionskurses. Den Aktionären einer Gesellschaft stehen als Informationsquellen zur geschäftlichen Lage vor allem vergangenheitsbezogene Jahresabschlüsse und Geschäftsberichte zur Verfügung. Auch der im Geschäftsbericht enthaltene Lagebericht enthält nur wenig zukunftsbezogene Information. Die Bewertung einer Aktie ist jedoch zukunftsorientiert. Daher prüfen die Aktionäre jede Information daraufhin, ob sie ihr Defizit an zukunftsbezogener Information mindert.

Die Ankündigung einer Gesellschaft, sie werde ihre Ausschüttungen erhöhen, wird als eine solche Information gewertet. Ausgehend davon, daß die Geschäftsleitung eine Erhöhung nur ankündigt, wenn sich die Geschäftslage verbessert hat, interpretieren die Gesellschafter die Ankündigung als Signal, daß die gut informierte Geschäftsleitung die Lage günstiger als bisher einschätzt. Die Glaubwürdigkeit dieses Signals beruht darauf, daß ein erfolgreiches Unternehmen eher eine hohe Ausschüttung finanzieren kann als ein erfolgloses. Die Ankündigung einer Ausschüttungserhöhung kann daher als ein Indiz für eine Verbesserung der Geschäftslage interpretiert werden. Die Gesellschafter bewerten die Anteile deshalb höher. Dies erklärt die häufige Beobachtung, daß der Aktienkurs steigt, wenn die Gesellschaft eine Dividendenerhöhung ankündigt.

Die These vom Signaleffekt der Dividende besagt also nicht, daß eine Erhöhung der Ausschüttung die Gesellschafter finanziell begünstigt, sondern daß mit ihrer Ankündigung den Gesellschaftern eine wertvolle Information zugeht. In gleicher Weise enthält auch die Ankündigung, die Ausschüttung zu senken, eine wertvolle Information.

Dieser Informationseffekt ist an verschiedene Voraussetzungen geknüpft. Erstens muß das Management tatsächlich seine Ausschüttungspolitik an seiner Einschätzung der Geschäftslage orientieren und darf die Ausschüttungspolitik nicht zur Aussendung irreführender Signale einsetzen. Zweitens darf es keine Informationsquellen geben, die den Gesellschaftern schon vor Ankündigung der Ausschüttungspolitik die Geschäftslage zuverlässig signalisieren. Dann nämlich enthielte die Ankündigung lediglich eine obsolete Information.

Dies ist z. B. der Fall, wenn die publizierten Quartalsgewinne einer Gesellschaft im Urteil der Gesellschafter besser über die Geschäftslage informieren als die später angekündigte Dividende. Gerade wenn es stimmt, daß Manager zu einer im Zeitablauf stabilen Dividende tendieren, besteht die Vermutung, daß Ankündigungen von Dividendenänderungen relativ spät erfolgen und die eingetretene Änderung der Geschäftslage der Öffentlichkeit bereits bekannt ist.

Schließlich soll auf ein vordergründiges Argument zur Vorteilhaftigkeit von Ausschüttungen eingegangen werden. Danach sei eine Ausschüttung eine sichere Zahlung, während eine Einbehaltung eine Anwartschaft auf riskante Zahlungen begründe. Da eine Ausschüttung somit das Risiko reduziere, sei sie für die Gesellschafter vorteilhaft.

Dieses Argument sticht nicht. Denn bei gegebenem Investitionsprogramm ist das Risiko aus diesem Programm von der Ausschüttungspolitik unabhängig. Die Gesellschafter müssen es tragen, soweit sie es nicht auf die Gläubiger und Arbeitnehmer überwälzen können. Ihr Risiko vermindern die Gesellschafter also durch eine Erhöhung der Ausschüttung nur dann, wenn sie Risiken auf andere abwälzen können. Gelingt diese Überwälzung ohne Entschädigung, so erzielen die Gesellschafter einen Vorteil. Die Gläubiger werden sich jedoch davor zu schützen suchen, ebenso werden in mitbestimmten Unternehmen die Arbeitnehmervertreter einer solchen Politik entgegenwirken.

Wird die Ausschüttung indessen durch eine Kürzung des Investitionsprogramms finanziert, so wird dadurch zwar das Risiko der Gesellschafter gegebenenfalls reduziert, jedoch entgeht den Gesellschaftern auch der Ertrag der Investition. Wird infolge der Ausschüttung eine vorteilhafte Investition gestrichen, so ist die Ausschüttung nachteilig.

3.4.4 Ausschüttungspolitik und Kontrolle der Manager

Hauptversammlungen erfolgreicher Aktiengesellschaften zeichnen sich häufig durch Kontroversen zwischen Vorstand und Aufsichtsrat einerseits und Aktionären andererseits aus. Während die Unternehmensleitung die Dividende allenfalls behutsam anheben möchte, drängen zahlreiche Aktionäre auf eine stärkere Anhebung. Wieso kommt es zu diesem Interessenkonflikt?

a) Ansammlung finanzieller und bilanzieller Reserven

Eine Erklärung knüpft am Handlungsspielraum der Manager an. Dieser wird erweitert, indem finanzielle und bilanzielle Reserven durch Selbstfinanzierung angelegt werden. Solche Reserven vermindern die Insolvenzwahrscheinlichkeit, denn sie können in Notzeiten eingesetzt werden. Da Manager einer Insolvenz möglichst vorbeugen wollen, ist eine Einschränkung der Dividende hierfür ein geeignetes Mittel. Die nicht ausgeschütteten Mittel können zu einer Erweiterung des Investitionsprogramms verwendet werden. Dies sowie die Verminderung der Insolvenzwahrscheinlichkeit können durchaus auch im Interesse der Gesellschafter liegen. Ein Konflikt zwischen Aktionären und Management wird also nicht unbedingt erzeugt.

Allerdings verschiebt die Bildung hoher Reserven auch die Kompetenzverteilung zwischen Gesellschaftern und Managern. Je größer die Reserven sind, um so weniger ist das Unternehmen auf Einlagen der Gesellschafter angewiesen. Die Kontrolle, die die Gesellschafter mit einer Zustimmung zu weiteren Einlagen verbinden können, entfällt weitgehend.

Auch erlauben hohe Reserven einen großzügigen Umgang mit Geld (siehe auch Kap. VIII, Abschnitt 2.2). Dies zeigt sich insbesondere in der Personalpolitik. Die

Arbeitnehmer werden durch Sondervergütungen oder übertarifliche Zahlungen großzügig entlohnt, privat in Anspruch genommene Dienstleistungen werden vom Unternehmen gezahlt. Es werden mehr Arbeitnehmer als notwendig eingestellt, um den einzelnen Arbeitnehmer zu entlasten oder um das Prestige von Managern durch Vermehrung ihrer Untergebenen zu fördern. Rationalisierungsmaßnahmen unterbleiben, weil sie infolge von Um- oder Freisetzung von Arbeitskräften auf deren Widerstand stoßen. Diese Großzügigkeit im Personalbereich wird dadurch verständlich, daß die Manager täglich mit den Arbeitnehmern zusammentreffen, aber nur selten mit den Gesellschaftern, insbesondere wenn weitere Einlagen in absehbarer Zeit nicht erforderlich sind.

Großzügiger Umgang mit Geld kann sich auch in luxuriöser Geschäftsausstattung sowie in überzogenem Komfort bei Geschäftsreisen niederschlagen. Schließlich kann es sein, daß Investitionsprojekte nur oberflächlich geprüft oder selbst dann genehmigt werden, wenn sie einen negativen Kapitalwert erwarten lassen, nur um frei verfügbare finanzielle Mittel nicht auszuschütten. Nicht selten werden auch andere Unternehmen aufgekauft, obgleich dies für die Gesellschafter nachteilig ist. Den Managern trägt der Aufkauf jedoch häufig eine Erhöhung ihrer Bezüge und ihres Prestiges ein.

Werden frei verfügbare finanzielle Mittel nicht ausgeschüttet, sondern in Finanzanlagen reinvestiert, so ist dies allerdings steuerlich vorteilhaft für Gesellschafter, deren marginaler Einkommensteuersatz über etwa 37,5 % liegt (siehe Abschnitt 2.3).

b)   Kontrolle der Manager durch Beschränkung der finanziellen Reserven

Die vorangehenden Implikationen hoher finanzieller Reserven haben vor allem in den USA dazu geführt, daß solche Unternehmen aufgekauft, die finanziellen Reserven erheblich reduziert und das Investitionsprogramm einer kritischen Revision unterzogen wurden. Dadurch konnten die Aufkäufer zum Teil erhebliche Gewinne erzielen. Im Rahmen von Leveraged Buyouts ging man noch weiter. Entgegen der eher konservativen Verschuldungspolitik amerikanischer Unternehmen wurde die Fremdfinanzierung des Unternehmens drastisch erhöht und das Eigenkapital entsprechend reduziert. Die Manager des Unternehmens konnten dann mit einem vergleichsweise geringen Kapitaleinsatz beachtliche Anteile am verbleibenden Eigenkapital erwerben (Management Buyout).

Davon erhofft man sich mehrere Wirkungen (JENSEN 1986):

1.   Infolge ihrer Beteiligung am Unternehmen wächst die Motivation der Manager zu einer straffen, marktwertorientierten Investitions- und Finanzierungspolitik.
2.   Ein Spitzenmanager verliert im allgemeinen seinen Arbeitsplatz, wenn „sein" Unternehmen insolvent wird. Er findet dann auch kaum einen vergleichbaren wieder. Bei hoher Verschuldung des Unternehmens müssen in Zukunft fällige Kredite im allgemeinen wenigstens zum Teil umgeschuldet werden. Die Kreditinstitute werden vor einer Vergabe neuer Kredite die Geschäftspolitik sorgfältig durchleuchten und nur bei positivem Urteil eine Anschlußfinanzierung bereitstellen. Andernfalls werden sie die Anschlußfinanzierung verweigern und Insol-

venz herbeiführen. Der Manager wird dies durch eine straffe Investitionspolitik zu verhindern versuchen.

3. Gerade bei Publikumsgesellschaften, also Gesellschaften ohne Großaktionär, üben die Gesellschafter nur wenig Kontrolle über die Politik der Manager aus. Bei hoher Verschuldung des Unternehmens tritt an die Stelle der fehlenden Kontrolle durch die Gesellschafter die Kontrolle durch die Kreditinstitute.

Die letzte Wirkung ist kaum kontrovers, umstritten ist aber, ob eine hohe Verschuldung die Manager wirklich zu einer effizienten Investitionspolitik motiviert. Die Anreize zu einer riskanten Investitionspolitik, die die Gläubiger benachteiligt, dürften eher gering sein. Denn wenn sich der Manager primär als Manager und nicht so sehr als Gesellschafter versteht, wird er vor allem darauf bedacht sein, eine Insolvenz zu vermeiden.

Jedoch ist zu prüfen, welche Investitionspolitik der Manager betreibt, um Insolvenz möglichst auszuschließen. Es kann hier zu einem Unterinvestitionsproblem kommen. Der Manager, der die Zahlungsfähigkeit des Unternehmens in der näheren Zukunft sichern möchte, wird dazu neigen, Auszahlungen für Investitionen, die nicht unbedingt notwendig erscheinen und die sich erst langfristig amortisieren, zu unterlassen und damit eine Erhöhung der Schulden zu vermeiden. Die verschiedentlich behauptete Kurzfristorientierung der Manager könnte durch die von einer hohen Verschuldung ausgehenden Zahlungsverpflichtungen verstärkt werden. Gerade die langfristige Existenz des Unternehmens sichernde Investitionen in Forschung und Entwicklung werden durch eine hohe Verschuldung gefährdet.

Gleichzeitig wird der Manager zu einer stillen Bildung von finanziellen und bilanziellen Reserven motiviert (STULZ 1990). Erwirtschaftet das Unternehmen höhere Überschüsse als erwartet, dann wird der Manager versuchen, diese zu verstecken, um für schlechtere Zeiten vorzusorgen. Hiergegen ist so lange wenig einzuwenden, wie die finanziellen Reserven mäßig sind und sorgfältig angelegt werden. Allerdings könnte es für die Gesellschafter günstiger sein, wenn die höheren Überschüsse sofort zu einem vorzeitigen Abbau von Schulden verwendet würden.

Letztlich verbirgt sich dahinter die Frage, in welcher Weise sich das Unternehmen einen Finanzierungsspielraum, also eine Liquiditätsreserve, sichern sollte. Vier Varianten bieten sich an:

1. Das Unternehmen schüttet seine Gewinne vollständig aus und sichert sich einen Finanzierungsspielraum durch Finanzierungszusagen, z. B. die Einräumung von Kreditlinien.
2. Das Unternehmen schüttet seine Gewinne nur teilweise aus und reduziert seine Schulden.
3. Wie 2., aber zusätzlich Einräumung von Finanzierungszusagen.
4. Das Unternehmen schüttet seine Gewinne nur teilweise aus und erwirbt monetäre Aktiva.

Die Manager, die ihre Unabhängigkeit maximieren wollen, werden den letzten Weg vorziehen. Denn über die Veräußerung monetärer Aktiva können sie sich jederzeit Liquidität verschaffen, ohne einen Kapitalgeber um Zustimmung bitten zu müssen. Sie entziehen sich so der Kontrolle der Kapitalgeber. Als nächstes werden sie den dritten Weg bevorzugen, weil dort die Verschuldung geringer ist als beim ersten Weg und sie im Vergleich zum zweiten Weg Finanzierungszusagen zur Liquiditätsbeschaffung nutzen können, ohne einen Kapitalgeber fragen zu müssen. Ein Vergleich des zweiten und des ersten Weges ist nicht so einfach. Zwar kann der Manager beim ersten Weg in der näheren Zukunft auf Finanzierungszusagen zurückgreifen, auf längere Sicht ist aber der Finanzierungsspielraum kleiner als beim zweiten Weg, weil dann die Finanzierungszusagen auslaufen und die Verschuldung höher ist als bei Teilausschüttung von Gewinnen. Außerdem zeigt sich oft in Krisensituationen, daß Finanzierungszusagen nicht eingehalten werden.

Aus der Sicht der Gesellschafter ist einer der ersten beiden Wege vorzuziehen. Denn dadurch sichern sie sich mehr Kontrollmöglichkeiten. In jedem Fall empfiehlt es sich, die finanziellen und bilanziellen Reserven zu beschränken. Denn ansonsten besteht weder eine wirksame finanzielle Kontrolle seitens der Gesellschafter noch der Gläubiger.

3.5   Zusammenfassung

Der erste Vorgang der Eigenfinanzierung ist mit der Gründung eines Unternehmens verbunden. Für die Kapitalgeber bestehen hierbei gravierende Informationsprobleme, da sie nicht auf Erfahrungen mit diesem Unternehmen zurückgreifen können. Zwar versucht das Gesetz, einige Informationsdefizite durch zwingende Regelungen zu entschärfen, dennoch bleibt es für die Gründer schwierig, von anderen Kapitalgebern Geld zu bekommen.

Auch bei bereits existierenden Unternehmen erweist sich die Beschaffung zusätzlichen Eigenkapitals als schwierig, wenn nicht die vorhandenen Gesellschafter dieses aufbringen oder das Unternehmen eine börsennotierte Aktiengesellschaft ist. Denn einen gut funktionierenden Markt für Beteiligungstitel gibt es für nicht börsennotierte Unternehmen nicht ; dies erklärt sich daraus, daß es im allgemeinen nicht nur um die Bereitstellung von zusätzlichem Beteiligungskapital geht, sondern auch ein gutes Einvernehmen der neuen mit den bisherigen Gesellschaftern erforderlich ist. Bei der börsennotierten Aktiengesellschaft geht es infolge der Anonymität der meisten Gesellschafter im wesentlichen nur um die Bereitstellung von Geld.

Mit einer Beteiligungsfinanzierung wächst die Haftungsmasse des Unternehmens. Dies kommt den Gläubigern zugute, sie werden häufig durch eine Beteiligungsfinanzierung bereichert. Da sich die Bonität des Schuldners verbessert, werden dadurch die Einwirkungsmöglichkeiten der Gläubiger geringer. Nach Durchführung der Beteiligungsfinanzierung ist das Unternehmen auch weniger auf weitere Einlagen angewiesen. Die Geschäftsführung hat folglich an Unabhängigkeit gegenüber den Kapitalgebern gewonnen. Durch die Beteiligungsfinanzierung können sich auch die Einflußmöglichkeiten unter den Gesellschaftern verschieben, so daß dadurch die Beteiligungstitel für einige Gesellschafter an Wert verlieren, für andere gewinnen.

Bei Informationssymmetrie läßt sich eine Kapitalerhöhung gegen Einlagen bei einer börsennotierten Aktiengesellschaft relativ unproblematisch abwickeln. Um den Absatz der jungen Aktien zu sichern, werden sie zu einem Kurs emittiert, der deutlich unter dem Börsenkurs der bereits umlaufenden Aktien liegt. Dadurch entstehende Vermögensverluste der bisherigen Gesellschafter werden durch ein ihnen zustehendes gesetzliches Bezugsrecht ausgeglichen. Die Höhe des Emissionskurses ist irrelevant, er muß lediglich zwischen dem Nennwert der Aktie und dem bisherigen Börsenkurs liegen.

Bei Informationsasymmetrie dagegen wird ein niedriger Emissionskurs von den Aktionären als günstiges Signal der Geschäftslage interpretiert, da dies eine hohe Zahl von jungen Aktien impliziert und bei unveränderter Dividende pro Aktie eine hohe Gesamtausschüttung bedeutet. Folgt das Management einer Politik der Dividendenkontinuität, dann interpretieren die Aktionäre die Erhöhung der Gesamtausschüttung als Signal dafür, daß das Management an eine nachhaltige Verbesserung der Geschäftslage glaubt; infolge ihres Informationsnachteils schließen sich die Aktionäre dieser Einschätzung an. Dieser Signaleffekt der Dividende erklärt auch, weshalb der Börsenkurs häufig bei Ankündigung einer Kapitalerhöhung aus Gesellschaftsmitteln steigt. Informationsasymmetrien erzeugen insbesondere bei Erstemissionen von Aktien die Gefahr, daß die Käufer durch zu hohe Emissionskurse übervorteilt werden. Dieser Gefahr entgegen wirken die Informationspflichten des Emittenten und des ihn begleitenden Kreditinstituts sowie die Verpflichtung eines Bankenkonsortiums, die nicht verkauften Aktien zum Emissionskurs abzüglich einer Provision zu übernehmen.

Auch bei Folgeemissionen erweisen sich Informationsasymmetrien als Hindernisse für eine effiziente Unternehmenspolitik, wenn die Geschäftsführung die Interessen der bisherigen Aktionäre verfolgt. Bei Überbewertung (Unterbewertung) der jungen Aktien kann es zur Überinvestition (Unterinvestition) kommen, weil Investitionsprojekte mit negativem (positivem) Kapitalwert sich dennoch für die bisherigen Gesellschafter als vorteilhaft (nachteilig) erweisen; denn bei Überbewertung der jungen Aktien werden die bisherigen Gesellschafter durch die Emission bereichert, bei Unterbewertung erleiden sie einen Schaden. Zwar können kostenverursachende und kostenlose Signale die Informationsasymmetrie reduzieren, jedoch sind die Voraussetzungen für ein Signalgleichgewicht sehr streng.

Die Rückzahlung von Beteiligungskapital vermindert die Haftungsmasse des Unternehmens und kann daher die Gläubiger schädigen. Sie ist deshalb in Deutschland bei Kapitalgesellschaften streng geregelt.

Die Ausschüttungspolitik einer Kapitalgesellschaft erweist sich bei vollkommenem Kapitalmarkt als irrelevant. Das gegenwärtige deutsche Steuerrecht diskriminiert eine Schütt-aus-Hol-zurück-Politik. Bei Informationsasymmetrie existiert ein Signaleffekt der Dividende. Schließlich kann die Ausschüttungspolitik als Instrument der Managerkontrolle eingesetzt werden. Die Ansammlung hoher finanzieller Reserven ist zwar für höher besteuerte Gesellschafter steuerlich von Vorteil, macht aber den Manager von den Kapitalgebern weitgehend unabhängig, weil er auf neue Mittel von außen nicht angewiesen ist. Dies kann ihn zu großzügigem Umgang mit Geld verleiten. Daher liegt es im Interesse der Gesellschafter, den finanziellen Spielraum des Managers durch hohe Ausschüttungen einzuengen. Eine höhere Unternehmensverschuldung erzwingt von Zeit zu Zeit die Ablösung eines Kredits durch einen neuen. Bei einer solchen Gelegenheit werden die Gläubiger die Qualität der Unternehmenspolitik überprüfen und gegebenenfalls neue Kredite verweigern. Der Manager antizipiert dies und wird sich daher um eine sorgfältige Politik bemühen. Allerdings kann eine sehr hohe Unternehmensverschuldung den Manager veranlassen, aus der Perspektive der Kapitalgeber wünschenswerte Investitionen zu unterlassen, um die Zahlungsfähigkeit des Unternehmens auf kurze und mittlere Frist zu sichern.

4 Ein Fazit zur Finanzierungspolitik

Die vorangehenden Ausführungen haben zahlreiche Aspekte verdeutlicht, die auf die Finanzierungspolitik einwirken. Es ist damit gelungen, die ursprünglich durch die Annahme eines vollkommenen Kapitalmarktes implizierte enge Sichtweise erheblich zu erweitern und vielfältige, in der Realität wirkende Einflußfaktoren einzubeziehen. Es ist bisher jedoch nur teilweise gelungen, das Zusammenspiel dieser Einflußfaktoren zu erklären. Die Theorie zur Finanzierungspolitik beschränkt sich im wesentlichen darauf, die Wirkungen einzelner Einflußfaktoren zu verdeutlichen. Auch ein Blick in die Realität beantwortet die damit aufgeworfenen Fragen nicht. Es lassen sich ganz unterschiedliche Finanzierungspolitiken beobachten. Manche Unternehmen arbeiten ohne Fremdkapital, andere mit hohem Fremdkapital. Darunter gibt es wiederum nicht wenige, die hohe Bestände an monetären Aktiva besitzen.

Die Vielfalt der beobachtbaren Finanzierungspolitiken kann zu zwei entgegengesetzten Schlußfolgerungen führen. Erstens könnte man schließen, die Finanzierungspolitik sei irrelevant, so daß z. B. hohe, mittlere und niedrige Verschuldungsgrade gleichermaßen zu beobachten sind. Dies stände im Einklang mit dem Irrelevanztheorem der Finanzierung, das jedoch nur unter strengen Annahmen gilt. Zweitens könnte man schließen, daß die optimale Finanzierungspolitik in starkem Maße von den jeweiligen Einflußfaktoren abhängt, daß also die Vielfalt der Einflußfaktoren die Vielfalt der beobachteten Finanzierungspolitiken erklärt. Bisher ist es nicht gelungen, eine der beiden Schlußfolgerungen zu verwerfen. Dies soll nochmals an einer zentralen Frage der Finanzierungspolitik, nämlich der Verschuldungspolitik, verdeutlicht werden.

Ausgehend von der ersten Sichtweise der Finanzierungspolitik (siehe Kap. II, Abschnitt 4) bedeutet Finanzierungspolitik vor allem Zuweisung von Risiken an verschiedene Kapitalgeber. Bei vollkommenem Kapitalmarkt erweist sich dies als irrelevant sowohl für den Marktwert des Unternehmens als auch für den Nutzen der Kapitalgeber. Ausgehend von der zweiten Sichtweise der Finanzierungspolitik sprechen für eine hohe Verschuldung möglicherweise steuerliche Vorteile der Fremdfinanzierung, dagegen die potentiellen Insolvenzkosten. Existieren diese steuerlichen Vorteile, dann erweist sich bei niedriger Verschuldung eine Erhöhung der Verschuldung als vorteilhaft, weil die Insolvenzkosten in Anbetracht der erzielbaren Steuervorteile nicht ins Gewicht fallen; bei hoher Verschuldung erweist sich eine Verminderung der Verschuldung wegen der damit verbundenen Verminderung der Insolvenzkosten als vorteilhaft. Demnach existiert ein innerer Verschuldungsgrad, bei dem der Unternehmenswert maximiert wird.

Diese Sichtweise vereinfacht die Verschuldungsproblematik jedoch stark, da sie die von der Verschuldung ausgehenden Verhaltensanreize ebensowenig berücksichtigt wie die unterschiedlichen Interessen der Betroffenen sowie deren Möglichkeiten, sich vor unerwünschtem Verhalten zu schützen. Diese Aspekte werden bei der dritten Sichtweise der Finanzierungspolitik berücksichtigt. Besonders kompliziert können sei bei einer Kreditfinanzierung aus Sachleistungsverträgen werden.

Eine hohe Verschuldung vergrößert den Spielraum der Gesellschafter, sich durch eine Änderung der Investitions- und Finanzierungspolitik zu Lasten der Gläubiger zu bereichern. Die Gläubiger werden sich daher zu schützen versuchen. Jedoch gehören sie nicht zu einer homogenen Gruppe, sondern setzen sich aus Kreditinstituten, Lieferanten, Arbeitnehmern und Kunden zusammen. Inwieweit diese Gruppen von einer Insolvenz getroffen werden, hängt von den gesetzlichen und den vertraglich vereinbarten Regelungen ab, ebenso wie die Möglichkeiten dieser Gruppen, ihren Interessen bei der Festlegung der Verschuldungspolitik Geltung zu verschaffen (siehe auch Kap. I, Abschnitt 1.2). Die Interessen verschiedener Gruppen können harmonieren, z. B. hinsichtlich der Vermeidung einer Insolvenz; sie können jedoch auch im Konflikt untereinander stehen, z. B. in der Insolvenz, wenn die Ansprüche einer Gruppe nur zu Lasten der übrigen Gruppen befriedigt werden können. Damit ist die Frage gestellt, wessen Ziele bei der Festlegung der Verschuldungspolitik verfolgt werden. Sind es nur die Ziele der Gesellschafter, wie häufig in der Theorie unterstellt, oder auch die Ziele anderer Interessengruppen? Wenn ja, welches Gewicht gewinnen deren Ziele bei der Entscheidung über die Verschuldungspolitik und welche Instrumente werden eingesetzt, um die Interessen dieser Gruppen zu schützen?

In der Prinzipal-Agenten-Theorie werden diese Fragen häufig am Beispiel eines Unternehmens aufgegriffen, dessen Manager nicht oder nur zu geringen Teilen Gesellschafter sind. Nach dieser Theorie begünstigt eine niedrige Verschuldung die Manager, da sie die Kontrolle der Kapitalgeber schwächt und den Managern daher mehr Spielraum verschafft, ihre persönlichen Ziele zu verfolgen. Deshalb wird eine aus Sicht der Gesellschafter ineffiziente Unternehmenspolitik befürchtet. Eine hohe Verschuldung soll den Manager disziplinieren, indem er wenigstens einer schärferen Kontrolle der Kreditgeber unterworfen wird. Da eine hohe Verschuldung jedoch unerwünschte Rückwirkungen auf die Investitionspolitik des Managers erzeugen kann, ist eine flankierende Kontrolle der Investitionspolitik geboten. Diese ist durch die externen Kapitalgeber infolge ihres Informationsnachteils nur schwer zu bewirken. Daher bietet es sich an, den Manager durch eine erfolgsabhängige Entlohnung zu einer Politik im Interesse der Kapitalgeber zu motivieren. Eine optimale Kombination von Verschuldungshöhe als Disziplinierungsinstrument und Erfolgskomponenten der Entlohnung als Motivator ist nicht leicht zu bestimmen, hängt sie doch von der Höhe der Risiken aus dem Investitionsprogramm, die die Höhe der potentiellen Insolvenzkosten bestimmen, von Steuereffekten der Verschuldung, von der Intensität des Wettbewerbs auf den Gütermärkten und von derjenigen auf dem Managermarkt ab. Je stärker der Wettbewerb ist, desto mehr disziplinieren diese Märkte den Manager, desto weniger Bedeutung kommt der Verschuldungs- und der Entlohnungspolitik zu.

Dieses Beispiel verdeutlicht die Schwierigkeiten, eine optimale Finanzierungspolitik zu ermitteln. Es geht nicht nur um die Gestaltung von Verträgen zwischen Unternehmen und Kreditinstituten, sondern auch um zahlreiche andere, wie z. B. zwischen Gesellschaftern und Managern sowie anderen Arbeitnehmern, Unternehmen und Lieferanten, Unternehmen und Kunden. Dabei stehen zahlreiche vertragliche Instrumente zur Verfügung, um bestimmte Ziele zu verfolgen. Diese Instrumente unterscheiden sich hinsichtlich ihrer Wirksamkeit, aber auch hinsichtlich der mit ihrem Einsatz verbundenen Transaktionskosten. Zudem verhalten sie sich oft substitutional zueinander; die Intensität, mit der sie genutzt werden, kann variiert werden. Ein optimaler Einsatz dieser Instrumente wäre nach dem Konzept effizienter Verträge zu bestimmen. Bisher wird in diesen Modellen ein Vertrag jedoch nur anhand von ein oder zwei Instrumenten optimiert. Dementsprechend eingeschränkt sind die Möglichkeiten, Aussagen über eine optimale Finanzierungspolitik abzuleiten.

Die Ausführungen dieses Kapitels zur Finanzierungspolitik beziehen sich weitgehend auf Unternehmen, die sich auf dem Kapitalmarkt nicht nur Fremd-, sondern auch Eigenkapital beschaffen können. Für mittlere und kleinere Unternehmen, zumeist im Familieneigentum, trifft dies im allgemeinen nicht zu. Dies hat zur Folge, daß eine enge Beziehung zwischen dem Investitions- und dem Verschuldungsvolumen besteht. Investitions- und Verschuldungspolitik sind eng verzahnt, während im Unternehmen mit der Möglichkeit externer Beteiligungsfinanzierung Investitions- und Verschuldungspolitik nur in lockerem Zusammenhang stehen. Außerdem spielen im Familienunternehmen die Fragen der Managerkontrolle eine viel geringere Rolle, da die Gesellschafter Geschäftsführer sind oder diese dank eines engen Kontaktes zum Unternehmen gut überwachen können. Schließlich haben die Gesellschafter von Familienunternehmen häufig einen Großteil ihres Vermögens im Unternehmen investiert. Sie tragen damit einen hohen Anteil des Unternehmensrisikos. Risikostreuung gelingt ihnen nur sehr eingeschränkt. Daher spielt bei Investitionsentscheidungen nicht nur das systematische Risiko eine Rolle, das im Capital Asset Pricing Model in Beta zum Ausdruck kommt, sondern auch das unsystematische Risiko, das durch Risikostreuung ausgeschaltet wird. Für die optimale Finanzierungspolitik in einem Familienunternehmen sind deswegen andere Überlegungen maßgeblich als in einem Unternehmen, dem der Kapitalmarkt vielfältige Möglichkeiten der externen Beteiligungsfinanzierung bietet.

Literaturangaben zu Kapitel IX

Zu 1
Kriterien zur Beurteilung der Finanzierungspolitik
R. H. SCHMIDT/TERBERGER 1987, Kap. 2.

Zu 2
Zu den Steuerwirkungen der Finanzierungspolitik siehe
BENNINGA/TALMOR 1988, DE ANGELO/MASULIS 1980, HUSMAN/KRUSCHWITZ/ LÖFFLER 2002, MILLER 1977, D. SCHNEIDER 1992, Kap. C IId), SWOBODA 1994, Kap. 3.2.2 und 1991, SWOBODA/ZECHNER 1995.

Weitere Kritik an den Prämissen des Irrelevanztheorems:
AKERLOF 1970, COPELAND/WESTON 1988, Kap. 14, DRUKARCZYK 1993, Kap. 5, HAUGEN/SENBET 1978, D. SCHNEIDER 1992, Kap. C IId), SWOBODA 1994, Kap. 4.2.

Zur Insolvenz siehe:
DRUKARCZYK 1983 und 1987, DRUKARCZYK/DUTTLE/RIEGER 1985, FRANKE 1984b, HAX 1989a, STEINER 1980, UHLENBRUCK 1983.

Zu Verschuldensanreizen und Verschuldungsgrenzen siehe:
ALBACH 1984, BALTENSPRENGER/MILDE 1987, DIAMOND 1993, FISCHER/ZECH-
NER 1990, FRANCFORT/RUDOLPH 1992, FRANKE 1993a, HARRIS/RAVIV 1990 und
1991, KRÜMMEL 1976, LEHN/POULSEN 1991, MYERS 1977, STIGLITZ/WEISS 1981.

Zur Finanzierung junger Unternehmen siehe:
NATHUSIUS 2003.

Zum Gläubigerschutz siehe:
BITZ/HEMMERDE/RAUSCH 1986, SCHILDBACH 1986, Kap. 2.

Zum langfristigen Lieferantenkredit siehe:
BRENNAN/MAKSIMOVIC/ZECHNER 1988.

Zum Leasing siehe:
BREALEY/MYERS 2003, Kap. 26, BUHL 1989, DIETZ 1990, GABELE/WEBER 1985,
GRENADIER 1995, KRAHNEN 1990a, NEUS 1991a, ROSENBERG 1975, WÖHE/BIL-
STEIN 2002, S. 279–297.

Zu Pensionszusagen siehe:
BOGNER/SWOBODA 1994, FRANKE/HAX 1989, FUNK 1987, HAEGERT 1987, HAE-
GERT/SCHWAB 1990, KOENEN 1990, KRAHNEN 1990b, D. SCHNEIDER 1989.

Zu 3
Zur Bewertung von Bezugsrechten siehe:
HAX 1971, KRÜMMEL 1964, KRUSCHWITZ 1986, LEHMANN 1978.

Zur Dividendenpolitik siehe:
AMIHUD/MURGIA 1997, ANG 1987, BAY 1990, BLACK 1976, COPELAND/WESTON
1988, Kap. 15 und 16, KÖNIG 1991, LOISTL 1986, Kap. 3.3, MILLER/ROCK 1985, PFAFF
1989.

Gleichgewichtsmodelle mit Signalen werden vorgestellt und erörtert in
BESTER 1985, FRANKE 1987, HARTMANN-WENDELS 1986, RILEY 1979.

Zu Agency Problemen siehe:
BERLE/MEANS 1932, FRANKE 1993b, GERPOTT 1994, GILSON 1989, GILSON/VET-
SUYPENS 1993, HARRIS/RAVIV 1991, JENSEN 1986, JOHN/JOHN 1993, KAPLAN
1995, C. LAUX 1996, Kap. II, MILGROM/ROBERTS 1992, Kap. 15, MYERS/MAJLUF
1984, SHLEIFER/VISHNY 1997, SMITH/WATTS 1992, SPREMANN 1996, Kap. 23,
STULZ 1990.

Kapitel X Risikomanagement

Der Ausdruck „Risikomanagement" hat erst in den vergangenen zwei Jahrzehnten eine weite Verbreitung erfahren. Dazu beigetragen haben die erheblichen Wechselkurs- und Zinsschwankungen, die seit dem Zusammenbruch des Bretton Woods-Systems im Jahre 1971 zu beobachten sind. Außerdem sind infolge der Zunahme des nationalen und internationalen Wettbewerbs die Gewinnmargen der Unternehmen geschrumpft, so daß auch kleinere Änderungen von Preisen, Absatzmengen oder anderen Erfolgsparametern Gewinne in Verluste verkehren können. Wenn ein Unternehmen verhindern möchte, daß infolge dieser Risiken möglicherweise Verluste entstehen, so bietet sich hierfür das Risikomanagement an.

Ist Risikomanagement ein neuer, eigenständiger Teil der Unternehmenspolitik? Auch bisher ging es darum, ein optimales Bündel von Investitions- und Finanzierungsmaßnahmen zusammenzustellen. Daher werden in den vorangehenden Kapiteln Methoden zur Optimierung dieser Maßnahmen erörtert. Dabei wird auch der Risikoaspekt ausführlich angesprochen. Jedoch werden nicht nur Investitions- und Finanzierungspolitik weitgehend unabhängig voneinander erörtert, sondern auch die Entscheidungen über einzelne Projekte. Dies folgt aus der Perspektive eines vollkommenen Kapitalmarktes: Investitions- und Finanzierungsentscheidungen sind trennbar; auch die Entscheidungen über einzelne Projekte sind trennbar, sofern zwischen den Projekten keinerlei Synergieeffekte bestehen. Heute jedoch löst sich die wissenschaftliche Erörterung mehr und mehr vom vollkommenen Kapitalmarkt und rückt die Zusammenhänge zwischen Investitions- und Finanzierungspolitik stärker in den Vordergrund, insbesondere den Risikoverbund. Der Erfolg des gesamten Unternehmens steht im Brennpunkt; seine Wahrscheinlichkeitsverteilung soll durch das Risikomanagement so verändert werden, daß sie bestimmten Erfordernissen genügt. Risikomanagement wird daher definiert als die Gesamtheit von Investitions- und Finanzierungsmaßnahmen mit dem Ziel, die Wahrscheinlichkeitsverteilung des Unternehmenserfolgs zu optimieren.

Diese umfassende Definition von Risikomanagement schließt nahezu die gesamte Unternehmenspolitik ein. In einer engeren Definition wird Risikomanagement zur Aufgabe des Finanzbereichs: (1) Er gibt eine obere Schranke für das Risiko aus der Investitionspolitik des Unternehmens vor; diese muß von den Geschäftsbereichen, die über Investitionsprojekte beschließen, beachtet werden. (2) Der Finanzbereich wählt bei gegebener Investitionspolitik diejenige Finanzierungspolitik, die die Zahlungsfähigkeit des Unternehmens sichert und die Wahrscheinlichkeitsverteilung des Unternehmenserfolges optimiert.

Optimierung heißt indessen nicht Risikominimierung. Häufig ist das Erzielen eines Erfolges an die Übernahme von Risiken gebunden. Daher sind die Ertragswirkungen beim Risikomanagement zu beachten. Optimierung der Wahrscheinlichkeitsverteilung bedeutet ein Abwägen von Ertrag und Risiko gemäß den Präferenzen der Kapitalgeber.

Im ersten Abschnitt dieses Kapitels werden zuerst die Gründe für ein betriebliches Risikomanagement und die Instrumente des Risikomanagements erörtert. Sodann werden verschiedene Ebenen der Ergebnismessung vorgestellt und miteinander verglichen. Der Unternehmenserfolg oder das Unternehmensergebnis kann an verschiedenen Variablen gemessen werden, z. B. am Zahlungsstrom, am Marktwert oder am Gewinn des Unternehmens. Dementsprechend kann auch das Risiko des Unternehmens an diesen Variablen gemessen werden. Anschließend werden die Standardabweichung und der Value at Risk als zwei in Frage kommende statistische Risikomaße erläutert. Weiter wird auf den Zeitbezug des Risikomanagements eingegangen.

Schließlich wird dargelegt, daß es beim Risikomanagement um die Bestimmung eines optimalen Portefeuilles von Investitions- und Finanzierungsprojekten geht. Hierbei kann es sich um ein vergleichsweise einfaches einperiodiges Planungsproblem handeln, oder aber, wie bei der flexiblen Planung, um die Bestimmung eines optimalen Portefeuilles über mehrere Perioden, wobei heute zu treffende Entscheidungen auch spätere mögliche Anpassungen an die Umweltentwicklung berücksichtigen. Solche Anpassungen lassen das Risikomanagement recht komplex werden.

Die Ermittlung einer Risikopolitik wird im zweiten Abschnitt anhand von einfachen Beispielen verdeutlicht. Im ersten Beispiel wird vereinfachend die Risikominimierung als Ziel unterstellt und gezeigt, wie das Zinsänderungsrisiko eines gegebenen Anleiheportefeuilles durch Handel von Zinsterminkontrakten weitgehend ausgeschaltet werden kann.

Im zweiten Beispiel wird die optimale Exportpolitik eines Unternehmens untersucht, wobei anfangs der Einsatz von Wechselkursderivaten ausgeschlossen, dann zugelassen wird. Sodann wird berücksichtigt, daß zukünftige Exportentscheidungen an die zukünftige Wechselkursentwicklung anknüpfen und damit den Charakter einer Realoption haben. Dadurch ergeben sich andere optimale Kombinationen von Export- und Risikoabsicherungsmaßnahmen.

1   Grundlagen

1.1   Gründe und Aufgaben für das Risikomanagement von Unternehmen

Kapitalgeber streben bei ihrer Geldanlage optimale Portefeuilles an, also Portefeuilles, bei denen sie eine optimale Kombination von Ertrag und Risiko erzielen. Im Kapitalmarktgleichgewicht spiegeln sich die Präferenzen der Kapitalgeber in den Preisen für zustandsbedingte Ansprüche wider und damit in den Preisen der Wertpapiere. Orientieren sich die Unternehmensleitungen an den Präferenzen der Kapitalgeber, so werden sie solche Investitionsprojekte durchführen, die die Wohlfahrt der Kapitalgeber verbessern. Dies sind Investitionsprojekte mit positivem Marktwert. Solche Projekte können mit hohen Risiken behaftet sein. Dennoch gibt es bei vollkommenem Kapitalmarkt keinen Anlaß für die Unternehmen, diese Risiken abzusichern, denn die Kapitalgeber können stets durch private Transaktionen dieselbe Risikoallokation untereinander herstellen, die die Unternehmen durch ihre Finanzierungspolitik erzeugen können. Dies folgt aus dem gleichen Marktzugang von Kapitalgebern und Unternehmen bei vollkommenem Kapitalmarkt. Es gibt demnach bei vollkommenem Kapitalmarkt keinen Grund für Unternehmen, Risikomanagement zu betreiben. Dies kommt auch im Irrelevanztheorem der Finanzierungspolitik zum Ausdruck.

Im Kapitel „Finanzierungspolitik" wurden bereits verschiedene Unvollkommenheiten des Kapitalmarktes sowie deren Wirkungen auf die Finanzierungspolitik erörtert. Die Irrelevanz der Finanzierungspolitik gilt dann nicht. Da Finanzierungspolitik auch zugleich Politik der Zuweisung von Risiken auf Kapitalgeber und andere Personen ist, die vertragliche Beziehungen zum Unternehmen unterhalten, wird mit der Finanzierungspolitik auch die Risikopolitik des Unternehmens relevant. Risikopolitik oder Risikomanagement beschränkt sich allerdings nicht auf Finanzierungspolitik, sondern schließt die Investitionspolitik ein (vgl. Kap. V, Abschn. 5). Denn das Risiko eines Unternehmens wird durch seine Investitions- und seine Finanzierungspolitik maßgeblich beeinflußt, insbesondere dadurch, inwieweit ein Risikoausgleich durch beide Politiken erzielt wird. Finanzierungs- und Investitionspolitik stehen daher im engen Zusammenhang.

Als Beispiel sei eine ertragreiche Realinvestition betrachtet, die jedoch mit einem hohen Wechselkursrisiko verbunden ist, das ein hohes Insolvenzrisiko des Unternehmens erzeugt. Die Unternehmensleitung würde eine solche Investition ablehnen, sofern das Insolvenzrisiko nicht eingeschränkt werden könnte. Gelingt es jedoch, dieses Risiko über den Abschluß von Devisenterminkontrakten, Devisenoptionskontrakten oder Währungsswaps erheblich zu reduzieren, so kann damit das Investitionshemmnis beseitigt werden. Die Finanzierungspolitik, zu der auch der Abschluß von derivativen Finanzkontrakten gehört, erweitert daher den Spielraum des Unternehmens, riskante Investitionen zu tätigen.

Die Unvollkommenheiten des Kapitalmarktes, die die Finanzierungspolitik und somit auch das Risikomanagement des Unternehmens relevant werden lassen, wurden an verschiedenen Stellen im Kapitel „Finanzierungspolitik" erörtert. Hier werden sie nochmals kurz resümiert.

1. Der Fiskus partizipiert an den Gewinnen des Unternehmens, indem er sie besteuert. Kommt es jedoch zu Verlusten, dann mindern diese zwar im Rahmen von zulässigen Verlustrückträgen und -vorträgen die Ertragsbesteuerung, darüber hinausgehende Verluste treffen aber den Fiskus nicht. Im Ergebnis besitzt der Fiskus eine optionsähnliche Gewinnbeteiligung. Der Wert dieser Option ist um so höher, je stärker bei gegebenem Erwartungswert potentielle Gewinne und Verluste streuen. Gelingt es dem Unternehmen, diese Streuung durch Risikomanagement zu vermindern, so daß potentielle Verluste eingeschränkt werden, dann sinkt der Marktwert der Steuerbelastung.

2. Managt ein Unternehmen selbst sein Risiko, so werden die damit verbundenen Transaktionskosten im allgemeinen niedriger sein, als wenn zahlreiche Kapitalgeber das auf sie entfallende Risiko privat managen. Letzteres setzt zudem voraus, daß die Kapitalgeber das auf sie entfallende Risiko kennen, eine Voraus-

setzung, die in Anbetracht bestehender Informationsasymmetrien kaum erfüllt sein wird. Ein privates Risikomanagement der Kapitalgeber begegnet damit verschiedenen Hindernissen.

3. Durch Einschränken seines Risikos kann das Unternehmen seine Insolvenzwahrscheinlichkeit und damit die erwarteten Insolvenzkosten vermindern. Damit begünstigt das Risikomanagement die Durchführung von Investitionsprojekten, die ansonsten wegen der von ihnen ausgehenden Insolvenzgefahr gar nicht in Betracht gezogen würden. Die Einschränkung der Insolvenzwahrscheinlichkeit liegt auch im Interesse der Arbeitnehmer, da ihre Arbeitsplätze bei Insolvenz stärker gefährdet sind. Ebenso liegt sie im Interesse von Kunden, die Gewährleistungsansprüche besitzen und Service erwarten, wie auch von Lieferanten, die Wert auf stabile Lieferbeziehungen legen. Die so erreichte Verbesserung der Bedingungen für Arbeitnehmer, Kunden und Lieferanten wirkt sich indirekt auch positiv auf den Marktwert des Unternehmens aus.

4. Die Haftungsbeschränkung von Gesellschaftern begünstigt opportunistisches Verhalten gegenüber den Gläubigern, ebenso begünstigt die Haftungsbeschränkung von Managern opportunistisches Verhalten gegenüber den Kapitalgebern. Haftungsbeschränkungen werden vor allem bei ungünstiger Geschäftsentwicklung wirksam. Sie begrenzen die Übernahme von Verlusten, nicht aber die Übernahme von Gewinnen. Die Gesellschafter bzw. Manager besitzen daher quasi eine Option auf das Unternehmensergebnis, bei dem sie an positiven, nicht aber an negativen Ergebnissen partizipieren. Der Wert dieser Option wächst mit der Volatilität des Ergebnisses, folglich auch der Anreiz zu opportunistischem Verhalten. Gelingt es über das Risikomanagement, die Ergebnisvolatilität abzuschwächen, dann wird damit auch opportunistisches Verhalten eingeschränkt. Auf den ersten Blick scheint eine solche Politik dem Eigeninteresse von Gesellschaftern bzw. Managern zuwiderzulaufen. Jedoch kann eine Selbstbindung durch die Risikopolitik letztlich vorteilhaft sein (siehe Kap. VIII, Abschnitt 4.1).

Aus dem Zusammenwirken von Risiko und Unvollkommenheiten des Kapitalmarktes resultieren also Transaktions- und Informationskosten einschließlich Insolvenzkosten, Steuern, Kosten infolge ineffizienter Risikoallokation sowie Agency-Kosten, also Wohlfahrtseinbußen infolge von opportunistischem Verhalten. Diese Kosten können durch Risikomanagement vermindert werden. Allerdings ist es nicht Aufgabe des Risikomanagements, Risiken vollständig abzubauen. Erstens verursacht der Risikoabbau Transaktionskosten. Zweitens können Kosten infolge von entgehenden Risikoprämien entstehen. Z. B. beinhaltet die erwartete Aktienrendite eine Risikoprämie; reduziert ein Unternehmen seine Geldanlage in Aktien, so entgeht ihm die Risikoprämie. Drittens übernimmt ein Unternehmen mit seinen Realinvestitionen häufig Risiken, die es gar nicht ausschließen kann, ohne die Realinvestitionen zu beenden. So mag eine Direktinvestition in Asien besonders hohe Erträge bei hohen Absatzrisiken versprechen. Solche Risiken können bestenfalls zu einem kleinen Teil abgebaut werden, soll die Direktinvestition selbst bestehen bleiben. Bestimmte Risiken können also durch Risikomanagement nicht oder nur in geringem Umfang abgebaut werden.

Aufgabe des Risikomanagements ist es, ein Portefeuille aus Realinvestitionen und finanziellen Maßnahmen zusammenzustellen, das für die betroffenen Personengruppen eine optimale Kombination von Ertrag und Risiko erzeugt. Das ist vergleichsweise einfach, wenn es nur um die Gruppe der Gesellschafter geht, deren Interessen ähnlich gelagert sind. Schwieriger wird es, wenn neben den Gesellschaftern Gläubiger und Arbeitnehmer einbezogen werden. Risiko und Ertrag sehen für diese Gruppen im allgemeinen ganz unterschiedlich aus. So messen die Gesellschafter ihr Risiko an den auf sie entfallenden Zahlungsströmen, die Gläubiger ihr Risiko an potentiellen Kreditausfällen und die Arbeitnehmer ihr Risiko am Risiko des Arbeitsplatzverlustes. Die daraus resultierenden Interessenkonflikte lassen sich zwar über Kompromisse entschärfen, aber nicht beseitigen. Die gewählte Risikopolitik ist dann Teil eines Kompromisses, der im besten Fall zugleich eine effiziente Vereinbarung zwischen den beteiligten Gruppen darstellt. Wenn im folgenden verschiedene Vorgehensweisen des Risikomanagements erörtert werden, so wird dabei auf die Perspektive der Kapitalgeber abgestellt.

1.2   Instrumente des Risikomanagements

Anregungen zum Risikomanagement sind vor allem von der Versicherungslehre ausgegangen. Ausgangspunkt waren hierbei die Überlegungen, aufgrund derer ein Unternehmen darüber entscheidet, welche Risiken durch Abschluß von Versicherungsverträgen abgedeckt werden sollen. Entscheidungen über den Abschluß von Versicherungen müssen unter Berücksichtigung des Gesamtzusammenhangs aller mit der Tätigkeit des Unternehmens verbundenen Risiken getroffen werden. Hierbei sind zugleich alle Maßnahmen einzubeziehen, durch die die Gesamtheit der Risiken eines Unternehmens gestaltet und beeinflußt werden kann.

Risikopolitik beinhaltet somit den Einsatz eines Instrumentariums, in dem neben dem Abschluß von Versicherungen auch vielfältige andere Maßnahmen eine Rolle spielen. Die dem Instrumentarium der Risikopolitik zuzuordnenden Maßnahmen können in unterschiedlicher Weise systematisiert werden. Drei Arten von Maßnahmen können unterschieden werden:

1. Auswahl von Investitionsprojekten
2. Maßnahmen der Schadensverhütung und Schadensbegrenzung
3. Vertragliche Risikoabwälzung und Risikoteilung

Zu 1: Der erste Ansatzpunkt der Risikopolitik liegt in der Auswahl der riskanten Investitionsprojekte. In der Systematik des risikopolitischen Instrumentariums wird die Schadensvermeidung als eigenes Instrument genannt; sie besteht darin, daß man Projekte, die das Gesamtrisiko stark erhöhen, von vornherein vermeidet.

Wichtiger ist bei der Auswahl von Investitionsprojekten der Gesichtspunkt der Risikomischung (auch Risikostreuung). Risikomischung kommt zustande, wenn verschiedene riskante Projekte miteinander kombiniert werden. Die dabei entstehende Gesamtposition ist hinsichtlich des Risikos nicht einfach eine Addition der Einzelpositionen. Das Ausmaß der durch Mischung erreichbaren Reduzierung des Risikos hängt, wie bereits gezeigt wurde, davon ab, welche stochastischen Abhängigkeiten zwischen den Projekten bestehen. Sind die Ergebnisse der Projekte stochastisch unabhängig voneinander, so kommt es, wenn die Zahl der Projekte groß ist, zu einer erheblichen Reduzierung; bei negativer Korrelation wird dieser Effekt noch verstärkt, bei positiver Korrelation hingegen abgeschwächt.

Zu 2: Maßnahmen der Schadensverhütung und Schadensbegrenzung ergänzen die Projektplanung. Sie sind einerseits mit Kosten verbunden, dienen andererseits dazu, in bestimmten Fällen den Eintritt von Schäden zu verhindern oder auch nur den Schaden zu begrenzen. Hierzu gehören zunächst technische Vorkehrungen wie Brandschutz, Sicherung gegen Einbruch und Diebstahl, Unfallschutz und ähnliche Maßnahmen. In einem weiteren Sinne gehören dazu alle Maßnahmen, die vorsorglich für den Fall des Eintritts bestimmter ungünstiger Entwicklungen geplant werden mit dem Ziel, den Schaden wenigstens zu begrenzen. Hierin liegt vor allem auch die Bedeutung der flexiblen Planung, bei der Eventualmaßnahmen für verschiedene mögliche Entwicklungen eingeplant werden; dazu gehören auch Maßnahmen der Schadensbegrenzung in den Fällen, wo dies erforderlich und möglich ist. Der Schadensbegrenzung dient auch die Einplanung unspezifischen Anpassungspotentials. Als Maßnahme der Risikopolitik wird die finanzielle Vorsorge für den Fall des Schadenseintritts genannt; finanzielle Reserven stellen hierbei unspezifisches Anpassungspotential dar, das im Bedarfsfall zur Schadensminderung eingesetzt werden kann, ohne daß von vornherein bestimmte Maßnahmen vorgesehen werden.

Zu 3: Durch Abschluß und Gestaltung von Verträgen können Risiken zwischen Vertragspartnern verschoben oder aufgeteilt werden. Bei vertraglicher Risikoabwälzung und Risikoteilung bedient sich die Risikopolitik der Möglichkeiten des Marktes, auf dem Risiken gegen Entgelt übertragen werden können. Alle diese vertraglichen Maßnahmen zum Risikomanagement gehören zur Finanzierungspolitik, soweit sie von einer gegebenen Realinvestitionspolitik ausgehen. Finanzierungspolitik ist auch Politik der Zuweisung von Risiken auf verschiedene Personen.

Die bekannteste Form der vertraglichen Risikoabwälzung ist der Versicherungsvertrag. Hierbei wird die Gefahr, einen bestimmten Schaden zu erleiden, gegen Entgelt vom Versicherungsnehmer auf den Versicherer abgewälzt. Aber auch in anderen Verträgen findet Risikoabwälzung statt. So kann z. B. der Vermieter von Produktionsanlagen damit verbundene Risiken, insbesondere die Gefahr der Fehlinvestition, durch einen langfristigen und unkündbaren Mietvertrag ganz oder teilweise auf den Mieter abwälzen; dies geschieht typischerweise beim Finanzierungs-Leasing. Ähnliches ist beim Factoring möglich; beim Verkauf von Forderungen an den Factor kann der Vertrag so gestaltet werden, daß die Ausfallgefahr ganz auf den Käufer übergeht. Ein weiteres Beispiel ist ein langfristiger Liefervertrag mit fest vereinbarten Mengen und Preisen, mit dem der Lieferant das Absatzrisiko auf seinen Abnehmer abwälzt.

Eine Abwälzung von Risiken auf Gläubiger kann auch durch Haftungsbeschränkung erreicht werden. So kann ein Unternehmer z. B. einen besonders risikoreichen Tätigkeitsbereich durch Ausgründung in eine Tochtergesellschaft verlagern, für deren Verbindlichkeiten nur beschränkt gehaftet wird. Das Risiko wird damit teilweise auf die Gläubiger der Tochtergesellschaft abgewälzt.

Vielfältige Möglichkeiten der vertraglichen Risikoabwälzung bieten sich auf Finanzmärkten. Die klassischen Instrumente hierfür sind die verschiedenen Instrumente der Beteiligungsfinanzierung sowie hybride Finanzierungsinstrumente, wie Wandelschuldverschreibungen und Optionsanleihen. Zu den modernen Instrumenten der Risikoabwälzung gehören vor allem die Finanzderivate, also Termin-, Swap- und Optionsgeschäfte. So kann man z. B. eine in Zukunft fällige Währungsforderung durch Terminverkauf oder Erwerb einer Verkaufsoption gegen das Wechselkursrisiko absichern. In ähnlicher Weise ist eine Absicherung gegen das Risiko der Änderung von Wertpapierpreisen, Warenpreisen und Zinssätzen möglich.

Risikoabwälzung über den Markt setzt voraus, daß man Vertragspartner findet, die bereit sind, ein Risiko gegen Entgelt zu übernehmen. Dies ist möglich, zum einen, weil der Vertragspartner möglicherweise weniger risikoscheu ist, in erster Linie aber, weil der Vertragspartner in der Regel andere Möglichkeiten der Risikomischung und des Risikoausgleichs hat. Der Versicherer z. B. erreicht durch Zusammenfassung einer großen Zahl ähnlicher Einzelrisiken eine wirksame Risikomischung; sein Gesamtrisiko ist weit geringer als die Summe der Einzelrisiken. Auf Währungsterminmärkten treffen Verkäufer, die sich gegen das Kursrisiko von Forderungen absichern wollen, auf Käufer, die daran interessiert sind, das mit Währungsverbindlichkeiten verbundene Kursrisiko abzuwälzen; hier kann für beide Partner eine Risikominderung erreicht werden. Deswegen können auch Risiken abgewälzt werden, ohne daß dafür eine Risikoprämie gezahlt werden muß. Risikoabwälzung durch Verträge bedeutet also nicht einfach, daß Risiken in unveränderter Form von einem Vertragspartner zum anderen verschoben werden. Vielmehr eröffnen sie Möglichkeiten des Risikoausgleichs.

Risikoabwälzung ist im allgemeinen mit Kosten verbunden; der Vertragspartner, der das Risiko übernimmt, erhält dafür in irgendeiner Form ein Entgelt. Dem Versicherer ist eine Prämie zu zahlen; beim Factoring wird für die Übernahme des Delkredere-Risikos eine besondere Provision erhoben; aber auch wenn kein ausdrücklicher Preis für die Risikoübernahme vereinbart wird, wird diese sich in der Höhe des insgesamt ausgehandelten Preises niederschlagen: Der Vermieter, der das Investitionsrisiko durch einen langfristigen Mietvertrag auf den Mieter abwälzt, wird eine niedrigere Miete erhalten, als wenn er kurzfristige Kündigungsmöglichkeiten zugesteht; der Lieferant, der durch einen langfristigen Liefervertrag sein Beschäftigungsrisiko auf den Abnehmer abwälzt, muß sich dafür mit einem niedrigeren Preis abfinden.

Risikoteilung ist der Risikoabwälzung sehr ähnlich; ein Projekt, dessen Risiko zu hoch erscheint, wird unter Vertragspartnern aufgeteilt. In der Versicherungswirtschaft geschieht das in der Weise, daß durch Rückversicherung eine Verteilung des Risikos auf verschiedene Versicherer erfolgt. Risikoteilung findet man aber auch bei vielen anderen Verträgen, vor allem im Zusammenhang mit großen und risikoreichen Geschäften; zu erwähnen sind Konsortialgeschäfte, Projektfinanzierungen und Joint Ventures. Ebenso wie bei Risikoabwälzung hängt von der Vertragsgestaltung ab, in welcher Weise Erträge und Risiken unter den Vertragspartnern verteilt werden.

Bei vertraglicher Risikoabwälzung und Risikoteilung taucht allerdings ein Problem auf, das über den Rahmen üblicher risikopolitischer Überlegungen hinausreicht und von weitreichender Bedeutung für alle finanzwirtschaftlichen Vertragsbeziehungen ist. Von der Vertragsgestaltung und der darin vorgesehenen Verteilung von Erträgen und Risiken können für die Vertragspartner Verhaltensanreize ausgehen. Die Vertragsgestaltung dient deswegen auch der Beeinflussung von Risiken, die im Verhalten der Vertragspartner begründet sind. So wird z. B. ein Geschäftsführer durch Gewinnbeteiligung auch am Risiko beteiligt und erhält dadurch Anreize, sich um höhere Gewinne zu bemühen und hohe Risiken zu vermeiden. Ähnliche Erwägungen gelten für den Konsortialführer in einem Konsortialgeschäft oder die geschäftsführende Instanz in einem Joint Venture.

Ziel der Vertragsgestaltung ist in solchen Fällen, eine Prinzipal-Agenten-Beziehung so zu gestalten, daß die unerwünschten Verhaltensanreize zu möglichst geringen Wohlfahrtseinbußen führen (siehe Kap. VIII, Abschnitt 2).

Wohlfahrtswirkungen lassen sich nur anhand klar definierter Ziele angeben. Deshalb soll im folgenden die Zielsetzung des Risikomanagements, ausgehend von den Interessen der Kapitalgeber, erörtert werden. Die möglichen Zielsetzungen werden anhand eines Zielwürfels veranschaulicht. Als Ergebnisvariable des Risikomanagements kommen Zahlungsstrom, Marktwert und Gewinn in Frage. Diese Ebenen der Ergebnismessung verdeutlicht die horizontale Achse des Zielwürfels. Die vertikale Achse zeigt zwei häufig verwendete statistische Risikomaße: Standardabweichung, Value at Risk oder beides. Die seitliche Achse definiert den Zeitbezug des Risikomanagements. Soll das Risiko in bezug auf einen bestimmten Zeitpunkt, einen Zeitraum oder beides gemanagt werden? Im folgenden werden diese Aspekte des Zielwürfels erörtert.

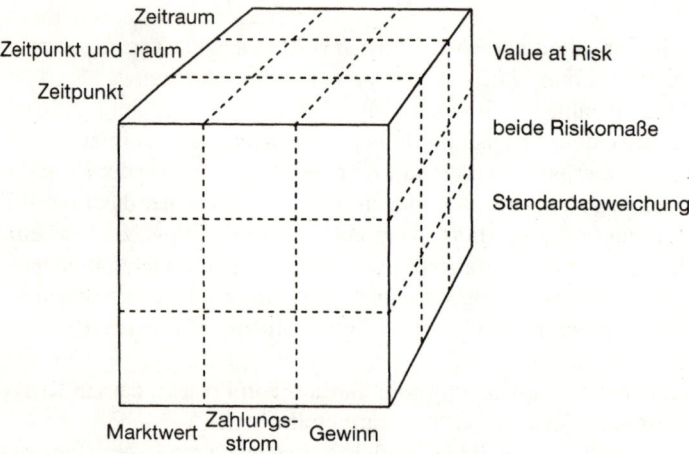

Abb. 10.1. Der Zielwürfel des Risikomanagements

1.3 Ebenen der Ergebnismessung

Beim Risikomanagement geht es um Niveau und Risiko von zuvor definierten Ergebnisvariablen. Risikomanagement setzt daher eine Entscheidung über die zu verwendende Ergebnisvariable voraus. Im einfachsten Fall ist die Ergebnisvariable eindimensional, z. B. der Gewinn des kommenden Geschäftsjahres. Die Ergebnisvariable kann aber auch ein Vektor von Variablen sein, z. B. der Vektor der Gewinne der folgenden fünf Jahre.

Ausgehend von der Perspektive der Kapitalgeber determinieren neben ihren Präferenzen Unvollkommenheiten des Kapitalmarktes sowie Aspekte der Modellimplementierung die Ergebnisvariable. So können Informationsasymmetrien zwischen Unternehmensleitung und Kapitalgebern bewirken, daß die Kapitalgeber sich bei ihren Entscheidungen weniger an Marktwerten und mehr an Buchwerten orientieren. Dann wird die Unternehmensleitung dies auch beim Risikomanagement berücksichtigen. Bei der Modellimplementierung können sich theoretisch überzeugende Ergebnisvariablen als unbrauchbar erweisen, so daß man auf implementierbare Ergebnisvariablen ausweicht. Im folgenden werden verschiedene Ebenen der Ergebnismessung vorgestellt, der Zahlungsstrom, der Marktwert und der Gewinn.

1.3.1 Der Zahlungsstrom

Aus Kapitalgeberperspektive liegt es nahe, das Risiko anhand von Zahlungsströmen des Unternehmens zu messen. Dabei kann der Zahlungsstrom des gesamten Unternehmens über alle zukünftigen Perioden, $\tilde{e}_1, \tilde{e}_2, \ldots, \tilde{e}_t, \ldots$, erfaßt werden. $\tilde{e}_t$ bezeichnet den Einzahlungsüberschuß des gesamten Unternehmens in Periode t, der auf die Kapitalgeber entfällt. Das Risiko der Kapitalgeber ist dann als Risiko aus dem Zahlungsstrom $\tilde{e}_1, \tilde{e}_2, \ldots, \tilde{e}_t, \ldots$ definiert. Dieses sehr umfassend definierte Risiko wird als ökonomisches Risiko bezeichnet.

Das Management des ökonomischen Risikos kann an den Zahlungen einzelner Perioden anknüpfen und deren Risiko verändern. Diese Vorgehensweise erscheint relativ einfach. Sie legt es nahe, die zwischen den Zahlungen verschiedener Perioden bestehenden Korrelationen nicht zu berücksichtigen. Dies kann aber zu einer wenig sinnvollen Risikopolitik führen. Sind z. B. die Zahlungen in zwei aufeinanderfolgenden Perioden stark negativ korreliert, so daß ihre Summe nur ein geringes Risiko aufweist, dann kann die Reduzierung des Risikos in nur einer Periode bewirken, daß das Risiko über beide Perioden zusammen wächst. Dies wird im allgemeinen unerwünscht sein. Damit stellt sich die Frage, wie Korrelationen zwischen den Zahlungen verschiedener Perioden berücksichtigt werden können.

1.3.2 Der Marktwert des Zahlungsstroms

Eine Möglichkeit besteht darin, statt des gesamten Zahlungsstroms lediglich seinen Marktwert in einem zukünftigen Zeitpunkt τ zu betrachten. Das ökonomische Risiko wird dann am Risiko des Marktwertes im Zeitpunkt τ gemessen. Sei $\tau = 1$, I_1 die in diesem Zeitpunkt verfügbare Information und $V_1 \mid I_1$ der Marktwert in $\tau = 1$ bei Information I_1. Dann gilt

$$V_1 \mid I_1 = e_1 \mid I_1 + \frac{E(\tilde{e}_2 \mid I_1)}{1 + k \mid I_1} + \frac{E(\tilde{e}_3 \mid I_1)}{(1 + k \mid I_1)^2} + \ldots$$

Hierbei ist $e_1 \mid I_1$ die beim Informationsstand I_1 eintreffende Zahlung im Zeitpunkt 1, $E(\tilde{e}_t \mid I_1)$ die beim Informationsstand I_1 erwartete Zahlung in Periode t; $k \mid I_1$ ist der risikoangepaßte Kalkulationszinsfuß, der von den Kapitalgebern im Zeitpunkt 1 bei

Information I_1 verwendet wird. Er hängt unter anderem vom langfristigen Zinsniveau ab. Das heute bestehende Risiko des Marktwertes V_1 hängt damit auch vom Risiko des Kalkulationszinsfußes ab, anders als das Risiko des Zahlungsstromes.

Wie die obige Gleichung verdeutlicht, hängt das Marktwertrisiko von den Risiken ab, denen die erwarteten Zahlungen unterworfen sind. Die heute noch unbekannten, bis zum Zeitpunkt 1 eintreffenden Informationen schlagen sich nieder in der Höhe der Zahlung e_1 und in der Höhe der erwarteten Zahlungen $E(\tilde{e}_2 \mid I_1), E(\tilde{e}_3 \mid I_1)$. Das Risiko des Marktwertes V_1 zeigt sich also

– im Risiko der Zahlung e_1 sowie in den Risiken der erwarteten Zahlungen, $E(\tilde{e}_2 \mid I_1), E(\tilde{e}_3 \mid I_1), \ldots$,
– im Risiko des Kalkulationszinsfußes $k \mid I_1$,
– in den Korrelationen zwischen den Zahlungen und
– in den Korrelationen zwischen Zahlungen und Kalkulationszinsfuß.

Setzt das Risikomanagement am Marktwert V_1 an, dann sind diese verschiedenen Korrelationen zu berücksichtigen. Die Wahl des Zeitpunktes $\tau = 1$ bedeutet, daß das kurzfristige Marktwertrisiko gemanagt wird. Statt dessen kann man auch eine längerfristige Perspektive einnehmen und z. B. für $\tau = 10$ das langfristige, in V_{10} zum Ausdruck kommende Marktwertrisiko managen. Welcher Zeitpunkt für τ gewählt wird, hängt einerseits vom Planungshorizont der Kapitalgeber ab, andererseits aber auch von den Gefahren, die entstehen, wenn das kurzfristige Marktwertrisiko nicht beachtet wird. Haben die Kapitalgeber z. B. einen Planungshorizont von 5 Jahren, besteht aber kurzfristig eine Insolvenzgefahr, dann wird es im allgemeinen auch Aufgabe des Risikomanagements sein, die kurzfristige Insolvenzgefahr zu verringern.

Die Entscheidung zwischen dem Management des Zahlungsstromrisikos, des kurzfristigen und des langfristigen Marktwertrisikos wäre leicht, wenn es keine wesentlichen Unterschiede gäbe. Es können jedoch erhebliche Konflikte zwischen diesen Vorgehensweisen entstehen, wie am folgenden einfachen Beispiel deutlich wird.

1.3.3 Konflikte zwischen Zahlungsstrom- und Marktwertrisiko

Ein Anleger möchte sein Geld (100 €) für fünf Jahre zinsbringend anlegen. Er zieht drei Anlageformen in Betracht:

– Kauf eines fünfjährigen Zerobonds, der eine Rendite von 6 % p. a. abwirft,
– Kauf einer Bundesanleihe mit einer fünfjährigen Restlaufzeit, die einen Kupon von 6 % abwirft, zum Kurs 100,
– Kauf einer variabel verzinslichen Anleihe, die jährlich Zinsen in Höhe des jeweiligen 12-Monats-LIBOR abwirft, zum Kurs 100.

Diese drei Anlageformen werden auf ihr Risiko untersucht, zunächst auf ihr Zahlungsstromrisiko, dann auf ihr Marktwertrisiko nach 1 Jahr und zuletzt auf ihr Marktwertrisiko nach 5 Jahren. Dabei kann man einerseits unterstellen, daß Zinszahlungen sofort konsumiert werden; andererseits kann man ihre Wiederanlage bis zum Ablauf des fünften Jahres unterstellen. Bei Wiederanlage träte an die Stelle des Marktwertrisikos nach 1 Jahr bzw. des Zahlungsstromrisikos das auf den Zeitpunkt T bezogene Endwertrisiko. Dieses wird hier nicht untersucht; Wiederanlagerisiken werden ausgeklammert, indem sofortiger Konsum unterstellt wird.

a) Das Zahlungsstromrisiko

Ein Zahlungsstromrisiko existiert bei den beiden ersten Anlageformen nicht, wenn die Bonität des Schuldners außer Zweifel steht. Der fünfjährige Zerobond wirft nach 5 Jahren $100 \cdot 1{,}06^5 = 133{,}82 \, €$ ab. Die fünfjährige Bundesanleihe wirft jährlich $6 \, €$ Zinsen ab und am Schluß die Tilgung von $100 \, €$. Auch dieser Zahlungsstrom ist risikofrei. Anders verhält es sich bei der variabel verzinslichen Anleihe. Da die Zinszahlungen mit Ausnahme der ersten in ihrer Höhe noch nicht feststehen, ist ihr Zahlungsstrom riskant. Beurteilt der Anleger sein Risiko am Zahlungsstrom, so ist die variabel verzinsliche Anleihe am ungünstigsten.

b) Das Risiko des Marktwertes nach einem Jahr

Ganz anders sieht es aus, wenn das Risiko anhand des Marktwertes nach einem Jahr beurteilt wird. Dann ergibt sich das höchste Risiko beim Kauf des Zerobonds, das geringste beim Kauf der variabel verzinslichen Anleihe. Um das zu zeigen, sei eine flache Zinsstruktur unterstellt, die sich parallel nach oben oder unten verschieben kann.[1] Das Risiko des Marktwertes V_1 werde an der Standardabweichung, $\sigma(V_1)$, gemessen. Weicht das Zinsniveau im Zeitpunkt 1, r_1, von einem Ausgangswert $\bar{r}_1$ nur um kleine Änderungen dr_1 ab, so weicht der Markwert V_1 von $\bar{V}_1 = V_1(\bar{r}_1)$ nur um kleine Änderungen dr_1 ab. Die Änderung dV_1 ergibt sich aus dem Produkt der Sensitivität des Marktwertes in bezug auf kleine Zinsänderungen, $\partial V_1 / \partial(1 + r_1)$, und der Änderung des Zinssatzes dr_1,

$$dV_1 = \frac{\partial V_1}{\partial(1 + r_1)} dr_1.$$

Die Standardabweichung von $dV_1, \sigma(dV_1)$, ist dann gleich

$$\sigma(dV_1) = \frac{\partial V_1}{\partial(1 + r_1)} \sigma(dr_1).$$

Die Standardabweichung von $V_1 = \bar{V}_1 + dV_1$ stimmt mit derjenigen von dV_1 überein: $\sigma(V_1) = \sigma(dV_1)$. Ebenso stimmt die Standardabweichung von $r_1 - \bar{r}_1 + dr_1$ mit der von dr_1 überein: $\sigma(r_1) = \sigma(dr_1)$. Folglich gilt:

$$\sigma(V_1) = \frac{\partial V_1}{\partial(1 + r_1)} \sigma(r_1).$$

Da $\sigma(r_1)$ von der gewählten Anlageform unabhängig ist, genügt es, die Sensitivitäten der Anlageformen zu vergleichen, um ihre Risiken zu vergleichen.

---

[1] Diese Annahme dient der Vereinfachung, ist aber mit einem arbitragefreien Markt nicht vereinbar.

Da bei einem deterministischen Zahlungsstrom $V_1 = \sum\limits_{t=1}^{T} \frac{e_t}{(1+r_1)^{t-1}}$ ist, folgt für die Sensitivität

$$\frac{dV_1}{d(1+r_1)} = \sum_{t=1}^{T} -(t-1)\frac{e_t}{(1+r_1)^{t}}.$$

Die Sensitivität, geteilt durch 10.000, wird als Kurswert eines Basispunktes bezeichnet. Sie gibt an, um wieviel € der Marktwert V_1 abnimmt, wenn das Zinsniveau um 1 Basispunkt, also um 1/100 Prozentpunkt, z. B. von 6,00 auf 6,01 %, steigt. Die letzte Gleichung verdeutlicht, daß der Marktwert um so stärker auf Zinsniveauänderungen reagiert, je später in der Zukunft die Zahlungen anfallen.

Das wird noch deutlicher anhand der Duration D. Darunter versteht man die (positiv definierte) Elastizität des Marktwertes in bezug auf kleine Zinsänderungen. Im Beispiel erhält man sie, indem man die Sensitivität mit $-(1+r_1)/V_1$ multipliziert:

$$D_1 = -\frac{\partial V_1}{\partial(1+r_1)}\frac{1+r_1}{V_1} = \sum_{t=1}^{T}(t-1)\frac{e_t}{(1+r_1)^{t-1}}\frac{1}{V_1}$$

$$= \sum_{t=1}^{T}(t-1)g_t = \sum_{t=1}^{T}tg_t - 1,$$

wobei gilt:

$$g_t \equiv \frac{e_t(1+r_1)^{-(t-1)}}{V_1}, \text{ so daß } \sum_{t=1}^{T}g_t = 1 \text{ ist.}$$

D_1 bezeichnet die Duration des Marktwertes V_1. Zu ihrer Berechnung wird jedem Zahlungszeitpunkt t ein Gewicht g_t zugeordnet, das gleich dem wertmäßigen Anteil der Zahlung e_t am Marktwert V_1 ist. Da der Zeitabstand zwischen dem Zeitpunkt 1, auf den der Marktwert V_1 bezogen ist, und dem Zeitpunkt t lediglich $(t-1)$ Perioden beträgt, wird ein gewogener Durchschnitt der $(t-1)$-Werte errechnet. Dies ist gleichbedeutend mit dem gewogenen Durchschnitt der Zeitpunkte t, vermindert um 1.

Für den Zerobond ist die Duration gleich der Restlaufzeit, vom Zeitpunkt 1 aus gerechnet, also 4 Jahre. Denn der Zerobond wirft nur eine Zahlung am Schluß ab. Für die Bundesanleihe ergibt sich, ausgehend von einem Zinsniveau von $r_1 = 6\%$, ein Marktwert $V_1 = 106$ € unmittelbar vor Zinszahlung und folglich eine Duration von

$$D_1 = \left[0\cdot\frac{6}{1,06^0} + 1\cdot\frac{6}{1,06^1} + 2\cdot\frac{6}{1,06^2} + 3\cdot\frac{6}{1,06^3} + 4\cdot\frac{106}{1,06^4}\right]/106 = 3,47 \text{ Jahren}^2.$$

---

[2] Die Formel verdeutlicht, daß die Duration der Anleihe auch als Duration eines Portefeuilles von Zerobonds begriffen werden kann. Der erste Zerobond wirft 6 € ab und ist sofort (in t = 1) fällig, der zweite, dritte und vierte ist nach 1, 2 bzw. 3 Jahren fällig und wirft ebenfalls 6 € ab. Der letzte Zerobond wirft 106 € ab und ist nach 4 Jahren (in t = 5) fällig.

Die Duration D_1 gibt an, um wieviel Prozent der Marktwert V_1 etwa sinkt, wenn der Aufzinsungsfaktor $(1 + r_1)$ um ein Prozent steigt. Wenn also der Aufzinsungsfaktor von 1,06 auf $1,06 \cdot 1,01 = 1,0706$ steigt, dann sinkt der Marktwert der Bundesanleihe etwa um 3,74 %, also von 106 € auf etwa $106\,(1-0,0347) = 102,32$ €.

Dividiert man die Duration durch $(1 + r_1)$, so erhält man die modifizierte Duration. Sie gibt an, um wieviel Prozent der Marktwert V_1 sinkt, wenn der Zinssatz r_1 um 100 Basispunkte steigt, also z. B. von 6 auf 7 %. Die modifizierte Duration der Bundesanleihe beträgt $3,47/1,06 = 3,27$. Danach sinkt der Marktwert der Bundesanleihe bei einem Anstieg des Zinses von 6 auf 7 % von 106 € auf etwa $106\,(1-0,0327) = 102,53$ €.

Für das Marktwertrisiko der drei Anlageformen folgt: Da die Duration des Zerobonds über der der Bundesanleihe liegt, ist auch sein Marktwertrisiko höher. Das Marktwertrisiko der variabel verzinslichen Anleihe ist dagegen im Zeitpunkt 1 gleich 0. Denn die variabel verzinsliche Anleihe hat unmittelbar vor Zinszahlung einen Marktwert, der sich aus der bereits im Zeitpunkt 0 feststehenden Zinszahlung und dem Marktwert ex Zinszahlung zusammensetzt. Der Marktwert ex Zinszahlung ist jedoch gleich ihrem Nennwert 100. Dies folgt, weil in jeder Periode der Anlagezinssatz mit dem Kalkulationszinsfuß übereinstimmt, mit dem der Marktwert der einperiodigen Anlage berechnet wird. Im einzelnen gilt:

Am Beginn des letzten, also des fünften Jahres hat die variabel verzinsliche Anleihe einen Marktwert ex Zinszahlung in Höhe von V_4^n,

$$V_4^n = 100\,\frac{1 + r_5^*}{r + r_5^*} = 100.$$

r_5^* ist der zu Beginn des fünften Jahres beobachtete 1-Jahres-Geldmarktsatz, mit dem die Anleihe im fünften Jahr zu verzinsen ist. Gleichzeitig ist dieser Geldmarktsatz auch der Kalkulationszinsfuß, mit dem die Zins- und Tilgungszahlung $100(1 + r_5^*)$ abgezinst wird. Daher ergibt sich ein Marktwert V_4^n in Höhe des Nennwertes 100. Im Zeitpunkt 3 ergibt sich der Marktwert ex Zinszahlung, V_3^n, analog aus

$$V_3^n = \frac{100 r_4^* + 100}{1 + r_4^*} = 100,$$

wobei an die Stelle der Tilgung von 100 der Marktwert V_4^n tritt. r_4^* ist der 1-Jahres-Geldmarktsatz, der zu Beginn des vierten Jahres beobachtet wird. Dementsprechend folgt $V_3^n = 100$, $V_2^n = 100$ und $V_1^n = 100$. Der Marktwert ex Zinszahlung der variabel verzinslichen Anleihe ist also in jedem Zeitpunkt 1, 2, 3 und 4 risikofrei[3].

Damit zeigt sich: Bezogen auf den Marktwert nach 1 Jahr weist der Zerobond das größte Risiko auf, das Risiko der festverzinslichen Bundesanleihe ist etwas geringer, das Risiko der variabel verzinslichen Anleihe ist gleich 0.

---

[3]   Allgemein gilt, daß die Duration einer variabel verzinslichen Anleihe bezogen auf den Zeitpunkt τ, gleich dem Zeitraum von τ bis zur nächsten Zinszahlung ist.

c) Das Risiko des Marktwertes nach fünf Jahren

Untersucht man nun das Risiko des Marktwertes unmittelbar vor Zinszahlung am Ende des fünften Jahres, so ist dieser Marktwert gleich der Summe aus Zins- und Tilgungszahlung. Diese stehen beim Zerobond und bei der festverzinslichen Bundesanleihe fest, so daß beide risikolos sind[4]. Lediglich der Marktwert der variabel verzinslichen Anleihe ist riskant, da der am Ende des fünften Jahres zu zahlende Zinsbetrag heute noch nicht feststeht.

Tabelle 10.1 faßt die Ergebnisse zusammen.

Tabelle 10.1. Risiken unterschiedlicher Geldanlageformen, gemessen am Zahlungsstrom, am Marktwert nach einem Jahr und am Marktwert nach fünf Jahren

Ergebnisvariable der Risikomessung	Zahlungsstrom	Marktwert nach	
		1 Jahr	5 Jahren
Zerobond	kein Risiko	höchstes Risiko	kein Risiko
fest verzinsliche Anleihe	kein Risiko	etwas geringeres Risiko	kein Risiko
variabel verzinsliche Anleihe	Risiko der Zinszahlungen in t = 2, 3, 4, 5	kein Risiko	Risiko der Zinszahlung in t = 5

Dieses Beispiel verdeutlicht, daß das ökonomische Risiko ganz unterschiedlich hoch ist, je nachdem, ob es am Zahlungsstrom oder am Marktwert gemessen wird. Das ökonomische Risiko, am Marktwert gemessen, hängt außerdem davon ab, an welchem zukünftigen Zeitpunkt der Marktwert betrachtet wird.

Die der Risikomessung zugrundeliegende Ergebnisvariable bestimmt nicht nur die Höhe der Risiken von Entscheidungsalternativen, sondern auch ihre Rangordnung. Eine Alternative mag das höchste Zahlungsstromrisiko und gleichzeitig das kleinste Marktwertrisiko aufweisen. So weist die variabel verzinsliche Anleihe das höchste Zahlungsstromrisiko auf, während ihr Marktwert nach einem Jahr risikofrei ist und diesbezüglich das kleinste Risiko aufweist.

1.3.4 Zahlungsstrom und Marktwert vertraglich fest vereinbarter Transaktionen

Theoretisch liegt es nahe, bei der Risikopolitik vom Risiko aller zukünftigen Zahlungen des Unternehmens oder deren Marktwert, mit anderen Worten, vom ökonomischen Risiko auszugehen. Allerdings erweist sich die Anwendung dieses Konzepts in der Praxis als außerordentlich schwierig. Denn Höhe und Risiko von Zahlungen hängen nicht nur von der Entwicklung der Unternehmensumwelt ab, sondern auch

---

[4] Dieses Ergebnis folgt für die festverzinsliche Anleihe, weil eine Wiederanlage zwischenzeitlich gezahlter Zinsen nicht in Betracht gezogen wird. Bei Wiederanlage ergäbe sich ein Wiederanlagerisiko, da die Wiederanlagezinssätze heute noch unbekannt sind. Der Endwert der Anleihe unter Einschluß der Wiederanlage ist daher riskant.

von der zukünftigen Unternehmenspolitik. Aufgabe der Unternehmensleitung ist es, einerseits die Politik jeweils auf die Entwicklung der Umwelt abzustimmen, andererseits eine stetige Politik zu entwickeln, die sich auch bei unterschiedlichen Umweltentwicklungen als erfolgreich erweist. Dieses komplizierte Wechselspiel von Unternehmenspolitik und Umweltentwicklung macht eine Prognose zukünftiger Zahlungen und damit die Bestimmung des ökonomischen Risikos außerordentlich schwierig. Es liegt daher nahe, sich bei der Prognose auf diejenigen Zahlungen zu beschränken, die aus vertraglich bereits fest vereinbarten Transaktionen resultieren. Das daraus resultierende Risiko wird als Transaktionsrisiko bezeichnet. Das Transaktionsrisiko erfaßt somit nur einen kleinen Ausschnitt des ökonomischen Risikos.

Unter den Ausdruck „Transaktionen" fallen die Beschaffung von Produktionsfaktoren (Arbeit, Sachkapital, Vormaterial) sowie von Dienstleistungen, die Lieferung von Produkten und Dienstleistungen sowie sämtliche Finanztransaktionen (einschließlich dem Abschluß von Versicherungsverträgen). Beim Transaktionsrisiko geht es darum, nur die Zahlungen aus den vertraglich vereinbarten Transaktionen zu prognostizieren und ihr Risiko abzuschätzen. Damit wird der Prognoseumfang gegenüber dem ökonomischen Risiko erheblich eingeschränkt. Dahinter steht die Hoffnung, daß man auf diese Weise einem optimalen Risikomanagement nahe kommt. Denn beim Abschluß neuer Transaktionen kann man deren Risiko managen und so kontinuierliches Management aller Zahlungsrisiken gewährleisten.

An einem Beispiel soll dies verdeutlicht werden. Ein Unternehmen produziert in Deutschland Autos und verkauft sie in den USA zu einem festen Stückpreis in $. Aus einem Exportauftrag resultiert dann ein Wechselkursrisiko, das zugleich Transaktionsrisiko ist. Dieses Risiko ergibt sich aus dem feststehenden Dollarerlös und dem Risiko des €/$-Kurses, bezogen auf den Zeitpunkt, an dem die Dollars eingehen. Wenn das Unternehmen nun einen Exportvertrag abschließt, kann es gleichzeitig sein Transaktionsrisiko absichern, indem es die gemäß Vertrag zufließenden Dollars per Devisenterminkontrakt zu einem festen Wechselkurs verkauft. Wenn es z. B. gemäß Vertrag ein halbes Jahr später 1 Mio $ bekommt, kann es heute diese Dollars per Termin „ein halbes Jahr" zum Devisenterminkurs von 0,85 €/$ verkaufen. Im Ergebnis fließen ihm dann nach einem halben Jahr 0,85 Mio € zu. Jedesmal, wenn das Unternehmen einen Exportvertrag abschließt, kann es auf diese Weise sein Transaktionsrisiko absichern.

Wird damit auch das ökonomische Risiko abgesichert? Nur partiell. Denn bei der Absicherung des Transaktionsrisikos werden Rückwirkungen von Wechselkursänderungen auf zukünftige Exportgeschäfte völlig vernachlässigt. So hängen der erzielbare Stückpreis in $ und die voraussichtliche Zahl der absetzbaren Autos auch vom zukünftigen Wechselkurs ab. Bei einem höheren Dollarkurs kann der Exporteur seinen Preis in $ senken, um die eigene Absatzmenge zu Lasten der amerikanischen Produzenten zu erhöhen. Andererseits können auch andere Exporteure ihre Preise in $ senken und dadurch ihre Absatzmenge zu erhöhen versuchen. Wenn umgekehrt der Wechselkurs stark sinkt, kann der Punkt unterschritten werden, von dem ab sich der Export nicht mehr lohnt. Das Unternehmen wird dann gegebenfalls auf den Export verzichten. Diese Rückwirkungen des Wechselkurses auf zukünftige Exportgeschäfte werden beim Transaktionsrisiko vernachlässigt. Dies verdeutlicht die Gefahren, die entstehen, wenn das Transaktionsrisiko statt des ökonomischen Risikos gemanagt wird.

Erstreckt sich das Transaktionsrisiko über mehrere Perioden, so bestehen ebenso wie beim ökonomischen Risiko die Möglichkeiten, das Risiko anhand des Zahlungsstromes oder anhand eines zukünftigen Marktwertes zu messen. Ist das Transaktionsrisiko auf die kommende Periode beschränkt, so wird das Risiko anhand der Zahlungen dieser Periode gemessen. Da diese Zahlungen und ihr Marktwert, bezogen auf das Periodenende, nur geringfügig voneinander abweichen, besteht in diesem Fall kein nennenswerter Unterschied zwischen Zahlungs- und Marktwertrisiko.

1.3.5   Der Gewinn

Die Kapitalgeber eines Unternehmens besitzen im allgemeinen nur wenig Information über dessen Zahlungsstrom. Ihre Beurteilung des Unternehmens knüpft im wesentlichen an die Auswertung von Jahresabschlüssen an. Das Erscheinungsbild des Unternehmens wird stark durch den Jahresabschluß geprägt. Daher legt die Geschäftsleitung oft großen Wert auf einen Jahresabschluß, der das Unternehmen in einem guten Licht erscheinen läßt. Bezogen auf ein Jahr bedeutet dies den Ausweis eines hohen Gewinns. Da die Kapitalgeber den Jahresabschluß jedoch vor allem zu Prognosezwecken analysieren, spielen für ihre Entscheidungen der Trend und die Stabilität in der Gewinnentwicklung eine ebenso wichtige Rolle. Eine stabile Gewinnentwicklung festigt das Vertrauen der Kapitalgeber in das Unternehmen. Daher sind viele Unternehmen bemüht, die ausgewiesenen Gewinne zu verstetigen. Dafür stehen ihnen zwei ganz unterschiedliche Instrumente zur Verfügung, die Bilanzpolitik und das Risikomanagement. Während das Risikomanagement mit realen Transaktionen zukünftige Einzahlungsüberschüsse des Unternehmens verändert, geht es bei der Bilanzpolitik um die Änderung des optischen Erscheinungsbildes des Unternehmens. Anders ausgedrückt, die Bilanzpolitik nutzt die Ermessensspielräume der Bilanzierungsvorschriften, um den Gewinnausweis bei gegebener Investitions- und Finanzierungspolitik zu verstetigen; das Risikomanagement schränkt Gewinnrisiken von vornherein durch reale Transaktionen ein. Dabei sind die Rechnungslegungsvorschriften zu berücksichtigen, da diese den Gewinnausweis im Jahresabschluß und damit das Gewinnrisiko beeinflussen. Da nicht nur der Gewinn, sondern auch andere Positionen des Jahresabschlusses betroffen sind, spricht man auch vom Jahresabschlußrisiko. Der Teil des Jahresabschlußrisikos, der durch Wechselkursrisiken hervorgerufen wird, heißt Translationsrisiko.

Die Rechnungslegungsvorschriften legen fest, welche Geschäftsvorfälle im Jahresabschluß zu berücksichtigen sind und wie ihre Bewertung zu erfolgen hat. Grundsätzlich sind zukünftige Geschäftsvorfälle im Jahresabschluß nur zu berücksichtigen, soweit sie bereits am Bilanzstichtag vertraglich vereinbart sind und mindestens ein Vertragspartner schon Leistungen erbracht hat. Schwebende Geschäfte, also vor dem Bilanzstichtag vereinbarte Geschäfte, bei denen aber noch keine Leistungen erbracht wurden, sind nur dann im Jahresabschluß zu berücksichtigen, wenn Verluste zu erwarten sind. Daher ist der Kreis der im Jahresabschluß erfaßten zukünftigen Geschäftsvorfälle einerseits enger als der, der dem heutigen Transaktionsrisiko zugrunde liegt; andererseits ist er weiter, weil er auch Geschäftsvorfälle erfaßt, die voraussichtlich noch bis zum Bilanzstichtag vereinbart werden.

Die Bewertung der Geschäftsvorfälle unterliegt im deutschen Rechnungslegungsrecht dem Vorsichtsprinzip, aus dem das in § 252, I Nr. 4 HGB kodifizierte Imparitätsprinzip folgt. Danach sind alle bis zum Abschlußstichtag entstandenen Risiken und Verluste im Jahresabschluß zu berücksichtigen. Gewinne dürfen nur berücksichtigt werden, wenn sie am Abschlußstichtag realisiert sind. Die imparitätische Erfassung von Gewinnen und Verlusten erzwingt eine Bewertung, die von der zu Marktwerten abweicht. So sind gemäß dem Niederstwertprinzip (§ 253 HGB) Aktiva zum Börsen- oder Marktpreis zu bewerten, sofern dieser unter den Anschaffungs- oder Herstellungskosten liegt. Insoweit schlagen Marktpreissenkungen auf den Verlust im Jahresabschluß durch. Marktpreiserhöhungen über die Anschaffungs- oder Herstellungskosten hinaus dürfen jedoch nicht als Gewinn ausgewiesen werden. Erst wenn diese Gewinne als realisiert gelten, dürfen sie ausgewiesen werden.

Verschärft wird die Wirkung des Imparitätsprinzips durch den Grundsatz der Einzelbewertung (§ 252, I Nr. 3); Vermögensgegenstände und Schulden sind einzeln zu bewerten. Davon darf nur in begründeten Ausnahmefällen abgewichen werden (§ 252, II). Konsequente Einzelbewertung, gekoppelt mit dem Imparitätsprinzip, läßt sich an folgendem Beispiel verdeutlichen. Ein Unternehmen hat eine Forderung über 1 Mio US-$; das darin steckende Wechselkursrisiko wird durch ein Devisentermingeschäft vollständig abgesichert. Es existiert damit kein ökonomisches Wechselkursrisiko mehr; denn am Bilanzstichtag noch nicht realisierte Gewinne (Verluste) aus der Forderung werden durch ebenfalls noch nicht realisierte Verluste (Gewinne) aus dem Termingeschäft gerade ausgeglichen. Bei Einzelbewertung sind jedoch gemäß dem Imparitätsprinzip unrealisierte Verluste aus der einen Transaktion auszuweisen, während unrealisierte Gewinne aus der anderen nicht ausgewiesen werden dürfen. Es kommt daher bei Wechselkursänderungen stets zu einem Verlustausweis.

Dieser wenig sinnvolle Erfolgsausweis wird heute vermieden, indem gemäß § 252, II beide Geschäfte zu einer Bewertungseinheit zusammengefaßt werden: Ihre Gewinne und Verluste werden miteinander verrechnet. Verbleibt per Saldo ein Verlust, dann muß er ausgewiesen werden. Verbleibt per Saldo ein unrealisierter Gewinn, dann darf er gemäß dem Imparitätsprinzip nicht ausgewiesen werden.

Umstritten ist, unter welchen Voraussetzungen eine Bewertungseinheit gebildet werden darf. Im obigen Beispiel ist der Zusammenhang zwischen beiden Geschäften so eng, daß eine Bewertungseinheit unproblematisch ist. Sie ist umstritten, wenn statt Terminkontrakten Optionen oder andere finanzielle Kontrakte zur Absicherung herangezogen werden.

Auch wenn Bewertungseinheiten heute großzügiger gehandhabt werden, bleibt die Wirkung des Imparitätsprinzips, wonach Verluste antizipiert werden müssen, Gewinne jedoch erst nach Realisierung ausgewiesen werden dürfen. Für die Risikopolitik ergibt sich hierdurch ein Konflikt zwischen der Orientierung am Jahresabschluß und derjenigen am Marktwert des Unternehmens. Bei Orientierung am Jahresabschluß wird sie darauf achten, daß Verlusten genügend realisierte Gewinne gegenüberstehen. Bei Orientierung am Marktwert spielt die Realisierung indessen keine Rolle.

Das Imparitätsprinzip hat erheblich weniger Gewicht in den US-amerikanischen Rechnungslegungsvorschriften und den vom International Accounting Standards Committee erarbeiteten Vorschriften. Folglich sind auch die Konflikte zwischen der Marktwert- und der Jahresabschlußebene geringer. Gemäß § 292a HGB kann ein deutscher börsennotierter Konzern seinen Konzernabschluß und -anhang auch nach international anerkannten Rechnungslegungsvorschriften erstellen. Es ist deshalb zu erwarten, daß deutsche Konzerne ihren Konzernabschluß zunehmend nach US-amerikanischen Rechnungslegungsvorschriften oder den International Accounting Standards aufstellen werden. Konflikte zwischen Marktwert- und Jahresabschlußebene werden damit entschärft.

1.3.6   Folgerungen für das Risikomanagement

Die vorgestellten Ergebnismaße gehen von Zahlungsstrom, Marktwert oder Gewinn des Unternehmens aus. Dementsprechend ergeben sich unterschiedliche Risikokonzepte. Das ökonomische Risiko geht vom gesamten zukünftigen Zahlungsstrom des Unternehmens aus und leitet das Risiko daraus oder aus dessen Marktwert ab. Das Transaktionsrisiko beschränkt sich auf den Zahlungsstrom oder den Marktwert aus bereits fest kontrahierten, aber noch nicht abgewickelten Geschäften. Das Jahresabschlußrisiko beschränkt sich im wesentlichen auf bis zum Bilanzstichtag kontrahierte Geschäfte; das daraus resultierende Gewinnrisiko unterscheidet sich infolge der Rechnungslegungsvorschriften deutlich vom Marktwertrisiko. Da sich die drei Risikokonzepte deutlich unterscheiden, gilt dies auch für das Risikomanagement. Jedes Unternehmen steht daher vor der Entscheidung, an welchen Risikokonzepten es sich beim Risikomanagement orientieren will. Bei dieser Entscheidung spielen die Auffassung von Risiko seitens der Kapitalgeber, die Schwierigkeiten bei der Praxisanwendung und die Möglichkeiten, Risiken zu kommunizieren, eine Rolle. Wenn die Kapitalgeber Risiko in einer bestimmten Weise begreifen, sollte das Unternehmen sich daran orientieren. Allerdings setzt dies voraus, daß die zugehörige Risikopolitik mit hinreichender Effektivität und zu vertretbaren Kosten betrieben werden kann. Schließlich gehört zum Erfolg einer Risikopolitik, daß die Unternehmensleitung die Kapitalgeber darüber in Anbetracht der gegebenen Informationsasymmetrien glaubwürdig informieren kann. Andernfalls besteht die Gefahr, daß die Kapitalgeber ungünstige Ergebnisse des Unternehmens, die trotz sinnvoller Risikopolitik aufgrund ungünstiger Umweltentwicklung eintreten, fälschlicherweise als Ergebnis schlechten Managements interpretieren.

1.4   Statistische Risikomaße

1.4.1   Die Standardabweichung

Nach der Ebene der Ergebnismessung ist das statistische Risikomaß festzulegen. Hierauf wurde bereits in Kapitel V, Abschnitt 3.3 eingegangen. In der klassischen Portefeuille-Theorie wird das Risiko eines Portefeuilles an der Standardabweichung des Ergebnisses gemessen. Dieses Maß erfaßt das Risiko vollständig, wenn das Portefeuilleergebnis normalverteilt ist oder der Investor eine quadratische Nutzenfunktion hat. Beide Bedingungen erscheinen nicht unproblematisch. Quadratische Nutzenfunktionen haben die fragwürdige Eigenschaft, daß die Risikoscheu des Investors mit dem Ergebnis zunimmt. Empirische Untersuchungen von Finanzdaten belegen, daß diese im allgemeinen nicht normalverteilt sind. Häufig weisen die empirischen Verteilungen höhere Dichten für sehr niedrige, mittlere und sehr hohe Werte der Ergebnisvariablen im Vergleich zur Normalverteilung auf, wie Abb. 10.2 verdeutlicht.

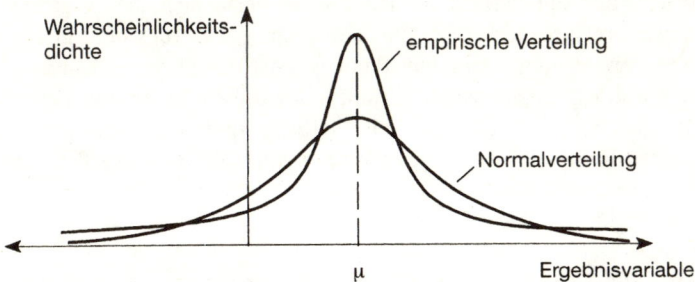

Abb. 10.2. Typische empirische Verteilung finanzieller Ergebnisvariablen und Normalverteilung bei gleichem Erwartungswert μ und gleicher Standardabweichung

Beide Verteilungen in Abb. 10.2 haben dieselbe Standardabweichung und denselben Erwartungswert; dennoch sind die Charakteristika beider Verteilungen deutlich unterschieden.

Noch problematischer wird die Standardabweichung als Risikomaß bei „abgeschnittenen" Verteilungen. Der Ausübungsgewinn einer Option unterliegt einer solchen Verteilung, wie Abb. 10.3 verdeutlicht. Bei einer europäischen Kaufoption auf eine Aktie mit dem Basiskurs 100 z. B. kommt es nicht zur Ausübung, wenn der Aktienkurs am Verfalltag unter 100 liegt. Die Wahrscheinlichkeit hierfür sei 40 Prozent. Die Wahrscheinlichkeit für einen positiven Ausübungsgewinn in Höhe von x € ist gleich der Wahrscheinlichkeit, daß der Aktienkurs am Verfalltag zu (100+x) notiert.

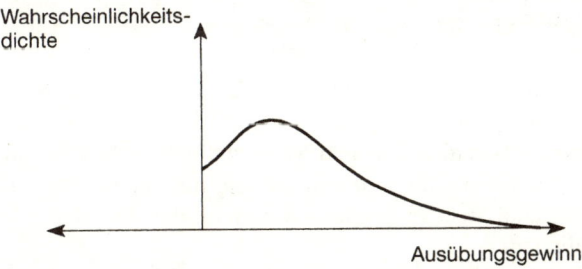

Abb. 10.3. Wahrscheinlichkeitsdichte für den Ausübungsgewinn aus einer Kaufoption; sie ist nur für positive Ausübungsgewinne definiert. Mit 40 Prozent Wahrscheinlichkeit kommt es nicht zur Ausübung, so daß dies die Wahrscheinlichkeit eines Ausübungsgewinns von 0 ist. Sie ist in der Abbildung nicht dargestellt

Die Merkmale einer Wahrscheinlichkeitsverteilung können daher oft nicht zufriedenstellend allein anhand von Erwartungswert und Standardabweichung beschrieben werden. Neben der Varianz, dem zweiten zentralen Moment der Wahrscheinlichkeitsverteilung, kann man höhere Momente wie Schiefe, Kurtosis heranziehen und damit die Verteilung genauer beschreiben. Allerdings ist ein solches Vorgehen mit erheblichen Implementierungsschwierigkeiten verbunden. Bei der Portefeuille-Theorie, die lediglich die Varianz als Risikomaß verwendet, benötigt man bereits für alle Wertpapiere ihre Varianzen und Kovarianzen. Berücksichtigt man außerdem die Schiefe der Ergebnisvariablen, dann wächst der Datenaufwand um ein Mehrfaches. Dies erklärt, weshalb die Varianz oder die Standardabweichung nach wie vor in der Praxis als Risikomaß eine wichtige Rolle spielen. Deshalb werden sie auch in den späteren Beispielen trotz ihrer Problematik als Risikomaß herangezogen.

1.4.2 Value at Risk

Bei der Standardabweichung des Ergebnisses werden negative Abweichungen des Ergebnisses vom Erwartungswert genauso wie positive Abweichungen berücksichtigt. Dies erscheint fragwürdig, wenn man die unterschiedlichen Konsequenzen positiver und negativer Abweichungen berücksichtigt. Bei stark negativen Abweichungen kann es zur Insolvenz des Unternehmens kommen, ein gravierendes Ereignis, das bei positiven Abweichungen ausgeschlossen ist. Daher versucht man, mit einem anderen Risikomaß die Risikopolitik auf die Insolvenzwahrscheinlichkeit zu lenken.

Naheliegend wäre es zu versuchen, für eine Ergebnisvariable y, z. B. den Marktwert des Unternehmens, einen Schwellenwert y* zu definieren, bei dessen Unterschreiten es zur Insolvenz kommt. Sieht man einmal von den Schwierigkeiten, einen solchen Schwellenwert zu definieren, ab, dann könnte man das Risiko als die Insolvenzwahrscheinlichkeit Prob (y < y*) definieren. Die Risikopolitik würde sich dann auf die Insolvenzwahrscheinlichkeit beziehen. Die Problematik einer solchen Vorgehensweise liegt darin, daß zunächst die einzelnen Geschäftsbereiche eines Unternehmens Projekte realisieren und das Risikomanagement dann dafür sorgen muß, daß die Insolvenzwahrscheinlichkeit genügend niedrig ist. Das mag sehr kostspielig sein, vielleicht auch unmöglich.

Daher wird oft eine andere Vorgehensweise gewählt, die als Risikobudgetierung interpretiert werden kann. Für jeden Geschäftsbereich wird das Risiko seiner Projekte explizit durch Vorgabe eines maximal zulässigen Verlustpotentials beschränkt. Damit wird der Geschäftsbereich von vornherein gezwungen, nur solche Projekte zu realisieren, die das maximal zulässige Verlustpotential nicht überschreiten. Ein Beispiel soll dies veranschaulichen.

Ein Unternehmen verfügt über Risikokapital (Eigenkapital plus nachrangiges Fremdkapital mit einer vertraglich vereinbarten Verlustbeteiligung) von 10 Mio €. Von diesem Betrag werden 2 Mio einer Haftungsreserve zugeführt. Die restlichen 8 Mio € werden den drei Geschäftsbereichen A, B und C zugeteilt. Geschäftsbereich A erhält 4 Mio €, Geschäftsbereich B 2,5 Mio € und Geschäftsbereich C 1,5 Mio € zugeteilt. Demnach muß Geschäftsbereich A seine Geschäfte so auswählen, daß sein Verlustpotential 4 Mio € nicht überschreitet. Entsprechendes gilt für die Bereiche B und C. Insgesamt wird damit das Verlustpotential des Unternehmens auf 8 Mio € begrenzt.

Was heißt nun Verlustpotential? Gewinn und Verlust werden anhand einer Ergebnisvariablen definiert, z. B. anhand der Änderung des Marktwertes im kommenden Jahr. Für diese Ergebnisvariable wird eine Wahrscheinlichkeitsverteilung geschätzt. Als Verlustpotential wird das α-Fraktil definiert, also derjenige Verlust, der mit der geringen Wahrscheinlichkeit α überschritten wird. Z. B. ist $\alpha = 1$ Prozent. Dann ist das Verlustpotential als das 1 Prozent-Fraktil definiert (siehe Abb. 10.4). Dieses wird als Value at Risk bezeichnet.

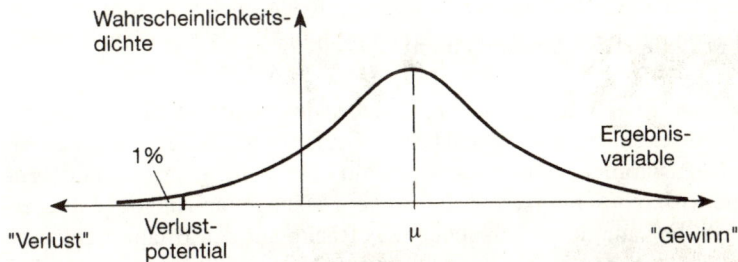

Abb. 10.4. Das Verlustpotential der Wahrscheinlichkeitsverteilung (Value at Risk) ist das 1%-Fraktil. Die Fläche unter der Wahrscheinlichkeitsverteilung links vom Verlustpotential ist gleich 1 Prozent

Die Wahrscheinlichkeitsverteilung der Ergebnisvariablen wird durch die dahinter stehenden Projekte determiniert. Bei gegebenen Projekten liegt die Ergebnisverteilung fest, damit auch das α-Fraktil, also das Verlustpotential dieser Projekte. Die Bezeichnung „Value at Risk" bringt zum Ausdruck, daß es sich um das durch die Projekte aufs Spiel gesetzte Vermögen handelt. Es wird durch die Unternehmensleitung beschränkt, indem sie ein maximal zulässiges Verlustpotential vorschreibt. Demnach sind die Projekte so auszuwählen, daß ihr Value at Risk das maximal zulässige Verlustpotential nicht überschreitet.

Z. B. könnte sich zeigen, daß die Verluste des Geschäftsbereichs A bei einer vorgesehenen Politik ein 1 %-Fraktil von − 4,5 Mio € aufweisen. Der Value at Risk beträgt daher 4,5 Mio € und überschreitet das von der Unternehmensleitung vorgegebene Limit von 4 Mio €. Daher muß Geschäftsbereich A seine Politik ändern, um sein Value at Risk auf 4 Mio € oder darunter abzusenken.

Die Berechnung des Value at Risk ist besonders einfach, wenn eine Normalverteilung vorliegt. Für die standardisierte Normalverteilung (mit Erwartungswert 0 und Standardabweichung 1) sind die Fraktile tabelliert. z_α sei das α-Fraktil der standardisierten Normalverteilung. Bezeichnen μ und σ Erwartungswert und Standardabweichung der Ergebnisvariablen y, dann gilt für das α-Fraktil von y, y_α:

$$y_\alpha = \mu + z_\alpha\, \sigma.$$

Für $\alpha = 1$ Prozent z. B. gilt $z_{0,01} = -2{,}33$, so daß der Value at Risk $|\,y_{0,01}\,| = -\mu + 2{,}33\, \sigma$ beträgt.

Limitiert nun die Unternehmensleitung das Verlustpotential eines Geschäftsbereiches auf $|\hat{y}_{0,01}|$, dann dürfen nur solche Projekte ausgewählt werden, für deren Gesamtergebnis

$$-\mu + 2{,}33\ \sigma \leq |\ \hat{y}_{0,01}\ |$$

gilt.

Gehorcht allerdings das Ergebnis nicht einer Normalverteilung, sondern einer typischen Verteilung wie in Abb. 10.2, dann ist der Value at Risk höher. Er kann nicht einfach anhand von μ und σ berechnet werden. Man kann dann versuchen, den Value at Risk durch Simulation abzuschätzen.

1.5   Der Zeitbezug des Risikomanagements

Der Zielwürfel für das Risikomanagement zeigt neben den Ebenen der Ergebnismessung und den statistischen Risikomaßen als dritte Dimension den Zeitbezug des Risikomanagements. Risikomanagement kann sich auf das an einem bestimmten Zeitpunkt bestehende Risiko beschränken. Z. B. wird ein Manager anhand des Jahresergebnisses beurteilt. Er kann daher versuchen, das Risiko auf den Bilanzstichtag zu managen. Oder: Ein Lebensversicherer möchte dem Versicherungsnehmer nach 3 Jahren einen möglichst hohen Betrag auszahlen. Es ist dann sinnvoll, das Risiko auf den Auszahlungstermin zu managen. Oder: In acht Monaten muß ein Kredit zurückgezahlt und durch einen neuen ersetzt werden. Das Zinsrisiko sollte dann auf den Zeitpunkt der Neuaufnahme des Kredits gemanagt werden.

Eine andere Möglichkeit besteht darin, Risiken über einen Zeitraum zu managen. Z. B. möchte ein Portefeuille-Manager sicherstellen, daß der Marktwert des Portefeuilles nie unter eine vorgegebene Schwelle fällt. Denn der Portefeuille-Inhaber möchte stets die Möglichkeit haben, das Portefeuille zu veräußern, um den Veräußerungserlös anderweitig zu verwenden. Oder: Das Portefeuille dient als Sicherheit für einen Kredit. Fällt der Wert des Portefeuilles unter eine vorgegebene Schwelle, sind weitere Sicherheiten zu leisten oder der Kredit ist zurückzuführen. Ein zeitraumbezogenes Risikomanagement soll dies vermeiden.

Im allgemeinen ist es einfacher, Risiken auf einen Zeitpunkt statt über einen Zeitraum zu managen. Denn ein zeitraumbezogenes Management erfordert, alle Zeitpunkte innerhalb des Zeitraumes zu beachten. Das zeitraumbezogene Management des Marktwertrisikos z. B. erfordert jeweils auch ein Management des kurzfristigen Marktwertrisikos. Da dieses Management auf kurze Frist angelegt ist, muß es in kurzen Zeitabständen angepaßt werden. Damit wird ein dynamisches Risikomanagement notwendig. Hierbei kann es zu dem bereits diskutierten Konflikt zwischen kurz- und langfristiger Marktwertebene kommen. Das zeitraumbezogene Risikomanagement ist erheblich komplizierter als das zeitpunktbezogene.

1.6   Bestimmung effizienter Portefeuilles

Risikomanagement bedeutet in der ersten Stufe die Bestimmung der effizienten Portefeuilles, also effizienter Kombinationen von Ertrag und Risiko. In der zweiten Stufe wird dann gemäß den Präferenzen des Entscheidungsträgers aus den effizienten Portefeuilles eines ausgewählt; dieses ist optimal. Die Ermittlung effizienter Portefeuilles wird in Kapitel VI, Abschnitt 2 anhand eines einfachen Modells veranschaulicht. Dort stehen verschiedene Wertpapiere zur Auswahl. Zusätzlich können auch Realinvestitionsprojekte und Finanzderivate einbezogen werden. Gemeinsam mit den Realinvestitionsprojekten werden dann Finanzkontrakte für effiziente Portefeuilles ausgewählt. Möglicherweise werden Finanzkontrakte in effiziente Portefeuilles aufgenommen, weil sie erlauben, Risiken aus Realinvestitionsprojekten abzubauen. Möglicherweise werden sie aber auch aus spekulativen Erwägungen aufgenommen, weil sie nämlich im Urteil der Unternehmensleitung eine hohe Risikoprämie bei mäßigem Risiko abwerfen. Der Konflikt, der häufig zwischen Maximierung des erwarteten Ergebnisses und Minimierung des Risikos besteht, spiegelt sich auch im Risikomanagement wider. Neben Projekten, die primär dem Hedging von Risiken, also ihrer Verminderung, dienen, werden auch Projekte aufgenommen, die den Erwartungswert des Ergebnisses deutlich erhöhen, gleichzeitig aber auch das Risiko, und damit eher spekulativen Charakter haben. In effizienten Portefeuilles sind jedoch die Zusammenhänge zwischen den Risiko- und den Ertragswirkungen einzelner Projekte so wenig transparent, daß eine Klassifizierung aufgenommener Projekte nach Hedging- und nach spekulativen Motiven oft nicht möglich ist. Versicherungskontrakte, die den Ertrag des Versicherungsnehmers vermindern, können allerdings eindeutig dem Hedgingmotiv zugeordnet werden.

Ebenso schwierig ist es, einzelne Projekte in einem effizienten Portefeuille als Instrumente zur Risikostreuung oder als solche zum Hedging zu klassifizieren. Risikostreuung bedeutet, zahlreiche kleine, wenig korrelierte Risiken in einem Portefeuille zusammenzufassen, um das Risiko gering zu halten. So streut die Rendite eines Portefeuilles, das sich aus zahlreichen kleinen, unkorrelierten Positionen zusammensetzt, nur wenig. Hedging dagegen bedeutet, einer Ausgangsposition eine stark negativ korrelierte Position hinzuzufügen, um dadurch das Risiko der Ausgangsposition weitgehend auszuschalten. In einem effizienten Portefeuille werden Risikostreuung und Hedging kombiniert, ohne daß beide Vorgehensweisen einzelnen Projekten zugeordnet werden können.

Häufig wird Risikomanagement mit Risikominimierung gleichgesetzt. Dies läßt sich wie folgt erklären. Unternehmen stehen oft im harten Wettbewerb untereinander. Aufträge, die einen Gewinn erwarten lassen, werden daher angenommen. Danach wird dem Risikomanagement aufgegeben, die Auftragsrisiken zu minimieren. Diese Vorgehensweise weist zwei Schwächen auf. Erstens kann die Risikominimierung zu deutlichen Ertragseinbußen führen, so daß eine Risikominimierung mehr Risiken abbaut als wünschenswert. Zweitens kann die sukzessive Planung von realen Projekten im ersten und von risikopolitischen Maßnahmen im zweiten Schritt ein Gesamtoptimum verfehlen. Z. B. können reale Projekte, die einen Gewinn erwarten lassen, so hohe Risiken erzeugen, daß sie ohne Berücksichtigung des Risikomanagements abgelehnt werden. Durch das Risikomanagement können die Risiken indessen so weit abgebaut werden, daß die Projekte akzeptiert werden. Eine Simultanplanung ist daher vorzuziehen, sie verursacht jedoch höhere Planungskosten.

1.7   Zusammenfassung

Risikomanagement oder Risikopolitik ist kein Bestandteil der Unternehmenspolitik, der eigenständig neben die Investitions- und Finanzierungspolitik tritt. Risikomanagement betont die Aufgabe von Investitions- und Finanzierungspolitik, die Investitions- und Finanzierungsrisiken so aufeinander abzustimmen, daß eine optimale Kombination von Risiko und Ertrag entsteht. Diese Abstimmungsaufgabe stellt sich allerdings nur bei unvollkommenem Kapitalmarkt. Denn bei vollkommenem Kapitalmarkt sind Investitions- und Finanzierungspolitik trennbar. Bei unvollkommenem Kapitalmarkt trägt die Risikopolitik insbesondere dazu bei, Insolvenzrisiken zu vermindern. Außerdem können Informations- und Transaktionskosten, die Steuerbelastung des Unternehmens sowie Agency-Kosten eingeschränkt werden.

Voraussetzung für jedes Risikomanagement ist eine Entscheidung über die Ergebnisvariable, anhand derer das Risiko gemessen und gemanagt werden soll. Als Ebenen der Ergebnismessung bieten sich der Zahlungsstrom des Unternehmens, sein Marktwert und sein Gewinn an. Beim ökonomischen Risiko wird das Risiko am gesamten zukünftigen Zahlungsstrom des Unternehmens gemessen oder an dessen Marktwert. Für diesen ist der Zeitpunkt vorzugeben, an dem er gemessen werden soll. Dieser Zeitpunkt kann nah, aber auch fern in der Zukunft liegen. Zahlungsstrom- und Marktwertrisiko können sich erheblich voneinander unterscheiden; denn der Marktwert hängt auch vom Kalkulationszinsfuß ab, der seiner Berechnung zugrunde liegt. Folglich kann eine Alternative im Vergleich zu einer anderen ein hohes Zahlungsstrom- und ein niedriges Marktwertrisiko aufweisen. Dementsprechend unterscheiden sich auch zahlungsstrom- und marktwertorientiertes Risikomanagement.

Da eine Prognose des gesamten Zahlungsstromes außerordentlich schwierig ist, besteht ein Ausweg darin, den Zahlungsstrom lediglich aus vertraglich fest vereinbarten Transaktionen zu prognostizieren. Beim Transaktionsrisiko wird lediglich dieser eingeschränkte Zahlungsstrom oder dessen zukünftiger Marktwert zugrunde gelegt. Damit wird das Risikomanagement erheblich vereinfacht; allerdings werden Risiken, die sich erst bei zukünftigen Transaktionen zeigen, vernachlässigt.

Schließlich kann das Risiko, ausgehend vom Jahresabschluß, am Gewinnrisiko gemessen werden. Hierbei geht es vor allem um die Einschränkung von Gewinnausweisrisiken. Das im deutschen Recht geltende Imparitätsprinzip in Verbindung mit dem Einzelbewertungsprinzip führt zu deutlichen Unterschieden zwischen dem Gewinn- und dem Transaktionsrisiko.

Ist über die Ebene der Ergebnismessung entschieden, so ist das statistische Risikomaß festzulegen, das verwendet werden soll. Im Anschluß an die Portefeuille-Theorie hat sich die Standardabweichung des Ergebnisses als Risikomaß weitreichende Geltung verschafft. Dieses Maß ist relativ leicht implementierbar. Jedoch sagt es nur wenig über die Form der Wahrscheinlichkeitsverteilung aus. So können die Formen zweier Verteilungen ganz unterschiedlich sein, obgleich ihre Standardabweichungen übereinstimmen. Ein anderes Risikomaß, der Value at Risk, ist von vornherein auf die Beschränkung möglicher Verluste ausgerichtet. Hierbei handelt es sich um ein Verlustpotential, das nur mit einer vorgegebenen kleinen Wahrscheinlichkeit überschritten wird. Die Unternehmensleitung gibt ein Limit für den Value at Risk vor, um damit auch die Insolvenzwahrscheinlichkeit zu beschränken.

Das Risikomanagement kann sich auf das Risiko an einem bestimmten Zeitpunkt oder aber auf das Risiko eines Zeitraumes beziehen. Letzteres erfordert eine Anpassung der Risikopolitik im Zeitablauf, also ein dynamisches Risikomanagement. Damit ist es erheblich komplizierter.

Risikomanagement heißt nur im einfachsten Fall Risikominimierung. Im allgemeinen geht es wie in der Portefeuille-Theorie um die Bestimmung eines risikoeffizienten Portefeuilles. Komplexer wird dies, wenn es nicht nur um ein einperiodiges, sondern um ein mehrperiodiges Entscheidungsproblem der flexiblen Planung geht.

2 Modelle des Risikomanagements

2.1 Risikominimierung

In diesem Abschnitt wird Risikomanagement anhand von Beispielen verdeutlicht. Die einfachste Problemstellung des Risikomanagements lautet: Bei gegebenen Investitionen ist ein Bündel finanzieller Maßnahmen so zu planen, daß das Risiko aus dem gesamten Portefeuille minimal wird. Zur Verdeutlichung betrachten wir folgendes Beispiel. Ein Investor besitzt ein Portefeuille von festverzinslichen Wertpapieren mit einem Marktwert von 1000 €. Bei flacher Zinsstruktur beträgt das Zinsniveau 6 %. Der Investor befürchtet in den nächsten Tagen einen Anstieg des Zinsniveaus und möchte sich gegen ein Absinken des Marktwertes seines Portefeuilles sichern, indem er Terminkontrakte auf Anleihen verkauft. Diese Absicherung wird er wieder aufheben, wenn die Gefahr einer Zinserhöhung deutlich gesunken ist. In diesem Beispiel ist das Zinsniveau der Risikofaktor, also eine exogene stochastische Größe, die den Marktwert des Portefeuilles beeinflußt. Andere Risikofaktoren wie z. B. die Schuldnerbonität werden hier ausgeklammert.

Den Marktwert des Portefeuilles in Abhängigkeit vom Zinsniveau verdeutlicht Abb. 10.5. Der Marktwert ist eine fallende, konvexe Kurve in bezug auf das Zinsniveau.

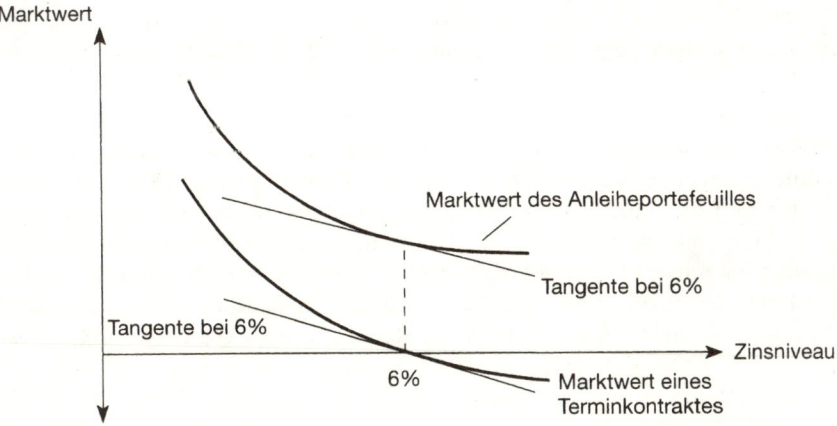

Abb. 10.5. Der Marktwert des Portefeuilles und der Marktwert eines Terminkontrakts in Abhängigkeit vom Zinsniveau

Die Idee der Absicherung besteht darin, Terminkontrakte auf Anleihen (Kap. VII, Abschnitt 2.2.2) zu verkaufen, deren Marktwertkurve möglichst parallel zu der des Portefeuilles verläuft. Der Verkauf des Terminkontraktes bedeutet, die Anleihe per Termin zu verkaufen. Der Terminkontrakt hat bei Abschluß einen Marktwert von 0, daher verläuft seine Marktwertkurve auf niedrigem Niveau. Steigt dann das Zinsniveau, dann sinkt der Terminkurs der Anleihe, folglich auch der Marktwert des Terminkontraktes.

Verkauft der Investor Terminkontrakte, so ergibt sich der Marktwert für die Gesamtposition aus dem Marktwert des Anleiheportefeuilles abzüglich dem der verkauften Terminkontrakte. Verlaufen im Idealfall beide Marktwertkurven parallel, so ist ihre Differenz eine Horizontale: Der Marktwert der Gesamtposition ist vom Zinsniveau unabhängig. Damit ist das Zinsänderungsrisiko vollkommen ausgeschaltet. Man spricht dann von einem perfekten Hedge.

Dieser Idealfall ist allerdings die Ausnahme. Folgende Absicherungspolitik kommt in Frage: Man verkaufe so viele Terminkontrakte, daß sich der Marktwert der Gesamtposition bei kleinen Änderungen des Zinsniveaus praktisch nicht ändert. Dazu legt man eine Tangente an die Kurve des Marktwertes des Anleiheportefeuilles und eine andere an die Kurve des Marktwertes des Terminkontraktes beim heutigen Zinsniveau von 6% (siehe Abb. 10.5). Die Steigungen der Tangenten geben an, wie stark sich die Marktwerte bei kleinen Zinsänderungen ändern. Diese Steigungen werden auch als Deltas bezeichnet. Im Beispiel entspricht das Delta dem bereits erörterten Kurswert eines Basispunktes. Sei Δ^P das Delta des Anleiheportefeuilles, Δ^T das Delta eines gekauften Terminkontraktes und daher $-\Delta^T$ das Delta eines verkauften Terminkontraktes. x sei die Anzahl der zu verkaufenden Terminkontrakte. Dann ist der Marktwert der Gesamtposition unabhängig von kleinen Zinsänderungen, wenn gilt:

$$\Delta^P + x(-\Delta^T) = 0,$$

wenn also die Wertänderung des Anleiheportefeuilles bei kleinen Zinsänderungen genau ausgeglichen wird durch die der Terminkontrakte. Demnach ist das Delta der Gesamtposition gleich 0, man spricht deshalb von einem deltaneutralen Hedge.

Anhand des Beispiels soll der deltaneutrale Hedge errechnet werden. Dazu muß das Beispiel präzisiert werden. Das Anleiheportefeuille wirft folgende deterministische Zahlungen ab:

t	1	2	3
Zahlung des Anleiheportefeuilles e_t^P	360	342	424

Der heutige Marktwert V_0^P dieses Zahlungsstroms ist bei einem Zinssatz von 6% gleich 1000 €. Bei einem sofortigen Anstieg des Zinsniveaus um 1 Basispunkt sinkt der Marktwert V_0^P um 0,19 €, wie folgende Rechnung zeigt (vgl. Abschnitt 1.3.3):

$$\Delta^P = \frac{1}{10.000} \frac{\partial V_0^P}{\partial (1+r)} = \frac{-1}{10.000} \sum_{t=1}^{T} t \frac{e_t^P}{(1+r)^{t+1}}$$

$$= \frac{-1}{10.000} \left[1\frac{360}{1,06^2} + 2\frac{342}{1,06^3} + 3\frac{424}{1,06^4} \right] = -0,1902 \, €^5$$

Als nächstes ist das Delta des Terminkontraktes, Δ^T, zu berechnen. Am Markt wird ein Terminkontrakt auf eine Bundesobligation gehandelt, die nach 5 Jahren zurückgezahlt und mit 6% jährlich verzinst wird. Der Terminkontrakt verfällt nach einem Jahr unmittelbar vor der Kuponzahlung, er wird gegenwärtig zu einem Terminkurs von 100 gehandelt. Bei Verfall muß der Käufer des Terminkontraktes daher 100% plus die aufgelaufenen Stückzinsen von 6%, also 106%, zahlen. Im Gegenzug wird ihm die Bundesobligation geliefert. Mit einem Terminkontrakt über 100 € Nennwert ist also folgende Zahlungsreihe verbunden

t	0	1	2	3	4	5
Zahlung des Terminkontraktes e_t^T	–	6 – 106	6	6	6	106

Da die Bundesobligation erst nach einem Jahr über den Terminkurs bezahlt wird, ist dieser nach einem Jahr als Auszahlung anzusetzen. Der heutige Marktwert des Terminkontraktes, V_0^T, ist bei einem Zinsniveau von 6% gleich dem Marktwert der Bundesobligation, $V_0^B = 100$, abzüglich dem Marktwert V_0^K des um die Stückzinsen ergänzten Terminkurses, $V_0^K = 106/1,06 = 100$. V_0^T ist also gleich 0; dies muß bei Abschluß des Terminkontraktes zutreffen. Dieser Marktwert sinkt um 0,0327 €, wenn das Zinsniveau um einen Basispunkt wächst:

$$\Delta^T = \frac{1}{10.000} \frac{dV_0^T}{d(1+r)} = \frac{-1}{10.000} \sum_{t=1}^{T} t \frac{e_t^T}{(1+r)^{t+1}} = \Delta^B - \Delta^K$$

Δ^T ist also gleich dem Δ^B der Bundesobligation abzüglich dem Δ^K der einmaligen Terminkurszahlung. Daraus folgt:

$$\Delta^T = -\frac{1}{10.000} \left[1 \cdot \frac{6}{1,06^2} + 2 \cdot \frac{6}{1,06^3} + 3 \cdot \frac{6}{1,06^4} + 4 \cdot \frac{6}{1,06^5} + 5 \cdot \frac{106}{1,06^6} \right]$$

$$+ \frac{1}{10.000} 1 \cdot \frac{106}{1,06^2}$$

$$= -0,0421 + 0,0094 = -0,0327 \, \text{DM}.$$

---

[5]   Im Gegensatz zum Beispiel in Abschnitt 1.2.3 gehen in den Kurswert eines Basispunktes die Zeiträume $(t-0) = t$ anstatt $(t-1)$ ein, da hier der Kurswert eines Basispunktes für den Marktwert V_0^P und nicht für V_1^P berechnet wird. Die zugehörige Duration des Portefeuilles, D_0^P, ist $D_0^P = -10.000 \Delta^P \frac{1+r}{V_0^P} = 10.000 \cdot 0,19 \frac{1,06}{1000} = 2,014$ Jahre.

Beim deltaneutralen Hedge gilt für die Zahl der zu verkaufenden Terminkontrakte, $x = \Delta^P/\Delta^T = -0,1902/-0,0327 = 5,82$ Kontrakte. Der Verkauf von 5,82 Terminkontrakten sichert also gegen kleine Zinsniveauänderungen gut ab.

Im allgemeinen kann man nur ganze Stückzahlen von Terminkontrakten handeln. Dies schränkt die Qualität des Hedges ein. Ein weiterer Aspekt ist bedeutsamer: Wenn sich das Zinsniveau ändert, dann ändern sich die in Abb. 10.5 eingetragenen Tangenten und somit auch deren Steigungen Δ^P und Δ^T. Daher ist der Hedge, ausgehend vom neuen Zinsniveau, nicht mehr deltaneutral. Die Zahl der verkauften Terminkontrakte wird daher so angepaßt, daß sich wieder ein deltaneutraler Hedge ergibt. Es kommt damit nach einer deutlichen Änderung des Zinsniveaus jeweils zu einer Anpassung des Hedges. Dies wird als ein dynamischer Hedge bezeichnet, im Gegensatz zu einem statischen Hedge, bei dem die anfangs aufgebaute Hedgeposition nicht mehr angepaßt wird. Die Qualität dieses dynamischen Hedges hängt vor allem von der Häufigkeit der Anpassung ab. Je häufiger angepaßt wird, um so kleiner sind die Hedgefehler, um so höher sind aber auch die mit den Anpassungen insgesamt verbundenen Transaktionskosten.

Der deltaneutrale Hedge beruht auf den Kurswerten eines Basispunktes. Da diese eng verwandt sind mit den Durationen, kann man den Hedge ebenso auch anhand der Durationen von Anleiheportefeuille und Terminkontrakt errechnen. Man spricht daher auch von einem Duration Hedge. Dabei handelt es sich nur um eine andere Berechnungsweise. Dazu berechnet man zuerst die Duration des Anleiheportefeuilles und die des Terminkontraktes. Die Duration des Portefeuilles wurde bereits mit 2,014 Jahren ermittelt (Fußnote 4).

Würde man nun die Duration des Terminkontraktes errechnen, indem man den Kurswert eines Basispunktes durch $V_0^T = 0$ teilt, so ergäbe sich keine endliche Duration. Daher berechnet man die Duration des Terminkontrakts, indem man ersatzweise durch den Marktwert der Bundesobligation, V_0^B, also den Marktwert des Basispapieres, dividiert und dies später bei der Hedgingpolitik berücksichtigt. Der Marktwert der Bundesobligation, V_0^B, stimmt bei Abschluß des Terminkontraktes mit dem Marktwert des Terminkurses, V_0^K, überein. Dann ergibt sich als Duration des Terminkontrakts,

$$D_0^T = -10.000 \left[\Delta^B \frac{1+r}{V_0^B} - \Delta^K \frac{1+r}{V_0^K} \right]$$

$$= -10.000 \left[-0,0421 \cdot \frac{1,06}{100} + 0,0094 \cdot \frac{1,06}{100} \right]$$

$$= 4,463 - 1 = 3,463 \text{ Jahre.}$$

Die so berechnete Duration des Terminkontraktes ist nichts anderes als die Duration der Bundesobligation, vermindert um die Duration der Terminkurszahlung. Letztere ist gleich der Restlaufzeit des Terminkontrakts von 1 Jahr.

Die Zahl der zu verkaufenden Terminkontrakte, x, läßt sich ebenso anhand der Deltas wie auch der Durationen errechnen; dabei ist $V_0^B = V_0^K$ zu berücksichtigen:

$$x = \frac{\Delta^P}{\Delta^T} = \frac{10.000\Delta^P \cdot \frac{1+r}{V_0^P}}{10.000\Delta^T \cdot \frac{1+r}{V_0^B}} \cdot \frac{V_0^P}{V_0^K} = \frac{D_0^P}{D_0^T} \cdot \frac{V_0^P}{V_0^K}$$

$$= \frac{2,016}{3,463} \cdot \frac{1000}{100} = 5,82 \text{ Kontrakte.}$$

Die Zahl der zu verkaufenden Terminkontrakte ergibt sich aus der Duration Hedge-Ratio D_0^P/D_0^T, multipliziert mit dem Marktwert des Anleiheportefeuilles und geteilt durch den Marktwert der um die Stückzinsen erhöhten Terminkurszahlung[6].

Mit dem deltaneutralen oder Duration Hedge versucht man, ein Risiko kurzfristig vollständig auszuschalten. Dabei spielt es keine Rolle, ob das Risiko an der Standardabweichung oder am Value at Risk gemessen wird. Die Hedgingpolitik ist dieselbe. Kritisch anzumerken bleibt, daß bei dieser Politik die Ertragswirkungen unberücksichtigt bleiben. Bei einem nur auf wenige Tage angelegten Hedge mag das vertretbar erscheinen, da man sich lediglich vor größeren Verlusten kurzfristig schützen will.

Worin bestehen die Ertragswirkungen? Einerseits verursacht jeder Hedge Transaktionskosten, andererseits können Zinserträge verloren gehen. Bei einer flachen Zinsstruktur ist letzteres allerdings nicht der Fall. Denn die erwartete Rendite ist dann von der Anlagedauer unabhängig. Bei steigender Zinsstruktur gehen allerdings durch Absicherung Zinserträge verloren. Denn durch die Absicherung wird die Duration der Gesamtposition auf 0 heruntergefahren. Dies erkennt man, wenn man die letzte Gleichung umschreibt zu

$$D_0^G \equiv D_0^P V_0^P - x \cdot D_0^T V_0^K = 0.$$

Hierbei ist D_0^G die Duration der Gesamtposition aus Anleiheportefeuille und Absicherung über Terminkontrakte. Indem man durch die Absicherung die Duration der Gesamtposition auf 0 reduziert, ersetzt man die Rendite des Anleiheportefeuilles, also die Rendite bei einer Duration von 2,014 Jahren, durch die Tagesgeldrendite, also die Rendite bei einer Duration von 1 Tag (≈ 0 Jahren). Diese Renditedifferenz geht durch die Absicherung verloren. Allerdings würde der Marktwert des nicht abgesicherten Portefeuilles bei einem Zinsanstieg fallen und damit eine negative Rendite hervorrufen. Gerade diese soll mit der Absicherung vermieden werden.

---

[6]   Sofern der Marktwert der um die Stückzinsen erhöhten Terminkurszahlung etwa gleich dem Terminkurs ist, kann man statt V_0^K den Terminkurs ohne Stückzinsen in die obige Gleichung einsetzen.

2.2   Risikomanagement eines Exporteurs

2.2.1   Ohne Absicherung des Wechselkursrisikos

Die simultane Planung von realen Projekten und von finanziellen Maßnahmen des Risikomanagements soll an einem einfachen Beispiel eines exportierenden Unternehmens verdeutlicht werden. Ein Unternehmen stellt ein Produkt für den Export her. Dieses wird im Ausland zu einem deterministischen Preis p (y) $/Stück veräußert, wobei y die Exportmenge ist. Der Preis sinkt, wenn die Exportmenge steigt. Aus dem Export resultiert ein deterministischer Erlös von p (y) y $. Die Produktion verursacht konstante Grenzkosten von c €/Stück. Fixe Kosten der Produktion werden nicht explizit berücksichtigt, da sie unabhängig von der Exportentscheidung anfallen. Die Entscheidung über die Exportmenge ist im Zeitpunkt 0 zu treffen, alle Zahlungen fallen im Zeitpunkt 1 an. Der Dollarerlös wird im Zeitpunkt 1 zum stochastischen Wechselkurs $\tilde{w}_1$ €/$ in € getauscht. Damit entsteht aus dem Export ein zufallsabhängiger €-Einzahlungsüberschuß $\tilde{e}_1$ in Höhe von

$$\tilde{e}_1 = p(y) \ y \ \tilde{w}_1 - cy.$$

Sein Erwartungswert beträgt

$$E(\tilde{e}_1) = p(y) \ y \ E(\tilde{w}_1) - cy,$$

seine Varianz

$$\sigma^2(\tilde{e}_1) = [p(y)y]^2 \sigma^2(\tilde{w}_1).$$

Maximiert der Exporteur die Zielfunktion

$$E(\tilde{e}_1) - \lambda \sigma^2(\tilde{e}_1); \lambda > 0,$$

dann wird die optimale Exportmenge durch folgende Gleichung bestimmt:

$$\frac{d[p(y)y]}{dy} E(\tilde{w}_1) - c = \lambda 2[p(y)y] \frac{d[p(y)y]}{dy} \sigma^2(\tilde{w}_1),$$

oder

$$\frac{d[p(y)y]}{dy} [E(\tilde{w}_1) - 2\lambda p(y)y \sigma^2(\tilde{w}_1)] = c.$$

Die optimale Exportmenge wird dadurch bestimmt, daß der Grenzerlös in $, $\frac{d[p(y)y]}{dy}$, multipliziert mit dem Sicherheitsäquivalent des Wechselkurses, mit den Grenzkosten c in € übereinstimmt. Das Sicherheitsäquivalent des Wechselkurses ist in diesem Optimierungsproblem gleich dem erwarteten Wechselkurs abzüglich der Varianz des Wechselkurses, multipliziert mit dem Risikoaversionsparameter λ und dem doppelten Exporterlös in $.

Dieses Sicherheitsäquivalent nimmt ab, wenn der Exporterlös in $ wächst, wenn der erwartete Wechselkurs sinkt oder die Varianz des Wechselkurses steigt. In den beiden letzten Fällen reagiert der Exporteur mit einer Verringerung seiner Exportmenge, so daß der Grenzerlös in $ wächst. Das überrascht nicht. Denn bei einer Senkung des erwarteten Wechselkurses sinkt der in € erwartete Grenzerlös, bei einer Erhöhung der Varianz wächst das Exportrisiko. In beiden Fällen wird der Export weniger attraktiv.

2.2.2 Absicherung des Wechselkursrisikos durch Terminkontrakte

Diese Zusammenhänge ändern sich deutlich, wenn der Exporteur im Zeitpunkt 0 die Möglichkeit hat, den im Zeitpunkt 1 anfallenden Exporterlös durch Handel von Devisenterminkontrakten gegen Wechselkursrisiken zu sichern.

Der Terminkurs f_0^1, der im Zeitpunkt 0 für die Lieferung eines Dollars im Zeitpunkt 1 im arbitragefreien Markt vereinbart wird, ergibt sich aus der gedeckten Zinsparität gemäß

$$1 + r_\epsilon = \frac{1}{w_0}(1 + r_\$)f_0^1$$

Dahinter steckt folgende Arbitrageüberlegung: Bei Anlage von 1 € im Inland erhält der Anleger nach einem Jahr Zinsen in Höhe von r_ϵ plus die Tilgung von 1 €. Bei Anlage in $ muß er dasselbe Ergebnis erzielen, sonst könnte er sich in einer Währung verschulden und in der anderen anlegen und dadurch einen Arbitragegewinn erzielen. Tauscht er 1 € heute zum Wechselkurs w_0 in $, so erhält er $(1/w_0)$ $. Daraus ergibt sich nach 1 Jahr ein Vermögen von $(1/w_0)(1+r_\$)$ $, ausgehend vom $-Zinssatz $r_\$$. Dieses Vermögen, umgetauscht zum Terminkurs f_0^1, wirft $(1/w_0)(1+r_\$)f_0^1$ € ab. Gemäß der gedeckten Zinsparität stimmt es mit $(1+r_\epsilon)$ überein.

Löst man die vorangehende Gleichung nach dem Terminkurs auf, so folgt

$$f_0^1 = w_0 \frac{1+r_\epsilon}{1+r_\$} \approx w_0 \left[1 + r_\epsilon - r_\$\right].$$

Der Terminkurs ist also gleich dem heutigen Kassakurs, adjustiert um die Differenz der Zinssätze beider Währungen.

Wenn der Exporteur 1 $ per Termin verkauft und ihn nach einem Jahr im Kassahandel kauft, resultiert daraus nach 1 Jahr ein Einzahlungsüberschuß von $(f_0^1 - \tilde{w}_1)$ €. Verkauft er x $ per Termin, so ergibt sich daraus und aus dem Export insgesamt ein Einzahlungsüberschuß von

$$\tilde{e}_1 = p(y)y\,\tilde{w}_1 \quad cy + x(f_0^1 - \tilde{w}_1)$$

Hierbei wird unterstellt, daß Kauf und Verkauf von Devisenterminkontrakten keinerlei Transaktionskosten verursachen und keine Rückwirkungen auf den Terminkurs sowie die Wahrscheinlichkeitsverteilung des zukünftigen Kassakurses haben.

Sei
$$\hat{x} \equiv x - p(y)y$$

die Zahl der $, die über den $-Exporterlös hinaus verkauft werden. $\hat{x}$ wird auch als negative Nettoposition im $ bezeichnet; sie ergibt sich aus der Verbindlichkeit, in einem Jahr x $ zu liefern, vermindert um die $-Forderung aus dem Exporterlös. Dann gilt für den €-Einzahlungsüberschuß

$$\widetilde{e}_1 = p(y)yf_0^1 - cy + \hat{x}(f_0^1 - \widetilde{w}_1)$$

mit Erwartungswert

$$E(\widetilde{e}_1) = p(y)yf_0^1 - cy + \hat{x}(f_0^1 - E(\widetilde{w}_1))$$

und Varianz

$$\sigma^2(\widetilde{e}_1) = \hat{x}^2\sigma^2(\widetilde{w}_1).$$

Optimiert der Exporteur nun seine beiden Entscheidungsvariablen „Exportmenge y" und „negative Nettoposition $\hat{x}$", so ist die Entscheidung über die Exportmenge einfach, da der Export über die Terminabsicherung risikofrei geworden ist. Die Exportmenge ist so zu wählen, daß der Grenzerlös in $, multipliziert mit dem Terminkurs, den Grenzkosten gleicht:

$$f_0^1 \frac{d[p(y)y]}{dy} = c.$$

Die Exportentscheidung ist vom Wechselkursrisiko, von der Risikohaltung des Exporteurs und von der Risikopolitik des Unternehmens unabhängig. Dieses Resultat setzt die Möglichkeit voraus, die Exportrisiken vollkommen abzusichern. Sie besteht, wenn der zukünftige Exporterlös in $ bereits heute gegen einen festen €-Betrag verkauft werden kann. Besteht diese Möglichkeit nicht, so daß die Exportrisiken nur teilweise abgesichert werden können, dann müssen die Kapitalgeber des Unternehmens Exportrisiken tragen, die auf die Exportentscheidung zurückwirken. Erst die Möglichkeit, die Exportrisiken vollkommen abzusichern, führt dazu, daß diese Risiken keinen Einfluß auf die Exportentscheidung mehr haben.

Offen ist noch die optimale Risikopolitik. Aus der Ableitung der Zielfunktion (ohne Export),

maximiere $\hat{x}(f_0^1 - E(\widetilde{w}_1)) - \lambda \, \hat{x}^2\sigma^2(\widetilde{w}_1)$,

ergibt sich für die optimale Nettoposition $\hat{x}^*$

$$f_0^1 - E(\widetilde{w}_1) = 2\lambda\hat{x}^*\sigma^2(\widetilde{w}_1)$$

oder

$$\hat{x}^* = \frac{f_0^1 - E(\widetilde{w}_1)}{2\lambda\sigma^2(\widetilde{w}_1)} = \frac{1}{2\lambda}\frac{\text{Risikoprämie des Dollars}}{\text{Risiko des Wechselkurses}}$$

Die Differenz zwischen Terminkurs und erwartetem Wechselkurs wird als Risikoprämie des Dollars gegenüber dem € bezeichnet. Sie kann positiv, negativ oder gleich 0 sein. Ihr Vorzeichen bestimmt die optimale Höhe der Nettoposition. Ist die Risikoprämie gleich 0, dann lohnt sich eine offene (= von 0 verschiedene) Nettoposition nicht. Denn dem Risiko stünde kein Ertrag gegenüber. Bei positiver Risikoprämie lohnt es sich, eine kurze Nettoposition einzugehen ($\hat{x}^* > 0$), also mehr Dollars per Termin zu verkaufen als aus dem Export eingehen. Dadurch wächst der erwartete Einzahlungsüberschuß $E(\tilde{e}_1)$. Es kommt zum Overhedging. Bei negativer Risikoprämie wird eine lange Nettoposition aufgebaut ($\hat{x}^* < 0$), es kommt zum Underhedging.

Die optimale Höhe der Nettoposition ist in diesem Beispiel unabhängig von der Exportpolitik. Das liegt daran, daß die Substitutionsrate zwischen Ertrag und Risiko, λ, eine Konstante ist. Wäre sie vom Ertrag abhängig, so hinge sie auch vom Ertrag aus dem Export ab. Dann wäre auch $\hat{x}^*$ vom Export abhängig.

Zwei ergänzende Überlegungen seien angefügt. (1) Der Optimierung liegt als Zielfunktion die Maximierung des erwarteten Einzahlungsüberschusses abzüglich einer Risikoprämie im Zeitpunkt 1 zugrunde. Existiert ein Devisenterminkontrakt, so ergibt sich dieselbe Exportentscheidung, wenn der Marktwert im Zeitpunkt 0 maximiert wird. Der aus dem Export resultierende Marktwert im Zeitpunkt 0 ist nämlich gleich dem abgezinsten risikofreien Ergebnis aus dem Export. Da jeder Devisenterminkontrakt im Zeitpunkt 0 einen Marktwert von 0 hat, ändert der Verkauf von Terminkontrakten nichts am Marktwert des Unternehmens. Selbst wenn das Unternehmen andere Terminkontrakte gegen Geld kauft oder verkauft, hat dies keinen Einfluß auf den Marktwert, da es sich lediglich um einen Aktiv- oder Passivtausch handelt. Der Marktwert des Unternehmens im Zeitpunkt 0 ist also von Finanztransaktionen im Zeitpunkt 0 unabhängig; die Finanzierung ist irrelevant, weil ein vollkommener Kapitalmarkt unterstellt wird. Der Marktwert hängt jedoch von früher durchgeführten Finanztransaktionen ab, da diese später oft einen von 0 verschiedenen Marktwert aufweisen.

(2) Bisher wurde unterstellt, lediglich der Wechselkurs sei stochastisch. Das Wechselkursrisiko kann im Beispiel durch Termingeschäfte perfekt ausgeschaltet werden. Anders verhält es sich, wenn zu dem Risikofaktor „Wechselkurs" ein zweiter Risikofaktor tritt, der nicht gehedgt werden kann. Z. B. kann der Absatzpreis $\tilde{p}(y)$ selbst stochastisch sein. Im allgemeinen gibt es keine Finanzkontrakte, mit denen das Absatzpreisrisiko gehedgt werden kann. Dann ist das Risiko aus dem Einzahlungsüberschuß des Exports nur teilweise absicherbar. Die nicht absicherbaren Risiken und die Risikoscheu des Exporteurs wirken dann auf die optimale Exportmenge zurück.

Im theoretischen Grenzfall eines vollkommenen und vollständigen Kapitalmarktes ist auch das $-Preisrisiko vollkommen absicherbar, denn dann kann man beliebige zustandsbedingte Ansprüche handeln. An die Stelle der stochastischen Einzahlung $\tilde{p}(y)y\,\tilde{w}_1$ tritt ein deterministischer Marktwert, so daß die optimale Exportmenge wieder von den verschiedenen Risiken und der Risikohaltung des Exporteurs unabhängig ist.

2.2.3 Modifikationen bei Value at Risk

Richtet der Exporteur seine Entscheidungen nicht nur an der Varianz des Ergebnisses aus, sondern beschränkt er sein Risiko außerdem gemäß dem Value at Risk, dann sind die obigen Ergebnisse zu modifizieren. Der Exporteur beachtet nun zwei Risikomaße gleichzeitig. Der Einfachheit halber wird unterstellt, daß das Ergebnis normalverteilt ist. Dann bedeutet das Value at Risk-Konzept, daß der Exporteur nur Vorgehensweisen wählen darf, bei denen gilt

$$-E(\tilde{e}_1) + \mid z_\alpha \mid \sigma(\tilde{e}_1) \leq \mid \hat{y}_1 \mid .$$

Hierbei ist $\mid \hat{y}_1 \mid$ das maximal zulässige Verlustpotential, α die Wahrscheinlichkeit, mit der dieses Potential höchstens überschritten werden darf. z_α ist das α-Fraktil der standardisierten Normalverteilung. $\mid \hat{y}_1 \mid$ und α werden von der Unternehmensleitung vorgegeben.

Eine optimale Entscheidung $(y, \hat{x})$ kann nun in drei Schritten gefunden werden. (1) Ermittle alle risikoeffizienten Entscheidungen ohne Beachtung der Value at Risk-Beschränkung. (2) Ermittle die Teilmenge der risikoeffizienten Entscheidungen, die auch der Value at Risk-Beschränkung genügen. (3) Suche aus dieser Teilmenge die optimale Entscheidung heraus.

Zum ersten Schritt: Nur solche Entscheidungen kommen in Frage, die risikoeffizient sind, die also bei gegebenem Risiko $\sigma(\tilde{e}_1)$ einen höchstmöglichen Erwartungswert $E(\tilde{e}_1)$ abwerfen. Wie in Kapitel VI, Abschnitt 2.2 ausgeführt, können alle effizienten Entscheidungen ermittelt werden, indem man die Zielfunktion $E(\tilde{e}_1) - \lambda\sigma^2(\tilde{e}_1)$ maximiert und dabei λ parametrisch im Bereich von 0 bis ∞ variiert.

Im Beispiel läßt sich eine risikoeffiziente Entscheidung leicht bestimmen, da das abgesicherte Exportergebnis e_1^P deterministisch ist: $e_1^P = p(y^*)y^*f_0^1 - cy^*$, wobei y^* die optimale Exportmenge ist. Da $E(\tilde{e}_1) = e_1^P + \hat{x}(f_0^1 - E(\tilde{w}_1))$ und $\sigma(\tilde{e}_1) = \mid \hat{x} \mid \sigma(\tilde{w}_1)$ ist, kann man $\hat{x}$ eliminieren und dadurch die Effizienzkurve ableiten. Bei optimaler Politik ist $\hat{x}(f_0^1 - E(\tilde{w}_1)) \geq 0$, so daß $\hat{x}(f_0^1 - E(\tilde{w}_1)) = \mid \hat{x} \mid \mid f_0^1 - E(\tilde{w}_1) \mid$ gilt. Substituiert man $\mid \hat{x} \mid$ gemäß $\mid \hat{x} \mid = \sigma(\tilde{e}_1)/\sigma(\tilde{w}_1)$, so erhält man die Formel für die Effizienzkurve

$$E(\tilde{e}_1) = e_1^P + \mid f_0^1 - E(\tilde{w}_1) \mid \sigma(\tilde{e}_1)/\sigma(\tilde{w}_1).$$

Die Effizienzkurve ist hier also eine Gerade. Dies liegt daran, daß es in diesem einfachen Beispiel keinerlei Risikostreuung gibt. Es geht nur um die Entscheidung über die offene Nettoposition im \$. Die Effizienzgerade ist in Abb. 10.6 dargestellt.

Zum zweiten Schritt: Löst man die Value at Risk-Beschränkung nach $E(\tilde{e}_1)$ auf, so erhält man

$$E(\tilde{e}_1) \geq - \mid \tilde{y}_1 \mid + \mid z_\alpha \mid \sigma(\tilde{e}_1).$$

Auch diese Beschränkung ist in Gleichungsform in Abb. 10.6 eingetragen. Dabei ist unterstellt, daß ihre Steigung $\mid z_\alpha \mid$ größer ist als die der Effizienzgeraden, $\mid f_0^1 - E(\tilde{w}_1) \mid /\sigma(\tilde{w}_1)$. Ansonsten wäre die Value at Risk-Beschränkung bedeutungslos. Zulässig sind nur Punkte auf und oberhalb der Value at Risk-Geraden. Folglich

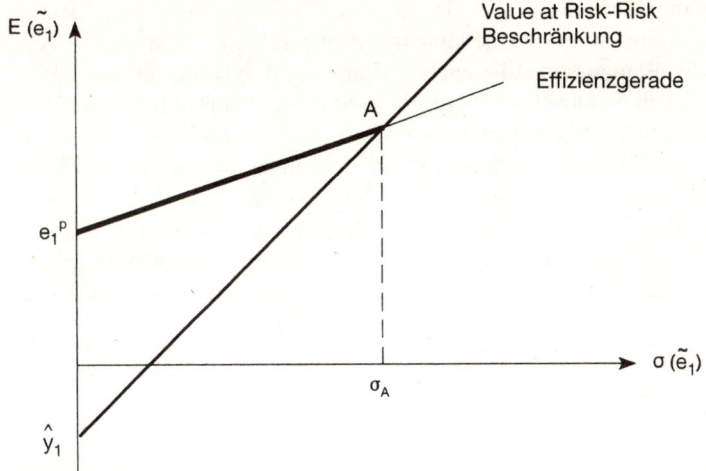

Abb. 10.6. Effizienzkurve und Value at Risk-Restriktion bestimmen die optimale Entscheidung. Sie liegt auf der fett gedruckten Effizienzgerade links von Punkt A

kommen für die Entscheidung nur Punkte auf der Effizienzgerade links vom Schnittpunkt A in Frage.

Sei σ_A die Standardabweichung $\sigma(\tilde{e}_1)$ im Punkt A[7]. Dann muß also $\sigma(\tilde{e}_1) \leq \sigma_A$ gelten. Wegen $|\hat{x}| \, \sigma(\tilde{w}_1) = \sigma(\tilde{e}_1)$ folgt damit $|\hat{x}| \leq \sigma_A/\sigma(\tilde{w}_1)$. Infolge der Value at Risk-Beschränkung wird also die offene Nettoposition $\hat{x}$ auf das Intervall zwischen $-\sigma_A/\sigma(\tilde{w}_1)$ und $\sigma_A/\sigma(\tilde{w}_1)$ beschränkt. Mit anderen Worten, das spekulative Eingehen von Wechselkursrisiken wird beschränkt. Im dritten Schritt wird dann gemäß den Präferenzen des Exporteurs die optimale Entscheidung aus den Punkten auf der Effizienzgerade links vom Punkt A ausgewählt.

2.2.4 Berücksichtigung von Devisenoptionen

Stehen außer Devisenterminkontrakten auch Devisenoptionen zur Verfügung, so ergeben sich weitere Absicherungsmöglichkeiten für das Wechselkursrisiko aus Exporten. Allerdings hat dies im Beispiel keinen Einfluß auf die Exportentscheidung, da das Wechselkursrisiko aus Exporten vollkommen durch Terminkontrakte abgesichert werden kann. Dies genügt, um die Exportentscheidung vom Wechselkursrisiko und von der Risikopolitik unabhängig zu machen. Die Existenz von Devisenoptionen hat daher lediglich einen Einfluß auf die Übernahme von Risiken im Devisenmarkt, also auf das Bemühen, mit reinen Finanzgeschäften Geld zu verdienen.

Optionen eröffnen hierfür erheblich mehr Möglichkeiten als Terminkontrakte. Während Terminkontrakte lediglich lineare Gewinn- und Verlustprofile erzeugen, können mit europäischen Optionen, die nach einem Jahr verfallen, sehr unterschiedliche nichtlineare Profile erzeugt werden. Abb. 10.7 verdeutlicht dies. Während der

---

[7]   Im Beispiel gilt $\sigma_A = [e_1^P + |\hat{y}_1|]/[|z_\alpha| - |f_0^1 - E(\tilde{w}_1)|/\sigma(\tilde{w}_1)]$.

Kauf eines Terminkontrakts ein lineares Gewinn- und Verlustprofil abwirft, erzeugt der Kauf einer Kaufoption ein gebrochen lineares Profil mit einem Bruch. Der Kauf zweier Kaufoptionen mit unterschiedlichen Basiskursen erzeugt ein gebrochen lineares Profil mit zwei Brüchen. Dieses Profil ergibt sich, indem man für jeden Wechselkurs Gewinne und Verluste beider Optionen addiert. Durch Kauf und Verkauf von mehreren europäischen Kauf- und Verkaufsoptionen mit unterschiedlichen Basiskursen bei einem Jahr Restlaufzeit können gebrochen lineare Gewinn- und Verlustprofile mit zahlreichen Brüchen erzeugt werden. In die Gewinne und Verluste werden die gezahlten und die erhaltenen Optionspreise eingerechnet. In einem arbitragefreien Markt unterliegt allerdings jedes Profil der Bedingung, daß der Marktwert der potentiellen Verluste mit dem der potentiellen Gewinne übereinstimmt.

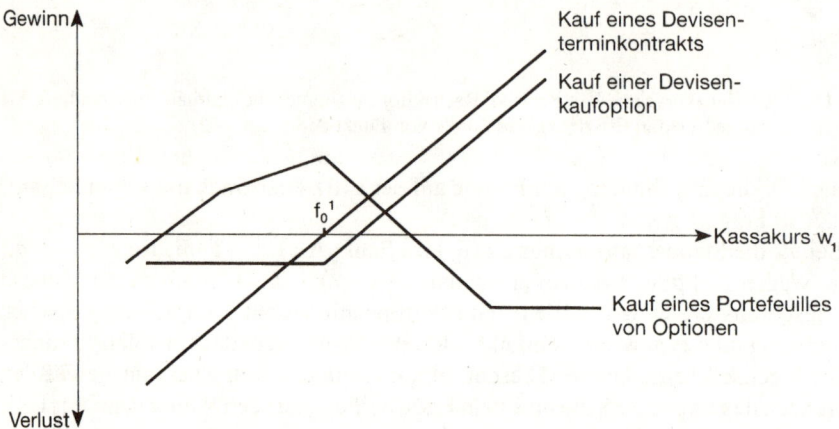

Abb. 10.7. Gewinn- und Verlustprofile eines Devisenterminkontrakts, einer Devisenkaufoption und eines Portefeuilles von Optionen in Abhängigkeit vom Devisenkassakurs im Zeitpunkt 1, w_1

Welches Portefeuille von Terminkontrakten und Optionen für einen Investor optimal ist, hängt von seiner Risikopräferenz, seinen Erwartungen und den Preisen der Derivate ab. Da mit Derivaten ganz unterschiedliche Formen von Wahrscheinlichkeitsverteilungen erzeugt werden können, eignet sich die Standardabweichung des Ergebnisses nur eingeschränkt als Risikomaß (siehe Abschnitt 1.3.1). Möchte der Investor im Sinne des Value at Risk seine Verluste begrenzen, dann kommt dafür vor allem der Kauf von Optionen in Betracht. Denn der Optionspreis ist der maximale Verlust, der beim Kauf einer Option entstehen kann. Beim Kauf von Terminkontrakten kann zwar höchstens ein Verlust in Höhe des Terminkurses anfallen, diese Verlustschranke ist jedoch sehr hoch und schützt daher kaum.

Sowohl mit Terminkontrakten als auch mit Optionen kann man auf Kursänderungen spekulieren. Wenn z. B. der Investor damit rechnet, daß der erwartete Wechselkurs erheblich über dem Terminkurs liegen wird, dann erscheint ihm der Terminkurs zu niedrig; folglich erscheinen ihm Terminkontrakt und Kaufoption unterbewertet. Daher wird er sie erwerben. Diese Kontrakte werfen später Gewinne ab, wenn der

Wechselkurs erheblich über dem Terminkurs liegt. Der Terminkontrakt wirft dann höhere Gewinne als eine Kaufoption ab, dafür sind die potentiellen Verluste aus der Option beschränkt.

Mit Optionen kann der Investor außerdem auf die Volatilität des Kassakurses $\tilde{w}_1$ spekulieren. Der Optionspreis wird wesentlich bestimmt durch die Volatilität, so wie sie vom „Markt", d. h. einem gewogenen Durchschnitt der Marktteilnehmer, eingeschätzt wird. Diese Volatilität geht in die BLACK/SCHOLES-Formel zur Optionsbewertung ein. Schätzt der Investor die Volatilität deutlich höher (niedriger) als der „Markt", dann erscheinen ihm die Optionen zu billig (teuer). Er wird dann Optionen kaufen (verkaufen).

Solche spekulativen Geschäfte werden wesentlich vom Unterschied zwischen den Erwartungen des Investors und denen des „Marktes" getrieben. Sie erweisen sich als gewinnbringend, wenn der Investor zukünftige Entwicklungen besser als der „Markt" einschätzen kann. Dies mag durchaus im Einzelfall zutreffen, im Regelfall ist es indessen ausgeschlossen. Bei informationseffizienten Märkten ist es sehr schwierig, den „Markt" zu schlagen.

Daraus folgt indessen nicht, daß der Investor sich überhaupt nicht in risikobehafteten Anlagen engagieren sollte. Werfen einzelne Anlagen eine deutlich von 0 verschiedene Risikoprämie ab, dann kann es sich auch bei homogenen Erwartungen lohnen, solche Anlagen vorzunehmen. Allerdings ist gerade im Devisenmarkt nicht mit deutlich von 0 verschiedenen Risikoprämien zu rechnen. Näherungsweise bedeutet eine aus deutscher Perspektive positive Risikoprämie $[f_0^1 - E(\tilde{w}_1)]$ im €/$-Markt eine negative Risikoprämie aus amerikanischer Perspektive. Langfristig ist eine deutlich von 0 verschiedene Risikoprämie daher nicht zu erwarten, sofern die politischen und wirtschaftlichen Risiken in den beiden Ländern, um deren Wechselkurs es geht, eine vergleichbare Größenordnung aufweisen und der Wechselkurs flexibel ist, also durch Angebot und Nachfrage ohne politische Interventionen bestimmt wird. Dann übernimmt derjenige, der seine Geldanlage von einer in die andere Währung verlagert, vor allem ein Umtauschrisiko. Sind solche Umtauschrisiken unsystematisch, dann werden hierfür keine Risikoprämien gezahlt. Dies wird auch durch empirische Befunde gestützt, wonach die Risikoprämien nahe bei 0 liegen (ENGEL 1996). Bei homogenen Erwartungen ist ein rein finanzielles Engagement in Devisenkontrakten daher nicht attraktiv.

2.3   Risikomanagement bei Existenz von Realoptionen

2.3.1   Ohne Absicherungsmöglichkeiten

Bisher wurde eine Problemstellung untersucht, bei der der Exporteur bereits im Zeitpunkt 0 über die Exportmenge entscheidet. Die Möglichkeit, die Exportmenge dem jeweiligen Wechselkurs anzupassen, wurde ausgeschlossen. Insbesondere im mehrperiodigen Modell besteht eine solche Anpassungsmöglichkeit. Dies zeigt sich in Modellen der flexiblen Planung. Die optimale Politik bei flexibler Planung kann erheblich von der bei starrer Planung abweichen.

Im folgenden werden Anpassungsmöglichkeiten des Exporteurs in das Risikomanagement einbezogen. Bei realwirtschaftlichen Anpassungsmöglichkeiten spricht man auch von Realoptionen. Unter einer Realoption wird die Möglichkeit verstanden, in einem zukünftigen Zeitpunkt oder Zeitraum über ein reales Investitionsprojekt zu entscheiden. Dieses Projekt kann darin bestehen, etwas Neues zu beginnen oder bereits durchgeführte Projekte einem neuen Informationsstand anzupassen. Bei Realisierung des Projekts ist oft eine Auszahlung zu leisten, ähnlich wie bei Ausübung einer Finanzoption der Basiskurs zu zahlen ist.

Eine Realoption kann vielfältige Entscheidungsmöglichkeiten beinhalten, z. B. über den Zeitpunkt der Investition, über ihren Umfang, ihre Ausgestaltung etc. Die Einzahlungsüberschüsse aus einer Realoption sind im doppelten Sinn stochastisch; erstens, weil die Option eventuell gar nicht ausgeübt wird, und zweitens, weil sie bei Ausübung stochastische Einzahlungsüberschüsse abwirft.

Diese Charakterisierung von Realoptionen macht deutlich, daß man ein Unternehmen begreifen kann als eine Einheit, die aus bereits durchgeführten Investitionen Einzahlungsüberschüsse erwirtschaftet, die aber gleichzeitig über ein Portefeuille von Realoptionen verfügt, aus denen im wesentlichen die Einzahlungsüberschüsse in Zukunft erwirtschaftet werden. Mit der Ausübung von Realoptionen werden Investitionsprojekte realisiert, die ihrerseits wieder neue Realoptionen erzeugen.

Z. B. investiert ein Unternehmen in die Forschung. Die potentiellen Forschungsergebnisse sollen dem Unternehmen Realoptionen zur Entwicklung neuer Produkte verschaffen. Ob diese dann tatsächlich entwickelt werden, hängt von den Forschungsergebnissen ab und davon, ob die neuen Produkte gewinnbringend zu vermarkten sind. Ist dies der Fall, dann eröffnen die neuen Produkte neue Möglichkeiten, sie weiterzuentwickeln und die verbesserten Produkte zu vermarkten. Es kommt so zu einem ständigen Entwicklungsprozeß, bei dem jede Entwicklungsstufe Realoptionen auf weitere Entwicklungsschritte eröffnet.

Am Beispiel des Exporteurs soll das Gesagte in einfacher Weise veranschaulicht werden. Dazu wird das Beispiel lediglich dahingehend geändert, daß der Exporteur über die Exportmenge erst im Zeitpunkt 1 zu entscheiden hat, also dann, wenn er den Wechselkurs w_1 bereits kennt. Ausgehend vom Zeitpunkt 0 verfügt der Exporteur also über eine Realoption des Exports, die er im Zeitpunkt 1 ausüben kann. Der Absatzpreis in \$ sei deterministisch, er fällt mit steigender Absatzmenge. Da bei Ausübung der Realoption im Zeitpunkt 1 alle Daten festliegen, wird die Exportmenge anhand der Regel „Grenzerlös = Grenzkosten" festgelegt:

$$\frac{d[p(y)y]}{dy} w_1 = c.$$

Der Grenzerlös in € ist gleich dem Grenzerlös in \$, multipliziert mit dem bereits bekannten Wechselkurs w_1. Je höher der Wechselkurs ist, um so mehr wird exportiert. Dies verdeutlicht Abb. 10.8.a). $y^*(w_1)$ ist die optimale Exportmenge beim Wechselkurs w_1.

Sinkt der Wechselkurs unter das Niveau w_1, dann wird nichts exportiert. Beim Wechselkurs w_1 gilt $p(0)w_1 = c$. Der Grenzerlös bei einer Exportmenge von 0, $p(0)w_1$, deckt gerade die Grenzkosten. Steigt nun der Wechselkurs, so muß der Grenzerlös in \$ fallen, damit die Regel „Grenzerlös = Grenzkosten" erfüllt ist. Der Grenzerlös in \$ fällt mit steigender Exportmenge. Folglich muß die optimale Exportmenge mit dem Wechselkurs steigen: $dy^*/dw_1 > 0$.

Anhand der optimalen Exportmenge läßt sich der zugehörige Einzahlungsüberschuß $e_1^*(w_1) = p(y^*)y^*w_1 - cy^*$ berechnen. Er ist gleich 0, wenn nicht exportiert wird ($w_1 \leq \underline{w}_1$). Für ($w_1 > \underline{w}_1$) ergäbe sich eine Gerade $e_1^*(w_1)$, wenn die Exportmenge unabhängig von w_1 auf eine bestimmte positive Zahl fixiert würde. Es lohnt sich bei einem Anstieg des Wechselkurses jedoch, die Exportmenge zu erhöhen. Folglich muß der Einzahlungsüberschuß $e_1^*(w_1)$ infolge der Erhöhung der Exportmenge nochmals wachsen. Wenn umgekehrt der Wechselkurs sinkt, wird das Sinken des Einzahlungsüberschusses durch eine Verminderung der Exportmenge abgeschwächt. Folglich ergibt sich sowohl bei steigendem als auch bei fallendem Wechselkurs durch Anpassung der Exportmenge ein höherer Einzahlungsüberschuß als bei konstanter

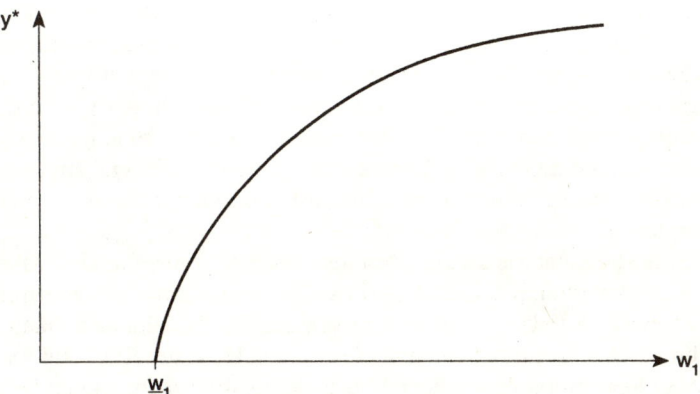

a) Die optimale Exportmenge in Abhängigkeit vom Wechselkurs.

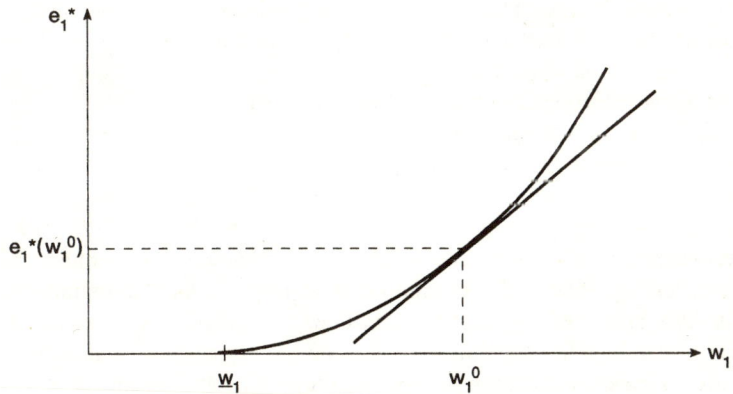

b) Der maximale €-Einzahlungsüberschuß aus Export in Abhängigkeit vom Wechselkurs und Tangente beim erwarteten Wechselkurs w_1^0.

Abb. 10.8. Exportmenge und €-Einzahlungsüberschuß in Abhängigkeit vom Wechselkurs

Exportmenge. Daher muß an die Stelle einer Geraden $e_1^*(w_1)$ eine streng konvexe Kurve im Wechselkursintervall $w_1 > \underline{w}_1$ treten[8]. Dies veranschaulicht Abb. 10.8.b).

Die Export-Realoption beinhaltet nicht nur das Recht, über Export oder Nichtexport zu entscheiden, sondern auch das Recht, über die Höhe der Exportmenge zu entscheiden. Beide Rechte bewirken die Konvexität des Einzahlungsüberschusses $e_1^*(w_1)$.

Konvex ist auch der Ausübungsgewinn einer Finanzoption in Abhängigkeit vom Kurs des Basisinstrumentes (siehe Abb. 7.3). Dies unterstreicht die Analogie von Real- und Finanzoptionen.

Für den Exporteur folgt daraus eine wichtige Konsequenz im Zeitpunkt 0. Der erwartete Einzahlungsüberschuß aus dem Export wächst mit der Volatilität des Wechselkurses. Sei zunächst der Wechselkurs w_1^0 bereits im Zeitpunkt 0 bekannt. Dann ergibt sich ein Einzahlungsüberschuß $e_1^*(w_1^0)$. Wenn nun statt dessen der Wechselkurs mit Wahrscheinlichkeit 1/2 entweder $(w_1^0 + \epsilon)$ oder $(w_1^0 - \epsilon)$ beträgt, dann ergibt sich ein Erwartungswert des €-Einzahlungsüberschusses $E(e_1^*(\tilde{w})) = 0{,}5[e_1^*(w_1^0 - \epsilon) + e_1^*(w_1^0 + \epsilon)]$. Da $e_1^*(w)$ eine konvexe Funktion ist, folgt $E(e_1^*(\tilde{w})) > e_1^*(w^0)$. Da der erwartete Einzahlungsüberschuß mit der Volatilität des Wechselkurses steigt, profitiert ein risikoneutraler Exporteur von einem Anstieg der Wechselkursvolatilität. Ob auch ein risikoscheuer Exporteur profitiert, hängt von der Höhe seiner Risikoscheu ab. Ein sehr risikoscheuer Exporteur wird letztlich eine Nutzeneinbuße erleiden.

Dieses Beispiel verdeutlicht die zwei Seiten, die mit einer Zunahme der Volatilität eines Risikofaktors verbunden sind. Dabei handle es sich um einen linearen Risikofaktor, also einen Risikofaktor, von dessen Höhe das Ergebnis linear abhängt, wenn das Unternehmen seine Politik nicht an der jeweiligen Höhe des Risikofaktors ausrichtet. Der mit der Realoption verbundene Entscheidungsspielraum erlaubt dem Unternehmen, statt eines im Risikofaktor linearen ein konvexes Ergebnis zu erzielen. Mit der Volatilität des Risikofaktors wächst daher das erwartete Ergebnis. Gleichzeitig wächst aber auch die Volatilität des Ergebnisses. Wie beide Wirkungen gegeneinander abzuwägen sind, hängt von der Risikoscheu des Unternehmers ab.

In diesem einfachen Beispiel ist die optimale Exportentscheidung im Zeitpunkt 1 von der Volatilität des Wechselkurses und der Risikopolitik des Unternehmens unabhängig, weil die Exportentscheidung keinerlei Risiko mehr beinhaltet. Die vorangehende grundsätzliche Entscheidung, den ausländischen Markt für potentielle Exporte zu erschließen, ist indessen nicht risikofrei. Die Grundsatzentscheidung, den Markt zu erschließen, ist mit Auszahlungen verbunden, z. B. mit dem Aufbau eines Vertriebssystems im Ausland, Werbeaktivitäten etc. Diese Auszahlungen zählen zu den Markteintrittskosten. Kann das Unternehmen sein Wechselkursrisiko nicht absichern, so kann es sehr wohl sein, daß es sich bei niedriger Wechselkursvolatilität grundsätzlich für die Erschließung des Auslandsmarktes entscheidet, bei hoher Wechselkursvolatilität jedoch infolge seiner Risikoscheu dagegen. Die Wechselkursvolatilität wird die Grundsatzentscheidung im allgemeinen beeinflussen.

---

[8]   Differenziert man $e_1^*(w_1)$ nach w_1, dann folgt $\partial e_1^*/\partial w_1 = p(y^*)y^*$ bei Berücksichtigung der Bedingung „Grenzerlös = Grenzkosten" für die optimale Exportmenge. Die zweite Ableitung ergibt $\partial^2 e_1^*/\partial w_1^2 = (\partial[p(y^*)y^*]/\partial y^*)\partial y^*/\partial w_1 = [c/w_1]\partial y^*/\partial w_1 > 0$. Daher ist $e_1^*(w_1)$ streng konvex für $w_1 > \underline{w}_1$.

2.3.2   Mit Absicherungsmöglichkeiten

Bestehen nun Möglichkeiten, im Zeitpunkt 0 Wechselkursrisiken abzusichern, dann ändert sich das Bild. Wäre der Kapitalmarkt vollkommen und vollständig, so könnte das Unternehmen im Zeitpunkt 0 die stochastische Zahlung $e_1^*(\tilde{w}_1)$ zu einem bekannten Marktpreis veräußern; dann wäre die Exportentscheidung vom Wechselkursrisiko unabhängig. Auch die Grundsatzentscheidung wäre von der Finanzierungs- und damit von der finanziellen Risikopolitik unabhängig.

Im folgenden wird lediglich die Handelbarkeit von Devisenterminkontrakten unterstellt. Dann kann der Exporteur, nachdem die Grundsatzentscheidung für die Erschließung des Auslandsmarktes getroffen worden ist, wie folgt vorgehen. Sei w_1^0 der Erwartungswert des Wechselkurses $\tilde{w}_1$. Der €-Einzahlungsüberschuß aus Export beim Wechselkurs w_1 beträgt $e_1^*(w_1) = p(y^*(w_1))y^*(w_1)w_1 - cy^*(w_1)$, die Steigung der Kurve ist gleich $d\,e_1^*(w_1)/dw_1 \equiv \Delta^P(w_1)$. Sie stimmt für $w_1 = w_1^0$ überein mit der Steigung der Tangente (siehe Abb. 10.8.b)). Der Exporteur verkaufe nun im Zeitpunkt 0 x \$ per Termin Zeitpunkt 1, so daß seine Position beim Wechselkurs w_1^0 deltaneutral ist, sich also bei kleinen Wechselkursänderungen nicht ändert:

$$\Delta^P(w_1^0) + x\Delta^T(w_1^0) = 0$$

Das Ergebnis aus dem Verkauf eines Dollars per Termin ist im Zeitpunkt 1 gleich $e_1^T = (f_0^1 - w_1)$. Daraus folgt $d\,e_1^T/d\,w_1 = -1 \equiv \Delta^T$. Da das Ergebnis aus dem Terminkontrakt linear von w_1 abhängt, ist das Delta aus dem Terminverkauf eines Dollars eine Konstante, und zwar -1. Eine deltaneutrale Position beim Wechselkurs w_1^0 erreicht der Exporteur also, indem er $x = \Delta^P(w_1^0)$ \$ per Termin verkauft. Die Steigung seiner so gehedgten Exportposition, also ihr Delta, ist gleich 0 beim Wechselkurs w_1^0. Hier erreicht der Einzahlungsüberschuß aus der gehedgten Exportposition auch sein Minimum. Denn er setzt sich aus dem konvexen Export-Einzahlungsüberschuß und dem linearen Einzahlungsüberschuß aus Terminverkauf zusammen und ist daher ebenfalls konvex. Dies verdeutlicht Abb. 10.9. Das Niveau des Minimums ist $e_1^*(w_1^0) + x\,e_1^T(w_1^0)$. Dabei gilt $x\,e_1^T(w_1^0) = x(f_0^1 - w_1^0) = \Delta^P(w_1^0)(f_0^1 - w_0^1)$, also $\Delta^P(w_1^0)$, multipliziert mit der Risikoprämie des Dollars.

Wächst nun bei gleichbleibendem Erwartungswert des Wechselkurses, $E(\tilde{w}_1) = w_1^0$, und bei gleichbleibendem Terminkurs f_0^1 die Volatilität des Wechselkurses, dann ist dies für den Exporteur von Vorteil, egal wie hoch seine Risikoscheu ist. Denn eine zunehmende Volatilität bedeutet, daß der Wechselkurs stärker von w_1^0 abweicht und damit das gehedgte Exportergebnis wächst. Der Exporteur profitiert also im Export von zunehmender Volatilität des Wechselkurses.

Dies wirkt zurück auf seine Grundsatzentscheidung, den ausländischen Markt zu erschließen. Bei gegebenen Markteintrittskosten wird er sich um so eher für die Erschließung entscheiden, je höher die Ergebnisse aus dem gehedgten Export sind. Da diese mit der Wechselkursvolatilität steigen, begünstigt eine höhere Volatilität die Grundsatzentscheidung für die Erschließung.

Dieses Ergebnis überrascht zunächst. Die Erklärung hierfür liegt in dem Anpassungsspielraum, den die Realoption gewährt. Gäbe es diesen nicht, sondern müßte der Exporteur bereits im Zeitpunkt 0 die Exportmenge festlegen, dann könnte er sich durch ein Termingeschäft perfekt gegen das Wechselkursrisiko absichern (Ab-

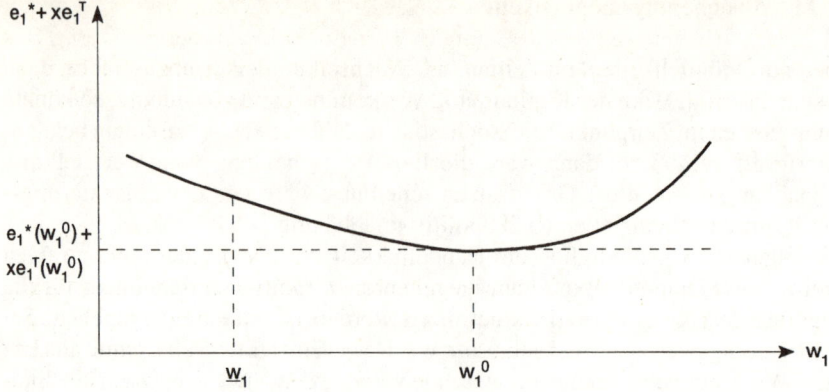

Abb. 10.9. €-Einzahlungsüberschuß aus Export und aus Terminverkauf, so daß eine deltaneutrale Position beim Wechselkurs w_1^0 besteht

schnitt 2.2.2). Das Exportergebnis wäre dann vom Wechselkurs vollkommen unabhängig, folglich auch von der Volatilität des Wechselkurses. Grafisch würde das Exportergebnis durch eine Horizontale in bezug auf den Wechselkurs dargestellt. Der Anpassungsspielraum, den der Exporteur gewinnt, wenn er die Exportmenge erst im Zeitpunkt 1 festlegen muß, ermöglicht ihm, statt eines deterministischen Exportergebnisses ein Exportergebnis zu erzielen, das außer beim Wechselkurs w_1^0 über der Horizontalen liegt und zudem konvex verläuft. Daher ist es der Anpassungsspielraum, der über die Konvexität des Ergebnisses eine höhere Volatilität vorteilhaft macht. Ähnlich verhält es sich mit Finanzoptionen.

Aus diesen komparativ statischen Überlegungen zum Einfluß der Wechselkursvolatilität sollten allerdings keine generellen Schlußfolgerungen gezogen werden, etwa dahingehend, daß der internationale Handel mit der Volatilität von Wechselkursen wächst oder, noch weitergehend, eine höhere Volatilität für eine Volkswirtschaft von Vorteil ist. Um solche Schlußfolgerungen zu begründen, müßten zwei allgemeine Gleichgewichte mit unterschiedlicher Wechselkursvolatilität verglichen werden, also die hier stets gesetzte ceteris paribus Prämisse aufgehoben werden. Es ist durchaus möglich, daß mit einer hohen Wechselkursvolatilität hohe volkswirtschaftliche Anpassungskosten verbunden sind, die im Modell nicht erfaßt werden. Solche Anpassungskosten können dazu führen, daß eine Erhöhung der Wechselkursvolatilität eine Volkswirtschaft schädigt. Immerhin ist jedoch bemerkenswert, daß die häufig geäußerte Vermutung, eine Zunahme der Wechselkursvolatilität beeinträchtige den internationalen Handel, in empirischen Untersuchungen nicht oder nur schwach bestätigt wurde (CUSHMAN [1988], THURSBY and THURSBY [1987], LASTRAPES/KORAY [1990]).

Die vorangehenden Erörterungen haben lediglich den Zusammenhang zwischen Wechselkursvolatilität und gehedgter Exportposition untersucht. Welche Kontrakte der Exporteur ansonsten im Devisenmarkt abschließt, blieb offen. Es ist durchaus möglich, daß er diesbezüglich durch eine Erhöhung der Wechselkursvolatilität Nachteile erleidet.

Beachtet der Exporteur auch eine Value at Risk-Restriktion, dann wird damit, analog zu den Ausführungen in Abschnitt 2.2.3, das Volumen der per Termin zu handelnden Dollars beschränkt. Dies erkennt man, wenn man statt des in Abb. 10.9 abgebildeten stochastischen Einzahlungsüberschusses den beim Wechselkurs w_1^0 erzielbaren minimalen in die Value at Risk-Restriktion einsetzt.

2.4   Zusammenfassung

Die einfachste Risikopolitik besteht bei gegebenem Investitionsprogramm darin, das Risiko durch Finanzkontrakte zu minimieren. Hierbei wird auf die Ertragswirkungen keine Rücksicht genommen. Eine auf kurze Frist ausgerichtete Risikominimierung kann darin bestehen, über einen deltaneutralen Hedge den Einfluß einzelner Risikofaktoren zu neutralisieren. Das Delta einer Position gibt an, wie sich ihr Ergebnis ändert, wenn sich der Risikofaktor um eine Einheit ändert. Man kann vom Delta des gegebenen Investitionsprogramms ausgehen und dieses durch den Handel von Terminkontrakten auf den Risikofaktor gerade ausgleichen. Das Delta der Gesamtposition ist dann gleich 0.

Häufig ändert sich die Höhe des Deltas, wenn sich der Risikofaktor ändert. Dann kann im Rahmen eines dynamischen Hedge auch die Position im Terminkontrakt angepaßt werden.

Risikomanagement betont die Abstimmung von Investitions- und Finanzierungspolitik, um eine optimale Kombination von Risiko und Erwartungswert des Ergebnisses zu erzielen. Der Exporteur, der über die Exportmenge entscheiden muß, bevor er den Wechselkurs kennt, unterliegt einem Wechselkursrisiko. Kann er dieses nicht absichern, so wird er um so weniger exportieren, je niedriger der erwartete Wechselkurs und je höher die Wechselkursvolatilität ist. Ein Devisenterminkontrakt reicht aus, um ein lineares Wechselkursrisiko vollkommen abzusichern. Die optimale Exportmenge ist dann bei vollkommenem Kapitalmarkt nicht nur von der Finanzierungspolitik des Unternehmens unabhängig, sondern auch von der Wechselkursvolatilität. Welche Position der Exporteur darüber hinaus im Devisenterminmarkt eingeht, hängt vom Vorzeichen und der Höhe der Risikoprämie im Terminmarkt sowie von seiner Risikopräferenz ab. Je stärker die Risikoprämie von 0 abweicht, um so höher ist der Anreiz, daran durch eine Position im Terminmarkt zu verdienen. Diese kann durch eine Value at Risk-Restriktion beschränkt werden.

Finanzoptionen erweitern gegenüber Terminkontrakten die Möglichkeiten, sich im Kapitalmarkt zu engagieren. Neben Kaufoptionen können auch Verkaufsoptionen mit verschiedenen Basiskursen gehandelt werden. Dadurch können vielfältige Gewinn- und Verlustprofile erzeugt werden.

Komplexer wird die Bestimmung einer effizienten Kombination von Risiko und Ertrag, wenn das Unternehmen über Realoptionen verfügt; diese können in Zukunft ausgeübt werden. Sie eröffnen Möglichkeiten, neue Investitionsprojekte zu beginnen oder vorhandene Investitionen einem neuen Informationsstand anzupassen. Der mit Realoptionen verbundene Anpassungsspielraum führt dazu, daß ein Ergebnis, das ohne Anpassungsspielraum linear von einem Risikofaktor abhängt, mit Anpassungsspielraum konvex davon abhängt. Eine solche Position läßt sich mit Terminkontrakten auf den Risikofaktor so kombinieren, daß eine deltaneutrale Position beim

Niveau des Risikofaktors in Höhe seines Erwartungswertes entsteht. Bei diesem Niveau erreicht sie ebenfalls ihr minimales Ergebnis. Eine Erhöhung der Volatilität des Risikofaktors bei gleichbleibendem Erwartungswert und gleichbleibendem Terminkurs erhöht den Wert der so gehedgten Position, ähnlich wie bei Finanzoptionen. Zusätzliche Volatilität von Risikofaktoren schädigt also zunächst risikoscheue Investoren durch eine Zunahme der Ergebnisvolatilität, gleichzeitig begünstigt sie über einen Wertzuwachs von Realoptionen. Kann das Ergebnisrisiko gehedgt werden, dann wächst der erwartete Nutzen risikoscheuer Investoren mit der Volatilität des Risikofaktors.

Literaturangaben zu Kapitel X

Zu 1
Zu den Gründen für Risikomanagement siehe:
PRITSCH/HOMMEL 1997, SMITH/STULZ 1985.

Zu den Ebenen der Ergebnismessung siehe:
BREUER 1997c, Kap. III, FRANKE 1995, Kap. IV, MENICHETTI 1993, Kap. IV, SHAPIRO 2003, Kap. 10 und 11.

Zu den statistischen Risikomaßen siehe:
JAEGER/RUDOLF/ZIMMERMANN 1995.

Zu 2
Zur Absicherung von Risiken siehe:
ADAM-MÜLLER, 1995, Kap. 2, BREUER 1997c, Kap. IV, BROLL/WAHL 1992, CHANCE 2001, Kap. 10, DUFFIE 1989, Kap. 7, FRANKE 1995, Kap. IV, HULL 2003, Kap. 14, KÜRSTEN 1997, PERRIDON/STEINER 2002, Kap. CV, SPREMANN/HERBECK 1997.

Zu Realoptionen siehe:
DIXIT/PINDYCK 1994, FRANKE 1993a, GRENADIER/WEISS 1997, MELLO/PARSONS/ TRIANTIS 1995, PINDYCK 1991, SERCU/VANHULLE 1992.

Literaturverzeichnis

ADAM-MÜLLER, AXEL F. A. (1995) Internationale Unternehmensaktivität, Wechselkursrisiko und Hedging mit Finanzinstrumenten. Heidelberg.

ADAM-MÜLLER, AXEL F. A. (1997) Merkmale und Einsatz von exotischen Optionen. In: Zeitschrift für betriebswirtschaftliche Forschung, Sonderheft 38, S. 89–125.

ADELBERGER, OTTO L./GÜNTHER, HORST H. (1982) Fall- und Projektstudien zur Investitionsrechnung. München.

AKERLOF, GEORGE A. (1970) The Market for „Lemons": Quality Uncertainty and the Market Mechanism. In: Quarterly Journal of Economics, vol. 84, S. 488–500.

ALBACH, HORST (1959) Wirtschaftlichkeitsrechnung bei unsicheren Erwartungen. Köln.

ALBACH, HORST (1984) Welche Maßnahmen empfehlen sich, insbesondere im Gesellschafts- und Kapitalmarktrecht, um die Eigenkapitalausstattung der Unternehmen langfristig zu verbessern? In: 55. Deutscher Juristentag, Bericht K, S. K9–K37. Hamburg.

ALCHIAN, ARMEN A. (1974) Corporate Management and Property Rights. In: Furobotn, E. G./Pedjovich, S. (eds.), The Economics of Property Rights, Cambridge (Mass.), S. 133–150.

ALCHIAN, ARMEN A./DEMSETZ, HAROLD (1972) Production, Information Costs and Economic Organization. In: American Economic Review, vol. 62, S. 777–795.

ALCHIAN, ARMEN A./WOODWARD, SUSAN (1987) Reflections on the Theory of the Firm. In: Journal of Institutional and Theoretical Economics, vol. 143, S. 110–136.

ALLEN, FRANKLIN/WINTON, ANDREW (1995) Corporate Financial Structure, Incentives and Optimal Contracting. In: R. A. Jarrow u. a. (eds.) North-Holland Handbooks of Operations Research and Management Science: Finance. Amsterdam.

ALTROGGE, GÜNTER (1996) Investition. 4. Aufl., München.

AMIHUD, YAKOV/MURGIA, MAURIZIO (1997) Dividends, Taxes and Signaling: Evidence from Germany. In: Journal of Finance, vol. 52, S. 397–408.

ANG, JAMES S. (1987) Do Dividends Matter? A Review of Corporate Dividend Theories and Evidence. Monograph Series in Finance and Economics. New York.

ARBEITSKREIS KRÄHE DER SCHMALENBACH-GESELLSCHAFT (1964) Finanzorganisation. Köln.

ARROW, KENNETH J. (1964) The Role of Securities in the Optimal Allocation of Risk-Bearing. In: Review of Economic Studies, vol. 31, S. 91–96.

ARROW, KENNETH J. (1985) The Economics of Agency. In: John W. Pratt/Richard J. Zeckhauser (eds.) Principals and Agents: The Structure of Business. Boston (Mass.), S. 37–51.

BALDENIUS, TIM/REICHELSTEIN, STEFAN (2000) Incentives for Efficient Inventory Management: The Role of Historical Costs. Working Paper, Columbia University and University of California at Berkeley.

BALLWIESER, WOLFGANG (1990) Unternehmensbewertung und Komplexitätsreduktion. 3. Aufl., Wiesbaden.

BALLWIESER, WOLFGANG (1987) Die Analyse von Jahresabschlüssen nach neuem Recht. In: Wirtschaftsprüfung, 40. Jg., S. 57–68.

BALLWIESER, WOLFGANG (1996) Ein Überblick über die Ansätze zur ökonomischen Analyse des Bilanzrechts. In: Betriebswirtschaftliche Forschung und Praxis, 48. Jg., S. 503–527.

BALTENSPERGER, ERNST/MILDE, HELLMUTH (1987) Theorie des Bankverhaltens. Heidelberg.

BAMBERG, GÜNTER/COENENBERG, ADOLF G. (2002) Betriebswirtschaftliche Entscheidungslehre. 11. Aufl., München.

BAMBERG, GÜNTER/SPREMANN, KLAUS (eds.) (1989) Agency Theory, Information, and Incentives. Berlin.

BARNEA, AMIR/HAUGEN, ROBERT A./SENBET, LEMMA W. (1985) Agency Problems and Financial Contracting. Englewood Cliffs (N.J.).

BAUER, WALTER (1926) Die Bewegungsbilanz und ihre Anwendbarkeit, insbesondere als Konzernbilanz. In: Zeitschrift für handelswissenschaftliche Forschung, 20. Jg., S. 485–544.

BAY, WOLF (1990) Dividenden, Steuern und Steuerreformen. Ein internationaler Vergleich. Wiesbaden.

BELLMAN, RICHARD E./KALABA, ROBERT (1966) Dynamic Programming and Modern Control. Princeton (N.J.).

BENNER, WOLFGANG (1989) Betriebliche Prozesse, finanzwirtschaftliche Existenzbedingungen und finanzielles Gleichgewicht. In: H.-G. Deppe (Hrsg.), Geldwirtschaft und Rechnungswesen. Göttingen. S. 153–198.

BENNINGA, SIMON/TALMOR, ELI (1988) The Interaction of Corporate and Government Financing in General Equilibrium. In: Journal of Business, vol. 61, S. 233–258.

BENSTON, GEORGE J./SMITH, CLIFFORD W., Jr. (1976) A Transactions Cost Approach to the Theory of Financial Intermediation. In: Journal of Finance, vol. 31, S. 215–231.

BERLE, ADOLF A./MEANS, GARDINER C. (1932) The Modern Corporation and Private Property. New York. Reprint May 1991.

BERNHARD, RICHARD H./NORSTRØM, CARL J. (1980) A Further Note on Unrecovered Investment. In: Journal of Financial and Quantitive Analysis, vol. 15, S. 421–423.

BESTER, HELMUT (1985) Screening vs. Rationing in Credit Markets with Imperfect Information. In: American Economic Review, vol. 75, S. 850–855.

BHATTACHARYA, SUDIPTO (1979) Imperfect Information, Dividend Policy, and the Bird in the Hand Fallacy. In: Bell Journal of Economics, vol. 10, S. 259–270.

BHATTACHARYA, SUDIPTO/CONSTANTINIDES, GEORGE M. (eds.) (1989) Financial Markets and Incomplete Information – Frontiers of Modern Financial Theory. Vol. 2, Totowa, N.J.

BIERGANS, ENNO (1979) Investitionsrechnung: Moderne Verfahren und Ihre Anwendung in der Praxis. Nürnberg.

BIERICH, MARCUS (1979) Anforderungen an das Finanzwesen eines internationalen Konzerns. In: Die Bank, S. 534–547.

BITZ, MICHAEL (1981) Entscheidungstheorie. München.

BITZ, MICHAEL (2002) Finanzdienstleistungen. 6. Aufl., München.

BITZ, MICHAEL/HEMMERDE, WILHELM/RAUSCH, WERNER (1986) Gesetzliche Regelungen und Reformvorschläge zum Gläubigerschutz. Berlin.

BLACK, FISCHER (1976) The Dividend Puzzle. In: Journal of Portfolio Management, S. 5–8.

BLACK, FISCHER/SCHOLES, MYRON (1973) The Pricing of Options and Corporate Liabilities. In: Journal of Political Economy, vol. 81, S. 637–654.

BLOHM, HANS/LÜDER, KLAUS (1995) Investition. 8. Aufl., München.

BOGNER, STEFAN/SWOBODA, PETER (1994) Der steuerliche Beitrag zur Finanzierung unmittelbarer betrieblicher Pensionszusagen unter Berücksichtigung von Inflation und realen Gehaltssteigerungen. Arbeitspapier Graz.

BREALEY, RICHARD/MYERS, STEWART C. (2003) Principles of Corporate Finance. 7. Aufl., New York.

BRENNAN, MICHAEL J./KRAUS, ALAN (1978) Necessary Conditions for Aggregation in Securities Markets. In: Journal of Financial and Quantitative Analysis, vol. 13, S. 407–418.

BRENNAN, MICHAEL J./KRAUS, ALAN (1987) Efficient Financing under Asymmetric Information. In: Journal of Finance, vol. 42, S. 1225–1243.

BRENNAN, MICHAEL J./MAKSIMOVIC, VOJISLAV/ZECHNER, JOSEF (1988) Vendor Financing. In: Journal of Finance, vol. 43, S. 1127–1141.

BREUER, WOLFGANG (1993a) Finanzintermediation im Kapitalmarktgleichgewicht. Wiesbaden.

BREUER, WOLFGANG (1993b) Linearität und Optimalität in ökonomischen Agency-Modellen: Eine Anmerkung. In: Zeitschrift für Betriebswirtschaft, 63. Jg., S. 1073–1076.

BREUER, WOLFGANG (1994) Finanzintermediation und Wiederverhandlungen. In: Kredit und Kapital, 27. Jg., S. 291–309.

BREUER, WOLFGANG (1995) Linearitäten in Anreizverträgen bei groben Informationsstrukturen. Wiesbaden.

BREUER, WOLFGANG (1997a) Die Marktwertmaximierung als finanzwirtschaftliche Entscheidungsregel. In: WiSt – Wirtschaftswissenschaftliches Studium, 26. Jg., S. 222–226.

BREUER, WOLFGANG (1997b) Die Wertadditivität von Marktbewertungsfunktionen. In: WISU – Das Wirtschaftsstudium, 26. Jg., S. 1148–1153.

BREUER, WOLFGANG (1997c) Unternehmerisches Währungsmanagement. Wiesbaden.

BROLL, UDO/WAHL, JACK (1992) Exports under Exchange Rate Uncertainty and Hedging Markets. In: Zeitschrift für die gesamte Staatswissenschaft, vol. 148, S. 577–587.

BUCHNER, ROBERT (1981) Grundzüge der Finanzanalyse. München.

BUCHNER, ROBERT (1985) Finanzwirtschaftliche Statistik und Kennzahlenrechnung. München.

BÜHLER, WOLFGANG/GEHRING, HERMANN/GLASER, HORST (1979) Kurzfristige Finanzplanung unter Sicherheit, Risiko und Unsicherheit. Wiesbaden.

BÜHNER, ROLF/WEINBERGER, HANS-JOACHIM (1991) Cash Flow und Shareholder Value. In: Zeitschrift für betriebswirtschaftliche Forschung, 43. Jg., S. 187–208.

BÜSCHGEN, HANS E. (1966) Wertpapieranalyse. Stuttgart.

BÜSCHGEN, HANS E. (Hrsg.) (1976) Handwörterbuch der Finanzwirtschaft. Stuttgart.

BÜSCHGEN, HANS E. (1991) Grundlagen betrieblicher Finanzwirtschaft. 3. Aufl., Frankfurt/Main.

BÜSCHGEN, HANS E. (1997) Internationales Finanzmanagement. 3. Aufl., Frankfurt/Main.

BUHL, HANS ULRICH (1989) Finanzanalyse des Hersteller-Leasings. In: Zeitschrift für Betriebswirtschaft, 59. Jg., S. 421–439.

BUSSE VON COLBE, WALTHER (1966) Aufbau und Informationsgehalt von Kapitalflußrechnungen. In: Zeitschrift für Betriebswirtschaft, 36. Jg., 1. Erg.heft, S. 82–114.

BUSSE VON COLBE, WALTHER (1968) Kapitalflußrechnungen als Berichts- und Planungsinstrument. In: Jacob, H. (Hrsg.) Kapitaldisposition, Kapitalflußrechnung und Liquiditätspolitik, Schriften zur Unternehmensführung, Band 6/7, Wiesbaden, S. 9–28.

BUSSE VON COLBE, WALTHER/CHMIELEWICZ, KLAUS (1986) Das neue Bilanzrichtliniengesetz. In: Die Betriebswirtschaft, 46. Jg., S. 289–347.

BUSSE VON COLBE, WALTHER/LASSMANN, GERT (1994) Betriebswirtschaftstheorie, Band 3: Investitionstheorie. 4. Aufl., Berlin.

BYGRAVE, WILLIAM/TIMMONS, JEFFREY (1992) Venture Capital at the Crossroads. Boston (Mass.).

CHANCE, DON M. (2001) An Introduction to Derivation and Risk Management. 5. Aufl., Philadelphia.

CHMIELEWICZ, KLAUS (1972) Integrierte Finanz- und Erfolgsplanung. Stuttgart.

CHMIELEWICZ, KLAUS (1975) Arbeitnehmerinteressen und Kapitalismuskritik in der Betriebswirtschaftslehre. Reinbek bei Hamburg.

CHRISTIANS, F. WILHELM (Hrsg.) (1988) Finanzierungshandbuch. 2. Aufl., Wiesbaden.

COASE, RONALD H. (1937) The Nature of the Firm. In: Economica, vol. 4, S. 385–405.

COASE, RONALD H. (1988) The Firm, the Market, and the Law. Chicago.

COCHRANE, JOHN (2001), Asset Pricing, Princeton (New York).

COENENBERG, ADOLF G. (2003) Jahresabschluß und Jahresabschlußanalyse. 19. Aufl., Landsberg am Lech.

COHEN, JEROME B./ZINBARG, EDWARD D./ZEIKEL, ARTHUR (1987) Investment Analysis and Portfolio Management. 5. Aufl., Homewood (Ill.).

COOKE, TERENCE E. (1988) International Mergers and Acquisitions. Oxford, New York.

COPELAND, TOM/KOLLER, TIM/MURRIN, JACK (2000) Valuation. Measuring and Managing the Value of Companies. 3. Aufl., New York u. a.

COPELAND, THOMAS E./WESTON, FRED J. (1988) Financial Theory and Corporate Policy. 3. Aufl., Reading (Mass.).

COTTLE, SIDNEY/MURRAY, ROGER F./BLOCK, FRANK E. (1988) Graham and Dodd's security analysis. 5. Aufl., New York.

COX, JOHN C./INGERSOLL, JONATHAN E./ROSS, STEPHEN A. (1985) A Theory of the Term Structure of Interest Rates. In: Econometrica, vol. 53, S. 75–100.

COX, JOHN C./ROSS, STEPHEN A./RUBINSTEIN, MARK (1979) Option Pricing: A Simplified Approach. In: Journal of Financial Economics, vol. 7, S. 229–263.

COX, JOHN C./RUBINSTEIN, MARK (1985) Options Markets. Englewood Cliffs (N.J.).

CUSHMAN, DAVID (1988) U.S. bilateral trade flows and exchange risk during the floating period. In: Journal of International Economics, vol. 24, S. 317–330.

DEAN, JOEL (1951) Capital Budgeting. New York.

DE ANGELO, HARRY/DE ANGELO, LINDA/SKINNER, DOUGLAS J. (1992) Dividends and Losses. In: Journal of Finance, vol. 47, S. 1837–1863.

DE ANGELO, HARRY/MASULIS, RONALD W. (1980) Capital Structure under Corporate and Personal Taxation. In: Journal of Financial Economics, vol. 8, S. 3–29.

DE FINETTI, BRUNO (1970) Logical Foundations and Measurement of Subjective Probability. In: Acta Psychologica, vol. 34, S. 129–145.

DEPPE, HANS-DIETER (1973) Betriebswirtschaftliche Grundlagen der Geldwirtschaft. Bd. 1, Einführung und Zahlungsverkehr. Stuttgart.

DEPPE, HANS-DIETER (1989) Finanzielle Haftung heute – Obsoletes Relikt oder marktwirtschaftliche Fundamentalleistung? In: H.-D. Deppe (Hrsg.) Geldwirtschaft und Rechnungswesen. Göttingen, S. 199–228.

DEPPE, HANS-DIETER/LOHMANN, KARL (1989) Grundriß analytischer Finanzplanung. 2. Aufl., Göttingen.

DIAMOND, DOUGLAS W. (1984) Financial Intermediation and Delegated Monitoring. In: Review of Economic Studies, vol. 51, S. 393–414.

DIAMOND, DOUGLAS W. (1993) Seniority and maturity of debt contracts. In: Journal of Financial Economics, vol. 33, S. 341–368.

DIETZ, ALBRECHT (1990) Die betriebswirtschaftlichen Grundlagen des Leasing. In: Zeitschrift für Betriebswirtschaft, 60. Jg., S. 1139–1158.

DINKELBACH, WERNER (1969) Sensitivitätsanalysen und parametrische Programmierung. Berlin.

DINKELBACH, WERNER/ISERMANN, HEINZ (1976) Sensitivitätsanalysen bei Finanzplanungsmodellen. In: H. E. Büschgen (Hrsg.) Handwörterbuch der Finanzwirtschaft. Stuttgart, Sp. 1619–1634.

DIXIT, AVINASH/PINDYCK, ROBERT S. (1994) Investment under Uncertainty. Princeton, NJ.

DOWD, KEVIN (1992) Optimal Financial Contracts. In: Oxford Economic Papers, vol. 44, S. 672–693.

DRUKARCZYK, JOCHEN (1983) Kreditverträge, Mobiliarsicherheiten und Vorschläge zu ihrer Reform im Konkursrecht. In: Zeitschrift für Betriebswirtschaft, 53. Jg., S. 328–349.

DRUKARCZYK, JOCHEN (1987) Unternehmen und Insolvenz – Zur effizienten Gestaltung des Kreditsicherungs- und Insolvenzrechts. Wiesbaden.

DRUKARCZYK, JOCHEN (1993) Theorie und Politik der Finanzierung. 2. Aufl., München.

DRUKARCZYK, JOCHEN (1999) Finanzierung – Eine Einführung. 8. Aufl., Stuttgart u. a.

DRUKARCZYK, JOCHEN/DUTTLE, JOSEF/RIEGER, REINHARD (1985) Mobiliarsicherheiten – Arten, Verbreitung, Wirksamkeit. Köln.

DUFFIE, DARRELL (1988) Security Markets: Stochastic Models. San Diego.

DUFFIE, DARRELL (1989) Futures Markets. Englewood Cliffs.

DYCKHOFF, HARALD (1988) Zeitpräferenz. In: Zeitschrift für betriebswirtschaftliche Forschung, 40. Jg., S. 990–1008.

EBENROTH, CARSTEN TH. (1988) Die Beschränkung von Hostile Takeovers in Delaware. In: Recht der Internationalen Wirtschaft, 34. Jg., S. 413–427.

EDELMANN, RALF/MILDE, HELLMUTH/WEIMERSKIRCH, PIERRE (1998) Agency-Beziehungen und Kontrakt-Design: Problem, Lösung, Beispiel. In: Kredit und Kapital, 31. Jg., S. 1–27.

EISELE, WOLFGANG (1985) Die Amortisationsdauer als Entscheidungskriterium für Investitionsentscheidungen. In: Wirtschaftswissenschaftliches Studium, 14. Jg., S. 373–381.

EISENFÜHR, FRANZ/WEBER, MARTIN (2003) Rationales Entscheiden. 4. Aufl., Berlin.

ELTON, EDWIN J./GRUBER, MARTIN J. (2003) Modern Portfolio Theory and Investment Analysis. 6th ed., New York.

EWERT, RALF (1986) Rechnungslegung, Gläubigerschutz und Agency-Probleme. Wiesbaden.

EWERT, RALF (1990) Wirtschaftsprüfung und asymmetrische Information. Berlin.

EWERT, RALF (1992) Controlling, Interessenkonflikte und asymmetrische Information. In: Betriebswirtschaftliche Forschung und Praxis, 44. Jg., S. 277–303.

EWERT, RALF/WAGENHOFER, ALFRED (2003) Interne Unternehmensrechnung. 5. Aufl., Berlin.

FAMA, EUGENE F. (1970) Efficient Capital Markets: A Review of Theory and Empirical Work. In: Journal of Finance, vol. 25, S. 383–417.

FAMA, EUGENE F. (1978) The Effects of a Firm's Investment and Financing Decisions on the Welfare of its Security Holders. In: American Economic Review, vol. 68, S. 272–284.

FAMA, EUGENE F. (1991) Efficient Capital Markets: II. In: Journal of Finance, vol. 46, S. 1575–1617.

FAMA, EUGENE F./FRENCH, KENNETH R. (1992) The Cross Section of Expected Stock Returns. In: Journal of Finance, vol. 47, S. 427–465.

FAMA, EUGENE F./FRENCH, KENNETH R. (1993) Common risk factors in the returns on stocks and bonds. In: Journal of Financial Economics, vol. 33, S. 3–56.

FERSCHL, FRANZ (1975) Nutzen- und Entscheidungstheorie. Opladen.

FISCHER, EDWIN O./ZECHNER, JOSEF (1990) Die Lösung des Risikoanreizproblems durch Ausgabe von Optinsanleihen. In: Zeitschrift für betriebswirtschaftliche Forschung, 42. Jg., S. 334–342.

FISCHER, OTFRID (1977) Finanzwirtschaft der Unternehmung I. Tübingen.

FISCHER, OTFRID (1993) Finanzwirtschaft der Unternehmung II. 2. Aufl., Düsseldorf.

FISCHER, OTFRIED/JANSEN, HELGE/MEYER, WERNER (1975) Langfristige Finanzplanung deutscher Unternehmen. Hamburg.

FISHER, IRVING (1930) The Theory of Interest. New York.

FRANCFORT, ALFRED J./RUDOLPH, BERND (1992) Zur Entwicklung der Kapitalstrukturen in Deutschland und in den Vereinigten Staaten von Amerika. In: Zeitschrift für betriebswirtschaftliche Forschung, 44. Jg., S. 1059–1079.

FRANKE, GÜNTER (1974) Ganzzahligkeitseigenschaften linearer Investitionsprogramme. In: Zeitschrift für betriebswirtschaftliche Forschung, 28. Jg., S. 409–422.

FRANKE, GÜNTER (1978) Mittelbarer Parametervergleich als Entscheidungskalkül – Illusionen durch konventionsbedingte Rangordnungen. In: Zeitschrift für betriebswirtschaftliche Forschung, 30. Jg., S. 431–452.

FRANKE, GÜNTER (1983) Kapitalmarkt und Separation. In: Zeitschrift für Betriebswirtschaft, 53. Jg., S. 239–260.

FRANKE, GÜNTER (1984a) Conditions For Myopic Valuation and Serial Independence of the Market Excess Return in Discrete Time Models. In: Journal of Finance, vol. 39, S. 425–442.

FRANKE, GÜNTER (1984b) Zur rechtzeitigen Auslösung von Sanierungsverfahren. In: Zeitschrift für Betriebswirtschaft, 54. Jg., S. 160–178.

FRANKE, GÜNTER (1987) Costless Signalling in Financial Markets. In: Journal of Finance, vol. 42, S. 809–822.

FRANKE, GÜNTER (1989a) Finanzielle Haftung aus der Sicht der Kapitalmarkttheorie. In: H.-D. Deppe (Hrsg.) Geldwirtschaft und Rechnungswesen. Göttingen, S. 229–255.

FRANKE, GÜNTER (1989b) Betriebliche Investitionstheorie bei Risiko. In: OR-Spektrum, 11. Jg., S. 67–82.

FRANKE, GÜNTER (1991) Exchange rate volatility and international trading strategy. In: Journal of International Money and Finance, vol. 10, S. 292–307.

FRANKE, GÜNTER (1993a) Agency-Theorie. In: Kern, Werner/Wittmann, Waldemar u. a. (Hrsg.) Handwörterbuch der Betriebswirtschaft, Teilband 1. 5. Aufl., Stuttgart, Sp. 37–49.

FRANKE, GÜNTER (1993b) Neuere Entwicklungen auf dem Gebiet der Finanzmarkttheorie. In: Wirtschaftswissenschaftliches Studium, 22. Jg., S. 389–398.

FRANKE, GÜNTER (1995) Derivate – Risikomanagement mit innovativen Finanzinstrumenten. Hrsg. BfG-Bank, Frankfurt/Main.

FRANKE, GÜNTER/HAX, HERBERT (1989) Pensionsrückstellungen und Steuerersparnisse. In: Der Betrieb, 42. Jg., S. 1881f.

FRANKE, GÜNTER/STAPLETON, RICHARD C./SUBRAHMANYAM, MARTI G. (1998) Who Buys and Who Sells Options: The Role of Options in an Economy with Background Risk. In: Journal of Economic Theory, vol. 82, S. 89–109.

FRANKE, GÜNTER/STAPLETON, RICHARD C./SUBRAHMANYAM, MARTI G. (1999) When are Options Overpriced? The Black-Scholes Model and Alternative Characterizations of the Pricing Kernel. In: European Finance Review, vol. 3, S. 79–102.

FUNK, JOACHIM (1987) Änderungen in den wirtschaftlichen und rechtlichen Voraussetzungen der betrieblichen Altersversorgung und ihre Folgen für die Praxis. In: Zeitschrift für betriebswirtschaftliche Forschung, 39. Jg., S. 875–893.

GABELE, EDUARD/WEBER, FERDINAND (1985) Kauf oder Leasing. Bonn.

GABER, CHRISTIAN (2002) Bewertung von Fertigerzeugnissen zu Voll- oder Teilkosten? Ansatz von Forderungen zum Nennwert oder Barwert? Working Paper, Universität Frankfurt a. M., Fachbereich Wirtschaftswissenschaften.

GAL, TOMAS (1973) Betriebliche Entscheidungsprobleme, Sensitivitätsanalyse und Parametrische Programmierung. Berlin.

GARMAN, MARK B./OHLSON, JAMES A. (1981) Valuation of risky assets in arbitrage-free economies with transaction costs. In: Journal of Financial Economics, vol. 9, S. 271–280.

GAVISH, BEZALEL/KALAY, AVNER (1983) On the Asset Substitution Problem. In: Journal of Financial and Quantitive Analysis, vol. 18, S. 21–30.

GEBHARDT, GÜNTHER/GERKE, WOLFGANG/STEINER, MANFRED (Hrsg.) (1993) Handbuch des Finanzmanagements. Instrumente und Märkte der Unternehmensfinanzierung. München.

GERKE, WOLFGANG/BANK, MATTHIAS (1998) Finanzierung. Stuttgart.

GERKE, WOLFGANG ET AL. (1995) Probleme deutscher mittelständischer Unternehmen beim Zugang zum Kapitalmarkt. Baden-Baden.

GERPOTT, TORSTEN J. (1994) Abschied von der Spitze. In: Zeitschrift für betriebswirtschaftliche Forschung, 46. Jg., S. 4–31.

GERUM, ELMAR/RICHTER, BERND/STEINMANN, HORST (1981) Unternehmenspolitik im mitbestimmten Konzern. Empirische Befunde zur Ausgestaltung von Einflußstrukturen in mitbestimmten konzernverbundenen Aktiengesellschaften. In: Die Betriebswirtschaft, 41. Jg., S. 345–360.

GIERSCH, HERBERT/SCHMIDT, HARTMUT (1986) Offene Märkte für Beteiligungskapital: USA – Großbritannien – Bundesrepublik Deutschland. Stuttgart.

GILLENKIRCH, ROBERT (1997) Gestaltung optimaler Anreizverträge. Wiesbaden.

GILSON, STUART C. (1989) Management Turnover and Financial Distress. In: Journal of Financial Economics, vol. 25, S. 241–262.

GILSON, STUART C./VETSUYPENS, MICHAEL R. (1993) CEO Compensation in Financially Distressed Firms: An Empirical Analysis. In: Journal of Finance, vol. 48, S. 425–458.

GLASER, HORST (1982) Liquiditätsreserven und Zielfunktionen in der kurzfristigen Finanzplanung. Wiesbaden.

GLASER, MARKUS/WEBER, MARTIN (2003), Momentum and Turnover: Evidence from the German Stock Market. In: Schmalenbach Business Review, vol. 55, S. 108–135.

GLOSTEN, LAWRENCE R. (1989) Insider Trading, Liquidity, and the Role of the Monopolist Specialist. In: Journal of Business, vol. 62, S. 211–235.

GLOSTEN, LAWRENCE R./MILGROM, PAUL R. (1985) Bid, Ask, and Transaction Prices in a Specialized Market with Heterogeneously Informed Traders. In: Journal of Financial Economics, vol. 14, S. 71–100.

GOLDBERG, VICTOR (1976) Toward an Expanded Economic Theory of Contracts. In: Journal of Economic Issues, vol. 10, S. 45–61.

GÖPPL, HERMANN (1975) Zu einigen Problemen und Lösungsmöglichkeiten der Finanzplanung. In: Zeitschrift für Betriebswirtschaft. 45. Jg., S. 52–64.

GÖPPL, HERMANN (1980) Neuere Entwicklungen der betriebswirtschaftlichen Kapitaltheorie. In: Henn, R./Schips, B./Stähly, P. (Hrsg.) Quantitative Wirtschafts- und Unternehmensforschung. Berlin, S. 363–377.

GÖTZE UWE/BLOECH, JÜRGEN (2002) Investitionsrechnung. Berlin u. a.

GRANGER, CLIVE W.J./MORGENSTERN, OSKAR (1970) Predictability of Stock Market Prices. Lexington (Mass.).

GREEN, RICHARD C. (1984) Investment Incentives, Debt, and Warrants. In: Journal of Financial Economics, vol. 13, S. 115–136.

GREEN, RICHARD C./TALMOR, ELI (1986) Asset Substitution and the Agency Costs of Debt Financing. In: Journal of Banking and Finance, vol. 10, S. 391–399.

GRENADIER, STEVEN (1995) Valuing Base Contracts. A real options approach. In: Journal of Financial Economics, vol. 38, S. 297–331.

GRENADIER, S. R./WEISS, A.M. (1997) Investment in technological innovations: an option pricing approach. In: Journal of Financial Economics, vol. 44, S. 397–416.

GRIESE, KNUT/KEMPF, ALEXANDER (2003), Lohnt aktives Fondsmanagement aus Anlegersicht? In: Zeitschrift für Betriebswirtschaft, 73. Jg., S. 201–224.

GROB, HEINZ-LOTHAR (1989) Investitionsrechnung mit vollständigen Finanzplänen. München.

GROCHLA; ERWIN (1976) Finanzorganisation. In: H.E. Büschgen (Hrsg.) Handwörterbuch der Finanzwirtschaft. Stuttgart, S. 526–539.

GROSSMAN, SANFORD J. (1976) On the Efficiency of Competitive Markets where Traders have Diverse Information. In: Journal of Finance, vol. 31, S. 573–585.

GROSSMAN, SANFORD J./HART, OLIVER D. (1980) Takeover Bids, the Free-Rider Problem, and the Theory of Production. In: Bell Journal of Economics, vol. 11, S. 42–46.

GROSSMAN, SANFORD J./HART, OLIVER D. (1982) Corporate Financial Structure and Managerial Incentives. In: J. J. McCall (ed.) The Economics of Information and Uncertainty. Chicago, London, S. 107–140.

GROSSMAN, SANFORD J./HART, OLIVER D. (1983) An Analysis of the Principal Agent Problem. In: Econometrica, vol. 51, S. 7–45.

GROSSMAN, SANFORD J./STIGLITZ, JOSEPH E. (1977) On Value Maximization and Alternative Objectives of the Firm. In: Journal of Finance, vol. 32, S. 389–402.

GROSSMAN, SANFORD J./STIGLITZ, JOSEPH E. (1980) On the Impossibility of Informationally Efficient Markets. In: American Economic Review, vol. 70, S. 393–408.

GUIMARES, RUI M.C./KINGSMAN, BRIAN G./TAYLOR, STEPHEN J. (1989) A Reappraisal of the Efficiency of Financial Markets. Heidelberg.

GUTENBERG, ERICH (1980) Grundlagen der Betriebswirtschaftslehre, 3. Band: Die Finanzen. 8. Aufl., Berlin.

GUTMANN, GERNOT (1985) Arbeiterselbstverwaltung im Unternehmen – Zur ökonomischen Problematik eines humanitären Prinzips. In: Rauscher, A. (Hrsg.) Selbstinteresse und Gemeinwohl. Beiträge zur Ordnung der Wirtschaftsgesellschaft. Berlin, S. 37–119.

HAEGERT, LUTZ (1987) Besteuerung, Unternehmensfinanzierung und betriebliche Altersvesorgung. In: Schriften des Vereins für Socialpolitik. Bd. 165, Kapitalmarkt und Finanzierung. Berlin, S. 155–168.

HAEGERT, LUTZ/SCHWAB, HARTMUT (1990) Die Subventionierung direkter Pensionszusagen nach geltendem Recht im Vergleich zu einer neutralen Besteuerung. In: Die Betriebswirtschaft, 50. Jg., S. 85–102.

HAHN, OSWALD (1983) Finanzwirtschaft. 2. Aufl., Landsberg am Lech.

HALEY, CHARLES W./SCHALL, LAWRENCE D. (1979) The Theory of Financial Decisions. 2. Aufl., New York.

HÄRLE, DIETRICH (1961) Finanzierungsregeln und ihre Problematik. Wiesbaden.

HARRIS, MILTON/RAVIV, ARTUR (1990) Capital Structure and the Informational Role of Debt. In: Journal of Finance, vol. 45, S. 321–349.

HARRIS, MILTON/RAVIV, ARTUR (1991) The Theory of Capital Structure. In: Journal of Finance, vol. 46, S. 297–355.

HARRIS, MILTON/RAVIV, ARTUR (1992) Financial Contracting Theory. In: J.-J. Laffont (Hrsg.) Advances in Economic Theory, Sixth World Congress, vol. II. Cambridge (Mass.).

HARTMANN-WENDELS, THOMAS (1986) Dividendenpolitik bei asymmetrischer Informationsverteilung. Wiesbaden.

HARTMANN-WENDELS, THOMAS (1991) Rechnungslegung der Unternehmen und Kapitalmarkt aus informationsökonomischer Sicht. Heidelberg.

HAUGEN, ROBERT A. (2000) Modern Investment Theory. 5. Aufl., Englewood Cliffs.

HAUGEN, ROBERT A./SENBET, LEMMA W. (1978) The Insignificance of Bankruptcy Costs to the Theory of Optimal Capital Structure. In: Journal of Finance, vol. 33, S. 383–393.

HAUMER, HEINRICH (1983) Sequentielle stochastische Investitionsplanung. Wiesbaden.

HAUSCHILDT, JÜRGEN (1970) Organisation der finanziellen Unternehmensführung. Stuttgart.

HAUSCHILDT, JÜRGEN (1972) „Kreditwürdigkeit". Bezugsgrößen von Verhaltenserwartungen in Kreditbeziehungen. In: Hamburger Jahrbuch für Wirtschafts- und Gesellschaftspolitik, Bd. 17, S. 167–183, abgedruckt in: Hax, H./Laux, H. (Hrsg.) Die Finanzierung der Unternehmung. Köln 1975, S. 250–268.

HAUSCHILDT, JÜRGEN/SACHS, GERD/WITTE, EBERHARD (1981) Finanzplanung und Finanzkontrolle. München.

HAX, HERBERT (1964) Investitions- und Finanzplanung mit Hilfe der linearen Programmierung. In: Zeitschrift für betriebswirtschaftliche Forschung, 16. Jg., S. 430–446.

HAX, HERBERT (1965) Die Koordination von Entscheidungen. Köln.

HAX, HERBERT (1971) Bezugsrecht und Kursentwicklung von Aktien bei Kapitalerhöhung. In: Zeitschrift für betriebswirtschaftliche Forschung, 23. Jg., S. 157–163.

HAX, HERBERT (1974) Entscheidungsmodelle in der Unternehmung. Einführung in Operations Research. Reinbek bei Hamburg.

HAX, HERBERT (1979) Kapitalbedarf. In: W. Kern (Hrsg.) Handwörterbuch der Produktionswirtschaft. Stuttgart, Sp. 903–918.

HAX, HERBERT (1980a) Organisation der Finanzwirtschaft. In: E. Grochla (Hrsg.) Handwörterbuch der Organisation. Stuttgart, Sp. 698–707.

HAX, HERBERT (1980b) Kapitalmarkttheorie und Investitionsentscheidungen. In: Bombach, G./Gahlen, B./Ott, A.E. (Hrsg.) Neuere Entwicklungen in der Investitionstheorie und -politik. Tübingen, S. 421–449.

HAX, HERBERT (1981a) Die arbeitsgeleitete Unternehmung – Probleme der Unternehmensführung und Überwachung. In: Seicht, G. (Hrsg.) Management und Kontrolle, Festgabe für E. Loitlsberger zum 60. Geburtstag. Berlin, S. 337–364.

HAX, HERBERT (1981b) Unternehmung und Wirtschaftsordnung. In: Zukunftsprobleme der sozialen Marktwirtschaft, Schriften des Vereins für Socialpolitik, NF, Bd. 116. Berlin, S. 421–440.

HAX, HERBERT (1982) Finanzierungs- und Investitionstheorie. In: Koch, H. (Hrsg.) Neuere Entwicklungen in der Unternehmenstheorie, Erich Gutenberg zum 85. Geburtstag. Wiesbaden, S. 49–68.

HAX, HERBERT (1988) Rechnungslegungsvorschriften – Notwendige Rahmenbedingungen für denKapitalmarkt? In: M. Domsch u. a. (Hrsg.) Unternehmungserfolg. Planung – Ermittlung – Kontrolle. Wiesbaden, S. 187–201.

HAX, HERBERT (1989a) Die ökonomischen Aspekte der neuen Insolvenzordnung. In: B. M. Kübler (Hrsg.) Neuordnung des Insolvenzrechts, RWS-Forum 3. Köln. S. 21–39.

HAX, HERBERT (1989b) Investitionsrechnung und Periodenerfolgsmessung. In: Delfmann, W. u. a. (Hrsg.) Der Integrationsgedanke in der Betriebswirtschaftslehre, Helmut Koch zum 70. Geburtstag. Wiesbaden, S. 154–170.

HAX, HERBERT (1993) Investitionstheorie. 6. Aufl., Würzburg.

HEINEN, EDMUND (1976) Betriebliche Zahlungsströme. In: Büschgen, H. E. (Hrsg.) Handwörterbuch der Finanzwirtschaft. Stuttgart, Sp. 143–159.

HELLWIG, MARTIN (1982) Zur Informationseffizienz des Kapitalmarktes. In: Zeitschrift für Wirtschafts- und Sozialwissenschaften, 102. Jg., S. 1–27.

HERTZ, DAVID B. (1964) Risk Analysis in Capital Investment. In: Harvard Business Review, Heft 1, S. 95–106.

HERTZ, DAVID B./THOMAS, HOWARD (1983) Risk Analysis and its Applications. Chichester.

HESPOS, RICHARD F./STRASSMANN, PAUL A. (1964) Stochastic Decision Trees for the Analysis of Investment Decisions. In: Management Science, vol. 11, S. B244–B259.

HIELSCHER, UDO (1972) Technische Aktientrendanalyse. In: Siebert, G. (Hrsg.) Aktienanalyse. Frankfurt/Main.

HIELSCHER, UDO (1999) Investmentanalyse. 3. Aufl., München.

HILLIER, FREDERICK S. (1963) The Derivation of Probabilistic Information for the Evaluation of Risky Investments. In: Management Science, vol. 9, S. 443–457.

HIRSHLEIFER, DAVID/SIEW, HONG TEOH (2003), Herd Behavior and Cascading in Capital Markets: Review and Synthesis. In: European Financial Management, vol. 9, S. 25–66.

HIRSHLEIFER, JACK (1958) On the Theory of Optimal Investment Decision. In: Journal of Political Economy, vol. 66, S. 329–352.

HIRSHLEIFER, JACK (1974) Kapitaltheorie. Köln.

HIRSHLEIFER, JACK (1989) Time, Uncertainty, and Information. Oxford.

HO, THOMAS (1990) Strategic Fixed-Income Investment. Homewood (Ill.).

HO, THOMAS/STOLL, HANS R. (1981) Optimal Dealer Pricing under Transactions and Return Uncertainty. In: Journal of Financial Economics, vol. 9, S. 47–73.

HO, THOMAS/STOLL, HANS R. (1983) The Dynamics of Dealer Markets under Competition. In: Journal of Finance, vol. 38, S. 1053–1075.

HOCKMANN, HEINZ (1979) Prognose von Aktienkursen durch Point and Figure-Analysen. Wiesbaden.

HOLMSTRØM, BENGT R. (1979) Moral Hazard and Observability. In: The Bell Journal of Economics, vol. 10, S. 74–91.

HOLMSTRØM, BENGT R./TIROLE, JEAN (1989) The Theory of the Firm. In: Schmalensee, Richard/Willig Robert D. (Hrsg.) Handbook of Industrial Organization, vol. I, New York, S. 61–133.

HOPT, KLAUS J./RUDOLPH, BERND/BAUM, HARALD (Hrsg.) (1997) Börsenreform. Eine ökonomische, rechtsvergleichende und rechtspolitische Untersuchung. Stuttgart.

HUANG, CHI-FU/LITZENBERGER, ROBERT H. (1988) Foundations for Financial Economics. Amsterdam.

HULL, JOHN C. (2002) Options, Futures and Other Derivatives. 5. Aufl., Englewood Cliffs (N.J.).

HUSMAN, SVEN/KRUSCHWITZ, LUTZ/LÖFFLER, ANDREAS (2002), Unternehmensbewertung unter deutschen Steuern. In: Die Betriebswirtschaft, 62. Jg., S. 24–42.

INDERFURTH, KARL (1982) Starre und flexible Investitionsplanung. Wiesbaden.

INGERSOLL, JONATHAN (ed.) (1987) Theory of Financial Decision Making. Totowa, New Jersey.

JACOB, HERBERT (1976) Investitionsplanung und -entscheidung mit Hilfe der Linearprogrammierung. 3. Aufl., Wiesbaden.

JAEGER, STEFAN/RUDOLF, MARKUS/ZIMMERMANN, HEINZ (1995) Efficient Shortfall Frontier. In: Zeitschrift für betriebswirtschaftliche Forschung, Jg. 47, S. 355–365.

JARROW, ROBERT A. (1988) Finance Theory. Englewood Cliffs (N.J.).

JARROW, ROBERT (ed.) (1995) Over the Rainbow, London.

JARROW, ROBERT (2002) Modelling Fixed Income Securities and Interest Rate Options. 2. Aufl., New York.

JARROW, ROBERT/TURNBULL, STUART (2000) Derivative Securities. 2. Aufl., Chicago.

JENSEN, MICHAEL C. (1986) Agency Costs of Free Cash Flow, Corporate Finance and Takeovers. In: American Economic Review, vol. 76, Papers and Proceedings, S. 323–329.

JENSEN, MICHAEL C./MECKLING, WILLIAM H. (1976) Theory of the Firm: Managerial Behavior, Agency Costs and Ownership Structure. In: Journal of Financial Economics, vol. 3, S. 305–360.

JENSEN, MICHAEL C./MECKLING, WILLIAM H. (1979) Rights and Production Functions: An Application to Labor-Managed Firms and Codetermination. In: Journal of Business, vol. 52, S. 469–496.

JENSEN, MICHAEL C./RUBACK, RICHARD (1983) The Market for Corporate Control. In: Journal of Financial Economics, vol. 11, S. 5–50.

JENSEN, MICHAEL C./WARNER, JEROLD B. (1988) The Distribution Of Power Among Corporate Managers, Shareholders, And Directors. In: Journal of Financial Economics, vol. 20, S. 3–24.

JOHN, TERESA A./JOHN, KOSE (1993) Top-Management Compensation and Capital Structure. In: Journal of Finance, vol. 48, S. 949–974.

KÄFER, KARL (1984) Kapitalflußrechnungen. 2. Aufl., Stuttgart.

KAPLAN, STEVEN (1995) Corporate Governance and Incentives in German Companies: Evidence from Top Executive Turnover and Firm Performance. In: European Financial Management, vol. 1, S. 23–36.

KAUFMANN, FRIEDRICH/KOKALJ, LJUBA (1996) Risikokapitalmärkte für mittelständische Unternehmen. Stuttgart.

KEYNES, JOHN MAYNARD (1936) The General Theory of Employment, Interest and Money. London.

KILGER, WOLFGANG (1965) Kritische Werte in der Investitions- und Wirtschaftlichkeitsrechnung. In: Zeitschrift für Betriebswirtschaft, 35. Jg., S. 338–353.

KLOOCK, JOSEF (1995) Kapitalbedarfsplanung und – rechnung. In: W. Gerke/M. Steiner (Hrsg.) Handwörterbuch des Bank- und Finanzwesens. 2. Aufl., Stuttgart, Sp. 1079–1091.

KLOOCK, JOSEF/SIEBEN, GÜNTER/SCHILDBACH, THOMAS (1999) Kosten- und Leistungsrechnung. 8. Aufl., Düsseldorf.

KOENEN, STEFAN (1990) Betriebliche Altersversorgung und ihre steuerlichen Wirkungen. In: Der Betrieb, 43. Jg., S. 1425–1431.

KOLBECK, ROSEMARIE (1968) Leasing als finanzierungs- und investitionstheoretisches Problem. In: Zeitschrift für betriebswirtschaftliche Forschung, 20. Jg., S. 787–797.

KÖNIG, ROLF (1991) Dividende und Jahresüberschuß. In: Zeitschrift für Betriebswirtschaft, 61. Jg., S. 1149–1155.

KRAHNEN, JAN PIETER (1990a) Objektfinanzierung und Vertragsgestaltung. Eine theoretische Erklärung der Struktur langfristiger Leasingverträge. In: Zeitschrift für Betriebswirtschaft, 60. Jg., S. 21–38.

KRAHNEN, JAN PIETER (1990b) Betriebliche Altersversorgung aus finanzierungstheoretischer Sicht. In: Zeitschrift für betriebswirtschaftliche Forschung, 42. Jg., S. 199–215.

KROMSCHRÖDER, BERNHARD (1979) Unternehmensbewertung und Risiko. Berlin.

KRÜMMEL, HANS-JACOB (1964) Kursdisparitäten im Bezugsrechtshandel. In: Betriebswirtschaftliche Forschung und Praxis, 16. Jg., S. 485–498.

KRÜMMEL, HANS-JACOB (1976) Finanzierungsrisiken und Kreditspielraum. In: Büschgen, H. E. (Hrsg.) Handwörterbuch der Finanzwirtschaft. Stuttgart, Sp. 491–503.

KRUSCHWITZ, LUTZ (1986) Bezugsrechtsemissionen in optionspreistheoretischer Sicht. In: Kredit und Kapital, 19. Jg., S. 110–121.

KRUSCHWITZ, LUTZ (2003) Investitionsrechnung. 9. Aufl., München.

KRUSCHWITZ, LUTZ (2002) Finanzierung und Investition. 3. Aufl., München.

KRUSCHWITZ, LUTZ/FISCHER, JOACHIM (1980) Die Planung des Kapitalbudgets mit Hilfe von Kapitalnachfrage- und Kapitalangebotskurven. In: Zeitschrift für betriebswirtschaftliche Forschung, 32. Jg., S. 393–418.

KÜBLER, FRIEDRICH (1999) Gesellschaftsrecht. 5. Aufl., Heidelberg.

KÜCK, MARLENE (1985) Neue Finanzierungsstrategien für selbstverwaltete Betriebe. Frankfurt.

KÜLPMANN, MATHIAS (2003), Stock Market Overreaction and Fundamental Valuation. 2. Aufl., Heidelberg et al.

KÜPPER, HANS-ULRICH (1974) Grundlagen einer Theorie der betrieblichen Mitbestimmung. Berlin.

KÜPPER, HANS-ULRICH (1990) Verknüpfung von Investitions- und Kostenrechnung als Kern einer umfassenden Planungs- und Kontrollrechnung. In: Betriebswirtschaftliche Forschung und Praxis, 42. Jg., S. 253–267.

KÜPPER, HANS-ULRICH (1995) Unternehmensplanung und – steuerung mit pagatorischen und kalkulatorischen Erfolgsrechnungen. In: Zeitschrift für betriebswirtschaftliche Forschung, Sonderheft 34, S. 19–50.

KÜRSTEN, WOLFGANG (1997) Hedgingmodelle, Unternehmensproduktion und antizipatorisch-simultanes Risikomanagement. In: Zeitschrift für betriebswirtschaftliche Forschung, Sonderheft 38, S. 127–154.

KYLE, ALBERT S. (1985) Continuous Auctions and Insider Trading. In: Econometrica, vol. 53, S. 1315–1335.

LASTRAPES, WILLIAM/KORAY, FAIK (1990) Exchange rate volatility and U.S. multilateral trade flows. In: Journal of Macroeconomics, vol. 12, S. 341–362.

LAUX, CHRISTIAN (1993) Handlungsspielräume im Leistungsbereich des Unternehmens: Eine Anwendung der Optionspreistheorie. In: Zeitschrift für betriebswirtschaftliche Forschung, 45. Jg., S. 933–958.

LAUX, CHRISTIAN (1996) Kapitalstruktur und Verhaltenssteuerung. Wiesbaden.

LAUX, HELMUT (1971) Flexible Investitionsplanung. Opladen.

LAUX, HELMUT (1989) (Pareto-) Optimale Anreizsysteme bei unsicheren Erwartungen. In: Zeitschrift für betriebswirtschaftliche Forschung, 40. Jg., S. 504–516.

LAUX, HELMUT (1990a) Risiko, Anreiz und Kontrolle. Berlin u. a.

LAUX, HELMUT (1990b) Die Irrelevanz erfolgsorientierter Anreizsysteme bei bestimmten Kapitalmarktbedingungen. In: Zeitschrift für Betriebswirtschaft, 60. Jg., S. 1341–1358.

LAUX, HELMUT (1991) Zur Irrelevanz erfolgsorientierter Anreizsysteme bei bestimmten Kapitalmarktbedingungen: Der Mehrperiodenfall. In: Zeitschrift für Betriebswirtschaft, 61. Jg., S. 477–488.

LAUX, HELMUT (1995) Erfolgssteuerung und Organisation 1. Berlin.

LAUX, HELMUT (1998) Risikoteilung, Anreiz und Kapitalmarkt. Berlin.

LAUX, HELMUT (1999) Unternehmensrechnung, Anreiz und Kontrolle. 2. Aufl., Berlin.

LAUX, HELMUT (2003) Entscheidungstheorie. 5. Aufl., Berlin.

LEFFSON, ULRICH (1984) Bilanzanalyse. 3. Aufl., Stuttgart.

LEHMANN, MATTHIAS (1978) Eigenfinanzierung und Aktienbewertung. Wiesbaden.

LEHN, KENNETH/POULSEN, ANNETTE (1991) Contractual Resolution of Bondholder – Stockholder Conflicts in Leveraged Buyouts. In: Journal od Law and Economics, vol. 34, S. 645–673.

LELAND, HAYNE E./PYLE, DAVID H. (1977) Informational Asymmetries, Financial Structure, and Financial Intermediation. In: Journal of Finance, vol. 32, S. 371–387.

LEUZ, CHRISTIAN (1996) Rechnungslegung und Kreditfinanzierung. Frankfurt/Main u. a.

LEVY, HAIM/SARNAT, MARSHALL (1994) Capital Investment and Financial Decisions. 5. Aufl., Englewood Cliffs (N.J.)

LINTNER, JOHN (1965) The Valuation of Risk Assets and the Selection of Risky Investments in Stock Portfolios and Capital Budgets. In: Review of Economics and Statistics, vol. 47, S. 13–37.

LOHMANN, KARL (1989) Finanzmathematische Wertpapieranalyse. 2. Aufl., Göttingen.

LOISTL, OTTO (1986) Grundzüge der betrieblichen Kapitalwirtschaft. Berlin.

LOISTL, OTTO (1996) Computergestütztes Wertpapiermanagement. 5. Aufl., München.

LÜCKE, WOLFGANG (1955) Investitionsrechnung auf der Grundlage von Ausgaben oder Kosten? In: Zeitschrift für handelswissenschaftliche Forschung, NF, 7. Jg., S. 310–324.

MACHINA, MARK (1987) Choice Under Uncertainty: Problems Solved and Unsolved. In: Economic Perspectives, vol. 1, S. 121–154.

MAGEE, JOHN F. (1964a) Decision Trees for Decision Making. In: Harvard Business Review, vol. 42, Heft 4, S. 126–138.

MAGEE, JOHN F. (1964b) How to Use Decision Trees in Capital Investment. In: Harvard Business Review, vol. 42, Heft 5, S. 79–96.

MALKIEL, BURTON G. (2000) A Random Walk Down Wall Street. 7th ed., New York.

MANN, ALEXANDER (2003) Corporate Governance Systeme, Berlin.

MARKOWITZ, HARRY M. (1952) Portfolio Selection. In: Journal of Finance, vol. 7, S. 77–91.

MARKOWITZ, HARRY M. (1959) Portfolio Selection. Efficient Diversification of Investments. New York.

MELLO, ANTONIO/PARSONS, JOHN/TRIANTIS, ALEXANDER (1995) An integrated model of multinational flexibility and financial hedging. In: Journal of International Economics, vol. 39, S. 27–51.

MELLWIG, WINFRIED (1972) Anpassungsfähigkeit und Ungewißheitstheorie. Tübingen.

MELLWIG, WINFRIED (1980) Sensitivitätsanalyse des Steuereinflusses in der Investitionsplanung – Überlegungen zur praktischen Relevanz. In: Zeitschrift für betriebswirtschaftliche Forschung, 32. Jg., S. 16–39.

MELLWIG, WINFRIED (1985) Investition und Besteuerung. Wiesbaden.

MENGES, GÜNTER (1974) Grundmodelle wirtschaftlicher Entscheidungen. 2. Aufl., Düsseldorf.

MENICHETTI, MARCO (1993) Währungsrisiken bilanzieren und hedgen. Wiesbaden.

MERTENS, PETER (Hrsg.) (1994) Prognoserechnung. 5. Aufl., Würzburg.

MILGROM, PAUL/ROBERTS, JOHN (1992) Economics, Organization and Management. Englewood Cliffs (N.J.).

MILLER, MERTON H. (1977) Debt and Taxes. In: Journal of Finance, vol. 32, S. 261–275.

MILLER, MERTON H./ROCK, KEVIN (1985) Dividend Policy under Asymmetric Information. In: Journal of Finance, vol. 40, S. 1031–1051.

MODIGLIANI, FRANCO/MILLER, MERTON H. (1958) The Cost of Capital, Corporation Finance, and the Theory of Investment. In: American Economic Review, vol. 48, S. 261–297.

MÖLLER, HANS-PETER (1988), Die Bewertung risikobehafteter Anlagen an deutschen Wertpapierbörsen. In: Zeitschrift für betriebswirtschaftliche Forschung, 40. Jg., S. 779–797.

MOHNEN, ALWINE (2002) Performancemessung und die Steuerung von Investitionsentscheidungen. Wiesbaden.

MOSSIN, JAN (1966) Equilibrium in a Capital Asset Market. In: Econometrica, vol. 34, S. 768–783.

MOXTER, ADOLF (1982) Betriebswirtschaftliche Gewinnermittlung. Tübingen.

MOXTER, ADOLF (1983) Grundsätze ordnungsmäßiger Unternehmensbewertung. 2. Aufl., Wiesbaden.

MOXTER, ADOLF (1986) Bilanzlehre. Band II, Einführung in das neue Bilanzrecht. 3. Aufl., Wiesbaden.

MÜHLBRADT, FRANK W. (1978) Chancen und Risiken der Aktienanlage. Untersuchungen zur „Efficient Market"-Theorie in Deutschland. Köln.

MÜLHAUPT, LUDWIG (1966) Der Bindungsgedanke in der Finanzierungslehre unter besonderer Berücksichtigung der holländischen Finanzierungsliteratur. Wiesbaden.

MÜLHAUPT, LUDWIG (1980) Von der finanzwirtschaftlichen Bilanz zur neueren Finanzierungslehre. In: Zeitschrift für betriebswirtschaftliche Forschung, 32. Jg., S. 975–988.

MÜLLER, SIGRID (1985) Arbitrage Pricing of Contingent Claims. Berlin.

MUS, GEROLD (1988) Das Prinzip der Zeitdominanz. In: Zeitschrift für betriebswirtschaftliche Forschung, 40. Jg., S. 504–516.

MYERS, STEWART C. (1968) A Time-State-Preference-Model of Security Valuation. In: Journal of Financial and Quantitative Analysis, vol. 3, S. 1–33.

MYERS, STEWART C. (1977) Determinants of Corporate Borrowing. In: Journal of Financial Economics, vol. 5, S. 147–175.

MYERS, STEWART C./MAJLUF, NICHOLAS S. (1984) Corporate Financing And Investment Decisions When Firms Have Information That Investors Do Not Have. In: Journal of Financial Economics, vol. 13, S. 187–221.

NATHUSIUS, KLAUS (2003), Finanzierungsinstrumente für unterschiedliche Gründungsmodelle. In: Zeitschrift für betriebswirtschaftliche Forschung, 55. Jg., S. 158–193.

NEUMANN, MANFRED J.M./KLEIN, MARTIN (1982) Probleme der Theorie effizienter Märkte und ihrer empirischen Überprüfung. In: Kredit und Kapital, 15. Jg., S. 165–187.

NEUS, WERNER (1989) Ökonomische Agency-Theorie und Kapitalmarktgleichgewicht. Wiesbaden.

NEUS, WERNER (1991a) Finanzierungsleasing aus vertragstheoretischer Sicht. In: Zeitschrift für Betriebswirtschaft, 61. Jg., S. 1431–1449.

NEUS, WERNER (1991b) Unternehmensgröße und Kreditversorgung. In: Zeitschrift für Betriebswirtschaftliche Forschung, 43. Jg., S. 130–156.

NIPPEL, PETER (1994) Die Struktur von Kreditverträgen aus theoretischer Sicht. Wiesbaden.

NIPPEL, PETER (1996) Alternative Sichtweisen der Marktbewertung im CAPM. In: WiSt – Wirtschaftswissenschaftliches Studium, 25. Jg., S. 106–111.

NORSTRØM, CARL J. (1972) A Sufficient Condition for a Unique Nonnegative Internal Rate of Return. In: Journal of Financial and Quantitative Analysis, vol. 7, S. 1835–1839.

NÜCKE, HEINRICH (1982) Betriebswirtschaftliche Probleme deutscher Arbeiterselbstverwaltungsunternehmen. Stuttgart.

OETTLE, KARL (1966) Unternehmerische Finanzpolitik. Stuttgart.

ORDELHEIDE, DIETER (1988) Kaufmännischer Periodengewinn als ökonomischer Gewinn. In: Domsch, H./Eisenführ, F./Ordelheide, D./Perlitz, M. (Hrsg.) Unternehmenserfolg, Planung – Ermittlung – Kontrolle. Wiesbaden, S. 275–302.

PAUSENBERGER, EHRENFRIED (1974) Fusion. In: Grochla, E./Wittmann, W. (Hrsg.) Handwörterbuch der Betriebswirtschaft, Bd. 1. Stuttgart, Sp. 1603–1614.

PELLENS, BERNHARD (1989) Der Informationswert von Konzernabschlüssen, Wiesbaden.

PERRIDON, LOUIS/STEINER, MANFRED (2002) Finanzwirtschaft der Unternehmung. 11. Aufl., München.

PFAFF, DIETER (1989) Zur allokativen Begründung von Ausschüttungsregelungen. In: Zeitschrift für betriebswirtschaftliche Forschung, 41. Jg., S. 1013–1028.

PFAFF, DIETER (1995) Verhaltenssteuerung und Controlling. In: Die Unternehmung, 44. Jg., S. 437–455.

PFAFF, DIETER/BÄRTL, OLIVER (1998) Externe Rechnungslegung, internes Rechnungswesen und Kapitalmarkt. In: Zeitschrift für betriebswirtschaftliche Forschung, 50. Jg., S. 757–777.

PFOHL, HANS-CHRISTIAN/STÖLZLE, WOLFGANG (1997) Planung und Kontrolle. 2. Aufl., München.

PHILIPP, FRITZ (1960) Unterschiedliche Rechnungselemente in der Investitionsrechnung. In: Zeitschrift für Betriebswirtschaft, 30. Jg., S. 28–36.

PINDYCK, ROBERT S. (1991) Irreversibility, uncertainty and investment. In: Journal of Economic Literature, vol. 29, S. 1110–1148.

POENSGEN, OTTO (1973) Geschäftsbereichsorganisation. Opladen.

PRATT, JOHN W./HAMMOND, JOHN S. III (1979) Evaluating and Comparing Projects: Simple Detection of False Alarms. In: Journal of Finance, vol. 34, S. 1231–1242.

PRATT, JOHN W./ZECKHAUSER, RICHARD J. (eds.) (1985) Principals and Agents. The Structure of Business. Boston (Mass.).

PRIEWASSER, ERICH (1972) Betriebliche Investitionsentscheidungen. Berlin.

PRITSCH, GUNNAR/HOMMEL, ULRICH (1997) Hedging im Sinne des Aktionärs. In: Die Betriebswirtschaft, 57. Jg., S. 672–693.

RAPPAPORT, ALFRED (1986) Creating Shareholder Value. London u. a.

RAPPAPORT, ALFRED (1998) Creating Shareholder Value. A Guide for Managers and Investors. New York u. a.

RASMUSEN, ERIC (2001) Games and Information: An Introduction to Game Theory. 3. Aufl., Oxford, Cambridge (Mass.).

RAVENSCRAFT, DAVID J./SCHERER, FREDERIC M. (1987) Mergers, Sell-offs, and Economic Efficiency. Washington, D.C.

REICHELSTEIN, STEFAN (1997) Investment Decisions and Managerial Performance Evaluation. In: Review of Accounting Studies, vol. 2, S. 157-180.

REICHMANN, THOMAS (2001) Controlling mit Kennzahlen. 6. Aufl., München.

RIDDER-AAB, CHRISTA-MARIA (1980) Die moderne Aktiengesellschaft im Lichte der Theorie der Eigentumsrechte. Frankfurt.

RILEY, JOHN (1979) Informational Equilibrium. In: Econometrica, vol. 47, S. 331–359.

RITCHKEN, PETER H. (1987) Options, Theory, Strategy and Applications. Glenview (Ill.).

ROCK, KELVIN (1986) Why new issues are underpriced. In: Journal of Financial Economics, vol. 15, S. 187–212.

ROGERSON, William P. (1997) Intertemporal Cost Allocation and Management Incentives: A Theory Explaining the Use of Economic Value Added as a Performance Measure. In: Journal of Political Economy, vol. 105, S. 770-795.

ROLFES, BERND (1998) Moderne Investitionsrechnung. 2. Aufl., München.

ROSE, GERD (1979) Einführung in die Teilsteuerrechnung. In: Betriebswirtschaftliche Forschung und Praxis, 31. Jg., S. 293–308.

ROSEN, RÜDIGER VON (1989) Finanzplatz Deutschland. Frankfurt/Main.

ROSENBERG, OTTO (1975) Kriterien zur Bestimmung der Vorteilhaftigkeit des Finanzierungsleasing. In: Zeitschrift für betriebswirtschaftliche Forschung, 27. Jg., S. 500–516.

ROSS, STEPHEN A. (1977) The Determination of Financial Structure: The Incentive-Signalling Approach. In: Bell Journal of Economics, vol. 8, S. 23–40.

ROTHSCHILD, MICHAEL/STIGLITZ, JOSEPH E. (1976) Equilibrium in Competitive Insurance Markets: An Essay on the Economics of Imperfect Information. In: Quarterly Journal of Economics, vol. 90, S. 629–649.

RUBINSTEIN, MARK (1976) The Valuation of Uncertain Income Streams and the Pricing of Options. In: Bell Journal of Economics, vol. 7, S. 407–425.

RUDOLPH, BERND (1979a) Zur Theorie des Kapitalmarktes – Grundlagen, Erweiterungen und Anwendungsbereiche des „Capital Asset Pricing Model (CAPM)". In: Zeitschrift für Betriebswirtschaft, 49. Jg., S. 1034–1067.

RUDOLPH, BERND (1979b) Kapitalkosten bei unsicheren Erwartungen. Berlin.

RÜHLI, EDWIN (1971) Investitionsrechnung bei Risiko unter Verwendung der Simulationstechnik. In: Verstehen und Gestalten der Wirtschaft, Festschrift für F. A. Lutz. Tübingen, S. 191–213.

RÜHLI, EDWIN (1972) Zur Anwendung der Simulationstechnik in der Investitionsrechnung. In: Wirtschaftswissenschaftliches Studium, 1. Jg., S. 202–206.

SALAZAR, RODOLFO C./SEN, SUBRATA K. (1968) A Simulation Model of Capital Budgeting under Uncertainty. In: Management Science, vol. 15, S. B161–B179.

SANTOMERO, ANTHONY/BABBEL, DAVID (2000) Financial Markets, Instruments and Institutions. 2. Aufl., Chicago.

SAVAGE, LEONARD J. (1954) The Foundations of Statistics. New York.

SCHEMMANN, GERT (1970) Zielorientierte Unternehmensfinanzierung. Köln.

SCHIEMENZ, BERND/SEIWERT, LOTHAR (1979) Ziele und Zielbeziehungen in der Unternehmung. In: Zeitschrift für Betriebswirtschaft, 49. Jg., S. 581–603.

SCHIERENBECK, HENNER/ROLFES, BERND (1986) Effektivverzinsung in der Bankenpraxis. In: Zeitschrift für betriebswirtschaftliche Forschung, 38. Jg., S. 766–778.

SCHILDBACH, THOMAS (1986) Jahresabschluß und Markt. Berlin.

SCHILDBACH, THOMAS (1995) Entwicklungslinien in der Kosten- und internen Unternehmensrechnung. In: Zeitschrift für betriebswirtschaftliche Forschung, Sonderheft 34, S. 119–156.

SCHMIDT, REINHARD H. (1976) Aktienkursprognose. Wiesbaden.

SCHMIDT, REINHARD H. (1981) Grundformen der Finanzierung. Eine Anwendung des neoinstitutionalistischen Ansatzes der Finanzierungstheorie. In: Kredit und Kapital, 14. Jg., S. 186–221.

SCHMIDT, REINHARD H./TERBERGER, EVA (1997) Grundzüge der Investitions- und Finanzierungstheorie. 4. Aufl., Wiesbaden.

SCHMIDTKUNZ, HANS-WALTER (1970) Die Koordination betrieblicher Entscheidungen. Wiesbaden.

SCHNEIDER, DIETER (1989) Steuerersparnisse bei Pensionsrückstellungen allein durch die Aufwandvorwegnahme? In: Der Betrieb, 42. Jg., S. 1883–1887.

SCHNEIDER, DIETER (1992) Investition, Finanzierung und Besteuerung. 7. Aufl., Wiesbaden.

SCHNEIDER, DIETER (1994) Allgemeine Betriebswirtschaftslehre. 3. Aufl., München.

SCHREDELSEKER, KLAUS (1984) Anlagestrategie und Informationsnutzen am Aktienmarkt. In: Zeitschrift für betriebswirtschaftliche Forschung, 36. Jg., S. 44–59.

SCOTT, KENNETH (1999) Institutions of Corporate Governance. In: Journal of Institutional and Theoretical Economics, vol. 155, S. 3-13.

SEELBACH, HORST/ZIMMERMANN, HORST-GÜNTER (1973) Quantitative Kapitalbedarfsanalyse. In: Zeitschrift für Betriebswirtschaft, 43. Jg., S. 329–350.

SERCU, PIEF/VANHULLE, CYNTHIA (1992) Exchange rate volatility, international trade and the value of exporting firms. In: Journal of Banking and Finance, vol. 16, special issue, S. 155–182.

SHAPIRO, ALAN C. (2003) Multinational Financial Management. 7. Aufl., Boston.

SHARPE, WILLIAM F. (1964) Capital Asset Prices: A Theory of Market Equilibrium under Conditions of Risk. In: Journal of Finance, vol. 19, S. 425–442.

SHARPE, WILLIAM F. (1970) Portfolio Theory and Capital Markets. New York.

SHARPE, WILLIAM F./ALEXANDER, GORDON J./BAILEY, JEFFREY V. (1999) Investments. 6th ed., Englewood Cliffs.

SHAVELL, STEVEN (1979) Risk Sharing and Incentives in the Principal and Agent Relationship. In: Bell Journal of Economics, vol. 10, S. 55–73.

SHLEIFER, ANDREI/VISHNY, ROBERT (1997) A Survey of Corporate Governance. In: Journal of Finance, vol. 52, S. 737–783.

SIEBERT, HORST (1988) Langfristige Lieferverträge im internationalen Rohstoffhandel. In: Zeitschrift für Wirtschafts- und Sozialwissenschaften, 108. Jg., S. 195–225.

SINN, HANS WERNER (1987) Capital Income Taxation and Resource Allocation, Amsterdam.

SMITH, CLIFFORD W./STULZ, RENE (1985) The Determinants of Firms Hedging Policies. In: Journal of Financial and Quantitative Analysis, vol. 20, S. 391–405.

SMITH, CLIFFORD W., JR./WARNER, JEROLD B. (1979) On Financial Contracting: An Analysis of Bond Covenants. In: Journal of Financial Economics, vol. 7, S. 117–161.

SMITH, CLIFFORD W., JR./WATTS, ROSS L. (1992) The investment opportunity set and corporate financing, dividend, and compensation policies. In: Journal of Financial Economics, vol. 32, S. 263–292.

SPENCE, MICHAEL A. (1973) Job Market Signaling. In: Quarterly Journal of Economics, vol. 87, S. 355–374.

SPENCE, MICHAEL A. (1974) Market Signaling – Informational Transfer in Hiring and Related Screening Processes. Cambridge (Mass.).

SPICHER, THOMAS (1997) Kapitalmarkt, unvollständige Verträge und Finanzintermediäre. Lohmar, Köln.

SPINDLER, GERALD/SCHMIDT, REINHARD H. (1997) Shareholder-Value zwischen Ökonomie und Recht. In: H. D. Assmann u. a. (Hrsg.) Wirtschaftsrecht und Medienrecht in der offenen Demokratie, Freundesgabe für Friedrich Kübler zum 65. Geburtstag. Heidelberg, S. 515–555.

SPREMANN, KLAUS (1986) The Simple Analytics of Arbitrage. In: Bamberg, G./Spremann, K. (Hrsg.) Capital Market Equilibria. Berlin, S. 189–207.

SPREMANN, KLAUS (1987) Agent and Principal. In: Bamberg, G./Spremann, K. (Hrsg.) Agency Theory, Information, and Incentives. Berlin u. a., S. 3–37.

SPREMANN, KLAUS (1988) Profit-Sharing Arrangements in a Team and the Cost of Information. In: Taiwan Economic Review, vol. 16, S. 41–57.

SPREMANN, KLAUS (1990) Asymmetrische Information. In: Zeitschrift für Betriebswirtschaft, 60. Jg., S. 561–586.

SPREMANN, KLAUS (1996) Wirtschaft, Investition und Finanzierung. 5. Aufl., München.

SPREMANN, KLAUS/HERBECK, THOMAS (1997) Zur Metallgesellschaft AG und ihrer Risikomanagement Strategie. In: Zeitschrift für betriebswirtschaftliche Forschung, Sonderheft 38, S. 155–189.

STEINER, JÜRGEN (1983) Ertragsteuern in der Investitionsrechnung. In: Zeitschrift für betriebswirtschaftliche Forschung, 35. Jg., S. 280–291.

STEINER, MANFRED (1980) Ertragskraftorientierter Unternehmenskredit und Insolvenzrisiko. Stuttgart.

STEINMANN, HORST (1969) Das Großunternehmen im Interessenkonflikt. Stuttgart.

STIGLITZ, JOSEPH E. (1974) On the Irrelevance of Corporate Financial Policy. In: American Economic Review, vol. 64, S. 851–866.

STIGLITZ, JOSEPH E./WEISS, ANDREW (1981) Credit Rationing in Markets with Imperfect Information. In: American Economic Review, vol. 71, S. 393–410.

STREIM, HANNES (1971) Die Bedeutung der Simulation für die Investitionsplanung. Ein systemtheoretischer Ansatz. Diss. München.

STRONG, NORMAN/WALKER, MARTIN (1987) Information and Capital Markets. Oxford et al.

STULZ, RENE (1990) Managerial Discretion and Optimal Financing Policies. In: Journal of Financial Economics, vol. 26, S. 3–27.

STÜTZEL, WOLFGANG (1970) Die Relativität der Risikobeurteilung von Vermögensbeständen. In: Hax, Herbert (Hrsg.) Entscheidungen bei unsicheren Erwartungen. Opladen, S 9–26.

STÜTZEL, WOLFGANG (1975) Liquidität, betriebliche. In: Grochla, E./Wittmann, W. (Hrsg.) Handwörterbuch der Betriebswirtschaft, Bd. II. 4. Aufl., Stuttgart, Sp. 2515–2524.

SÜCHTING, JOACHIM (1995) Finanzmanagement. 6. Aufl., Wiesbaden.

SWOBODA, PETER (1991) Irrelevanz oder Relevanz der Kapitalstruktur und Dividendenpolitik von Kapitalgesellschaften in Deutschland und Österreich nach der Steuerreform 1990 bzw. 1989? In: Zeitschrift für betriebswirtschaftliche Forschung, 43. Jg., S. 851–866.

SWOBODA, PETER (1994) Betriebliche Finanzierung. 3. Aufl., Heidelberg.

SWOBODA, PETER (1996) Investition und Finanzierung. 5. Aufl., Göttingen.

SWOBODA, PETER/ZECHNER, JOSEF (1995) Financial Structure and the Tax System. In: In: R. A. Jarrow u. a. (eds.) North-Holland Handbooks of Operations Research and Management Science: Finance. Chapter 24, Amsterdam.

TERBERGER, EVA (1987) Der Kreditvertrag als Instrument zur Lösung von Anreizproblemen. Heidelberg.

THAKOR, ANJAN V. (1989) Strategic Issues in Financial Contracting: An Overview. In: Financial Management, vol. 18, No.2, S. 39–58.

THAKOR, ANJAN V. (1991) Game Theory in Finance. In: Financial Management, vol. 20, No.1, S. 71–94.

THIEDE, KLAUS (1978) Investitionsplanung bei der Siemens AG. In: Brockhoff, K./ Schmidt, R. (Hrsg.), Vorträge am Institut für Betriebswirtschaftslehre der Universität Kiel. Heft 6, Rendsburg.

THURSBY, JERRY/THURSBY, MARIE (1987) Bilateral trade flows, the Linder hypothesis, and exchange risk. In: Review of Economics and Statistics, vol. 69, S. 488–495.

TOBIN, JAMES (1958) Liquidity Preference as Behaviour Towards Risk. In: Review of Economic Studies, vol. 25, S. 65–86.

UHLENBRUCK, WILHELM (1983) Gläubigerberatung in der Insolvenz. Köln.

UHLIR, HELMUT (1989) Der Gang an die Börse und das Underpricing Phänomen. In: Zeitschrift für Bankrecht und Bankwirtschaft, 1. Jg., S. 2–16.

UHLIR, HELMUT/STEINER, PETER (2001) Wertpapieranalyse. 4. Aufl., Würzburg.

VELTHUIS, LOUIS (1997) Lineare Erfolgsbeteiligung. Grundprobleme der Agency-Theorie im Lichte des LEN-Modells. Frankfurt/Main.

VETSCHERA, RUDOLF (1991) Investitionsplanung als Mehrziel – Mehrpersonen – Entscheidungsproblem. In: D. Rückle (Hrsg.) Aktuelle Fragen der Finanzwirtschaft und der Unternehmensbesteuerung. Wien, S. 711–730.

VORMBAUM, HERBERT (1995) Finanzierung der Betriebe. 9. Aufl., Wiesbaden.

WAGENHOFER, ALFRED (1990) Informationspolitik im Jahresabschluß. Heidelberg.

WAGENHOFER, ALFRED/EWERT, RALF (1993) Linearität und Optimalität in ökonomischen Agency Modellen. In: Zeitschrift für Betriebswirtschaft, 63. Jg., S. 373–391.

WAGNER, FRANZ W. (1981) Der Steuereinfluß in der Investitionsplanung – Eine Quantité négligeable? In: Zeitschrift für betriebswirtschaftliche Forschung, 33. Jg., S. 47–52.

WAGNER, FRANZ W./WENGER, EKKEHARD/GEUDER, GABRIELE (1992) Zerobonds. 2. Aufl., Wiesbaden.

WAHL, JACK (1983) Informationsbewertung und -effizienz auf dem Kapitalmarkt. Würzburg.

WAHRENBURG, MARK (1992) Bankkredit- oder Anleihefinanzierung. Wiesbaden.

WARFSMANN, JÜRGEN (1993) Das Capital Asset Pricing Model in Deutschland. Wiesbaden.

WEBER, MARTIN (1990) Risikoentscheidungskalküle in der Finanzierungstheorie. Stuttgart.

WELCKER, JOHANNES (1968) Wandelobligationen. In: Zeitschrift für betriebswirtschaftliche Forschung, 20. Jg., S. 798–838.

WELCKER, JOHANNES/THOMAS, ECKHARDT (1981) Finanzanalyse. München.

WENGER, EKKEHARD (1986) Einkommensteuerliche Periodisierungsregeln, Unternehmenserhaltung und optimale Einkommensbesteuerung (Teil 2). In: Zeitschrift für Betriebswirtschaft, 56. Jg., S. 132–151.

WENGER, EKKEHARD (1987) Managementtheorie und Kapitalallokation. In: Jahrbuch für neue politische Ökonomie, 6. Band, S. 217–240.

WIENDIECK, MARKUS (1992) Unternehmensfinanzierung und Kontrolle durch Banken. Wiesbaden.

WILHELM, JOCHEN (1983a) Marktwertmaximierung – Ein didaktisch einfacher Zugang zu einem Grundlagenproblem der Investitions- und Finanzierungstheorie. In: Zeitschrift für Betriebswirtschaft, 53. Jg., S. 516–534.

WILHELM, JOCHEN (1983b) Finanztitelmärkte und Unternehmensfinanzierung. Berlin.

WILHELM, JOCHEN (1985) Arbitrage Theory. Berlin.

WILMOTT, PAUL/HOWISON, SAM/DEWYNNE, JEFF (1995) The Mathematics of Financial Derivatives – A Student Introduction, Cambridge.

WITTE, EBERHARD (1963) Die Liquiditätspolitik der Unternehmung. Tübingen.

WITTE, EBERHARD (1976) Liquiditätspolitik. In: Büschgen, H.E. (Hrsg.) Handwörterbuch der Finanzwirtschaft. Stuttgart, Sp. 1322–1337.

WITTE, EBERHARD (1980a) Das Einflußpotential der Arbeitnehmer als Grundlage der Mitbestimmung. Eine empirische Analyse. In: Die Betriebswirtschaft, 40. Jg., S. 3–26.

WITTE, EBERHARD (1980b) Der Einfluß der Arbeitnehmer auf die Unternehmenspolitik. Eine empirische Analyse. In: Die Betriebswirtschaft, 40. Jg., S. 541–559.

WITTE, EBERHARD (1983) Finanzplanung der Unternehmung, Prognose und Disposition. 3. Aufl., Opladen.

WITTMANN, FRANZ (1986) Die Berücksichtigung von Steuern bei Investitionsentscheidungen der Unternehmen. In: WSI Mitteilungen 12/86, S. 782–790.

WÖHE, GÜNTER (1997) Bilanzierung und Bilanzpolitik. 9. Aufl., München.

WÖHE, GÜNTER/BIEG, HARTMUT (1995) Grundzüge der Betriebswirtschaftlichen Steuerlehre. 4. Aufl., München.

WÖHE, GÜNTER/BILSTEIN, JÜRGEN (2002) Grundzüge der Unternehmensfinanzierung. 9. Aufl., München.

WOSNITZA, MICHAEL (1995) Der State-Preference-Ansatz in der Finanzierungstheorie. Gleichgewichtstheoretische Grundlagen. In: WISU – Das Wirtschaftsstudium, 24. Jg., S. 593–597.

WURL, HANS-JÜRGEN (1972) Betriebswirtschaftliche Projektanalysen durch Simulation. In: Zeitschrift für betriebswirtschaftliche Forschung, 24. Jg., S. 362–378.

Sachverzeichnis